故障行波理论及其应用

董新洲　著

科 学 出 版 社
北 京

内 容 简 介

本书从基本的电磁波现象入手，概括性地介绍了均匀传输线导行电磁波，然后系统性地介绍了故障行波，研究了故障行波的互感器和电缆传变特性，给出了故障行波的二进小波变换模极大值表示。在此基础上，介绍了行波方向保护、行波差动保护、直流线路行波保护，行波测距、行波选线以及暂态故障行波测试系统。

本书适合于电气工程学科本科高年级学生、研究生和从事电力系统继电保护研究、生产制造和现场运维的科学技术人员。

图书在版编目（CIP）数据

故障行波理论及其应用/董新洲著. —北京：科学出版社，2022.5

ISBN 978-7-03-072049-8

Ⅰ. ①故…　Ⅱ. ①董…　Ⅲ. ①电力系统–故障检测　Ⅳ. ①TM711.2

中国版本图书馆 CIP 数据核字（2022）第 057695 号

责任编辑：范运年 / 责任校对：王萌萌
责任印制：吴兆东 / 封面设计：赫　健

科 学 出 版 社 出版
北京东黄城根北街 16 号
邮政编码：100717
http://www.sciencep.com

北京中科印刷有限公司 印刷
科学出版社发行　各地新华书店经销
*
2022 年 5 月第　一　版　开本：787×1092 1/16
2023 年 1 月第二次印刷　印张：35 1/2
字数：830 000

定价：258.00 元

（如有印装质量问题，我社负责调换）

序　一

历经 100 多年的发展，电力系统继电保护理论和技术日臻成熟，有效保障了各种电气设备的安全，有力支撑了电力系统安全稳定运行。在长期的发展过程中，继电保护原理和方法从反应电流增大的过电流保护，反应电流增大、电压降低的距离保护，反映双端（多端）故障信息的纵联方向保护、电流差动保护，逐渐发展成为一个全面、自适应利用各种故障信息、有效保护电气设备和电力系统安全的现代继电保护理论体系，成为电工学科至关重要的一个分支，也深化了人们对电力系统特别是电力系统故障的认识：继电保护实现技术经历了机电式、晶体管、集成电路、微机保护、网络化保护等不同的发展阶段，始终紧跟现代科学技术的发展，成为电力系统最活跃、吸纳新技术最多的技术领域。

但是，对于有些故障，特别是特征不太明显的故障，像中性点非有效接地系统单相接地故障、高阻故障、发电机变压器绕组轻微匝间短路故障等，迄今缺乏有效的保护手段，对于过负荷和故障、振荡与故障依然不能有效辨识，给电力系统安全运行带来隐患。

伴随着电网规模的增大和电压等级的提高，超/特高压长距离输电在电力系统占比越来越高，由此造成的长线分布电容电流增大、故障沿线传播时的时延等问题日渐突出。为了有效消纳新能源发电出力，柔性直流电网建设被纳入了电网建设日程，现在已经有示范工程投入运行，也给继电保护提出了极为苛刻的要求！需求驱动研究向纵深发展，自然而然地催生了一系列新的理论和技术，《故障行波理论及其应用》一书正是在这样的背景下诞生的。

该书的第一个特点是新颖，它颠覆了传统故障分析理论，从分布参数电路、导引线导行电磁波的角度认识电力系统故障，挖掘出了许多新的故障信息，像行波到达母线检测点的时刻、行波方向性等，让人有耳目一新的感觉。该书的第二个特点是系统，大家对电力系统中行波了解较多的是雷电波和操作波，对与继电保护有关的行波概念尽管不陌生但不成体系，也未获得广泛和实质性的应用，该书从基础的电磁波理论，过渡到导引线导行电磁波，再给出系统性的故障行波理论和对它的小波变换分析法，接着介绍了系列行波保护和故障测距原理，为构造行波保护奠定了坚实的理论基础，同时创造性地开发了一批基于故障行波的继电保护技术，像交直流输电线路行波测距技术、交流输电线路纵联方向保护技术、交流输电线路贝瑞龙差动保护技术、交直流输电线路行波差动保护技术、中性点非有效接地配电网单线接地行波选线技术等，这些技术极大地丰富了继电保护理论和知识宝库，也为电力系统安全运行提供了新选择，甚至是唯一的选择。

本人作为合作导师曾指导作者从事过两年的博士后研究，作者对于电力系统继电保护事业执着追求的精神，对于学术研究严谨认真的态度给我留下了非常深刻和良好的印象。这本书是一部学术著作，也是作者和他在清华大学的团队多年来从事故障行波研究的成果汇集，很大程度上体现了他的科研风格和主要学术贡献。

贺家李

2022 年 1 月

序　二

电力系统故障分析和故障信息的提取与处理是继电保护技术的基础。当电力系统被看成集总参数电路时，故障的电流电压是状态变量，目前广泛应用的继电保护原理都是由故障电压、电流以及他们的组合或者变形派生出来的，比如电压电流保护、电流差动保护、电流方向保护、距离保护等；当电力系统被看成分布参数电路时，运动的行波就是状态变量，当然也可以描述电力系统的电磁暂态过程。由此可见，故障行波和集总参数电路中的电压电流是完全平行的概念，只不过前者对电力系统暂态过程的描述更精确，因此也能更本质地反映电力系统故障和各种暂态过程。

故障行波包括故障初瞬所出现的初始行波、折反射行波以及进入故障稳态的工频行波。从继电保护的角度看，故障行波对于故障信息的表达更为充分、全面，尤其是对故障暂态过程的表征方面更为精准。因为传统继电保护都是以故障后进入稳态的工频电压和电流作为故障信息构成动作判据，但事实上继电保护的动作是在故障暂态过程中完成的，利用故障行波，人们不仅可以利用故障后稳态工频行波构成继电保护，也可以利用故障暂态行波构成继电保护，后者不仅可以获得更丰富的故障信息，而且可以显著提高保护动作的速度。为了有效量化故障暂态行波中的故障信息，作者早在他的博士论文中已率先提出并系统性地把小波变换应用于故障行波分析和故障信息提取与处理，给故障行波的利用奠定了坚实的数学基础。这一研究成果对利用暂态故障行波实现继电保护原理和技术的研发具有里程碑的意义。

《故障行波理论及其应用》一书，从电磁场的角度分析电力系统故障，获得了传统保护所不具备的空间信息。利用它可以实现故障测距，而且它能够把故障点的信息以行波的形式平移到检测点，从而构成原理更为清晰，不受长线分布电容、空间传播时延影响的继电保护的技术，这是故障行波理论的精髓。

我国已经形成新能源发电与交直流混联并存的复杂大电网，以风电光伏为标志的可再生能源、新能源发电大规模接入电网，毫无疑问将成为未来电力系统的主力电源。但是新能源发电一般经过逆变器接入电网，造成受端逆变侧短路电流受限，传统保护受到了挑战，而行波保护为新能源电网的继电保护提供了新的选择，直流输电和柔性直流输电甚至直流电网开始出现在电力系统中。最新的研究成果及实用效果已表明，直流输电系统最为合适和理想的保护是行波保护，因此故障行波理论和技术具有强大的生命力和广阔的应用前景。

我是作者的硕士生和博士生导师，深知他有坚实的基础理论，思维敏锐又富有创新精神。他对继电保护工作非常热爱、对继电保护研究充满激情。即使离开西安交通大学多年，我总能听到他在继电保护，特别是行波保护领域研究所取得的新成就。该书是他和他的学生们刻苦钻研、努力实践的结果，更是他本人长期坚持勤奋工作的结果。该书立论新颖，内容翔实，是作者从事行波测距和行波保护研究的经验和体会，也是他辛勤劳动的结晶。我相信该书必将对故障暂态行波在电力系统中的应用研究起到有力的推动作用。

葛耀中

2021 年 9 月

序　三

《故障行波理论及其应用》一书系统地分析和描述了电力线路故障后的故障行波，并使用二进小波变换模极大值刻画了暂态故障行波的主要特征，包括来自故障点的初始行波、折反射行波及其他波阻抗不连续点所折反射到检测点的行波到达时刻、行波突变的幅值和极性、突变行波变化的陡度等特征，为认识故障行波、利用故障行波构造继电保护和故障测距技术奠定了基础。

该书详细描述了故障行波在电力线路继电保护中的应用，包括行波方向继电器以及基于该继电器构成的行波纵联方向比较式保护、行波差动继电器以及基于该继电保护的行波纵联差动保护、基于反行波和边界特性的柔性直流电网单端量快速保护、适合于超长距离特高压直流线路的行波差动保护等。针对中性点非有效接地配电系统单相接地故障检测难题，该书介绍了比较不同配电线路初始电流行波幅值和极性而选择出单相接地线路的选线保护技术。故障测距是电力线路故障处理必不可少的一门技术，而行波测距以准确、简单而获得了大家的广泛认可和应用。据我所知，作者对于行波测距的研究早于行波保护，行波测距的成功也恰恰为行波保护研究打下了良好基础。

该书还分析了故障行波经过互感器和二次电缆之后的特征，打通了一次线路上所传播的故障行波和经过互感器—电缆通道后的故障行波之间的联系，为实际利用故障行波铺平了道路。该书也详细介绍了各种行波保护、行波选线、行波测距原理的计算机实现技术，包括高速同步数据采集技术、快速 DSP 处理技术、复杂可编程逻辑控制器 CPLD 技术和现场可编程逻辑门阵列 FPGA 技术等，这些技术是诞生于 20 世纪的微机保护技术的推广和发展。

为了研究故障行波及行波保护和行波测距等应用技术，该书还介绍了行波保护测试平台。众所周知，继电保护测试技术是一项非常重要而基础的工作，没有试验手段，技术科学就没有了立足之本，这也凸显了故障行波理论及其应用研究的艰辛。

特别需要指出的是，该书所涉及的内容，除基本的电路、电磁场基础理论外，均来自作者和他的学生的科研实践，书中所提出的方法、技术基本上都有现场实际应用实例来证明。从这个意义上讲，该书是作者和他的学生们从事电力线路故障行波研究的经验和心得，是他们劳动的结晶，也是继电保护新成果，更是作者对于国际继电保护理论和技术做出的重要贡献。

董新洲教授长期从事故障行波理论和行波保护、故障测距技术研究，他本人热爱继电保护事业，勇于创新，给我留下了非常深刻的印象。不管是从书中所写的内容还是从他本人所付出的辛勤劳动来讲，该书都值得从事电力系统故障分析和继电保护的科研人员和工程技术人员一读。我也有充分的理由相信，该书的出版将扩大继电保护的研究领域，提升继电保护研究和应用的水平，提高电力系统运行的可靠性和安全性。

杨奇逊

2021 年 9 月

前　　言

不可避免的故障是电力系统安全的天敌。分析并认识故障，揭示故障发生发展的规律和特点，进而构造出针对性的继电保护技术是继电保护工作者的责任。传统电力系统故障分析和继电保护技术把电力系统看成一个集总参数电路，在成熟的电路理论基础上形成了故障分析理论，并派生出系统性的继电保护和安全稳定控制技术，以保障电力系统安全。但是把电力系统看成一个集总参数电路是对电力物理系统的一种近似，实际电力系统并不是一个集总参数电路。随着电网规模的增大、输电距离的增长，建立在集总参数电路模型基础上的故障分析方法和保护技术越来越暴露出它的局限性。比如像柔性直流电网需要继电保护超高速动作切除故障，像电流差动保护不能有效保护距离长达3329km 的特高压输电线路等。这些问题的解决需要人们重新认识电力系统故障，剖析并提取更为本质的故障信息，从而更好地驾驭电力系统，保护电力系统。所幸的是，建立在电磁场基础上的均匀传输线导行电磁波理论为电力系统故障分析打开了一扇窗，这就是本书要介绍的故障行波。

故障行波是由故障引发的、沿输电线路传播的导行电磁波，其理论基础是变化的电场和磁场相互作用形成电磁波，进而在输电线路导引下传播。源于电磁波理论的故障行波能更为真实、本质地反映故障，从而为利用故障行波构建继电保护和安全稳定控制技术奠定基础。

本书从集总参数电路模型分析故障所存在的问题开始，首先了解基本的电磁波现象，接着介绍均匀传输线导行电磁波、多导体系统的导行电磁波；然后系统性地描述故障行波，揭示基本的故障行波特征，给出暂态故障行波的解析解；为了从检测的角度提取故障行波、利用故障行波，建立起故障行波和小波变换的联系，给出故障行波的二进小波变换模极大值表示，为行波应用奠定数学基础，从第五章开始，分析行波的获取和传感器特性，详细介绍系列行波保护、行波测距和行波选线的原理与技术；为保证故障行波理论和技术体系的完整性，最后一章介绍迄今唯一的故障行波测试技术。

作者早年师从葛耀中教授研究行波测距，后师从贺家李教授研究行波保护，自此与故障行波结下了不解之缘，也一直把它当成自己最为重要的学术研究目标和责任。本书所概括的成果首先归功于二位先生，是他们给我指明了电力科学研究的新方向。本书内容更是清华大学电力系统保护团队二十多年劳动的结晶，凝结了清华学子们的辛劳和汗水，他们是陈铮、毕见广、李幼仪、苏斌、施慎行、王庆平、王世勇、王珺、崔柳、罗澍忻，姜博、许飞、王飞、冯腾，感谢他们！成书的过程正是研究的过程，十年磨一剑，二十年一部书，是对这本书的真实写照。

感谢清华大学继电保护课题组的同学参与书稿的资料整理和修订工作！其中，梁议文、张开鑫、金勃良、何小才、戴媛媛、亓臻康、任萱、胡浩宇、陈彬书、盛一博、胡杨明昊分别对应修改整理了第 1～第 11 章的内容，王浩宗、韩宇飞、王兴军参加了行波应用、附录、目录的修改校对工作。

感谢白丽博士负责对全部书稿的编辑、排版及部分章节的录入工作。

感谢国家自然科学基金重点项目(故障行波理论及其在电力系统故障检测中的应用，50077029)、国家重点研发计划项目(大型交直流混联电网运行控制与保护，6B6000)的经费支持！感谢所有帮助继电保护、关心故障行波研究及应用的同行、朋友！

作　者

2021 年 8 月

目　录

序一
序二
序三
前言
第 1 章　绪论……1
1.1　电力系统及故障……1
1.2　电力系统故障分析……3
1.2.1　基尔霍夫定律……4
1.2.2　节点电压法和回路电流法……4
1.2.3　对称分量法……4
1.2.4　拉氏变换法……7
1.2.5　现有电力系统故障分析的不足……8
1.3　传统继电保护和故障检测技术所面临的挑战……8
1.3.1　输电线路分相电流差动保护……8
1.3.2　柔性直流电网保护……10
1.3.3　中性点非有效接地系统配电线路单相接地保护……11
1.3.4　电力线路故障测距技术……11
第 2 章　电磁波基础……15
2.1　时变电磁场……15
2.1.1　麦克斯韦方程组……15
2.1.2　坡印亭定理……19
2.2　波动方程及其达朗贝尔解……20
2.2.1　电磁场的波动方程……20
2.2.2　动态位……22
2.2.3　波动方程的达朗贝尔解……25
2.3　平面电磁波……28
2.3.1　理想介质中的均匀平面波……29
2.3.2　导电媒质中的均匀平面波……39
2.3.3　电磁波在不同媒质分界面的折反射……42
2.4　均匀传输线中的导行电磁波……46
2.4.1　均匀传输线的基本方程……46
2.4.2　均匀传输线方程的正弦稳态解……52
2.4.3　均匀传输线的等效电路和工作状态……55
2.5　平行多导体线路中的导行电磁波……63
2.5.1　平行多导体线路的波动方程……63
2.5.2　平行多导体线路的相模变换……64

2.5.3　平行多导体线路模量上的波阻抗和波速度……65
第 3 章　故障行波理论……67
3.1　单相均匀无损线中的故障行波……67
3.1.1　故障行波的产生……67
3.1.2　单根导体线路的波动方程……68
3.2　三相输电线路中的故障行波……69
3.2.1　相模变换……70
3.2.2　复合模量网络……72
3.3　工频下的行波现象……76
3.3.1　行波分解……76
3.3.2　工频行波的折反射现象……77
3.4　故障行波求解问题研究现状……82
3.5　不考虑参数依频特性的故障行波的暂态解……84
3.5.1　网格法求解故障行波的基本思想……84
3.5.2　故障行波源分析……85
3.5.3　不同行波源模量上的初始行波……86
3.5.4　电力网络的表示方法……91
3.5.5　行波在各节点处的折反射……92
3.5.6　故障行波解析计算方法——FD 法……96
3.6　考虑参数依频特性的故障行波暂态解……97
3.6.1　平行多导体线路波动方程的复频域解……97
3.6.2　依频特性下行波的拟合函数的选择……98
3.6.3　畸变系数和衰减系数的获取……100
3.7　故障稳态计算……101
3.8　故障行波暂态解的计算机实现……104
3.8.1　电力网络的表示与存储……104
3.8.2　故障后的网络变化……105
3.8.3　行波传播途径的生成方法……107
3.8.4　故障行波的计算……108
3.8.5　算例分析……108
3.9　瞬时无功理论及故障方向特征……113
3.9.1　瞬时无功理论概述……113
3.9.2　基于 Hilbert 变换的瞬时无功定义……116
3.9.3　Hilbert 变换下的无功功率的故障方向特征……118
3.10　故障行波的故障相特征……121
第 4 章　小波变换及其在故障行波分析与检测中的应用……123
4.1　基本概念……123
4.1.1　小波分析的发展史及应用概况……123
4.1.2　信号的时频局部化表示……123
4.1.3　连续小波变换……124
4.1.4　小波变换的时频局部化性能……125

4.1.5 两类重要的小波变换……126
4.1.6 信号的小波表示……127
4.2 离散小波变换……128
4.2.1 离散小波与离散小波变换……128
4.2.2 多分辨分析与尺度函数……129
4.2.3 Mallat 算法……130
4.2.4 R 小波的系数特点……131
4.2.5 离散小波变换的应用……133
4.3 二进小波变换及信号的奇异性检测……134
4.3.1 二进小波及二进小波变换……134
4.3.2 基于 B 样条的二进小波函数与尺度函数……135
4.3.3 二进小波变换的分解与重构算法……136
4.3.4 信号的小波变换模极大值表示及奇异性检测理论……137
4.3.5 利用小波变换模极大值重构原信号……137
4.3.6 二进小波变换的应用……139
4.4 故障行波的小波表示……139
4.4.1 引言……139
4.4.2 行波的故障特征……139
4.4.3 各种行波的小波变换模极大值表示……143
4.4.4 电压行波、电流行波和方向行波的比较……145
第 5 章 互感器和二次电缆的故障行波传变特性……147
5.1 电流互感器模型及其动态传变特性……147
5.1.1 电流互感器的工作原理及其电磁暂态模型……147
5.1.2 电流互感器的工频传变特性……153
5.1.3 电流互感器的暂态行波传变特性……156
5.2 电压互感器模型及其动态传变特性……157
5.2.1 电压互感器的工作原理及其电磁暂态模型……157
5.2.2 电容分压式电压互感器的工频传变特性……162
5.2.3 简化模型下的电容式电压互感器的暂态行波传变特性……165
5.2.4 详细模型下的电容式电压互感器的暂态行波传变特性……171
5.3 二次电缆的故障行波传输特性……180
5.3.1 二次侧电缆集中参数模型与分布参数模型等效性分析……180
5.3.2 二次侧电缆等效建模……181
5.4 二次电流传输通道的行波传输特性……183
5.4.1 二次电流回路联合建模……183
5.4.2 二次侧回路传变特性分析……185
第 6 章 输电线路纵联行波方向保护……192
6.1 波阻抗继电器……192
6.1.1 波阻抗继电器的基本原理……192
6.1.2 波阻抗继电器的算法研究……198
6.1.3 利用波阻抗继电器构成纵联方向保护……208
6.2 统一行波方向继电器……208

6.2.1　统一行波方向继电器的基本原理……208
6.2.2　统一行波方向继电器动作判据……210
6.2.3　建模与仿真……212
6.2.4　动作特性分析……216
6.2.5　基于统一行波方向继电器的输电线路纵联方向保护……229
6.3　极化电流行波方向继电器……230
6.3.1　不同频带下电压故障行波极性的一致性……230
6.3.2　极化电流行波方向继电器原理与算法……240
6.3.3　极化电流行波方向继电器动作性能分析……242
6.3.4　TP-01 超高速行波保护装置……260
第 7 章　输电线路纵联行波差动保护……263
7.1　行波差动保护……263
7.1.1　行波差动保护基本原理……263
7.1.2　行波差动电流和行波制动电流构成……264
7.1.3　区外扰动或故障时不平衡行波差动电流分析……269
7.1.4　区内外故障时行波差动电流比较……275
7.1.5　动作判据……275
7.1.6　保护算法……277
7.1.7　建模仿真与性能评价……280
7.1.8　PT 断线处理……287
7.1.9　TP-02 行波差动保护装置……288
7.2　重构电流行波差动保护……289
7.2.1　重构电流行波……290
7.2.2　重构电流行波的特征分析……291
7.2.3　重构电流行波差动保护原理……297
7.2.4　重构电流行波差动保护算法……297
7.2.5　重构电流行波差动保护性能评估……301
7.3　基于小波变换模极大值的行波差动保护……310
7.3.1　利用初始行波模极大值构造行波差动保护的思想……310
7.3.2　基于小波变换模极大值的行波差动保护算法……310
7.3.3　通信量分析……311
7.3.4　影响因素分析与性能评价……311
7.4　模量行波差动保护……315
7.4.1　分布电容电流时域补偿算法及误差分析……315
7.4.2　模量行波差动保护原理……319
7.4.3　模量行波差动保护的动作特性……327
7.4.4　带并联电抗器线路……331
7.4.5　带串联电容补偿装置的线路……332
第 8 章　直流线路行波保护……333
8.1　直流输电系统保护与控制……333
8.1.1　直流输电系统……333
8.1.2　直流控制保护系统……333
8.2　直流输电线路故障分析……337

8.2.1 直流系统的等效电路……337
8.2.2 直流线路故障行波特征……338
8.2.3 LCC 直流线路故障暂态特征……348
8.2.4 LCC 直流线路故障稳态特征……350
8.2.5 VSC 直流线路故障行波分析……351
8.2.6 MMC 直流输电网线路短路故障电流的近似计算方法……355
8.3 直流线路单端量超高速行波保护……360
8.3.1 单端量行波保护原理……360
8.3.2 单端量行波保护实现方案……368
8.3.3 建模仿真与性能评价……369
8.3.4 Ultra-PSL3000 柔性直流线路保护装置……378
8.4 基于电流变化率的单端量直流线路保护……379
8.4.1 不同故障和运行情况下线路电流变化率的特征分析……379
8.4.2 单端量电流变化率保护方案……388
8.5 直流线路纵联行波差动保护……393
8.5.1 直流线路行波差动保护原理……393
8.5.2 故障差流的时域计算方法……395
8.5.3 直流线路行波差动保护算法……398
8.5.4 建模仿真与性能评价……399
8.5.5 TP-03 特高压直流线路行波差动保护装置……404
第 9 章 输电线路暂态行波故障测距……406
9.1 基于小波变换的行波故障距离特征分析……406
9.1.1 行波故障测距方法……406
9.1.2 基于小波变换的行波故障距离特征分析……407
9.2 输电线路单端量行波故障测距……421
9.2.1 特征行波……421
9.2.2 利用模量方向行波作为特征行波的故障测距……422
9.2.3 利用非故障线电流和故障线电流组成方向行波作为特征行波实现故障测距……423
9.2.4 波形比较法……425
9.2.5 单端电气量行波故障测距的小波变换法……426
9.2.6 考虑二次回路暂态特性的行波波形比较法……430
9.2.7 故障点反射波判据构建……431
9.2.8 相邻母线反射波判据构建……432
9.2.9 考虑二次回路暂态特性的波形比较法流程图……432
9.3 输电线路单端量组合故障测距……433
9.3.1 问题的提出……433
9.3.2 具有鲁棒性的单端电气量阻抗故障测距方法……435
9.3.3 组合的单端故障测距方法……436
9.3.4 改进的组合故障测距算法……440
9.4 输电线路双端量行波故障测距……441
9.4.1 两端电气量行波测距原理……442
9.4.2 GPS 定时原理……443
9.4.3 基于 GPS 技术的两端电气量行波测距性能分析……447

9.5　利用暂态电流行波的高压输电线路故障测距实现方案……449
9.5.1　测距系统组成及主要功能……449
9.5.2　测距方案……450
9.5.3　XC-11 输电线路行波故障测距装置……453
第 10 章　中性点非有效接地配电网单相接地选线行波保护……456
10.1　中性点非有效接地配电网故障行波分析……456
10.1.1　单相接地故障行波的物理特性……456
10.1.2　三相初始电流行波的小波分析……462
10.1.3　初始电流行波模量的小波分析……463
10.2　中性点非有效接地配电网单相接地行波选线……466
10.2.1　行波选线的基本思想……466
10.2.2　基于三相行波的接地选线方法……467
10.2.3　基于初始电流行波模量的选线方法……469
10.2.4　影响行波选线的因素分析……473
10.2.5　SL-01 行波选线装置的实现……479
10.3　自适应时频窗配电线路行波选线……480
10.3.1　自适应时频窗选取方法……480
10.3.2　初始波头的标定方法……485
10.3.3　自适应时频窗的配电线路行波选线方法……485
10.4　中性点非有效接地配电网单相接地行波保护……486
10.4.1　行波方向判据……486
10.4.2　接地故障初始行波的小波表示……488
10.4.3　信号采样率与小波尺度的选择……490
10.4.4　高频噪声对行波方向判据的影响……493
10.4.5　互感器对行波信号的传变特性分析……494
10.4.6　中性点非有效接地线路单相接地保护的实现……494
第 11 章　行波保护测试系统……497
11.1　行波保护测试系统实现方案……497
11.1.1　功能与系统设计……497
11.1.2　行波保护测试系统的软硬件实现……500
11.2　对行波保护测试仪的测试……512
11.2.1　输出波形的幅值、频率准确度测试……512
11.2.2　输出波形的同步性测试……519
11.2.3　开关输入量测试……523
11.2.4　整组试验比较……524
11.3　TP-01 测试系统测试实例……526
11.3.1　双端行波故障测距装置性能测试方案……526
11.3.2　对行波方向比较式纵联保护装置的测试……532
参考文献……536
附录 1　符号附录表……544
附录 2　矢量恒等式……550
附录 3　四端双极 MMC 柔性直流输电网仿真模型……551

第1章　绪　　论

1.1　电力系统及故障

电力系统是一个由发电机、变压器、输配电线路、电力负荷等电气设备组成的实时动态平衡系统。发电机发出的电能通过升压变压器升压后，由输电线路输送到负荷中心，再由变压器降压，然后由配电线路分配到每一个负荷用户，最后由负荷动力、照明、供暖等具体负荷完成电能的消费。这个过程中，任何一个电气设备出现故障，都会造成电能生产和消费链条的中断，导致负荷用户失去电能供应。这个过程是实时平衡的，如果发电机所发出来的电能不能被负荷实时消费掉，就会造成功率过剩，引起发电机转速加快、频率升高，导致高频停机甚至整个电力系统丧失稳定性；反之，如果发电机所发出来的电能小于负荷需要消耗的电能，则会造成发电机转速降低、电网频率降低，会因低频停机使负荷失去电能供应，同时也会引起电力系统稳定性丧失[1-5]。

运行中的电力系统会发生故障或出现不正常运行状态，原因有很多，如电气设备长期承受高强电磁场作用，绝缘逐渐老化导致绝缘击穿，接头部分的接触电阻逐渐增大并引起过热融化，风、雨、积雪、覆冰、雷电、台风、地震等自然条件引起电气设备机械损伤或电损坏，电气设备制造缺陷及运行维护不当等。

基本的故障类型有短路和断线两类，包括交流输配电系统中的单相接地短路、两相短路、两相接地短路和三相对称短路，单相断线、两相断线、三相断线等，直流输配电系统中的换流器故障、输电线路单极接地短路、双极短路等。典型的不正常运行状态包括过负荷、电力系统振荡、中性点非有效接地系统单相接地故障等。

故障的直接后果是，巨大的短路电流会由于热效应造成设备热损坏，巨大的电动力造成机械损坏，低压、低频造成工业产品不合格或者报废，过电压造成更多设备的绝缘破坏。故障特别是故障诱发的次生灾害像过负荷、振荡及连锁故障等，还有可能造成大面积恶性停电事故，破坏社会、经济的正常运转，严重威胁人民群众的生命财产安全。

2020 年国家能源局全国电力可靠性中心对因故障导致的电气设备非计划停运进行了统计[6]，统计样本包括 1865 台燃煤机组、1053 台水电机组、27 台核电机组、30220 台风电机组、20122 台变压器和 83.15 万 km 架空线路，结果表明除风电机组以外的发电机组非计划停运次数 1100 次，非计划停运小时数 83776.66h；220kV 及以上电压等级变压器非计划停运次数 113 次，非计划停运小时数 8147.25h；220kV 及以上电压等级架空线路非计划停运次数 490 次，非计划停运小时数达到 4990.59h。表 1.1 列出了发电机组非计划停运情况，表 1.2 列出了变压器非计划停运情况，表 1.3 列出了架空线路非计划停运情况，这些数据真实表明电力系统故障频繁发生，给电力系统安全运行造成巨大威胁。表 1.4～表 1.6 进一步统计了各种电气设备非计划停运的责任原因，为今后设备改造、电网运维提供了依据。

表 1.1　2020 年发电机组非计划停运情况表

设备名称	统计样本数/台	全国总装机容量占比/%	非计划停运次数/次	非计划停运时间/h
燃煤机组	1865	66.15	906	78617.21
水电机组	1053	62.16	192	4656.22
核电机组	27	49.72	2	503.23
风电机组	30220	16.99	48655	105.86 万

表 1.2　2020 年变压器非计划停运情况表

设备名称	统计样本数/台	总台数占比/%	非计划停运次数/次	非计划停运时间/h
220kV 变压器	13061	64.91	61	3429.29
330kV 变压器	558	2.77	5	107.34
500kV 变压器	5872	29.18	28	2286.70
750kV 变压器	407	2.02	16	1599.38
1000kV 变压器	185	0.92	3	724.27

表 1.3　2020 年架空线路非计划停运情况表

设备名称	统计样本数/10^2km	总长度占比/%	非计划停运次数/次	非计划停运时间/h
220kV 架空线路	4807.181	57.81	325	2536.23
330kV 架空线路	435.913	5.24	5	12.05
500kV 架空线路	2223.658	26.74	155	2318.29
750kV 架空线路	243.414	2.93	4	3.94
1000kV 架空线路	141.78	1.71	1	120.08

表 1.4　2020 年部分发电机组非计划停运的主要责任原因

设备名称	非计划停运主要责任原因	非计划停运次数/次	非计划停运时间/h	占非计划停运总时间的百分比/%
燃煤机组	产品质量问题	242	21140.17	26.89
	检修质量问题	131	10943.52	13.2
	燃料影响	93	9520.54	12.11
	设备老化	131	9276.83	11.80
	施工安装问题	93	8616.45	10.96
水电机组	产品质量问题	95	1960.27	42.10
	设备老化	21	463.29	9.95
	施工安装问题	21	432.56	9.29

表 1.5 2020 年按责任原因分类的 220kV 及以上变压器非计划停运情况

非计划停运责任原因	非计划停运次数/次	非计划停运时间/h	占非计划停运总时间的百分比/%
产品质量不良	43	4404.07	54.06
气候因素	15	149.70	1.84
设备老化	13	1266.63	15.55
施工安装不良	10	20.57	0.25
自然灾害	9	323.82	3.97
动物事故	2	34.75	0.43
管理不当	2	224.50	2.76
外力损坏	2	1095.85	13.45
运行不当	2	0.04	0
电力系统影响	1	64.47	0.79
待查	11	393.95	4.84
其他	3	168.90	2.07

表 1.6 2020 年按责任原因分类的 220kV 及以上架空线路非计划停运情况

非计划停运责任原因	非计划停运次数/次	非计划停运时间/h	占非计划停运总时间的百分比/%
自然灾害	182	2090.04	41.88
气候因素	126	909.58	18.23
外力损坏	102	936.27	18.76
产品质量不良	16	225.35	4.52
施工安装不良	11	301.26	6.04
动物事故	10	57.65	1.16
设备老化	8	105.53	2.11
电力系统影响	5	65.86	1.32
规划、设计不周	4	17.90	0.36
运行不当	3	4.20	0.08
检修质量不良	2	122.78	2.46
其他	2	0.45	0.01
待查	19	153.72	3.08

1.2 电力系统故障分析

故障作为电力系统必然出现的一种状态，分析其发生和发展的规律、研究各种电气量及其变化特点，是规划待建电力系统的前提，是电气设备制造、选型的依据，是故障溯源、运行维护的理论基础，更是构建继电保护技术和安全稳定控制系统的根本所在[1]。

分析电力系统故障有模拟法(如动态模拟实验、直流试验台等)、基于模型的分析计算法及数模混合试验等方法。从理论分析的角度讲，主要的电力系统故障分析方法把电力系统看成一个集总参数电路，分析对象是表征该电路的状态变量：工频电压、工频电流和可能变化的频率(发电机转速)，基本的分析方法是建立在基尔霍夫定律基础上的节点电压法、回路电流法和对称分量法等。

1.2.1 基尔霍夫定律

包括基尔霍夫电流定律和基尔霍夫电压定律。

基尔霍夫电流定律(Kirchhoff's current law, KCL)：在任一瞬时，电路中任意节点(割集)的电流之和为零。

$$\sum \boldsymbol{I} = 0 \tag{1-1}$$

它是电流连续性在集总参数电路上的体现，物理背景是电荷守恒公理。

基尔霍夫电压定律(Kirchhoff's voltage law, KVL)：在任一瞬时，任意回路的电压降之和为零。

$$\sum \boldsymbol{U} = 0 \tag{1-2}$$

它是电场为位场时电位的单值性在集总参数电路上的体现，其物理背景是能量守恒公理。

以上两式对于直流、交流、瞬时值、复数相量均成立。

1.2.2 节点电压法和回路电流法

对于一个实际的电路进行求解，有两种方法：节点电压法和回路电流法。如果求取了一个电路所有独立节点的电压，当然可以求取该电路所有的支路电流；同样，如果求取了一个电路中所有独立回路的电流，当然可以求取任意节点的电压。节点电压法和回路电流法也是电力系统进行潮流计算和故障计算常用的基本方法。

对于一个具有 N 个节点的电路，把一个节点选择为参考节点，剩余的 N–1 个节点就是独立节点，也就是该电路需要求解的未知量。节点电压法对于每个节点依据节点电压和关联阻抗列写 KCL 方程，再联立求解这 N–1 个方程，即可求得每个节点的电压。

对于一个具有 N 个回路的电路，其中 N–1 个回路是独立回路，设定每一个独立回路的电流，并把它们看作该电路需要求解的未知量。根据回路电流和关联阻抗列写 KVL 方程，再联立求解这 N–1 个方程，即可得到每个回路的电流。

1.2.3 对称分量法

对于一个发生了三相短路的电力系统，由于所有的电源和各个电气设备的参数依然对称，所以可以简化为单相电路来计算。图 1.1 给出了一个简单电力系统，相电压、相电流分别为 E_a、E_b、E_c、I_a、I_b、I_c，互阻抗为 Z_m，自阻抗为 Z_s。当线路 F 点发生三相对称短路时，基于 KVL 方程，可列写回路电压方程：

$$E_a = I_a Z_s + I_b Z_m + I_c Z_m \tag{1-3}$$

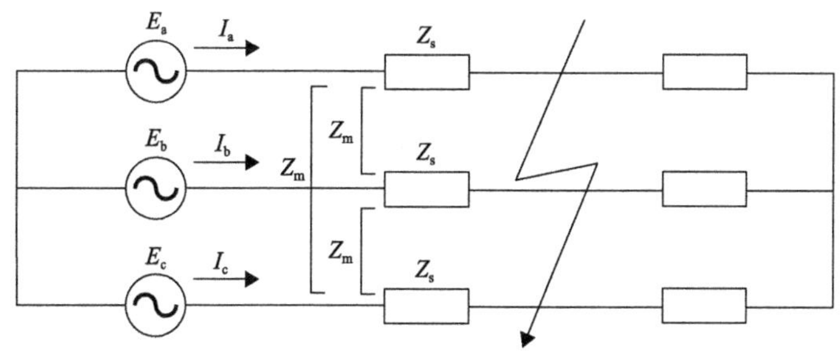

图 1.1 简单电力系统

由于三相对称，三相电流之和为零：

$$I_a + I_b + I_c = 0 \tag{1-4}$$

可得到

$$E_a = I_a(Z_s - Z_m), \quad I_a = \frac{E_a}{Z_s - Z_m} \tag{1-5}$$

同理可得到 B、C 相电流：

$$I_b = \frac{E_b}{Z_s - Z_m} \tag{1-6}$$

$$I_c = \frac{E_c}{Z_s - Z_m} \tag{1-7}$$

当电力系统发生了不对称故障(单相接地短路、两相短路和两相接地短路，以及单相断线和两相断线等)时，三相电压、电流大小相位不再具有对称性。分别列写并求解三相回路方程是很复杂的。对称分量法就是针对该问题提出的，它的基本内容为采用一个对称分量变换矩阵对不对称三相电压或电流施行对称分量变换，得到三个新的相量：正序分量、负序分量和零序分量，由于对称性，可对它们进行化单相计算，再通过逆变换得到所要求解的三相电气量。

观察可以发现，除故障点之外，发生了短路的电力系统其他部分的参数依然是对称的。对于三相参数对称的集总参数电路，当元件流过不对称的三相电流时，各相电压降也不对称。

$$\begin{bmatrix} \Delta\dot{U}_a \\ \Delta\dot{U}_b \\ \Delta\dot{U}_c \end{bmatrix} = \begin{bmatrix} Z_s & Z_m & Z_m \\ Z_m & Z_s & Z_m \\ Z_m & Z_m & Z_s \end{bmatrix} \times \begin{bmatrix} \dot{I}_a \\ \dot{I}_b \\ \dot{I}_c \end{bmatrix} \tag{1-8}$$

式中的阻抗矩阵反映了各相元件的自阻抗和相间耦合关系的互阻抗，它是一个对称阵，不是对角阵，即各相之间不能解耦。如果寻求一个变换矩阵，能够把以上的对称矩阵变换成对角阵，问题则会大大简化。存在很多变换矩阵可以使上述对称阵转化为对角阵，而对称分量变换矩阵 $\boldsymbol{S}$ 就是一个非常好的选择。

$$\boldsymbol{S}=\frac{1}{3}\begin{bmatrix}1 & a & a^2\\ 1 & a^2 & a\\ 1 & 1 & 1\end{bmatrix}\tag{1-9}$$

对不对称三相电流施行对称分量变换，可得到一组新的相量，即正序分量、负序分量和零序分量：

$$\begin{bmatrix}\dot{I}_1\\ \dot{I}_2\\ \dot{I}_0\end{bmatrix}=\frac{1}{3}\begin{bmatrix}1 & a & a^2\\ 1 & a^2 & a\\ 1 & 1 & 1\end{bmatrix}\times\begin{bmatrix}\dot{I}_a\\ \dot{I}_b\\ \dot{I}_c\end{bmatrix}\tag{1-10}$$

对称分量变换矩阵 $\boldsymbol{S}$ 的逆矩阵如下：

$$\boldsymbol{S}^{-1}=\begin{bmatrix}1 & 1 & 1\\ 1 & a^2 & a\\ 1 & a & a^2\end{bmatrix}\tag{1-11}$$

三相不对称电流可以由逆变换得到

$$\begin{bmatrix}\dot{I}_a\\ \dot{I}_b\\ \dot{I}_c\end{bmatrix}=\begin{bmatrix}1 & 1 & 1\\ 1 & a^2 & a\\ 1 & a & a^2\end{bmatrix}\times\begin{bmatrix}\dot{I}_1\\ \dot{I}_2\\ \dot{I}_0\end{bmatrix}\tag{1-12}$$

对于元件的电压电流关系式施行对称分量变换，可以得到

$$\frac{1}{3}\begin{bmatrix}1 & a & a^2\\ 1 & a^2 & a\\ 1 & 1 & 1\end{bmatrix}\begin{bmatrix}\Delta\dot{U}_a\\ \Delta\dot{U}_b\\ \Delta\dot{U}_c\end{bmatrix}=\frac{1}{3}\begin{bmatrix}1 & a & a^2\\ 1 & a^2 & a\\ 1 & 1 & 1\end{bmatrix}\times\begin{bmatrix}Z_s & Z_m & Z_m\\ Z_m & Z_s & Z_m\\ Z_m & Z_m & Z_s\end{bmatrix}$$
$$\times\begin{bmatrix}1 & 1 & 1\\ 1 & a^2 & a\\ 1 & a & a^2\end{bmatrix}\times\frac{1}{3}\begin{bmatrix}1 & a & a^2\\ 1 & a^2 & a\\ 1 & 1 & 1\end{bmatrix}\times\begin{bmatrix}\dot{I}_a\\ \dot{I}_b\\ \dot{I}_c\end{bmatrix}$$

即

$$\begin{bmatrix}\Delta\dot{U}_1\\ \Delta\dot{U}_2\\ \Delta\dot{U}_0\end{bmatrix}=\begin{bmatrix}Z_s-Z_m & 0 & 0\\ 0 & Z_s-Z_m & 0\\ 0 & 0 & Z_s+2Z_m\end{bmatrix}\times\begin{bmatrix}\dot{I}_1\\ \dot{I}_2\\ \dot{I}_0\end{bmatrix}\tag{1-13}$$

对称分量变换后，原来的对称阻抗矩阵转化成为对角阵，原来不对称的三相电流转化为另外一组相量 $\dot{I}_1$、$\dot{I}_2$、$\dot{I}_0$，这三个相量之间并没有内在联系，也不存在对称性。但它们恰恰是构成A相电流的三个分量，分别称为A相电流的正序分量、负序分量和零序分量。由A相电流的这三个分量居然可以精妙地得到B、C相电流的三个序分量，其中A相电流的正序分量和B、C相电流的正序分量构成正序关系，大小相等、相位相差120°，A相超前B相，B相超前C相；A相电流的负序分量和B、C相电流的负序分量构成逆序关系，大小相等、相位相差120°，A相滞后B相，B相滞后C相；A相电流的零序分量和B、C相电流的零序分量则大小相等、相位相同。

由于序分量本身的对称性，可以只对一相的序分量进行计算，三序计算完成后，再通过逆变换就可以得到待求的不对称三相电流。对于电压可进行类似计算。

1.2.4　拉氏变换法

为了研究电力系统发生短路故障后的暂态过程，可以列写并求解微分方程式(组)。对于三相电力系统，由于存在诸多动态元件，各相之间还存在耦合，直接求解高阶微分方程组，并且需要知道各个变量及其导数的初始状态是非常困难的，采用积分变换法是必然的选择。积分变换法通过积分变换，把已知的时域函数变换为频域函数，从而把对时域微分方程的求解转换为一个对频域代数方程的求解，求出频域函数后再逆变换即可得到原微分方程的解。拉普拉斯变换(以后简称拉氏变换)是一种重要的积分变换，是求解高阶复杂动态电路最为有效的方法之一。

拉氏变换：一个定义在 $[0,\infty)$ 区间的函数 $f(t)$，它的拉氏变换 $F(s)$ 定义为

$$F(s)=\int_{0_-}^{\infty} f(t)\mathrm{e}^{-st}\mathrm{d}t \tag{1-14}$$

式中，$s=\sigma+\mathrm{j}\omega$ 为复数，σ 为反应动态元件的衰减特性，ω 为反应元件的频率特性。

$F(s)$ 被称为函数 $f(t)$ 的像函数。

拉氏变换需满足允许性条件，亦即存在正实数 M 和 c，使对于所有 t，满足

$$|f(t)|\leqslant M\mathrm{e}^{ct} \tag{1-15}$$

拉氏变换的逆变换

$$f(t)=\frac{1}{2\pi\mathrm{j}}\int_{c-\mathrm{j}\infty}^{c+\mathrm{j}\infty} F(s)\mathrm{e}^{st}\mathrm{d}s \tag{1-16}$$

在复频域下，基尔霍夫定律可以写成如下形式：

对于任意节点：$\sum \boldsymbol{I}(s)=\mathbf{0}$

对于任意回路：$\sum \boldsymbol{U}(s)=\mathbf{0}$

拉氏变换为研究分析集总参数电路的故障暂态过程提供了工具，但在实际电力系统中应用很少。

1.2.5 现有电力系统故障分析的不足

从以上分析不难看出，现有电力系统故障分析计算所使用的方法建立在集总参数电路模型基础上，主要通过对工频电气量进行分析计算而得到相关结论，存在三个突出问题。

(1) 完全忽视暂态过渡过程，仅仅对故障后稳态电气量进行相量分析计算。实际上故障后对设备构成直接危害、确定继电保护和安全稳定控制判据准则的电气量都在故障初瞬发生，上述分析方法不能就此给出描述和解释。

(2) 拉氏变换法从理论上为研究认识电力系统故障暂态过程提供了可能，但在实际电力系统中由于存在较多的电感、电容元件，建立这些动态元件的耦合参数电路模型并求解高阶代数方程也是一件非常困难的事情。

(3) 把电力系统看成一个集总参数电路，完全忽略了电力系统的空间特性，即广域分布特性。事实上，任何扰动或电气量在电力系统传播都需要时间。

1.3 传统继电保护和故障检测技术所面临的挑战

1.3.1 输电线路分相电流差动保护

电流差动保护原理建立在基尔霍夫电流定律基础上，它把三相输电线路看成三个独立的线路，每相线路构成一个割集，正常运行或外部故障时，从线路一端流进的电流等于从线路对端流出的电流。内部短路时，线路本端所测量到的电流是由本端电源提供的短路电流，从本端流向故障点；线路对端所测量到的电流是由对端电源提供的短路电流，从对端流向故障点。两端提供给短路点的电流之和就是故障点的短路电流，也就是构成分相电流差动保护的差动电流。由于线路参数的一致性及静稳极限角的限制(线路两端相角差小于90°)，故障点短路电流是两端电流的相量和，数值必然大于任意单端电源所提供的短路电流。据此可以清楚区分故障发生在被保护线路上、没有发生故障或故障发生在被保护线路区外。以线路 MN 为例，分相电流差动保护动作判据可以写成

$$\left|\dot{I}_{\mathrm{M}}+\dot{I}_{\mathrm{N}}\right| \geqslant I_{\mathrm{set}} \tag{1-17}$$

式中，$\dot{I}_{\mathrm{M}}$ 为线路 M 端测量电流；$\dot{I}_{\mathrm{N}}$ 为线路 N 端测量电流；I_{set} 为保护的动作整定值。

分相电流差动保护的保护原理简单，动作灵敏，具有良好的选择性和天然的选相能力。伴随着光纤通信技术的成熟与普及，利用光纤作为通信通道交换线路两端电流信息进而构成的光纤分相电流差动保护成为电力系统输电线路的首选保护。但是，再看看以

下波形图，就会发现问题。

图 1.2 列出了一个在区外 F 点发生了单相短路接地故障的双电源输电线路，表 1.7 列出了仿真参数。图 1.3 是线路 M 端所测量到的三相短路电流，图 1.4 是线路 N 端所测量到的三相短路电流，图 1.5 是两端三相电流之和(差电流)，图 1.6 是 A 相两端电流和差电流。显而易见，故障前两端电流之和(差电流)并不等于零，这否定了正常运行为零的论断；故障后两端电流之和(差电流)亦不为零，这否定了区外故障时差电流为零的论断。问题出在什么地方呢？主要有以下两个因素：①输电线路不仅由两个集总参数电感和电阻表征，它还有对地分布电容，将产生类似差电流的电容电流；②故障点的电流被 N 端首先感受到，经过约 2ms 的延时才到达 M 端，这是由线路的空间特性决定的，电磁波传播需要这 2ms 的时间。

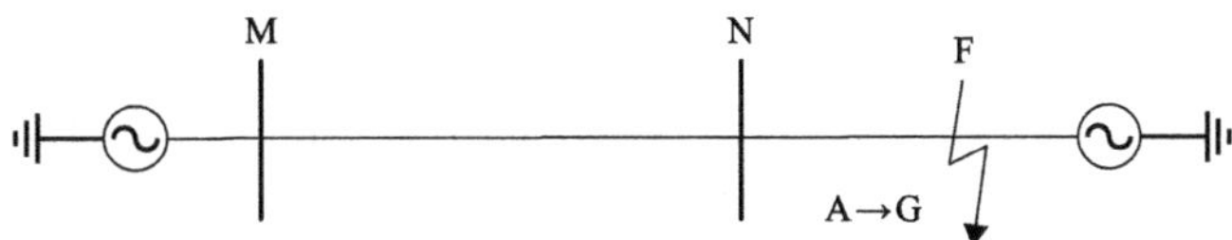

图 1.2 750kV 双电源输电线路仿真模型(0.5s 时发生单相接地故障)

表 1.7 图 1.2 中的仿真参数

参数名称	参数值
线路长度/km	600
正序电阻/(Ω / km)	0.01261
正序感抗/(Ω / km)	0.2891
正序电容/(pF / km)	14237
零序电阻/(Ω / km)	0.1546
零序感抗/(Ω / km)	0.7739
零序容抗/(pF / km)	9674

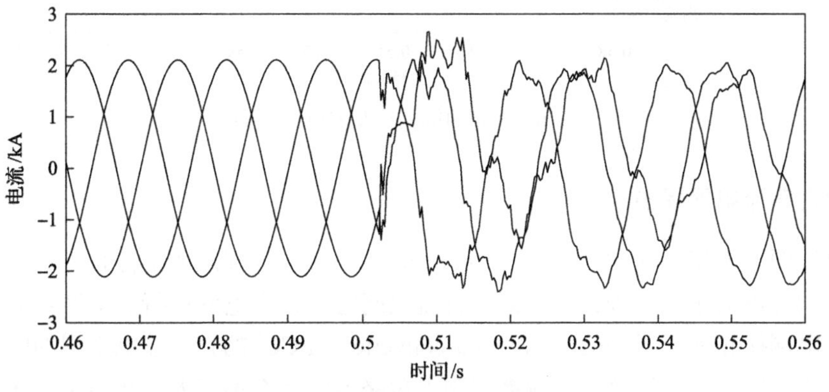

图 1.3 M 端三相电流波形

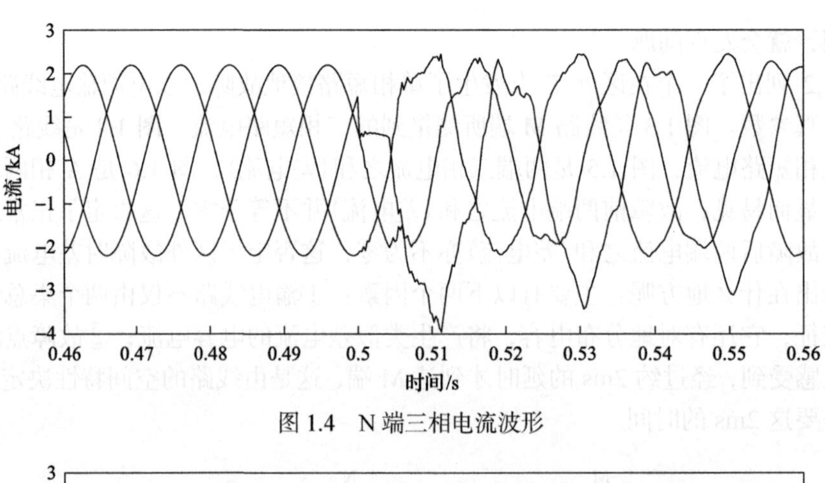

图 1.4　N 端三相电流波形

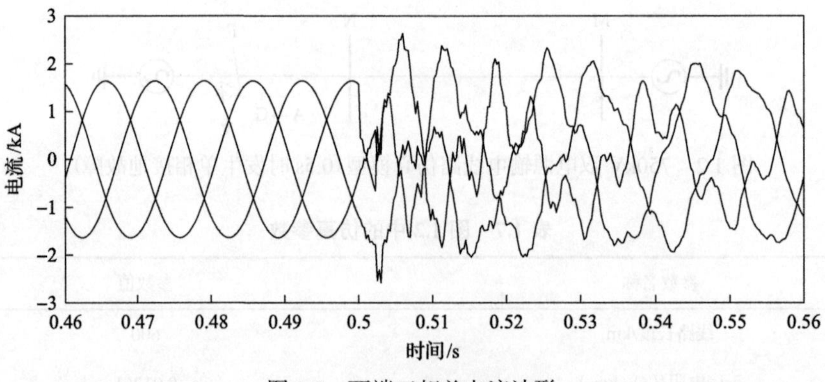

图 1.5　两端三相差电流波形

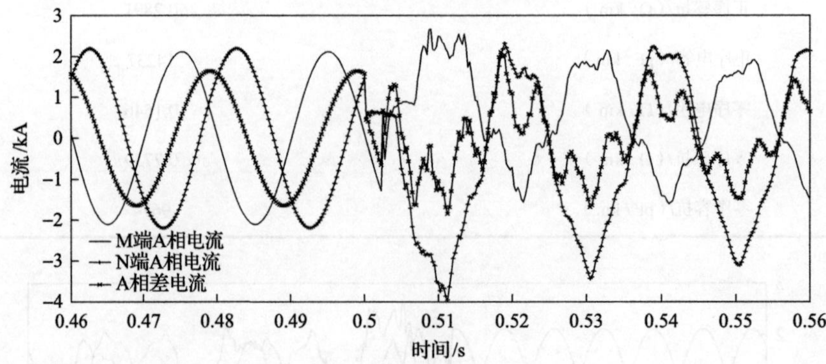

图 1.6　A 相两端电流及差电流波形

1.3.2　柔性直流电网保护

以电压源型换流器(voltage source converter，VSC)为标志的柔性直流电网已经排上了我国电网发展的正式日程，张北柔性直流电网已经投入电网运行。柔性直流电网和传统的基于电网换相换流器(line-commuted converter，LCC)的直流输电工程的区别为前者短路后电流急剧增大，后者在换流器控制下短路电流基本不增大，相当于存在“影子保护”。柔直电网不仅电流大，而且由于直流电流没有过零点，断路器难以开断短路电弧。

这对继电保护提出了苛刻的要求，要求3ms开断。众所周知，同时具有可靠性、选择性、能够全线速动的继电保护只有纵联保护方式，但是受制于线路长度和通信距离，纵联保护动作时间都在数十毫秒水平，与柔直电网对继电保护的要求相去甚远，传统保护技术对此问题无能为力。

1.3.3　中性点非有效接地系统配电线路单相接地保护

配电系统杆塔低，电气设备处于人、树木和建筑物可及的范围，故障尤其是单相接地故障的概率很高。为了在频繁发生单相故障时不发生跳闸而导致供电中断，10～35kV压配电网普遍采用中性点非有效接地方式运行。中性点非有效接地系统单相接地后，由于未能构成有效短路回路，接地电流微弱，避免了短路大电流对设备的损害，但也带来了负面影响：首先，健全相电压升高为线电压，长期运行加速绝缘子和套管的老化；其次接地点会出现电弧，电弧高温会烧毁电气设备进而引发相间短路故障。基于上述原因，我国相关规程规定：允许发生了单相接地故障的电气设备继续带病运行2h，如果两个小时该接地故障不消失或未找寻到，则必须跳闸停电。近年来，伴随着电缆供电线路的普及、风电的大规模开发和利用，对于单相接地故障的检测或保护出口动作时间缩减到普通继电保护的水平，大约数十毫秒。常用的保护有零序电流保护、零序功率方向保护和选线技术。

零序电流保护利用故障线路零序电流较非故障线路更大的特点来实现有选择性地发出信号或动作与跳闸。这种保护一般使用在有条件安装零序电流互感器的线路上(如电缆线路或经电缆引出的架空线路)；或当单相接地电流较大，足以克服零序电流过滤器中不平衡电流的影响时，保护装置也可以接于三个电流互感器构成的零序回路中。动作判据如下：

$$\begin{cases} I \geqslant I_{set} \\ I_{set} = K_{rel} 3U_{\varphi}\omega C_0 \end{cases} \tag{1-18}$$

式中，U_{φ}为相电压的有效值；C_0为被保护线路每相的对地电容；可靠系数$K_{rel}>1$。

当按照集总参数电路对配电网建模时，配电线路的分布电容电流事实上是被忽略的。由于无法构造保护，大家又想起了分布电容的存在。事实上，这个电容值非常小，由此产生的接地电流不仅远小于高达上万安培的短路电流，也远小于数千安培的正常负荷电流，只有几安培到几十安培，且受线路长短、电压等级高低等因素影响，变化范围很大。从此作为继电保护动作的基础，保护动作的正确性很难保证，这也间接说明中性点非有效接地系统单相接地保护的难度。

1.3.4　电力线路故障测距技术

故障是不可避免的，故障若能被继电保护正确检测并迅速动作跳闸，对于事先规划好的电力系统，不会造成实质性危害。但是要让发生了故障的电气设备，特别是故障概率较高的电力线路(输配电线路)尽快恢复正常运行，则要查明故障点并予以排除，而故障测距就是专门用于测量故障点到检测变电站距离的技术，非常重要。故障大多发生在恶劣气象条件下，无法测距或测距结果不精确，巡线工人的劳动强度将会非常大且效率非常低，毫无疑问这会给电网带来经济损失，而且带来巨大的安全风险。故障线路尚未恢复正常运行，其他线路又发生了故障，很有可能导致连锁跳闸乃至整个系统瓦解。

和保护技术类似，传统故障测距技术也是对电力系统和电力线路进行集总参数建模，再通过测量工频电压和工频电流计算出故障点到检测变电站的阻抗，最后根据线路单位长度阻抗推算出故障距离。以下结合图 1.7 予以说明，线路 MN 上一点发生故障，故障点与 M 端的距离为 x，过渡电阻为 R_f。线路 MN 全长为 l，线路单位长度阻抗为 Z_{L0}，两端电源内阻抗分别为 Z_{inM}、Z_{inN}。

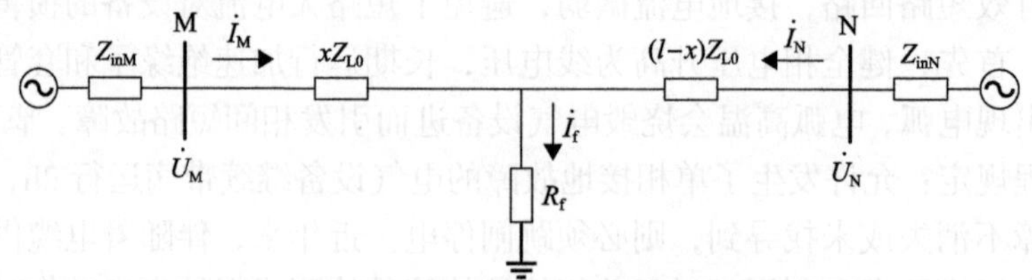

图 1.7　三相输电系统集总参数等效电路

对应于图 1.7，可以从 M、N 两端分别列写式(1-19)和式(1-20)。

$$\dot{U}_M - xZ_{L0}\cdot\dot{I}_M = R_f\dot{I}_f \tag{1-19}$$

$$\dot{U}_N - (l-x)Z_{L0}\cdot\dot{I}_N = R_f\dot{I}_f \tag{1-20}$$

两式作差得式(1-21)。如果已知了两端电流 $\dot{I}_M$、$\dot{I}_N$ 和两端电压 $\dot{U}_M$、$\dot{U}_N$，则故障距离 x 是可以根据式(1-21)，并利用序网络参数计算出来的，这就是双端法故障测距技术的基础。

$$x = \frac{\dot{U}_M - \dot{U}_N + \dot{I}_N\cdot lZ_{L0}}{(\dot{I}_M + \dot{I}_N)Z_{L0}} \tag{1-21}$$

如果只从 M 端列写方程式，且假定两端电流同相位，则

$$Z_M = \frac{\dot{U}_M}{\dot{I}_M} = xZ_{L0} + \frac{R_f\dot{I}_f}{\dot{I}_M} = xZ_{L0} + R_f\left(1 + \frac{\dot{I}_N}{\dot{I}_M}\right) = xZ_{L0} + R_f' \tag{1-22}$$

把两端电流转化为单端电流，故障距离 x 没有改变，修正后的过渡电阻 R_f' 隐含了两端电流大小差异(人们也不关心过渡电阻的准确值)，上述测距方程式就变成了单端量故障测距算法[7]。

从电力线路故障测距公式和它的推导过程看，物理意义清楚，结果应该可信。单端法受两端电流相位差影响，误差大是有原因的。但是对于双端法，我们没有做太多假设，理论上应该更为可信。可事实与愿望不符。图 1.8 列出了 500kV 输电线路，线路全长 700km，其两端电源相位差为 40°，设定 0.5s 在 MN 线路上发生单相接地纯阻性短路故障。设置不

同的故障距离和过渡电阻，图 1.9 列出了线路两端测量电压和测量电流波形图，表 1.8 列出了双端法故障测距结果。结果表明，双端测距算法误差较大，最大误差高达 23.9km。

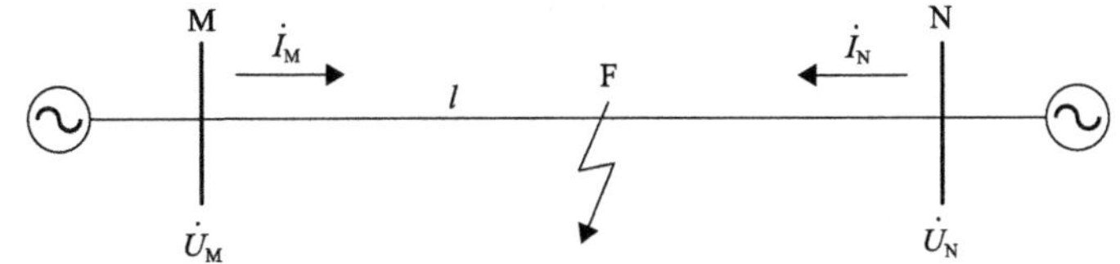

图 1.8　500kV 输电线路模型

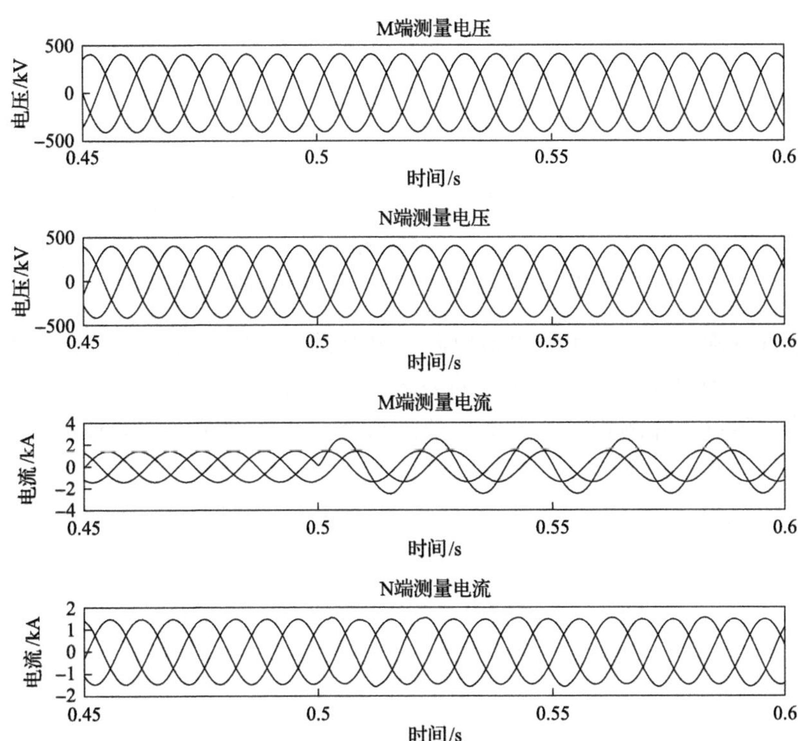

图 1.9　线路两端测量电压和测量电流波形图(故障点距 M 端 200km，过渡电阻 10Ω)

表 1.8　单端法和双端法故障测距结果

过渡电阻/ Ω	仿真故障距离/km	双端法测距结果/km	相对误差/%
10	200	212.10	6.05
	400	395.04	1.24
	600	585.67	2.39
20	200	212.50	6.25
	400	394.90	1.28
	600	584.75	2.54
100	200	214.80	7.4
	400	393.96	1.51
	600	576.10	4.15

误差原因实际很简单，集总参数电路模型过于理想。实际线路是分布参数电路，考虑线路特别是电容的分布参数特性后，线路测量阻抗和故障距离并非线性关系[8]，见图 1.10，它是一条双曲正切函数曲线；对于双端算法，两端电压和电流还存在波行时间。测距结果错误在所难免。

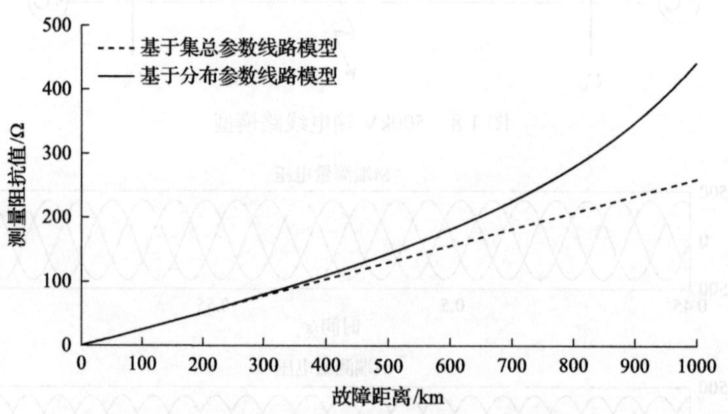

图 1.10　阻抗继电器测量阻抗与故障距离的函数关系

综上不难发现，诞生于集总参数电路模型基础上的传统继电保护技术不能满足超特高压电网建设和柔性直流电网建设的需要，不能有效检测中性点非有效接地系统单相接地故障，阻抗故障测距方法不能为故障点查询和修复提供科学有效的依据，必须另辟蹊径。

第 2 章　电磁波基础

2.1　时变电磁场

分析电力系统故障可以用“路”的方法，当然也可以使用“场”的方法。由于电力系统是一个在广泛空间上分布的物理系统，使用“场”的方法更接近实际情况。

静电场和恒定电磁场是研究场源不变情况下的电磁变化规律。当场源随时间变化时，空间电场和磁场都随着时间变化而变化，这就是时变电磁场，简称时变场。时变场的主要特征是电场和磁场是统一的、不可分割的整体。无论是电场或磁场，它们都是统一电磁场在不同条件下的表现。对于时变场，更密切的电磁联系表现为电场的变化产生磁场，磁场的变化产生电场。在时变场中，表征场量的基本方程之间是密切相关的。

2.1.1　麦克斯韦方程组

1. 麦克斯韦方程组的积分形式

麦克斯韦方程组完整地描述了时变电磁场的电磁关系。

$$\oint_l \boldsymbol{E}\cdot \mathrm{d}\boldsymbol{l} = -\int_S \frac{\partial \boldsymbol{B}}{\partial t}\cdot \mathrm{d}\boldsymbol{S} \tag{2-1}$$

$$\oint_l \boldsymbol{H}\cdot \mathrm{d}\boldsymbol{l} = \int_S \left(\boldsymbol{\delta} + \frac{\partial \boldsymbol{D}}{\partial t}\right)\cdot \mathrm{d}\boldsymbol{S} \tag{2-2}$$

$$\oint_S \boldsymbol{D}\cdot \mathrm{d}\boldsymbol{S} = \int_v \rho \cdot \mathrm{d}v \tag{2-3}$$

$$\oint_S \boldsymbol{B}\cdot \mathrm{d}\boldsymbol{S} = 0 \tag{2-4}$$

式(2-1)～式(2-4)中，$\boldsymbol{E}$ 为电场强度，V/m；$\boldsymbol{D}$ 为电位移密度，$\mathrm{C/m^2}$；$\boldsymbol{B}$ 为磁感应强度，$\mathrm{Wb/m^2}$ 或 T；$\boldsymbol{H}$ 为磁场强度，单位为 A/m；ρ 为电荷密度，$\mathrm{C/m^3}$；$\boldsymbol{\delta}$ 为电流密度，$\mathrm{A/m^2}$；l 为回路；$\boldsymbol{S}$ 为曲面；v 为体积。

式(2-1)是使用场量表示的法拉第电磁感应定律的积分形式。

基本的法拉第电磁感应定律指出：当穿过导体回路所界定的面积中的磁通发生变化时，在回路中将产生感应电动势和感应电流。感应电势的大小正比于磁通对于时间的变化率，而其方向由楞次定律决定，即感应电势产生的感应电流总是企图阻止磁通的变化。用式子可以写成

$$e = -\frac{\mathrm{d}\psi}{\mathrm{d}t} \tag{2-5}$$

当回路为单匝时，$\psi=\phi$，

$$e=-\frac{\mathrm{d}\phi}{\mathrm{d}t} \tag{2-6}$$

法拉第电磁感应现象是由于回路运动并切割磁场而产生了电场。但式(2-5)表明，随时间变化的磁通也会产生感应电动势。如果仅考虑由于磁通变化所产生的感应电动势，式(2-5)全导数就可以改写为偏导数，即

$$e=-\frac{\partial\phi}{\partial t} \tag{2-7}$$

$$e=\oint_l \boldsymbol{E}\cdot\mathrm{d}\boldsymbol{l}=-\frac{\partial}{\partial t}\int_S \boldsymbol{B}\cdot\mathrm{d}\boldsymbol{S} \tag{2-8}$$

或

$$\oint_l \boldsymbol{E}\cdot\mathrm{d}\boldsymbol{l}=-\int_S \frac{\partial \boldsymbol{B}}{\partial t}\cdot\mathrm{d}\boldsymbol{S} \tag{2-9}$$

法拉第电磁感应定律的推广说明电场与磁场之间的联系，即变化的磁场将产生电场。

式(2-2)是全电流定律的积分形式，它是安培环路定律的推广。安培环路定律指出：通电导体周围将产生磁场，磁场的方向和产生它的电流之间满足右手螺旋定则，其表达式为

$$\oint_l \boldsymbol{H}\cdot\mathrm{d}\boldsymbol{l}=i_{\mathrm{c}} \tag{2-10}$$

一般认为产生磁场的电流 i_{c} 是传导电流，如果回路包含一个传导电流 i_{c} 时，产生磁场的电流就是电流 i_{c}，如果回路中包含多个传导电流时，产生磁场的电流就是多个回路电流之和 $\sum_{j=1}^{j=n} i_j$。

事实上，磁场不仅能由导体回路中的传导电流产生，还可以由电荷在真空、稀薄空气介质中运动时形成的运流电流产生，运流电流常用电荷体密度和电流密度来表征。如果空间中运动的电荷具有体密度 ρ，运动速度 $\boldsymbol{v}$，则运流电流密度 $\boldsymbol{\delta}_{\mathrm{v}}$ 可以写成

$$\boldsymbol{\delta}_{\mathrm{v}}=\rho\boldsymbol{v} \tag{2-11}$$

穿过任一面积 $\boldsymbol{S}$ 的运流电流 i_{v} 为

$$i_{\mathrm{v}}=\int_S \boldsymbol{\delta}_{\mathrm{v}}\cdot\mathrm{d}\boldsymbol{S} \tag{2-12}$$

运流电流也是由电荷的运动形成的，计及一般情况下电流与磁场的关系时，在安培环路定律右侧电流项中应加入运流电流 i_{v}，即

$$\oint_l \boldsymbol{H} \cdot \mathrm{d}\boldsymbol{l} = i_\mathrm{c} + i_\mathrm{v} \tag{2-13}$$

事实上，电流的变化也可以产生磁场，为了量化这个电流的变化产生的磁场，麦克斯韦提出了位移电流 i_D 的假设，位移电流 i_D 和位移电流密度 $\boldsymbol{\delta}_\mathrm{D}$、电位移 $\boldsymbol{D}$ 之间存在以下关系：

$$\boldsymbol{\delta}_\mathrm{D} = \frac{\mathrm{d}\boldsymbol{D}}{\mathrm{d}t} \tag{2-14}$$

$$i_\mathrm{D} = \frac{\mathrm{d}q}{\mathrm{d}t} = \frac{\mathrm{d}}{\mathrm{d}t}\oint_S \boldsymbol{D} \cdot \mathrm{d}\boldsymbol{S} \tag{2-15}$$

式(2-15)中 q 是假想的产生位移电流的电荷。如果带电体或者媒质在场中不运动，对于时间的求导符号可以移至积分号内并改为偏导数：

$$i_\mathrm{D} = \oint_S \frac{\partial \boldsymbol{D}}{\partial t} \cdot \mathrm{d}\boldsymbol{S} \tag{2-16}$$

计及传导电流、运流电流和位移电流之后，安培环路定律变成

$$\oint_l \boldsymbol{H} \cdot \mathrm{d}\boldsymbol{l} = \int_S \left(\boldsymbol{\delta} + \frac{\partial \boldsymbol{D}}{\partial t}\right) \cdot \mathrm{d}\boldsymbol{S} \tag{2-17}$$

式中，$\boldsymbol{\delta}$ 项代表传导电流与运流电流密度之和；$\dfrac{\partial \boldsymbol{D}}{\partial t}$ 为位移电流密度，反映电场的变化。这个方程式包含了所有三类不同的电流，因而又称为全电流定律。

全电流定律揭示了电荷的运动可以产生磁场，变化的电场也可以产生磁场。

式(2-3)是高斯通量定理

$$\oint_S \boldsymbol{D} \cdot \mathrm{d}\boldsymbol{S} = \int_v \rho \mathrm{d}v = q \tag{2-18}$$

但是不仅电荷能够产生电场，式(2-1)表明变化的磁场也产生电场。如果一个区域电荷为零但存在变化的磁场，则 $\oint_S \boldsymbol{D} \cdot \mathrm{d}\boldsymbol{S} = 0$ 而 $\oint_l \boldsymbol{E} \cdot \mathrm{d}\boldsymbol{l} = -\int_S \dfrac{\partial \boldsymbol{B}}{\partial t} \cdot \mathrm{d}\boldsymbol{S} \neq 0$。即该区域依然存在电场，但它是有旋、无源场。

式(2-4)是磁通连续性原理，迄今为止没有发现磁单极或磁荷，所以它在时变电磁场下依然成立。

麦克斯韦方程组揭示了时变电磁场的基本变化规律，为分析研究时变电磁场和电磁波奠定了重要理论基础。

2. 麦克斯韦方程组的微分形式

假定各场量对于时间空间一阶导数连续，应用斯托克斯定理和高斯散度定理，则可以得到麦克斯韦方程组的微分形式：

$$\nabla \times \boldsymbol{H} = \boldsymbol{\delta}_{\mathrm{c}} + \boldsymbol{\delta}_{\mathrm{v}} + \frac{\partial \boldsymbol{D}}{\partial t} \tag{2-19}$$

式中，$\boldsymbol{\delta}_{\mathrm{c}}$ 为传导电流密度；$\boldsymbol{\delta}_{\mathrm{v}}$ 为运流电流密度。

$$\nabla \times \boldsymbol{E} = -\frac{\partial \boldsymbol{B}}{\partial t} \tag{2-20}$$

$$\nabla \cdot \boldsymbol{B} = 0 \tag{2-21}$$

$$\nabla \cdot \boldsymbol{D} = \rho \tag{2-22}$$

3. 边界条件

为了获得麦克斯韦方程组的微分形式，假定各场量都是时间和空间的连续函数，并具有连续的一阶导数。事实上电磁场分布的空间时常有两种或多种媒质存在，在不同媒质的分界面上，介电常数、磁导率和电导率都会发生突变，麦克斯韦方程组的微分形式就不能成立。因此，有必要明确分界面上各场量之间的关系，即边界条件。

(1) 磁场在法线方向的边界条件：

$$\boldsymbol{B}_{1\mathrm{n}} = \boldsymbol{B}_{2\mathrm{n}} \tag{2-23}$$

即对于不同介质分界面，磁感应强度向量在法线方向上是连续的。

(2) 电场在法线方向的边界条件：

$$\boldsymbol{D}_{2\mathrm{n}} - \boldsymbol{D}_{1\mathrm{n}} = \sigma \tag{2-24}$$

如果分界面上无电荷，则电位移向量 $\boldsymbol{D}$ 在法线方向也是连续的：

$$\boldsymbol{D}_{1\mathrm{n}} = \boldsymbol{D}_{2\mathrm{n}} \tag{2-25}$$

式(2-23)～式(2-25)中，下标 n 代表矢量的法线方向。

(3) 电场在切线方向的边界条件：

$$\boldsymbol{E}_{1\mathrm{t}} - \boldsymbol{E}_{2\mathrm{t}} = 0 \tag{2-26}$$

(4) 磁场在切线方向的边界条件，若分界面上存在线密度为 δ_{S} 的面电流，则闭合回线内的面电流是 $\delta_{\mathrm{S}}\Delta m$，即

$$\boldsymbol{H}_{1\mathrm{t}} - \boldsymbol{H}_{2\mathrm{t}} = \delta_{\mathrm{S}} \tag{2-27}$$

如果分界面上无面电流，则

$$\boldsymbol{H}_{1\mathrm{t}} - \boldsymbol{H}_{2\mathrm{t}} = 0 \tag{2-28}$$

式(2-26)～式(2-28)中，下标 t 表示矢量切线方向。

2.1.2 坡印亭定理

电磁场也具有能量，电磁场的能量和功率由坡印亭向量来刻画，而有关能量转换的规律则由坡印亭定理来表征。

以 $\boldsymbol{H}$ 点乘麦克斯韦第二方程，以 $\boldsymbol{E}$ 点乘麦克斯韦第一方程，然后相减得到

$$\boldsymbol{H}\cdot\nabla\times\boldsymbol{E}-\boldsymbol{E}\cdot\nabla\times\boldsymbol{H}=-\boldsymbol{H}\cdot\frac{\partial\boldsymbol{B}}{\partial t}-\boldsymbol{E}\cdot(\boldsymbol{\delta}_{\mathrm{c}}+\boldsymbol{\delta}_{\mathrm{v}})-\boldsymbol{E}\cdot\frac{\partial\boldsymbol{D}}{\partial t} \tag{2-29}$$

利用关系

$$\begin{aligned}\boldsymbol{H}\cdot\frac{\partial\boldsymbol{B}}{\partial t}&=\frac{\partial}{\partial t}\left(\frac{1}{2}\boldsymbol{B}\cdot\boldsymbol{H}\right)\\ \boldsymbol{E}\cdot\frac{\partial\boldsymbol{D}}{\partial t}&=\frac{\partial}{\partial t}\left(\frac{1}{2}\boldsymbol{D}\cdot\boldsymbol{E}\right)\end{aligned} \tag{2-30}$$

再应用矢量分析中的恒等式 $\boldsymbol{H}\cdot(\nabla\times\boldsymbol{E})-\boldsymbol{E}\cdot(\nabla\times\boldsymbol{H})=\nabla\cdot(\boldsymbol{E}\times\boldsymbol{H})$，式(2-30)可改写为

$$\nabla\cdot(\boldsymbol{E}\times\boldsymbol{H})=-\frac{\partial}{\partial t}\left(\frac{1}{2}\boldsymbol{B}\cdot\boldsymbol{H}+\frac{1}{2}\boldsymbol{D}\cdot\boldsymbol{E}\right)-\boldsymbol{E}\cdot\boldsymbol{\delta}_{\mathrm{c}}-\boldsymbol{E}\cdot\boldsymbol{\delta}_{\mathrm{v}} \tag{2-31}$$

将上式两端对任意体积 V 求体积分，再利用高斯散度定理，就可得到

$$\oint_S(\boldsymbol{E}\times\boldsymbol{H})\cdot\mathrm{d}S=-\frac{\partial}{\partial t}\int_V\left(\frac{1}{2}\boldsymbol{B}\cdot\boldsymbol{H}+\frac{1}{2}\boldsymbol{D}\cdot\boldsymbol{E}\right)\mathrm{d}V-\int_V\boldsymbol{E}\cdot\boldsymbol{\delta}_{\mathrm{c}}\mathrm{d}V-\int_V\boldsymbol{E}\cdot\boldsymbol{\delta}_{\mathrm{v}}\mathrm{d}V \tag{2-32}$$

式中，S 为限定体积 V 的闭合面。

由 $\boldsymbol{\delta}_{\mathrm{c}}=\gamma(\boldsymbol{E}+\boldsymbol{E}_0)$ 得

$$\boldsymbol{E}=\frac{\boldsymbol{\delta}_{\mathrm{c}}}{\gamma}-\boldsymbol{E}_0,\quad \boldsymbol{\delta}_{\mathrm{v}}=\rho\boldsymbol{v} \tag{2-33}$$

及

$$W=\int_V\left(\frac{1}{2}\boldsymbol{B}\cdot\boldsymbol{H}+\frac{1}{2}\boldsymbol{D}\cdot\boldsymbol{E}\right)\mathrm{d}V \tag{2-34}$$

代入式(2-32)，得

$$\oint_S(\boldsymbol{E}\times\boldsymbol{H})\cdot\mathrm{d}S=-\frac{\partial W}{\partial t}-\int_V\frac{\boldsymbol{\delta}_{\mathrm{c}}^2}{\gamma}\mathrm{d}V+\int_V\boldsymbol{E}_0\cdot\boldsymbol{\delta}_{\mathrm{c}}\mathrm{d}V-\int_V\rho\boldsymbol{E}\cdot\boldsymbol{v}\mathrm{d}V \tag{2-35}$$

式(2-35)中，W 为体积 V 中的电磁场能量；$\dfrac{\partial W}{\partial t}$ 则为电磁场能量对时间的变化率；

$\int_V \frac{\boldsymbol{\delta}_c^2}{\gamma} \mathrm{d}V$ 表示体积 V 中由于传导电流而引起的损耗功率；$\int_V \boldsymbol{E}_0 \cdot \boldsymbol{\delta}_c \mathrm{d}V$ 表示体积 V 中外源所发出的功率；最后一项 $\int_V \rho \boldsymbol{E} \cdot \boldsymbol{v} \mathrm{d}V$ 则为电磁场对运动电荷所做的机械功率。

将上式移项后，可得到

$$\oint_S (\boldsymbol{E} \times \boldsymbol{H}) \cdot \mathrm{d}S + \int_V \frac{\boldsymbol{\delta}_c^2}{\gamma} \mathrm{d}V + \int_V \rho \boldsymbol{E} \cdot \boldsymbol{v} \mathrm{d}V = -\frac{\partial W}{\partial t} + \int_V \boldsymbol{E}_0 \cdot \boldsymbol{\delta}_c \mathrm{d}V \tag{2-36}$$

这是电磁场中的功率平衡方程，反映了电磁场中的能量守恒定律。它表明，体积 V 中，每单位时间场能的减少以及外源所做的功，除转变为热能以及作机械功外，尚有一部分转移到体积 V 外面去。转移出去的一部分可表示为 $\oint_S (\boldsymbol{E} \times \boldsymbol{H}) \cdot \mathrm{d}S$，它表示单位时间穿出闭合面 S 的能量，也即穿出闭合面 S 的功率。以上就是坡印亭定理。由于 $\boldsymbol{E} \times \boldsymbol{H}$ 的闭合面积表示了单位时间穿出 S 面的功率，故可以令

$$\boldsymbol{S} = \boldsymbol{E} \times \boldsymbol{H} \tag{2-37}$$

式(2-37)表示单位时间穿出与能流方向相垂直的单位面积上的能量或电磁能流，这是一个功率密度。$\boldsymbol{S}$ 称为坡印亭向量。

根据 $\boldsymbol{S}$ 的定义，可知它的单位为 $\mathrm{W/m^2}$，该向量的量值等于垂直于 $\boldsymbol{S}$ 方向的单位面积上所穿过的功率值，向量的方向即该点功率流动的方向。当用导线传输电能时，电磁能量是通过导线外部空间，由电源端向负载端传输的，导线只是起了引导能量在空间定向传播的作用。

2.2 波动方程及其达朗贝尔解

电磁波理论主要研究电磁场脱离场源之后的电磁运动规律，特别是研究在不考虑场源情况下电磁场方程的解。描述电磁场传播规律的是波动方程，而求解波动方程是困难的，因而引入标量位和矢量位函数。

2.2.1 电磁场的波动方程

在时变情况下，电场和磁场相互激励，在空间循环往复、周而复始而形成电磁波。时变电磁场的能量以电磁波的形式进行传播，电磁场的波动方程描述了电磁场的波动性。以下是无源空间中电磁场的波动方程。

在无源的均匀介质中(J=0，ρ=0)，μ 为介质的磁导率；ε 为介质的介电常数，麦克斯韦方程组的微分形式为

$$\nabla \times \boldsymbol{E} = -\frac{\partial \boldsymbol{B}}{\partial t} = -\mu \frac{\partial \boldsymbol{H}}{\partial t} \tag{2-38}$$

$$\nabla \times \boldsymbol{H} = \frac{\partial \boldsymbol{D}}{\partial t} = \varepsilon \frac{\partial \boldsymbol{E}}{\partial t} \tag{2-39}$$

$$\nabla \cdot \boldsymbol{D} = 0 \tag{2-40}$$

$$\nabla \cdot \boldsymbol{B} = 0 \tag{2-41}$$

对式(2-38)两边取旋度，再利用矢量恒等式

$$\nabla \times (\nabla \times \boldsymbol{E}) = \nabla(\nabla \cdot \boldsymbol{E}) - \nabla^2 \boldsymbol{E} \tag{2-42}$$

及

$$\nabla \times (\nabla \times \boldsymbol{E}) = -\mu \nabla \times \frac{\partial \boldsymbol{H}}{\partial t} \tag{2-43}$$

得

$$\nabla \cdot (\nabla \cdot \boldsymbol{E}) - \nabla^2 \boldsymbol{E} = -\mu \nabla \times \frac{\partial \boldsymbol{H}}{\partial t} = -\mu \frac{\partial}{\partial t}(\nabla \times \boldsymbol{H}) \tag{2-44}$$

将式(2-39)代入式(2-44)得

$$\nabla \cdot (\nabla \cdot \boldsymbol{E}) - \nabla^2 \boldsymbol{E} = -\mu \frac{\partial}{\partial t}\left(\varepsilon \frac{\partial \boldsymbol{E}}{\partial t}\right) = -\mu\varepsilon \frac{\partial^2 \boldsymbol{E}}{\partial t^2} \tag{2-45}$$

由散度定理知，$\nabla \cdot (\nabla \cdot \boldsymbol{E}) = 0$，所以

$$\nabla^2 \boldsymbol{E} - \mu\varepsilon \frac{\partial^2 \boldsymbol{E}}{\partial t^2} = 0 \tag{2-46}$$

同理可得

$$\nabla^2 \boldsymbol{H} - \mu\varepsilon \frac{\partial^2 \boldsymbol{H}}{\partial t^2} = 0 \tag{2-47}$$

式(2-46)和式(2-47)称为电场和磁场的波动方程，求解电磁场波动方程，可以得到电磁场在空间的分布 $\boldsymbol{E}$ 和 $\boldsymbol{H}$，也就是在空间传播的电磁波。

在直角坐标系中，波动方程可展开为三个标量方程：

$$\begin{cases} \nabla^2 E_x - \mu\varepsilon \dfrac{\partial^2 E_x}{\partial t^2} = 0 \\ \nabla^2 E_y - \mu\varepsilon \dfrac{\partial^2 E_y}{\partial t^2} = 0 \\ \nabla^2 E_z - \mu\varepsilon \dfrac{\partial^2 E_z}{\partial t^2} = 0 \end{cases} \tag{2-48}$$

因为 $\boldsymbol{E}$ 和 $\boldsymbol{H}$ 有相似的表达式，所以 $\boldsymbol{E}$ 和 $\boldsymbol{H}$ 的各分量均为以标量 ϕ 表示的波动方程

的解。

$$\nabla^2\phi - \mu\varepsilon\frac{\partial^2\phi}{\partial t^2} = 0 \tag{2-49}$$

在无源空间中（$\delta = 0$ ，$\rho = 0$），若媒质为各向同性、线性、均匀的导电媒质(电导率$\sigma \neq 0$),由麦克斯韦方程同样可以求得电场强度和磁场强度满足的波动方程。

$$\nabla\times\nabla\times\boldsymbol{E} = \nabla\times\left(-\mu\frac{\partial\boldsymbol{H}}{\partial t}\right) \tag{2-50}$$

应用矢量恒等式得

$$\nabla(\nabla\cdot\boldsymbol{E}) - \nabla^2\boldsymbol{E} = -\mu\frac{\partial}{\partial t}(\nabla\times\boldsymbol{H}) \tag{2-51}$$

$$\nabla(\nabla\cdot\boldsymbol{E}) - \nabla^2\boldsymbol{E} = -\mu\frac{\partial}{\partial t}\left(\sigma\boldsymbol{E} + \varepsilon\frac{\partial\boldsymbol{E}}{\partial t}\right) \tag{2-52}$$

因此，电场强度 $\boldsymbol{E}$ 满足的波动方程为

$$\nabla^2\boldsymbol{E} - \mu\varepsilon\frac{\partial^2\boldsymbol{E}}{\partial t^2} - \mu\sigma\frac{\partial\boldsymbol{E}}{\partial t} = 0 \tag{2-53}$$

同样，磁场强度 $\boldsymbol{H}$ 满足的波动方程为

$$\nabla^2\boldsymbol{H} - \mu\varepsilon\frac{\partial^2\boldsymbol{H}}{\partial t^2} - \mu\sigma\frac{\partial\boldsymbol{H}}{\partial t} = 0 \tag{2-54}$$

对于简单媒质中的有源区域，即（$\delta \neq 0$ ，$\rho \neq 0$），用类似的方法推得

$$\nabla^2\boldsymbol{E} - \mu\varepsilon\frac{\partial^2\boldsymbol{E}}{\partial t^2} = \mu\frac{\partial\boldsymbol{\delta}}{\partial t} + \frac{\nabla\rho}{\varepsilon} \tag{2-55}$$

$$\nabla^2\boldsymbol{H} - \mu\varepsilon\frac{\partial^2\boldsymbol{H}}{\partial t^2} = -\nabla\times\boldsymbol{\delta} \tag{2-56}$$

式(2-55)与式(2-56)这两个方程分别称为 $\boldsymbol{E}$ 和 $\boldsymbol{H}$ 的非齐次矢量波动方程。这里场强与场源的关系很复杂，一般不直接求解这两个方程，而是引入位函数，间接地求解 $\boldsymbol{E}$ 和 $\boldsymbol{H}$ 。

2.2.2　动态位

在电磁场中，引入位函数，可以大大简化对问题的分析和计算。在时变磁场中，为了求出场量与电磁波源之间的关系，也需要引入时变情况下的位函数，称为动态位。引入标量动态位函数和矢量动态位函数后，可以使对式(2-55)和式(2-56)的求解转化为对

简单的位函数方程的求解，解出位函数后就可以很容易地得到场量 $\boldsymbol{E}$ 和 $\boldsymbol{H}$ 。

在时变场中，空间各点场量满足电磁场方程组

$$\begin{cases} \nabla \times \boldsymbol{H} = \boldsymbol{\delta}_{\mathrm{c}} + \dfrac{\partial \boldsymbol{D}}{\partial t} \\ \nabla \times \boldsymbol{E} = -\dfrac{\partial \boldsymbol{B}}{\partial t} \\ \nabla \cdot \boldsymbol{B} = 0 \\ \nabla \cdot \boldsymbol{D} = \rho \end{cases} \tag{2-57}$$

根据式(2-57)第 3 式，可引入向量位 $\boldsymbol{A}$，使

$$\boldsymbol{B} = \nabla \times \boldsymbol{A} \tag{2-58}$$

同时令

$$\nabla \cdot \boldsymbol{A} = -\mu\varepsilon \frac{\partial \varphi}{\partial t} \tag{2-59}$$

如此就唯一规定了向量 $\boldsymbol{A}$，上式称为洛伦兹规范(Lorentz gauge)。

将式(2-58)代入式(2-57)第 2 式，得

$$\nabla \times \boldsymbol{E} = -\frac{\partial \boldsymbol{B}}{\partial t} = -\frac{\partial}{\partial t}(\nabla \times \boldsymbol{A}) = \nabla \times \left(-\frac{\partial \boldsymbol{A}}{\partial t}\right) \tag{2-60}$$

或

$$\nabla \times \left(\boldsymbol{E} + \frac{\partial \boldsymbol{A}}{\partial t}\right) = 0 \tag{2-61}$$

根据式(2-61)，同时引入标量位 φ ，使

$$\boldsymbol{E} + \frac{\partial \boldsymbol{A}}{\partial t} = -\nabla \varphi \tag{2-62}$$

或

$$\boldsymbol{E} = -\left(\nabla \varphi + \frac{\partial \boldsymbol{A}}{\partial t}\right) \tag{2-63}$$

这样，就定义了向量位 $\boldsymbol{E} + \dfrac{\partial \boldsymbol{A}}{\partial t} = -\nabla \varphi$ 与标量位 φ ，为了求得它们与场源的关系，对式(2-58)两边取旋度，再代入 $\boldsymbol{B} = \mu \boldsymbol{H}$ 的关系，可得

$$\nabla \times \nabla \times \boldsymbol{A} = \mu \nabla \times \boldsymbol{H} \tag{2-64}$$

再以式(2-64)代入式(2-57)中的第 1 式并利用 $\boldsymbol{D} = \varepsilon \boldsymbol{E}$ 关系，就有

$$\nabla\times\nabla\times\boldsymbol{A}=\mu\boldsymbol{\delta}_{\mathrm{c}}+\mu\varepsilon\frac{\partial\boldsymbol{E}}{\partial t}\tag{2-65}$$

根据向量恒等式$\nabla\times\nabla\times\boldsymbol{A}=\nabla(\nabla\cdot\boldsymbol{A})-\nabla^2\boldsymbol{A}$，式(2-65)可写为

$$\nabla^2\boldsymbol{A}=-\mu\boldsymbol{\delta}_{\mathrm{c}}+\nabla\left(\mu\varepsilon\frac{\partial\varphi}{\partial t}\right)+\nabla(\nabla\cdot\boldsymbol{A})+\mu\varepsilon\frac{\partial^2\boldsymbol{A}}{\partial t^2}\tag{2-66}$$

对于式(2-57)中的第 4 式，将式(2-63)代入，可得到

$$\nabla\cdot\boldsymbol{D}=\varepsilon\nabla\cdot\boldsymbol{E}=-\varepsilon\nabla\cdot\left(\nabla\varphi+\frac{\partial\boldsymbol{A}}{\partial t}\right)=\rho$$

即

$$\nabla^2\varphi+\nabla\cdot\frac{\partial\boldsymbol{A}}{\partial t}=-\frac{\rho}{\varepsilon}\tag{2-67}$$

式(2-66)及式(2-67)两式中的$\boldsymbol{A}$与φ即为时变场的动态位。$\boldsymbol{A}$称为动态向量位，φ动态标量位，它们既是空间坐标的函数又是时间的函数。并须注意，现在电场强度$\boldsymbol{E}$不仅与φ有关，并且与$\boldsymbol{A}$也有关。在特殊情况下，例如静电场与恒定电场中，由于一切场量对时间求导均为零，就有$\boldsymbol{E}=-\nabla\varphi$，这一结果与以前所得相符。

进一步将式(2-59)代入式(2-66)，得

$$\nabla^2\boldsymbol{A}-\frac{1}{v^2}\frac{\partial^2\boldsymbol{A}}{\partial t^2}=-\mu\boldsymbol{\delta}_{\mathrm{c}}\tag{2-68}$$

式中，$v=\dfrac{1}{\sqrt{\mu\varepsilon}}$为电磁波在介质中的传播速度。

另外，将式(2-63)代入式(2-57)第 4 式，得到关于φ的方程：

$$\nabla^2\varphi+\frac{\partial}{\partial t}(\nabla\cdot\boldsymbol{A})=-\frac{\rho}{\varepsilon}\tag{2-69}$$

更进一步

$$\nabla^2\varphi-\mu\varepsilon\frac{\partial^2\varphi}{\partial t^2}=-\frac{\rho}{\varepsilon}\tag{2-70}$$

将$v=\dfrac{1}{\sqrt{\mu\varepsilon}}$代入上式就可写成

$$\begin{cases}\nabla^2\boldsymbol{A}-\dfrac{1}{v^2}\dfrac{\partial^2\boldsymbol{A}}{\partial t^2}=-\mu\boldsymbol{\delta}_{\mathrm{c}}\\[2ex]\nabla^2\varphi-\dfrac{1}{v^2}\dfrac{\partial^2\varphi}{\partial t^2}=-\dfrac{\rho}{\varepsilon}\end{cases}\tag{2-71}$$

称式(2-71)为动态位 $\boldsymbol{A}$ 和 φ 的达朗贝尔方程。它表示电磁场的特性用动态位表征时，标量位和向量位应分别满足的关系。

2.2.3 波动方程的达朗贝尔解

1. 动态位的意义

动态位是时变电磁场的位函数，达朗贝尔方程是表示动态位与波源 $\boldsymbol{\delta}_{\mathrm{c}}$、$\rho$ 之间关系的方程。当位函数不随时间变动时，其所满足的方程就成为

$$\begin{cases}\nabla^2\boldsymbol{A}=-\mu\boldsymbol{\delta}_{\mathrm{c}}\\ \nabla^2\varphi=-\dfrac{\rho}{\varepsilon}\end{cases} \tag{2-72}$$

式(2-72)即为恒定磁场中向量磁位与静电场中静电位的泊松方程。

考虑时变情况下自由空间中的电磁场，此时 $\rho=0$、$\boldsymbol{\delta}_{\mathrm{c}}=0$，达朗贝尔方程就成为

$$\begin{cases}\nabla^2\boldsymbol{A}-\dfrac{1}{v^2}\dfrac{\partial^2\boldsymbol{A}}{\partial t^2}=0\\ \nabla^2\varphi-\dfrac{1}{v^2}\dfrac{\partial^2\varphi}{\partial t^2}=0\end{cases} \tag{2-73}$$

它们具有自由空间波动方程的形式。在自由空间中，场量又非时变量，达朗贝尔方程就变成向量磁位与静电位的拉普拉斯方程。

2. 动态位 φ 和 $\boldsymbol{A}$ 的解

在静态情况下，泊松方程的解为

$$\varphi(x,y,z)=\frac{1}{4\pi\varepsilon}\int_V\frac{\rho(x',y',z')\mathrm{d}V}{\gamma} \tag{2-74}$$

式(2-74)中，x、y、z 为场点 P 的坐标；而 x'、y'、z' 为源点(即体电荷所在空间内一个元体积 $\mathrm{d}V$)的坐标；γ 为 $\mathrm{d}V$ 与 P 点的距离(图 2.1)；体积分应遍及体电荷所在的整个体积 V。显然，空间任意点 $P(x,y,z)$ 的动态位是与元体积 $\mathrm{d}V$ 相应的点电荷 $\mathrm{d}q=\rho\mathrm{d}V$ 在 P 点产生电位的叠加形式。

当电荷值随时间变动时，动态标量位 φ 既是空间的函数，也是时间的函数。在电荷以外的自由空间，φ 满足波动方程 $\nabla^2\varphi-\dfrac{1}{v^2}\dfrac{\partial^2\varphi}{\partial t^2}=0$。在考虑 d 所产生的电场时，将它作为点电荷看待，因而由 $\mathrm{d}q$ 所产生的这部分电位具有球对称的性质，即 φ 仅为球面坐标变量 r 及时间 t 的函数。这样 $\nabla^2\varphi$ 在球面坐标制中的展开式为

$$\nabla^2\varphi=\frac{1}{r^2}\frac{\partial}{\partial r}\left(r^2\frac{\partial\varphi}{\partial r}\right)=\frac{1}{r}\frac{\partial^2(r\varphi)}{\partial r^2} \tag{2-75}$$

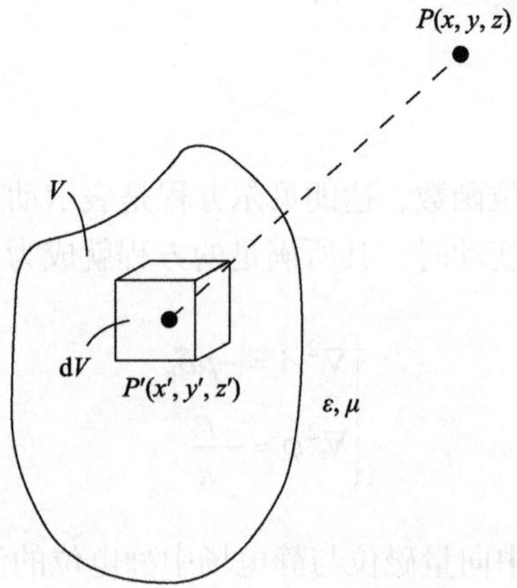

图 2.1　体电荷在 P 点的电位

而波动方程成为

$$\frac{1}{r}\frac{\partial^2(r\varphi)}{\partial r^2}=\frac{1}{v^2}\frac{\partial^2\varphi}{\partial t^2} \tag{2-76}$$

或

$$\frac{\partial^2(r\varphi)}{\partial r^2}=\frac{1}{v^2}\frac{\partial^2(r\varphi)}{\partial t^2} \tag{2-77}$$

这就成为以 $r\varphi$ 为函数的一维波动方程，它的解的一般形式为

$$r\varphi=F_1(r-vt)+F_2(r+vt) \tag{2-78}$$

从而

$$\varphi=\frac{F_1(r-vt)}{r}+\frac{F_2(r+vt)}{r} \tag{2-79}$$

观察第一项，若将函数 $F_1(r-vt)$ 的变量改写为 $F_1\left[-v\left(t-\frac{r}{v}\right)\right]=f\left(t-\frac{r}{v}\right)$，此时只计第一项，则

$$\varphi=\frac{f\left(t-\frac{r}{v}\right)}{r} \tag{2-80}$$

式(2-80)表明 f 是一个空间与时间的任意函数，但是它随时间的变化是以变量为

$t-r/v$ 的形式出现。函数 f 的具体形式决定于电荷 $\mathrm{d}q$ 及周围的媒质。由于静止情况是时变情况的一个特例，将式(2-80)与静止情况的解即式(2-74)做比较，就可看出，点电荷 $\mathrm{d}q$ 所产生动态位 φ 的函数结构，在时变情况下，可写成

$$\mathrm{d}\varphi=\frac{\rho\left(x',y',z',t-\dfrac{r}{v}\right)}{4\pi\varepsilon r}\mathrm{d}V \tag{2-81}$$

如果考虑到体积 V 中所有电荷的作用，那么在 P 点动态标量位应为

$$\varphi(x,y,z,t)=\frac{1}{4\pi\varepsilon}\int_V\frac{\rho\left(x',y',z',t-\dfrac{r}{v}\right)}{r}\mathrm{d}V \tag{2-82}$$

对于动态向量位 $\boldsymbol{A}$，可以与恒定磁场中向量磁位 $\boldsymbol{A}$ 的一般解形式来比较，通过相仿的推导，便可得

$$\boldsymbol{A}(x,y,z,t)=\frac{\mu}{4\pi}\int_V\frac{\delta_{\mathrm{c}}\left(x',y',z',t-\dfrac{r}{v}\right)}{r}\mathrm{d}V \tag{2-83}$$

若是线性电流，则应将 $\boldsymbol{\delta}_{\mathrm{c}}\cdot\mathrm{d}V$ 写成 $\boldsymbol{i}\cdot\mathrm{d}l$，上式成为

$$\boldsymbol{A}(x,y,z,t)=\frac{\mu}{4\pi}\int_l\frac{i\left(t-\dfrac{r}{v}\right)}{r}\mathrm{d}l \tag{2-84}$$

式(2-84)中的线积分范围 l 即为电流 i 所经过的回路。

3. 前行波 $f\left(t-\dfrac{r}{v}\right)$ 和反行波 $f\left(t+\dfrac{r}{v}\right)$

$f\left(t-\dfrac{r}{v}\right)$ 中有两个自变量，一个是时间 t，另一个是空间距离 r，它们一起决定 f 的值。如果使 t 与 r 都变化，但却维持 $t-r/v$ 的值不变，那 f 仍应具有同样的值；这样问题就转化为寻求数值固定为 f 的一个物理量，它在不同的时刻将在空间何处出现？显然，当 t 增加时，为使 $t-r/v$ 维持不变，r 必须等于 vt 的关系增加。这就意味着此物理量是以速度 v 沿着 r 方向传播出去的，从而构成了一个波动，现在这个波就是以动态位计算媒介的电场、磁场波，即电磁波。

若令 $f\left(t-\dfrac{r}{v}\right)$ 为常数，即要求 $\theta=t-\dfrac{r}{v}$ 为常数，则有 $\dfrac{\mathrm{d}\theta}{\mathrm{d}t}=1-\dfrac{1}{v}\dfrac{\mathrm{d}r}{\mathrm{d}t}=0$，即 $\dfrac{\mathrm{d}r}{\mathrm{d}t}=v$，这就较一般地说明了凡以 $t-r/v$ 为变量的函数，都表示一个以速度 v 沿 r 方向前进的波动。

沿 r 方向离开波源前进的波称为前行波。同理，$f\left(t+\frac{r}{v}\right)$ 相当于沿 $-r$ 方向传播的波，称为反行波。

4. 波速度

电磁场的波动特性说明了电磁作用的传递是以有限速度进行的，现在这个速度是 υ ，在自由空间可近似认为

$$\upsilon=\frac{1}{\sqrt{\mu_0\varepsilon_0}}=3\times10^8\,\mathrm{m/s}=c \tag{2-85}$$

此处 c 是光速。式(2-82)～式(2-84)都表明，在时刻 t，场中某点的动态位及此点的场量值，并不是决定于同一时刻波源的情况。换言之，在时刻 t 波源的作用要经过一个推迟时间才能到达离其 r 处的 P 点，这一推迟的时间也就是传递电磁作用所需的时间，由此动态位也被称为推迟位。

推迟作用说明了电磁作用的传递不是瞬间完成的，而是以有限速度传递的。

如果产生电磁波的波源都随时间作正弦变化，其角频率为 ω，那么在线性媒质稳态情况下空间各场量及动态位也都是同频的正弦函数。

5. 似稳场和迅变场

前已述及，某一场点的动态位比波源所推迟的时间就是电磁波从波源传播到该场点所需要的时间。如果波源变化得比较快，这种推迟作用的影响就比较明显；如果波源变化比较慢，则在电磁波从波源传递到场点这段时间内波源并未明显变化，此时虽然仍有推迟作用，但对场量的影响就比较小。若以 T 表示正弦变化的周期，上述情况就可以表示为当推迟时间 $r/v\ll T$ 时，就可不计推迟作用。如果定义波长 $\lambda=vT$ ，则上述条件可以写成

$$\frac{r}{v}\ll T \quad 或 \quad r<\lambda \tag{2-86}$$

此条件称为似稳条件，当电磁场满足似稳条件时，就可以不计推迟作用。这是指电磁场的稳态分布，即电磁波的正常传播，而非动态过程，这种场也称为缓变场。如果不满足式(2-86)条件的场，则称为迅变场，迅变场必须考虑推迟作用。

2.3　平面电磁波

平面电磁波是一类特殊的电磁波，理想介质中的均匀平面电磁波又是各种平面电磁波的基础，它分析方法简单，但又表征了电磁波的所有重要特性，输电线导行电磁波和天线发射的电磁波都与均匀平面波具有惊人的相似之处。

2.3.1　理想介质中的均匀平面波

以下介绍理想介质中的均匀平面波、导电媒质中的均匀平面波以及一种非均匀平面波——输电线导行电磁波。

1. 均匀平面波

1) 理想介质中的电磁场方程

理想介质中，传导电流和自由电荷都为零，此时电磁场方程组为

$$\begin{cases}\nabla\times\boldsymbol{H}=\varepsilon\dfrac{\partial\boldsymbol{E}}{\partial t}\\ \nabla\times\boldsymbol{E}=-\mu\dfrac{\partial\boldsymbol{H}}{\partial t}\\ \nabla\cdot\boldsymbol{H}=0\\ \nabla\cdot\boldsymbol{E}=0\end{cases}\tag{2-87}$$

为了消去 $\boldsymbol{H}$ ，可作下列运算：

$$\nabla\times\nabla\times\boldsymbol{E}=-\mu\frac{\partial}{\partial t}\nabla\times\boldsymbol{H}=-\mu\varepsilon\frac{\partial^2\boldsymbol{E}}{\partial t^2}\tag{2-88}$$

应用向量恒等式 $\nabla\times\nabla\times\boldsymbol{E}=\nabla\nabla\cdot\boldsymbol{E}-\nabla^2\boldsymbol{E}$ ，并考虑到 $\nabla\cdot\boldsymbol{E}=0$ ，可得

$$\nabla^2\boldsymbol{E}=\mu\varepsilon\frac{\partial^2\boldsymbol{E}}{\partial t^2}\tag{2-89}$$

同理，可得

$$\nabla^2\boldsymbol{H}=\mu\varepsilon\frac{\partial^2\boldsymbol{H}}{\partial t^2}\tag{2-90}$$

令 $v=\dfrac{1}{\sqrt{\mu\varepsilon}}$ ，并称之为波速或相速，这样，上列两式可分别写成

$$\nabla^2\boldsymbol{E}=\frac{1}{v^2}\frac{\partial^2\boldsymbol{E}}{\partial t^2}\tag{2-91}$$

和

$$\nabla^2\boldsymbol{H}=\frac{1}{v^2}\frac{\partial^2\boldsymbol{H}}{\partial t^2}\tag{2-92}$$

2) 均匀平面波

推动一个平面传播的波就是均匀平面波。

均匀平面波的特点为其场量除随时间变化外，只与波传播方向的坐标有关。若电磁波沿直角坐标制的 x 轴传播，则场量只是 t 和 x 的函数，即在 x 等于常数的平面上，各点的电场强度和磁场强度分别相等。若用数学式表示，即为 $\boldsymbol{E}=\boldsymbol{E}(x,t)$ ，$\boldsymbol{H}=\boldsymbol{H}(x,t)$ ，这样式(2-91)和式(2-92)退化为

$$\frac{\partial^2\boldsymbol{E}}{\partial x^2}=\frac{1}{v^2}\frac{\partial^2\boldsymbol{E}}{\partial t^2} \tag{2-93}$$

$$\frac{\partial^2\boldsymbol{H}}{\partial x^2}=\frac{1}{v^2}\frac{\partial^2\boldsymbol{H}}{\partial t^2} \tag{2-94}$$

上列两式均为一维的波动方程。

将麦克斯韦旋度方程 $\nabla\times\boldsymbol{E}=-\mu\dfrac{\partial\boldsymbol{H}}{\partial t}$ 及 $\nabla\times\boldsymbol{H}=\varepsilon\dfrac{\partial\boldsymbol{E}}{\partial t}$ 在直角坐标制中展开，并令场量 $\boldsymbol{E}$ 及 $\boldsymbol{H}$ 沿 y 和 z 方向的变化为零，可得下列方程组：

$$0=\mu\frac{\partial H_x}{\partial t} \tag{2-95}$$

$$\frac{\partial E_z}{\partial x}=\mu\frac{\partial H_y}{\partial t} \tag{2-96}$$

$$\frac{\partial E_y}{\partial x}=-\mu\frac{\partial H_z}{\partial t} \tag{2-97}$$

$$0=\varepsilon\frac{\partial E_x}{\partial t} \tag{2-98}$$

$$-\frac{\partial H_z}{\partial x}=\varepsilon\frac{\partial E_y}{\partial t} \tag{2-99}$$

$$\frac{\partial H_y}{\partial x}=\varepsilon\frac{\partial E_z}{\partial t} \tag{2-100}$$

从式(2-95)和式(2-98)可看出，E_x 和 H_x 对时间 t 来说是常数。在波动方程中常数没有意义，可令 $E_x=H_x=0$ 。由此可见，均匀平面波的电场和磁场都和传播方向垂直，即对传播方向来说，它们是横向的。称电场和磁场都与波行方向垂直的电磁波为横电磁波(transverse electromagnetic wave，TEM)。

式(2-96)和式(2-100)中的 E_z 和 H_y 构成一组波，对它们进行简单的运算，可得

$$\frac{\partial^2 E_z}{\partial x^2}=\mu\varepsilon\frac{\partial^2 E_z}{\partial t^2}=\frac{1}{v^2}\frac{\partial^2 E_z}{\partial t^2} \tag{2-101}$$

$$\frac{\partial^2 H_y}{\partial x^2}=\mu\varepsilon\frac{\partial^2 H_y}{\partial t^2}=\frac{1}{v^2}\frac{\partial^2 H_y}{\partial t^2} \tag{2-102}$$

同理，式(2-97)和式(2-99)中的 E_y 和 H_z 构成另一组波，将它们进行相同的运算，可得

$$\frac{\partial^2 E_y}{\partial x^2}=\frac{1}{v^2}\frac{\partial^2 E_y}{\partial t^2} \tag{2-103}$$

$$\frac{\partial^2 H_z}{\partial x^2}=\frac{1}{v^2}\frac{\partial^2 H_z}{\partial t^2} \tag{2-104}$$

式(2-103)、式(2-104)均为一维的标量波动方程。下面以式(2-105)为例，做简单的说明。设它的一个解为 $f_{\mathrm{I}}(x-vt)$，因为 $\frac{\partial^2 f_{\mathrm{I}}}{\partial x^2}=f_{\mathrm{I}}''(x-vt)$，$\frac{\partial^2 f_{\mathrm{I}}}{\partial t^2}=v^2 f_{\mathrm{I}}''(x-vt)$，显然，$f_{\mathrm{I}}(x-vt)$ 满足方程式(2-103)，因而这一假定的解是正确的。f_{I} 代表任意函数，其具体表达式应根据边界条件及初始条件决定。为了便于理解它的含义，可令 f_{I} 为正弦函数，即

$$f_{\mathrm{I}}(x-vt)=k\sin(x-vt) \tag{2-105}$$

图 2.2 中表示三个不同时刻的正弦分布曲线。有箭头的线表示正弦波的波峰随着时间的推移向 $+x$ 方向传播的情况。实际上，正弦波上其他相位不同的各点，都是随着时间的推移向 $+x$ 方向传播的。现在要决定正弦波上各点的传播速度，就以波峰作为研究对象。对 a 点来说，$t=t_1$ 时，$x=x_1$；对 b 点来说，$t=t_2$ 时，$x=x_2$。由于 a、b 两点相位相同，所以相应的时间、空间变量应满足下式：

$$x_1-vt_1=x_2-vt_2$$

或

$$v(t_2-t_1)=x_2-x_1 \tag{2-106}$$

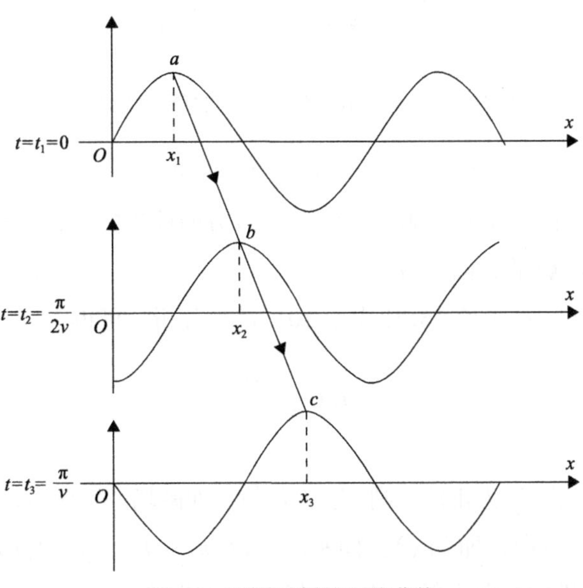

图 2.2　不同时刻的正弦曲线

得

$$\frac{x_2 - x_1}{t_2 - t_1} = \frac{\Delta x}{\Delta t} = v \tag{2-107}$$

上式表明，正弦波上 a 点以速度 v 向$(+x)$方向前进，故称 v 为波速，因它是相位一定的点的运动速度，故又称相速。其实，正弦波上各点都以相同的速度 v 向$(+x)$方向前进。

$f_{\mathrm{I}}(x-vt)$ 称为入射波(或直波)，对于 E_y 的入射波，常用 $E_y^+(x,t)$ 或 E_y^+ 表示。式(2-103)的另一解设为 $f_{\mathrm{II}}(x+vt)$，用类似的方法可说明它以相速 v 向$(-x)$方向传播，通常称它为反射波(或回波)。对于 E_y 的反射波，常用 $E_y^-(x,t)$ 或 E_y^- 表示。入射波和反射波通称为行波。综上所述，式(2-103)的通解为

$$\begin{aligned} E_y(x,t) &= E_y^+ + E_y^- = f_{\mathrm{I}}(x-vt) + f_{\mathrm{II}}(x+vt) \\ &= f_1\left(t - \frac{x}{v}\right) + f_2\left(t + \frac{x}{v}\right) \end{aligned} \tag{2-108}$$

将 E_y^+ 代入式(2-97)，可得

$$\frac{\partial H_z^+}{\partial t} = -\frac{1}{\mu}\frac{\partial E_y^+}{\partial x} = \frac{1}{v\mu} f_1'\left(t - \frac{x}{v}\right) = \sqrt{\frac{\varepsilon}{\mu}} f_1'\left(t - \frac{x}{v}\right) \tag{2-109}$$

将上式对时间积分并略去表示静态的积分常数，可得

$$H_z^+ = \sqrt{\frac{\varepsilon}{\mu}} f_1\left(t - \frac{x}{v}\right) = \frac{E_y^+}{z_0} \tag{2-110}$$

式中，$z_0 = \sqrt{\frac{\mu}{\varepsilon}}$，$\Omega$，其值决定于媒质的参数，通常称它为媒质的波阻抗(又称本征阻抗或特性阻抗)。对于自由空间，$\mu_0 = 4\pi \times 10^{-7}\,\mathrm{H/m}$，$\varepsilon_0 = (36\pi \times 10^9)^{-1}\,\mathrm{F/m}$；因此 $z_0 = 120\pi \approx 377\Omega$。由 E_y^+ 和 H_z^+ 构成一组向$(+x)$方向前进的波，不难看出，这组波的传播方向和 $(E_y \boldsymbol{j}) \times (H_z \boldsymbol{k})$ 的方向一致。

应用相同的方法，对式(2-96)和式(2-101)进行分析，可得

$$H_y^+ = -\frac{E_z^+}{z_0} \tag{2-111}$$

式中，“–”号说明，若 E_z^+ 为正值，则 H_y^+ 为负值，即磁场的实际方向是$(-y)$方向。不难看出，这组波的传播方向，即$(+x)$方向和向量 $(E_z \boldsymbol{k}) \times (H_y - \boldsymbol{j})$ 的方向一致。

向$(+x)$方向前进的波即入射波的总电场强度和总磁场强度之间满足

$$
\begin{aligned}
E^{+} &= \sqrt{(E_y^{+})^2 + (E_z^{+})^2} = \sqrt{z_0^2 (H_z^{+})^2 + z_0^2 (H_y^{+})^2} \\
&= z_0 \sqrt{(H_z^{+})^2 + (H_y^{+})^2} = z_0 H^{+}
\end{aligned} \tag{2-112}
$$

可见，z_0等于电场强度和磁场强度的比，它不仅适用于各组分量波，也适用于合成波。

图 2.3 表示入射波向$(+x)$方向(由纸面出来)传播时，$\boldsymbol{E}$ 和 $\boldsymbol{H}$ 的关系。对于向$(-x)$方向前进的波(即反射波)来说，也有类似关系：

$$
\frac{E_y^{-}}{H_z^{-}} = \frac{E_z^{-}}{H_y^{-}} = -z_0 \tag{2-113}
$$

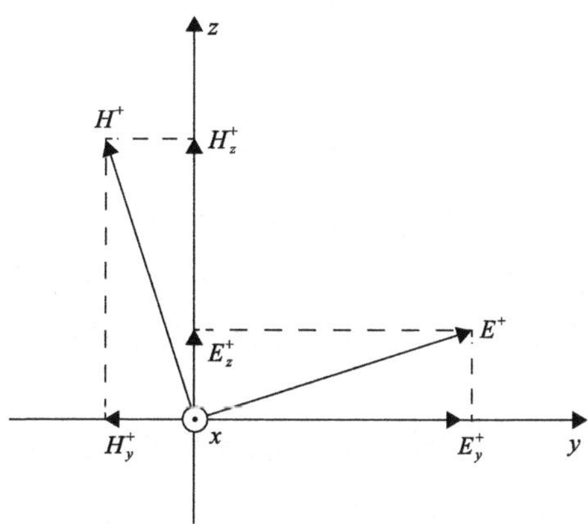

图 2.3　电磁场传播方向和电场磁场的关系

式(2-113)中“–”号的意义和上面介绍的相同。两组分量波的传播方向分别和其电场强度向量与磁场强度向量的向量积的方向一致。反射波的总电场强度为

$$
\begin{aligned}
E^{-} &= \sqrt{(E_y^{-})^2 + (E_z^{-})^2} \\
&= \sqrt{z_0^2 (H_z^{-})^2 + z_0^2 (H_y^{-})^2} = z_0 H^{-}
\end{aligned} \tag{2-114}
$$

3) 均匀平面波的能量

先以入射波为例，单位体积中储存的电场能量为

$$
w_E^{+} = \frac{\varepsilon (E^{+})^2}{2} = \frac{\varepsilon \left[(E_y^{+})^2 + (E_z^{+})^2 \right]}{2} \tag{2-115}
$$

单位体积中储存的磁场能量为

$$
w_H^{+} = \frac{\mu (H^{+})^2}{2} = \frac{\mu \left[(H_y^{+})^2 + (H_z^{+})^2 \right]}{2} \tag{2-116}
$$

应用式(2-110)，可以证明 $w_E^{+} = w_H^{+}$。入射波的坡印亭向量为

$$\begin{aligned} \boldsymbol{S}^+ &= \boldsymbol{E}^+ \times \boldsymbol{H}^+ = (E_y^+\boldsymbol{j} + E_z^+\boldsymbol{k}) \times (H_y^+\boldsymbol{j} + H_z^+\boldsymbol{k}) \\ &= E_y^+H_z^+\boldsymbol{i} - E_z^+H_y^+\boldsymbol{i} = (E_y^+H_z^+ - E_z^+H_y^+)\boldsymbol{i} \\ &= \frac{1}{z_0}\left[(E_y^+)^2 + (E_z^+)^2\right]\boldsymbol{i} = \frac{1}{z_0}(E^+)^2\boldsymbol{i} \\ &= z_0(H^+)^2\boldsymbol{i} \end{aligned} \tag{2-117}$$

同理，反射波的坡印亭向量为

$$\boldsymbol{S}^- = \frac{1}{z_0}(E^-)^2\boldsymbol{i} = -z_0(H^-)^2\boldsymbol{i} \tag{2-118}$$

式中，“–”号表明反射波的能流密度的方向和 $-x$ 方向一致。

4) 均匀平面波的性质

(1) 向 $+x$ 方向前进的入射波和向 $-x$ 方向前进的反射波的相速相等，均为 $v = \frac{1}{\sqrt{\mu\varepsilon}}$。

(2) 无论电场或磁场在电磁波传播方向上都无分量，故均匀平面波属于横电磁波。

(3) 无论对每一组分量波来说，还是对合成的入射波或反射波来说，电场的量值均等于磁场的量值乘以 z_0。电场强度 $\boldsymbol{E}$、磁场强度 $\boldsymbol{H}$ 和传播速度 v 三者之间互相垂直，且传播方向和 $\boldsymbol{E} \times \boldsymbol{H}$ 的方向一致。

(4) 在任何时刻、在任何场点上储存的电能密度和磁能密度相等。

(5) 入射波的坡印亭向量的量值由 $\frac{(E^+)^2}{z_0} = z_0(H^+)^2$ 决定，反射波的坡印亭向量的量值由 $\frac{(E^-)^2}{z_0} = z_0(H^-)^2$ 决定，它们的方向就是波传播的方向。

5) 工频电磁场

这时场量可用相量表示，瞬时形式的波动方程就可转化为相量形式的波动方程。为此可设

$$\boldsymbol{E} = E_y\boldsymbol{j} = E_{ym}\sin(\omega t + \varphi_E)\boldsymbol{j} = \mathrm{Im}[\dot{E}_{ym}\mathrm{e}^{\mathrm{j}\omega t}]\boldsymbol{j} \tag{2-119}$$

$$\boldsymbol{H} = H_z\boldsymbol{k} = H_{zm}\sin(\omega t + \varphi_H)\boldsymbol{k} = \mathrm{Im}[\dot{H}_{zm}\mathrm{e}^{\mathrm{j}\omega t}]\boldsymbol{k} \tag{2-120}$$

式(2-119)和式(2-120)中的 $\boldsymbol{j}$ 表示空间 y 轴方向的单位向量，而 j 表示虚数单位。式(2-119)、式(2-120)中的 $\dot{E}_{ym} = E_{ym}\mathrm{e}^{\mathrm{j}\varphi_E}$ 和 $\dot{H}_{zm} = H_{zm}\mathrm{e}^{\mathrm{j}\varphi_H}$，两者只是空间坐标 x 的函数。且有

$$\frac{\partial E_y}{\partial t} = \mathrm{Im}\left[\mathrm{j}\omega\dot{E}_{ym}\mathrm{e}^{\mathrm{j}\omega t}\right] \quad \frac{\partial^2 E_y}{\partial t^2} = \mathrm{Im}\left[(\mathrm{j}\omega)^2\dot{E}_{ym}\mathrm{e}^{\mathrm{j}\omega t}\right]$$

应用上述关系，不难将式(2-93)、式(2-94)表示的一维波动方程转化成

$$\frac{\mathrm{d}^2\dot{E}_y}{\mathrm{d}x^2}=\frac{(\mathrm{j}\omega)^2}{v^2}\dot{E}_y=\left(\mathrm{j}\omega\sqrt{\mu\varepsilon}\right)^2\dot{E}_y \tag{2-121}$$

$$\frac{\mathrm{d}^2\dot{H}_z}{\mathrm{d}x^2}=\left(\mathrm{j}\omega\sqrt{\mu\varepsilon}\right)^2\dot{H}_z \tag{2-122}$$

上述两式中的$\dot{E}_y\left(=\frac{1}{\sqrt{2}}\dot{E}_{ym}\right)$、$\dot{H}_z\left(=\frac{1}{\sqrt{2}}\dot{H}_{zm}\right)$也是$x$的函数，它们的模分别表示电场、磁场的有效值。令$\varGamma^2=(\mathrm{j}\omega\sqrt{\mu\varepsilon})^2$或$\varGamma=\mathrm{j}\omega\sqrt{\mu\varepsilon}=\mathrm{j}\beta_{\mathrm{p}}$，这样，复数形式的波动方程可改写成

$$\frac{\mathrm{d}^2\dot{E}_y}{\mathrm{d}x^2}=\varGamma^2\dot{E}_y \tag{2-123}$$

$$\frac{\mathrm{d}^2\dot{H}_z}{\mathrm{d}x^2}=\varGamma^2\dot{H}_z \tag{2-124}$$

上列两式为两阶的常微分方程，其通解为

$$\dot{E}_y=\dot{E}_y^{+}\mathrm{e}^{-\varGamma x}+\dot{E}_y^{-}\mathrm{e}^{\varGamma x}=\dot{E}_y^{+}\mathrm{e}^{-\mathrm{j}\beta_{\mathrm{p}}x}+\dot{E}_y^{-}\mathrm{e}^{\mathrm{j}\beta_{\mathrm{p}}x} \tag{2-125}$$

$$\dot{H}_z=\frac{1}{z_0}(\dot{E}_y^{+}\mathrm{e}^{-\mathrm{j}\beta_{\mathrm{p}}x}-\dot{E}_y^{-}\mathrm{e}^{\mathrm{j}\beta_{\mathrm{p}}x}) \tag{2-126}$$

若只考虑向$+x$方向传播的波，则上式便成

$$\dot{E}_y=\dot{E}_y^{+}\mathrm{e}^{-\mathrm{j}\beta_{\mathrm{p}}x} \tag{2-127}$$

$$\dot{H}_z=\frac{1}{z_0}\dot{E}_y^{+}\mathrm{e}^{-\mathrm{j}\beta_{\mathrm{p}}x} \tag{2-128}$$

它们的瞬时表示式分别为

$$\begin{aligned}E_y(x,t)&=\sqrt{2}E_y^{+}\sin(\omega t-\beta_{\mathrm{p}}x+\varphi_E)\\&=\sqrt{2}E_y^{+}\sin\omega\left(t-\frac{\beta_{\mathrm{p}}}{\omega}x+\frac{\varphi_E}{\omega}\right)\end{aligned} \tag{2-129}$$

$$\begin{aligned}H_z(x,t)&=\frac{\sqrt{2}E_y^{+}}{z_0}\sin(\omega t-\beta_{\mathrm{p}}x+\varphi_E)\\&=\frac{\sqrt{2}}{z_0}E_y^{+}\sin\omega\left(t-\frac{\beta_{\mathrm{p}}}{\omega}x+\frac{\varphi_E}{\omega}\right)\end{aligned} \tag{2-130}$$

从上式可明显地看出，β_{p}代表每单位长度中相位的变化，故称为相位常数，并称

$\Gamma = \mathrm{j}\beta_\mathrm{p}$ 为传播常数。式中 $\dfrac{\beta_\mathrm{p}}{\omega} = \dfrac{1}{v}$，$v = \dfrac{\omega}{\beta_\mathrm{p}}$，$E_y^+$ 是正弦函数的有效值，根据具体边界条件决定。式(2-104)和式(2-105)表示以相速 $v = \dfrac{\omega}{\beta_\mathrm{p}} = \dfrac{1}{\sqrt{\mu\varepsilon}}$ 向 $+x$ 方向传播的等幅入射波，且电场和磁场同相。在 x 等于常数的平面上，各点场量的相位相等，量值也相等。通常称相位相等的面为等相面，称等相面为平面的电磁波为平面波，称量值相等的面为等幅面。可见式(2-129)和式(2-130)所表示的电磁波是平面波，且等相面和等幅面一致，故称这种波为均匀平面波。

图 2.4 表示正弦电场、正弦磁场入射波向 $+x$ 方向传播的情况。图中设 $\varphi_E = 0$，图 2.4(a)中实线表示 $t = 0$ 时 $\boldsymbol{E}$ 和 $\boldsymbol{H}$ 沿 x 轴的分布，而虚线表示它们在 $t > 0$ 的某一时刻的分布。图 2.4(b)表示某一时刻在空间两个平面上的电、磁场分布，并以线的疏密表示场强的大小。这样的场图以相速 υ 向 $+x$ 方向传播。

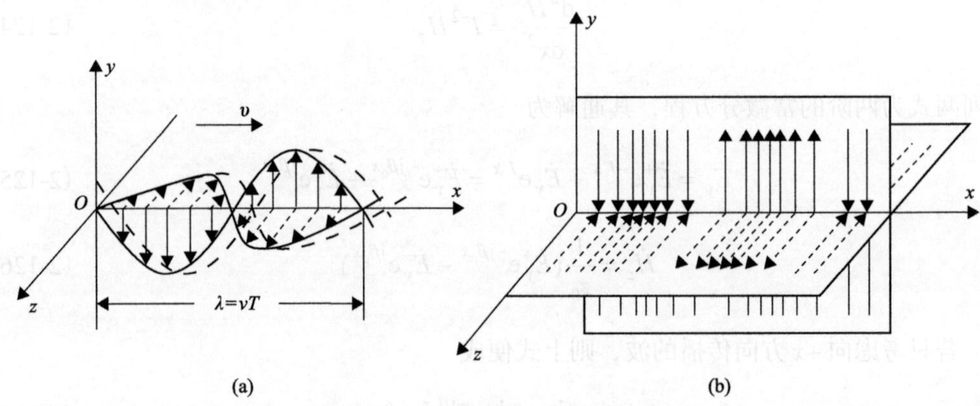

图 2.4　正弦电磁场与电场磁场的关系

6) 正弦波的波长

电磁波在一个周期内传播的距离称为波长并以 λ 表示，显然 $\lambda = vT = v/f$。在一定介质中，v 是一个常数，λ 和 f 成反比。又因 $\beta_\mathrm{p}\lambda = \left(\dfrac{\omega}{v}\right)\lambda = \left(\dfrac{\omega}{v}\right)vT = \omega T = 2\pi$，所以波长 λ 又等于空间中相位相差 2π 的两点间的距离。

2. 极化电磁波

以上讨论的均匀平面波沿 x 轴传播，它们的电场和磁场只有一个分量，或沿 y 轴或沿 z 轴方向。实际电场和磁场可能有两个分量，这两个分量在时间上可能同相也可能不同相，作为理想平面波概念的推广，下边介绍线极化波、椭圆极化波和圆极化波。

(1)设有一个向 $+x$ 方向传播的均匀平面波，其电场强度的表示式为

$$E_z = E_{2\mathrm{m}}\sin(\omega t - \beta_\mathrm{p} x) \tag{2-131}$$

这个波的特点为在任何等相面上，场强 $\boldsymbol{E}$ 的方向始终沿着 z 轴，换句话说，场强 $\boldsymbol{E}$ 向

量末端的轨迹是一根直线，如图 2.5(a)所示，这样的电磁波称为线性极化波，又称它沿 z 轴取向。

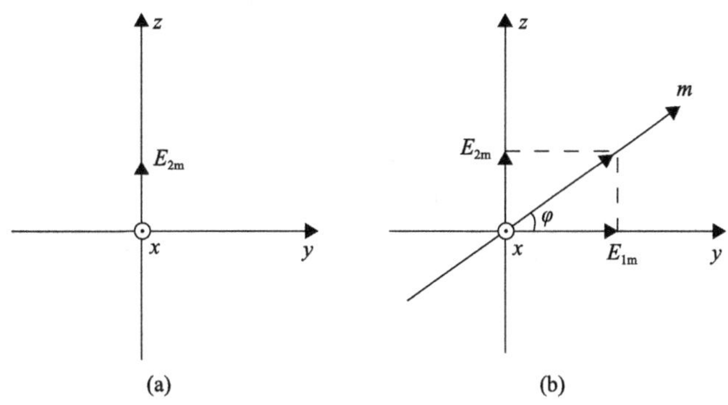

图 2.5　线性极化波

设在空间有两个相速相等，传播方向相同(都为 $+x$ 方向)的均匀平面波，一个为沿 y 轴取向的线极化波，另一个为沿 z 轴取向的线极化波。它们的表达式分别为

$$E_y(x,t)=E_{1m}\sin(\omega t-\beta_p x) \tag{2-132}$$

$$E_z(x,t)=E_{2m}\sin(\omega t-\beta_p x) \tag{2-133}$$

在 x 等于零的等相面上，电场强度分别为

$$E_y(0,t)=E_{1m}\sin\omega t \tag{2-134}$$

$$E_z(0,t)=E_{2m}\sin\omega t \tag{2-135}$$

总的合成场强为

$$\begin{aligned}\boldsymbol{E}&=E_{1m}\sin\omega t\boldsymbol{j}+E_{2m}\sin\omega t\boldsymbol{k}=(E_{1m}\boldsymbol{j}+E_{2m}\boldsymbol{k})\sin\omega t\\&=\sqrt{E_{1m}^2+E_{2m}^2}\boldsymbol{m}\sin\omega t\end{aligned} \tag{2-136}$$

式中，$\boldsymbol{m}$ 为合成场强方向的单位向量。设 $\boldsymbol{m}$ 和 $\boldsymbol{j}$ 之间的夹角为 φ，则 $\varphi=\arctan\dfrac{E_{2m}}{E_{1m}}$，参阅图 2.5(b)。由于 φ 是常数，所以合成场强的方向始终在与 y 轴成 φ 角的直线上。可见，$\boldsymbol{E}$ 向量末端的轨迹也是一根直线，如图 2.5(b)所示。因此，这里所研究的电磁波也是线极化波。

(2)若 E_y 和 E_z 两个分量的相位差为 90°，并设它们的表示式分别为

$$E_y(x,t)=E_{1m}\sin(\omega t-\beta_p x) \tag{2-137}$$

$$E_z(x,t)=E_{2m}\sin(\omega t-\beta_p x+90°)=E_{2m}\cos(\omega t-\beta_p x) \tag{2-138}$$

则合成场强向量末端在等相面上的轨迹就不再是一根直线了。在这种情况下，令 x 等于零，有

$$E_y(0,t) = E_{1\mathrm{m}} \sin \omega t \tag{2-139}$$

$$E_z(0,t) = E_{2\mathrm{m}} \cos \omega t \tag{2-140}$$

在上两式中，消去ωt，即得如下方程：

$$\frac{E_y^2}{E_{1\mathrm{m}}^2} + \frac{E_z^2}{E_{2\mathrm{m}}^2} = 1 \tag{2-141}$$

它表明场强$\boldsymbol{E}$向量末端的轨迹是一个椭圆，椭圆在y轴上的截距为$E_{1\mathrm{m}}$，在z轴上的截距为$E_{2\mathrm{m}}$。这样的电磁波称为椭圆极化波，如图 2.6(a)所示。

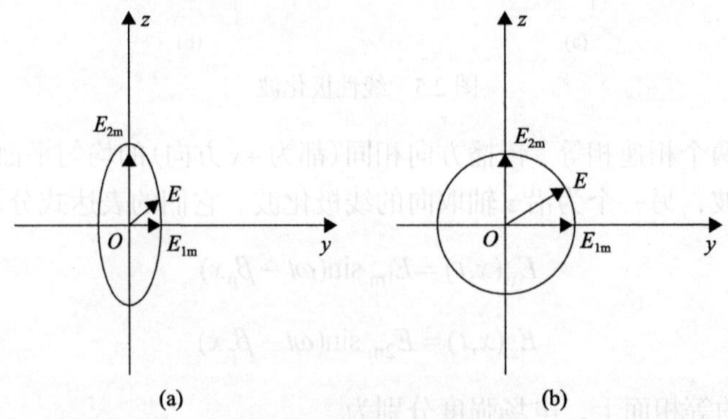

图 2.6　椭圆和圆极化波

若E_y和E_z的振幅相等，即$E_{1\mathrm{m}} = E_{2\mathrm{m}}$，则椭圆的方程便成为圆的方程，此时电场度向量$E$末端的轨迹是一个圆，如图 2.6(b)所示。这样的电磁波称为圆极化波。

(3) E_y和E_z的相位差虽维持为 90°，但随着相对超前或滞后的不同情况，圆极化波的转向不同，下面就二种情况讨论。

设E_z超前$E_y 90°$，则当$t=0$时，$E_y=0$，$\boldsymbol{E}=E_{2\mathrm{m}}\boldsymbol{k}$；但在$t=\dfrac{T}{4}$或$\omega t = 90°$时，$E_z=0$，$\boldsymbol{E}=E_{1\mathrm{m}}\boldsymbol{j}$。这两个瞬间的$E$如图 2.7 所示。面对波前进的方向来看，$\boldsymbol{E}$的末端在空间的轨迹为右旋螺旋线，这样的电磁波又称右圆极化波。

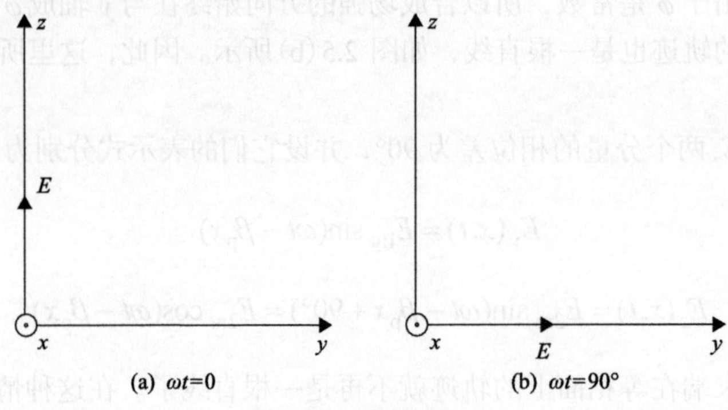

图 2.7　右圆极化波

设 E_z 滞后 $E_y 90°$，即 $E_y = E_{1m}\sin\omega t$ ，$E_z = -E_{1m}\cos\omega t$ ，应用前面的分析方法，可知这种波的转向相反，E 的末端在空间的轨迹为左旋螺旋线，故称为左圆极化波。

当 $E_{1m} \neq E_{2m}$ ，且 E_y 和 E_z 的相位差不等于 90° 时，E 末端的轨迹仍为一个椭圆，但与 y 轴和 z 轴斜交。

2.3.2　导电媒质中的均匀平面波

1. 电磁场基本方程

研究导电媒质中的均匀平面波也应从电磁场的基本方程组出发。显然，在这里必须考虑传导电流，根据式(2-57)，方程组应为

$$
\begin{aligned}
&\nabla \times \boldsymbol{H} = \gamma \boldsymbol{E} + \varepsilon \frac{\partial \boldsymbol{E}}{\partial t} \\
&\nabla \times \boldsymbol{E} = -\mu \frac{\partial \boldsymbol{H}}{\partial t} \\
&\nabla \cdot \boldsymbol{H} = 0 \\
&\nabla \cdot \boldsymbol{E} = 0(\text{令}\rho = 0)
\end{aligned}
\tag{2-142}
$$

在研究导电媒质中的电磁场时，常令自由电荷的体密度为零，这里将说明其原因。为此，对第一个旋度方程的两边取散度，且应用向量恒等式，可得

$$
\nabla \cdot (\nabla \times \boldsymbol{H}) = \gamma \nabla \cdot \boldsymbol{E} + \varepsilon \frac{\partial}{\partial t} \nabla \cdot \boldsymbol{E} = 0 \tag{2-143}
$$

设导电媒质中的电荷密度不等于零，即 $\nabla \cdot \boldsymbol{D} = \varepsilon \nabla \cdot \boldsymbol{E} = \rho$ ，将它代入上式，可得

$$
\frac{\gamma}{\varepsilon}\rho + \frac{\partial}{\partial t}\rho = 0 \tag{2-144}
$$

式(2-144)是 ρ 的一阶微分方程，其解为

$$
\rho = \rho_0 \mathrm{e}^{-\frac{\gamma}{\varepsilon}t} = \rho_0 \mathrm{e}^{-\frac{t}{\tau}} \tag{2-145}
$$

式(2-145)表明，导电媒质中自由电荷的体密度随时间按指数规律衰减，其衰减的快慢决定于时间常数 $\tau = \dfrac{\varepsilon}{\gamma}$ 。由于导电媒质的 τ 远小于 1，所以其中自由电荷衰减得很快。因此，通常可令导电媒质中自由电荷的体密度为零。

2. 工频电磁场

设电场、磁场随时间作正弦变化，则电磁场方程组可用相量表示为

$$
\begin{aligned}
&\nabla \times \dot{\boldsymbol{H}} = \gamma \dot{\boldsymbol{E}} + \mathrm{j}\omega\varepsilon \dot{\boldsymbol{E}} = \mathrm{j}\omega\varepsilon\left(1+\frac{\gamma}{\mathrm{j}\omega\varepsilon}\right)\dot{\boldsymbol{E}} \\
&\nabla \times \dot{\boldsymbol{E}} = -\mathrm{j}\omega\mu\dot{\boldsymbol{H}} \\
&\nabla \cdot \dot{\boldsymbol{H}} = 0 \\
&\nabla \cdot \dot{\boldsymbol{E}} = 0
\end{aligned}
\tag{2-146}
$$

若只考虑 $\dot{\boldsymbol{E}}$ 沿 y 轴取向，$\dot{\boldsymbol{H}}$ 沿 z 轴取向的线性极化的均匀平面波，即 $\dot{\boldsymbol{E}} = \dot{E}_y \boldsymbol{j}$，$\dot{\boldsymbol{H}} = \dot{H}_z \boldsymbol{k}$，则电磁场方程组在直角坐标制中的展开式为

$$
\frac{\mathrm{d}\dot{E}_y}{\mathrm{d}x} = -\mathrm{j}\omega\mu\dot{H}_z,\quad \frac{\mathrm{d}\dot{H}_z}{\mathrm{d}x} = -(\gamma+\mathrm{j}\omega\varepsilon)\dot{E}_y = -\mathrm{j}\omega\varepsilon'\dot{E}_y
$$

$$
\frac{\mathrm{d}\dot{H}_z}{\mathrm{d}z} = 0,\quad \frac{\mathrm{d}\dot{E}_y}{\mathrm{d}y} = 0 \tag{2-147}
$$

式中 $\varepsilon' = \varepsilon\left(1+\dfrac{\gamma}{\mathrm{j}\omega\varepsilon}\right)$，经过简单的运算，可得

$$
\frac{\mathrm{d}^2\dot{E}_y}{\mathrm{d}x^2} = (\mathrm{j}\omega\sqrt{\mu\varepsilon'})^2\dot{E}_y = (\varGamma')^2\dot{E}_y \tag{2-148}
$$

$$
\frac{\mathrm{d}^2\dot{H}_z}{\mathrm{d}x^2} = (\mathrm{j}\omega\sqrt{\mu\varepsilon'})^2\dot{H}_z = (\varGamma')^2\dot{H}_z \tag{2-149}
$$

它们的解和电介质中的相似，只是现在(导电媒质中)电磁波的传播常数为 $\varGamma'$，而在理想电介质中，传播常数为 $\varGamma$。对于 $\varGamma'$ 应有

$$
\varGamma' = \mathrm{j}\omega\sqrt{\mu\varepsilon\left(1+\frac{\gamma}{\mathrm{j}\omega\varepsilon}\right)} = \alpha_{\mathrm{p}} + \mathrm{j}\beta_{\mathrm{p}} \tag{2-150}
$$

将实部和虚部分开，可得

$$
\alpha_{\mathrm{p}} = \omega\sqrt{\frac{\mu\varepsilon}{2}\left(\sqrt{1+\frac{\gamma^2}{\omega^2\varepsilon^2}}-1\right)} \tag{2-151}
$$

$$
\beta_{\mathrm{p}} = \omega\sqrt{\frac{\mu\varepsilon}{2}\left(\sqrt{1+\frac{\gamma^2}{\omega^2\varepsilon^2}}+1\right)} \tag{2-152}
$$

向 $+x$ 方向传播的电场为

$$
\dot{E}_y^{+}\mathrm{e}^{-\varGamma' x} = \dot{E}_y^{+}\mathrm{e}^{-(\alpha_{\mathrm{p}}+\mathrm{j}\beta_{\mathrm{p}})x} = \dot{E}_y^{+}\mathrm{e}^{-\alpha_{\mathrm{p}}x}\mathrm{e}^{-\mathrm{j}\beta_{\mathrm{p}}x} \tag{2-153}
$$

式中 $\dot{E}_y^+$ 由边界条件决定。若用时间函数表示，且设 $\dot{E}_y^+$ 的初相为零，则上式为

$$E_y^+(x,t)=\sqrt{2}E_y^+\mathrm{e}^{-\alpha_\mathrm{p}x}\sin(\omega t-\beta_\mathrm{p}x)=\sqrt{2}E_y^+\mathrm{e}^{-\alpha_\mathrm{p}x}\sin\omega\left(t-\frac{x}{v}\right)\tag{2-154}$$

它表明，电磁波在导电媒质中传播时，其场量的振幅随距离的增加而按指数规律衰减。从能量角度很容易说明这个结论：由于电磁波在导电媒质中传播时有能量损耗，故对外表现为场量振幅的减少。磁场的表示式和电场相似。

根据式(2-154)，波每行进单位长度，其电场强度的有效值就衰减到本来的 $\mathrm{e}^{-\alpha_\mathrm{p}}$ 倍。可见电磁波传播时波幅的衰减率由 α_p 决定，故称 α_p 为衰减常数，其单位为奈伯/米(Np/m)；前已指出 β_p 代表单位长度中相位的变化，即决定波在传播过程中相位改变的快慢，故称 β_p 为相位常数，其单位为 rad/m； α_p 和 β_p 共同决定波传播的特性，故称 $\Gamma'(\Gamma'=\alpha_\mathrm{p}+\mathrm{j}\beta_\mathrm{p})$ 为传播常数。

向 $-x$ 方向传播的电场为

$$\dot{E}_y^-\mathrm{e}^{\Gamma'x}=\dot{E}_y^-\mathrm{e}^{\alpha_\mathrm{p}x}\mathrm{e}^{\mathrm{j}\beta_\mathrm{p}x}\tag{2-155}$$

其瞬时表示式为

$$E_y^-(x,t)=\sqrt{2}E_y^-\mathrm{e}^{\alpha_\mathrm{p}x}\sin(\omega t+\beta_\mathrm{p}x)=\sqrt{2}E_y^-\mathrm{e}^{\alpha_\mathrm{p}x}\sin\omega\left(t+\frac{x}{v}\right)\tag{2-156}$$

式(2-156)中的 $\mathrm{e}^{\alpha_\mathrm{p}x}$ 随 x 减少而减少，表明电磁波在传播过程中，其波幅也按指数规律衰减。

3. 导电媒质的波阻抗

波阻抗不是实数而是复数。以入射波为例：

$$Z=\frac{\dot{E}_y^+}{\dot{H}_z^+}=\sqrt{\frac{\mu}{\varepsilon'}}=\sqrt{\frac{\mu}{\varepsilon\left(1+\dfrac{\gamma}{\mathrm{j}\omega\varepsilon}\right)}}\tag{2-157}$$

这时的相速为

$$\upsilon=\frac{\omega}{\beta_\mathrm{p}}=\frac{1}{\sqrt{\mu\varepsilon}}\frac{1}{\sqrt{\dfrac{1}{2}\left(\sqrt{1+\dfrac{\gamma^2}{\omega^2\varepsilon^2}}+1\right)}}\tag{2-158}$$

波长为

$$\lambda=\frac{v}{f}=\frac{2\pi}{\beta_\mathrm{p}}\tag{2-159}$$

对于良导体，由于$\dfrac{\gamma^2}{\omega^2\varepsilon^2}\gg 1$，所以各参数可近似为

$$\Gamma' \doteq \sqrt{\mathrm{j}\omega\mu\gamma}\ ,\quad \alpha_{\mathrm{p}} \doteq \beta_{\mathrm{p}} \doteq \sqrt{\frac{\omega\mu\gamma}{2}}$$

$$Z = \sqrt{\frac{\omega\mu}{\gamma}}\angle 45^\circ,\quad \lambda = 2\pi\sqrt{\frac{2}{\omega\mu\gamma}},\quad \upsilon = \sqrt{\frac{2\omega}{\mu\gamma}}$$

由于γ很大，所以导电媒质中电磁波的相速υ和波长λ都较小。

2.3.3　电磁波在不同媒质分界面的折反射

1. 电磁波折反射现象

若在空间激励一个电磁波，且设在电磁波传播的路径上媒质均匀，则它按直线传播；若在传播的路径上媒质不均匀，则要产生反射波和透射波(或折射波)。下面讨论它们与入射波之间的关系及一些现象。当波的入射方向和分界面垂直时，称为正入射。

图 2.8 中表示，在媒质 1 中有一个沿y轴取向的线性极化波向$+x$方向传播。当它到达不同媒质的分界面处，在媒质 1 中出现了向$-x$方向传播的反射波(其电场、磁场分别用$\dot{E}^-$、$\dot{H}^-$表示)，在媒质 2 中出现向$+x$方向传播的透射波(其电场、磁场分别用$\dot{E}'$、$\dot{H}'$表示)。为了满足分界面上的边界条件$\dot{H}_{1\mathrm{t}}=\dot{H}_{2\mathrm{t}}$和$\dot{E}_{1\mathrm{t}}=\dot{E}_{2\mathrm{t}}$，各量间的关系应为

$$\dot{E}^+ + \dot{E}^- = E' \tag{2-160}$$

$$\dot{H}^+ - \dot{H}^- = \dot{H}' \tag{2-161}$$

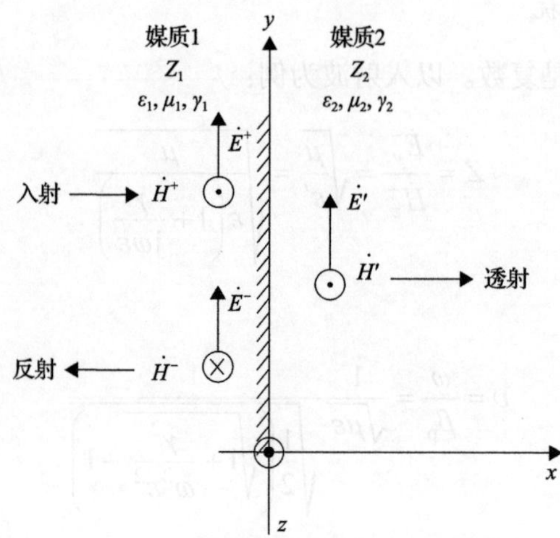

图 2.8　不同介质的垂直入射

将$\dfrac{\dot{E}^+}{\dot{H}^+}=\dfrac{\dot{E}^-}{\dot{H}^-}=Z_1$及$\dfrac{\dot{E}'}{\dot{H}'}=Z_2$代入，得

$$\dot{H}^{+}Z_1+\dot{H}^{-}Z_1=\dot{H}'Z_2 \tag{2-162}$$

联立解式(2-161)和式(2-162)，得

$$\dot{H}'=\frac{2Z_1}{Z_1+Z_2}\dot{H}^{+} \quad \dot{H}^{-}=\frac{Z_2-Z_1}{Z_2+Z_1}\dot{H}^{+} \tag{2-163}$$

同理，可得

$$\dot{E}'=\frac{2Z_2}{Z_1+Z_2}\dot{E}^{+}=\gamma\dot{E}^{+} \quad \dot{E}^{-}=\frac{Z_2-Z_1}{Z_2+Z_1}\dot{E}^{+}=\rho\dot{E}^{+} \tag{2-164}$$

式(2-164)中的γ 和ρ 分别称为折射系数和反射系数，且有下列关系：

$$\gamma=\frac{\dot{E}'}{\dot{E}^{+}}=\frac{2Z_2}{Z_1+Z_2} \tag{2-165}$$

和

$$\rho=\frac{\dot{E}^{-}}{\dot{E}^{+}}=\frac{Z_2-Z_1}{Z_2+Z_1} \tag{2-166}$$

根据以上两式，可得

$$\gamma=\rho+1 \tag{2-167}$$

2. 全反射

若媒质 1 为理想介质而媒质 2 为完纯导体（$\gamma\to\infty$），则特性阻抗 $Z_2=\sqrt{\dfrac{\mu\omega}{\gamma}}\angle 45^\circ=0$。这时折射、反射系数$\gamma=0$、$\rho=-1$，即$\dot{E}^{-}=-E^{+}$、$\dot{E}'=0$。这表示，透射波为零而反射波和入射波大小相等相位相反，这种现象称为全反射。在媒质 1 中的合成场强为入射波和反射波的总和。若表示成时间函数，则它们分别为

$$E_y^{+}(x,t)=E_{ym}^{+}\sin(\omega t-\beta_{\mathrm{p}}x)$$
$$E_y^{-}(x,t)=E_{ym}^{-}\sin(\omega t+\beta_{\mathrm{p}}x)=-E_{ym}^{+}\sin(\omega t+\beta_{\mathrm{p}}x)$$

则

$$\begin{aligned}E_1&=E_y^{+}+E_y^{-}=E_{ym}^{+}\left[\sin(\omega t-\beta_{\mathrm{p}}x)-\sin(\omega t+\beta_{\mathrm{p}}x)\right]\\&=2E_{ym}^{+}\sin\beta_{\mathrm{p}}x\cos(\omega t-180^\circ)\end{aligned} \tag{2-168}$$

函数 E_1 的性质显然和入射波的性质不同。

在式(2-163)中，将 $Z_2=0$ 代入，可得

$$\dot{H}' = 2\dot{H}^+,\ \dot{H}^- = -\dot{H}^+ \tag{2-169}$$

在媒质 1 中的合成磁场为

$$\begin{aligned} H_1 &= H_{zm}^+ \sin(\omega t - \beta_p x) - H_{zm}^- \sin(\omega t + \beta_p x) \\ &= H_{zm}^+ \sin(\omega t - \beta_p x) + H_{zm}^+ \sin(\omega t + \beta_p x) \\ &= 2H_{zm}^+ \cos\beta_p x \sin\omega t \end{aligned} \tag{2-170}$$

可见式(2-168)和式(2-170)所表示的两个函数性质相同。

3. 驻波与全反射

现在以式(2-168)为例说明该函数的性质。当 $t=0$ 时，电场沿 x 轴作正弦分布；当 t 取不同的值时，电场沿 x 轴仍然按正弦分布，但振幅各不相同，如图 2.9 所示。把波值为零处称为波节，把波值最大处称为波腹。这种波有一个明显的特点，当 t 改变时，波节与波腹点不变，具有这样特点的波称为驻波。当分界面出现全反射时，媒质 1 中的电场强度沿 x 轴的分布呈现驻波，其磁场强度沿 x 轴的分布也呈现驻波。但磁场强度的波节、波腹的位置和电场强度的波节、波腹的位置相差四分之一波长。在某一时刻，电场和磁场沿 x 轴的分布如图 2.10 所示。在分界面$(x=0)$处，电场出现波节而磁场出现波腹。

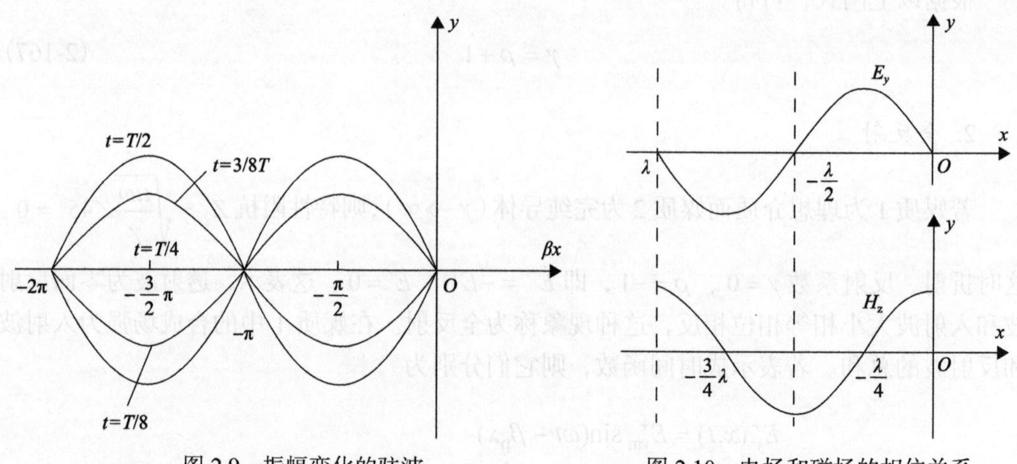

图 2.9　振幅变化的驻波　　　　图 2.10　电场和磁场的相位关系

4. 驻波中的能量

储存在单位体积中的电场能量为

$$\begin{aligned} w_e' &= \frac{1}{2}\varepsilon_1 E_1^2(x,t) = \frac{1}{2}\varepsilon_1[2E_{ym}^+ \sin\beta_p x\cos(\omega t - 180^\circ)]^2 \\ &= 2\varepsilon_1(E_{ym}^+)^2 \sin^2\beta_p x\cos^2\omega t \end{aligned} \tag{2-171}$$

储存在单位体积中的磁场能量为

$$
\begin{aligned}
w'_{\mathrm{m}} &= \frac{1}{2}\mu_1 H_1^2(x,t) = \frac{1}{2}\mu_1(2H_{z\mathrm{m}}^{+}\cos\beta_{\mathrm{p}}x\sin\omega t)^2 \\
&= 2\mu_1(H_{z\mathrm{m}}^{+})^2\cos^2\beta_{\mathrm{p}}x\sin^2\omega t
\end{aligned}
\tag{2-172}
$$

在完纯介质中，$Z_1=\sqrt{\dfrac{\mu_1}{\varepsilon_1}}$，$H_{z\mathrm{m}}^{+}=\dfrac{E_{y\mathrm{m}}^{+}}{Z_1}=E_{y\mathrm{m}}^{+}\sqrt{\dfrac{\varepsilon_1}{\mu_1}}$，则

$$
2\mu_1(H_{z\mathrm{m}}^{+})^2 = 2\mu_1(E_{y\mathrm{m}}^{+})^2\left(\sqrt{\frac{\varepsilon_1}{\mu_1}}\right)^2 = 2\varepsilon_1(E_{y\mathrm{m}}^{+})^2 \tag{2-173}
$$

式(2-171)和式(2-172)表明，电能密度和磁能密度在时间上和空间上分别相差$\dfrac{T}{4}$和$\dfrac{\lambda}{4}$。图 2.11 表示它们的空间分布。

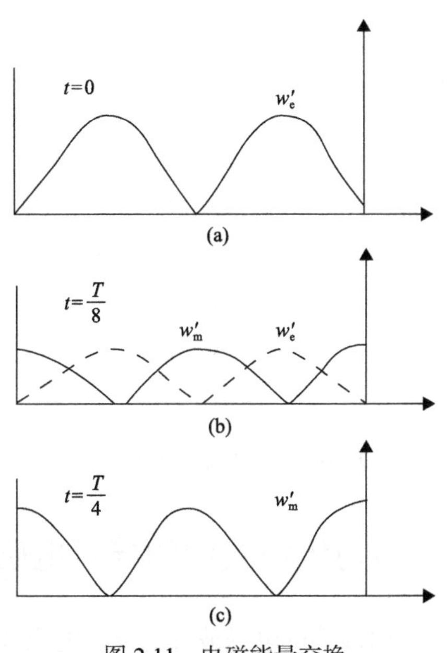

图 2.11　电磁能量交换

当$t=0$，$w'_{\mathrm{m}}=0$时，电磁场能量全部储存在电场中，电场能量沿x轴的分布如图 2.11(a)所示。当$t=\dfrac{T}{4}$，$w'_{\mathrm{e}}=0$，电磁场能量全部储存在磁场内，磁场能量沿x轴分布如图 2.11(c)所示。电场最大值点对应于磁场最小值点，反之亦然。且电场最大值和磁场最大值相等。当$t=\dfrac{T}{8}$时，电场能和磁场能各占一半，如图 2.11(b)所示。在$t=0$～$t=\dfrac{T}{4}$的时间内，全部电场能逐渐转化成磁场能，在下一个$\dfrac{T}{4}$的时间内，全部磁场能又转化成电场能，这个过程不断地重复。由于沿x轴电场和磁场都有波节存在，电场波节和磁场波

节相差$\frac{\lambda}{4}$，又因能量不能通过波节传递，所以电场能和磁场能之间的交换只限于在空间距离为$\frac{\lambda}{4}$的范围内进行。

5. 混合波状态

若在不同媒质的分界面上，不是全反射而是部分反射，则不难设想，反射波和入射波的一部分(和反射波振幅相同的部分)相加后形成驻波。入射波中的其余部分仍为行波，透入到媒质 2 中继续传播的也是行波。在媒质 1 中某些点上入射波和反射波二者的幅值相加出现了场强的最大值，而在另外一些点上，入射波和反射波二者的幅值相减出现了场强的最小值。通常将最大电场值和最小电场值的比称为驻波比并用字母 S 表示，即

$$S=\frac{E_{y\max}}{E_{y\min}}=\frac{E_{ym}^{+}+E_{ym}^{-}}{E_{ym}^{+}-E_{ym}^{-}} \tag{2-174}$$

将$|\rho|=\frac{E_{ym}^{-}}{E_{ym}^{+}}$代入，可得

$$S=\frac{1+|\rho|}{1-|\rho|}$$

或

$$|\rho|=\frac{S-1}{S+1} \tag{2-175}$$

当$|\rho|=0$即没有反射波时，$S=1$，这说明媒质 1 中电场的最大值和最小值相等；当$|\rho|=1$即全反射时，$S=\infty$，这说明媒质 1 中的电场最小值为零。

2.4　均匀传输线中的导行电磁波

在给定的边界条件下，定向传输的电磁波称为导行电磁波，导行电磁波为非均匀平面波，对它的分析方法不同于均匀平面波，但波传播的规律却与均匀平面波有着惊人的相似之处。引导电磁波传输的装置称为导波装置，输电线是一种典型的导波装置，它是用于传输数字信号或模拟信号的一对平行导体，常见传输线有平行双导线、单导线与地、同轴电缆等。

2.4.1　均匀传输线的基本方程

1.非均匀平面波

1)表征非均匀平面波的电磁方程

向 $+x$ 方向传播的非均匀平面波中电场和磁场的一般表示式分别为

$$\boldsymbol{E}(x,y,z,t)=\mathrm{Im}[\dot{\boldsymbol{E}}(y、z)\mathrm{e}^{\mathrm{j}\omega t-\Gamma x}] \tag{2-176}$$

$$\boldsymbol{H}(x,y,z,t)=\mathrm{Im}[\dot{\boldsymbol{H}}(y、z)\mathrm{e}^{\mathrm{j}\omega t-\Gamma x}] \tag{2-177}$$

它们分别满足波动方程

$$\nabla^2\boldsymbol{E}=\varepsilon\mu\frac{\partial^2\boldsymbol{E}}{\partial t^2},\quad \nabla^2\boldsymbol{H}=\varepsilon\mu\frac{\partial^2\boldsymbol{H}}{\partial t^2}$$

或

$$\nabla_{yz}^2\boldsymbol{E}+\frac{\partial^2\boldsymbol{E}}{\partial x^2}=\varepsilon\mu\frac{\partial^2\boldsymbol{E}}{\partial t^2},\quad \nabla_{yz}^2\boldsymbol{H}+\frac{\partial^2\boldsymbol{H}}{\partial x^2}=\varepsilon\mu\frac{\partial^2\boldsymbol{H}}{\partial t^2} \tag{2-178}$$

式中

$$\nabla_{yz}^2\boldsymbol{E}=\frac{\partial^2\boldsymbol{E}}{\partial y^2}+\frac{\partial^2\boldsymbol{E}}{\partial z^2},\quad \nabla_{yz}^2\boldsymbol{H}=\frac{\partial^2\boldsymbol{H}}{\partial y^2}+\frac{\partial^2\boldsymbol{H}}{\partial z^2} \tag{2-179}$$

将式(2-176)、式(2-177)代入式(2-178)，并令

$$h^2=\Gamma^2+\omega^2\varepsilon\mu$$

可得

$$\nabla_{yz}^2\dot{\boldsymbol{E}}(y,z)+h^2\dot{\boldsymbol{E}}(y,z)=0 \tag{2-180}$$

$$\nabla_{yz}^2\dot{\boldsymbol{H}}(y,z)+h^2\dot{\boldsymbol{H}}(y,z)=0 \tag{2-181}$$

式中 $\dot{\boldsymbol{E}}$ 和 $\dot{\boldsymbol{H}}$ 既是空间向量又是时间相量，空间上各有三个分量，将它们分别表示成

$$\dot{\boldsymbol{E}}=\dot{\boldsymbol{E}}_{yz}+\dot{E}_x\boldsymbol{i} \tag{2-182}$$

$$\dot{\boldsymbol{H}}=\dot{\boldsymbol{H}}_{yz}+\dot{H}_x\boldsymbol{i} \tag{2-183}$$

式中 $\dot{\boldsymbol{E}}_{yz}$和$\dot{\boldsymbol{H}}_{yz}$ 表示在和 x 方向垂直的横截面内的平面向量或称横向向量。

将式(2-182)代入式(2-180)，得

$$\nabla_{yz}^2(\dot{\boldsymbol{E}}_{yz}+\dot{E}_x\boldsymbol{i})+h^2(\dot{\boldsymbol{E}}_{yz}+\dot{E}_x\boldsymbol{i})=\boldsymbol{0}$$

即

$$(\nabla_{yz}^2\dot{\boldsymbol{E}}_{yz}+h^2\dot{\boldsymbol{E}}_{yz})+(\nabla_{yz}^2\dot{E}_x+h^2\dot{E}_x)\boldsymbol{i}=\boldsymbol{0} \tag{2-184}$$

上式是彼此垂直的横向向量和纵向向量之和，只有当横向向量和纵向向量同时为零时，两向量之和才能等于零。因此

$$\nabla_{yz}^2 \dot{\boldsymbol{E}}_{yz} + h^2 \dot{\boldsymbol{E}}_{yz} = \boldsymbol{0} \tag{2-185}$$

$$\nabla_{yz}^2 \dot{\boldsymbol{E}}_x + h^2 \dot{\boldsymbol{E}}_x = 0 \tag{2-186}$$

同理，可得

$$\nabla_{yz}^2 \dot{\boldsymbol{H}}_{yz} + h^2 \dot{\boldsymbol{H}}_{yz} = \boldsymbol{0} \tag{2-187}$$

$$\nabla_{yz}^2 \dot{\boldsymbol{H}}_x + h^2 \dot{\boldsymbol{H}}_x = 0 \tag{2-188}$$

式(2-185)～式(2-188)中包含 6 个标量方程，为简化计算，可将$\nabla \times \boldsymbol{E} = -\mu \dfrac{\partial \boldsymbol{H}}{\partial t}$在直角坐标中展开，从而得到

$$-h^2 \dot{\boldsymbol{E}}_y = \varGamma \frac{\partial \dot{\boldsymbol{E}}_x}{\partial y} + \mathrm{j}\omega\mu \frac{\partial \dot{\boldsymbol{H}}_x}{\partial z} \tag{2-189}$$

$$-h^2 \dot{\boldsymbol{H}}_z = \mathrm{j}\omega\varepsilon \frac{\partial \dot{\boldsymbol{E}}_x}{\partial y} + \varGamma \frac{\partial \dot{\boldsymbol{H}}_x}{\partial z} \tag{2-190}$$

$$-h^2 \dot{\boldsymbol{H}}_y = -\mathrm{j}\omega\varepsilon \frac{\partial \dot{\boldsymbol{E}}_x}{\partial z} + \varGamma \frac{\partial \dot{\boldsymbol{H}}_x}{\partial y} \tag{2-191}$$

$$-h^2 \dot{\boldsymbol{E}}_z = \varGamma \frac{\partial \dot{\boldsymbol{E}}_x}{\partial z} - \mathrm{j}\omega\mu \frac{\partial \dot{\boldsymbol{H}}_x}{\partial y} \tag{2-192}$$

式(2-189)～式(2-192)表明，若解出纵向向量$\dot{\boldsymbol{E}}_x$和$\dot{\boldsymbol{H}}_x$后，根据式(2-189)～式(2-192)，便可决定电场和磁场的横向分量。

2)有关非均匀平面波和 TEM 波的性质

(1)非均匀平面波是横电磁波，即 TEM 波。它的电场和磁场只有和波传播方向相垂直的分量，进而可知$\dot{E}_x$和$\dot{H}_x$皆为零，而且有$h=0$，否则电场和磁场的横向分量皆为零，无电磁波可言。

$$h^2 = \varGamma^2 + \omega^2 \varepsilon\mu = 0 \tag{2-193}$$

或

$$\varGamma = \sqrt{-\omega^2 \varepsilon\mu} = \mathrm{j}\omega\sqrt{\varepsilon\mu} = \mathrm{j}\beta_{\mathrm{p}} \tag{2-194}$$

可见传播常数$\varGamma$为纯虚数，且

$$\beta_{\mathrm{p}} = \omega\sqrt{\varepsilon\mu} = \omega / v = 2\pi / \lambda \tag{2-195}$$

式中，$v = 1/\sqrt{\varepsilon\mu}$为 TEM 波的相速，它和均匀平面波在介电常数为$\varepsilon$、磁导率为$\mu$的媒

质中的相速相等，λ 为 TEM 波在该媒质中的波长。

(2) TEM 波的电场和磁场的横向分量相互垂直，且二者比值为 $z_0 = \sqrt{\mu / \varepsilon}$。

(3) 均匀平面波和非均匀平面的相似性。根据前面的分析，可知 TEM 波(非均匀平面波)在相速、波阻抗、电场和磁场相互垂直等方面都和均匀平面波相同，所不同者，前者场强的量值是横向坐标 y、z(即和波传播方向垂直的坐标)的函数，而后者与横向坐标无关。

2. 根据相似性原理推导的传输线基本方程

均匀传输线是导行电磁波，导引行波的装置是传输线。为了分析方便，假定传输线是完纯导体，或者称为无损耗线。下边来看它如何导引行波在输电线空间进行能量传播。

若将电压加在由完纯导体(电导率 $\gamma \to \infty$)组成的二线均匀传输线(又称无损耗线)之间，则其电场向量都位于和轴线垂直的平面内，周围的磁场向量也都位于横截面内，且电场和磁场相互垂直，故该系统的电磁波属于 TEM 波型。同理，同轴电缆的内外导线间加上电压时，其中的电磁波也属 TEM 波形。

1) TEM 波和恒定电场的相似性

进一步分析 TEM 波在横截面内的分布，可将 $h=0$ 代入式(2-180)和式(2-181)，即得

$$\nabla^2{}_{yz}\dot{\boldsymbol{E}}(y,z)=0, \nabla^2{}_{yz}\dot{\boldsymbol{H}}(y,z)=0 \tag{2-196}$$

可见，电场、磁场的横向向量在横截面内的分布满足拉普拉斯方程。静电场的电位和恒定磁场的向量磁位满足拉普拉斯方程，其实静电场的电场强度和恒定磁场的磁场强度也满足拉普拉斯方程。今以电场为例推证如下。

据此可知，若 TEM 波的边界条件和静电场(或者恒定场)的边界条件相同，则 TEM 波在横截面内的分布便和该静电场的分布相同。以二线无损耗线来说，它的导体表面只有电场强度的垂直分量，在横截面内的电场分布应该和相应系统的静电场分布相同。同理，该系统横截面内的磁场分布和相应系统的恒定磁场的分布也相同。当然，TEM 波沿轴向的分布具有波动性质而静电场或恒定磁场都是平行平面场，在这方面二者有本质的区别。

2) TEM 波在二线均匀无损耗传输线上的表现形式

因为 TEM 波的电场在横截面内满足拉普拉斯方程，所以它在该平面内沿任一路径积分都等于该路径二端点间的电压。

如沿图 2.12 所示的 1-O-2 路径积分，则可得

$$u_{12}=\int_1^2 \boldsymbol{E}\cdot \mathrm{d}\boldsymbol{l}=\int_1^2 E_z \mathrm{d}z \tag{2-197}$$

式中，E_z 为 x、y、z 和 t 的函数。将上式对 x 求导，可得

$$\frac{\partial u}{\partial x}=\int_1^2\frac{\partial E_z}{\partial x}\mathrm{d}z \tag{2-198}$$

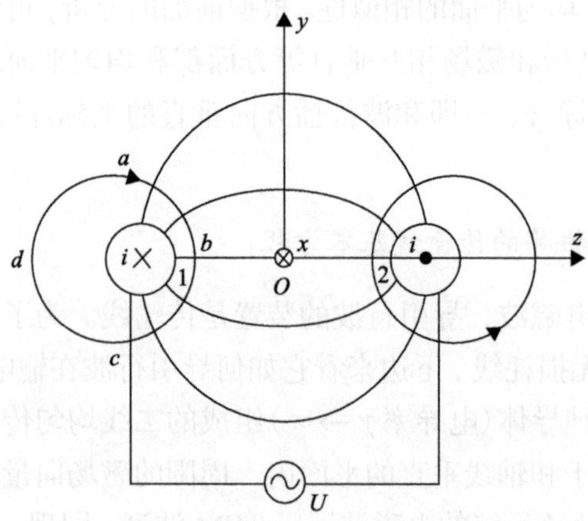

图 2.12　电场强度分布及积分路径

又因$\nabla\times\boldsymbol{E}=-\frac{\partial\boldsymbol{B}}{\partial t}$及$E_x=0$，$B_x=0$，所以$\frac{\partial E_z}{\partial x}=\frac{\partial B_y}{\partial t}$，将它代入上述积分式，可得

$$\frac{\partial u}{\partial x}=\int_1^2\frac{\partial B_y}{\partial t}\mathrm{d}z=\frac{\partial}{\partial t}\int_1^2 B_y\mathrm{d}z=-\frac{\partial}{\partial t}\phi_0 \tag{2-199}$$

式(2-199)中$\int_1^2 B_y\mathrm{d}z$表示沿 x 方向每单位长度中穿过路径1-O-2的磁通，由于电压与感应电动势正方向相同，所以式中出现负号。又知$\phi_0=L_0 i$（式中 L_0 表示每单位长度的电感）因此，上式可改写成

$$\frac{\partial u}{\partial x}=-\frac{\partial}{\partial t}L_0 i=-L_0\frac{\partial i}{\partial t} \tag{2-200}$$

利用安培环路定律

$$\begin{aligned}i&=\oint_{abcda}\boldsymbol{H}\cdot\mathrm{d}\boldsymbol{l}=\oint_l(H_y\boldsymbol{j}+H_z\boldsymbol{k})\cdot(\mathrm{d}y\boldsymbol{j}+\mathrm{d}z\boldsymbol{k})\\&=\oint_l(H_y\mathrm{d}y+H_z\mathrm{d}z)\end{aligned} \tag{2-201}$$

因为该系统沿 x 方向无位移电流，所以上式中的电流仅指传导电流。将上式对 x 求导，可得

$$\frac{\partial i}{\partial x}=\oint_l\left(\frac{\partial H_y}{\partial x}\mathrm{d}y+\frac{\partial H_z}{\partial x}\mathrm{d}z\right) \tag{2-202}$$

又因$\nabla\times\boldsymbol{H}=\frac{\partial\boldsymbol{D}}{\partial t}$及$H_x=0$，$D_x=0$，所以

$$-\frac{\partial H_z}{\partial x}=\frac{\partial D_y}{\partial t}, \quad \frac{\partial H_y}{\partial x}=\frac{\partial D_z}{\partial t} \tag{2-203}$$

将它们代入积分式，可得

$$\begin{aligned}\frac{\partial i}{\partial x}&=\oint_l\left(\frac{\partial D_z}{\partial t}\mathrm{d}y-\frac{\partial D_y}{\partial t}\mathrm{d}z\right)=-\frac{\partial}{\partial t}\oint_l(D_y\mathrm{d}z-D_z\mathrm{d}y)\\&=-\frac{1}{\mathrm{d}x}\frac{\partial}{\partial t}\oint_l(D_y\mathrm{d}z\mathrm{d}x-D_z\mathrm{d}y\mathrm{d}x)\end{aligned} \tag{2-204}$$

式(2-204)中，$\frac{1}{\mathrm{d}x}\oint_l(D_y\mathrm{d}z\mathrm{d}x-D_z\mathrm{d}y\mathrm{d}x)$ 表示穿过沿 x 方向单位长度中圆柱面的 $\boldsymbol{D}$ 通量，它应等于每单位长度中圆柱面上的电荷 q_0。又因 $q_0=C_0u$（式中 C_0 表示单位长度中的电容），所以

$$\frac{\partial i}{\partial x}=-\frac{\partial}{\partial t}q_0=-C_0\frac{\partial u}{\partial t} \tag{2-205}$$

可见，二线均匀传输线中的电磁场方程组可用积分量 u 和 i 表示，式(2-200)和式(2-205)便是无损耗线的基本方程。研究无损耗线时，不管从电磁场方程组出发，还是从式(2-200)和式(2-205)出发，本质上是一致的。考虑到使用的方便，一般都从用积分量 u 和 i 表示的关系式出发。

对二线均匀传输线来说，C_0、L_0 是常数。它们的值可应用静电场及恒定磁场中推导得出的公式来计算。

若二线传输线周围有电导率为 γ 的均匀媒质，则在电磁场方向组中，除了考虑位移电流密度 $\varepsilon\frac{\partial \boldsymbol{E}}{\partial t}$ 外，还应考虑传导电流密度 $\gamma\boldsymbol{E}_0$。相应地，在用积分量 u 和 i 表示的基本方程组中，除了考虑 $C_0\frac{\partial u}{\partial t}$ 外，还应考虑电导电流 G_0u。

3) 有损耗的二线均匀传输线的基本方程组

若导线中有损耗，则应采用单位长度中的电阻 R_0 表征它的特性。

根据前面的分析，可知有损耗的二线均匀传输线的基本方程组应为

$$\frac{\partial i}{\partial x}=-G_0u-C_0\frac{\partial u}{\partial t} \tag{2-206}$$

$$\frac{\partial u}{\partial x}=-R_0i-L_0\frac{\partial i}{\partial t} \tag{2-207}$$

将式(2-206)对 x 求偏导，将式(2-207)对 t 求偏导，再综合在一起，可得

$$\frac{\partial^2 i}{\partial x^2}=L_0C_0\frac{\partial^2 i}{\partial t^2}+(R_0C_0+G_0L_0)\frac{\partial i}{\partial t}+R_0G_0i \tag{2-208}$$

同理，可得

$$\frac{\partial^2 u}{\partial x^2}=L_0C_0\frac{\partial^2 u}{\partial t^2}+(R_0C_0+G_0L_0)\frac{\partial u}{\partial t}+R_0G_0u \tag{2-209}$$

由于C_0、L_0、G_0和R_0都是沿线分布的，所以上述各式通常又称为分布参数电路的基本方程。

二线均匀传输线以分布参数表示的等值电路如图 2.13 所示。

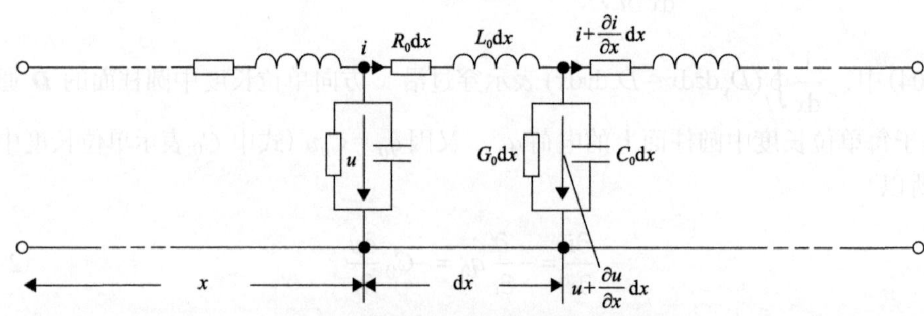

图 2.13 均匀传输线分布参数等效电路

这里推导得出的基本方程组对同轴电缆也是适用的。

必须指出，若导线中存在损耗，则必然有分量E_x存在。严格地说，该系统中的电磁波不再具有 TEM 波的特点，但由于电场的横向分量较轴向分量大得多，所以应用式(2-206)～式(2-209)导得的结果和从电磁场方程组出发求得的解是十分接近的。

2.4.2 均匀传输线方程的正弦稳态解

1. 均匀传输线方程的正弦稳态解

式(2-208)、式(2-209)可用相量表示为

$$\frac{\mathrm{d}^2\dot I}{\mathrm{d}x^2}=\left[-\omega^2L_0C_0+\mathrm{j}\omega(R_0C_0+G_0L_0)+R_0G_0\right]\dot I$$

或

$$\frac{\mathrm{d}^2\dot I}{\mathrm{d}x^2}=(G_0+\mathrm{j}\omega C_0)(R_0+\mathrm{j}\omega L_0)\dot I \tag{2-210}$$

和

$$\frac{\mathrm{d}^2\dot U}{\mathrm{d}x^2}=(G_0+\mathrm{j}\omega C_0)(R_0+\mathrm{j}\omega L_0)\dot U \tag{2-211}$$

可见，电压和电流所满足的方程完全相似。今后只以电压为例进行讨论，所得的解的形式完全适用于电流。

令

$$\Gamma^2=(G_0+\mathrm{j}\omega C_0)(R_0+\mathrm{j}\omega L_0) \tag{2-212}$$

则式(2-211)成为

$$\frac{\mathrm{d}^2\dot{U}}{\mathrm{d}x^2}=\Gamma^2\dot{U} \tag{2-213}$$

它的通解为

$$\dot{U}(x)=\dot{U}^+\mathrm{e}^{-\Gamma x}+\dot{U}^-\mathrm{e}^{\Gamma x} \tag{2-214}$$

式中，$\dot{U}^+$和$\dot{U}^-$为积分常数，要根据边界条件确定。

根据式(2-212)，可知

$$\Gamma=\sqrt{(G_0+\mathrm{j}\omega C_0)(R_0+\mathrm{j}\omega L_0)}=\alpha_\mathrm{p}+\mathrm{j}\beta_\mathrm{p} \tag{2-215}$$

设式(2-214)中的$\dot{U}^+=U^+\mathrm{e}^{\mathrm{j}\varphi_+}$，$\dot{U}^-=U^-\mathrm{e}^{\mathrm{j}\varphi_-}$，这时，电压的瞬时值表达式应为

$$u(x,t)=\sqrt{2}U^+\mathrm{e}^{-\alpha_\mathrm{p}x}\sin(\omega t-\beta_\mathrm{p}x+\varphi_+)+\sqrt{2}U^-\mathrm{e}^{\alpha_\mathrm{p}x}\sin(\omega t+\beta_\mathrm{p}x+\varphi_-) \tag{2-216}$$

2. 电压行波

令$\varphi_+=0$，式(2-216)中第一项变成

$$\begin{aligned}u^+(x,t)&=\sqrt{2}U^+\mathrm{e}^{-\alpha_\mathrm{p}x}\sin(\omega t-\beta_\mathrm{p}x)\\&=\sqrt{2}U^+\mathrm{e}^{-\alpha_\mathrm{p}x}\sin\omega\left(t-\frac{\beta_\mathrm{p}}{\omega}x\right)\\&=\sqrt{2}U^+\mathrm{e}^{-\alpha_\mathrm{p}x}\sin\omega\left(t-\frac{x}{v}\right)\end{aligned} \tag{2-217}$$

式中，$v=\dfrac{\omega}{\beta_\mathrm{p}}$为相速。

图 2.14 表示以$u^+(x,t)$为纵坐标，以x为横坐标所作的曲线，且以两个相隔很短的时间为参数。

由图 2.14 可见，对于某一时刻t，式(2-217)所表示的是一个振幅随x按指数规律衰减的正弦波。随着时间的推移，该波向$+x$方向移动。随着波的前进，振幅在衰减，如图 2.14 所示。这里的Γ、α_p、β_p等量的意义也和前述相同。因此，式(2-217)表示电压入射波。

设$\varphi_-=0$，式(2-216)中的第二项为

$$u^-(x,t)=\sqrt{2}U^-\mathrm{e}^{\alpha_\mathrm{p}x}\sin(\omega t+\beta_\mathrm{p}x)=\sqrt{2}U^-\mathrm{e}^{\alpha_\mathrm{p}x}\sin\omega(t+x/v) \tag{2-218}$$

此式和前边介绍的反射波也完全相似，它表示向$-x$方向传播的电压反射波，式中$e^{\alpha_p x}$随x的减少而减少，这表明波在传播过程中，其振幅随x按指数规律衰减。

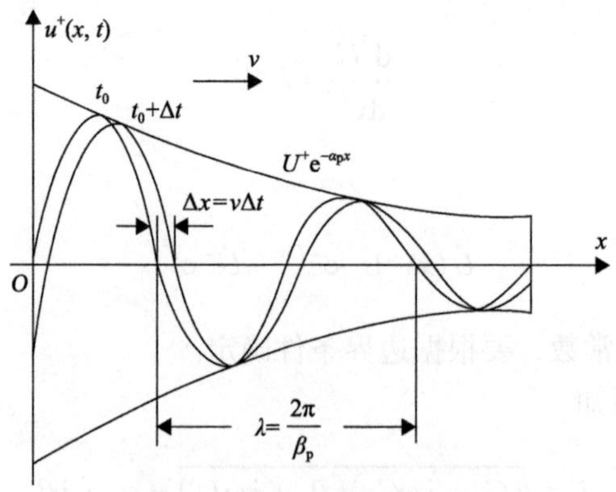

图 2.14　前行波的衰减振荡

总之，不管入射波还是反射波，在有损耗的均匀传输线中，随着行波的前进，波幅衰减，相位滞后。

3. 电流行波相量

$$\dot{I}(x) = \dot{I}^{+}e^{-\Gamma x} + \dot{I}^{-}e^{\Gamma x} \tag{2-219}$$

4. 波阻抗

电流波和电压波的解答形式相似。现在来分析二者之间的关系，为此，先将式(2-207)用相量表示，然后将式(2-214)和式(2-219)中的第一项代入，经整理可得

$$-\Gamma\dot{U}^{+}e^{-\Gamma x} = -(R_0 + j\omega L_0)\dot{I}^{+}e^{-\Gamma x}$$

即

$$\frac{\dot{U}^{+}}{\dot{I}^{+}} = \frac{R_0 + j\omega L_0}{\Gamma} = \sqrt{\frac{R_0 + j\omega L_0}{G_0 + j\omega C_0}} = Z_0 \tag{2-220}$$

同样地，再将式(2-214)、式(2-219)中的第二项代入，经整理后可得

$$\Gamma\dot{U}^{-}e^{\Gamma x} = -(R_0 + j\omega L_0)\dot{I}^{-}e^{\Gamma x}$$

即

$$\frac{\dot{U}^{-}}{\dot{I}^{-}} = -\frac{R_0 + j\omega L_0}{\Gamma} = -\sqrt{\frac{R_0 + j\omega L_0}{G_0 + j\omega C_0}} = -Z_0 \tag{2-221}$$

式中，Z_0为传输线的特性阻抗或波阻抗。

由式(2-214)，并将式(2-220)中的$\dot{I}^{+} = \dot{U}^{+}/Z_0$、式(2-221)中的$\dot{I}^{-} = (-\dot{U}^{-}/Z_0)$代入

式(2-219)，可得沿线分布的电压波和电流波的通解分别为

$$\dot{U}=\dot{U}^{+}\mathrm{e}^{-\Gamma x}+\dot{U}^{-}\mathrm{e}^{\Gamma x} \tag{2-222}$$

和

$$\dot{I}=\frac{\dot{U}^{+}}{Z_0}\mathrm{e}^{-\Gamma x}-\frac{\dot{U}^{-}}{Z_0}\mathrm{e}^{\Gamma x} \tag{2-223}$$

上列两式中，电压入射波相量和电压反射波相量是相加的，而电流入射波相量和电流反射波相量是相减的。顺便指出，由于电压入射波和电压反射波皆为复数，相应的时间函数的相位不同，所以在传输线的不同地点，电压入射波和电压反射波的瞬时值实际上可能相加，也可能相减。对于电流波也有类似情况。当然，电压波的相加和电流波的相减发生在同一地点，反之亦然。

根据式(2-161)和式(2-162)可知，若某一传输线中的 Γ 和 Z_0 确定以后，沿线电压波、电流波的传播特性基本确定。通常称 Γ 和 Z_0 为传输线的副参数，而把决定副参数的量 R_0、L_0、G_0和C_0 称为传输线的原参数。

2.4.3　均匀传输线的等效电路和工作状态

1. 均匀传输线的输入阻抗

1) 入端阻抗

已知 $\dot{U}(x)=\dot{U}^{+}(\mathrm{e}^{-\Gamma x}+\rho\mathrm{e}^{\Gamma x})$，$\dot{I}=\dfrac{\dot{U}^{+}}{Z_0}(\mathrm{e}^{-\Gamma x}-\rho\mathrm{e}^{\Gamma x})$，现在根据具体的边界条件确定待定系数 $\dot{U}^{+}$。设坐标原点仍取在传输线的输出端，则边界条件为 $x=0$ 处，$\dot{U}=\dot{U}_2$，$\dot{I}=\dot{I}_2$，参考图 2.15。

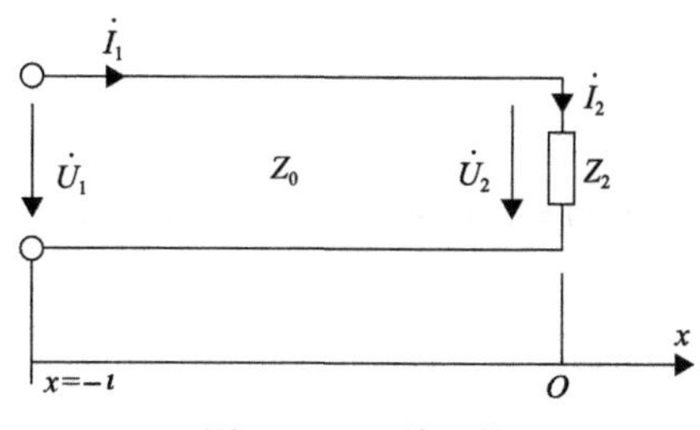

图 2.15　入端阻抗

$$\dot{U}_2=\dot{U}(0)=\dot{U}^{+}(1+\rho)$$

即

$$\dot{U}^{+}=\frac{\dot{U}_2}{1+\rho} \tag{2-224}$$

式中，ρ 为行波反射系数，$\rho=\dfrac{\dot{U}^{-}}{\dot{U}^{+}}$。

因而

$$\dot{U}(x)=\frac{\dot{U}_2}{1+\rho}(\mathrm{e}^{-\Gamma x}+\rho\mathrm{e}^{\Gamma x}) \tag{2-225}$$

$$\dot{I}(x)=\frac{\dot{U}_2}{Z_0(1+\rho)}(\mathrm{e}^{-\Gamma x}-\rho\mathrm{e}^{\Gamma x}) \tag{2-226}$$

为了把它们化成简洁的形式，需进行下列数学转换：

$$\begin{aligned}\dot{U}(x)&=\frac{\dot{U}_2}{1+\rho}\left(\frac{\mathrm{e}^{-\Gamma x}+\mathrm{e}^{-\Gamma x}+\rho\mathrm{e}^{\Gamma x}+\rho\mathrm{e}^{\Gamma x}+\mathrm{e}^{\Gamma x}-\mathrm{e}^{\Gamma x}+\rho\mathrm{e}^{-\Gamma x}-\rho\mathrm{e}^{-\Gamma x}}{2}\right)\\&=\frac{\dot{U}_2}{1+\rho}\left[(\rho+1)\left(\frac{\mathrm{e}^{\Gamma x}+\mathrm{e}^{-\Gamma x}}{2}\right)+(\rho-1)\left(\frac{\mathrm{e}^{\Gamma x}-\mathrm{e}^{-\Gamma x}}{2}\right)\right]\\&=\frac{\dot{U}_2}{1+\rho}(\rho+1)\left[\cosh\Gamma x+\frac{\rho-1}{\rho+1}\sinh\Gamma x\right]\\&=\dot{U}_2\cosh\Gamma x+\frac{\rho-1}{\rho+1}\dot{U}_2\sinh\Gamma x\end{aligned} \tag{2-227}$$

负载端有

$$\dot{U}_2=\dot{I}_2Z_2=\dot{I}_2Z_0\left(\frac{1+\rho}{1-\rho}\right) \tag{2-228}$$

最后，得

$$\dot{U}(x)=\dot{U}_2\cosh\Gamma x-\dot{I}_2Z_0\sinh\Gamma x \tag{2-229}$$

同理，可得

$$\dot{I}(x)=\dot{I}_2\cosh\Gamma x-\frac{\dot{U}_2}{Z_0}\sinh\Gamma x \tag{2-230}$$

则线路上某点 x 的输入阻抗为

$$Z(x)=\frac{\dot{U}(x)}{\dot{I}(x)}=\frac{\dot{U}_2\cosh\Gamma x+\dot{I}_2Z_0\sinh\Gamma x}{\dot{I}_2\cosh\Gamma x+\dfrac{\dot{U}_2}{Z_0}\sinh\Gamma x}=\frac{Z_2\cosh\Gamma x+Z_0\sinh\Gamma x}{\cosh\Gamma x+\dfrac{Z_2}{Z_0}\sinh\Gamma x} \tag{2-231}$$

若要求得输入端的电压与电流，可将 $x=-l$ 代入上列两式(这里的 l 是传输线的总长)，这样有

$$\dot{U}_1=\dot{U}(-l)=\dot{U}_2\cosh\Gamma l+\dot{I}_2Z_0\sinh\Gamma l \tag{2-232}$$

$$\dot{I}_1 = \dot{I}(-l) = \dot{I}_2 \cosh \Gamma l + \frac{\dot{U}_2}{Z_0} \sinh \Gamma l \tag{2-233}$$

输入端的入端阻抗为

$$Z_1 = \frac{\dot{U}_1}{\dot{I}_1} = \frac{\dot{U}_2 \cosh \Gamma l + \dot{I}_2 Z_0 \sinh \Gamma l}{\dot{I}_2 \cosh \Gamma l + \dfrac{\dot{U}_2}{Z_0} \sinh \Gamma l} = \frac{Z_2 \cosh \Gamma l + Z_0 \sinh \Gamma l}{\cosh \Gamma l + \dfrac{Z_2}{Z_0} \sinh \Gamma l} \tag{2-234}$$

2) 特殊情况

(1) 负载端开路，即 $Z_2 = \infty$ 时，入端阻抗为

$$Z_{1(\mathrm{k})} = \frac{Z_0 \cosh \Gamma l}{\sinh \Gamma l} = Z_0 \coth \Gamma l \tag{2-235}$$

(2) 负载端短路，即 $Z_2 = 0$ 时，入端阻抗为

$$Z_{1(\mathrm{d})} = \frac{Z_0 \sinh \Gamma l}{\cosh \Gamma l} = Z_0 \tanh \Gamma l \tag{2-236}$$

根据式(2-235)和式(2-236)，可得

$$Z_0 = \sqrt{Z_{1(\mathrm{k})} Z_{1(\mathrm{d})}} \qquad \tanh \Gamma l = \sqrt{\frac{Z_{1(\mathrm{d})}}{Z_{1(\mathrm{k})}}} \tag{2-237}$$

如能通过实验测定 $Z_{1(\mathrm{k})}$ 和 $Z_{1(\mathrm{d})}$，就可利用上列二式计算出传输线的副参数 Z_0 和 Γ 。

(3) 负载阻抗等于特性阻抗，即 $Z_2 = Z_0$ 时，入端阻抗为

$$Z_1 = Z_0$$

这表示当输出端接以特性阻抗时，输入端的阻抗仍为特性阻抗，故特性阻抗又称重复阻抗。

2. 均匀传输线的等效电路

1) 均匀传输线的双端口网络表示

均匀传输线输入输出端电压电流的关系类似于双端口网络的电压电流关系，如果仅关心输入输出状态，则可以用双端口网络代替均匀传输线。

均匀传输线方程：

$$\dot{U}_1 = \dot{U}_2 \cosh \Gamma l + \dot{I}_2 Z_0 \sinh \Gamma l \tag{2-238}$$

$$\dot{I}_1 = \frac{\dot{U}_2}{Z_0} \sinh \Gamma l + \dot{I}_2 \cosh \Gamma l \tag{2-239}$$

双端口网络方程的参数关系：

$$\dot{U}_1 = A_{11}\dot{U}_2 + A_{12}\dot{I}_2 \tag{2-240}$$

$$\dot{I}_1 = A_{21}\dot{U}_2 + A_{22}\dot{I}_2 \tag{2-241}$$

做一比较后，发现二者之间完全相似。

若令

$$A_{11} = \cosh \Gamma l \tag{2-242}$$

$$A_{12} = Z_0 \sinh \Gamma l \tag{2-243}$$

$$A_{21} = \frac{1}{Z_0}\sinh \Gamma l \tag{2-244}$$

$$A_{22} = \cosh \Gamma l \tag{2-245}$$

则均匀传输线方程便成为四端网络方程。

又因 $A_{11} = A_{22}$ 及 $A_{11}A_{22} - A_{12}A_{21} = \cosh^2 \Gamma l - \sinh^2 \Gamma l = 1$，所以均匀传输线方程的等值二端口网络方程中只有两个参数是独立的，也就是说，均匀传输线和对称的二端口网络等值。

根据上面的分析，可知若只关心均匀分布参数电路电源端和负载端的电压、电流关系，则可用集总参数的对称二端口网络来等值替代。

2) T 型和Π型等值电路

对称二端口网络最简单的等值电路有 T 型和 Π 型二种，显然，它们也可作为均匀传输线的等值电路，下面分别讨论 T 型、Π 型中各参数和均匀传输线参数之间的关系。

(1)图 2.16 是均匀传输线的 T 型等值电路。$\dot{I}_1$、$\dot{I}_2$ 为端口电流，$\dot{U}_1$、$\dot{U}_2$ 为端口电压，电压电流的参考方向如图 2.16 所示。根据二端口网络理论，且将式(2-242)～式(2-245)代入，得

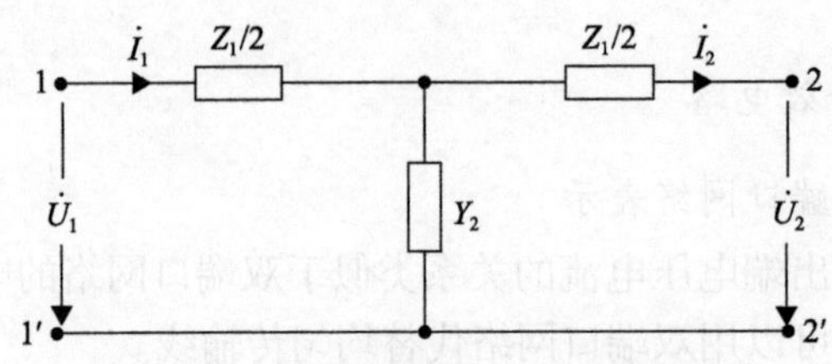

图 2.16 均匀传输线的 T 型等值电路

$$Z_1 = \frac{2(A_{11}-1)}{A_{21}} = \frac{2(\cosh \Gamma l - 1)}{\dfrac{1}{Z_0}\sinh \Gamma l} = 2Z_0 \tanh \frac{\Gamma l}{2} \tag{2-246}$$

$$Y_2 = A_{21} = \frac{\sinh \Gamma l}{Z_0} \tag{2-247}$$

(2)图2.17是均匀传输线的Ⅱ型等值电路。根据二端口网络理论，且将式(2-242)～式(2-245)代入，得

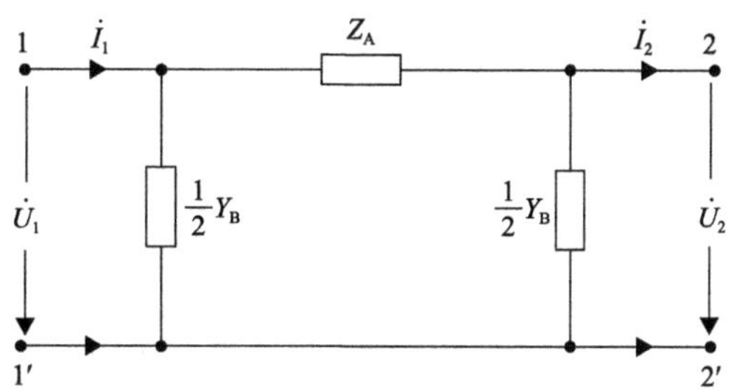

图2.17 均匀传输线的Ⅱ型等值电路

$$Z_A = A_{12} = Z_0 \sinh \Gamma l \tag{2-248}$$

$$Y_B = \frac{2(A_{11}-1)}{A_{12}} = \frac{2(\cosh \Gamma l - 1)}{Z_0 \sinh \Gamma l} = \frac{2}{Z_0}\tanh\frac{\Gamma l}{2} \tag{2-249}$$

3. 均匀传输线的工作状态

传输线的工作状态取决于传输线终端所接的负载，本节以终端负载状况为出发点来进行分析。

1)行波状态

行波状态即传输线上无反射波出现，只有入射波的工作状态。

设入射波沿 z 轴向原点传播，负载在原点($z=0$处)。正弦稳态情况下，若已知终端电压 $\dot{U}_2$、终端电流 $\dot{I}_2$ 及特性阻抗 Z_0，则传输线上任意一点电压、电流的表达式为

$$\dot{U}(z) = \frac{\dot{U}_2 + \dot{I}_2 Z_0}{2}\mathrm{e}^{\Gamma z} + \frac{\dot{U}_2 - \dot{I}_2 Z_0}{2}\mathrm{e}^{-\Gamma z} = \dot{U}_2^+\mathrm{e}^{\Gamma z} + \dot{U}_2^-\mathrm{e}^{-\Gamma z} \tag{2-250}$$

$$\dot{I}(z) = \frac{\dot{U}_2 + \dot{I}_2 Z_0}{2Z_0}\mathrm{e}^{\Gamma z} - \frac{\dot{U}_2 - \dot{I}_2 Z_0}{2Z_0}\mathrm{e}^{-\Gamma z} = \dot{I}_2^+\mathrm{e}^{\Gamma z} + \dot{I}_2^-\mathrm{e}^{-\Gamma z} \tag{2-251}$$

反射系数

$$\rho(z) = \frac{\dot{U}_2^-}{\dot{U}_2^+} = \frac{\dot{I}_2^-}{\dot{I}_2^+} = \frac{Z_L - Z_0}{Z_L + Z_0}\mathrm{e}^{-2\Gamma z} \tag{2-252}$$

式中，$\Gamma = \alpha_p + \mathrm{j}\beta_p$，表示传播常数。等式右端第一项表示入射波，第二项表示反射波。

当传输线终端负载阻抗等于传输线的特性阻抗，即 $Z_L = Z_0$ 时，式右端第二项(反射波)就为零。因此，这种状态又称完全匹配状态。此时，线上只有入射波(反射系数为零)：

$$\dot{U}(z) = \frac{\dot{U}_2 + \dot{I}_2 Z_0}{2}\mathrm{e}^{\Gamma z} = \dot{U}_2^+\mathrm{e}^{\Gamma z} \tag{2-253}$$

$$\dot{I}(z)=\frac{U_2+I_2Z_0}{2Z_0}\mathrm{e}^{\Gamma z}=I_2^+\mathrm{e}^{\Gamma z} \tag{2-254}$$

对于无损耗线，$\Gamma=\mathrm{j}\beta_\mathrm{p}$，则

$$\dot{U}(z)=\dot{U}_2^+\mathrm{e}^{\mathrm{j}\beta_\mathrm{p}z}=\left|U_2^+\right|\mathrm{e}^{\mathrm{j}\varphi_2}\mathrm{e}^{\mathrm{j}\beta_\mathrm{p}z} \tag{2-255}$$

$$\dot{I}(z)=\dot{I}_2^+\mathrm{e}^{\mathrm{j}\beta_\mathrm{p}z}=\left|I_2^+\right|\mathrm{e}^{\mathrm{j}\theta_2}\mathrm{e}^{\mathrm{j}\beta_\mathrm{p}z} \tag{2-256}$$

式中，φ_2为U_2^+的初相角，因$Z_L=Z_0$是纯电阻，故此处的$\theta_2=\varphi_2$。

将式(2-255)和式(2-256)表示为瞬时值形式：

$$u(z,t)=\mathrm{Re}[\dot{U}(z)\mathrm{e}^{\mathrm{j}\omega t}]=\left|U_2^+\right|\cos(\omega t+\beta_\mathrm{p}z+\varphi_2) \tag{2-257}$$

$$i(z,t)=\mathrm{Re}[\dot{I}(z)\mathrm{e}^{\mathrm{j}\omega t}]=\left|I_2^+\right|\cos(\omega t+\beta_\mathrm{p}z+\varphi_2) \tag{2-258}$$

图 2.18 表示完全匹配状态下即$Z_\mathrm{L}=Z_0$，沿传输线的电压、电流分布。$u(z,t)$为电压的时空分布，$i(z,t)$为电流的时空分布，U、I表示电压电流波的振幅。可见，沿无损耗传输线电压、电流的振幅不变；而电压和电流波的相位则随着z的减小(即入射波由源端朝向负载端以v_p的速度推进)而连续滞后，这是行波前进的必然结果。

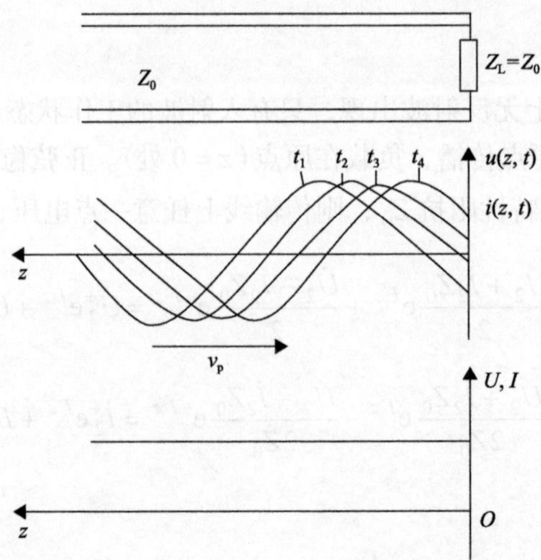

图 2.18　完全匹配状态下沿线的电压、电流分布

由式(2-231)可看出，当$Z_\mathrm{L}=Z_0$时，有$Z_\mathrm{in}(z)=Z_0$，即沿线各点的输入阻抗均等于其特性阻抗，与频率无关。

综上所述，行波状态下的无损耗线有如下特点：①沿线电压、电流振幅不变；②电压、电流同相；③沿线各点的输入阻抗均等于其特性阻抗。

2) 驻波状态

当$Z_\mathrm{L}=0$，$Z_\mathrm{L}=\infty$或$Z_\mathrm{L}=\pm\mathrm{j}X_\mathrm{L}$时，在$Z=0$处，终端反射系数$\rho(z)=\rho(0)$，记为$\rho_2$，

有$|\rho_2|=1$。即当传输线终端短路，开路或接纯电抗性负载时，都将产生全反射。入射波和反射波叠加形成驻波，传输线工作在全反射状态。下面以为$Z_L=0$例来分析传输线工作在全反射状态时的特性。

当$Z_L=0$时，$\varGamma_2=-1$，故$\dot{U}_2^-=\varGamma_2\dot{U}_2^+=-\dot{U}_2^+=\left|U_2^+\right|e^{j(\varphi_2+\pi)}$时，则

$$\dot{U}(z)=\dot{U}_2^+e^{j\beta_p z}+\dot{U}_2^-e^{-j\beta_p z}=\dot{U}_2^+(e^{j\beta_p z}-e^{-j\beta_p z})=j2\left|U_2^+\right|e^{j\varphi_2}\sin(\beta_p z) \tag{2-259}$$

同样可得

$$\dot{I}(z)=\frac{2\left|U_2^+\right|e^{j\varphi_2}}{Z_0}\cos(\beta_p z) \tag{2-260}$$

表示为瞬时值形式（Z_0为实数时）：

$$u(z,t)=2\left|U_2^+\right|\sin(\beta_p z)\cos\left(\omega t+\varphi_2+\frac{\pi}{2}\right) \tag{2-261}$$

$$i(z,t)=\frac{2\left|U_2^+\right|}{Z_0}\cos(\beta_p z)\cos(\omega t+\varphi_2) \tag{2-262}$$

图2.19表示全反射状态下电压u、电流i沿z轴的瞬时分布曲线和振幅U、I的分布曲线。当$Z_L=0$时，输入阻抗$Z_{in}(z)=jZ_0\tan(\beta_p z)$是一个纯电抗，随$z$值不同，传输线可以等效为一个电容、一个电感或一个谐振电路。当$z=\dfrac{\lambda}{4}$时，电压振幅最大，即$U=U_{max}$，电流振幅为0，$I=0$，$Z_{in}\left(\dfrac{\lambda}{4}\right)=\infty$；同理，当$z=\dfrac{\lambda}{2}$时，电流振幅最大，即$I=I_{max}$，电

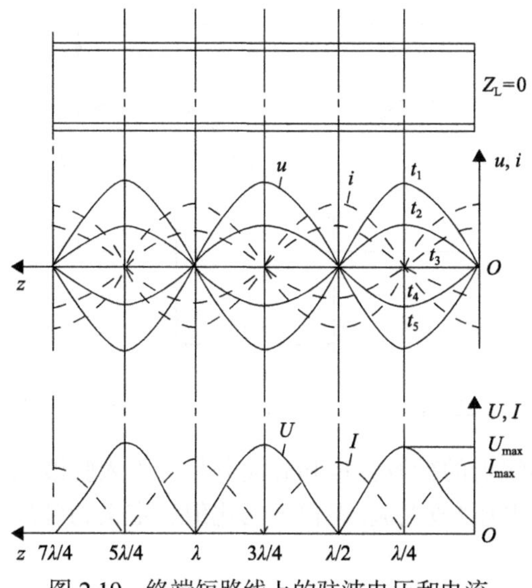

图2.19　终端短路线上的驻波电压和电流

压振幅为 0，即$U=0$，$Z_{\text{in}}\left(\dfrac{\lambda}{2}\right)=0$。

综上所述，全驻波状态下的无损耗线有如下特点。①全驻波是在满足全反射条件下，由两个相向传输的行波叠加而成的。它不再具有行波的传输特性，而是在线上作简谐振荡。表现为相邻两波节点之间的电压(或电流)同相，波节点两侧的电压(或电流)反相。②传输线上电压和电流的振幅是位置 z 的函数，出现最大值(波腹点)和零值(波节点)。③传输线上各点的电压和电流在时间上有 90°的相位差，在空间位置上也有 90°的相移，因而传输线在全驻波状态下没有功率传输。

3) 混合波状态

当传输线终端所接的负载阻抗不等于特性阻抗，也不是短路、开路或接纯电抗性负载，而是接任意阻抗负载时，线上将同时存在入射波和反射波，两者叠加形成部分反射状态。对于无损耗线，线上的电压、电流表示式为

$$\begin{aligned}\dot{U}(z)&=\dot{U}_2^{+}\mathrm{e}^{\mathrm{j}\beta_{\mathrm{p}}z}+\dot{U}_2^{-}\mathrm{e}^{-\mathrm{j}\beta_{\mathrm{p}}z}=\dot{U}_2^{+}\mathrm{e}^{\mathrm{j}\beta_{\mathrm{p}}z}+\rho\dot{U}_2^{+}\mathrm{e}^{-\mathrm{j}\beta_{\mathrm{p}}z}\\&=\dot{U}_2^{+}\mathrm{e}^{\mathrm{j}\beta_{\mathrm{p}}z}+2\rho\dot{U}_2^{+}\frac{\mathrm{e}^{\mathrm{j}\beta_{\mathrm{p}}z}+\mathrm{e}^{-\mathrm{j}\beta_{\mathrm{p}}z}}{2}-\rho\dot{U}_2^{+}\mathrm{e}^{\mathrm{j}\beta_{\mathrm{p}}z}\\&=\dot{U}_2^{+}\mathrm{e}^{\mathrm{j}\beta_{\mathrm{p}}z}(1-\rho)+2\rho\dot{U}_2^{+}\cos(\beta_{\mathrm{p}}z)\end{aligned}\tag{2-263}$$

$$\dot{I}(z)=\dot{I}_2^{+}\mathrm{e}^{\mathrm{j}\beta_{\mathrm{p}}z}+\dot{I}_2^{-}\mathrm{e}^{-\mathrm{j}\beta_{\mathrm{p}}z}=\dot{I}_2^{+}(1-\rho)\mathrm{e}^{\mathrm{j}\beta_{\mathrm{p}}z}+\mathrm{j}2\rho\dot{I}_2^{+}\sin(\beta_{\mathrm{p}}z)\tag{2-264}$$

由式(2-263)和式(2-264)可看出，线上的电压、电流皆由两项构成，前一项为行波分量，后一项为驻波分量。部分反射状态下的电压、电流振幅分布如图 2.20 所示。

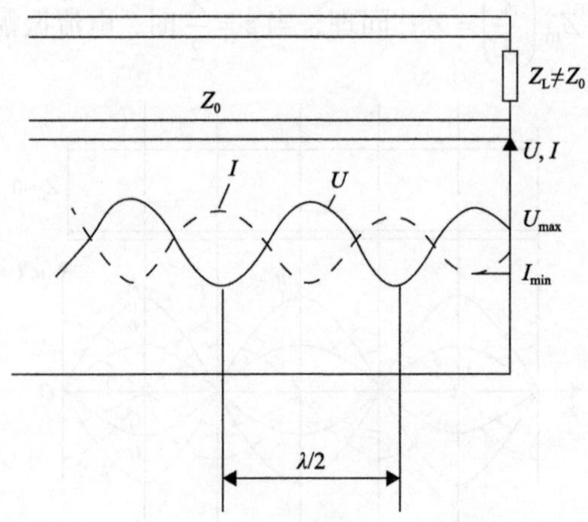

图 2.20　部分反射状态下的电压、电流振幅分布

为了定量描述传输线上的行波分量和驻波分量，引入驻波系数。传输线上最大电压(或电流)振幅值与最小电压(或电流)振幅值的比值，定义为驻波系数或驻波比。电压驻波比 VSWR 表示为

$$\text{VSWR} = \frac{|U_{\max}|}{|U_{\min}|} \tag{2-265}$$

驻波系数和反射系数的关系可导出如下：

$$\begin{aligned}\dot{U}(z) &= \dot{U}^{+}(z) + \dot{U}^{-}(z) = \dot{U}^{+}(z)\left[1 + \frac{\dot{U}^{-}(z)}{\dot{U}^{+}(z)}\right] \\ &= \dot{U}^{+}(z)\left[1 + \rho(z)\right]\end{aligned} \tag{2-266}$$

故得

$$|U_{\max}| = |U_2^{+}|(1 + |\rho_2|)\text{，}\quad |U_{\min}| = |U_2^{+}|(1 - |\rho_2|) \tag{2-267}$$

则

$$\text{VSWR} = \frac{|U_{\max}|}{|U_{\min}|} = \frac{1 + |\rho_2|}{1 - |\rho_2|} \tag{2-268}$$

由此可见，当传输线工作在行波状态时，$|\rho_2|=0$（无反射），则 $\text{VSWR}=1$；当传输线工作在驻波状态时，$|\rho_2|=1$（全反射），则 $\text{VSWR}=\infty$；当传输线工作在混合状态时，$|\rho_2|<1$（部分反射），则 $1<\text{VSWR}<\infty$。

2.5　平行多导体线路中的导行电磁波

2.5.1　平行多导体线路的波动方程

相互平行的 n 条无损线路之间存在电磁耦合，它们的电压电流关系可用如下一阶偏微分方程组表示：

$$\begin{cases}\dfrac{\partial \boldsymbol{u}}{\partial x} = -\boldsymbol{L}\dfrac{\partial \boldsymbol{i}}{\partial t} \\ \dfrac{\partial \boldsymbol{i}}{\partial x} = -\boldsymbol{C}\dfrac{\partial \boldsymbol{u}}{\partial t}\end{cases} \tag{2-269}$$

式中，$\boldsymbol{u}=[u_1 \quad u_2 \quad \cdots \quad u_n]^{\mathrm{T}}$ 为 n 条线路的对地电压列向量；$\boldsymbol{i}=[i_1 \quad i_2 \quad \cdots \quad i_n]^{\mathrm{T}}$ 为 n 条线路中的电流列向量；$\boldsymbol{u}$ 和 $\boldsymbol{i}$ 均为关于在线路上的位置 x 和时间 t 的函数；$\boldsymbol{L}$ 和 $\boldsymbol{C}$ 为线路单位长度的串联电感矩阵和并联电容矩阵。由于 n 条线路之间存在耦合，所以 $\boldsymbol{L}$ 和 $\boldsymbol{C}$ 均为 n 阶方阵，且为满阵。对于均匀换位的 n 条线路，$\boldsymbol{L}$ 和 $\boldsymbol{C}$ 均具有相同的对角元素和相同的非对角元素。注意，此处的电容矩阵 $\boldsymbol{C}$ 并非部分电容，其对角元素为正，非对角元素为负。

将式(2-269)经变换可得如下二阶偏微分方程组：

$$\begin{cases}\dfrac{\partial^2 \boldsymbol{u}}{\partial x^2} = \boldsymbol{LC}\dfrac{\partial^2 \boldsymbol{u}}{\partial t^2} \\ \dfrac{\partial^2 \boldsymbol{i}}{\partial x^2} = \boldsymbol{CL}\dfrac{\partial^2 \boldsymbol{i}}{\partial t^2}\end{cases} \tag{2-270}$$

式(2-270)即为平行多导体线路的波动方程。

若 $\boldsymbol{L}$ 和 $\boldsymbol{C}$ 的对角元素分别为 L_{d} 和 C_{d}，非对角元素分别为 L_{od} 和 C_{od}，则

$$\boldsymbol{LC} = \boldsymbol{CL} = \boldsymbol{A} \tag{2-271}$$

其中，$\boldsymbol{A}$ 的对角元素和非对角元素分别为

$$\begin{cases}A_{\mathrm{d}} = L_{\mathrm{d}}C_{\mathrm{d}} + (n-1)L_{\mathrm{od}}C_{\mathrm{od}} \\ A_{\mathrm{od}} = L_{\mathrm{d}}C_{\mathrm{od}} + L_{\mathrm{od}}C_{\mathrm{d}} + (n-2)L_{\mathrm{od}}C_{\mathrm{od}}\end{cases} \tag{2-272}$$

2.5.2　平行多导体线路的相模变换

为了求解平行多导体线路的波动方程，需对其进行解耦，通过矩阵相似变换将 $\boldsymbol{A}$ 对角化，建立相域和模域之间的联系，实现相模变换。由于 $\boldsymbol{A}$ 为实对称矩阵，其必可对角化，相似变换后对角矩阵 $\boldsymbol{\Lambda}$ 的对角元素为 $\boldsymbol{A}$ 的特征值，即

$$\boldsymbol{S}^{-1}\boldsymbol{AS} = \boldsymbol{\Lambda} \tag{2-273}$$

通过变换，相域上的平行多导体线路的波动方程变为模域上 n 个独立的单根传输线波动方程，可先计算模量行波的解析表达式，再反变换回相量。

利用变换矩阵 $\boldsymbol{S}$ 对电压和电流进行相模变换，

$$\begin{cases}\boldsymbol{u} = \boldsymbol{S}\boldsymbol{u}_{\mathrm{m}} \\ \boldsymbol{i} = \boldsymbol{S}\boldsymbol{i}_{\mathrm{m}}\end{cases} \tag{2-274}$$

式中，$\boldsymbol{u}_{\mathrm{m}}$ 和 $\boldsymbol{i}_{\mathrm{m}}$ 分别为模量上的电压和电流向量。

由上述几个公式可得到模量上的波动方程：

$$\begin{cases}\dfrac{\partial^2 \boldsymbol{u}_{\mathrm{m}}}{\partial x^2} = \boldsymbol{\Lambda}\dfrac{\partial^2 \boldsymbol{u}_{\mathrm{m}}}{\partial t^2} \\ \dfrac{\partial^2 \boldsymbol{i}_{\mathrm{m}}}{\partial x^2} = \boldsymbol{\Lambda}\dfrac{\partial^2 \boldsymbol{i}_{\mathrm{m}}}{\partial t^2}\end{cases} \tag{2-275}$$

下面对矩阵 $\boldsymbol{A}$ 的对角化方法进行分析。首先计算 $\boldsymbol{A}$ 的特征值。求解方程

$$|\lambda \boldsymbol{I} - \boldsymbol{A}| = \begin{vmatrix}\lambda - A_{\mathrm{d}} & -A_{\mathrm{od}} & \cdots & -A_{\mathrm{od}} \\ -A_{\mathrm{od}} & \lambda - A_{\mathrm{d}} & \cdots & -A_{\mathrm{od}} \\ \vdots & \vdots & \ddots & \vdots \\ -A_{\mathrm{od}} & -A_{\mathrm{od}} & \cdots & \lambda - A_{\mathrm{d}}\end{vmatrix} = 0 \tag{2-276}$$

解出 $\boldsymbol{A}$ 的 n 个特征值为

$$\begin{cases}\lambda_1 = A_d + (n-1)A_{od} = \left[L_d + (n-1)L_{od}\right]\left[C_d + (n-1)C_{od}\right] \\ \lambda_2 = \lambda_3 = \cdots = \lambda_n = A_d - A_{od} = (L_d - L_{od})(C_d - C_{od})\end{cases} \tag{2-277}$$

若特征值 $\lambda = \lambda_i$ 对应的特征向量为 $\boldsymbol{\xi}_i$，有

$$(\lambda_i \boldsymbol{I} - \boldsymbol{A})\boldsymbol{\xi}_i = \boldsymbol{0} \tag{2-278}$$

对于 $\lambda = \lambda_1$ 有

$$\begin{bmatrix} n-1 & -1 & \cdots & -1 \\ -1 & n-1 & \cdots & -1 \\ \vdots & \vdots & \ddots & \vdots \\ -1 & -1 & \cdots & n-1 \end{bmatrix} \boldsymbol{\xi}_1 = \boldsymbol{0} \tag{2-279}$$

因此，特征向量中的各元素均相等。

对于 $\lambda = \lambda_i$ (i=2, 3, ⋯, n)，有

$$\begin{bmatrix} 1 & 1 & \cdots & 1 \\ 1 & 1 & \cdots & 1 \\ \vdots & \vdots & \ddots & \vdots \\ 1 & 1 & \cdots & 1 \end{bmatrix} \boldsymbol{\xi}_i = \boldsymbol{0} \tag{2-280}$$

因此，特征向量中的各元素之和为 0。

相模变换矩阵 $\boldsymbol{S}$ 需满足第一列所有元素均相等，其他列所有元素之和为 0(但在一列中不能所有元素均为 0)，这样的矩阵有无数多个。本书的分析中选用电磁暂态计算中最常用的 Karenbauer 变换矩阵，其形式如下：

$$\boldsymbol{S} = \begin{bmatrix} 1 & 1 & \cdots & 1 \\ 1 & 1-n & \cdots & 1 \\ \vdots & \vdots & \ddots & \vdots \\ 1 & 1 & \cdots & 1-n \end{bmatrix} \tag{2-281}$$

在相模变换后的 n 个模量中，有一个模量为“零模”，其以大地为回路，其他模量为“线模”，其以导线为回路。对于 Karenbauer 变换，第一个模量为零模，其余模量为线模。

对角矩阵 $\boldsymbol{\Lambda}$ 的第一个对角元素(零模)为 $\left[L_d + (n-1)L_{od}\right]\left[C_d + (n-1)C_{od}\right]$，其余对角元素(线模)为 $(L_d - L_{od})(C_d - C_{od})$。

2.5.3　平行多导体线路模量上的波阻抗和波速度

将式(2-274)代入式(2-269)，得

$$\begin{cases} \dfrac{\partial \boldsymbol{u}_{\mathrm{m}}}{\partial x} = -\boldsymbol{S}^{-1}\boldsymbol{L}\boldsymbol{S}\dfrac{\partial \boldsymbol{i}_{\mathrm{m}}}{\partial t} = -\boldsymbol{L}_{\mathrm{m}}\dfrac{\partial \boldsymbol{i}_{\mathrm{m}}}{\partial t} \\ \dfrac{\partial \boldsymbol{i}_{\mathrm{m}}}{\partial x} = -\boldsymbol{S}^{-1}\boldsymbol{C}\boldsymbol{S}\dfrac{\partial \boldsymbol{u}_{\mathrm{m}}}{\partial t} = -\boldsymbol{C}_{\mathrm{m}}\dfrac{\partial \boldsymbol{u}_{\mathrm{m}}}{\partial t} \end{cases} \tag{2-282}$$

式中，$\boldsymbol{L}_{\mathrm{m}}$和$\boldsymbol{C}_{\mathrm{m}}$为模量上的线路单位长度串联电感矩阵和并联电容矩阵。

由于$\boldsymbol{L}$和$\boldsymbol{C}$具有和矩阵$\boldsymbol{A}$相同的形式(对角元素相同，非对角元素也相同)，通过同样的变换矩阵$\boldsymbol{S}$进行相似变化可实现对角化，故$\boldsymbol{L}_{\mathrm{m}}$和$\boldsymbol{C}_{\mathrm{m}}$均为对角阵，且$\boldsymbol{L}_{\mathrm{m}}\boldsymbol{C}_{\mathrm{m}}=\boldsymbol{\Lambda}$。$\boldsymbol{L}_{\mathrm{m}}$的第一个对角元素为$L_0 = L_{\mathrm{d}} + (n-1)L_{\mathrm{od}}$，即零模电感；其余对角元素为$L_1 = L_{\mathrm{d}} - L_{\mathrm{od}}$，即线模电感。$\boldsymbol{C}_{\mathrm{m}}$的第一个对角元素为$C_0 = C_{\mathrm{d}} + (n-1)C_{\mathrm{od}}$，即零模电容；其余对角元素为$C_1 = C_{\mathrm{d}} - C_{\mathrm{od}}$，即线模电容。

因此，平行多导体线路中的行波具有零模和线模两种不同的传播速度，分别为

$$\begin{cases} v_0 = \dfrac{1}{\sqrt{[L_{\mathrm{d}} + (n-1)L_{\mathrm{od}}][C_{\mathrm{d}} + (n-1)C_{\mathrm{od}}]}} \\ v_1 = \dfrac{1}{\sqrt{(L_{\mathrm{d}} - L_{\mathrm{od}})(C_{\mathrm{d}} - C_{\mathrm{od}})}} \end{cases} \tag{2-283}$$

同样，平行多导体线路中也存在不同的零模和线模波阻抗：

$$\begin{cases} Z_0 = \sqrt{\dfrac{L_{\mathrm{d}} + (n-1)L_{\mathrm{od}}}{C_{\mathrm{d}} + (n-1)C_{\mathrm{od}}}} \\ Z_1 = \sqrt{\dfrac{L_{\mathrm{d}} - L_{\mathrm{od}}}{C_{\mathrm{d}} - C_{\mathrm{od}}}} \end{cases} \tag{2-284}$$

第 3 章　故障行波理论

3.1　单相均匀无损线中的故障行波

3.1.1　故障行波的产生

设单相线路 F 点发生了金属性短路，如图 3.1 所示，图中 $e_M(t)$、$e_N(t)$ 为线路两端的电压源，Z_M、Z_N 为线路两端的电源的内阻抗。根据叠加原理，故障状态等效于在故障点增加了两个大小相等、方向相反的电压源，其电源电压数值等于故障前 F 点的电压 $e_f(t)$；故障后的网络可等效为非故障状态网络和故障附加状态网络的叠加，其中非故障状态网络就是故障前正常运行网络，故障附加网络只有在故障后才出现，作用在该网络中的电源就是与故障前该点电压数值相等方向相反的等效电压源$-e_f(t)$,称为虚拟电源或附加电源。在该电源的作用下，故障附加网络中将只包含故障分量的电压和电流 u_f、i_f，整个故障后网络中各点的电压 u 和电流 i 是故障前负荷分量 u_p、i_p 和故障分量 u_f、i_f的和，即

$$\begin{cases} i = i_f + i_p \\ u = u_f + u_p \end{cases} \tag{3-1}$$

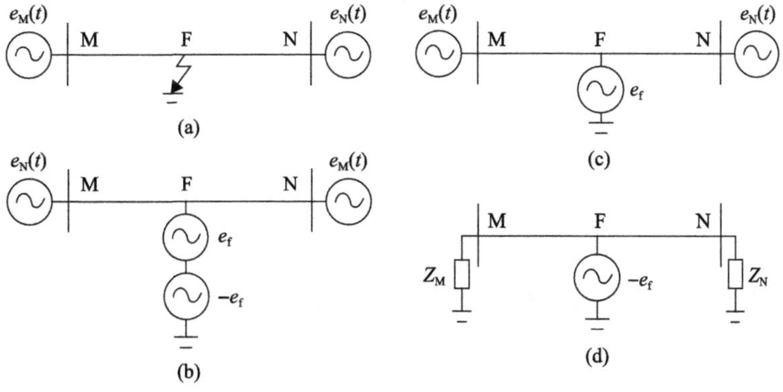

图 3.1　线路 F 点故障时的等效网络

由此可知，当把故障后网络分解成正常运行状态网络和故障附加状态网络之后，对故障后网络的分析就变为对故障附加网络的分析；对故障后电压电流变化规律的研究就转化为对故障分量电压电流的研究。我们的任务是把线路 MN 看成分布参数，研究当 F 点故障后，沿导线运动的电压和电流波如何变化。

图 3.1(d)所示是一条终端接有负载阻抗 Z_M 和 Z_N 的均匀传输线，当故障发生瞬间，相当于和故障附加电源接通，在线路 FN 和线路 FM 上都将产生沿导线运动的行波。故

障发生后瞬间，行波从故障点传播到线路终端母线 M(N)点，由于负载阻抗 $Z_M(Z_N)$未必和线路波阻抗匹配，行波将发生折反射，反射行波将再次传播到故障点 F，并再次发生折反射，形成多次折反射过程，最后进入故障稳态。在故障线路 MN 上运动的行波是由故障引发的，且在线路 MN(MF 段和 FN 段)的导引下形成行波，将这种由故障引发的、沿导线传播的导行电磁波称为故障行波。进一步观察故障后的过程，不难发现，故障行波既包括故障过程中出现的初始行波、暂态过程中的折反射分量行波，也包括故障进入稳态后的稳态行波，统称为故障行波。

图 3.2 表示故障行波在分布参数线路上的传播，图中 U_F 为故障附加电源；C_i、C_i' 均表示线路的分布电容；线路单位长度 dx 的电容、电感为 Cdx、Ldx；故障行波电流 i 经过单位长度线路 dx 后变为 $i+\dfrac{\partial i}{\partial x}$，故障行波电压 u 同理。

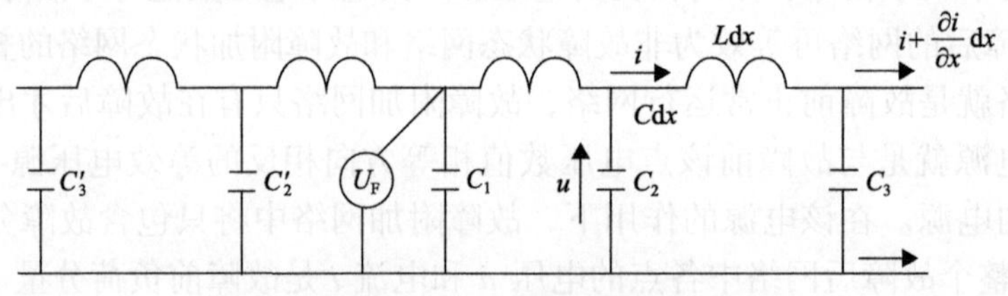

图 3.2　故障行波在分布参数线路上的传播

3.1.2　单根导体线路的波动方程

以下首先结合单根均匀无损线路予以说明。在不考虑参数频率特性时，单根均匀无损线路可以等效为双导体均匀传输线，其分布参数电路上的电压 u 和电流 i 均为位置 x 和时间 t 的函数，容易得到如下一阶偏微分方程组：

$$\begin{cases} -\dfrac{\partial u}{\partial x}=L\dfrac{\partial i}{\partial t} \\ -\dfrac{\partial i}{\partial x}=C\dfrac{\partial u}{\partial t} \end{cases} \tag{3-2}$$

式中，L 和 C 分别为单位长度线路的电感和对地电容。

式(3-2)经变换可得如下二阶偏微分方程组：

$$\begin{cases} \dfrac{\partial^2 u}{\partial x^2}=LC\dfrac{\partial^2 u}{\partial t^2} \\ \dfrac{\partial^2 i}{\partial x^2}=LC\dfrac{\partial^2 i}{\partial t^2} \end{cases} \tag{3-3}$$

式(3-3)即为单根导体线路的波动方程。

式(3-3)的解如下：

$$\begin{cases} u = u_1\left(t - \dfrac{x}{v}\right) + u_2\left(t + \dfrac{x}{v}\right) \\ i = \dfrac{1}{Z_C}\left[u_1\left(t - \dfrac{x}{v}\right) - u_2\left(t + \dfrac{x}{v}\right)\right] \end{cases} \tag{3-4}$$

式中，$u_1\left(t-\dfrac{x}{v}\right)$和$u_2\left(t+\dfrac{x}{v}\right)$分别为沿$x$正方向运动的前行波和沿$x$反方向运动的反行波；$v=\dfrac{1}{\sqrt{LC}}$为行波在线路上的传播速度；$Z_C=\sqrt{\dfrac{L}{C}}$为线路波阻抗。

当行波沿线路传播时，如果线路的参数在某点处突然改变(波阻抗改变)，则在该点处将会发生波的折射与反射，多次折反射后进入新的稳态。

如图 3.3 所示，当入射波由波阻抗为Z_1的线路传播至波阻抗为Z_2的线路时，由于波阻抗在点 M 处不连续，便会产生折射波和反射波，其所对应的电压折射系数γ和反射系数ρ分别为

$$\begin{cases} \gamma = \dfrac{2Z_2}{Z_1 + Z_2} \\ \rho = \dfrac{Z_2 - Z_1}{Z_1 + Z_2} \end{cases} \tag{3-5}$$

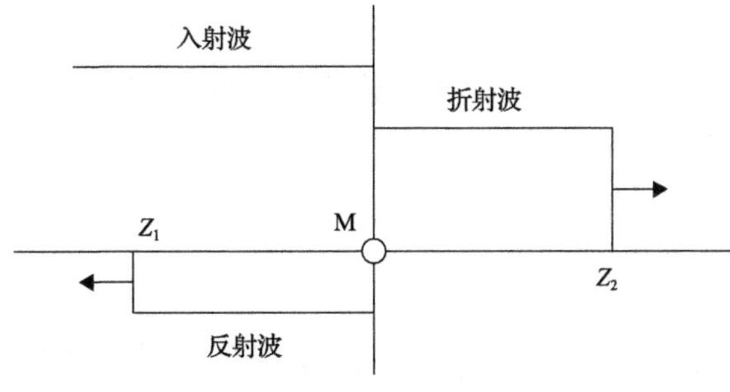

图 3.3　行波的折反射

不管输电线路处于正常运行状态还是故障后的过渡过程，故障行波都将服从波动方程。对于正弦稳态解，前文已经有过描述，关键是在分析故障暂态过程时，寻求波动方程的暂态解析解较为困难，这是故障行波分析的瓶颈。后文将对此进行介绍和深入分析。

3.2　三相输电线路中的故障行波

三相输电线路的故障行波的分析可以从以下几个角度来考虑。

(1)从空间介质角度看，三相输电线路属于多导体系统，多导体之间存在耦合，为了解耦，可以采用相模变换把存在耦合的三相系统解耦为没有耦合的三个独立模量系统。

(2)从时间域来看，故障行波存在故障初瞬、故障暂态和故障稳态三个过程，故障行

波在不同时间段的特征会有不同的表现。

(3) 从故障检测的角度来讲，又分为故障点行波和检测点行波，故障点行波决定了行波分析的边界条件，使行波的量化计算成为可能，而检测点的行波则为利用故障行波构造继电保护和故障测距技术等提供了直接依据。

分析三相输电线路的故障行波，就是寻找各相(或各模)在故障初瞬的初始行波、在折反射暂态过程的行波和故障进入稳态之后的行波和故障之间的逐一对应关系，揭示故障行波发生、发展和变化的规律，刻画行波从故障点到故障线路、健全线路乃至整个电网的传播特性。从后边的分析可以发现，本章所提分析方法打通了单相线路和耦合三相线路之间的联系，联系手段是相模变换技术；贯通了故障行波初瞬、折反射过程和稳态过程之间的联系，联系手段是瞬时值表示，包括建立在行波分析基础上的瞬时无功理论；从着眼点来讲，主要集中在故障点和检测点，为故障行波应用奠定理论基础。

3.2.1 相模变换

故障分析是电力系统研究的重要方面，当我们进行电力系统故障分析时，通常都采用相序变换或相模变换，将三相电压电流转换为序空间或是模量空间上的对应数值。这样做的主要目的是相间解耦，通过相序变换或相模变换，将电流、电压之间的阻抗(导纳)矩阵，由相空间下的对称的非对角阵变为序空间或模量空间下的对角阵。每个序(模)电流只和它对应的一个序(模)电压有关，从而把相互耦合的三相系统分解为相互独立的三个子系统。分解后的三个系统都可以按照单相系统的分析方法进行计算，这样简化了电流、电压变量之间的关系，有利于后续的计算和推导。另一方面，某些电气现象和规律在相空间中不甚明显，但是它们在序空间或模量空间中却非常清晰，这也是采用序变换或者模变换的一个重要原因。

通常，在对稳态电气量的分析中采用序变换，即通常所说的对称分量变换。以电压相量为例，令旋转因子 a 和 a^2 为

$$a = \mathrm{e}^{\mathrm{j}120^\circ} = -\frac{1}{2} + \mathrm{j}\frac{\sqrt{3}}{2}\text{；}\ a^2 = \mathrm{e}^{\mathrm{j}240^\circ} = -\frac{1}{2} - \mathrm{j}\frac{\sqrt{3}}{2} \tag{3-6}$$

以电压相量为例，对称分量变换的矩阵表达式为

$$\begin{bmatrix} \dot{U}_1 \\ \dot{U}_2 \\ \dot{U}_0 \end{bmatrix} = \frac{1}{3}\begin{bmatrix} 1 & a & a^2 \\ 1 & a^2 & a \\ 1 & 1 & 1 \end{bmatrix}\begin{bmatrix} \dot{U}_\mathrm{A} \\ \dot{U}_\mathrm{B} \\ \dot{U}_\mathrm{C} \end{bmatrix} \tag{3-7}$$

其逆变换为

$$\begin{bmatrix} \dot{U}_\mathrm{A} \\ \dot{U}_\mathrm{B} \\ \dot{U}_\mathrm{C} \end{bmatrix} = \frac{1}{3}\begin{bmatrix} 1 & 1 & 1 \\ a^2 & a & 1 \\ a & a^2 & 1 \end{bmatrix}\begin{bmatrix} \dot{U}_1 \\ \dot{U}_2 \\ \dot{U}_0 \end{bmatrix} \tag{3-8}$$

式(3-7)和式(3-8)中的$\dot{U}_A$、$\dot{U}_B$和$\dot{U}_C$表示三相电压相量；$\dot{U}_1$、$\dot{U}_2$和$\dot{U}_0$分别表示正序、负序和零序电压相量。对称分量法在电力系统故障分析中的应用非常广泛，但是它并没有被用来分析暂态电气量。如果采用式(3-7)和式(3-8)中的相量形式来求序分量，由于从采样值求取相量的过程必然会引入较大的延时，所以无法快速反映暂态电气量的变化，这在暂态分析中是不合适的。而且采用式(3-7)和式(3-8)来计算序分量时，只能计算某一个频率分量所对应的序分量，而无法同时反映暂态信号中各个频率的电气量。因此在实际应用中，序变换主要用于工频电气量的分析，而不会用在暂态电气量的分析中。

对暂态电气量的分析通常采用相模变换，常用的有 Clark 变换、Karenbauer 变换等。

以相电压为例，其 Clark 变换为

$$\begin{bmatrix} u_\alpha \\ u_\beta \\ u_0 \end{bmatrix} = \frac{1}{3}\begin{bmatrix} 2 & -1 & -1 \\ 0 & \sqrt{3} & -\sqrt{3} \\ 1 & 1 & 1 \end{bmatrix}\begin{bmatrix} u_A \\ u_B \\ u_C \end{bmatrix} \tag{3-9}$$

式中，u_α、u_β、u_0分别表示对应的α、β和零模这三个模分量；u_A、u_B、u_C分别表示三相电压的瞬时值，其逆变换为

$$\begin{bmatrix} u_A \\ u_B \\ u_C \end{bmatrix} = \begin{bmatrix} 1 & 0 & 1 \\ -\dfrac{1}{2} & \dfrac{\sqrt{3}}{2} & 1 \\ -\dfrac{1}{2} & -\dfrac{\sqrt{3}}{2} & 1 \end{bmatrix}\begin{bmatrix} u_\alpha \\ u_\beta \\ u_0 \end{bmatrix} \tag{3-10}$$

Karenbauer 变换为

$$\begin{bmatrix} u_\alpha \\ u_\beta \\ u_0 \end{bmatrix} = \frac{1}{3}\begin{bmatrix} 1 & -1 & 0 \\ 1 & 0 & -1 \\ 1 & 1 & 1 \end{bmatrix}\begin{bmatrix} u_A \\ u_B \\ u_C \end{bmatrix} \tag{3-11}$$

其逆变换为

$$\begin{bmatrix} u_A \\ u_B \\ u_C \end{bmatrix} = \begin{bmatrix} 1 & 1 & 1 \\ -2 & 1 & 1 \\ 1 & -2 & 1 \end{bmatrix}\begin{bmatrix} u_\alpha \\ u_\beta \\ u_0 \end{bmatrix} \tag{3-12}$$

同相序变换不同，相模变换的系数矩阵是一个实数阵，因而只需要知道三相电气量在同一个时间采样点的数值就可以计算该时刻的三个模量数值，这样的变换原则上不会产生时延，也不会丢失任何信息，非常有利于暂态数据的处理。

需要特别指出的是，相模变换对输入电气量的波形并没有特殊要求，它不但能够用

于暂态高频电气量的处理，也能够用于稳态工频电气量的处理。这也就是说，相模变换适用于从故障瞬间、故障暂态到故障稳态的所有时段和频率的电气量，这正是研究故障行波所需要的。研究表明，当三相系统发生各种典型故障时，在模空间下，故障系统也具有简明的故障特征，可以将故障后的三个模量网络组合成复合模量网络用于故障分析和计算，其故障特征类似于传统故障分析理论中的复合序网，下面的3.2.2节将详细讨论这个问题。

3.2.2 复合模量网络

在传统的电力系统故障分析理论中，通过对称分量变换(相序变换)和复合序网可以简单明了地描述各种典型故障情况下的系统特征，这为各种基于工频电气量的故障分析和保护原理奠定了理论基础。但是这样的故障分析理论是基于相序变换和工频电气量的，并不适用于故障暂态过程的分析。

以下采用相模变换和行波传播的边界条件构造类似于传统故障分析的复合序网，它适用于从故障暂态到故障稳态的整个故障过程的分析[16]。

后续的分析中将采用相模变换中的Karenbauer变换，为了简化分析，在分析各种典型故障时，都以A相作为特殊相，并假设整个系统除故障点之外都三相对称。

1. 单相接地

单相接地短路时，故障处的边界条件(图3.4)为

$$\begin{cases} i_B = i_C = 0 \\ u_A = 0 \end{cases} \tag{3-13}$$

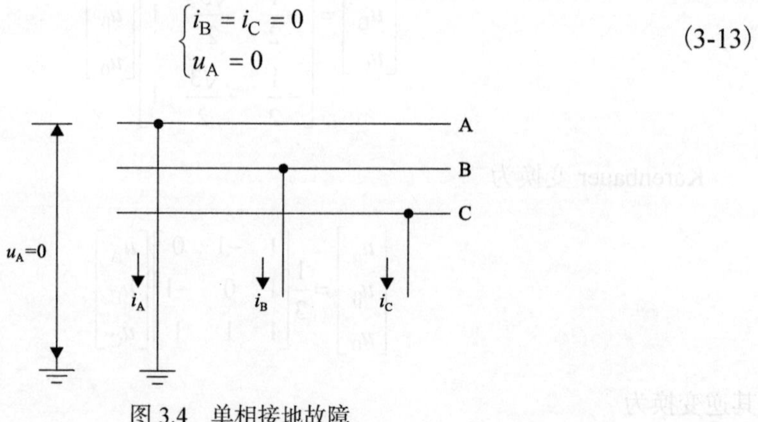

图3.4 单相接地故障

式中，i_B、i_C分别为B相、C相的故障电流；u_A为故障点处A相的电压。式(3-13)给出的边界条件是瞬时值的边界条件，它在故障暂态和故障稳态中均成立，利用相模变换及式(3-13)的边界条件可以求得各模量电压和电流的瞬时值为

$$\begin{bmatrix} i_\alpha \\ i_\beta \\ i_0 \end{bmatrix} = \frac{1}{3}\begin{bmatrix} 1 & -1 & 0 \\ 1 & 0 & -1 \\ 1 & 1 & 1 \end{bmatrix}\begin{bmatrix} i_A \\ i_B \\ i_C \end{bmatrix} = \frac{1}{3}\begin{bmatrix} 1 & -1 & 0 \\ 1 & 0 & -1 \\ 1 & 1 & 1 \end{bmatrix}\begin{bmatrix} i_A \\ 0 \\ 0 \end{bmatrix} = \frac{1}{3}\begin{bmatrix} i_A \\ i_A \\ i_A \end{bmatrix} \tag{3-14}$$

$$\begin{bmatrix} u_\alpha \\ u_\beta \\ u_0 \end{bmatrix} = \frac{1}{3}\begin{bmatrix} 1 & -1 & 0 \\ 1 & 0 & -1 \\ 1 & 1 & 1 \end{bmatrix}\begin{bmatrix} u_A \\ u_B \\ u_C \end{bmatrix} = \frac{1}{3}\begin{bmatrix} 1 & -1 & 0 \\ 1 & 0 & -1 \\ 1 & 1 & 1 \end{bmatrix}\begin{bmatrix} 0 \\ u_B \\ u_C \end{bmatrix} = \frac{1}{3}\begin{bmatrix} -u_B \\ -u_C \\ u_B + u_C \end{bmatrix} \tag{3-15}$$

式(3-14)和式(3-15)说明，α、β 和零模这三个模量网络是串联的关系，它们可以用图 3.5 来表示，其中α、β 模量网络中的电源由以下推导得到：

$$\begin{bmatrix} e_\alpha \\ e_\beta \\ e_0 \end{bmatrix} = \frac{1}{3}\begin{bmatrix} 1 & -1 & 0 \\ 1 & 0 & -1 \\ 1 & 1 & 1 \end{bmatrix}\begin{bmatrix} e_A \\ e_B \\ e_C \end{bmatrix} = \frac{1}{3}\begin{bmatrix} e_A - e_B \\ e_A - e_C \\ 0 \end{bmatrix} \tag{3-16}$$

式中，e_α、e_β 和 e_0 为故障点向系统看入的戴维南等效电路中的三个模量网络的等效电源，在通常情况下三相系统对称，故 e_α、e_β 和 e_0 也是对称的，则有 $e_0 = e_A + e_B + e_C = 0$。图 3.5 中的 Z_α、Z_β 和 Z_0 是故障点向系统看入的戴维南等效电路中的三个模量网络的等效阻抗。

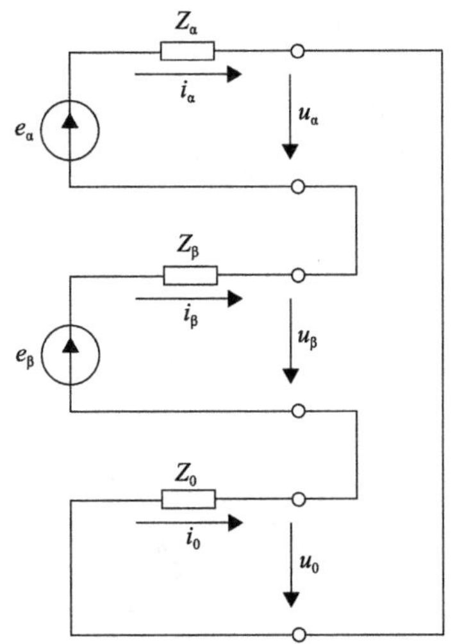

图 3.5　单相接地故障的复合模量网

需要注意的是，式(3-13)和式(3-16)及图 3.5 中的所有电流和电压都是瞬时值，这表明图 3.5 所示的复合模量网络在包含故障暂态和故障稳态的整个故障过程中，对于每一个采样点的数据均成立，后续几种故障类型情况下的分析也是如此。

2. 两相短路

两相短路如图 3.6 所示，其边界条件为

$$\begin{cases} u_B = u_C \\ i_A = 0 \\ i_B = -i_C \end{cases} \tag{3-17}$$

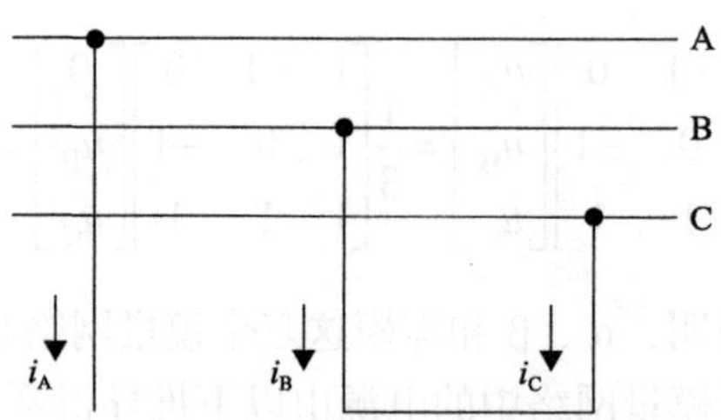

图 3.6　两相短路故障

利用相模变换及式(3-17)的边界条件可以求得各模量电压和电流的瞬时值为

$$\begin{bmatrix} i_\alpha \\ i_\beta \\ i_0 \end{bmatrix} = \frac{1}{3}\begin{bmatrix} 1 & -1 & 0 \\ 1 & 0 & -1 \\ 1 & 1 & 1 \end{bmatrix}\begin{bmatrix} i_A \\ i_B \\ i_C \end{bmatrix} = \frac{1}{3}\begin{bmatrix} 1 & -1 & 0 \\ 1 & 0 & -1 \\ 1 & 1 & 1 \end{bmatrix}\begin{bmatrix} 0 \\ i_B \\ -i_B \end{bmatrix} = \frac{1}{3}\begin{bmatrix} -i_B \\ i_B \\ 0 \end{bmatrix} \tag{3-18}$$

$$\begin{bmatrix} u_\alpha \\ u_\beta \\ u_0 \end{bmatrix} = \frac{1}{3}\begin{bmatrix} 1 & -1 & 0 \\ 1 & 0 & -1 \\ 1 & 1 & 1 \end{bmatrix}\begin{bmatrix} u_A \\ u_B \\ u_C \end{bmatrix} = \frac{1}{3}\begin{bmatrix} 1 & -1 & 0 \\ 1 & 0 & -1 \\ 1 & 1 & 1 \end{bmatrix}\begin{bmatrix} u_A \\ u_B \\ u_B \end{bmatrix} = \frac{1}{3}\begin{bmatrix} u_A - u_B \\ u_A - u_B \\ 0 \end{bmatrix} \tag{3-19}$$

很明显，α、β 这两个模量网络是并联关系，而零模网络处于开路状态，它们可以用图 3.7 来表示，其中 α、β 模量网络中的电源可以由式(3-16)计算得到。

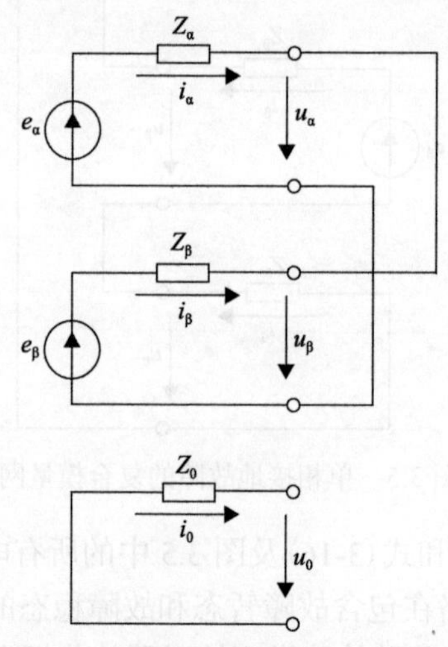

图 3.7　两相短路故障的复合模量网

3. 两相短路接地

两相短路接地如图 3.8 所示，其边界条件为

$$\begin{cases} u_B = u_C = 0 \\ i_A = 0 \end{cases} \tag{3-20}$$

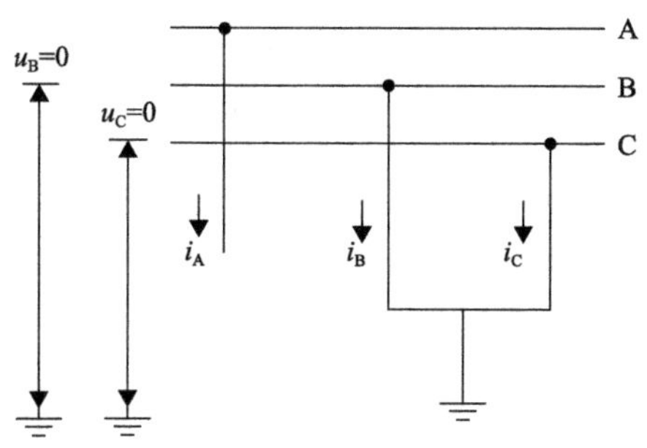

图 3.8　两相短路接地

利用相模变换及式(3-20)的边界条件可以求得各模量电压和电流的瞬时值为

$$\begin{bmatrix} i_\alpha \\ i_\beta \\ i_0 \end{bmatrix} = \frac{1}{3}\begin{bmatrix} 1 & -1 & 0 \\ 1 & 0 & -1 \\ 1 & 1 & 1 \end{bmatrix}\begin{bmatrix} i_A \\ i_B \\ i_C \end{bmatrix} = \frac{1}{3}\begin{bmatrix} 1 & -1 & 0 \\ 1 & 0 & -1 \\ 1 & 1 & 1 \end{bmatrix}\begin{bmatrix} 0 \\ i_B \\ i_C \end{bmatrix} = \frac{1}{3}\begin{bmatrix} -i_B \\ -i_C \\ i_B + i_C \end{bmatrix} \tag{3-21}$$

$$\begin{bmatrix} u_\alpha \\ u_\beta \\ u_0 \end{bmatrix} = \frac{1}{3}\begin{bmatrix} 1 & -1 & 0 \\ 1 & 0 & -1 \\ 1 & 1 & 1 \end{bmatrix}\begin{bmatrix} u_A \\ u_B \\ u_C \end{bmatrix} = \frac{1}{3}\begin{bmatrix} 1 & -1 & 0 \\ 1 & 0 & -1 \\ 1 & 1 & 1 \end{bmatrix}\begin{bmatrix} u_A \\ 0 \\ 0 \end{bmatrix} = \frac{1}{3}\begin{bmatrix} u_A \\ u_A \\ u_A \end{bmatrix} \tag{3-22}$$

很明显，三个模量网络是并联的关系，如图 3.9 所示。

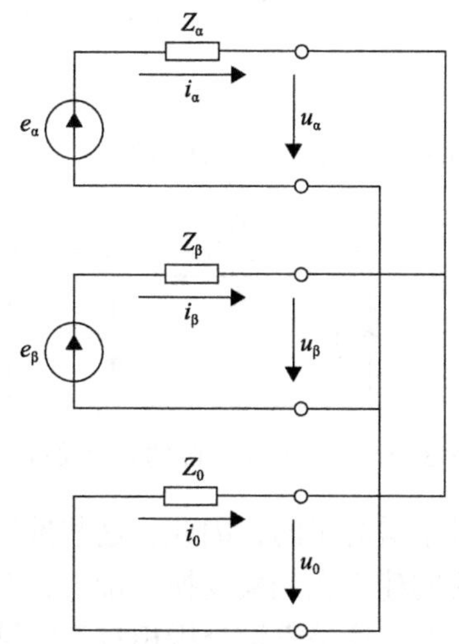

图 3.9　两相短路接地故障的复合模量网

4. 三相短路

三相短路如图 3.10 所示，考虑到整个系统和故障情况均三相对称，三相短路的边界条件为

$$\begin{cases} u_A = u_B = u_C = 0 \\ i_A + i_B + i_C = 0 \end{cases} \tag{3-23}$$

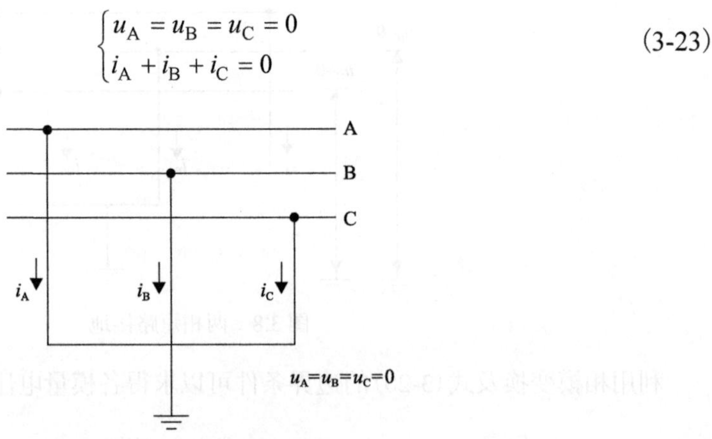

图 3.10　三相短路故障

利用相模变换及式(3-23)的边界条件可以求得各模量电压和电流的瞬时值为

$$\begin{bmatrix} i_\alpha \\ i_\beta \\ i_0 \end{bmatrix} = \frac{1}{3}\begin{bmatrix} 1 & -1 & 0 \\ 1 & 0 & -1 \\ 1 & 1 & 1 \end{bmatrix}\begin{bmatrix} i_A \\ i_B \\ i_C \end{bmatrix} = \frac{1}{3}\begin{bmatrix} i_A - i_B \\ i_A - i_C \\ i_A + i_B + i_C \end{bmatrix} = \frac{1}{3}\begin{bmatrix} i_A - i_B \\ i_A - i_C \\ 0 \end{bmatrix} \tag{3-24}$$

$$\begin{bmatrix} u_\alpha \\ u_\beta \\ u_0 \end{bmatrix} = \frac{1}{3}\begin{bmatrix} 1 & -1 & 0 \\ 1 & 0 & -1 \\ 1 & 1 & 1 \end{bmatrix}\begin{bmatrix} u_A \\ u_B \\ u_C \end{bmatrix} = \begin{bmatrix} 0 \\ 0 \\ 0 \end{bmatrix} \tag{3-25}$$

可见在三相短路的情况下，三个模量网路是相互独立的，而且其电压和电流均不存在零模分量，这时三个模量网络的关系如图 3.11 所示。

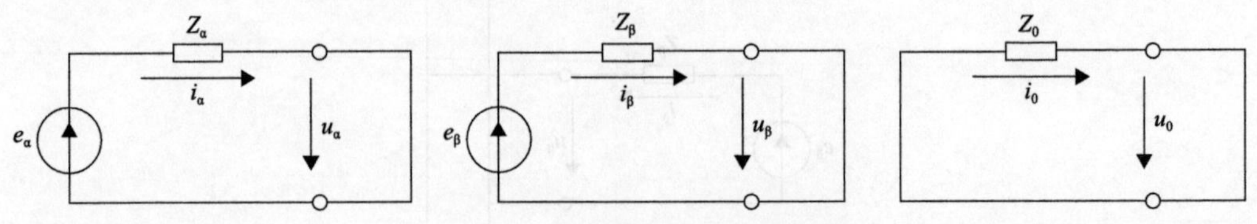

图 3.11　三相短路故障的复合模量网

上述的推导和结论都是基于瞬时量的，因此，这些推导和结论既适用于瞬时量也同样能够适用于工频相量。这说明建立在相模变换基础上，对模量的故障分析理论既可用于故障暂态也可以用于故障稳态，这是模量分析相对于序量分析的一个优点。

3.3　工频下的行波现象

3.3.1　行波分解

按照统一行波理论，线路上的任何电压、电流都可以分解为正向行波(前行波)和反向行波(反行波)，就信息的完备性而言，电压和电流给出的信息同正向行波和反向行波给出的信息是相等的。给定一条线路上的电压和电流，就能够唯一地得到其对应的前行波和反行波，反之亦然。但是在某些情况下，采用前行波和反行波比采用电压和电流能够更方便得到故障特征，因而有必要讨论如何由电压和电流量分解得到前行波和反行波，这也就是所谓的行波分解。

根据行波的基本性质，电压行波等于前行电压波和反行电压波的和，电流行波等于前行电流波和反行电流波的差，前行电压波等于前行电流波乘以波阻抗，反行电压波等于反行电流波乘以波阻抗，即

$$\begin{cases} u = u_+ + u_- \\ i = i_+ - i_- \\ u_+ = i_+ Z_C \\ u_- = i_- Z_C \end{cases} \tag{3-26}$$

式中，所有的电气量都是瞬时值，u、i 分别表示电压和电流行波；u_+ 和 i_+ 分别表示前行电压波和前行电流波；u_- 和 i_- 分别表示反行电压波和反行电流波；Z_C 表示波阻抗。求解式(3-26)，可以得到

$$\begin{cases} i_+ = \dfrac{u + i \cdot Z_C}{2Z_C} \\ i_- = \dfrac{u - i \cdot Z_C}{2Z_C} \end{cases} \tag{3-27}$$

$$\begin{cases} u_+ = \dfrac{u + i \cdot Z_C}{2} \\ u_- = \dfrac{u - i \cdot Z_C}{2} \end{cases} \tag{3-28}$$

在实际分析中，如果想用方向行波来替代电压行波和电流行波，采用式(3-27)或式(3-28)均可，因为 u_- 和 i_-、u_+ 和 i_+ 的波形是完全一样的，两者只相差一个比例系数 Z_C (通常情况下波阻抗 Z_C 是一个实数)。

3.3.2　工频行波的折反射现象

折反射现象是波的固有特征之一，对于行波波头(暂态行波)在波阻抗不连续点的折反射现象各种文献中已经进行了许多深入的研究[3,11,12-14]，本书不再冗述。但是，在传统的保护研究中一般不把工频电气量作为行波研究，因而对于工频行波的折反射特性还缺少研究，本小节将主要论述工频行波的折反射现象。下面将分析行波在几种典型的边界条件下的折反射现象。

1. 短路

图 3.12 是短路边界条件下的一个仿真系统，为了简化讨论，采用的是单相系统，两

侧电源是 50Hz 工频电压源，其电压峰值为 10kV，线路采用单相分布参数线路，线路波阻抗为 249.5Ω，R 表示测量点，在 0.06s 时发生金属性接地故障，故障距离为 0km。

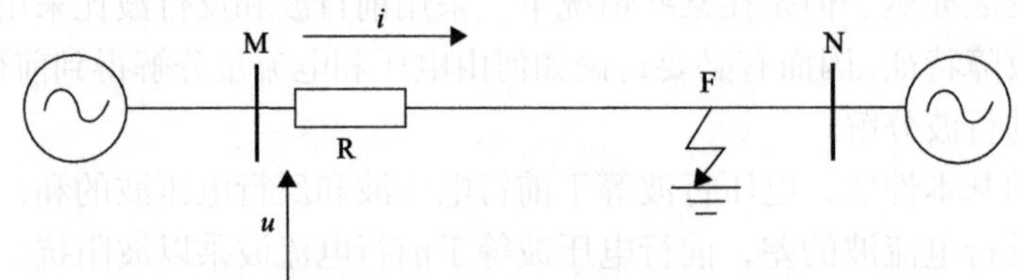

图 3.12　短路情况的仿真模型

电压和电流的波形如图 3.13(a)、(b)所示，利用式(3-28)所示的行波分解算法，可以得到对应的前行电压波和反行电压波，如图 3.13(c)所示。

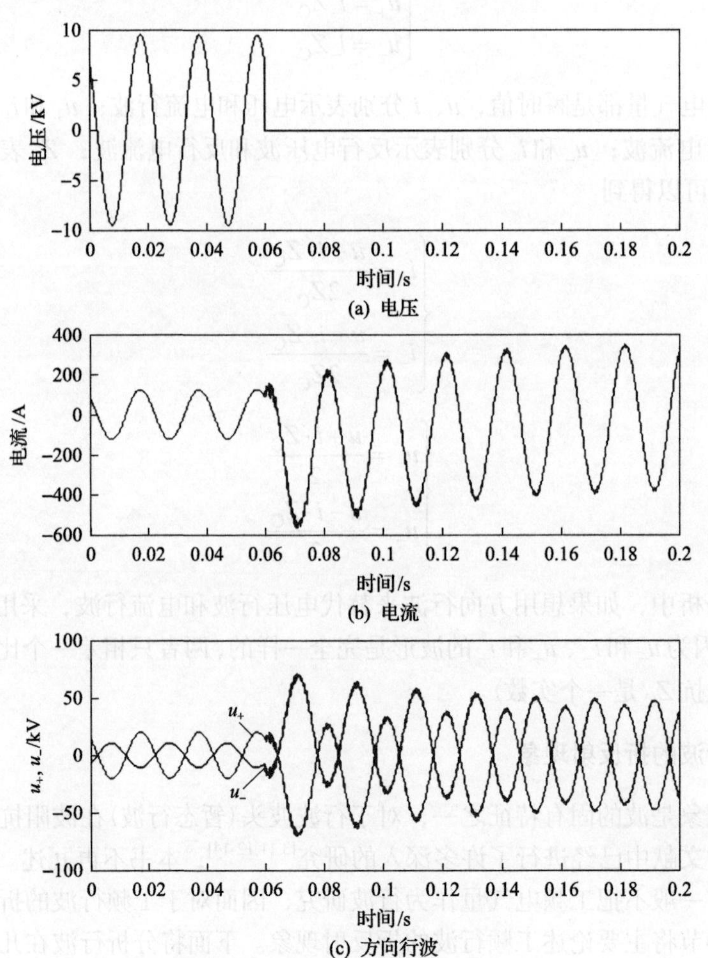

图 3.13　短路情况下的波形分析

从图 3.13(c)可以看到，故障之后，正向行波和反向行波正好大小相等，极性相反。如果滤出正、反向行波的工频相量，则这两个相量的大小正好相等而相角相差 180°。这是因为由电源发出的正向行波在故障点发生了全反射，所以前行波的幅值等于反行波的幅值。而又因为接地点的边界条件使反射波的极性和入射波正好相反，所以正、反向行波的相量正好相差 180°。在式(3-28)中代入 $u=0$ (短路的边界条件)，可得

$$\begin{cases} u_{+}=\dfrac{i\cdot Z_{\mathrm{C}}}{2} \\ u_{-}=\dfrac{-i\cdot Z_{\mathrm{C}}}{2} \end{cases} \tag{3-29}$$

可以看到正反向行波的极性正好相反，同上述仿真的结论一致。

2. 断线

图 3.14 给出了断路边界条件下的一个仿真系统，为了简化讨论采用的是单相系统，两侧电源是 50Hz 工频电压源，线路采用单相分布参数线路，R 表示测量点，在 0.06s 时发生断线故障，故障距离为 0km。

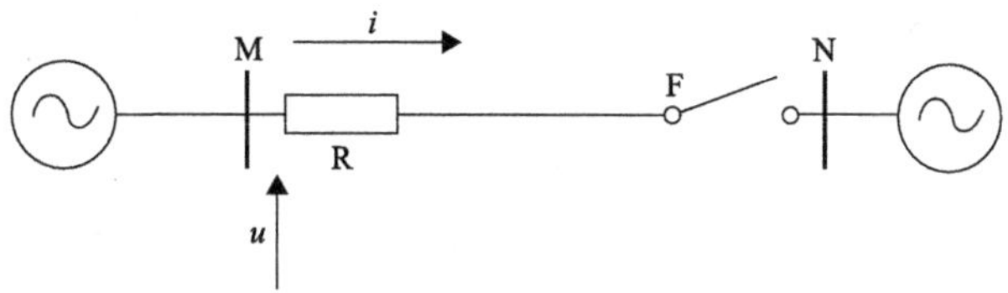

图 3.14　断路情况的仿真模型

电压和电流的波形如图 3.15(a)、(b)所示，利用式(3-28)所示的行波分解算法，可以得到对应的前行电压波和反行电压波，如图 3.15(c)所示。

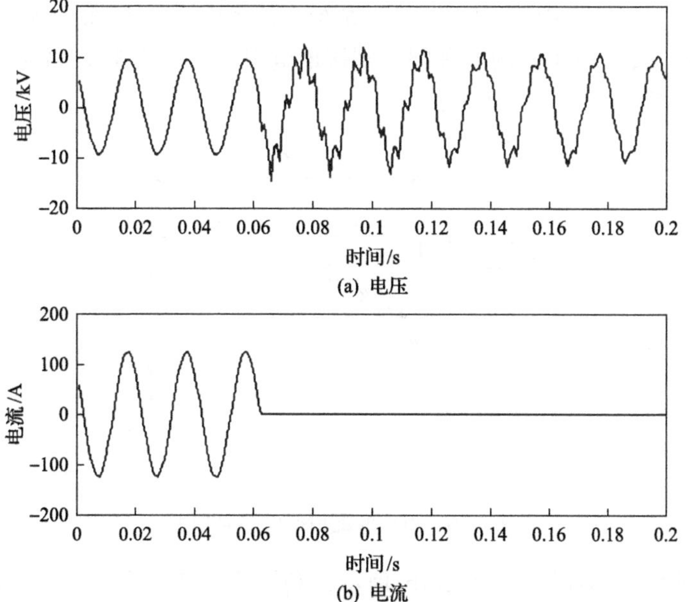

(a) 电压

(b) 电流

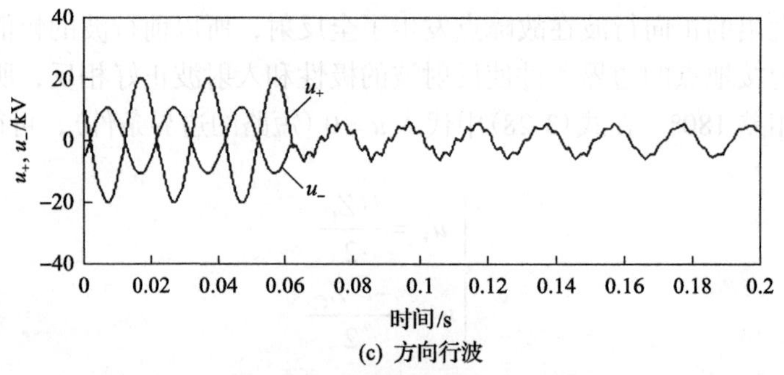

(c) 方向行波

图 3.15　断路情况下的波形分析

从图 3.15(c)可以看到，故障之后，正向行波和反向行波的大小和极性都相同，两条曲线完全重叠。如果滤出正、反向行波中的工频分量将可以看到，两个相量在断线之后完全相等。其解释是，由电源发出的正向行波在线路断开点发生了全反射，所有的能量都被反射回来，所以前行波的幅值等于反行波的幅值。而又因为线路断开点的边界条件使反射波的极性和入射波正好相等，所有正向波和反向波的相量完全相同。

实际上，在式(3-28)中代入 $i=0$ (断线的边界条件)，即可得到

$$\begin{cases} u_+ = \dfrac{u}{2} \\ u_- = \dfrac{u}{2} \end{cases} \tag{3-30}$$

可以看到正、反向行波完全相等，同上述仿真的结论一致。

3. 阻抗匹配

图 3.16 是一个阻抗匹配情况下的仿真系统，两侧电源是 50Hz 工频电压源，线路是单相分布参数线路，在 0.06s 时开关闭合到接地电阻 R_f 上，故障距离为 100km，故障电阻 R_f 同线路的波阻抗一样为 249.5Ω。

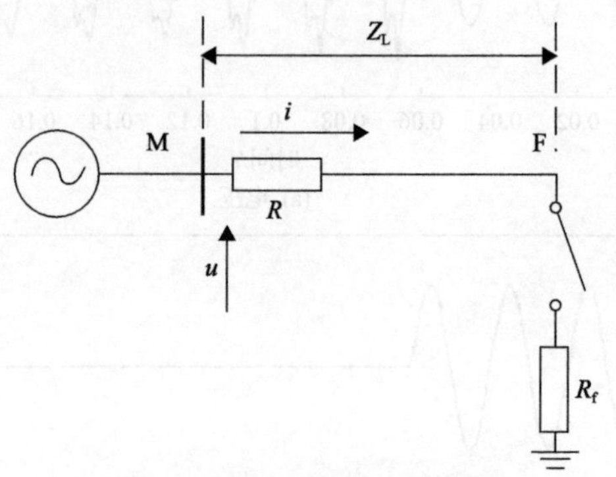

图 3.16　阻抗匹配情况的仿真模型

电压和电流的波形如图 3.17(a)(b)所示，利用式(3-28)所示的行波分解算法，可以

得到对应的前行电压波和反行电压波，如图 3.17(c)所示。

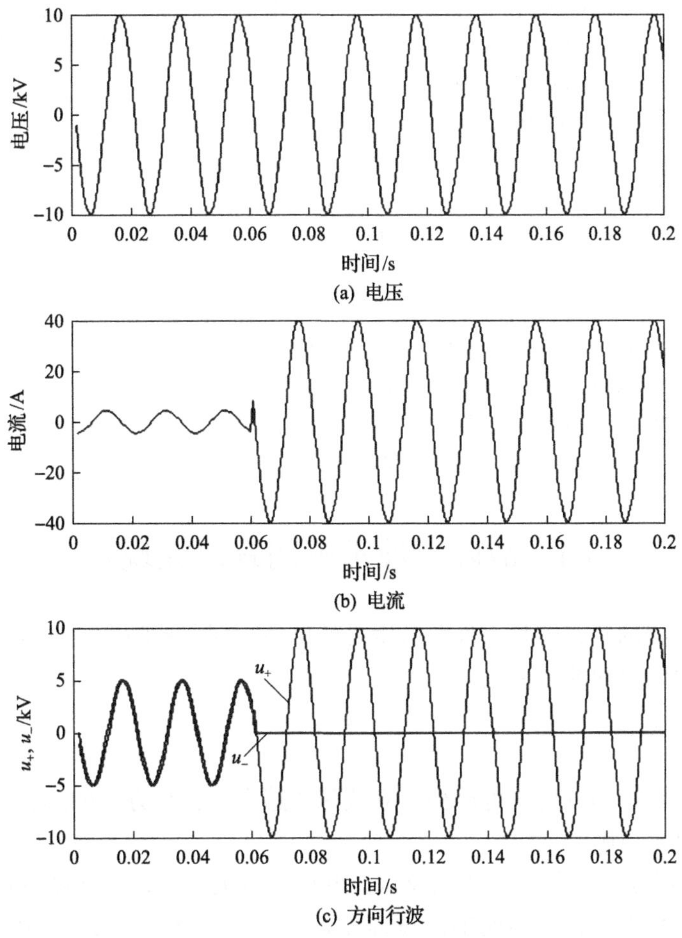

(a) 电压

(b) 电流

(c) 方向行波

图 3.17　匹配情况下的波形分析

对比图 3.17(a)和(b)可以看出，在 0.06s 开关合于故障电阻之后，电流和电压相量完全同相。这是一个非常有意义的结果，因为这时从测量点 R 向故障点看去的视在阻抗是一个纯电阻，计算发现其大小是 249.5Ω，正好等于线路的波阻抗 Z_C。而且该视在阻抗的大小同线路阻抗 Z_L 的大小没有关系，即使改变故障距离，R 点测量到的视在阻抗仍然保持为 249.5Ω。而按照通常的电路分析理论，图 3.16 中，单开关合于接地电阻 R_f 之后，测量点 R 向线路看去的视在阻抗应该等于线路阻抗 Z_L 加上接地电阻 R_f，这同本例的仿真结果完全不同。这说明了传统的基于集中参数线路模型和工频相量分析的故障分析理论，是基于分布参数线路模型和行波量的故障分析理论的一种近似处理，分布参数线路模型能在更大程度上反映真实的系统情况。实际上，如果系统中不存在反射波，传统的集中参数线路模型用于分析实际的分布参数线路是不合适的，正是由于反射波把沿线的线路参数信息反馈到测量点，也才能够在测量点获取远方系统的状态信息，进而构成保护或测距。

利用式(3-28)所示的行波分解算法，可以得到对应的前行波和反行波，如图 3.17(c)所示。和预期的一样，故障之后，正向波增大，而反向波变为零，这正是线路匹配造成的。当故障发生之后，由于故障点 F 处的边界条件是电阻匹配的特殊情况，前行波的能量均被匹配电阻吸收，不存在反射波。

实际上，在式(3-28)中代入 $u = i \cdot Z_C$ (匹配的边界条件)可得到

$$\begin{cases} u_+ = i \cdot Z_C \\ u_- = 0 \end{cases} \tag{3-31}$$

式(3-31)说明在故障后，反向行波为零，线路上只存在正向行波，而且电压和电流之间同极性，幅值上相差 Z_C 倍，这同上述仿真的结论完全一致。

综上所述，故障后工频行波同暂态行波一样会在波阻抗不连续点发生折反射，而且在不同的边界条件下，前行工频行波同反行工频行波呈现出特定的相位关系，这客观上也证明了统一行波理论中将线路上的所有的波形都统一为行波考虑的观点是正确的。

3.4 故障行波求解问题研究现状

寻求波动方程的暂态解是一件非常困难的事情，现有故障行波的分析方法有三种：解析法、解析数值法和纯数值法。

1. 解析法

故障行波分析中的解析法可严格建立故障线路方程，将方程的解表示为已知参数的函数，从而计算出精确的结果。

文献[18]采用复频域分析方法以及拉氏变换的有关性质，在无畸变传输线现有成果的基础上对其接任意线性负载时的波过程和算法进行了研究。文献[19]对传输线方程的时域求解方法和复频域求解方法进行了分析和探讨，用复频域分析法对均匀传输线方程的求解进行了研究。

该方法的优点在于可通过解的表达式获悉问题的内在联系和各参数对解所起的作用；但其缺点是只适用于极少量简单的情况，多数问题的解析法分析过程既困难又复杂。

2. 解析数值法

故障行波分析中的数值法可分为纯数值法和解析数值法。在纯数值法中，通常用差分代替微分。为了求得较准确的数值解，计算量较大，为减轻计算量可增加一些解析部分，称为解析数值法。

网格法首先由 Bewley 提出[20]，作为一种解析数值法，其特点就是用各节点的折、反射系数算出节点的各次折、反射波，按时间的先后顺序表示在网格图上，然后用叠加的方法求出各节点在不同时刻的电气量。

将集总参数的电容和电感用等值线段表示后，一个复杂的网络可以等值为只包含分布参数的线段、电阻元件和电源的网络，为用网格法计算波过程提供了前提。

如图 3.18 所示，波在各节点之间发生多次折反射，图中 γ_1、γ_2、ρ_1、ρ_2 分别为线路两端的折射系数和反射系数；Z 和 τ 分别为该段线路上的波阻抗和传输时间；$u(t)$ 为入射波。若将一个节点上出现的波按到达时间进行累加，则可获得不同时刻该节点处的电气量。因此，波过程只与传播时间、折射系数和反射系数有关。

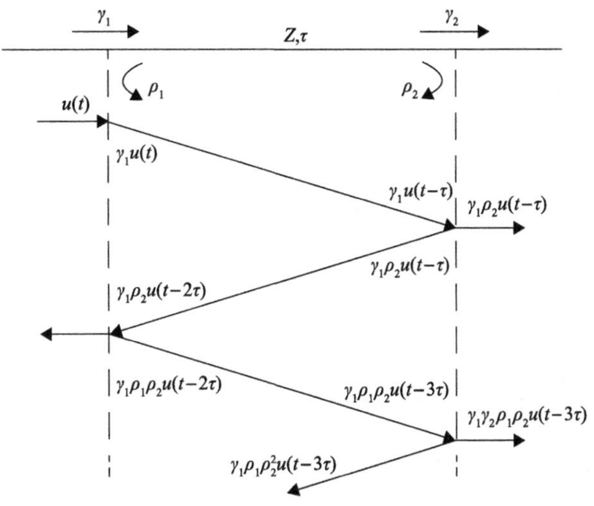

图 3.18　网格法的行波折反射示意图

目前基于网格法的故障行波研究主要针对简单的系统，如传统的直流输电系统，不存在分支问题，且初始行波简单。文献[21]分析了直流线路行波在故障点及包含直流滤波器的线路末端的折反射特性，推导出行波在无畸变线路上传播时的解析解，用以研究直流滤波器、故障电阻和故障位置对直流线路行波的影响。文献[22]提出了考虑线路依频参数和直流控制的直流输电系统线路故障的时域解析方法。但此类研究没有考虑交流系统，且回避了实际电力系统的多样性和复杂性。

3. 纯数值法

特征线法是一种纯数值法，最早被 Lowy 和 Schnyder 等用于研究液压冲击问题。Bergeron 将其应用领域进行了极大的拓展[23]，因而特征线法又被称为 Bergeron 法。该方法将传输线等效为阻抗和历史电流源并联的形式，解决了分布参数线路的暂态计算问题。

Bergeron 法易于编程，可广泛应用于电力系统电磁暂态数值计算中。在电磁暂态仿真软件 EMTP、PSCAD 中都使用了 Bergeron 法。在此过程中，以 Dommel[24-29]为代表的众多研究人员做出了卓越的贡献，使以 Bergeron 法为基础的电磁暂态仿真方法在电力领域中得到了广泛应用。

文献[24]使用特征线法和梯形积分法则将任意单相和多相电力系统网络的分布参数模型转化为集总参数模型，提出了含分布参数线路系统电磁暂态仿真的基本方法。文献[25]重点分析了非线性和时变元件在上述电磁暂态仿真中的处理方法。文献[26]总结了之前的经验，实现了含分布参数线路系统的电磁暂态仿真程序的设计。文献[27]和[28]分别对发电机和变压器的电磁暂态仿真分析进行了研究。文献[29]研究了电缆的电磁暂态仿真方法。

此外，为解决线路参数随频率变化的问题，20 世纪 70 年代以来许多学者开始研究线路的依频参数模型。文献[30]介绍了线路导纳权函数方法，取线路的电流冲激响应作为基元，通过卷积求解依频线路参数线路的暂态过程，但其计算方面存在明显缺点。文献[31]和[32]介绍了前、反行波权函数法，将线路特性阻抗视为不随频率变化的常数，加权处理前行波和反行波分量，以求解依频线路参数线路的暂态过程。文献[33]将模拟滤波技术应用于求解依频线路参数线路，采用一个所有频率响应与线路波阻抗相匹配的网络来近似，使线路具有 Bergeron 模型的形式。

综上所述，三种故障行波分析方法中，解析法由于只适用于极少量简单的情况，并不可行；网格法在快速分析简单情况时有明显的优势；Bergeron 法可广泛应用于数学模拟中，是最常用的数字仿真方法，但其仿真速度会随仿真精确程度的提高而变慢。在 3.5 节中将会详细介绍故障行波的暂态过程的求解方法。

3.5 不考虑参数依频特性的故障行波的暂态解

3.5.1 网格法求解故障行波的基本思想

网格法对于利用故障初始行波构造继电保护和故障测距技术具有一定实用价值，它直观容易理解，特作简单介绍[17]。

当电力系统突然发生变化时(如电力线路的某点处发生故障或遭遇雷击，以及线路发生开关操作等)，在较短的一段时间内，整个电力系统可视为一个线性系统，满足叠加原理。此时，可将突变后的网络进行等效，视为突变发生前的网络和突变后突变分量附加网络二者的叠加。以线路故障为例，如图 3.19 所示，图中 R_f 为故障电阻。在此时的突变分量附加网络中，故障点处存在一个电压源 $-u_f$，其电压与故障前该点的电压 u_f 互为相反数。在该电压源的作用下，故障行波将会产生从故障点出发，沿线路向两侧母线传播[2]。

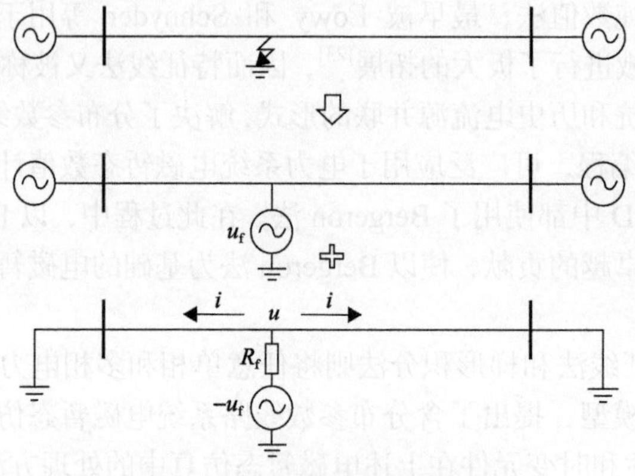

图 3.19 故障后的网络分解

当电力系统中发生故障时，初始故障行波会由故障点发出，在整个电力网络中传播，每当故障行波经过测量点，都会使该点测到的电气量在原有基础上叠加一个新的行波信号。如图3.20所示，当系统在F点处发生故障后，行波沿线路向两端传播，当行波传播至波阻抗不连续点时，会发生折反射。

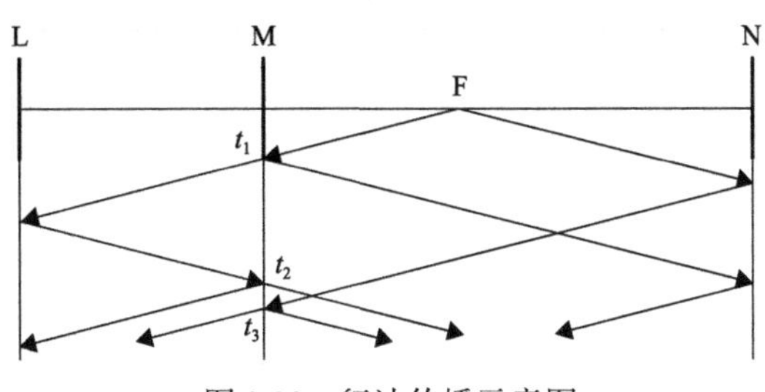

图3.20　行波传播示意图

故障网络中测量点M处的电压u_{Mf}为

$$u_{\mathrm{Mf}}(t)=\sum_{i=1}^{\infty}u_i(t) \tag{3-32}$$

式中，$u_i(t)$为初始行波经不同途径传播至测量点时的电压行波。对于测量点处的电流，具有与电压相似的形式，但需注意电流的方向。

因此，根据叠加原理，当电力系统中的线路发生故障后，测量点的实际电压为

$$u_{\mathrm{M}}(t)=u_0(t)+u_{\mathrm{Mf}}(t)=u_0(t)+\sum_{i=1}^{\infty}u_i(t) \tag{3-33}$$

式中，$u_0(t)$为故障前正常运行时的测量点电压，容易求得。

通过上述分析可知，为实现测量点处的故障行波解析计算，应研究故障点处的初始行波和故障点到测量点的各条行波传播途径及行波经过这些途径时的折反射特性。

3.5.2　故障行波源分析

本节重点研究故障行波，但也同时对雷电波和操作波进行分析。

除故障外，分合闸操作及遭遇雷击也是常见的系统状态突变事件，这些事件为行波提供了“源”，可采用类似的分析方法。

当电力系统中的断路器动作时，需分为分合闸两种情况考虑。对于分闸操作，其相当于在网络中断路器的位置串入一电流源，该电流源与动作前流过断路器的电流大小相等，方向相反。对于合闸操作，其相当于在网络中断路器的位置串入一电压源，该电压源与动作前断路器两端的电压差完全相同。

当电力系统遭遇雷击时，无论是雷电直接击中无避雷线的线路(直击)，还是绕过避雷线击中导线(绕击)，或是雷击塔顶或避雷线后引起闪络(反击)，抑或是感应雷，均可视为在雷击点处接入一电流源，该电流源一般可用一个双指数函数表示。

通过上述分析可知，当电力系统状态发生突变时，可将系统视为在突变前的原网络上叠加一行波源网络(即突变分量附加网络)。行波源网络中仅含此一个源，可为并入的

电压源或电流源，也可为串入的电压源或电流源，而网络中的其余电源则均置零。不同的状态突变事件会产生不同类型的行波源，如表 3.1 所示。

表 3.1　产生不同行波源的事件

行波源	产生行波源的事件
并入电压源	故障
并入电流源	雷击
串入电压源	合闸操作
串入电流源	分闸操作

3.5.3　不同行波源模量上的初始行波

1. 不同行波源模量上的初始行波分析

对于平行多导体线路，若不考虑线路损耗和参数的依频特性，且线路均匀换位时，可采用式(3-11)中的 Karenbauer 变换矩阵进行相模变换。

若 n 相平行多导体线路的零模波阻抗为 Z_0，零模波阻抗为 Z_1，模量上的波阻抗矩阵为 n 阶对角阵：

$$\boldsymbol{Z}=\begin{bmatrix} Z_0 & & & \\ & Z_1 & & \\ & & \ddots & \\ & & & Z_l \end{bmatrix} \tag{3-34}$$

可计算得到不同行波源模量上的初始电压、电流行波如表 3.2 所示。表 3.2 中，$\boldsymbol{u}$ 和 $\boldsymbol{i}$ 为行波源相量上的列向量。

表 3.2　不同行波源模量上的初始行波

行波源	左侧初始电压行波	右侧初始电压行波	左侧初始电流行波	右侧初始电流行波
并入电压源 $\boldsymbol{u}$	$\boldsymbol{S}^{-1}\boldsymbol{u}$	$\boldsymbol{S}^{-1}\boldsymbol{u}$	$\boldsymbol{Z}^{-1}\boldsymbol{S}^{-1}\boldsymbol{u}$	$\boldsymbol{Z}^{-1}\boldsymbol{S}^{-1}\boldsymbol{u}$
并入电流源 $\boldsymbol{i}$	$\boldsymbol{ZS}^{-1}\boldsymbol{i}/2$	$\boldsymbol{ZS}^{-1}\boldsymbol{i}/2$	$\boldsymbol{S}^{-1}\boldsymbol{i}/2$	$\boldsymbol{S}^{-1}\boldsymbol{i}/2$
串入电压源 $\boldsymbol{u}$	$\boldsymbol{S}^{-1}\boldsymbol{u}/2$	$-\boldsymbol{S}^{-1}\boldsymbol{u}/2$	$\boldsymbol{Z}^{-1}\boldsymbol{S}^{-1}\boldsymbol{u}/2$	$-\boldsymbol{Z}^{-1}\boldsymbol{S}^{-1}\boldsymbol{u}/2$
串入电流源 $\boldsymbol{i}$	$\boldsymbol{ZS}^{-1}\boldsymbol{i}$	$-\boldsymbol{ZS}^{-1}\boldsymbol{i}$	$\boldsymbol{S}^{-1}\boldsymbol{i}$	$-\boldsymbol{S}^{-1}\boldsymbol{i}$

上述分析仅适用于各相均有源的情况，但实际电力系统中常出现行波源只存在于部分相的情况，如不对称故障，单相接地后断路器跳单相，单相的重合闸及直击雷击中某相导线等。此时，对于并入电流源和串入电压源，可将行波源不存在的相的电流或电压视为 0，仍可按表 3.2 中的方法计算初始行波。

但对于并入电压源和串入电流源，则需考虑其他的处理方法。下面对串入电流源进行分析，并入电压源多是故障产生的，情况比较复杂，将在下一小节详细介绍。

使用图 3.21 分析行波源为串入电流源时的初始行波，当该相存在串入电流源时，R 取无穷，当该相不存在串入电流源时，R 取 0。图 3.21 为单相情形，实际中为三相，因而以下的方程以向量的形式表达。

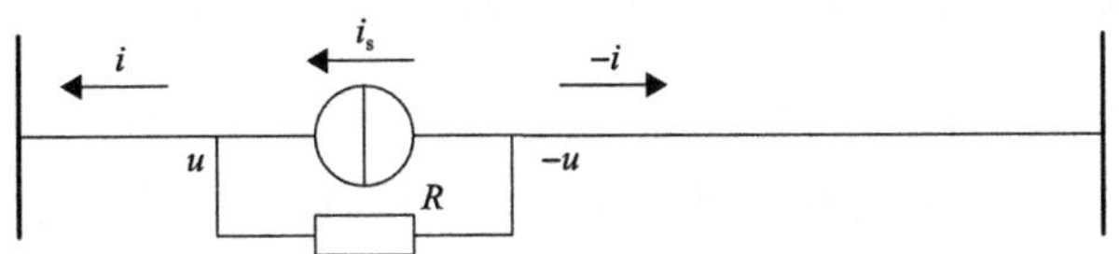

图 3.21　行波源为串入电流源时的初始行波

行波源处应满足如下边界条件：

$$2\boldsymbol{u}^{\mathrm{ph}} = \boldsymbol{R}(\boldsymbol{i}_{\mathrm{s}} - \boldsymbol{i}^{\mathrm{ph}}) \tag{3-35}$$

式中，$\boldsymbol{i}_{\mathrm{s}}$ 为串入电流源列向量。$\boldsymbol{u}^{\mathrm{ph}}$ 和 $\boldsymbol{i}^{\mathrm{ph}}$ 分别为左侧的电压初始行波和电流初始行波；$\boldsymbol{R}$ 为一对角阵，由各相的电阻 R 组成，或为 0 或为无穷。

对于系统侧，电压电流模量初始行波有如下关系：

$$\boldsymbol{u}^{\mathrm{m}} = \boldsymbol{Z}\boldsymbol{i}^{\mathrm{m}} \tag{3-36}$$

电压电流的相量和模量间可通过相模变换相互转换：

$$\boldsymbol{u}^{\mathrm{ph}} = \boldsymbol{S}\boldsymbol{u}^{\mathrm{m}},\quad \boldsymbol{i}^{\mathrm{ph}} = \boldsymbol{S}\boldsymbol{i}^{\mathrm{m}} \tag{3-37}$$

可解出模域的电压电流初始行波：

$$\begin{cases} \boldsymbol{u}^{\mathrm{m}} = \boldsymbol{Z}(2\boldsymbol{SZ} + \boldsymbol{RS})^{-1}\boldsymbol{R}\boldsymbol{i}_{\mathrm{s}} \\ \boldsymbol{i}^{\mathrm{m}} = (2\boldsymbol{SZ} + \boldsymbol{RS})^{-1}\boldsymbol{R}\boldsymbol{i}_{\mathrm{s}} \end{cases} \tag{3-38}$$

例如，当三相系统跳开 A 相后，有 $\boldsymbol{i}_{\mathrm{s}} = \begin{bmatrix} i_{\mathrm{as}} & 0 & 0 \end{bmatrix}^{\mathrm{T}}$：

$$\boldsymbol{R} = \begin{bmatrix} \infty & 0 & 0 \\ 0 & 0 & 0 \\ 0 & 0 & 0 \end{bmatrix} \tag{3-39}$$

可求出模域的电压初始行波为

$$u_0 = u_\alpha = u_\beta = \frac{Z_0 Z_1}{2Z_0 + Z_1} i_{\mathrm{as}} \tag{3-40}$$

电流初始行波为

$$\begin{cases} i_0 = \dfrac{Z_1}{2Z_0 + Z_1} i_{\mathrm{as}} \\ i_\alpha = i_\beta = \dfrac{Z_0}{2Z_0 + Z_1} i_{\mathrm{as}} \end{cases} \tag{3-41}$$

2. 考虑故障电阻时故障点处模量的初始行波

对于故障产生的并入电压源，还应考虑故障过渡电阻的影响。当存在故障过渡电阻时，初始行波的计算变得十分复杂。下面以三相系统为例进行分析。

此时，对于式(3-36)，有 $\boldsymbol{u}^{\mathrm{m}}=\begin{bmatrix}u_0 & u_\alpha & u_\beta\end{bmatrix}^{\mathrm{T}}$，$\boldsymbol{i}^{\mathrm{m}}=\begin{bmatrix}i_0 & i_\alpha & i_\beta\end{bmatrix}^{\mathrm{T}}$，$\boldsymbol{Z}=\mathrm{diag}(Z_0,Z_1,Z_1)$。

$\boldsymbol{u}^{\mathrm{m}}$ 和 $\boldsymbol{i}^{\mathrm{m}}$ 分别为故障点处的电压初始行波模量和流向一端母线的电流初始行波模量，Z_0 为零模波阻抗，Z_1 为线模波阻抗。

对于故障侧，通过设置图 3.22 中四个电阻的阻值，可表示不同的线路故障类型。

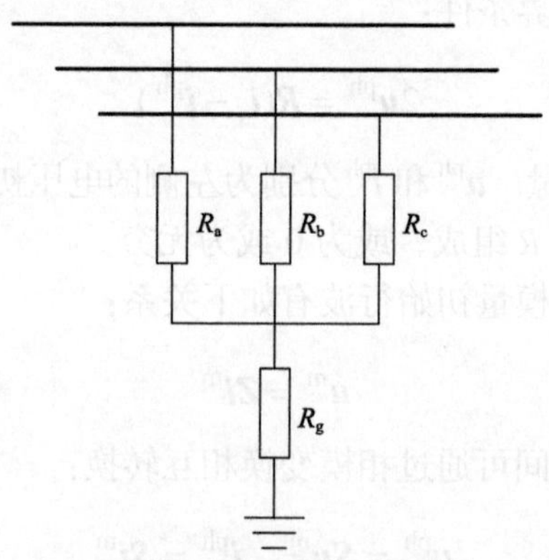

图 3.22　故障电阻网络

不同故障类型下四个电阻的取值如表 3.3 所示。

表 3.3　不同故障类型下四个电阻的取值

故障类型	四个电阻的取值
A 相接地故障	$R_a+R_g=R, R_b=\infty, R_c=\infty$
BC 两相接地故障	$R_b=R_c=R, R_a=\infty$
BC 相间故障	$R_b+R_c=R, R_a=\infty, R_g=\infty$
三相故障	$R_a=R_b=R_c=R$

注：表中 R 的含义详见图 3.22 中各故障类型下的故障过渡电阻示意图。

故障点处应满足如下边界条件：

$$\boldsymbol{u}^{\mathrm{ph}}+\boldsymbol{u}_{\mathrm{f}}+2\boldsymbol{R}\boldsymbol{i}^{\mathrm{ph}}=0 \tag{3-42}$$

式中，$\boldsymbol{u}_{\mathrm{f}}=\begin{bmatrix}u_{\mathrm{af}} & u_{\mathrm{bf}} & u_{\mathrm{cf}}\end{bmatrix}^{\mathrm{T}}$ 分别为故障发生前故障点处的三相电压，若故障发生于 t_0 时刻，则 $u_{x\mathrm{f}}=A_x\sin(\omega t+\theta_x)\varepsilon(t-t_0)$，$x$ 为 a，b，c；$\varepsilon(t)$ 为单位阶跃函数；A_x 为故障前故障点处的电压幅值；$\omega t_0+\theta_x$ 为故障发生时刻的电压相角；$\boldsymbol{u}^{\mathrm{ph}}=\begin{bmatrix}u_{\mathrm{a}} & u_{\mathrm{b}} & u_{\mathrm{c}}\end{bmatrix}^{\mathrm{T}}$ 为故障点的电压初始行波相量；$\boldsymbol{i}^{\mathrm{ph}}=\begin{bmatrix}i_{\mathrm{a}} & i_{\mathrm{b}} & i_{\mathrm{c}}\end{bmatrix}^{\mathrm{T}}$ 为流向一端母线的电流初始行波相量。故障电阻网络矩阵为

$$\boldsymbol{R}=\begin{bmatrix} R_a+R_g & R_g & R_g \\ R_g & R_b+R_g & R_g \\ R_g & R_g & R_c+R_g \end{bmatrix} \tag{3-43}$$

由式(3-36)、式(3-37)和式(3-42)可解出模域的电压电流初始行波

$$\begin{cases} \boldsymbol{u}^{\mathrm{m}}=-\boldsymbol{Z}(\boldsymbol{SZ}+2\boldsymbol{RS})^{-1}\boldsymbol{u}_{\mathrm{f}} \\ \boldsymbol{i}^{\mathrm{m}}=-(\boldsymbol{SZ}+2\boldsymbol{RS})^{-1}\boldsymbol{u}_{\mathrm{f}} \end{cases} \tag{3-44}$$

通过调整 $\boldsymbol{S}$、$\boldsymbol{Z}$ 和 $\boldsymbol{R}$ 矩阵，上式可适用于计算任意多相平行多导体线路上的故障初始行波。

3. 不同故障类型下的故障点模量初始行波

下面根据式(3-44)计算三相系统中不同故障类型下的模量电压电流初始行波，图 3.23 为故障过渡电阻示意图。

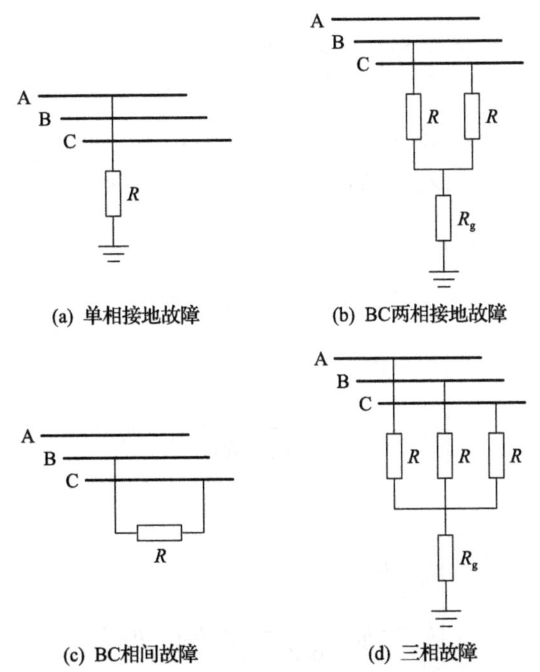

图 3.23　不同故障类型下的故障过渡电阻示意图

对于 A 相接地故障，如图 3.23(a)所示，可求出模域的电压初始行波为

$$\begin{cases} u_0=-\dfrac{Z_0}{Z_0+2Z_1+6R}u_{\mathrm{af}} \\ u_\alpha=u_\beta=-\dfrac{Z_1}{Z_0+2Z_1+6R}u_{\mathrm{af}} \end{cases} \tag{3-45}$$

电流初始行波为

$$i_0 = i_\alpha = i_\beta = -\frac{1}{Z_0 + 2Z_1 + 6R} u_{af} \tag{3-46}$$

对于 BC 两相接地故障，如图 3.23(b)所示，可求出模域的电压初始行波为

$$\begin{cases} u_0 = \dfrac{Z_0}{K}(u_{bf} + u_{cf}) \\ u_\alpha = -\dfrac{Z_1(Z_0 + 2Z_1 + 6R + 6R_g)}{3K(Z_1 + 2R)} u_{bf} + \dfrac{Z_1(Z_0 - Z_1 + 6R_g)}{3K(Z_1 + 2R)} u_{cf} \\ u_\beta = \dfrac{Z_1(Z_0 - Z_1 + 6R_g)}{3K(Z_1 + 2R)} u_{bf} - \dfrac{Z_1(Z_0 + 2Z_1 + 6R + 6R_g)}{3K(Z_1 + 2R)} u_{cf} \end{cases} \tag{3-47}$$

电流初始行波为

$$\begin{cases} i_0 = \dfrac{1}{K}(u_{bf} + u_{cf}) \\ i_\alpha = -\dfrac{Z_0 + 2Z_1 + 6R + 6R_g}{3K(Z_1 + 2R)} u_{bf} + \dfrac{Z_0 - Z_1 + 6R_g}{3K(Z_1 + 2R)} u_{cf} \\ i_\beta = \dfrac{Z_0 - Z_1 + 6R_g}{3K(Z_1 + 2R)} u_{bf} - \dfrac{Z_0 + 2Z_1 + 6R + 6R_g}{3K(Z_1 + 2R)} u_{cf} \end{cases} \tag{3-48}$$

式中，$K = 2Z_0 + Z_1 + 6R + 12R_g$。

对于 BC 相间故障，如图 3.23(c)所示，可求出模域的电压初始行波为

$$\begin{cases} u_0 = 0 \\ u_\alpha = -u_\beta = \dfrac{Z_1}{6(Z_1 + R)}(u_{bf} - u_{cf}) \end{cases} \tag{3-49}$$

电流初始行波为

$$\begin{cases} i_0 = 0 \\ i_\alpha = -i_\beta = \dfrac{1}{6(Z_1 + R)}(u_{bf} - u_{cf}) \end{cases} \tag{3-50}$$

对于三相故障，如图 3.23(d)所示，可求出模域的电压初始行波为

$$\begin{cases} u_0 = 0 \\ u_\alpha = \dfrac{Z_1}{3(Z_1 + 2R)}(u_{af} - u_{bf}) \\ u_\beta = \dfrac{Z_1}{3(Z_1 + 2R)}(u_{af} - u_{cf}) \end{cases} \tag{3-51}$$

电流初始行波为

$$\begin{cases} i_0 = 0 \\ i_\alpha = \dfrac{1}{3(Z_1 + 2R)}(u_{\text{af}} - u_{\text{bf}}) \\ i_\beta = \dfrac{1}{3(Z_1 + 2R)}(u_{\text{af}} - u_{\text{cf}}) \end{cases} \tag{3-52}$$

3.5.4　电力网络的表示方法

为了研究从故障点到测量点的各条行波传播途径，首先需要考虑的是如何对电力网络进行表示。电力网络由电源、分布参数的线路和其他集总参数元件(电阻、电感、电容等)组成。在故障分量网络中，各电源被置零，只在故障点处存在电压源。

将电力网络表示为图论中的图(graph)，各条线路为图中的支路(edge)，各线路之间通过集总参数元件连接，连接处的所有集总参数元件(无论是串联于线路之间，还是并联于线路与大地之间)视为图中的节点(vertice)。

对于实际电力系统，容易得到其所对应的图具有以下特点。

(1)图中存在多重边。

(2)图中不存在自环。

(3)图为连通图。

(4)图一般为稀疏图。

如图 3.24 所示，考虑到电力系统中两节点间可能存在多条支路(多重边)，如节点 2 和 3 之间存在 L_2 和 L_3 两条支路，在寻找从故障点到测量点的所有途径时，若使用所经过的节点序列表示途径，此时 2—3 的表示方法并不能区分 L_2 和 L_3，因此应选择基于支路的表示法。

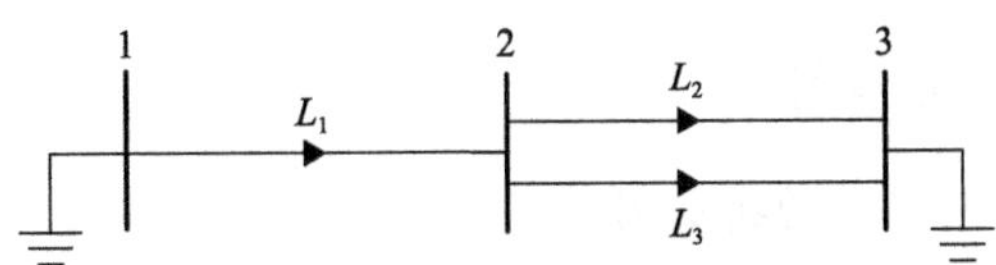

图 3.24　电力网络表示方法

由于需要计算多次折反射后的结果，在选择支路反射系数或两节点间多条支路之间的折射系数时会出现歧义，如 L_2—L_2 并不能区分 L_2 上的行波是经节点 2 还是经节点 3 反射回的，L_2—L_3 并不能区分 L_2 上的行波是经节点 2 还是经节点 3 折射到 L_3 的。因此，应给支路赋予方向。

例如，L_{+2}—L_{-3}—L_{-1}—L_{+1}—L_{+3} 可表示从节点 2 到节点 3 的一条传播路径。其中，下标中的“+”表示沿支路正方向传播，“–”表示沿支路反方向传播。

对于均匀换位的平行多导体线路，可视为相互独立的零模和线模两个网络，二者拓扑结构完全相同，但波速度和波阻抗不同。线路正常运行时，零模量不存在，电压电流只存在于线模网络中。

但当网络中某条支路上发生不对称故障时，由于故障点处的模量行波存在交叉透射现象，零模和线模网络不再独立，故在故障发生后，原电力网络发生复制，变为零模和线模网络，二者网络结构完全一致，但波阻抗、波速度等参数不同。将两个网络中的故障点相连，视为一个节点，这样便得到了故障后的电力网络，如图 3.25 所示。

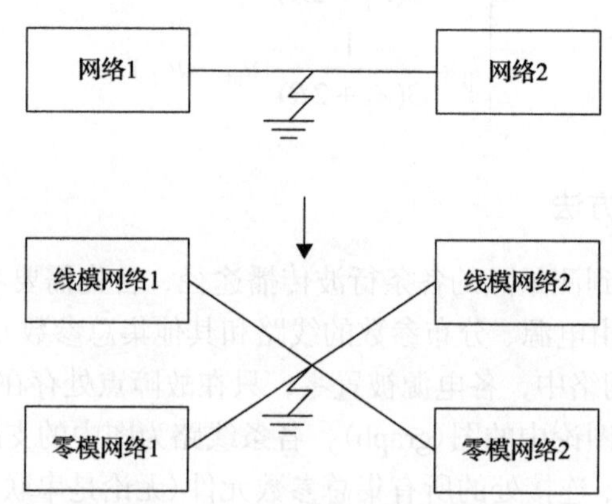

图 3.25　不同模量传播网络的分解

将行波在图中各条支路上的传播时间作为支路的权，则电力网络为赋权有向图。由于行波在电力网络中可任意传播，各支路均可重复经过，故求取从故障点到测量点的各条行波传播途径的问题转化为了求取有向图中两点间的所有途径(Walk)。由于传播没有限制，可采用穷举的方法寻径。对于每一条途径，需要对初始行波在其上传播时的变化情况进行研究。

对于无损线路，在其均匀换位不考虑参数依频特性时，行波在经过支路时仅会发生时延，$u_i(t)$变为$u_i(t-t_0)$，t_0为行波在支路上的传播时间，可由线路长度和波速度求得。行波在经过节点时，由于波阻抗的不连续，会发生折反射，节点所包含的集中参数使情况变得复杂，下面详细分析。

3.5.5　行波在各节点处的折反射

1. 行波经过电感和电容时的折反射

电力系统中存在串入线路中的电感、电容和接在导线和地之间的电感、电容。串联电感如载波通信用的高频扼流线圈，无功补偿电感。连接在导线与地之间的电容如电容式电压互感器、电力设备的入口电容、无功补偿电容。对于超、特高压输电线路，还存在着并联电抗器和串联补偿电容器。

系统中的集总参数元件可以串联于线路之间，也可以并联于线路与大地之间。图 3.26 表示了行波经过串联电感和并联电容的两种典型情况。

当行波由波阻抗为 Z_1 的线路传播至波阻抗为 Z_2 的线路时，根据彼德逊法则[65]，可得如图 3.27 所示的集总参数等效电路。

其中，电路以拉普拉斯变换后的结果表示，在入射波为阶跃波时，可计算 Z_2线路的电压。当行波经过串联电感时，Z_2线路的电压为

$$U_2(p)=\frac{2E}{p}\frac{Z_2 /\!/ \dfrac{1}{pC}}{Z_1+\ Z_2 /\!/ \dfrac{1}{pC}}=\gamma E\frac{1}{T_{\mathrm{C}}}\frac{1}{p\left(p+\dfrac{1}{T_{\mathrm{C}}}\right)} \tag{3-53}$$

式中，$\gamma=\dfrac{2Z_2}{Z_1+Z_2}$；$T_{\mathrm{C}}=\dfrac{L}{Z_1+Z_2}$。

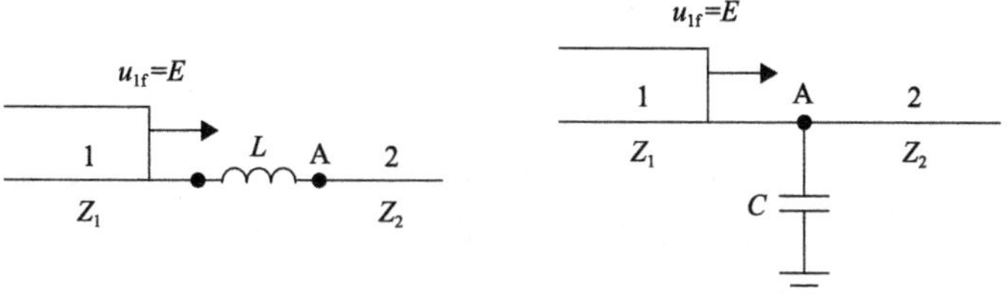

(a) 行波经过串联电感　　(b) 行波经过并联电容

图 3.26　行波经过电感和电容

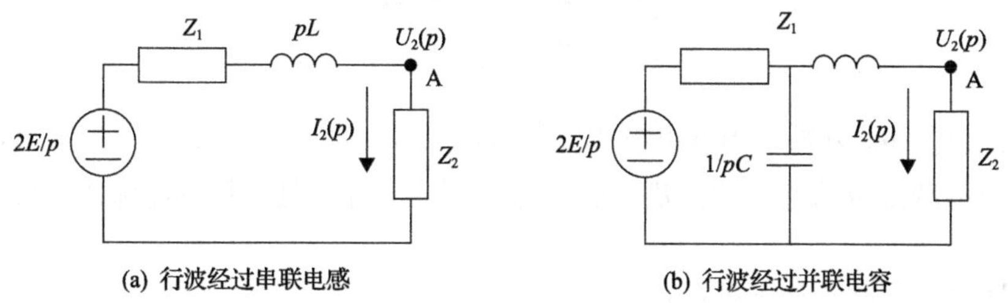

(a) 行波经过串联电感　　(b) 行波经过并联电容

图 3.27　集总参数等效电路

当行波经过并联电容时，Z_2线路的电压为

$$U_2(p)=\frac{2E}{p}\frac{Z_2}{Z_1+Z_2+pL}=\gamma E\frac{1}{T_{\mathrm{L}}}\frac{1}{p(p+1/T_{\mathrm{L}})} \tag{3-54}$$

式中，$T_{\mathrm{L}}=C\dfrac{Z_1Z_2}{Z_1+Z_2}$。

在时域下折射波电压的表达为

$$u_2(t)=\gamma E(1-\mathrm{e}^{-t/T}),\quad T=T_{\mathrm{L}}、T_{\mathrm{C}} \tag{3-55}$$

在时域下反射波电压的表达为

$$u_{1\mathrm{b}}(t)=\frac{Z_2-Z_1}{Z_2+Z_1}E-\frac{2Z_2}{Z_2+Z_1}E\mathrm{e}^{-t/T} \tag{3-56}$$

以上分析了入射波为直角波时，行波经过电感、电容的折反射。当入射波不是直角波时，可以采用 Duhamel 积分进行计算，如式(3-57)所示：

$$u = e(0)y(t) + \int_0^t e'(\tau)y(t-\tau)\mathrm{d}\tau \tag{3-57}$$

式中，$e(t)$为入射波；$e'(t)$为入射波的微分；$y(t)$为单位阶跃波的响应。

行波源作为一个特殊的节点，起到连接零模和线模网络的作用，下面对其进行单独分析。

2. 不同行波源处的模域折反射特性分析

对于平行多导体线路，并入电流源和串入电压源不会对行波的传播产生影响。串入电流源在行波的传播过程中相当于断开，但当只有部分相存在串入电流源时，只有串入相断开，其他各相上的行波仍能正常传播。此时，相模变换无法使行波源处的电路解耦，会出现模量行波的交叉透射现象。

串入电流源处的电压电流行波满足如下边界条件：

$$\begin{cases} \boldsymbol{u}_{\mathrm{in}}^{\mathrm{m}} + \boldsymbol{u}_{\mathrm{re}}^{\mathrm{m}} - \boldsymbol{u}_{\mathrm{ra}}^{\mathrm{m}} = \Delta\boldsymbol{u}^{\mathrm{m}} \\ \boldsymbol{i}_{\mathrm{in}}^{\mathrm{m}} = \boldsymbol{i}_{\mathrm{re}}^{\mathrm{m}} + \boldsymbol{i}_{\mathrm{ra}}^{\mathrm{m}} \end{cases} \tag{3-58}$$

式中，$\boldsymbol{u}_{\mathrm{in}}^{\mathrm{m}}$、$\boldsymbol{u}_{\mathrm{re}}^{\mathrm{m}}$、$\boldsymbol{u}_{\mathrm{ra}}^{\mathrm{m}}$分别为串入电流源处模域的电压入射波、反射波和折射波；$\Delta\boldsymbol{u}^{\mathrm{m}}$为串入电流源两端模域的电压差；$\boldsymbol{i}_{\mathrm{in}}^{\mathrm{m}}$、$\boldsymbol{i}_{\mathrm{re}}^{\mathrm{m}}$、$\boldsymbol{i}_{\mathrm{ra}}^{\mathrm{m}}$分别为故障点处模域的电流入射波、反射波和折射波。

各电压电流之间有如下关系：

$$\begin{cases} \boldsymbol{u}_{\mathrm{in}}^{\mathrm{m}} = \boldsymbol{Z}\boldsymbol{i}_{\mathrm{in}}^{\mathrm{m}} \\ \boldsymbol{u}_{\mathrm{re}}^{\mathrm{m}} = \boldsymbol{Z}\boldsymbol{i}_{\mathrm{re}}^{\mathrm{m}} \\ \boldsymbol{u}_{\mathrm{ra}}^{\mathrm{m}} = \boldsymbol{Z}\boldsymbol{i}_{\mathrm{ra}}^{\mathrm{m}} \\ \Delta\boldsymbol{u}^{\mathrm{m}} = \boldsymbol{S}^{-1}\boldsymbol{R}\boldsymbol{S}\boldsymbol{i}_{\mathrm{ra}}^{\mathrm{m}} \end{cases} \tag{3-59}$$

可解出模域电压电流的折反射系数矩阵

$$\begin{cases} \gamma = (\boldsymbol{Z} + 1/2\boldsymbol{S}^{-1}\boldsymbol{R}\boldsymbol{S})^{-1}\boldsymbol{Z} \\ \rho = \mathbf{I} - (\boldsymbol{Z} + 1/2\boldsymbol{S}^{-1}\boldsymbol{R}\boldsymbol{S})^{-1}\boldsymbol{Z} \end{cases} \tag{3-60}$$

串入电流源处的模量行波发生交叉透射现象：

$$\boldsymbol{u}_{\mathrm{ra}}^{\mathrm{m}} = \gamma\boldsymbol{u}_{\mathrm{in}}^{\mathrm{m}},\quad \boldsymbol{u}_{\mathrm{re}}^{\mathrm{m}} = \rho\boldsymbol{u}_{\mathrm{in}}^{\mathrm{m}},\quad \boldsymbol{i}_{\mathrm{ra}}^{\mathrm{m}} = \gamma\boldsymbol{i}_{\mathrm{in}}^{\mathrm{m}},\quad \boldsymbol{i}_{\mathrm{re}}^{\mathrm{m}} = \rho\boldsymbol{i}_{\mathrm{in}}^{\mathrm{m}} \tag{3-61}$$

例如，当三相系统跳开 A 相后，有

$$\boldsymbol{R} = \begin{bmatrix} \infty & 0 & 0 \\ 0 & 0 & 0 \\ 0 & 0 & 0 \end{bmatrix} \tag{3-62}$$

模域电压电流的折射系数矩阵为

$$\gamma=\begin{bmatrix}\dfrac{2Z_0}{2Z_0+Z_1} & -\dfrac{Z_1}{2Z_0+Z_1} & -\dfrac{Z_1}{2Z_0+Z_1}\\ -\dfrac{Z_0}{2Z_0+Z_1} & \dfrac{Z_0+Z_1}{2Z_0+Z_1} & -\dfrac{Z_0}{2Z_0+Z_1}\\ -\dfrac{Z_0}{2Z_0+Z_1} & -\dfrac{Z_0}{2Z_0+Z_1} & \dfrac{Z_0+Z_1+6R}{2Z_0+Z_1}\end{bmatrix} \tag{3-63}$$

故障产生的并入电压源、不对称故障及故障电阻的存在使情况变得更加复杂。

3. 故障点处的模量行波折反射系数

当行波传播至故障点处时，由于波阻抗的不连续，行波会在此处发生折反射。对于不对称故障，相模变换无法使故障点处的电路解耦，因而会出现模量行波的交叉透射现象。

故障点处的电压电流行波满足如下边界条件：

$$\begin{cases}\boldsymbol{u}_{\mathrm{in}}^{\mathrm{m}}+\boldsymbol{u}_{\mathrm{re}}^{\mathrm{m}}=\boldsymbol{u}_{\mathrm{ra}}^{\mathrm{m}}=\boldsymbol{u}_{\mathrm{g}}^{\mathrm{m}}\\ \boldsymbol{i}_{\mathrm{in}}^{\mathrm{m}}=\boldsymbol{i}_{\mathrm{re}}^{\mathrm{m}}+\boldsymbol{i}_{\mathrm{ra}}^{\mathrm{m}}+\boldsymbol{i}_{\mathrm{g}}^{\mathrm{m}}\end{cases} \tag{3-64}$$

式中，$\boldsymbol{u}_{\mathrm{in}}^{\mathrm{m}}$、$\boldsymbol{u}_{\mathrm{re}}^{\mathrm{m}}$、$\boldsymbol{u}_{\mathrm{ra}}^{\mathrm{m}}$、$\boldsymbol{u}_{\mathrm{g}}^{\mathrm{m}}$ 分别为故障点处模域的电压入射波、反射波、折射波和对地电压；$\boldsymbol{i}_{\mathrm{in}}^{\mathrm{m}}$、$\boldsymbol{i}_{\mathrm{re}}^{\mathrm{m}}$、$\boldsymbol{i}_{\mathrm{ra}}^{\mathrm{m}}$、$\boldsymbol{i}_{\mathrm{g}}^{\mathrm{m}}$ 分别为故障点处模域的电流入射波、反射波、折射波和注入地的电流。

各电压电流之间有如下关系：

$$\begin{cases}\boldsymbol{u}_{\mathrm{in}}^{\mathrm{m}}=\boldsymbol{Z}\boldsymbol{i}_{\mathrm{in}}^{\mathrm{m}}\\ \boldsymbol{u}_{\mathrm{re}}^{\mathrm{m}}=\boldsymbol{Z}\boldsymbol{i}_{\mathrm{re}}^{\mathrm{m}}\\ \boldsymbol{u}_{\mathrm{ra}}^{\mathrm{m}}=\boldsymbol{Z}\boldsymbol{i}_{\mathrm{ra}}^{\mathrm{m}}\\ \boldsymbol{u}_{\mathrm{g}}^{\mathrm{m}}=\boldsymbol{S}^{-1}\boldsymbol{R}\boldsymbol{S}\boldsymbol{i}_{\mathrm{g}}^{\mathrm{m}}\end{cases} \tag{3-65}$$

可解出模域电压电流的折反射系数矩阵为

$$\begin{cases}\boldsymbol{\gamma}=(\boldsymbol{I}+1/2\boldsymbol{Z}\boldsymbol{S}^{-1}\boldsymbol{R}^{-1}\boldsymbol{S})^{-1}\\ \boldsymbol{\rho}=(\boldsymbol{I}+1/2\boldsymbol{Z}\boldsymbol{S}^{-1}\boldsymbol{R}^{-1}\boldsymbol{S})^{-1}-\boldsymbol{I}\end{cases} \tag{3-66}$$

故障点处的模量行波发生交叉透射现象：

$$\boldsymbol{u}_{\mathrm{ra}}^{\mathrm{m}}=\boldsymbol{\gamma}\boldsymbol{u}_{\mathrm{in}}^{\mathrm{m}},\quad \boldsymbol{u}_{\mathrm{re}}^{\mathrm{m}}=\boldsymbol{\rho}\boldsymbol{u}_{\mathrm{in}}^{\mathrm{m}},\quad \boldsymbol{i}_{\mathrm{ra}}^{\mathrm{m}}=\boldsymbol{\gamma}\boldsymbol{i}_{\mathrm{in}}^{\mathrm{m}},\quad \boldsymbol{i}_{\mathrm{re}}^{\mathrm{m}}=\boldsymbol{\rho}\boldsymbol{i}_{\mathrm{in}}^{\mathrm{m}} \tag{3-67}$$

式(3-67)和式(3-61)形式一样，但是物理含义不一样。

4. 不同故障类型下的故障点模量折反射系数

下面根据式(3-66)计算三相系统中不同故障类型下的故障点处模量折射系数，反射系数矩阵仅需将折射系数矩阵减单位阵即可得到。

对于 A 相接地故障，可求出模域电压电流的折射系数矩阵为

$$\gamma=\begin{bmatrix}\dfrac{2Z_1+6R}{Z_0+2Z_1+6R} & -\dfrac{Z_0}{Z_0+2Z_1+6R} & -\dfrac{Z_0}{Z_0+2Z_1+6R}\\ -\dfrac{Z_1}{Z_0+2Z_1+6R} & \dfrac{Z_0+Z_1+6R}{Z_0+2Z_1+6R} & -\dfrac{Z_1}{Z_0+2Z_1+6R}\\ -\dfrac{Z_1}{Z_0+2Z_1+6R} & -\dfrac{Z_1}{Z_0+2Z_1+6R} & \dfrac{Z_0+Z_1+6R}{Z_0+2Z_1+6R}\end{bmatrix} \tag{3-68}$$

对于 BC 两相接地故障，可求出模域电压电流的折射系数矩阵为

$$\gamma=\begin{bmatrix}\dfrac{Z_1+6R+12R_g}{K} & \dfrac{Z_0}{K} & \dfrac{Z_0}{K}\\ \dfrac{Z_1}{K} & \dfrac{M}{K(Z_1+2R)} & \dfrac{Z_1(Z_0+2R+6R_g)}{K(Z_1+2R)}\\ \dfrac{Z_1}{K} & \dfrac{Z_1(Z_0+2R+6R_g)}{K(Z_1+2R)} & \dfrac{M}{K(Z_1+2R)}\end{bmatrix} \tag{3-69}$$

式中，$K=2Z_0+Z_1+6R+12R_g$；$M=Z_0Z_1+4Z_0R+4Z_1R+6Z_1R_g+12R^2+24RR_g$。

对于 BC 相间故障，可求出模域电压电流的折射系数矩阵为

$$\gamma=\begin{bmatrix}1 & 0 & 0\\ 0 & \dfrac{Z_1+2R}{2(Z_1+R)} & \dfrac{Z_1}{2(Z_1+R)}\\ 0 & \dfrac{Z_1}{2(Z_1+R)} & \dfrac{Z_1+2R}{2(Z_1+R)}\end{bmatrix} \tag{3-70}$$

对于三相故障，可求出模域电压电流的折射系数矩阵为

$$\gamma=\begin{bmatrix}\dfrac{2R+6R_g}{Z_0+2R+6R_g} & 0 & 0\\ 0 & \dfrac{2R}{Z_1+2R} & 0\\ 0 & 0 & \dfrac{2R}{Z_1+2R}\end{bmatrix} \tag{3-71}$$

3.5.6 故障行波解析计算方法——FD 法

本节中的分析针对仅含有无损非依频参数线路、电源和集总参数元件的电力系统模

型。当电力系统发生故障后，测量点处的故障行波解析计算方法如下。

首先根据故障点特性和线路的波阻抗计算零模初始行波和线模初始行波，并将故障后的电力网络表示为有向图的形式。

寻找从故障点到零模网络测量点和线模网络测量点的所有行波传播途径，将第 i 条途径表示为

$$L_{i_1} - L_{i_2} - \cdots - L_{i_{b_i}} \tag{3-72}$$

式中，b_i 为第 i 条途径中经过的支路数(可重复)。

此时，行波在第 i 条途径上的传播时间为

$$t_i = \sum_{k=1}^{b_i} \frac{l_{i_k}}{v_{i_k}} \tag{3-73}$$

式中，l_x 为支路 L_x 的长度；v_x 为支路 L_x 的波速度。

基于拉普拉斯(Laplace)变换，得到复频域下行波在第 i 条途径上的总折反射系数为

$$\gamma_i(s) = \gamma_{-i_{b_i}}^{i_{b_i}}(s)\gamma_{i_{b_i}}^{i_{b_i}-1}(s)\gamma_{i_{b_i}-1}^{i_{b_i}-2}(s)\cdots\gamma_{i_3}^{i_2}(s)\gamma_{i_2}^{i_1}(s) = \gamma_{-i_{b_i}}^{i_{b_i}}(s)\prod_{k=1}^{b_i-1}\gamma_{i_{k+1}}^{i_k}(s) \tag{3-74}$$

式中，γ_j^i 为从支路 L_i 到支路 L_j 的折反射系数，随频率而变化；$\gamma_{-i_{b_i}}^{i_{b_i}}$ 表示行波到达测量点后在此处的最后一次折反射。由于相乘的折反射系数可能是矩阵形式，故应特别注意连乘的顺序。

因此，当电力系统发生故障后，若第 i 条途径对应的初始行波的复频域形式为 $U_i(s)$，则故障分量网络中测量点测到的行波复频域解析表达式为

$$U_{\mathrm{mf}}(s) = \sum_{i=1}^{\infty}\left[\gamma_i(s)U_i(s)\mathrm{e}^{-st_i}\right] = \sum_{i=1}^{\infty}\left\{\left[\gamma_{-i_{b_i}}^{i_{b_i}}(s)\prod_{k=1}^{b_i-1}\gamma_{i_{k+1}}^{i_k}(s)\right]U_i(s)\mathrm{e}^{-s\sum_{k=1}^{b_i}\frac{l_{i_k}}{v_{i_k}}}\right\} \tag{3-75}$$

通过拉式反变换可得到时域解，由于总折反射系数可表示为部分分式的和，拉式反变换容易求取。最终，将模量行波变换至相量。

3.6　考虑参数依频特性的故障行波暂态解

前文的分析忽略了线路波阻抗的依频特性。在行波分析中，波阻抗主要影响电压电流之间的关系和波阻抗不连续点处的折反射系数。可同样采用拟合的方法对波阻抗进行近似处理[17]。

3.6.1　平行多导体线路波动方程的复频域解

考虑线路参数的依频特性后，时域的线路波动方程不再适用，需从复频域入手，列

写复频域的线路方程，求出其复频域解，再通过一定的方法变换回时域。

平行多导体线路复频域的电压电流有如下关系：

$$\begin{cases}\dfrac{\mathrm{d}\boldsymbol{U}(s)}{\mathrm{d}x}=-\boldsymbol{Z}(s)\boldsymbol{I}(s)\\[2mm]\dfrac{\mathrm{d}\boldsymbol{I}(s)}{\mathrm{d}x}=-\boldsymbol{Y}(s)\boldsymbol{U}(s)\end{cases}\tag{3-76}$$

平行多导体线路复频域的波动方程为

$$\begin{cases}\dfrac{\mathrm{d}^2\boldsymbol{U}(s)}{\mathrm{d}x^2}=\boldsymbol{Z}(s)\boldsymbol{Y}(s)\boldsymbol{U}(s)\\[2mm]\dfrac{\mathrm{d}^2\boldsymbol{I}(s)}{\mathrm{d}x^2}=\boldsymbol{Y}(s)\boldsymbol{Z}(s)\boldsymbol{I}(s)\end{cases}\tag{3-77}$$

对于均匀换位的线路，$\boldsymbol{Z}(s)\boldsymbol{Y}(s)=\boldsymbol{Y}(s)\boldsymbol{Z}(s)$，经过相模变换后，得到

$$\begin{cases}\dfrac{\mathrm{d}^2\boldsymbol{U}^{\mathrm{m}}(s)}{\mathrm{d}x^2}=\boldsymbol{S}^{-1}\boldsymbol{Z}(s)\boldsymbol{Y}(s)\boldsymbol{S}\boldsymbol{U}^{\mathrm{m}}(s)=\boldsymbol{Z}^{\mathrm{m}}(s)\boldsymbol{Y}^{\mathrm{m}}(s)\boldsymbol{U}^{\mathrm{m}}(s)\\[2mm]\dfrac{\mathrm{d}^2\boldsymbol{I}^{\mathrm{m}}(s)}{\mathrm{d}x^2}=\boldsymbol{S}^{-1}\boldsymbol{Y}(s)\boldsymbol{Z}(s)\boldsymbol{S}\boldsymbol{I}^{\mathrm{m}}(s)=\boldsymbol{Y}^{\mathrm{m}}(s)\boldsymbol{Z}^{\mathrm{m}}(s)\boldsymbol{I}^{\mathrm{m}}(s)\end{cases}\tag{3-78}$$

此时，$\boldsymbol{Z}_{\mathrm{m}}(s)=\boldsymbol{S}^{1}\boldsymbol{Z}(s)\boldsymbol{S}$、$\boldsymbol{Y}_{\mathrm{m}}(s)=\boldsymbol{S}^{1}\boldsymbol{Y}(s)\boldsymbol{S}$ 均为对角阵，实现了多相之间的解耦，对于每一个模量，都有

$$\begin{cases}\dfrac{\mathrm{d}^2U^{\mathrm{m}}(s)}{\mathrm{d}x^2}=Z^{\mathrm{m}}(s)Y^{\mathrm{m}}(s)U^{\mathrm{m}}(s)\\[2mm]\dfrac{\mathrm{d}^2I^{\mathrm{m}}(s)}{\mathrm{d}x^2}=Z^{\mathrm{m}}(s)Y^{\mathrm{m}}(s)I^{\mathrm{m}}(s)\end{cases}\tag{3-79}$$

此时可以得到波动方程模量上的复频域解为

$$\begin{cases}U_{\mathrm{m}}(s)=U_1(s)\mathrm{e}^{-\gamma(s)x}+U_2(s)\mathrm{e}^{\gamma(s)x}\\[2mm]I_{\mathrm{m}}(s)=\dfrac{1}{Z_{\mathrm{C}}(s)}\left[U_1(s)\mathrm{e}^{-\gamma(s)x}-U_2(s)\mathrm{e}^{\gamma(s)x}\right]\end{cases}\tag{3-80}$$

式中，$U_1(s)\mathrm{e}^{-\gamma(s)x}$ 和 $U_2(s)\mathrm{e}^{\gamma(s)x}$ 分别为沿 x 正方向运动的前行波和沿 x 反方向运动的反行波；$\gamma(s)=\sqrt{Z(s)Y(s)}$ 为行波在线路上的传播系数；$Z_{\mathrm{C}}(s)=\sqrt{\dfrac{Z(s)}{Y(s)}}$ 为线路波阻抗。

3.6.2 依频特性下行波的拟合函数的选择

初始电压行波的复频域值为 $U(s)$，当其传播至距离其 l 处后的复频域值为 $U_l(s)$。

根据上一小节的分析，$U_l(s)$ 与 $U(s)$ 的关系如下：

$$U_l(s)=U(s)\mathrm{e}^{-\gamma(s)l}=U(s)\mathrm{e}^{-\sqrt{Z(s)Y(s)}l}=U(s)\mathrm{e}^{-\sqrt{[R(s)+sL(s)]sC}l} \tag{3-81}$$

式中，忽略了线路的对地电导，并认为对地电容参数不随频率变化。

指数函数反映了行波传播过程中的延时和畸变，故障行波传播距离 l 需一定的时间，这与不考虑参数依频特性的无损线路相同。但由于线路参数随频率变化，不同频率的波传播的速度不同，使波形发生畸变及幅值上的衰减。

对于延时，在复频域可用指数函数 e^{-sT}（T 为时间常数）表示，此时将式(3-81)中的指数项表示为如下两个函数的乘积：

$$\mathrm{e}^{-\sqrt{[R(s)+sL(s)]sC}l}=G(s)\mathrm{e}^{-sl/v} \tag{3-82}$$

式中，$G(s)$ 为故障行波在传播过程中所发生的畸变和幅值衰减；v 为波传播的速度。

采用函数拟合的方法对 $G(s)$ 进行处理，在选择拟合函数时，应使其尽可能准确地反映故障行波在传播过程中的畸变和幅值衰减。$G(s)$ 为关于传播距离 l 的函数，即 $G(s,l)$，应尽量保证 $G(s,l_1+l_2)=G(s,l_1)G(s,l_2)$。此外，还应使 $U(s)G(s)$ 的拉普拉斯反变换容易求取，方便变换到时域[85]。

当阶跃波在线路上传播一定距离后将发生畸变和幅值衰减，时域上可用指数函数进行拟合：

$$u_l(t)=K\left[1-\mathrm{e}^{-A(t-l/v)}\right]\varepsilon(t-l/v) \tag{3-83}$$

式中，K 表征故障行波的衰减，随传播距离的增加而减小，减小的程度很小，且距离为 0 时 K=1；A 表征故障行波的畸变，是由于不同频率波的传播速度不同导致的。不同频率波的速度差异越大，A 越小，且与传播距离成反比。

对应的复频域表达式为

$$U_l(s)=\frac{KA}{s(s+A)}\mathrm{e}^{-sl/v}=U(s)G(s)\mathrm{e}^{-sl/v} \tag{3-84}$$

由于在复频域，阶跃波 $U(s)=\dfrac{1}{s}$，所以有

$$G(s)=\frac{K}{1+s/A}=\frac{1-kl}{1+sal} \tag{3-85}$$

式中，a 为单位长度的畸变系数；k 为单位长度的衰减系数。a 和 k 均很小，此时有

$$\begin{aligned}G(s,l_1)G(s,l_1)&=\frac{1-kl_1}{1+sal_1}\cdot\frac{1-kl_2}{1+sal_2}=\frac{1-k(l_1+l_2)+k^2l_1l_2}{1+sa(l_1+l_2)+s^2a^2l_1l_2}\\&\approx\frac{1-k(l_1+l_2)}{1+sa(l_1+l_2)}=G(s,l_1+l_2)\end{aligned} \tag{3-86}$$

3.6.3 畸变系数和衰减系数的获取

本节采用与实际相符的依频参数线路模型，绘制零模和线模波速度随频率变化的曲线如图 3.28 所示。

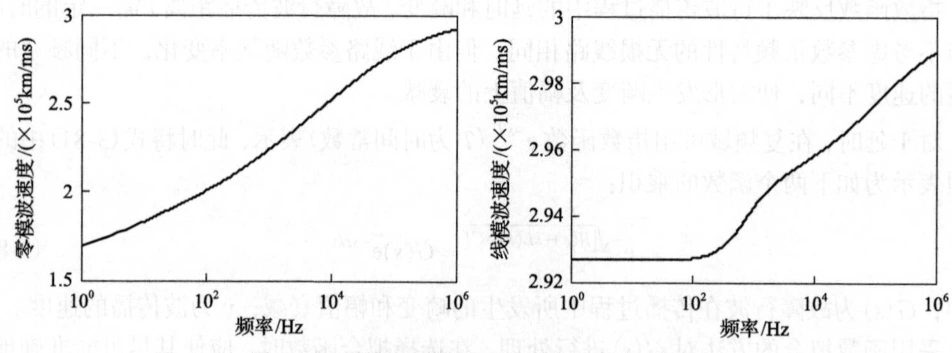

图 3.28 零模和线模波速度随频率变化的曲线

理论上，v 小于光速，应取不同频率下的最快波速度。由于频率越高，幅值越小，通过大量仿真，选取 50kHz 频率下的波速度，即

$$v = \frac{1}{\sqrt{L(\omega_{\mathrm{m}})C}} \tag{3-87}$$

式中，$\omega_{\mathrm{m}} = 2\pi f_{\mathrm{m}}$，$f_{\mathrm{m}} = 50\mathrm{kHz}$。

对于 a 和 k 的获取，在拟合时的频率取工频；线路长度对拟合的影响很小，可取 100km。

根据上节推导有

$$G(s) = \frac{1-kl}{1+sal} = \mathrm{e}^{\left[s/v - \sqrt{[R(s)+sL(s)]sC}\right]l} \tag{3-88}$$

容易求得

$$\begin{cases} a = -\dfrac{\mathrm{Im}\left[G(\mathrm{j}\omega_0, l_0)\right]}{\omega_0 l_0 \,\mathrm{Re}\left[G(j\omega_0, l_0)\right]} \\ k = \dfrac{1}{{l_0}^2}\left\{1-(1+{\omega_0}^2 a^2 {l_0}^2)\,\mathrm{Re}\left[G(\mathrm{j}\omega_0, l_0)\right]\right\} \end{cases} \tag{3-89}$$

式中，$\omega_0 = 2\pi f_0$，$f_0 = 50\mathrm{Hz}$，$l_0 = 100\mathrm{km}$。

零模 $G(s)$ 幅频特性曲线的拟合效果如图 3.29 所示，拟合效果尚可，可基本满足要求。若希望获取更高的精度，可以选择

$$\mathrm{e}^{-\sqrt{[R(s)+sL(s)]sC}l} = \sum_{n=1}^{N} \frac{1-k_n l}{1+sa_n l}\mathrm{e}^{-sl/v_n} \tag{3-90}$$

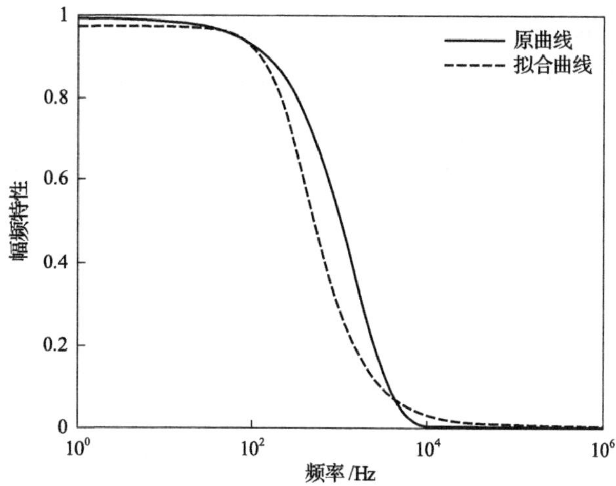

图 3.29　零模 $G(s)$ 幅频特性曲线的拟合效果

各个 a 参数和 k 参数可通过选取更多的频率和线路长度计算 $e^{-\sqrt{[R(s)+sL(s)]sC}l}$ 获取。

3.7　故障稳态计算

由于电力系统中阻性元件的存在，故障暂态行波过程会在较短的时间内进入稳态，所以故障分析时只需计算前若干个行波折反射过程，此后可由故障后的正弦稳态替代。

采用如图 3.30 所示的模型对输电线路的故障特性进行分析。线路 MN 为输电线路，两侧的电压源和阻抗用来等效系统的其余部分。当输电线路在 F 点处发生故障后，可被分成正常和故障两个部分。下面采用对称分量法对故障进行分析。

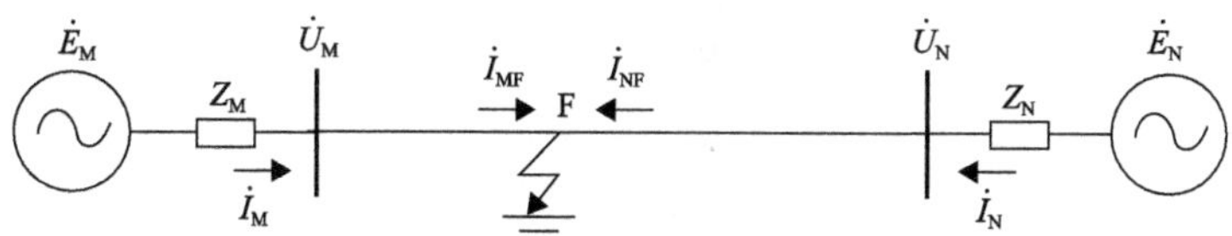

图 3.30　输电线路故障特性分析模型

根据均匀传输线方程的双曲函数解，两侧母线 M、N 处的正、负、零序电压、电流分量与故障点 F 处的电压、电流满足如下关系：

$$\begin{bmatrix} \dot{U}_{Mi} \\ \dot{I}_{Ni} \end{bmatrix} = \begin{bmatrix} \cosh(\gamma_i x) & Z_{Ci}\sinh(\gamma_i x) \\ \dfrac{1}{Z_{Ci}}\sinh(\gamma_i x) & \cosh(\gamma_i x) \end{bmatrix} \begin{bmatrix} \dot{U}_{Fi} \\ \dot{I}_{MFi} \end{bmatrix} \tag{3-91}$$

$$\begin{bmatrix} \dot{U}_{Ni} \\ \dot{I}_{Ni} \end{bmatrix} = \begin{bmatrix} \cosh[\gamma_i(l-x)] & Z_{Ci}\sinh[\gamma_i(l-x)] \\ \dfrac{1}{Z_{Ci}}\sinh[\gamma_i(l-x)] & \cosh[\gamma_i(l-x)] \end{bmatrix} \begin{bmatrix} \dot{U}_{Fi} \\ \dot{I}_{NFi} \end{bmatrix} \tag{3-92}$$

式中，$i=1,2,0$ 分别表示正、负、零序；Z_{Ci} 为线路波阻抗；γ_i 为线路传播常数；l 为线路总长；x 为故障点 f 到母线 M 的距离；$\dot{U}_{Mi}$、$\dot{U}_{Ni}$ 为母线 M、N 处的正、负、零序电压分量；$\dot{I}_{Mi}$、$\dot{I}_{Ni}$ 为母线 M、N 处的正、负、零序电流分量；$\dot{U}_{Fi}$ 为故障点 f 处的电压序分量；$\dot{I}_{MFi}$、$\dot{I}_{NFi}$ 分别为故障点 F 处来自母线 M、N 侧的注入电流序分量。

母线处的边界条件如下：

$$\dot{U}_{Mi}+Z_{Mi}\dot{I}_{Mi}=\begin{cases}\dot{E}_M, & i=1\\ 0, & i=2,0\end{cases} \tag{3-93}$$

$$\dot{U}_{Ni}+Z_{Ni}\dot{I}_{Ni}=\begin{cases}\dot{E}_N, & i=1\\ 0, & i=2,0\end{cases} \tag{3-94}$$

式中，$\dot{E}_M$、$\dot{E}_N$ 为 M、N 两侧的系统等效电压源；Z_{Mi}、Z_{Ni} 为 M、N 两侧的系统等效正、负、零序阻抗。

由式(3-91)和式(3-94)，可得到故障点处来自母线 M、N 侧的注入电流序分量分别为

$$\dot{I}_{MFi}=\begin{cases}\dfrac{\dot{E}_M}{B_{Mi}}-\dfrac{A_{Mi}\dot{U}_{Fi}}{B_{Mi}}, & i=1\\ -\dfrac{A_{Mi}\dot{U}_{Fi}}{B_{Mi}}, & i=2,0\end{cases} \tag{3-95}$$

$$\dot{I}_{NFi}=\begin{cases}\dfrac{\dot{E}_N}{B_{Ni}}-\dfrac{A_{Ni}\dot{U}_{Fi}}{B_{Ni}}, & i=1\\ -\dfrac{A_{Ni}\dot{U}_{Fi}}{B_{Ni}}, & i=2,0\end{cases} \tag{3-96}$$

式中

$$\begin{aligned}
A_{Mi}&=\cosh(\gamma_i x)+\frac{Z_{Mi}}{Z_{Ci}}\sinh(\gamma_i x)\\
B_{Mi}&=Z_{Ci}\sinh(\gamma_i x)+Z_{Mi}\cosh(\gamma_i x)\\
A_{Ni}&=\cosh\left[\gamma_i(l-x)\right]+\frac{Z_{Ni}}{Z_{Ci}}\sinh\left[\gamma_i(l-x)\right]\\
B_{Ni}&=Z_{Ci}\sinh\left[\gamma_i(l-x)\right]+Z_{Ni}\cosh\left[\gamma_i(l-x)\right]
\end{aligned} \tag{3-97}$$

目前有故障点处的 3 个电压序分量、6 个电流序分量，共 9 个未知量，式(3-95)、式(3-96)中共有 6 个方程。因此，为求解故障后的稳态，还需 3 个故障部分的边界条件。

对于正常部分，由式(3-95)和式(3-96)可知故障点处电压电流序分量有如下关系：

$$\boldsymbol{I}_{\mathrm{F}} = \boldsymbol{I}_{\mathrm{E}} + \boldsymbol{Y}\boldsymbol{U}_{\mathrm{F}} \tag{3-98}$$

式中

$$\begin{aligned}
&\boldsymbol{U}_{\mathrm{F}} = \begin{bmatrix} \dot{U}_{\mathrm{F0}} & \dot{U}_{\mathrm{F1}} & \dot{U}_{\mathrm{F2}} \end{bmatrix}^{\mathrm{T}} \\
&\boldsymbol{I}_{\mathrm{F}} = \begin{bmatrix} \dot{I}_{\mathrm{MF0}} + \dot{I}_{\mathrm{NF0}} & \dot{I}_{\mathrm{MF1}} + \dot{I}_{\mathrm{NF1}} & \dot{I}_{\mathrm{MF2}} + \dot{I}_{\mathrm{NF2}} \end{bmatrix}^{\mathrm{T}} \\
&\boldsymbol{I}_{\mathrm{E}} = \begin{bmatrix} 0 & \dfrac{\dot{E}_{\mathrm{M}}}{B_{\mathrm{M}}} + \dfrac{\dot{E}_{\mathrm{N}}}{B_{\mathrm{N}}} & 0 \end{bmatrix}^{\mathrm{T}} \\
&\boldsymbol{Y} = \mathrm{diag}\left[-\left(\dfrac{A_{\mathrm{M0}}}{B_{\mathrm{M0}}} + \dfrac{A_{\mathrm{N0}}}{B_{\mathrm{N0}}} \right) \quad -\left(\dfrac{A_{\mathrm{M}}}{B_{\mathrm{M}}} + \dfrac{A_{\mathrm{N}}}{B_{\mathrm{N}}} \right) \quad -\left(\dfrac{A_{\mathrm{M}}}{B_{\mathrm{M}}} + \dfrac{A_{\mathrm{N}}}{B_{\mathrm{N}}} \right) \right]
\end{aligned} \tag{3-99}$$

对于故障部分，故障点处应满足如下边界条件：

$$\boldsymbol{U}_{\mathrm{F}}^{\mathrm{ph}} = \boldsymbol{R}\boldsymbol{I}_{\mathrm{F}}^{\mathrm{ph}} \tag{3-100}$$

式中，$\boldsymbol{U}_{\mathrm{F}}^{\mathrm{ph}} = \begin{bmatrix} \dot{U}_{\mathrm{Fa}} & \dot{U}_{\mathrm{Fb}} & \dot{U}_{\mathrm{Fc}} \end{bmatrix}^{\mathrm{T}}$ 分别为故障点处的三相电压；$\boldsymbol{I}_{\mathrm{F}}^{\mathrm{ph}} = \begin{bmatrix} \dot{I}_{\mathrm{Fa}} & \dot{I}_{\mathrm{Fb}} & \dot{I}_{\mathrm{Fc}} \end{bmatrix}^{\mathrm{T}}$ 分别为故障点处的三相电流。电阻网络矩阵为

$$\boldsymbol{R} = \begin{bmatrix} R_{\mathrm{a}} + R_{\mathrm{g}} & R_{\mathrm{g}} & R_{\mathrm{g}} \\ R_{\mathrm{g}} & R_{\mathrm{b}} + R_{\mathrm{g}} & R_{\mathrm{g}} \\ R_{\mathrm{g}} & R_{\mathrm{g}} & R_{\mathrm{c}} + R_{\mathrm{g}} \end{bmatrix} \tag{3-101}$$

根据对称分量法，电压电流相分量可通过变换矩阵 $\boldsymbol{S}$ 转换为电压电流序分量：

$$\boldsymbol{S}\boldsymbol{U}_{\mathrm{F}} = \boldsymbol{R}\boldsymbol{S}\boldsymbol{I}_{\mathrm{F}} \tag{3-102}$$

变换矩阵为

$$\boldsymbol{S} = \begin{bmatrix} 1 & 1 & 1 \\ 1 & a^2 & a \\ 1 & a & a^2 \end{bmatrix}, \quad a = \mathrm{e}^{\mathrm{j}\frac{2\pi}{3}} \tag{3-103}$$

由式(3-95)、式(3-96)，可解出故障点处的电压序分量

$$\boldsymbol{U}_F = (\boldsymbol{S} - \boldsymbol{R}\boldsymbol{S}\boldsymbol{Y})^{-1}\boldsymbol{R}\boldsymbol{S}\boldsymbol{I}_E \tag{3-104}$$

代入式(3-91)、式(3-92)，可得到故障点处来自母线 M、N 侧的注入电流序分量。代入式(3-91)、式(3-92)可以解出两侧母线 M、N 处的正、负、零序电压、电流分量，序分量可通过变换矩阵转换为相分量，得到故障后两侧母线 M、N 处的三相电压、电流。

例如，当交流输电线路发生单相接地故障时，有

$$
\begin{aligned}
\dot{U}_{\mathrm{F0}} &= -\frac{B_{\mathrm{M0}}B_{\mathrm{N0}}(B_{\mathrm{N}}\dot{E}_{\mathrm{M}}+B_{\mathrm{M}}\dot{E}_{\mathrm{N}})}{2B_{\mathrm{M}}B_{\mathrm{N}}D+B_{\mathrm{M0}}B_{\mathrm{N0}}C+3R_{\mathrm{f}}CD} \\
\dot{U}_{\mathrm{F2}} &= \frac{B_{\mathrm{M}}B_{\mathrm{N}}D}{B_{\mathrm{M0}}B_{\mathrm{N0}}C}\dot{U}_{\mathrm{F0}} \\
\dot{U}_{\mathrm{F1}} &= \frac{B_{\mathrm{N}}\dot{E}_{\mathrm{M}}+B_{\mathrm{M}}\dot{E}_{\mathrm{N}}}{C}+\dot{U}_{\mathrm{F2}} \\
C &= A_{\mathrm{M}}B_{\mathrm{N}}+A_{\mathrm{N}}B_{\mathrm{M}},\ D=A_{\mathrm{M0}}B_{\mathrm{N0}}+A_{\mathrm{N0}}B_{\mathrm{M0}}
\end{aligned}
\tag{3-105}
$$

3.8 故障行波暂态解的计算机实现

对于较为复杂的电力系统，需借助计算机实现行波的解析表达。在计算机计算时需要解决以下几个问题。

(1)复杂的电力网络如何在计算机中表示和存储，既要保证能够体现电力网络中的所有需要的信息，又能便于后续的行波解析计算。

(2)当系统发生故障后，电力网络会发生改变，如何在原有表示方法下对网络进行快速准确地修改，十分重要。

(3)行波传播途径有无数种可能，如何获取特定时间内的所有行波传播途径。

3.8.1 电力网络的表示与存储

选择基于有向支路的方法表示电力网络，为保证简捷和有效，可将电力网络表示为支路起点向量和支路终点向量的形式。

对于一个含有 n 个节点 b 条支路电力网络 A，节点编号为 1, 2, …, n，支路编号为 1, 2, …, b，习惯上使用一 $n\times b$ 阶的节点—支路关联矩阵 $\boldsymbol{A}$ 表示其网络连接结构(节点支路矩阵)。可将矩阵 $\boldsymbol{A}$ 转换为 b 维的支路起点向量 $\boldsymbol{b}_{\mathrm{start}}$ 和支路终点向量 $\boldsymbol{b}_{\mathrm{end}}$，其中 $\boldsymbol{b}_{\mathrm{start}}$ 的第 i 个元素为矩阵 $\boldsymbol{A}$ 第 i 列中值为 1 的元素所在的行数，表示第 i 条支路的起始节点，$\boldsymbol{b}_{\mathrm{end}}$ 的第 i 个元素为矩阵 $\boldsymbol{A}$ 第 i 列中值为−1 的元素所在的行数，表示第 i 条支路的终止节点。

除网络拓扑结构外，还需对网络中节点和支路的特性进行表述。对于无损非依频参数线路，支路特性主要是行波在各条支路上的传播时间，可由线路长度和波速度求得。当考虑参数依频特性时，还需计算畸变系数和衰减系数。对于节点特性，主要是折反射特性。对于均匀换位的平行多导体线路，应分别考虑零模和线模。

为避免歧义，支路被赋予了方向，因而在表示行波在各节点处的折反射特性时，需构建 $2b\times 2b$ 维的折反射系数矩阵。其中，矩阵的前 b 行表示波沿支路正方向(由支路起点传向支路终点)传播而来，后 b 行表示波沿支路反方向(由支路终点传向支路起点)传播而来；矩阵的前 b 列表示波折反射到支路正方向，后 b 列表示波折反射到支路反方向。

在式(3-106)中，矩阵元素的上标表示行波的入射线路，下标表示行波经折反射后到达的线路，“+”和“−”用来区分线路的方向。

$$
\boldsymbol{\gamma}=\begin{bmatrix}
\gamma_{+1}^{+1} & \cdots & \gamma_{+b}^{+1} & \gamma_{-1}^{+1} & \cdots & \gamma_{-b}^{+1} \\
\vdots & & \vdots & \vdots & & \vdots \\
\gamma_{+1}^{+b} & \cdots & \gamma_{+b}^{+b} & \gamma_{-1}^{+b} & \cdots & \gamma_{-b}^{+b} \\
\gamma_{+1}^{-1} & \cdots & \gamma_{+b}^{-1} & \gamma_{-1}^{-1} & \cdots & \gamma_{-b}^{-1} \\
\vdots & & \vdots & \vdots & & \vdots \\
\gamma_{+1}^{-b} & \cdots & \gamma_{+b}^{-b} & \gamma_{-1}^{-b} & \cdots & \gamma_{-b}^{-b}
\end{bmatrix} \tag{3-106}
$$

若将矩阵分为 4 个 $b\times b$ 维的子矩阵，即

$$
\boldsymbol{\gamma}=\begin{bmatrix}
\boldsymbol{\gamma}_{11} & \boldsymbol{\gamma}_{12} \\
\boldsymbol{\gamma}_{21} & \boldsymbol{\gamma}_{22}
\end{bmatrix} \tag{3-107}
$$

此时，子矩阵 $\boldsymbol{\gamma}_{11}$ 中各元素的上下标均为正；$\boldsymbol{\gamma}_{12}$ 中各元素的上标为正，下标为负；$\boldsymbol{\gamma}_{21}$ 中各元素的上标为负，下标为正；$\boldsymbol{\gamma}_{22}$ 中各元素的上下标均为负。

对于折反射系数矩阵，容易得到其以下性质。

(1)矩阵中有很多元素并没有值，这是由于该元素上下标所表示的支路之间没有连接关系。

(2)子矩阵 $\boldsymbol{\gamma}_{11}$ 中元素 γ_{+j}^{+i} 有值的充要条件为 $\boldsymbol{b}_{\text{end}}(i)=\mathbf{b}_{\text{start}}(j)$；$\boldsymbol{\gamma}_{12}$ 中元素 γ_{-j}^{+i} 有值的充要条件为 $\boldsymbol{b}_{\text{end}}(i)=\boldsymbol{b}_{\text{end}}(j)$；$\boldsymbol{\gamma}_{21}$ 中元素 γ_{+j}^{-i} 有值的充要条件为 $\boldsymbol{b}_{\text{start}}(i)=\boldsymbol{b}_{\text{start}}(j)$；$\boldsymbol{\gamma}_{22}$ 中元素 γ_{-j}^{-i} 有值的充要条件为 $\boldsymbol{b}_{\text{start}}(i)=\boldsymbol{b}_{\text{end}}(j)$。$\boldsymbol{b}_{\text{start}}(i)$ 表示支路起点向量中的第 i 个元素，即支路 i 的起始节点。

(3)矩阵的对角元素，即 $\boldsymbol{\gamma}_{11}$ 和 $\boldsymbol{\gamma}_{22}$ 的对角位置一定没有值。

(4)矩阵中共有 $2b$ 个反射系数，为上下标互为相反数的元素，出现在 $\boldsymbol{\gamma}_{12}$ 和 $\boldsymbol{\gamma}_{21}$ 的对角位置。

(5) γ_{+j}^{+i} 有值的充要条件是 γ_{-i}^{-j} 有值。

(6) γ_{-j}^{+i} 有值的充要条件是 γ_{-i}^{+j} 有值，γ_{+j}^{-i} 有值的充要条件是 γ_{+i}^{-j} 有值。

3.8.2　故障后的网络变化

当电力系统中的线路发生故障时，故障点成为了新的波阻抗不连续点，此时，需对网络的支路起点向量和支路终点向量进行修改。网络的节点中增加故障点，故障支路从故障点处分裂为两条支路，因而故障后网络的节点数加一，支路数加二(零模网络和线模网络分别增加一条支路)。

当网络中某条支路 i 上发生故障时，应对原电力网络做如下修改：复制网络 A 得到网络 A'，A 和 A'分别表示零模和线模网络；A'中 b 条支路的编号为 b+1，b+2，…，2b，A 中的支路 k 与 A'中的支路$(k+b)$相对应；A'中 n 个节点的编号为 $n+1, n+2, \cdots, 2n$，A 中的节点 j 与 A'中的节点$(j+n)$相对应；在两个故障支路 i 和$(i+b)$上添加节点 0 表示故障点，支路 i 分为 i 和$(2b+1)$两条支路，支路$(i+b)$分为$(i+b)$和$(2b+2)$两条支路；将两个网络中的故障点相连，视为一个节点，这样便得到了故障后的电力网络。

对于故障后的电力网络，网络的支路数为(2b+2)，支路起点向量 $\boldsymbol{b}_{\text{start}}$ 和支路终点向量 $\boldsymbol{b}_{\text{end}}$ 也拓展至(2b+2)维，新的支路起点向量和支路终点向量为

$$\begin{aligned}\boldsymbol{b}_{\text{start}}^{\text{new}} &= [\boldsymbol{b}_{\text{start}} \quad \boldsymbol{b}_{\text{start}} + \boldsymbol{n} \quad 0 \quad 0] \\ \boldsymbol{b}_{\text{end}}^{\text{new}} &= [\boldsymbol{b}_{\text{end}}{}' \quad (\boldsymbol{b}_{\text{end}} + \boldsymbol{n})' \quad \boldsymbol{b}_{\text{end}}(i) \quad \boldsymbol{b}_{\text{end}}(i) + n]\end{aligned} \tag{3-108}$$

式中，$\boldsymbol{n}$=[$n, n, \cdots, n$]为一所有元素均为 n 的 b 维向量；$\boldsymbol{b}_{\text{end}}{}'$为将 $\boldsymbol{b}_{\text{end}}$ 中的第 i 个元素置零后的向量；$(\boldsymbol{b}_{\text{end}}+\boldsymbol{n})'$为将$(\boldsymbol{b}_{\text{end}}+\boldsymbol{n})$中的第 i 个元素置零后的向量；$\boldsymbol{b}_{\text{end}}(i)$为 $\boldsymbol{b}_{\text{end}}$ 中的第 i 个元素。

新的支路传播时间向量可由各支路的长度、零模线模波速度及故障位置确定，同样为(2b+2)维。

支路数的增加，也使折反射系数矩阵发生变化，需构建(4b+4)×(4b+4)维的折反射系数矩阵。若零模和线模的折反射系数矩阵分别为 $\boldsymbol{\gamma}^0$ 和 $\boldsymbol{\gamma}^1$，可采用如下方法生成故障后的折反射系数矩阵。

(1)构建(4b+4)×(4b+4)维矩阵如式(3-109)所示。其中，×表示此处没有值，$\boldsymbol{\gamma}_{11}^0$、$\boldsymbol{\gamma}_{12}^0$、$\boldsymbol{\gamma}_{21}^0$、$\boldsymbol{\gamma}_{22}^0$ 分别为 $\boldsymbol{\gamma}^0$ 的四个子矩阵，$\boldsymbol{\gamma}_{11}^1$、$\boldsymbol{\gamma}_{12}^1$、$\boldsymbol{\gamma}_{21}^1$、$\boldsymbol{\gamma}_{22}^1$ 分别为 $\boldsymbol{\gamma}^1$ 的四个子矩阵，其定义同(3-107)，$\boldsymbol{\gamma}_{\text{f}}$ 和 $\boldsymbol{\rho}_{\text{f}}$ 均为 2 阶方阵，表征故障点的折反射特性，将在下文进行详细分析。

$$\boldsymbol{\gamma} = \begin{bmatrix} \boldsymbol{\gamma}_{11}^0 & \times & \times & \boldsymbol{\gamma}_{12}^0 & \times & \times \\ \times & \boldsymbol{\gamma}_{11}^1 & \times & \times & \boldsymbol{\gamma}_{12}^1 & \times \\ \times & \times & \boldsymbol{\gamma}_f & \times & \times & \boldsymbol{\rho}_f \\ \boldsymbol{\gamma}_{21}^0 & \times & \times & \boldsymbol{\gamma}_{22}^0 & \times & \times \\ \times & \boldsymbol{\gamma}_{21}^1 & \times & \times & \boldsymbol{\gamma}_{22}^1 & \times \\ \times & \times & \boldsymbol{\rho}_f & \times & \times & \boldsymbol{\gamma}_f \end{bmatrix} \tag{3-109}$$

(2)若支路 i 发生故障，则交换第 i 行和第(2b+1)行，交换第(b+i)行和第(2b+2)行，交换第(2b+2+i)列和第(4b+3)列，交换第(3b+2+i)列和第(4b+4)列，即可得到故障后的折反射系数矩阵。

对于多相对称系统，各线模系统除故障点外的部分完全相同，因而前文中只考虑一个线模网络的分析方法是合理的，各线模的电压电流均在该线模网络中传播。但对于三相及更多相的系统，故障点处各线模的折反射情况可能不同，需分别考虑。$\boldsymbol{\gamma}_{\text{f}}$ 和 $\boldsymbol{\rho}_{\text{f}}$ 可由式(3-66)中的 $\boldsymbol{\gamma}$ 和 $\boldsymbol{\rho}$ 求得，当存在多个线模时，$\boldsymbol{\gamma}$、$\boldsymbol{\rho}$ 与 $\boldsymbol{\gamma}_{\text{f}}$、$\boldsymbol{\rho}_{\text{f}}$ 中的矩阵元素个数并不一致，需进行特殊处理。此时，$\boldsymbol{\gamma}_{\text{f}}$ 和 $\boldsymbol{\rho}_{\text{f}}$ 中的元素不再是一个数值，而是一个矩阵。

以三相系统中的 $\boldsymbol{\gamma}_{\text{f}}$ 为例：$\boldsymbol{\gamma}_{\text{f12}} = \gamma_{11}$，表示从零模折射到零模；$\boldsymbol{\gamma}_{\text{f12}} = [\gamma_{21} \quad \gamma_{31}]^{\text{T}}$，表示从零模折射到线模；$\boldsymbol{\gamma}_{\text{f21}} = [\gamma_{12} \quad \gamma_{13}]$，表示从线模折射到零模；$\boldsymbol{\gamma}_{\text{f21}} = \begin{bmatrix} \gamma_{22} & \gamma_{23} \\ \gamma_{32} & \gamma_{33} \end{bmatrix}$，表示从线模折射到线模。下标中的两个数字依次表示矩阵元素所在的行和列。

3.8.3 行波传播途径的生成方法

实际工程应用中，若只考虑系统发生故障后 t 时刻内的波过程，则跳变次数为有限次。下面考虑如何通过支路起点向量和支路终点向量获取从节点 m 到节点 n 的各条途径。

可通过递归算法找出系统发生突变后 t 时刻内的所有途径，编写函数 FindPath(Node, Path, Time, Terminal, TimeLimit)，其流程图如图 3.31 所示。该函数的参数中，Node 表示当前时刻行波所到达的节点，Path 表示当前时刻行波已经过的途径，Time 表示当前时刻，Terminal 表示行波所需到达的节点，TimeLimit 表示需要找出系统发生突变后 TimeLimit 时刻内的所有途径。

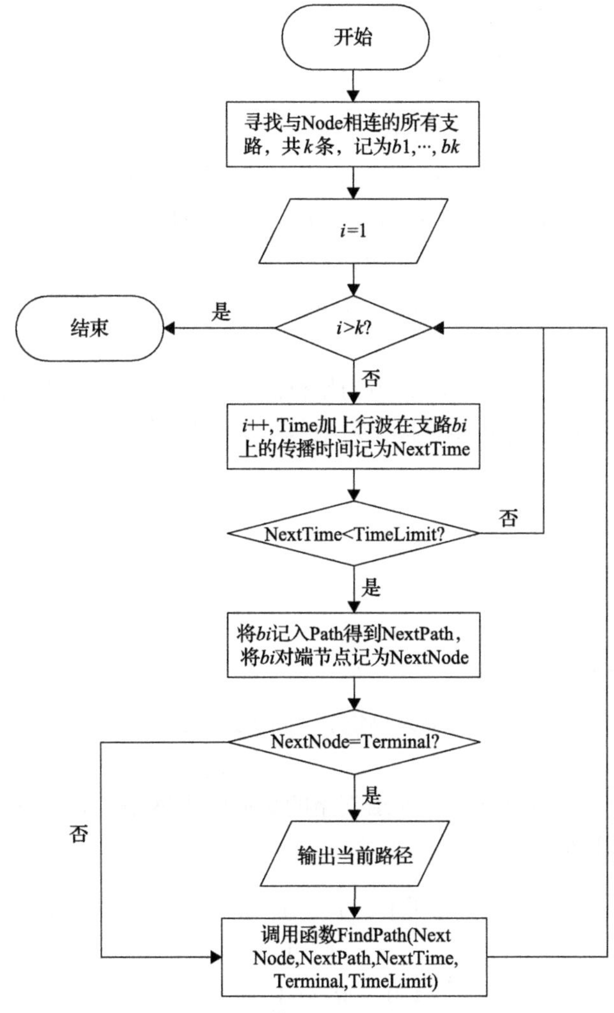

图 3.31　函数 FindPath 的流程图

在函数 FindPath 中，可通过支路起点向量和支路终点向量寻找与节点 Node 相连的所有支路，具体方法如下：在支路起点向量中寻找 Node，如其出现在第 i 个元素处，则

L_{+i} 为与节点 Node 相连的一条支路，支路终点向量中的第 i 个元素为其对端节点；在支路终点向量中寻找 Node，如其出现在第 j 个元素处，则 L_{-j} 为与节点 Node 相连的一条支路，支路起点向量中的第 j 个元素为其对端节点。

调用函数 FindPath$(m, \Phi, 0, n, t)$ 即可得到系统发生突变后 t 时刻内从节点 m 到节点 n 的全部途径。其中，Φ为空集，即起始时刻行波尚未经过任何途径。

3.8.4 故障行波的计算

当电力系统发生故障后，测量点测到的行波解析表达式可通过以下方法进行计算：

(1)计算支路起点向量和支路终点向量，行波在各条支路上的传播时间以及折反射系数矩阵。

(2)计算零模初始行波和线模初始行波。

(3)根据行波源信息对支路起点、终点向量、传播时间和折反射系数矩阵进行修改。

(4)寻找从行波源到零模网络测量点和线模网络测量点的所有行波传播路径。

(5)计算每条传播路径对应的传播时间和总折反射系数。

当考虑线路参数的依频特性时，计算每条传播路径对应的零模和线模线路长度、总的传播时间和总折反射系数，利用线路参数计算零模单位长度的畸变系数 a_0 和衰减系数 k_0 及线模单位长度的畸变系数 a_1 和衰减系数 k_1。

(6)由初始行波、传播时间和总折反射系数得到模量行波的复频域解析表达式，并通过拉式反变换得到时域解。

当考虑线路参数的依频特性时，由初始行波、各路径零模和线模线路长度、畸变系数、衰减系数、总的传播时间和总折反射系数得到模量行波的复频域解析表达式，并通过拉式反变换可得到时域解。

(7)将模量行波变换至相量。

3.8.5 算例分析

1. 不考虑参数依频特性

下面以一个三相电力网络模型为算例，对平行多导体线路中的行波解析表达式进行分析。

图 3.32 是一个含有 4 个节点，5 条支路的交流电力网络，各条支路的方向已在图中标明，其节点支路矩阵为

$$\mathbf{A} = \begin{bmatrix} 1 & 1 & 0 & 0 & 0 \\ -1 & -1 & 1 & 0 & 0 \\ 0 & 0 & -1 & 1 & 1 \\ 0 & 0 & 0 & -1 & -1 \end{bmatrix} \tag{3-110}$$

各条线路的长度、不同模量的波阻抗和波速度如表 3.4 所示。

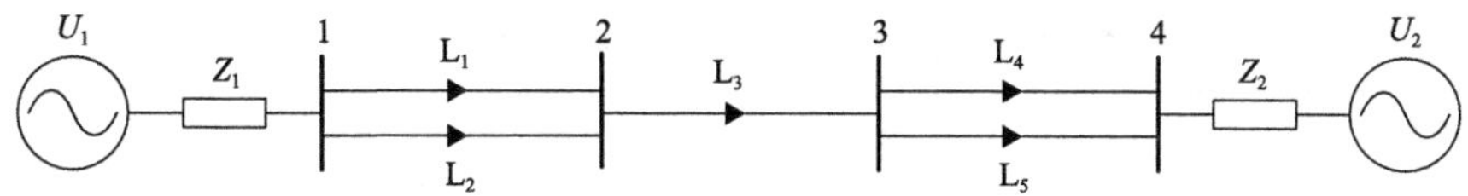

图 3.32　三相电力网络模型

表 3.4　各条线路的相关参数

线路名称	线路长度/km	零模波阻抗/Ω	线模波阻抗/Ω	零模波速度/(km·ms^{-1})	线模波速度/(km·ms^{-1})
L_1	75	500	300	200	300
L_2	75	500	300	200	300
L_3	105	500	300	200	300
L_4	90	500	300	200	300
L_5	90	500	300	200	300

电源内阻抗三相对称，分别为

$$\begin{cases} Z_1 = R_1 + \mathrm{j}\omega L_1,\ R_1 = 50\Omega,\ L_1 = 10\mathrm{mH} \\ Z_2 = R_2 + \mathrm{j}\omega L_2,\ R_2 = 100\Omega,\ L_2 = 20\mathrm{mH} \end{cases} \tag{3-111}$$

若 0 时刻，在线路 L_3 距左侧母线 60km 处发生 A 相接地故障，故障电阻为 100Ω，故障点处故障前的 A 相电压为 $u_{\mathrm{af}}(t) = 500\cos(100\pi t)$ (kV)，其中 t 的单位为 s。

下面按照上述方法分析行波源网络中节点 2 处的 A 相电压。

故障后向线路两端传播的初始电压行波为

$$\begin{cases} u_0(t) = -\dfrac{Z_0}{Z_0 + 2Z_1 + 6R} u_{\mathrm{af}}(t) = -\dfrac{2500}{17}\cos(100\pi t)(\mathrm{kV}) \\ u_\alpha(t) = u_\beta(t) = -\dfrac{Z_1}{Z_0 + 2Z_1 + 6R} u_{\mathrm{af}}(t) = -\dfrac{1500}{17}\cos(100\pi t)(\mathrm{kV}) \end{cases} \tag{3-112}$$

故障后的三相电力网络模型如图 3.33 所示，故障后新的支路起点向量和支路终点向量：

$$\begin{aligned} \boldsymbol{b}_{\mathrm{start}} &= [1\ \ 1\ \ 2\ \ 3\ \ 3\ \ 5\ \ 5\ \ 6\ \ 7\ \ 7\ \ 0\ \ 0] \\ \boldsymbol{b}_{\mathrm{end}} &= [2\ \ 2\ \ 0\ \ 4\ \ 4\ \ 6\ \ 6\ \ 0\ \ 8\ \ 8\ \ 3\ \ 7] \end{aligned} \tag{3-113}$$

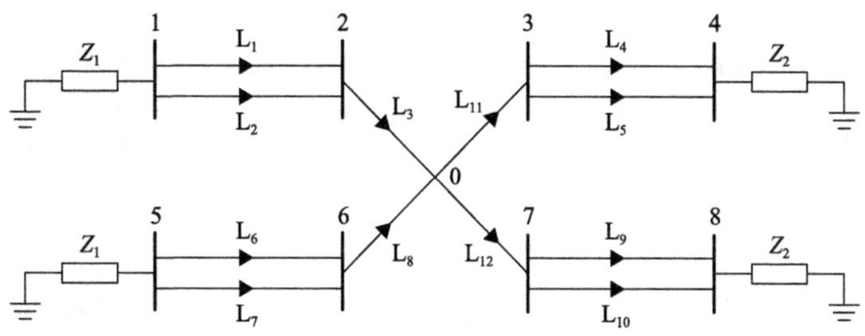

图 3.33　故障后的三相电力网络模型

行波在故障后各条线路上的传播时间如表 3.5 所示。

表 3.5　行波在故障后各条线路上的传播时间

线路名称	L_1	L_2	L_3	L_4	L_5	L_6
传播时间/ms	0.375	0.375	0.3	0.45	0.45	0.25
线路名称	L_7	L_8	L_9	L_{10}	L_{11}	L_{12}
传播时间/ms	0.25	0.2	0.3	0.3	0.225	0.15

故障后的折反射系数矩阵扩展至 24×24 维。由于矩阵过大，不在此列出。

调用函数 FindPath (0, Φ, 0, 2, 1) 和 FindPath (0, Φ, 0, 6, 1) 寻找到 1ms 内行波从故障点 0 到零模测量点 2 和线模测量点 6 的全部路径，计算每条路径的传播时间和总折反射系数如表 3.6 和表 3.7 所示。

表 3.6　1ms 内由节点 0 传播到节点 2 的全部路径及其传播时间和总折反射系数

传播路径	传播时间/ms	总折反射系数
L_{-3}	0.3	2/3
L_{-3}—L_{+3}—L_{-3}	0.9	10/153
L_{-8}—L_{+8}—L_{-3}	0.7	[10/153 10/153]
L_{+11}—L_{-11}—L_{-3}	0.75	−8/51
L_{+12}—L_{-12}—L_{-3}	0.6	[10/153 10/153]
L_{+12}—L_{-12}—L_{+12}—L_{-12}—L_{-3}	0.9	[20/2601 20/2601]

表 3.7　1ms 内由节点 0 传播到节点 6 的全部路径及其传播时间和总折反射系数

传播路径	传播时间/ms	总折反射系数
L_{-3}—L_{+3}—L_{-8}	0.8	$[2/51\ 2/51]^{T}$
L_{-8}	0.2	2/3
L_{-8}—L_{-6}—L_{+6}	0.7	−1/(3+0.00015s)
L_{-8}—L_{-6}—L_{+7}	0.7	4/9−1/(3+0.00015s)
L_{-8}—L_{-7}—L_{+6}	0.7	4/9−1/(3+0.00015s)
L_{-8}—L_{-7}—L_{+7}	0.7	−1/(3+0.00015s)
L_{-8}—L_{+8}—L_{-8}	0.6	$\begin{bmatrix} 2/51 & 2/51 \\ 2/51 & 2/51 \end{bmatrix}$
L_{-8}—L_{+8}—L_{+12}—L_{-12}—L_{-8}	0.9	$\begin{bmatrix} 410/7803 & -56/2601 \\ -56/2601 & 410/7803 \end{bmatrix}$
L_{+11}—L_{-11}—L_{-8}	0.65	$[2/51\ \ 2/51]^{T}$
L_{+11}—L_{-11}—L_{+12}—L_{-12}—L_{-8}	0.95	$[-22/2601\ \ -22/2601]^{T}$
L_{+12}—L_{-12}—L_{-8}	0.5	$\begin{bmatrix} -28/153 & 2/51 \\ 2/51 & -28/153 \end{bmatrix}$
L_{+12}—L_{-12}—L_{-8}—L_{+8}—L_{-8}	0.9	$\begin{bmatrix} -22/2601 & -22/2601 \\ -22/2601 & -22/2601 \end{bmatrix}$
L_{+12}—L_{-12}—L_{+11}—L_{-11}—L_{-8}	0.95	$\begin{bmatrix} 10/2601 & 10/2601 \\ 10/2601 & 10/2601 \end{bmatrix}$
L_{+12}—L_{-12}—L_{+12}—L_{-12}—L_{-8}	0.8	$\begin{bmatrix} -22/2601 & -22/2601 \\ -22/2601 & -22/2601 \end{bmatrix}$

当 t <1ms 时，测量点处的 A 相电压为

$$
\begin{aligned}
u(t) = & -\frac{2000}{17}\cos\left[0.1\pi(t-0.2)\right]\varepsilon(t-0.2) \\
& -\frac{5000}{51}\cos\left[0.1\pi(t-0.3)\right]\varepsilon(t-0.3) \\
& +\frac{22000}{867}\cos\left[0.1\pi(t-0.5)\right]\varepsilon(t-0.5) \\
& -\frac{22000}{867}\cos\left[0.1\pi(t-0.6)\right]\varepsilon(t-0.6) \\
& -\frac{10000}{867}\cos\left[0.1\pi(t-0.65)\right]\varepsilon(t-0.65) \\
& +66.84\cos\left[0.1\pi(t-0.7)\right]\varepsilon(t-0.7) \\
& +3.695\sin\left[0.1\pi(t-0.7)\right]\varepsilon(t-0.7) \\
& -235.2\mathrm{e}^{-20000(t-0.7)}\varepsilon(t-0.7) \\
& +\frac{20000}{867}\cos\left[0.1\pi(t-0.75)\right]\varepsilon(t-0.75) \\
& -\frac{42000}{4913}\cos\left[0.1\pi(t-0.8)\right]\varepsilon(t-0.8) \\
& -\frac{35000}{2601}\cos\left[0.1\pi(t-0.9)\right]\varepsilon(t-0.9) \\
& +\frac{50000}{44217}\cos\left[0.1\pi(t-0.95)\right]\varepsilon(t-0.95)
\end{aligned}
\tag{3-114}
$$

使用 EMTP 仿真软件搭建仿真电路，模拟图 3.33 系统中的行波源网络。得到的解析表达式计算结果与 EMTP 仿真结果的对比如图 3.34 所示，仿真中的线路为三相无损线路，选用的是 Bergeron 模型。

从图中可以看出，计算结果与仿真结果几乎完全一致，证明了文中所提方法的正确性。理论上，对于均匀换位的无损线路，在不考虑参数依频特性时，得到的解析表达是完全准确的。

2. 考虑参数依频特性

下面以图 3.32 中的三相交流电力网络作为算例，考虑线路的依频特性，采用与实际相符的依频参数线路模型进行分析。

若 0 时刻，发生与上一节相同的故障。下面按照上述方法分析行波源网络中节点 2 处的 A 相电压。

调用函数 FindPath (0, Φ, 0, 2, 0.6) 和 FindPath (0, Φ, 0, 6, 0.6) 寻找到 0.6ms 内行波从

故障点 0 到零模测量点 2 和线模测量点 6 的全部路径，计算每条传播路径对应的零模和线模线路长度，总的传播时间和总折反射系数，结果如表 3.8 和表 3.9 所示。

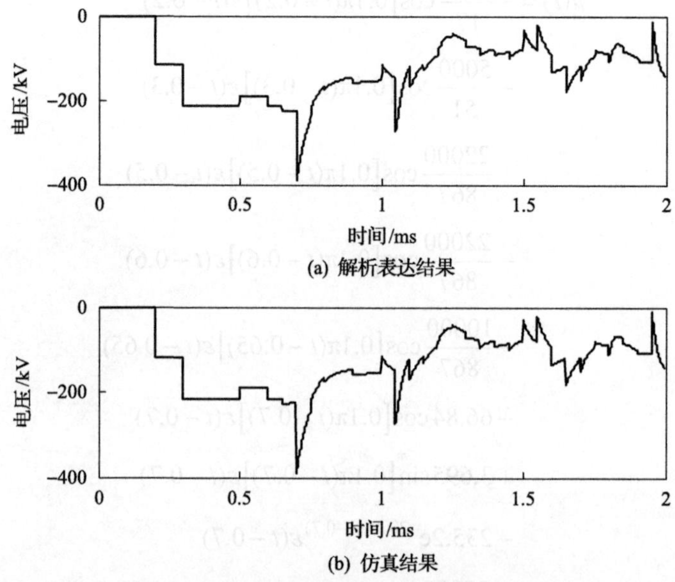

图 3.34　解析表达式结果与仿真结果的对比

表 3.8　0.6ms 内由节点 0 传播到节点 2 的全部路径及其相关参数

传播路径	零模线路长度/km	线模线路长度/km	传播时间/ms	总折反射系数
L_{-3}	60	0	0.22173	2/3
L_{+11}—L_{-11}—L_{-3}	150	0	0.55432	−8/51
L_{+12}—L_{-12}—L_{-3}	60	90	0.52496	[10/153 10/153]

表 3.9　0.6ms 内由节点 0 传播到节点 6 的全部路径及其相关参数

传播路径	零模线路长度/km	线模线路长度/km	传播时间/ms	总折反射系数
L_{-8}	0	60	0.20215	2/3
L_{+11}—L_{-11}—L_{-8}	90	60	0.53475	$[2/51\ 2/51]^{\mathrm{T}}$
L_{+12}—L_{-12}—L_{-8}	0	150	0.50538	$\begin{bmatrix} -28/153 & 2/51 \\ 2/51 & -28/153 \end{bmatrix}$

利用线路参数计算零模、线模单位长度的畸变系数和衰减系数：

$$\begin{aligned} &a_0 = 1.4651\times10^{-6},\quad a_1 = 5.6926\times10^{-8} \\ &k_0 = 1.2652\times10^{-4},\quad k_1 = 7.9123\times10^{-5} \end{aligned} \tag{3-115}$$

解析表达式计算结果与 EMTP 仿真结果的对比如图 3.35 所示，仿真中的线路选用的是 Marti 模型。

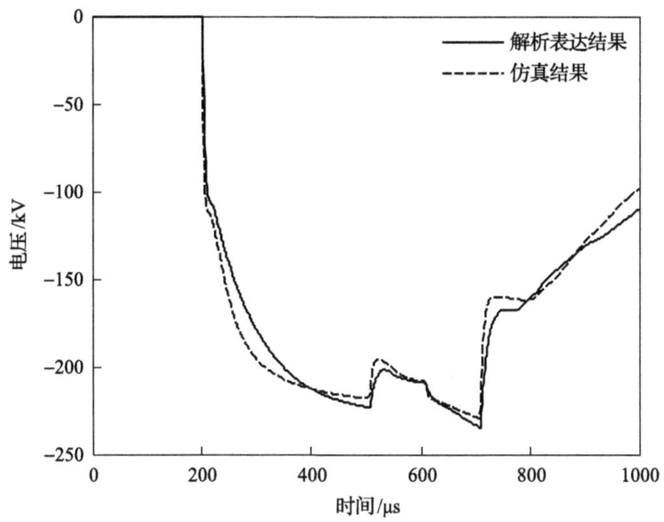

图 3.35　解析表达计算结果与仿真结果对照

从图中可以看出，计算结果与仿真结果接近，对依频参数的拟合效果较好。

3.9　瞬时无功理论及故障方向特征

功率和能量的传输是行波最重要的特性之一，在电力系统中，功率和电能正是以波的形式通过输电线路从发电厂传输给用户。在故障分量网络中，也正是行波将故障附加电源所提供的功率和电能由故障点传输到线路两侧的等效系统，行波的功率和能量传播特征表示了故障方向。

3.9.1　瞬时无功理论概述

功率和能量是电力系统分析中非常有用的概念，然而传统的功率理论中无法解决非正弦电路无功的快速计算问题，于是学术界引入瞬时无功的概念。关于瞬时无功(广义无功)的定义和算法，国内外学者一直存在争议，并提出了众多不同的定义和算法，迄今为止还没有一种定义获得学术界广泛、一致的认可。研究表明，各种瞬时无功定义的物理解释、数学表达形式都有较大的不同，它们能够解决的问题往往也不同，尽管一些瞬时无功的定义和算法在无功补偿等领域已经有了较好的应用，但是对于本课题研究的方向元件却不一定适用。下面将以两种影响较大的瞬时无功定义来说明这个问题。

定义 1

在文献[21]、[22]中，日本学者 Akagi 等提出了在瞬时值基础上的三相电路瞬时无功功率理论，引发诸多学者的跟踪研究，并成功地应用于实际。该理论将三相三线系统的电压和电流瞬时值通过 Park 变换转换到 α-β 平面上，然后在 α-β 平面上定义瞬时无功功率。首先对电流、电压做 Park 变换如下：

$$\begin{bmatrix} u_\alpha \\ u_\beta \end{bmatrix} = \sqrt{\frac{2}{3}} \begin{bmatrix} 1 & -\frac{1}{2} & -\frac{1}{2} \\ 0 & \frac{3}{\sqrt{2}} & -\frac{\sqrt{3}}{2} \end{bmatrix} \begin{bmatrix} u_a \\ u_b \\ u_c \end{bmatrix} \tag{3-116}$$

在三相三线制系统中有 $u_a + u_b + u_c = 0$，将其代入式可以化简为

$$\begin{bmatrix} u_\alpha \\ u_\beta \end{bmatrix} = \begin{bmatrix} \sqrt{\frac{2}{3}} & 0 \\ \frac{1}{\sqrt{2}} & \sqrt{2} \end{bmatrix} \begin{bmatrix} u_a \\ u_b \end{bmatrix} \tag{3-117}$$

类似可以得到电流的 Park 变换结果：

$$\begin{bmatrix} i_\alpha \\ i_\beta \end{bmatrix} = \begin{bmatrix} \sqrt{\frac{2}{3}} & 0 \\ \frac{1}{\sqrt{2}} & \sqrt{2} \end{bmatrix} \begin{bmatrix} i_a \\ i_b \end{bmatrix} \tag{3-118}$$

在 α-β 平面上，可以定义瞬时有功功率 p 和瞬时无功功率 q 如下：

$$p = u_\alpha i_\alpha + u_\beta i_\beta \tag{3-119}$$

$$q = u_\alpha i_\beta - u_\beta i_\alpha \tag{3-120}$$

定义 α-β 平面上的瞬时有功电流如下：

$$i_{\alpha p} = \frac{u_\alpha}{u_\alpha^2 + u_\beta^2} p, \quad i_{\beta p} = \frac{u_\beta}{u_\alpha^2 + u_\beta^2} p \tag{3-121}$$

定义 α-β 平面上的瞬时有功电流如下：

$$i_{\alpha q} = \frac{-u_\beta}{u_\alpha^2 + u_\beta^2} q, \quad i_{\beta q} = \frac{u_\alpha}{u_\alpha^2 + u_\beta^2} q \tag{3-122}$$

可以采用 Park 逆变换将式(3-121)和式(3-122)求得的有功电流和无功电流从 α-β 平面转换到 abc 相空间下：

$$\begin{bmatrix} i_{ap} \\ i_{bp} \end{bmatrix} = \begin{bmatrix} \sqrt{\frac{2}{3}} & 0 \\ -\frac{1}{\sqrt{6}} & \frac{1}{\sqrt{2}} \end{bmatrix} \begin{bmatrix} i_{\alpha p} \\ i_{\beta p} \end{bmatrix}, \quad \begin{bmatrix} i_{aq} \\ i_{bq} \end{bmatrix} = \begin{bmatrix} \sqrt{\frac{2}{3}} & 0 \\ -\frac{1}{\sqrt{6}} & \frac{1}{\sqrt{2}} \end{bmatrix} \begin{bmatrix} i_{\alpha q} \\ i_{\beta q} \end{bmatrix} \tag{3-123}$$

上述瞬时无功理论能够根据电压、电流的瞬时值快速计算该时刻的瞬时有功功率、

瞬时无功功率及瞬时有功电流和瞬时无功电流，这极大地方便了高速无功补偿装置的设计，该瞬时无功理论在无功补偿装置中已经得到成功的应用。但是该瞬时无功的定义不能很好地解决零序功率的问题，只能在三相三线制系统中使用，因而不适用于本方向保护的研究。

定义 2

文献[36]～[38]给出了另外一种瞬时无功的定义，它首先将三相电压、电流的瞬时值定义为瞬时空间相量：

$$\boldsymbol{u}=\begin{bmatrix}u_{\mathrm{a}}\\u_{\mathrm{b}}\\u_{\mathrm{c}}\end{bmatrix},\quad \mathbf{i}=\begin{bmatrix}i_{\mathrm{a}}\\i_{\mathrm{b}}\\i_{\mathrm{c}}\end{bmatrix} \tag{3-124}$$

定义三相系统的瞬时有功功率 p 为电压相量 $\boldsymbol{u}$ 和电流相量 $\boldsymbol{i}$ 的点积：

$$p=\boldsymbol{u}\cdot\boldsymbol{i}=u_{\mathrm{a}}i_{\mathrm{a}}+u_{\mathrm{b}}i_{\mathrm{b}}+u_{\mathrm{c}}i_{\mathrm{c}} \tag{3-125}$$

定义瞬时无功功率相量 $\boldsymbol{q}$ 为电压相量 $\boldsymbol{u}$ 和电流相量 $\boldsymbol{i}$ 的叉积：

$$\boldsymbol{q}=\boldsymbol{u}\times\boldsymbol{i}=\begin{bmatrix}q_{\mathrm{a}}\\q_{\mathrm{b}}\\q_{\mathrm{c}}\end{bmatrix}=\begin{bmatrix}\begin{vmatrix}u_{\mathrm{b}} & u_{\mathrm{c}}\\ i_{\mathrm{b}} & i_{\mathrm{c}}\end{vmatrix}\\ \begin{vmatrix}u_{\mathrm{c}} & u_{\mathrm{a}}\\ i_{\mathrm{c}} & i_{\mathrm{a}}\end{vmatrix}\\ \begin{vmatrix}u_{\mathrm{a}} & u_{\mathrm{b}}\\ i_{\mathrm{a}} & i_{\mathrm{b}}\end{vmatrix}\end{bmatrix} \tag{3-126}$$

三相系统的瞬时无功功率定义为瞬时无功功率相量的幅值：

$$q=\|\boldsymbol{q}\|=\sqrt{q_{\mathrm{a}}^2+q_{\mathrm{b}}^2+q_{\mathrm{c}}^2} \tag{3-127}$$

有功电流相量 $\boldsymbol{i}_{\mathrm{p}}$ 、无功电流相量 $\boldsymbol{i}_{\mathrm{q}}$ 和瞬时视在功率 s 定义为

$$\boldsymbol{i}_{\mathrm{p}}=\begin{bmatrix}i_{\mathrm{aq}}\\i_{\mathrm{bq}}\\i_{\mathrm{cq}}\end{bmatrix}=\frac{p}{\boldsymbol{u}\cdot\boldsymbol{u}}\boldsymbol{u} \tag{3-128}$$

$$\boldsymbol{i}_{\mathrm{q}}=\begin{bmatrix}i_{\mathrm{aq}}\\i_{\mathrm{bq}}\\i_{\mathrm{cq}}\end{bmatrix}=\frac{\boldsymbol{q}\times\boldsymbol{u}}{\boldsymbol{u}\cdot\boldsymbol{u}} \tag{3-129}$$

$$s=ui=\sqrt{u_{\mathrm{a}}^2+u_{\mathrm{b}}^2+u_{\mathrm{c}}^2}\cdot\sqrt{i_{\mathrm{a}}^2+i_{\mathrm{b}}^2+i_{\mathrm{c}}^2} \tag{3-130}$$

这样的瞬时无功定义只需得到同一采样时刻的三相电压和电流瞬时值，就能利用式

(3-126)和式(3-127)计算该时刻的瞬时无功功率，它具有简明严格的数学定义。由于其定义和推导中并没有对三相系统做任何约束，所以它能很好地处理零序分量，可以适用于三相四线制系统和直接接地系统。但是式(3-127)给出的瞬时无功功率总是非负数，这样就不能通过无功的正负极性来判断负荷的性质(感性负荷或者容性负荷)，因而该瞬时无功定义也不适用于本课题研究的方向元件。

3.9.2 基于 Hilbert 变换的瞬时无功定义

本小节首先给出 Hilbert 变换的定义和性质[39]，然后介绍基于 Hilbert 变换的瞬时无功定义[40-42]。

设有一个信号 $x(t)$，它的 Hilbert 变换记做 $\hat{x}(t)$，可定义为

$$\begin{aligned}\hat{x}(t)&=\frac{1}{\pi}\int_{-\infty}^{\infty}x(\tau)\left(\frac{1}{t-\tau}\right)\mathrm{d}\tau\\&=\frac{1}{\pi}\int_{-\infty}^{\infty}x(t-\tau)\frac{1}{\tau}\mathrm{d}\tau\\&=x(t)*\frac{1}{\pi t}\end{aligned}\tag{3-131}$$

Hilbert 变换器的单位冲击响应如下：

$$h(t)=\frac{1}{\pi t},\quad -\infty<t<\infty\tag{3-132}$$

$$H(\omega)=\begin{cases}-j, & \omega>0\\ j, & \omega<0\end{cases}\tag{3-133}$$

可以看到，将信号进行 Hilbert 变换，就是将该信号的正频率成分移相–90°，而负频率成分移相+90°，其振幅不变。对于工程应用中的实信号而言，其 Hilbert 变换的结果也是一个实信号，该实信号中的所有频率分量在幅值上等于其原始信号的对应分量，但是其相角均滞后 90°。

首先定义周期为 T 的周期函数空间 V 的内积运算为

$$\langle x,y\rangle=\int_0^T x(t)y(t)\mathrm{d}t\ ,\quad \forall x\in V\tag{3-134}$$

设非正弦电路端口对应的电压为 $u(t)$、电流为 $i(t)$，周期为 T。则其瞬时有功功率 $p(t)$ 和平均有功功率 P 分别为

$$p(t)=u(t)i(t)\tag{3-135}$$

$$P=\frac{\langle u,i\rangle}{T}=\frac{1}{T}\int_0^T u(t)i(t)\mathrm{d}t\tag{3-136}$$

瞬时无功功率 $q(t)$ 和平均无功功率 Q 定义为

$$q(t)=\hat{u}(t)i(t) \tag{3-137}$$

$$Q=\frac{\langle \hat{u},i\rangle}{T}=\frac{1}{T}\int_0^T \hat{u}(t)i(t)\mathrm{d}t \tag{3-138}$$

其中瞬时无功 $q(t)$ 也可以定义为

$$q(t)=-u(t)\hat{i}(t) \tag{3-139}$$

式(3-137)同式(3-139)是等价的。

定义有功能量 $W_{\mathrm{P}}(t)$ 和无功能量 $W_{\mathrm{Q}}(t)$（也可称为“虚能量”，为了和有功能量相对应，不妨将其称为无功能量）分别为

$$W_{\mathrm{P}}(t)=\int_0^t u(\tau)i(\tau)\mathrm{d}\tau \tag{3-140}$$

$$W_{\mathrm{Q}}(t)=\int_0^t \hat{u}(\tau)i(\tau)\mathrm{d}\tau \tag{3-141}$$

根据式(3-136)、式(3-137)、式(3-140)和式(3-141)，平均有功功率 P 和平均无功功率 Q 也可以定义为

$$P=\frac{W_{\mathrm{P}}(T)}{T} \tag{3-142}$$

$$Q=\frac{W_{\mathrm{Q}}(T)}{T} \tag{3-143}$$

式(3-142)和式(3-143)说明有功能量和平均有功功率，无功能量和平均无功功率具有相同的正负极性。

定义复能量 $S(t)$ 为

$$S(t)=W_{\mathrm{P}}(t)+\mathrm{j}W_{\mathrm{Q}}(t) \tag{3-144}$$

对于三相电路，其瞬时有功、瞬时无功、有功能量、无功能量和复能量同上述单相线路具有类似的形式。

瞬时有功功率：

$$p(t)=u_{\mathrm{a}}\cdot i_{\mathrm{a}}+u_{\mathrm{b}}\cdot i_{\mathrm{b}}+u_{\mathrm{c}}\cdot i_{\mathrm{c}} \tag{3-145}$$

有功能量：

$$W_{\mathrm{P}}(t)=\int_0^t p(\tau)\mathrm{d}\tau \tag{3-146}$$

瞬时无功功率：

$$q(t)=\hat{u}_{\mathrm{a}}\cdot i_{\mathrm{a}}+\hat{u}_{\mathrm{b}}\cdot i_{\mathrm{b}}+\hat{u}_{\mathrm{c}}\cdot i_{\mathrm{c}} \tag{3-147}$$

无功能量(虚能量)：

$$W_{\mathrm{Q}}(t)=\int_{0}^{t}q(\tau)\mathrm{d}\tau \tag{3-148}$$

复能量：

$$S(t)=W_{\mathrm{P}}(t)+\mathrm{j}W_{\mathrm{Q}}(t) \tag{3-149}$$

式(3-147)定义的瞬时无功功率也可以定义为

$$q(t)=-(u_{\mathrm{a}}\cdot\hat{i}_{\mathrm{a}}+u_{\mathrm{b}}\cdot\hat{i}_{\mathrm{b}}+u_{\mathrm{c}}\cdot\hat{i}_{\mathrm{c}}) \tag{3-150}$$

式(3-147)同式(3-150)是等价的。

这里定义的三相系统的瞬时有功功率、瞬时无功功率、有功能量、无功能量(虚能量)及复能量的概念将用在本课题研究的新型方向元件中。其中式(3-140)、式(3-146)定义的有功能量就是传统电路理论中的能量，本书中为了将其和无功能量相区别，将其称为有功能量。式(3-141)、式(3-148)定义的无功能量是和有功能量相对应的一个概念，它的物理意义是定量地描述感性负荷在一定时间内“消耗”掉的无功，这同有功能量的物理意义是描述电阻负荷在一定时间内消耗掉的有功相对应的。无功能量是一种虚拟的能量，就如同无功功率是一种虚拟的功率一样。定义无功能量的目的和定义无功功率的目的类似，都是用来定量地描述感性负荷消耗无功的情况，其中无功功率描述的是消耗无功的速率，而无功能量描述的是消耗无功的总量，这同有功功率和有功能量的物理意义是相对应的。由于无功功率的单位是乏(var)，而无功能量是无功功率对时间的积分，所以定义无功能量的单位是乏·秒(var·s)。式(3-144)、式(3-149)定义的复能量可以同时描述负荷吸收的有功能量和无功能量，从而简化对负荷吸收能量的数学描述，方便方向元件判据的数学表达。

3.9.3　Hilbert 变换下的无功功率的故障方向特征

研究表明，基于 Hilbert 变换的瞬时无功理论具有明确的故障方向特征，可以用于判别输电线路故障方向[16]。

首先，由瞬时无功理论计算出的无功能量或平均无功功率必须能够反映出负荷的性质。下面首先证明式(3-138)定义的平均无功功率 Q 等于电压、电流的相同频率分量间产生的无功功率的代数和，然后说明在电力系统的故障分量网络中，每个频率分量的无功功率反映线路两侧的等效系统均为感性负荷，从而最终证明基于 Hilbert 变换的无功定义满足条件。

设电压 $u(t)$ 和电流 $i(t)$ 分解为 Fourier 级数为

$$\begin{cases} u(t)=\sum\limits_{n=1}^{\infty}\sqrt{2}U_n\cos(n\omega t+\varphi_{un}) \\ i(t)=\sum\limits_{n=1}^{\infty}\sqrt{2}I_n\cos(n\omega t+\varphi_{in}) \end{cases} \tag{3-151}$$

考虑到余弦函数的 Hilbert 变换为正弦函数以及 Hilbert 变换的线性特性，有

$$\hat{u}(t)=\sum_{n=1}^{\infty}\sqrt{2}U_n\sin\left(n\omega t+\varphi_{\mathrm{u}n}\right) \tag{3-152}$$

由式(3-138)、(3-151)和(3-152)可以得到

$$\begin{aligned}Q&=\sum_{n=1}^{\infty}\left[\frac{2U_nI_n}{T}\int_0^T\sin(n\omega t+\varphi_{\mathrm{u}n})\cos(n\omega t+\varphi_{\mathrm{i}n})\mathrm{d}t\right]\\&=\sum_{n=1}^{\infty}\left[U_nI_n\sin(\varphi_{\mathrm{u}n}-\varphi_{\mathrm{i}n})\right]\end{aligned} \tag{3-153}$$

式(3-153)说明，基于 Hilbert 变换的平均无功功率等于各个频率分量产生的无功功率的代数和。这产生了一个问题，如果负荷对于某一个频率呈感性而对另外一个频率呈容性，那么不同频率的无功功率可能因为符号相反而相互抵消，从而使(3-153)式计算出的平均无功功率的正负极性具有不确定性。但是通常而言，在实际电力系统中，从测量点看出的等效系统阻抗在各个频率下均为感性，不会出现各频率的无功功率相互抵消的情况，无功的正负极性可以正确表示负荷的性质，下面将对此进行详细分析。

观察故障分量网络中的故障方向，参见图 3.36，图中 R 表示判别故障方向的继电器，Δu 、Δi 分别表示线路上的故障电压和故障电流分量，W_{P} 和 W_{Q} 表示等效系统 S_{M} 吸收的有功能量和无功能量。继电器 R 通过检测等效系统 S_{M} 吸收的有功能量 W_{P} 和无功能量 W_{Q} 的极性来判断故障方向。下面分析等效系统 S_{M} 吸收无功的情况。

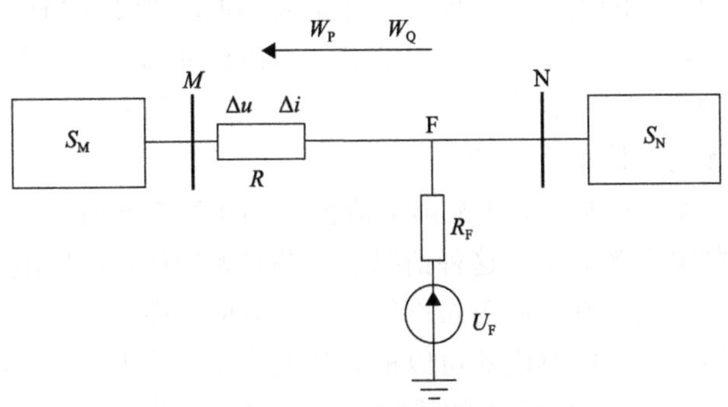

图 3.36　故障叠加网络

实际系统中，测量点背后的等效系统 S_{M} 的构成非常复杂，但是从工程应用的角度看，可以认为该等效系统主要由线路、变压器、电机(发电机或电动机)、串联电容、阻波器等构成。本课题研究的方向元件主要利用从工频 50Hz 到数百 kHz 之间的电气量进行方向判断，在这样的频率范围内，线路、变压器、电机、阻波器都表现为感性，只有串联电容表现为容性，因而有必要对串联电容进行专门分析。

电力系统为了加强系统间的电气联系，增加传输容量，在有些线路上会安装串联补偿电容，图 3.37(a)给出一条带串补电容的线路示意图，图 3.37(b)给出了该串补电容的简单结构。

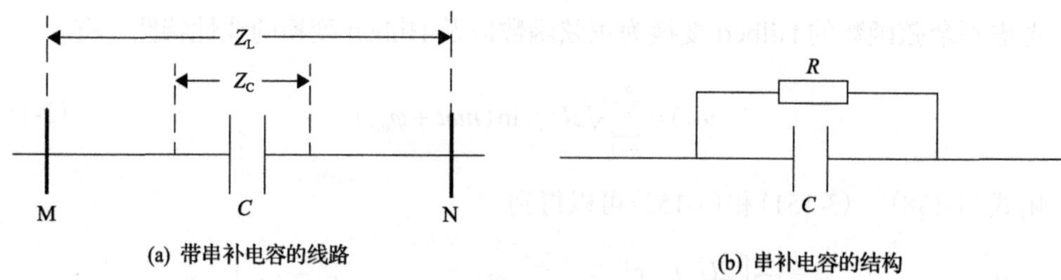

图 3.37　串补电容示意图

在图 3.37(a)中，线路 MN 中点串联了补偿电容 C，线路的总阻抗 Z_Σ 计算如下：

$$Z_\Sigma = Z_L + Z_C = R_L + j\omega L + \frac{1}{j\omega L} = R_L + j\left(2\pi f L - \frac{1}{2\pi f C}\right) \tag{3-154}$$

式中，Z_L 和 Z_C 分别表示线路阻抗和串补电容电抗；R_L、L 和 C 分别表示线路电阻、电感和串补电容。在电力系统中，串联电容的补偿度一般取为 25%～70%，实际系统中为了避免引发次同步谐振，串联电容的补偿度通常不会超过 50%，故含串补电容在内的线路总阻抗在工频 50Hz 情况下仍然呈感性。这样取 f=50Hz 时，有

$$2\pi f L - \frac{1}{2\pi f C} = 100\pi L - \frac{1}{100\pi C} > 0 \tag{3-155}$$

考虑到感抗和频率成正比，容抗和频率成反比，则频率增加时，感抗增大而容抗减小，故当频率高于 50Hz 时，式(3-154)计算的含补偿电容在内的线路总阻抗更是呈感性。由于所提方向元件中采用的电气量主要分布在工频 50Hz 到数百 kHz 之间，特别是故障暂态波形中，高频分量更占据了相当大的成分，所以即使考虑到串联补偿的因素，方向继电器采用的各个频率分量下，含串补在内的总的线路阻抗都呈感性，总的等效系统也呈感性，其吸收的无功应该是正极性。

实际上在系统发生故障后，如果故障电流很大，图 3.37(b)中的 MOV 电阻 R 可能瞬间导通，这将使串联电容被短接，这种情况下串补对无功计算的影响更可以忽略不计。

从以上分析可以看出，在故障分量网络中，在方向继电器计算所采用的频段内，等效系统始终保持为感性，方向继电器可以根据其无功计算结果判断故障方向。

由于式(3-147)和式(3-148)定义的瞬时无功功率和无功能量对于是否有零序分量或对于是否是全相运行并没有特别约定，所以上述判别式是明确无歧义的。

还要指出，基于 Hilbert 变换的无功定义和传统的无功功率概念不冲突，而且是完全吻合的。

将 $u(t)=\sqrt{2}U_n\cos(n\omega t+\varphi_u)$ 和 $i(t)=\sqrt{2}I_n\cos(n\omega t+\varphi_i)$ 代入式(3-138)，考虑到余弦函数的 Hilbert 变换结果是正弦函数，可以得到

$$\begin{aligned} Q &= \frac{<\hat{u},i>}{T} = \frac{1}{T}\int_0^T 2UI\sin(\omega t+\varphi_u)\cos(\omega t+\varphi_i)dt \\ &= UI\sin(\varphi_u-\varphi_i) \end{aligned} \tag{3-156}$$

式(3-156)说明了基于 Hilbert 变换的瞬时无功理论兼容传统的正弦稳态电路中的无功定义，传统的无功理论只是该瞬时无功理论在正弦电路下的特例。因此，所定义的 Hilbert 变换下的瞬时无功功率概念是正确的。

瞬时无功理论的价值在于，把一个在时间和空间域连续变化的行波量转化为在一个阶段甚至整个故障过程中都稳定的数值，这给行波的应用带来极大的方便。

3.10 故障行波的故障相特征

前边分析了不同故障类型时电流故障初始行波的特征，表 3.10 罗列了各种故障类型时电流故障初始行波值，同时为了简化分析，设故障过渡电阻为 0。

表 3.10 不同故障类型时模量电流初始行波

故障类型	模量电流			
	i_0	i_α	i_β	i_γ
AG	$-\dfrac{1}{Z_0+2Z_1}u_{aF}$	i_0	$-i_0$	0
BG	$-\dfrac{1}{Z_0+2Z_1}u_{bF}$	$-i_0$	0	i_0
CG	$-\dfrac{1}{Z_0+2Z_1}u_{cF}$	0	i_0	$-i_0$
ABG	$-\dfrac{u_{aF}+u_{bF}}{2Z_0+Z_1}$	$-\dfrac{u_{aF}-u_{bF}}{3Z_1}$	$\dfrac{(Z_0+2Z_1)u_{aF}}{3Z_1(2Z_0+Z_1)}+\dfrac{(Z_1-Z_0)u_{bF}}{3Z_1(2Z_0+Z_1)}$	$-\dfrac{(Z_1-Z_0)u_{aF}}{3Z_1(2Z_0+Z_1)}-\dfrac{(Z_0+2Z_1)u_{bF}}{3Z_1(2Z_0+Z_1)}$
G	$-\dfrac{u_{bF}+u_{cF}}{2Z_0+Z_1}$	$\dfrac{(Z_0+2Z_1)u_{bF}}{3Z_1(2Z_0+Z_1)}+\dfrac{(Z_1-Z_0)u_{cF}}{3Z_1(2Z_0+Z_1)}$	$-\dfrac{(Z_1-Z_0)u_{bF}}{3Z_1(2Z_0+Z_1)}-\dfrac{(Z_0+2Z_1)u_{cF}}{3Z_1(2Z_0+Z_1)}$	$-\dfrac{u_{bF}-u_{cF}}{3Z_1}$
CAG	$-\dfrac{u_{aF}+u_{cF}}{2Z_0+Z_1}$	$-\dfrac{(Z_0+2Z_1)u_{bF}}{3Z_1(2Z_0+Z_1)}-\dfrac{(Z_1-Z_0)u_{cF}}{3Z_1(2Z_0+Z_1)}$	$-\dfrac{u_{cF}-u_{aF}}{3Z_1}$	$-\dfrac{(Z_1-Z_0)u_{aF}}{3Z_1(2Z_0+Z_1)}-\dfrac{(Z_0+2Z_1)u_{bF}}{3Z_1(2Z_0+Z_1)}$
AB	0	$-2i_\beta$	$-\dfrac{u_{aF}-u_{bF}}{6Z_1}$	i_β
BC	0	$-\dfrac{u_{bF}-u_{cF}}{6Z_1}$	i_α	$-2i_\alpha$
CA	0	i_γ	$-2i_\gamma$	$-\dfrac{u_{cF}-u_{aF}}{6Z_1}$
ABC	0	$-\dfrac{u_{aF}-u_{bF}}{6Z_1}$	$-\dfrac{u_{cF}-u_{aF}}{6Z_1}$	$-\dfrac{u_{bF}-u_{cF}}{6Z_1}$

注：$-\dfrac{u_{aF}-u_{bF}}{6Z_1}$ 前的“–”号是由于故障附加电源是 $-u_{aF}$ 造成的。

由表 3.10 可以得到不同故障类型时电流故障初始行波的特征。

(1)接地故障时有零模行波，非接地故障时不存在零模行波，据此可以判断故障类型为接地故障还是非接地故障。

(2)单相接地故障时，有一个线模行波为零，其他两个线模行波幅值相等，极性相反。且幅值为零的行波，是与故障相无关的线模行波。根据这一特征，可以选择出单相接地故障的故障相别。

(3)两相短路故障时，零模行波幅值为 0，三个线模行波中，有两个线模行波幅值相等，另一个线模行波幅值为这两个线模幅值的两倍，极性相反。

(4)三相短路故障时，零模行波幅值为 0，线模行波之间没有明显特征。

(5)两相接地短路时，线模行波幅值之间没有明显特征。

(6)电流向量特征。根据故障点的边界条件不难得到，两相接地故障时，相对于接地相，非接地相的电流行波幅值较小。如 BC 两相接地故障时，$i_a < i_b$，$i_a < i_c$。

除故障行波的故障类型和故障相特征之外，更多的故障方向、故障距离、故障线、行波差电流特征，将在后续章节中介绍。

第 4 章　小波变换及其在故障行波分析与检测中的应用

4.1　基 本 概 念

4.1.1　小波分析的发展史及应用概况

小波变换的本质是用一个小波基函数来表示一个能量有限的信号，小波分析的思想来源于伸缩与平移。

小波分析方法的提出可以追溯到 1910 年 Harr 提出的第一个小波规范正交基。1984 年法国地质学家 Morlet 和理论物理学家 Grossman 提出了连续小波变换的概念，1986 年法国数学家 Meyer 创造性地构造出了具有一定衰减性的光滑化函数——正交小波函数，标志着小波热潮的开始。

小波分析虽然是一个数学领域，但自始至终与应用科学交织在一起。1988 年 Mallat 首先把小波变换应用于计算机图像的分解与重构，之后他和 Hwang Wenlia[47,48]提出了多分辨分析的概念，为统一构造小波函数奠定了基础，同时给出了以他的名字命名的小波分解与重构算法——Mallat 算法。

1988 年，Daubechies[49]构造了具有有限支集的正交小波基，至此小波分析的系统理论初步得到建立。1990 年，崔锦泰和王建中构造了基于样条的半正交小波函数[4]，使小波分析的系统理论得到完善。Zhong 等系统地建立起了一套信号奇异性检测的理论和方法[50]。同时，国内外众多学者也开始把小波变换应用于自己的研究领域，像机械振动与噪声[51]、分形、医学成像与诊断、地震勘探与处理、行波信号分析、谐波检测等，并取得了大批成果。

小波变换的研究与应用方兴未艾，这正是本书介绍小波变换的目的。

4.1.2　信号的时频局部化表示

在信号分析中，变换就是寻求对于信号的另外一种表示，使比较复杂的、特征不够明确的信号在变换后的形式下变得简洁和特征明确。

信号有两类：一类是稳定变化的信号；一类是具有突变性质的、非稳定变化的信号。

对于稳定变化的信号，工程上最常使用的一种变换就是 Fourier 变换。Fourier 变换把一个周期变化的信号表示成一族具有不同频率的正弦波的线形叠加。从数学上讲，Fourier 变换是通过一个被称为基函数的函数 $w(x)=\mathrm{e}^{\mathrm{i}x}$ 的整数膨胀而生成任意一个周期平方可积函数 $f(x)\in L^2(0,2\pi)$，其中 $L^2(0,2\pi)$ 称为平方可积函数空间。通过 Fourier 变换，在时域中连续变化的信号转化为频域中的信号，因而 Fourier 变换是一种纯频域分析方法。

对于具有突变性质的、非稳定变化的信号，人们不只对该信号的频率感兴趣，而且尤其关心该信号在不同时刻的频率。换句话说，需要时间和频率两个指标来刻画信号。显然，Fourier 变换是无能为力的。这是因为 Fourier 变换在频域上是完全局部化了的(能把信号分解到每个频率细节)，但在时域上却没有任何分辨能力。因此需要时频分析方法来分析这种信号。

时频分析方法的典型例子是窗口 Fourier 变换。一个具有有限能量的模拟信号 $f(t)$ 的窗口 Fourier 变换被定义为

$$G(\omega,\tau)=\int_R f(t)g(t-\tau)\mathrm{e}^{-\mathrm{i}\omega t}\mathrm{d}t \tag{4-1}$$

式中，$g(t)$ 为具有紧支集的时限函数。

显然，窗口 Fourier 变换和 Fourier 变换的区别就是前者多了一个时限函数 $g(t)$。从式(4-1)中去掉 $g(t-\tau)$，则上式就变为 Fourier 变换。因此，窗口 Fourier 变换可描述为对于待分析的信号 $f(t)$ 先开窗再做 Fourier 变换，随着窗的移动，$f(t)$ 被一部分一部分地分解。其中的时限函数 $g(t)$ 因此被称为窗函数。

由式(4-1)可见，$G(\omega,\tau)$ 既是频率 ω 的函数，又是时间 τ 的函数。因此，窗口 Fourier 变换提供了信号 $f(t)$ 在时间 τ 的频率信息，它是一种时频分析方法。

实际信号是由多种频率分量组成的，当信号尖锐变化时，需要有一个短的时间窗为其提供更多的频率信息；当信号变化平缓时，需要一个长的时间窗用于描述信号的整体行为。换句话说，希望能有一个灵活可变的时间窗，而窗口 Fourier 变换无法做到这一点。这是因为窗口 Fourier 变换的窗函数 $g(t)$ 的大小和形状是固定不变的，不能适应不同频率分量信号的变化。这就需要引入小波变换。

4.1.3 连续小波变换

受 Fourier 变换和窗口 Fourier 变换的启发，可以寻找另外一个单一函数的膨胀和平移来表示信号 $f(t)$，这样的函数被称为基小波 $\psi(t)$，它必须满足容许性条件：

$$C_\psi=\int_{-\infty}^{+\infty}|\omega|^{-1}|\hat{\psi}(\omega)|^2\,\mathrm{d}\omega<\infty \tag{4-2}$$

或等价为

$$\int_R \psi(t)\mathrm{d}t=0 \tag{4-3}$$

由基小波的伸缩和平移所生成的函数族 $\psi_{a,b}(t)$ 被称为连续小波：

$$\psi_{a,b}(t)=|a|^{-\frac{1}{2}}\psi\left(\frac{t-b}{a}\right),\quad a,b\in R,a\neq 0 \tag{4-4}$$

式中，a 为尺度因子；b 为平移因子。

信号 $f(t)=L^2(R)$ ($L^2(R)$ 又被称为能量有限信号空间)关于小波 $\psi_{a,b}(t)$ 的连续小波变

换被定义为

$$(W_\psi f)(a,b)=|a|^{-\frac{1}{2}}\int_{-\infty}^{+\infty}f(t)\overline{\psi\left(\frac{t-b}{a}\right)}\mathrm{d}t \tag{4-5}$$

或者写成内积形式

$$(W_\psi f)(a,b)=<f,\psi_{a,b}> \tag{4-6}$$

信号 $f(t)$ 可以由它的小波变换重构，重构公式为

$$f(t)=\frac{1}{C_\psi}\int_{-\infty}^{+\infty}\int_{-\infty}^{+\infty}(W_\psi f)(a,b)\psi_{a,b}\frac{\mathrm{d}a}{a^2}\mathrm{d}b \tag{4-7}$$

同样的函数 $|a|^{-\frac{1}{2}}\psi\left(\frac{t-b}{a}\right)$ 除了复共轭以外，还被用于小波变换和逆变换，因而 $\overline{\psi}$ 称为 ψ 的一个对偶。

根据小波变换的定义，可以看出它和 Fourier 变换的异同如下。

(1) 小波变换和 Fourier 变换都使用一个被称为基函数的单一函数 $\psi(t)$ 和 e^{it} 来表示原信号。

(2) 小波变换是用尺度因子 a 对基小波 $\psi(t)$ 进行伸缩，Fourier 变换是用膨胀因子 ω 对基函数 e^{it} 进行伸缩。

(3) 小波变换还用平移参数 b 对基小波进行平移，而 Fourier 变换只有伸缩没有平移，因而小波变换具有时频局部化性能，而 Fourier 变换是一种纯粹的频域分析法。

作为时频分析方法，小波变换和窗口 Fourier 变换都能给出信号在某一时刻的频率信息，但两者有本质的差别，可以通过下述内容看出。

4.1.4　小波变换的时频局部化性能

为了说明小波变换的时频局部化性能，首先给出窗函数的定义。

定义 1：非平凡函数 $w(t)$ 被称为一个窗函数：如果 $w(t)\in L^2(R)$，且 $tw(t)\in L^2(R)$。表征窗函数的两个参数是窗函数的中心与半径[55]。

设基小波 $\psi(t)$ 及其 Fourier 变换 $\hat{\psi}(w)$ 都是窗函数，其中心与半径分别为 t^*，ω^* 和 Δ_ψ，$\Delta_{\hat{\psi}}$，则小波函数 $\psi_{a,b}$ 和它的 Fourier 变换 $\hat{\psi}_{a,b}(\omega)$ 也是窗函数，它们一起在时间—频率平面上定义了一个矩形窗(时频窗)

$$\left(b+at^*-a\Delta_\psi,b+at^*+a\Delta_\psi\right)\times\left(\frac{\omega^*}{a}-\frac{1}{a}\Delta_{\hat{\psi}},\frac{\omega^*}{a}+\frac{1}{a}\Delta_{\hat{\psi}}\right) \tag{4-8}$$

其中心在 $\left(b+at^*,\frac{\omega^*}{a}\right)$，窗的高度(频窗)和宽度(时窗)分别为 $2\frac{1}{a}\Delta_{\hat{\psi}}$，$2a\Delta_\psi$。

窗函数决定的窗口是对信号 $f(t)$ 局部性的一次刻画，小波窗函数提供了信号 $f(t)$ 在时段 $(b+at^*-a\Delta_\psi, b+at^*+a\Delta_\psi)$ 和频带 $\left(\frac{\omega^*}{a}-\frac{1}{a}\Delta_{\hat{\psi}},\frac{\omega^*}{a}+\frac{1}{a}\Delta_{\hat{\psi}}\right)$ 时的“含量”。因此，小波变换具有时频局部化性能。

另外，由式(4-4)知，小波窗函数的窗口形状是变化的。对于高频信号，时窗变窄，频窗变宽，有利于描述信号的细节；对于低频信号，时窗变宽，频窗变窄，有利于描述信号的整体行为。正是由于小波函数具有的这种变窗特性，使它能够表示各种不同频率分量的信号，特别是具有突变性质的信号。

窗口 Fourier 变换不同于小波变换。设窗口 Fourier 变换的时限函数 $g(t)$ 和它的 Fourier 变换 $\hat{g}(\omega)$ 都是窗函数，其中心与半径分别为 t^* 、ω^* 和 Δ_g 、$\Delta_{\hat{g}}$。若令

$$w_{\omega,\tau}=\mathrm{e}^{\mathrm{i}\omega t}g(t-\tau)$$

则 $w_{\omega,\tau}$ 和它的 Fourier 变换 $\hat{w}_{\omega,\tau}$ 也是窗函数，它们也定义了一个时频窗：

$$(t^*+\tau-\Delta_g, t^*+\tau+\Delta_g)\times(\omega^*+\omega-\Delta_{\hat{g}}, \omega^*+\omega+\Delta_{\hat{g}}) \tag{4-9}$$

由上式可见，除了时间上的移动（τ）和频率范围（ω）的变化外，窗口的大小和形状是不变的。因此，窗口 Fourier 变换不能适应不同频率信号的变化。但在实际中，为了检测高频信号，必须选择足够窄的时间窗，而在检测低频信号时，必须选择足够宽的时间窗。这个矛盾在窗口 Fourier 变换中是无法解决的，而这正是小波变换的优点。

4.1.5 两类重要的小波变换

连续小波变换 $(W_\psi f)(a,b)$ 是信号 $f(t)$ 的一种表示，在这里，参数 a 、b 取遍整个实轴。若对参数 a 、b 的取值作一些限制，则产生不同类的小波变换[53]。常用的小波变换有两类：离散小波变换和二进小波变换。

1. 离散小波变换

取 $a=\frac{1}{2^j}$，$b=\frac{k}{2^j}$，$j,k\in Z$，即尺度参数 a 使用 2 的幂把频率轴剖分为二进的、相互毗邻的频带，同时，平移参数 b 只在时间轴上的二进位值取值。此时，式(4-5)的连续小波变换转换为离散的小波变换：

$$(W_\psi f)\left(\frac{1}{2^j},\frac{k}{2^j}\right)=\int_{-\infty}^{+\infty}f(t)\overline{\left\{2^{j/2}\psi(2^j t-k)\right\}}\mathrm{d}t \tag{4-10}$$

$\psi_{j,k}$ 就是小波函数，它被写成

$$\psi_{j,k}=2^{j/2}\psi(2^j t-k),\quad j,k\in Z \tag{4-11}$$

2. 二进小波变换

取$a=\dfrac{1}{2^j}$，$j\in Z,b\in R$。即只对尺度参数a进行二进离散，而平移参数b保持连续变化。此时，式(4-5)的连续小波变换转换为半离散的小波变换或称为二进小波变换：

$$(W_\psi f)\left(\frac{1}{2^j},b\right)=\int_{-\infty}^{+\infty}f(t)\overline{\left\{2^{j/2}\psi\left[2^j(t-b)\right]\right\}}\mathrm{d}t \tag{4-12}$$

小波函数$\psi_{j,b}$被写成

$$\psi_{j,b}=2^{j/2}\psi\left[2^j(t-b)\right],\quad j\in Z,b\in R \tag{4-13}$$

由于二进小波变换具有一个重要的特性——平移不变性[54]，故被广泛应用于模式识别和信号的奇异性检测中。

小波分析中还有一类变换，就是所谓的小波包变换[51]。前述的小波变换把信号按照二进频带分解成小波分量，小波包变换则是对于小波分量的再分解。以下仅给出正交小波包的定义。

定义：函数ψ_n，$n=2l$，$2l+1$；$l=0,1,\cdots$，为正交小波包，若

$$\begin{cases}\psi_{2l}(x)=\sum\limits_k p_k\psi_0(2x-k)\\ \psi_{2l+1}(x)=\sum\limits_k q_k\psi_0(2x-k)\end{cases} \tag{4-14}$$

式中，系数$q_k=(-1)^k\overline{p}_{-k+1}$。

4.1.6 信号的小波表示

1. 信号表示为小波分量的叠加

研究小波变换的目的在于用小波表示信号。对于离散小波变换和二进小波变换，这种表示可由它们的逆变换直观看出：

$$f(t)=\sum_{j,k\in-\infty}^{\infty}(W_\psi f)\left(\frac{1}{2^j},\frac{k}{2^j}\right)\tilde{\psi}_{j,k} \tag{4-15}$$

$$f(t)=\sum_{j=-\infty}^{\infty}\int_{-\infty}^{\infty}\left\{2^{j/2}(W_\psi f)(2^{-j},b)\right\}\times\left\{2^j\tilde{\psi}\left[2^j(t-b)\right]\right\}\mathrm{d}b \tag{4-16}$$

式中，$\tilde{\psi}$为ψ的对偶，它是前述共轭概念的推广。

根据式(4-15)、式(4-16)，信号$f(t)$可以表示为不同频率的小波分量的和，即

$$f(t)=\sum_j g_j=\cdots+g_{-1}(t)+g_0(t)+g_1(t)+\cdots \tag{4-17}$$

当信号 $f(t)$ 被分解为小波后，对信号的研究就转化为对其小波分量或在某一尺度（不同的 j）下的小波变换的研究。

2. 小波函数的多样性

与 Fourier 变换不同，小波变换中的小波函数具有多样性。不同的信号、不同的研究目的、采用不同的小波变换对于小波函数的要求各不相同。譬如，要求小波函数具有正交性、一定的对称性和光滑性等，这些要求经常矛盾，需要在应用中予以合理取舍。在两类重要的小波变换中，因为只有部分连续小波变换的值用于重构原信号，因而对小波函数提出了更高的要求，与之对应的小波有两类：R 小波和二进小波。

定义 2：一个 R 函数[53] ψ 被称为是一个 R 小波，如果 ψ 的对偶 $\tilde{\psi}$ 存在。

定义 3：一个函数 ψ 被称为是一个二进小波[50]，如果存在常数 $0 < A \leqslant B < \infty$，使下式成立：

$$A \leqslant \sum_{-\infty}^{\infty} \left| \hat{\psi}(2^{-j}\omega) \right| \leqslant B \tag{4-18}$$

小波和小波变换虽然种类繁多，但本书将局限于介绍离散小波变换和二进小波变换、R 小波和二进小波。

4.2 离散小波变换

4.2.1 离散小波与离散小波变换

连续小波及连续小波变换对于小波思想的建立是有效的，但在实际应用中，考虑到计算的有效性，常常要对小波及其变换进行离散，离散小波族被写为

$$\psi_{j,k} = 2^{j/2}\psi(2^j t - k), \quad j,k \in Z \tag{4-19}$$

显然，$\psi_{j,k}(t)$ 是由单一函数 $\psi(t)$ 通过二进膨胀（即 2^{-j} 的膨胀）和二进平移（即 $k/2^j$ 的膨胀）得来。

相应地，离散小波变换被写成

$$(W_\psi f)\left(\frac{1}{2^j}, \frac{k}{2^j}\right) = \int_{-\infty}^{+\infty} f(t)\overline{\left\{2^{j/2}\psi(2^j t - k)\right\}}\mathrm{d}t = \sum_{j,k}\left\langle f, \psi_{j,k} \right\rangle \tag{4-20}$$

通过选择小波函数 ψ，使它的对偶 $\tilde{\psi}$ 存在，则由离散小波变换重构原信号的公式为

$$f(t) = \sum_{-\infty}^{\infty}\left\langle f, \psi_{j,k} \right\rangle \tilde{\psi}_{j,k} \tag{4-21}$$

由文献[1]知，若小波函数 ψ 是 R 小波，则 ψ 的对偶一定存在。R 小波按定义可分为

以下三类。

定义：(1) ψ 称为一个正交小波，如果 $\{\psi_{j,k}\}$ 满足正交性条件

$$\left\langle \psi_{j,k}, \psi_{l,m} \right\rangle = \delta_{jl}\delta_{km}, \quad j,k,l,m \in Z \tag{4-22}$$

(2) ψ 称为一个半正交小波，如果 $\{\psi_{j,k}\}$ 满足条件

$$\left\langle \psi_{j,k}, \psi_{l,m} \right\rangle = 0, \quad j \neq l, j,k,l,m \in Z \tag{4-23}$$

(3) ψ 称为一个双正交小波(或非正交小波)，如果 ψ 的对偶存在，且满足条件

$$\left\langle \psi_{j,k}, \tilde{\psi}_{l,m} \right\rangle = \delta_{jl}\delta_{km}, \quad j,k,l,m \in Z \tag{4-24}$$

4.2.2　多分辨分析与尺度函数

为了便于表达，需要使用一些泛函分析的知识。

1. 多分辨分析

定义：多分辨分析是一列闭子空间 $\{V_j\}_{j\in Z}$，它满足以下条件。

(1) 单调性：$\cdots V_{-1} \subset V_0 \subset V_1 \cdots$。

(2) V_j 在 L^2 中的并是稠密的：$\text{clos}_{L^2(R)}(\underset{j\in Z}{\cup} V_j) = L^2(R)$，交是零：$\underset{j\in Z}{\cap} V_j = 0$。

(3) 伸缩规则性：$f(t) \in V_j \Longleftrightarrow f(2t) \in V_{j+1}$。

(4) Riesz 基存在性：存在函数 $\phi(t) \in V_0$，使 $\{\phi(t-k), k \in Z\}$ 是 V_0 的 Riesz 基。

(5) 平移不变性：$f(t) \in V_j \Longleftrightarrow f\left(t + \dfrac{1}{2^j}\right) \in V_j$。

2. 根据多分辨分析，可以建立起另外两个重要的概念

1) 尺度函数

称函数 $\varphi(t)$ 为尺度函数，它的伸缩和平移系 $\phi_{j,k}$ 能够生成闭子空间 $\{V_j\}_{j\in Z}$，即多分辨分析

$$V_j = \text{clos}_{L^2(R)}\left\langle \phi_{j,k}, j,k \in Z \right\rangle$$

式中，$\phi_{j,k} = 2^{j/2}\phi(2^j t - k)$。

2) 小波空间

若空间 $\{W_j\}$ 与空间 $\{V_j\}$ 满足 $V_{j+1} = W_j + V_j, j \in Z$，称子空间 W_j 是子空间 V_j 的补子空间，它由小波函数 $\psi(t) \in W_0$ 生成，称为小波空间。

$$W_j = \text{clos}_{L^2(R)}\left\langle \psi_{j,k}, j,k \in Z \right\rangle$$

有了小波空间 W_j，$L^2(R)$ 可分解为 W_j 的直接和：

$$L^2(R)=\sum_{j\in Z}W_j=\cdots W_{-1}+W_0+W_1+\cdots \tag{4-25}$$

为帮助理解有关空间概念，可参照图 4.1 的表示(它是不严格的)。

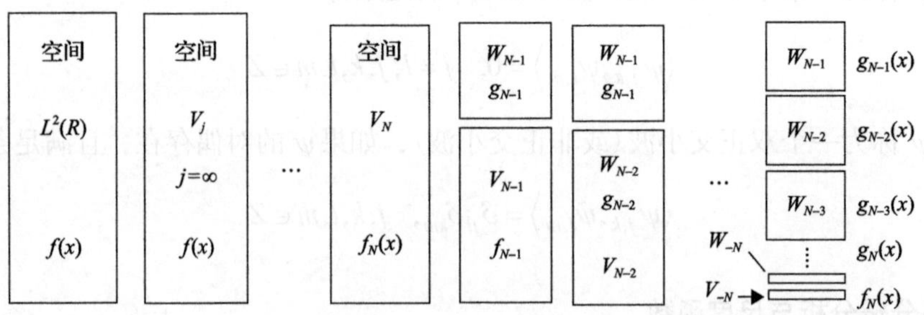

图 4.1　多分辨分析和小波空间的图形表示

由上述可知，$\phi\in V_0$ 也属于 V_1，$\psi\in W_0$ 也属于 V_1。因此，空间 V_1 的基 $\phi(2t)$ 必然与空间 V_0 的基 $\phi(t)$ 和空间 W_0 的基 $\psi(t)$ 有关。亦即存在序列 $\{p_k\}$、$\{q_k\}$ 使下式成立，并且分别被称为尺度函数和小波函数的二尺度方程。

$$\begin{cases}\phi(t)=\sum\limits_{k}p_k\phi(2t-k)\\ \psi(t)=\sum\limits_{k}q_k\phi(2t-k)\end{cases} \tag{4-26}$$

又设尺度函数 ϕ 和小波函数 ψ 的对偶为 $\tilde{\phi}$、$\tilde{\psi}$。则 $\tilde{\phi}$ 和 $\tilde{\psi}$ 也满足二尺度方程：

$$\begin{cases}\tilde{\phi}=\sum\limits_{k}\overline{h}_{-k}\tilde{\phi}(2t-k)\\ \tilde{\psi}=\sum\limits_{k}\overline{q}_{-k}\tilde{\phi}(2t-k)\end{cases} \tag{4-27}$$

既然 $\tilde{\phi}$ 和 $\tilde{\psi}$ 是 ϕ 和 ψ 的对偶，因而四个二尺度序列是相关的。可以证明[1]：由序列 $\{p_k\}$、$\{q_k\}$ 可以派生出序列 $\{h_k\}$、$\{g_k\}$，进而得到序列 $\{h_{-k}\}$、$\{g_{-k}\}$、$\{\overline{h}_{-k}\}$、$\{\overline{g}_{-k}\}$。它们是建立小波分解与重构算法的根据。

4.2.3　Mallat 算法

如前所述，由于 $L^2(R)$ 可分解为空间 W_j 的直接和，而 $g_j(t)\in W_j$，因而对于 $f(t)\in L^2$ 都有小波分解：

$$f(t)=\sum_{j=-\infty}^{\infty}g_j(t)=\cdots+g_{-1}(t)+g_0(t)+g_1(t)+\cdots \tag{4-28}$$

因为 W_j 是 V_j 的补空间，而 $g_j(t)\in W_j\in V_{j+1}$，$f_j(t)\in V_j\in V_{j+1}$，所以

$$f_{j+1}(t)=f_j(t)+g_j(t)$$

在不同尺度下的逼近分量和小波分量可由函数ϕ和ψ表示为

$$f_j(t)=\sum_{k=-\infty}^{\infty}c_k^j\phi(2^jt-k) \tag{4-29}$$

$$g_j(t)=\sum_{k=-\infty}^{\infty}d_k^j\psi(2^jt-k) \tag{4-30}$$

于是，对信号的分解完全由系数序列$\{c_k^j\}$和$\{d_k^j\}$确定。其中$\{c_k^j\}$是使用$\tilde{\psi}$作为基小波时的离散小波变换的值，而且式(4-28)中的分解是数据相关的。即$c_{j,k}$和$d_{j,k}$可由$c_{j+1,k}$求出，$c_{j,k}$和$d_{j,k}$可合成$c_{j+1,k}$。

对于固定的j，由$c_{j+1,k}$求$c_{j,k}$和$d_{j,k}$的算法称为分解算法；由$c_{j,k}$和$d_{j,k}$求$c_{j+1,k}$的算法称为重构算法。小波分解与重构算法由 Mallat[48]提出，故又称为 Mallat 算法。

分解算法：

$$\begin{cases}c_{j,k}=\sum_{l}a_{l-2k}c_{j+1,k}\\ d_{j,k}=\sum_{l}b_{l-2k}c_{j+1,k}\end{cases} \tag{4-31}$$

式中，$a_k=\frac{1}{2}g_{-k}$，$b_k=\frac{1}{2}h_{-k}$。

重构算法：

$$c_{j+1,k}=\sum_{l}(p_{k-2l}c_{j,l}+q_{k-2l}c_{j,l}) \tag{4-32}$$

小波分解过程和重构过程如图 4.2 所示。

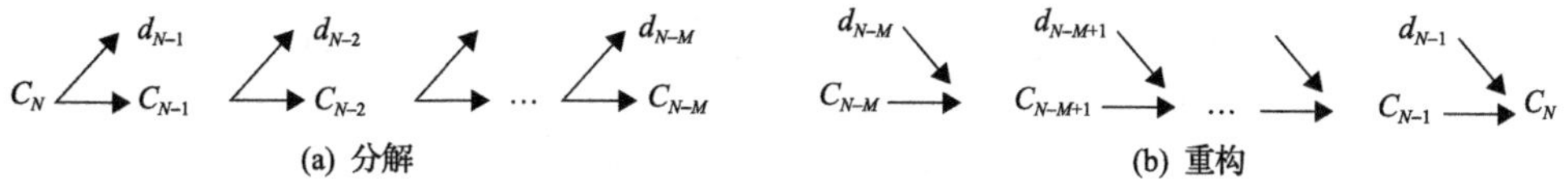

图 4.2　小波分解和重构过程

由式(4-28)知，小波变换对于一个信号的分解过程实际上就是把信号表示成为小波分量的过程，Mallat 算法的重要价值就在于揭示了这种分解过程中各个分量(或系数)之间的联系。

需要说明的是，不论采用哪种小波，正交的、半正交的或非正交的，其算法都是一样的，仅仅是系数$\{a_k\}$、$\{b_k\}$和$\{p_k\}$、$\{q_k\}$不同。

4.2.4　R 小波的系数特点

二尺度方程建立了尺度函数和小波函数与序列$\{p_k\}$、$\{q_k\}$之间的对应关系：一对序列$\{p_k\}$、$\{q_k\}$唯一地决定了一对尺度函数和小波函数。因此，对不同小波的研究和应用，都可归结为对其系数的研究。

由于尺度函数ϕ生成闭子空间$\{V_j\}$，要求ψ生成空间$\{V_j\}$的补空间$\{W_j\}$，而且二者构成直接和。因此，确定函数ϕ和ψ的二尺度序列$\{p_k\}$、$\{q_k\}$之间必定有一些约束和限制。

以下给出三类R小波系数序列的特点[4]。

1. 正交小波

正交小波是自对偶的，即$\psi = \tilde{\psi}$。此时的四个序列$\{p_k\}$、$\{q_k\}$、$\{\overline{p}_k\}$、$\{\overline{q}_k\}$仅由一个序列$\{p_k\}$生成

$$\{q_k\} = \{(-1)^k \overline{p}_{1-k}\} \tag{4-33}$$

正交小波的一个例子是二阶的 Daubechies 小波。图 4.3(a)、(b)列出了尺度函数和小波函数的图形。

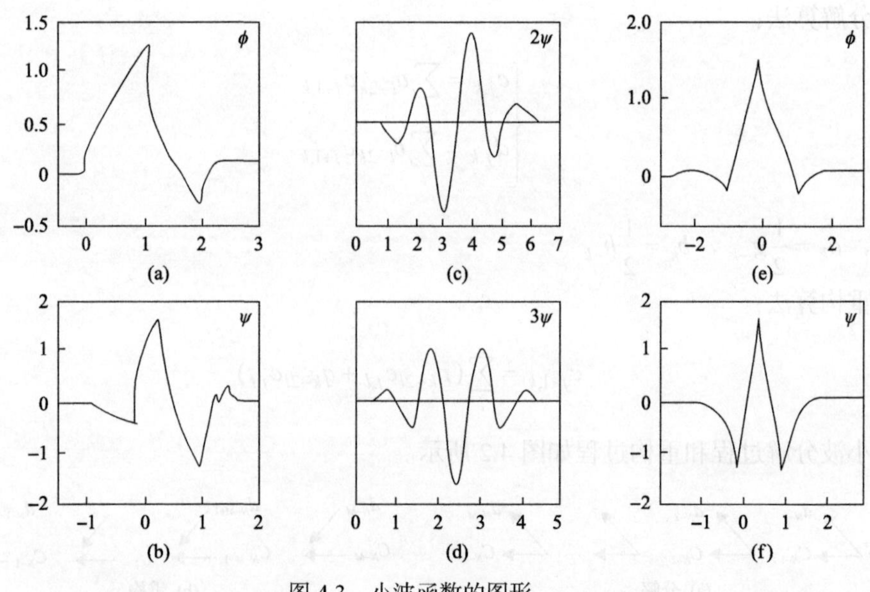

图 4.3　小波函数的图形

(a)、(b)二阶 Daubechies 尺度函数与小波；(c)、(d)二次和三次样条小波；(e)、(f)Burt 的尺度函数与小波

2. 半正交小波

半正交小波是以样条函数为基础构造的[50]。它的尺度函数选择m阶基数 B 样条，小波函数选择为$2m$阶基本基数样条函数的m阶导数，对应的系数序列为

$$p_{m,k} = \begin{cases} 2^{-m+1}\dbinom{m}{k}, & 0 \leqslant k \leqslant m \\ 0, & \text{其他} \end{cases} \tag{4-34}$$

$$q_{m,k}=\begin{cases}\dfrac{(-1)^n}{2^{m-1}}\displaystyle\sum_{l=0}^{m}\binom{m}{l}N_{2m}(k+1-l), & 0\leqslant k\leqslant 3m-2\\ 0, & \text{其他}\end{cases} \tag{4-35}$$

式中，下标 m 表示样条函数的阶数。对偶尺度函数和对偶小波函数的系数序列 $\{\tilde{p}_k\}$、$\{\tilde{q}_k\}$ 由 $\{p_k\}$、$\{q_k\}$ 导出[54]。图 4.3(c)、(d)列出了二次样条小波和三次样条小波的图形。

对于半正交小波，只要给出样条函数的阶数 m，则四个序列 $\{p_k\}$、$\{q_k\}$、$\{\tilde{p}_k\}$、$\{\tilde{q}_k\}$ 就被决定。

3. 双正交小波

双正交小波的四个系数序列 $\{p_k\}$、$\{q_k\}$、$\{\tilde{p}_k\}$、$\{\tilde{q}_k\}$ 由两个系数序列 $\{p_k\}$、$\{\tilde{p}_k\}$ 生成

$$\begin{cases}q_k=(-1)^{k-1}\,\tilde{p}_{-k+1}\\ \tilde{q}_k=(-1)^{k-1}\,p_{-k+1}\end{cases} \tag{4-36}$$

对于双正交小波，必须独立地给出系数序列 $\{p_k\}$、$\{\tilde{p}_k\}$。图 4.3(e)、(f)列出了 Burt—Adelson 构造的双正交小波和尺度函数的图形。

在前述三类小波中，正交小波是信号 $f(t)$ 小波表示的最简洁形式，但正交小波缺乏对称性，而对称性是保证由小波变换重够原信号不失真的前提条件。

基于此，具有对称性和反对称性的半正交小波和双正交小波获得了广泛应用。

4.2.5　离散小波变换的应用

综上所述，对一个信号施行小波变换的过程就是对信号进行小波分解的过程，而逆变换就是重构原信号的过程。对于给定的信号和选定的小波(系数确定)，我们可以像使用 FFT 进行 Fourier 变换一样，直接使用 Mallat 算法对信号进行小波分析。

以下简介离散小波变换在电力系统中的两个应用。

1. 数据压缩

电力质量监视器，行波保护和行波故障测距装置的共同特点是对电压电流信号的采样频率很高(达数兆赫兹)，需要记录、存贮和传送的数据量巨大，因而迫切需要数据压缩。小波变换可以达到这一目的。

如前所述，信号可分解为小波分量，各个分量可以通过互相相关的系数序列 $\{c_k^j\}$ 和 $\{d_k^j\}$ 来计算。系数序列的特点是每每减半[3]，而整个分解过程记录的系数序列长度之和仍等于原始信号长度。此时保留与特定信号有关的系数，去除无关的系数，则数据量将大大减少[5](约为原信号的 1/6～1/3)。从压缩的数据中，原信号可以重构，而丢失的信息很少。

2. 滤波

小波变换能够按频带分解信号，故可用于滤波，包括从含有衰减非周期分量的故障

电流中提取工频分量[6]、谐波检测[7]和电压波形畸变检测等。

设原始信号的频带为$(0,\Omega)$，第一次的小波分解把这个信号分解成低频$(0,\Omega/2)$和高频$(\Omega/2,\Omega)$两个部分；第二次的小波分解把低频信号分解成低频$(0,\Omega/4)$和高频$(\Omega/4,\Omega/2)$两个部分；依次类推，直到把信号分解完毕。若要对高频再进行分解，则可使用小波包方法[1]，这里不予讨论。

4.3 二进小波变换及信号的奇异性检测

4.3.1 二进小波及二进小波变换

在连续小波变换中，如果只对尺度参数进行二进离散$(a=1/2^j, j\in Z)$而平移参数保持连续变化$(b\in R)$，则小波变换取得半离散的形式：

$$(W_\psi f)\left(\frac{1}{2^j},b\right)=\int_{-\infty}^{\infty} f(t)\overline{\left\{2^{j/2}\psi\left[2^j(x-b)\right]\right\}}\mathrm{d}x \tag{4-37}$$

这种小波变换被称为二进小波变换。对应的小波函数$\psi(x)$被称为二进小波。它应满足稳定性条件[1]。

因为信号$f(x)$在给定尺度下的二进小波变换是连续变量b的函数，故研究二进小波变换常采用另外一种形式，它被定义为信号和小波的卷积形式：

$$W_s f(x)=f*\psi_s(x) \tag{4-38}$$

式中，小波$\psi_s(x)$为用尺度因子$s(s=2^j)$对基小波$\psi(x)$的伸缩。

$$\psi_s(x)=\frac{1}{s}\psi\left(\frac{x}{s}\right) \tag{4-39}$$

此时，平移参数b由变量x取代。

二进小波变换的重要特性是具有平移不变性，可由定义看出。

令
$$f_\tau(x)=f(x-\tau)$$
有
$$(W_{2^j}f_\tau)(x)=W_{2^j}\left[f_\tau(x)\right]$$

上式表明，f的平移的二进小波变换等于它的二进小波变换的平移，$f(x)$具有某种性质时，则对应的$W_{2^j}f(x)$也具有这种性质。

二进小波变换的另一个特性为二进小波变换是信号的一种超完备的、冗余的表达。

同离散小波变换相比[2]，由于二进小波变换只是对尺度参数进行了离散，而平移参数仍保持连续变化，在各个尺度下的小波变换仍为连续函数。因此，二进小波变换是一种超完备的表达，从而对小波函数的要求大大降低。譬如可以选择平滑函数[1]的导函数作为小波函数。

设$\theta(x)$是一平滑函数，$\psi^{\alpha}(x)$是小波函数，且

$$\psi^{\alpha}(x)=\frac{\mathrm{d}\theta}{\mathrm{d}x}$$

则有

$$W_{2^j}f(x)=f*\psi_{2^j}(x)=f*\frac{\mathrm{d}\theta_{2^j}(x)}{\mathrm{d}x}=2^{-j}\frac{\mathrm{d}}{\mathrm{d}x}(f*\theta_{2^j})$$

上式表明，对函数$f(x)$的小波变换可表达为用平滑函数$\theta(x)$对$f(x)$进行平滑，然后再求导。因此，小波变换能够有效抑制噪声提取突变的信号。而且信号变化愈激烈，则相应的小波变换的幅值愈大。

定义：设$W_s f(x)$是函数$f(x)$的小波变换，在尺度s下，在x_0的某一邻域δ，对一切x有

$$|W_s f(x)|\leqslant|W_s f(x_0)| \tag{4-40}$$

则称x_0为小波变换的模极大值点，$W_s f(x_0)$为小波变换的模极大值。

由平移不变性可知，信号的尖锐变化点和其小波变换模极大值逐一对应。图 4.4 列出了突变信号和它的小波变换、小波变换模极大值的关系。

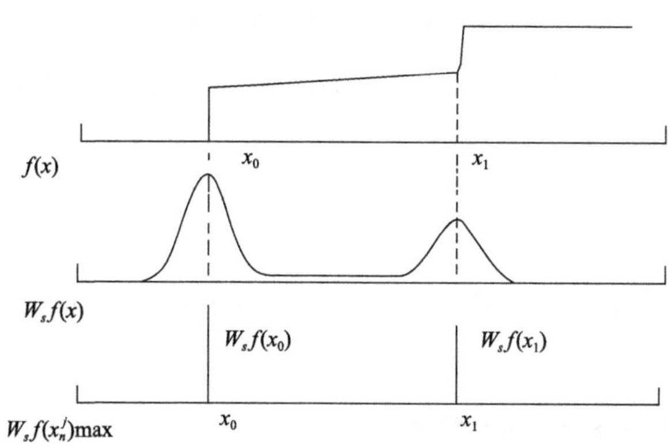

图 4.4　小波变换的模极大值

4.3.2　基于 B 样条的二进小波函数与尺度函数

使用平滑函数的导函数作为小波函数，可以按照下述方法生成。

0 阶的 B 样条是单位区间[0,1]上的特征函数，n 阶的中心 B 样条$\beta^n(x)$能够由 0 阶 B 样条$\beta^0(x)$反复作卷积生成：

$$\beta^n(x)=\beta^0*\beta^{n-1}(x)=\overbrace{\beta^0*\beta^0*\cdots\beta^0}^{n+1} \tag{4-41}$$

令$\beta_{2^j}^n(x)$是$\beta^n(x)$的二进伸缩，即

$$\beta_{2^j}^n(x)=\frac{1}{2^j}\beta^n\left(\frac{x}{2^j}\right) \tag{4-42}$$

则 $\beta_{2^j}^n(x)$ 可生成一列互相嵌套的多项式样条函数空间，即多分辨分析，而 n 阶的中心 B 样条 $\beta^n(x)$ 是该多分辨分析的生成元，即尺度函数。

$$\phi(x)=\beta^n(x) \tag{4-43}$$

若同时选择 n+1 阶的中心 B 样条 $\beta^{n+1}(x)$ 在尺度 2^{-1} 的伸缩的导数作为小波函数，即取

$$\psi(x)=\psi^n(x)=\frac{\mathrm{d}\beta_{2^{-1}}^{n+1}(x)}{\mathrm{d}x} \tag{4-44}$$

它们满足下列二尺度方程：

$$\begin{cases}\beta^n(x)=\sum h_k\beta^n(2x-k)\\ \psi^n(x)=\sum g_k\beta^n(2x-k)\end{cases} \tag{4-45}$$

若记小波函数的二进对偶(重构小波)为 $\tilde{\psi}$，它也满足如下的二尺度方程：

$$\tilde{\psi}(x)=\sum k_k\beta^n(2x-k) \tag{4-46}$$

记序列 $\{h_k\}$、$\{g_k\}$、$\{k_k\}$ 的频域形式为 $H(\omega)$、$G(\omega)$、$K(\omega)$，则可以证明[1,3]，它们满足下列关系：

$$K(\omega)=\frac{1-H^2(\omega)}{G(\omega)} \tag{4-47}$$

按照上述条件构造的小波函数系数序列 $\{h_k\},\{g_k\},\{k_k\}$ 分别决定了尺度函数、二进小波和它的二进对偶。

4.3.3 二进小波变换的分解与重构算法

对于离散数字信号 $\{d_n\}_{n\in Z}$，其二进小波变换也应是离散的形式。

若令 $$d_n=f*\phi(n)=f*\beta^n(n)$$

并记 $$S_{2^j}f=f*\beta_{2^j}^n$$

则离散二进小波变换的分解与重构算法可写成

分解算法：

$$\begin{cases}S_{2^j}f(n)=\sum\limits_k h_k S_{2^{j-1}}f(n-2^{j-1}k)\\ W_{2^j}f(n)=\sum\limits_k g_k S_{2^{j-1}}f(n-2^{j-1}k)\end{cases},\quad j\in[1,\infty) \tag{4-48}$$

实际上的小波分解是有限步的，因此 $j \in [1, J-1]$。

重构算法：

$$S_{2^{j-1}} f(n) = \sum_l \bar{h}_{-l} S_{2^j} f(n - 2^{j-1} l) + k_l S_{2^{j-1}} f(n - 2^{j-1} l) \tag{4-49}$$

4.3.4　信号的小波变换模极大值表示及奇异性检测理论

若函数 $f(x)[f(x) \in R]$ 在某处间断或某阶导数不连续，则称该函数在此处有奇异性；若函数 $f(x)$ 在其定义域有无限次导数，则称 $f(x)$ 是光滑的或没有奇异性。一个突变的信号在其突变点必然是奇异的。检测和识别信号的突变点并用奇异性指数 Lipischitz α 来刻画，这就是信号的奇异性检测理论[56]。

一个函数(或信号) $f(x) \in R$ 在某点的奇异性常用其奇异性指数 Lipischitz α 来刻画。

定义：设 $0 \leqslant \alpha \leqslant 1$，在点 x_0，若存在常数 K，对 x_0 的邻域 x 使下式成立：

$$|f(x) - f(x_0)| \leqslant K |x - x_0|^\alpha \tag{4-50}$$

则称函数 $f(x)$ 在点 x_0 是 Lipschitz α。

如果 α =1，则函数 $f(x)$ 在 x_0 是可微的，称函数 $f(x)$ 没有奇异性；如果 α =0，则函数 $f(x)$ 在 x_0 间断。α 越大，说明奇异函数 $f(x)$ 越接近光滑；α 越小，说明奇异函数 $f(x)$ 在 x_0 点变化越尖锐。

函数(或信号)的奇异性可用其 Lipischitz α 来刻画，其数值可通过小波变换模极大值在不同尺度的数值计算出来。

函数 $f(x) \in L^2(R)$ 与它的小波变换满足如下关系：

$$|W_s f(x)| \leqslant K (2^j)^\alpha \tag{4-51}$$

当 s 取为 2^j 且 $W_{2^j} f(x_0)$ 是小波变换模大值时，从式(4-51)可得

$$W_{2^j} f(x_0) = K (2^j)^\alpha \tag{4-52}$$

从而 Lipischitz α 可由下式来计算：

$$\alpha = \log_2 \frac{W_{2^{M+1}} f(x_0)}{W_{2^M} f(x_0)}, \quad M \in Z \tag{4-53}$$

信号的奇异性检测理论给出了具有突变性质的信号在何时发生突变及变化剧烈程度的数学描述，即小波变换模极大值表示，这是其他数学方法难以做到的。

4.3.5　利用小波变换模极大值重构原信号

信号的奇异点包含着信号中最重要的信息。小波变换的模极大值能够刻画信号的奇

异点和奇异性，而且可以用于重构原信号[51]。设信号 $f(x)$ 在尺度 j 和点 $\left\{x_n^j\right\}$ 取得模极大值 $\left\{W_{2^j} f(x_n^j)\right\}$，小波变换模极大值重构原信号思想如下。

(1) 构造小波变换 $W_{2^j} f(x)$。

(2) 构造函数 $h(x)$，它和 $f(x)$ 有相同的模极大值：

$$W_{2^j} f(x_n^j) = W_{2^j} h(x_n^j)$$

(3) 构造 $h(x)$ 的小波变换 $W_{2^j} h(x)$。可令 $g_j(x)$ 是逼近二进小波变换 $W_{2^j} f(x)$ 的函数序列，且满足

$$g_j(x_n^j) = W_{2^j} f(x_n^j)$$

(4) 构造 $g_j(x)$。

①令 $\varepsilon_j(x) = h_j(x) - g_j(x)$，并使 $\left\|\varepsilon_j(x)\right\|^2 + 2^{2j}\left\|\dfrac{\mathrm{d}\varepsilon_j}{\mathrm{d}x}\right\|^2$ 最小。其解为 $\varepsilon_j(x) = \alpha \mathrm{e}^{2^{-j}x} + \beta \mathrm{e}^{-2^{-j}x}$，其中系数 α、β 由边界条件确定：

$$\varepsilon_j(x_0) = W_{2^j} f(x_0) - g_j(x_0) \tag{4-54}$$

$$\varepsilon_j(x_1) = W_{2^j} f(x_1) - g_j(x_1) \tag{4-55}$$

式中，x_0 和 x_1 为 $W_{2^j} f(x)$ 的两个相邻小波变换模极大值点。

②为了重构稳定，对 $g_j(x)$ 作符号约束[5]，则得到 $h_j(x)$。

③由 $h_j(x)$ 重构 $h(x)$ 又得到 $g_j(x)$，由式(4-54)、式(4-55)可求得新的 $\varepsilon_j(x)$ 和 $g_j(x)$。

④重复上述过程，使 $\varepsilon_j(x)$ 足够小。最后得到的 $g_j(x)$ 或 $h_j(x)$ 即为待求的小波变换 $W_{2^j} h(x)$，进而可得到 $h(x) \approx f(x)$。

图 4.5 对照列出了信号和由它的小波变换模极大值重构的信号，其中上述逼近过程重复了 20 次[5]。

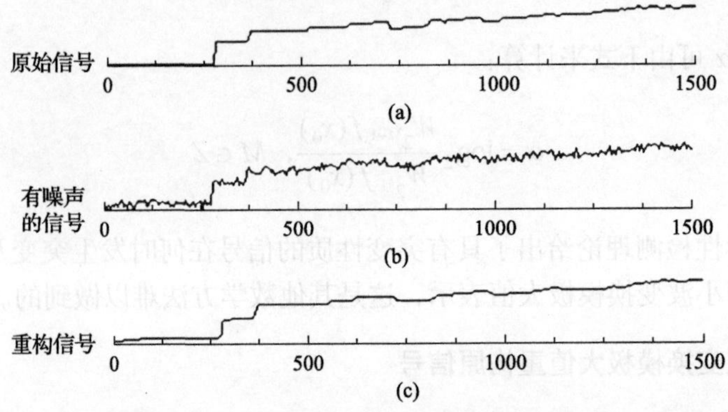

图 4.5　原始信号和由其二进小波变换模极大值重构信号的对照

(a)原始信号；(b)混杂有噪声的信号；(c)由模极大值重构的信号

4.3.6　二进小波变换的应用

由于二进小波变换具有平移不变性，其模极大值可用来表示和重构信号。因此，二进小波变换特别适用于模式识别和信号检测。以下简介它在电力系统这两方面的应用[57]。

1. 故障检测

电力系统发生故障以后，各种电气量(电流、电压、阻抗、功率、功角等)都将发生剧烈变化，从信号的角度来看，它们都是突变信号，正是这些突变信号中包含着丰富的故障信息。继电保护的任务就是检测故障信息、识别故障信号，进而做出保护是否出口跳闸的决定。小波变换的引入，将有助于利用故障分量或突变量的继电保护技术的发展。

2. 行波检测和识别

行波信号的小波变换呈现模极大值，提取和识别这些模极大值，将极大改变行波保护和故障测距的面貌。根据小波变换的模极大值理论，行波信号还可以通过它的小波变换模极大值重构。因此，利用模极大值进行行波数据的压缩(用于存储和通信)也是一个非常有意义的课题。

4.4　故障行波的小波表示

4.4.1　引言

准确刻画和正确提取输电线路的行波故障特征是构成行波测距和行波保护的基础。

行波是一种具有突变性质的、非平稳变化的高频暂态信号，Fourier 变换、求导数法等传统的数学方法不能完整地描述既具有频率特征又具有时间特征的暂态行波信号，因而暂态行波的故障特征从刻画到提取一直碰到困难。已经出现的基于行波原理的输电线路故障测距和继电保护方法的性能不够理想。

小波变换是一种时频分析方法，适用于暂态行波的分析，也可作为行波故障特征刻画和提取的数学工具。本书根据行波的传播原理，总结了各种行波的基本故障特征，给出了输电线路故障后所产生暂态行波(电压行波、电流行波和方向行波)的小波描述，并对其故障特征进行了初步分析和比较，为构造输电线路行波故障测距和行波保护奠定了基础[62-64]。

4.4.2　行波的故障特征

1. 行波的基本故障特征

输电线路故障后，故障点将产生沿线路运动的电压和电流行波。由于波阻抗不连续，行波在故障点、故障线路母线及与故障线路相连接的其他线路末端母线发生折、反射，行波的故障特征正是由行波分量之间的折反射关系确定的。

图 4.6 列出了单相输电线路发生金属性故障时的示意图，F 为故障点。故障线路 M、N 两端的电压行波、电流行波、方向行波可用解析式写成：

$$\begin{cases} u_{\mathrm{M}}(t)=e(t-\tau_{\mathrm{M}})+\beta_{\mathrm{M}}e(t-\tau_{\mathrm{M}})-\beta_{\mathrm{M}}e(t-3\tau_{\mathrm{M}})-\beta_{\mathrm{M}}^{2}e(t-3\tau_{\mathrm{M}})+\cdots \\ i_{\mathrm{M}}(t)=\dfrac{-e(t-\tau_{\mathrm{M}})+\beta_{\mathrm{M}}e(t-\tau_{\mathrm{M}})+\beta_{\mathrm{M}}e(t-3\tau_{\mathrm{M}})-\beta_{\mathrm{M}}^{2}e(t-3\tau_{\mathrm{M}})+\cdots}{Z_C} \\ u_{\mathrm{M}+}(t)=\beta_{\mathrm{M}}e(t-\tau_{\mathrm{M}})-\beta_{\mathrm{M}}^{2}e(t-3\tau_{\mathrm{M}})+\cdots \\ u_{\mathrm{M}-}(t)=\beta_{\mathrm{M}}e(t-\tau_{\mathrm{M}})-\beta_{\mathrm{M}}e(t-3\tau_{\mathrm{M}})+\cdots \end{cases} \tag{4-56}$$

$$\begin{cases} u_{\mathrm{N}}(t)=e(t-\tau_{\mathrm{N}})+\beta_{\mathrm{N}}e(t-\tau_{\mathrm{N}})-\beta_{\mathrm{N}}e(t-3\tau_{\mathrm{N}})-\beta_{\mathrm{N}}^{2}e(t-3\tau_{\mathrm{N}})+\cdots \\ i_{\mathrm{N}}(t)=\dfrac{-e(t-\tau_{\mathrm{N}})+\beta_{\mathrm{N}}e(t-\tau_{\mathrm{N}})+\beta_{\mathrm{N}}e(t-3\tau_{\mathrm{N}})-\beta_{\mathrm{N}}^{2}e(t-3\tau_{\mathrm{N}})+\cdots}{Z_C} \\ u_{\mathrm{N}+}(t)=\beta_{\mathrm{N}}e(t-\tau_{\mathrm{N}})-\beta_{\mathrm{N}}^{2}e(t-3\tau_{\mathrm{N}})+\cdots \\ u_{\mathrm{N}-}(t)=e(t-\tau_{\mathrm{N}})-\beta_{\mathrm{N}}e(t-3\tau_{\mathrm{N}})+\cdots \end{cases} \tag{4-57}$$

式(4-56)和式(4-57)中，下标 M、N 分别代表线路的 M 端和 N 端；$\beta_{\mathrm{M}}, \beta_{\mathrm{N}}$ 为行波在 M、N 端的反射系数(一般情况为负实数)；$\tau_{\mathrm{M}}, \tau_{\mathrm{N}}$ 为行波从故障点运动到 M、N 母线的时间；Z_{C} 为线路波阻抗；+为正向行波；–为反向行波；$e(t)$ 为故障分量网络中的附加电压源[1]。

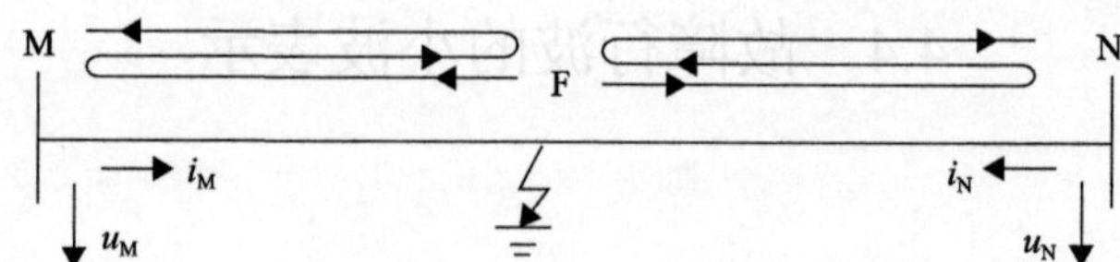

图 4.6　单相输电线路发生金属性故障时的行波

根据图 4.6 和式(4-56)、式(4-57)可以总结出各种行波的基本故障特征。

(1)随着各种行波陆续到达母线，行波出现“突变”，分别标志着故障发生、行波从故障点到检测母线往返一次的时间等。

(2)突变的幅值取决于故障发生时刻故障点初始电压的大小[$-e(t)$]、波阻抗间断点(像母线、故障点等)的折、反射系数和行波的衰减特性[2]。

(3)突变的极性取决于故障发生时故障点初始电压的极性和波阻抗的间断性质。一般来说，行波极性具有下述特点。

① 来自故障点的反射电压、电流行波和初始行波同极性。

② 线路两端的初始电压或电流行波同极性。

③ 对应于来自母线方向的正向方向行波和来自故障线路方向的反向方向行波，它们的初始行波和反射行波具有相同的极性。

上述基本特征构成了行波继电保护的基础。但是，从故障检测的角度看，从实际的故障后数据中提取出上述特征是非常困难的。因为三相线路存在耦合；故障的非金属性使行波在故障点会发生折射；其他非故障线路出现折射行波，并在故障线路上表现出来；线模行波和零模行波具有不同的传播速度；行波在传播过程中存在衰耗；母线电容对于行波的分流作用；噪声干扰的存在。上述因素使故障特征模糊、保护构成困难。这是目前行波测距[3]和行波保护[4]性能不好的主要原因。

2. 小波变换及其模极大值

所谓行波的小波表示就是使用一个被称为“基小波”的函数来表示不规则变化的暂态行波。设行波(电压、电流或方向)为 $f(t)$，基小波为 $\psi(t)$，则行波的小波表示——小波变换 $W_s f(t)$ 可写为

$$W_s f(t) = f(t) \cdot \psi_s(t) \tag{4-58}$$

式中，$\psi_s(t) = \psi(t/s)/s$，称为小波；s 为尺度参数或伸缩因子。若 s 取值为 $2^j (j \in Z)$，则小波称为二进小波，对应的小波变换称为二进小波变换。

由于二进小波变换具有时间轴上的平移不变性，而 B 样条小波函数在多项式样条函数中具有最小支集，而且各阶导数容易计算，所以本书选择 3 次 B 样条函数的导函数作为小波函数，使用二进小波变换对暂态行波施行变换。这种选择还有一个重要优点，就是可给出行波具有重要应用价值的小波变换模极大值表示。

小波变换的模极大值被定义为 $\forall \varepsilon > 0$，$\exists$ 邻域 $(t-\varepsilon, t+\varepsilon)$，使 $W_s f(t)$ 取得极值。

小波变换模极大值可以完整表述原函数(信号)，而且可以通过其模极大值重构原信号[5]。小波变换模极大值的这个性质决定了用它表示行波信号时的完备性——不会丢失任何有用的信息。此外通过模极大值还可以有效消除噪声。

3. 行波的小波分析步骤

(1) 对行波进行小波变换。

(2) 求取小波变换模极大值。

(3) 分析模极大值的变化规律及特点，校验其作为行波故障特征表达方式的正确性和有效性。

以下结合一发生故障的三相输电系统进行说明。

图 4.7 列出了一发生 A 相接地故障的 500kV 输电线路 MN 连接图。故障时，A 相电压初相角为 45°，过渡电阻为 50Ω，其他符号参数如图 4.7 所示。

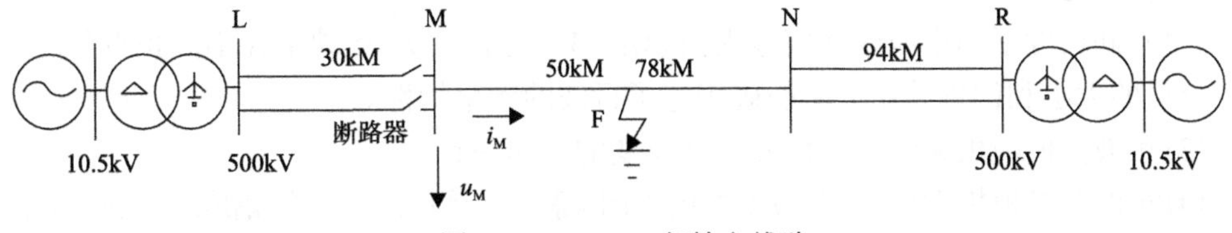

图 4.7　500kV 三相输电线路

图 4.8 列出了线路 MN 在 M 端母线处的三相电压波形 u_a、u_b、u_c 和 A 相电压行波的小波变换和小波变换模极大值，变换只进行了 4 次。

由图 4.8 可见如下特征。

(1) 对应于故障行波到达检测点，小波变换出现模极大值，突变点和行波到达母线检

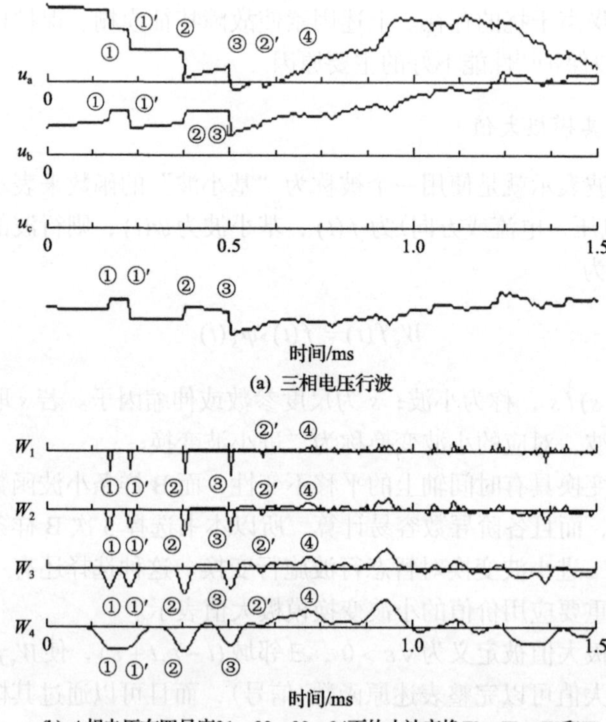

(a) 三相电压行波

(b) A相电压在四尺度21，22，23，24下的小波变换W_1、W_2、W_3和W_4

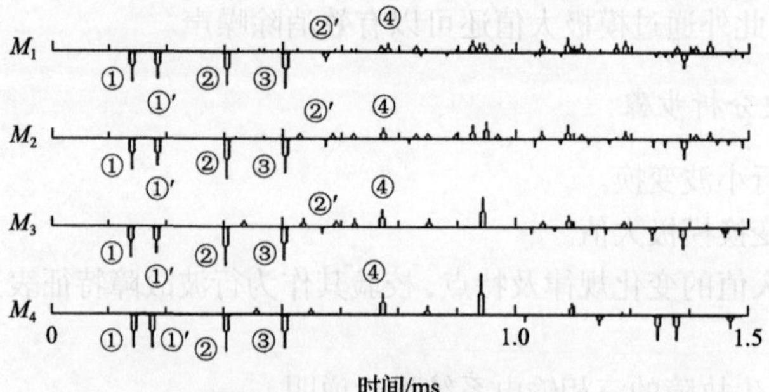

(c) A相电压在对应尺度下的小波变换模极大值M_1、M_2、M_3和M_4

图 4.8　三相电压波形和 A 相电压的小波变换

测点的时刻一致。

(2)不同尺度下的小波变换模极大值(M_1、M_2、M_3、M_4)反映了在不同频带(尺度)下行波分量的大小和位置关系，它明确表达了行波的频率特性。

(3)小波变换模极大值的极性和行波突变的方向一致。

(4)小波变换模极大值的幅值取决于两个因素：一是行波跳变的幅度，二是上升的快慢。前者取决于故障发生时故障点故障前瞬时电压的大小，后者取决于行波的衰减特性、故障位置、系统结构和参数。显然，它和行波的基本故障特征是一致的。

在小波变换下，对行波的研究转换为对其模极大值的研究，用式子写为

$$f(v_a,v_b,v_c,i_a,i_b,i_c) \Leftrightarrow g\left\{\max\left[w_s f(v_j,i_j)\right]\right\},\quad j=a,b,c \tag{4-59}$$

式中，f为行波集合；g为小波变换的模极大值集合。

4.4.3 各种行波的小波变换模极大值表示

1. 电压行波的小波变换模极大值表示

进一步观察图 4.8，可见如下特征。

(1) 当输电线路故障时，不管是故障相还是非故障相都会有行波出现。

(2) 对电压行波施行小波变换后，初始电压行波、来自故障点的反射波、对端母线反射波、相邻线路末端母线反射波和零模行波分量都呈现出小波变换模极大值。

(3) 来自故障点的反射行波和初始行波的小波变换模极大值同极性。

(4) 来自相邻母线的反射电压行波的小波变换模极大值和初始行波的小波变换模极大值同极性。

(5) 发生接地故障时，出现零模行波分量。由于零模和线模行波波速度不同，所以在电压波形中会出现突变，对应于零模行波的突变，在小波变换下会出现模极大值(图 4.8(c))。它会给波形识别带来困难。

在后面的讨论中，将采用线模行波分量。模变换采用 Karenbaur 变换，变换矩阵如下：

$$S=\frac{1}{3}\begin{bmatrix}1 & 1 & 1\\ 1 & -2 & 1\\ 1 & 1 & -2\end{bmatrix}$$

2. 电流行波的小波变换模极大值表示

图 4.9 列出了α模量电流行波波形及其小波变换模极大值，结合式(4-56)和图 4.9 可见如下特征。

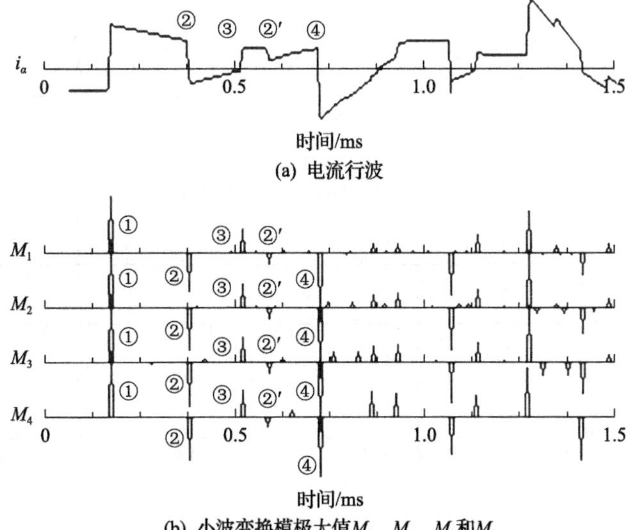

图 4.9 故障线路 M 端的α模量电流行波和小波变换

(1)初始电流行波的幅值大于来自故障点的反射波和其他波阻抗间断点的反射波，其小波变换模极大值同样满足上述规律(如图中①点)。

(2)来自故障点的反射波的小波变换模极大值与初始行波的小波变换模极大值同极性，幅值是初始行波的 β_{M} 或 β_{N} 倍(如图 4.9 中的③点)。

(3)来自相邻母线的与来自故障点的反射行波的小波变换模极大值同极性，其幅值与前者成反比(如图 4.9 中的②点)。

(4)来自对端母线的反射波的与来自故障点的反射行波的小波变换模极大值反极性，其幅值与 $\beta_{\mathrm{M}}\beta_{\mathrm{N}}$ 成正比(如图 4.9 中的④点)。

由于采用了 α 模量电流行波，电流行波波形中没有零模行波分量(图 4.9 中的①点)。

3. 正向方向行波的小波变换模极大值表示

由电压行波和电流行波组合而成的方向行波具有明确的方向性，而方向性对于继电保护是非常重要的。正向方向行波(forward travelling waves)是一种仅仅反映来自母线方向的方向行波。正向方向行波可写成

$$u_{\mathrm{M.forward}}(t)=\frac{1}{2}\left[u_{\mathrm{M}}(t)+Z_{c}i_{\mathrm{M}}(t)\right] \tag{4-60}$$

在具体构成正向方向行波时，电压和电流都取为模量行波，以消除零模分量对于行波判别可能造成的混淆。图 4.10(a)(b)列出了正向方向行波的小波变换和模极大值。由图 4.10 可见，在正向行波的波形和它的小波变换模极大值表示中，来自相邻线路末端母线 L 处的反射行波得到加强。

4. 反向方向行波的小波变换模极大值表示

反向方向行波(reverse travelling waves)只反映来自故障线路方向的行波分量，它携带

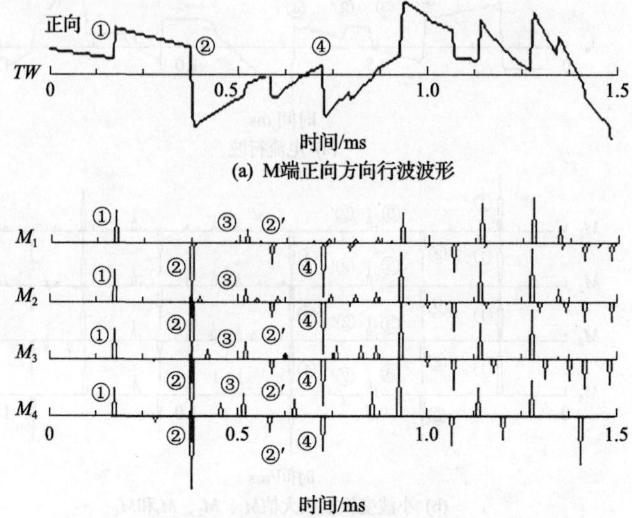

(b) M端正向方向行波的小波变换模极大值M_1、M_2、M_3和M_4

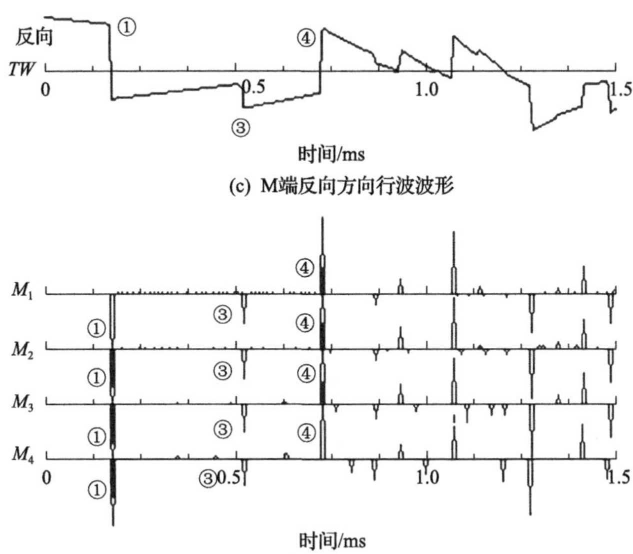

(c) M端反向方向行波波形

(d) M端反向方向行波的小波变换模极大值M_1、M_2、M_3和M_4

图 4.10　线路 M 端的 α 模量方向行波波形图和小波变换模极大值分布

着重要的故障距离信息，是构造行波测距、行波距离保护和行波位置保护[7]的基础。

母线 M 处的反向方向行波可写为

$$u_{\mathrm{M.reverse}}(t)=\frac{1}{2}\left[u_{\mathrm{M}}(t)-Z_c i_{\mathrm{M}}(t)\right] \tag{4-61}$$

图 4.10(c)(d)列出了 M 端的反向行波波形图和小波变换模极大值分布。图 4.10 中列出了初始行波、来自故障点的反向行波和来自对端母线的反向行波。此时，来自相邻线路末端母线 L 处的反射行波分量不出现在反向行波波形中。因此，根据反向行波可知，在初始行波之后所出现的行波分量不是来自故障点的反射行波就是来自对端母线的反射波。在本书的系统结构下，来自故障点的反射波与初始行波同极性，而来自对端母线的反射波与初始行波反极性。这个结论可以方便地应用于故障测距、距离保护和位置保护。

4.4.4　电压行波、电流行波和方向行波的比较

为了对照各种行波的故障特征，图 4.11 给出了 α 模量电压行波、电流行波和正反方向行波在尺度 2^3 下的小波变换模极大值分布。

由图 4.11 可清楚看出如下特征。

(1) 在图 4.7 所示的网络结构下，电压行波不能正确识别来自相邻线路末端母线的反射波和来自故障点的反射波。

(2) 如果故障线路 N 端母线开路[7]，电流行波不能区别来自相邻母线的反射波和故障点的反射波。

(3) 正向方向行波放大了母线背后的来波，当保护判据由该行波构成时，真正的故障信息不清楚。

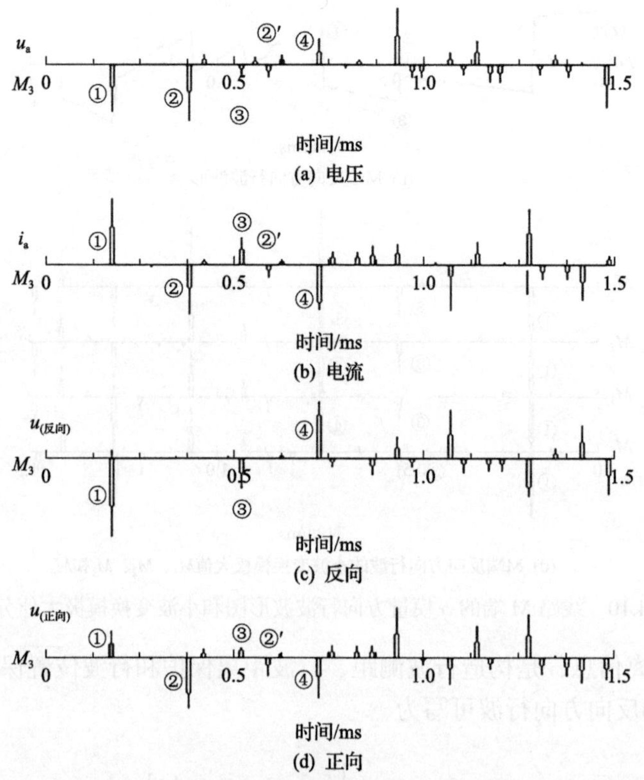

图 4.11　各种 α 模量行波的小波变换模极大值比较(第 2^3 尺度)

(4)反向方向行波仅仅反映来自故障点方向的行波分量，它包含着最重要的故障信息，显然应作为故障行波分析的重点，并作为故障检测和判别的主要依据。

从这张小波分布图上，还可看出各种行波所具备的共同特点：初始行波与来自故障点的反射行波具有相同的小波变换模极大值极性；初始行波的小波变换模极大值幅值大于反射波对应的幅值。

第5章　互感器和二次电缆的故障行波传变特性

5.1　电流互感器模型及其动态传变特性

5.1.1　电流互感器的工作原理及其电磁暂态模型

电流互感器的作用是将一次系统高电压电路上的大电流准确地变换成二次低压电路上的小电流(额定值为5A或1A)；同时还具有高、低电压电路的隔离作用，以保障二次设备和工作人员的安全。

电流互感器的工作特点和要求如下。

(1)电流互感器的一次侧与高压电路串联，故其一次工作电流只取决于接入点的一次电流，而与二次侧负荷大小无关。

(2)电流互感器二次回路不允许开路，否则会产生危险的过电压威胁人身和设备安全。

(3)电流互感器的二次回路只允许一点接地，接地是为避免绕组击穿产生高电压，一点是为避免出现地中电流。

(4)对电流互感器的基本要求是对电流传变的准确性，而影响精度的主要因素是被测电流的大小、频率及二次负荷的大小。对于保护用电流互感器，当一次系统发生短路故障时，相关测量点的电流可能达到额定电流的几倍至几十倍，必须保证在实际可能的极端电流条件下其电流变换误差不超过允许值，特别需要考虑电流互感器在传变宽频暂态故障行波时的响应特性。

目前，电力系统广泛使用的电磁式电流互感器是带铁芯的无气隙式电流互感器。此外，还有带铁芯的小气隙式、大气隙式电流互感器或不带铁芯电流互感器(线性耦合器)。这里主要讨论带铁芯的无气隙式电流互感器。

1. 电流互感器的工作原理

带铁芯的(无气隙或小气隙)电流互感器是原方绕组和副方绕组通过一个共同的铁芯进行互感耦合，在文献[65]中，较为全面和详细地讨论了CT的宽频等效电路。本书采用类似的模型，将一次侧线路上的电流等效为CT的电流源i，CT的基本结构模型如图5.1所示。

图5.1中，R_1、R_2分别为CT的一、二次侧线圈的等效电阻；C_{10}、C_{20}分别为一、二次侧的等效对地杂散电容；C_{120}为一、二次侧间的等效互电容；$k = N_1 : N_2$，代表CT的一二次侧匝数比。将一、二次侧参数统一折算到二次侧，并且在高频暂态下可以不考虑铁磁线圈的饱和效应，则可以得到图5.2所示的等效电路。其中L_1、L_2分别为一二次侧线圈漏电感；R_m为等效铁芯损耗电阻；L_m为激磁电感。

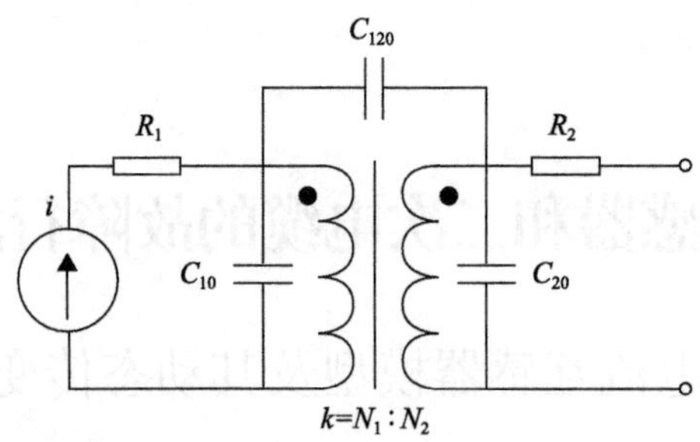

图 5.1　CT 集中参数等效模型

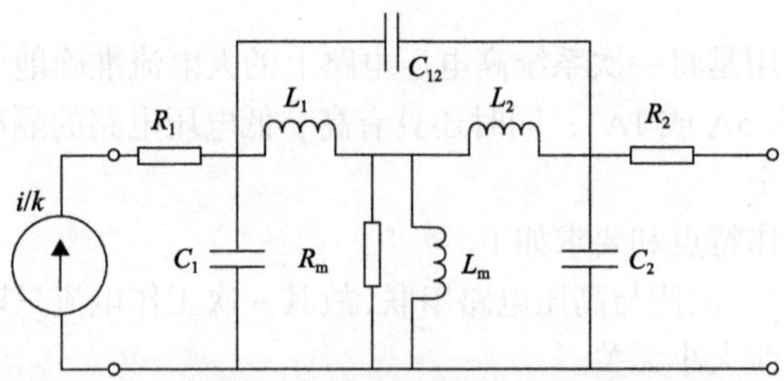

图 5.2　折算到二次侧的 CT 集中参数等效电路

对于不同的变电站电压等级以及二次侧而定需求，CT 的一二次侧线圈匝数比不同。通常在 220kV 变电站中，CT 的一二次侧匝数比为 $k=1:2500$；而在 500kV 及以上电压等级的变电站中，CT 的匝数比则可能达到 $k=1:4000$。不同的 CT 型号影响了 CT 的参数，以文献[66]中的实测参数考虑，通常情况下，铁芯的损耗等效电阻 R_m 在 1500～5000Ω 左右，激磁电感 L_m 在 10～20H 左右。折算到二次侧的宽频 CT 集中参数等效电路如图 5.2 所示。

当研究电流互感器低频稳态特性时，二次侧电容同样可以忽略，图 5.2 就变成熟悉的图 5.3 所示等效电路。图中 i_s 是无穷大电流源；$\dot{U}_1$ 和 $\dot{U}_2$ 分别为一次侧和二次侧电压；Z_1，Z_2，Z_L 分别为一次绕组电抗、二次绕组电抗和负载；$\dot{I}_\mu$ 和 $\dot{I}_L$ 分别为励磁电流和负载电流。

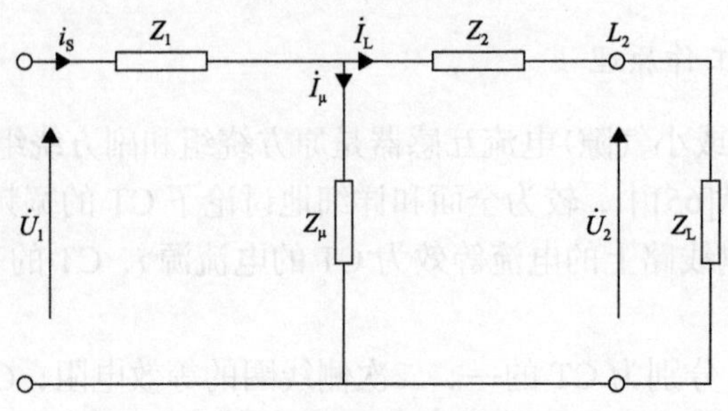

图 5.3　电磁式电流互感器的稳态等效电路

与电磁式电压互感器相比，电磁式电压互感器正常工作时磁通密度接近饱和值，发生故障时磁通密度下降；而电磁式电压流互感器正常工作时磁通密度很低，发生短路时原方短路电流将变得很大，使磁通密度大大增加，有时甚至远远超过饱和值。相对于副方来讲，电磁式电压互感器的原方是一个内阻抗很小，以致可以忽略的电压源；而电磁式电流互感器原方内阻却很大，以致可以认为是一个内阻无穷大的电流源。

电磁式电流互感器与电磁式电压互感器相比，电流互感器的 Z_L 可能小于 Z_1 或 Z_2，甚至 Z_L=0；但电压互感器满足 $Z_L>>Z_1$ 和 $Z_L>>Z_2$。因此，电流互感器的 $\dot{U}_1$ 和 $\dot{U}_2$ 差别可能很大，而电压互感器的 $\dot{U}_1$ 和 $\dot{U}_2$ 很接近。

如图 5.4 是电磁式电流互感器的相量图。电流互感器的稳态误差有两个：变比误差 ΔI 和角度误差 δ 。

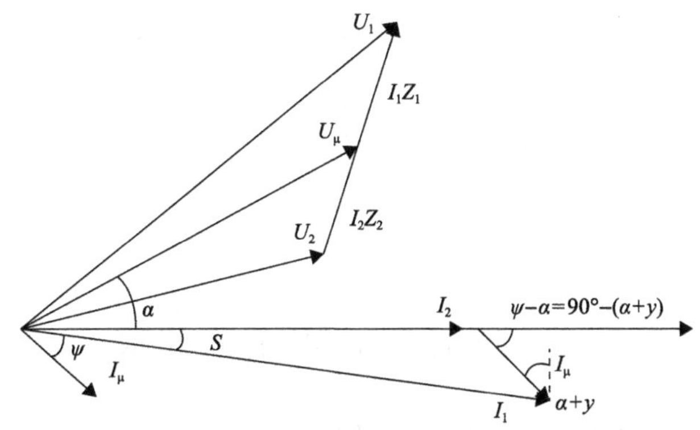

图 5.4　电磁式电流互感器的相量图

变比误差 ΔI 定义为

$$\Delta I = \frac{\dot{I}_1 - \dot{I}_2}{\dot{I}_1} \times 100\%$$

由于角度误差一般很小，所以变比误差可近似为

$$\Delta I \approx \frac{\dot{I}_\mu \sin(\alpha + \gamma)}{\dot{I}_1}$$

如果令 $\gamma \approx 0$，可见变比误差 ΔI 和励磁电流 I_μ 成正比，也与副方总阻抗角 α 的正弦 $\sin\alpha$ 成正比。当 $\alpha = 0$ 时，即副方为纯电阻负荷时，变比误差 ΔI 最小。

角度误差通常很小，可近似表示为

$$\delta \approx \sin\delta = \frac{\dot{I}_\mu}{\dot{I}_1}\cos(\alpha + \gamma)$$

可见，角度误差与励磁电流 $\dot{I}_\mu$ 成正比，也与 $\cos(\alpha + \gamma)$ 成正比。因此，当 $\alpha = 0$ 时，即副方为纯电阻负荷时，角度误差最大。同时，由于变比误差和角度误差都与励磁电流 $\dot{I}_\mu$ 成正比，所以变比误差和角度误差与负荷阻抗 Z_L 成正比，与励磁阻抗 Z_μ 成反比。

实用上规定电流互感器的误差不得超过 10%，不同规格的电流互感器都有与之对应的 10%误差曲线。

2. 电流互感器的电磁暂态模型

对于带铁芯的(无气隙或小气隙)电流互感器，当一次侧电流处于暂态过程时，二次电流能否正确反映一次电流的各种分量对于继电保护的动作特性是十分重要的。

1）电流互感器的基本暂态模型

首先忽略铁芯饱和与磁滞回线的影响，假定励磁阻抗是常数。如图 5.5 为电磁式电流互感器的暂态等效电路[68]。

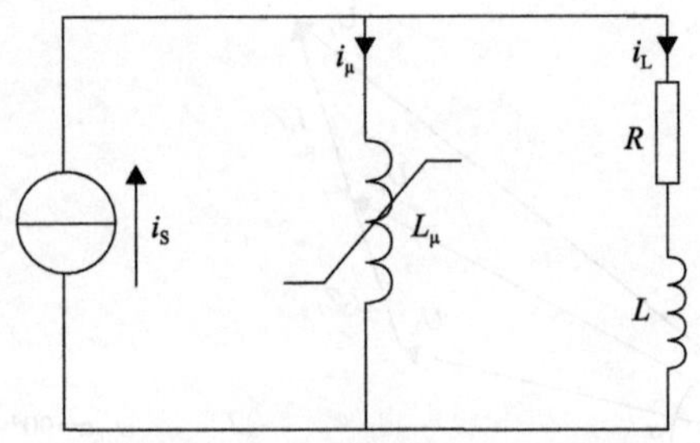

图 5.5　电磁式电流互感器的暂态等效电路

图 5.5 中，i_s 为理想的电流互感器二次侧注入电流，即 $i_s=\dfrac{i_p}{N}$（i_p 为电流互感器一次侧注入电流，N 为电流互感器的匝数比）；i_L 为电流互感器输出电流；$Z=R+j\omega L$ 包括电流互感器线圈及负荷的电阻和电抗；L_μ 为激磁电感。

采用梯形法可得到图 5.5 的伴随模型[68]，如图 5.6。

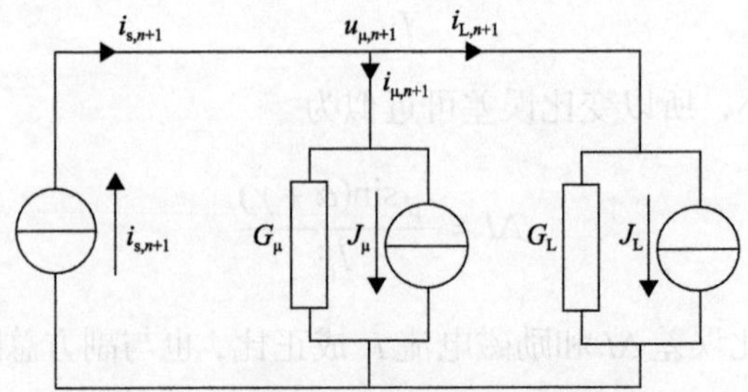

图 5.6　电磁式电流互感器的伴随模型

图 5.6 中，$\begin{cases} G_\mu=\left(\dfrac{2L_\mu}{h}\right)^{-1} \\ G_L=\left(\dfrac{2L_L}{h}+R_L\right)^{-1} \end{cases}$，$\begin{cases} J_\mu=G_\mu\cdot\left(u_{\mu,n}+\dfrac{2L_\mu}{h}\cdot i_{\mu,n}\right) \\ J_L=G_L\cdot\left[u_{\mu,n}+\left(\dfrac{2L_L}{h}+R_L\right)\cdot i_{L,n}\right] \end{cases}$

将上式代入 $i_{s,n+1}=i_{\mu,n+1}+i_{L,n+1}$ 得

$$i_{s,n+1}=(G_\mu\cdot u_{\mu,n+1}+J_\mu)+(G_L\cdot u_{\mu,n+1}+J_L) \tag{5-1}$$

式中，n 为迭代次数。

2）铁芯磁化曲线的拟合和数学模型

电流互感器的激磁阻抗取决于铁芯的材料、结构与饱和程度。正常情况下激磁阻抗很大且呈线性，然而系统短路故障和空载合闸时铁芯会达到不同程度的饱和，激磁阻抗降低且呈非线性，这将会对二次系统和继电保护造成很大影响。为准确分析这些影响，需要建立新的磁化曲线模型。

如图 5.7 是电流互感器磁化曲线。电流互感器的磁化曲线是非线性的，而且在交变磁场的作用下还会形成磁滞回环，使对电流互感器的电磁暂态传变特性分析大为复杂。传统上，一般在近似计算时按基本磁化曲线，用分段线性化的方法求解电流互感器模型[68,69]。这种方法忽略了磁滞和涡流损耗，因而对结果的精确性有较大影响，故要对激磁支路进行较精确的计算。因此，对磁化曲线分析的基础上，提出了磁化曲线拟合的新方法[70]。

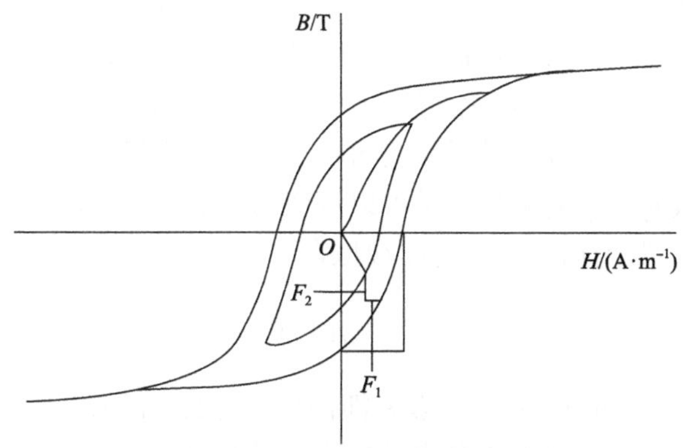

图 5.7　电流互感器磁化曲线

(1)基本磁化曲线的模拟。在对五阶多项式、双曲线函数、指数函数等模型比较的基础上，选取反正切函数加一线性函数作为基本磁化曲线的数学模型，表达式为

$$B = a \cdot \arctan bH + cH \tag{5-2}$$

式中，B 为磁通密度，T；H 为磁场强度，A/m；a、b、c 为系数，由实际磁化曲线拟合得到。

曲线的拟合方法采用非线性的逐次迭代逼近方法，基本算法为高斯—牛顿迭代法。该方法对初值选取要求较高，否则会使迭代不收敛，故采用改进算法麦夸脱法。麦夸脱法引入了收敛因子，提高了收敛性，但仍存在初值选取的问题。这里可根据磁化曲线几个特殊点的边界条件，由计算机自动选取。选取的原则如下。

原则 1：在第 n 点，实验数据（H_n, B_n）应满足

$$B_n = a \cdot \arctan bH_n + cH_n \tag{5-3}$$

原则 2：起始点斜率应等于曲线初始斜率，即

$$ab + c = (B_2 - B_1)/(H_2 - H_1) \tag{5-4}$$

原则 3：饱和斜率近似等于曲线终点斜率，即

$$ab/(1+b^2H_n^2)+c=(B_n-B_{n-1})/(H_n-H_{n-1}) \tag{5-5}$$

由此可以得到基本磁化曲线 3 个系数的初值，从而保证曲线拟合的收敛性。若上述 B-H 曲线的横坐标乘以 l/w，纵坐标乘以 sw，就可以得到 $\phi-i$ 曲线，两曲线是一致的。（w 是变压器线圈匝数，l 为平均磁路长度，s 为铁芯截面积。）

(2)极限回环的拟合。磁化曲线的极限回环可由实验得到。由于磁滞回路的上行和下行曲线是关于原点对称的，故可只拟合回环的上行曲线，下行曲线由对称原则得到。其模型为

$$\phi_s=n_p\cdot s(n_p\cdot i) \tag{5-6}$$

式中，n_p 为符号函数，上行曲线 $n_p=1$，下行曲线 $n_p=-1$。

极限回环的函数为 $s(i)=a\cdot\arctan\ b(i-c)+di$（其中四个系数 a、b、c、d 可迭代得到）。

(3)矫顽力曲线的拟合。在磁化曲线中，对于每一个磁链的极值点 ϕ_m 都对应一个剩磁 ϕ_r 和相应的矫顽力 i_c。当 ϕ 达到深度饱和后，其相应的剩磁 ϕ_r 和相应的矫顽力 i_c 都将趋于一个极限值。故 ϕ_m-i_c 的函数关系可以近似为指数函数，也可采用多项式。有由实验得到一组（$\phi_{m,k},i_{c,k}$）数值后，可进行曲线拟合。

$$i_c=G(\phi_m) \tag{5-7}$$

(4)一般磁滞回环的仿真。对于一般磁滞回环的仿真，目前有压缩极限回环法和沿横轴平移极限回环法等，但这些方法有明显缺陷，误差较大。由于各磁滞回环基本上互相平行，所以这里采用将极限磁滞回环沿一准线平移的方法来获得任意一个磁滞回环。计算表明：最简便易行且精度较高的准线斜率是由极限回环的剩磁 $\overline{OE}$ 和最大矫顽力 $\overline{OB}$ 确定的直线斜率。

$$k=\tan\alpha=\frac{\overline{OE}}{\overline{OB}} \tag{5-8}$$

准线方程为

$$\phi=-ki \tag{5-9}$$

对于一般回环，由矫顽力 $\overline{OA}$ 可得到该回环所对应的极限回环所对应的准线平移长度 $\overline{CD}$。

$$\overline{CD}=\overline{AB}\cdot\overline{OD}/\overline{OB} \tag{5-10}$$

将线段分解为水平分量 F_1 和垂直分量 F_2，可得到一般磁滞回环的数学模型：

$$\phi=n_p[a\cdot\arctan b(n_pi+F_1-c)+d\cdot\arctan b(n_pi+F_1)+F_2] \tag{5-11}$$

结合上述磁化曲线模型和电流互感器基本模型，可以实现电流互感器电磁暂态传变

特性的仿真研究。

5.1.2　电流互感器的工频传变特性

1. 不同饱和程度下的 CT 传变特性

电力系统发生故障后产生很大的短路电流，可能导致电流互感器铁芯不同程度的饱和。如图 5.8～图 5.10 为 CT 不同程度饱和的电流波形，图中所有虚线代表一次测电流，而实线代表二次侧电流。由图可见，短路发生后，暂态短路电流并不能立即使 CT 产生饱和，这段时间的长短与非周期分量有关。无论短路条件如何，在短路发生的最初 1/4 周期内，CT 并不会饱和。轻度饱和在磁化曲线的滞回环上升段不会出现饱和，波形不会发生畸变，也不会出现奇异点，这时通常不会对继电保护产生影响。当饱和达到一定程度时会出现奇异点，波形发生较为严重的畸变，这时可能会对一些继电保护造成一定影响。

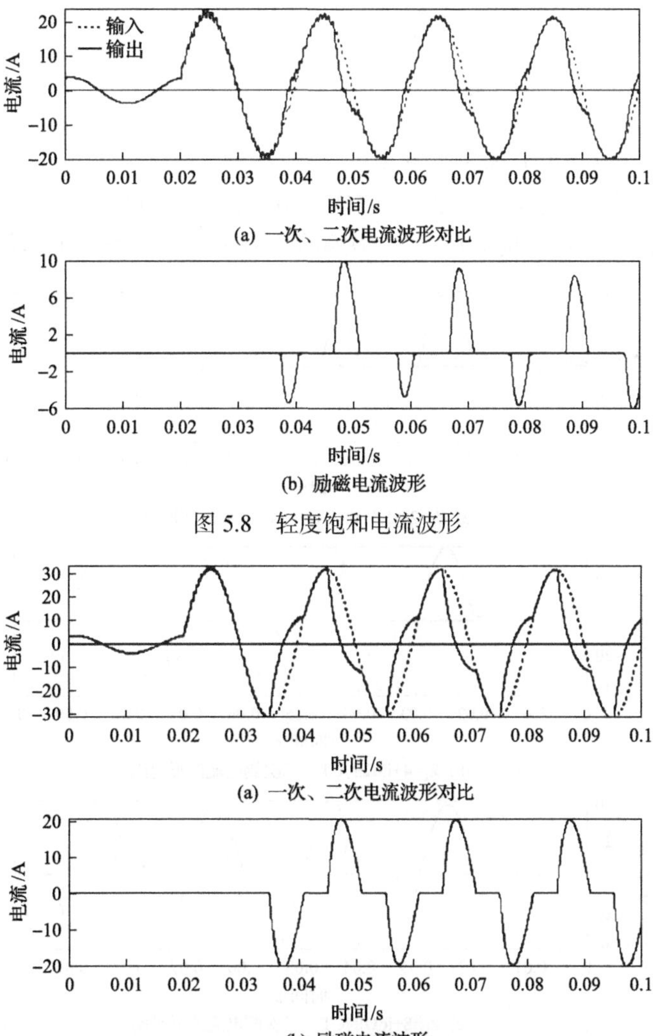

图 5.8　轻度饱和电流波形

图 5.9　一般饱和电流波形

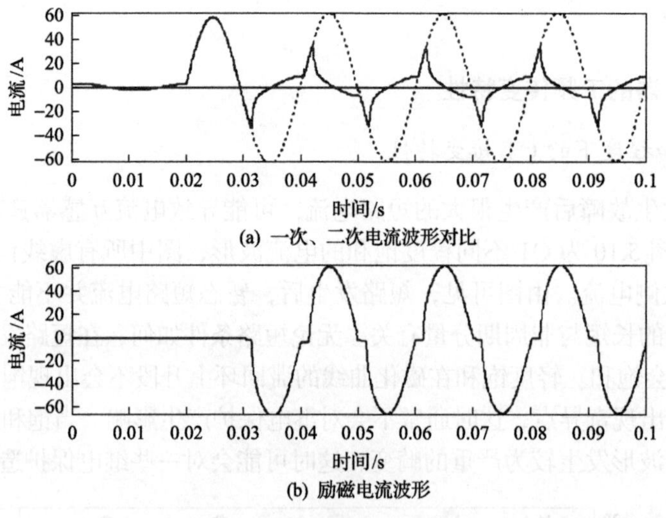

(a) 一次、二次电流波形对比

(b) 励磁电流波形

图 5.10　严重饱和电流波形

2. 影响 CT 传变特性的因素

1)CT 二次侧负荷对 CT 饱和的影响

如图 5.11 为不同负载阻抗的 CT 一二次侧电流波形，可见较大的二次侧负载阻抗更易使 CT 达到饱和。因此，减小 CT 的二次侧负载阻抗可以改善 CT 的传变特性。

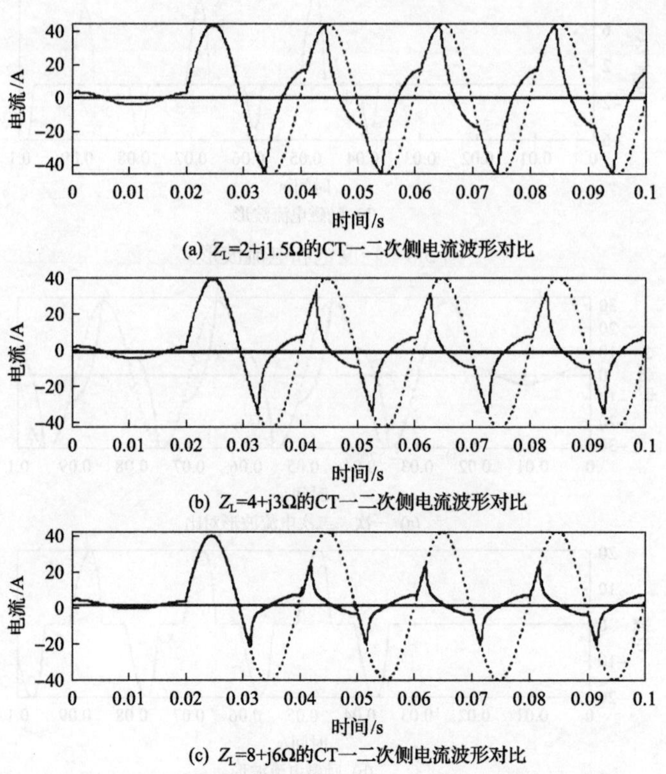

(a) Z_L=2+j1.5Ω的CT一二次侧电流波形对比

(b) Z_L=4+j3Ω的CT一二次侧电流波形对比

(c) Z_L=8+j6Ω的CT一二次侧电流波形对比

图 5.11　不同负载阻抗的 CT 一二次侧电流波形

同时，二次侧负载性质不同，也会影响 CT 的饱和特性。如图 5.12 所示，若 Z_L 为感性负荷，则二次侧电流从瞬时值缓慢下降；而 Z_L 为阻性负荷则下降得很快。

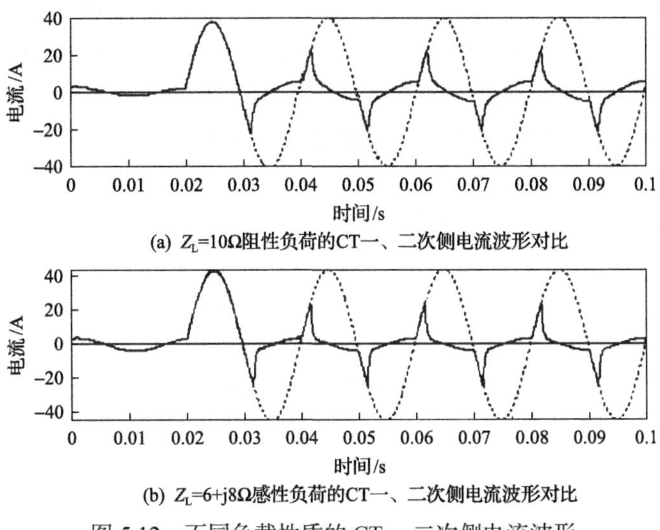

图 5.12　不同负载性质的 CT 一二次侧电流波形

2) 非周期分量对 CT 饱和的影响

当短路电流一定时，暂态电流中非周期分量的大小由短路时电流相位决定。如图 5.13

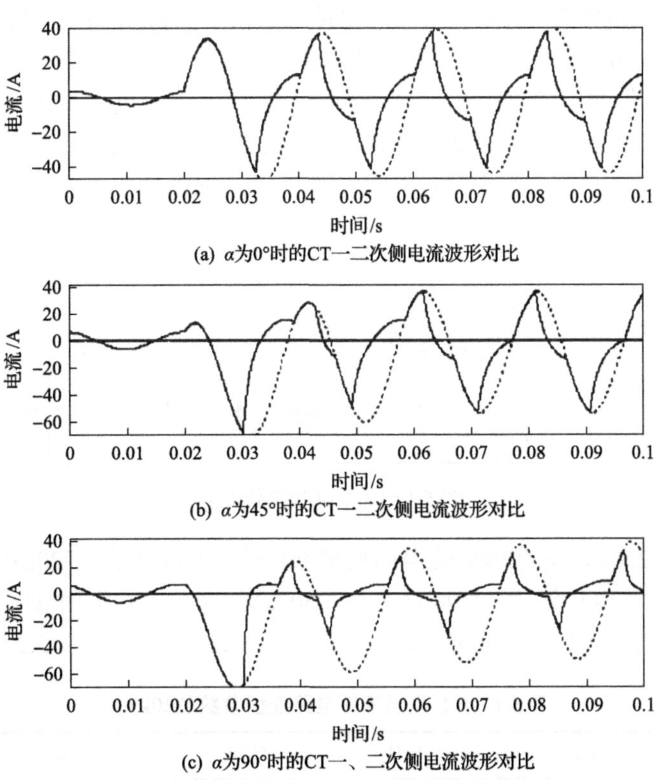

图 5.13　α 分别为 0°、45°和 90°时，CT 一二次侧电流波形

所示为α分别为0°、45°和90°时，CT 一二次侧电流波形。可见，随着非周期分量的增大，饱和程度加深。

通过上述仿真分析可以得到电流互感器的工频传变特性如下：①短路发生后，暂态短路电流并不能立即使 CT 产生饱和，这段时间的长短与非周期分量的大小有关；②CT 的饱和程度与二次侧的负荷大小及负荷性质有关；③CT 的饱和程度受到非周期分量的影响，如果非周期分量的时间常数很大，短路电流即使不是很大也会发生饱和现象；④非周期分量引起的 CT 饱和，使 CT 励磁电流中包含大量的非周期分量，励磁电流总是偏向时间轴的一边；⑤CT 饱和后二次侧电流波形发生严重畸变，可以通过分析波形的对称性、饱和点斜率变化和差动电流突增的滞后来判定 CT 饱和。

通过利用电流互感器电磁暂态模型对电流互感器的暂态过程分析，得到了电流互感器的工频传变特性，该特性与现场的测试结果是相吻合的。这从另一个侧面说明了本书中电流互感器电磁暂态模型和算法的正确性，也为利用电流互感器电磁暂态模型研究电流互感器的暂态行波传变特性奠定了基础。下面将重点对电流互感器的暂态行波传变特性进行仿真研究。

5.1.3　电流互感器的暂态行波传变特性

进一步观察图 5.1、图 5.2 所示电路。由于 CT 的一次侧线圈只有一匝，所以在研究高频暂态特性时一次侧等效电阻和漏电感可以忽略；同理，根据文献[66]中的测量，一二次侧互感电容测量值为 0.1pF，可以忽略掉；而根据文献[70]的测量，CT 的二次侧等效对地电容在 3～5nF 左右(针对一二次侧线圈匝数比为 8/10 的情况)，因而 CT 的二次侧线圈等效对地电容不可以忽略。在考虑高频特性的情况下，进一步将 R_m 和 L_m 忽略，可以得到 CT 的高频暂态等效模型如图 5.14 所示。其中所有参数都已折算到二次侧。在后面的章节将会讨论在研究二次侧回路行波传变特性的过程中，所采用的简化 CT 高频等效模型的合理性。

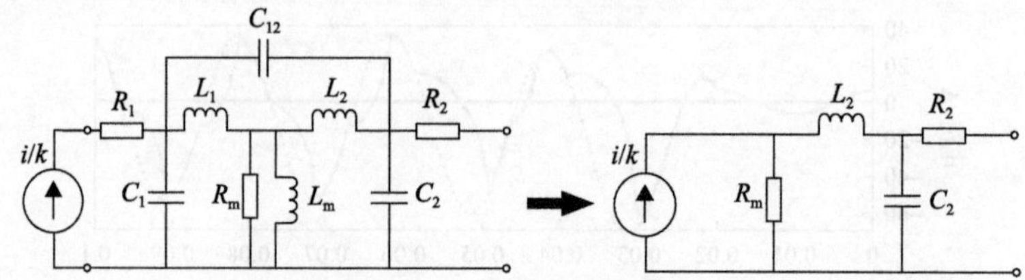

图 5.14　CT 高频等效电路

针对常用的 220kV 及 500kV 变电站典型 CT 型号进行测量。220kV 变电站 CT 型号为 lB1-220W2-15V·A（变比 2500A/1A），500kV 变电站常用型号为 SAS550、LVQHB-500W3 等(变比均为 4000A/1A)，其典型参数如表 5.1、表 5.2 所示。

表 5.1　CT 高频等效电路模型参数(220kV)

参数	R_m/kΩ	L_m/mH	C_2/nF	R_2/Ω	L_2/mH
数值	1.0	2800	80	6	0.2

表 5.2　CT 高频等效电路模型参数(500kV)

参数	R_m/kΩ	L_m/mH	C_2/nF	R_2/Ω	L_2/mH
数值	1.5	4600	100	12	0.35

针对 CT 高频等效模型及其参数，可以画出在 10Hz～100kHz 区间 CT 的幅频响应和相频响应曲线如图 5.15 所示。

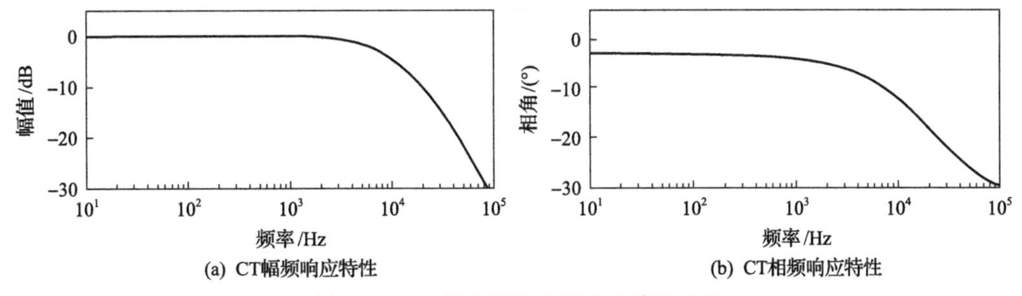

图 5.15　CT 的幅频与相频响应特性曲线

可见，CT 输出的电流行波信号在 10kHz 以下具有较好的幅频响应特性，在 10k～100kHz 内衰减逐渐增大，根据不同的 CT 参数，上限截止频率不同，一般在几十 kHz 左右。

5.2　电压互感器模型及其动态传变特性

5.2.1　电压互感器的工作原理及其电磁暂态模型

电压互感器的作用是将电力系统的高电压在二次侧准确地变换成继电保护及仪表所允许的电压(额定值为 100V 或$100\sqrt{3}$ V)，使继电器和仪表既能在低电压情况下工作，又能准确地反映电力系统中高电压设备的运行情况。电压互感器同时还具有高、低电压电路的隔离作用，以保障二次设备和工作人员的安全。

电压互感器的工作特点和要求如下：①电压互感器的一次侧与高压电路并联，因而其一次工作电压只取决于接入点的一次电压；②电压互感器二次回路不允许短路，否则会产生危险的短路电流并烧毁电压互感器，因而通常装有保护熔断器；③对电压互感器的基本要求是电压变换的准确性，主要受二次负荷大小的影响，对于保护用电压互感器，还需考虑电压互感器暂态过程对快速保护的影响。

1. 电压互感器的工作原理和稳态误差分析

常用的电压互感器包括电磁式电压互感器和电容分压式电压互感器两种，下面将对这两种电压互感器的原理分别进行分析。

1) 电磁式电压互感器

电磁式电压互感器的工作原理与一般电力变压器基本相同，可认为是一种测量变压器。电压互感器的传送功率很小，但要求能准确地反映电压的变化，故要求其电压损耗极小，以保证电压变换的准确性。

根据电力变压器的工作原理和理论分析方法，电磁式电压互感器工频稳态工作情况如图 5.16 等效电路，图中，Z_1 为一次侧漏抗，Z_μ 为励磁阻抗，Z_2 为二次侧漏抗，Z_L 为负荷阻抗，以上参数均归算至二次侧。

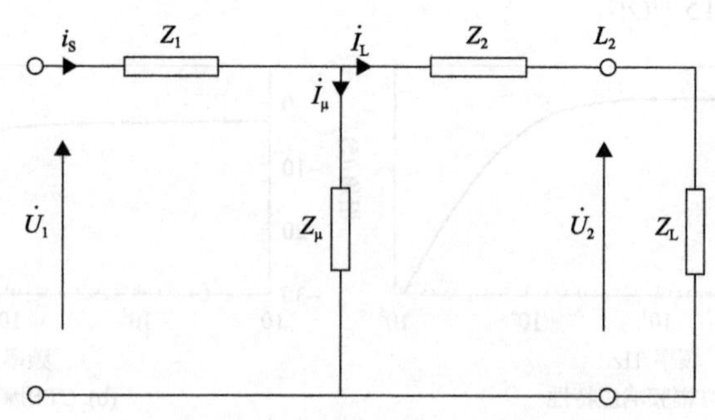

图 5.16　电磁式电压互感器的稳态等效电路

图 5.17 给出了电磁式电压互感器的相量图，各相量间的关系为

$$\dot{U}_1 = \dot{U}_2 + Z_1\dot{I}_\mu + (Z_1 + Z_2)\dot{I}_2 \tag{5-12}$$

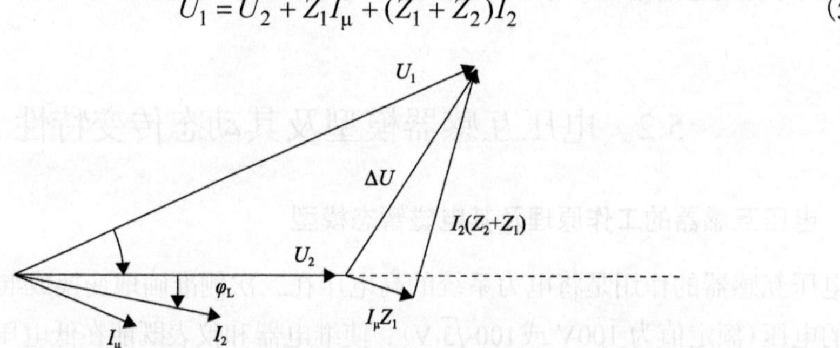

图 5.17　电磁式电压互感器的相量图

电压互感器的稳态误差表现为 $\dot{U}_1$ 与 $\dot{U}_2$ 的差别，二者不仅在数值上不完全相等，在相位上亦存在差别。若一次电压 $\dot{U}_1$ 在规定的使用范围内，励磁电流 $\dot{I}_\mu$ 的变化不大，则 $Z_\mu\dot{I}_\mu$ 分量也变化不大。此时误差主要受 $\dot{I}_2$ 的影响，即受负荷的大小 $|Z_L|$ 和功率因数 φ_L 的影响。因此，电磁式电压互感器的准确度是随二次负荷的变化而变化的。当 $|Z_L|$ 不变而 φ_L 增大时，角度误差增大；当 φ_L 不变而 $|Z_L|$ 减小时，幅值误差增大。

2) 电容分压式电压互感器

电磁式电压互感器的变比误差很小，在暂态过程中也能正确地传变一次侧电压到二次侧。但是随着电力系统电压等级的提高，电磁式电压互感器相差悬殊的一二次电压和由此导致的一二次线圈匝数差别，使电磁式电压互感器误差急剧增大，成本也变得越来越昂贵，因此，建立在电容分压基础之上的电容分压式电压互感器获得了广泛应用。电容分压式电压互感器含有电容和电感元件，这些元件对频率是敏感的，对暂态的反应有惯性。因此，为了保证快速保护的正确动作，必须对电容分压式电压互感器的暂态特性特别是高频传变特性进行研究。

电容分压式电压互感器主要利用电容分压原理来实现电压变换。在超高压电容式电压互感器中，还需要用一个电磁式电压互感器将电容分压器输出的较高电压进一步变换成二次额定电压，并实现一次系统与二次系统的隔离。

图 5.18 为电容分压式电压互感器的简化原理图，C_1、C_2 为分压电容，T 为隔离变压器(中间变压器)，Z_L 为负载阻抗。

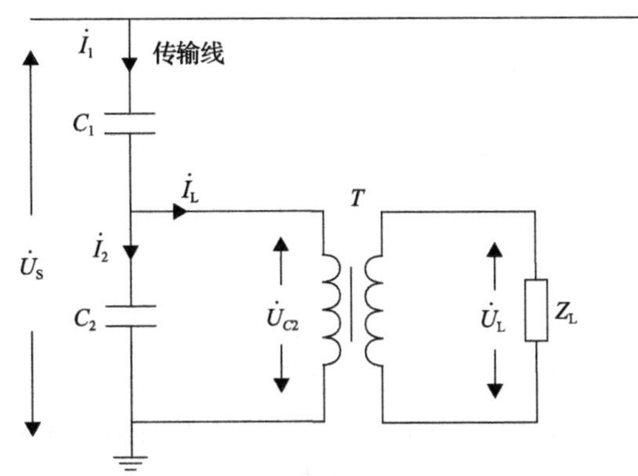

图 5.18　电容分压式电压互感器的简化原理图

电容分压器电压 $\dot{U}_{C2}=\dfrac{C_1}{C_1+C_2}\dot{U}_S$。假定中间变压器变比为 1，略去励磁阻抗并将漏抗归算到负荷阻抗 Z_L 中，可以得到等效电路，如图 5.19 所示。

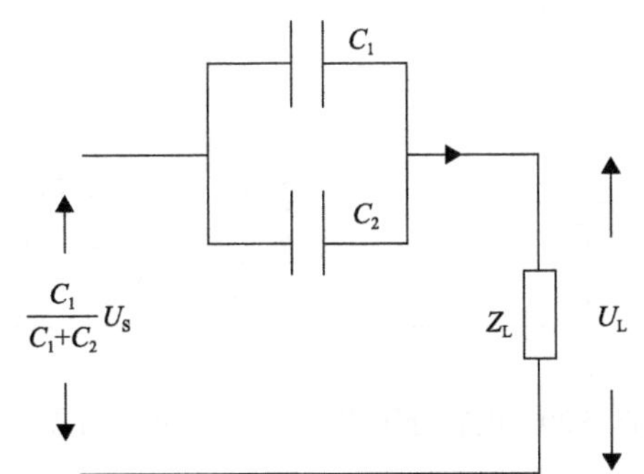

图 5.19　电容分压式电压互感器的简化等效电路

当二次接入负荷后，可得 $\dot{U}_L=\dfrac{C_1}{C_1+C_2+\dfrac{1}{\mathrm{j}\omega Z_L}}\dot{U}_S$。可见，负荷阻抗破坏了原有的电容分压比。因此，即使在稳态下也存在由负荷引起的变换误差。

上述变换误差为 $\Delta U=\dfrac{C_1}{C_1+C_2}\dot{U}_S-\dot{U}_L=\dfrac{1}{\mathrm{j}\omega(C_1+C_2)Z_L}$。如在串联电容器抽取电压的节点与隔离变压器之间传接的调谐电感器，亦称为谐振电抗器。当选择合适的电抗值，使

X_L 加上中间变压器漏抗 X_T 之和与分压电容并联容抗 $-jX_C = \dfrac{1}{j\omega(C_1+C_2)}$ 满足谐振条件

$$j(X_L + X_T) - jX_C = 0 \tag{5-13}$$

当完全谐振时，电压误差仅由二次负荷电流在谐振电抗器电阻 R_L 和中间变压器电阻 R_T 上的压降造成，可以减小变换误差。上述方法是通过谐振电抗器 L 的感性阻抗补偿电容分压器容性内阻抗，从而达到减小总内阻的目的。

另外，中间变压器 T 的励磁回路是非线性电感，在规定范围内工作在线性区，T 的原方励磁阻抗很大；当某种原因使一次系统电压异常升高时，T 可能会因过电压而饱和，T 的阻抗将显著下降。这时如果容抗与感抗相等，就会发生 LC 串联谐振。这种因铁磁饱和特性导致励磁阻抗变化而引发的 LC 串联谐振称为铁磁谐振。因此，需要增加一个抑制铁磁谐振的阻尼电路，由电容和电感构成共频谐振回路充当自动投入电阻开关。

如图 5.20 为电容分压式电压互感器的原理图，图中 C_1、C_2 为分压电容，可从分压器上获得较低电压，再通过中间互感器进一步降压供保护使用。L 为在串联电容器抽取电压的节点与隔离变压器之间传接的调谐电感器，当选择合适的电抗值 X_L 满足与电容的谐振条件时，可以减小变换误差。为防止短路电压回升时由于中间互感器铁芯饱和与电容器产生铁磁谐振，在中间互感器次级并联铁磁谐振抑制元件 RLC 。Z_L 为电容分压式电压互感器的负载阻抗，其电压 U_L 就是输出电压。

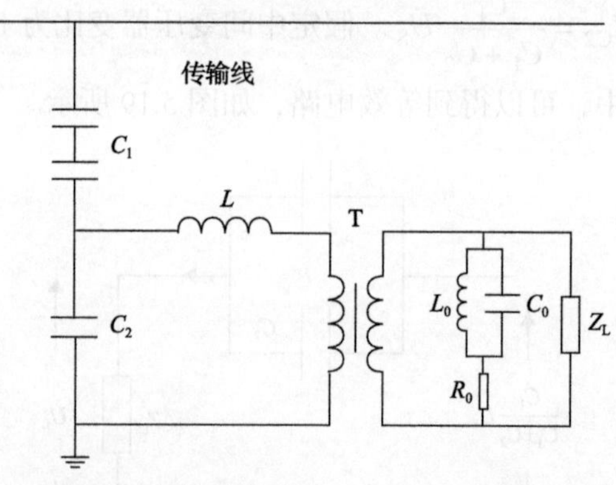

图 5.20　电容分压式电压互感器的原理图

2. 电压互感器的电磁暂态模型

1) 电磁式电压互感器的暂态仿真模型

故障过程中外加电压可能包含各种谐波成分，变换时引起的误差也就有一定差别。通常认为电磁式电压互感器在暂态过程中的工频电压传变误差是不大的。如图 5.21 为电磁式电压互感器的暂态等效电路。图中，i_s 是无穷大电流源；$\dot{U}_1$ 和 $\dot{U}_2$ 分别为一次侧和二次侧电压；R_1、R_2 分别为一次、二次绕组电阻；L_1、L_2 分别为一次、二次绕组电感；i_μ 和 i_L 分别为励磁电流和负载电流；R_L、L_L 分别为负载的电阻和电感。

采用梯形法[66]可得到图 5.21 的伴随模型，如图 5.22 所示。

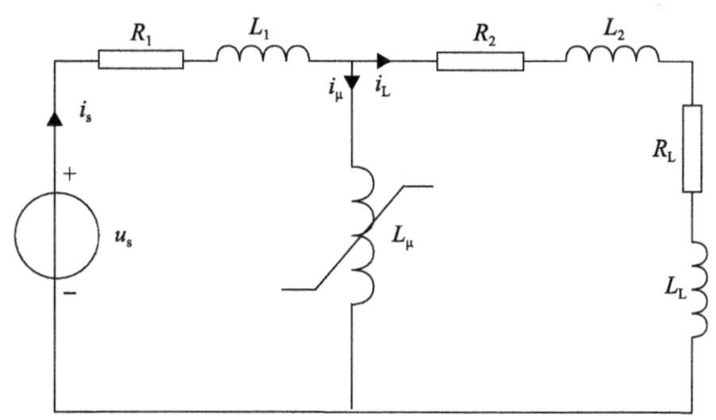

图 5.21　电磁式电压互感器的暂态等效电路

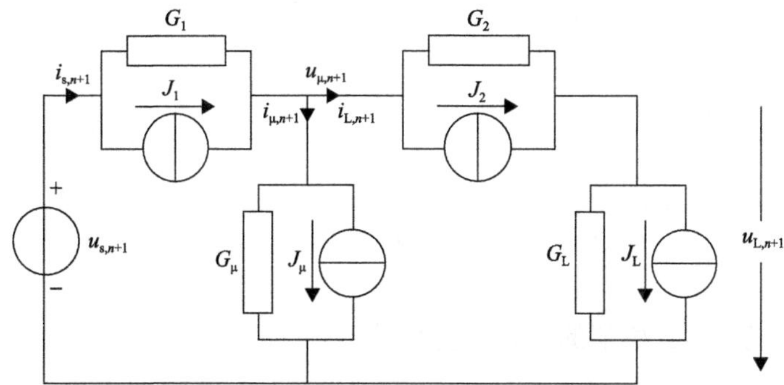

图 5.22　电磁式电压互感器的伴随模型

图中

$$\begin{cases} G_1 = \left(\dfrac{2L_1}{h} + R_1\right)^{-1} \\ G_2 = \left(\dfrac{2L_2}{h} + R_2\right)^{-1} \\ G_\mu = \left(\dfrac{2L_\mu}{h} + R_\mu\right)^{-1} \\ G_L = \left(\dfrac{2L_L}{h} + R_L\right)^{-1} \end{cases}; \quad \begin{cases} J_1 = G_1 \cdot \left(u_{L,n} + \left(\dfrac{2L_1}{h} - R_1\right) \cdot i_{s,n}\right) \\ J_2 = G_2 \cdot \left(\dfrac{2L_2}{h} - R_2\right)^{-1} \\ G_\mu = \left(\dfrac{2L_\mu}{h} + R_\mu\right)^{-1} \\ G_L = \left(\dfrac{2L_L}{h} + R_L\right)^{-1} \end{cases} \tag{5-14}$$

2) 电容分压式电压互感器的暂态仿真模型

与图 5.20 对应的等效电路如图 5.23 所示，图中电容分压器用电势为 $\dfrac{C_1}{C_1+C_2}\dot{U}_s$ 的电压源等值。

采用伴随模型的方法得到 CVT 的模型如图 5.24，使用和电流互感器类似的方法可得到计算公式，在此不再赘述。

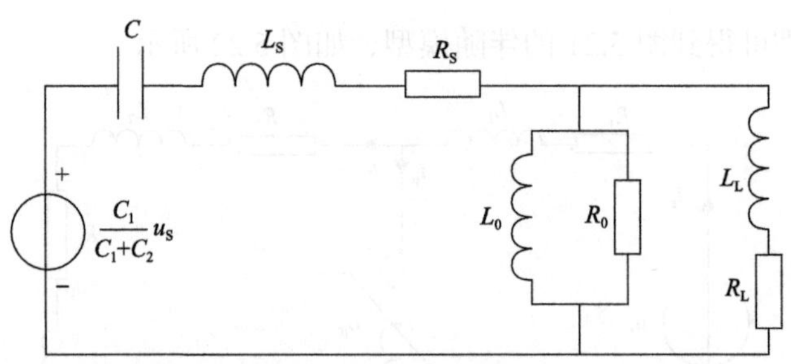

图 5.23　电容分压式电压互感器的暂态等效电路

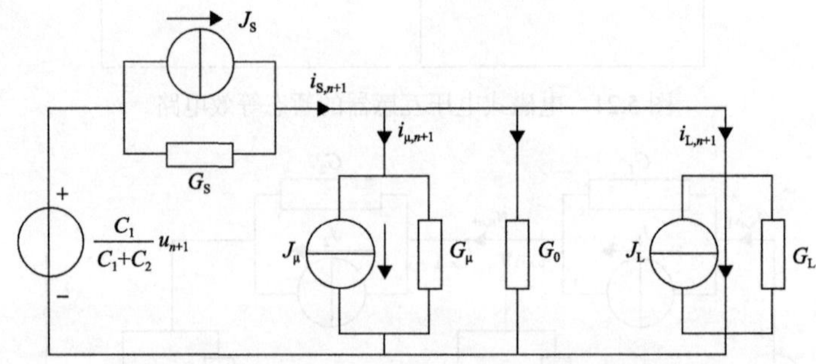

图 5.24　电容分压式电压互感器的伴随模型

5.2.2　电容分压式电压互感器的工频传变特性

一些工频保护原理(如距离保护、方向保护等)同时需要电压、电流作为输入量，因而研究电容分压式电压互感器的工频传变特性对于基于工频保护的动作特性分析具有重要作用。

电容分压式电压互感器与电磁式电压互感器相比具有电容储能元件，其暂态响应特性较差。系统侧发生短路等故障时，输出电压波形不能精确反应一次侧电压变化。对于影响电容式电压互感器的各种因素，下面将分别进行分析。

1) 短路电压角度的影响

设负载为纯电阻，补偿电抗与变压器电抗等于分压电容的电抗。

电压过零短路时电流很小，故可忽略电流，认为电感初始能量为零。而电容电压最大，电容初始储能最大。此时负载电压为

$$U_2(t)=\frac{U_0 R_L}{R_S+R_L}\left(-e^{-\frac{t}{(R_S+R_L)C}}+e^{-\frac{(R_S+R_L)t}{L}}\right) \tag{5-15}$$

式中，两项初值相同，第二项衰减速度远大于第一项，可见影响 $U_2(t)$ 的主要是第一项。

当短路发生在电压峰值时，电感储能最大，电容初始储能为零。此时负载电压为

$$U_2(t)=\frac{R_L L I_0}{R_S+R_L}\left(\frac{1}{(R_S+R_L)C}e^{-\frac{t}{(R_S+R_L)C}}-\frac{(R_S+R_L)}{L}e^{-\frac{(R_S+R_L)t}{L}}\right) \tag{5-16}$$

由于第二项衰减速度远大于第一项，而后者的初值为前者的几十倍，所以 20ms 内影响的主要因素是第二项。

如图 5.25 为短路相角对电容式电压互感器工频传变特性的影响，图中分别给出了 0°、30°、60°和 90°等不同短路电压角度的仿真结果。可以看出，短路电压角度越小，电容式电压互感器的工频传变误差越大。

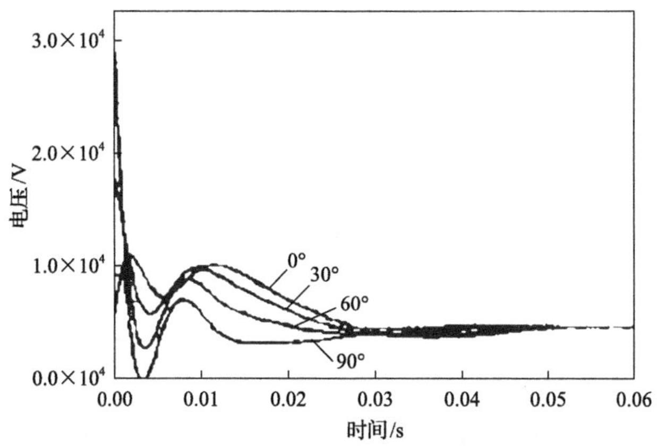

图 5.25　短路相角对电容式电压互感器工频传变特性的影响

2) 负荷大小的影响

负荷的大小决定了线路电流和电容电压，影响了场能的储存，因而电容式电压互感器的负荷与工频传变特性密切相关。当负荷接近于 0 的极端情况时，电路中只有激磁电流，暂态响应幅值小；当负荷增大时，动态储能元件储能增大，暂态响应幅值增加。

如图 5.26 为负荷大小对电容式电压互感器工频传变特性的影响，图中分别给出了 100V·A、200V·A 和 400V·A 等不同负荷的仿真结果。可以看出，负荷越大，电容式电压互感器的工频传变误差越大。

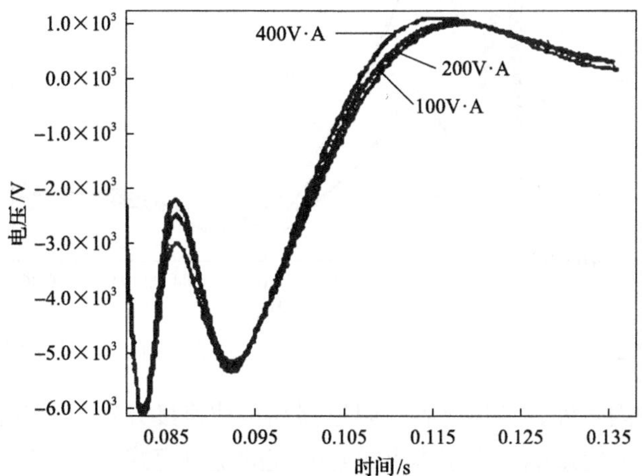

图 5.26　负荷大小对电容式电压互感器工频传变特性的影响

3) 分压电容的影响

由于电容电压与电容值成反比，电容变化不仅影响响应时间，而且影响响应的起始值。如图 5.27 为不同分压电容对电容式电压互感器工频传变特性的影响。可以看出，分压电容越大，电容式电压互感器的工频传变误差越大。

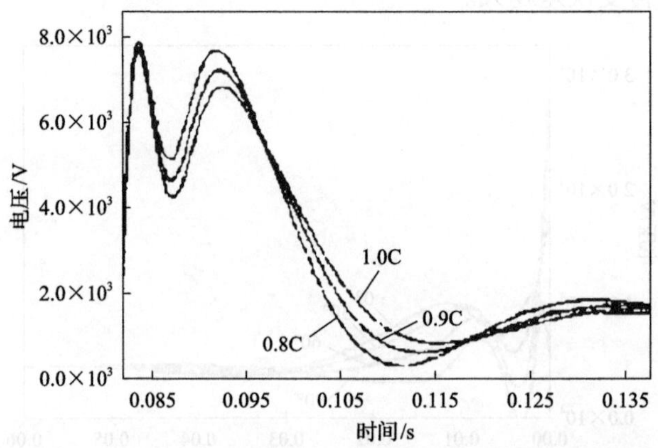

图 5.27　分压电容对电容式电压互感器工频传变特性的影响

4) 中间变压器变比的影响

负荷阻抗恒定时，改变中间变压器变比相当于改变原边输入电抗。变比增大则输入电抗增加，在同样的输入电压下电流减小，电抗元件储能随之变小。这样有利于改善响应特性，使波形幅值变小。当中间变压器变比减小时，情况与变比增大相反。

如图 5.28 为中间变压器变比对电容式电压互感器工频传变特性的影响。可以看出，中间变压器变比越小，电容式电压互感器的工频传变误差越大。

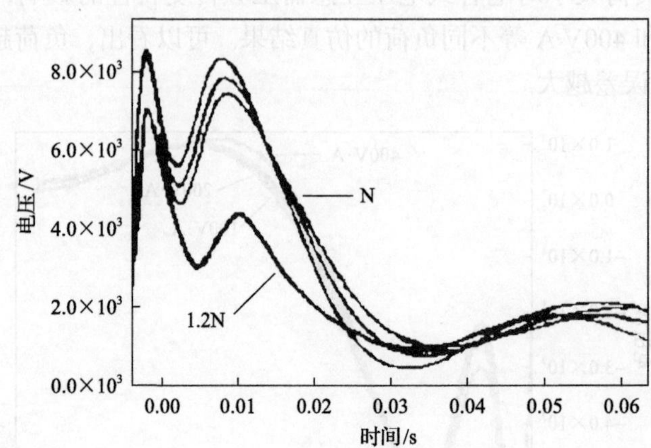

图 5.28　中间变压器变比对电容式电压互感器工频传变特性的影响

除了上述几种因素外，补偿电容、阻尼器和负载连接方式等对电容式电压互感器工频传变特性也存在一定影响。由于本书重点研究的是电容式电压互感器的暂态行波传变特性，故对这些影响较小的因素不做详细分析。

5.2.3　简化模型下的电容式电压互感器的暂态行波传变特性

1. 不同稳态周期分量的 CVT 传变特性

如图 5.29 为 CVT 的稳态等值电路，由此可以分析 CVT 对不同频率分量的稳态传变特性。

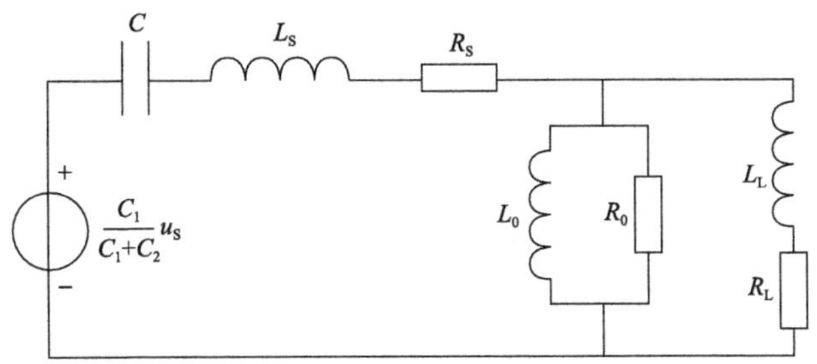

图 5.29　CVT 的稳态等值电路

设原边电压为$\dot{U}_1$，副边电流为$\dot{U}_2$，C 为等效电容，L_S为补偿电抗器，L_0为中间变压器的励磁感抗，R_0中间变压器励磁损耗的等效电阻为，则

$$\dot{U}_2 = \frac{\mathrm{j}\omega L_L + R_L + \dfrac{\mathrm{j}\omega L_0 \cdot R_0}{\mathrm{j}\omega L_0 + R_0}}{\mathrm{j}\left(\omega L_s - \dfrac{1}{\omega C}\right) + \left(\mathrm{j}\omega L_L + R_L + \dfrac{\mathrm{j}\omega L_0 \cdot R_0}{\mathrm{j}\omega L_0 + R_0}\right)} \dot{U}_1 \tag{5-17}$$

如图 5.30 为 CVT 的幅频传变特性，CVT 在 50Hz 为中心的较小频带内有较好的传变特性，高频部分存在严重的幅值传变误差，尤其是在约 10kHz 以上达到截止。图 5.31 为 CVT 的相频传变特性，高频部分同样存在一定的相位传变误差。

下面对不同频率稳态周期分量的 CVT 动态传变特性进行分析。图 5.32 为不同频率稳态周期分量的 CVT 一、二次侧仿真波形。通过对比 CVT 一、二次侧电流仿真波形可以看到和上面的理论分析是相吻合的。

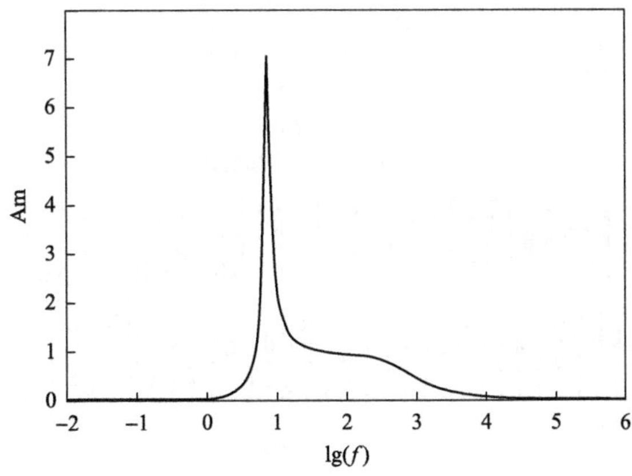

图 5.30　CVT 幅频传变特性

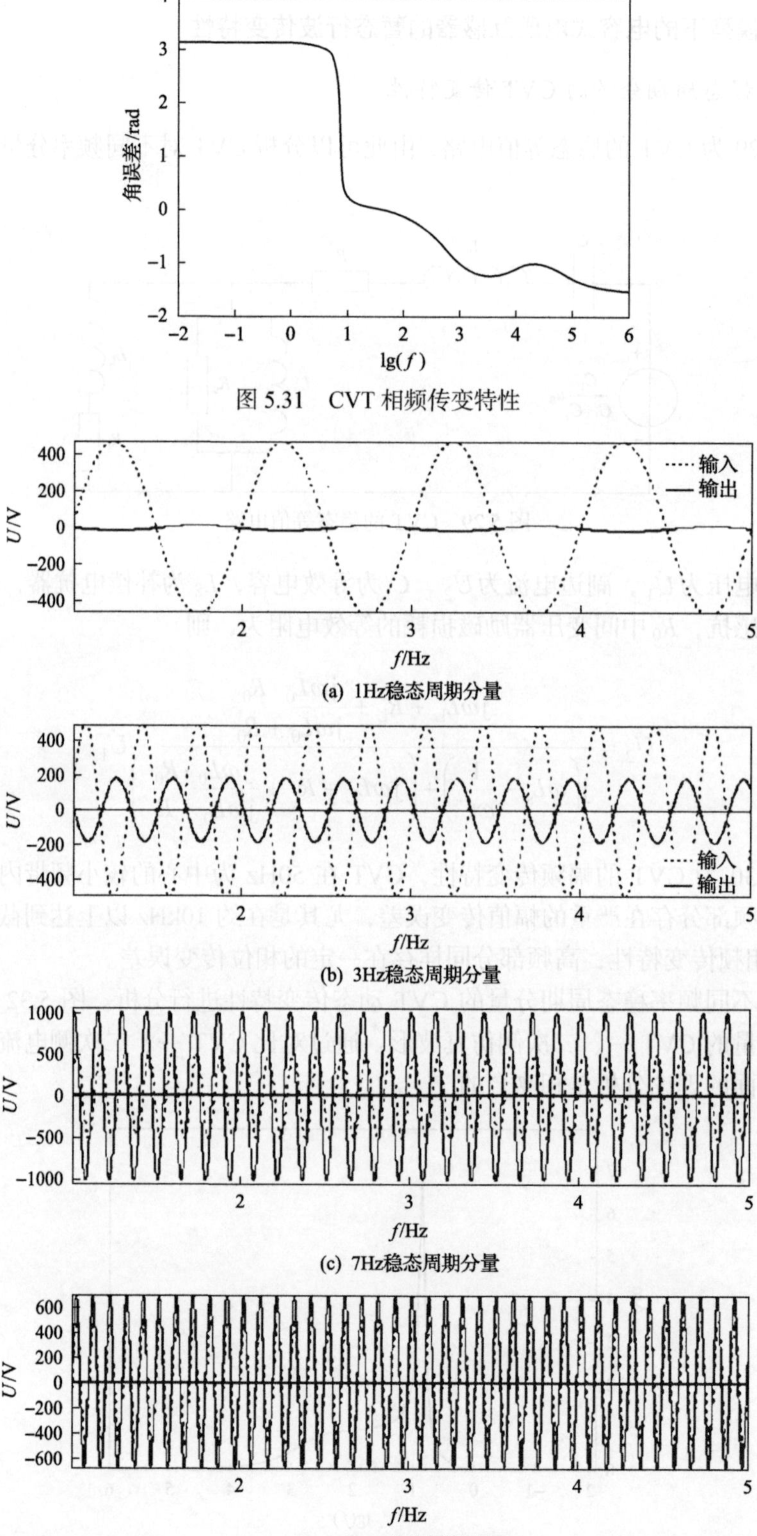

图 5.31　CVT 相频传变特性

(a) 1Hz稳态周期分量

(b) 3Hz稳态周期分量

(c) 7Hz稳态周期分量

(d) 10Hz稳态周期分量

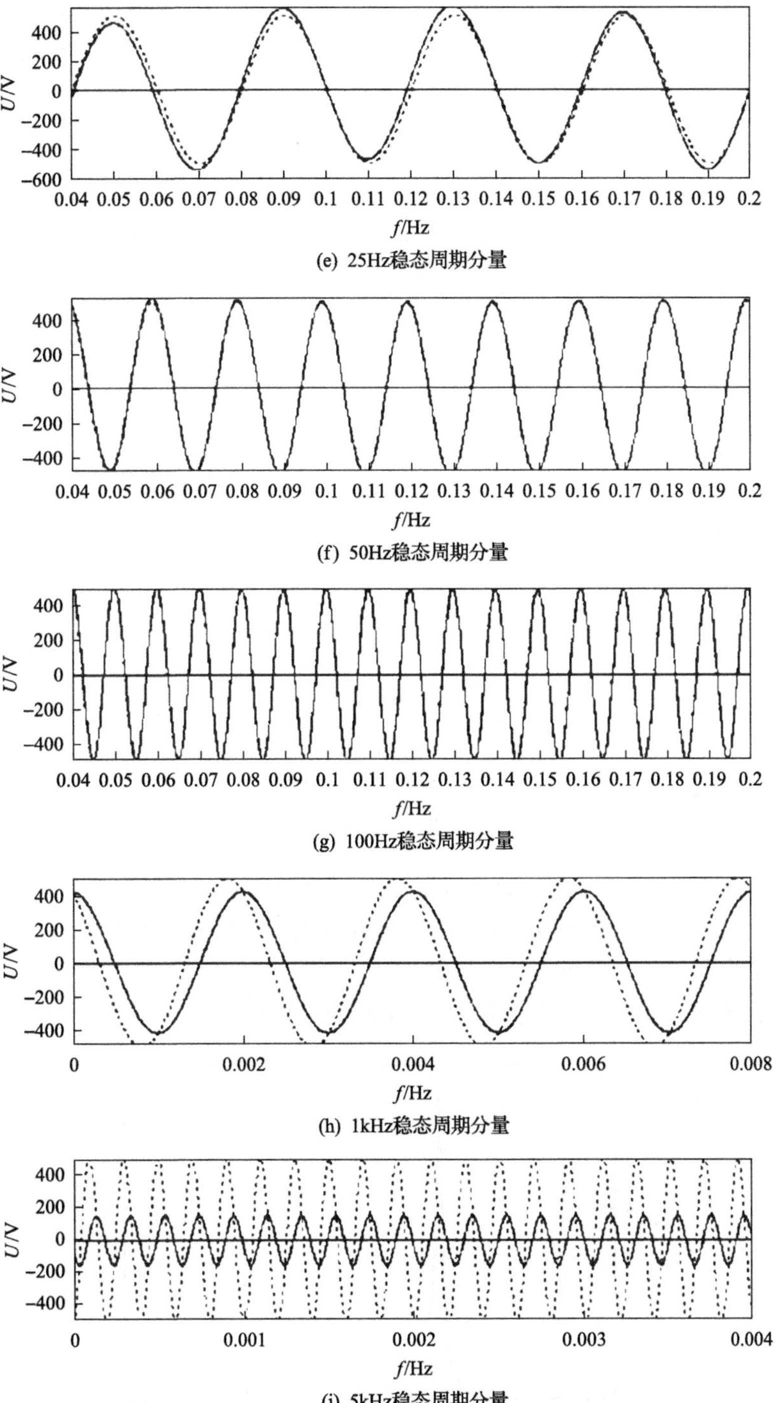

(e) 25Hz稳态周期分量

(f) 50Hz稳态周期分量

(g) 100Hz稳态周期分量

(h) 1kHz稳态周期分量

(i) 5kHz稳态周期分量

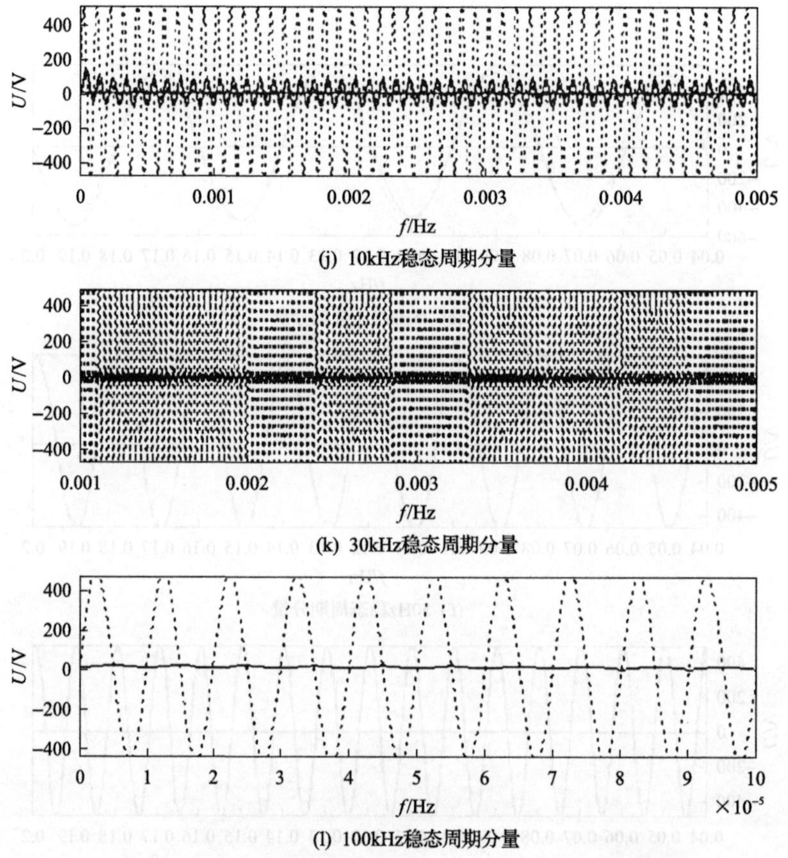

图 5.32　不同频率稳态周期分量的 CVT 一、二次侧仿真波形

图 5.33 为 CVT 幅频动态传变特性理论分析与仿真结果的对比；图 5.34 为 CVT 相频动态传变特性理论分析与仿真结果的对比。可以看出由仿真得到的 CVT 动态传变特性与理论分析的结果是基本一致的。

通过仿真不同频率稳态周期分量的 CVT 响应可以得到下面结论。

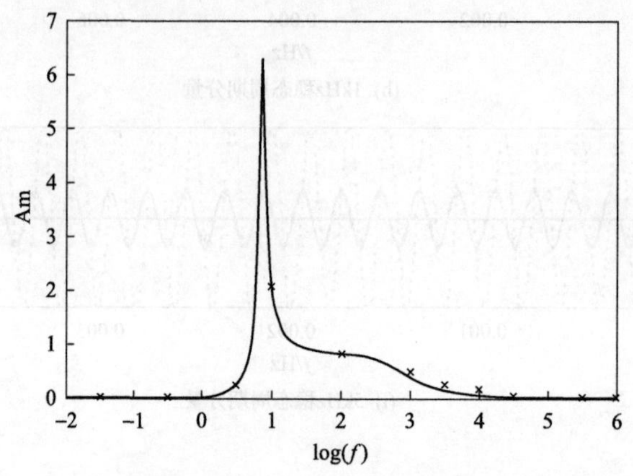

图 5.33　CVT 幅频动态传变特性理论分析与仿真结果的对比

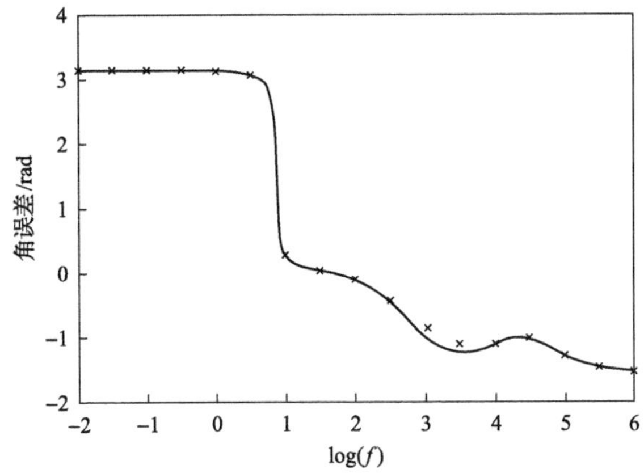

图 5.34　CVT 相频动态传变特性理论分析与仿真结果的对比

(1)由于 CVT 的分压电容 C 和调谐电感器 L 在工频 50Hz 完全谐振，所以 CVT 对于工频分量具有很好的传变特性。

(2)在 15～500Hz 频带内 CVT 能保持较好的传变特性，波形基本不会发生畸变。

(3)在 0.5k～5kHz 频带的分量 CVT 会产生一定传变误差，但不会引起波形的严重畸变。

(4)在 1k～30kHz 频带的分量 CVT 会产生严重的传变误差，该误差是否会对电压行波的分析和应用造成影响将在后面进一步仿真研究。

(5)在 30kHz 以上的高频分量基本上会被完全抑制，无法从 CVT 的二次侧得到系统中 30kHz 以上的高频分量。

(6)对于小于 1Hz 的低频分量和直流分量，由于 CVT 容抗很大，通过 CVT 会被截止，相位也会发生 180°的偏移。

(7)1～15Hz 频带由于发生测量回路的谐振，CVT 二次侧电压幅值被放大，波形发生畸变。

2. 方波(直角波)的 CVT 传变特性

由于电压行波具有直角波的特征，所以可以通过不同频率方波(直角波)的 CVT 传变特性分析行波的 CVT 传变特性。图 5.35 为不同频率方波(直角波)的 CVT 一、二次侧仿真波形，可以看出不同频率的方波通过 CVT 会发生不同程度的畸变。

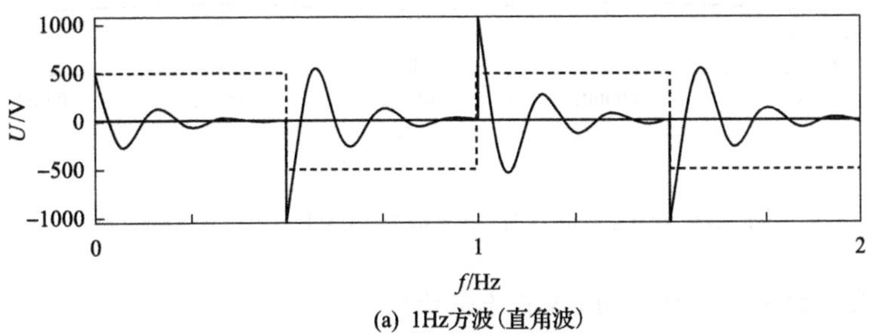

(a) 1Hz方波(直角波)

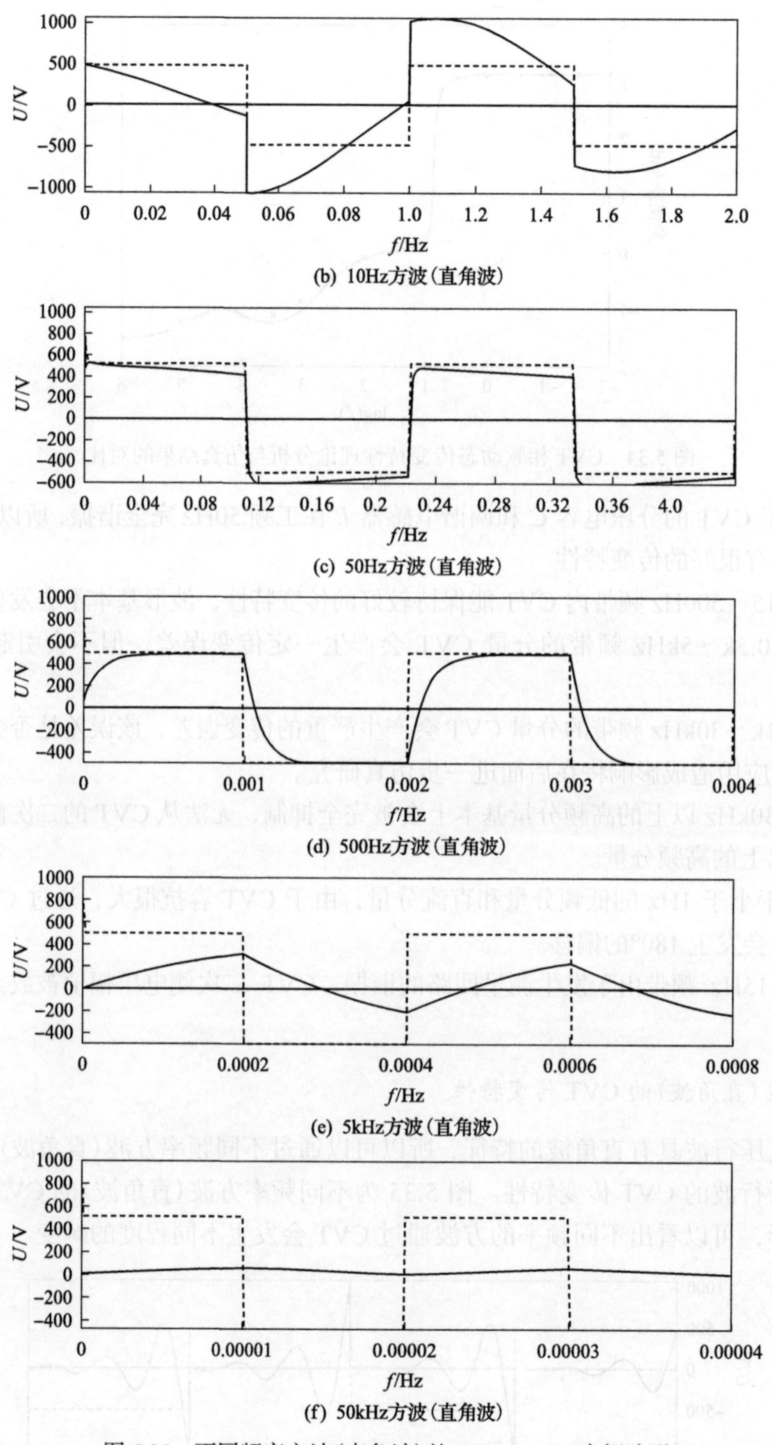

图 5.35　不同频率方波(直角波)的 CVT 一、二次侧波形

3. 电力系统暂态电压行波的 CVT 传变特性

从前面的分析得知，电压行波通过 CVT 会发生一定畸变。下面将对电力系统暂态电

压行波的 CVT 传变特性进一步进行研究[69]。

图 5.36 列出了一个简单双电源 500kV 系统。假定距离 M 侧 80km 的 A 点 1ms 时刻发生故障，图 5.37 列出了三相短路故障时 CVT 两侧的电压行波，图中虚线是一次波形，实线是二次波形。

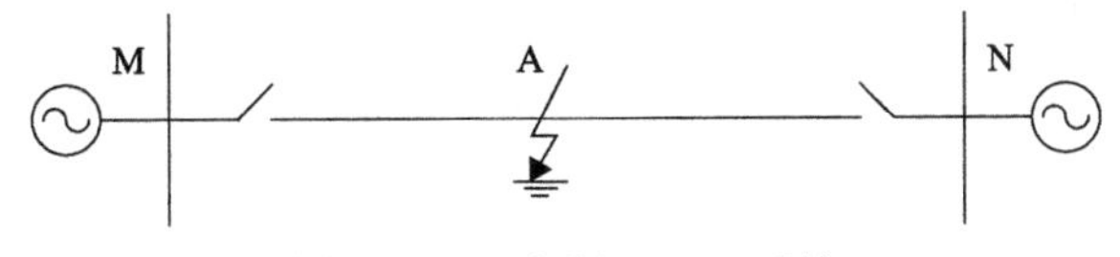

图 5.36　双电源 500kV 系统

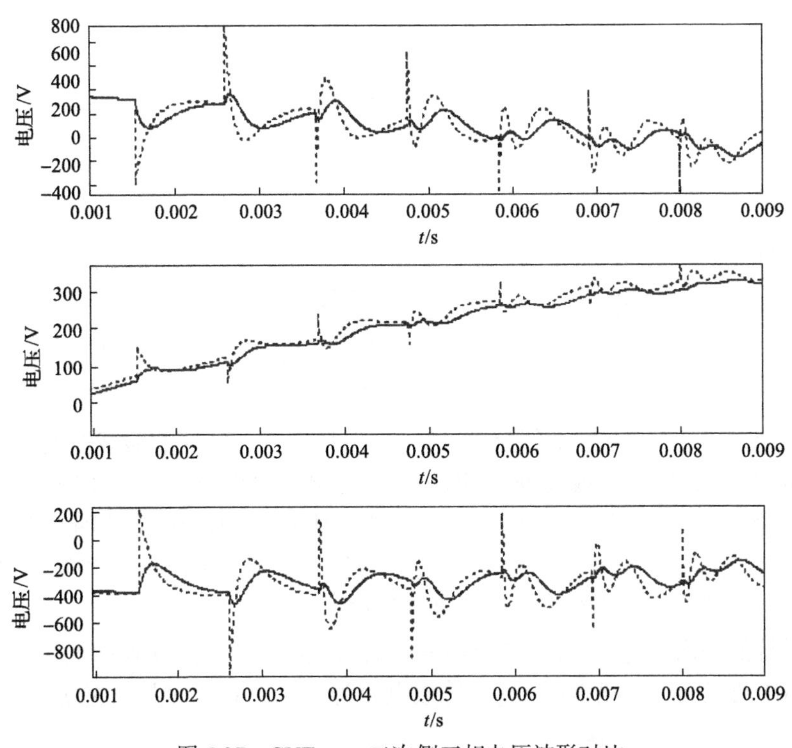

图 5.37　CVT 一、二次侧三相电压波形对比

参数为系统 M 侧，$U=500\angle 20°\text{kV}$，$R_1=1\Omega$，$X_1=10\Omega$；N 侧 $\dot{U}=500\angle -10°\text{kV}$，$R_1=1\Omega$，$X_1=10\Omega$。线路长度，$l=180\text{km}$，$R_1=0.3316\Omega/\text{km}$，$R_0=0.465\Omega/\text{km}$，$X_1=0.422\Omega/\text{km}$，$X_0=1.506\Omega/\text{km}$，$B_1=2.644\times10^{-6}s/\text{km}$，$B_0=1.61\times10^{-6}s/\text{km}$。

通过分析可以看出，通过 CVT 获取电压行波存在一定的传变误差，但二次侧波形仍然包含一定有用的故障信息。后边的分析将会发现，尽管 CVT 暂态特性尤其是宽频暂态行波传变特性不好，但是主要的故障特征还是能够被传变的。

5.2.4　详细模型下的电容式电压互感器的暂态行波传变特性

1. 完整的电容分压式电压互感器结构

实际的电容分压式电压互感器(capacitive voltage transformer，CVT)由电容分压器、中间变压器(step down transformer，SDT)、补偿电抗器(tuning reactor，TR)、铁磁谐振阻尼器(ferro-resonance suppression circuits, FSC)等部分组成，后三部分总称为电磁单元。CVT 的基本结构如图 5.38 所示，其中高压电容 C_1 和 C_2 构成电容分压器，L_t 为补偿电感器，用于补充分压电容的影响，SDT 为中间变压器，其二次侧两绕组分别为负荷绕组和剩余电压绕组，分别连接负荷和铁磁谐振阻尼器，现在电力系统中使用的铁磁谐振阻尼器主要是谐振型阻尼器和速饱和型阻尼器，所以本书将对基于这两种典型的阻尼器的 CVT 的行波传变特性都给予研究。

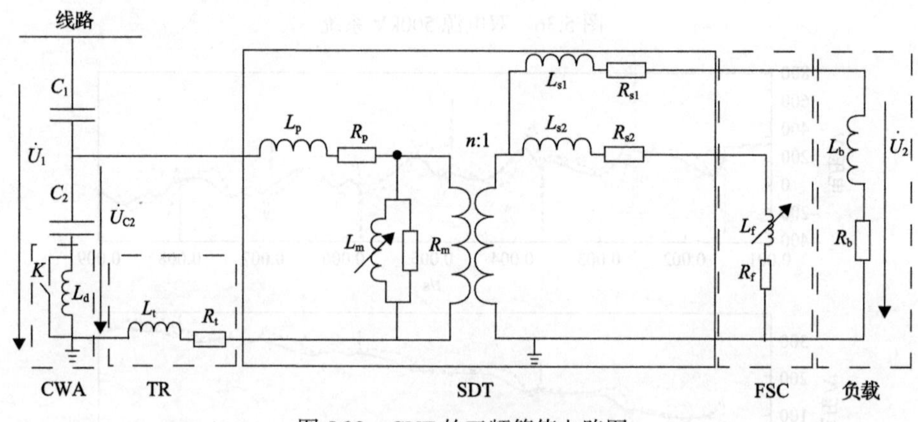

图 5.38　CVT 的工频等值电路图

由于在超、特高压系统中，线路的 CVT 中分压电容一般还兼做载波通信使用，所以在等值电路中需要考虑到载波通信用的排流线圈。在图 5.38 中 CWA(carrier wave accessory)是指电容式电压互感器中的载波附件，其中 L_d 即为排流线圈，而与之并联的为接地刀闸 K。接地刀闸合上后，电容分压器低压端就处于地电位，这样在 CVT 带电的情况下，可以对载波通信用结合滤波器进行检修。

电力系统的一次侧电压 U_1 经电容器分压后得到电压 U_{C2}，根据戴维南等效电路，等效电压为 AB 两点间的开路电压 U_{C2}，等效电容为 $C=C_1+C_2$，如图 5.39 所示。

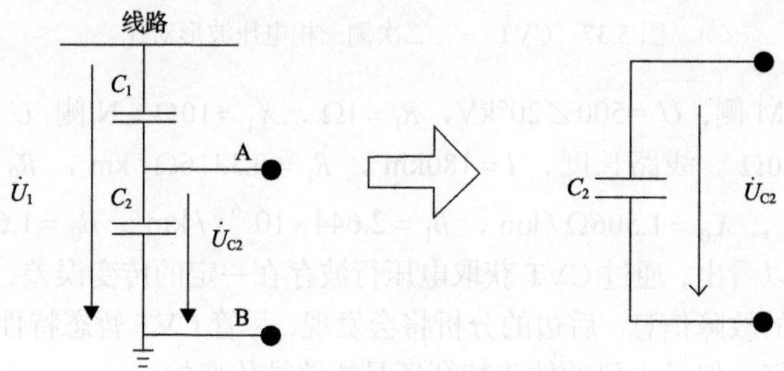

图 5.39　电容分压器等效电路图

在图 5.38 中，L_t、R_t 为补偿电抗器的电感和电阻；L_p、R_p 为中间变压器的一次绕组的漏电感和直流电阻；L_{s1}、R_{s1}、L_{s2}、R_{s2} 分别为中间变压器两个二次绕组的漏抗和直流电阻(数值折算到中间变压器一次侧)；L_m、R_m 为中间变压器的激磁电感和损耗电阻；L_b、

R_b 为负荷电感和电阻；L_f、R_f 为速饱和型消谐器的电阻和电感。补偿电抗器的作用就是为了补偿分压电容的影响，补偿电抗器串联在分压电容和中间变压器之间，在额定频率下，满足 $1/\omega C \approx \omega(L_t + L_p + L_s')$，其中 L_s' 为中间变压器二次绕组漏感折算到其一次侧的等效值。因为电压互感器对于二次设备来讲，相当于一个电压源，经过补偿电抗器补偿后，相当于该电压源的内阻接近为零，以此保证电容式电压互感器一次电压与二次电压之间获得理想的变比和相位关系，且使 CVT 的工频时变比和相位特性受负荷大小变化的影响减小[73]。

谐振阻尼器的作用是为了抑制电容式电压互感器本体可能产生的铁磁谐振。由于电容式电压互感器的等值电路中存在非线性电感 L_m，在电容式电压互感器二次侧空载时，非线性电感 L_m 与分压电容器的等值电容 C 串联，在某些情况下会产生串联谐振，产生危害电容式电压互感器本体及二次设备安全的过电压。电容式电压互感器的自然谐振频率为 $f_0 = 1/(2\pi\sqrt{L_0 C})$，该频率一般为额定频率(几 Hz 甚至更低)，因而电容式电压互感器正常运行时不会出线谐振情况。但是当电容式电压互感器一次侧突然合闸或二次侧发生短路有突然消失等暂态过程中，电容式电压互感器的激磁电抗会出现饱和而导致其激磁电感值下降，使自然谐振频率 f_0 升高，达到额定频率的 1/5、1/3 或 1/2 等，从而导致某一分数次数的谐振。由于电容式电压互感器本身的电阻值很小，若不外接阻尼电阻，铁磁谐振可能会持续很长时间而损坏电容式电压互感器及其二次设备。谐振阻尼器主要包括纯电阻阻尼器、谐振阻尼器和速饱和阻尼器三种类型，如图 5.40 所示。

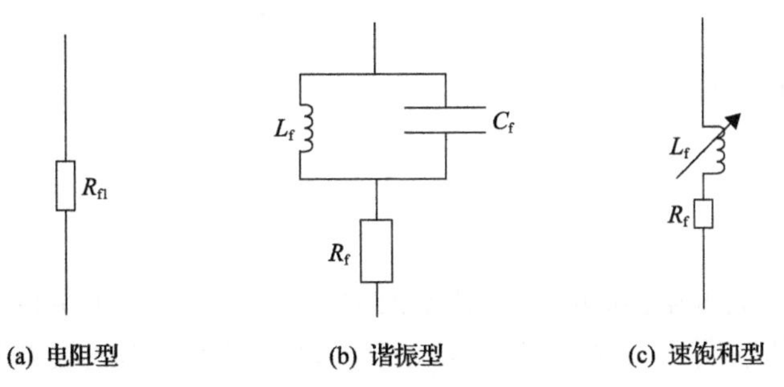

图 5.40　电容式电压互感器阻尼器

1) 纯电阻阻尼器

纯电阻阻尼器是最早使用的谐振阻尼器，如 5.40(a)所示。该类消谐器由于电阻长期承受电容式电压互感器二次侧电压，消耗功率较大，且长时间运行后电阻器老化严重，现在已逐渐被淘汰。

2) 谐振型阻尼器

如图 5.40(b)所示，由于在工频时，电容 C_f 在与电感 L_f 组成并联谐振回路，形成很大的阻抗，所以正常运行时，消谐器中的电阻 R_f 上只有很小的泄漏电流流过，功率损耗小。而在电容式电压互感器谐振时，电容 C_f 在与电感 L_f 的谐振条件被破坏，并联支路程现的阻抗减小，电阻支路中流过的电流迅速增大，消耗功率增大，从而达到阻尼谐振的作用。谐振型阻尼器中的电阻只在发生谐振时流过较大电流，较纯电阻型阻尼器有所进步。但是谐振型阻尼器的暂态响应特性较差。当电容式电压互感器一次侧电力系统发生故障，一次绕组电压突然降低，因为在正常运行时，电感和电容中就存储有一定能量，且电容 C_f 在与电感 L_f 中的能量有个振荡放电过程，其二次绕组电压不能快速跟随一次绕组电压变化[74,75]，不能满足超高速保护对电容式电压互感器瞬变响应速度要求。虽然谐振型阻尼器在相当长的时间内在电力系统中有着广泛的应用[76]，但由于瞬变响应特性不理想的缺点，正逐渐被饱和型阻尼器所取代。

电容式电压互感器铁磁谐振发挥阻尼作用的是阻尼器中的阻尼电阻，一般可按下式计算：

$$R_f \leqslant \frac{1}{\omega_N(C_1+C_2)}\left(n-\frac{1}{n}\right)\frac{U_f^{\ 2}}{U_N^{\ 2}} \tag{5-18}$$

式中，C_1、C_2 为分压电容器的电容；ω_N 为额定角频率；$\frac{1}{n}$ 为分次谐波次数；U_f 为剩余绕组额定电压；U_N 为中间变压器一次绕组额定电压。

在额定频率下，阻尼器中的电容 C_f 与电感 L_f 处于并联谐振状态，理论上阻抗为无穷大，当互感器发生分次谐波铁磁谐振时，电容 C_f 与电感 L_f 的谐振条件被破坏，以常见的1/3 次谐波铁磁谐振为例，此时电容 C_f 与电感 L_f 的并联电抗为

$$X_f=\frac{3}{8}\omega_N L_f=\frac{3}{8}\frac{1}{\omega_N C_f} \tag{5-19}$$

此时阻尼器消耗的功率为

$$P_f=\frac{U_f^2}{R_f^2+X_f^2}R_f \tag{5-20}$$

式中，U_f 为电容式电压互感器的二次剩余绕组电压，对于本书研究的超、特高压输电系统 U_f=100V。分析表明，当 R_f=X_f 时，R_f 消耗的功率最大，阻尼效果最佳，因而

$$P_f=\frac{U_f^2}{2R_f} \tag{5-21}$$

在确定阻尼器的电阻后，可以根据下式确定阻尼器的电容 C_f 与电感 L_f。

$$C_f=\frac{3}{8\omega_N R_f},\ L_f=\frac{8R_f}{3\omega_N} \tag{5-22}$$

3)速饱和型阻尼器

速饱和电抗型阻尼器的原理电路如图 5.40(c)所示，由速饱和型电抗器 L_f 和阻尼器电阻 R_f 串联构成。这种阻尼器是靠电抗器铁心的快速饱和而将阻尼电阻 R_f 接入 CVT 回路的。在 CVT 正常运行条件下电抗器的电抗 L_f 很大，通过阻尼器的电流仅为几十毫安，其功耗及储能均很小；而当 CVT 发生铁磁谐振时，在过电压作用下电抗器的电感值急剧

下降，将电阻 R_f 接入回路消耗足够的功率来阻尼铁磁谐振，带有这种阻尼器的 CVT 具有良好的瞬变响应特性[77,78]。

速饱和型阻尼器的关键部件是速饱和电抗器，设计时应使其磁化特性(伏安特性)曲线的拐点显著低于中间变压器的磁化特性的拐点，否则在过电压下中间变压器保护产生了谐振，而阻尼器尚未达到饱和点，就不能有效发挥阻尼作用了。

速饱和型阻尼器对瞬变响应效果良好，能满足系统快速保护装置的要求，因而获得广泛应用。速饱和阻尼器的阻尼电阻值的确定方式与谐振型阻尼器一样。考虑到谐振时电压波形的畸变、磁化特性分散性等复杂因素，阻尼器的参数值一般要根据试验结果进行适当调整，以保证在正常运行条件下，阻尼器消耗的功率很小，不至于对 CVT 的准确度和输出容量造成显著的影响，同时在过电压及分次谐波作用下，产生的大电流通过阻尼电阻消耗功率大，满足阻尼铁磁谐振的要求。

2. 电容式互感器的宽频响应等值电路模型

输电线路故障的电压故障行波是一个高达数百 kHz 的宽频带信号，要研究电容式电压互感器的电压行波传变特性，必须建立电容式电压互感器的宽频响应等值电路模型。电容式电压互感器在一次绕组之间，二次绕组之间以及一二次绕组之间都存在一定的杂散电容，由于杂散电容一般为 nF 至 pF 数量级，在研究 CVT 的工频传变特性时，通常都忽略这些杂散电容的影响，但是对于频率高达几百 kHz 的电压行波信号，这些杂散电容的影响就不容忽略。本书参照了 IEEE 推荐的电容式电压互感器暂态响应研究模型[78]，建立了 CVT 的宽频响应等值电路模型，如图 5.41 所示，其中 C_t 为补偿电抗器的杂散等值电容；C_p 为中间变换器一次绕组的杂散电容；C_{s1}、C_{s2} 为中间变压器二次绕组的杂散电容；C_{ps1}、C_{ps2} 为中间变压器一二次绕组间的杂散电容。CVT 中这些杂散电容的数值一般依靠实测得到。其中，补偿电抗器的杂散电容与电感线圈的匝数和绕制方式等因素有关，一般在几十到上百 pF，中间变压器的一次绕组杂散电容也在几十到几百 pF，二次绕组和剩余绕组的杂散电容约为数百到数千 pF，一二次绕组之间的耦合电容值较小，为数十 pF[79-85]。

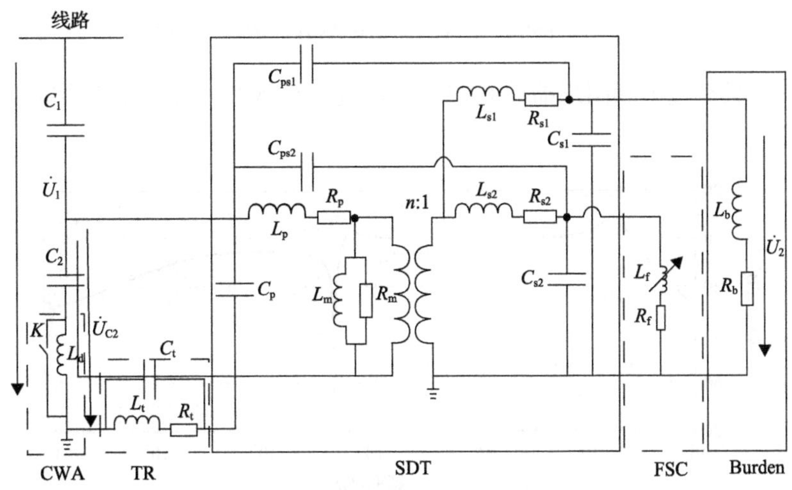

图 5.41　电容式电压互感器宽频响应电路模型

本书以一个实际 750kV 电容式电压互感器参数为依据，在电磁暂态仿真软件 ATP 中建立了电容式电压互感器的宽频仿真模型。主要参数如表 5.3 所示。

表 5.3　750kV 电容式电压互感器参数

参数	数值	参数	数值	参数	数值
额定电压/kV	750	C_1/pF	5147	L_p/H	4.46
额定容量/(V·A)	200	C_2/pF	17500	R_p/Ω	2500
中间电压/kV	12.6	L_t/H	43.31	L_{s1}/mH	0.27
二次绕组额定电压/V	$100/\sqrt{3}$	R_t/Ω	246	R_{s1}/Ω	0.08
剩余绕组额定电压/V	100	C_t/pF	150	L_{s2}/mH	0.15
L_m/H	6137	C_p/pF	100	R_{s2}/Ω	0.07
R_m/MΩ	1.19	C_{s1}/pF	40	C_{s2}/pF	223
L_b/mH	63.18	C_{ps1}/pF	0.0119	C_{ps2}/pF	0.0559
R_b/Ω	26.45	L_f/mH	5.414	R_f/kΩ	1.7

表 5.3 的参数中，非线性电感 L_f、L_t 参数都是指正常运行在线性工作区的电感值，其中负荷值的确定原则为根据电容式电压互感器的国标 GB/T_4703—2001 中对负荷的规定，750kV 电容式电压互感器的二次负载功率因素按 0.8 考虑，因而根据绕组容量可计算负载阻抗及相应的电阻和电感值。

3. 电容式互感器的宽频响应特性

根据 CVT 的等值电路及表 5.3 中的具体参数，可以计算出 CVT 的频率响应。考虑到在超、特高压电力系统中，谐振型阻尼器和速饱和型阻尼器都有使用[86]，因而在本书的研究中，分别给出了具有速饱和阻尼器的 CVT 频率响应和具有谐振型阻尼器的频率响应，其中谐振型阻尼器的参数为

$$L_f = 14.158\text{mH},\ C_f = 716.78\mu\text{F},\ R_f = 1.7\Omega$$

图 5.42 为具有速饱和阻尼器的 CVT 频率响应，图 5.43 为具有谐振型阻尼器的 CVT 频率响应。

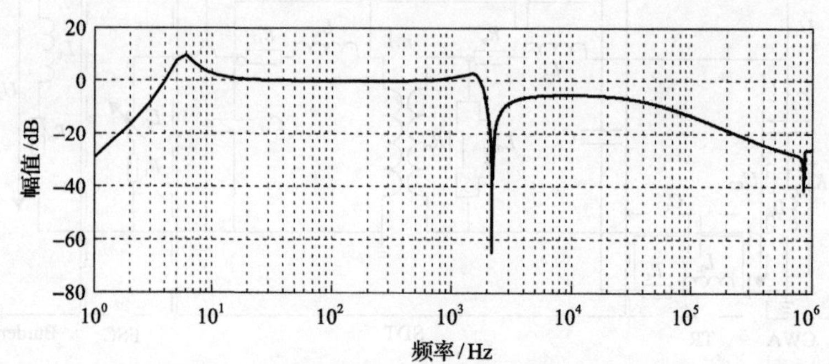

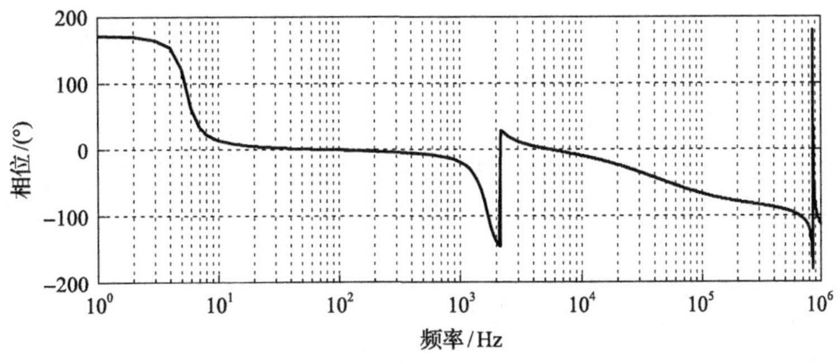

图 5.42　速饱和型阻尼器且无排流线圈

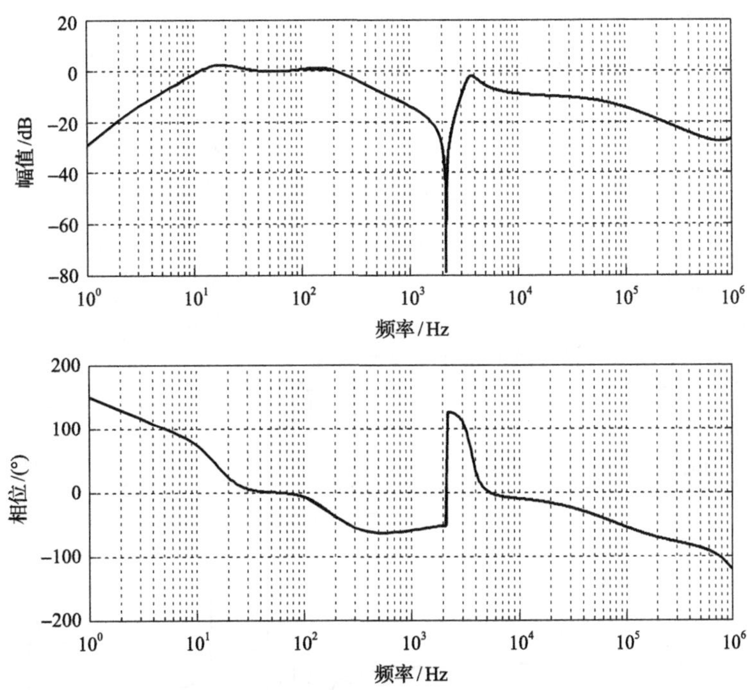

图 5.43　谐振型阻尼器且无排流线圈

从图 5.42 和图 5.43 中电容式电压互感器的频率响应曲线可以看出如下特征。

(1) 无论阻尼器是速饱和型还是谐振型，在工频 50Hz 附近，CVT 具有很好的传变特性，幅值衰减和相位偏移几乎为零。

(2) 在 30～1000Hz 频带范围内，速饱和阻尼器的幅频响应和相频响应比谐振型阻尼器的要好，因而速饱和阻尼器的 CVT 在这个频带内的电压信号可以作为故障检测的依据。但谐振型阻尼器的 CVT 的频率响应只在 30～100Hz 频带范围内较好，在 100Hz 以上的频带内，频率响应特性较差，幅值衰减开始增大，相位偏移也逐步增大。

(3) 在 1～30Hz 频带范围内，具有速饱和型阻尼器的 CVT 与具有谐振型阻尼器的 CVT 频率响应基本类似。在 1～4Hz 频带范围内，幅值响应衰减严重，相位偏移严重；在 4～30Hz，幅值响应出现局部的放大，相位偏移严重。

(4) 在 1kHz 以上频带，具有速饱和型阻尼器的 CVT 与具有谐振型阻尼器的 CVT 幅频响应和相频响应出现多处的带通和带阻特性，幅频响应总体上呈现衰减特征，且具有谐振型阻尼器的 CVT 幅值比具有速饱和型阻尼的 CVT 幅值衰减严重。而具有速饱和型阻尼器的 CVT 与具有谐振型阻尼器的 CVT 相频响应在 1kHz 以上高频段都相位偏移严重。

综上所述，无论阻尼器的类型为谐振性还是速饱和型，CVT 在 50Hz 工频一小段频带内都具有较好的传变特性，而具有谐振型阻尼器的 CVT 频率响应较具有速饱和型阻尼器的 CVT 频率响应差。

为了检验载波设备的排流线圈对电容式电压互感器的频率响应的影响，本书也计算了考虑排流线圈时 CVT 的频率响应，如图 5.44 和图 5.45 所示，其中图 5.44 为具有速饱和阻尼器时的 CVT 频率响应，图 5.45 为具有谐振型阻尼器时的 CVT 频率响应，比较图 5.44、图 5.45 与图 5.42、图 5.43 可以发现如下特征。

(1) CVT 频率响应在 1000Hz 以下的频段，无论阻尼器的类型如何，有无载波设备的排流线圈对 CVT 频率响应影响不大。

(2) 在 1000Hz 以上的频段，考虑载波设备的排流线圈时，无论阻尼器的类型如何，幅频响应和相频响应的畸变更加严重，具有更多的带通带阻特性。

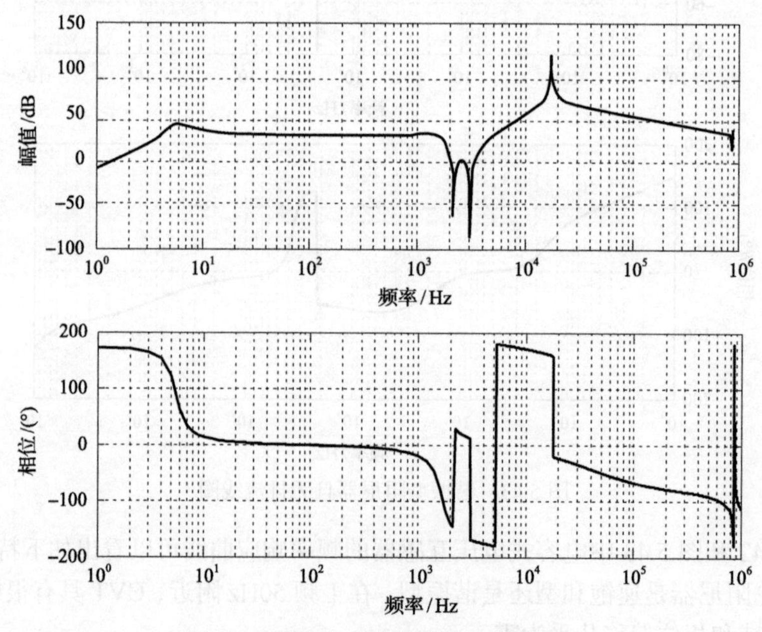

图 5.44　速饱和型阻尼器且有排流线圈

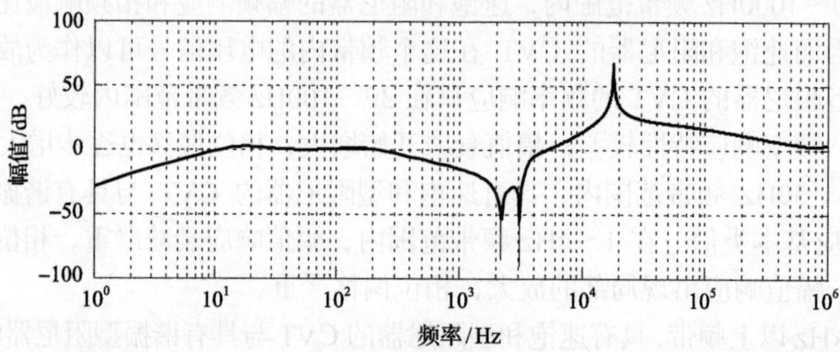

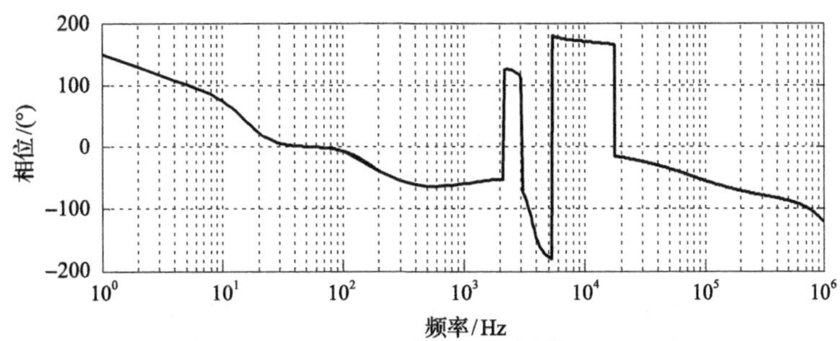

图 5.45　速饱和型阻尼器且有排流线圈

综上所述，由于 CVT 内部的电感与分压电容和杂散电容间产生了复杂的串联谐振和并联谐振，CVT 频率响应中出现了多处的带通和带阻特性。由此可见，电压故障行波经过 CVT 传变后，必将产生严重的衰减和变形。但无论阻尼器的类型如何，无论有无载波器的排流线圈，CVT 在工频附近的一小段频带内传变特性良好，因而极化电流行波方向继电器中利用电压故障行波中的工频分量构成保护的判据，理论上完全是可行的。

根据前文的分析，不论 CVT 的阻尼器是谐振型还是速饱和型，不论是否考虑到载波通信中排流线圈的影响，CVT 的频率响应中在工频附近一小频段内均具有良好的传变特性。理论上，阻尼器的类型和排流线圈对极化电流行波方向继电器中电压故障行波中工频故障分量的获取没有影响，同时考虑到在超、特高压系统中速饱和型阻尼器正逐步取代谐振型阻尼器[95]，且随着光纤通信技术的发展和广泛使用，载波通信正逐渐被光纤通信所取代，因而本书用速饱和阻尼器、无载波器排流线圈的 CVT 宽频模型作为介绍对象。

4. 研究电容式互感器的宽频响应详细参数模型

为了进一步研究电容式电压互感器的行波传变特性，本书用电磁暂态仿真软件 ATP 建立了电容式电压互感器的宽频特性研究模型。同时在对行波保护装置进行动模实验测试时，为了使故障测试数据更接近电力系统实际，也需要建立电容式电压互感器的宽频特性模型，以便获得更接近电力系统实际的 CVT 二次电压故障数据来测试行波保护装置。

根据图 5.41 的 CVT 宽频等值电路和表 5.3 中的参数，可以在电磁暂态仿真软件 ATP 中建立相应的 CVT 模型，图 5.46 所示的为一单相 CVT 仿真模型。

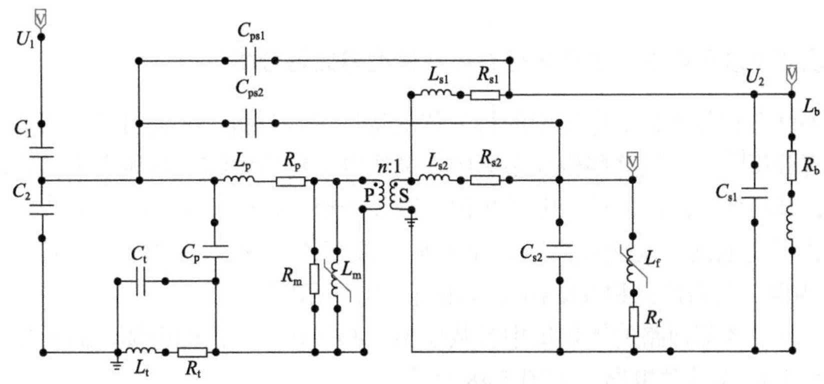

图 5.46　CVT 的电磁暂态模型

如图 5.46 所示，对图中非线性元件的处理如下。

1) 变压器的激磁电感

互感器生产商提供的 CVT 的中压变压器伏安特性试验数据如表 5.4 所示，由 ATP 软件中自带的程序 HYSDAT，可以将伏安特性曲线转化为变压器的励磁特性曲线，建立仿真模型。

表 5.4　750kV CVT 中压变压器伏安特性曲线

U_e/V	20	50	80	100	120	140	160
I_e/mA	48.5	88	128	154	177.5	207.5	238

2) 速饱和阻尼器的励磁电感

本书中使用的速饱和阻尼器的励磁电感数据如表 5.5 所示

表 5.5　速饱和型阻尼器的电感伏安特性曲线

U_e/V	120	123	130	135	140	145	154	163
I_e/A	0.04	1.0	7.0	9.5	13.0	17.1	24.0	29.0

电压故障行波中工频分量的初始极性是明确的，与 CVT 一侧电压故障行波中工频分量的极性保持一致。

5.3　二次电缆的故障行波传输特性

二次电缆把现场互感器二次输出的电压、电流信号通过电缆传递给控制室，供继电保护和各种二次控制设备、仪器、仪表来使用。从行波信号传输的角度考虑，二次侧电缆的长度及行波传播特性不能够被忽略。根据电磁波传输理论，负载端得到的信号取决于传输线的边界条件，即 CT 的二次侧信号相当于电缆传输线的信号源，而故障录波、继电保护等二次设备的仪用互感器则是传输线的等效负载。根据传输线理论，二次侧电缆模型的建立取决于其中传输的信号波长与电缆参数、长度之间的关系。因此，本节将以电流行波为对象具体讨论现场行波信号的传输过程中二次侧电缆的建模问题。

5.3.1　二次侧电缆集中参数模型与分布参数模型等效性分析

国内外已有相关文献对电缆中的行波传变特性进行分析，或通过试验研究并建立模型进行仿真分析[87,88]，但这些研究多集中于高压电力传输电缆。高压电力传输电缆电压等级较高，且与变电站内的控制电缆相比，线径较粗、长度较长，因而参数差别较大。

以一典型变电站二次侧控制电缆型号铜芯聚氯乙烯绝缘和护套编织屏蔽控制电缆 KVVP2-4 为例。其横截面积及结构参数如图 5.47 所示[89]。

为了建立二次侧回路的等效集中参数模型，必须建立二次侧电缆的高频集中参数模型，这里采用 PI 型等效电路，如图 5.48 所示。

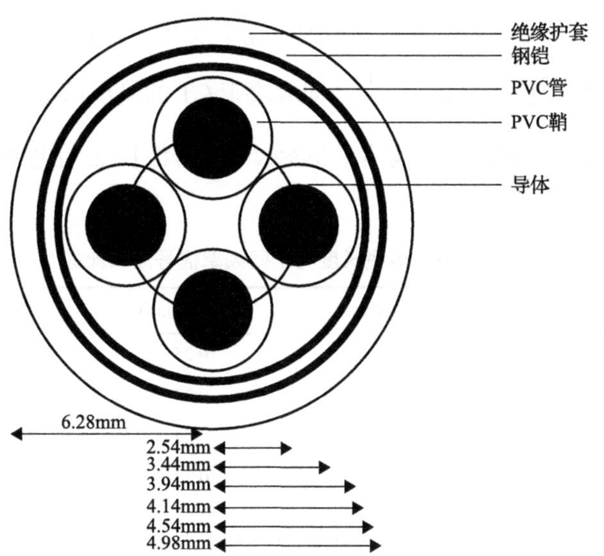

图 5.47　二次侧电缆横截面积与结构示意图

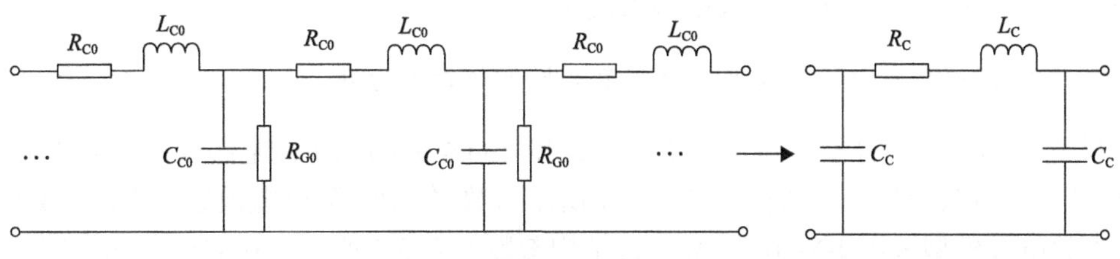

图 5.48　二次侧电缆等效 PI 模型

图 5.48 所示即为将分布参数的电缆模型等效为集中参数 PI 型的电缆模型。其中，R_{C0}、L_{C0}、C_{C0} 分别为电缆单位长度的电阻、电感和电容；R_C、L_C、C_C 则为等效的集中参数电缆模型中整体的电阻，电感和电容。为了对电缆的集中参数模型等效的合理性进行考察，先利用 EMTP/ATP 暂态仿真软件中的“LCC”模块，建立出电缆的分布参数模型，再通过“Line-Check”模块计算出其等效集中参数 PI 模型的参数。二次侧电缆的集中参数 PI 型等效模型中各参数如表 5.6 所示。

表 5.6　二次电缆集中参数等效模型参数

参数	R_C/ (Ω/km)	L_C/ (mH/km)	C_C/ (nF/km)
数值	6.4	3.1	87.5

5.3.2　二次侧电缆等效建模

1.二次侧电缆集中参数模型与分布参数模型等效性分析

以前述铜芯聚氯乙烯绝缘和护套编织屏蔽控制电缆 KVVP2-4 为例，其横截面积及结构参数如图 5.47 所示，它的单位长度电阻、电感和电容数值如表 5.6 所示。

综合考虑二次侧电缆所传输的信号频带及电缆本身长度，这里记二次侧电缆长度为

l_c。根据经验，在绝大多数变电站中，l_c范围在几十米至一千米以内。根据前述电磁波传输理论，CT 二次侧行波信号波长$\lambda=\frac{v}{f}$，即取决于 CT 的输出信号频带。不同电缆长度、不同信号波长下(50Hz～10kHz)，线路正序参数及信号波长 λ 与电缆长度 l_c的比值分列于表 5.7 中。

表 5.7　不同电缆长度与不同频率信号波长比较

f/Hz	R_0+/(Ω/km)	L_0+/(mH/km)	C_0+/(μF/km)	λ/km	λ/l_C
50	6.73	2.21	0.25	626.74	1253.51
100	7.04	1.56	0.24	343.58	687.21
1000	7.83	0.47	0.24	69.51	139.01
5000	7.92	0.47	0.24	18.24	36.51
10000	8.22	0.43	0.25	9.64	19.3

由表 5.7 中数据比较可见，由于所传输的行波信号波长远大于电缆长度，所以电缆模型可以采用集中参数 PI 型等效模型来代替。

2. 二次侧电缆集中参数模型与分布参数模型等效性仿真

利用 EMTP/ATP 分别搭建基于集中参数和分布参数的二次侧电缆模型，负载端采用 1Ω 的纯电阻负载模拟，CT 参数采用表 5.1 所示参数，集中参数电缆模型采用表 5.6 数据，分布参数电缆模型采用 J-Marti 模型[67]，结构参数如表 5.7 所示。在 CT 的一次侧输入波头上升时间为 5μs 的行波信号，比较采用 PI 型集中参数模型与分布参数模型电缆的情况下的负载端的输出波形。取电缆长度为 50～800m。波形比较结果如图 5.49 所示。

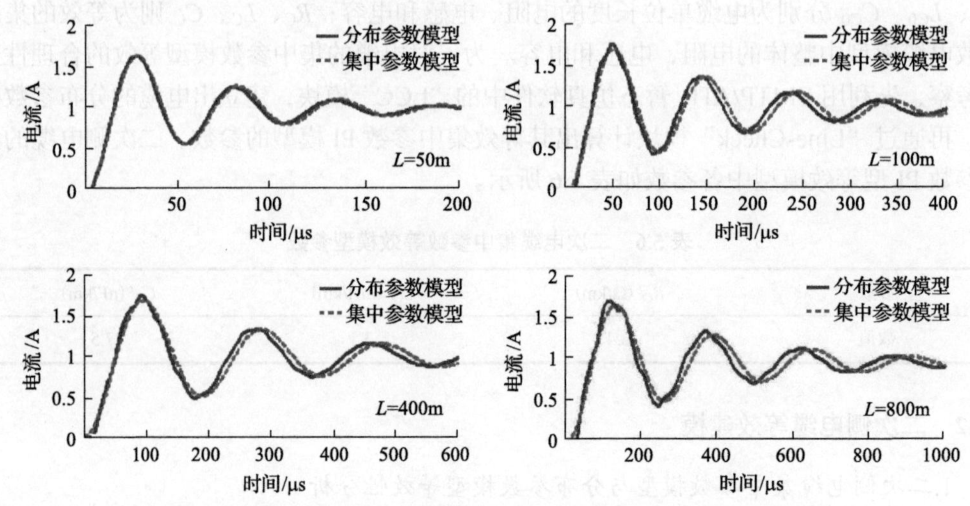

图5.49　二次侧电缆分布参数模型与 PI 模型仿真输出波头对比(图)

可见，分布参数模型与集中参数模型的分析方法的应用主要取决于所分析的信号频谱及所关心的频带范围。本书中，在考虑 CT 高频响应特性的情况下，集中参数电缆模型与分布参数电缆模型在一定长度、一定信号频率范围内，输出端波形形状基本一致，因而将二次侧电缆作为集中参数模型进行分析是合理的。

因此，下文的分析中采用集中参数电缆模型对二次侧传变回路进行等效电路的构建并分析。

5.4　二次侧电流传输通道的行波传输特性

5.4.1　二次侧电流回路联合建模

由于在现场中只能得到经过二次侧传变回路传变后的行波数据，所以二次侧回路的行波传变特性分析至关重要[89]。二次侧回路主要包含电流互感器、控制电缆和二次回路负载等。由于二次侧回路的非理想传变特性，在实际记录的行波数据中，存在明显的高频振荡分量的干扰。首先围绕变电站二次侧回路进行等效建模和传递函数的推导，并对其行波传变特性进行分析，以得到二次侧行波波头振荡的数学表达式。在此基础上讨论二次侧回路各参数，以及一次侧线路实际因素对波头振荡现象的影响。为了验证上述分析和模型的合理性，利用现场记录波形与仿真模型输出的波形进行对比，为进一步针对波头振荡的分析、提取及滤除奠定理论基础。

在变电站中，需要利用电压互感器、电流互感器将一次侧线路上的高电压信号或大电流信号转换成二次侧额定电压(100V 或 173.2V)的低压信号或额定电流(1A 或 5A)的信号。目前传统 220kV 及以上变电站均采用电容分压式电压互感器，而电流互感器则采用常规的电磁式电流互感器。电压或电流互感器对一次侧电压和电流信号的传变特性直接决定了测距装置的性能。传统 CVT 由于通过电容分压的缘故，其高频信号的传变特性较差，导致电压行波无法被有效应用。而 CT 的高频传变特性较好，因而在目前的行波保护与测距方案中，多采用电流行波。本书中将 CT、二次侧控制电缆及故障录波器、保护装置等串接的二次侧装置组成的二次侧负载统称为二次侧传变回路，如图 5.50 中所示。

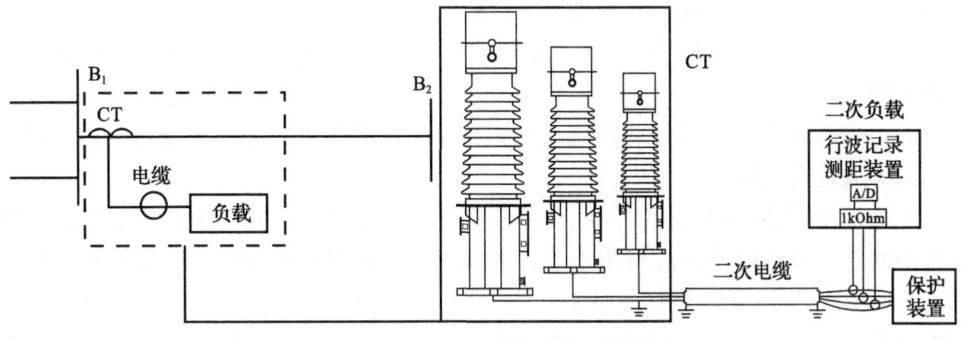

图 5.50　变电站二次侧电流传变回路示意图

然而在现场应用中，电流二次侧回路的高频传变特性仍然对基于行波的高精度测距存在影响。其主要原因为现场中的 CT 需要通过一段一定长度的二次侧电缆才能与故障录波测距等装置连接。根据传输线电磁波理论，对于工频信号来说，由于电缆长度远远小于信号波长，故完全可以忽略二次侧电缆的影响；但对于行波信号来说，由于信号包含频率较高，所以二次侧电缆的影响将不能被忽略。如图 5.51 所示为一故障初始电流行波波头经过 CT 传变后通过与不通过二次侧电缆两种情况下的波形比较，可以看出由于电缆的影响，波形中的畸变和衰减振荡现象明显增加。

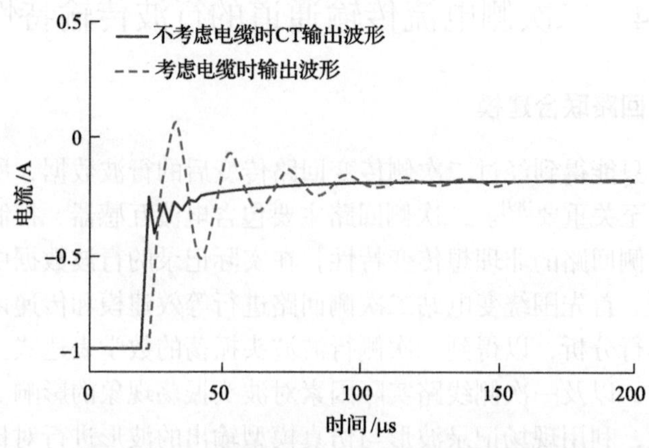

图 5.51　二次侧电缆对行波波头传变影响

讨论二次侧回路对行波信号的影响需要结合 CT 传变特性、电缆参数及二次侧负载参数等因素进行综合考虑。在 500kV、750kV 等超高压变电站中，由于故障电流通常较大，所以变电站中多建有就地控制小室，将保护与故障录波测距装置装设于其中。在这种情况下，二次侧电缆的长度在几米至十几米的范围内，并且规定每个 CT 回路所串接的二次侧装置数量不大于 4 台。此时二次侧电缆的长度较短，且二次侧负载较小，行波传变过程中的畸变程度相对较轻。而在 110kV、220kV 变电站中，通常没有就地控制小室，保护与故障录波、故障测距等装置装设在变电站内中央控制室中。此时二次侧电缆长度则可能达到几百米甚至上千米，且 110kV 变电站中同一 CT 回路串接多个保护、故障录波、测控等装置的现象较为普遍，此时二次侧负载较大，由二次侧回路引起的行波波头畸变现象将会非常明显。这种现象将会影响到行波波头的准确辨识，甚至导致错误的故障测距结果，尤其当故障发生在线路近端或末端情况下。以下针对二次电流回路进行联合建模。

在前边的叙述中，已经分别就电流互感器、二次电缆进行了建模分析，以下讨论二次负载的等效建模问题。

二次侧传变回路负载为二次侧电缆所连接的故障录波、保护及测控等装置的仪用电流互感器回路。由于行波录波与测距装置的仪用 CT 高频特性良好，其上限截止频率可以达到 500kHz，所以可以忽略其对于行波信号传变过程中的影响。设二次侧回路负载的输入阻抗为 $Z_d = R_d + jX_d$。在国标 GB1208-2006 中规定二次侧负载的功率因数 θ_d 大于 0.9。利用继电保护测试仪和毫伏表，可以测量出 50Hz 下仪用互感器的输入交流阻抗 Z_d，输入直流电阻 R_d 等，并得到相应电感值。以一块典型 8 回路输入的录波器仪用 CT 板为例，针对其中每回路的输入阻抗进行测量，可以得到参数如表 5.8 所示。

表 5.8　二次回路负载输入阻抗测量参数

回路	直流电阻 R_d/Ω	交流阻抗 Z_d/Ω	电感 L_d/mH
1	0.017	0.020	0.032
2	0.019	0.022	0.035
3	0.020	0.023	0.031
4	0.030	0.032	0.028
5	0.019	0.023	0.029
6	0.022	0.024	0.031
7	0.031	0.033	0.030
8	0.026	0.030	0.023

表中数据针对一块仪用 CT 板卡的每一回路进行测试，由于板卡上仪用 CT 位置布局不同，所以与输入端连接的走线长度不同，直流电阻存在一定偏差，但是直流电阻和等效电感基本不变。因此，在论文后面的分析中，将二次侧负载等效为一个集中参数阻抗模型进行讨论。

5.4.2　二次侧回路传变特性分析

在针对二次侧回路各元件的集中参数模型的基础上，可以得到二次侧电流传变回路的整体等效电路模型[89]。

1. 二次侧回路整体模型与传递函数推导

基于集中参数的电流二次侧回路高频等效模型如图 5.52 所示。

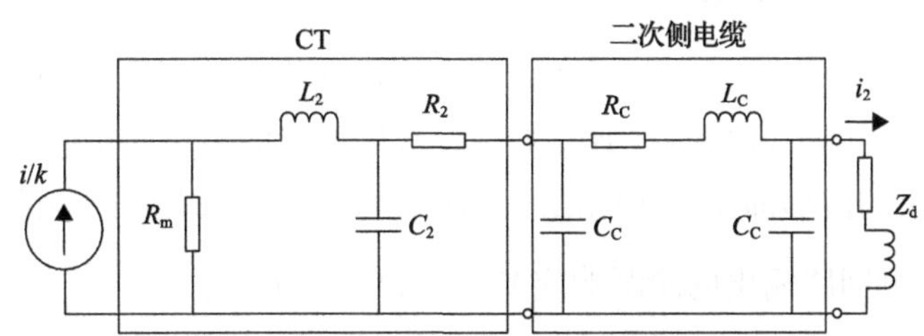

图 5.52　二次侧回路高频等效电路(图粗细不一致)

图中，R_m 为 CT 的等效铁磁损耗电阻；R_2、L_2和C_2 分别为 CT 二次侧线圈的电阻、漏电感和等效杂散电容；R_C、L_C和C_C 分别为集中参数电缆模型中的电缆电阻、电感和对地电容；$Z_L = R_d + j\omega L_d$ 为二次侧回路等效阻抗。

针对图中的等效电路，可以列写出相应的二次侧回路的复频域传递函数 H_{sc} 的表达式

$$H_{sc}(s) = \frac{R_m}{as^6 + bs^5 + cs^4 + ds^3 + es^2 + fs + g} \tag{5-23}$$

式中，a、b、c、d、e、f和g 均是与二次侧回路各元件相关的系数，表达式如式(5-24)～式(5-30)。

$$a = C_2 C^2{}_C L_2 L_C L_d R_2 \tag{5-24}$$

$$\begin{aligned} b = & C^2{}_{\mathrm{C}} L_2 L_{\mathrm{C}} L_{\mathrm{d}} + C_2 C_{\mathrm{C}} L_2 L_{\mathrm{C}} L_{\mathrm{d}} + C_2 C^2{}_{\mathrm{C}} L_2 L_{\mathrm{C}} R_2 R_{\mathrm{d}} \\ & + C_2 C^2{}_{\mathrm{C}} L_2 L_{\mathrm{d}} R_2 R_{\mathrm{C}} + C_2 C^2{}_{\mathrm{C}} L_{\mathrm{C}} L_{\mathrm{d}} R_2 R_{\mathrm{m}} \end{aligned} \tag{5-25}$$

$$\begin{aligned} c = & C^2{}_{\mathrm{C}} L_2 L_{\mathrm{C}} R_{\mathrm{d}} + C^2{}_{\mathrm{C}} L_2 L_{\mathrm{d}} R_{\mathrm{C}} + C^2{}_{\mathrm{C}} L_{\mathrm{C}} L_{\mathrm{d}} R_2 + C^2{}_{\mathrm{C}} L_{\mathrm{C}} L_{\mathrm{d}} R_{\mathrm{m}} + C_2 C_{\mathrm{C}} L_2 L_{\mathrm{C}} R_2 \\ & + 2C_2 C_{\mathrm{C}} L_2 L_{\mathrm{d}} R_2 + C_2 C_{\mathrm{C}} L_2 L_{\mathrm{C}} R_{\mathrm{d}} + C_2 C_{\mathrm{C}} L_2 L_{\mathrm{d}} R_{\mathrm{C}} + C_2 C_{\mathrm{C}} L_{\mathrm{C}} L_{\mathrm{d}} R_{\mathrm{m}} \\ & + C_2 C^2{}_{\mathrm{C}} L_2 R_2 R_{\mathrm{C}} R_{\mathrm{d}} + C_2 C^2{}_{\mathrm{C}} L_{\mathrm{C}} R_2 R_{\mathrm{d}} R_{\mathrm{m}} + C_2 C^2{}_{\mathrm{C}} L_{\mathrm{d}} R_2 R_{\mathrm{C}} R_{\mathrm{m}} \end{aligned} \tag{5-26}$$

$$\begin{aligned} d = & C_2 L_2 L_{\mathrm{C}} + C_{\mathrm{C}} L_2 L_{\mathrm{C}} + C_2 L_2 L_{\mathrm{d}} + 2C_{\mathrm{C}} L_2 R_{\mathrm{d}} + C_{\mathrm{C}} L_{\mathrm{C}} L_{\mathrm{d}} + C^2{}_{\mathrm{C}} L_2 R_{\mathrm{C}} R_{\mathrm{d}} \\ & + C^2{}_{\mathrm{C}} L_{\mathrm{C}} R_2 R_{\mathrm{d}} + C^2{}_{\mathrm{C}} L_{\mathrm{d}} R_2 R_{\mathrm{C}} + C^2{}_{\mathrm{C}} L_{\mathrm{C}} R_{\mathrm{d}} R_{\mathrm{m}} + C^2{}_{\mathrm{C}} L_{\mathrm{d}} R_{\mathrm{C}} R_{\mathrm{m}} + C_2 C_{\mathrm{C}} L_2 R_2 R_{\mathrm{C}} \\ & + 2C_2 C_{\mathrm{C}} L_2 R_2 R_{\mathrm{d}} + C_2 C_{\mathrm{C}} L_2 R_{\mathrm{C}} R_{\mathrm{d}} + C_2 C_{\mathrm{C}} L_{\mathrm{C}} R_2 R_{\mathrm{m}} + 2C_2 C_{\mathrm{C}} L_{\mathrm{d}} R_2 R_{\mathrm{m}} \\ & + C_2 C_{\mathrm{C}} L_{\mathrm{C}} R_{\mathrm{d}} R_{\mathrm{m}} + C_2 C_{\mathrm{C}} L_{\mathrm{d}} R_{\mathrm{C}} R_{\mathrm{m}} + C_2 C_{\mathrm{C}} R_2 R_{\mathrm{C}} R_{\mathrm{d}} R_{\mathrm{m}} \end{aligned} \tag{5-27}$$

$$\begin{aligned} e = & C_2 L_2 R_2 + C_2 L_2 R_{\mathrm{C}} + C_{\mathrm{C}} L_2 R_{\mathrm{C}} + C_{\mathrm{C}} L_{\mathrm{C}} R_2 + C_2 L_2 R_{\mathrm{d}} + 2C_{\mathrm{C}} L_2 R_{\mathrm{d}} \\ & + 2C_{\mathrm{C}} L_{\mathrm{d}} R_2 + C_2 L_{\mathrm{C}} R_{\mathrm{m}} + C_{\mathrm{C}} L_{\mathrm{C}} R_{\mathrm{d}} + C_{\mathrm{C}} L_{\mathrm{d}} R_{\mathrm{C}} + C_{\mathrm{C}} L_{\mathrm{C}} R_{\mathrm{m}} + C_2 L_{\mathrm{d}} R_{\mathrm{m}} \\ & + 2C_{\mathrm{C}} L_{\mathrm{d}} R_{\mathrm{m}} + C^2{}_{\mathrm{C}} R_2 R_{\mathrm{C}} R_{\mathrm{d}} + C^2{}_{\mathrm{C}} R_{\mathrm{C}} R_{\mathrm{d}} R_{\mathrm{m}} + C_2 C_{\mathrm{C}} R_2 R_{\mathrm{C}} R_{\mathrm{m}} \\ & + 2C_2 C_{\mathrm{C}} R_2 R_{\mathrm{d}} R_{\mathrm{m}} + C_2 C_{\mathrm{C}} R_{\mathrm{C}} R_{\mathrm{d}} R_{\mathrm{m}} \end{aligned} \tag{5-28}$$

$$\begin{aligned} f = & L_2 + L_{\mathrm{C}} + L_{\mathrm{d}} + C_{\mathrm{C}} R_2 R_{\mathrm{C}} + C_2 R_2 R_{\mathrm{m}} + 2C_{\mathrm{C}} R_2 R_{\mathrm{d}} + C_2 R_{\mathrm{C}} R_{\mathrm{m}} \\ & + C_{\mathrm{C}} R_{\mathrm{C}} R_{\mathrm{d}} + C_{\mathrm{C}} R_{\mathrm{C}} R_{\mathrm{m}} + C_2 R_{\mathrm{d}} R_{\mathrm{m}} + 2C_{\mathrm{C}} R_{\mathrm{d}} R_{\mathrm{m}} \end{aligned} \tag{5-29}$$

$$g = R_2 + R_{\mathrm{C}} + R_{\mathrm{d}} + R_{\mathrm{m}} \tag{5-30}$$

2. 阶跃响应与零极点分析

为了考察二次侧回路的行波传变特性，需要得到式(5-23)阶跃响应的解。由第二节分析可知，一次侧线路上的故障行波波头可以看作是标准的阶跃波形式。因此，行波故障记录装置所记录的波形即是二次侧回路的阶跃响应。记二次侧回路的输入行波信号为 $R(s)=\dfrac{1}{s}$，则二次侧回路输出的阶跃响应 $Y(s)$ 可以表示如下：

$$Y(s) = H_{\mathrm{SC}}(s)R(s) = \frac{1}{as^6 + bs^5 + cs^4 + ds^3 + es^2 + fs + g}\frac{1}{s} \tag{5-31}$$

上述复频域表达式的时域形式取决于传递函数 $H_{\mathrm{sc}}(s)$ 的零极点情况，也即式(5-23)分母的根的情况。由于 6 阶方程无法得到解析解的表达式，所以只能通过 MATLAB 进行数值求解。将表 5.1、表 5.6 和表 5.8 中的典型参数代入式(5-24)～式(5-30)，可以得到方程的根 X 为

$$\begin{cases} X_1 = -p_1 \\ X_2 = -p_2 \\ X_{3,4} = -\alpha_1 \pm \mathrm{j}\omega_1 \\ X_{5,6} = -\alpha_2 \pm \mathrm{j}\omega_2 \end{cases} \tag{5-32}$$

因此，对式（5-30）进行整理，可以得到阶跃响应如下：

$$Y(s)=H_{\mathrm{SC}}(s)R(s)=\frac{1}{\prod_{m=1}^{2}(s+pm)\prod_{n=1}^{2}(s^2{}_n+2\alpha_n s+\alpha^2{}_n+\omega^2{}_n)}\frac{1}{s} \tag{5-33}$$

根据 Laplace 反变换，式(5-33)的时域表达如下：

$$L^{-1}[Y(s)]=y(t)=H_{SC}(0)+A_1\mathrm{e}^{-p_1t}+A_2\mathrm{e}^{-p_2t}+B_1\mathrm{e}^{-\alpha_1t}\sin(\omega_1t+\varphi_1)+B_2\mathrm{e}^{-\alpha_2t}\sin(\omega_2t+\varphi_2) \tag{5-34}$$

式中，$H_{\mathrm{sc}}(0)$是常数项，也即波形中的直流偏移量；A_1、A_2分别是指数衰减分量的幅值；p_1、p_2分别是指数衰减分量的衰减系数；B_1、B_2分别是衰减正弦分量的幅值；α_1、α_2分别是衰减正弦分量的衰减系数；ω_1、ω_2分别为衰减正弦的角频率；φ_1、φ_2分别为衰减正弦的相移。上述典型的二次侧回路的 CT、二次电缆参数及负载参数如表 5.1、表 5.6 所示 。电缆长度取 50～500m；二次侧回路负载阻抗取为$Z_L=0.02+\mathrm{j}0.03\Omega$ 。可以通过数值计算的方式，将各极点计算出来，列于表 5.9 中。

表 5.9　不同电缆长度下二次侧回路传递函数极点

电缆长度/m	极点			
	X_1	X_2	$X_{3,4}$	$X_{5,6}$
50	-7.78×10^7	-5.60×10^7	$-2.80\times10^4\pm\mathrm{j}2.35\times10^5$	$-4.42\times10^3\pm\mathrm{j}2.36\times10^6$
100	-5.60×10^7	-3.97×10^7	$-1.70\times10^4\pm\mathrm{j}1.79\times10^5$	$-2.35\times10^3\pm\mathrm{j}1.42\times10^6$
200	-5.59×10^7	-2.07×10^7	$-1.27\times10^4\pm\mathrm{j}1.37\times10^5$	$-1.82\times10^3\pm\mathrm{j}1.06\times10^6$
300	-5.59×10^7	-1.44×10^7	$-0.98\times104\pm\mathrm{j}1.05\times10^5$	$-1.72\times10^3\pm\mathrm{j}0.86\times10^6$
400	-5.59×10^7	-1.12×10^7	$-7.20\times10^3\pm\mathrm{j}8.91\times10^4$	$-1.69\times10^3\pm\mathrm{j}0.74\times10^6$
500	-5.59×10^7	-9.28×10^6	$-7.12\times10^3\pm\mathrm{j}8.04\times10^4$	$-1.68\times10^3\pm\mathrm{j}0.66\times10^6$

根据 Laplace 反变换理论可知，上述两个实根X_1、X_2分别对应时域波形中的直流衰减分量$A_1\mathrm{e}^{-p_1t}$和$A_2\mathrm{e}^{-p_2t}$的衰减系数。由表 5.9 中的计算结果可以看出，两个实数极点绝对值是两对复根实部的 10～100 倍，即远大于两对虚根的实部，说明指数衰减分量的衰减速度远远大于正弦衰减分量的衰减速度，在所记录的波形中基本不会反映出来。二次侧回路的时域阶跃响应波形主要由两对虚根决定。设两对共轭复根中$X_{1,4}$对应时域衰减正弦分量$C_1=B_1\mathrm{e}^{-\alpha_1t}\sin(\omega_1t+\varphi_1)$，$X_{5,6}$对应时域衰减正弦分量$C_2=B_2\mathrm{e}^{-\alpha_2t}\sin(\omega_2t+\varphi_2)$。通过 Laplace 反变换法则可知，两对复根的实部对应正弦衰减分量的衰减系数，虚部对应正弦衰减分量的角频率ω_x，其与实际振荡频率f_x之间的关系如下：

$$f_x=\frac{\omega_{\mathrm{x}}}{2\pi T_{\mathrm{s}}} \tag{5-35}$$

式中，T_{s}为实际的采样间隔。

同样通过数值计算的方式，可以得到在不同的电缆长度下，二次侧传变回路单位阶跃响应中两个正弦衰减分量的频率 f_1、f_2 及幅值 B_1、B_2 和衰减系数 α_1、α_2，如表 5.10 所示。

表 5.10　不同电缆长度下两个衰减振荡分量频率、幅值与衰减系数

电缆长度/m	频率/kHz		幅值		衰减系数	
	f_1	f_2	B_1	B_2	α_1	α_2
50	37.4	378.3	0.66	0.018	-2.80×10^4	-4.26×10^3
100	28.5	226.6	0.74	0.031	-1.70×10^4	-2.35×10^3
200	21.8	168.9	0.79	0.048	-1.27×10^4	-1.82×10^3
300	16.7	136.7	0.80	0.059	-0.98×10^4	-1.72×10^3
400	14.2	117.2	0.82	0.061	-7.20×10^3	-1.69×10^3
500	12.5	105.5	0.82	0.063	-7.12×10^3	-1.68×10^3

通过表 5.10 的计算和比较可以看出，两个衰减正弦分量 C_1 和 C_2 中，C_1 振荡频率在十几到上万 Hz 以内，而 C_2 振荡频率在 100～400kHz 左右，C_2 振荡频率远大于 C_1；C_1 的幅值是 C_2 幅值的 15～50 倍；C_1、C_2 的衰减系数相近，C_1 衰减系数略大于 C_2。通过分析可以看出，在最终的时域波形中，C_1 必然占据主导地位，因而称分量 C_1 为低频主衰减振荡分量(low frequency component，LFC)；而 C_2 频率较高但是幅值极小，称为高频衰减振荡分量(high frequency component，HFC)。在 EMTP/ATP 中建立模型，对不同长度电缆下二次侧行波波头的振荡进行仿真，并进行频谱分析可得如图 5.53 所示的频谱特性。

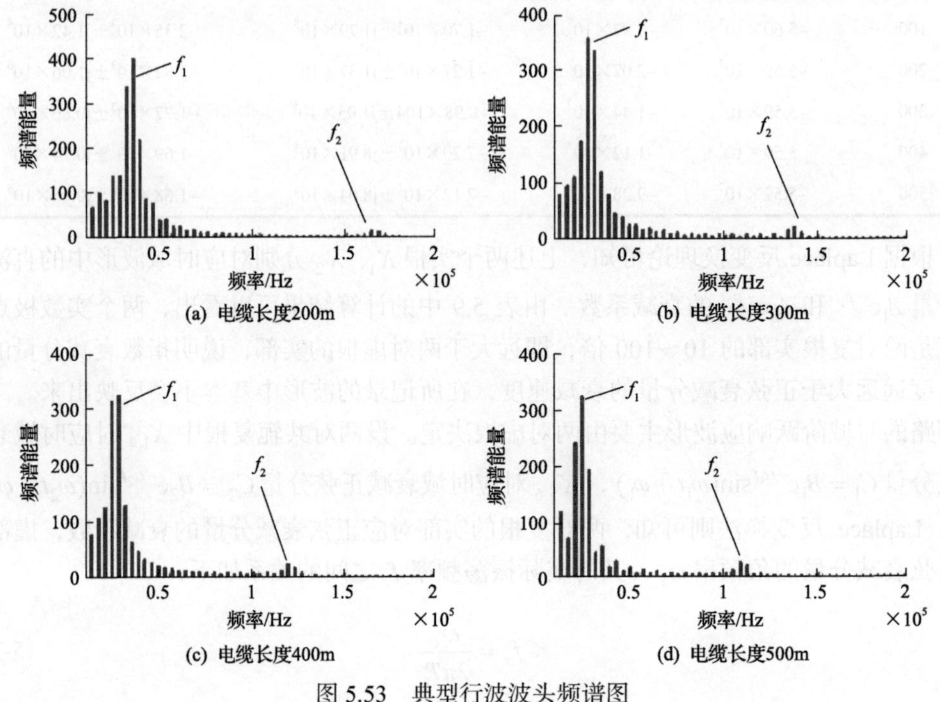

图 5.53　典型行波波头频谱图

通过时域波头的 Fourier 频谱分析可以看出，以 200m 电缆长度下的情况为例，在低频能量中最高值点为 27.3kHz，其 Fourier 分析能量谱值为 402.2，高频能量最高值点为 164.1kHz，其 Fourier 分析能量谱的值为 14.7；低频能量是高频能量约 30 倍。因此在时域波形中，低频振荡分量占主要能量，高频分量能量较少。

3. 二次侧回路模型阶数讨论

针对上述二次侧回路等效建模中的 CT 和电缆简化模型的合理性进行讨论。

1) 高阶模型讨论

首先讨论 CT 模型简化的合理性，在图 5.14 中，将 CT 的元件进行了简化，下面我们考察这样的省略是否会对二次侧回路的传递函数零极点分布产生影响。在图 5.14 中，由于现场一次侧只有一次侧线路，所以 R_1'、L_1' 的省略是没有问题的。激磁电感在 10～20H 内，在高频下视为开路也是没有问题的，在图5.14 中加上一次侧杂散电容 C_1 以及一、二次侧间杂散电容 C_{12} 的影响，得到如图5.54 所示等效电路。

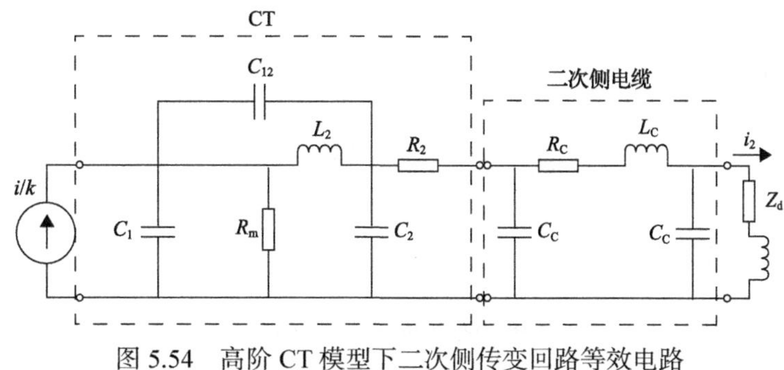

图 5.54　高阶 CT 模型下二次侧传变回路等效电路

可以得到 8 阶传递函数表达式如式(5-36)所示，为简化起见，这里不将系数展开。

$$H_{sc}(s) = \frac{R_m}{as^8 + bs^7 + \cdots + i} \tag{5-36}$$

将典型参数 $C_1 = 3\text{nF}$ 及 $C_{12}=0.1\text{pF}$ 带入，同样可以通过数值计算的方式求解得到在不同电缆长度下传递函数的极点如表 5.11 所示。

表 5.11　不同电缆长度下二次侧回路高阶传递函数极点

电缆长度/m	极点					
	X_1	X_2	$X_{3,4}$	$X_{5,6}$	X_7	X_8
50	-2.16×10^7	-2.50×10^7	无变化	无变化	-5.71×10^8	-6.28×10^9
100	-1.60×10^7	-1.87×10^7	无变化	无变化	-2.78×10^8	-5.81×10^9
200	-1.59×10^7	-1.07×10^7	无变化	无变化	-2.66×10^8	-5.15×10^9
300	-1.36×10^7	-0.74×10^7	无变化	无变化	-2.08×10^8	-5.15×10^9
400	-1.16×10^7	-0.52×10^7	无变化	无变化	-1.15×10^8	-5.15×10^9
500	-1.09×10^7	-0.28×10^7	无变化	无变化	-0.78×10^7	-5.15×10^9

可以看出，采用更复杂的模型得到更高阶的传递函数，但对应的复根极点并没有受到影响，增加的实根仍然由于快速的衰减性能而对时域波形不会产生影响。

2)低阶模型讨论

二次侧电缆模型中的对地等效电容 C_C 在电缆极短的情况下可以简化，但是在电缆较长的情况下，如果省略分布电容将会造成计算与实际偏差增大的后果。省略电缆对地电容的情况下，可以得到二次侧回路等效电路如图 5.55 所示。

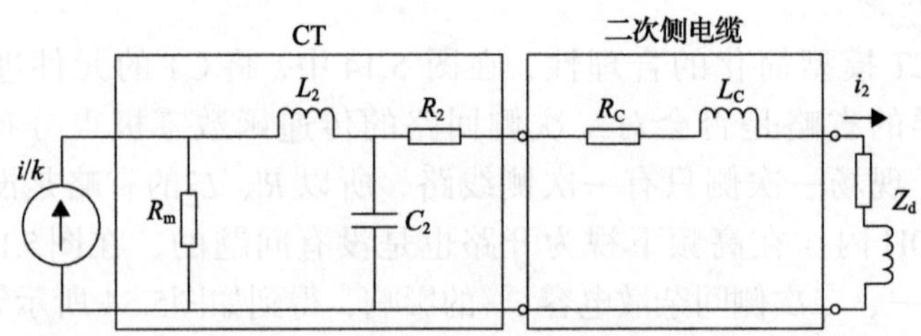

图 5.55　省略电缆对地电容下二次侧传变回路等效电路

可以求得此时的传递函数表达式为

$$H_{sc}(s)=\frac{R_m}{as_3+bs^2+cs+d} \tag{5-37}$$

可以求得各项系数为

$$a=C_2L_2L_C+C_2L_2L_d \tag{5-38}$$

$$b=C_2L_2R_2+C_2L_2R_C+C_2L_2R_d+C_2L_CR_m+C_2L_dR_m \tag{5-39}$$

$$c=L_2+L_C+L_d+C_2R_2R_m+C_2R_CR_m+C_2R_dR_m \tag{5-40}$$

$$d=R_2+R_C+R_d+R_m \tag{5-41}$$

同样，在不同电缆长度下，将各典型参数带入其中，不同电缆下阶跃响应的极点分布如表 5.12 所示。

表5.12　不同电缆长度下省略电缆分布电容时传递函数极点

电缆长度/m	极点	
	X_1	$X_{2,3}$
50	-7.37×10^5	$-2.98\times10^4\pm2.99\times10^5$
100	-7.36×10^5	$-2.12\times10^4\pm3.41\times10^5$
200	-7.35×10^5	$-1.81\times10^4\pm2.55\times10^5$
300	-7.35×10^5	$-1.57\times10^4\pm2.16\times10^5$
400	-7.34×10^7	$-1.28\times10^4\pm2.01\times10^5$
500	-7.34×10^7	$-1.15\times10^4\pm1.12\times10^5$

可以发现，在省略了电缆对地分布电容之后，传递函数的极点发生了改变，因而所求出主振荡频率也发生了改变。在 EMTP/ATP 中利用电缆分布参数 JMarti 模型建立二次侧传变回路，仿真不同电缆长度下二次侧波头的振荡，并将 6 阶传递函数式(5-23)、8 阶传递函数式(5-36)及 4 阶传递函数(5-37)的主振荡频率计算值与仿真结果进行对比，如图 5.56 和图 5.57 所示。

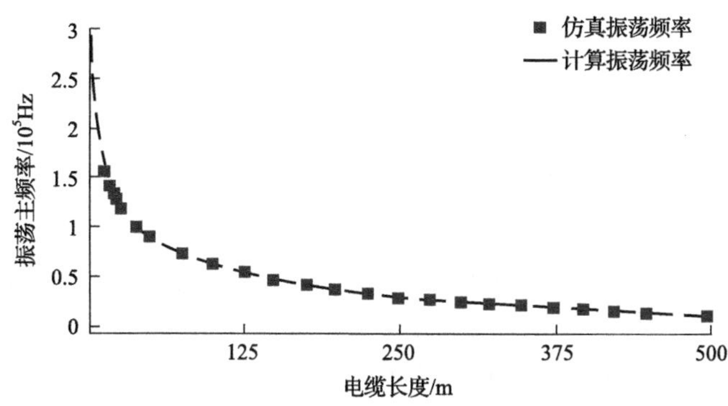

图 5.56　完整模型计算与仿真结果对比

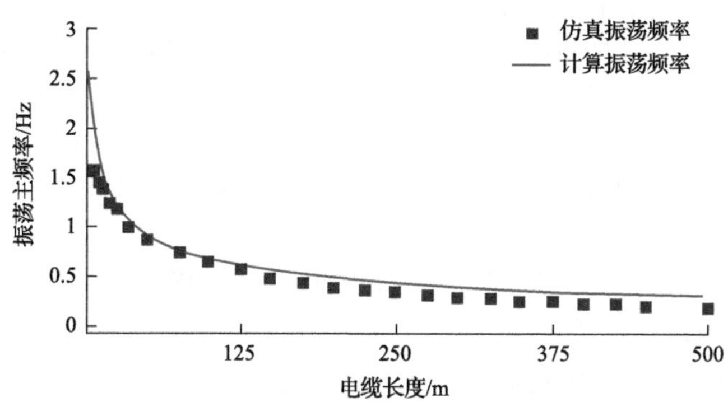

图 5.57　省略电缆对地电容模型计算与仿真结果对比

通过计算可知，高阶(8 阶)二次侧回路传递函数模型与 6 阶传递函数计算结果一致，因而这里只比较 6 阶传递函数与省略了电缆对地电容的 3 阶传递函数的计算频率与仿真频率之间的误差。通过对比可以看出，6 阶传递函数对应计算结果与实际仿真结果较吻合，而省略了电缆对地电容的低阶传递函数计算结果明显高于仿真结果，且随着电缆长度的增加而增大，证明了在电缆较长的情况下，电缆分布电容对二次侧波形的影响不可以忽略。

第 6 章　输电线路纵联行波方向保护

6.1　波阻抗继电器

6.1.1　波阻抗继电器的基本原理

快速切除线路故障是增加输电线路传输容量、提高电力系统稳定性的重要措施。利用故障行波的暂态分量，可以构成超高速动作的继电保护。实际上，早期行波保护的概念也主要集中在对暂态故障行波的利用上，大家把行波和暂态等同看待；然而，从前边的分析不难看出，故障行波并非只有暂态分量。本节所要讨论的波阻抗继电器，也是利用初始行波，属于对暂态故障行波的挖掘和利用。

暂态故障行波的宽频、暂态性质，易于造成有用行波信号和无用行波信号、行波信号和噪声的混淆，给行波保护构成带来困难。如果不能有效甄别故障行波和非故障行波，基于暂态故障行波的继电保护将无法保证可靠性。但是，行波保护(以下在不引起混淆的情况下，不再单独强调暂态故障行波)所具有的特殊性能，比如不受 CT 饱和影响、不受过渡电阻影响、不反映电力系统振荡、不受长线分布电容的影响和具有快速动作性能等，正是超高压输电线路保护所需要的。因此，行波保护一直受到大家的关注和重视。

随着小波变换的出现，暂态故障行波分析有了可靠的数学工具。特别地，由于小波变换的时频局部化性能——能够对时变信号按“点”建谱，这使行波故障特征有了清晰明确的表达。基于小波变换的行波保护成为新一代行波保护研究的重要方向。同时，高速数据采集、DSP 和光互感器技术的飞速发展为新一代行波保护研究和实现提供了可靠的技术保障。

基于上述理由，深入研究基于小波变换的行波保护，特别是暂态行波保护新原理，并把它们付诸实施，不仅是必要的，而且具备现实的可能性。

本节介绍了一个计算初始电压和电流行波比值的新型行波方向继电器，命名为“波阻抗继电器”。与现有的行波方向继电器不同，该继电器与电压和电流行波的具体大小没有关系(过零时例外)，具有方向性强、动作迅速、构成简单的特点。从继电器算法方面看，该继电器可以使用小波变换构成算法，因而物理意义明确、数学推论严密；从目前的技术发展水平来看，实现所提继电器没有困难。

1. 动作判据

图 6.1(a)列出了单相无损输电线路，线路参数及符号意义亦示于图中。线路任一点发生故障时，线路上将出现运动的行波。图 6.1(b)列出了 F_1、F_2、F_3 故障时的行波传播网格图。

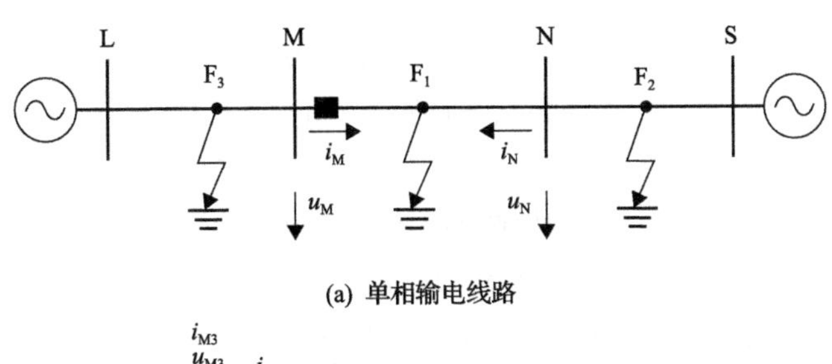

(a) 单相输电线路

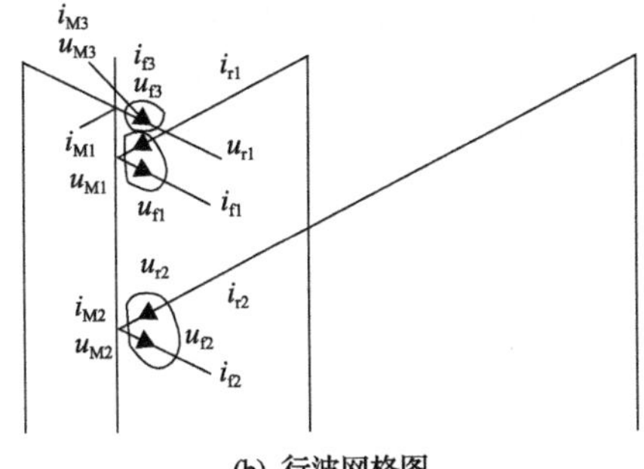

(b) 行波网格图

图 6.1　单相输电线路及行波网格图

图中，下标 1、2、3 代表故障位置；$u_{\mathrm{r}}(i_{\mathrm{r}})$为反行电压(电流)波；$u_{\mathrm{f}}(i_{\mathrm{f}})$为前行电压(电流)波；$u_{\mathrm{M}}(i_{\mathrm{M}})$为表示 M 点测得的电压(电流)。

由图 6.1 可见，测量点 R 正向故障时(F_1、F_2)，初始电压和电流行波中既有前行波又有反行波，分别对应于 u_{f1}、i_{f1}、u_{f2}、i_{f2}；反向故障时(F_3)，初始电压和电流行波中只有前行波而无反行波，对应于 u_{f3}、i_{f3}。这一明显差别，引发了基于行波的新型方向继电器——波阻抗继电器思想。

在图 6.1 中，由测量点 R 所测到的电压和电流行波可以表示为

$$\begin{cases} u = u_{\mathrm{r}} + u_{\mathrm{f}} = (1+\rho_u)u_{\mathrm{r}} \\ i = i_{\mathrm{r}} + i_{\mathrm{f}} = (1-\rho_u)i_{\mathrm{r}} \end{cases} \tag{6-1}$$

式中，$u(i)$为初始电压(电流)行波；$u_{\mathrm{r}}(i_{\mathrm{r}})$为反行电压(电流)波；$u_{\mathrm{f}}(i_{\mathrm{f}})$为前行电压(电流)波；$\rho_{\mathrm{u}}$为测量点 R 处的电压行波反射系数，一般情况为实数，取值范围是[−1,1]，在不造成混淆时，采用 ρ 代替 ρ_u。

若定义 Z_Σ为复合波阻抗、S_Σ为复合波导纳，则

$$\begin{aligned} Z_\Sigma &= \frac{u}{i} = \frac{1+\rho}{1-\rho}\times(-Z_{\mathrm{c}}) \\ S_\Sigma &= \frac{i}{u} = \frac{1-\rho}{1+\rho}\times\left(-\frac{1}{Z_{\mathrm{c}}}\right) \end{aligned} \tag{6-2}$$

式中，Z_{c}为线路波阻抗，Ω；Z_Σ为复合波阻抗，Ω；S_Σ为复合波导纳，S。

由上式可见，复合波阻抗 Z_Σ 和复合波导纳 S_Σ 分别具有阻抗和导纳的意义与量纲。它们是行波反射系数 ρ 的函数。

观察式(6-2)不难发现，如果故障发生在线路正方向，则 $Z_{\Sigma}/(-Z_c)$ 或者 $S_{\Sigma}\cdot(-Z_c)$ 总有一个大于 1；而当故障发生在反方向时，行波在测量点处(R)测不到反射行波分量，而只有来自母线 M 后面的行波的折射分量。因为折射电压和电流行波分量具有相同的折射系数，不会改变它们之间的比值关系(初始行波来自测量点反方向)。此时相当于 ρ 为零(实际上 ρ 可以不为零)，因而 $Z_{\Sigma}/(-Z_c)$ 和 $S_{\Sigma}\cdot(-Z_c)$ 的值都为 1。

基于上述结果，可以将波阻抗继电器定义为根据初始电压和电流行波的比值判断故障方向的继电器。

根据式(6-2)，波阻抗继电器的正向动作判据可以写成

$$\begin{cases}\dfrac{Z_{\Sigma}}{-Z_c}\geqslant 1+\varepsilon_1\\ S_{\Sigma}\cdot(-Z_c)\geqslant 1+\varepsilon_1\end{cases}\tag{6-3}$$

两式中只要有一个条件满足时，判为正向故障(或逻辑)。ε_1 为保证可靠动作的整定值。

相应地，波阻抗继电器的反向动作判据可以写成

$$\begin{cases}\dfrac{Z_{\Sigma}}{-Z_c}<1+\varepsilon_2\\ S_{\Sigma}\cdot(-Z_c)<1+\varepsilon_2\end{cases}\tag{6-4}$$

两个条件同时满足时判为反向故障(与逻辑)。ε_2 为定值，而 ε_1 一定大于 ε_2。

上述动作判据是根据复合波阻抗 Z_{Σ} 和复合波导纳 S_{Σ} 推导出来的，故新的行波方向继电器用波阻抗继电器命名，这样容易理解。

2. 动作特性分析

由上可知，方向继电器动作与否，取决于 $Z_{\Sigma}/(-Z_c)$ 和 $S_{\Sigma}\cdot(-Z_c)$ 的数值大小，它们可写成

$$\begin{cases}\dfrac{Z_{\Sigma}}{-Z_c}=\dfrac{1+\rho}{1-\rho}\\ S_{\Sigma}\cdot(-Z_c)=\dfrac{1-\rho}{1+\rho}\end{cases}\tag{6-5}$$

若定义正值函数 $f(\rho)$(函数曲线见图 6.2)

$$f(\rho)=\begin{cases}\dfrac{1+\rho}{1-\rho}, & 0\leqslant\rho\leqslant 1\\ \dfrac{1-\rho}{1+\rho}, & -1\leqslant\rho<0\end{cases}\tag{6-6}$$

则波阻抗继电器的动作特性完全由函数 $f(\rho)$ 决定。

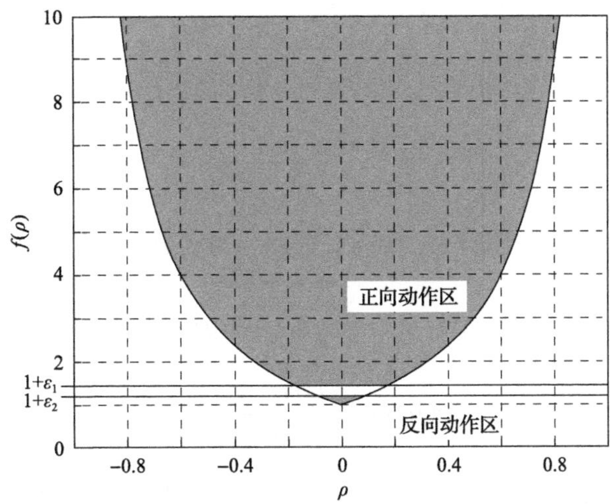

图 6.2　函数 $f(\rho)$ 曲线和波阻抗继电器动作特性

由图 6.2 可知，函数 $f(\rho)$ 在点 ρ=1、−1 处间断，为正无穷间断点，而在点 ρ=0 处取得极小值 $f(0)$=1；除点 ρ=0 外，正值函数 $f(\rho)$ 的数值皆大于 1。

函数 $f(\rho)$ 的特性清晰地表明了波阻抗继电器的动作特性，说明如下。

(1) 对应于行波反射系数 ρ=1，表示在母线 M 处除线路 MN 接于该母线之外，没有其他线路接于其上，此时，如果有故障行波被检出，肯定是正方向故障。

(2) 对应于行波反射系数 ρ=−1，表示在母线 M 处除线路 MN 接于该母线之外，还有许多线路或元件接于母线 M 上，导致其等效波阻抗为零，行波将发生全反射。此时，除正向故障发生外，母线 M 后面的任何故障行波绝不可能到达测量点 R。

(3) 对应于行波反射系数 ρ=0，表示在母线 M 处除线路 MN 接于该母线之外，另有一条也只有一条和线路 MN 波阻抗相等的线路接于母线 M 上。此时，母线 M 处波阻抗连续，行波不发生反射，这时波阻抗继电器失效。事实上，由于实际变电站母线上总会接有其他元件，它们对地的等效电容是不能够忽略的，所以行波反射是必然的，只是大小的差异。

特别需要说明的是，尽管测量点 R 处的行波反射系数 $\rho\neq0$，但是反方向故障时，测量点 R 处不能够检测到反射行波分量，相当于 ρ=0，因而上述判据依然成立。

事实上，行波反射系数 ρ 是不知道的，上述分析只是描述了波阻抗继电器的动作机理，在实际应用该继电器时，必须使用它的判据，即式 (6-3) 和式 (6-4)。

3. 对反射系数 ρ 和波阻抗 Z_c 的分析

由动作判据可以看到，行波反射系数 ρ 和波阻抗 Z_c 是影响该继电器的两个主要参数，有必要对其进行分析和说明。

1) 反射系数 ρ

在波阻抗间断点行波将发生折反射 (图 6.3)，反射系数可用下式计算：

$$\rho = \frac{Z_2 - Z_1}{Z_2 + Z_1} \tag{6-7}$$

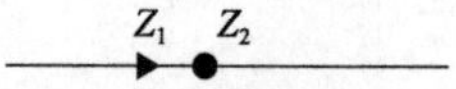

图 6.3 行波的反射

对于分布参数线路，波阻抗为实常数，因此ρ为实数。根据Z_1和Z_2的大小不同，ρ的取值范围为-1～+1。

在波阻抗间断点，有时还接有集中参数电感和电容，这时ρ可采用频域形式：

$$\rho(\mathrm{j}\omega) = \frac{Z_2(\mathrm{j}\omega) - Z_1(\mathrm{j}\omega)}{Z_2(\mathrm{j}\omega) + Z_1(\mathrm{j}\omega)} \tag{6-8}$$

式中，$Z_1(\mathrm{j}\omega)$、$Z_2(\mathrm{j}\omega)$为复阻抗。在这种情况下，波阻抗继电器动作判据仍然成立；其动作特性(式(6-6))可以用复函数$f[\rho(\mathrm{j}\omega)]$的模来表示。

2) 波阻抗 Z_c

在式(6-2)中，复合波阻抗Z_Σ和复合波导纳S_Σ的定义都含有波阻抗Z_c，Z_c是发生故障的线路的波阻抗。在波阻抗继电器的动作判据(式(6-5)、式(6-6))中，Z_c是被消去的，其前提条件就是用同一个$-Z_c$去除或乘复合波阻抗Z_Σ和复合波导纳S_Σ。如果行波来自其他线路，上述结论正确吗？答案是肯定的，因为区外故障所产生的初始行波折射入被保护线路后，折射分量电压和电流由被保护线路波阻抗决定。

4. 三相线路中的波阻抗继电器

对于三相输电线路，由于存在相间耦合，各相电压和电流并不独立，上述继电器动作判据不能分别应用于各相。为了解耦，可以采用相模转换技术，把相量电压和电流转换为模量，而各模量之间是相互独立的，进而把继电器判据应用于三相系统。

相模变换可以选用 Clarke 变换、0-γ-δ变换或 Karenbauer 变换。若采用 Karenbauer 变换

$$S = \begin{bmatrix} 1 & 1 & 1 \\ 1 & -2 & 1 \\ 1 & 1 & -2 \end{bmatrix};\quad S^{-1} = \frac{1}{3}\begin{bmatrix} 1 & 1 & 1 \\ 1 & -1 & 0 \\ 1 & 0 & -1 \end{bmatrix} \tag{6-9}$$

则模量电压和电流可以写成

$$\begin{cases} u_0 = \dfrac{1}{3}(u_\mathrm{a} + u_\mathrm{b} + u_\mathrm{c}) \\ u_\alpha = \dfrac{1}{3}(u_\mathrm{a} - u_\mathrm{b}) \\ u_\beta = \dfrac{1}{3}(u_\mathrm{a} - u_\mathrm{c}) \end{cases} \tag{6-10}$$

$$\begin{cases} i_0 = \dfrac{1}{3}(i_\text{a} + i_\text{b} + i_\text{c}) \\ i_\alpha = \dfrac{1}{3}(i_\text{a} - i_\text{b}) \\ i_\beta = \dfrac{1}{3}(i_\text{a} - i_\text{c}) \end{cases} \tag{6-11}$$

把单相线路中的复合波阻抗、复合波导纳推广于三相系统，可以写成

$$\begin{cases} Z_{\Sigma(j)} = \dfrac{u_{(j)}}{i_{(j)}} = \dfrac{1+\rho_{(j)}}{1-\rho_{(j)}} \times (-Z_{\text{c}(j)}) \\ S_{\Sigma(j)} = \dfrac{i_{(j)}}{u_{(j)}} = \dfrac{1-\rho_{(j)}}{1+\rho_{(j)}} \times \left(-\dfrac{1}{Z_{\text{c}(j)}}\right) \end{cases}, \quad j = 0, \alpha, \beta \tag{6-12}$$

式中，$Z_{\Sigma(j)}$ 为各模复合波阻抗；$S_{\Sigma(j)}$ 为各模复合波导纳；$\rho_{(j)}$ 为各模反射系数；$Z_{\text{c}(j)}$ 为各模波阻抗。

把单相波阻抗继电器动作判据推广于三相系统，可得到

$$\begin{cases} \dfrac{Z_{\Sigma(j)}}{-Z_{\text{c}(j)}} \geqslant 1 + \varepsilon_1 \\ S_{\Sigma(j)} \cdot (-Z_{\text{c}(j)}) \geqslant 1 + \varepsilon_1 \end{cases} \tag{6-13}$$

$$\begin{cases} \dfrac{Z_{\Sigma(j)}}{-Z_{\text{c}(j)}} < 1 + \varepsilon \\ S_{\Sigma(j)} \cdot (-Z_{\text{c}(j)}) < 1 + \varepsilon \end{cases} \tag{6-14}$$

以上二式的符号意义同式(6-9)。

图 6.4 列出了三相系统波阻抗继电器动作逻辑框图。

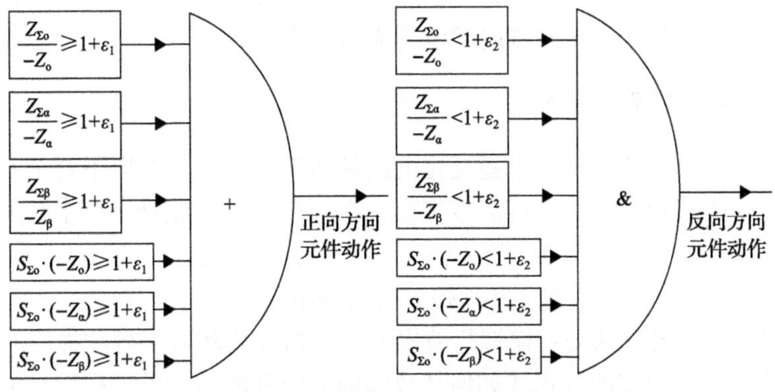

图 6.4　波阻抗继电器动作逻辑

5. 波阻抗继电器的整定与特点

1) 波阻抗继电器的整定

作为一种方向继电器，对它的基本要求就是能够快速、准确地识别故障方向。对于波阻抗继电器，动作特性直接取决于行波反射系数—母线结构，因而继电器的整定也必然和母线结构有关。

首先考虑母线只接有一回线路同时接有变压器，对于高频暂态行波而言，变压器所呈现的交流阻抗很大，定性分析时，可认为其开路。此时 $\rho=1$，$Z_{\Sigma}/(-Z_{c})=2$。

考虑母线接有三回进出线的情况，并假定它们的波阻抗相等。此时 $\rho=-0.33$，$S_{\Sigma}\cdot(-Z_{c})=2$。随着进出线回路数增多，$\rho$ 的绝对值变大，$S_{\Sigma}\cdot(-Z_{c})$ 的数值增大（大于 2）。

显然，如果不考虑一进一出的母线结构，则对于各种正向故障，波阻抗继电器的正向输出都大于或者等于 2。因此考虑不同线路波阻抗的差异，可取正向动作定值 $1+\varepsilon_1$ 接近 2，比如 ε_1 可以取为 0.5。

对于各种反向故障，波阻抗继电器的反向输出都为 1，这是由基本定义得来的。考虑到计算和测量误差，应该设置足够裕度，ε_2 可以取为 0.2。

2) 波阻抗继电器的特点

所提继电器具有以下特点。

(1) 快速动作性能，只反映初始行波。

(2) 构成简单，直接使用测量到的电压行波和电流行波判别故障方向，不需要构造方向行波(参见 Dommel 的行波判别式方向继电器)，这是该继电器的一个突出优点。因为电压和电流行波具有不同的二次传输通道，在构造方向行波时，二者的差异将造成继电器的错误输出。

(3) 与行波电压和电流的具体数值无关，这是该继电器的另一个突出特点。在 RALDA 型行波方向继电器中，方向判别依靠初始电压和电流的极性，而二者的数值差别会导致继电器不能动作或者错误动作。比如，当母线上只有一条线路时，正向故障电压行波的数值很大而电流行波为零，比较失去了依据；当母线上接有多回进出线时，电流行波很大而电压行波接近于零，继电器同样不能正确动作。在以上两种情况下，恰恰是波阻抗继电器动作最灵敏的时候，正向方向继电器输出为无穷大。

6.1.2 波阻抗继电器的算法研究

孤立地看行波，它是一个非平稳变化的高频暂态信号，具有以下特征：在时间域，行波到达继电点伴随着电压和电流信号突变；在频率域，行波是一个全频域信号，主要频率成分集中在 3～100kHz 频带。从故障后的全量电压电流看行波，它是故障附加分量。为构造波阻抗继电器[1]算法，首先必须提取行波分量。

行波提取方法主要有两类：模拟行波提取的延迟线法和数字行波提取的数值减法。

图 6.5 列出了 1 周波的延迟线如何从故障前的值和故障后的值提取行波。稳态情况下，差分放大器的输出为零，故障发生后，差分放大器的初始输出就是行波信号。该方

法的主要缺点是对硬件要求高，输出受硬件电路和电力系统频率变化的影响。

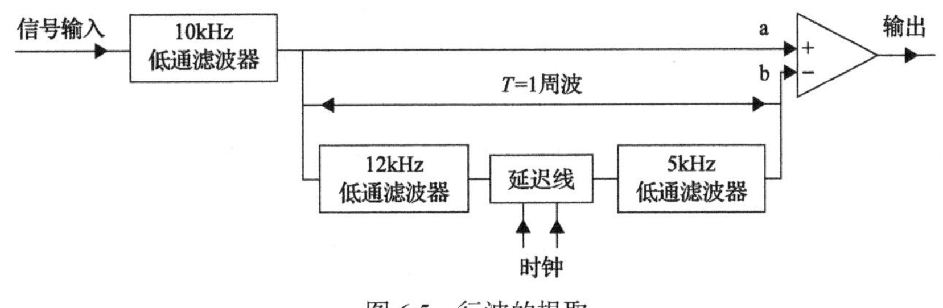

图 6.5　行波的提取

图 6.6 列出的是适合于微机实现的数字行波提取方法——数值减法。该方法的主要缺点是数据存储量太大(需要存储一个周波的高速数据采集结果)，对时钟同步要求太高，也受电力系统频率变化的影响。

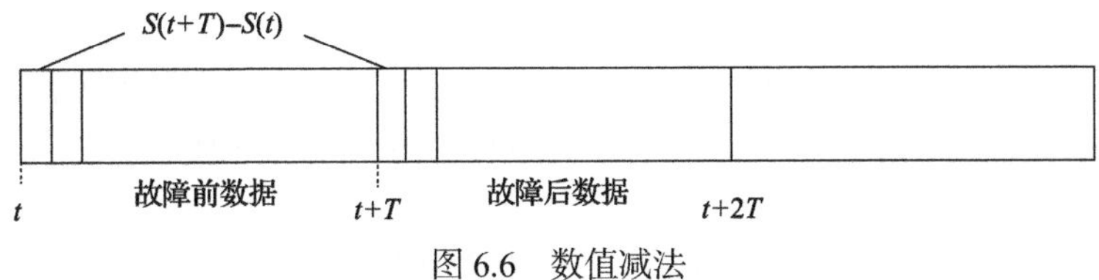

图 6.6　数值减法

显然，采用上述方法提取行波是困难的，有必要研究新的行波提取方法。

行波是非平稳变化的暂态信号，没有像周期信号的傅氏变换那样的有效算法，当然也不会有工频有效值和相角那样清晰而简洁的表达。如果采用时域瞬时值计算复合波阻抗和复合波导纳[1]并构成方向判据，计算点数不易确定，算法稳定性不能保证。

在实际的一次电力系统、二次传变系统和电子电路中，噪声是客观存在的。噪声会导致有用行波的识别和检测错误，造成继电器误动。如何从存在噪声的环境下提取有用的行波信号也是继电器算法所要考虑的问题。

观察前述的故障行波小波变换模极大值表示，我们事实上已经获得了我们所关注的故障行波特征——初始行波的小波变换模极大值，包括它的幅值和极性，使用小波变换后，故障行波的提取变得异常简单。我们几乎不用做任何工作，只要有故障波形就行。

1. 基于小波变换的继电器算法

把初始电压和电流行波表示为小波变换模极大值后，就可以按照式(6-13)、式(6-14)中的方向判据构造出波阻抗继电器算法。但是，模极大值是在给定尺度下的数值，根据小波分解的次数，初始行波有多个模极大值，选择哪一个模极大值或哪几个模极大值作为构造算法的依据会影响算法的性能。

在二进小波变换下，尺度参数把信号按频率划分到互相毗邻的频带$\{f_{max}, f_{max}/2\}$、$\{f_{max}/2, f_{max}/4\}$、$\{f_{max}/4, f_{max}/8\}$、$\{f_{max}/8, f_{max}/16\}$、…，它们依次对应的尺度为 2^1、2^2、2^3、2^4、…考虑到第一尺度对应于信号最高频率，其中包含有比较多的计算误差、量化误差和其他高频噪声，不使用该尺度下的模极大值；如果尺度参数太大，导致进入低频通带，考虑到受工频分量、衰减指数分量影响大，也不宜采用这些尺度下的模极大值。综合考虑上述因素并选择合适的采样频率后，选用第二、三、四尺度下的小波变换模极大值作为波阻抗继电器计算的依据。三个计算结果采用“与”逻辑输出，以提高算法的可靠性。

波阻抗继电器的算法与步骤如下。

(1)对三相电压和电流进行相模变换，模变换矩阵采用 Karenbauer 变换[1]：

$$\begin{bmatrix} u_0 \\ u_\alpha \\ u_\beta \end{bmatrix} = \frac{1}{3}\begin{bmatrix} 1 & 1 & 1 \\ 1 & -1 & 0 \\ 1 & 0 & -1 \end{bmatrix} \times \begin{bmatrix} u_\mathrm{a} \\ u_\mathrm{b} \\ u_\mathrm{c} \end{bmatrix} \tag{6-15}$$

$$\begin{bmatrix} i_0 \\ i_\alpha \\ i_\beta \end{bmatrix} = \frac{1}{3}\begin{bmatrix} 1 & 1 & 1 \\ 1 & -1 & 0 \\ 1 & 0 & -1 \end{bmatrix} \times \begin{bmatrix} i_\mathrm{a} \\ i_\mathrm{b} \\ i_\mathrm{c} \end{bmatrix} \tag{6-16}$$

(2)对模电压和电流进行二进小波变换，得到三个尺度(2^2、2^3、2^4)下的模量初始电压和电流行波的模极大值，记为 $u_{\mathrm{m}nj}$ 和 $i_{\mathrm{m}nj}$，其中下标 m 表示模极大值，n 为尺度参数，$j=0, \alpha, \beta$。

(3)根据式(6-12)计算复合波阻抗 $Z_{\sum \mathrm{m}nj}$ 和复合波导纳 $S_{\Sigma \mathrm{m}nj}$。

$$\begin{cases} Z_{\Sigma(\mathrm{m}nj)} = \dfrac{u_{\mathrm{m}nj}}{i_{\mathrm{m}nj}} \\ S_{\Sigma(\mathrm{m}nj)} = \dfrac{i_{\mathrm{m}nj}}{u_{\mathrm{m}nj}} \end{cases}, \quad j = 0, \alpha, \beta \tag{6-17}$$

(4)进行方向计算。

$$S_p = \begin{cases} \dfrac{Z_{\sum \mathrm{m}nj}}{-Z_{cj}} \geqslant 1+\varepsilon \\ S_{\sum \mathrm{m}nj} \cdot (-Z_{cj}) \geqslant 1+\varepsilon \end{cases} \tag{6-18}$$

$$S_n = \begin{cases} \dfrac{Z_{\sum \mathrm{m}nj}}{(-Z_{cj})} < 1+\varepsilon \\ S_{\sum \mathrm{m}nj} \cdot (-Z_{cj}) < 1+\varepsilon \end{cases} \tag{6-19}$$

对应于不同的 n 和 j 上述计算需进行多次。

(5)判定故障方向。

如果三个模极大值满足“与”逻辑式，同时式(6-13)的条件满足“或”逻辑，则判为正向故障；如果式(6-14)的条件全部满足(逻辑“与”)，则判为反向故障；若不满足上述条件，方向继电器不动作。

2. 算法性能评价

1) 算法的可靠性

基于小波变换的继电器算法把行波高频分量分解到四个以上频带，对三个频带采用“与”逻辑判断，可靠性高。

2) 算法精度

采用三次中心 B 样条函数的导函数作为小波函数，被认为是所有多项式样条函数逼近中最优的函数[7]，精度很高，运算量最小。因为算法是依据该小波函数构造的，所以也有很高的精度。

3) 算法的稳定性

因为采用了除法运算，考虑到电压或电流数值非常小时，数值误差因素可能导致方向继电器误动作，所以投入方向继电器前，应有可靠的故障启动继电器。

4) 算法的运算量

该继电器算法的运算量估计如下。

(1) 2 次相模变换 9+9=18(次)乘法。

(2) 6 次小波变换：6(4 个逼近、两个分解)×4(层)×16(最小数据长度 16 点)=384。

(3) 18 次除法运算(计算复合波阻抗和波导纳)。

(4) 36 次除法和比较运算(判断方向)。

以上共计 456 次乘法运算。

相比于其他继电器算法，该算法运算量稍大。考虑到快速数字信号处理芯片 DSP 的发展，这个问题已经很容易解决。如果采用单周期指令乘法处理器芯片，在时钟频率为 50MHz 时，算法约需 1ms。

3. 算法的数值仿真验证

参照图 6.7 线路结构，考虑以下两种故障类型：被保护线路正向区内故障(F1 距离 M 母线 75km)；被保护线路反向区外故障(F2 距离 M 母线 10km)，故障初相角 70°，故障电阻 0Ω。仿真结果如表 6.1 和表 6.2 所示。

波阻抗方向继电器(简称波阻抗继电器)利用了输电线路母线处波阻抗间断的性质，根据初始电压和电流行波的比值构成[1-2]。显然，它首先取决于线路所连接的母线结构。其次，在各种故障类型、过渡电阻时的动作行为如何？电压过零点附近故障、近距离故

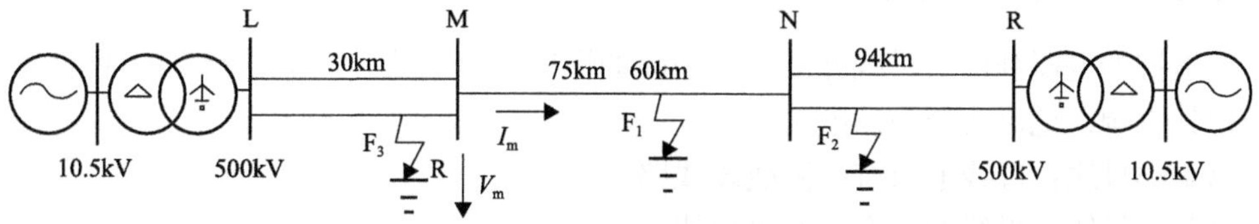

图 6.7　数值仿真系统设置

表 6.1　正向故障的仿真结果

模量	尺度	$S_\Sigma\cdot(-Z_c)$	$Z_\Sigma/(-Z_c)$	正向	反向
α	M2	−1.990264	−0.502446	动	否
	M3	−1.981367	−0.504702		
	M4	−1.964033	−0.509156		
β	M2	−1.997404	−0.500650	动	否
	M3	−1.990328	−0.502430		
	M4	−1.986012	−0.503522		
0	M2	−1.995477	−0.501133	动	否
	M3	−1.994471	−0.501386		
	M4	−1.995014	−0.501250		

表 6.2　反向故障的仿真结果

模量	尺度	$S_\Sigma\cdot(-Z_c)$	$Z_\Sigma/(-Z_c)$	正向	反向
α	M2	0.994218	1.005815	否	动
	M3	0.990179	1.009919		
	M4	0.982065	1.018263		
β	M2	0.996284	1.003730	否	动
	M3	0.994671	1.005357		
	M4	0.993179	1.006868		
0	M2	0.994580	1.005450	否	动
	M3	0.994525	1.005505		
	M4	0.993649	1.006391		

障是行波原理继电器最为不利的两种工作状态，该继电器的动作行为如何？这些都是需要讨论的问题。

本节首先从故障行波的反射机理分析母线结构(包括线路数和母线等效电容)对波阻抗继电器动作行为的影响，然后使用 EMTP 电磁暂态计算程序仿真在不同故障类型和过渡电阻下波阻抗继电器的动作行为，特别分析了继电器在近距离故障和零初相角时的动作行为，再围绕有关数字波阻抗继电器的实现所面临的技术问题进行了讨论，最后根据分析和仿真计算结果对所提出的继电器进行了评价。

1. 不同母线结构下的动作行为

波阻抗继电器利用了母线处波阻抗间断的性质，母线结构一定影响它的性能。为便于分析其影响，把母线分为以下三类。

第Ⅰ类母线：母线上只有一回故障线路。

第Ⅱ类母线：母线上接有两回进出线。

第Ⅲ类母线：母线上接有三回及以上进出线。

不考虑其他因素时，Ⅰ、Ⅲ类母线行波有反射，波阻抗继电器正确动作；Ⅱ类母线行波无反射，正向故障时正向方向继电器不动作[2]。

在实际的变电站母线上除输电线路外，通常还接有变压器、断路器、隔离开关及母线本身等一次电气设备。其中变压器是一个电感，其数值在 100mH 左右，对于 10kHz 的行波，等效电感为 6280Ω，远大于线路波阻抗。对于行波分析而言，变压器本身可视为开路[3]。但是，这些设备和大地之间存在分布电容，数值取决于所连接设备的多少和连接方式，一般情况下在数千皮法到数万皮法之间[3]。这个电容随着行波频率的增大呈现低阻抗，有必要分析母线分布电容对波阻抗继电器动作性能的影响。

为便于分析，仍以单相线路为例。

设每条线路的波阻抗相等(Z_c)，除故障线路外，与母线相连的其他线路数为 n，母线等效电容 C，据此可得到母线的等效电路如图 6.8。此时，行波反射系数为复函数：

$$\rho=\frac{Z_2-Z_1}{Z_2+Z_1}=\frac{1-n-\mathrm{j}\omega C}{1+n+\mathrm{j}\omega C} \tag{6-20}$$

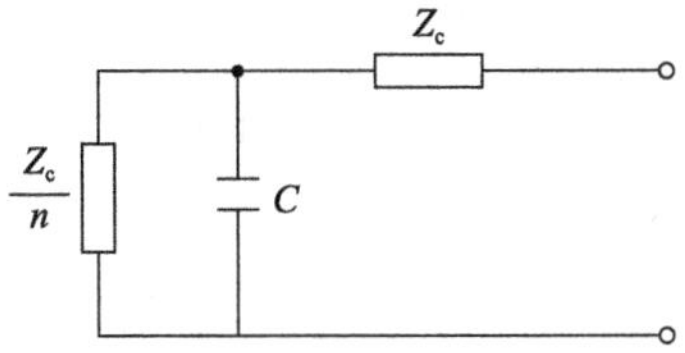

图 6.8　母线的等效电路

对应的方向判别式也为复函数，判别方向时，需要对复数取模。

正向判据：

$$\begin{cases}\left|\dfrac{Z_{\sum}(\omega)}{-Z_c}\right|\geqslant 1+\varepsilon_1\\ \left|S_{\sum}(\omega)\cdot(-Z_c)\right|\geqslant 1+\varepsilon_1\end{cases} \tag{6-21}$$

反向判据：

$$\begin{cases}\left|\dfrac{Z_{\sum}(\omega)}{-Z_c}\right|<1+\varepsilon_2\\ \left|S_{\sum}(\omega)\cdot(-Z_c)\right|<1+\varepsilon_2\end{cases} \tag{6-22}$$

判别式 $Z_{\Sigma}/(-Z_c)$ 和 $S_{\Sigma}\cdot(-Z_c)$ 的频域形式为

$$\frac{Z_{\sum}(\omega)}{(-Z_c)}=\frac{n-\mathrm{j}\omega C}{n^2+(\omega C)^2} \tag{6-23}$$

$$S_{\sum}(\omega)\cdot(-Z_c)=n+\mathrm{j}\omega C \tag{6-24}$$

根据 n 的数目和母线电容大小不同，它们的幅频特性如图 6.9～图 6.11 所示，波阻

抗取 250Ω。

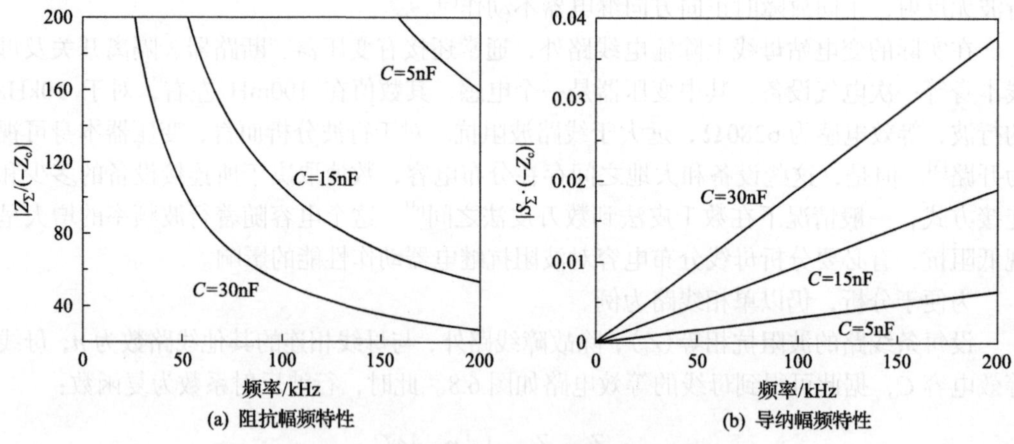

图 6.9 第Ⅰ类母线的方向判别式幅频特性

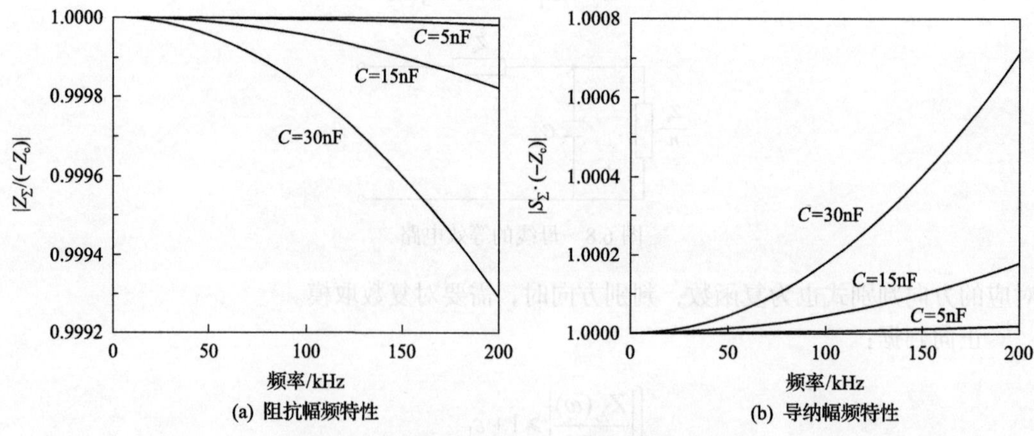

图 6.10 第Ⅱ类母线的方向判别式幅频特性

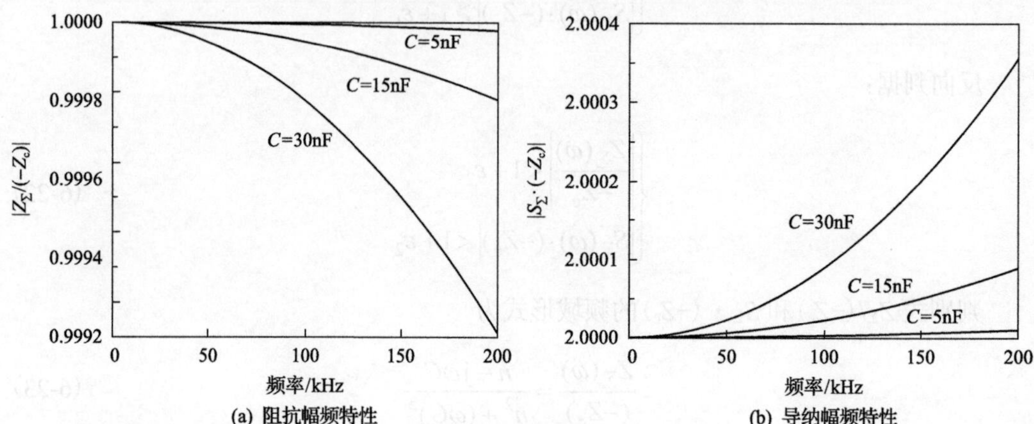

图 6.11 第Ⅲ类母线的方向判别式幅频特性

根据图 6.9～图 6.11 可以看出如下特征。

对于第Ⅰ类母线，$|Z_{\Sigma}/(-Z_c)|$在 0～200kHz 的频带内随着频率增大而减小，但即使在电容达到 0.05μF 时也大于 20。因此，正向方向继电器可靠动作。

对于第Ⅱ类母线，不管母线电容有多大，$|Z_{\Sigma}/(-Z_c)|$和$|S_{\Sigma}\cdot(-Z_c)|$均处于 1 附近。因此，波阻抗继电器正向方向继电器均不能动作，而反向方向继电器误动作，这是正向故障时会引起错误动作的区域。

对于第Ⅲ类母线，随着电容增大，$|S_{\Sigma}\cdot(-Z_c)|$随频率和电容增大而增大，且恒大于 2，正向方向继电器正确动作。

以上分析表明：在 0～200kHz 频带内，母线分布电容对波阻抗继电器无影响；而接于母线上的输电线数目严重影响继电器的动作。对于母线上接有两回波阻抗相等的线路时，正向方向继电器不动作。

对于反向故障而言，因为继电点只能测到折射波分量，所以不管母线连接方式如何，阻抗和导纳都为 1，反向方向继电器能够正确动作。

2. 不同故障类型和过渡电阻下的动作行为

由于波阻抗继电器反映初始行波动作，在之后的故障过程中，行波的折反射规律将发生变化，对于转换性故障、相继故障而造成的复故障，难于和第一次故障的波过程区别，不属于该继电器动作的范畴。本书主要讨论简单故障，特别是横向简单故障。

考虑采用了相模变换技术，三相线路故障从原理上看和单相线路没有区别。但是接地故障中有零模行波出现，考虑了参数的依频特性后，零模行波具有快速的衰减，导致利用零模分量的判据失去稳定性(数值太小)；过渡电阻的存在将进一步减小行波幅值，也会对继电器的动作造成不良影响。这些问题需要探讨。

本节采用 EMTP 仿真分析方法，仿真计算模型采用前节模型并附于图 6.12。故障初相角和过渡电阻根据模拟对象要求可调。仿真计算结果表明：各种简单横向故障时，波阻抗继电器能够正确动作；零模判据在高阻故障和考虑参数依频特性后不够可靠，应当予以取消。

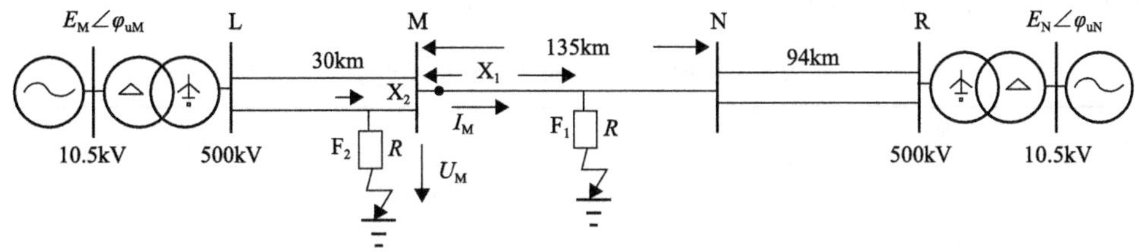

图 6.12 仿真计算模型

表 6.3、表 6.4 列出了过渡电阻 R 为 100Ω 时的 F1 点两相接地故障和三相短路，故障距离 M 母线(X_1) 75km，故障初相角 40°，仿真系统模型见图 6.12，模型中考虑了参数的依频特性。在这两种故障情况下，导纳判据中不同尺度下的小波变换模极大值都大于 1.5，波阻抗继电器都能正确动作。

表 6.3　过渡电阻 100Ω、两相接地时的波阻抗继电器

模量	尺度	$S_{\Sigma}\cdot(-Z_c)$	$Z_{\Sigma}/(-Z_c)$	正向	反向
α	M2	−1.903449	−0.525362	动	否
	M3	−1.816334	−0.550560		
	M4	−1.659520	−0.602584		
β	M2	−1.972281	−0.507027	动	否
	M3	−1.937764	−0.516059		
	M4	−1.883322	−0.530977		

表 6.4　过渡电阻 100Ω、三相短路时的波阻抗继电器

模量	尺度	$S_{\Sigma}\cdot(-Z_c)$	$Z_{\Sigma}/(-Z_c)$	正向	反向
α	M2	−1.903448	−0.525362	否	动
	M3	−1.816330	−0.550561		
	M4	−1.659523	−0.602583		
β	M2	−1.989893	−0.502540	否	动
	M3	−1.976899	−0.505843		
	M4	−1.955889	−0.511276		

3. 零初相角下的动作行为

所谓零初相角是指两种情况：单相接地故障时，故障点故障前电压为零或很小；两相故障时，两个相电压相等或接近相等。

零初相角故障的主要问题为故障附加网络中的附加电源数值很小，导致初始行波的幅值很小，从而不能检测到行波。对于波阻抗继电器，因为它反映于电压和电流行波的比值而动作，所以只要故障不是发生在初相角绝对零度，继电器的动作不受影响。但是在电压和电流行波的数值很小时，考虑算法的稳定性，继电器应该退出。表 6.5、表 6.6 列出了初相角为 5° 和 85° 时的波阻抗继电器计算结果。

表 6.5　初相角为 5°时的波阻抗继电器

模量	尺度	$S_{\Sigma}\cdot(-Z_c)$	$Z_{\Sigma}/(-Z_c)$	正向	反向
α	M2	−2.025910	−0.493605	动	否
	M3	−2.053331	−0.487013		
	M4	−97.64004	−0.010242		
β	M2	−1.995804	−0.501051	动	否
	M3	84.293422	0.011863		
	M4	46.093329	0.021695		

表 6.6　初相角为 85°时的波阻抗继电器

模量	尺度	$S_{\Sigma}\cdot(-Z_c)$	$Z_{\Sigma}/(-Z_c)$	正向	反向
α	M2	−2.188986	−0.456832	动	否
	M3	−2.331342	−0.428937		
	M4	−2.530255	−0.395217		
β	M2	−2.356521	−0.424354	动	否
	M3	−11.18813	−0.089380		
	M4	−8.509963	−0.117509		

事实上，故障发生时故障点总是有一定数值的电压才会造成绝缘破坏或击穿放电，因而绝大多数故障不会发生在上述情况。但是这种故障发生后导致波阻抗继电器算法失稳却是不争的事实，解决的办法为先投入行波故障启动元件，确认行波不为零时投入方向判据。

4. 近距离故障时的动作行为

近距离故障是指故障点距离测量点很近的故障，主要现象是行波的快速折反射并导致波头混叠。除正向故障时故障点非常靠近检测母线，如果故障点距离对端母线很近；反向故障时故障点非常靠近检测母线或故障点靠近相邻线路末端母线都属于这类情况。各种故障类型和故障距离的仿真结果，证明所提继电器能够正确动作。

表 6.7、表 6.8 给出了两种正确动作情况的计算结果，分别为反向 M 母线故障（X_2 为零）和正向出口故障。表中为增加算法稳定性，设定了 5%电压电流最大值的门槛，因而会出现“检不出”模极大值的情况，但是这个结果不影响继电器的正确动作。

表 6.7　母线故障时的波阻抗继电器

模量	尺度	$S_{\Sigma}\cdot(-Z_c)$	$Z_{\Sigma}/(-Z_c)$	正向	反向
α	M2	0.905990	1.103765	否	动
	M3	0.799271	1.251139		
	M4	0.601871	1.661486		
β	M2	1.007823	0.992238	否	动
	M3	1.018493	0.981843		
	M4	1.038274	0.963136		

表 6.8　出口故障时的波阻抗继电器（1km）

模量	尺度	$S_{\Sigma}\cdot(-Z_c)$	$Z_{\Sigma}/(-Z_c)$	正向	反向
α	M2	−2.005303	−0.498678	动	否
	M3	−1.794413	−0.557285		
	M4	−1.637543	−0.610671		
β	M2	−2.011119	−0.497236	动	否
	M3	−1.729363	−0.578248		
	M4	检不到	检不到		

6.1.3 利用波阻抗继电器构成纵联方向保护

波阻抗方向继电器是一种方向继电器，用它可以构成输电线路方向比较式纵联保护，图 6.13 给出了该保护的整体构成。MN 是一条双电源输电线路，线路两侧的 OVT、CT 是指安装于线路两侧 M、N 变电站的电压和电流互感器，CB 是指安装于线路两侧的断路器，U_{abc} 表示从光学电压互感器 OVT 获得的三相电压，I_{abc} 表示从电流互感器 CT 获得的三相电流，F_1 表示区内故障点，F_2 表示区外故障点。由于波阻抗继电器不具有重复动作性能，不能保护复故障、转换性故障等电力系统复杂故障形式，这样的故障要依靠传统基于工频电气量的保护来实现。虚线框给出了两端波阻抗继电器和工频保护逻辑，连同通信通道一起构成完整的方向比较式纵联保护系统。作为一种反映初始行波信息的继电器，其具有的灵敏性和快速性是任何纵联保护所无法比拟的。

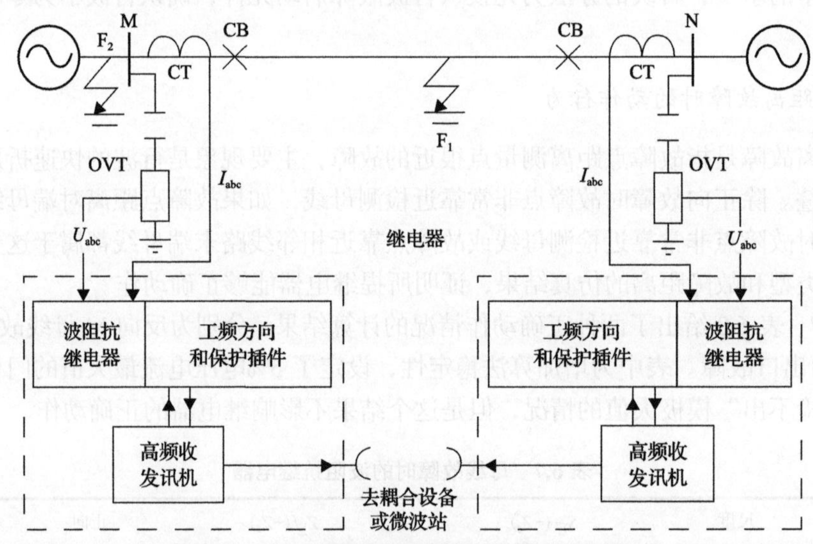

图 6.13 方向比较式行波保护系统构成框图

6.2 统一行波方向继电器

6.2.1 统一行波方向继电器的基本原理

根据叠加原理，输电线路上发生故障后，系统可以分解为正常系统和故障分量系统。图 6.14 给出正方向发生短路时的故障分量网络，本书提出的统一行波方向继电器正是基于故障分量的。

图 6.14 中的 S_M、S_N 分别表示线路 MN 两侧的等效系统，Δu、Δi 分别表示线路上的故障电压分量和故障电流分量，U_F 和 R_F 分别表示故障点 F 处的故障附加电源和过渡电阻，R 代表本书所提统一行波方向继电器。

图 6.14 所示的故障附加网络是一个单电源系统，故障点的附加电源 U_F 是其中唯一的电源，而两个无源等效系统 S_M 和 S_N 一般认为是由初始状态为零的电感和电阻构成的

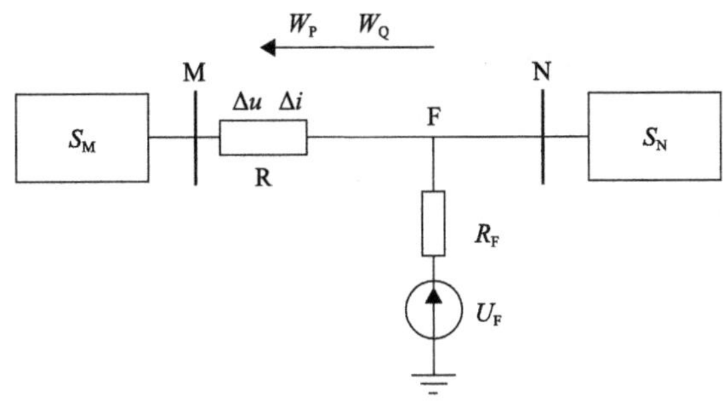

图 6.14　正向故障时的故障叠加网络

系统，且以感性负荷为主。当故障发生后，故障附加电源 U_F 向线路两侧的等效系统既传输有功能量 W_P，也传输无功能量 W_Q(即无功功率对时间的积分)，而且总体上以传输无功能量 W_Q 为主。图 6.14 中的箭头标列出了有功能量 W_P 和无功能量 W_Q 的实际传输方向，是由线路流向母线。这种状态一直要等系统的运行状态发生改变时才会变化，比如故障的切除、断路器的动作等。方向继电器 R 可以根据测算出的电压、电流的故障分量计算有功能量和无功能量，如果有功能量和无功能量都是负极性(以母线指向线路为参考正方向)，则可以判断故障发生在正方向。

图 6.15 给出的是反向故障时的故障叠加网络。

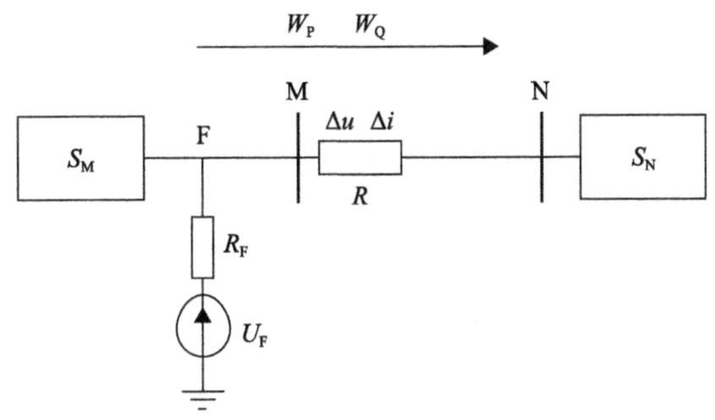

图 6.15　反向故障时的故障叠加网络

和图 6.14 所示的情况一样，故障后，故障附加电源 U_F 向线路两侧系统传输有功能量和无功能量。但是，与图 6.14 所示情况不同，图 6.15 中的故障点 F 和故障附加电源 U_F 位于方向继电器 R 的背后侧，因而图 6.15 中的有功能量和无功能量是由母线流向线路，故当方向继电器 R 检测到有功能量和无功能量都是正极性(以母线指向线路为参考正方向)，则可以判断故障发生在反方向。

综上所述，在图 6.14 和图 6.15 所示的故障分量网络中，故障点的附加电源是网络中唯一的电源，且图中的等效系统在故障后都是零状态系统。因此，从故障发生时刻开始计算的有功能量 W_P 和无功能量 W_Q 的传播方向始终是由故障点向两侧系统传输，这在包括故障初瞬、故障暂态和故障稳态在内的整个故障过程中都不会发生改变。统一行波方向继电器可以据此判断故障方向，这也正是统一行波方向继电器的物理解释，它保证了方向判别在整个故障过程中的正确性。

6.2.2 统一行波方向继电器动作判据

本书所提的统一行波方向继电器是基于故障分量的，而理想的故障分量是无法直接获取的，在一定假设下可以通过电压、电流采样值的循环减法获得，统一行波方向继电器中采用的故障分量提取算法如下：

$$\begin{cases}\Delta u(t)=u(t)-2u(t-T)+u(t-2T)\\ \Delta i(t)=i(t)-2i(t-T)+i(t-2T)\end{cases}\tag{6-25}$$

式中，$u(t)$、$i(t)$分别为电压、电流的采样值；T为电压、电流的波动周期。

用式(6-25)分别计算电压、电流的故障分量，然后再将其代入式(6-26)～式(6-30)，可得到故障分量的瞬时有功功率、瞬时无功功率、有功能量、无功能量和复能量。

瞬时有功功率：

$$p(t)=u_{\mathrm{a}}\cdot i_{\mathrm{a}}+u_{\mathrm{b}}\cdot i_{\mathrm{b}}+u_{\mathrm{c}}\cdot i_{\mathrm{c}}\tag{6-26}$$

有功能量：

$$W_{\mathrm{P}}(t)=\int_0^t p(\tau)\mathrm{d}\tau\tag{6-27}$$

瞬时无功功率：

$$q(t)=\hat{u}_{\mathrm{a}}\cdot i_{\mathrm{a}}+\hat{u}_{\mathrm{b}}\cdot i_{\mathrm{b}}+\hat{u}_{\mathrm{c}}\cdot i_{\mathrm{c}}\tag{6-28}$$

无功能量：

$$W_{\mathrm{Q}}(t)=\int_0^t q(\tau)\mathrm{d}\tau\tag{6-29}$$

复能量：

$$S(t)=W_{\mathrm{P}}(t)+\mathrm{j}W_{\mathrm{Q}}(t)\tag{6-30}$$

式(6-26)～式(6-30)中，u_{a}、u_{b}、u_{c}和i_{a}、i_{b}、i_{c}分别表示三相电压、电流的采样值时间序列；$\hat{u}_{\mathrm{a}}$、$\hat{u}_{\mathrm{b}}$、$\hat{u}_{\mathrm{c}}$分别是u_{a}、u_{b}、u_{c}的 Hilbert 变换结果。其中，功率和能量均以母线指向线路为参考正方向。这里定义的瞬时有功功率$p(t)$、瞬时无功功率$q(t)$、有功能量$W_{\mathrm{P}}(t)$、无功能量$W_{\mathrm{Q}}(t)$和复能量$S(t)$均是时间的函数。

基于瞬时功率的方向继电器的动作判据如下。

正向判据：
$$\begin{cases}180^\circ-\theta_Z\leqslant\arg[W_{\mathrm{P}}(t)+\mathrm{j}W_{\mathrm{Q}}(t)]\leqslant 270^\circ+\theta_Z\\ W_1\leqslant|W_P(t)|\cup W_2\leqslant|W_{\mathrm{Q}}(t)|\end{cases}\tag{6-31}$$

反向判据：
$$\begin{cases}-\theta_Z\leqslant\arg[W_{\mathrm{P}}(t)+\mathrm{j}W_{\mathrm{Q}}(t)]\leqslant 90^\circ+\theta_Z\\ W_1\leqslant|W_{\mathrm{P}}(t)|\cup W_2\leqslant|W_{\mathrm{Q}}(t)|\end{cases}\tag{6-32}$$

式(6-31)和式(6-32)中，θ_Z、W_1、W_2 分别是大于零的整定值。上述方向判据可以用图 6.16 所示的动作特性来表示。在图 6.16 中的复能量平面上，阴影部分给出了正向动作区和反向动作区。当方向继电器计算出的复能量停留在正向动作区时，方向继电器输出“正向故障”逻辑，当计算结果停留在反向动作区时，方向继电器输出“反向故障”逻辑。

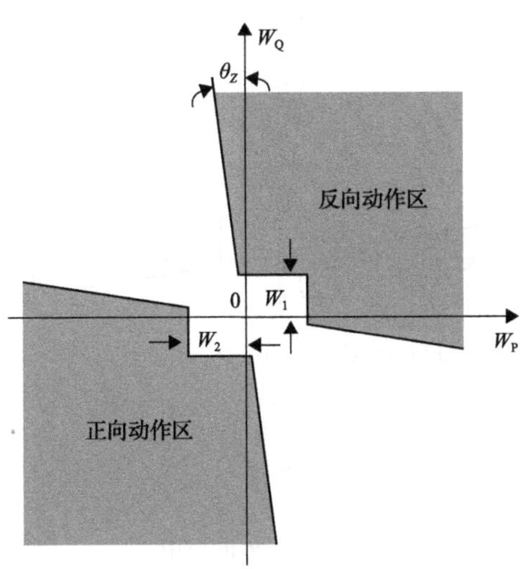

图 6.16　方向继电器动作特性

从原理分析可知，如果以母线指向线路的方向为功率的正方向，那么正方向故障时，有功能量和无功能量均小于零，计算结果位于图 6.16 所示复能量平面的第 3 象限；反之，当反方向故障时，方向继电器测算到的有功能量和无功能量均大于零，计算结果位于复能量平面的第 1 象限。

理论上将复能量平面的第 3 象限设定为正向动作区，将第 1 象限设定为反向动作区即可构成方向判据。但是考虑到电压、电流的测量误差，有功、无功的计算误差等因素，有功能量和无功能量在其绝对值接近于零的时候，其正负极性并不可靠，因而该方向继电器增加了 W_1、W_2 这两个整定值，以增加可靠性。这两个整定值的大小既可以是固定的，也可以根据故障情况自适应地调整大小，以兼顾方向继电器的灵敏度和可靠性。需要说明的是，该方向继电器从本质上说是采用有功能量 W_P 和无功能量 W_Q 的正负极性来判断故障方向的，同这两个能量的数值大小没有关系，引入 W_1、W_2 这两个整定值的目的仅仅是为了保证其极性判断的可靠性，因而其整定值可以设置为较小的数值。

整定值 θ_Z 的引入扩大了方向继电器的动作区，它的作用是，当有功能量 W_P 和无功能量 W_Q 中有一个数值较大而另外一个在数值上接近于零时，也保证方向继电器能够可靠动作。图 6.17 给出了这样的一个正向故障的示例，图中的箭头指向的 $S(t)$ 曲线是方向继电器在故障后计算的复能量曲线，该例中等效系统吸收的无功能量较大而吸收的有功能量的数值较小，理论上复能量曲线 $S(t)$ 应该一直位于第 3 象限内，但是由于测量、算法和数值计算的误差，本该位于第 3 象限的 $S(t)$ 曲线有一部分进入了第 4 象限。如果仅仅只把第 3 象限设为正向动作区，这种情况下方向继电器不能稳定地判断出正向故障。

正是由于动作区扩大了角度 θ_Z，所以该曲线仍然位于正向动作区内。如图 6.17 所示，方向继电器仍然可以稳定、可靠判断故障位于正方向。整定值 θ_Z 的数值不宜过大，其极限大小是 45°，如果超过了 45°正向动作区和反向动作区将发生重叠，方向继电器将无法正常工作，θ_Z 的取值范围可以考虑取 10°～20°。

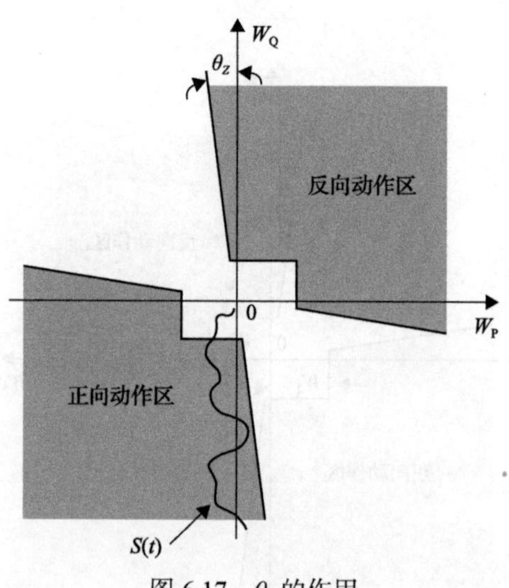

图 6.17　θ_Z 的作用

如果初始故障行波明显，在故障网络中线路两侧的等效系统吸收的能量在故障初始的数 ms 之内就具有很大的数值，方向继电器将很快进入图 6.17 所示的动作区；相反，如果故障角度很小或过渡电阻很大等原因造成初始行波不明显的情况下，有功能量和无功能量在故障刚开始时数值将很小，但是由于积分累加的作用，有功能量和无功能量总能够在一个较短的时间范围内得到足够大的数值并可靠进入图 6.17 所示的正向或反向动作区。

6.2.3　建模与仿真

为了检验统一行波方向继电器，采用 EMTP 进行数值仿真。仿真系统结构如图 6.18 所示，这是一个 500kV 的输电系统模型，线路 MN 是被保护线路，R 是本书提出的统一行波方向继电器，F_1、F_2 分别表示正向故障和反向故障。各段线路的长度都标示在图中。规定母线指向线路是功率和能量传输的参考正方向。

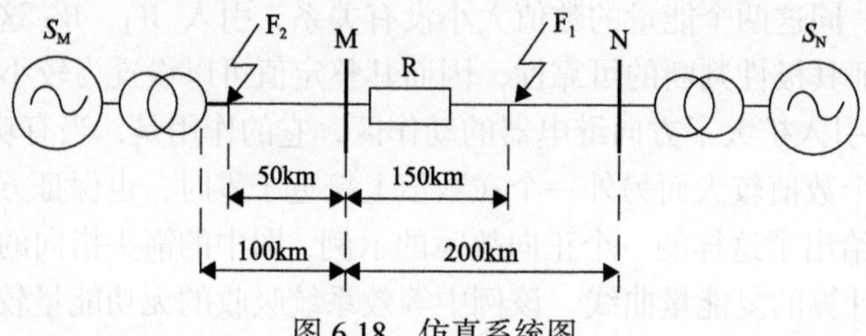

图 6.18　仿真系统图

图 6.19 为正方向 F_1 点发生 A 相接地故障时，方向继电器的测算结果，该故障发生在 20ms 时刻，故障距离 150km，过渡电阻 30Ω。

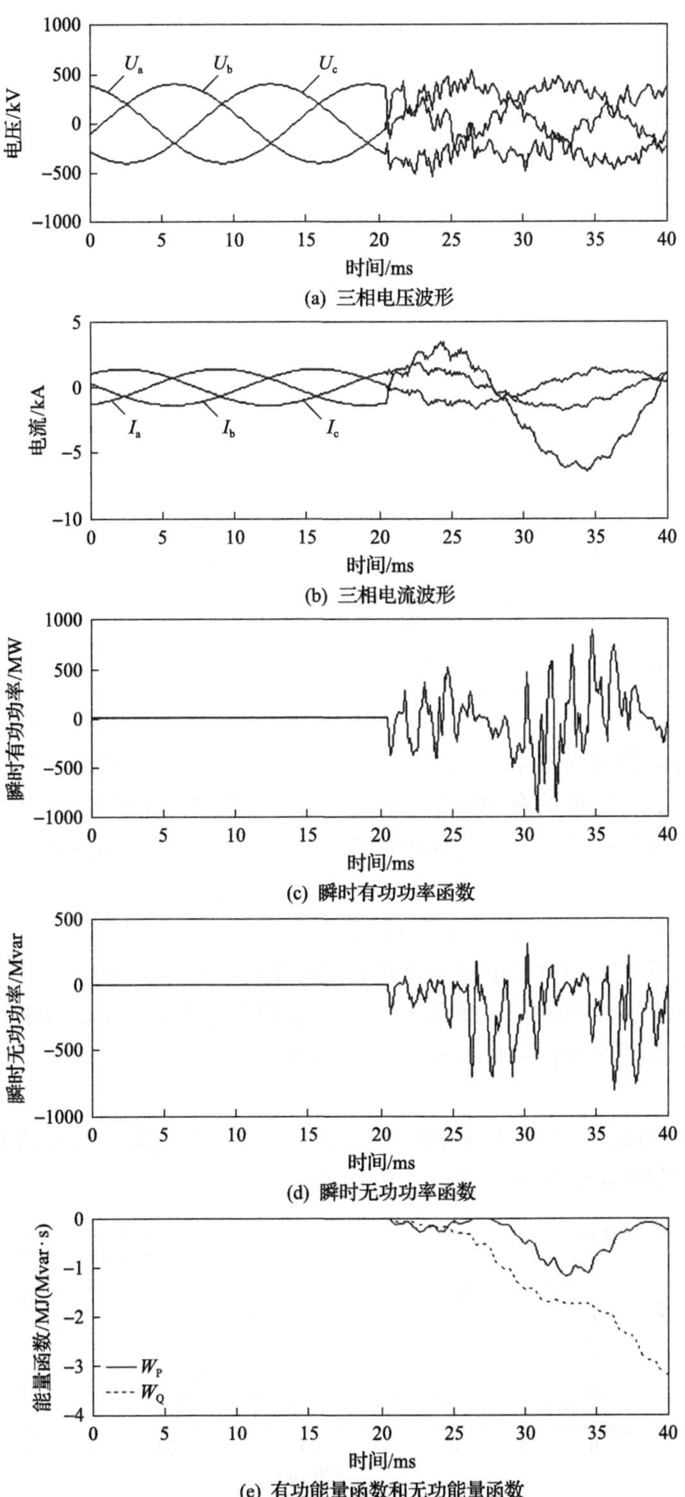

(a) 三相电压波形

(b) 三相电流波形

(c) 瞬时有功功率函数

(d) 瞬时无功功率函数

(e) 有功能量函数和无功能量函数

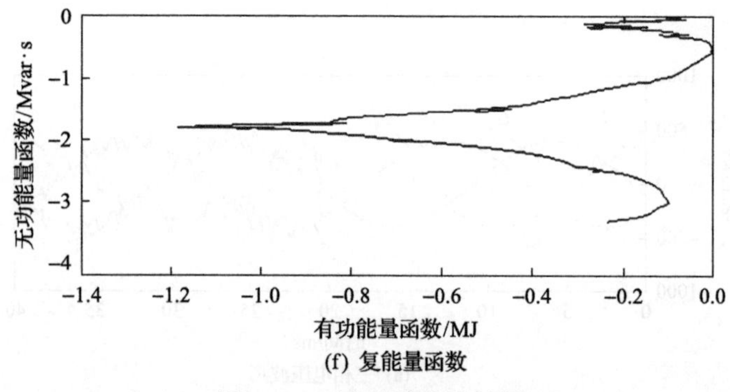

(f) 复能量函数

图 6.19　正向故障仿真结果

图 6.19(a)和(b)显示，当故障发生后三相电压和三相电流均发生很大的变化，利用其故障分量可以计算出通过测量点的瞬时有功功率和瞬时无功功率的大小分别如图 6.19(c)和(d)所示。可以看出，由于行波在故障点和负荷之间来回反复的折反射，瞬时有功功率和瞬时无功功率的正负极性在故障之后是反复变化并不恒定的，但是它们分别对时间积分所求得的有功能量和无功能量却恒定为负极性，如图 6.19(e)所示，这保证了方向继电器能够稳定可靠地判断故障方向。

图 6.19(e)中的实线表示的是有功能量 W_P，虚线表示的是无功能量 W_Q，当故障发生之后，有功能量曲线和无功能量曲线均一直运行在零轴下方，这说明故障能量一直由线路传向母线。图 6.19(e)中，有功能量曲线 W_P 在第 27ms 和第 37ms 均周期性地接近于零，这是因为保护背后侧的等效系统以感性负荷为主，电阻负荷所占的比例较小，其消耗掉的无功能量很大而消耗掉的有功能量却较小，由于电感的储能作用，有功能量会周期性地在电源和负荷之间振荡，并周期性地接近于零。当有功能量曲线接近于零的时候会给其极性判断产生困难，但是由于此时的无功能量曲线仍然有相当大的幅值，而且在图 6.17 所示的动作特性中通过整定值 θ_Z 的引入扩大了方向继电器的动作区，这使方向继电器即使在有功能量接近于零的情况下也一直具有足够的可靠性和灵敏度。

如图 6.19(f)所示，利用有功能量和无功能量构成复能量图中的复能量，曲线在故障后一直位于第 3 象限之内；按照图 6.17 所示的动作特性，该方向继电器将可靠地判断故障位于正方向。

图 6.20 为反方向 F_2 点发生 A 相接地故障时，方向继电器的测算结果，该故障发生在 20ms 时刻，故障距离 50km，过渡电阻 30Ω。

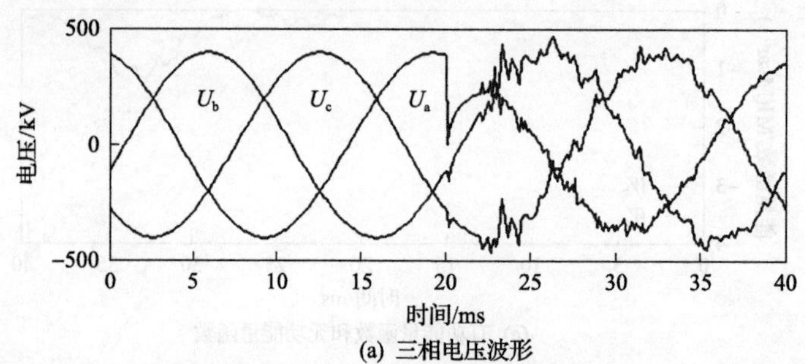

(a) 三相电压波形

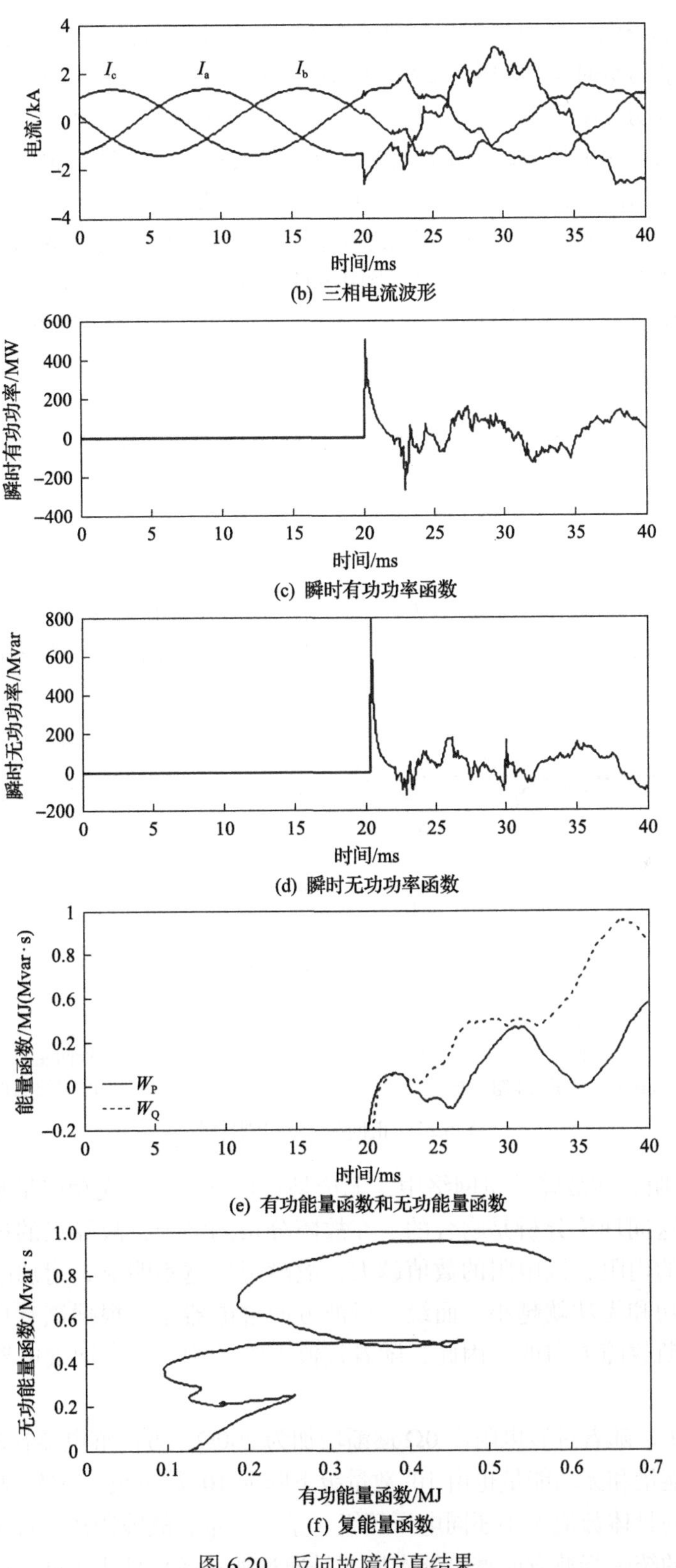

图 6.20　反向故障仿真结果

从图 6.20(a)和(b)可以看到，当故障发生后三相电压和三相电流均发生了很大的变化，其故障分量的瞬时有功功率和瞬时无功功率的大小分别如图 6.20(c)和(d)所示。可以看出，瞬时有功功率和瞬时无功功率的正负极性在故障后是反复变化并不恒定的，但是有功能量和无功能量却恒定为正极性，如图 6.20(e)所示。图 6.20(e)中的实线表示的是有功能量 W_P，虚线表示的是无功能量 W_Q，当故障发生之后，有功能量曲线和无功能量曲线均一直运行在零轴上方，这说明故障能量一直由母线传向线路。如图 6.20(f)所示，利用有功能量和无功能量构成复能量，图中的复能量曲线在故障后一直位于第 1 象限之内，按照图 6.16 所示的动作特性，该方向继电器将判断故障位于反方向。

6.2.4　动作特性分析

本小节中将分析过渡电阻、故障距离、系统阻抗、采样频率等因素对统一行波方向继电器的影响。

1. 过渡电阻的影响

故障距离设定为 50km 不变，改变过渡电阻的大小，并测算对应的有功能量和无功能量的大小。图 6.21 给出了正向故障时的方向继电器的电阻特性，反向故障的情况完全类似。

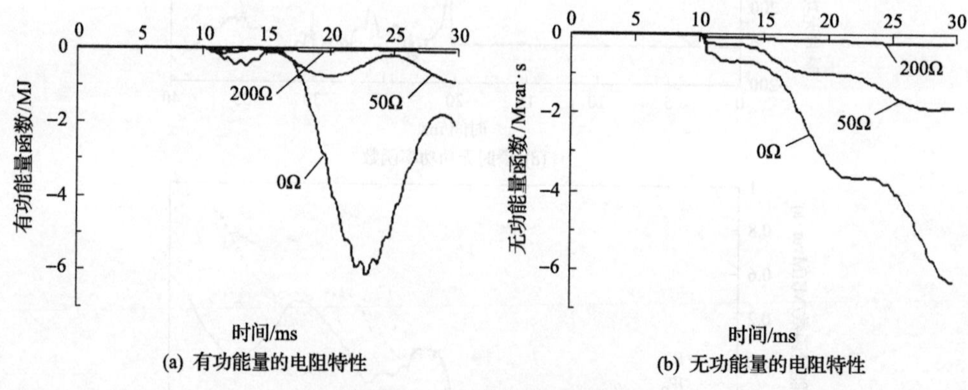

图 6.21　正向故障的电阻特性

图 6.21 说明，在故障分量网络中，无论是有功能量还是无功能量都随过渡电阻的递增而递减，这同理论分析是吻合的。在故障分量网络中，故障点的过渡电阻相当于故障附加电源的内阻，该电阻的数值越大，故障现象越不明显，附加电源能够向两侧系统提供的有功和无功就越小。而统一行波方向继电器正是根据该有功能量和无功能量的极性来判断故障方向的。因此，随着过渡电阻的增大，方向继电器的灵敏度相应减小。

在本算例中，随着过渡电阻由 0Ω 逐渐增加为 200Ω，方向继电器在故障后 5～10ms 测算到的有功能量和无功能量也由 10^6 数量级下降为 10^4 数量级。当然，故障后的有功能量和无功能量的具体数值大小还同电压等级、系统容量、故障距离等许多因素有关系。不过本书提出的统一行波方向继电器本质上是通过能量的极性来判断故障方向的，对能量的数值大小的要求仅仅在于能可靠判断极性即可，因而有功能量和无功能量的数值大小对于方向继电器正确判断故障方向影响不是很大。另外一方面，由于无论是有功能量还是无功能量均是瞬时功率对时间的积分结果，只要积分时间足够长，总能使计算出的能量的数值大小满足极性判断的要求。因此，即使过渡电阻很大，保护也能够正确动作，但是动作速度会相应变慢。

2. 故障距离的影响

固定故障电阻为 20Ω，改变故障距离，测算相应的有功能量和无功能量。图 6.22 给出了正向故障的距离特性，反向故障时的情况完全类似。

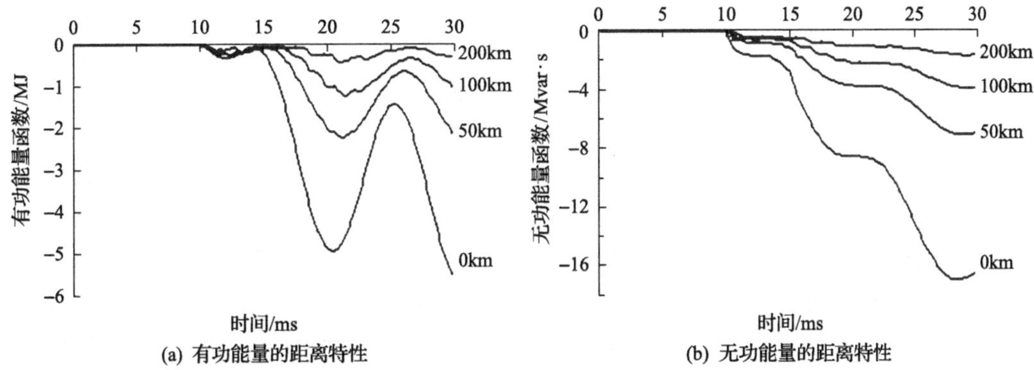

(a) 有功能量的距离特性　(b) 无功能量的距离特性

图 6.22　正向故障的距离特性

图 6.22 说明在故障分量网络中，无论是有功能量还是无功能量都随故障距离的增加而递减。这同理论分析是吻合的，在故障分量网络中，故障距离越远，故障点和测量点之间的线路阻抗也越大，这相当于故障附加电源的内阻越大，因而故障现象越不明显，附加电源能够向两侧系统提供的有功和无功就越小。而本方向继电器正是根据该有功能量和无功能量的极性来判断故障方向的，因而随着故障距离的增大，统一行波方向继电器的灵敏度相应降低。由此可见，故障距离对统一行波方向继电器性能的影响非常类似于过渡电阻对其性能的影响。

3. 系统阻抗和母线结构的影响

建立在瞬时功率理论基础上的统一行波方向继电器的本质是通过测算故障分量网络中，故障点两侧的等效系统吸收的有功能量和无功能量的极性来判断故障方向。而系统的等效阻抗的大小及母线结构将影响方向继电器测算到的有功能量和无功能量的大小，从而影响方向继电器的灵敏度。

从图 6.16 的方向继电器动作特性图上可以看到，该方向继电器检测有功能量和无功能量，只要有其中之一的数值足够大就能够保证方向继电器具有足够的灵敏度。一般而言，故障暂态过程中和故障稳态过程中的有功能量和无功能量的相对大小是不一样的，需要分别分析。

在故障刚开始的初始行波过程中，根据能量守恒原理，从母线正方向流入的功率(能量)一定等于从母线反方向流出的功率(能量)。如图 6.23 所示，图中 R 表示方向继电器；母线 M 两侧的波阻抗分别为 Z_1 和 Z_2；F 点发生故障，初始电压行波为 u；线路 M 两侧的初始行波功率分别为 p_1 和 p_2，显然有 $p_1=p_2$。

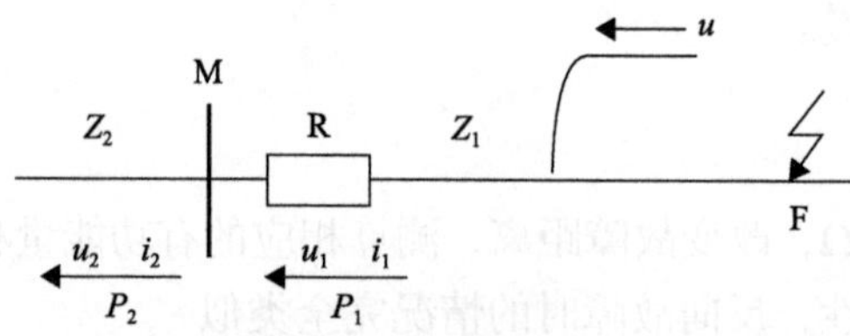

图 6.23　初始行波状态

由于测量点检测到的初始行波只在母线处发生了一次反射，其电压和电流的故障分量(也就是初始行波)之间只相差一个比例系数，即复合波阻抗 Z_Σ[104]，其计算如下：

$$Z_\Sigma = \frac{u}{i} = -\frac{1+\rho}{1-\rho}Z_c \tag{6-33}$$

在初始行波阶段，测量点检测到的电压和电流的形状是完全相同的，它们的极性相同或相反。因此，即使考虑到测量和计算的误差，方向继电器检测到的功率也是以有功功率为主。这时主要考察有功能量的大小，也就是说，在故障发生后的初始行波阶段，方向继电器检测到的复能量以有功能量为主，只要这时的有功能量足够大即可保证方向继电器的灵敏度。这时的有功功率计算如下：

$$\begin{aligned} p_1 = p_2 = u_2 i_2 &= \frac{1}{Z_2}u_2^2 \\ &= \frac{1}{Z_2}\left(\frac{2Z_2}{Z_2+Z_1}\right)^2 u^2 \\ &= \frac{4Z_2}{(Z_2+Z_1)^2}u^2 \end{aligned} \tag{6-34}$$

式(6-34)说明，当 $Z_2=0$ 或者 $Z_2=\infty$ 时，p_1 取得最小值为零，这分别对应图 6.23 中母线 M 左侧有无数条出线和没有出线的情况，这时初始行波在母线处发生全反射，初始入射波携带的能量均被反射回去，所以总的功率传输为零。对式(6-34)求导可以得到当 $Z_2=Z_1$ 时，p_1 取得最大值为

$$p_1 = \frac{1}{Z_2}u^2 \tag{6-35}$$

$Z_2=Z_1$ 对应于一进一出的母线结构，母线处不发生反射，方向继电器检测到的有功功率是故障点向母线传播的初始行波所携带的所有能量，故具有最大值。

上述分析表明，在初始行波阶段，如果行波在测量母线处发生全反射(出线很多或没

有出线的情况下)，保护检测到的有功能量最小，灵敏度也最差；反之，如果行波在测量母线处发生全透射(一进一出的线路结构)，保护检测到有功能量最大，灵敏度最好；其他情况下的灵敏度介于两者之间。

进入故障稳态之后的系统状态如图 6.24 所示，其中图 6.24(a)是故障分量网络，而图 6.24(b)是将继电器 R 右侧系统进行戴维南等效之后的等效故障分量网络系统，图 6.24(a)、图 6.24(b)两图中的虚线部分是进行戴维南等效的那部分系统。

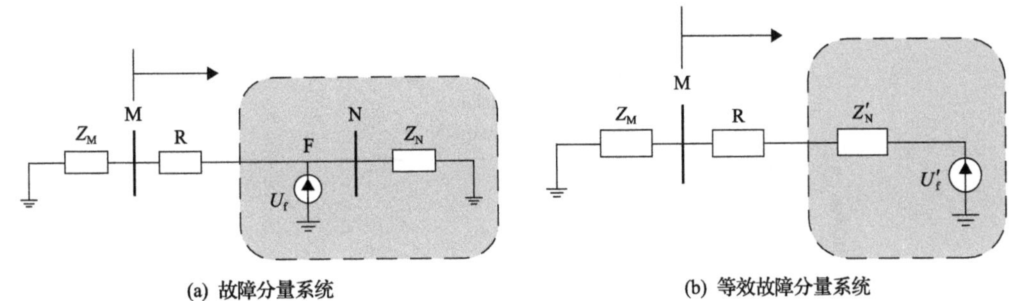

(a) 故障分量系统　(b) 等效故障分量系统

图 6.24　稳态故障状态

方向继电器 R 检测到的视在功率 S 为

$$S=Z_M\left(\frac{U'_f}{Z_M+Z'_N}\right)^2 \tag{6-36}$$

非常明显，当 $Z_M=0$ 或者 $Z_M=\infty$ 时，视在功率 S 具有最小值为零，相应的有功和无功也为零，方向继电器灵敏度最差。$Z_M=0$ 对应于强系统的情况，而 $Z_M=\infty$ 对应于母线 M 左侧系统开路的情况。关于强系统侧基于故障分量的方向继电器灵敏度不足的问题，在本书的第 4 章有详细论述，并给出了一种高速、可靠的电压补偿原理和算法。

对式(6-36)求导并化简可以得到，当 $Z_M=Z'_N$ 时，式(6-36)中的视在功率 S 具有最大值。这说明，在故障稳态情况下，当保护安装侧母线两边的等效系统阻抗相等时，方向继电器检测到的有功和无功都取得最大值，这时方向继电器具有最大的灵敏度。

4. 采样频率的影响

实际电力系统无论在正常运行状态下还是在故障状态下，其电压、电流信号都不是严格的正弦信号，它们均包含各种各样的谐波和噪声。由于实际的电压、电流波形在时间和频率上均是连续的，其频谱分布在 0Hz～∞，所以理论上无论采样频率有多高都不可能完全得到波形的所有信息。但是实际故障之后，电压、电流的波形在频谱上并不是平均分布的，其能量大多数还是集中于相对较低的频段，此外对于保护而言，也无需知道信号的所有细节，只要能够保证保护判据正确动作并具有较高的灵敏度即可。因此，从工程实际的角度来看，既没必要也不可能采用过高的采样频率，实际保护构成时，其采样频率的选取只要能够满足工程实际的需要即可。

图 6.25 给出了采样频率对故障网络中的有功能量和无功能量计算的影响，该仿真采

用的是图 6.19 中的仿真系统，第 20ms 时在正方向 150km 处发生了 A 相接地故障，故障电阻为 30Ω，分别采用 1kHz、10kHz、50kHz 和 100kHz 的采样频率进行采样和计算。

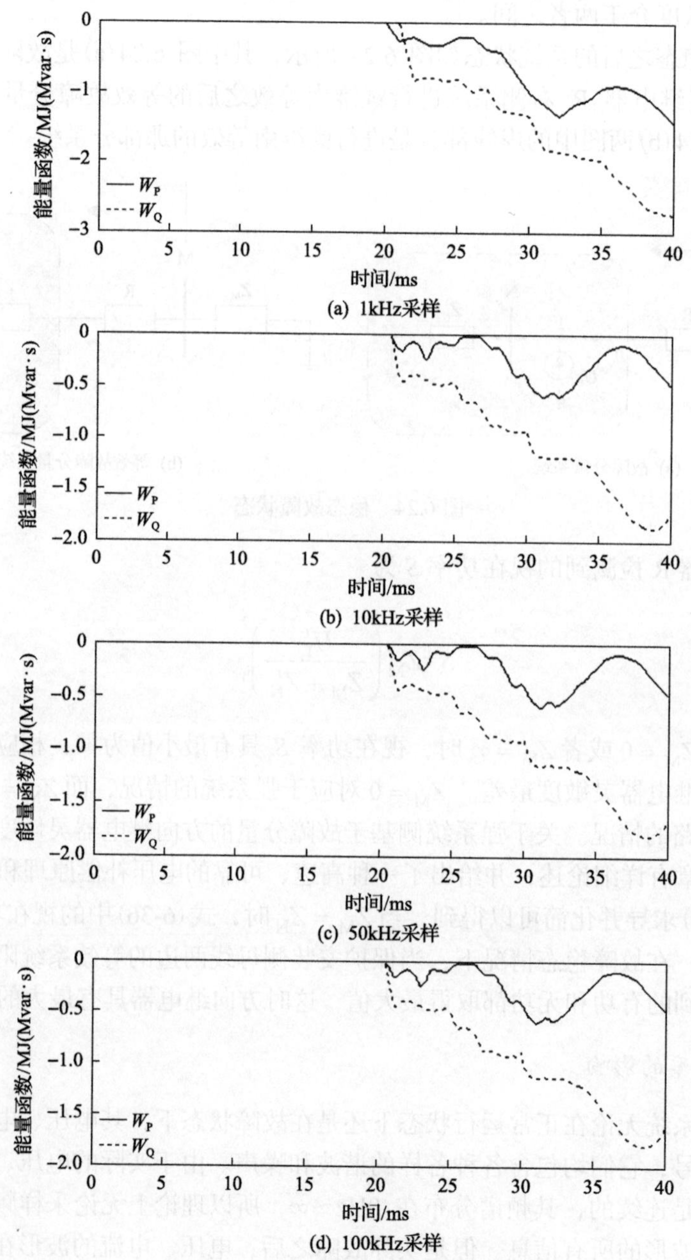

图 6.25 采样频率对能量计算的影响

从图 6.25 可以看出，在 1k～100kHz 的采样频率下，方向继电器计算出的有功能量和无功能量在故障后均保持为负极性，无论采用哪种采样频率方向继电器都可以得到正确的故障方向。这说明了该方向继电器对采样频率的要求比较宽松。比较图 6.25(a)～(d) 可以看出，当采用 1kHz 的采样频率时，计算出的能量曲线有比较大的失真，而采用 10k～

100kHz 采样频率所得到的能量曲线区别不大。这说明在故障后一个周波之内，虽然故障波形富含各个频率的高频分量，但是大部分的能量还是集中在数十千赫兹以内。

实际上，统一行波方向继电器的基本原理和判据对于各个频率分量均是成立的，因为在故障分量网络中，故障点的故障附加电源是网络中的唯一电源，所有频率的能量都是由故障点传向两侧系统的，所以理论上采用较低的采样频率也可以构成方向判据。但是考虑到故障初瞬和故障暂态过程中，电压、电流波形中包含有丰富的谐波和高频分量，将这些分量代入方向判据中可以提高方向继电器的动作速度和灵敏度，所以采样频率不宜太低；另外一方面，过高的采样频率使保护的硬件设计和成本都很高，给保护的经济性和实用性都带来很大的影响。因此，综合考虑保护的性能、成本和实现难度，该保护的采样频率可以考虑为 10～100kHz。

5. 采样时间窗长短的影响

在实际保护装置的研制中，保护采样时间窗的长短是一个必须考虑的问题，因为采样时间窗的大小对保护的性能有较大的影响。在保证能够正确动作的情况下，采样时间窗越短，保护需要存储的数据越小，处理速度越快，保护的动作速度也越快。当然这必须是在保证保护能够正确、可靠动作的情况下，比如工频保护为了获取准确的工频分量，其采样时间窗就不可能很短，一般采用半周波或一个周波长度；而现有的行波保护，一般只需要处理行波初始波头，或者前一两个折反射波头信息，因而其采样时间窗一般可以小于 5ms，这也正是工频保护动作速度较慢，而行波保护动作速度较快的重要原因之一。

图 6.26 给出了采样频率对故障网络中的有功能量和无功能量计算的影响，该仿真采用的是图 6.19 中的仿真系统，第 20ms 时在正方向 150km 处发生了 A 相接地故障，故障电阻为 30Ω，分别采用 2ms、5ms、10ms 和 20ms 的采样时间窗进行仿真和计算。

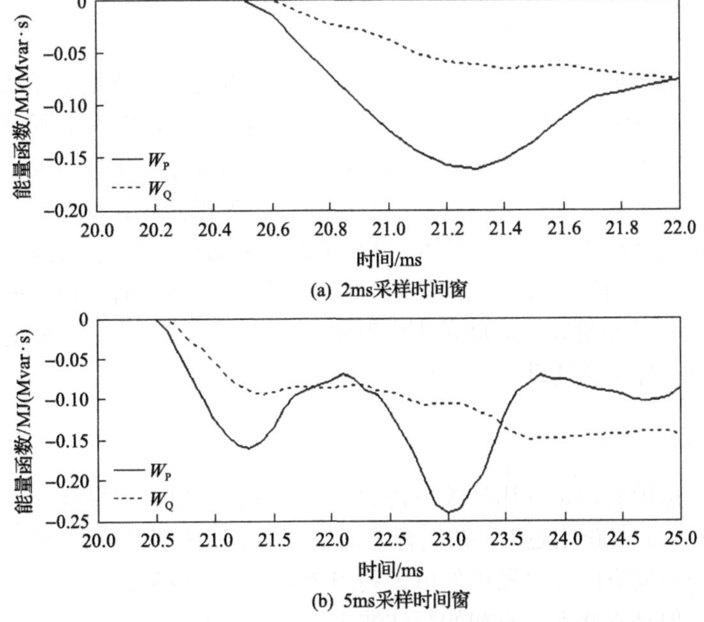

(a) 2ms采样时间窗

(b) 5ms采样时间窗

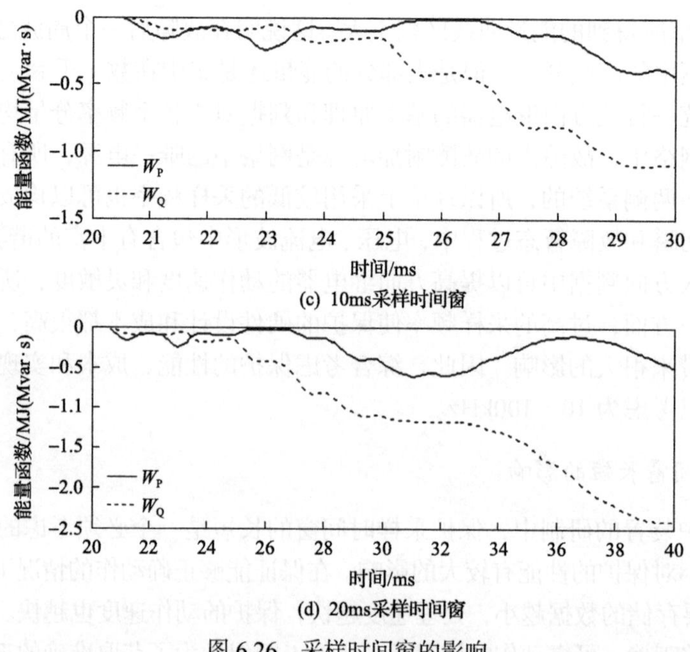

图 6.26　采样时间窗的影响

从图 6.26 可以看出，在 2ms 到 20ms 的采样时间窗下，方向继电器计算出的故障分量的有功能量和无功能量在故障后均保持为负极性；同时，无论采样时间窗的长度如何，方向继电器都可以得到正确的故障方向。这说明了该方向继电器对采样时间窗的要求比较宽松，即使在较短的时间窗下也能得到正确的故障方向，这显然有利于保护的快速动作性能。但是在采样频率一定的情况下，采样时间窗越短，时间窗中包含的采样点也越少，受随机噪音和干扰的影响也越大，对保护的可靠性会带来不利影响。综合考虑保护的速动性和可靠性，其采样时间窗的长短可以考虑采用自适应的方案。

统一行波方向继电器的判据基于有功能量和无功能量的极性，而能量是功率对时间的积分结果；因此，如果保护在较短的时间窗内，求得的有功能量和无功能量具有足够的幅值，就可以可靠地判断故障方向，方向继电器也就可以在很短的时间窗中判断方向。反之，如果故障现象不明显，在较短的时间窗内求得的故障能量幅值太小，不足以可靠判断故障方向，那么这时可以采用较长的时间窗，因为积分计算的作用，总能积累到足够大的故障能量以判断故障方向。当然，这种情况下方向继电器的动作时间也较长一些。所以实际利用本书方向继电器构成保护的时候，可以采用活动时间窗，根据故障情况自适应地在 2～20ms 甚至更宽的时间范围内调整采样时间窗的长短。这样的自适应方案也最大可能地兼顾了保护的速动性和可靠性。

6. 故障初相角的影响

传统的行波保护通常是利用故障后初始行波及其折反射波的极性和大小来构成保护判据。如果故障发生在 0°附近时，初始行波的幅值很小，从而严重影响行波保护的性能。本书提出的统一行波方向继电器虽然可以利用故障初瞬和故障暂态过程中的行波能量来构成方向判据，但是它并不依靠初始行波波头的捕获，因而它在理论上不受零故障角度的影响。

图 6.27 给出了一个零角度故障的仿真例子，该仿真采用的是图 6.19 中的仿真系统，

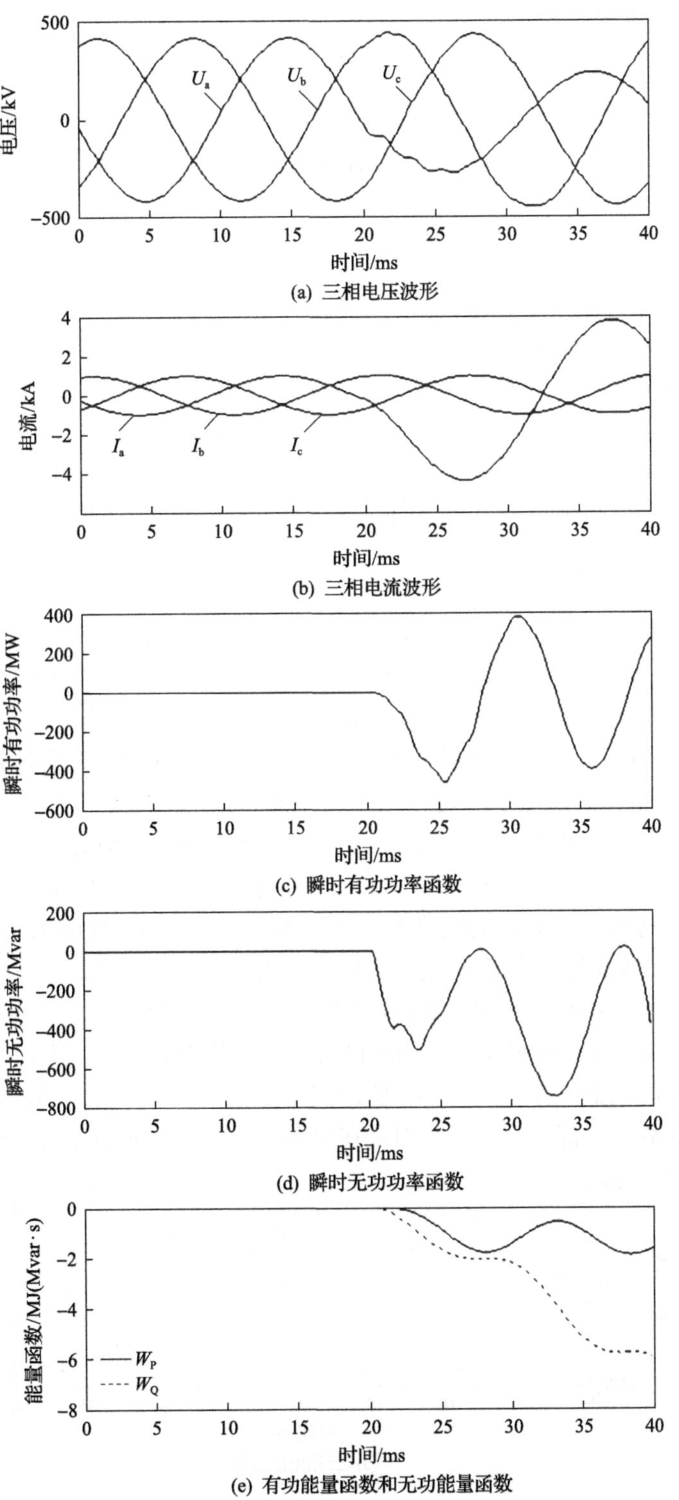

(a) 三相电压波形

(b) 三相电流波形

(c) 瞬时有功功率函数

(d) 瞬时无功功率函数

(e) 有功能量函数和无功能量函数

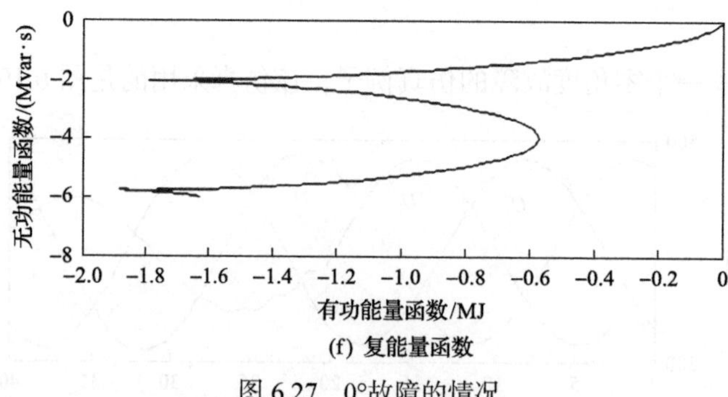

(f) 复能量函数

图 6.27　0°故障的情况

20ms 在正方向 100km 处发生了 A 相接地故障，故障电阻为 30Ω，故障角度为 0°。

从图 6.27 可以看出，由于故障发生在零角度，三相电压和电流波形都不存在初始行波波头，它们在故障后都立刻进入稳态过程。但是这对瞬时有功功率、瞬时无功功率、有功能量和无功能量的影响却很小。从图 6.27(e)可以看到，有功能量和无功能量在故障后 5ms 之内就具有很大的幅值，可以可靠判断它们都是负极性，方向继电器可以快速判断故障位于正方向。可见统一行波方向继电器不受零故障角度的影响。

7. 非全相运行的影响

当系统处于稳定的非全相运行状态且没有发生故障的情况下，因为系统中不存在突变，所以由式(6-25)计算出的电压和电流的故障分量为零，对统一行波方向保护而言这就是非故障运行状态，保护不会起动，理论上不存在误动的问题。

而在非全相运行状态下发生故障时，在故障分量网络中，无论是有功能量还是无功能量都是由故障点向两侧系统传输，这与全相运行的系统发生区内故障没有区别，式(6-25)能够立刻反映出该故障引起的突变量，并正确判断故障方向。

图 6.28 给出了一个非全相运行状态下的单相故障的仿真例子，该仿真采用的是图 6.19 中的仿真系统，在故障前线路 MN 的 C 相断开，只有 AB 两相处于运行状态，第 20ms 在正方向 150km 处发生了 A 相接地故障，故障电阻为 100Ω。

从图 6.28(a)、(b)可以看出，在故障发生前，由于系统处于非全相运行状态，所以 C 相电流一直为零，而 C 相电压由于相间耦合而具有相当的数值，但是由于故障发生前，无论是电压还是电流都不存在突变量，所以图 6.28(c)、(d)中计算的故障分量的瞬时有功和瞬时无功在故障前都一直为零。但是在故障发生后，图 6.28(a)、(b)中的电压和电

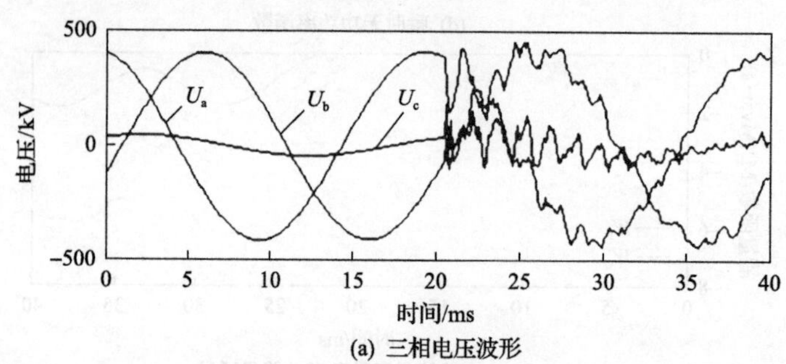

(a) 三相电压波形

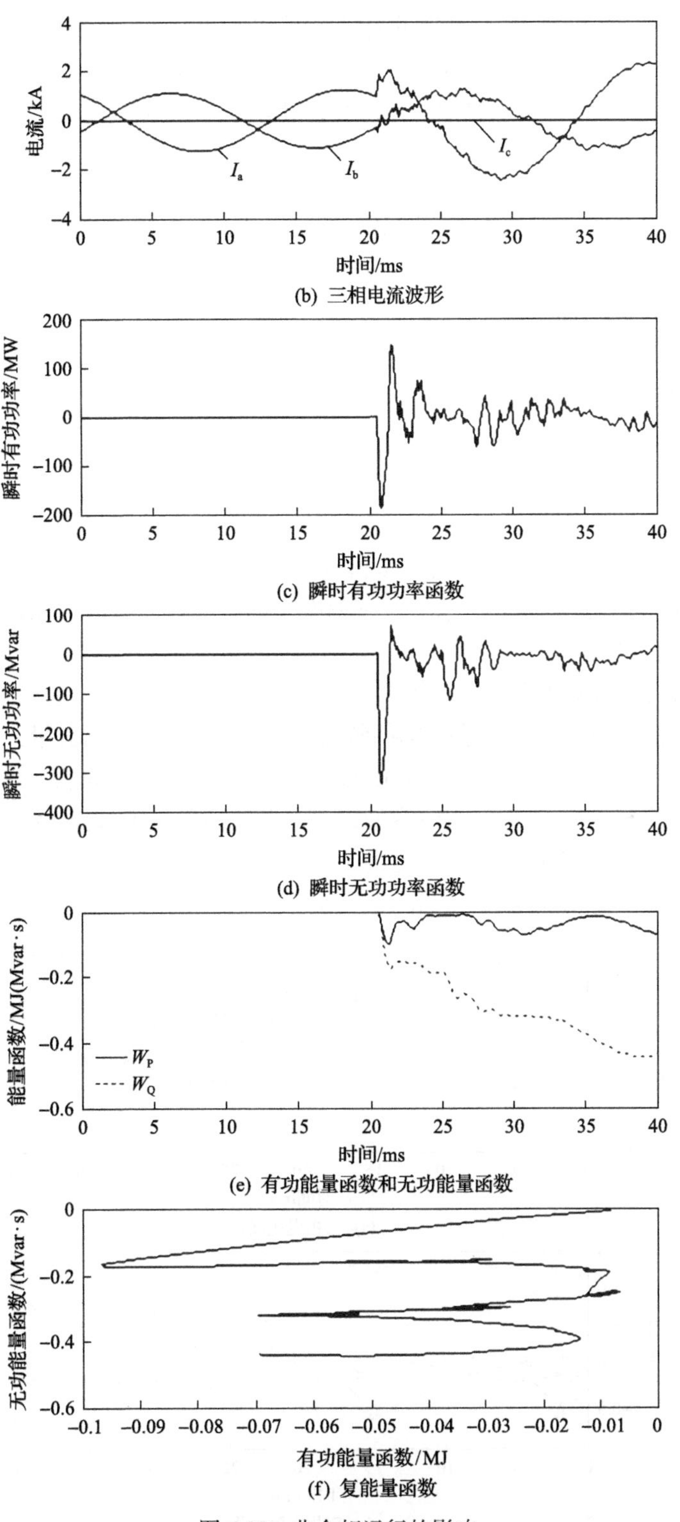

(b) 三相电流波形

(c) 瞬时有功功率函数

(d) 瞬时无功功率函数

(e) 有功能量函数和无功能量函数

(f) 复能量函数

图 6.28　非全相运行的影响

流都发生突变，图 6.28(c)、(d)中计算的故障分量的瞬时有功功率和瞬时无功功率在故障后具有相当大的数值，由其计算出的有功能量和无功能量在故障后都是负极性，这使复能量函数位于图 6.28(f)中的第 3 象限，方向继电器能够正确判断出故障位于正方向。

综上所述，统一行波方向继电器不受非全相运行方式的影响。

8. 分布电容的影响

在高压长线的情况下，线路上由分布电容引起的电流具有相当大的数值，它对传统的功率方向继电器具有较大影响，但是分析和仿真均表明它对本书提出的统一行波方向继电器影响不大，原因如下。

(1)在正常运行时，由分布电容引起的电流的数值稳定不变，如同负荷电流一样，这保证了该方向继电器在正常运行时不受分布电容的影响。

(2)故障时，在故障分量网络中，故障附加电源是唯一的电源，无论是否存在分布电容，有功能量都是由故障线路传输向两侧系统，因而方向判据中的有功能量的极性不受分布电容的影响。而对于无功能量，考虑到高压网络中，故障分量中两侧的等效系统是直接接地系统，存在着大量的变压器、电机这样的感性负荷，因而即使考虑有分布电容，等效系统整体上也以感性负荷为主，故一般仍然认为，在故障分量网络中，感性无功由故障线路传输向两侧系统。

图 6.29 给出了一个仿真例子，该仿真采用的是图 6.19 中的仿真系统，线路 MN 两侧的等效系统电源的初相角相等，这样在故障前线路 MN 上不存在负荷分量，故障前线路上的电流都源自分布电容，第 20ms 在正方向 150km 处发生了 A 相接地故障，故障电阻为 100Ω。

从图 6.29 可以看出，由于分布电容的影响，在故障发生前线路 MN 上存在着较大的容性电流，其幅值有 200A 左右，但是由于该方向继电器只反映突变量，所以故障前瞬时有功、瞬时无功、有功能量和无功能量都为零，方向继电器不会误动。在故障发生后，

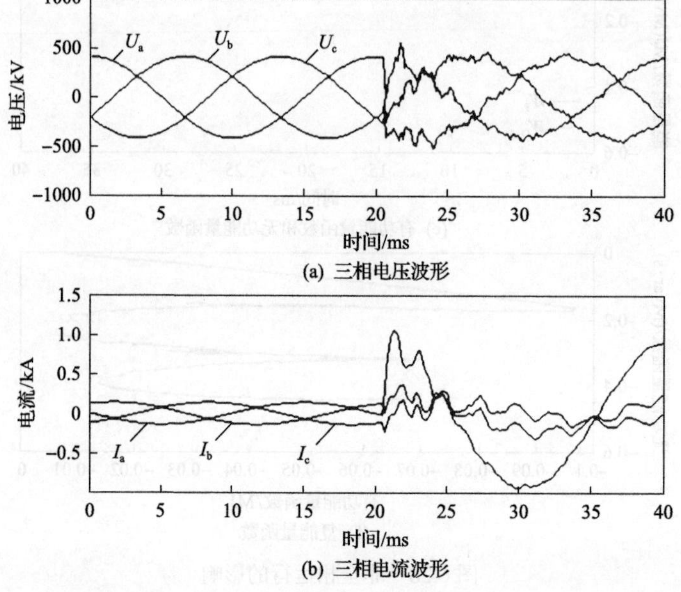

(a) 三相电压波形

(b) 三相电流波形

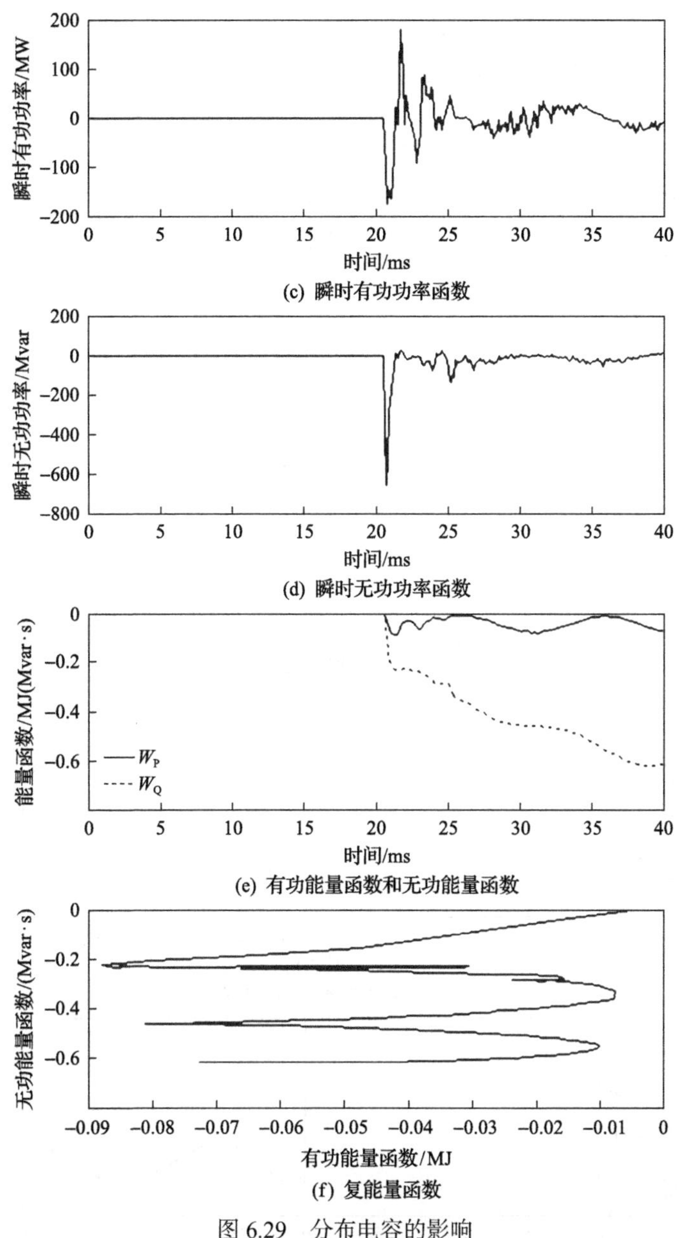

(c) 瞬时有功功率函数

(d) 瞬时无功功率函数

(e) 有功能量函数和无功能量函数

(f) 复能量函数

图 6.29 分布电容的影响

方向继电器检测到的有功能量和无功能量均为负极性，方向继电器可以正确地判断故障位于正方向。由此可见，分布电容不会对方向继电器的工作产生影响。

9. 单电源系统

在单电源系统中，如果线路上发生故障，安装在负荷侧的保护检测到的电压和电流的数值有可能都接近于零，从而严重影响了传统的功率方向继电器、负序方向继电器或零序方向继电器的灵敏度。但是本书提出的统一行波方向继电器反映的是故障分量(突变量)，而故障后电压和电流数值接近于零的情况正好说明其电压和电流的故障分量很大，这种情况下方向继电器具有良好的灵敏度，方向继电器可以正确、可靠地判断故障方向。图 6.30 给出了一个单电源系统的仿真结果，该仿真采用的是图 6.31 中的仿真系统。

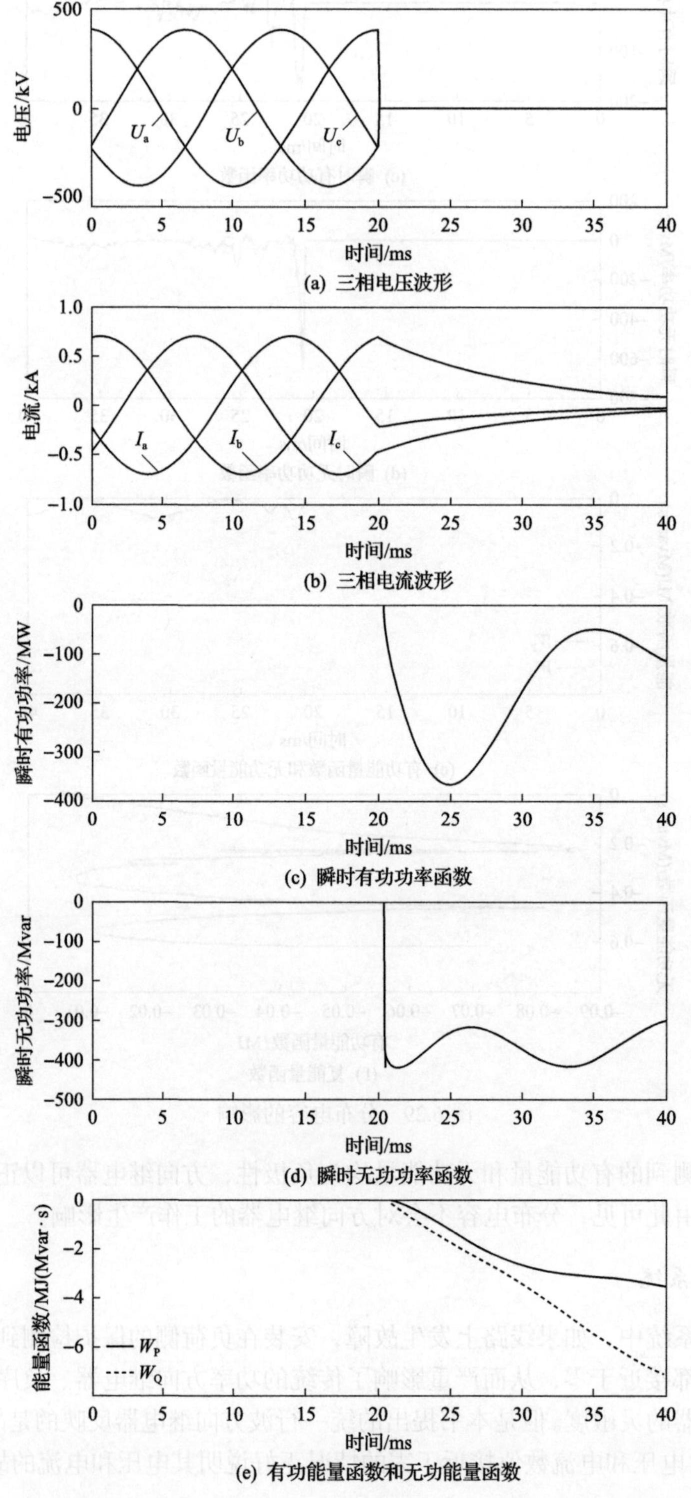

(a) 三相电压波形

(b) 三相电流波形

(c) 瞬时有功功率函数

(d) 瞬时无功功率函数

(e) 有功能量函数和无功能量函数

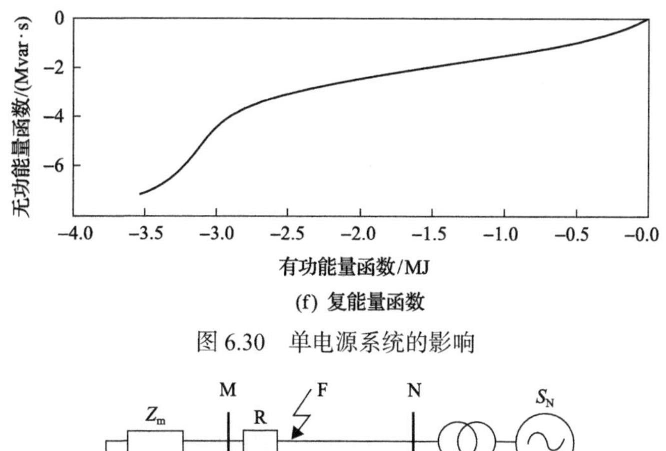

(f) 复能量函数

图 6.30　单电源系统的影响

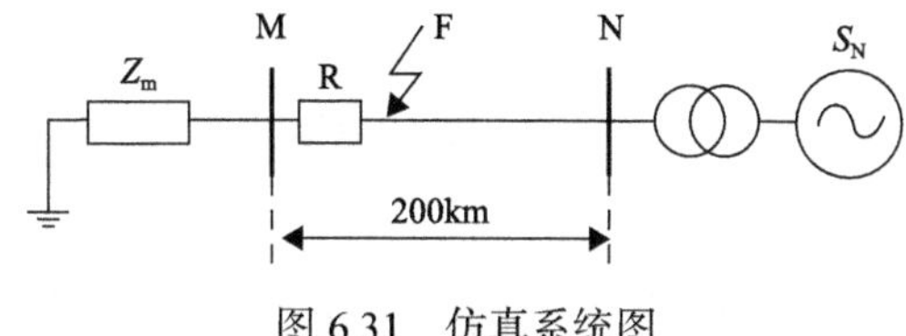

图 6.31　仿真系统图

在图 6.31 中，母线 M 左侧系统是一个纯负荷，不包含电源，其系统阻抗为 Z_m。第 20ms 在保护 R 正方向出口处发生了三相金属性短路。

从图 6.30(a)、(b)可以看出，在故障发生后，由于在母线出口处发生三相金属性短路且保护安装在负荷侧，保护检测到的三相电压均为零，而三相电流也很快衰减到零附近，其电流衰减的时间常数同系统等效阻抗的数值有关。三相电压、电流的数值变为零，对应于其故障分量具有很大的数值，因而从图 6.30(c)～(f)可以看到，保护检测到的瞬时有功、瞬时无功、有功能量和无功能量的数值都很大，复能量曲线稳定地位于第 3 象限，该方向继电器可以正确地判断出故障位于正方向。由此可见，单电源系统不会对统一行波方向继电器的工作产生不利影响。

6.2.5　基于统一行波方向继电器的输电线路纵联方向保护

统一行波方向继电器可构成方向比较式纵联保护。工程中，在线路两侧安装，借助于通信通道，如图 6.32 所示。

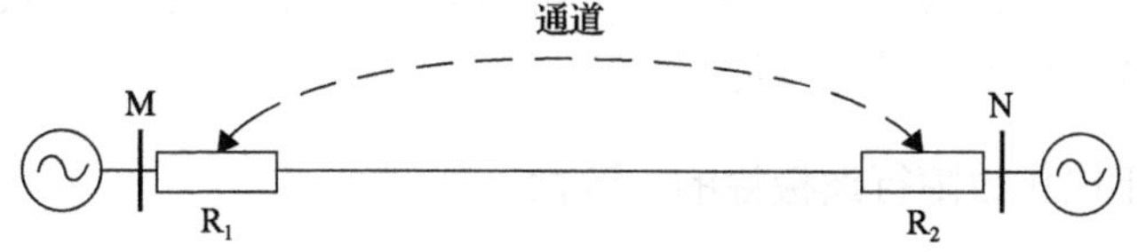

图 6.32　方向比较式纵联保护示意图

图 6.32 中的 R_1、R_2 表示统一行波方向继电器，它们通过通道相互交换故障方向信息。当两侧方向继电器判断出的故障方向都是正方向时，保护判为区内故障，而当有一个方向继电器判断是反方向故障时，保护判为区外故障。

当方向保护采用允许信号时，保护的逻辑如图 6.33 所示。

图 6.33 中 DL_M 和 DL_N 分别表示安装在线路两侧的方向保护，W_{M+}、W_{N+} 分别表示保

护 DL_M 和 DL_N 中的正方向动作继电器。

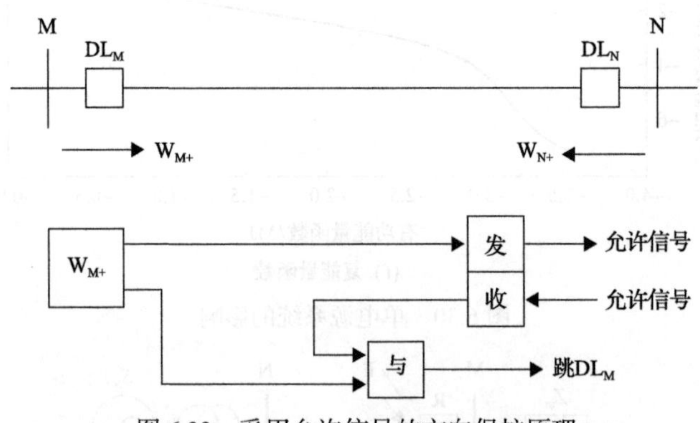

图 6.33　采用允许信号的方向保护原理

6.3　极化电流行波方向继电器

如第五章所述，电流互感器具有很好的宽频传变特性，可以有效传变宽频带的电流故障行波信号，并且在输电线路电流行波故障测距及中性点非有效接地系统的接地选线技术中获得成功应用。但是在 220kV 及以上电压等级电力系统中普遍采用的电容式电压互感器(CVT)不能有效地传变宽频带的电压故障行波信号，CVT 有效传输频带只在工频附近一个很窄的频带范围内。无法有效获取宽频带电压故障行波是行波保护多年来没有投入电力系统实际应用的重要原因之一，因为仅仅利用电流故障行波无法构成可靠方向继电器。

而利用电压故障分量中工频分量的快速继电保护已经在电力系统获得广泛的成功应用。鉴于 CVT 可以有效传变工频附近频带的电压信号和工频变化量保护的成功经验，本节首先分析电压故障行波中工频分量的初始极性与电压故障初始行波的波头极性之间的关系，若两者具有一致性，那么就可以用电压故障行波中工频分量初始极性代替电压故障初始行波的波头极性，与电流故障初始行波的波头极性一起构成新型行波方向继电器；在分析了电压故障行波中工频分量的初始极性与电压故障初始行波的波头极性之间具有一致性后，提出一种新的行波方向继电器——极化电流行波方向继电器，并给出该方向继电器的详细算法步骤；最后，通过理论分析和电磁暂态仿真，验证极化电流行波方向继电器在各种故障条件下的动作性能[101,102]。

6.3.1　不同频带下电压故障行波极性的一致性

根据故障叠加原理可知，输电线路故障后，电压故障行波由故障附加电源产生，故障后的电压故障行波是一个宽频带的信号，既包含了具有高频性质的突变波头分量，又包含了工频故障分量。本节将对电压故障暂态行波的特性进行详细的分析，以研究电压故障分量中各频带分量之间的关系。

1. 电压故障行波的频谱特性

在文献[80]中 Swift 指出，线路故障后的故障分量包含工频分量、故障行波固有频率分量及高次谐波分量。故障行波的固有频率与故障距离、母线结构和系统参数等因素有关。对于线路两端为全反射的无损线发生故障时，线路电压故障行波由自然频率分量及其高次谐波组成。图 6.34 所示的单相输电系统，e_1 和 e_2 分别为母线 M 侧和母线 N 侧的等值电源，Z_1 和 Z_2 分别为母线 M 侧和 N 侧的等值阻抗。图 6.35 为当线路 MN 发生金属性接地故障时故障附加网络图，图中 Z_F 为故障附加电阻，对于金属性短路，其值为 0。线路 MF 侧电压故障行波的自然频率为式(6-37)的解，

$$1-\Gamma_1(s)\Gamma_2(s)P^2(s) \tag{6-37}$$

式中

$$\Gamma_1(s)=\frac{Z_1(s)-Z_c(s)}{Z_1(s)+Z_c(s)} \tag{6-38}$$

$$\Gamma_2(s)=\frac{Z_F(s)-Z_c(s)}{Z_F(s)+Z_c(s)} \tag{6-39}$$

$$P(s)=\exp(-s\tau) \tag{6-40}$$

式中，τ 为行波在母线 M 与 F 之间的传播时间。

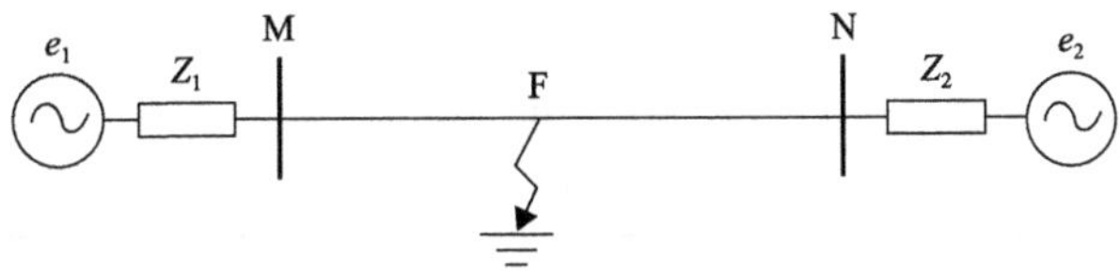

图 6.34　单相输电线路图

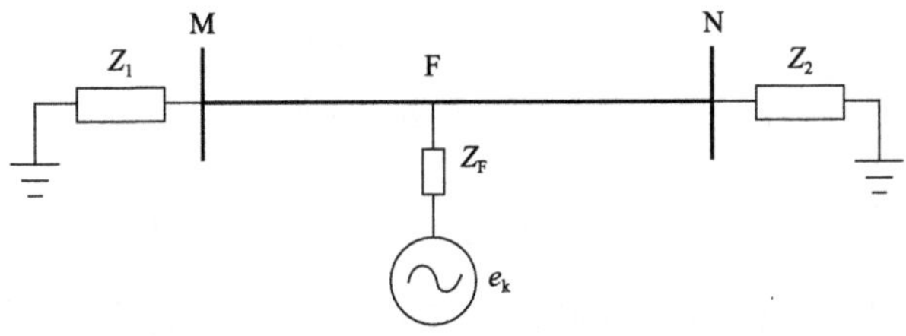

图 6.35　单相输电线路故障附加网络图

式(6-37)一般有无穷多个解，对应于电压故障行波的自然频率主频及其高次谐波分量。Swift 在文献[80]中指出，自然频率与系统阻抗值 Z_1 大小有关，当 Z_1 为 0，自然频率的主频为

$$f_n=\frac{v}{2d} \tag{6-41}$$

式中，f_n 为自然频率的主频；v 为电压故障行波的波速度；d 为故障距离。

当 Z_1 为无穷大时，自然频率的主频如下：

$$f_{\mathrm{n}} = \frac{v}{4d} \tag{6-42}$$

由式(6-41)和式(6-42)可见，输电线路故障后的自然频率分量与故障距离及网络结构有很大关系，故障距离越近，系统阻抗越小，自然频率越高；故障距离越远，系统阻抗越大，自然频率越低。

为了接近于电力系统实际情况，本书采用图 6.36 所示的 750kV 输电系统仿真模型进行分析。线路 1 长度为 400km，线路 2 和线路 3 长度均为 320km，线路 4 与线路 5 长度均为 380km。输电线路的参数如表 6.9 所示。

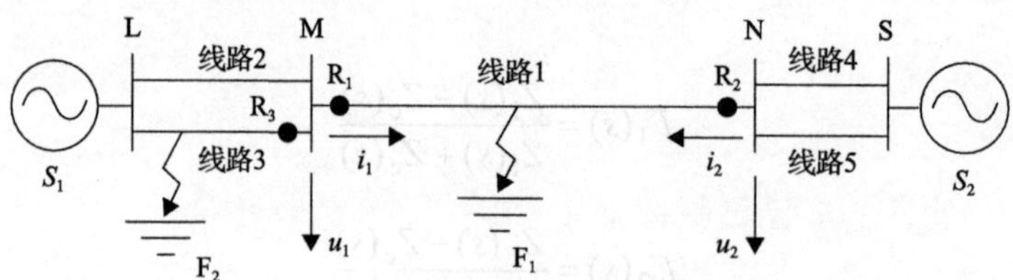

图 6.36　750kV 输电线路系统

表 6.9　750kV 输电线路参数

线路参数	正序	零序
R / (Ω/km)	0.0127	0.2729
L / (mH/km)	0.8531	2.6738
C / (nF/km)	13.67	9.3

为方便分析，首先假设图 6.36 所示输电系统为单相输电系统，图 6.37 是线路 1 上 $\mathrm{F_1}$ 点发生故障时的故障附加电路图，其中 Z_{L} 是母线 L 左侧系统等值阻抗，Z_{S} 是母线 S 右侧系统等值阻抗。图 6.38 是对应图 6.37 的电压故障行波网格图。图中故障初始行波及其在母线 M 和故障点 F 之间的折反射波如式(6-43)所示：

$$u_{\mathrm{M}}(t) = (1 + k_{\mathrm{ML}})[e_k(t - \tau_{\mathrm{M}}) - k_{\mathrm{MR}} e_k(t - 3\tau_{\mathrm{M}}) + \cdots + k_{\mathrm{MR}}^n e_k(t - m\tau_{\mathrm{M}})] \tag{6-43}$$

式中，n 为故障点反射波回到 $\mathrm{R_1}$ 处的次数；k_{ML} 为母线 M 处的电压行波反射系数；k_{MR} 为母线 M 处的电压行波折射系数，$m = 2n - 1$。

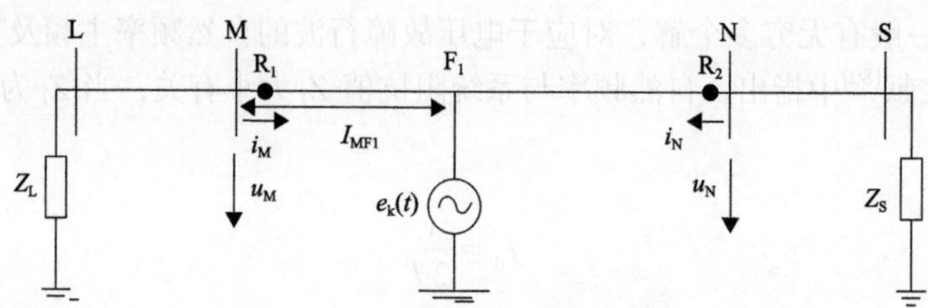

图 6.37　正向故障时故障附加电路

随着反射次数的增加，后续反射波的幅值也越来越小，本书只取前 5 次故障点反射波的之和，如下式所示：

$$u_{\mathrm{M}}(t) = (1 + k_{\mathrm{ML}})[e_k(t - \tau_{\mathrm{M}}) - k_{\mathrm{MR}} e_k(t - 3\tau_{\mathrm{M}}) + \cdots + k_{\mathrm{MR}}^5 e_k(t - 9\tau_{\mathrm{M}})] \tag{6-44}$$

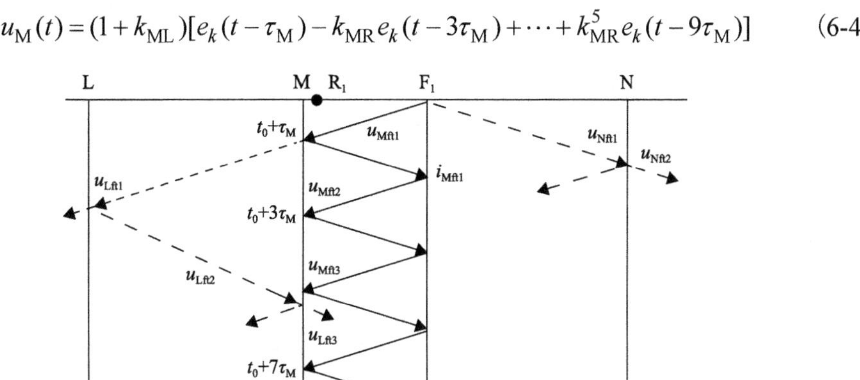

图 6.38　区内故障时行波网格图

如图 6.38 所示，初始行波 $u_{\mathrm{Mft1}}(t)$ 的折射波 $u_{\mathrm{Lft1}}(t)$ 行进到母线 L 处后，产生反射波再次行进到母线 M 处时产生折射波 $u_{\mathrm{Lft3}}(t)$，k_{LL} 为母线 L 处的电压行波折射系数。

$$u_{\mathrm{Lft3}}(t) = 2k_{\mathrm{MR}}^2 k_{\mathrm{LL}} e_k(t - 2\tau_{\mathrm{L}} - \tau_{\mathrm{M}}) \tag{6-45}$$

式中，k_{LL} 为母线 L 处的电压行波反射系数；τ_{M} 为行波由故障点 F_1 传输至母线 M 所需的时间；τ_{L} 为行波由母线 M 传输至母线 L 所需的时间，系数 2 是考虑到母线 M 和母线 L 之间的双回线影响，若忽略母线 L 处后续电压反射波对 R_1 处电压故障行波的影响，由式(6-44)和式(6-45)可得 R_1 处电压故障行波为

$$\begin{aligned} u_{\mathrm{M}}(t) = {} & (1 + k_{\mathrm{ML}})[e_k(t - \tau_{\mathrm{M}}) - k_{\mathrm{MR}} e_k(t - 3\tau_{\mathrm{M}}) + \cdots + k_{\mathrm{MR}}^5 e_k(t - 9\tau_{\mathrm{M}})] \\ & + 2k_{\mathrm{MR}}^2 k_{\mathrm{LL}} e_k(t - 2\tau_{\mathrm{L}} - \tau_{\mathrm{M}}) \end{aligned} \tag{6-46}$$

而故障附加电压源可以表示为

$$e_k(t) = -\sqrt{2} E_k \sin(\omega t + \varphi_{\mathrm{F1}}) \varepsilon(t_0) \tag{6-47}$$

式中，E_k 为工频故障附加电源 e_k 的有效值，在数值上等于短路前线路故障点处电压有效值；φ_{F1} 为故障前 F_1 点的电压初相角；$\varepsilon(t_0)$ 为单位阶跃函数。记故障电压初始角为

$$\varphi_{\mathrm{f}} = \omega t_0 + \varphi_{\mathrm{F1}} \tag{6-48}$$

由式(6-47)和式(6-48)可见，电压故障行波实际是由工频故障附加电源产生的电压故障初始行波及其后续折反射电压故障行波叠加而成。在故障附加电源初始角不为 0 时，电压故障初始行波及其后续的折反射波都会出现突变的波头，这在频域表现为高频分量。

假设故障电压初始角为 90°，故障距离 150km，母线 M 处电压行波反射系数为–1/3，折射系数为 2/3，母线 L 处的电压反射系数为–1，则根据式(6-46)～式(6-48)可计算得到

电压故障暂态行波值，如图 6.39 所示。

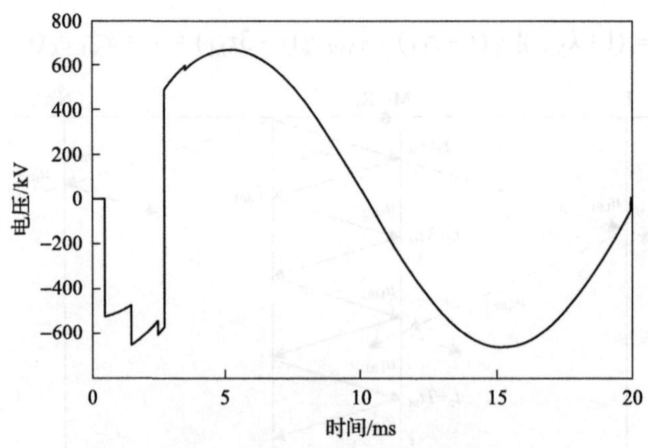

图 6.39　正向故障时电压故障行波

对图 6.39 中所示的 20ms 的电压故障行波进行频谱分析结果如图 6.40 所示，图中各频率成分的幅值以工频为基准进行了归一化处理。由图可见，故障后电压故障行波是一个宽频带的信号，其中工频分量为主要分量，而电压故障行波的自然频率分量及其高次谐波分量也占有一定的比例，从能量的角度来看，电压故障行波的主能量仍然集中在工频。图 6.40 幅度频谱分析的结果与文献[80]的分析结果是一致的。图 6.41 是对应于图 6.40 的 0～1kHz 频带内幅度频谱特性。

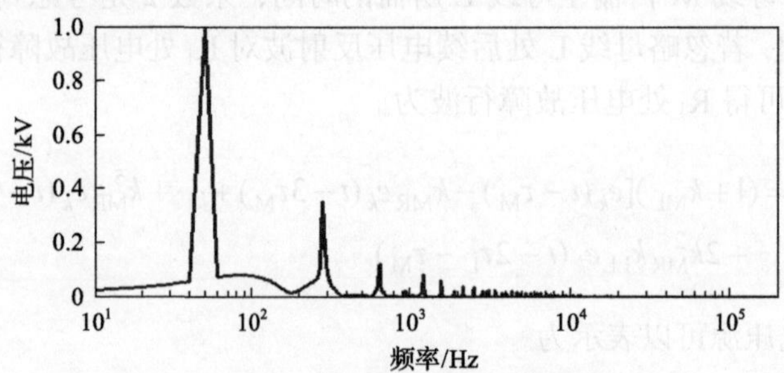

图 6.40　电压故障行波的幅度频谱

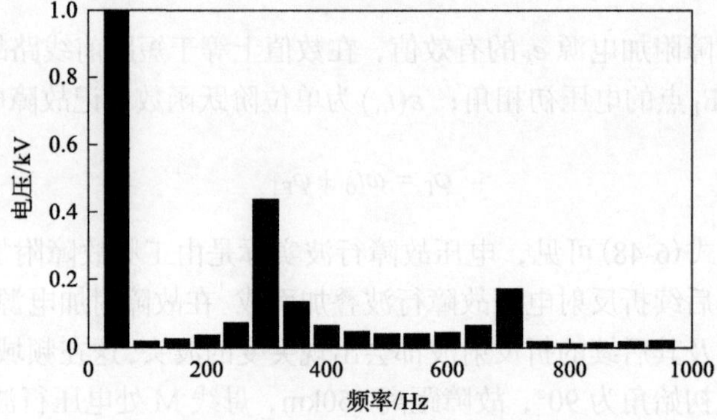

图 6.41　电压故障行波的幅度频谱

2. 电压故障行波的小波分析

根据式(6-47)的故障附加电源表达式可知，若故障附加电源初始角接近电压过零点，那么故障附加电源极性很快发生变化。为方便分析，本书假设故障初始角不在故障附加电源过零点前 18°以内，这样故障附加电源的极性不会在故障后 1ms 数据窗内发生极性变化，本节研究的数据窗为故障行波到达电压检测量点 R_1 后 1ms 的数据窗内初始极性。

由于三相输电线路中三相电压故障行波之间具有电磁耦合关系，为了解耦，本节采用相模变换技术，把三相电压故障行波相量转变为三个相互独立的电压故障行波模量。相模变换方法有多种，本书选用 Karenbauer 变换：

$$\begin{bmatrix} u_\alpha \\ u_\beta \\ u_\gamma \end{bmatrix} = \frac{1}{3}\begin{bmatrix} 1 & -1 & 1 \\ -1 & 0 & 1 \\ 0 & 1 & -1 \end{bmatrix}\begin{bmatrix} u_a \\ u_b \\ u_c \end{bmatrix} \tag{6-49}$$

在图 6.36 所示的 750kV 输电线路系统中，设线路 MN 上 F_1 点发生三相金属性短路，故障距离母线 M 为 100km。故障后电压行波的故障分量提取方法为

$$u_{\mathrm{ft}m}(n) = u_m(n) - 2u_m(n-N) + u_m(n-2N) \tag{6-50}$$

式中，$u_m(n)$ 是线路故障后电压行波模量值，m 表示 α、β、γ 三个线模量；N 为一个工频周期的采样点数。故障后母线 M 侧 R_1 处的电压故障行波模量如图 6.42 所示。

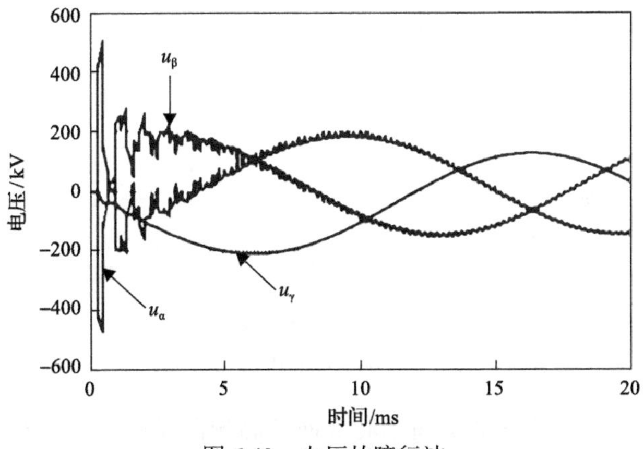

图 6.42　电压故障行波

对上图中 α 模电压分量进行小波变换后，在不同的频率空间下的电压故障行波分量如图 6.43 所示。图 6.43 中第一个图形为电压故障行波的 α 模量原始波形，各频率子空间下的电压故障行波分量的初始极性与电压故障行波原始波形的初始极性具有一致性，在本例中都为负极性。随着频率子空间频率段的降低，电压故障行波的初始波头越来越平滑，但是电压故障行波在各频段中分量的初始极性却始终保持一致性。

为了对电压故障行波在各频率子空间的初始极性有明确清晰的表达，本节用小波变

换后的模极大值来刻画各频率子空间中电压故障行波的极性。

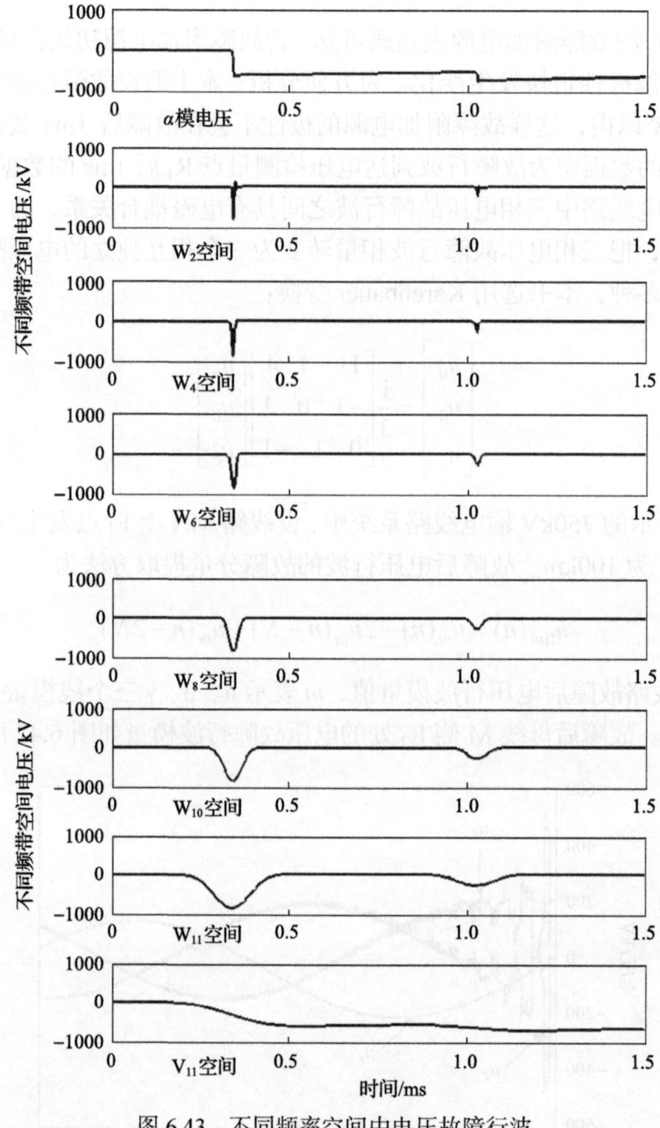

图 6.43　不同频率空间中电压故障行波

由于电压故障行波的突变波头与小波变换的高频段模极大值具有一一对应的关系，所以本书用电压故障行波在 W_2(50～100kHz)空间第一个模极大值表示电压故障初始行波的波头极性。同时用电压故障行波在 V_{11}(0～97.66Hz)空间中第一个模极大值表示电压故障行波工频分量初始极性。

与图 6.43 对应，各子空间下的电压故障行波的模极大值如图 6.44 所示。由图 6.44 可知，各子空间中对应电压故障初始行波极性的第一个模极大值的极性是一致的。比较子空间 W_2(50～100kHz)和 V_{11}(0～97.66Hz)中的电压故障行波的模极大值可知，第一个模极大值的极性一致，但是模极大值的位置发生了偏移，但这并不影响对子空间中电压故障行波分量初始极性的判定。子空间 V_{11} 中电压故障行波分量实际是电压故障行波中的工频分量部分，这说明电压故障行波中的工频分量的初始极性与电压故障初始行波的波头极性是一致的，这是一个非常有意义的结论。

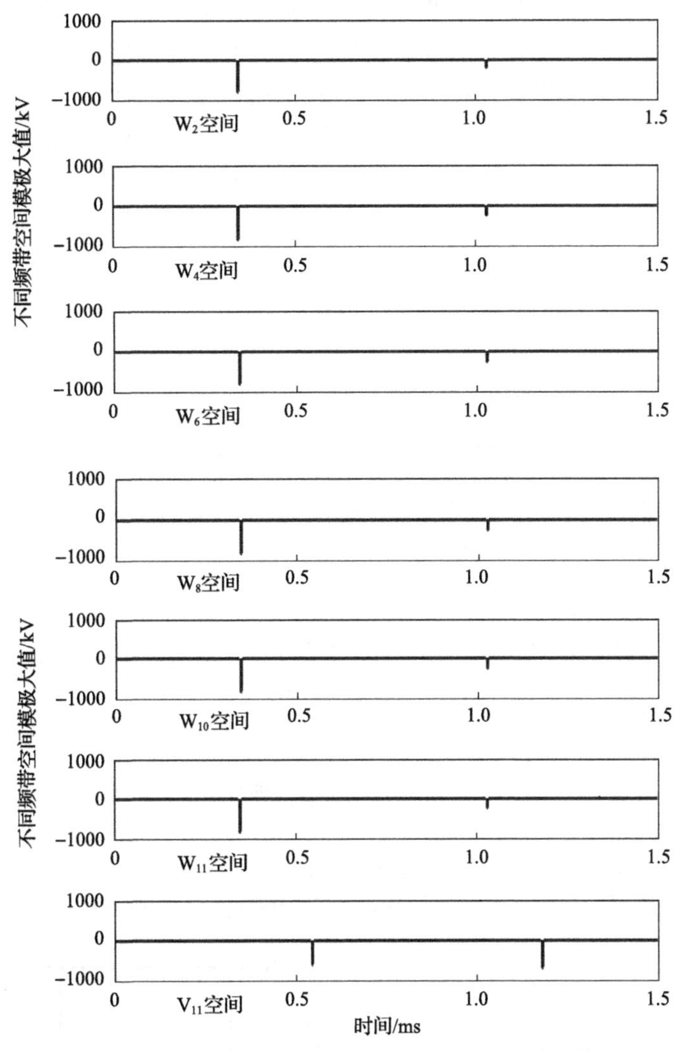

图 6.44　不同频率空间中电压故障行波模极大值

3. CVT 二次侧电压故障行波初始极性分析

根据研究，CVT 由于补偿电抗器、高频杂散电容等的影响，对 2kHz 以上的高频信号具有明显的衰减特性，但对 30～1000Hz 频带的电压故障信号具有良好的传变特性。本节按照文献[79]中建议的 CVT 暂态特性研究模型，并根据一个实际 750kV 电容式电压互感器参数，在电磁暂态仿真软件(alternative transient program，ATP)中建立 CVT 模型。

图 6.45 是 CVT 的一、二次侧电压故障行波比较图，为分析 CVT 的二次侧电压故障行波中工频分量的初始极性是否与一次侧电压故障行波中工频分量的初始极性保持一

致，本节分别对 CVT 的一二次电压故障行波进行小波变换多分辨率分析，图 6.46(a)给出了 CVT 的一二次电压故障行波在 V_{11} 子空间中的电压故障行波，图 6.46(b)给出了对应模极大值图形。由图可见，虽然 CVT 二次侧电压及其模极大值出现了时间上的滞后(CVT 的暂态特性导致相位滞后)，但是电压故障行波在 V_{11}(0～97.66Hz)子空间中初始极性不会改变，都是明确的负极性，即 CVT 一次侧电压故障行波中工频分量和 CVT 二次侧可采集的电压故障行波中工频分量初始极性具有一致性。同时，前文分析结论为电压故障行波中的工频分量的初始极性与电压故障初始行波的波头极性是一致的。由此可见，CVT 二次侧可采集电压故障行波中工频分量的初始极性与其一次侧电压故障初始行波的波头极性具有一致性，故可用 CVT 二次侧电压故障行波中工频分量的初始极性，代替电压故障初始行波的波头极性与电流故障初始行波的波头极性相比较构成新的极性比较式方向保护。

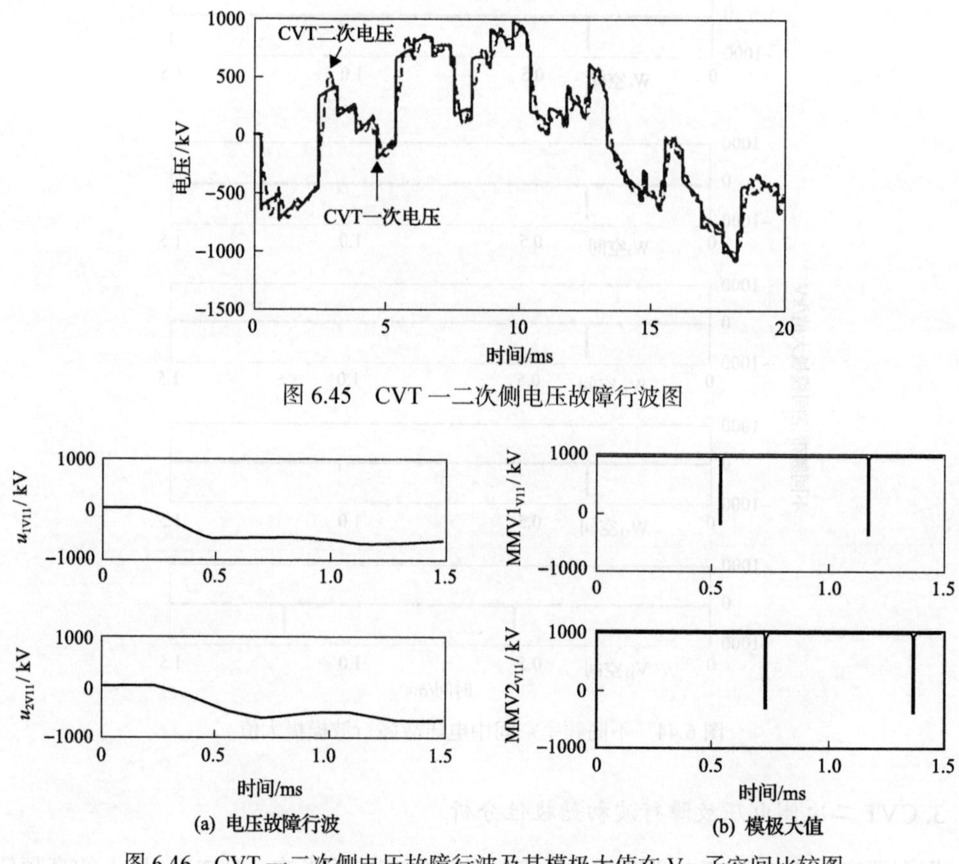

图 6.45　CVT 一二次侧电压故障行波图

图 6.46　CVT 一二次侧电压故障行波及其模极大值在 V_{11} 子空间比较图

4. 建模与仿真

为了验证本节提出的用小波变换多分辨率分析提取电压故障行波工频分量初始极性代替电压故障初始行波的波头极性的可靠性，本节进行了大量的仿真试验。由于母线的结构会影响到母线处的电压行波的折反射系数，从而影响电压故障行波的初始极性，为了便于分析，将母线结构分为三类。

第Ⅰ类母线：母线上只有被线护线路一回出线。

第Ⅱ类母线：母线上接有两回出线。

第Ⅲ类母线：母线上接有三回及以上出线。

本书对正向故障和反向故障情况下不同故障距离、不同过渡电阻、不同母线结构和不同故障类型进行了大量的仿真，限于篇幅，部分仿真结果如表 6.10 与表 6.11 所示。表中 MMU_1 表示 CVT 一次侧电压故障初始行波在 W_2 空间模极大值，MMU_{2pf} 表示 CVT 二次侧电压故障行波在 V_{11} 空间模极大值。进行第Ⅱ类母线的仿真时，线路 2 退出运行，仿真第Ⅰ类母线时，线路 2 和线路 3 退出运行，反向故障发生在图 6.36 所示的线路 3 上。

表 6.10　正向故障仿真结果

母线类型	故障类型	故障距离/km	过渡电阻/Ω	MMU_1/kV	MMU_{2pf}/kV
Ⅲ	ABC	1	0.1	−855.4	−971.3
Ⅲ	ABG	100	0.1	−831	−691.7
Ⅲ	AG	350	200	−172.9	−139.3
Ⅱ	ABC	1	0.1	−1235.1	−971.7
Ⅱ	ABG	100	0.1	−1229.7	−968.3
Ⅱ	AG	350	200	−260.7	−209
Ⅰ	ABC	1	0.1	−2235.5	−971.8
Ⅰ	ABG	100	0.1	−2288.7	−1934.8
Ⅰ	AG	350	200	−506.1	−418.2

表 6.11　反向故障仿真结果

母线类型	故障类型	故障距离/km	过渡电阻/Ω	MMU_1/kV	MMU_{2pf}/kV
Ⅲ	ABC	1	0.1	−856.3	−971.3
Ⅲ	ABG	100	0.1	−832.1	−691.7
Ⅲ	AG	200	200	−172.2	−150.6
Ⅱ	ABC	1	0.1	−1237.2	−971.7
Ⅱ	ABG	100	0.1	−1232	−968.5
Ⅱ	AG	200	200	−260.7	−225.8
Ⅲ	ABC	1	0.1	−856.3	−971.3
Ⅲ	ABG	100	0.1	−832.1	−691.7
Ⅲ	AG	200	200	−172.2	−150.6

在表 6.10 和表 6.11 中，ABC、ABG 和 AG 分别表示三相短路、两相接地短路和单相接地短路。反向故障时若为第Ⅰ类母线，则 R_1 处不能检测到电压故障行波，所以表 6.11 中未给出第Ⅰ类母线的仿真结果。为方便比较，将 CVT 二次侧电压折算到一次侧，

由仿真结果仿可见，电压故障行波的工频分量初始极性始终保持与电压故障初始行波的波头极性一致，不受母线类型、故障类型、故障距离和过渡电阻的影响。

6.3.2　极化电流行波方向继电器原理与算法

前文在对故障后电压故障行波特性深入分析后得出结论：电压故障初始行波的波头极性与电压故障行波中工频分量的初始极性具有一致性。本小节将在此研究基础之上，探索用电压故障行波中工频分量的初始极性代替电压故障初始行波的波头极性，与电流故障初始行波的波头极性相比较构成一种新型行波方向继电器——极化电流行波方向继电器(polarized current travelling wave direction relay，PCTDR)。

1. PCTDR 的基本原理

行波极性比较式方向继电器的基本原理可以简述为当故障发生在正方向时，电压故障初始行波和电流故障初始行波的极性相反；而反方向故障时，电压故障初始行波和电流故障初始行波的极性相同。

下文采用图 6.36 所示的 750kV 输电模型为分析对象。

行波极性比较式方向继电器的基本原理如表 6.12 所示(其中电流的正方向规定为由母线流向线路)。

表 6.12　极性比较式行波方向继电器的基本原理

故障点	故障附加电源极性	M 侧极性		N 侧极性		故障附加电路示意图
		电压	电流	电压	电流	
内部故障	正极性	+	−	+	−	L M N S $e_f(t)$
	负极性	−	+	−	+	
外部故障	正极性	+	−	+	+	L M N S $e_f(t)$
	负极性	−	+	−	−	
外部故障	正极性	+	+	+	−	L M N S $e_f(t)$
	负极性	−	−	−	+	

2. 极化电流行波方向继电器算法

1）电压故障行波的工频分量初始极性的获取

电压故障行波中工频分量初始极性提取步骤如下。

(1)电压故障行波的提取。

$$u_{ftm}(n)=u_m(n)-2u_m(n-N)+u_m(n-2N) \tag{6-51}$$

式中，$u_{ftm}(n)$ 为线路故障后电容式电压互感器二次侧电压故障行波离散采样点；N 为一个工频周期的采样点数，对应 400kHz 的采样率，N 为 8000 点；m 表示 a、b、c 三相。

(2) 电压故障行波的相模变换。对提取的电压故障行波进行 Karenbauer 变换，获得解耦后的三个模量电压故障行波 $u_{ft\alpha}$、$u_{ft\beta}$、$u_{ft\gamma}$。

(3) 小波变换多分辨率分析并求取模极大值。对电压故障行波进行小波变换的多分辨率分解，将电压故障行波分解至各子频率空间。频率子空间 V_{11}(0～97.66Hz) 中的信号对应于电压故障行波的工频分量。求取电压故障行波在频率空间 V_{11} 中的小波变换逼近分量的模极大值：MMU_α、MMU_β、MMU_γ。

(4) 提取电压故障行波中工频分量的初始极性。

$$SU_m = \mathrm{sgn}(\mathrm{MMU}_m) \tag{6-52}$$

式中，m 代表模量 α、β、γ。

2) 电流故障初始行波的波头极性的获取

电流故障初始行波极性的提取步骤如下。

(1) 电流行波的相模变换。对电流行波进行 Karenbauer 相模变换，获得解耦后的三个模量电流故障行波 $i_{ft\alpha}$、$i_{ft\beta}$、$i_{ft\gamma}$。

(2) 小波变换并求取电流行波的模极大值。对各模量电流行波进行小波变换，并求出小波变换后的模极大值。由于电压故障初始行波的波头具有高频特性，所以取小波变换后的高频段子空间 W_2(50～100kHz)、W_3(25～50kHz)、W_4(12.5～25kHz) 中的细节分量并求取模极大值，同时对三个频带空间内的小波变换模极大值进行综合以提高算法的可靠性。若这三个频带空间内的小波变换模极大值都存在，且极性相同，幅值上依次增大，则该模极大值对应故障波头。取 W_3 频段子空间中第一个模极大值作为电流故障初始行波的模极大值，各模量电流故障初始行波的波头对应模极大值表示为 MMI_α、MMI_β、MMI_γ。

(3) 提取电流故障初始行波的波头极性。

$$SI_m = \mathrm{sgn}(\mathrm{MMI}_m) \tag{6-53}$$

式中，m 代表模量 α、β、γ。

3) 故障方向的判定

对获得的电流故障初始行波的波头极性 SI_α、SI_β、SI_γ，与电压故障行波中工频分量的初始极性 SU_α、SU_β、SU_γ 相比较。PCTDR 的正向方向继电器逻辑框图，如图 6.47 所示，当任一模量电流故障初始行波的波头极性，与对应模量的电压故障行波的工频分量的初始极性不同时，判定为正向故障。而 PCTDR 的反向方向继电器逻辑框，如图 6.48 所示，当与故障类型相对应的电流模量故障初始行波的波头极性，与对应模量的电压故障行波的工频分量的初始极性都相同时，判定为反向故障。需要说明的是，实际的保护算法中，在执行故障方向判据前，执行行波故障选相算法，保证方向继电器采用与故障类型相关的模量构成保护算法，提高算法的可靠性。

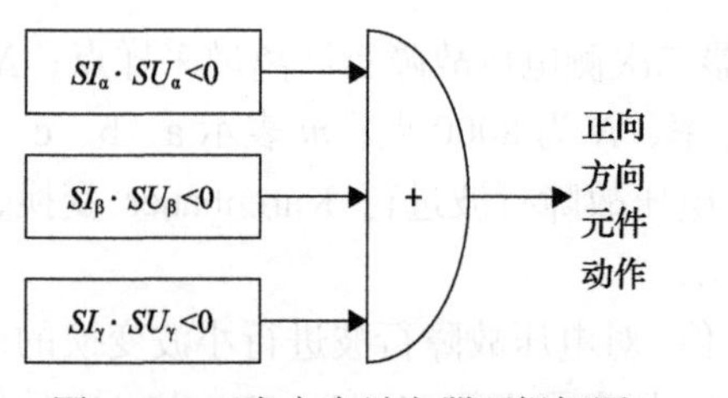

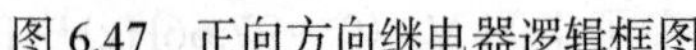
图 6.47　正向方向继电器逻辑框图

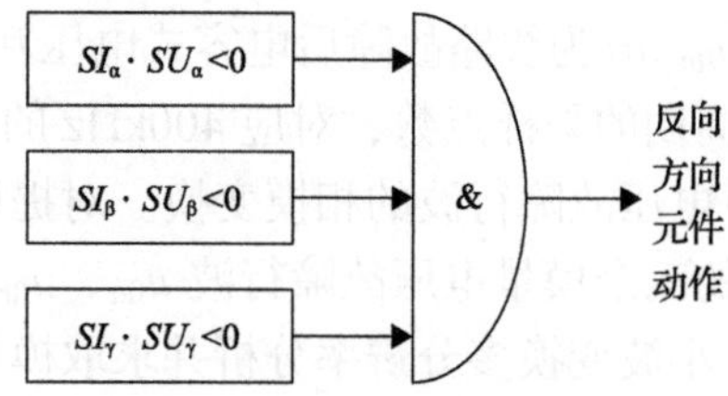

图 6.48　反向方向继电器逻辑框图

6.3.3　极化电流行波方向继电器动作性能分析

极化电流行波方向继电器，利用电压故障行波中工频分量的初始极性，极化电流故障初始行波，构成新的行波方向继电器。其解决了传统的行波方向继电器因不能有效获取电压故障初始行波的突变波头，而无法应用于电力系统实际的问题。

在不同故障条件、不同母线结构下，极化电流行波方向继电器的动作性能如何，需要进一步深入研究。首先，本书讨论了母线结构对极化电流行波方向继电器的动作性能的影响；其次，讨论了故障类型、故障过渡电阻、故障距离、故障初相角对极化电流行波方向继电器的动作性能的影响；最后，使用电磁暂态仿真软件 ATP 验证了极化电流行波方向继电器在各种影响因素下的动作性能，并根据分析和仿真结果对该新型行波方向继电器进行了评价。

1. 不同母线结构下的动作行为

根据前文对 PCTDR 的算法描述可知，PCTDR 所依据的物理量为故障后的电流故障行波中的高频分量和电压故障行波中的工频分量。根据行波的折反射基本规律可知，在波阻抗不连续点会发生行波的折反射，一般母线是典型的波阻抗不连续点，故障行波沿输电线路传播到母线处会产生折反射。只要在各种母线结构下，折反射行波不改变电流故障初始行波的高频分量极性和电压故障初始行波工频分量的极性，则 PCTDR 算法理论上就是可靠有效的。

同时考虑到 PCTDR 算法中电流故障行波采用的频带为{50,100}kHz、{25,50}kHz 和{12.5, 25}kHz，具有明显的高频特性，下文的分析中，均以 100 kHz 为典型频率研究电流故障行波。同时由于 PCTDR 算法中电压故障行波采用的是电压故障行波中的工频分量，所以下文的分析中，以 50Hz 频率研究电压故障行波。

1) 母线折反射系数的频率特性

由于母线结构对行波的折反射系数会产生影响，所以必须分析各种母线结构对极化电流行波方向继电器算法的影响，根据第二章中的分析，母线结构可以划分为典型的三类。

第Ⅰ类母线：母线上只有被线护线路一回出线。

第Ⅱ类母线：母线上接有两回出线。

第Ⅲ类母线：母线上接有三回及以上出线。

同时考虑到实际电力系统的母线上一般会连接有变压器、断路器、隔离开关盒电抗器等一次电气设备。其中变压器为一个电感继电器，由于变压器的等值电感值较大，对高频信号相当于开路。因此，对行波分析中，变压器可以视为开路[80]。同时变压器、电抗器等这些连接在母线上的电气设备具有一定数值的杂散电容，电容数值取决于母线上所连接电气设备的数量和连接方式，一般情况下，电容值在数千皮法到数万皮法之间[80]。由于电容对高频信号呈现低阻抗，所以有必要分析这些分布电容对极化电流行波方向继电器的影响。

分析用电力系统模型仍采用图 6.36。

极化电流行波方向继电器的算法中采用电流行波初始的波头极性作为方向判别的依据。根据行波传播的折反射规律可知，在母线处由于波阻抗的不连续，会产生行波的折反射，因而母线处的折反射系数与极化电流行波方向继电器算法的可靠性有直接的关系。因此，有必要对母线处的折反射系数进行深入分析。

第 I 类母线如图 6.49(a)所示，母线上除被保护线路外没有其他出线，其折射系数的频域函数形式为

$$\gamma(\mathrm{j}\omega)=\frac{2}{1+\mathrm{j}\omega CZ} \tag{6-54}$$

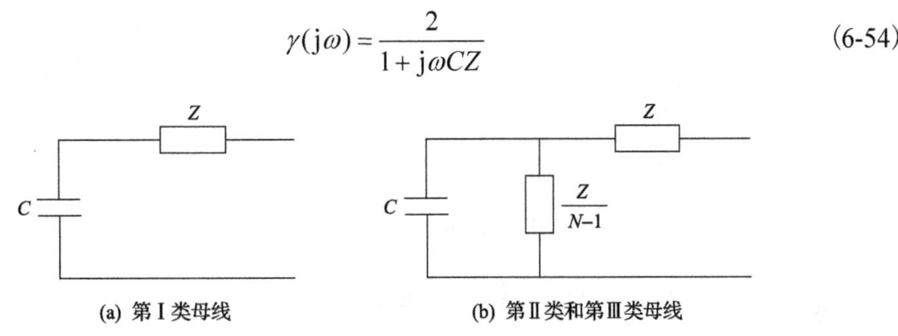

图 6.49　母线等效电路

相应的反射系数的频域函数形式为

$$\rho(\mathrm{j}\omega)=\frac{1-\mathrm{j}\omega CZ}{1+\mathrm{j}\omega CZ} \tag{6-55}$$

第 II 类和第 III 类母线如图 6.49(b)所示，母线上除被保护线路外有其他出线，其折射系数的频域函数形式为

$$\gamma(\mathrm{j}\omega)=\frac{2}{N+\mathrm{j}\omega CZ} \tag{6-56}$$

相应的反射系数的频域函数形式为

$$\rho(\mathrm{j}\omega)=\frac{2-N-\mathrm{j}\omega CZ}{N+\mathrm{j}\omega CZ} \tag{6-57}$$

由式(6-55)和式(6-56)可知，若 N 取值为 1，两式是一样的，所以三类母线的折射系数可以统一为式(6-56)。同理，三类母线的反射系数可以统一为式(6-57)。

根据图 6.36 所示 750kV 输电系统的参数，可计算得到其线模波阻抗为 Z=249.6Ω，并取母线杂散电容 C = 10nF，对应母线处的折射系数依频特性如图 6.50 所示，母线反射系数依频特性如图 6.51 所示。

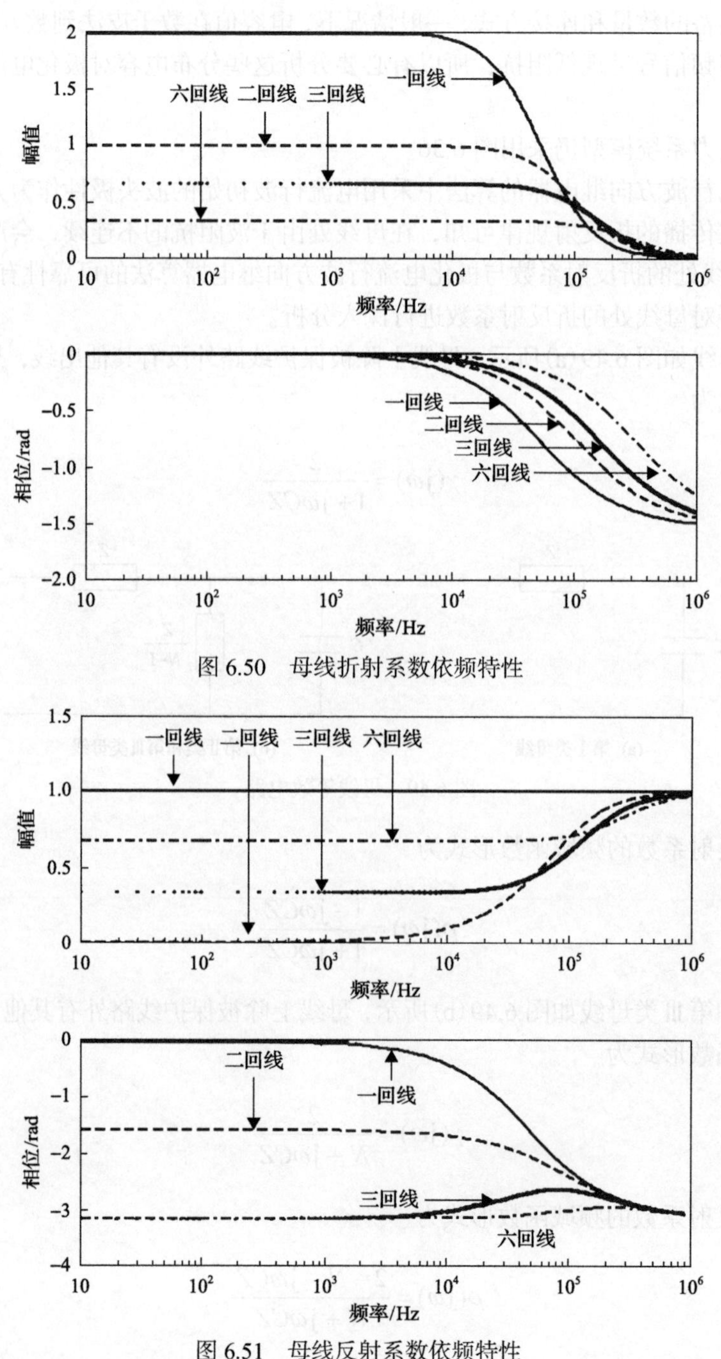

图 6.50 母线折射系数依频特性

图 6.51 母线反射系数依频特性

由图 6.50 可见，折射系数特征如下。

(1) 当母线为第Ⅰ类母线时，其折射系数在工频 50Hz 时为 2，其幅值随着频率的升高而逐渐减小，在频率为 100kHz 时，受母线杂散电容的影响，其幅值为 1 左右。

(2) 当反射系数为第Ⅱ类母线时，其折射系数幅值在工频 50Hz 时为 1，受母线杂散电容的影响，其幅值随着频率的升高而逐渐减小。

(3) 当母线为第Ⅲ类母线时，母线折射系数幅值小于 1，受母线杂散电容的影响，其值随着频率的升高而逐渐减小，且母线上连接的出线越多，反射系数的幅值越小。

(4) 折射系数相位在低频时为 0，随着频率的升高，相位偏移加大，且为幅值，在 1MHz 时，各种母线结构情况下，相位偏移都接近 180°，高频时相位特性由电容决定。

从图 6.51 可见，反射系数特征如下。

(1) 当母线为第Ⅰ类母线时，反射系数幅值在工频 50Hz 时为 1，相位偏移为 0，在频率为 100kHz 时，受母线杂散电容的影响，其幅值为-0.45 左右，相位偏移接近-180°。

(2) 当母线为第Ⅱ类母线时，其反射系数幅值在低频段为零；在频率为 100kHz 时，受母线杂散电容的影响，其值为-0.5 左右。

(3) 当母线为第Ⅲ类母线时，反射系数幅值小于 1，反射系数幅值随着频率的升高逐渐增大，且母线上连接的出线越多，绝对值越大，但幅值不超过 1。相位偏移接近-180°。

2) 正向故障时母线折反射系数对 PCTDR 的影响

图 6.52 是输电线路正向故障时的故障附加电路图和故障行波网格图，图中 t_0 为故障发生时刻，t_1 为初始行波达到母线 M 的时刻。

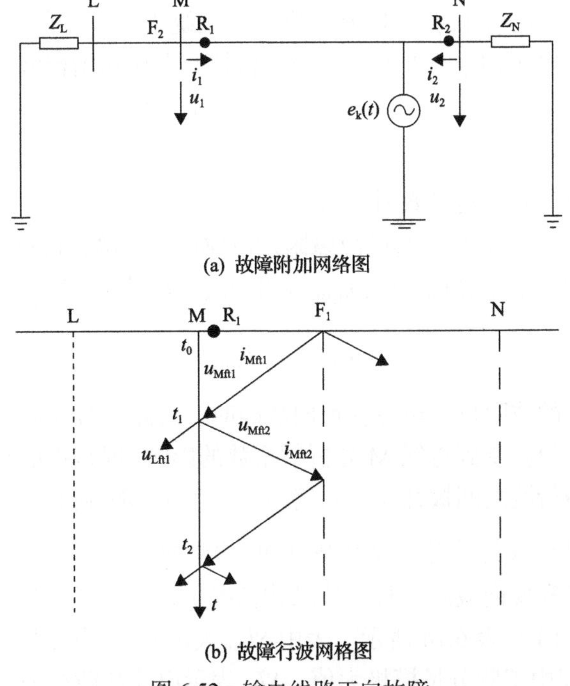

图 6.52 输电线路正向故障

根据图中所示电流参考方向可知，在正向故障时，母线 M 处实际采集到的电流行波为电流故障初始行波与其反射波的叠加：

$$i = -i_{\mathrm{Mft1}} + i_{\mathrm{Mft2}} = -i_{\mathrm{Mft1}} + \rho i_{\mathrm{Mft1}} \tag{6-58}$$

式中，i_{Mft1}、i_{Mft2} 分别为电流初始行波及其反射波，写成频域形式为

$$I(\mathrm{j}\omega) = -I_{\mathrm{Mft1}}(\mathrm{j}\omega) + \rho I_{\mathrm{Mft1}}(\mathrm{j}\omega) \tag{6-59}$$

由图 6.51 母线反射系数依频特性可知，在 100kHz 时，各类母线情况下的反射系数 $-1 \leqslant \rho(\mathrm{j}\omega) < -0.5$，故 $i_{\mathrm{Mft2}} = \rho i_{\mathrm{Mft1}}$ 与 $-i_{\mathrm{Mft1}}$ 极性相同，即反射电流行波与初始电流行波叠加后，极性保持与初始电流故障行波一致，对 PCTDR 算法无影响。

根据图 6.52 所示电压参考方向可知，在正向故障时，母线 M 处实际采集到的电压行波为

$$u = u_{\mathrm{Mft1}} + u_{\mathrm{Mft2}} = (1+\rho)u_{\mathrm{Mft1}} \tag{6-60}$$

式中，u_{Mft1}、u_{Mft2} 分别为电压初始行波及其反射波，写成频域形式为

$$U(\mathrm{j}\omega) = [1+\rho(\mathrm{j}\omega)]U_{\mathrm{Mft1}}(\mathrm{j}\omega) \tag{6-61}$$

由图 6.50 母线折射系数依频特性可知，在 50Hz 时，第Ⅰ类母线 $\rho(\mathrm{j}\omega)=1$，电压反射行波加强了电压初始行波，电压反射行波与电压初始行波极性一致；第Ⅱ类母线时 $\rho(\mathrm{j}\omega)=0$，反射电压行波对初始电压行波没有影响；第Ⅲ类母线时 $|\rho(\mathrm{j}\omega)| \leqslant 1$，只有在母线上连接无数回出线时 $\rho(\mathrm{j}\omega)=-1$，在实际电力系统中这是不存在的，即 $1+\rho(\mathrm{j}\omega)>0$，因而电压反射行波和电压初始行波叠加后极性保持与电压初始行波极性一致。

综上所述，正向故障情况下，在各种母线结构时，电压反射行波不会改变电压初始行波的极性，对 PCTDR 算法没有影响。

3）反向故障时母线折反射系数对 PCTDR 的影响

图 6.53 是输电线路反向故障时的故障附加电路图和故障行波网格图，反向故障时，母线 M 处检测到的电压故障初始行波 u_{Mft2} 和电流故障初始行波 i_{Mft2} 关系满足

$$u_{\mathrm{Mft2}} = Z \cdot i_{\mathrm{Mft2}} \tag{6-62}$$

式中，Z 为线路 MN 的波阻抗。虽然在反向故障时，线路 MN 上检测到的电压故障行波和电流故障行波的幅值会受到母线 M 处折射系数的影响，但是折射到线路 MN 上的电压故障行波和电流故障行波之间极性关系始终不变，不会影响到 PCTDR 的方向判定。

4）ATP 仿真验证母线折反射系数对 PCTDR 的影响

本节对正向故障和反向故障各种母线结构情况下，进行了大量的仿真，限于篇幅，部分仿真结果如表 6.13 与表 6.14 所示。表中 SU_m 表示 CVT 电压故障初始行波经过小波变换后，在 V_{11} 空间中工频分量模极大值，SI_m 表示电流故障行波经过小波变换后，在 W_2 空间中小波模极大值。在进行第Ⅱ类母线的仿真时，线路 2 退出运行，仿真第Ⅰ类母线时，线路 2 和线路 3 退出运行，反向故障发生在图 6.36 所示的线路 3 上。其中，ABC、

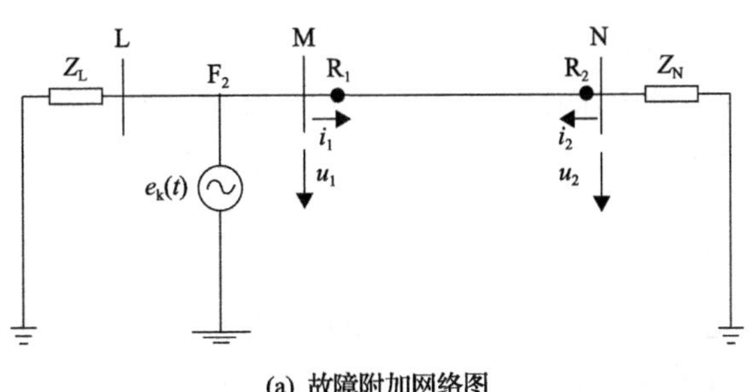

(a) 故障附加网络图

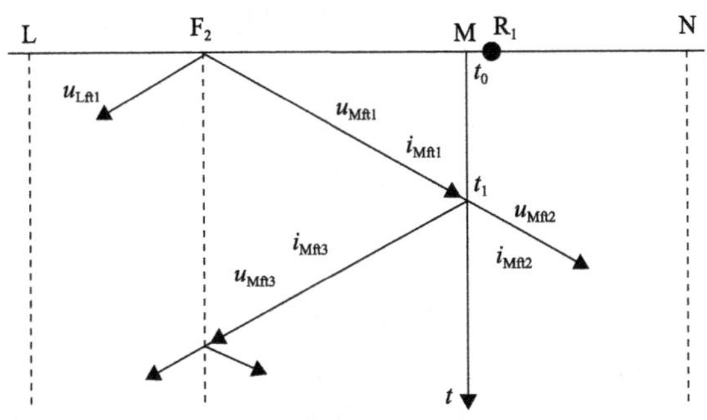

(b) 故障行波网格图

图 6.53　输电线路反向故障

表 6.13　正向故障仿真结果

母线类型	故障类型	SI_α/kA	SI_β/kA	SI_γ/kA	SU_α/kV	SU_β/kV	SU_γ/kV	正向继电器	反向继电器
Ⅰ	ABC	−5.19	−1.26	−4.14	3649.6	−1107	−2542.6	1	0
Ⅰ	ABG	−5.19	2.34	2.85	3649.5	−1715.3	−1934.2	1	0
Ⅰ	AG	−1.53	1.53	—	1145.3	−1094.1	—	1	0
Ⅱ	ABC	−6.18	2.01	4.17	1637.8	−650.9	−986.9	1	0
Ⅱ	ABG	−6.18	2.89	3.29	1637	−794.2	−843.7	1	0
Ⅱ	AG	−1.95	1.95	—	548.13	−523.06	—	1	0
Ⅲ	ABC	−8.26	2.83	5.42	1067.1	−443.8	−623.3	1	0
Ⅲ	ABG	−8.26	3.89	4.36	1067.1	−520.5	−546.5	1	0
Ⅲ	AG	−2.64	2.65	—	361.4	−344.6	—	1	0

表 6.14　反向故障仿真结果

母线类型	故障类型	SI_α/kA	SI_β/kA	SI_γ/kA	SU_α/kV	SU_β/kV	SU_γ/kV	正向继电器	反向继电器
Ⅱ	ABC	5.77	−2.03	−3.74	1839.0	−843.2	−995.8	1	0
Ⅱ	ABG	5.77	−2.72	−3.05	1839.0	−906.2	−932.7	1	0
Ⅱ	AG	1.87	−1.86	—	638.2	−607.9	—	1	0
Ⅲ	ABC	4.17	−1.54	−2.63	1356.9	−634.1	−722.9	1	0
Ⅲ	ABG	4.17	−1.98	−2.19	1356.9	−671.8	−685.1	1	0
Ⅲ	AG	1.37	−1.36	—	456.3	−436.1	—	1	0

ABG 和 AG 分别表示三相短路、两相接地短路和单相接地短路。反向故障时若为第Ⅲ类母线，则 R1 处不能检测到电压故障行波，故表 6.14 中未给出第Ⅰ类母线的仿真结果。表格中的“1”表示方向继电器动作，“0”表示方向继电器不动作。

2. 不同故障条件对 PCTDR 的影响

为了评估基于极化电流行波的方向继电器的性能，本文用电磁仿真软件 ATP 对图 6.36 所示仿真系统进行了大量的仿真研究，包括不同的故障距离、故障类型、故障过渡电阻和故障电压初相角。研究对象为图 6.36 中母线 M 处提取的电压行波和电流行波构建 PCTDR 算法，两类典型故障条件如下。

(1)故障条件Ⅰ：线路 1 上发生的正向故障，故障距离母线 M 为 100km。

(2)故障条件Ⅱ：线路 3 上发生的反向故障，故障距离母线 M 为 60km。

1)过渡电阻对 PCTDR 的影响

故障过渡电阻对 PCTDR 的影响主要表现在初始行波随故障过渡电阻的增大而减小，将使保护采集到的电压故障行波和电流故障行波幅值减小，但不会影响故障方向的判别。

本书对不同过渡电阻时 PCTDR 的动作特性进行了大量的仿真，仿真结果表明 PCTDR 算法不受过渡电阻的影响。表 6.15 中列出了线路 1 上发生三相正向短路故障，故障距离母线 M 为 100km 时，不同过渡电阻情况下 PCTDR 算法的结果。

表 6.15 过渡电阻对 PCTDR 影响

过渡电阻	模量	MMU_m	MMI_m	SU_m	SI_m	正向继电器	反向继电器
0.1Ω	α	556.05	−4784.7	+	−	1	0
	β	441.59	−4575.6	+	−		
	γ	−1000.43	9360.3	−	+		
100Ω	α	333.86	−3784.7	+	−	1	0
	β	219.4	−3575.6	+	−		
	γ	−550.62	7360.3	−	+		
300Ω	α	233.86	−2784.7	+	−	1	0
	β	119.4	−2575.6	+	−		
	γ	−340.62	5360.3	−	+		

2)故障类型对 PCTDR 的影响

本节对不同故障类型时 PCTDR 的动作特性进行了大量的仿真，仿真结果表明 PCTDR 在各种故障类型时均可做出正确的故障方向判断。表 6.16 中列出了在线路 3 上发生反向三相短路故障，故障距离母线 M 为 60km 时，不同故障类型情况下 PCTDR 算法的结果。“—”表示对应的故障类型中该模量不存在，不参与 PCTDR 算法。

3)故障距离对 PCTDR 的影响

本节对不同故障距离情况下 PCTDR 的动作特性进行了大量的仿真，仿真结果表明

PCTDR 在不同故障距离情况下，动作性能可靠稳定。表 6.17 中列出了在线路 3 上发生反向三相短路故障，故障距离母线 M 为 60km 时，不同故障距离情况下，PCTDR 算法的结果。

表 6.16　故障类型对 PCTDR 影响

故障类型	模量	MMU_m	MMI_m	SU_m	SI_m	正向继电器	反向继电器
单相短路	α	456.3	1469.5	+	+	0	1
	β	−436.2	−1465.7	+	+		
	γ	—	—	—	—		
两相短路	α	537.0	1985.2	+	+	0	1
	β	181.5	860.1	+	+		
	γ	−718.6	−2824.3	−	−		
三相短路	α	1356.8	4476.6	+	+	0	1
	β	−634.3	−1652.9	+	+		
	γ	−722.5	−2824.3	−	−		

表 6.17　故障距离对 PCTDR 影响

故障距离	模量	MMU_m	MMI_m	SU_m	SI_m	正向继电器	反向继电器
1km	α	1201.4	4560.2	+	+	0	1
	β	−571.9	−1655.0	+	+		
	γ	−619.6	−2905.2	−	−		
100km	α	1026.8	4455.6	+	+	0	1
	β	−461.0	−1665.0	+	+		
	γ	−565.8	−2790.7	−	−		
350km	α	1154.2	4102.4	+	+	0	1
	β	−636.7	−1637.9	+	+		
	γ	−553.3	−2464.5	−	−		

4）故障电压初相角对 PCTDR 的影响

本节对不同故障电压初相角情况下 PCTDR 的动作特性进行了大量的仿真。仿真结果表明故障电压初相角对 PCTDR 算法的灵敏度及可靠性有一定影响，主要表现在近零点故障时，算法提取的电流故障初始行波的模极大值 MMI_m 和电压故障行波中工频分量模极大值幅值 MMU_m 都较小，PCTDR 算法的灵敏度下降。而电力系统中实际运行的保护装置受到各种电磁干扰的影响，如果算法所依据的 MMI_m 和 MMU_m 较小，有被干扰噪声信号淹没的危险。因而在实际保护装置中使用 PCTDR 算法时，需设定幅值门槛，当 MMI_m 或 MMU_m 较小时，可靠闭锁保护，防止误动作。

表 6.18 中列出了线路 1 上发生正向 A 相接地故障，故障距离母线 M 为 100km 时，不同初相角情况下 PCTDR 算法的结果。虽然表中仿真结果显示故障初始角在−5°（即 A 相电压过零点前 5°）时发生故障，PCTDR 算法仍然可以做出正确的方向判断，但与故

障电压初相角为 90° 时相比，MMU_m 在–5° 故障电压初相角时幅值约为 90° 故障电压初相角时幅值的 0.4%，MMI_m 在–5° 故障电压初相角时的幅值约为 90° 故障电压初相角时幅值的 10%。仿真结果表明故障初相角越小，保护的灵敏度越低。在实际构成保护时，对于近零点故障应闭锁 PCTDR 方向继电器。通过大量仿真可知，只要故障电压初相角不在过零点前后 18° 范围内，PCTDR 算法的可靠性是可以保证的。

表 6.18 故障电压初相角对 PCTDR 影响

初相角	模量	MMU_m	MMI_m	SU_m	SI_m	正向继电器	反向继电器
–15°	α	–58.250	1031.7	–	+	1	0
	β	58.252	–1029.9	+	–		
	γ	—	—	—	—		
–5°	α	–1.3045	436.4	–	+	1	0
	β	1.3047	–434.8	+	–		
	γ	—	—	—	—		
15°	α	–123.61	1004.8	–	+	1	0
	β	123.87	–1005.8	+	–		
	γ	—	—	—	—		
90°	α	–334.988	3864.4	–	+	1	0
	β	334.889	–3862.5	+	–		
	γ	—	—	—	—		

3. PCTDR 应用于带高压并联电抗器线路

1) 对行波传播的影响

输电线路的高压并联电抗器一般装设在线路的两侧，PCTDR 算法所依据的为故障后电压故障行波的初始极性和电流故障行波初始波头极性，高压并联电抗器对故障后行波传输的影响主要体现在母线处行波折反射系数由于并联电抗器的存在而发生的变化[131,132]。

分析用电力系统模型仍采用 750kV 输电系统，当装设并联电抗器后，单相系统示意图如图 6.54 所示。

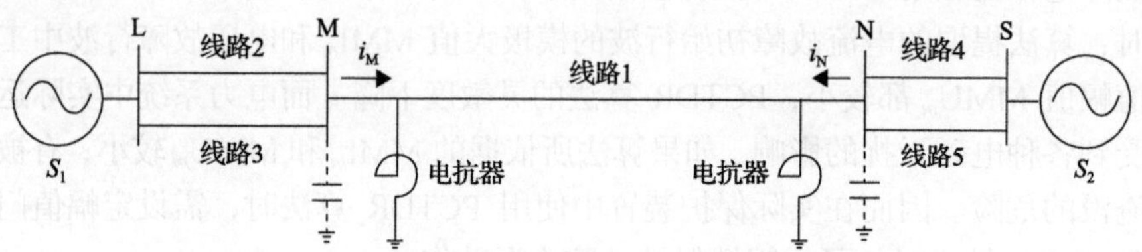

图 6.54 装设并联电抗器的 750kV 输电线路系统

对于装设高压并联电抗器的线路，同样根据不同的母线结构分别进行分析，如图 6.55 所示。

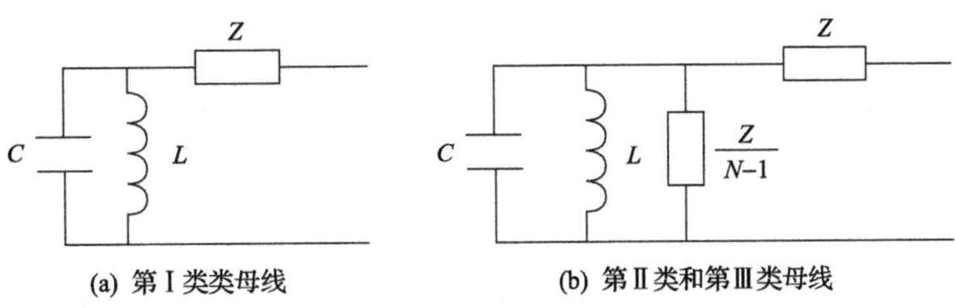

(a) 第Ⅰ类类母线　　(b) 第Ⅱ类和第Ⅲ类母线

图 6.55　不同母线等效电路

第Ⅰ类母线如图 6.55(a)所示，母线上除被保护线路外没有其他出线，其折射系数的频域函数形式为

$$\gamma(\mathrm{j}\omega)=\frac{2\mathrm{j}\omega L}{(\mathrm{j}\omega)^2 LCZ+\mathrm{j}\omega L+Z} \tag{6-63}$$

相应的反射系数的频域函数形式为

$$\rho(\mathrm{j}\omega)=\frac{-(\mathrm{j}\omega)^2 LCZ+\mathrm{j}\omega L-Z}{(\mathrm{j}\omega)^2 LCZ+\mathrm{j}\omega L+Z} \tag{6-64}$$

第Ⅱ类和第Ⅲ类母线如图 6.55(b)所示，母线上除被保护线路外还有其他出线，其折射系数的频域函数形式为

$$\gamma(\mathrm{j}\omega)=\frac{2\mathrm{j}\omega L}{(\mathrm{j}\omega)^2 LCZ+N\mathrm{j}\omega L+Z} \tag{6-65}$$

相应的反射系数的频域函数形式为

$$\rho(\mathrm{j}\omega)=\frac{-(\mathrm{j}\omega)^2 LCZ+(2-N)\mathrm{j}\omega L-Z}{(\mathrm{j}\omega)^2 LCZ+N\mathrm{j}\omega L+Z} \tag{6-66}$$

由式(6-63)和式(6-64)可知，若 N 取值为 1，则式(6-63)和式(6-65)是一样的，故三类母线的折射系数可以统一为式(6-65)。同理，三类母线的反射系数可以统一为式(6-66)。

高压并联电抗器和小电抗器电感值的计算过程如下。

高压并联电抗器的每相导纳计算公式为

$$B_{\mathrm{LP}}=\frac{1}{3}\beta B_{C1} \tag{6-67}$$

高压并联电抗器的中性点小电抗导纳计算公式为

$$B_{\mathrm{LN}}=\frac{\beta B_{C1}[B_{C0}-(1-\beta)B_{C1}]}{B_{C1}-B_{C0}} \tag{6-68}$$

在式(6-67)与式(6-68)中，β 为中输电线路全长的补偿度；$B_{C1}=2\pi fC_1$、$B_{C0}=2\pi fC_0$ 分别为线路全长的正序容纳和零序容纳；C_1、C_0 分别线路全长的正序分布电容和零序分布电容。

对于图 6.56 所示的 750kV 输电系统中，线路 1 长度为 400km，当补偿度分别去 60%、70%、80%、90%时，对应的高压并联电抗器每项的电抗值如表 6.19 所示。

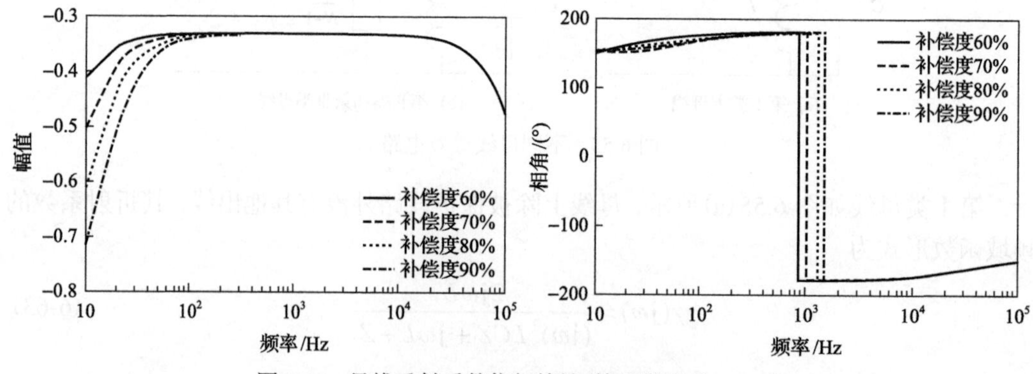

图 6.56　母线反射系数依频特性(第Ⅲ类母线，N=3)

表 6.19　不同补偿度时电抗值

补偿度	60%	70%	80%	90%
L_P/H	6.1676	5.2865	4.6257	4.1117
L_N/H	1.7701	1.1173	0.7737	0.569

由于 PCTDR 算法只用在线模分量，所以本节只考虑线模行波在有并联电抗器线路上的传播特性，根据图 6.57 中 750kV 输电系统的参数，线模波阻抗为 Z=249.6Ω，并取母线杂散电容 C = 10nF。

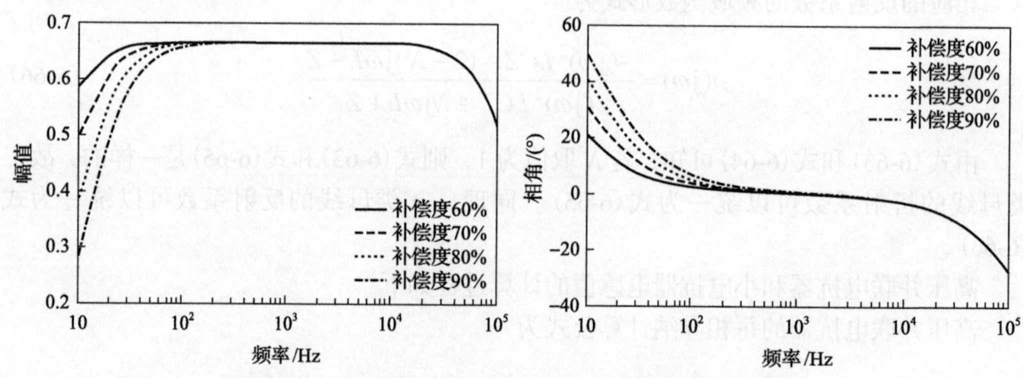

图 6.57　母线折射系数依频特性(第Ⅲ类母线，N=3)

不同母线结构下的母线处行波折射系数和反射系数的依频特性如图 6.56～图 6.61 所示，考虑到极化电流行波方向继电器使用电流故障行波的最高频带为 100kHz，故母线折反射系数的依频特性曲线只绘制出频率 100kHz 以下的曲线。由图可见，折射系数和反射系数在低频段(500Hz 以下)和高频段(10kHz 以上)随着补偿度的不同而有所不同。在低频段，并联电抗器的阻抗较小，母线分布电容的阻抗较大，因而对折反射系数影响较大的是并联电抗器的阻抗值。而在高频段，并联电抗器的阻抗较大，母线分布电容的阻抗较小，因而对折反射系数影响较大的是母线分布电容的阻抗值。

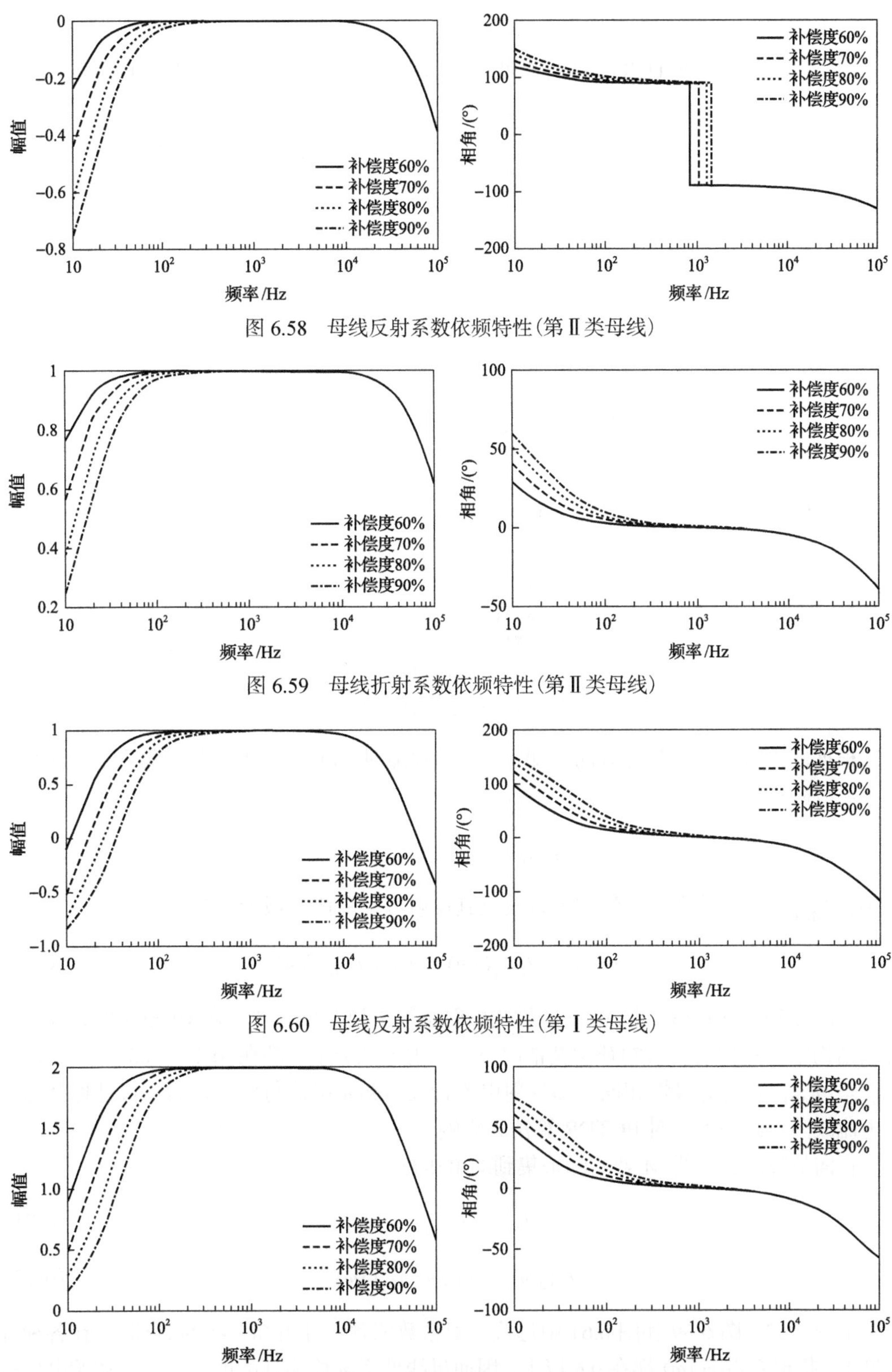

图 6.58　母线反射系数依频特性(第Ⅱ类母线)

图 6.59　母线折射系数依频特性(第Ⅱ类母线)

图 6.60　母线反射系数依频特性(第Ⅰ类母线)

图 6.61　母线折射系数依频特性(第Ⅰ类母线)

2）有并联电抗器线路中 PCTDR 算法可靠性分析

(1) 正向故障时 PCTDR 算法可靠性分析。图 6.62 是输电线路正向故障时的故障附加电路图和故障行波网格图，图中 t_0 为故障发生时刻，t_1 为初始行波达到母线 M 的时刻。

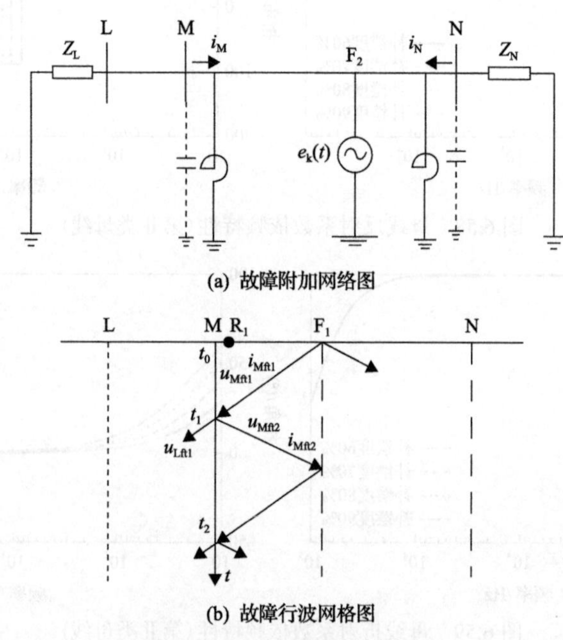

图 6.62　输电线路正向故障

根据图中所示电流参考方向可知，在正向故障时，母线 M 处实际采集到的电流行波为电流故障初始行波与其反射波的叠加。

$$i = -i_{\text{Mft1}} + i_{\text{Mft2}} = -i_{\text{Mft1}} + \rho i_{\text{Mft1}} \tag{6-69}$$

式中，i_{Mft1}、i_{Mft2} 分别为电流初始行波及其反射波，写成频域形式为

$$I(\text{j}\omega) = -I_{\text{Mft1}}(\text{j}\omega) + \rho(\text{j}\omega)I_{\text{Mft1}}(\text{j}\omega) \tag{6-70}$$

由图 6.56、图 6.58 和图 6.60 中母线反射系数依频特性可知，在 100kHz 时，在三类母线结构中，各种电抗器的补偿度情况下，反射系数 $\rho(\text{j}\omega)$ 都在–0.4～–0.5 左右，因而 $i_{\text{Mft2}} = \rho i_{\text{Mft1}}$ 与 $-i_{\text{Mft1}}$ 极性相同，即反射电流行波与初始电流行波叠加后，极性保持与初始电流故障行波一致，对 PCTDR 算法无影响。

正向故障时，母线 M 处实际采集到的电压行波为

$$u = (1+\rho)u_{\text{Mft1}} = \gamma u_{\text{Mft1}} \tag{6-71}$$

$$U(\text{j}\omega) = \gamma(\text{j}\omega)U_{\text{Mft1}}(\text{j}\omega) \tag{6-72}$$

由图 6.57、图 6.59 和图 6.61 中母线反射系数依频特性可知，在 50Hz 时，在各种补偿度下，折射系数 $\gamma(\text{j}\omega)$ 都在 0.6 以上，因而母线处实际检测到的电压行波与初始电压行

极性保持一致，对 PCTDR 算法无影响

(2) 反向故障时 PCTDR 算法可靠性分析。图 6.63 是输电线路反向故障时的故障附加电路图和故障行波网格图，反向故障时，母线 M 处检测到的电压故障初始行波 u_{Mft2} 和电流故障初始行波 i_{Mft2} 关系满足

$$u_{\mathrm{Mft2}} = Z \cdot i_{\mathrm{Mft2}} \tag{6-73}$$

式中，Z 为线路 MN 的波阻抗。虽然在反向故障时，线路 MN 上检测到的电压故障行波和电流故障行波的幅值会受到母线 M 处折射系数的影响，但是折射到线路 MN 上的电压故障行波和电流故障行波之间极性关系始终不变，不会影响 PCTDR 的方向判定。

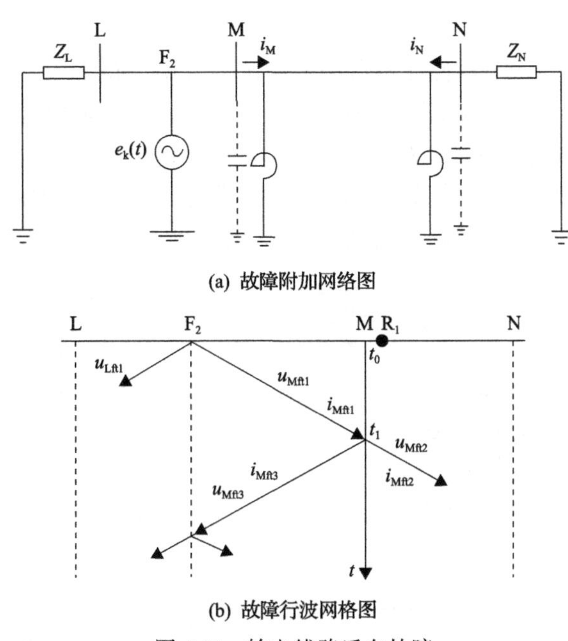

图 6.63　输电线路反向故障

6. PCTDR 应用于带串联补偿电容器线路

由于在输电线路上装设串联补偿电容器可以改善系统的稳定性，增加系统的输送能力，改善系统运行电压和无功平衡条件，减少网损和调整并联线路间的潮流分配,使潮流更合理地分配，在超、特高压输电线路中，串联补偿电容器逐步推广应用。在具有串联补偿电容器的电路中，行波的传播特性如何，是否会影响到 PCTDR 保护算法可靠性，本小节将对具有串联补偿电容器的行波传播特性进行深入分析。

输电线路的补偿电容器分为固定补偿电容器与可调串联补偿电容器，固定补偿电容器对输电线路的补偿度是一定的，而可控串联补偿电容器对输电线路的补偿度可调。本节以固定串联补偿为例讨论具有串联补偿线路中故障行波传变特性。串联补偿电容器的简化等值电路如图 6.64 所示，为了保护串联补偿电容器，与电容器并联有氧化锌避雷器及放电间隙。由于 PCTDR 算法仅采用故障后 1ms 的数据窗，而电容器两端的电压不能突变，所以 PCTDR 算法不需要考虑氧化锌避雷器动作的影响。在我国串联补偿电容器

多装设于输电线路的一端或中间，本节的理论分析中将对这两种情况分别予以讨论。

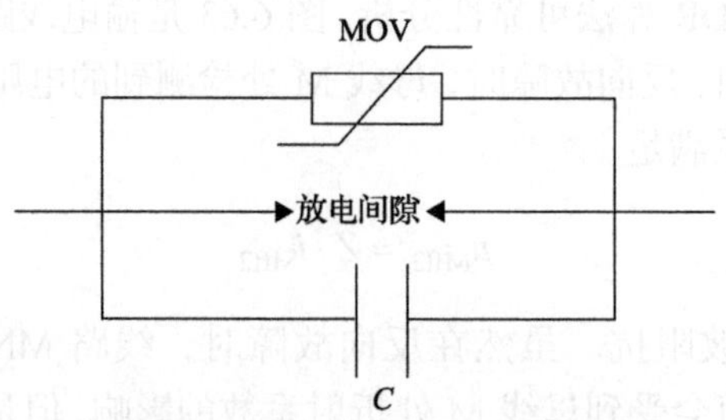

图 6.64　串联补偿电容器的等值电路

1) 串联补偿电容装在输电线路的一端

如图 6.65 所示，当输电线路 1 故障时，故障行波由线路 1 行进到补偿电容器时，根据彼德逊法则，可给出等值电路如图 6.66 所示。图中 Z 表示输电线路的波阻抗；N 表示连接在母线 M 上的出线条数；L 表示并联电抗器的等值电抗；C 表示串补电容器的等值电容。通过前文的分析可知，母线杂散电容值一般较小，对 PCTDR 算法基本没有影响。为了简化分析，在图 6.66 中忽略了母线杂散电容的影响。

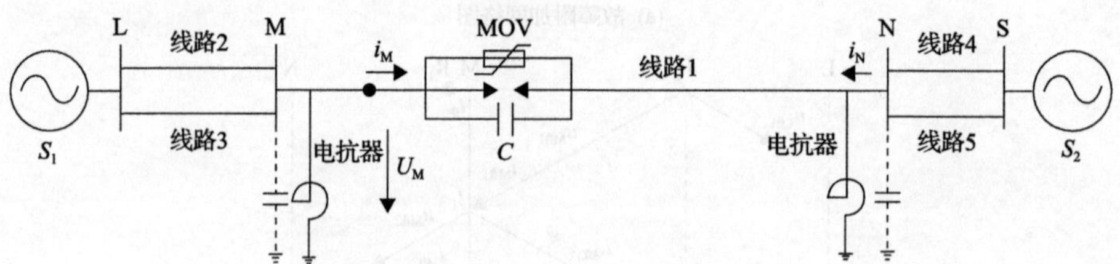

图 6.65　串补电容器安装在线路一侧的 750kV 输电系统

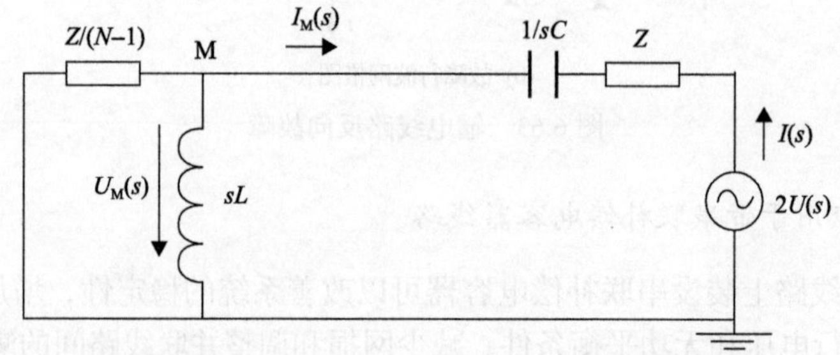

图 6.66　具有串补和并抗的正向故障集中参数等值电路

如图 6.66 所示，输电线路故障后，保护采集的电压电流为 $U_M(s)$ 和 $I_M(s)$ 如下：

$$U_M(s) = \frac{2s^2LCZ_2}{s^2LC[Z+Z_2]+sL+sCZZ_2+Z_2} = \eta_U(s)U(s) \tag{6-74}$$

$$I_M(s) = \frac{2Z(s^2LC+sCZ_2)}{s^2LC[Z+Z_2]+sL+sCZZ_2+Z_2}I(s) = \eta_I(s)I(s) \tag{6-75}$$

在式(6-74)和式(6-75)中$U(s)$、$I(s)$为电压故障初始行波与电流故障初始行波，其中$I(s)=-U(s)/Z$为电流故障行波的频域形式，而$\eta_{\mathrm{U}}(s)$和$\eta_{\mathrm{I}}(s)$称为电压系数和电流系数，根据以上二式可以计算电压系数和电流系数的频率响应如图 6.67、图 6.68 所示。

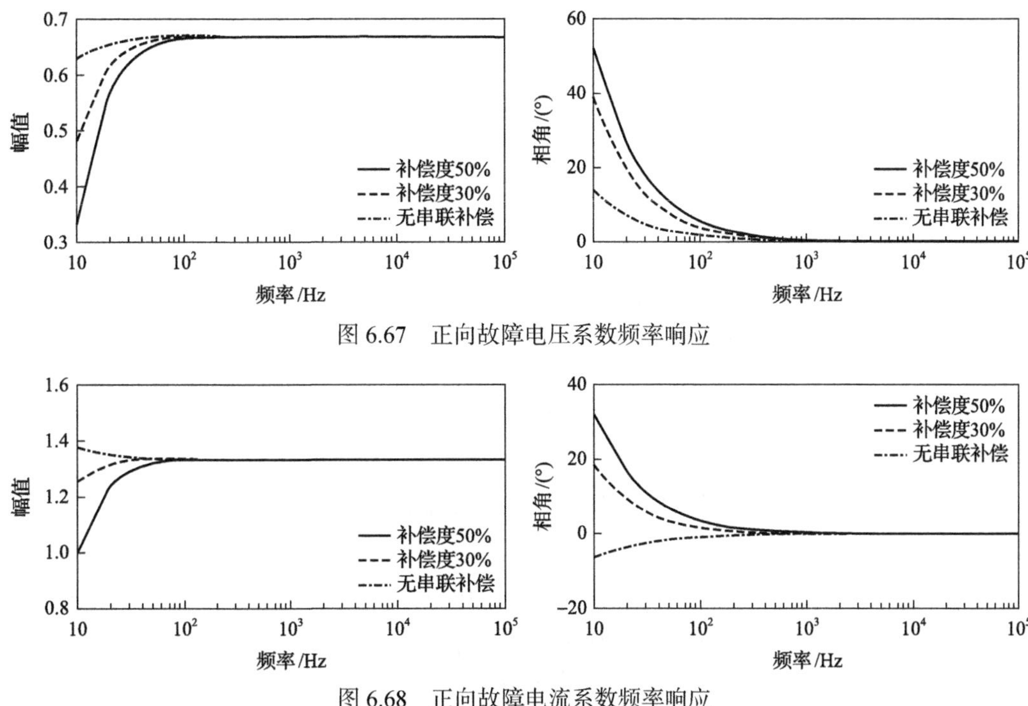

图 6.67　正向故障电压系数频率响应

图 6.68　正向故障电流系数频率响应

图中的母线结构为 3 条出线，并联电抗器的补偿度为 70%，串联电容器补偿度以 0%(无补偿)，40%、50%考虑。由图可见，当串补电容装设于母线侧，发生正向故障时特征如下。

(1)串联补偿电容器对电压行波和电流行波信号的主要影响为 1kHz 低频段信号，而对于 1kHz 以上的频段基本没有影响，这主要是电容对于高频信号呈现低阻抗的原因。而 PCTDR 算法中电流采样的频段为 12.5kHz 以上频段，故串联补偿电容器对 PCTDR 算法中电流初始极性的获取没有任何影响。

(2)较小的电容补偿度，对行波信号传变的影响较大，幅值衰减较大，相位偏移较大。

(3)在 PCTDR 算法中，电压故障行波的初始极性采用的是电压故障行波中工频分量，由图 6.67 和图 6.68 可见，电压系数幅值都在 0.66 以上，电流系数幅值都在 1.55 以上。与无串联补偿时系数相比，幅值相差很小，相位偏移不超过 5°。由此可见，在具有串联补偿电容器和并联电抗器的输电线路中，在母线 M 处可采集的电压故障行波初始极性与电压故障初始行波的初始极性具有一致性，故串联补充电容器对 PCTDR 算法中电压初始极性的获取没有影响。

图 6.69 为具有串补和并抗的输电线路反向故障时等值电路。

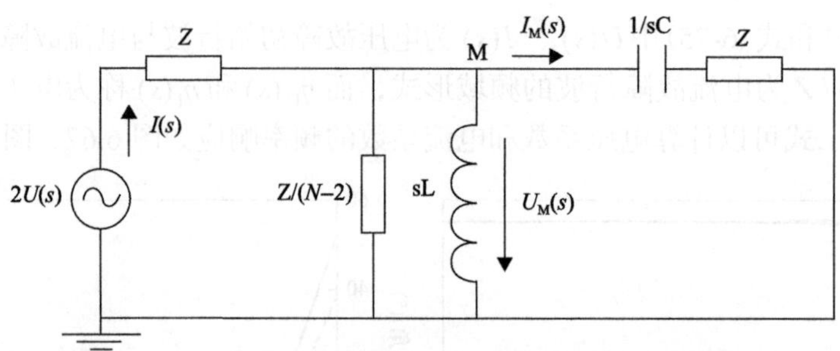

图 6.69　具有串补和并抗的反向故障集中参数等值电路

同样由图 6.69 可得

$$U_M(s)=\frac{2s^2LCZ_2Z+2sLZ_2}{s^2LC(Z^2+2Z_2Z)+sL(Z_2+Z)+sCZ^2Z_2+Z_2Z}=\eta_U(s)U(s) \tag{6-76}$$

$$I_M(s)=\frac{2s^2LCZ_2Z}{s^2LC(Z^2+2Z_2Z)+sL(Z_2+Z)+sCZ^2Z_2+Z_2Z}I(s)=\eta_I(s)I(s) \tag{6-77}$$

由式(6-76)和式(6-77)可以计算电压系数和电流系数的频率响应如图 6.70 和图 6.71 所示，取 $N=3$。

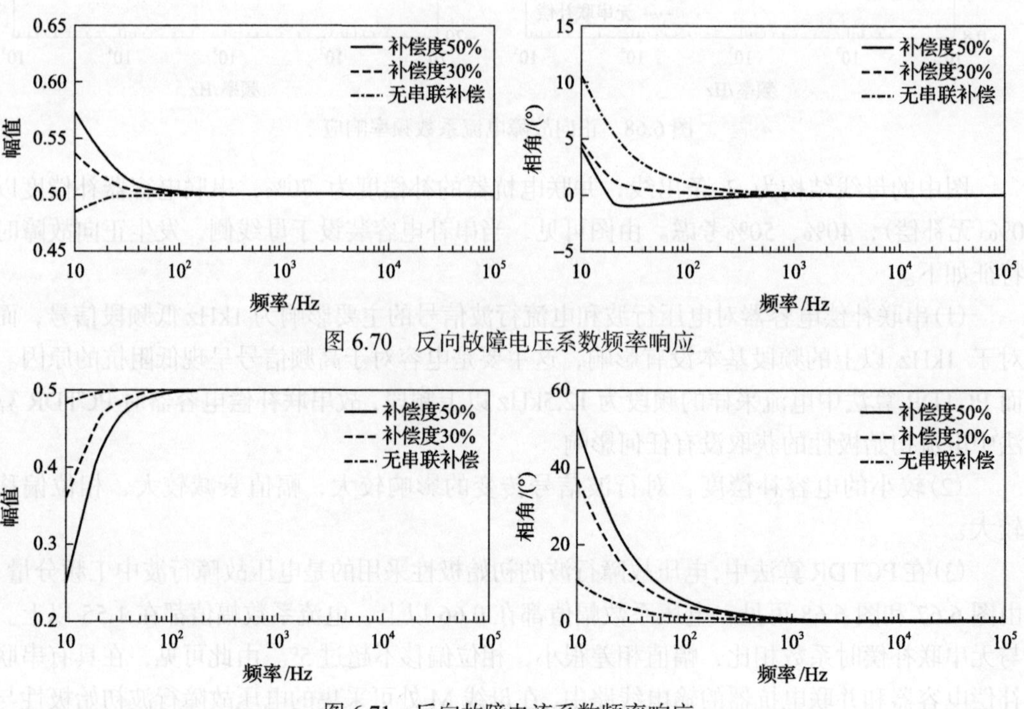

图 6.70　反向故障电压系数频率响应

图 6.71　反向故障电流系数频率响应

由图 6.70 可见，在工频附近，电压幅值系数在 0.5 左右，相位偏移小于 5°，与没有串补电容相比，幅值系数和相位变化很小，故对 PCTDR 的电压故障行波中工频分量的初始极性没有影响。

由图 6.71 可见，在 10kHz 以上的高频段，电流系数在有串补时与没有串补时完全一样，而 PCTDR 算法中提取电流初始行波波头极性的算法采用 12.5kHz 以上的频率,串补电容对 PCTDR 算法没有任何影响。

2) 串联补偿电容装在输电线路中间

当输电线路上串补电容器安装在输电线路的中间时，如图 6.72 所示。

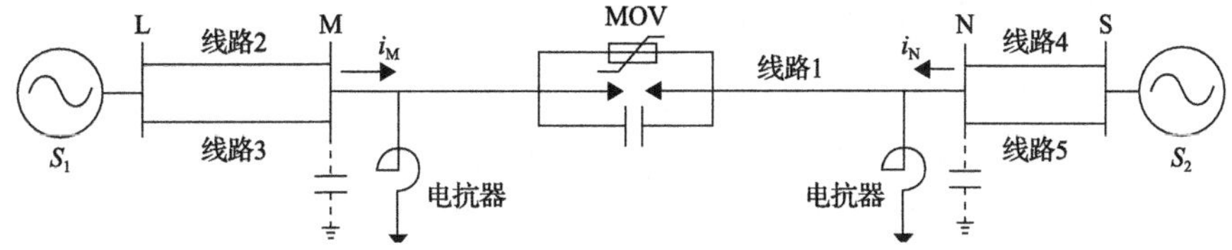

图 6.72　串补电容器安装在输电线路中间的 750kV 输电系统

假设在线路 1 上母线 M 处与串补电容器之间发生故障，根据彼得逊法则，有等值电路如图 6.73 所示。由图可得

$$U_2(s)=\frac{2sCZ}{2sCZ+1}U(s)=\gamma_{\mathrm{U}}(s)U(s) \tag{6-78}$$

式中，$\gamma_{\mathrm{U}}(s)$ 为分压系数。

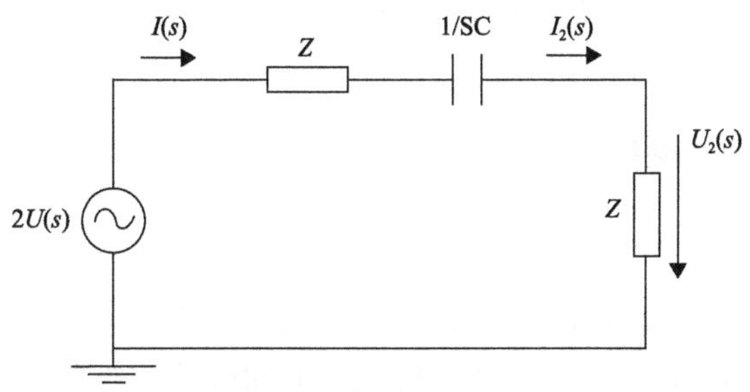

图 6.73　串补电容位于线路中间时集中参数等值电路

当补偿度为 0%(无补偿)、30%、50%时，对应的电压行波折射系数频率响应如图 6.74 所示。

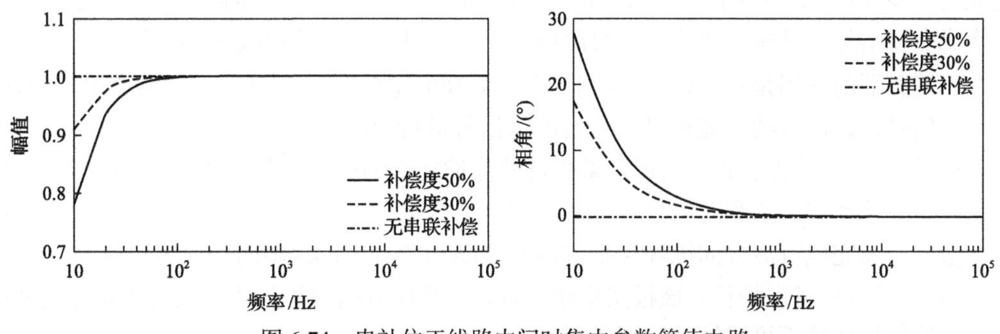

图 6.74　串补位于线路中间时集中参数等值电路

由图 6.74 可见，串补电容对行波的影响主要是频率为 1kHz 以下的低频段，对 1kHz

以上的行波传变没有任何影响，而 PCTDR 中电流极性的提取采用 12.5kHz 以上的频段，故对其没有任何影响。而 PCTDR 中电压初始极性为电压故障分量中的工频分量极性，由图可见，对于工频分量，电压行波的幅值系数衰减幅度在 0.02 左右，只是在相位上有小于 5°的偏移，电容器左右两侧电压故障行波的初始极性不变，故串联补偿电容对 PCTDR 的电压故障行波中工频分量的初始极性没有任何影响。

7. 其他影响 PCTDR 动作性性能的因素探讨

对极化电流行波方向继电器动作性能可能产生影响的因素还包括以下几方面。

(1) 采集回路传变特性。电流采集回路(包括电流互感器、二次控制电缆和微型电流传感器)的电流行波传播特性，电压采集回路(包括电容式电压互感器、二次控制电缆和微型电压互感器)的电压故障行波传变特性可能有影响，这些将在第四章中详细讨论。

(2) 电力系统振荡。电力系统振荡时,由于振荡频率相对于行波频率很低，而极化电流行波方向继电器中电流故障行波采用的是故障行波中的高频分量，所以极化电流行波方向继电器不会受到电力系统振荡的影响，不会误动作。

(3) 负荷影响。负荷分量是工频周期分量，同样不属于行波频带，极化电流行波方向继电器不反映负荷变化，不受负荷大小的影响。

(4) 零模行波的处理。根据前文分析可知，灵敏行波中的高频分量衰减很快，不适合构成行波保护算法，本书极化电流行波方向继电器中算法采用线模构成，不受零模衰减特性的影响。

6.3.4 TP-01 超高速行波保护装置

1. TP-01 微机行波保护装置的整体构成

TP-01 微机行波保护装置包括电源板、微型电压互感器和微型电流互感器板、超高速行波保护板、监控板、出口继电器板、母板和前面板共 7 块功能板，各板的功能如下。

(1) 电源板：向各功能板提供直流电源，可提供数字电源 5V 和数字地，模拟电源 ±5V、±12V、±24V 和模拟地。

(2) 微型电流互感器板和微型电压互感器板：该板作用是将高压电流互感器的二次侧电流进一步变成 mA 级的弱电流，并在微型 CT 的二次侧接入纯电阻负载，将电流信号变换成电压信号，以便其他功能板对此弱电压信号进行后续的模/数转换处理；该板中微型电压互感器的作用是将 CVT 二次侧额定值为 $100/\sqrt{3}$V 的电压进一步变成 2.5V 左右的弱电压信号，以便后续功能板进一步对电压信号进行模/数转换处理。

(3) 超高速行波保护板：该板是微机行波保护装置的核心，实现对行波电压与电流信号的同步高速数据采集和对采样数据的实时高速数据处理功能，并构成 PCTDR 行波保护算法，以及完成行波方向纵联保护的逻辑判断功能，区内故障时快速发出跳闸信号。

(4) 工频量后备保护板：该板实现距离保护、零序方向保护和重合闸等逻辑，是高可靠性行波保护系统不可或缺的重要组成部分。

(5) 监控板：实现人机对话，监视其他功能板是否运行正常，显示故障报告，实现与变电站监控中心的通信和数据的远方传输等功能。

(6)出口继电器板：发出跳、合闸和告警信号。

(7)母板：实现各功能板间信号的传输。

(8)前面板：提供人机交互界面，如键盘的输入，故障报告的显示等功能。

TP-01 装置见图 6.75。

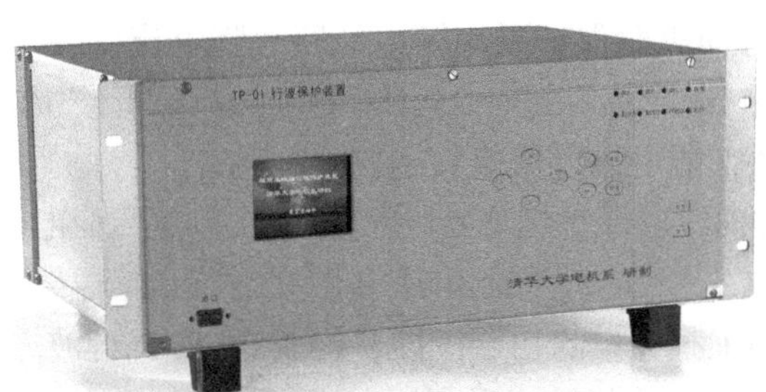

图 6.75　TP-01 极化电流行波方向继电器

2. 基于 PCTDR 的行波方向纵联保护方案和性能

1)PCTDR 行波方向纵联保护方案

极化电流行波方向继电器具有动作速度快且不受线路分布电容电流影响、不受电流互感器饱和影响、不受电容式电压互感器只能传送工频附近频带电压信号的影响等优点。因此，可在被保护线路两端安装 PCTDR，并利用光纤以太网交换两侧 PCTDR 故障信息，构成具有超高速动作性能的行波方向纵联保护。图 6.76 为一套完整的微机行波方向纵联保护系统示意图，PCTDR 行波方向继电器装于输电线路的两侧，是行波方向纵联保护的核心部分。其基本功能是高速同步采集输电线路电压行波和电流行波，在输电线路故障时，执行 PCTDR 行波方向保护算法判定故障方向，并将结果通过光纤以太网传送至对侧 PCTDR 行波方向继电器，同时接收对侧 PCTDR 行波方向继电器通过以太网传送过来的故障信息，判定故障是否为区内故障，若为区内故障及时发出跳闸和报警信号，若为区外故障及时返回。

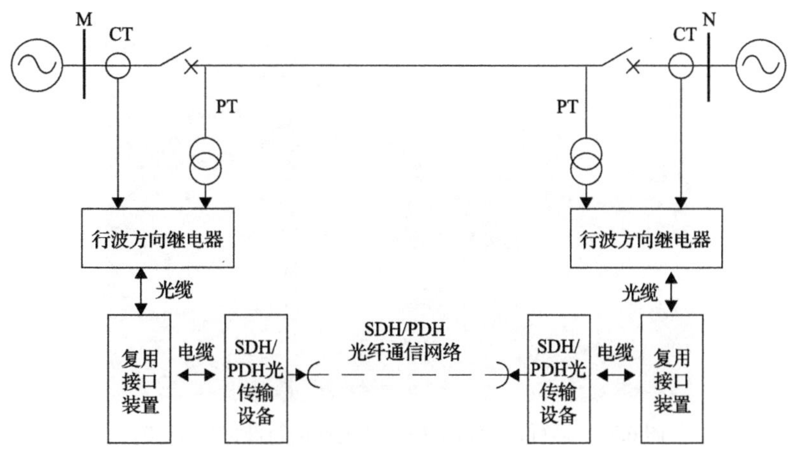

图 6.76　基于极化电流故障行波方向纵联保护构成方案

由于PCTDR不具有重复动作性能，不能保护复故障、转换性故障等电力系统复杂故障形式。因而在行波方向继电器中可同时配备工频板，在工频板中实现基于工频电气量的三段式相间距离保护、三段式接地距离保护及三段零序保护作为后备保护。这样既利用了行波保护的超高速动作性能，又提高了整套保护的可靠性和正确动作率[157]。

2)PCTDR行波方向纵联保护主要性能

(1)PCTDR行波方向纵联保护采用输电线路故障电流行波中的高频分量 W_2(50～100kHz)、W_3(25～50kHz)、W_4(12.5～25kHz)和电压故障行波中的工频分量构成极化电力行波方向继电器算法，能可靠、快速判定故障方向。

(2)PCTDR行波方向纵联保护动作特性不受CVT只能传变电压故障分量中工频附近频带的电压信号的影响，不受二次控制电缆和微型电压互感器传变特性影响，可以有效提取出电压故障行波中工频分量的初始极性，构成PCTDR行波方向保护算法。

(3)PCTDR行波方向纵联保护不受高压电流互感器、二次控制电缆和微型电流互感器的行波传变特性的影响，可以有效提取出电流故障行波中高频段故障信息，准确获取电流故障初始行波的波头极性，构成PCTDR行波方向保护算法。

(4)PCTDR行波方向纵联保护不受输电行波并联电抗和串补电容的影响，在各种常用的并联电抗补偿度(50%～90%)和串补电容补偿度(30%～50%)范围内，在各种故障情况下，PCTDR均能可靠判定故障方向。

(5)PCTDR行波方向纵联保护不受保护区内操作波及保护区外断路器操作波的影响，断路器操作波不会引起PCTDR行波方向纵联保护的误动作。

(6)雷电识别元件LSRR可以有效识别雷击故障、雷击非故障和普通故障，保证PCTDR行波方向继电器在雷击非故障情况下可靠不动作，在雷击故障和普通故障情况下可靠动作。

(7)PCTDR行波方向继电器的方向判定时间小于5ms，PCTDR行波方向纵联保护动作出口跳闸时间小于15ms。

由清华大学继电保护课题组研制的TP-01超特高压输电线路行波方向比较式纵联保护于2011年6月成功投运我国西北750kV乾信线[104]，如图6.77所示。

图6.77　运行在750kV乾县变电站的行波保护TP-01

第 7 章　输电线路纵联行波差动保护

7.1　行波差动保护

7.1.1　行波差动保护基本原理

行波差动保护是根据线路两端行波之差判断线路故障的一种保护方法，其基本原理是分布参数线路模型上的行波传输不变性[109-112]。

如图 7.1 所示单相无损线路 MN，L 为长度，v 为波速度，Z_c 为波阻抗，τ 为行波传播线路全长所需的时间。为叙述方便，将线路两端的电流行波正方向统一定义为由 M 端指向 N 端，反之为反方向。发生区内故障时，设故障点为 d，τ_{M} 和 τ_{N} 分别表示行波传播 Md 段和 Nd 段所需的时间。

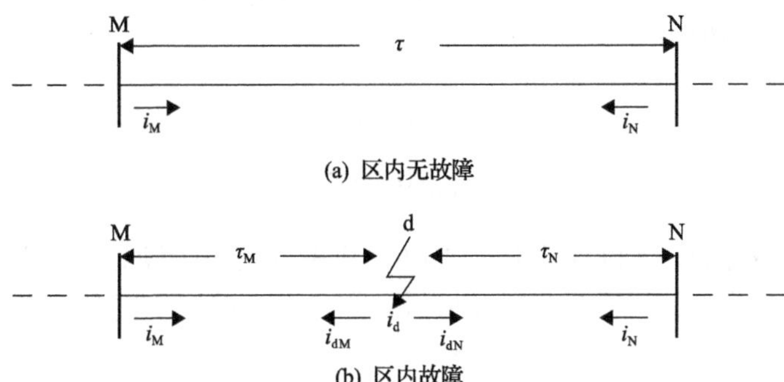

图 7.1　单相无损线行波差动保护原理说明图

M、N 两端的正反方向电流行波分别为

$$
\begin{cases}
i_{\mathrm{Mf}}(t)=\dfrac{1}{2}\left[i_{\mathrm{M}}(t)+\dfrac{u_{\mathrm{M}}(t)}{Z_c}\right] \\
i_{\mathrm{Mr}}(t)=\dfrac{1}{2}\left[-i_{\mathrm{M}}(t)+\dfrac{u_{\mathrm{M}}(t)}{Z_c}\right]
\end{cases}
\tag{7-1}
$$

$$
\begin{cases}
i_{\mathrm{Nf}}(t)=\dfrac{1}{2}\left[-i_{\mathrm{N}}(t)+\dfrac{u_{\mathrm{N}}(t)}{Z_c}\right] \\
i_{\mathrm{Nr}}(t)=\dfrac{1}{2}\left[i_{\mathrm{N}}(t)+\dfrac{u_{\mathrm{N}}(t)}{Z_c}\right]
\end{cases}
\tag{7-2}
$$

式中，$i_{\mathrm{Mf}}(t)$、$i_{\mathrm{Mr}}(t)$分别代表 M 侧的正、反方向电流行波；$i_{\mathrm{Nf}}(t)$、$i_{\mathrm{Nr}}(t)$分别代表 N 侧的正、反方向电流行波；i_{M} 和 i_{N} 分别代表 M、N 侧的电流行波；u_{M} 和 u_{N} 分别代表 M、

N 侧的电压行波。

行波差动保护的核心思想是，从本端(M、N)出发的前行波经过输电线路时延时 τ ($\tau = \frac{L}{v}$)后，到达对端(N、M)，它们的数值相等：

$$\begin{cases} i_{\mathrm{Mf}}(t-\tau) = i_{\mathrm{Nf}}(t) \\ i_{\mathrm{Nr}}(t-\tau) = i_{\mathrm{Mr}}(t) \end{cases} \tag{7-3}$$

对反行波和前行波分别做差，可得到以下电流行波差：

$$\begin{cases} i_{\mathrm{X1}}(t) = 2\left[i_{\mathrm{Nr}}(t-\tau) - i_{\mathrm{Mr}}(t)\right] \\ i_{\mathrm{X2}}(t) = 2\left[i_{\mathrm{Mf}}(t-\tau) - i_{\mathrm{Nf}}(t)\right] \end{cases} \tag{7-4}$$

式中，τ 为线路 MN 的波行时间；$i_{\mathrm{X1}}(t)$ 和 $i_{\mathrm{X2}}(t)$ 分别为前行波差动电流和反行波差动电流。

正常情况下，$i_{\mathrm{X1}}(t)$ 和 $i_{\mathrm{X2}}(t)$ 皆为零，当内部故障时，这种关系被破坏，它们都不等于零。如果设定一个门槛值为 ε，则被保护线路区内发生故障时，利用正、反向行波的行波差动保护动作判据为

$$\begin{cases} \left|i_{\mathrm{X1}}(t)\right| > \varepsilon \\ \left|i_{\mathrm{X2}}(t)\right| > \varepsilon \end{cases} \tag{7-5}$$

以上二式是等价的，实际应用时，式(7-5)中的任何一个满足就可以动作跳闸。

对于三相输电线路，可通过相模变换得到相互解耦的三个模量，然后构成各模量的方向性行波，代入上述判据进行故障判别。

行波差动保电流的表达式天然考虑了分布电容电流和传输时延，因而行波差动保护不受长线分布电容电流和传输时延的影响；故障行波具有宽时频特性，任何有效时间段和频率段的行波信息均可以构成行波差动保护。

7.1.2　行波差动电流和行波制动电流构成

1. 无补偿线路

对于无补偿线路 MN，由于线路是完整的，根据图 7.1 中行波运动的参考方向 x 可知，区内故障时，M 端先检测到反行波，N 端先检测到前行波，所以继电器构造保护算法时建议 M 端采用反行波差动电流 $i_{\mathrm{X1}}(t)$，N 端采用前行波差动电流 $i_{\mathrm{X2}}(t)$，从而能够更快地从行波差动电流中反应区内故障，提高保护的动作速度[112]。

类似于电流差动保护常用两端电流之和作为制动电流，行波差动保护中行波制动电流由线路两端的行波之和构成，如式(7-6)所示。

$$\begin{cases} i_{\mathrm{Z1}}(t) = 2\left[i_{\mathrm{Mr}}(t) + i_{\mathrm{Nr}}(t-\tau)\right] \\ i_{\mathrm{Z2}}(t) = 2\left[i_{\mathrm{Nf}}(t) + i_{\mathrm{Mf}}(t-\tau)\right] \end{cases} \tag{7-6}$$

式中，$i_{Z1}(t)$ 和 $i_{Z2}(t)$ 分别为前行波和反行波的行波制动电流。

区内无故障时，根据行波传输不变性，线路两端的行波相等，行波差动电流为 0，而行波制动电流等于单端行波幅值的 4 倍。区内有故障时，设 $i_d(t)$ 为故障支路电流，τ_M 和 τ_N 分别为行波传播线路 Md 段和 dN 段的时间，则行波差动电流和故障支路电流的关系如式(7-7)所示。由于行波传输到故障点时只有一部分折射到另一端并到达对端继电器，因此行波制动电流大于单端行波幅值的 2 倍而小于单端行波幅值的 4 倍。

$$i_{X1}(t+\tau_M)+i_{X2}(t+\tau_N)=i_d(t) \tag{7-7}$$

对于行波差动电流，区内无故障时较小，区内故障时较大；对于行波制动电流，区内无故障时较大，区内故障时较小。因此，通过比较行波制动电流和行波差动电流可以起到区外故障时的制动作用。

2. 并联电抗补偿线路

超/特高压输电线路普遍采用了并联补偿电抗器(简称并抗)，用于补偿线路的容性充电功率，一定程度补偿了线路分布电容电流，限制了线路上的过电压水平，并能够减小线路故障后的潜供电流，加速熄灭故障电弧，从而提高重合闸成功率[142]。并抗的补偿度(即补偿容性充电功率的程度)一般为 60%～90%，即单端补偿 30%～45%[134]。本章只考虑常规并联电抗器，即其可以等效为一集中的电感元件。

如果并抗装设在 CT 和 CVT 的背端，即靠近母线侧，则两端互感器之间仍然是完整的输电线路，可以按照无补偿线路的方式构成行波差动电流和行波制动电流。如果并抗装设在 CT 和 CVT 的前端，即靠近线路侧，则并抗的存在破坏了输电线路的完整性，则行波传输不变性在并抗线路上将不再满足，因而有必要研究这种情况时行波差动电流和行波制动电流的构成方式。

如图 7.2 所示，区内无故障时，两端并抗之间的线路仍然是完整的，可以得到行波差动电流如式(7-8)所示，式中 $i'_{Mr}(t)$、$i'_{Mf}(t)$ 和 $i'_{Nr}(t)$、$i'_{Nf}(t)$ 分别为 M 端和 N 端并抗线路

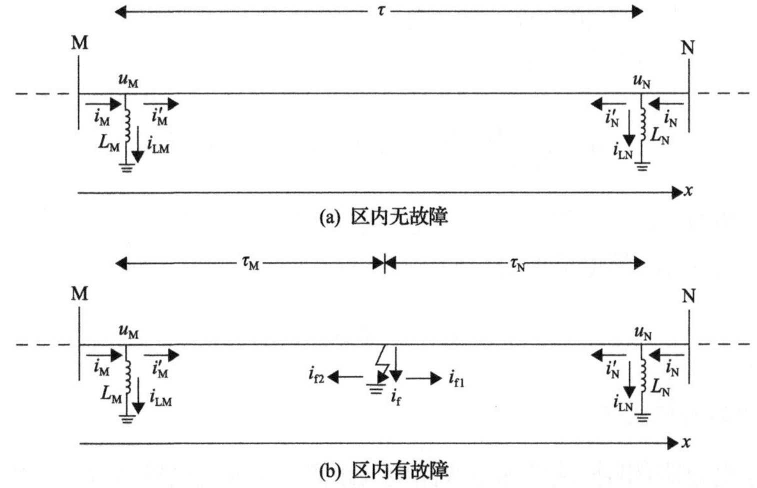

图 7.2　单相并联电抗补偿线路示意图

侧的电流反行波与电流前行波；计算方式如式(7-9)所示，式中 $i_{\mathrm{LM}}(t)$ 和 $i_{\mathrm{LN}}(t)$ 分别为 M 端和 N 端的并抗电流。

$$\begin{cases} i_{\mathrm{X1}}(t) = 2\left[i'_{\mathrm{Mr}}(t) + i'_{\mathrm{Nr}}(t-\tau)\right] \\ i_{\mathrm{X2}}(t) = 2\left[i'_{\mathrm{Nf}}(t) + i'_{\mathrm{Mf}}(t-\tau)\right] \end{cases} \tag{7-8}$$

$$\begin{cases} i'_{\mathrm{Mf}}(t) = \dfrac{1}{2}\left\{\dfrac{u_{\mathrm{M}}(t)}{Z_c} + \left[i_{\mathrm{M}}(t) - i_{\mathrm{LM}}(t)\right]\right\} \\ i'_{\mathrm{Nf}}(t) = \dfrac{1}{2}\left\{\dfrac{u_{\mathrm{N}}(t)}{Z_c} - \left[i_{\mathrm{N}}(t) - i_{\mathrm{LN}}(t)\right]\right\} \\ i'_{\mathrm{Mr}}(t) = \dfrac{1}{2}\left\{-\dfrac{u_{\mathrm{M}}(t)}{Z_c} + \left[i_{\mathrm{M}}(t) - i_{\mathrm{LM}}(t)\right]\right\} \\ i'_{\mathrm{Nr}}(t) = \dfrac{1}{2}\left\{-\dfrac{u_{\mathrm{N}}(t)}{Z_c} - \left[i_{\mathrm{N}}(t) - i_{\mathrm{LN}}(t)\right]\right\} \end{cases} \tag{7-9}$$

将式(7-9)代入式(7-8)得到并联电抗补偿线路上行波差动电流的构成如式(7-10)，同理可得行波制动电流的构成如式(7-11)。即针对并联电抗补偿线路的行波差动电流和行波制动电流，仅需在式(7-4)和式(7-5)的基础上补偿并抗电流即可。

$$\begin{cases} i_{\mathrm{X1}}(t) = \left\{\left[2i_{\mathrm{Mr}}(t) - i_{\mathrm{LM}}(t)\right] - \left[2i_{\mathrm{Nr}}(t-\tau) + i_{\mathrm{LN}}(t-\tau)\right]\right\} \\ i_{\mathrm{X2}}(t) = \left\{\left[2i_{\mathrm{Nf}}(t) + i_{\mathrm{LN}}(t)\right] - \left[2i_{\mathrm{Mf}}(t-\tau) - i_{\mathrm{LM}}(t-\tau)\right]\right\} \end{cases} \tag{7-10}$$

$$\begin{cases} i_{\mathrm{Z1}}(t) = \left\{\left[2i_{\mathrm{Mr}}(t) - i_{\mathrm{LM}}(t)\right] + \left[2i_{\mathrm{Nr}}(t-\tau) + i_{\mathrm{LN}}(t-\tau)\right]\right\} \\ i_{\mathrm{Z2}}(t) = \left\{\left[2i_{\mathrm{Nf}}(t) + i_{\mathrm{LN}}(t)\right] + \left[2i_{\mathrm{Mf}}(t-\tau) - i_{\mathrm{LM}}(t-\tau)\right]\right\} \end{cases} \tag{7-11}$$

并抗电流可以采用隐式梯形积分公式计算，以 M 端并抗电流为例，计算公式如式(7-12)所示，式中 T_{s} 为装置的采样周期。并抗电流的初值可以选择为 0，经过一定延时后可以计算得到准确的并抗电流。

$$i_{\mathrm{LM}} = \frac{T_{\mathrm{s}}}{2L_{\mathrm{M}}}\left[u_{\mathrm{M}}(t) + u_{\mathrm{M}}(t-T_{\mathrm{s}})\right] + i_{\mathrm{LM}}(t-T_{\mathrm{s}}) \tag{7-12}$$

区内无故障时，由于补偿了并抗电流，所以行波差动电流为 0；而区内有故障时，行波差动电流与故障支路电流的关系如式(7-13)所示。

$$i_{\mathrm{X1}}(t+\tau_{\mathrm{M}}) + i_{\mathrm{X2}}(t+\tau_{\mathrm{N}}) = i_{\mathrm{f}}(t) \tag{7-13}$$

3. 串联电容补偿线路

串联补偿电容器(串补)能够缩短线路电气距离，从而提高输送容量、增强系统稳定性，并有改善无功平衡、减小网损和提高电能质量的作用。因此，在具有远距离输电作用的超/特高压输电线路上，串补逐渐得到推广应用。串补分为固定补偿电容器和可控补偿电容器，补偿度(即补偿线路电抗的程度)一般大于30%。

本节以固定补偿电容器为例进行分析，见图 7.3，固定补偿电容器实际上由补偿电容器(相当于集总电容 C)、氧化锌避雷器(metal-oxide-varistor，MOV)、放电间隙(Gap)和旁路开关并联构成。

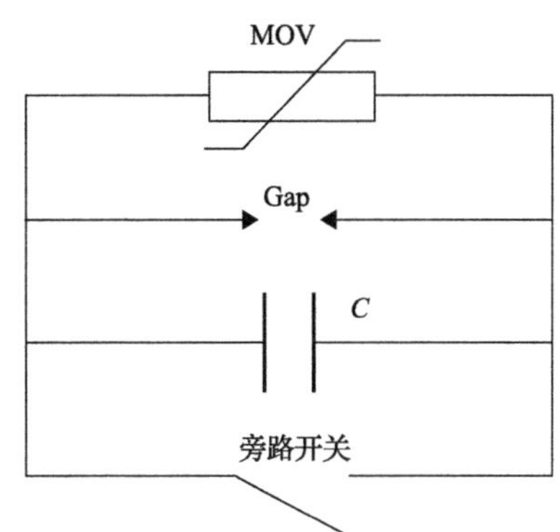

图 7.3　固定补偿电容器的结构

正常运行时，电容器两端电压保持在额定值附近，MOV 阻值非常大，不影响电容器补偿作用；线路故障后，流过电容器的电流增大，当电容器电压超过 MOV 的过电压整定值，MOV 将迅速导通，阻值迅速下降，从而限制过电压。此外，放电间隙可以防止 MOV 在故障期间吸收能量过大导致过热损坏，旁路开关的作用是投切电容器和在放电间隙击穿后迅速合闸保护 MOV 和放电间隙。

串补一般装设在线路中点，见图 7.4，串补的存在使线路 MN 不再完整，但线路 Mk1 段和 Nk2 段各自是完整的，满足行波传输不变性。图中，τ_{M} 和 τ_{N} 分别表示行波传播 Mk1 段和 Nk2 段所需的时间。

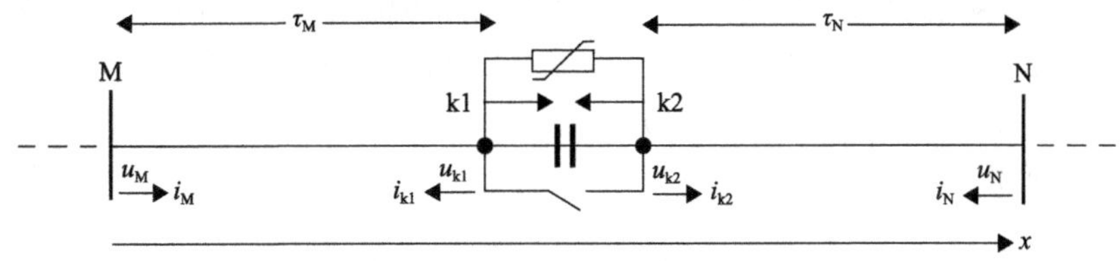

图 7.4　单相串联补偿线路示意图

Mk1 段的行波传输不变性如式(7-14)所示，并进一步得到 M 端行波与 k1 点电流 $i_{\mathrm{k1}}(t)$ 的关系式：

$$\begin{cases} i_{\mathrm{Mf}}(t-\tau_{\mathrm{M}}) = i_{\mathrm{k1f}}(t) = \dfrac{1}{2}\left[-\dfrac{u_{\mathrm{k1}}(t)}{Z_c} - i_{\mathrm{k1}}(t)\right] \\ i_{\mathrm{Mr}}(t+\tau_{\mathrm{M}}) = i_{\mathrm{k1r}}(t) = \dfrac{1}{2}\left[-\dfrac{u_{\mathrm{k1}}(t)}{Z_c} - i_{\mathrm{k1}}(t)\right] \end{cases} \tag{7-14}$$

$$-i_{\mathrm{k1}}(t) = i_{\mathrm{Mf}}(t-\tau_{\mathrm{M}}) + i_{\mathrm{Mr}}(t+\tau_{\mathrm{M}}) \tag{7-15}$$

Nk2 段的行波传输不变性如式(7-16)所示，并进一步得到 N 端行波与 k2 点电流 $i_{\mathrm{k2}}(t)$ 的关系式：

$$\begin{cases} i_{\mathrm{Nf}}(t+\tau_{\mathrm{M}}) = i_{\mathrm{k2f}}(t) = \dfrac{1}{2}\left[-\dfrac{u_{\mathrm{k2}}(t)}{Z_c} + i_{\mathrm{k2}}(t)\right] \\ i_{\mathrm{Nr}}(t-\tau_{\mathrm{M}}) = i_{\mathrm{k2r}}(t) = \dfrac{1}{2}\left[-\dfrac{u_{\mathrm{k2}}(t)}{Z_c} + i_{\mathrm{k2}}(t)\right] \end{cases} \tag{7-16}$$

$$i_{\mathrm{k2}}(t) = i_{\mathrm{Nf}}(t+\tau_{\mathrm{N}}) + i_{\mathrm{Nr}}(t-\tau_{\mathrm{N}}) \tag{7-17}$$

根据基尔霍夫电流定律，串补两端的电流满足式(7-18)：

$$-i_{\mathrm{k1}}(t) = i_{\mathrm{k2}}(t) \tag{7-18}$$

由此，得到串联电容补偿线路上行波差动电流的构成如式(7-19)，同理可得行波制动电流的构成如式(7-20)：

$$\begin{aligned} i_{\mathrm{X}}(t) &= i_{\mathrm{k1}}(t) + i_{\mathrm{k2}}(t) \\ &= \left[i_{\mathrm{Nf}}(t+\tau_{\mathrm{N}}) + i_{\mathrm{Nr}}(t-\tau_{\mathrm{N}}) - i_{\mathrm{Mf}}(t-\tau_{\mathrm{M}}) - i_{\mathrm{Mr}}(t+\tau_{\mathrm{M}})\right] \end{aligned} \tag{7-19}$$

$$\begin{aligned} i_{\mathrm{Z}}(t) &= i_{\mathrm{k2}}(t) - i_{\mathrm{k1}}(t) \\ &= \left[i_{\mathrm{Nf}}(t+\tau_{\mathrm{N}}) + i_{\mathrm{Nr}}(t-\tau_{\mathrm{N}}) + i_{\mathrm{Mf}}(t-\tau_{\mathrm{M}}) + i_{\mathrm{Mr}}(t+\tau_{\mathrm{M}})\right] \end{aligned} \tag{7-20}$$

当区内无故障时，行波差动电流等于 0，而行波制动电流约等于 2 倍穿越电流，其中穿越电流指穿越串补的电流。

当区内有故障时，如果故障在 Mk1 段，见图 7.5，根据 Mf 段和 fk1 段的行波传输不变性和故障支路电流关系，可以得到 k1 点处电压和电流与 M 端行波和故障支路电流的关系，如式(7-21)所示，Nk2 段仍然满足关系式(7-17)。因此，根据式(7-21)得到区内串补左侧故障时的行波差动电流表达式(7-22)，是故障支路电流的函数，并与故障点到串补点的传输时延相关。

$$\begin{cases} i_{\mathrm{Mf}}(t-\tau_{\mathrm{M}}) - \dfrac{1}{2}i_{\mathrm{f}}(t-\tau_{\mathrm{M1}}) = \dfrac{u_{\mathrm{k1}}(t)}{Z_c} - i_{\mathrm{k1}}(t) \\ i_{\mathrm{Mr}}(t+\tau_{\mathrm{M}}) - \dfrac{1}{2}i_{\mathrm{f}}(t+\tau_{\mathrm{M1}}) = -\dfrac{u_{\mathrm{k1}}(t)}{Z_c} - i_{\mathrm{k1}}(t) \end{cases} \tag{7-21}$$

$$\begin{aligned} i_{\mathrm{X}}(t) &= i_{\mathrm{Nf}}(t+\tau_{\mathrm{N}}) + i_{\mathrm{Nr}}(t-\tau_{\mathrm{N}}) - i_{\mathrm{Mf}}(t-\tau_{\mathrm{M}}) - i_{\mathrm{Mr}}(t+\tau_{\mathrm{M}}) \\ &= -\frac{i_{\mathrm{f}}(t-\tau_{\mathrm{M1}}) + i_{\mathrm{f}}(t+\tau_{\mathrm{M1}})}{2} \end{aligned} \tag{7-22}$$

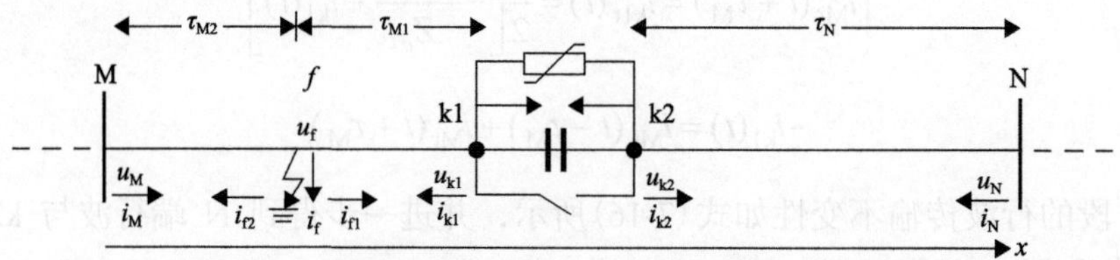

图 7.5　串联电容补偿线路区内串补左侧发生故障

当区内有故障时，如果故障在 Nk2 段，见图 7.6，得到行波差动电流的表达式(7-23)，同样是故障支路电流的函数，并与故障点到串补点的传输时延相关。

$$\begin{aligned} i_{\mathrm{X}}(t) &= i_{\mathrm{Nf}}(t+\tau_{\mathrm{N}}) + i_{\mathrm{Nr}}(t-\tau_{\mathrm{N}}) - i_{\mathrm{Mf}}(t-\tau_{\mathrm{M}}) - i_{\mathrm{Mr}}(t+\tau_{\mathrm{M}}) \\ &= -\frac{i_{\mathrm{f}}(t-\tau_{\mathrm{N1}}) + i_{\mathrm{f}}(t+\tau_{\mathrm{N1}})}{2} \end{aligned} \tag{7-23}$$

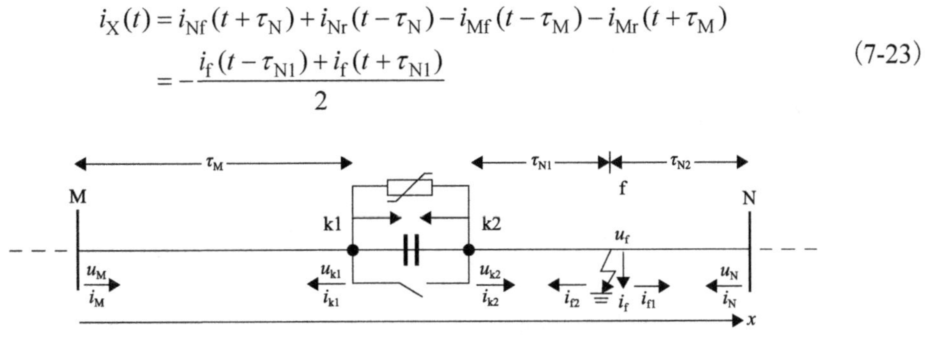

图 7.6　串联电容补偿线路区内串补右侧发生故障

7.1.3　区外扰动或故障时不平衡行波差动电流分析

区外扰动或故障时，由于各种因素存在不平衡行波差动电流，将影响行波差动保护的可靠性。为了利用宽频带的故障行波信息，本节分析了引起不平衡行波差动电流的原因，概括为如下 3 点。

(1)行波差动保护原理分析基于无损线，而实际线路有损，因而存在线路模型误差。

(2)硬件水平和通信条件限制，具体来说是采样率有限和通信速率有限，使双端数据同步存在误差。

(3)CVT 传变频带窄，而 CT 传变频带宽，互感器传变频带不一致。

1. 线路模型误差的影响

输电线路实际上存在损耗和参数依频特性，因而行波在传播过程中将发生衰减和形变，导致区外扰动或故障时存在不平衡行波差动电流。

为简化分析，下面以空载运行的方式为例，图 7.1(a)的线路 MN 在 N 端断开(即 N 端电流为 0)，M 端合闸，线路两端的电压和电流在频域上满足双曲函数关系式(7-24)。式中，γ 和 Z_{c} 分别为具有依频特性的传播常数和波阻抗；l 为线路长度。

$$\begin{bmatrix} \dot{U}_{\mathrm{M}} \\ \dot{I}_{\mathrm{M}} \end{bmatrix} = \begin{bmatrix} \cosh(\gamma l) & Z_{\mathrm{c}}\sinh(\gamma l) \\ \dfrac{\sinh(\gamma l)}{Z_c} & \cosh(\gamma l) \end{bmatrix} \begin{bmatrix} \dot{U}_{\mathrm{N}} \\ 0 \end{bmatrix} \tag{7-24}$$

联立行波差动电流 $i_{\mathrm{X1}}(t)$ 的表达式、电流行波的计算式和式(7-24)，行波差动电流在频域上的构成如式(7-25)。式中，τ_0 和 Z_{c0} 分别为工频时的传输时延和波阻抗；$\dot{I}_{\mathrm{X1}}$ 和 $\dot{I}'_{\mathrm{X1}}$ 分别是不考虑和考虑行波的衰减和形变时的频域行波差动电流。

$$\begin{cases} \dot{I}_{X1} = \left(-\dfrac{\dot{U}_M}{Z_{c0}} + \dot{I}_M\right) - \left(-\dfrac{\dot{U}_N}{Z_{c0}}\right)e^{-j\omega\tau_0} \\ \dot{I}'_{X1} = \left(-\dfrac{\dot{U}_M}{Z_{c0}} + \dot{I}_M\right) - \left(-\dfrac{\dot{U}_N}{Z_c}\right)e^{-\gamma l} \end{cases} \tag{7-25}$$

将 $\dot{I}_{X1}$ 和 $\dot{I}'_{X1}$ 进行比较，并根据式(7-24)用 $\dot{U}_M$ 表示 $\dot{U}_N$ 和 $\dot{I}_M$，得到不平衡行波差动电流如式(7-26)。

$$\begin{aligned} \Delta\dot{I}_{X1} &= \dot{U}_M\left[\left(\frac{1}{Z_{c0}} - \frac{1}{Z_c}\right) + \frac{1}{\cosh(\gamma l)}\left(\frac{e^{-\gamma l}}{Z_c} - \frac{e^{-j\omega\tau_0}}{Z_{c0}}\right)\right] \\ &= \dot{U}_M H_{model} \end{aligned} \tag{7-26}$$

区外故障或扰动时，将导致 $\dot{U}_M$ 突变，从而 $\dot{U}_M$ 是宽频带信号，因而 H_{model} 的幅频特性决定了不平衡行波差动电流的频率分布。H_{model} 的幅频特性与线路长度有关，以 750kV 输电线路为例，H_{model} 的归一化幅频特性见图 7.7，H_{model} 只有在高频才有较明显的通带，如果将图 7.7 中幅频特性由低频到高频过程中的第一个尖峰视为截止频率，则截止频率随线路长度增大而减小，具体的关系曲线见图 7.8。总之，H_{model} 具有阻低频通高频的作用，通带基本上在 100Hz 以上，因而不平衡行波差动电流将对 $\dot{U}_m$ 中的高频分量敏感，导致不平衡行波差动电流中具有明显的高频分量。

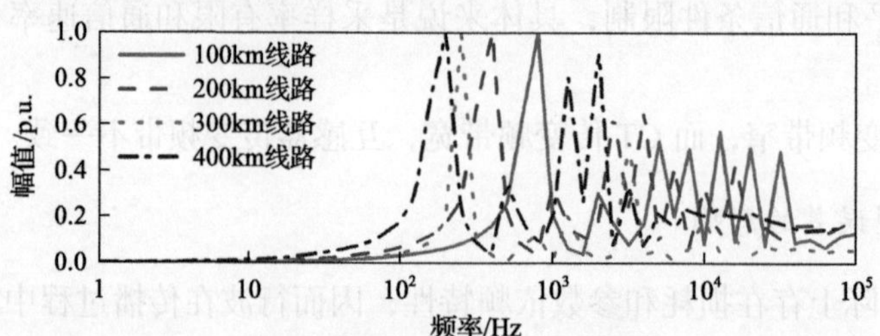

图 7.7　不同线路长度时 H_{model} 的幅频特性

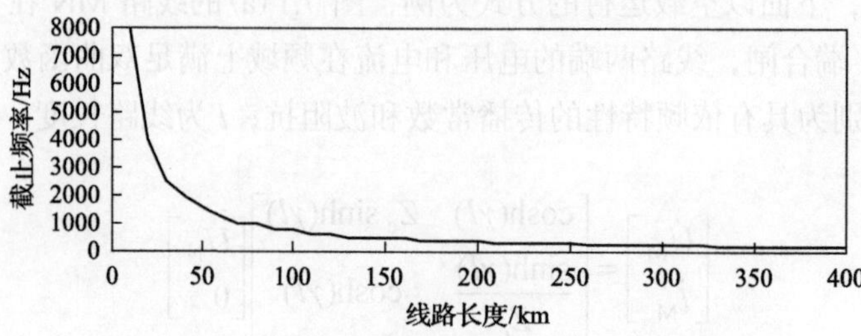

图 7.8　H_{model} 的截止频率与线路长度的关系曲线

采用 750kV 输电系统模型，空载合闸时，行波差动电流及其幅频特性见图 7.9，仿真中已排除后续 3 个因素对不平衡行波差动电流的影响。不平衡行波差动电流在故障暂态期间会有较大毛刺，相比于工频等 1kHz 以下的低频分量，1kHz 以上的高频分量明显。

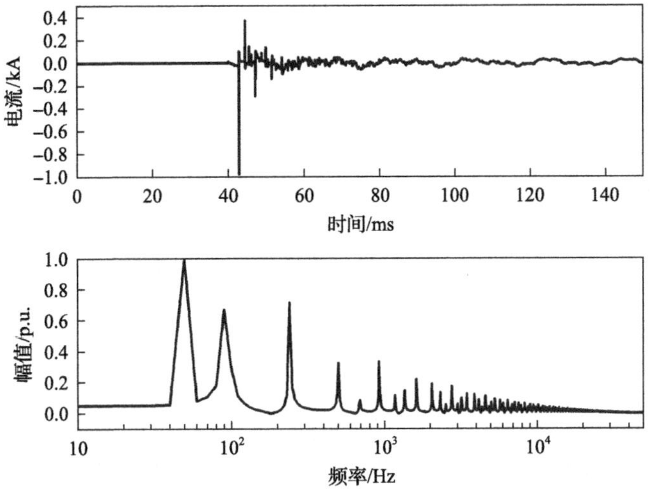

图 7.9　线路模型误差造成的不平衡行波差动电流及其幅频特性

2. 双端数据同步误差的影响

双端数据同步误差由两部分构成。

1) 时间同步误差

双端保护装置无论采用何种时间同步方法(如 GPS 法、采样数据修正法、采样时刻调整法、时钟校正法、基于参考向量的同步法等)，都不可避免存在时间同步误差。对于普遍采用的 GPS 法而言，时间同步误差不大于 1μs，相比于采样截断误差可忽略不计。

2) 采样截断误差

如图 7.10 所示，行波差动保护同时需要 M 端 t 时刻和 N 端 $(t-\tau)$ 时刻的采样数据，由于采样率有限，而超特高压输电线路的传输时延 τ 一般在 1～2ms 且是非整数，有限的采样频率下是不可能同时准确获得 t 时刻和 $(t-\tau)$ 时刻的电气量，因而 M 端只能采用邻近的采样数据来代替，这会产生采样截断误差。

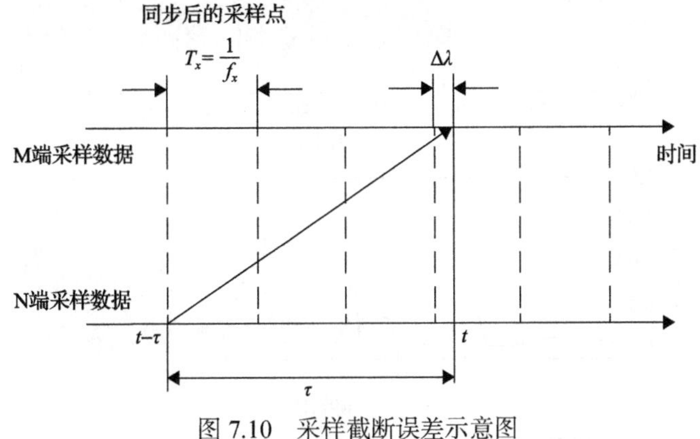

图 7.10　采样截断误差示意图

采样率为 f_s，则采样截断误差 $\Delta\lambda$ 不超过采样周期 T_s 的一半。由于采样截断误差的存

在，行波差动电流可以表示为

$$i'_{X1}(t) = 2\left[i_{Mr}(t+\Delta\lambda) - i_{Nr}(t-\tau)\right] \tag{7-27}$$

将式(7-27)与行波差动电流 $i_{X1}(t)$ 的表达式比较，得到不平衡行波差动电流如式(7-28)，其中频域上的幅值为式(7-29)。

$$\Delta i_{X1}(t) = 2\left[i_{Mr}(t+\Delta\lambda) - i_{Mr}(t)\right] \approx 2\frac{di_{Mr}(t)}{dt}\Delta\lambda \tag{7-28}$$

$$\Delta\dot{I}_{X1} \approx 2\omega\Delta\lambda\dot{I}_{Mr} = \dot{I}_{Mr}H_{syn} \tag{7-29}$$

区外故障或扰动时，网络突变，产生的电流反行波 $\dot{I}_{Mr}$ 是宽频带信号，因而 H_{syn} 的幅频特性决定了不平衡行波差动电流的频率分布，其归一化的幅频特性如图 7.11 所示，具有明显的高通特点，故不平衡行波差动电流对 $\dot{I}_{Mr}$ 中的高频分量敏感，导致不平衡行波差动电流中具有明显的高频分量。

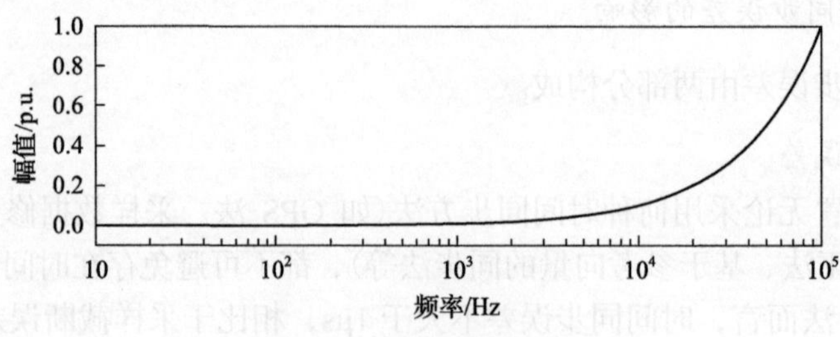

图 7.11　H_{syn} 的幅频特性

基于 750kV 输电系统模型，采用 10kHz 的采样率，图 7.12 给出了数据同步误差造成的不平衡行波差动电流及其幅频特性。

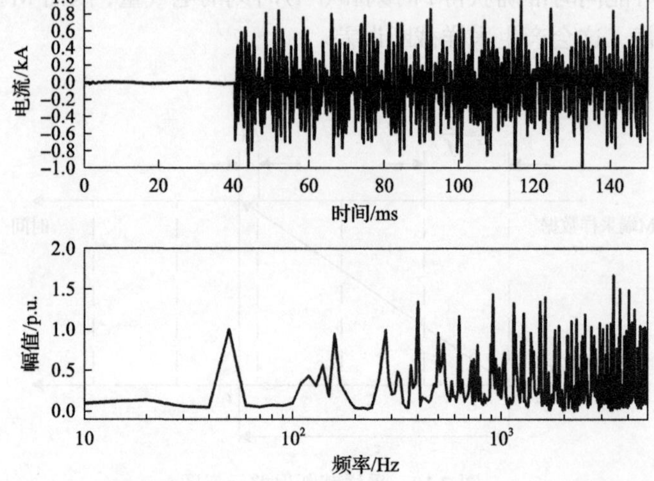

图 7.12　数据同步误差造成的不平衡行波差动电流及其幅频特性

3. 互感器传变频带不一致的影响

超/特高压输电线路上，电压和电流分别经过了 CVT 和 CT 的传变，电流行波是电压和电流的组合量。由于 CVT 和 CT 的传变频带不一致，特别是 CVT 传变频带较窄，将导致电流行波的计算存在误差，从而产生不平衡行波差动电流[116]。

CT 一般在 10kHz 频率以下的传递函数值近似为常数，即 $H_{\rm i}(\omega)$ 的幅频特性等于常数 $S_{\rm i}$，相频特性等于 0；而 CVT 一般在 1kHz 频率以下的传递函数值近似为常数，即 $H_{\rm u}(\omega)$ 的幅频特性等于常数 $S_{\rm u}$，相频特性等于 0。

一次侧和二次侧的电压和电流在频域上的关系如式(7-30)所示，式中，$H_{\rm u}$ 和 $H_{\rm i}$ 分别是 CVT 和 CT 的传递函数。根据行波差动电流 $i_{\rm X1}(t)$ 的表达式，得到一次侧的行波差动电流在频域上的表达式(7-31)。

$$\begin{cases}\dot{U}_1 = \dot{U}_2 \cdot H_{\rm u} \\ \dot{I}_1 = \dot{I}_2 \cdot H_{\rm i}\end{cases} \tag{7-30}$$

$$\dot{I}_{\rm X1} = -\left(\frac{\dot{U}_{\rm M1}}{Z_c} - \frac{\dot{U}_{\rm N1}}{Z_c}{\rm e}^{-{\rm j}\omega\tau}\right) + (\dot{I}_{\rm M1} + \dot{I}_{\rm N1}{\rm e}^{-{\rm j}\omega\tau}) \tag{7-31}$$

实际应用中，二次侧电压和电流按照 CVT 的工频电压比 $S_{\rm u}$(额定变比，常数)和 CT 的工频电流比 $S_{\rm i}$(额定变比，常数)反变换到一次侧，构成行波差动电流，如式(7-32)所示。

$$\begin{aligned}\dot{I}'_{\rm X1} &= -\left(\frac{\dot{U}_{\rm M2}S_{\rm u}}{Z_c} - \frac{\dot{U}_{\rm N2}S_{\rm u}}{Z_c}{\rm e}^{-{\rm j}\omega\tau}\right) + (\dot{I}_{\rm M2}S_{\rm i} + \dot{I}_{\rm N2}S_{\rm i}{\rm e}^{-{\rm j}\omega\tau}) \\ &= -\left(\frac{\dot{U}_{\rm M1}}{Z_c} - \frac{\dot{U}_{\rm N1}}{Z_c}{\rm e}^{-{\rm j}\omega\tau}\right)\frac{S_{\rm u}}{H_{\rm u}} + (\dot{I}_{\rm M1} + \dot{I}_{\rm N1}{\rm e}^{-{\rm j}\omega\tau})\frac{S_{\rm i}}{H_{\rm i}}\end{aligned} \tag{7-32}$$

根据式(7-31)和式(7-32)之差计算得到不平衡行波差动电流如式(7-33)。

$$\Delta\dot{I}_{\rm X1} = -\left(\frac{\dot{U}_{\rm M1}}{Z_c} - \frac{\dot{U}_{\rm N1}}{Z_c}{\rm e}^{-{\rm j}\omega\tau}\right)\left(\frac{S_{\rm u}}{H_{\rm u}} - 1\right) + (\dot{I}_{\rm M1} + \dot{I}_{\rm N1}{\rm e}^{-{\rm j}\omega\tau})\left(\frac{S_{\rm i}}{H_{\rm i}} - 1\right) \tag{7-33}$$

为简化分析，同样以图 7.1(a)的线路 MN 在 N 端断开，空载运行为例，此时 $\dot{I}_{\rm N1}$ 等于 0。M 端的电压 $\dot{U}_{\rm M1}$ 和电流 $\dot{I}_{\rm M1}$ 满足式(7-34)。其中，$Z_{\rm M}$ 为 M 端等效系统阻抗；$E_{\rm M}$ 为 M 端等效系统电源，由于是工频电压源，$E_{\rm M}$ 满足式(7-35)，式中 E 为等效系统电源的幅值。

$$\dot{I}_{\rm M1} = \frac{\dot{E}_{\rm M} - \dot{U}_{\rm M1}}{Z_{\rm M}} \tag{7-34}$$

$$E_{\rm M} = \begin{cases}E, & f = 50{\rm Hz} \\ 0, & f \neq 50{\rm Hz}\end{cases} \tag{7-35}$$

考虑到线路两端的电压 $\dot{U}_{M1}$ 和 $\dot{U}_{N1}$ 满足关系式(7-24)，从而不平衡行波差动电流表达式可由 $\dot{U}_{M1}$ 和 $\dot{E}_M$ 表示。

$$\Delta\dot{I}_{X1}=-\dot{U}_{M1}\left\{\frac{1}{Z_c}\left[1-\frac{e^{-j\omega\tau}}{\cosh(\gamma l)}\right]\left(\frac{S_u}{H_u}-1\right)+\frac{1}{Z_M}\left(\frac{S_i}{H_i}-1\right)\right\}+\frac{\dot{E}_M}{Z_M}\left(\frac{S_i}{H_i}-1\right) \tag{7-36}$$

由于 CT 的传递函数 H_i 在工频时等于 S_i，所以上式第二部分等于 0，从而简化为

$$\Delta\dot{I}_{X1}=-\dot{U}_{M1}\left\{\frac{1}{Z_c}\left[1-\frac{e^{-j\omega\tau}}{\cosh(\gamma l)}\right]\left(\frac{S_u}{H_u}-1\right)+\frac{1}{Z_M}\left(\frac{S_i}{H_i}-1\right)\right\}=\dot{U}_{M1}H_{tran} \tag{7-37}$$

区外故障或扰动时，将导致 $\dot{U}_{M1}$ 突变，而 $\dot{U}_{M1}$ 是宽频带信号，因而 H_{tran} 的幅频特性决定了不平衡行波差动电流的频率分布。采用 750kV-400km 的输电线路模型，线路采用无损线，H_{tran} 的归一化幅频特性见图 7.13，具有明显的高通特点，因而不平衡行波差动电流对 $\dot{U}_{M1}$ 中的高频分量敏感，导致不平衡行波差动电流中具有明显的高频分量。

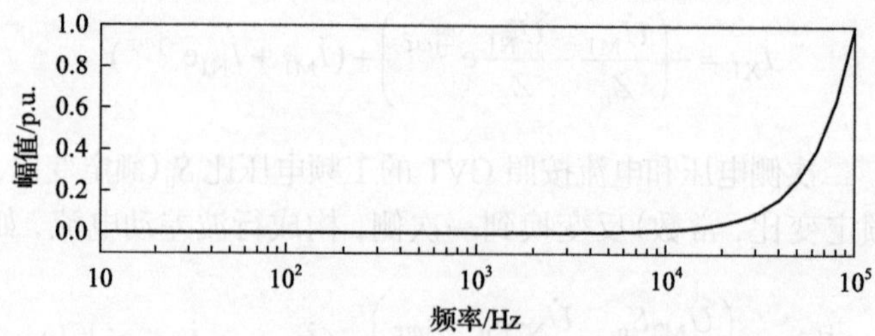

图 7.13　H_{tran} 的幅频特性

基于 750kV 输电系统模型，图 7.14 给出了互感器传变频带不一致造成的不平衡行波差动电流及其幅频特性。

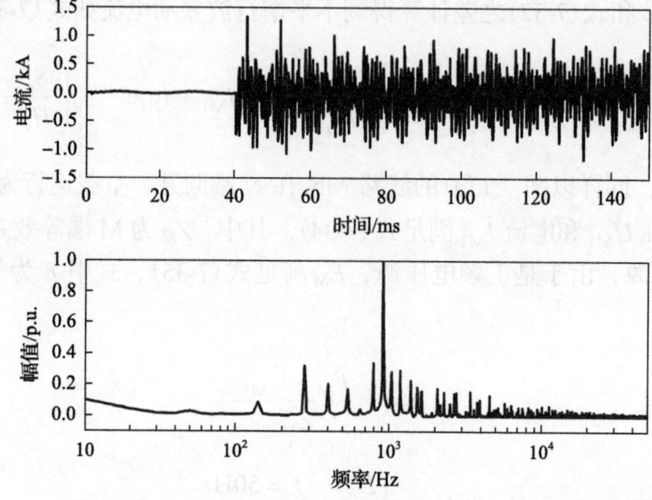

图 7.14　互感器传变频带不一致造成的不平衡行波差动电流及其幅频特性

7.1.4　区内外故障时行波差动电流比较

区内故障时，理论上行波差动电流等于故障支路电流。故障支路电流以工频分量和直流衰减分量为主，虽然 7.1.3 节的 3 个因素也会导致区内故障时行波差动电流中含有高频分量，但是相比于占据主导的工频等低频分量而言，高频分量不明显。

基于 750kV 输电系统模型，区内外故障时，行波差动电流及其幅频特性如图 7.15 所示。区内故障时，行波差动电流基本以工频和衰减直流分量为主，高频毛刺相对很小，相比于工频等 1kHz 以下的低频分量，1kHz 以上的高频分量不明显；区外故障时，行波差动电流具有显著的高频毛刺，相较于工频等 1kHz 以下的低频分量，行波差动电流中含有明显的 1kHz 以上的高频分量。

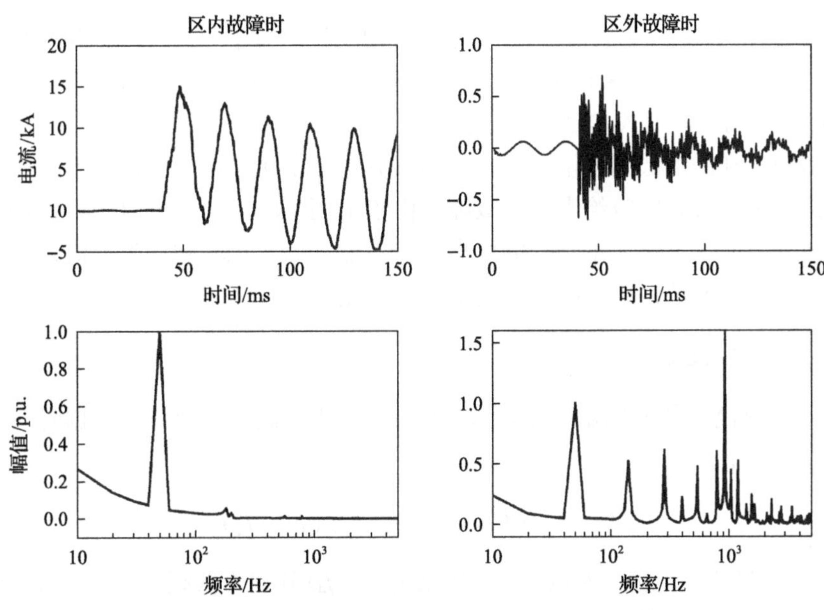

图 7.15　区内外故障时的行波差动电流及其幅频特性

7.1.5　动作判据

线路区外故障暂态阶段，不平衡行波差动电流以 1kHz 以上的高频分量为主，区内故障暂态阶段，行波差动电流等于故障支路电流，虽然有部分高频分量，但仍然以工频分量等低频分量为主。根据上述事实，本章采用宽频窗短时窗的故障行波构成快速行波差动保护，为了充分利用宽频窗短时窗的故障行波信息，数据时间窗设置为 5ms，采样率设置为 10kHz，动作判据有如下 3 个。

1. 基本判据

C_1 是基本判据，如式(7-38)所示，由行波差动电流 $i_X(t)$ 在数据时间窗内的最大幅值 I_{max} 与门槛电流 I_{set} 比较。其中，对于无补偿线路和并联电抗补偿线路，$i_X(t)$ 在 M 端保护

中采用 $i_{X1}(t)$，在 N 端保护中采用 $i_{X2}(t)$；对于串联电容补偿线路，两端保护采用相同的式(7-19)。

$$C_1 : I_{max} = \max|i_X(t)| > I_{set} \tag{7-38}$$

2. 比例制动主判据

C_2 是比例制动主判据，如式(7-39)所示，由行波差动电流和行波制动电流在数据时间窗内的低频能量构成。

$$C_2 : E_{oL}(f_1 \sim f_2) > k_{set} E_{rL}(f_1 \sim f_2) \tag{7-39}$$

式中，k_{set} 为制动比整定值；$E_{oL}(f_1 \sim f_2)$ 是低频带 (f_1,f_2) 中行波差动电流 $i_X(t)$ 的能量；$E_{rL}(f_1 \sim f_2)$ 是低频带 (f_1,f_2) 中行波制动电流 $i_Z(t)$ 的能量。对于无补偿线路和并联电抗补偿线路，$i_Z(t)$ 在 M 端保护中采用 $i_{Z1}(t)$，在 N 端保护中采用 $i_{Z2}(t)$；对于串联电容补偿线路，两端保护采用相同的式(7-20)。此外，定义 $E_{oL}(f_1 \sim f_2)$ 和 $E_{rL}(f_1 \sim f_2)$ 之比为制动比 k。

比例制动主判据由低频分量构成，受高频分量的干扰较小，因而受不平衡行波差动电流的干扰较小，可以反应绝大多数故障。由于采用了较短的数据时间窗，提高了本判据的动作速度，但为了保证本判据的可靠性，不能选择太小的制动整定值，因此在高阻故障时可能灵敏度不足，需要第 3 个判据作为补充。

3. 能量比高阻故障判据

C_3 是能量比高阻故障判据，如式(7-40)所示，由行波差动电流在数据时间窗内的低频能量和高频能量构成。

$$C_3 : E_{oL}(f_1 \sim f_2) > \lambda_{set} E_{oH}(f_3 \sim f_4) \tag{7-40}$$

式中，λ_{set} 为能量比整定值；$E_{oL}(f_1 \sim f_2)$ 和 $E_{oH}(f_3 \sim f_4)$ 分别为低频带 (f_1,f_2) 和高频带 (f_3,f_4) 中行波差动电流 $i_X(t)$ 的能量。另外，定义 $E_{oL}(f_1 \sim f_2)$ 和 $E_{oH}(f_3 \sim f_4)$ 之比为能量比 λ。

高阻故障时，行波差动电流非常小，比例制动主判据可能拒动，但行波差动电流的低频分量和高频分量之比在区内、区外故障有明显差别，区内故障时低频分量占主导，区外故障时高频分量占主导。由于过渡电阻理论上只影响电压和电流的幅值，不影响其频率分布，而行波差动电流由电压和电流组合构成，因而过渡电阻对于行波差动电流的高频分量和低频分量之比理论上没有影响。本判据在高阻故障时仍然具有足够的灵敏度，适合检测高阻故障。

基本判据 C_1 是行波差动保护动作的前提。制动比主判据 C_2 覆盖了大多数故障情况，通过短时窗实现快速动作，但灵敏性不足。能量比高阻故障判据 C_3 通过低高频能量之比，将区外故障时的暂态高频不平衡行波差动电流“变废为宝”，充分利用暂态高频信息，弥补了短时窗下制动比主判据灵敏度不足的缺点。3 个判据结合起来，在保证可靠性的前提下，快速行波差动保护面对高阻故障也具有足够的灵敏性。

整定时，门槛电流 I_{set} 按照高阻故障(对于超特高压输电线路即 600Ω 过渡电阻故障)

时保证小于故障相最小 I_{max} 来整定，制动整定值 k_{set} 按照躲过区外三相故障时最大制动比 k 来整定，能量比整定值 λ_{set} 按照区内高阻故障时躲过非故障相最大能量比 λ 来整定。

7.1.6　保护算法

1. 基于小波变换的能量计算方法

二进离散小波变换具有多分辨率分解作用，采用母小波为三次中心 B 样条函数的导函数，信号将二进分解为不同频带空间下的信号。快速行波差动保护采用 10kHz 采样率，可获取的采样信号最高频率为 5kHz，逼近分量 V_x 和小波分量 W_x 在不同尺度时的主频带见图 7.16，x 表示二进小波变换的层数。

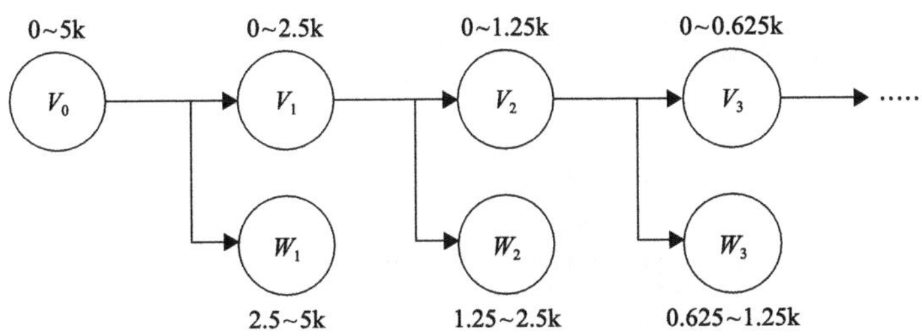

图 7.16　10kHz 采样率时二进离散小波变换多分辨率分解的频带空间

通过小波变换将行波差动电流分解到相应的频带空间，第 1 和 2 尺度的小波分量 $W_1(n)$ 和 $W_2(n)$ 的频带在 1.25～5kHz，大于 1kHz，用于表征高频分量，第 3 尺度的逼近分量 $V_3(n)$ 的频带在 0～0.625kHz，小于 1kHz，用于表征低频分量。高频能量 E_H 和低频能量 E_L 的计算如式(7-41)。

$$\begin{cases} E_{\mathrm{H}}=\sum\limits_{n}\left|W_1(n)\right|^2+\sum\limits_{k}\left|W_2(n)\right|^2 \\ E_{\mathrm{L}}=\sum\limits_{n}\left|V_3(n)\right|^2 \end{cases} \tag{7-41}$$

2. 保护动作逻辑

保护动作逻辑如图 7.17 所示，C_1 和 C_2 判据同时满足时可以发跳闸信号，或者 C_2 判据不满足，但 C_3 和 C_1 判据同时满足时可以发跳闸信号。

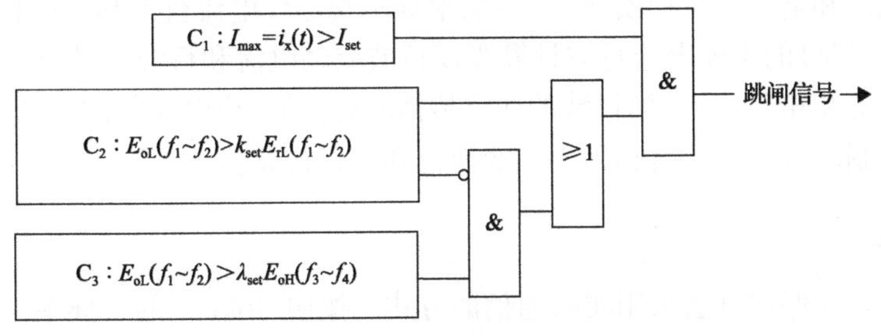

图 7.17　快速行波差动保护的跳闸逻辑

3. 算法流程

算法流程见图 7.18。采用 3.7 节的启动元件，判断启动后，计算数据时间窗内的行波差动电流和行波制动电流，如果判据 C_1 满足，再计算行波差动电流的高频能量和低频能量，以及行波制动电流的低频能量，构造判据 C_2 和 C_3。如果任一相满足判据 C_2，则出口动作；如果三相都不满足判据 C_2，则根据判据 C_3 的结果出口动作或不动作。

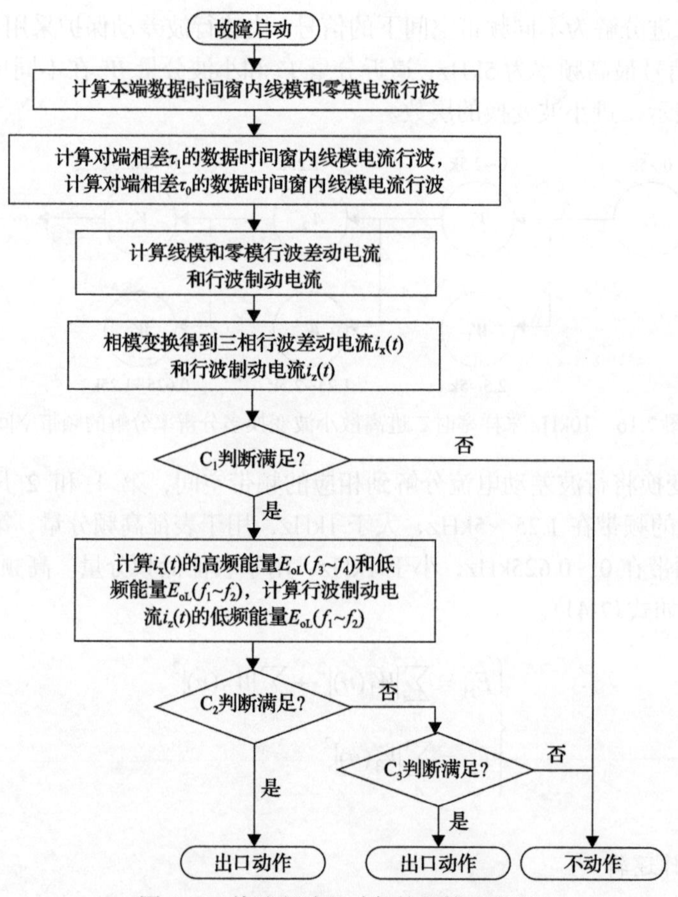

图 7.18　快速行波差动保护的算法流程

所提行波差动保护的判据按相构成，为求解三相行波差动电流和行波制动电流，需要先对 3 相电压和电流进行相模变换，然后根据本端零模电流行波和对端相差 τ_0(零模行波的线路传播时延)的零模电流行波计算零模行波差动电流和行波制动电流，根据本端线模电流行波和对端相差 τ_1(线模行波的线路传播时延)的线模电流行波，计算线模行波差动电流和行波制动电流，最后利用模相变换得到三相行波差动电流和行波制动电流。

4. 动作速度

快速行波差动保护算法采用实时通信的方式。按照 10kHz 的采样率，1ms 对应 10 个采样点，每点采样包括三相电压和三相电流，假设用 2B(字节)表示一相电压或电流数据，并考虑到控制字、时间戳、开关量、校验码等帧内容，每点采样构成的数据帧大小约为 20B，则 1ms 内共约 200B 的通信量。目前输电线路纵联保护主流的通信方式是复用光纤通道，通过同步数字体系(synchronous digital hierarchy，SDH)技术实现，纵联保护装置采用 2Mb/s 的接口直接接入 SDH 网络。按照 2Mb/s 的通信速率，1ms 的传输容量约 262B，大于快速行波差动保护所需的通信量，并有一定裕度，因而目前主流的 2Mbit/s 通信通道可以满足所提保护的实时传输要求。

快速行波差动保护算法的动作速度可以根据动作时序图分析得到，见图 7.19。假设 0 时刻在线路 MN 上发生区内故障，以 M 端保护动作速度为例进行讨论，x 为故障到 M 端的距离，v_1 和 v_0 分别为线模行波和零模行波的波速度，l 为线路 MN 长度，τ_1 和 τ_0 分别为线模行波和零模行波的线路传输时延。

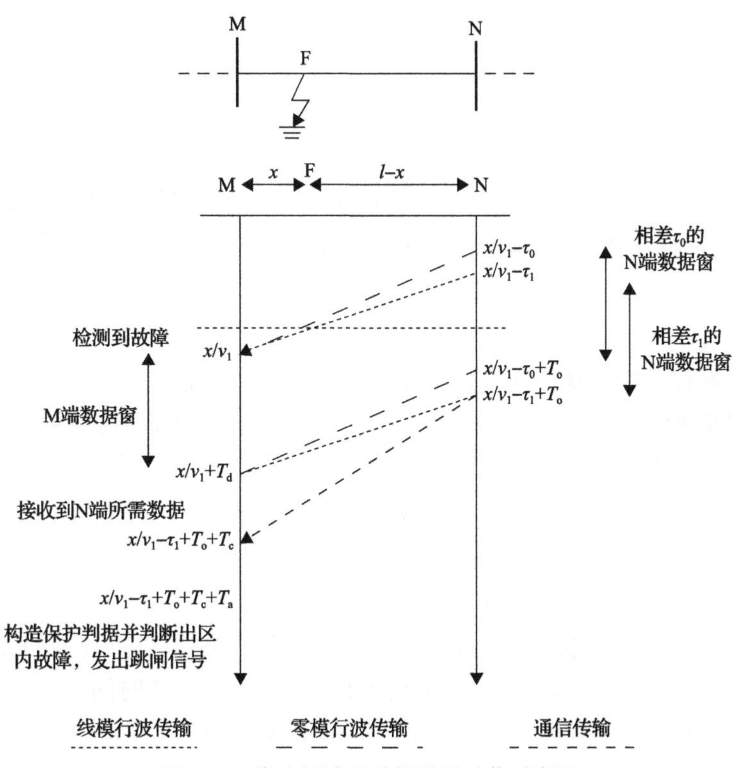

图 7.19　快速行波差动保护的动作时序图

数据时间窗为 T_o，对于 M 端保护而言，M 端线模和零模的数据时间窗是完全重合的，但 N 端所需的线模和零模数据时间窗只有一部分重合，其中线模数据时间窗比零模数据时间窗更晚传输到 M 端，等 M 端接收到 N 端的线模数据时间窗后，经过算法耗时 T_a，可以发出跳闸信号。从故障发生开始到做出判断的动作时间如式(7-42)所示。考虑故障在线路中的不同位置，得到最大动作时间和最小动作时间，如式(7-43)所示。

$$T_\text{M} = \frac{x}{v_1} - \tau_1 + T_\text{o} + T_\text{c} + T_\text{a} \tag{7-42}$$

$$\begin{cases} T_{\max} = T_{\mathrm{o}} + T_{\mathrm{c}} + T_{\mathrm{a}} \\ T_{\min} = T_{\mathrm{o}} + T_{\mathrm{c}} + T_{\mathrm{a}} - \tau_1 \end{cases} \tag{7-43}$$

快速行波差动保护算法的动作时间与数据时间窗、通信时延、算法耗时和线路传输时延有关，各项分析如下。

1）数据时间窗 T_{o}

数据时间窗是固定的，算法中选择为 5ms。

2）通信时延 T_{c}

由于数据实时传输，不需要考虑通信接口时延，通信时延主要由通信通道时延构成，可由式(7-44)表示，包括了 SDH 设备复用和解复用时延 t_{SDH}、中间 N 个 SDH 设备的时延 T_{n} 和光纤通道时延 t_{O}。

$$T_{\mathrm{c}} = t_{\mathrm{SDH}} + \sum_{n=1}^{N} T_{\mathrm{n}} + t_{\mathrm{O}} \tag{7-44}$$

实测了众多主流微机保护装置在长通道时的通信通道时延，一般不超过 10ms。实际上，许多保护厂商的通信通道时延标准都是不得大于 15ms。本节按照 10ms 的通信时延估计动作速度。

3）算法耗时 T_{a}

根据算法流程，构造动作判据需要经历相模变换、模量行波差动电流和行波制动电流计算、模相变换、小波变换和能量计算共 5 个步骤。数据时间窗内共 50 个采样点，则总计所需的计算量不超过 7500 次乘法和 10000 次加法。目前主流的 DSP 具有 100MIPS (Million Instructions Per Second) 以上的计算能力，并且一般配备硬件乘法器，每次计算可以进行 1 次加法和 1 次乘法。根据计算量较大的加法次数，算法耗时约为 100μs。

4）线模行波的线路传输时延 τ_1

超/特高压输电线路的长度一般不超过 600km，线模波速度可以按照光速近似估计，因而线路传输时延一般在 2ms 内，本节按照 2ms 近似估计动作时间。

综上，保护算法的动作时间最快约为 13.1ms，最慢约为 15.1ms。

7.1.7　建模仿真与性能评价

采用 750kV 输电系统模型，以 M 端保护为例，针对快速行波差动保护算法，进行全面仿真。

针对无补偿线路、并联电抗补偿线路和串联电容补偿线路 3 种场景分别进行仿真，其中并联电抗补偿线路中并抗装设在线路两端，单端补偿度为 30%，串联电容补偿线路中串补装设在线路中点，补偿度为 40%。

1. 无补偿线路

对于无补偿线路，仿真中整定值选择如下：门槛电流 I_{set} 为 0.2kA（一次侧值），制动

比整定值 k_{set} 为 0.1，能量比整定值 λ_{set} 为 1.0。

1) 常规故障

常规故障仿真算例见图 7.20 和表 7.1，仿真了各种故障位置和故障类型，其中接地故障都是金属接地。

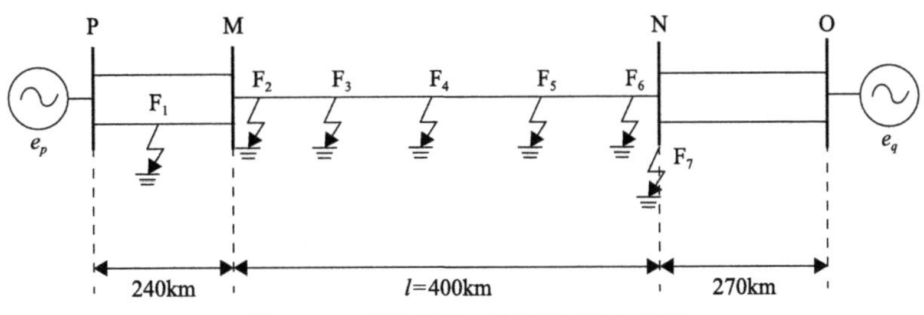

图 7.20 无补偿线路故障位置示意图

表 7.1 无补偿线路的仿真算例

仿真算例	故障点	故障位置	故障类型
算例 1	F_1	PM 中点	ABC
算例 2	F_2	M 端出口	AG
算例 3	F_3	距 M 端 100km	AB
算例 4	F_4	距 M 端 200km	BCG
算例 5	F_5	距 M 端 300km	BG
算例 6	F_6	N 端出口	ABC
算例 7	F_7	母线 N 上	AG

仿真结果如表 7.2，对于常规非高阻故障，只需要判据 C_1 和判据 C_2 即可以判断故障，能量比高阻故障判据 C_3 不会影响判断，故表中没有列出判据 C_3 的结果，表中判据 C_1 中的行波差动电流最大值换算为一次侧值。由表 7.2 可知，对于常规故障，保护算法可以正确地区分区内、区外故障，并选出故障相。

表 7.2 无补偿线路常规故障的仿真结果

仿真算例	I_{amax}/kA	I_{bmax} /kA	I_{cmax} /kA	k_a	k_b	k_c	判断结果
算例 1	0.64	0.68	1.37	0.006	0.007	0.004	区外
算例 2	5.84	0.37	0.45	0.460	0.003	0.002	A
算例 3	5.69	5.58	0.05	1.061	0.655	0.002	AB
算例 4	0.52	8.32	7.75	0.013	1.104	1.365	BC
算例 5	0.25	5.91	0.19	0.038	1.100	0.007	B
算例 6	12.63	9.36	17.63	1.381	2.092	4.616	ABC
算例 7	1.56	0.83	0.73	0.002	0.010	0.005	区外

2) 高阻故障

针对高阻接地故障，给出了区内 CG 高阻接地故障时，故障相(C 相)和非故障相(A 相)的判据变量随故障距离的变化曲线，见图 7.21 和图 7.22。

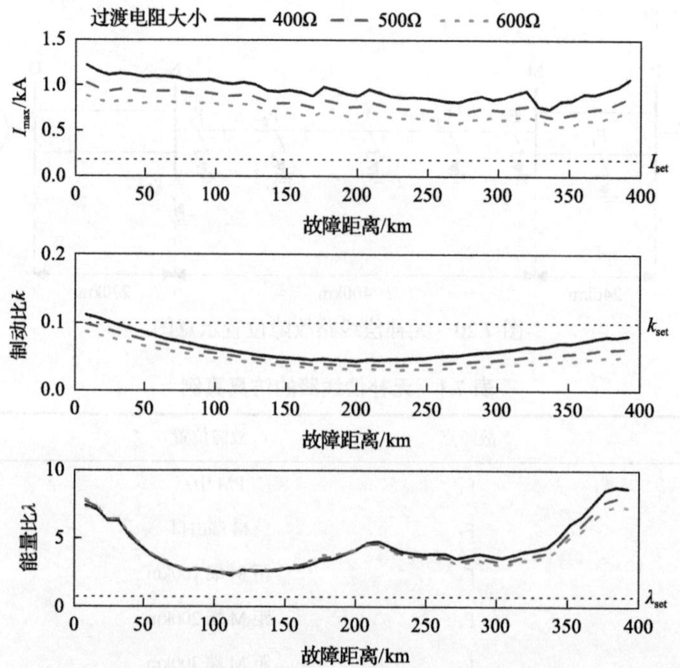

图 7.21　无补偿线路高阻故障时，故障相(C 相)的判据变量与故障距离的关系

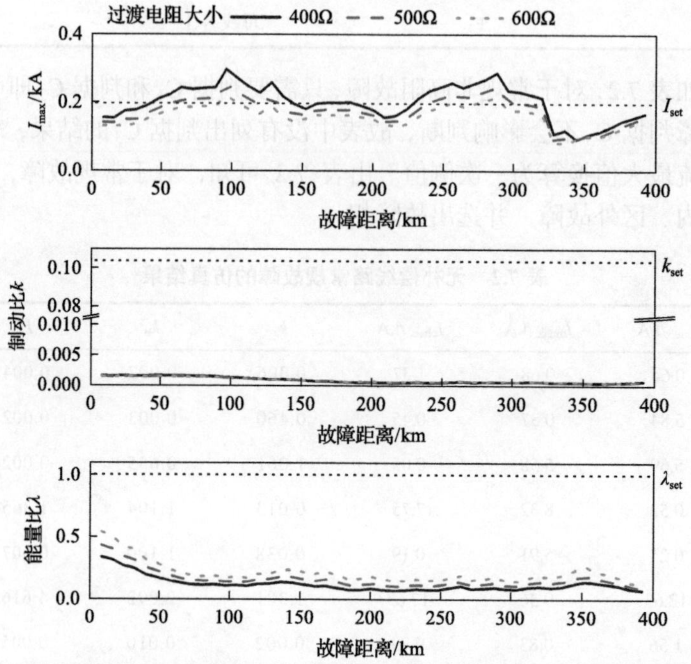

图 7.22　无补偿线路高阻故障时，非故障相(A 相)的判据变量与故障距离的关系

对于故障相(C 相)，行波差动电流最大幅值大于整定值，高阻时的制动比明显降低，造成比例制动主判据灵敏性显著下降，甚至可能低于制动比整定值而拒动；而高阻时的能量比基本不变，始终大于整定值，能量比高阻故障判据可以灵敏地识别高阻接地故障相。

对于非故障相(A 相)，行波差动电流最大幅值有可能大于整定值，但制动比小于整定值，比例制动主判据正确不动作，且能量比小于整定值，能量比高阻故障判据可靠不动作。

因此，保护算法能够正确反应无补偿线路上的高阻故障。

2. 并联电抗补偿线路

对于并联电抗补偿线路，仿真中整定值选择如下：门槛电流 I_{set} 为 0.2kA(一次侧值)，制动比整定值 k_{set} 为 0.1，能量比整定值 λ_{set} 为 1.0。

1) 常规故障

常规故障仿真算例见图 7.23 和表 7.3，仿真了各种故障位置和故障类型，其中接地故障都是金属接地。

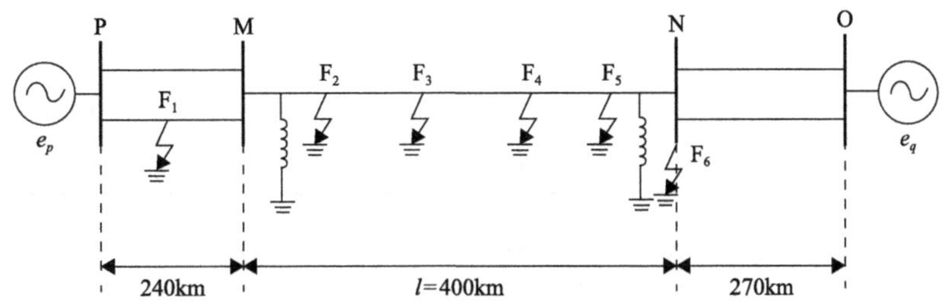

图 7.23　并联电抗补偿线路故障位置示意图

表 7.3　并联电抗补偿线路的仿真算例

仿真算例	故障点	故障位置	故障或干扰类型
算例 1	F_1	PM 中点	ABC
算例 2	F_2	M 端出口	AG
算例 3	F_3	距 M 端 100km	AB
算例 4	F_4	距 M 端 300km	BCG
算例 5	F_5	N 端出口	BG
算例 6	F_6	母线 N 上	ABC

仿真结果见表 7.4，同样表中没有列出判据 C_3 的结果(不会影响判断结果)，只需要判据 C_1 和判据 C_2 即可以判断故障。由表可知，对于常规故障，保护算法可以正确判断故障并选出故障相。

2) 高阻故障

针对高阻接地故障，同样给出了区内 CG 高阻接地故障时，故障相(C 相)和非故障相(A 相)的判据变量随故障距离的变化曲线，见图 7.24 和图 7.25。

对于故障相(C 相)，可以正确动作；对于非故障相(A 相)，能够可靠不动作。保护算法可以正确反应并联电抗补偿线路上的高阻故障。

3. 串联电容补偿线路

对于串联电容补偿线路，仿真中整定值选择如下：门槛电流 I_{set} 为 0.2kA(一次侧值)，制动比整定值 k_{set} 为 0.1，能量比整定值 λ_{set} 为 10。

1)常规故障

常规故障的位置示意见图 7.26，仿真算例与并联电抗补偿线路的表 7.3 相同，仿真了各种故障位置和故障类型，其中接地故障都是金属接地。

表 7.4 并联电抗补偿线路常规故障的仿真结果

仿真算例	I_{amax}/kA	I_{bmax}/kA	I_{cmax}/kA	k_a	k_b	k_c	判断结果
算例 1	0.60	0.69	1.34	0.005	0.007	0.004	区外
算例 2	5.69	0.34	0.42	0.434	0.002	0.002	A
算例 3	5.53	5.43	0.05	1.066	0.622	0.001	AB
算例 4	0.86	8.51	9.35	0.024	1.425	2.017	BC
算例 5	0.51	7.11	0.49	0.057	1.601	0.023	B
算例 6	2.74	0.33	2.40	0.002	<0.001	<0.001	区外

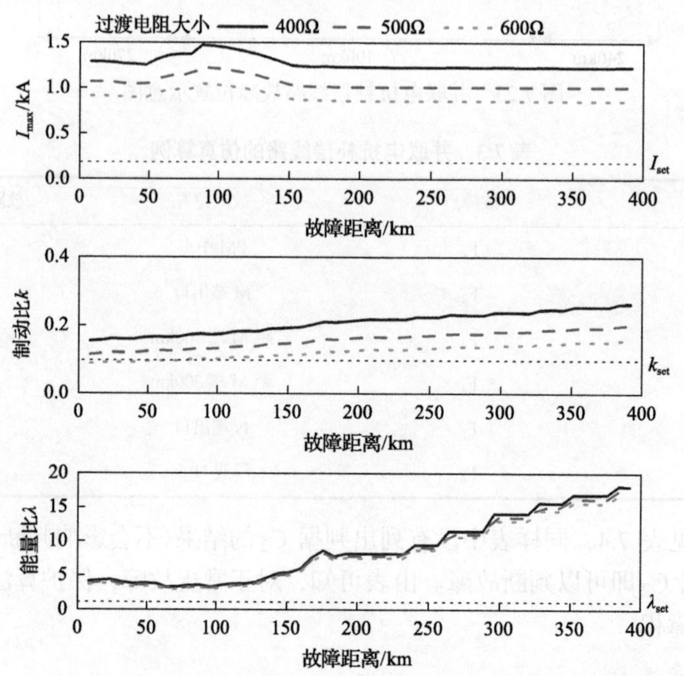

图 7.24 并联电抗补偿线路高阻故障时，故障相(C 相)的判据变量与故障距离的关系

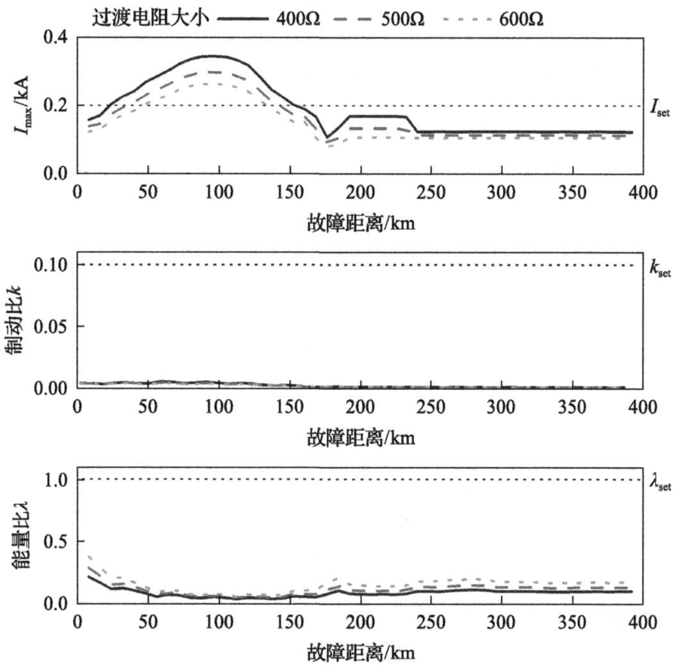

图 7.25　并联电抗补偿线路高阻故障时，非故障相(A 相)的判据变量与故障距离的关系

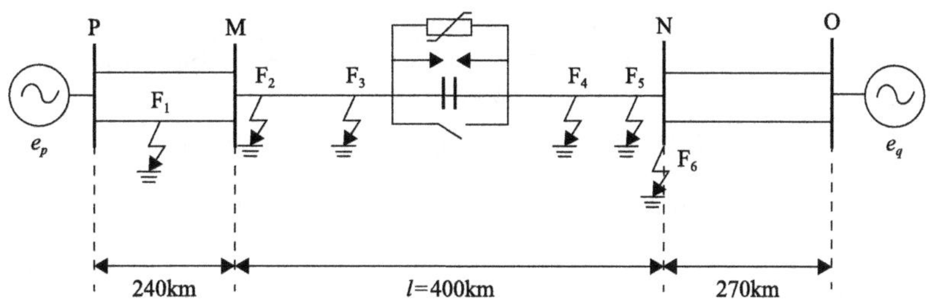

图 7.26　串联电容补偿线路故障位置示意图

仿真结果如表 7.5，同样表中没有列出判据 C_3 的结果(不会影响判断结果)，只需要判据 C_1 和判据 C_2 即可以判断故障。由表可知，对于常规故障，保护算法可以正确判断故障并选出故障相。

表 7.5　串联电容补偿线路常规故障的仿真结果

仿真算例	I_{amax}/kA	I_{bmax}/kA	I_{cmax}/kA	k_a	k_b	k_c	判断结果
算例 1	0.64	0.51	1.17	0.002	0.001	0.002	区外
算例 2	4.68	0.57	0.48	0.211	0.001	0.001	A
算例 3	6.93	6.84	0.02	0.842	0.246	＜0.001	AB
算例 4	0.23	11.28	10.96	0.001	2.692	3.097	BC
算例 5	0.20	10.33	0.15	0.001	3.203	0.001	B
算例 6	0.69	0.29	0.91	0.001	＜0.001	0.001	区外

2) 高阻故障

针对高阻接地故障，同样给出了区内 CG 高阻接地故障时，故障相(C 相)和非故障相(A 相)的判据变量随故障距离的变化曲线，见图 7.27 和图 7.28。

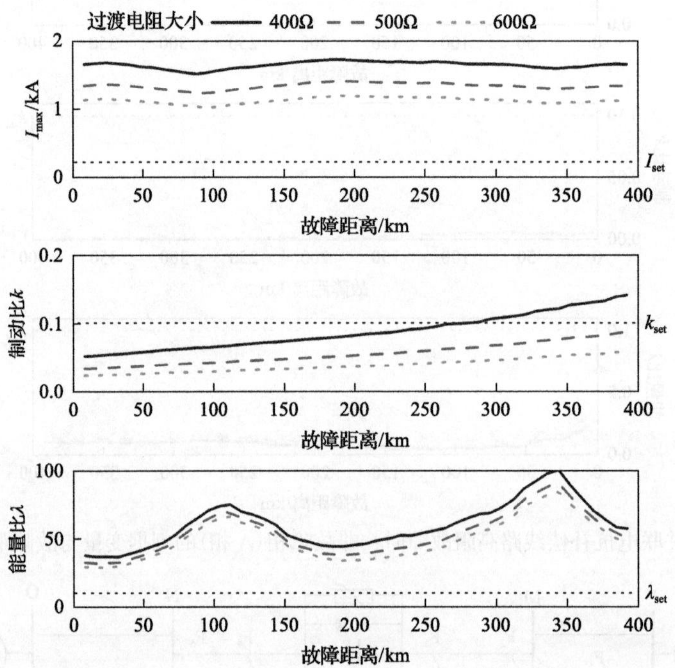

图 7.27　串联电容补偿线路高阻故障时，故障相(C 相)的判据变量与故障距离的关系

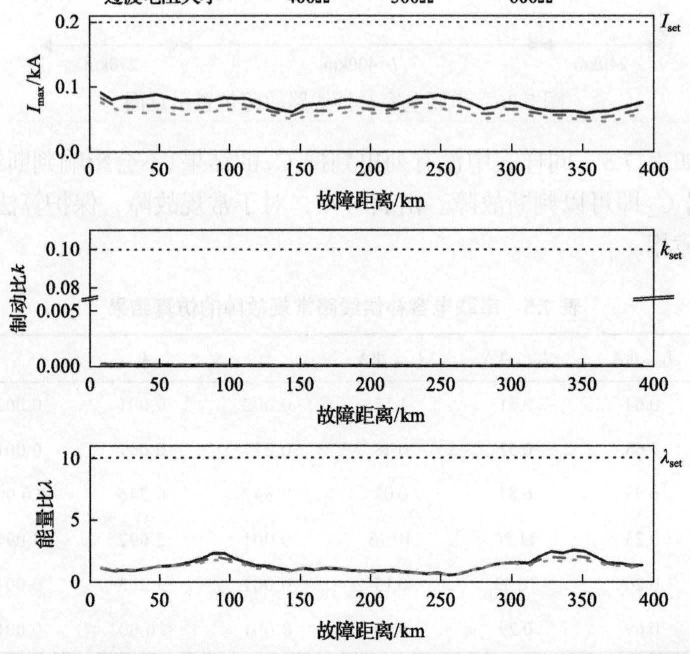

图 7.28　串联电容补偿线路高阻故障时，非故障相(A 相)的判据变量与故障距离的关系

对于故障相(C 相)，可以正确动作；对于非故障相(A 相)，能够可靠不动作。保护算法可以正确反应串联电容补偿线路上的高阻故障，这个结论和并抗线路类似。

7.1.8　PT 断线处理

PT 断线是变电站中一种经常发生的异常情况，包括 PT 一次回路和二次回路断线。目前成熟可靠的 PT 断线判据都需要准确计算工频相量，且需要经过一定延时才能动作，能够在发生 PT 断线后可靠闭锁快速行波差动保护。但是对于 PT 断线本身这一异常情况，在 PT 断线判据动作前，需要考虑防止保护误动作的方案。

由于快速行波差动保护采用的启动元件使用电流信号作为启动源，理论上 PT 断线只会导致电压信号出现突变，不会导致启动元件动作，所以快速行波差动保护在 PT 断线时理论上不会误动作。不过，如果 PT 断线时其他原因造成保护启动(例如保护装置内部传感器耦合造成电流信号有突变)，此时保护无法正确获取相应的电压信号，从而出现明显的行波差动电流，可能导致保护判据误动作。因此还需要有进一步防误动措施，来可靠保障 PT 断线时保护不会误动作。

针对无补偿线路，考虑仿真算例：M 端出现 A 相 PT 断线和三相 PT 断线，如果启动元件动作，仿真结果见表 7.6。由于 PT 断线无法正确获取相应相的电压，保护算法的基本判据 C_1 和比例制动主判据 C_2 会误动作，导致保护错误判断为区内故障。

表 7.6　PT 断线时的仿真结果

仿真算例	I_{amax}/kA	I_{bmax} /kA	I_{cmax} /kA	k_a	k_b	k_c	判断结果
M 端 A 相 PT 断线	2.25	0.57	0.76	1.066	0.221	0.148	ABC
M 端三相 PT 断线	2.50	2.87	2.59	0.769	0.656	0.407	ABC

为了保证 PT 断线时保护可靠不动作，本书提出的动作逻辑见图 7.29。保护算法在故障启动后，将启动信息通过通信通道传输到对端，只有在本端和对端都启动后，才允许发出跳闸信号。对于本端 PT 断线而言，另一端完全不受影响，将不会有启动信号，因而可以保证本端即使启动且保护算法判断为区内故障也不会发出跳闸信号。由于线路传输时延小于数据时间窗，在接收到对端所需数据时间窗之前就能够接收到启动信息，故所提防止 PT 断线误动作的方案不会影响到保护的动作速度。

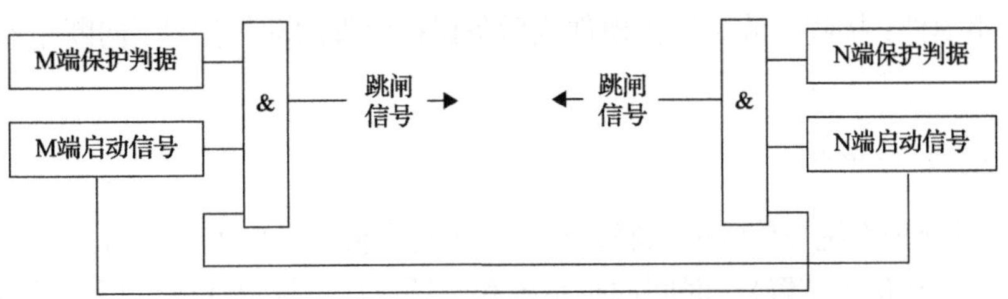

图 7.29　防止 PT 断线误动作的保护动作逻辑

7.1.9　TP-02 行波差动保护装置

1. 装置构成与主要功能

TP-02 行波差动保护继电器高速采样 CVT 和 CT 的二次侧信号，判断故障启动后，存储故障信息，通过光纤通信系统接收对端故障信息，实现保护算法，进行故障判断和发出跳闸信号。此外，装置还具有人机交互、定值整定、故障录波、故障报文等基本功能，是行波差动保护的基本组成单元和核心，见图 7.30，它包括 7 个模件，各模件的功能说明如下。

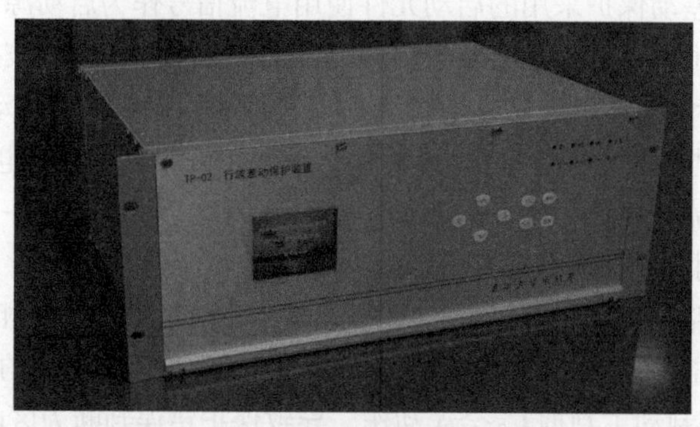

图 7.30　TP-02 行波差动保护装置

(1)电源模件：将输入的交流 220V 或直流 110V 电源进行降压变换，为其他模组提供低压直流电，包括±5V、±12V 和±24V 直流电源。

(2)变换器模件：将 CVT 和 CT 二次侧的电压和电流转换为 ADC 芯片可直接采样处理的小信号(弱电压信号)。

(3)行波主保护模件：装置的核心组件，高速采样电压和电流信号，获取宽频故障信息，实现本书所提的快速行波差动保护算法和暂态电流差动保护算法。

(4)后备保护模件：实现基于工频分量的后备保护算法，实现本书所提的基于暂态电压和电流相关性的方向元件，提高装置在保护功能上的完备性和可靠性。

(5)监控模件：利用控制器局域网络(controller area network，CAN)对装置进行运行监控和功能控制，并通过控制液晶屏实现人机交互。

(6)通信模件：接收采样数据，连接 SDH 网络，实现与对端装置的光纤通信。

(7)开出模件：接收行波主保护模件或后备保护模件的动作信号，向断路器发出跳闸信号。

2. 行波差动保护系统

行波差动保护系统与传统的纵联差动保护系统类似，主要由 3 部分构成，分别为保护装置(行波差动保护装置)、时间同步系统和光纤通信系统(光纤接口和通信光纤)，见图 7.31。

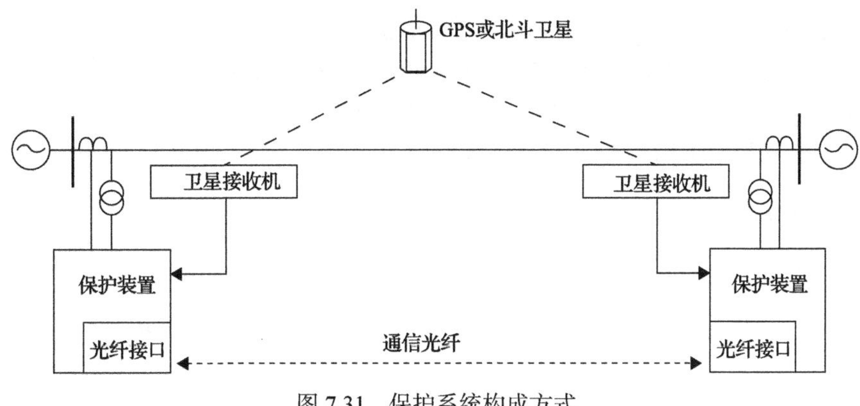

图 7.31　保护系统构成方式

1) 行波差动保护装置

行波差动微机保护装置，安装在输电线路两端变电站，通过时间同步系统进行同步对时，故障启动后接收对端行波电流信息，进而判明故障发生在区内或者区外，并做出跳闸与否的决定。

2) 时间同步系统

时间同步系统包括 GPS 或北斗卫星、卫星接收机及保护装置内部的对时模块。GPS 系统是目前世界上主流的导航、定位和授时系统，北斗系统是我国独立开发的卫星导航系统，具有和 GPS 系统类似的功能，在电力系统中的应用都是提供同步对时基准和精确时间信息。GPS 或北斗系统包括卫星和卫星接收机，卫星接收机接收卫星发出的电磁波信号，通过解码得到秒脉冲(pulse per second，PPS)和协调世界时(universal time coordinated，UTC)。PPS 是间隔 1s 的脉冲，误差不超过 1μs，通过高精度晶振进行分频，可以保证线路两端保护装置获取同步的采样触发脉冲。UTC 作为绝对时间，可以保证线路两端的保护装置给故障信息打上绝对时标。

3) 光纤通信系统

光纤通信系统的作用是将保护装置给出的故障信息从电平信号转换为光信号，经过光纤通道传输到对端，再转换为电信号。光纤通道的使用主要有 2 类模式：专用模式和复用模式。为了保证通信系统的可替代性，目前的主流模式是采用复用模式，在直连通道故障时可选择代替路由。光纤通道复用模式通过 SDH 网络实现，主流方式是通过 2Mbit/s 的通信接口接入 SDH 网络。

考虑通信延时，60km 以下普通超特高压线路整组故障动作时间小于 15ms。

7.2　重构电流行波差动保护

CVT 不能传变宽频电压行波，即使能够得到宽频电压行波。但由于 PT 断线时快速行波差动保护需要退出运行，而目前超/特高压输电线路的单端后备保护如距离保护和零序方向过流保护同样需要退出运行，只有零序过流保护仍然在运行，零序过流保护存在只反应接地故障、无选择性和动作速度慢的问题，所以 PT 断线后输电线路如果发生故障将面临巨大危险。为了构成完整的行波差动保护，提高整套保护的可靠性，需要一种可靠的后备保护原理，在 PT 断线期间代替快速行波差动保护作为主保护，针对此，文献[112]提出了仅利用重构电流行波的差动保护。

7.2.1　重构电流行波

根据等效分析理论，结合故障行波的产生和传播规律，可知：

(1)暂态短时间内(几毫秒内)，等效故障行波可以近似认为是阶跃波，可以通过重构获得。

(2)重构电流行波是等效故障行波在传播过程中叠加形成，因而重构电流行波可以近似认为是多个阶跃波叠加形成。

(3)等效故障行波与故障行波一一对应，具有相同的突变波头。

(4)故障行波在传播过程中叠加形成重构电流行波。

(5)等效重构电流行波与重构电流行波的突变分量一一对应。

因此，等效重构电流行波 $\Delta i_{\mathrm{E}}(t)$可以表示为式(7-45)。$e(t)$表示单位阶跃函数；A_j 和 t_j 分别为重构电流行波中第 j 个突变分量的幅值和到达时延，时间窗内共有 h 个突变分量。

$$\Delta i_{\mathrm{E}}(t)=\sum_{j=0}^{j=h}A_j e(t-t_j) \tag{7-45}$$

采用小波变换来分解重构电流行波，并用小波变换的模极大值(wavelet transform modulus maximum，WTMM)表示突变分量。越小尺度的 WTMM 可以越精确地表示重构电流行波中突变分量的幅值和时刻。但根据小波变换频带空间图 7.16 可知，越小尺度的 WTMM 位于的频带越高，越易受到高频噪声的干扰。因此，综合考虑上述两种因素，本节选择第 3 尺度的 WTMM 来重构等效重构电流行波。

重构电流行波差动保护为了获取暂态宽频电流信息，采样率选择 100kHz。对 750kV 输电系统模型进行仿真，图 7.32 给出了一个重构算例，其中图 7.32(a)记录了重构电流行波(根据 CT 的额定变比由二次侧反变回一次侧)及其第 3 尺度的 WTMM，0.5ms 时检测到故障，可以看到故障暂态短时间(3.5ms)内 WTMM 基本准确地刻画了每一次突变分量的幅值和时刻。根据图 7.32(a)中的 WTMM，按照式(7-45)，重构得到等效重构电流行波，如图 7.32(b)中的实线所示。此外，根据等效重构电流行波的定义，故障分量网络中故障处设置直流源 $u_{\mathrm{faE}}(t)$得到的重构电流行波，通过仿真得到的等效重构电流行波如图 7.32(b)中的虚线所示(需要说明的是，虚线表示的等效重构电流行波实际上并不存在，只是根据定义设置仿真模型和参数，然后仿真得到，用于对比重构的效果，实际中只能通过重构的方式得到电流行波)。对比可知，重构的电流行波具有很好的精度，整体变化趋势基本一致。因此，通过小波变换可以近似重构电流行波，为下文利用重构电流行波构造差动保护打下基础。

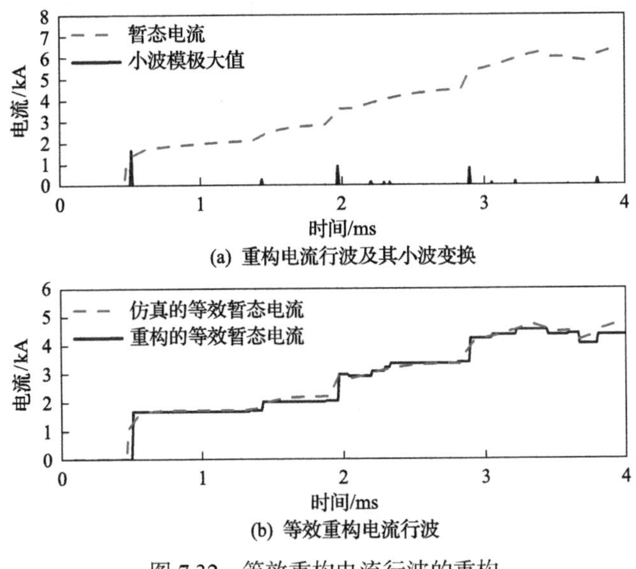

图 7.32　等效重构电流行波的重构

7.2.2 重构电流行波的特征分析

采用等效重构电流行波构成差动保护前，需要分析区内、区外故障时等效重构电流行波的特征。理论分析时，可以采用直流故障分量网络(即故障分量网络中故障点处为直流源)来分析等效故障行波的特征，并进一步分析等效重构电流行波的特征[115]。

1. 区内故障特征分析

区内故障时，直流故障分量网络如图 7.33 所示。R_M 和 R_N 为被保护线路 MN 两端的继电器；F_1 为区内故障；附加电压源为直流源 u_{faE}；u_1 和 u_2 为故障点处向两侧传播的初始等效电压行波，幅值相等，极性相同。该故障分量网络上将产生等效故障行波，继电器将测得等效重构电流行波。

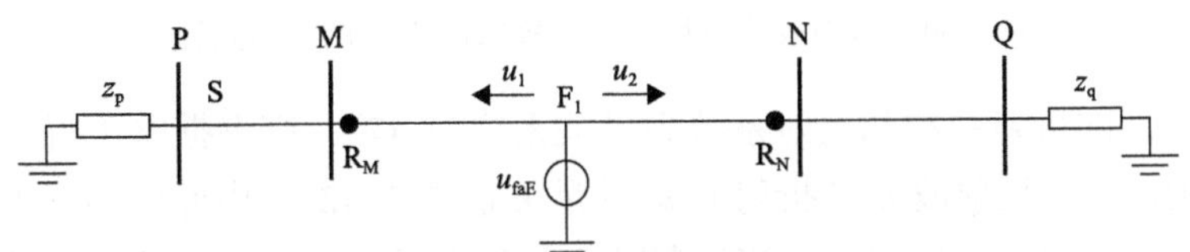

图 7.33　区内故障时的直流故障分量网络

本节将证明，区内故障时，线路两侧的等效重构电流行波在一个给定的时间窗 T_g 内将一直保持相同的极性。证明之前，首先定义只接有一回线路的母线为Ⅰ类母线，定义接有两回以上线路的母线为Ⅱ类母线，然后进行如下假设。

(1)不考虑线路损耗，即认为等效故障行波为阶跃波，这个假设在故障暂态短时间内是合理的，上一节等效重构电流行波的重构已经证明了这一点。

(2)母线 M 和母线 N 背端系统中存在多条母线(图 7.33 只给出母线 P 和母线 Q，其他母线没有给出，背端系统整体通过戴维南定理用等效阻抗 Z_p 和 Z_q 表示)，假设其中距离母线 M 最近的Ⅰ类母线的距离为 L_M，距离母线 N 最近的Ⅰ类母线的距离为 L_N，则时间窗 T_g 定义为式(7-46)，v 为行波的波速度。

$$T_g = \min\left\{\frac{2L_M}{v}, \frac{2L_N}{v}\right\} \tag{7-46}$$

(3)经过Ⅱ类母线或故障点反射和折射后的等效故障行波。

根据故障行波的折反射分析可知，Ⅱ类母线或故障点对应的电压行波折射系数 μ 和反射系数 δ 满足式(7-47)：

$$\begin{cases} 0 \leqslant \mu < 1 \\ -1 \leqslant \delta < 0 \end{cases} \tag{7-47}$$

以 M 端继电器 R_M 为例，分析时间窗 T_g 内等效重构电流行波的极性。由于电压行波的极性不涉及参考方向，便于分析，下文将采用等效故障电压行波进行分析，然后转化为等效故障电流行波，最后分析叠加而成的等效重构电流行波。

首先，从故障点朝 N 端传播的初始等效故障行波 u_2 的传播路径见图 7.34。假设共有 k 个发源于 u_2(即 u_2 在故障点 F_1 右侧经过折反射形成)的等效故障行波 u_{2j} (j=1, 2, 3, …, k)在时间窗 T_g 内折射到 F_1 左侧区域。

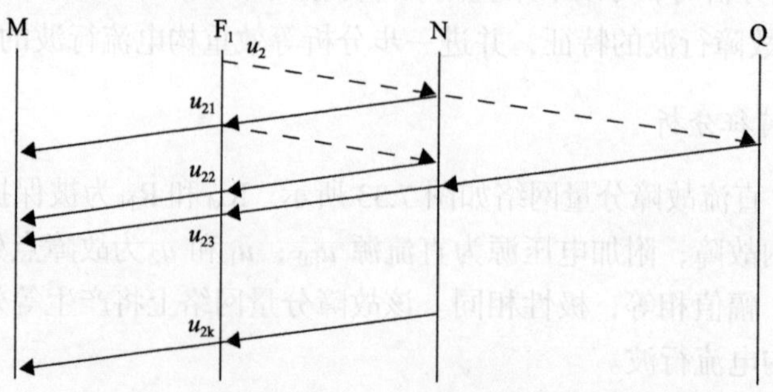

图 7.34 区内故障时初始等效故障行波 u_2 的传播路径

由于故障点的折射系数和反射系数满足关系式(7-47)，则根据电压行波的折反射规律可知，入射波 u_r、反射波 u_f 和折射波 u_z 满足关系式(7-48)。由此可知，入射波幅值等于反射波幅值和折射波幅值之和。当反射波和折射波后续又在波阻抗不连续点发生反射和折射时，将满足关系式(7-49)。式中，u_{ff} 和 u_{fz} 是反射波 u_f 在传播路径中下一个波阻抗不连续点产生的反射波和折射波；u_{zf} 和 u_{zz} 是折射波 u_z 在传播路径中下一个波阻抗不连续点产生的反射波和折射波。由此可知，当某一入射波在后续发生多次反射和折射后，产生的所有反射波和折射波的幅值之和等于源头的入射波。

$$|u_r| = |u_f| + |u_z| \tag{7-48}$$

$$|u_r| = |u_f| + |u_z| = (|u_{ff}| + |u_{fz}|) + (|u_{zf}| + |u_{zz}|) \tag{7-49}$$

由于 $u_{2j}(j=1,2,3,\cdots,k)$ 全部发源于 u_2，但只是 u_2 经过折反射后传播到 F_1 左侧区域的一部分，所以幅值上将满足关系式(7-50)：

$$\sum_{j=1}^{k}|u_{2j}| < |u_2| = |u_1| \tag{7-50}$$

$u_{2j}(j=1,2,3,\cdots,k)$ 在进入 F_1 左侧区域后，后续的传播路径将同初始等效故障行波 u_1 相同，定义相对于 u_1 的时延(即 u_{2j} 到达 F_1 左侧的时间与 u_1 出现的时间之差)为 τ_{2j}。定义继电器 R_M 测得的仅由 u_1 激励的等效重构电流行波 Δi_{EM1} 表达式为(7-51)，式中 A_{1d} 和 t_d 分别为 $\Delta i_{EM1}(t)$ 中第 d 个(假设时间窗内共有 h 个)阶跃函数的幅值和时延。因此，继电器 R_M 测得的仅由 u_{2j} 激励的等效重构电流行波 Δi_{EM2j} 表达式将为式(7-52)，式中 A_{2jd} 表示 Δi_{EM2j} 中第 d 个阶跃函数的幅值。

$$\Delta i_{EM1}(t) = \sum_{d=1}^{h} A_{1d} e(t - t_d) \tag{7-51}$$

$$\Delta i_{EM2j}(t) = \sum_{d=1}^{h} A_{2jd} e(t - t_d - \tau_{2j}) \tag{7-52}$$

由式(7-50)可知，A_{2jd} 和 A_{1d} 满足关系式(7-53)：

$$\sum_{j=1}^{k}|A_{2jd}| < |A_{1d}| \tag{7-53}$$

因此，继电器 R_M 测得的等效重构电流行波 Δi_{EM} 表达式为式(7-54)。如果 Δi_{EM1} 在时间窗 T_g 内一直保持相同的极性，则 Δi_{EM} 将在时间窗 T_g 内一直保持与 Δi_{EM1} 相同的极性。

$$\begin{aligned}\Delta i_{EM}(t) &= \Delta i_{EM1}(t) + \sum_{j=1} \Delta i_{EM2j}(t) \\ &= \sum_{d=1} A_{1d} e(t - t_d) + \sum_{j=1}\sum_{d=1} A_{2jd} e(t - t_d - \tau_{2j})\end{aligned} \tag{7-54}$$

其次，分析继电器 R_M 测得的仅由 u_1 激励的等效重构电流行波 Δi_{EM1} 的极性。从故障点朝 M 端传播的初始等效故障行波 u_1 的传播路径如图 7.35 所示。如果只考虑等效故障电压行波的极性情况，由于时间窗 T_g 内等效故障电压行波经过的所有母线和故障点的折射系数都为正，反射系数都为负(参见式(7-47))，所以只需要分析反射次数即可。

继电器 R_M 和 R_N 的参考正方向都是从本身指向所保护线路 MN。假设时间窗 T_g 内有等效故障电压反行波 $u_{b1j}(j=1,2,3,\cdots,k_b)$ 和等效故障电压前行波 $u_{f1j}(j=1,2,3,\cdots,k_f)$ 到达继电器 R_M。等效故障电压行波到达继电器时经历的反射次数，以及与初始等效故障行波

u_1的极性关系总结如表 7.7 所示。

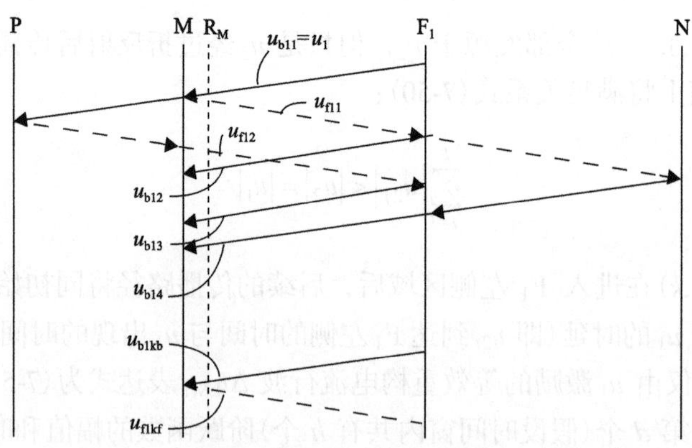

图 7.35　区内故障时初始等效故障行波 u_1 的传播路径

表 7.7　区内故障时，等效故障行波与初始等效故障行波 u_1 的极性关系

等效故障电压行波	u_{b1j}	u_{f1j}
到达继电器时的反射次数	偶次	奇次
与 u_1 的极性关系	同极性	反极性
等效故障电流行波	i_{b1j}	i_{f1j}
与 u_1 的极性关系	反极性	反极性

对照图 7.35 和表 7.8，举例说明如下。

(1) u_{b11} 就是初始等效电压行波 u_1，没有经历过反射，u_{b12} 经过母线 M 和故障点 F_1 两次反射后才到达继电器 R_M。

(2) u_{f11} 经过母线 M 一次反射后才到达继电器 R_M，u_{f12} 经过母线 P 一次反射后才到达继电器 R_M。

任一电压反行波 u_b 和电流反行波 i_b、任一电压前行波 u_f 和电流前行波 i_f 满足式(7-55)。因此，等效故障电流反行波 $i_{b1j}\,(j=1,2,3,\cdots,k_b)$、等效故障电流前行波 $i_{f1j}\,(j=1,2,3,\cdots,k_f)$ 和初始等效故障行波 u_1 的极性关系也总结在表 7.7 中。

$$\begin{cases} i_b = \dfrac{u_b}{-Z_c} \\ i_f = \dfrac{u_f}{Z_c} \end{cases} \tag{7-55}$$

等效重构电流行波 Δi_{EM1} 由 $i_{b1j}\,(j=1,2,3,\cdots,k_b)$ 和 $i_{f1j}\,(j=1,2,3,\cdots,k_f)$ 叠加构成，因而在时间窗 T_g 内将有式(7-56)的极性关系，式中 P 表示极性。

$$P(\Delta i_{EM}) = P(\Delta i_{EM1}) = -P(u_1) \tag{7-56}$$

同理，对于继电器 R_N 所测电气量，在时间窗 T_g 内将有式(7-57)的极性关系。

$$P(\Delta i_{\mathrm{EN}}) = P(\Delta i_{\mathrm{EN1}}) = -P(u_2) \tag{7-57}$$

由于 u_1 和 u_2 极性相同，所以 Δi_{EM} 和 Δi_{EN} 在时间窗 T_{g} 内极性始终相同，满足式(7-58)。

$$P(\Delta i_{\mathrm{EM}}) = P(\Delta i_{\mathrm{EN}}), \quad t \in T_{\mathrm{g}} \tag{7-58}$$

2. 区外故障特征分析

以 N 侧区外故障为例，直流故障分量网络见图 7.36。x_{M} 和 x_{N} 表示继电器 $\mathrm{R_M}$ 和 $\mathrm{R_N}$ 对应的参考正方向；$\mathrm{R_M}$ 和 $\mathrm{R_N}$ 测得的等效重构电流行波分别为 Δi_{EM} 和 Δi_{EN}；继电器测得的仅由初始等效故障行波 u_1 激励的等效重构电流行波分别为 Δi_{EM1} 和 Δi_{EN1}。

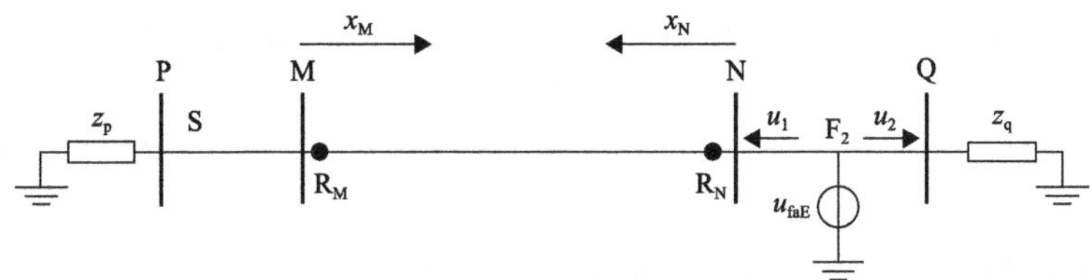

图 7.36　区外故障时的直流故障分量网络

根据上一节的分析可知，Δi_{EM} 在时间窗 T_{g} 内与 Δi_{EM1} 一直保持相同的极性，Δi_{EN} 在时间窗 T_{g} 内与 Δi_{EN1} 一直保持相同的极性。因此，通过分析 Δi_{EM1} 和 Δi_{EN1} 的极性关系，可以得到 Δi_{EM} 和 Δi_{EN} 的极性关系。

从故障点朝所保护线路 MN 传播的初始等效故障行波 u_1 的传播路径见图 7.37。同上一节类似，只需要分析各等效故障行波的反射次数即可。

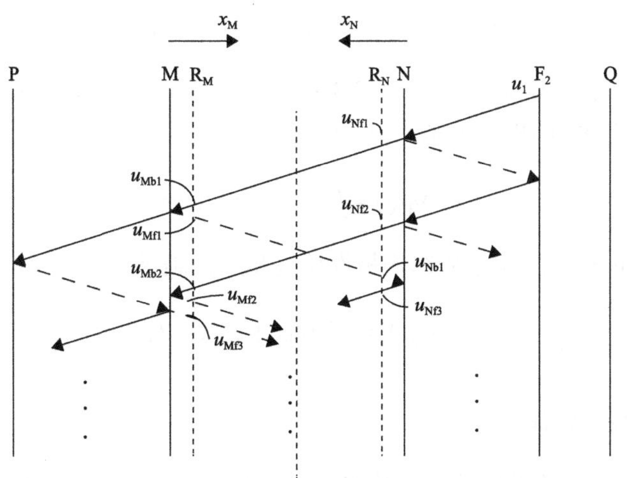

图 7.37　区外故障时初始等效故障行波 u_1 的传播路径

假设时间窗 T_g 内有等效故障电压反行波 $u_{\mathrm{Mb}j}\,(j=1,2,3,\cdots,k_{\mathrm{mb}})$ 和等效故障电压前行波 $u_{\mathrm{Mf}j}\,(j=1,2,3,\cdots,k_{\mathrm{Mf}})$ 到达继电器 $\mathrm{R_M}$，有等效故障电压反行波 $u_{\mathrm{Nb}j}\,(j=1,2,3,\cdots,k_{\mathrm{Nb}})$ 和等效故障电压前行波 $u_{\mathrm{f}j}\,(j=1,2,3,\cdots,k_{\mathrm{nNf}})$ 到达继电器 $\mathrm{R_N}$。等效故障电压行波到达相应继电器时

经历的反射次数，以及与初始等效故障行波 u_1 的极性关系总结如表 7.8 所示。

表 7.8　区外故障时，等效故障行波与初始等效故障行波 u_1 的极性关系

等效故障电压行波	u_{Mbj}	u_{Mfj}	u_{Nbj}	u_{Nfj}
到达继电器时的反射次数	偶次	奇次	奇次	偶次
与 u_1 的极性关系	同极性	反极性	反极性	同极性
等效故障电流行波	i_{Mbj}	i_{Mfj}	i_{Nbj}	i_{Nfj}
与 u_1 的极性关系	反极性	反极性	同极性	同极性

对照图 7.37 和表 7.8，举例说明如下。

(1) u_{Mb1} 没有经历过反射，是初始等效电压行波 u_1 直接折射到达继电器 R_M，u_{Mb2} 经过母线 N 和故障点 F_2 两次反射后才到达继电器 R_M。

(2) u_{Mf1} 经过母线 M 一次反射后才到达继电器 R_M，u_{Mf2} 经过母线 N、故障点 F_2 和母线 M 三次反射后才达到继电器 R_M。

(3) u_{Nb1} 经过母线 M 一次反射后才到达继电器 R_N。

(4) u_{Nf1} 没有经历过反射，是初始等效电压行波 u_1 直接折射到达继电器 R_N，u_{Nf2} 经过母线 N 和故障点 F_2 两次反射后才到达继电器 R_N。

根据电压前行波和电流前行波、电压反行波和电流反行波满足的关系，可以总结得到等效故障电流行波与初始等效故障行波 u_1 的极性关系，同样见表 7.8 所示。

等效重构电流行波 Δi_{EM1} 由 $i_{Mbj}\,(j=1,2,3,\cdots,k_{Mb})$ 和 $i_{Mfj}\,(j=1,2,3,\cdots,k_{Mf})$ 叠加构成，在时间窗 T_g 内将有式(7-59)的极性关系。

$$P(\Delta i_{EM}) = P(\Delta i_{EM1}) = -P(u_1) \tag{7-59}$$

等效重构电流行波 Δi_{EN1} 由 $i_{Nbj}\,(j=1,2,3,\cdots,k_{Nb})$ 和 $i_{Nfj}\,(j=1,2,3,\cdots,k_{Nf})$ 叠加构成，在时间窗 T_g 内将有式(7-60)的极性关系。

$$P(\Delta i_{EN}) = P(\Delta i_{EN1}) = P(u_1) \tag{7-60}$$

因此，Δi_{EM} 和 Δi_{EN} 在时间窗 T_g 内极性始终相反，满足

$$P(\Delta i_{EM}) = -P(\Delta i_{EN}), \qquad t \in T_g \tag{7-61}$$

3. 三相系统故障特征分析

需要说明的是，上述分析结果是基于单相系统而言。对于三相系统，由于母线和故障点的折射系数和反射系数依然满足关系式(7-47)，所以只要通过相模变换，对于独立的模量而言依然有式(7-58)和式(7-61)的结论，即区内故障时两端等效重构电流行波在时间窗 T_g 内极性始终相同，区外故障时极性始终相反。

对于单相接地故障而言，相模变换得到的 3 个线模量中将有 1 个线模量理论上是 0，

即只有 2 个线模量存在；对于其他故障而言，一般情况下同时存在 3 个线模量，但某些极端情况只能保证有 2 个线模量存在。总之，对于三相系统发生输电线路故障时，可以保证至少有 2 个线模量满足上述极性关系。

7.2.3　重构电流行波差动保护原理

在时间窗 T_g 内，由于线路两端的等效重构电流行波在区内故障时极性始终相同，区外故障时极性始终相反，所以通过重构等效重构电流行波可以构成差动保护。

动作电流 $i_{op}(t)$ 和制动电流 $i_{re}(t)$ 的计算如式(7-62)所示。式中，Δt 表示两端检测到初始故障行波的时间差，用于对齐两端等效重构电流行波，从而使两端无需同步采样，只需要按照第一个突变分量的时刻对齐等效重构电流行波即可。

$$\begin{cases} i_{op}(t) = \left|\Delta i_{EM}(t) + \Delta i_{EN}(t - \Delta t)\right| \\ i_{re}(t) = \left|\Delta i_{EM}(t) - \Delta i_{EN}(t - \Delta t)\right| \end{cases} \tag{7-62}$$

当发生区外故障时，由于在时间窗 T_g 内 Δi_{EM} 和 Δi_{EN} 满足反极性，所以 $i_{op}(t)$ 将小于 $i_{re}(t)$。此时，Δt 等于所保护线路的传输时延 τ，代入式(7-62)得到式(7-63)。对比式(7-63)和行波差动电流表达式(7-8)可知，动作电流 $i_{op}(t)$ 实际上是行波差动电流忽略电压量后退化的结果，相比于电流差动保护的差动电流，是考虑了传输时延后的结果。

$$\begin{cases} i_{op}(t) = \left|\Delta i_{EM}(t) + \Delta i_{EN}(t - \tau)\right| \\ i_{re}(t) = \left|\Delta i_{EM}(t) - \Delta i_{EN}(t - \tau)\right| \end{cases} \tag{7-63}$$

当发生区内故障时，由于在时间窗 T_g 内 Δi_{EM} 和 Δi_{EN} 满足同极性，所以 $i_{op}(t)$ 将大于 $i_{re}(t)$。此时，Δt 小于所保护线路的传输时延 τ。

根据上述结论，故障特征和保护原理总结如表 7.9，通过差动电流和制动电流的大小可以有选择地判断故障。

表 7.9　故障特征与保护原理总结

故障位置	Δi_{EM} 和 Δi_{EN} 的关系	$i_{op}(t)$ 和 $i_{re}(t)$ 的关系
区外故障	反极性	$i_{op}(t) < i_{re}(t)$
区内故障	同极性	$i_{op}(t) > i_{re}(t)$

7.2.4　重构电流行波差动保护算法

1. 采样率和数据时间窗选择

为了充分利用暂态宽频电流信息，保护采用 100kHz 的采样率，选择第 3 尺度的 WTMM 来重构等效重构电流行波，对应频带空间(6.25,12.5) kHz。

关于数据时间窗的选择，需要考虑到以下 3 个因素。

(1)式(7-46)给出了等效重构电流行波极性关系成立的时间窗 T_g，数据时间窗 T_0 应

该不大于 T_g。

(2) 故障行波在传播过程中存在衰减，本书认为衰减程度大于 30%则重构的等效重构电流行波误差较大，不可用。由于零模行波的衰减远大于线模行波，所以本章只采用线模量构成差动判据。对于典型的 750kV 输电线路，频带空间(6.25,12.5) kHz 中心频带为 9.375kHz，该频率对应的线模行波在传播 2.5ms 左右时衰减达到 30%。7.2.1 节重构等效重构电流行波时，图 7.33 给出了故障后 3.5ms 的重构结果，在曲线末端重构的等效重构电流行波已经有明显误差，而在故障后 2.5ms 内重构精度比较好。因此，考虑必要的裕度，数据时间窗建议小于 2ms。

(3) 为了保证可靠获取到初始故障行波的突变波头，需要一段启动前的采样数据，建议选择 0.1ms。

综合考虑，数据时间窗 T_o 选择为式(7-64)，包括启动前 0.1ms 和启动后 $(T_o-0.1)$ ms，式中 v_1 为线模行波的波速度。

$$T_o = \min\left\{2\text{ms}, T_g\right\} + 0.1\text{ms} = \min\left\{2\text{ms}, \frac{2L_M}{v_1}, \frac{2L_N}{v_1}\right\} + 0.1\text{ms} \tag{7-64}$$

2. 保护判据

对相电压和相电流进行相模变换，进而用 3 个线模量构造动作电流 $i_{op}^q(t)$ 和制动电流 $i_{re}^q(t)$，上标 q 表示线模 α、β 和 γ。为了提高保护的可靠性，选择在数据时间窗 T_o 内对 $i_{op}^q(t)$ 和 $i_{re}^q(t)$ 进行求和，再构成保护判据，如式(7-65)所示。

$$\begin{cases} I^q = \dfrac{\sum\limits_{t\in T_o} i_{op}^q(t)}{T_o} > \varepsilon \\ E^q = \dfrac{\sum\limits_{t\in T_o} i_{op}^q(t)}{\sum\limits_{t\in T_o} i_{re}^q(t)} > E_{set} \end{cases} \tag{7-65}$$

式中，第一个判据是基本判据，I^q 为基本电流，ε 为阈值；第二个判据是制动比判据，作为差动保护的主判据，E^q 为制动比，E_{set} 为制动比整定值。

由于各种故障情况下都至少有 2 个线模量存在，所以当保护启动后，如果至少 2 个线模量满足判据(7-65)，则判断为区内故障，发出动作信号，否则判断为区外故障，保护不动作。

3. 算法流程

具体的算法流程见图 7.38，步骤如下。

(1) 启动元件动作后，以 100kHz 采样率获取数据时间窗 T_o 的三相重构电流行波。

(2) 三相重构电流行波进行相模变换，得到 3 个线模量。

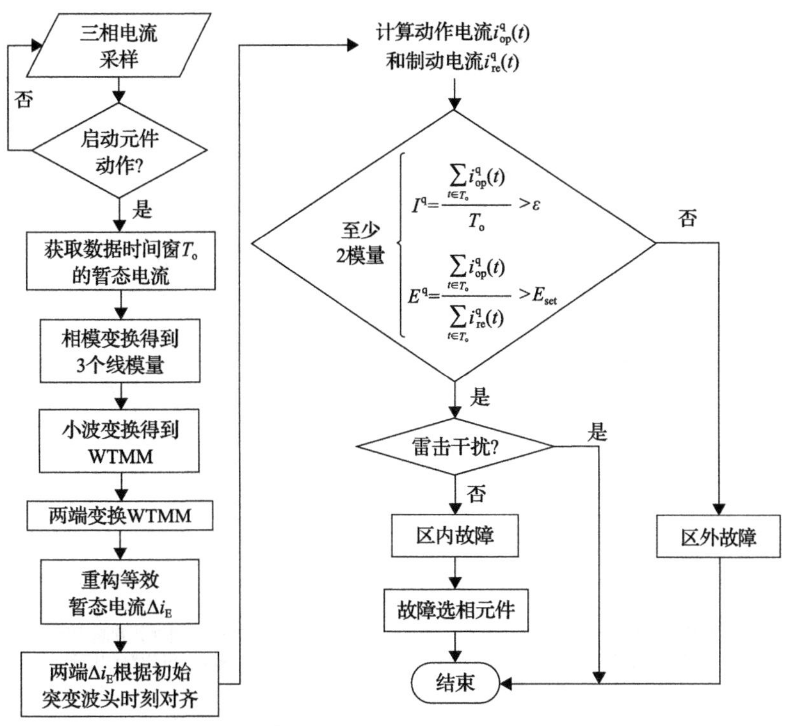

图 7.38　重构电流行波差动保护的算法流程

(3) 对线模量进行小波变换，并计算得到 WTMM，两端继电器交换 WTMM 的时刻和幅值。

(4) 利用 WTMM 重构两端等效重构电流行波，由于只需要交换少量 WTMM 就能重构对端的等效重构电流行波，通信量大大减小。

(5) 两端等效重构电流行波按照初始故障行波的突变波头的时刻对齐，然后计算 3 个线模量的动作电流 $i_{op}^q(t)$ 和制动电流 $i_{re}^q(t)$ 。

(6) 根据保护判据式(7-67)进行故障判断，如果没有线模量或只有 1 个线模量满足，判断为区外故障，否则判断为疑似故障，等待进一步甄别。

(7) 对于疑似故障，雷击识别元件如果判断为非雷击干扰，则确定为区内故障，然后进行故障选相，最后发出跳闸信号。

4. 动作速度

重构电流行波差动保护算法由于采样率较高，不采用实时通信的方式，而是采用启动并获取数据时间窗后再传输数据的方式，动作速度可以根据动作时序图分析得到，如图 7.39 所示。

假设 0 时刻在线路 MN 上发生区内故障，M 端在 t_1 时刻检测到故障，N 端在 t_2 时刻检测到故障，满足式(7-66)。式中，x 为故障到 M 端的距离；v_1 为线模波速度；l 为线路 MN 长度。

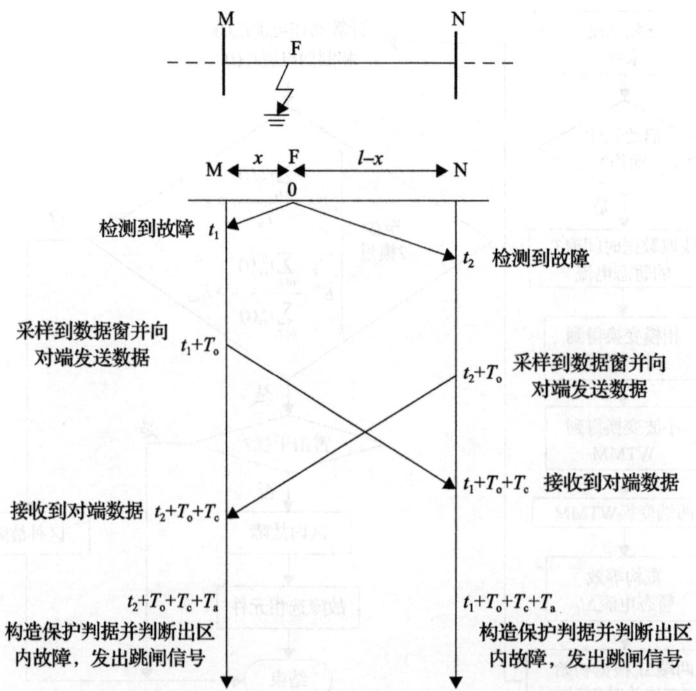

图 7.39　重构电流行波差动保护的动作时序图

$$\begin{cases} t_1 = \dfrac{x}{v_1} \\ t_2 = \dfrac{l-x}{v_1} \end{cases} \tag{7-66}$$

对于 M 端保护和 N 端保护，从故障发生开始到做出判断的动作时间分别为 T_M 和 T_N，如式(7-67)。

$$\begin{cases} T_M = T_o + T_c + T_a + t_2 = T_o + T_c + T_a + \dfrac{l-x}{v_1} \\ T_N = T_o + T_c + T_a + t_1 = T_o + T_c + T_a + \dfrac{x}{v_1} \end{cases} \tag{7-67}$$

式中，T_o、T_c 和 T_a 分别为数据时间窗、通信时延和算法耗时。考虑故障在线路中的不同位置，得到最大动作时间和最小动作时间，如式(7-68)，式中各项分析如下。

$$\begin{cases} T_{max} = T_o + T_c + T_a + \tau_1 \\ T_{min} = T_o + T_c + T_a \end{cases} \tag{7-68}$$

1) 数据时间窗 T_o

保护算法采用的数据时间窗不大于 2.1ms。

2) 通信时延 T_c

对于仿真中 2.1ms 的数据时间窗，全面的仿真发现数据时间窗内两端需要交换的 WTMM 个数一般不超过 10 个。需要获取数据时间窗并进行小波变换后，才能得到 WTMM 并进行通信传输，假设每一模量共 20 个 WTMM 需要交换，每个 WTMM 包括时间信息和值信息，每一信息采用 2B(字节)表示，则总计约 240B，加上一些帧头信息，按照 300B 估计，则 2Mb/s 通信接口需要 1.2ms 来处理。

此外，根据 7.1.6 节可知，通信通道的时延一般不超过 10ms。通信时延由通信通道时延和通信接口时延构成，总计约 11.2ms。

3) 算法耗时 T_a

根据算法流程，需要经历相模变换、小波变换、动作电流和制动电流计算、判据构成等 4 个步骤，数据时间窗内的总计算量约为 11 万次乘法和 18 万次加法，目前主流的 DSP 具有 100MIPS 以上的计算能力，每次计算可以进行 1 次加法和 1 次乘法[148]。因此根据计算量较大的加法次数，算法耗时约为 1.8ms。

4) 线模行波的线路传输时延 τ_1

超/特高压输电线路的长度一般不超过 600km，波速度可以按照光速近似估计，则线路传输时延一般在 2ms 内，本节按照 2ms 近似估计动作时间。

综上，保护算法的动作时间最快约为 15.1ms，最慢约为 17.1ms。

7.2.5　重构电流行波差动保护性能评估

采用 750kV 输电系统模型，对重构电流行波差动保护算法进行仿真验证。根据式(7-66)可以计算得到数据时间窗为 2.1ms，包括启动前 0.1ms 和启动后 2ms。下文仿真中区内故障指线路 MN 上的故障，区外故障指线路 NQ 上的故障，区内故障距离指到母线 M 的距离，区外故障距离指到母线 N 的距离。保护判据采用二次侧电流量构成，根据区内中点单相经 500Ω 过渡电阻接地故障时，保护检测到的基本电流大小设定阈值，并考虑一定的裕度，仿真中阈值 ε 为 0.1A(二次侧值)，保证了保护具有足够的灵敏性，根据表 7.10，制动比整定值 E_{set} 选择为 1。

1. 典型仿真算例

本节将仿真 1 个典型区内故障和 1 个典型区外故障，从而验证保护算法的有效性。

1) 区内故障

区内发生一次 A 相接地故障，故障距离为 150km，故障初相角为 90°，过渡电阻为 10Ω。

以 α 模量为例，仿真结果如图 7.40 所示，在数据时间窗内两端等效重构电流行波始终同极性，因而动作电流总是大于制动电流。基本电流和制动比如表 7.10 所示，由于 α 模量和 β 模量的基本电流超过阈值，制动比超过整定值，所以保护正确判断出区内故障。由于任一端零模电流都大于 I_{set}，根据故障选相判据，正确判断出 A 相接地故障。

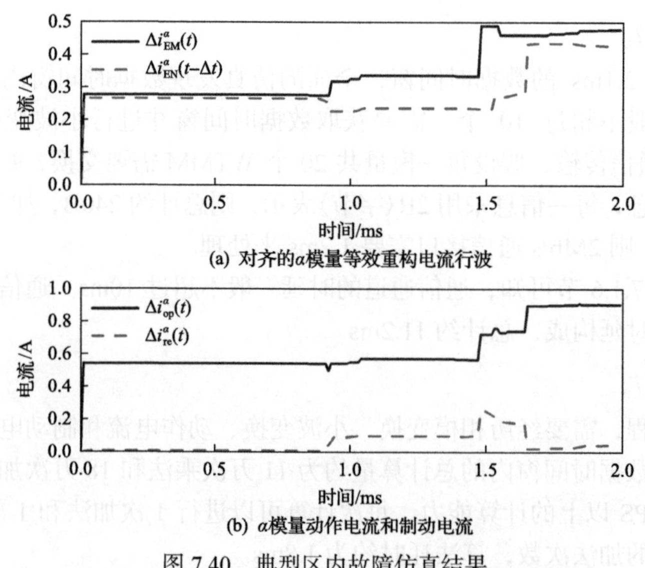

图 7.40　典型区内故障仿真结果

表 7.10　典型区内故障时保护算法的判断结果

E_α	E_β	E_γ	I_α/A	I_β/A	I_γ/A	故障判断结果
11.03	11.03	—	0.627	0.627	<0.001	A 相接地故障

2）区外故障

区外发生一次 A 相接地故障，故障距离为 150km，故障初相角为 90°，过渡电阻为 10Ω。

同样以 α 模量为例，仿真结果如图 7.41 所示，在数据时间窗内两端等效暂态始终反极性，因而动作电流总是小于制动电流。基本电流和制动比如表 7.11 所示，由于没有模量的基本电流超过阈值，且制动比超过整定值，所以保护正确判断为区外故障。

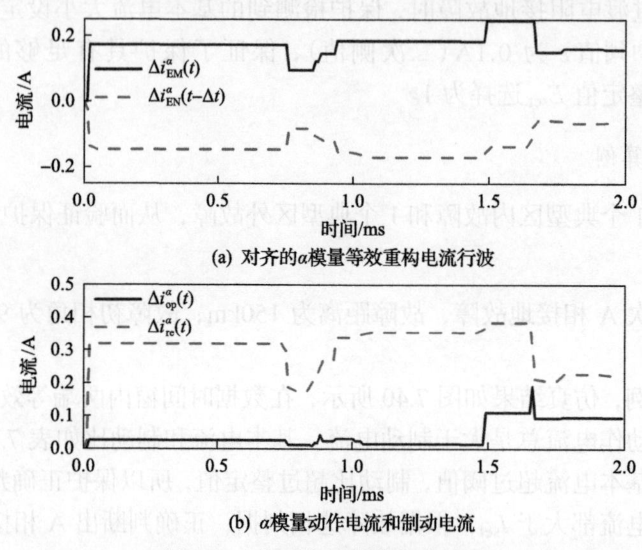

图 7.41　典型区外故障仿真结果

表 7.11　典型区外故障时保护算法的判断结果

E_α	E_β	E_γ	I_α/A	I_β/A	I_γ/A	故障判断结果
0.14	0.14	—	0.043	0.043	<0.001	区外故障

需要特别说明的是，单相接地故障时存在一个模量的电压和电流理论上都是 0(比如 A 相接地故障时的 γ 模量)，实际中由于数值计算误差的原因，该模量的基本电流 I_q(q 表示线模 α、β 和 γ)不会等于 0 但非常小，而该模量的制动比 E_q 可能为任意值，没有具体的物理意义，故不再列出。

2. 雷击干扰仿真

区内 150km 处发生雷击干扰或故障时，仿真结果如表 7.12 所示，由于感应雷不会引起保护误动，表中不再列出感应雷干扰仿真结果。对于直击雷干扰，雷击能量比小于 1，因此正确判断为雷击干扰；对于雷击故障或普通故障，雷击能量比大于 1，因此正确判断为故障。

表 7.12　雷击干扰或故障仿真结果

干扰或故障类型	雷电流幅值/kA	雷击能量比 P	判断结果
直击雷干扰	10	0.717	雷击干扰
雷击故障	20	3.067	故障
普通故障	—	70.25	故障

3. 各种故障条件仿真

本节将仿真故障类型、故障距离、故障初相角和过渡电阻对保护算法的影响，从而评估保护算法的性能。

1) 故障类型

在区内和区外设置不同类型的故障，故障距离为 50km，故障初相角(以 A 相为标准)为 45°，接地故障的过渡电阻为 10Ω，仿真结果如表 7.13 所示。从表中可知，区内故障时至少有 2 个模量的基本电流大于阈值，并且制动比大于整定值，保护正确判断出区内故障；区外故障时至少有 2 个模量的基本电流小于阈值，并且制动比小于整定值，保护正确判断出区外故障。所提保护算法可正确反应各种故障类型。

表 7.13　不同故障类型时保护算法的判断结果

故障类型	故障位置	故障距离/km	E_α	E_β	E_γ	I_α/A	I_β/A	I_γ/A	故障判断结果
AG	区内	50	4.12	4.12	—	0.554	0.554	<0.001	A 相接地故障
AB			4.05	4.05	4.05	1.643	0.828	0.816	区内相间故障
ABG			4.05	4.16	4.15	1.643	0.829	0.839	
ABC			4.05	2.80	5.28	1.642	0.674	0.991	

续表

故障类型	故障位置	故障距离/km	E_α	E_β	E_γ	I_α/A	I_β/A	I_γ/A	故障判断结果
AG	区外	50	0.14	0.14	—	0.040	0.040	<0.001	区外故障
AB			0.15	0.15	0.15	0.138	0.070	0.070	
ABG			0.15	0.14	0.15	0.138	0.066	0.071	
ABC			0.15	0.15	0.14	0.138	0.054	0.084	

2) 故障距离

在区内和区外设置不同故障距离的 A 相接地故障，故障初相角为 45°，过渡电阻为 10Ω，仿真结果如表 7.14 所示。从表中可知，区内故障时 α 模量和 β 模量满足保护判据，保护正确判断出区内故障；区外故障时 α 模量和 β 模量都不满足保护判据，保护正确判断出区外故障。所提保护算法在不同故障距离下都可正确反应故障。

表 7.14 不同故障距离时保护算法的判断结果

故障位置	故障距离/km	E_α	E_β	E_γ	I_α/A	I_β/A	I_γ/A	故障判断结果
区内	1	2.52	2.52	—	0.596	0.596	<0.001	A 相接地故障
	50	4.12	4.12	—	0.554	0.554	<0.001	
	100	7.26	7.26	—	0.477	0.477	<0.001	
	200	28.30	28.30	—	0.455	0.455	<0.001	
	300	11.05	11.05	—	0.471	0.471	<0.001	
	350	5.88	5.88	—	0.522	0.522	<0.001	
	399	3.25	3.25	—	0.575	0.575	<0.001	
区外	1	0.13	0.13	—	0.044	0.044	<0.001	区外故障
	50	0.15	0.15	—	0.043	0.043	<0.001	
	135	0.18	0.18	—	0.039	0.039	<0.001	
	220	0.19	0.19	—	0.035	0.035	<0.001	
	250	0.18	0.18	—	0.028	0.028	<0.001	

3) 故障初相角

在区内设置不同故障初相角的 A 相接地故障，故障距离为 100km，过渡电阻为 10Ω，仿真结果如表 7.15 所示。由表 7.15 可知，所提保护算法在不同故障初相角下都可正确反应故障，特别是在小故障初相角时也能够动作，具有足够的灵敏性。

需要特别说明的是，当过零点附近故障时(即故障初相角接近 0°)，重构电流行波中没有明显的突变分量，因而无法重构等效重构电流行波，此时必须闭锁保护算法。不过，实际接地故障一般需要足够大的电压才能够保证故障点绝缘被击穿，因而大部分故障都发生在较大故障初相角。

表 7.15　不同故障初相角时保护算法的判断结果

故障初相角/(°)	E_α	E_β	E_γ	I_α/A	I_β/A	I_γ/A	故障判断结果
90	7.56	7.56	—	0.630	0.630	<0.001	A 相接地故障
60	7.40	7.40	—	0.581	0.581	<0.001	
30	7.16	7.16	—	0.377	0.377	<0.001	
10	6.24	6.24	—	0.180	0.180	<0.001	
5	6.32	6.32	—	0.127	0.127	<0.001	

4) 过渡电阻

在区内设置不同过渡电阻的 A 相接地故障，故障距离为 100km，故障初相角为 90°，仿真结果如表 7.16 所示。从表 7.16 中可知，所提保护算法不受过渡电阻的影响，并且在高阻接地时也能够动作，具有足够的灵敏性。

表 7.16　不同过渡电阻时保护算法的判断结果

过渡电阻/Ω	E_α	E_β	E_γ	I_α/A	I_β/A	I_γ/A	故障判断结果
0	7.61	7.61	—	0.684	0.684	<0.001	A 相接地故障
10	7.56	7.56	—	0.630	0.630	<0.001	
100	7.23	7.23	—	0.369	0.369	<0.001	
200	7.00	7.00	—	0.253	0.253	<0.001	
300	6.87	6.87	—	0.192	0.192	<0.001	
500	6.75	6.75	—	0.130	0.130	<0.001	

4. 并联电抗补偿线路

重构电流行波差动保护算法在并联电抗补偿(后文简称并抗)线路上应用时，需要考虑到并抗对故障行波传播的影响，以及对等效重构电流行波重构的影响。

入射波 u_x 经过并抗时的示意图见图 7.42，并抗可以视为一个集中电感，入射波到达并抗后将发生折射和反射，产生折射波 u_y 和反射波 u_z。根据彼得逊法则[154]，入射波经过并抗时的拉普拉斯等效电路见图 7.43，其中并抗两侧的线路波阻抗 Z_c 相同，L 为并抗对应的电感值，s 为拉普拉斯变量，U_x 和 U_y 表示复频域下的入射波和折射波。

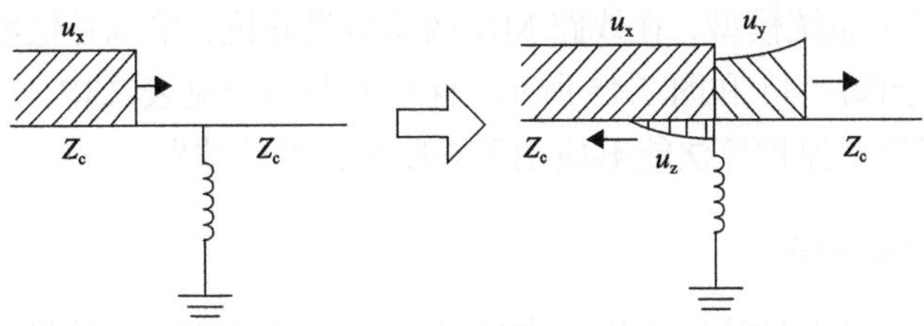

图 7.42　行波经过并联电抗器的示意图

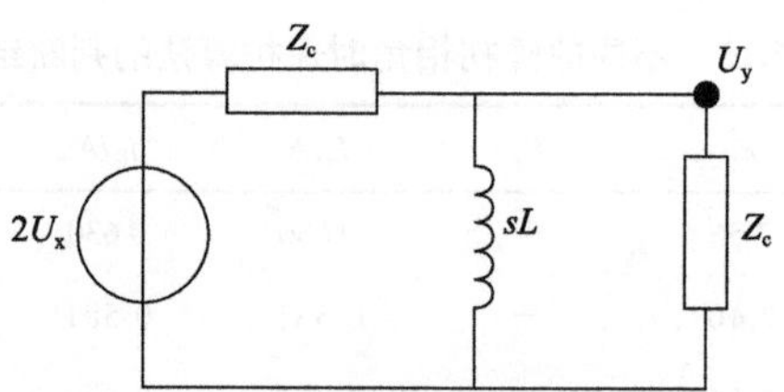

图 7.43　行波经过并联电抗器的等效电路

根据等效电路，计算得到折射波在复频域中的表达式(7-69)，通过拉普拉斯反变换得到折射波在时域中的表达式(7-70)。式中，T_L为时间常数，如式(7-71)。式(7-70)表明，经过并抗点后，行波将发生衰减。此外，反射波在时域中的表达式为(7-72)，根据表达式可知反射波将从 0 逐渐增大。

$$U_y(s)=\frac{s}{s+\dfrac{Z_c}{2L}}U_x(s) \tag{7-69}$$

$$u_y(t)=u_x(t)e^{-\frac{t}{T_L}} \tag{7-70}$$

$$T_L=\frac{2L}{Z_c} \tag{7-71}$$

$$u_z(t)=u_y(t)-u_x(t)=u_x(t)(e^{-\frac{t}{T_L}}-1) \tag{7-72}$$

并抗一般装设在输电线路两端，根据 750kV 输电系统模型，当线路 MN 装设的单端并抗的补偿度为 30%时(一般并抗的补偿度从 30%到 45%左右)，对应的时间常数为77ms，远大于数据时间窗 2.1ms。根据式(7-70)可知，数据时间窗内的最大衰减为 2.7%，因而可以认为数据时间窗内折射波几乎没有衰减，近似等于入射波。反射波在数据时间窗内将从 0 逐渐上升到入射波幅值的 2.7%，由于反射波的波头有一个缓慢上升过程且幅值较小，所以对应的第 3 尺度的 WTMM 非常小，可以近似忽略反射波。总之，在数据时间窗内，故障行波的传播基本不受并抗的影响，等效重构电流行波的重构基本不受影响，重构电流行波差动保护算法可以应用于并联电抗补偿线路。

采用 750kV 输电系统模型，在线路 MN 两端装设并抗，单端补偿度为 30%。以 α 模量为例，仿真结果如图 7.44 和图 7.45 所示，保护判断结果见表 7.17，表明保护能够正确做出判断，验证了所提保护算法能够应用于并联电抗补偿线路。

5. 串联电容补偿线路

重构电流行波差动保护算法在串联电容补偿(后文简称串补)线路上应用时，同并抗类似，需要考虑串补对故障行波传播和等效重构电流行波重构的影响。

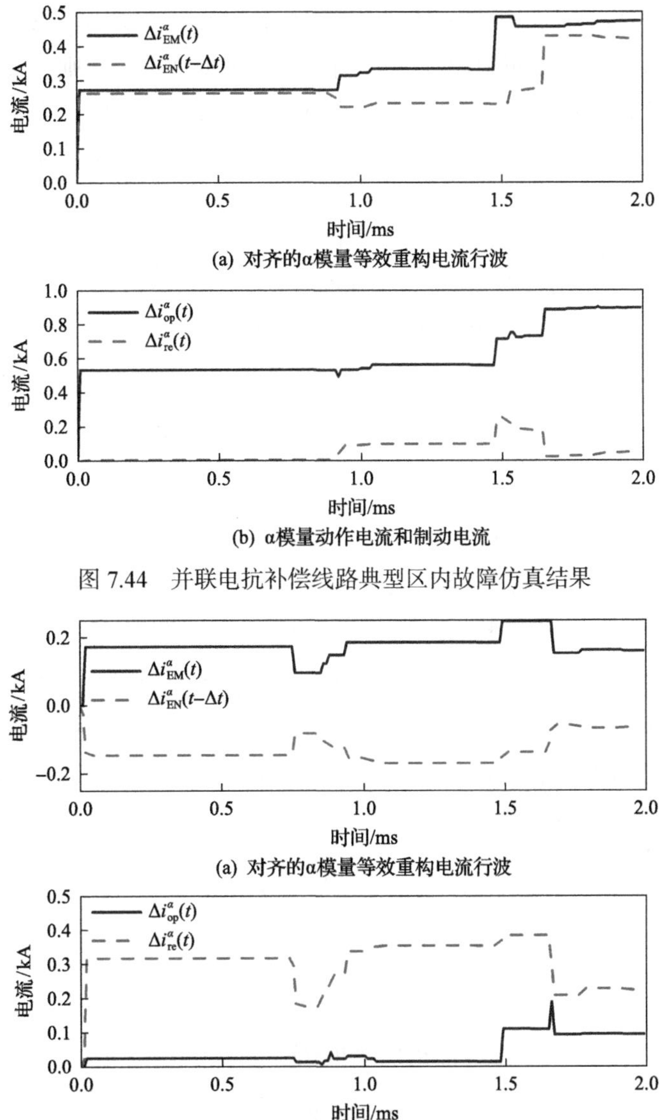

(a) 对齐的α模量等效重构电流行波

(b) α模量动作电流和制动电流

图 7.44　并联电抗补偿线路典型区内故障仿真结果

(a) 对齐的α模量等效重构电流行波

(b) α模量动作电流和制动电流

图 7.45　并联电抗补偿线路典型区外故障仿真结果

表 7.17　并联电抗补偿线路典型故障时保护算法的判断结果

故障位置	E_α	E_β	E_γ	I_α/A	I_β/A	I_γ/A	故障判断结果
区内	10.82	10.82	—	0.618	0.618	<0.001	A 相接地故障
区外	0.141	0.141	—	0.042	0.042	<0.001	区外故障

实际的串补除了集中电容外，还并联有 MOV 和放电间隙，考虑到数据时间窗非常短(不超过 2.1ms)，而集中电容两端的电压不能突变，MOV 动作需要时间，因而在数据时间窗内可以只考虑集中电容的影响。

入射波 u_x 经过串补时的示意图见图 7.46，串补视为一个集中电容，入射波到达串补后将发生折射和反射，产生折射波 u_y 和反射波 u_z。根据彼得逊法则，入射波经过串补时的拉普拉斯等效电路如图 7.47 所示，其中串补两侧的线路波阻抗 Z_c 相同，C 为串补对应的电容值，s 为拉普拉斯变量，U_x 和 U_y 表示复频域下的入射波和折射波。

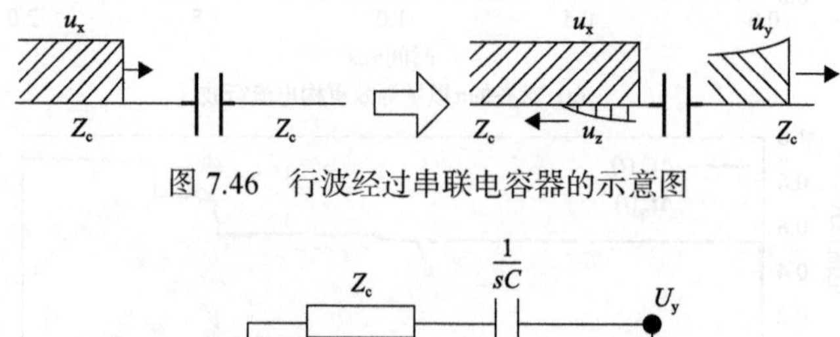

图 7.46　行波经过串联电容器的示意图

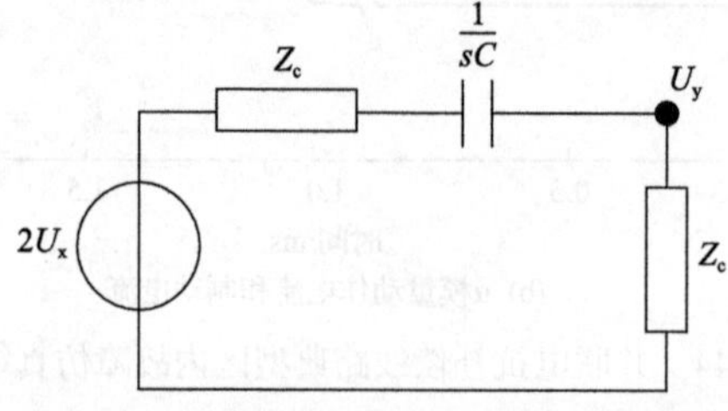

图 7.47　行波经过串联电容器的等效电路

根据等效电路，计算得到折射波在复频域中的表达式(7-73)，通过拉普拉斯反变换得到折射波在时域中的表达式(7-74)，T_C 为时间常数，如式(7-75)。式(7-74)表明，经过串补点后，行波将发生衰减。此外，反射波在时域中的表达式为(7-76)，根据表达式可知反射波同样将从 0 逐渐增大。

$$U_y(s)=\frac{s}{s+\dfrac{1}{2Z_cC}}U_x(s) \tag{7-73}$$

$$u_y(t)=u_x(t)\mathrm{e}^{-\frac{t}{T_C}} \tag{7-74}$$

$$T_C=2Z_cC \tag{7-75}$$

$$u_z(t)=u_y(t)-u_x(t)=u_x(t)(\mathrm{e}^{-\frac{t}{T_C}}-1) \tag{7-76}$$

串补一般装设在输电线路中点，根据 750kV 输电系统模型，当线路 MN 装设的串补的补偿度为 40%时(一般串补的补偿度大于 30%)，对应的时间常数为 37ms，远大于数据时间窗 2.1ms。根据式(7-74)可知，数据时间窗内的最大衰减为 5.6%，故可以认为数据时间窗内折射波几乎没有衰减，近似等于入射波。反射波在数据时间窗内将从 0 逐渐上升到入射波幅值的 5.6%，同样可以近似忽略。总之，在数据时间窗内，故障行波的传播几乎不受串补的影响，等效重构电流行波的重构几乎不受影响，重构电流行波差动保护算法可以应用于串联电容补偿线路。

采用 750kV 输电系统模型，在线路 MN 中点装设串补，补偿度为 40%。以 α 模量为例，仿真结果如图 7.48 和图 7.49 所示，保护判断结果如表 7.18 所示，表明保护能够正确做出判断，验证了所提保护算法能够应用于串联电容补偿线路。

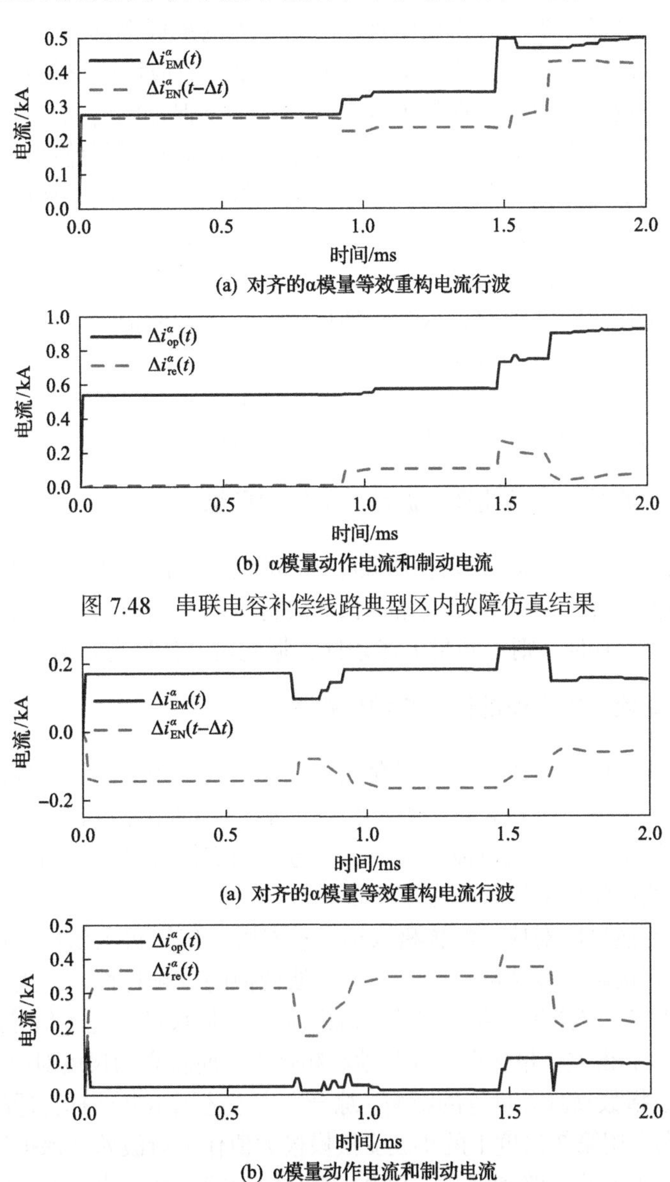

图 7.48　串联电容补偿线路典型区内故障仿真结果

图 7.49　串联电容补偿线路典型区外故障仿真结果

表 7.18　串联电容补偿线路典型故障时保护算法的判断结果

故障位置	E_α	E_β	E_γ	I_α/A	I_β/A	I_γ/A	故障判断结果
区内	10.16	10.16	—	0.627	0.627	<0.001	A 相接地故障
区外	0.14	0.14	—	0.043	0.043	<0.001	区外故障

7.3　基于小波变换模极大值的行波差动保护

由于传统的行波差动保护要求实时地传输每一点的采样数据，当通信通道传输速率较为有限时，保护的采样频率只能设定在很低的水平。以应用广泛的 64kb/s 数据通道为例，每一个采样点仅三相电流数据就为 6 个字节，为了保证实时通信，采样频率只能在 1kHz 以下。然而，在这样低的采样频率下，保护无法准确得到线路两端相差时间 τ 的采样数据，从而给动作电流造成很大的误差，即使在线路无故障时动作电流也有较大的数值，从而降低了保护的可靠性。

要提高行波差动保护的可靠性，必须提高保护采样频率，为了及时获取对端保护的故障信息，就必须提高通信速率，或减少通信量，而提高通信速率需要改造电力通信设备，增加巨大投资，不具有可行性。

实际上，故障行波信号中的关键信息是各次行波波头的大小及其对应时刻，只要利用这些关键信息构成行波差动保护[111]，就能够减少通信量，提高保护可靠性。

7.3.1　利用初始行波模极大值构造行波差动保护的思想

当被保护线路外部故障时，线路两端同方向的电流行波波头对应的小波变换模极大值一一对应，幅值相等，时间相差线路全长的波行时间，因而对应时刻的模极大值差值为 0。而线路内部故障时，则不满足上述条件，据此可准确区分区外故障和区内故障。

7.3.2　基于小波变换模极大值的行波差动保护算法

在三相输电线路中，由于各相之间存在耦合，所以每相上的行波分量并不独立。为此，需要首先对行波分量进行相模变换，将三相不独立的相分量转换为相互独立的模分量，然后再利用模量行波实现行波差动保护。考虑到零模分量阻抗高、衰耗常数大、性能不稳定，行波差动保护采用线模分量实现。

每一个小波变换尺度对应一组模极大值，选择哪一组模极大值作为构造行波差动保护算法的依据将直接影响算法的性能。根据小波变换的分频特性，二进小波变换的尺度参数以 2 的倍数增大，对应的频带以 2 的倍数降低。较低尺度对应于信号的较高频带，其中包含有较大的计算误差、量化误差和其他高频噪声，而较高的尺度对应于低频分量，容易受工频、谐波、指数衰减分量等的影响。综合考虑上述因素并选择合适的采样频率(F_S= 200kHz)后，本书选用第 3 尺度下的小波变换模极大值作为行波差动保护计算的依据。

参考图 7.50 所示的线路和定义，以 M 侧保护为例，基于小波变换的行波差动保护的算法与步骤如下。

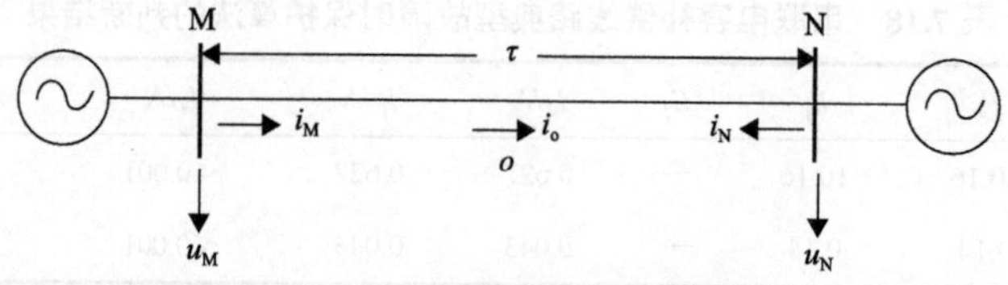

图 7.50　单相无损线路示意图

(1) 行波启动元件动作后，对三相电流和电压进行 3ms 的采样，同时进行相模变换，计算线模分量。本书采用 Karenbauer 变换实现，以电流信号为例，有

$$\begin{bmatrix} i_\alpha \\ i_\beta \end{bmatrix} = \frac{1}{3}\begin{bmatrix} 1 & -1 & 0 \\ 1 & 0 & -1 \end{bmatrix}\begin{bmatrix} i_a \\ i_b \\ i_c \end{bmatrix} \tag{7-77}$$

式中，i_a、i_b、i_c 分别为三相电流行波分量；i_α 和 i_β 分别为电流行波的 α 和 β 模分量。

(2) 利用线模分量电压和电流，计算线模分量的正向和反向电流行波，为减少计算量和数据通信量，可只利用一种方向行波，本书算法中采用正向行波。

(3) 对正向电流行波的两个线模分量进行二进小波变换，并计算尺度 2、3 下的正向电流行波的模极大值，选取绝对值最大的三个模极大值构成数组，记为 $M_{M\alpha}(i)$ 和 $M_{M\beta}(i)$，对应时刻数组记为 $t_{M\alpha}(i)$ 和 $t_{M\beta}(i)$，其中 $i=1,2,3$。

(4) 通过通信通道，向对端保护传送模极大值和对应的时间信息，同时接收对端保护的模极大值数组 $M_{N\alpha}(i)$ 和 $M_{N\beta}(i)$，及其对应时刻数组 $t_{N\alpha}(i)$ 和 $t_{N\beta}(i)$。

(5) 调整模极大值对应时刻数组。由于本书定义行波正方向为 M 端指向 N 端，对 M 侧模极大值时刻数组进行调整，$t'_{M\alpha}(i)=t_{M\alpha}(i)+\tau$，$t'_{M\beta}(i)=t_{M\beta}(i)+\tau$。

(6) 如果采用反向行波，则应对 N 侧模极大值对应时刻进行上述调整。

(7) 判别故障。比较两端对应时刻的模极大值，若对所有 $i=1,2,3$，都有

$$\begin{cases} t'_{M\alpha}(i)=t_{N\alpha}(i) \\ \left|1-\dfrac{M_{M\alpha}(i)}{M_{N\alpha}(i)}\right|<\delta \end{cases} \text{或} \begin{cases} t'_{M\beta}(i)=t_{N\beta}(i) \\ \left|1-\dfrac{M_{M\beta}(i)}{M_{N\beta}(i)}\right|<\delta \end{cases}$$

则判为区外故障，否则为区内故障。

算法中之所以不用模极大值的差值判断故障，是因为考虑到行波的衰减和计算误差，难以为差值选取一个固定的门槛值。而采用模极大值比值，则可以方便地设定门槛值，等效于使用差值并设定浮动门槛。本节设门槛值 $\delta=0.1$。

7.3.3　通信量分析

上述算法需要传送两组，共 6 个模极大值及其对应时刻。每个模极大值 2 个字节，其对应时刻也是 2 个字节，总共仅需要传送 24 个字节。若通信速率为 64kb/s，则计及数据帧的附加信息(如校验码)后，只需要 4ms 左右。

算法的通信量是一定的，不会随采样频率的提高而增加，因而可以提高采样频率以保证行波差动保护的可靠性。但是，过高的采样频率对保护装置的硬件水平提出过高的要求，同样会降低保护的可靠性。综合各方面因素考虑，本节设定采样频率为 200kHz。

7.3.4　影响因素分析与性能评价

本节通过对如图 7.51 所示三相输电系统进行仿真，分析母线结构、故障类型、故障

初相角和过渡电阻等因素对保护的影响。

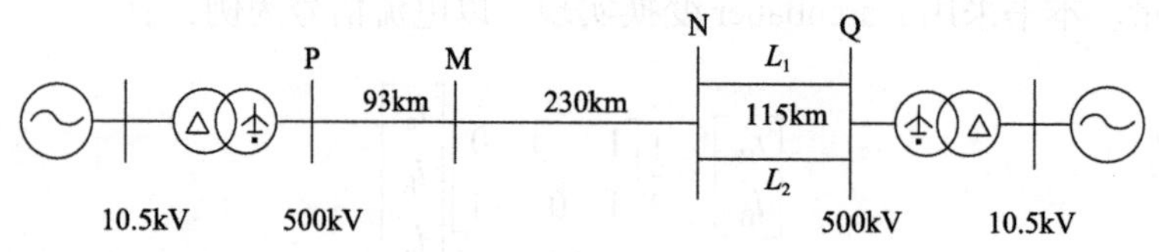

图 7.51　仿真系统接线图

1. 母线结构

母线结构可分为以下三类。

(1) 母线上仅有一条出线，即被保护线路，反射系数为 1，如母线 P。

(2) 母线上有两条出线，当两条出线波阻抗相等时，反射系数为 0，即行波在该母线处不发生反射，如母线 M 和 Q。

(3) 母线上有三条或更多出线，反射系数介于 0 和 –1 之间，如母线 N。

为验证基于小波变换的行波差动保护在各种母线结构情况下的正确性，本节在各条线路的不同位置设置了故障点，对各线路上的行波差动保护的动作行为进行了全面的 EMTP 仿真，仿真结果表明行波差动保护在各种线路结构下都能在内部故障时可靠动作，外部故障时可靠不动作。

图 7.52 和图 7.53 分别给出了 F1 点发生 A 相金属性接地时，线路 MN 和 NQ-L1 的两端的正向电流行波模极大值，其中符号“×”表示向对端传送的模极大值。显然，线路 MN 两端的模极大值不满足算法中区外故障的条件，故线路 MN 行波差动保护判为区内故障而可靠动作；而线路 NQ-L1 两端的模极大值在时刻和幅值上一一对应，满足区外故障的条件，故线路 NQ-L1 行波差动保护判为区外故障而可靠不动作。

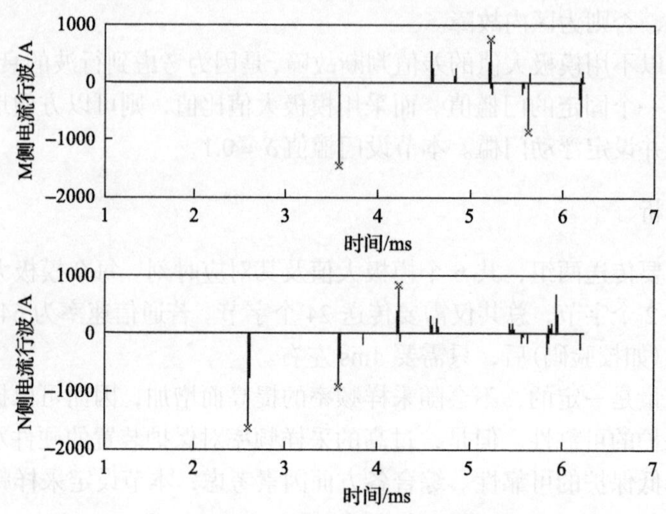

图 7.52　线路 MN 两端正向电流行波模极大值

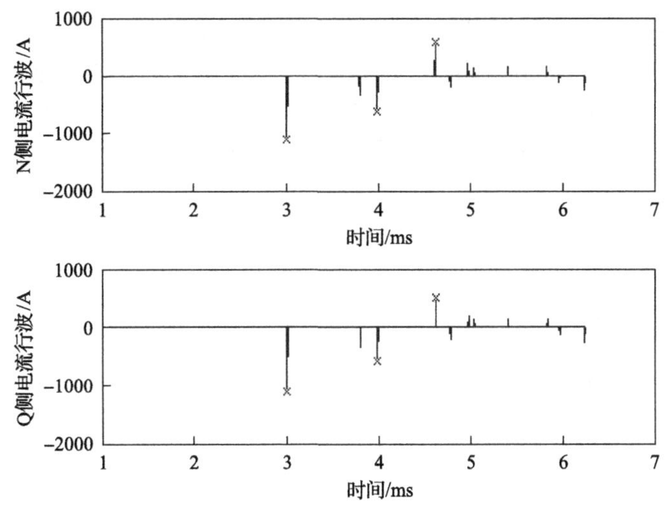

图 7.53　线路 NQ-L1 两端正向电流行波模极大值

2. 故障类型

当采用凯仑贝尔变换时，表 7.19 和表 7.20 分别列出了各种线路结构下的行波保护动作性能及其线模分量。

表 7.19　各种线路结构下行波差动保护动作性能

故障点	所在线路	故障点位置	PM 保护	MN 保护	NQ-L1 保护	NQ-L2 保护
F1	MN	距母线 M 50km	不动作	动作	不动作	不动作
F2	MN	距母线 M 230km	不动作	动作	不动作	不动作
F3	PM	距母线 P 25km	动作	不动作	不动作	不动作
F4	NQ-L1	母线 L 出口	不动作	不动作	动作	不动作
F5	NQ-L2	母线 Q 出口	不动作	不动作	不动作	动作

表 7.20　各种故障类型下行波线模分量

故障类型	AG	BG	CG	AB	BC	CA	ABG	BCG	CAG	ABC
α 模量	√	√	—	√	√	√	√	√	√	√
β 模量	√	—	√	√	√	√	√	√	√	√

从上表可见，尽管在大多数故障类型下两种线模分量都同时存在，但是在 B 相接地时没有 β 模量，C 相接地时没有 α 模量；换言之，仅采用 α 模量或 β 模量都无法全面反应所有故障类型。因此，本书算法中同时计算 α 模量和 β 模量，两模量的判断结果之间采用“或”的逻辑，以可靠反应各种故障类型。

3. 故障初相角

故障初相角直接影响行波信号的幅值。由于小波变换对突变信号非常敏感，所以只要故障能产生很小的暂态行波分量，行波差动保护就能够可靠动作。图 7.54 所示为 F1 点发生 A 相金属性接地，故障初相角为 5°时线路 MN 两端的正向电流行波模极大值，可见此时行波差动保护可靠动作。然而，当单相接地故障初相角为 0 或两相故障时刻相间电压为 0 时，由于没有暂态行波分量，行波差动保护将拒动。

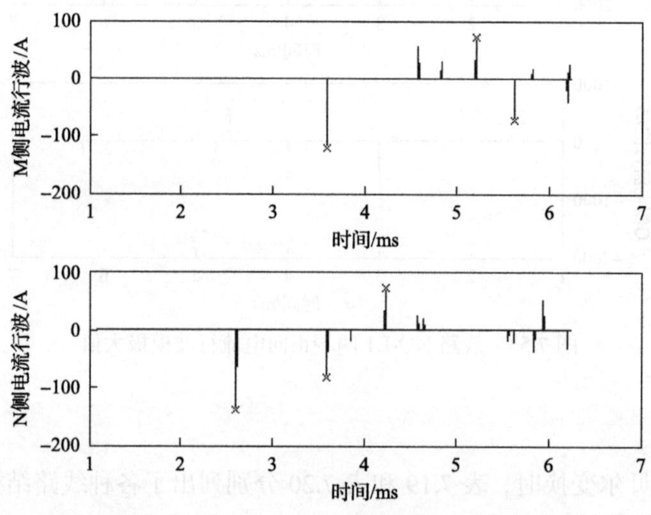

图 7.54　线路 MN 两端正向电流行波模极大值

4. 过渡电阻

接地电阻带来两方面的影响，一是影响行波信号的幅值，二是影响故障点的折反射系数。但同样由于小波变换对突变信号非常敏感，过渡电阻不会造成行波差动保护的误动或拒动。图 7.55 所示为 F1 点发生 A 相接地，过渡电阻为 500Ω 时线路 MN 两端的正向电流行波模极大值，可见此时行波差动保护仍能够可靠动作。

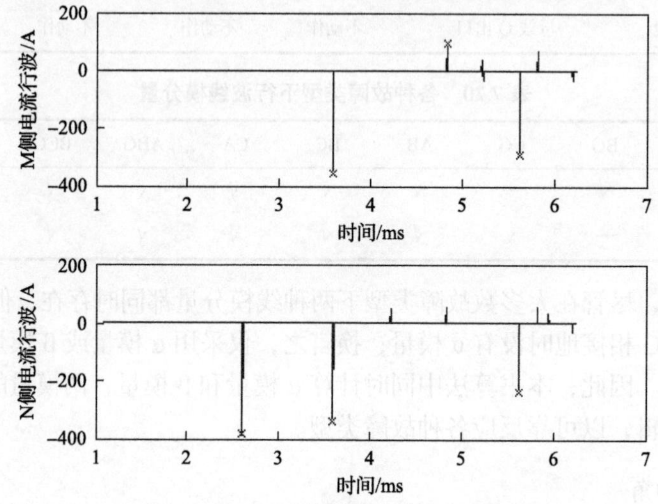

图 7.55　线路 MN 两端正向电流行波模极大值

7.4　模量行波差动保护

7.4.1　分布电容电流时域补偿算法及误差分析

1. 分布电容电流时域补偿算法

如图 7.51 所示的单相无损线路 MN，根据图中所示的电流正方向，正反方向电流行波分别为

$$\begin{cases} i_{\mathrm{f}}(t)=\dfrac{1}{2}\left[i(t)+\dfrac{u(t)}{Z_{\mathrm{c}}}\right] \\ i_{\mathrm{r}}(t)=\dfrac{1}{2}\left[-i(t)+\dfrac{u(t)}{Z_{\mathrm{c}}}\right] \end{cases} \tag{7-78}$$

由贝瑞龙方程得

$$\begin{cases} i_{\mathrm{Mf}}(t-\tau)=i_{\mathrm{Mr}}(t) \\ i_{\mathrm{Nr}}(t+\tau)=i_{\mathrm{Nf}}(t) \end{cases} \tag{7-79}$$

式中，τ 为行波由 M 点传播到 N 点所需要的波行时间。

由基尔霍夫电流定律可知，当线路 MN 上无故障时，MN 上的分布电容电流为

$$i_C=i_{\mathrm{M}}(t)+i_{\mathrm{N}}(t)=\left[i_{\mathrm{Mf}}(t)-i_{\mathrm{Mf}}(t-\tau)\right]+\left[i_{\mathrm{Mr}}(t+\tau)-i_{\mathrm{Mr}}(t)\right] \tag{7-80}$$

可见当 $\tau=0$ 时，有 $i_C(t)=0$，波行时间 τ 越大，分布电容电流也就越大。事实上，分布电容电流和行波过程是息息相关的，分布电容的存在导致了行波过程，也自然产生了分布电容电流，要消除分布电容电流的影响，必须从准确反映行波过程出发。本节通过对波行时间进行适当的补偿，从根本上消除分布电容电流。

定义线路两侧方向电流行波的计算值为

$$\begin{cases} i'_{\mathrm{Mf}}(t)=i_{\mathrm{Mf}}\left(t-\dfrac{\tau}{2}\right) \\ i'_{\mathrm{Mr}}(t)=i_{\mathrm{Mr}}\left(t+\dfrac{\tau}{2}\right) \end{cases} \tag{7-81}$$

$$\begin{cases} i'_{\mathrm{Nf}}(t)=i_{\mathrm{Nf}}\left(t-\dfrac{\tau}{2}\right) \\ i'_{\mathrm{Nr}}(t)=i_{\mathrm{Nr}}\left(t+\dfrac{\tau}{2}\right) \end{cases} \tag{7-82}$$

线路两侧的计算电流为

$$\begin{cases} i'_{\mathrm{M}}(t) = i'_{\mathrm{Mf}}(t) - i'_{\mathrm{Mr}}(t) = i_{\mathrm{Mf}}\left(t - \dfrac{\tau}{2}\right) - i_{\mathrm{Mr}}\left(t + \dfrac{\tau}{2}\right) \\ i'_{\mathrm{N}}(t) = i'_{\mathrm{Nf}}(t) - i'_{\mathrm{Nr}}(t) = i_{\mathrm{Nf}}\left(t - \dfrac{\tau}{2}\right) - i_{\mathrm{Nr}}\left(t + \dfrac{\tau}{2}\right) \end{cases} \tag{7-83}$$

显然有

$$\begin{cases} i'_{\mathrm{M}}(t) = i_{\mathrm{of}}(t) - i_{\mathrm{or}}(t) = i_{\mathrm{o}}(t) \\ i'_{\mathrm{N}}(t) = i_{\mathrm{or}}(t) - i_{\mathrm{of}}(t) = -i_{\mathrm{o}}(t) \end{cases} \tag{7-84}$$

$$i'_{\mathrm{M}}(t) + i'_{\mathrm{N}}(t) = 0 \tag{7-85}$$

即电容电流被完全补偿。可见通过对线路两侧的方向电流行波进行适当的时域补偿，就能够实现对线路上分布电容电流的完全补偿。由于上述推导都是基于瞬时值的，故在稳态和暂态过程中都成立，这就保证了补偿算法在稳态和暂态过程中都具有较好的补偿效果。

式(7-83)定义的线路两侧计算电流分别补偿一半线路上的电容电流，即都补偿到线路中点，因而称之为“半补偿”方式。类似地，可以由一侧补偿全部的电容电流，而另一侧不进行补偿，称之为“全补偿”方式。以 M 侧全补偿为例，定义

$$i'_{\mathrm{M}}(t) = i_{\mathrm{Mf}}(t - \tau) - i_{\mathrm{Mr}}(t + \tau) \tag{7-86}$$

将式(7-79)代入式(7-86)可得

$$\begin{cases} i'_{\mathrm{M}}(t) = i_{\mathrm{Nr}}(t) - i_{\mathrm{Nf}}(t) = -i_{\mathrm{N}}(t) \\ i'_{\mathrm{M}}(t) + i'_{\mathrm{N}}(t) = 0 \end{cases} \tag{7-87}$$

本书采用半补偿方式。图 7.51 中母线 N 发生 A 相金属性接地故障时，线路 MN 两侧各模量计算电流如图 7.56 所示，同时给出了线路 MN 中点各模量电流的仿真结果，为了方便比较，所有模量电流正方向都为由 M 侧流向 N 侧。两侧的各模量计算电流与中点对应模量的仿真结果基本重合，在稳态和故障后的暂态过程中误差都很小，可见所提时域补偿算法能够消除分布电容电流的影响。

2. 分布电容电流时域补偿算法误差分析

尽管分布电容电流时域补偿算法能够从原理上完全补偿线路的分布电容电流，但任何算法都有误差，从图 7.56 也可以看出各计算电流与线路中点的仿真结果并非完全重合。分布电容电流时域补偿算法的误差主要包括以下几种。

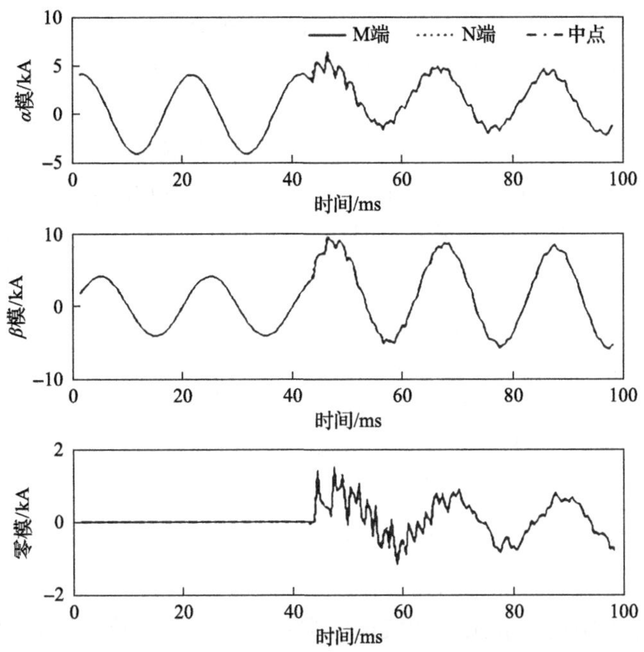

图 7.56　线路 MN 两侧各模量计算电流和中点各模量电流的仿真结果

1) 插值运算带来的误差

在式(7-83)的定义中，需要$\left(t-\dfrac{\tau}{2}\right)$、$\left(t+\dfrac{\tau}{2}\right)$时刻的电压和电流，至少有一个时刻无法通过采样直接得到，这就需要对采样值进行插值运算，从而带来误差。显然，采样频率越高，插值运算带来的误差就越小。图 7.57 所示为母线 N 发生 A 相金属性接地时线路 MN 两侧各模量计算电流之和，两侧计算电流正方向都为母线指向线路，故障时刻为

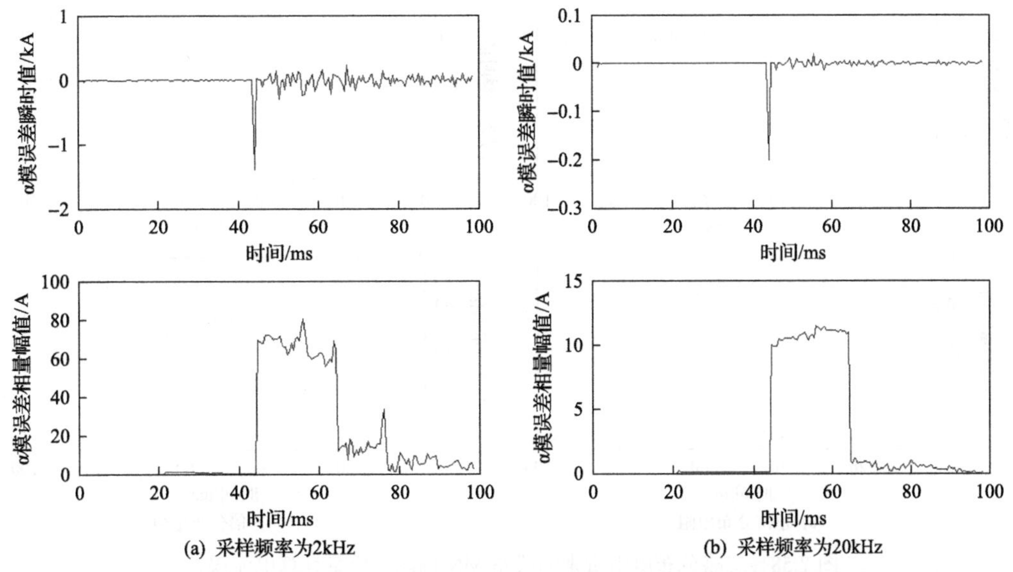

图 7.57　插值运算造成的线路 MN 两侧 α 模量计算电流误差

t=43ms。为避免分布电阻的影响，仿真中设线路分布电阻为 0。两侧计算电流之和理论值为 0，图中所示就是插值运算带来的计算误差，可见如下特点。

(1)在故障后瞬间误差最大，可达 1kA 以上，此后逐渐减小。这是由于初始行波波头变化最剧烈，插值误差也就最大，此后随着行波的衰减，波头变得平滑，插值误差逐渐减小。可见由于插值运算误差，时域补偿算法在暂态过程的补偿误差较大，故障引起的暂态过程越严重，这种误差就越大。但是，这种误差主要是高频分量，进行滤波后数值很小，以 2kHz 采样频率下的计算误差为例，在故障后滤波算法的窗口时间内，由于利用了故障初瞬间误差较大的数据，滤波结果的误差可达 10%的线路全长分布电容电流，此后仅为小于 2%的线路全长分布电容电流。

(2)对比采样频率分别为 2kHz 和 20kHz 情况下的误差可见，采样频率越高，插值误差就越小，采样频率为 20kHz 时，滤波结果的误差最大仅为 1%的线路全长分布电容电流。但是，提高采样频率不仅增加计算量，而且对保护的硬件速度提出了更高的要求。本章采用的采样频率为 2kHz，通过设定启动门槛避免这类误差的影响。

2) 忽略线路分布电阻带来的误差

不计线路分布电阻后，波阻抗和波速度都是实数，能够减小运算量，但同时也必然带来误差。类似于图 7.57，图 7.58 所示为同样故障情况下不同分布电阻时的计算误差，采样频率为 2kHz，结合图 7.58(a)，可见：

(1)分布阻造成的计算误差变化不大，说明对分布电阻的忽略所造成的误差很小。

(2)分布电阻越大，稳态情况下的误差越大，这是由于计算中未考虑分布电阻造成的行波的衰减和畸变，分布电阻越大，行波的衰减和畸变越严重。

(3)分布电阻越大，暂态情况下的误差越小，这是由于分布电阻越大，行波的衰减和畸变越严重，使行波波头变得越平滑，从而减小了插值运算带来的计算误差。

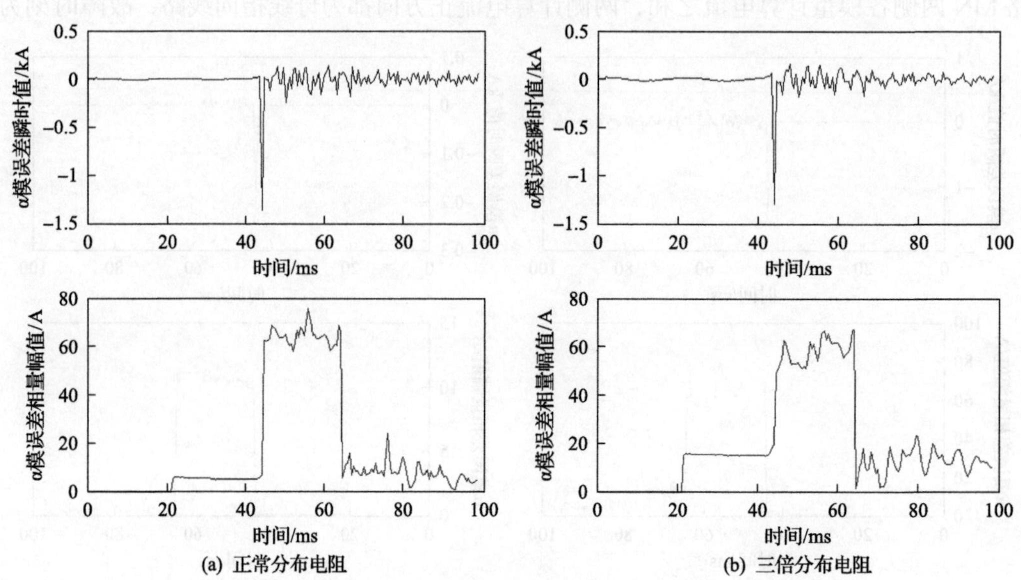

图 7.58 忽略分布电阻带来的线路 MN 两侧 α 模量计算电流误差

3) CVT 传变误差造成的误差

CVT 和 CT 的传变误差都会给补偿算法带来误差，其中 CT 带来的误差不论是否采用补偿算法都存在，本节不做深入探讨。而 CVT 传变误差的影响是因为补偿算法中利用电压量计算，属于分布电容电流补偿算法的特有问题，本节着重对其进行研究。类似于图 7.57，图 7.59 所示为同样故障情况下不同 CVT 造成的计算误差，采样频率为 2kHz，分布电阻采用正常数值。结合图 7.59(a)，可见：

(1) 不论 CVT 采用谐振型阻尼器还是速饱和型阻尼器，在稳态下都会有一定的传变误差，从而造成补偿算法的误差，一般情况下这部分误差很小。

(2) 暂态过程中，采用谐振型阻尼器的 CVT 给补偿算法造成的误差显著增大，这是由于这类 CVT 暂态传变特性较差；但补偿算法的误差以高频分量为主，滤波后的误差相比不计及 CVT 时仅略有增大。

(3) 暂态过程中，由于采用速饱和型阻尼器的 CVT 具有较好的暂态传变特性，这类 CVT 给补偿算法造成的误差瞬时值和相量同不计及 CVT 时相比，都没有显著变化。

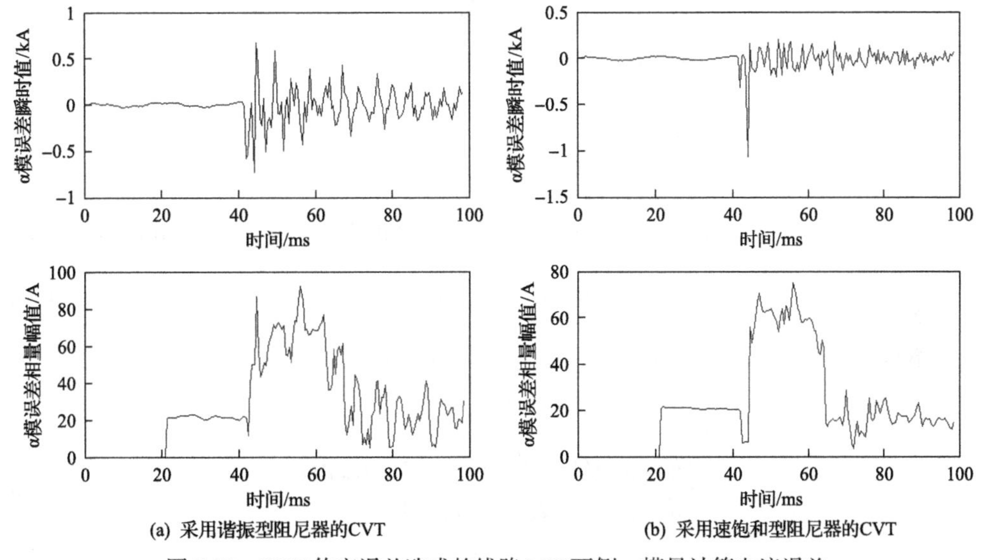

图 7.59　CVT 传变误差造成的线路 MN 两侧 α 模量计算电流误差

通过上述分析可见，插值运算是造成补偿算法误差的主要原因，忽略分布电阻和 CVT 误差造成的误差都很小。本节分析中采用的采样频率为 2kHz，补偿算法误差不超过 10%的线路全长分布电容电流，故障后经过滤波窗口时间后的误差更小。由于本节中模故障分量电流差动保护是数字式行波差动保护的后备，因而在实现时通过对数字式行波差动保护的高频采样数据进行抽样后进行补偿算法的运算，从而减小插值运算造成的补偿算法误差。

7.4.2　模量行波差动保护原理

1. 分相式纵差保护采用时域补偿算法的效果分析

分相式纵差保护具有诸多优点，若能在不需要改变其判据和逻辑，不影响其他性能的前提下，完全消除分布电容电流的影响，无疑是最简单和最优越的解决方案。

前文给出的分布电容电流时域补偿算法是在模量空间下定义的，要对相电流进行补偿，需要先将相电流和相电压进行相模变换得到模量，进行时域补偿后再作相模反变换得到补偿后的各相电流。下面对分相式纵差保护采用分布电容电流时域补偿算法后的动作量进行分析，考虑到采用故障分量电流构成差动保护能够消除负荷电流的影响，提高保护灵敏度[128]，故本节针对故障分量差动保护进行分析。

1）区内无故障

区内无故障包括正常运行、空载合闸和区外故障。以 M 侧母线出口 s 点故障为例，故障分量附加网络如图 7.60 所示。其中 z_M、z_N 分别为 M 侧和 N 侧系统的系统阻抗；u_s 为故障附加电源；u_M、i_M、u_N、i_N 分别为 M 侧和 N 侧的故障分量电压和故障分量电流；i_o 为线路中点的故障分量电流。

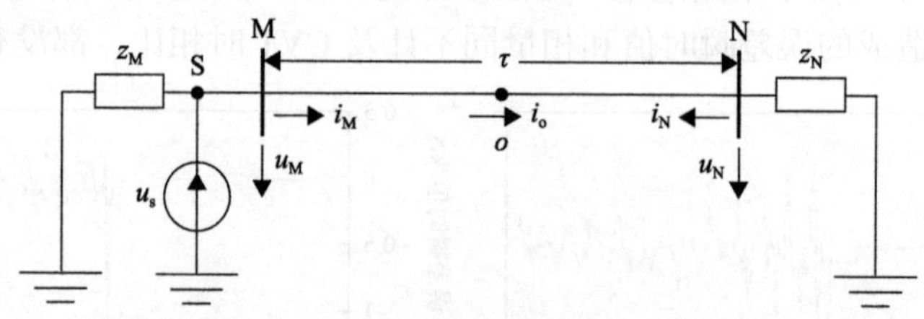

图 7.60 区外故障时的故障分量附加网络

由式(7-84)可知，不论在暂态过程中还是稳态过程中，各模量故障分量电流满足

$$i'_{M\cdot\alpha(\beta,0)}(t)=i'_{N\cdot\alpha(\beta,0)}(t)=i'_{o\cdot\alpha(\beta,0)}(t) \tag{7-88}$$

式中，下标 α(β,0) 表示上式对 α 、β 、0 各模量均成立。

进行相模反变换后，各相故障分量电流有

$$\begin{cases} i'_{M\cdot a(b,c)}(t)=-i'_{N\cdot a(b,c)}(t)=i_{o\cdot a(b,c)}(t) \\ i'_{M\cdot a(b,c)}(t)+i'_{N\cdot a(b,c)}(t)=0 \end{cases} \tag{7-89}$$

式中，下标 a(b,c) 表示上式对 a、b、c 各相分量均成立。即理论上补偿后的动作电流为 0。

2）区内故障

区内故障包括运行中发生故障和合闸于故障等情况。图 7.61 所示为区内 s 点发生故障时的故障分量附加网络，故障点在线路中点 O 点和 N 侧母线之间，故障点到 O 点的波行时间为 τ_{os}，i_{s1}、i_{s2} 分别为故障点两侧的故障分量电流。

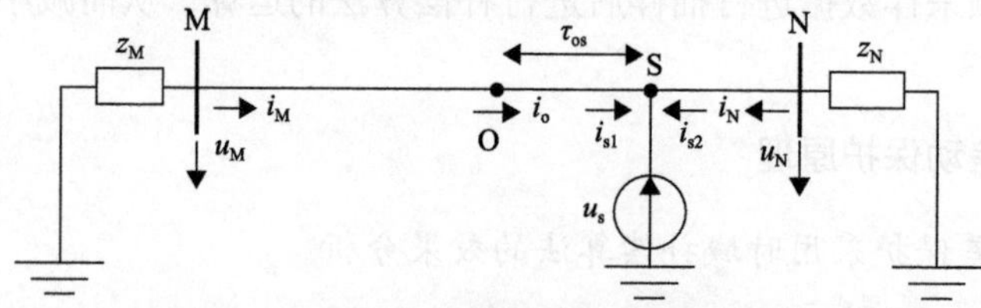

图 7.61 区内故障时的故障分量附加网络

由于母线 M 和中点 O 点之间没有故障，有

$$\begin{cases} i'_{\mathrm{M}\cdot\alpha(\beta,0)}(t) = i_{\mathrm{o}\cdot\alpha(\beta,0)}(t) \\ i'_{\mathrm{M}\cdot\mathrm{a(b,c)}}(t) = i_{\mathrm{o}\cdot\mathrm{a(b,c)}}(t) \end{cases} \tag{7-90}$$

即 M 侧的计算电流补偿了 MO 段的电容电流。类似地，可得

$$\begin{cases} i'_{\mathrm{Mf}\cdot\alpha(\beta,0)}(t) = i_{\mathrm{s1f}\cdot\alpha(\beta,0)}(t + \tau_{\mathrm{os}\cdot\alpha(\beta,0)}) \\ i'_{\mathrm{Mr}\cdot\alpha(\beta,0)}(t) = i_{\mathrm{s1r}\cdot\alpha(\beta,0)}(t - \tau_{\mathrm{os}\cdot\alpha(\beta,0)}) \end{cases} \tag{7-91}$$

$$\begin{cases} i'_{\mathrm{Nf}\cdot\alpha(\beta,0)}(t) = i_{\mathrm{s2f}\cdot\alpha(\beta,0)}(t - \tau_{\mathrm{os}\cdot\alpha(\beta,0)}) \\ i'_{\mathrm{Nr}\cdot\alpha(\beta,0)}(t) = i_{\mathrm{s2r}\cdot\alpha(\beta,0)}(t + \tau_{\mathrm{os}\cdot\alpha(\beta,0)}) \end{cases} \tag{7-92}$$

差动保护动作量为两侧计算电流相加，其各模量为

$$\begin{aligned} i'_{\mathrm{M}\cdot\alpha(\beta,0)}(t) + i'_{\mathrm{N}\cdot\alpha(\beta,0)}(t) &= \left[i_{\mathrm{s1f}\cdot\alpha(\beta,0)}(t + \tau_{\mathrm{os}\cdot\alpha(\beta,0)}) - i_{\mathrm{s1r}\cdot\alpha(\beta,0)}(t - \tau_{\mathrm{os}\cdot\alpha(\beta,0)}) \right] \\ &\quad + \left[i_{\mathrm{s2f}\cdot\alpha(\beta,0)}(t - \tau_{\mathrm{os}\cdot\alpha(\beta,0)}) - i_{\mathrm{s2r}\cdot\alpha(\beta,0)}(t + \tau_{\mathrm{os}\cdot\alpha(\beta,0)}) \right] \\ &= \frac{1}{2}\left[i_{\mathrm{s1}\cdot\alpha(\beta,0)}(t + \tau_{\mathrm{os}\cdot\alpha(\beta,0)}) - i_{\mathrm{s1}\cdot\alpha(\beta,0)}(t - \tau_{\mathrm{os}\cdot\alpha(\beta,0)}) \right] \\ &\quad + \frac{1}{2}\left[i_{\mathrm{s2}\cdot\alpha(\beta,0)}(t - \tau_{\mathrm{os}\cdot\alpha(\beta,0)}) - i_{\mathrm{s2}\cdot\alpha(\beta,0)}(t + \tau_{\mathrm{os}\cdot\alpha(\beta,0)}) \right] \\ &= \frac{1}{2}\left[i_{\mathrm{s}\cdot\alpha(\beta,0)}(t + \tau_{\mathrm{os}\cdot\alpha(\beta,0)}) + i_{\mathrm{s}\cdot\alpha(\beta,0)}(t - \tau_{\mathrm{os}\cdot\alpha(\beta,0)}) \right] \end{aligned} \tag{7-93}$$

式中，$i_{\mathrm{s}} = i_{\mathrm{s1}} + i_{\mathrm{s2}}$ 为故障点电流。

对式(7-93)进行相模反变换，并计及 $\tau_{\mathrm{os}\cdot\alpha} = \tau_{\mathrm{os}\cdot\beta}$，可得差动保护各相动作量为

$$\begin{cases} i'_{\mathrm{M}\cdot\mathrm{a(b,c)}}(t) + i'_{\mathrm{N}\cdot\mathrm{a(b,c)}}(t) = i_{\mathrm{s}\cdot\mathrm{a(b,c)}}(t + \tau_{\mathrm{os}\cdot\alpha}) + i_{\mathrm{s}\cdot\mathrm{a(b,c)}}(t - \tau_{\mathrm{os}\cdot\alpha}) + \mathrm{err}(t) \\ \mathrm{err}(t) = \dfrac{1}{2}\left[i_{\mathrm{s}\cdot 0}(t + \tau_{\mathrm{os}\cdot 0}) + i_{\mathrm{s}\cdot 0}(t - \tau_{\mathrm{os}\cdot 0}) \right] - \dfrac{1}{2}\left[i_{\mathrm{s}\cdot 0}(t + \tau_{\mathrm{os}\cdot\alpha}) + i_{\mathrm{s}\cdot 0}(t - \tau_{\mathrm{os}\cdot\alpha}) \right] \end{cases} \tag{7-94}$$

设 b 相为健全相，则该相故障点电流为 $i_{\mathrm{s}\cdot\mathrm{b}} = 0$，该相动作量为

$$i'_{\mathrm{M}\cdot\mathrm{b}}(t) + i'_{\mathrm{N}\cdot\mathrm{b}}(t) = \mathrm{err}(t) \tag{7-95}$$

显然，由于线模分量和零模分量波速度不同，健全相动作量是故障点零模电流的函数。若故障类型为相间短路故障，由于故障点零模电流为 0，则健全相动作电流为 0；若故障类型为单相接地故障或相间短路接地故障，则只有当故障位于线路中点时（$\tau_{\mathrm{os}\cdot\alpha} = \tau_{\mathrm{os}\cdot 0} = 0$）健全相动作电流为 0，否则健全相动作电流不为 0。故障点距离线路中点越远，健全相动作电流越大，当发生出口故障时，健全相动作电流最大，有

$$\mathrm{err}_{\max}(t)=\frac{1}{2}\left[i_{s\cdot0}\left(t+\frac{\tau_0}{2}\right)+i_{s\cdot0}\left(t-\frac{\tau_0}{2}\right)\right]-\frac{1}{2}\left[i_{s\cdot0}\left(t+\frac{\tau_\alpha}{2}\right)+i_{s\cdot0}\left(t-\frac{\tau_\alpha}{2}\right)\right] \tag{7-96}$$

式中，τ_0、τ_α 分别为零模和线模由线路一侧传播到另一侧的波行时间。

在故障后稳态情况下，不计各次谐波，由式(7-97)可得到健全相最大动作电流的幅值为

$$\mathrm{Err}_{\max}=I_{s\cdot0}\left|\cos\left(\frac{\omega\tau_0}{2}\right)-\cos\left(\frac{\omega\tau_\alpha}{2}\right)\right| \tag{7-97}$$

采用典型特高压线路参数，可得到长度为 600km 的特高压线路上健全相最大动作电流的幅值为

$$\mathrm{Err}_{\max}=0.0571I_{s\cdot0} \tag{7-98}$$

式中，$I_{s\cdot0}$ 为故障点零模电流的幅值。

类似地，可以推出当采用全补偿方式时，健全相最大动作电流出现在补偿侧母线出口故障情况下，其瞬时值表达式为

$$\mathrm{err}_{\max}(t)=\frac{1}{2}\cdot\left[i_{s\cdot0}(t+\tau_0)+i_{s\cdot0}(t-\tau_0)\right]-\frac{1}{2}\cdot\left[i_{s\cdot0}(t+\tau_\alpha)+i_{s\cdot0}(t-\tau_\alpha)\right]$$

$$\mathrm{err}_{\max}(t)=\frac{1}{2}\left[i_{s\cdot0}(t+\tau_0)+i_{s\cdot0}(t-\tau_0)\right]-\frac{1}{2}\left[i_{s\cdot0}(t+\tau_\alpha)+i_{s\cdot0}(t-\tau_\alpha)\right] \tag{7-99}$$

长度为 600km 的特高压线路上健全相最大动作电流的幅值为

$$\mathrm{Err}_{\max}=0.210I_{s\cdot0} \tag{7-100}$$

可见采用全补偿方式时的健全相动作电流更大。

当故障位于母线出口且故障侧系统阻抗较小时，故障点零模电流可达十几甚至几十千安。采用全补偿方式时，健全相动作电流幅值可达十几千安，采用半补偿方式时，健全相动作电流幅值也可达几千 A，这甚至远远超过线路全长的分布电容电流。这还只是在故障后稳态过程中的情况，在暂态过程中，由于各次谐波的影响，健全相动作电流还可能更大。尽管健全相动作电流的大小与故障点零模电流成比例，而与分布电容电流没有直接关系，但显然仍属于分布电容电流的不利影响。图 7.62 所示为线路 MN 的 M 侧母线出口 A 相近属性接地故障时各相的动作电流和制动电流，其中制动系数 K=0.5，M 侧短路容量增大为 100000MV · A。可见 B 相和 C 相的动作电流接近 3kA，大于制动电流，保护出现误动。

由此可见，尽管分布电容电流时域补偿算法从理论上能够完全补偿线路全长的分布电容电流，但当应用于分相式纵差保护时，仍然无法彻底消除分布电容电流的不利影响，可能造成区内故障时健全相误动。采用集中等效参数对分布电容电流进行补偿完全忽视了行波过程，更无法消除分布电容电流的影响。实际上从目前的研究结果看，不论采用

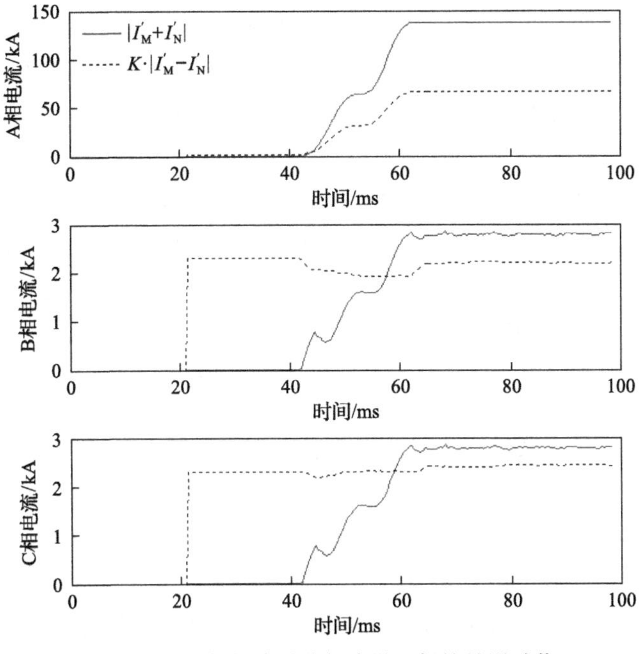

图 7.62　内部故障时分相式纵差保护的误动作

哪种分布电容电流补偿算法，按照分相式构成纵差保护都不可能完全消除分布电容电流的影响，这是由于相电气量无法精确地反映行波过程。尽管行波过程在相互解耦的模量空间下非常清晰，易于描述，但由于线模和零模参数不一致，由线模分量和零模分量线性组合所构成的相电气量难以精确地反映行波过程，所以采用相电气量构成差动保护也必然不能完全克服分布电容电流的影响。

2. 模量行波差动保护动作判据

前文已经指出，由于相电气量难以精确地反映行波过程，所以采用相电流构成差动保护无法克服分布电容电流的影响。因此，要从理论上完全消除分布电容电流的影响，必须采用能够精确反映行波过程的电气量构成差动保护，而相互解耦的模分量能够满足这个要求。

根据 Karenbauer 相模变换的定义，α 模和 β 模分量电流和电压分别为

$$\begin{cases} i_\alpha(t) = i_a(t) - i_b(t) \\ i_\beta(t) = i_a(t) - i_c(t) \end{cases} \tag{7-101}$$

$$\begin{cases} u_\alpha(t) = u_a(t) - u_b(t) \\ u_\beta(t) = u_a(t) - u_c(t) \end{cases} \tag{7-102}$$

为方便计，引入 γ 模分量，定义 γ 模分量电流和电压为

$$\begin{cases} i_\gamma(t) = i_b(t) - i_c(t) \\ u_\gamma(t) = u_b(t) - u_c(t) \end{cases} \tag{7-103}$$

显然，γ 模分量是不独立的，可由 α 模和 β 模分量的线性组合得到，其波速度 $v_\gamma = v_\alpha = v_\beta$，波阻抗 $Z_\gamma = Z_\alpha = Z_\beta$。事实上，仅利用 α 模和 β 模分量已经足以反映所有的故障类型，但下面的分析中将表明引入 γ 模给模故障分量电流差动保护的选相动作带来很大的方便。

按照式(7-81)、式(7-82)和式(7-83)，可得到线路两侧 γ 模方向电流行波的计算值和 γ 模分量计算电流的定义。显然，线路两侧 γ 模分量计算电流之和也满足式(7-97)和式(7-98)。

区内无故障时，线路两侧各线模分量计算电流之和为

$$i'_{\mathrm{M}\cdot\alpha(\beta,\gamma)}(t) + i'_{\mathrm{N}\cdot\alpha(\beta,\gamma)}(t) = 0 \tag{7-104}$$

区内发生故障时，线路两侧各线模分量计算电流之和为

$$i'_{\mathrm{M}\cdot\alpha(\beta,\gamma)}(t) + i'_{\mathrm{N}\cdot\alpha(\beta,\gamma)}(t) = \frac{1}{2}\left[i_{\mathrm{s}\cdot\alpha(\beta,\gamma)}(t+\tau_{\mathrm{os}\cdot\alpha}) + i_{\mathrm{s}\cdot\alpha(\beta,\gamma)}(t-\tau_{\mathrm{os}\cdot\alpha})\right] \tag{7-105}$$

可见，区内无故障时，线路两侧各线模分量计算电流之和为 0；区内发生故障时，各线模分量计算电流之和仅与故障点对应模量电流及故障位置有关，而与分布电容电流无关。可见，采用模量行波构成纵差保护，能够从理论上完全消除分布电容电流对差动保护动作量的影响。为了保证重负荷情况下保护的灵敏性，利用故障分量消除负荷电流的影响。

类似于分相式纵差保护判据，可构造模量行波差动保护判据为

$$\begin{cases} \left|\dot{I}'_{\mathrm{M}\cdot\alpha(\beta,\gamma)} + \dot{I}'_{\mathrm{N}\cdot\alpha(\beta,\gamma)}\right| > I'_{\mathrm{zd}} \\ \left|\dot{I}'_{\mathrm{M}\cdot\alpha(\beta,\gamma)} + \dot{I}'_{\mathrm{N}\cdot\alpha(\beta,\gamma)}\right| > K\left|\dot{I}'_{\mathrm{M}\cdot\alpha(\beta,\gamma)} - \dot{I}'_{\mathrm{N}\cdot\alpha(\beta,\gamma)}\right| \end{cases} \tag{7-106}$$

式中，$\dot{I}'_{\mathrm{M}\cdot\alpha(\beta,\gamma)}$、$\dot{I}'_{\mathrm{N}\cdot\alpha(\beta,\gamma)}$ 分别为线路两侧各线模计算电流的故障分量，以母线指向线路为正方向；K 为制动系数；I'_{zd} 为启动门槛。由于线路内部无故障时动作电流的理论值为 0，所以启动门槛可设得较低，只需躲过计算误差造成的动作电流即可。前文对时域补偿算法的误差分析已经表明计算误差不超过线路全长分布电容电流的 10%，本节留有一定裕度，按照线路全长的线模分布电容电流的 20%整定。

由于采用模故障分量构成保护判据，模故障分量保护不再具有天然的选相能力。事实上，不同故障类型下的故障点各线模分量电流的有无及大小关系不同，而区内发生故障时，各线模分量判据的动作电流是故障点对应模量电流的函数，因而利用各线模分量动作电流就可以选出故障相，进而实现保护的选相跳闸逻辑。

1) 单相接地故障

以 A 相接地故障为例，故障点 A 相的故障分量电流就是 A 相故障电流，B 相和 C 相的故障分量电流为 0，根据各线模分量的定义，有

$$\begin{cases} i_{\alpha}(t) = i_{\beta}(t) = \dfrac{1}{3} i_{a}(t) \\ i_{\gamma}(t) = 0 \end{cases} \tag{7-107}$$

由式(7-105)，可得到各线模分量量的动作电流满足

$$\begin{cases} \left|\dot{I}'_{M\cdot\alpha} + \dot{I}'_{N\cdot\alpha}\right| = \left|\dot{I}'_{M\cdot\beta} + \dot{I}'_{N\cdot\beta}\right| > 0 \\ \left|\dot{I}'_{M\cdot\gamma} + \dot{I}'_{N\cdot\gamma}\right| > 0 \end{cases} \tag{7-108}$$

单相接地故障时模量的动作电流有如下规律：

(1)由两个故障相和一个健全相所构成的线模分量的动作电流都大于 0，且大小相等。

(2)由两个健全相所构成的线模分量的动作电流等于 0。

2)两相短路故障

以 BC 两相短路故障为例，故障点 B 相和 C 相的故障分量电流之和为 0，即 $i_b(t) = -i_c(t)$，A 相的故障分量电流为 0，有

$$i_{\gamma}(t) = 2i_{\alpha}(t) = -2i_{\beta}(t) \tag{7-109}$$

进一步可得到各线模分量的动作电流满足

$$\frac{1}{2}\left|\dot{I}'_{M\cdot\gamma} + \dot{I}'_{N\cdot\gamma}\right| = \left|\dot{I}'_{M\cdot\alpha} + \dot{I}'_{N\cdot\alpha}\right| = \left|\dot{I}'_{M\cdot\beta} + \dot{I}'_{N\cdot\beta}\right| > 0 \tag{7-110}$$

两相短路故障时模量的动作电流有如下规律：

(1)三个线模分量的动作电流都大于 0。

(2)由两故障相所构成的线模分量的动作电流等于其他两个线模分量动作电流的两倍。

(3)由两个健全相和一个故障相所构成的线模分量的动作电流相等。

3)两相短路接地故障

以 BC 两相短路接地故障为例，故障点 A 相的故障分量电流为 0，B 相和 C 相的故障分量电流有

$$\begin{cases} \left|\dot{I}_b\right| = \left|\dot{I}_c\right| \\ 60° < \theta = \arg\dfrac{\dot{I}_b}{\dot{I}_c} < 180° \end{cases} \tag{7-111}$$

即两故障相的故障分量电流幅值相等，夹角在 60°(零序网络等效阻抗为 0 时)和 180°(零序网络等效阻抗为无穷大时)之间。

故障点各线模故障分量电流的关系有

$$\begin{cases}\left|\dot{I}_{\text{s}\cdot\alpha}\right|<\left|\dot{I}_{\text{s}\cdot\gamma}\right|<2\left|\dot{I}_{\text{s}\cdot\alpha}\right|\\ \left|\dot{I}_{\text{s}\cdot\alpha}\right|=\left|\dot{I}_{\text{s}\cdot\beta}\right|>0\end{cases} \tag{7-112}$$

由此可知差动保护各线模分量动作电流满足

$$\begin{cases}\left|\dot{I}'_{\text{M}\cdot\alpha}+\dot{I}'_{\text{N}\cdot\alpha}\right|<\left|\dot{I}'_{\text{M}\cdot\gamma}+\dot{I}'_{\text{N}\cdot\lambda}\right|\leqslant 2\left|\dot{I}'_{\text{M}\cdot\alpha}+\dot{I}'_{\text{N}\cdot\alpha}\right|\\ \left|\dot{I}'_{\text{M}\cdot\alpha}+\dot{I}'_{\text{N}\cdot\alpha}\right|=\left|\dot{I}'_{\text{M}\cdot\beta}+\dot{I}'_{\text{N}\cdot\beta}\right|>0\end{cases} \tag{7-113}$$

两相短路接地故障时模量的动作电流有如下规律。

(1)三个线模分量的动作电流都大于 0。

(2)由两故障相所构成的线模分量的动作电流大于其他两个线模分量动作电流，小于他们的两倍。

(3)由两个健全相和一个故障相所构成的线模分量的动作电流相等。

4)三相短路故障

各相的故障分量电流满足

$$\begin{cases}\left|\dot{I}_{\text{a}}\right|=\left|\dot{I}_{\text{b}}\right|=\left|\dot{I}_{\text{c}}\right|\\ \arg\dfrac{\dot{I}_{\text{a}}}{\dot{I}_{\text{b}}}=\arg\dfrac{\dot{I}_{\text{b}}}{\dot{I}_{\text{c}}}=\arg\dfrac{\dot{I}_{\text{c}}}{\dot{I}_{\text{a}}}=120^\circ\end{cases} \tag{7-114}$$

即各相的故障分量电流幅值相等，夹角为 120°。

故障点各线模故障分量电流的关系有

$$\left|\dot{I}_{\text{s}\cdot\alpha}\right|=\left|\dot{I}_{\text{s}\cdot\beta}\right|=\left|\dot{I}_{\text{s}\cdot\gamma}\right| \tag{7-115}$$

由此可得到差动保护各线模分量动作电流满足

$$\left|\dot{I}'_{\text{M}\cdot\alpha}+\dot{I}'_{\text{N}\cdot\alpha}\right|=\left|\dot{I}'_{\text{M}\cdot\beta}+\dot{I}'_{\text{N}\cdot\beta}\right|=\left|\dot{I}'_{\text{M}\cdot\gamma}+\dot{I}'_{\text{N}\cdot\gamma}\right|>0 \tag{7-116}$$

三相短路故障时模量的动作电流有如下规律。

(1)三个线模分量的动作电流都大于 0。

(2)各线模分量的动作电流相等。

通过上述对不同故障类型下各线模分量故障特征的分析可知，单相故障时，两个非故障相电流构成的线模分量电流为 0，对应该线模分量的动作电流为 0，保护判据不会满足；相间(接地)故障或三相故障时，三个线模分量判据同时满足(判据的动作性能分析详见下节)。由此可以得到模故障分量纵差保护的选相跳闸逻辑，如表 7.21 所示，其中“√”表示该模判据满足，“×”表示该模判据不满足。

表 7.21 模故障分量纵差保护的选相跳闸逻辑

α模判据	β模判据	γ模判据	保护出口
√	√	×	A相
√	×	√	B相
×	√	√	C相
√	√	√	三相

7.4.3 模量行波差动保护的动作特性

下面分析模故障分量纵差保护的动作特性。

1. 区内无故障

区内无故障时，动作电流理论值为0，一般情况下辅助判据不满足，保护可靠不动作。

当区外故障引发 CT 饱和时，计算电流有较大误差，动作电流可能大于启动门槛，辅助判据将会满足，此时依靠制动判据防止保护误动作。下面以 α 模量判据为例分析制动判据的动作特性，假定区外存在 α 模量附加电源。

首先设两侧计算电流反相来分析判据的制动特性，令 $\dot{I}'_{\mathrm{M}\cdot\alpha}=-p\dot{I}'_{\mathrm{N}\cdot\alpha},(p\leqslant 1)$，制动判据可写为

$$|1-p|>K|1+p| \tag{7-117}$$

当 $K=0.5$ 时，可得到 $p>0.333$ 时制动判据才会满足，显然此时两侧计算电流幅值相对允许误差达66.7%；类似地，可以得到当 $K=0.7$，误差裕度达82.3%，当 $K=0.4$，误差裕度为57.1%。

下面设两侧计算电流幅值相等来分析判据的相位特性，令 $\dot{I}'_{\mathrm{M}\cdot\alpha}=\dot{I}'_{\mathrm{N}\cdot\alpha}\cdot 1\angle\theta$，制动判据可写为

$$\cos\theta>\frac{K^2-1}{K^2+1} \tag{7-118}$$

当 $K=0.5$ 时，可得到$-126.9°<\theta<126.9°$时制动判据将会满足，即允许两侧计算电流相位误差53.1°；类似地，可以得到当 $K=0.7$，允许相位误差70°，当 $K=0.4$，允许相位误差43.6°。

上述分析表明，区外存在某模量附加电源，该模量制动判据具有较强的抗误差能力，一般不会误动。

若区外不存在某模量附加电源，例如区外A相接地故障，则不存在 γ 模量附加电源，则被保护线路两侧的 γ 模量理论值都为0，若由于各种误差的影响导致一侧出现较大 γ 模量，则因为制动系数小于1，制动判据将会满足。一方面，非故障相CT不会饱和，这种情况出现的概率很小，另一方面，即使其他误差偶然导致这种情况，由于其他两个

模分量判据不会满足，而保护要求至少有两个模分量判据满足才会出口，所以保护不会误动。

上述分析表明，区内无故障时，模故障分量差动保护可靠性很高。

2. 区内发生故障

将式(7-93)中的零模替换为γ模，并写成相量形式，可得到

$$\dot{I}'_{\mathrm{M}\cdot\alpha(\beta,\gamma)}-\dot{I}'_{\mathrm{N}\cdot\alpha(\beta,\gamma)}=(\dot{I}_{\mathrm{s1}\cdot\alpha(\beta,\gamma)}+\dot{I}_{\mathrm{s2}\cdot\alpha(\beta,\gamma)})\cos(\omega\tau_{\mathrm{os}\cdot\alpha(\beta,\gamma)}) \tag{7-119}$$

式中，$\omega=2\pi f$ 为系统额定角频率；$\tau_{\mathrm{os}\cdot\alpha}$ 为线模行波从故障点到线路中点的波行时间。

由于启动门槛 I'_{zd} 很低，只要故障点存在某一模分量附加电源，区内故障时该模分量的辅助判据一般是能够满足的，所以保护的动作特性由制动判据的动作特性决定。下面以 α 模分量判据为例进行分析，得到的结论同样适用于其他两个线模分量判据。

由式(7-91)和式(7-92)，可推导出

$$\dot{I}_{\mathrm{M}\cdot\alpha}-\dot{I}_{\mathrm{N}\cdot\alpha}=\dot{I}_{\mathrm{s1}\cdot\alpha}-\dot{I}_{\mathrm{s2}\cdot\alpha}\cos(\omega\tau_{\mathrm{os}\cdot\alpha})+\frac{2\dot{U}_{\mathrm{s}\cdot\alpha}\sin(\omega\tau_{\mathrm{os}\cdot\alpha})}{Z_{\alpha}} \tag{7-120}$$

显然，若忽略式(7-120)等号右边的第二项，则有

$$\frac{\left|\dot{I}_{\mathrm{M}\cdot\alpha}+\dot{I}_{\mathrm{N}\cdot\alpha}\right|}{\left|\dot{I}_{\mathrm{M}\cdot\alpha}-\dot{I}_{\mathrm{N}\cdot\alpha}\right|}=\frac{\left|\dot{I}_{\mathrm{s1}\cdot\alpha}+\dot{I}_{\mathrm{s2}\cdot\alpha}\right|}{\left|\dot{I}_{\mathrm{s1}\cdot\alpha}-\dot{I}_{\mathrm{s2}\cdot\alpha}\right|} \tag{7-121}$$

即模故障分量差动保护的动作特性与直接采用故障点两侧模故障分量时的动作特性相同，也就是说分布电容电流的影响被完全消除。在数值上，动作电流和制动电流与电容电流被完全补偿时相比略小（$\cos(\omega\tau_{\mathrm{os}\cdot\alpha})$ 倍），故障位置距线路中点越近，动作电流和制动电流的数值就越接近电容电流被完全补偿的情况，而减小最严重的情况是故障位于母线出口时，且减小的程度与线路长度和波速度相关。以 600km 的线路为例，采用新补偿算法得到的动作电流和制动电流为电容电流被完全补偿时的 95%以上。

显然，当线路中点发生故障时，有 $\tau_{\mathrm{os}\cdot\alpha=0}$，分布电容电流的影响被完全消除。

下面考虑其他位置故障时保护的动作特性。在图 7.61 中，将故障点两侧线路分别用 π 型等效电路代替，可计算出故障点左右两侧的线路和系统总的线模等效阻抗，若令其分别为 $Z_{\mathrm{s1}\cdot\alpha}$、$Z_{\mathrm{s2}\cdot\alpha}$，则故障点模故障分量电压有

$$\dot{U}_{\mathrm{s}\cdot\alpha}=\dot{I}_{\mathrm{s1}\cdot\alpha}Z_{\mathrm{s1}\cdot\alpha}=\dot{I}_{\mathrm{s2}\cdot\alpha}Z_{\mathrm{s2}\cdot\alpha} \tag{7-122}$$

将式(7-122)代入式(7-119)和式(7-120)，并化简可得采用模故障分量差动保护的动作量和制动量之比为

$$k' = \frac{\left|\dot{I}_{\mathrm{M}\cdot\alpha} + \dot{I}_{\mathrm{N}\cdot\alpha}\right|}{\left|\dot{I}_{\mathrm{M}\cdot\alpha} - \dot{I}_{\mathrm{N}\cdot\alpha}\right|} = \frac{\left|Z_{\mathrm{s2}\cdot\alpha} + Z_{\mathrm{s1}\cdot\alpha}\right|\cos(\omega\tau_{\mathrm{os}\cdot\alpha})}{\left|(Z_{\mathrm{s2}\cdot\alpha} - Z_{\mathrm{s1}\cdot\alpha})\cos(\omega\tau_{\mathrm{os}\cdot\alpha}) + \dfrac{2Z_{\mathrm{s1}\cdot\alpha}\sin(\omega\tau_{\mathrm{os}\cdot\alpha})}{Z_{\alpha}}\right|} \tag{7-123}$$

类似地，可得到直接采用故障点两侧模故障分量时的动作量和制动量之比为

$$k = \frac{\left|\dot{I}_{\mathrm{s1}\cdot\alpha} + \dot{I}_{\mathrm{s2}\cdot\alpha}\right|}{\left|\dot{I}_{\mathrm{s1}\cdot\alpha} - \dot{I}_{\mathrm{s2}\cdot\alpha}\right|} = \frac{\left|Z_{\mathrm{s2}\cdot\alpha} + Z_{\mathrm{s1}\cdot\alpha}\right|}{\left|Z_{\mathrm{s2}\cdot\alpha} - Z_{\mathrm{s1}\cdot\alpha}\right|} \tag{7-124}$$

对于一条 600km 特高压线路，采用数值计算可得到不同系统阻抗情况下线路上不同位置发生短路时 k'与 k 的比较结果，如图 7.63 所示。可见当两侧系统阻抗较小时，模故障分量差动保护的动作特性与直接采用故障点两侧模故障分量时的动作特性接近，分布电容电流几乎没有影响；而当任何一侧系统阻抗或两侧系统阻抗都较大时，故障发生在系统阻抗较大一侧时，模故障分量差动保护的动作量和制动量之比下降，保护的灵敏度略有降低。但不论如何，动作量和制动量之比都大于 1，由于制动系数总是小于 1 的，所以保护能够可靠动作。其他两个线模分量判据的动作特性完全符合上述分析结论。

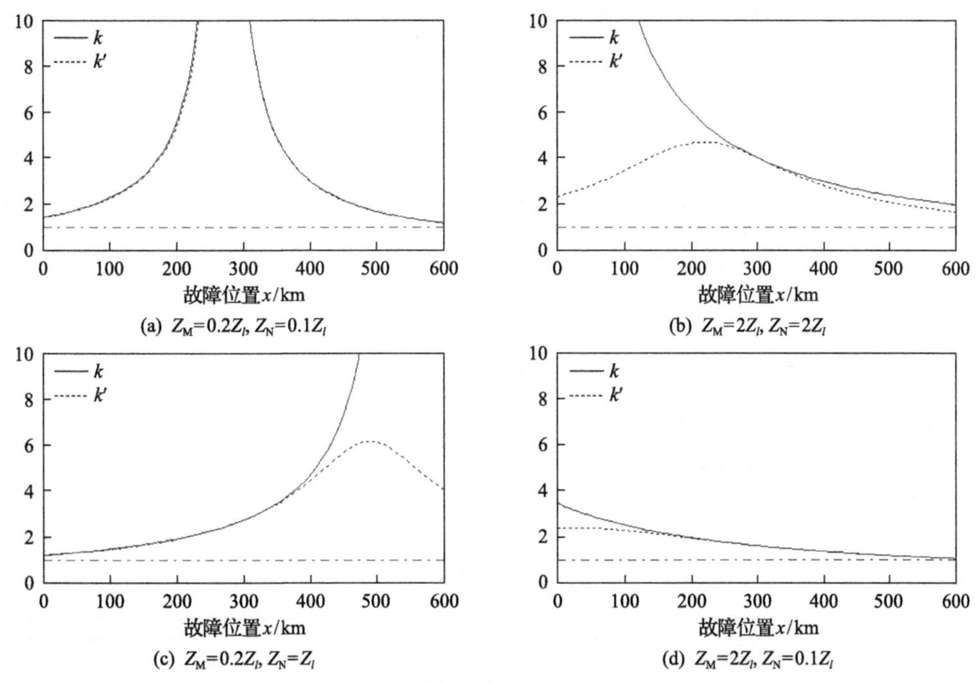

(a) $Z_M=0.2Z_l$, $Z_N=0.1Z_l$　(b) $Z_M=2Z_l$, $Z_N=2Z_l$

(c) $Z_M=0.2Z_l$, $Z_N=Z_l$　(d) $Z_M=2Z_l$, $Z_N=0.1Z_l$

图 7.63　不同系统阻抗情况下线路上不同位置发生短路时 k'与 k

通过上述分析可见，采用模故障分量构成纵差保护，区内发生故障时保护可靠动作，其动作性能基本不受分布电容电流的影响。

为了验证模故障分量纵差保护的可靠性和灵敏性，本节进行了大量全面的 EMTP 仿真。启动门槛按照 20%的线路全长的分布电容电流整定，即 I'_{zd}=315A。图 7.64 所示为线路 MN 内部不同位置发生各种类型短路故障时的保护动作性能，可见保护在各种故障情

况下都能够灵敏动作，其中图 7.64(d)说明保护在发生高阻故障时也能够灵敏动作，具有很强的抗过渡电阻能力。图 7.65 所示为线路 MN 外部故障时的动作性能，可见保护在区外故障时可靠不动作。图 7.66 所示为 M 侧空载合闸和空投于故障时保护的动作性能，可见空载合闸时保护可靠不动作，空投于故障时保护灵敏动作。大量的 EMTP 仿真表明，模故障分量纵差保护具有高可靠性和高灵敏性，区内故障时能够灵敏动作，并且具有准确的选相动作能力，区内无故障时可靠不动作，动作性能基本不受分布电容电流的影响。

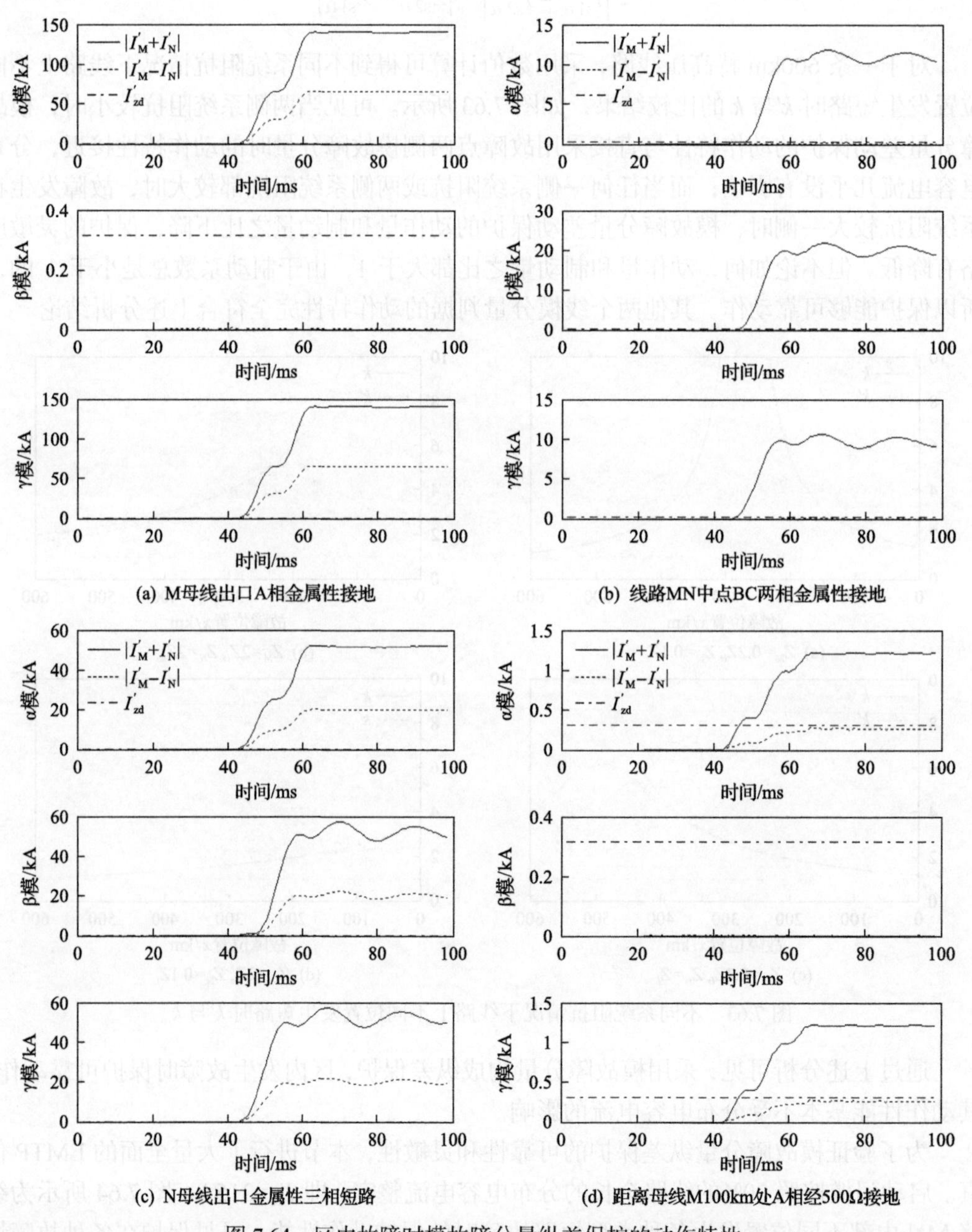

图 7.64 区内故障时模故障分量纵差保护的动作特性

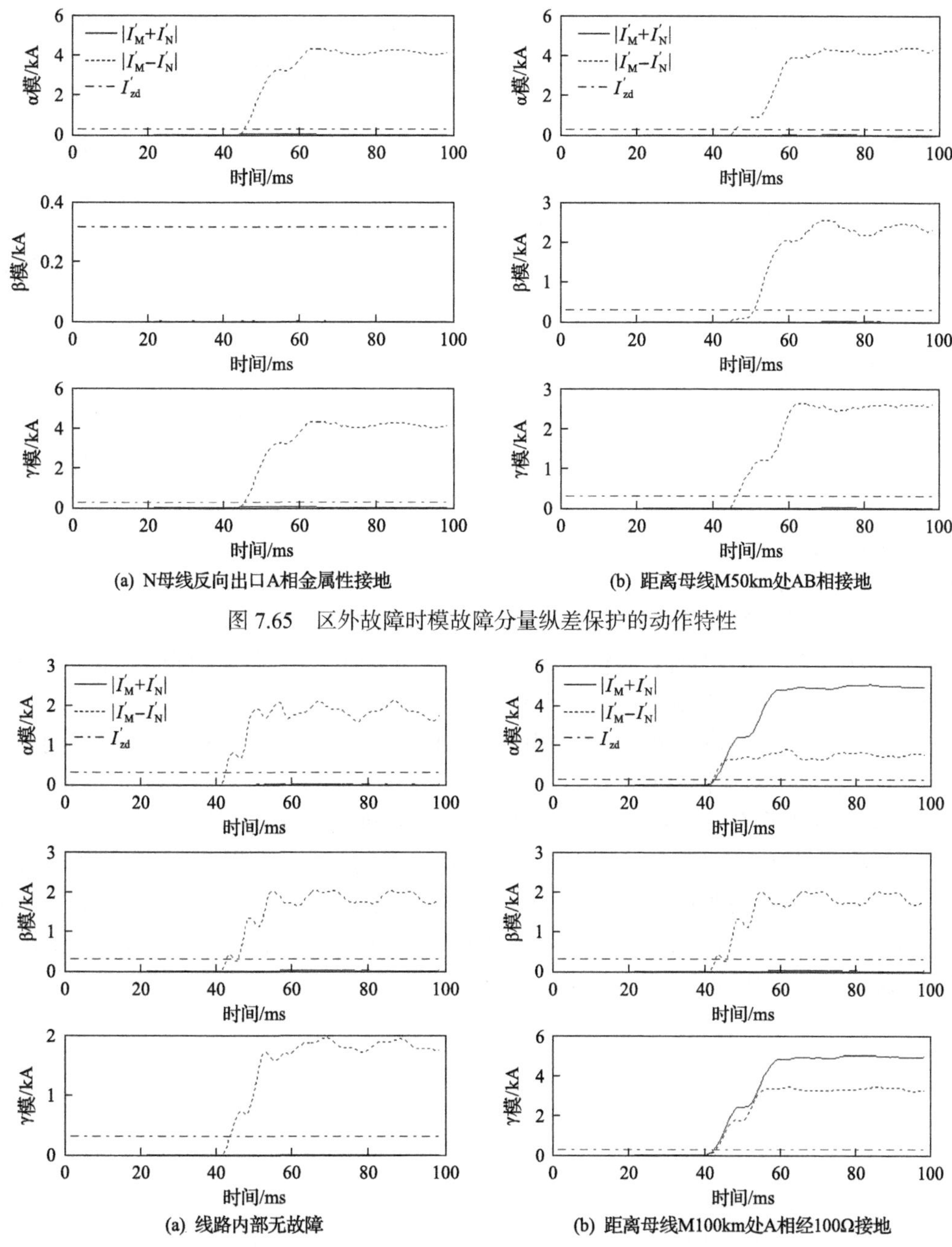

图 7.65　区外故障时模故障分量纵差保护的动作特性

图 7.66　空载合闸时模故障分量纵差保护的动作特性

7.4.4　带并联电抗器线路

出于限制过电压和无功调节等考虑，一般在特高压线路和超高压线路的一侧或两侧安装高压并联电抗器(高抗)，当线路较长时，还可能在线路中点安装高抗。线路上的高抗造成行波的折反射，使贝瑞龙方程不再满足，这将给分布电容电流时域补偿算法带来误差，进而给模故障分量差动保护造成误差。若不采取解决措施，可造成保护不正确动作。显然，只要对高抗上的电流进行补偿，就可消除其不利影响[126]。

(1)对于安装在线路一侧的高抗，可先利用测量电压求出高抗上的电流，然后用测量电流减去高抗电流即可得到高抗线路侧的电流，此后再进行分布电容电流时域补偿和模故障分量差动保护的计算，就可消除高抗的不利影响。

(2)对于安装在线路中点的高抗，由于安装点的电压是未知量，无法直接求出高抗上的电流，可将高抗等效到线路两侧，再按照(1)中处理方法消除其影响。这是一种近似算法，但其计算简单，易于实现，而且带来的误差不大，对保护的动作性能基本没有影响。

7.4.5 带串联电容补偿装置的线路

串联电容补偿装置(串补)能够经济有效地提高输电线路的输送容量，提高系统稳定性，降低线路损耗，并进行灵活的电压控制和潮流控制，因而被广泛应用于超高压远距离输电线路，一般安装在线路的一侧、两侧或中点。类似于高抗，串补造成行波的折反射也将给模故障分量差动保护造成误差，需要研究解决方案[127]。针对不同位置的串补，解决办法分别如下。

(1)对于安装在线路中点的串补，分布电容电流补偿算法应采用“半补偿”方式，即补偿到串补两侧。前文对补偿算法和模故障分量差动保护的性能分析同样适用于这类串补线路，串补对补偿算法和保护性能没有影响。

(2)对于安装在线路一侧或两侧的串补，若电压互感器安装在串补的线路侧，则相当于串补保护区外，对保护没有影响。

(3)若线路上只有一侧装有串补，且电压互感器安装在串补的母线侧，则分布电容电流补偿算法可采用“全补偿”方式，即补偿到串补两侧，从而可直接消除串补的影响。

(4)若线路上两侧都装有串补，且电压互感器安装在串补的母线侧，则可先利用测量电流求出串补上的电压，然后用测量电压减去串补上电压即可得到串补的线路侧电压，从而消除串补的不利影响。

第 8 章　直流线路行波保护

8.1　直流输电系统保护与控制

8.1.1　直流输电系统

高压直流输电技术主要分为两种，一种是以晶闸管换流器为代表的基于电流源换流器(LCC)的直流输电技术，另一种是基于电压源换流器(VSC)的柔性直流输电技术[130]。目前，大容量、远距离直流输电主要采用第一种换流技术，张北柔性直流电网和乌东德混合直流电网开始使用第二种换流器。

现有的直流输电工程主要采用双极输电结构，如图 8.1 所示。整个系统主要由换流变压器、换流器、平波电抗器、交直流滤波器和直流输电线路等部分组成。整流侧的换流变压器和换流器将交流三相电压变换为直流电压，通过直流输电线路将功率输送到逆变侧。直流线路两端的平波电抗器和直流滤波器主要用于滤除因换流中产生的电压、电流谐波分量。

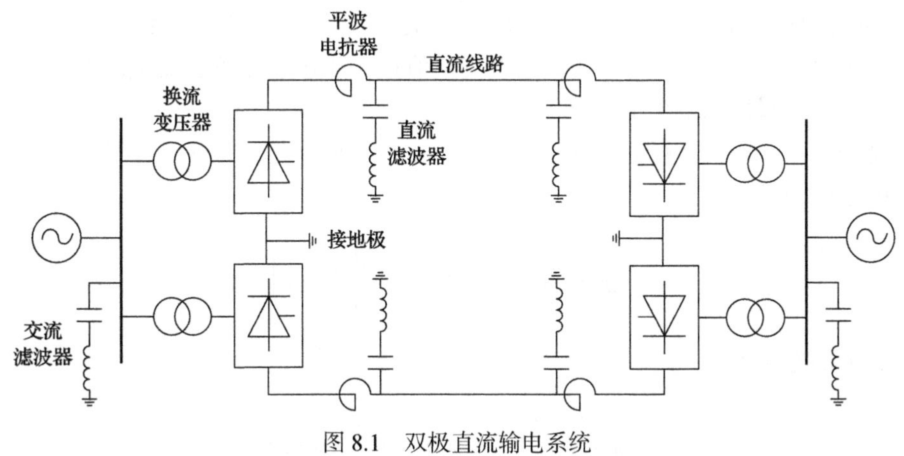

图 8.1　双极直流输电系统

目前运行中的 LCC 直流输电工程主要采用 ABB、SIEMENS 以及我国许继、南瑞继保公司生产的直流控制保护系统[145]，集控制和保护的功能于一体。

8.1.2　直流控制保护系统

1. 直流控制系统

直流控制保护系统中的控制系统通过调节换流器的触发角，实现对直流电压、电流的控制，典型的直流系统控制特性如图 8.2 所示[146]。图中，折线 a-b-c-d-e 为整流侧的控制特性曲线，折线 f-g-h-i-j 为逆变侧的控制特性曲线。

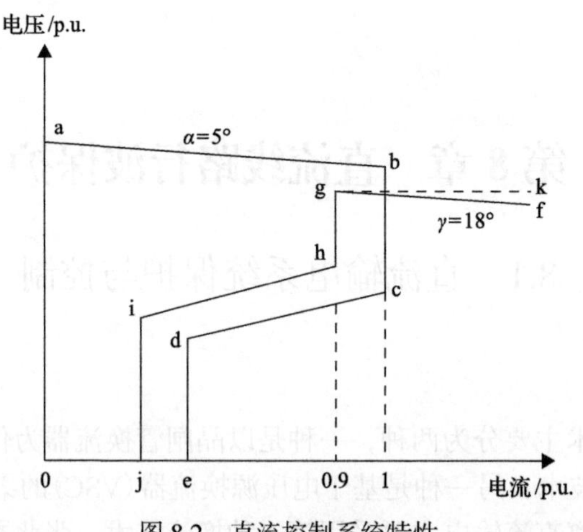

图 8.2　直流控制系统特性

整流侧的控制方式主要包括定电流控制(直线 b-c)和定最小触发角控制(直线 a-b)，逆变侧的控制方式包括定电压控制(直线 g-k)、定电流控制(直线 g-h)和定关断角控制(直线 g-f)。此外，在定电流控制中，还存在低压限流(voltage dependent current limit, VDCL)环节，如折线 c-d-e 和 h-i-j 所示。当直流控制系统检测到线路电压较低时，自动将定电流控制器的定值降低，从而使线路故障后稳态电流低于负荷电流，有利于故障后的供电恢复。

线路两端换流器的基本控制原则为电流裕度法[147]。逆变器电流控制器的定值通常整定为额定电流的 0.9 倍，与整流侧的电流定值存在 10%的裕度，避免两端的电流控制器同时动作而引起控制系统不稳定。

直流输电系统正常运行时，线路上的稳态电压、电流是由换流器的触发角决定的。整流侧的电压为

$$U_{dR} = N_1\left(1.35U_1\cos\alpha - \frac{3}{\pi}X_{r1}I_d\right) \tag{8-1}$$

逆变侧的电压为

$$U_{dI} = N_2\left(1.35U_2\cos\beta + \frac{3}{\pi}X_{r2}I_d\right) \tag{8-2}$$

直流线路上的电流为

$$I_d = \frac{U_{dR} - U_{dI}}{R} \tag{8-3}$$

式(8-1)～式(8-3)中，N_1、N_2 为 6 脉动换流器的组数；α 为整流侧触发角；β 为逆变侧触发角；U_1、U_2 为整流侧、逆变侧交流系统的线电压；X_{r1}、X_{r2} 为整流侧、逆变侧的换流阻抗。

2. 直流输电保护系统

1) 直流输电系统保护区划分

系统直流控制保护系统中的保护系统通过检测直流系统的故障，并根据不同故障类型采取不同措施，保障直流系统中设备的安全。按照不同的保护区域划分，保护系统可以分为以下 5 个保护区，如图 8.3 所示。

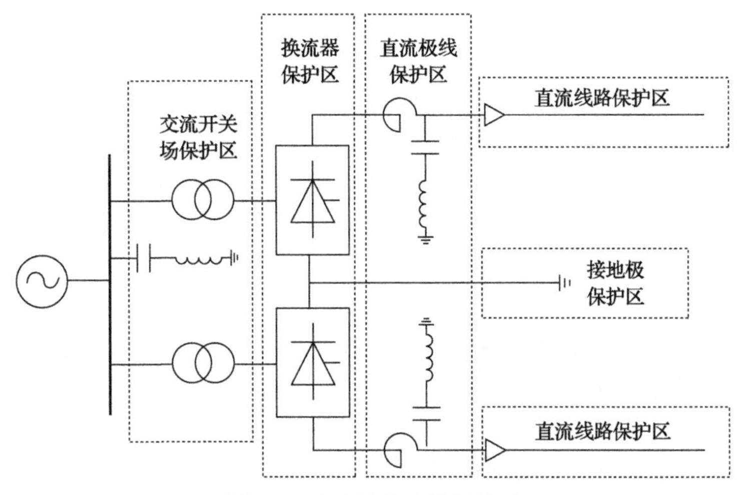

图 8.3　直流输电系统保护区

(1) 换流器保护区：负责检测换流器的内部故障及非正常运行状态，保障换流器设备的安全。

(2) 交流开关场保护：保护范围包括换流器交流侧的换流变压器和交流滤波器等设备。

(3) 接地极保护区：通过检测接地极和接地极引线故障，为直流系统提供可靠的接地系统。

(4) 直流极线保护区：保护范围包括直流极线及极线上的平波电抗器、直流滤波器等设备，保障极的安全运行。

(5) 直流线路保护区：负责检测直流线路上的故障。

在每个保护区域中，对于每一种故障类型都需要设置快速动作、具有绝对选择性的主保护，并配置延时出口的后备保护，以保证可靠地切除故障。后备保护大多不具有选择性，导致保护区域出现重叠。如直流极线保护区中的低电压保护同样能够反映直流线路故障，其延时最短为 0.4s[148]。如果直流线路保护不能在此延时内及时切除故障，该保护将动作。

对于不同保护区域的故障，直流控制保护系统采取不同的故障处理措施对故障进行清除。对于直流滤波器等辅助设备故障，可以切换到备用设备；对于换流器故障和直流极线故障，采取闭锁和停运故障极措施；对于 LCC 直流线路故障，由于其多为瞬时性故障，采取的是故障重启措施，通过熄灭故障点电弧来清除故障；对于 VSC 直流线路故障，则使用独立的继电保护和快速断路器清除故障。

2) 直流输电线路保护

(1) 对于 LCC 直流线路。LCC 直流线路控制保护系统中的定电流控制器对于故障电流起着限制作用，使直流线路故障后的稳态电流不显著增大，能起到保护直流系统设备安全的作用，具有一部分继电保护的功能，可以称之为“影子保护系统”。但是，“影子保护系统”只是起到限制故障电流的作用，无法清除故障，直流系统仍处于故障状态。如果相对快速清除，将采取闭锁故障极的措施，造成 LCC 直流系统单极或双极停运[140]。

LCC 直流输电线路保护的作用是快速检测出直流线路上故障的发生，并由直流控制系统进行故障清除和重启工作。直流线路保护动作后，直流控制系统通过增大整流侧的触发角，将整流器变为逆变器运行，从而使线路向两侧快速放电，达到熄灭故障点电弧的目的[149]。经过一段时间，待故障点电弧完全熄灭后，将整流侧换流器恢复为整流器工作状态，进行直流全压或降压再启动[150]。当故障为瞬时性故障时，直流线路可恢复正常运行；当故障为永久性故障时，直流线路保护将再次动作。此过程与交流线路的故障跳闸和自动重合闸过程类似。通过直流线路保护的快速动作，直流输电系统可以在线路瞬时性故障时迅速恢复运行，无需闭锁整个直流系统，保障了整个直流系统的稳定运行。

由于 LCC 直流线路保护的动作策略与其他保护区不同，为防止其他区域故障时直流控制保护系统错误地进行线路故障重启，LCC 直流线路保护需要具有绝对的选择性，且对于线路主保护和后备保护的动作速度具有不同的要求。①LCC 直流线路主保护应该在保证选择性的前提下尽可能快速地检测并切除故障[151]。线路主保护优先选择基于单端量信息的保护原理。②LCC 直流线路后备保护在保证可靠性、选择性、灵敏性的前提下，从动作时间上应该先于其他保护区域的后备保护动作，防止直流系统发生不必要的停运，一般采用纵联保护。

(2) 对于 VSC 直流线路。VSC 直流线路采用电压源型换流器，直流线路故障后，将在柔性直流线路和相连接的直流电网中产生巨大的短路电流，严重危害换流器、直流线路和相关电子设备的安全，如不及时清除，则会由于短路电流的热效应烧毁所有直流系统。

在现有的双端和多端柔性直流输电系统中，当直流侧出现故障时，采用的是通过断开换流站交流侧的交流短路器来切断故障电流、之后再通过直流侧的快速隔离开关对故障元件进行隔离的故障处理模式。但该模式不适用于柔性直流输电网。一方面，该模式下由于交流断路器的动作时间一般为 2～3 个工频周期，较慢的动作速度将使系统承受较长时间的大故障电流的冲击；另一方面，该模式下在直流侧发生故障后，系统中所有换流站将短时退出运行，整个直流电网将经历一段时间的停运，直流电网失去了其高供电可靠性的优势[132]。

另一种可能的故障处理模式是采用全桥型子模块等具有故障自清除能力的子模块来代替目前实际投入使用的半桥型子模块，在直流侧发生故障时通过控制子模块输出反向电压来衰减故障电流，从而达到减小和切断故障电流的目的。该模式虽比交流断路器模式的故障清除时间短，但故障后整个直流电网同样会经历一段时间的停运；同时，具有故障自清除能力的子模块比半桥型子模块需要用到更多的电力电子器件，投资成本较高，且更多的电力电子器件所带来的运行损耗也会进一步降低直流电网的经济性。

为了充分实现系统的高供电可靠性，直流输电网的故障处理模式仍应当与传统交流电网相类似，即通过直流断路器实现对直流侧故障元件的隔离和切除，最大限度地保证系统健全部分的完整性和持续运行。以图 8.4 为例进行说明，图中 MN 线路短路时，由安装于断路器 CB 处的继电保护装置判明故障线路，进而控制直流断路器从两端快速切除故障线路。

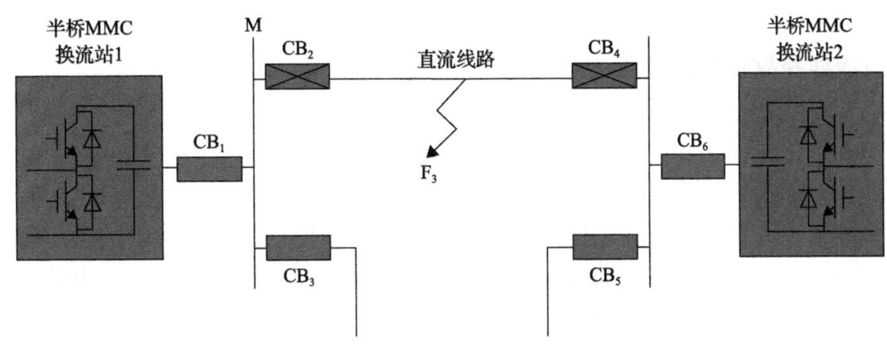

图 8.4　VSC 直流线路故障清除

VSC 直流线路保护也需要具有绝对的选择性，而对于线路主保护和后备保护的动作速度要求不同于 LCC 线路。

(1) VSC 直流线路主保护动作速度应该非常快，这是由于短路电流巨大，不允许长时间存在。更重要的原因是直流断路器开断能力有限，需要在短路电流上升到断路器开断能力之前予以切除，否则由于不能开断短路电流，导致直流线路乃至整个直流电网闭锁停运。

(2) 线路末端、高阻故障时，主保护因灵敏度限制，可能无法检测出故障，因而要求 VSC 直流线路后备保护在保证灵敏性的前提下，从动作速度上应该尽量快。

8.2　直流输电线路故障分析

8.2.1　直流系统的等效电路

通过上述的分析可以看出，不管是 LCC 直流线路还是 VSC 直流线路，故障发生的初瞬，故障行波的产生和形成机理都是一样的。由戴维南等效法则，可以将交流系统及换流器在直流侧等效为一个直流电压源和等效阻抗。单极直流系统在直流侧的等效电路如图 8.5 所示。图中，Z_S 和 Z_F 分别为直流线路上的平波电抗器和直流滤波器的等效阻抗；U_{dcR} 和 U_{dcI} 为整流侧和逆变侧的等效直流电源，其值为直流侧的开路电压，具体的表达式如式(8-4)和式(8-5)所示，其中 Z_{dcR} 和 Z_{dcI} 为交流系统及换流器的等效阻抗。

$$U_{dcR} = N_1 1.35 U_1 \cos\alpha \tag{8-4}$$

$$U_{dcI} = N_2 1.35 U_2 \cos\beta \tag{8-5}$$

图 8.5　直流系统等效电路

8.2.2　直流线路故障行波特征

1. 故障初始行波特征

1) 单极系统的初始行波

以单极系统为例，当直流输电线路发生金属接地故障时，故障点处的电压降为零，如图 8.6(a)所示。在故障发生时刻，直流控制系统尚未检测到线路电压、电流的变化，线路两侧控制系统的触发角保持不变，可以认为直流等效电源的电压仍为故障前的稳态电压值。将接地故障等效为两个方向相反、幅值相同的电压源串联，如图 8.6(b)所示。根据叠加定理，图 8.6(b)可以分解为线路正常运行网络和故障分量网络，如图 8.6(c)和(d)所示。正常运行网络为故障前系统的正常运行状态，线路上的电压、电流为稳定的直流分量。而在故障分量网络中，线路故障点在故障时刻叠加上一个阶跃电压$-U_d\varepsilon(t-t_0)$，从而产生了故障行波。

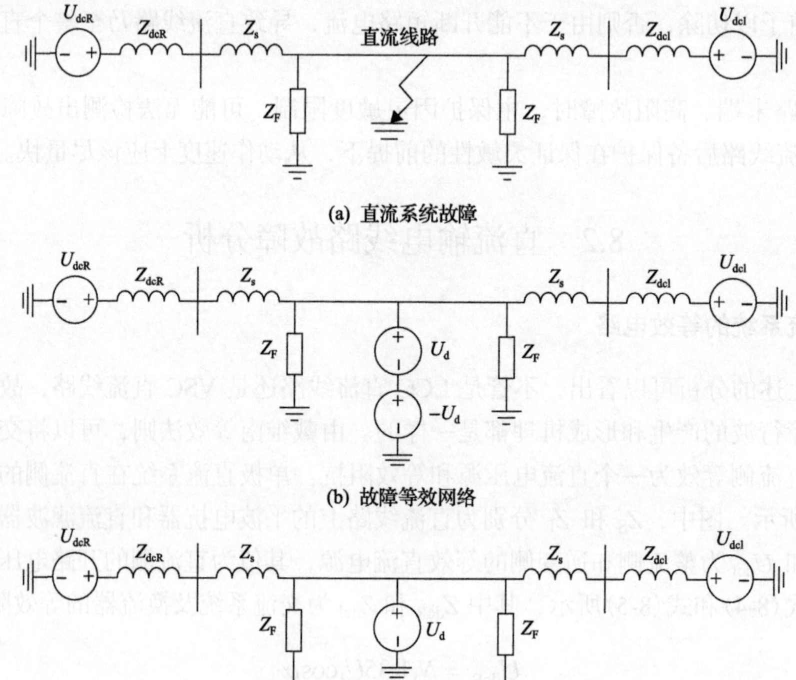

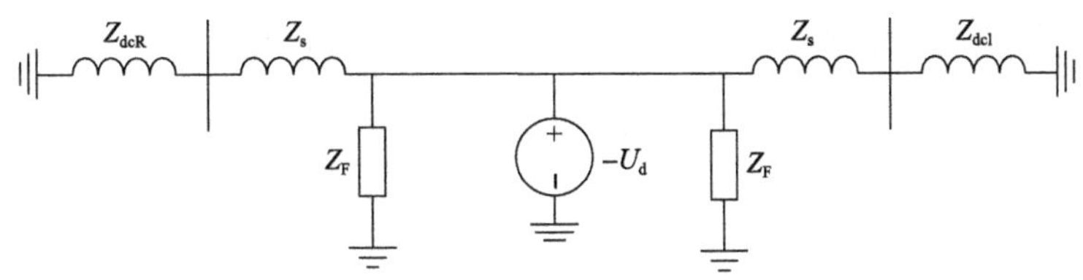

(d) 故障分量网络

图 8.6　故障行波分析叠加定理

线路的分布参数模型如图 8.7 所示。图中，R_0、L_0、C_0、G_0 分别为线路单位长度的串联电阻、串联电感、并联电容和并联电导。

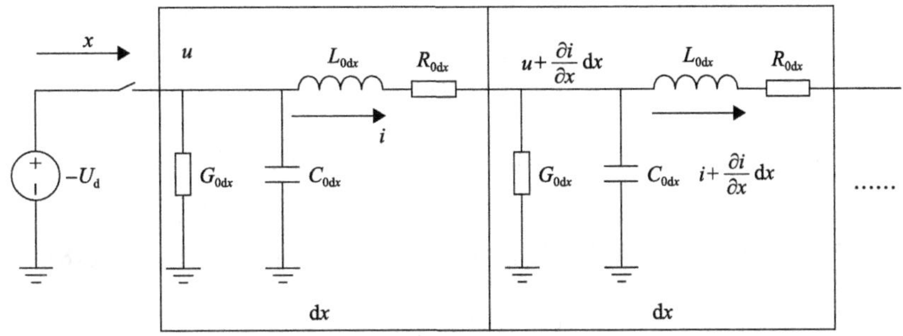

图 8.7　输电线路分布参数模型

由于线路串联电阻远小于串联电抗，并联电导也远小于并联导纳，所以在计算中可以忽略线路上的串联电阻和并联电导。列出线路上电压与电流的关系，如式(8-6)所示。

$$\begin{cases} u = L_0 \mathrm{d}x \dfrac{\partial i}{\partial t} + u + \dfrac{\partial u}{\partial x}\mathrm{d}x \\ i = C_0 \mathrm{d}x \dfrac{\partial u}{\partial t} + i + \dfrac{\partial i}{\partial x}\mathrm{d}x \end{cases} \tag{8-6}$$

上式可以化为

$$\begin{cases} -\dfrac{\partial u}{\partial x} = L_0 \dfrac{\partial i}{\partial t} \\ -\dfrac{\partial i}{\partial x} = C_0 \dfrac{\partial u}{\partial t} \end{cases} \tag{8-7}$$

进一步化为二阶偏微分方程，如式(8-8)所示。

$$\begin{cases} \dfrac{\partial^2 u}{\partial x^2} = L_0 C_0 \dfrac{\partial^2 u}{\partial t^2} \\ \dfrac{\partial^2 i}{\partial x^2} = L_0 C_0 \dfrac{\partial^2 i}{\partial t^2} \end{cases} \tag{8-8}$$

上式就是描述故障行波的 D'Alembert 方程。它的解可以表示为

$$\begin{cases} u(x,t) = u_{\mathrm{f}}\left(t - \dfrac{x}{v}\right) + u_{\mathrm{b}}\left(t + \dfrac{x}{v}\right) \\ i(x,t) = \dfrac{1}{Z_{\mathrm{c}}}\left[u_{\mathrm{f}}\left(t - \dfrac{x}{v}\right) - u_{\mathrm{b}}\left(t + \dfrac{x}{v}\right)\right] \end{cases} \tag{8-9}$$

式中，v 为行波在线路上传播的波速度；Z_{c} 为线路的波阻抗。

$$v = \frac{1}{\sqrt{L_0 C_0}} \tag{8-10}$$

$$Z_{\mathrm{c}} = \sqrt{\frac{L_0}{C_0}} \tag{8-11}$$

从式(8-9)可以看出，线路电压、电流是由两个分量构成的。其中 $u_f(t - x/v)$ 沿着 x 轴的正方向传播，称为正向行波；$u_b(t + x/v)$ 沿着 x 轴的反方向传播，称为反向行波。正向行波 u_{f} 和反向行波 u_{b} 可以通过线路上的电压、电流计算得到，如式(8-12)所示。

$$\begin{cases} u_{\mathrm{f}} = (u + iZ_{\mathrm{c}})/2 \\ u_{\mathrm{b}} = (u - iZ_{\mathrm{c}})/2 \end{cases} \tag{8-12}$$

2) 双极系统的初始行波

对于双极直流系统，两极的电压、电流存在互耦，可以表示为

$$\begin{bmatrix} u_{\mathrm{p}} \\ u_{\mathrm{n}} \end{bmatrix} = \begin{bmatrix} Z_{\mathrm{s}} & Z_{\mathrm{m}} \\ Z_{\mathrm{m}} & Z_{\mathrm{s}} \end{bmatrix} \begin{bmatrix} i_{\mathrm{p}} \\ i_{\mathrm{n}} \end{bmatrix} \tag{8-13}$$

式中，u_{p}、u_{n}、i_{p}、i_{n} 分别为正极和负极的电压、电流；Z_{s} 为每极线路的自阻抗；Z_{m} 为两极线路之间的互阻抗。

使用如式(8-14)的极模变换矩阵对两极的电压、电流进行解耦。

$$T = \frac{1}{\sqrt{2}} \begin{bmatrix} 1 & 1 \\ 1 & -1 \end{bmatrix} \tag{8-14}$$

得到线模和零模电压的表达式为

$$\begin{bmatrix} u_0 \\ u_1 \end{bmatrix} = T \begin{bmatrix} u_{\mathrm{p}} \\ u_{\mathrm{n}} \end{bmatrix} = \frac{1}{\sqrt{2}} \begin{bmatrix} 1 & 1 \\ 1 & -1 \end{bmatrix} \begin{bmatrix} u_{\mathrm{p}} \\ u_{\mathrm{n}} \end{bmatrix} \tag{8-15}$$

同理，线模和零模电流为

$$\begin{bmatrix} i_0 \\ i_1 \end{bmatrix} = T \begin{bmatrix} i_{\mathrm{p}} \\ i_{\mathrm{n}} \end{bmatrix} = \frac{1}{\sqrt{2}} \begin{bmatrix} 1 & 1 \\ 1 & -1 \end{bmatrix} \begin{bmatrix} i_{\mathrm{p}} \\ i_{\mathrm{n}} \end{bmatrix} \tag{8-16}$$

式中，u_0、u_1、i_0、i_1分别为电压、电流的零模和线模分量。

通过极模变换，将互耦的两极电压、电流解耦为独立的线模和零模分量，零模波阻抗 Z_0 和线模波阻抗 Z_1 的表达式如下所示。

$$\begin{cases} Z_0 = Z_s + Z_m \\ Z_1 = Z_s - Z_m \end{cases} \tag{8-17}$$

双极直流系统在不同故障类型下，由于故障点的边界条件不同，故障初始行波的特征也不一样。下面具体分析线路单极故障和双极故障的初始行波特征。

(1) 单极故障。以正极故障为例，故障分量网络的故障边界如图 8.8 所示，R_f 为故障过渡电阻，u_{pF} 为故障附加电源。正极故障时，u_{pF} 的值为负的直流电压，即 u_{pF}=$-U_{dc}$。

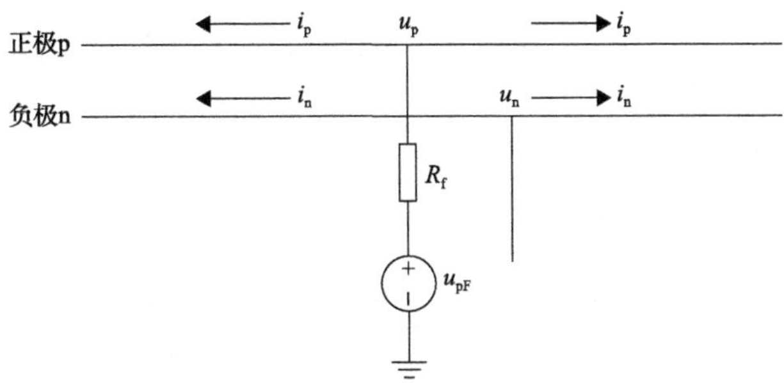

图 8.8 正极接地故障的边界示意图

故障点处的电压、电流存在如下关系：

$$\begin{cases} u_p = u_{pF} - 2i_p R_f \\ i_n = 0 \end{cases} \tag{8-18}$$

联立式(8-15)、式(8-16)和式(8-19)，可解得两极的电压初始行波为

$$\begin{cases} u_p = -\dfrac{U_{dc}(Z_0 + Z_1)}{Z_0 + Z_1 + 4R_f} \\ u_n = -\dfrac{U_{dc}(Z_0 - Z_1)}{Z_0 + Z_1 + 4R_f} \end{cases} \tag{8-19}$$

利用式(8-19)，将两极的电压初始行波化为线模和零模电压初始行波，如式(8-20)所示。

$$\begin{cases} u_1 = -\dfrac{\sqrt{2}U_{dc}Z_1}{Z_0 + Z_1 + 4R_f} \\ u_0 = -\dfrac{\sqrt{2}U_{dc}Z_0}{Z_0 + Z_1 + 4R_f} \end{cases} \tag{8-20}$$

线路负极接地故障时，故障附加网络的边界条件为

$$\begin{cases} u_{\mathrm{n}} = u_{\mathrm{nF}} - 2i_{\mathrm{n}}R_{\mathrm{f}} \\ i_{\mathrm{p}} = 0 \end{cases} \tag{8-21}$$

u_{nF} 的值为正的直流电压，即 $u_{\mathrm{nF}} = U_{\mathrm{dc}}$。同样可以解得线模和零模电压初始行波为

$$\begin{cases} u_1 = -\dfrac{\sqrt{2}U_{\mathrm{dc}}Z_1}{Z_0 + Z_1 + 4R_{\mathrm{f}}} \\ u_0 = -\dfrac{\sqrt{2}U_{\mathrm{dc}}Z_0}{Z_0 + Z_1 + 4R_{\mathrm{f}}} \end{cases} \tag{8-22}$$

对比式(8-20)和式(8-22)，在线路发生单极接地时，无论是正极还是负极故障，所产生的线模电压初始行波幅值相同，且都为负极性。零模电压初始行波的幅值相同，但极性相反，正极故障时为负极性，负极故障时为正极性。

(2)双极故障。双极故障时，故障附加网络的故障边界如图 8.9 所示。

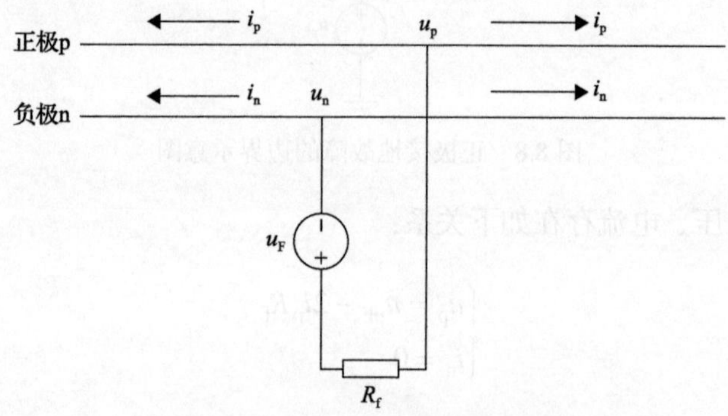

图 8.9 双极故障的边界示意图

在故障点处，电压和电流满足如下的边界条件。其中，故障附加电源为负的两极之间电压，即 $u_{\mathrm{F}} = -2U_{\mathrm{dc}}$。

$$\begin{cases} u_{\mathrm{p}} - 2i_{\mathrm{n}}R_{\mathrm{f}} - u_{\mathrm{F}} = u_{\mathrm{n}} \\ 2i_{\mathrm{n}} = -2i_{\mathrm{n}} \end{cases} \tag{8-23}$$

联立式(8-15)、式(8-16)和式(8-23)，可以解得两极的电压初始行波为

$$\begin{cases} u_{\mathrm{p}} = -\dfrac{U_{\mathrm{dc}}Z_1}{Z_1 + 4R_{\mathrm{f}}} \\ u_{\mathrm{n}} = -\dfrac{U_{\mathrm{dc}}Z_1}{Z_1 + 4R_{\mathrm{f}}} \end{cases} \tag{8-24}$$

对两极电压进行极模变换，得到线模和零模电压初始行波如式(8-25)所示。线模电

压初始行波为负极性，不存在零模电压行波。

$$\begin{cases} u_1 = -\dfrac{\sqrt{2}U_{\mathrm{dc}}Z_1}{Z_1 + 4R_{\mathrm{f}}} \\ u_0 = 0 \end{cases} \tag{8-25}$$

综上可知，在不同故障类型下，线模电压初始行波始终为负极性，零模电压初始行波在不同故障类型下有不同的特征，正极故障时极性为负，负极故障时极性为正，双极故障时不存在零模电压初始行波。

2. 频变参数对行波的影响

由于导线和大地趋肤效应的影响，线路参数中的电感和电阻是随频率变化的。在频域中，对于某一特定频率的分量，线路的电压、电流满足如下关系：

$$\begin{cases} -\dfrac{\mathrm{d}U}{\mathrm{d}x} = (R_0 + \mathrm{j}\omega L_0)I = Z_0 I \\ -\dfrac{\mathrm{d}I}{\mathrm{d}x} = (G_0 + \mathrm{j}\omega C_0)U = Y_0 U \end{cases} \tag{8-26}$$

式中，U 和 I 在单极系统中为单极的电压和电流，在双极系统中为独立的电压、电流模量。

从式(8-27)可以得到线路上任意一点的电压、电流解为

$$\begin{cases} U_{\mathrm{x}} = A_1 \mathrm{e}^{-\gamma x} + A_2 \mathrm{e}^{\gamma x} \\ I_{\mathrm{x}} = (A_1 \mathrm{e}^{-\gamma x} - A_2 \mathrm{e}^{\gamma x}) / Z_{\mathrm{c}} \end{cases} \tag{8-27}$$

式中，A_1、A_2 为正向行波和反向行波。Z_{c} 和 γ 的表达式为式(8-28)和式(8-29)，是与频率 ω 相关的变量。

$$Z_{\mathrm{c}} = \sqrt{\frac{Z_0}{Y_0}} = \sqrt{\frac{R_0 + \mathrm{j}\omega L_0}{G_0 + \mathrm{j}\omega C_0}} \tag{8-28}$$

$$\gamma = \sqrt{Z_0 Y_0} = \sqrt{(R_0 + \mathrm{j}\omega L_0)(G_0 + \mathrm{j}\omega C_0)} \tag{8-29}$$

考虑到线路频变参数的影响，故障点处产生的阶跃行波经过线路的衰减和畸变，到达测量点处不再是简单的阶跃函数，行波波头变得较为平缓。图 8.10 给出了阶跃行波经过不同长度线路的传输，到达线路测量点处的行波波头的变化情况。随着故障距离的增加，到达测量点的行波波头的上升时间逐渐增加，波头幅值的衰减也随之增大。在线路 300km 处故障时，测量点处的行波波头上升时间约为 15μs，行波波头幅值为 0.95p.u。

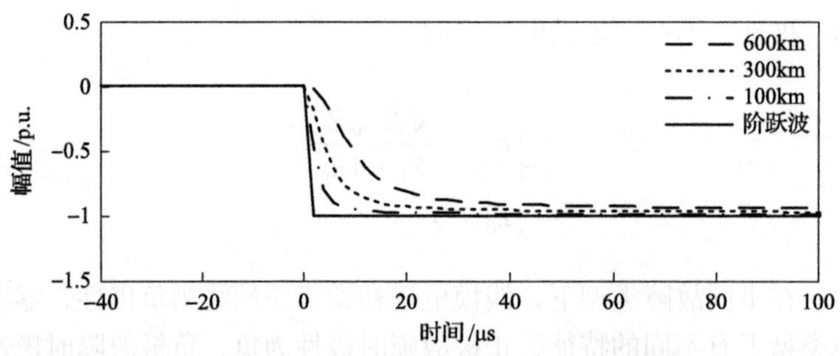

图 8.10　线路频变参数特性对于行波波头的影响

3. 线路边界的行波折反射特性

直流线路的边界由平波电抗器和直流滤波器组成，如图 8.11 所示。直流滤波器的谐振频率一般为 600Hz、1200Hz 和 1800Hz，用于滤除由换流器所产生的 12、24 和 36 次谐波。附录 3 为一典型的 500kV 双极直流输电系统，根据其中的滤波器参数，对于直流线路边界的频率特性进行分析。当线路内部故障时，线路边界等效阻抗的幅频特性如图 8.11 所示。从图中可以看出，在约 5kHz 以上的高频分量处，线路边界的等效阻抗随着频率的增加而线性增加。因此，在进行高频行波分析时，可以将线路边界等效为一线性电感。根据典型参数可以计算得到，该等效电感约为 5.8mH。

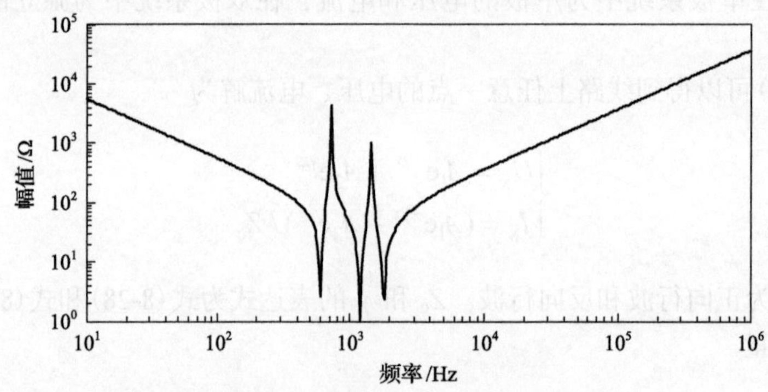

图 8.11　区内故障时线路边界的频率特性

故障行波在边界处的折反射示意图如图 8.12(a)所示，u_b、i_b为入射电压、电流行波；u_f、i_f为线路边界的反射电压、电流行波；u_L、i_L为折射电压、电流行波。L_1为线路边界的等效集中电感，Z_C为直流线路的波阻抗。

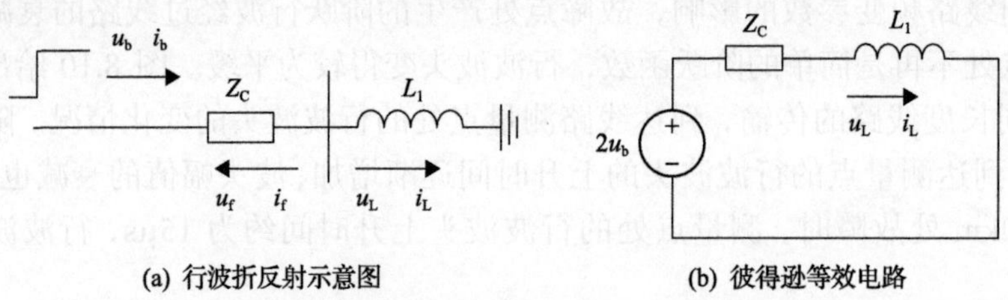

图 8.12　直流输电线路故障时线路边界的行波折反射示意图

根据彼得逊法则，图 8.12(a)的等效电路如图 8.12(b)所示，可以列出如下微分方程：

$$L_1 \frac{\mathrm{d}i_L}{\mathrm{d}t} + Z_c i_L = 2u_b \tag{8-30}$$

考虑线路电流行波的初值为 0，可以得到式(8-30)的解为

$$i_L(t) = \frac{2u_b}{Z_c}\left(1 - \mathrm{e}^{-\frac{Z_c}{L_1}t}\right) \tag{8-31}$$

那么，线路边界的电压反射行波为

$$u_f(t) = L_1 \frac{\mathrm{d}i_L}{\mathrm{d}t} - u_b = 2u_b \mathrm{e}^{-\frac{Z_c}{L_1}t} - u_b \tag{8-32}$$

从上式可以看出，电压反射行波含有两个极性分量。当 $t=0$ 时，电压反射行波的幅值为 u_b，与初始行波极性相同。当 t 逐渐增大时，u_f 逐渐呈指数特性变化，变化的方向与 u_b 相反，即产生了一个与初始行波极性相反的分量。该分量反映了线路边界的特性，是故障后在线路上传播的主要行波分量。

在实际线路中，由于线路频变参数的影响，入射波不是理想的阶跃信号，波头具有一定的上升时间，入射行波与反射行波的波形如图 8.13 所示。从图中可以看出，由于线路频变参数的影响，与初始行波同极性的行波分量幅值较小，且上升时间较短，含有的高频分量较多，在线路上传播时衰减较明显。而与初始行波极性相反的分量幅值较大，仍然呈指数特性变化。

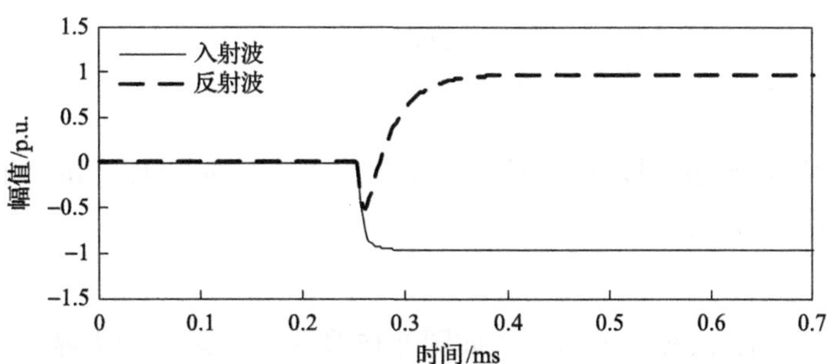

图 8.13　直流线路故障时线路边界的入射行波与反射行波

4. 故障点的行波折反射特性

当故障行波到达故障点时，由于故障点处波阻抗的不连续性，行波将发生折反射。行波在故障点的折反射如图 8.14(a)所示，其中 u_f、u_z 分别为故障点的反射电压和折射电压；i_k 为故障点支路的电流。

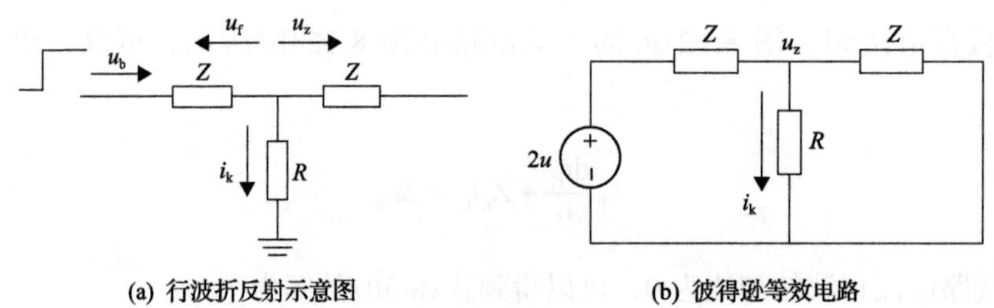

图 8.14　故障点行波折反射示意图

对于双极直流系统，故障点处两极的折射电压和故障支路电流存在互耦，使用极模变换将其化为线模和零模分量，如式(8-33)和式(8-34)所示。

$$\begin{bmatrix} u_{0z} \\ u_{1z} \end{bmatrix} = T \begin{bmatrix} u_{pz} \\ u_{nz} \end{bmatrix} \tag{8-33}$$

$$\begin{bmatrix} i_{0k} \\ i_{1k} \end{bmatrix} = T \begin{bmatrix} i_{pk} \\ i_{nk} \end{bmatrix} \tag{8-34}$$

式中，T 为式(8-14)中的极模变换矩阵；u_{pz}、u_{nz} 分别为正极、负极的折射电压行波分量；u_{0z}、u_{1z} 为折射电压行波的零模和线模分量；i_{pk}、i_{nk} 为正极、负极的故障支路电流；i_{0k}、i_{1k} 为故障支路电流的零模和线模分量。

根据彼得逊法则，对于独立的线模和零模行波分量，在故障点处的折反射可以表示为图 8.14(b)所示的等效电路，入射电压与折射电压的关系如式(8-35)所示。由于线模和零模行波分量的传播速度存在差异，二者并不同时到达故障点。因此，当线模分量到达故障点时，零模分量为 0，即式(8-35)中 $u_0 = 0$。

$$\begin{cases} 2u_1 = 2u_{1z} + i_{1k} Z_1 \\ 2u_0 = 2u_{0z} + i_{0k} Z_0 \end{cases} \tag{8-35}$$

对于不同的故障类型，故障点的折反射特性不同。下面具体分析单极故障和双极故障时故障点的折反射系数。

1）单极故障

以正极故障为例，故障点的示意图如图 8.15 所示。故障点的边界条件可以表示为

$$\begin{cases} u_{pz} = i_{pk} R_f \\ i_{nk} = 0 \end{cases} \tag{8-36}$$

联立式(8-35)、式(8-36)，可以求得故障点处线模折射电压为

$$u_{1z} = \frac{(Z_0 + 4R_f)u_1 - Z_1 u_0}{Z_0 + Z_1 + 4R_f} \tag{8-37}$$

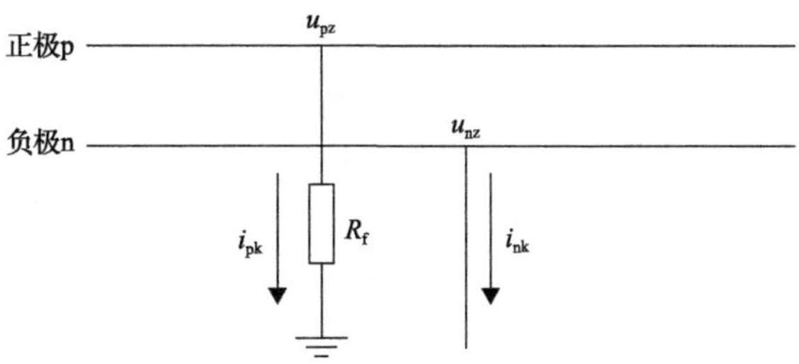

图 8.15　单极接地故障点折反射示意图

因此，线模电压行波的折射系数为

$$k_z = \frac{Z_0 + 4R_f}{Z_0 + Z_1 + 4R_f} \tag{8-38}$$

入射电压、反射电压和折射电压存在如下关系：

$$u_1 + u_f = u_z \tag{8-39}$$

可以推出线模电压的反射系数为

$$k_f = -\frac{Z_1}{Z_0 + Z_1 + 4R_f} \tag{8-40}$$

2) 双极故障

双极故障时，故障点的边界如图 8.16 所示，故障点的边界条件可以表示为

$$\begin{cases} u_{pz} - u_{nz} = i_{pk} R_f \\ i_{pk} = -i_{nk} \end{cases} \tag{8-41}$$

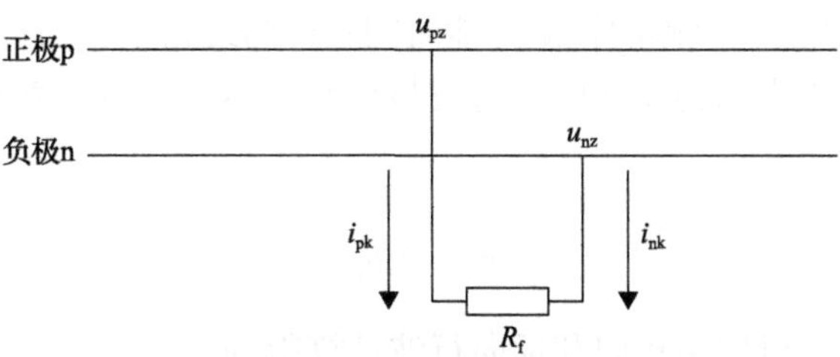

图 8.16　双极故障点折反射示意图

联解以上四式，可以求得线模折射电压为

$$u_{1z} = \frac{R_f u_1}{Z_1 + R_f} \tag{8-42}$$

因此，故障点的线模电压折射系数为

$$k_z = \frac{R_f}{Z_1 + R_f} \tag{8-43}$$

线模电压的反射系数为

$$k_f = \frac{Z_1}{Z_1 + R_f} \tag{8-44}$$

由上述分析可知，无论是单极故障还是双极故障，线路故障点的线模电压折射系数和反射系数不同，但折射系数都大于 0，反射系数都小于 0。即折射电压与入射电压的极性相同，反射电压与入射电压极性相反。

5. 故障行波的叠加

故障行波在线路边界和故障点发生折反射，形成故障行波过程，如图 8.17 所示。在线路两侧的测量点测量到的电压、电流可以表示为各个行波的叠加，包含了初始行波、故障点的反射波和线路对端边界的反射波等行波分量。

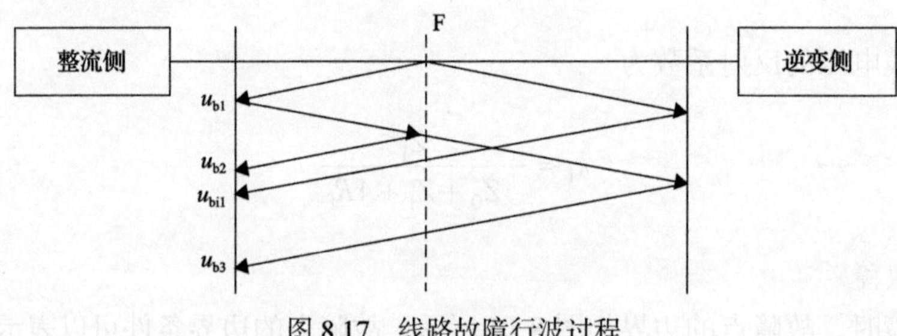

图 8.17 线路故障行波过程

在整流侧测量得到的反向电压行波可以表示为

$$u_b = u_{b1}\varepsilon(t-\tau) + u_{b2}\varepsilon(t-3\tau) + u_{bi1}\varepsilon(t-2\tau_L+\tau) + u_{b3}\varepsilon(t-2\tau_L-\tau) + \cdots \tag{8-45}$$

式中，τ 为故障点到线路整流侧的行波传播时间；τ_L 为线路全长的行波传播时间。

正向电压行波可以表示为反向电压行波与线路边界反射系数 k_b 的乘积，如式(8-46)所示。

$$u_f = k_b u_b \tag{8-46}$$

线路的电压、电流可以由正向和反向行波计算得到。

图 8.18 给出了在双极系统发生单极接地时，整流侧测量得到的故障极电压、电流波形，图中的突变点即为故障行波波头。

8.2.3 LCC 直流线路故障暂态特征

在线路故障发生后，由于直流控制系统的动作，线路上的电压、电流将从故障前的稳态过渡到故障后的稳态。在故障暂态过程中，直流线路可以使用集总参数模型等效，如图 8.19(a)所示。图中，X_{L1}、X_{L2} 和 R_{L1}、R_{L2} 分别为直流线路的电抗和电阻。由于直流

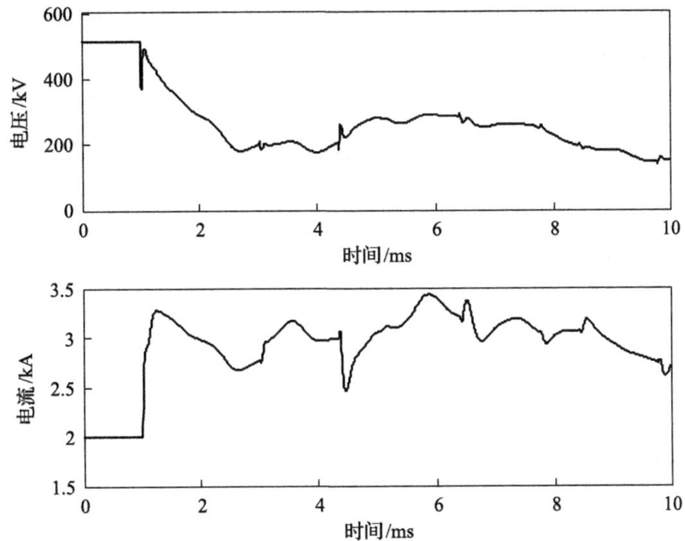

图 8.18　单极接地故障时整流侧的电压、电流行波

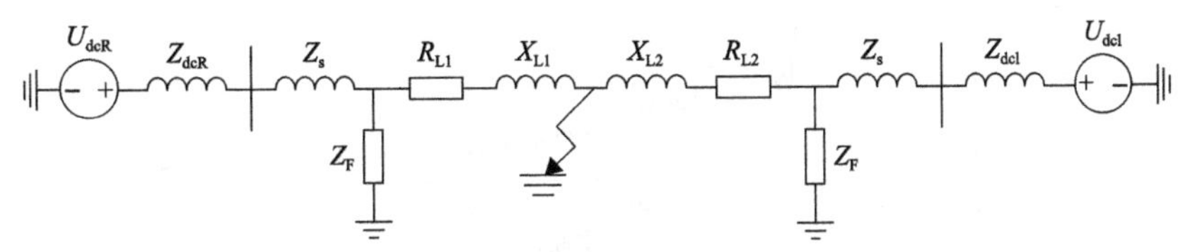

(a) 直流电压源作用

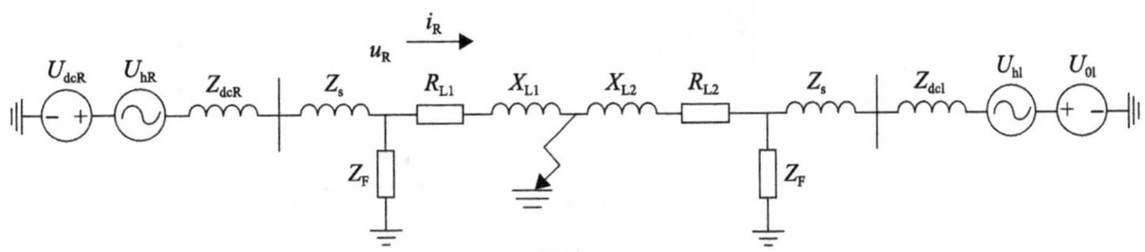

(b) Fourier级数分解的等效电路

图 8.19　故障暂态过程的等效电路

控制系统的作用，直流系统两侧换流器的触发角 α 和 β 将发生变化，在这期间直流等效电源的幅值是随时间变化的。利用 Fourier 级数分解，将该变化的电压源分解为直流分量和不同频率交流电源的叠加，如式(8-47)所示。

$$\begin{cases} U_{\mathrm{dcR}}(t) = U_{0\mathrm{R}} + \sum\limits_{n=1}^{\infty} \sqrt{2} U_{\mathrm{hR}n} \cos(n\omega t + \varphi_{\mathrm{R}n}) \\ U_{\mathrm{dcI}}(t) = U_{0\mathrm{I}} + \sum\limits_{n=1}^{\infty} \sqrt{2} U_{\mathrm{hI}n} \cos(n\omega t + \varphi_{\mathrm{I}n}) \end{cases} \tag{8-47}$$

式中，$U_{0\mathrm{R}}$ 和 $U_{0\mathrm{I}}$ 为直流分量；$U_{\mathrm{hR}n}$ 和 $U_{\mathrm{hI}n}$ 为 n 次谐波分量的幅值；$\varphi_{\mathrm{R}n}$ 和 $\varphi_{\mathrm{I}n}$ 为 n 次谐波分量的初相位。

故障暂态过程的等效电路可以表示为如图 8.19(b)所示的电路。其中，U_{hR}、U_{hI} 分别表示整流侧和逆变侧的等效交流电源，包含了式(8-47)中所有的频率分量。

由于系统中感性和容性元件的存在，在等效交流电压源的作用下，线路上的直流电压、电流产生了谐波分量。线路整流侧的电流、电压计算公式如式(8-48)和式(8-49)所示。

$$i_{dcR}(t)=\frac{U_{0R}}{R_{L1}}+\frac{Z_F}{Z_F+X_{L1}}\frac{1}{Z_{dcR}+Z_s+Z_F//X_{L1}}\sum_{n=1}^{\infty}\sqrt{2}U_{hRn}\cos\left(n\omega t+\varphi_{Rn}-\frac{\pi}{2}\right) \tag{8-48}$$

$$u_{dcR}(t)=U_{0R}+\frac{Z_F//X_{L1}}{Z_{dcR}+Z_s+Z_F//X_{L1}}\sum_{n=1}^{\infty}\sqrt{2}U_{hRn}\cos(n\omega t+\varphi_{Rn}) \tag{8-49}$$

图 8.20 给出了单极线路故障时，故障极在整流侧的电压、电流波形。

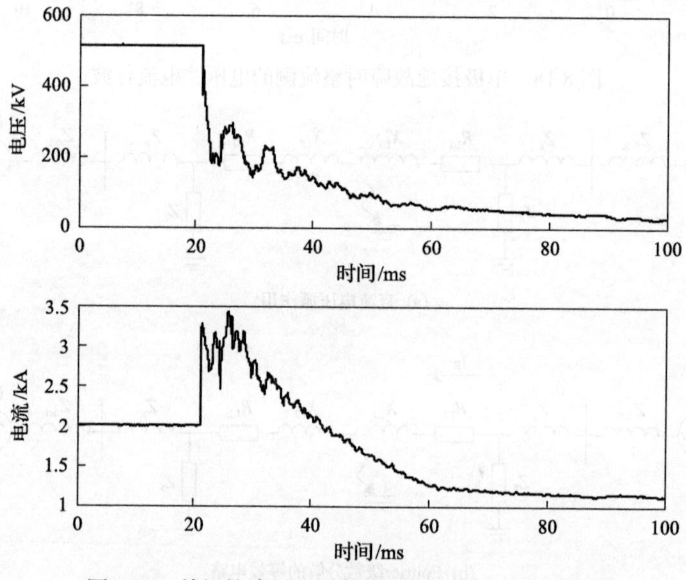

图 8.20 单极故障时整流侧故障极电压、电流波形

可以看出，在故障后的暂态过程中，线路上的电压、电流含有丰富的暂态谐波分量。线路上的电压、电流谐波分量在线路上产生了无功功率的流动，形成了明显的故障特征，与正常运行时具有明显的区别，可以利用无功功率的特征构造保护算法。

8.2.4 LCC 直流线路故障稳态特征

当故障暂态过程完全衰减后，直流线路上的电压、电流进入故障稳态过程，如图 8.20 中所示。在直流等效电路中，整流侧和逆变侧的直流电源处于新的稳态值。在直流控制系统定电流控制和低压限流特性的作用下，故障点的电流为 0.1 倍的额定电流。线路故障极的电流为定电流控制所设定的定值，小于额定电流，故障极的电压为接近于零的稳态值。非故障极的电压、电流保持不变，为正常运行值。故障极整流侧的电流和电压的表达式为

$$i_{\mathrm{R}} = I_{\mathrm{set}} \tag{8-50}$$

$$u_{\mathrm{R}} = I_{\mathrm{set}} R_0 l + 0.1 I_{\mathrm{N}} R_{\mathrm{f}} \tag{8-51}$$

式中，l 为故障点离整流侧的距离；I_{N} 为线路的额定电流值；I_{set} 为定电流控制的定值。

8.2.5 VSC 直流线路故障行波分析

1. 保护安装处所观测到的初始故障行波

故障点产生的初始故障行波沿线路传播至线路两端后，经由线路边界的折反射作用之后才成为线路两端的保护装置所能真正观测到的故障行波[132]。如图 8.21(a)的线路边界示意图所示，入射到线路边界的初始故障行波具有阶跃函数的形式，其在不同的故障条件下阶跃的幅值需要乘以线路对其幅值的衰减，在这里仅用单位阶跃函数 $\varepsilon(t)$ 简化表示。线路故障 F 对于测量点 1 的保护来说为区内故障，对于测量点 2 的保护来说为区外故障。根据彼得逊法则可以得到如图 8.21(b)所示的等效电路，其中 L_{s} 为平波电抗器的电感值；Z_{c} 为线路的波阻抗，分析极模和零模故障行波时分别使用相应的极模和零模波阻抗即可；Z_{con} 为换流站等效阻抗，由电阻、电感、电容三部分组成。

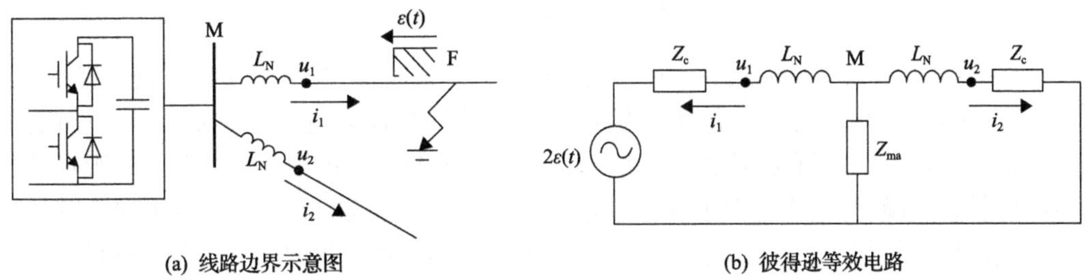

(a) 线路边界示意图　　(b) 彼得逊等效电路

图 8.21　直流电网线路的边界

求解图 8.21(b)所示的等效电路可以得到测量点 1 和测量点 2 的电压、电流以及初始电压故障行波如下所示：

$$\begin{cases} u_1(t) = \left(1 + \mathrm{e}^{-\frac{Z_{\mathrm{c}}}{L_{\mathrm{s}}}t}\right)\varepsilon(t) - \dfrac{Z_{\mathrm{c}}}{\xi L_{\mathrm{s}}}\mathrm{e}^{-\frac{Z_{\mathrm{c}}}{2L_{\mathrm{s}}}t}\sinh(\xi t)\varepsilon(t) \\ i_1(t) = -\dfrac{1}{Z_{\mathrm{c}}}\left(1 - \mathrm{e}^{-\frac{Z_{\mathrm{c}}}{L_{\mathrm{s}}}t}\right)\varepsilon(t) - \dfrac{1}{\xi L_{\mathrm{s}}}\mathrm{e}^{-\frac{Z_{\mathrm{c}}}{2L_{\mathrm{s}}}t}\sinh(\xi t)\varepsilon(t) \\ u_{1\mathrm{r}}(t) = \dfrac{u_1(t) - Z_{\mathrm{c}} i_1(t)}{2} = \varepsilon(t) \\ u_{1\mathrm{f}}(t) = \dfrac{u_1(t) + Z_{\mathrm{c}} i_1(t)}{2} = \mathrm{e}^{-\frac{Z_{\mathrm{c}}}{L_{\mathrm{s}}}t}\varepsilon(t) - \dfrac{Z_{\mathrm{c}}}{\xi L_{\mathrm{s}}}\mathrm{e}^{-\frac{Z_{\mathrm{c}}}{2L_{\mathrm{s}}}t}\sinh(\xi t)\varepsilon(t) \end{cases} \tag{8-52}$$

$$\begin{cases} u_2(t) = \left(1 - \mathrm{e}^{-\frac{Z_c}{L_s}t}\right)\varepsilon(t) - \dfrac{Z_c}{\xi L_s}\mathrm{e}^{-\frac{Z_c}{2L_s}t}\sinh(\xi t)\varepsilon(t) \\ i_2(t) = -\dfrac{1}{Z_c}\left(1 - \mathrm{e}^{-\frac{Z_c}{L_s}t}\right)\varepsilon(t) - \dfrac{1}{\xi L_s}\mathrm{e}^{-\frac{Z_c}{2L_s}t}\sinh(\xi t)\varepsilon(t) \\ u_{2r}(t) = \dfrac{u_2(t) - Z_c i_2(t)}{2} = 0 \\ u_{2f}(t) = \dfrac{u_2(t) + Z_c i_2(t)}{2} = \left(1 - \mathrm{e}^{-\frac{Z_c}{L_s}t}\right)\varepsilon(t) - \dfrac{Z_c}{\xi L_s}\mathrm{e}^{-\frac{Z_c}{2L_s}t}\sinh(\xi t)\varepsilon(t) \end{cases} \tag{8-53}$$

式中，ξ 的表达式如下：

$$\xi = \sqrt{\frac{Z_\Sigma{}^2}{4L_\Sigma{}^2} - \frac{2}{L_\Sigma C_{\text{con}}}}$$
$$Z_\Sigma = Z_c + 2R_{\text{con}} \tag{8-54}$$
$$L_\Sigma = L_c + 2L_{\text{con}}$$

观察测量点 1 的各量的式(8-52)和测量点 2 的各量的式(8-53)，可以发现：测量点 1 的电压 $u_1(t)$ 在 $t=0$ 时刻有幅值为 2 的跳变；测量点 1 的反向电压行波 $u_{1r}(t)$ 和正向电压行波 $u_{1f}(t)$ 在 $t=0$ 时刻有幅值为 1 的跳变；测量点 1 的其余各量及测量点 2 的所有量在 $t=0$ 时刻都没有跳变。这是由于线路边界的电感对电压行波的高频突变波头的反射系数为 1，进而跳变幅值为 1 的反向电压行波 $u_{1r}(t)$ 入射到线路边界时，产生的反射波 $u_{1f}(t)$ 的跳变幅值也为 1，两者的叠加即为跳变幅值为 2 的电压 $u_1(t)$；而折射到测量点 2 的 $u_{2f}(t)$ 由于线路边界对电压行波高频突变波头的折射系数为 0 而没有突变波头，即线路边界对行波高频突变波头具有很好的阻隔作用，能够将其限制在故障线路上而不渗透到其他健全线路。

图 8.22 给出了在 L_s=200mH、Z_c=250Ω 的典型参数下式(8-52)和式(8-53)中各量的仿真波形图。故障点处所加的电源是负的单位阶跃函数。公式计算结果与仿真结果一致，不再画出。图中各量均为标幺值，其中电压和电压行波的基值即为故障附加电源幅值；电流基值为故障附加电源幅值除以波阻抗。

从图 8.22 中可以清晰地看出，由于平波电抗器对高频分量的阻隔作用，测量点 2 的电压故障行波波头比测量点 1 的要平滑许多，所以利用正向电压行波或反向电压行波的波头特征即可区分区内故障和区外线路故障。考虑到初始反向电压故障行波是直接来自区内故障点的行波，不受背后系统的影响，具有较为明确的物理意义，比正向电压行波能够更好地反映故障，因而本书将采用反向电压行波的特征来区分区内和区外线路故障。同时，测量点 1 的反向电压行波与测量点 2 的正向电压行波的区分度也很高，而测量点 2 的正向电压行波沿线路传播到其对端的测量点(记为测量点 3)时将成为测量点 3 的初始

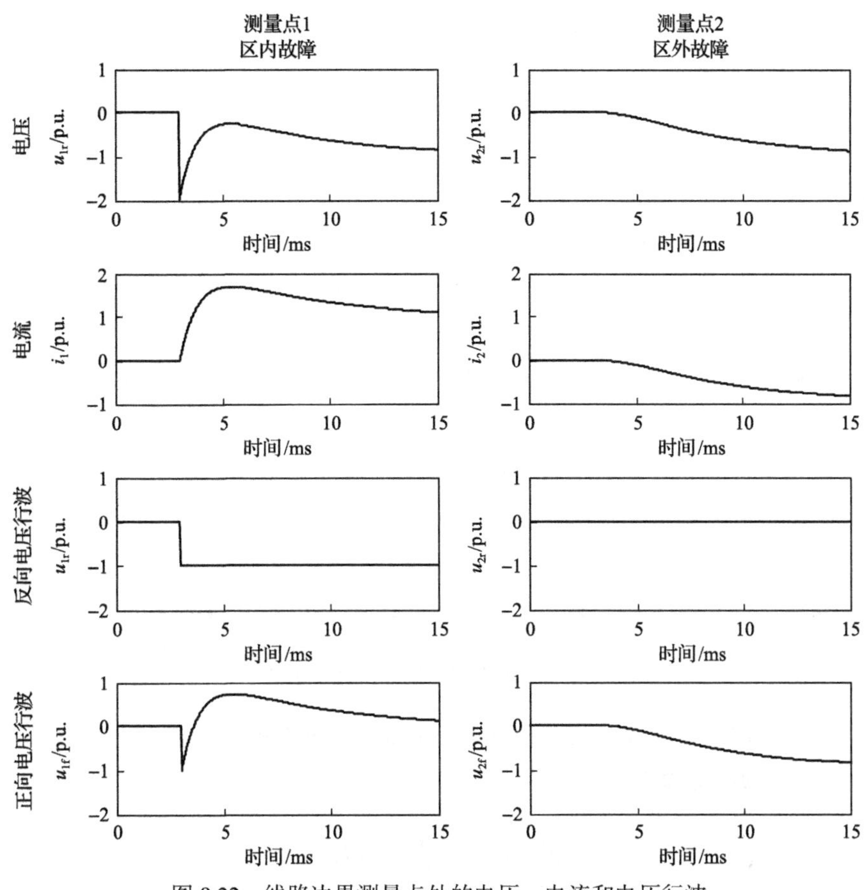

图 8.22　线路边界测量点处的电压、电流和电压行波

反向电压故障行波。对于直流电网中除测量点 1 对端的测量点外的其他测量点，由于其观测到的反向电压故障行波都经过一次或多次的平波电抗器的平滑作用，所以与测量点 1 的反向电压行波的区分度更高。综上所述，利用反向电压行波的波头特征区分区内和区外线路故障将是非常好的选择。

除了区外线路故障以外，直流母线故障、换流站故障及交流侧故障等对于线路保护来说也均为区外故障，需要与区内故障加以区分。这些故障所产生的故障行波传播到线路保护安装处时，均会经过线路边界的平波电抗器。与前述分析类似，受平波电抗器对高频突变波头的阻隔作用，这些区外故障下线路保护同样不会检测到高频突变行波波头，因而利用反向电压行波的波头特征可以区分区内和区外故障。

2. 初始故障行波特征的提取

通过反向电压行波波头的陡度可以有效地区分区内和区外故障，因而需要寻求能够可靠识别信号突变的波头的算法，小波变换是自然的选择。

Mallat 算法是计算离散信号二进小波变换的快速算法，其计算公式如下：

$$\begin{cases} A_{2^j}^d f(n) = \sum\limits_k h(k) A_{2^{j-1}}^d f(n - 2^{j-1} k) \\ W_{2^j}^d f(n) = \sum\limits_k g(k) A_{2^{j-1}}^d f(n - 2^{j-1} k) \end{cases} \tag{8-55}$$

式中，j=1,2,3,⋯，表示小波分解的尺度；$h(k)$和$g(k)$分别是低通和高通滤波器系数，它们之间需要满足一定的约束条件；$A_{2^j}^d f(n)$和$W_{2^j}^d f(n)$分别为离散信号$f(n)$在第j尺度下的逼近分量和细节分量。细节分量也称小波分量，即信号的小波变换的结果。

二进小波变换将信号分解到了不同的频带，在理想的低通和高通滤波器系数下，各分量所处的频带如图 8.23 所示。其中信号的采样率为F_S，根据采样定理，采样信号的频带范围为 0～$F_S/2$；$A_{2^0}^d f(n)$即为原始的采样信号$f(n)$。

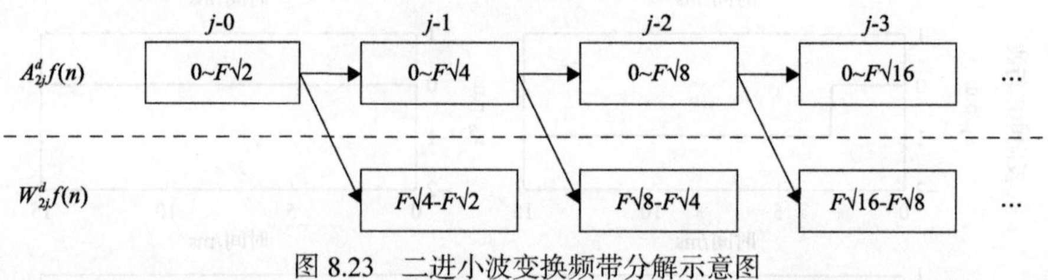

图 8.23　二进小波变换频带分解示意图

小波变换的模极大值(wavelet transform modulus maximum, WTMM)为信号在某一尺度的小波变换下的局部极大值。

$$\left|W_{2^j}^d f(n)\right| \leqslant \left|W_{2^j}^d f(n_0)\right| \tag{8-56}$$

小波变换小尺度下的模极大值可以准确反映信号突变的发生时刻及大小、极性。

采用三次中心 B 样条函数的导函数作为母小波，其低通和高通滤波器系数为

$$\begin{cases} h(k) = \{0.125, 0.375, 0.375, 0.125\}, & k = -1, 0, 1, 2 \\ g(k) = \{2, -2\}, & k = 0, 1 \end{cases} \tag{8-57}$$

图 8.24 给出了 u_{1r} 和 u_{2f} 及其对应的在尺度 j=2 下的小波变换模极大值。从图中可以

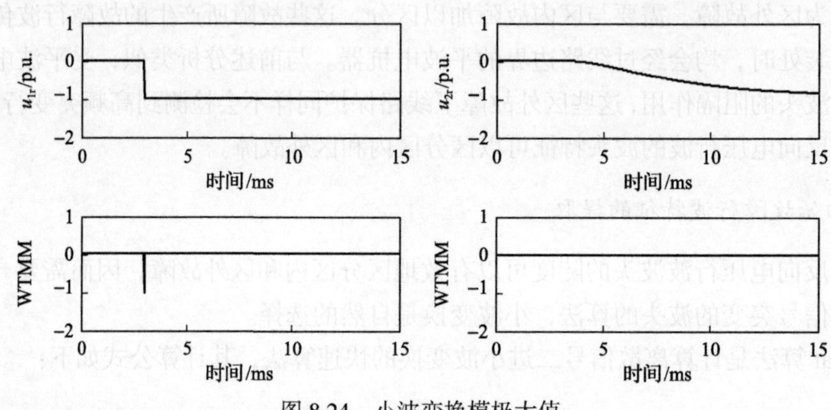

图 8.24　小波变换模极大值

看出，小波变换的模极大值准确地反映了信号 u_{1r} 的突变的时刻、幅值和极性；对于 u_{2f}，由于信号没有突变，所以没有小波变换模极大值出现。

3. 噪声干扰特征及其识别方法

对于超高速的保护来说，受保护动作速度的限制，不得不采用较短的数据窗。为了防止故障信息因数据窗的缩短而大量丢失，往往需要有较高的数据采样率，扩宽采样数据的有效频带以适当弥补缩短数据窗所带来的损失。相应地，保护也往往更容易受到高频噪声干扰的影响，需要有一定的抗噪声干扰的算法和措施。噪声作为一种奇异信号也将在小波变换下出现，需要进一步区分噪声干扰的模极大值和故障行波信号的模极大值，可参见第四章所述消噪算法去噪。

8.2.6　MMC 直流输电网线路短路故障电流的近似计算方法

前述的行波理论虽然能精细地对电气量予以描述，但由于故障后行波的折反射过程极为复杂，所以只能定量分析初始的几个故障行波，难以得到整个故障暂态过程内的解析解。此时，集总参数线路模型就具有重要意义。该模型下，线路被抽象为集总参数的电路元件，通过电路理论能够较容易地进行求解。虽然在该模型下电气量的高频细节不能得到精确描述，但其大致变化趋势仍能得到较好的反映。

本节研究直流线路短路故障电流的目的在于为直流线路保护提供一定的理论依据。对于直流输电网，其线路保护在区内故障需要在换流站闭锁之前可靠地识别故障并通过直流断路器对故障元件予以隔离，以保证系统中的其他部分继续正常运行；否则，换流站一旦发生闭锁，与该换流站相连的其他健全线路的功率传输也将被中断，故障影响范围扩大，极大地危害整个直流输电网的安全稳定运行。因此，换流站闭锁前的线路短路电流的分析和计算对本书的研究内容具有重要意义和实用价值，本节将只分析换流站闭锁前的线路短路电流的计算方法。

1. 换流站闭锁前的直流输电网简化模型

1) MMC 直流输电网的基本结构

一个典型的四端双极 MMC 直流输电网如图 8.25 所示。图中共有 4 个双极 MMC 换流站，其直流侧由 4 条直流线路 l_1～l_4 相连成网，换流站交流侧的交流系统未在图中画出。图 8.25 以单线图的形式表示双极系统，每一条直流线路实际上同时包含有正、负极两条线路，当某一极因故障而退出运行时，另一极仍能继续独立运行，持续传输功率。图中 P、Q、M、N 为 4 条直流母线。在每一条直流线路的两端均安装有平波电抗器，分别用 L_{s_1}～L_{s_8} 表示。图中 R_1～R_8 表示线路保护及其所控制的直流断路器的安装处，F_1、F_2 和 F_3 表示直流线路故障。以图中故障 F_1 为例，它对于保护 R_1 和 R_2 来说为区内故障，对于其他保护则为区外故障。

图 8.26 为双极 MMC 换流器内部的基本结构，由于负极与正极结构完全一样，所以在图中仅用框图来表示负极。每一极的换流器均由三相六桥臂构成，每一桥臂由 N 个子

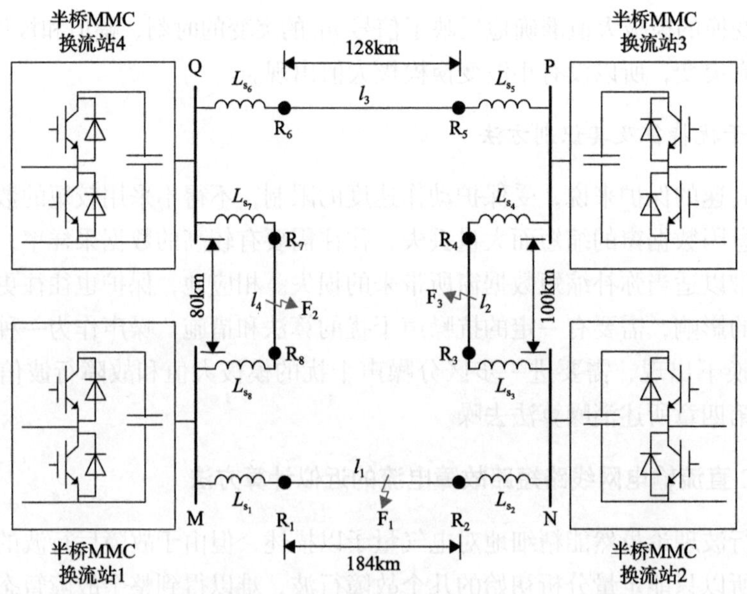

图 8.25　四端 MMC 高压直流电网

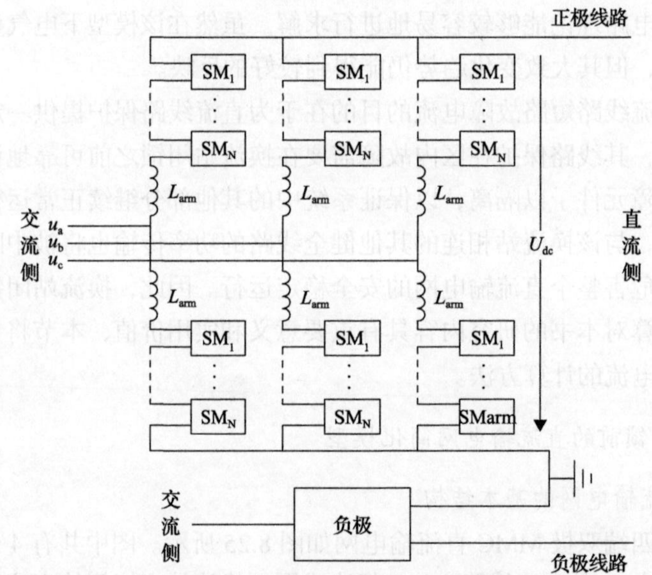

图 8.26　MMC 直流输电网的基本结构

模块与一个桥臂电抗器 L_{arm} 相串联构成。半桥型子模块的结构即如图 8.25(a) 中换流站框图所示，由两个绝缘栅双极性晶体管(insulated gate bipolar transistor，IGBT)与一个电容构成。在正常运行时，通过均压控制措施可使各个子模块电容电压近似保持不变。通过改变上、下桥臂中投入的子模块电容个数即可既在直流侧输出较为稳定的直流电压，又能同时在交流侧以阶梯波来近似正弦电压[130]。

2) 换流站闭锁前的 MMC 简化模型

直流侧发生故障时，由于换流站交流侧系统仍然三相对称，所以交流侧对于直流侧的故障电流没有贡献，在分析时可直接将其去掉。

在正常运行及故障后换流站闭锁前，换流器每相的上、下两桥臂投入的子模块总个数是固定的。若不考虑子模块数冗余，则每相投入的子模块数与一个桥臂的子模块数 N 相等。由于均压控制的存在，一相的等效电容可通过电容储能等效的原则由下式计算得到：

$$2N \times \frac{1}{2} C_{\mathrm{sm}} {U_{\mathrm{sm}}}^{2} = \frac{1}{2} C_{\mathrm{eq}} (N U_{\mathrm{sm}})^{2} \tag{8-58}$$

式中，C_{sm} 为每个子模块的电容值；U_{sm} 为子模块电容电压，且近似认为所有子模块电容电压均相等；C_{eq} 为一相的总的等效电容，可以解得其表达式如下所示：

$$C_{\mathrm{eq}} = 2C_{\mathrm{sm}} / N \tag{8-59}$$

如果以 R_{arm} 表示每个桥臂的总等效电阻，包括开关损耗和桥臂电抗器损耗的等效电阻，则可以得到如图 8.27 所示的换流站的等效电路。图中只画出了正极的部分，负极与此完全对称。最终，换流站被简化为 RLC 串联电路，其等效参数如下：

$$R_{\mathrm{con}} = 2R_{\mathrm{arm}} / 3, \quad L_{\mathrm{con}} = 2L_{\mathrm{arm}} / 3, \quad R_{\mathrm{con}} = 3C_{\mathrm{eq}} = 6C_{\mathrm{sm}} / N \tag{8-60}$$

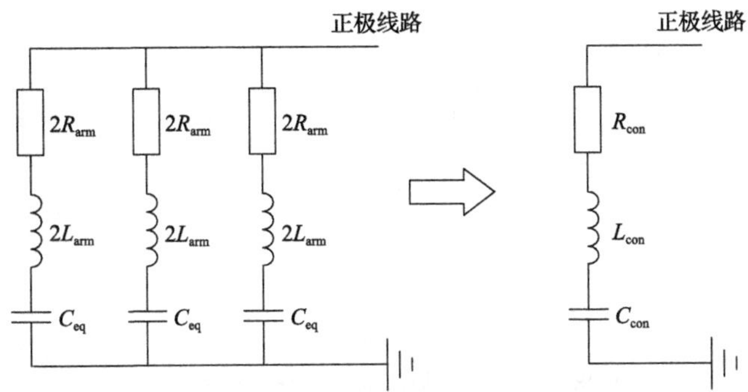

图 8.27　换流站闭锁前的 MMC 等效电路

3）用于线路短路故障电流计算的直流电网简化模型

换流站简化为 RLC 串联电路后，整个系统成为一个线性系统，可以使用故障叠加原理。

如果采用集中参数的线路模型，则整个故障附加网络将变成一个由电阻、电感、电容和直流故障附加电源组成的线性电路，可由电路理论求解。但是由于系统中独立储能元件个数较多，系统阶次较高，故仍无法写出其时域解析解。下面将对该电路做进一步合理简化，以能较容易地求得故障电流的近似解析解。

如图 8.26(a) 所示，以故障 F_1 为例，换流站 3 与故障点组成的电容放电路回路中有 L_{s2}～L_{s4} 共 3 个平波电抗器，而换流站 2 的放电回路中只有一个平波电抗器 L_{s2}。由于直流输电网中平波电抗器一般为百 mH 的数量级，故故障后换流站 3 的放电速度远慢于换流站 2，进而在故障后一段时间内可认为其电容电压近似不变，也即母线 P 的电压近似不变。反映到故障附加网络中，母线 P 将直接接地。同理，母线 Q 在故障附加网络中也直接接地，进而线路 l_3 两端均接地，可将其直接去掉。总结起来，在故障附加网络中，仅保留故障线路、故障线路两端的换流站以及与这些换流站相连的健全线路，同时这些健全线路另一端直接接地。

最终，在 F_1 处发生故障时，复频域下的故障附加网络等效电路简化为如图 8.28 所示。图中 Z_{con1} 和 Z_{con2} 分别为换流站 1 和换流站 2 的等效 RLC 串联阻抗；Z_{l2} 和 Z_{l4} 分别为线路 l_2 和 l_4 的总的串联阻抗，包括线路阻抗和线路两端的平波电抗器电抗；Z_{l1_1} 和 Z_{l1_2} 分别为线路 l_1 上故障点左边和右边的总的串联阻抗；所有线路电容均已忽略；R_F 表示故障过渡电阻；故障附加源以时域阶跃形式近似，其在复频域下为 $-U_F/s$，其中 U_F 为故障发生之前故障点 F_1 处的电压。图中各阻抗表达式总结如下所示：

$$\begin{cases} Z_{\text{con}i} = sL_{\text{con}i} + R_{\text{con}i} + 1/sC_{\text{con}i}, & i=1,2 \\ Z_{l1\_i} = s(L_{si} + L_T l_{l1\_i}) + R_T l_{l1\_i}, & i=1,2 \\ Z_{l2} = s(L_{s3} + L_{s4} + L_T l_{l2}) + R_T l_{l2} \\ Z_{l4} = s(L_{s7} + L_{s8} + L_T l_{l4}) + R_T l_{l4} \end{cases}$$

式中，L_T 和 R_T 分别表示线路单位长度的电感和电阻；l_{l1_1} 和 l_{l1_2} 分别为线路 l_1 上故障点左侧和右侧部分的长度；l_{l2} 和 l_{l4} 则用来表示线路 l_2 和 l_4 的长度。

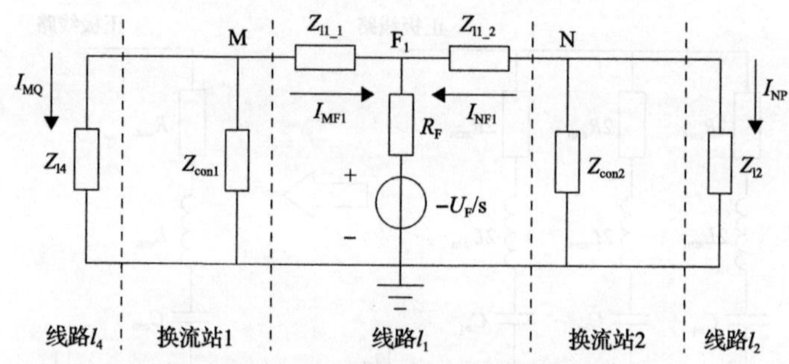

图 8.28　F_1 处发生故障时的简化故障附加电路

2. 线路短路故障电流的近似计算

图 8.28 所示的简化电路中，换流站 1 和换流站 2 两条支路等效阻抗的时间常数为 $2L_{\text{con}i}/R_{\text{con}i}\,(i=1,2)$，一般情况下换流站等效电感为 10mH 的数量级，等效电阻为 1Ω 的数量级[24]，因而该时间常数为 10ms 的数量级。对于线路 l_2 和 l_4 支路的阻抗而言，如果假设所有平波电抗器都为 L_s，则其时间常数为 $(2L_s+L_T l_{li})/R_T l_{li}\,(i=2,4)$，其中平波电抗器电感一般为 100mH 的数量级，百公里直流输电线路的电感和电阻一般分别为 100mH 和 1Ω 的数量级，因而该时间常数具有 100ms 的数量级，比换流站支路的时间常数大一个数量级。基于此，在计算故障后十几个 ms 内的区内故障电流 I_{MF1} 和 I_{NF1} 时，可认为健全线路支路 l_2 和 l_4 的电流还未上升到明显的数值，进而可暂时将健全线路支路直接开路。

对于双极系统，需通过极模变换解耦。下面分别对双极故障和单极接地故障下的求解予以说明。

1) 区内双极故障

双极故障下，正、负极完全对称，可以直接用单极的电路进行求解，图 8.28 即可看作是正极部分的等效电路，其中的线路参数应当取极模参数。如果以 R_F 表示正、负极间的故障过渡电阻，则在图 8.28 中故障支路的 R_F 应当改为 $R_F/2$。图中 U_F 等于正极对地电压 U_{dc}。

求解上述电路，可以得到区内故障电流 I_{MF1} 的表达式如下：

$$I_{MF1}=\frac{U_{dc}}{s^2L_{\Sigma 1}+s\left(R_{\Sigma 1}+\frac{R_F}{2}\frac{Z_\Sigma}{Z_{\Sigma 2}}\right)+\frac{1}{C_{con1}}} \tag{8-61}$$

式中，$Z_{\Sigma i}\,(i=1,2)$ 为换流站和故障点所构成的放电回路的总阻抗；$L_{\Sigma i}$ 和 $R_{\Sigma i}$ 分别为 $Z_{\Sigma i}$ 中的电感部分和电阻部分；Z_Σ 为 $Z_{\Sigma 1}$ 与 $Z_{\Sigma 2}$ 的和。

各部分的具体表达式如下：

$$\begin{cases} Z_{\Sigma i}=sL_{\Sigma i}+R_{\Sigma i}+1/sC_{coni} \\ L_{\Sigma i}=L_{si}+L_{coni}+L_{T1}L_{l1\_i} \ , \quad i=1,2 \\ R_{\Sigma i}=R_{coni}+R_{T1}L_{l1\_i} \end{cases} \tag{8-62}$$

式中，以 L_{T1} 和 R_{T1} 分别为线路单位长度的极模电感和极模电阻。

在式(8-62)中，一般情况下 $R_F\neq 0\Omega$，则 I_{MF1} 的表达式相当于一个 4 阶系统，其解析解难以写出。考虑到式中 $Z_\Sigma/Z_{\Sigma 2}$ 主要反映了故障点左侧部分对于故障支路电流的分流作用，根据前述分析可知，求解计算只考虑故障后的十几 ms，比 $Z_{\Sigma i}$ 的时间常数小一个数量级，因而可认为分流作用主要由电感的比值决定，即 $Z_\Sigma/Z_{\Sigma 2}$ 可用 $L_\Sigma/L_{\Sigma 2}$ 来近似。最终，I_{MF1} 的表达式将被简化为如下所示的 2 阶系统的形式，其时域解析解能较为容易地求出。

$$I_{MF1}\approx\frac{U_{dc}}{s^2L_{\Sigma 1}+s\left(R_{\Sigma 1}+\frac{R_F}{2}\frac{L_\Sigma}{L_{\Sigma 2}}\right)+\frac{1}{C_{con1}}} \tag{8-63}$$

区内故障电流的时域形式与过渡电阻 R_F 密切相关，当其数值较小时，时域的 $i_{MF1}(t)$ 将具有衰减振荡的形式；当其数值较大时，$i_{MF1}(t)$ 则具有双指数衰减的形式。

2) 区外双极故障

以图 8.27 中区外故障电流 I_{MQ} 的求解为例进行说明。在求得区内故障电流后，母线 M 的电压表达式也可以很容易地写出，用母线 M 的电压除以健全线路 l_4 支路的阻抗 Z_{l4} 即可得到 I_{MQ} 的近似解：

$$\begin{aligned} I_{MQ}&\approx -I_{MF1}\frac{Z_{con1}}{Z_{l4}} \\ &=-I_{MF1}\frac{s^2L_{coni}+sR_{coni}+1/C_{coni}}{s\left[s(L_{s7}+L_{s8}+L_Tl_{l4})+R_Tl_{l4}\right]} \end{aligned} \tag{8-64}$$

I_{MQ}虽然是 4 阶系统的形式，但其分母多项式已进行了因式分解，可以很容易地写出其对应的时域解析解。

3) 单极接地故障的近似处理

与交流系统中的单相接地故障类似，直流系统中单极接地故障下极模网络与零模网络在故障端口处呈现串联的关系，因而即使在前述简化措施下，区内单极接地故障下的故障电流仍具有 4 阶系统的形式。此时，可作如下近似处理。对于非故障极，其电流的故障分量来自正、负极之间的耦合，数值相对较小，可认为非故障极的电流在故障前后不变；对于故障极，则可以将线路参数取为极模与零模参数的平均值，然后仍然按照前述方法进行计算；对于负极接地故障，还需要在计算结果上加上一个负号才是故障极最终的计算结果。

8.3 直流线路单端量超高速行波保护

8.3.1 单端量行波保护原理

单端量保护的核心思想为线路两侧都加装有平波电抗器，平波电抗器的作用是在线路两侧形成明显的边界，区内故障时，可以检测到运动到检测点的反行波的暂态高频分量；而区外故障时，由于电抗器的阻隔作用，不能检测到行波的暂态高频分量，因而单端量保护不需要通信联系，可以做到超高速动作暂态，换句话说，它天然具备选择性和快速性。但是能否检测出各种故障，像发生在单极线路末端的高阻故障能否在非故障雷电波和其他噪声干扰下可靠不误动，就成为单端量行波保护所要关注的重点问题，也是单端量行波保护能否实用化的关键和瓶颈。这两个问题是行波保护判据设计和总体方案设计首先需要关注的问题。需要说明的为除保护因素外，平波电抗器加装在线路侧依然具有限流、抑制谐波的作用。

1. 保护判据

前述故障行波分析，可选取小波变换第 4 尺度的模极大值作为保护的判据，对应的信号频带范围为 7.813～15.625kHz。由于初始行波为负极性，保护判据将后续的计算得到的负极性模极大值 $u_{b\text{-}\_WTMM}$ 累加，如式(8-72)所示。

$$\left|\sum u_{b\text{-}\_\ WTMM}\right| > U_{set} \tag{8-65}$$

当初始行波的模极大值大于定值 U_{set} 时，保护立即动作；当初始行波的模极大值小于定值时，继续等待下一个行波到达，计算所有负极性的模极大值 $u_{b\text{-}\_WTMM}$ 之和，直到满足动作条件或者达到保护的时间窗限制。

对于行波保护来说，为了保证可靠性，保护定值应该在保证灵敏性的前提下尽可能地设置为较高的值。参考现场行波保护的整定原则，保护的定值设为线路末端单极经 300Ω 电阻接地故障时，整流侧所检测到的初始行波大小。为了减小噪声对行波有效信号的影响，提高保护的可靠性，设定小波变换模极大值的阈值。只有当模极大值大于阈值时，才认为是有效的行波波头。

当故障初始行波到达测量点时，保护启动。考虑线路末端故障时，至少能测量到 2 个故障点反射波分量，保护时间窗设置为

$$t = 4\frac{L}{v} \tag{8-66}$$

式中，L 为线路长度；v 为行波传播速度。

2. 故障选极元件

保护算法采用的是线模分量，无法区分故障极。双极直流输电系统中，为了保证非故障极的可靠运行，直流线路保护需要设置故障选极元件。对于不同故障类型行波特征的分析，采用零模反向行波分量的极性来选取故障极，保护安装处的零模反向行波可由故障点零模行波和相应的折反射系数推出，计算公式如下：

$$u_{b0} = (u_0 - i_0 Z_{c0}) / 2 \tag{8-67}$$

式中，Z_{c0} 为零模波阻抗；u_0、i_0 为直流电压、电流的零模分量。

当保护判断为区内故障时，启动故障选极判断。当零模为负极性时，判断为正极故障；当零模为正极性时，判断为负极故障；当零模不存在时，判断为双极故障。

3. 雷击识别元件

为节省线路成本，张北柔性直流电网将采用架空线输电方式。架空输电线路与电缆相比所处的环境恶劣，运行工况复杂，更容易受到雷击的影响。线路遭受雷击后可能发展成为故障，也可能不发生故障，对于前者保护应当正确动作；而对于后者，由于没有发生故障，保护需要可靠地不动作，这种不引发故障的雷击对于保护来说是一种干扰，称为雷击干扰。由于雷电流也具有快速上升的波头，与初始故障行波具有一定的相似性，所以为保证保护的可靠性，需要将雷击干扰与真实故障加以区分，这是高采样率超高速的架空输电线路保护需要重点解决的问题。

雷击一般可以分为感应雷和直击雷两种。感应雷是指雷击输电线路附近的地面时，在输电线路上感应出来的电压和电流，对于 110kV 及以上的线路，由于设计的绝缘距离已足够大，故感应雷一般不会引起绝缘子闪络及线路故障，属于雷击干扰的一种。直击雷又可根据击中线路的部位不同而进一步细分为两种情况。一种是击中线路杆塔或避雷线，如果此后杆塔或避雷线不对线路发生闪络，则雷击与感应雷类似，仅会在线路上感应出一个高电压和大电流，属于雷击干扰；如果此后对线路发生闪络，则线路会沿该闪络通道持续放电，构成接地故障，这种情况下的雷击称为反击。另一种是雷电绕过避雷线的屏蔽直接击中导线，称为绕击，绕击如果引起导线对地、对杆塔或对避雷线发生闪络，则造成线路故障，否则绕击仅是雷击干扰。

1) 感应雷和雷击避雷线

感应雷和雷击杆塔或避雷线但没引起故障这两类雷击干扰具有相似的特征。在这两种雷击干扰下，正极和负极线路上感应出来的电压、电流基本相同，零模电压(即正、负极电压的和)的变化量将有非常大的数值，而极模电压(即正、负极电压的差)变化量的数值将相对小很多。变化量定义为当前的数值与正常运行时的数值的差，在这种情况下它完全等于雷击感应出的电压，而在故障下则与前述的故障行波相对应。从式(8-20)和式(8-22)的单极接地故障(包括正极接地故障和负极接地故障)下的极模和零模电压故障行波的表达式可以看出，单极接地故障下零模电压故障行波与极模电压故障行波的数量级相同，两者的绝对值的比值等于零模与极模波阻抗的比值，如果考虑线路对行波传播的影响，则两者的绝对值的比值等于零模与极模波阻抗的比值乘以零模与极模传播函数指数衰减项的比值；从式(8-25)的双极故障下的极模和零模电压故障行波的表达式可以看出，双极故障下没有零模电压故障行波，即零模电压故障行波远小于极模电压故障行波。考虑到电压是正向电压行波和反向电压行波的叠加，因而可以直接根据零模电压变化量和极模电压变化量的比值区分真实故障和感应雷及雷击杆塔或避雷线但没引起故障这两种雷击干扰，即在保护启动后的一段时间窗内，当满足下式时，则认为是雷击干扰；否则则有可能是真实故障，需要进一步判断。

$$k_{\text{ind}}=\left|\frac{\sum\Delta u_0}{\sum\Delta u_1}\right|>k_{\text{set1}} \tag{8-68}$$

式中，Δu_0 和 Δu_1 分别表示零模电压变化量和极模电压变化量；k_{ind} 定义为用于反映是否是感应雷干扰的特征量；k_{set1} 为相应的定值，应明显大于零模与极模波阻抗的比值。

2) 绕击雷

线路遭受雷电绕击时，如果进一步引起线路对地、对杆塔或对避雷线发生闪络，则绕击造成了线路故障，保护需要动作；否则绕击仅是雷击干扰，需要与真实故障加以区分。雷电流一般具有快速上升的波头和相对平缓的波尾，分别用其波前时间 T_1 和半峰时间 T_2 表示。雷电流波形参数具有一定的随机性和分散性，根据统计结果，IEC 标准[149]规定标准雷电波为 1.2/50μs 雷电波，即波前时间 1.2μs，半峰时间 50μs。

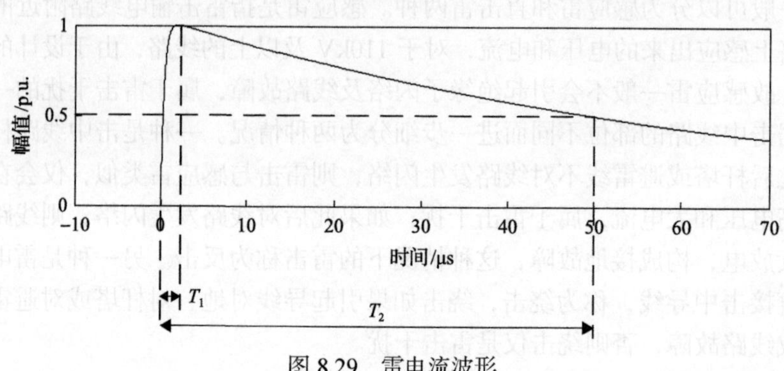

图 8.29　雷电流波形

如下的双指数函数可用来近似表示雷电流的波形：

$$i(t) = AI_{\text{peak}}(\mathrm{e}^{-\alpha t} - \mathrm{e}^{-\beta t}) \tag{8-69}$$

式中，I_{peak}为雷电流的峰值；对于标准雷电波，A=1.03725，α=0.014659μs^{-1}，β=2.4689μs^{-1}。

由于雷电波也具有陡峭的波头，所以绕击而不发生故障时，注入线路上的雷电波的波头同样会导致低尺度小波变换下出现幅值较大的模极大值，需要通过其他特征来区分雷电波和区内故障时的行波。雷电波与故障行波的区分一般从频谱特征或时域波形特征出发，雷电流波形如图 8.29。现有的频谱特征方法需要数 ms 的数据窗，不能满足保护速动性的要求，因而需要从时域特征出发，寻求绕击干扰的快速识别方法。

与发生线路故障不同，在绕击干扰下，雷击点并未引入新的波阻抗不连续点，因而雷电波只在线路两端的平波电抗器处发生反射。雷电波主要为高频分量，平波电抗器对其有很好的阻隔作用，雷电波的高频分量不会透入到非雷击线路。据此可以画出绕击干扰下的雷电波传播的网格图，如图 8.30 所示。根据前述分析可知，线路对极模行波的衰减和畸变作用可以适当忽略，因而本节中后续的分析都是针对极模行波而言的，不再专门强调。

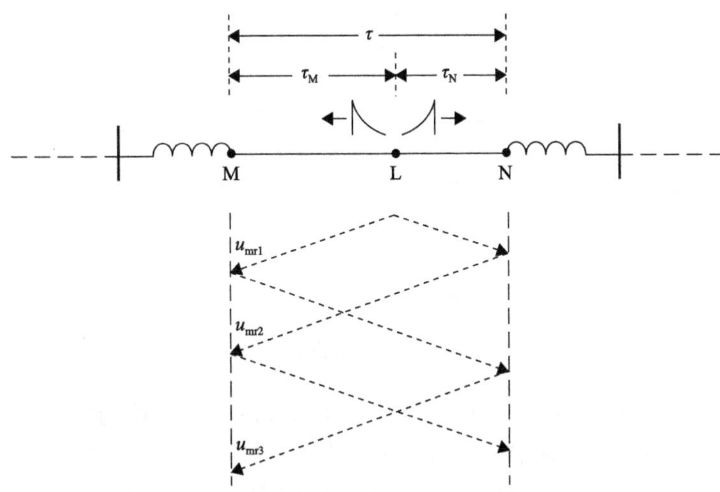

图 8.30　绕击干扰下的雷电波传播网格图

图 8.30 中，M 和 N 分别表示线路的两端；τ 为行波从线路一端运动到另一端所需的时间；L 表示绕击点；τ_{M} 和 τ_{N} 分别为行波从 L 运动到 M 和 N 所需的时间；u_{Mr1} 为线路 M 端能检测到的第一个反向电压行波，它直接来自雷击点 L；u_{Mr2} 为线路 M 端能检测到的第二个反向电压行波，它是最初从雷击点出发、向线路 N 端传播并在 N 端发生反射后传播到线路 M 端的行波，且与 u_{Mr1} 之间的时间间隔为 $2\tau_{\text{N}}$；u_{Mr3} 为线路 M 端能检测到的第三个反向电压行波，它是 u_{Mr1} 经线路 M 端反射后又经线路 N 端反射的行波，且与 u_{Mr1} 之间的时间间隔为 2τ，该时间间隔只与线路的长度和波速度有关，是一个固定的值。以附录 3 中图 A.1 所示直流电网模型为例，其中最短的一条线路的长度为 80km；架空线的

极模波速度接近真空中的光速，约为 300km/ms，故 2τ 不小于 533μs。如果保护启动后所采用的数据窗小于该值，则在绕击干扰下，数据窗中的极模反向电压行波最多只会有两个陡峭的波头，反映到小波变换模极大值上则是最多只有两个幅值较大的模极大值。同时，由于线路边界对高频的雷电波波头的反射系数近似为 1，u_{Mr3} 的波头与 u_{Mr1} 的波头将基本相等，即它们的小波变换模极大值极性相同、幅值接近。根据这一特征，可以构造绕击干扰快速识别的基本判据：数据窗中的极模反向电压行波如果有三个或更多的幅值较大的模极大值，或者只有两个幅值较大的模极大值但它们的极性不同或幅值相差很多，则认为是真实故障，保护不闭锁；否则则可能是绕击干扰，需要进一步的补充判据。图 8.31 给出了绕击干扰基本判据的流程图。

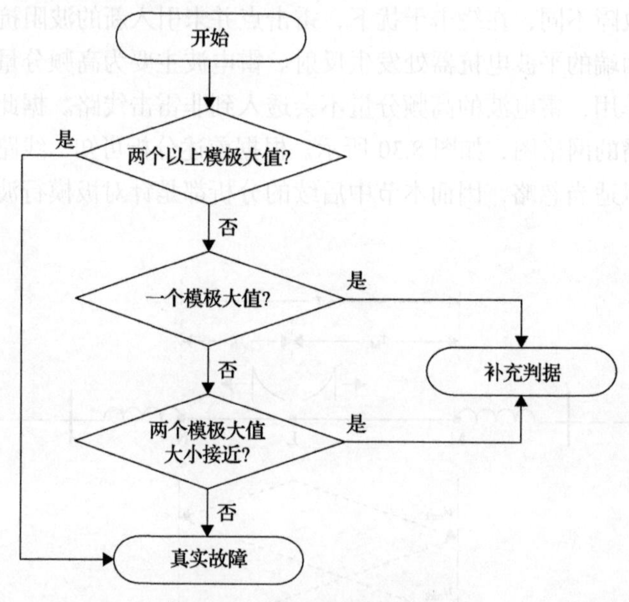

图 8.31　绕击干扰的基本判据

然而，以下三种故障情况下的极模反向电压行波的模极大值与绕击干扰具有类似特征，因而仅靠基本判据只能判定出没有发生绕击干扰，而不能判定出发生了绕击干扰。

(1) 发生近端故障且故障过渡电阻较大时，数据窗中只有一个幅值较大的模极大值，这是由于故障点反射波较弱，而线路对侧的反射波还未到达。

(2) 当故障发生在线路中部一段范围内时，数据窗中只有一个幅值较大的模极大值，这是由于故障点反射波和线路对侧反射波都没到达。

(3) 当故障发生在靠近线路对侧且故障过渡电阻较大时，数据窗中会有两个幅值较大的模极大值，分别对应于来自故障点的初始故障行波和经线路对侧反射后又经故障点折射的故障行波，且这两个模极大值极性相同、幅值接近。

因此，需要补充新的判据来区分绕击干扰和上述三种故障情况。雷电波与故障行波波头特征相似，区分度不大；而雷击只是瞬时的冲击，其波尾衰减相对于直流系统下的故障行波较快，据此可在时域构造识别绕击干扰的补充判据。

根据式(8-69)的双指数雷电流波形，其第二项指数项的衰减速度远快于第一项，即第二项主要描述雷电波波头，而第一项则主要描述雷电波波尾，即

$$i_{\text{tail}}(t) = AI_{\text{peak}}\mathrm{e}^{-\alpha t} \tag{8-70}$$

式中，以下标 tail 表示波尾。对于数据窗中有初始的雷电波和线路对侧反射的雷电波两个雷电波的情况，由于两个具有相同衰减系数的指数函数的和可以合并为同一衰减系数下的一个指数函数，因而其波尾同样具有上式的形式。将上式在 $t=t_0$ 时刻附近进行泰勒展开并只保留到一阶，则有

$$i_{\text{tail}}(t) = AI_{\text{peak}}\mathrm{e}^{-\alpha t_0}\mathrm{e}^{-\alpha(t-t_0)} \approx AI_{\text{peak}}\mathrm{e}^{-\alpha t_0}\left[1-\alpha(t-t_0)\right] = a(t-t_0)+b \tag{8-71}$$

通过上式可知，可以通过采样数据进行线性拟合得到系数 a 和 b，进而可以计算出衰减系数 α。通过最小二乘拟合计算系数 a 和 b 的表达式为

$$a = \frac{(N-n_0+1)\sum\limits_{n=n_0}^{N}(n-n_0)u_{\text{r1}}(n) - \left[\sum\limits_{n=n_0}^{N}(n-n_0)\right]\left[\sum\limits_{n=n_0}^{N}u_{\text{r1}}(n)\right]}{(N-n_0+1)\sum\limits_{n=n_0}^{N}(n-n_0)^2 - \left[\sum\limits_{n=n_0}^{N}(n-n_0)\right]^2} \tag{8-72}$$

$$b = \frac{\sum\limits_{n=n_0}^{N}u_{\text{r1}}(n) - a\sum\limits_{n=n_0}^{N}(n-n_0)}{(N-n_0+1)} \tag{8-73}$$

式中，$u_{\text{r1}}(n)$ 为采样得到的离散极模反向电压行波，极模反向电压行波与极模反向电流行波之间存在正比的关系，因而在绕击干扰下它也具有类似于式(8-70)所示的指数衰减的形式；n_0 为拟合数据的起始序号；N 为拟合数据的结束序号。拟合得到 a 和 b 后，可以用下式计算衰减系数 α：

$$\alpha = -a/b \tag{8-74}$$

对于标准雷电波来说，其波尾的衰减系数约为 15ms^{-1}；对于理想的阶跃来说，由于波尾不衰减，所以其波尾的衰减系数为 0，而故障行波的波尾非常平缓，与理想阶跃接近，故故障行波的波尾衰减系数为一个接近于 0 的很小的值。基于此，可以根据波尾拟合得到的衰减系数来进一步区分绕击干扰和真实故障。如果拟合得到的衰减系数大于一定的定值时，则认为是绕击干扰，保护应当闭锁；当拟合得到的衰减系数小于定值时，则认为是真实故障，保护跳闸。定值可以选为标准雷电波波尾衰减系数的一半，即 7.5ms^{-1}。绕击干扰的基本判据已经保证了在数据窗内最多只有两个幅值较大的模极大值，即数据窗内最多只有两个波的前提下才进行波尾拟合，故可以用到的波尾的数据长度不短于数据窗长度的三分之一，即可以通过合理地选择数据窗长度以保证有足够多的

原始数据来进行直线拟合，保证了拟合的稳定性和准确性。

架空输电线路由于输电距离长，线路跨越的环境较为恶劣，容易遭受雷击的影响。雷电流是高频信号，对于行波保护算法会产生一定的影响。因此，需要对于雷电流的特性进行分析，并在保护算法中引入雷击识别元件。在雷击干扰没有造成线路故障的情况下，识别为雷击干扰，闭锁保护算法；在普通故障和雷击导致线路故障的情况下，识别为故障，开放保护算法。

雷击一般可以分为感应雷和直击雷两种。对于感应雷，在两极线路感应出来的电压基本一致，采用线模行波分量构造保护算法时，两极的感应电压相互抵消，线模行波分量不存在感应雷所产生的行波分量。因此，采用线模行波分量构造的保护算法不受感应雷击的影响。

对于直击雷，相当于线路上注入了雷电流。雷电流可以表示为

$$i(t) = I_0(\mathrm{e}^{-t/T_2} - \mathrm{e}^{-t/T_1}), \qquad 0 \leqslant t \leqslant \infty \tag{8-75}$$

式中，I_0为雷电流的幅值；T_1为波头时间；T_2为半波长时间。

根据各国的统计，雷电流的波头集中在 1～5μs，波长在 20～100μs，IEC 标准规定的标准雷电波为 1.2/50μs，其波形如图 8.32 所示。

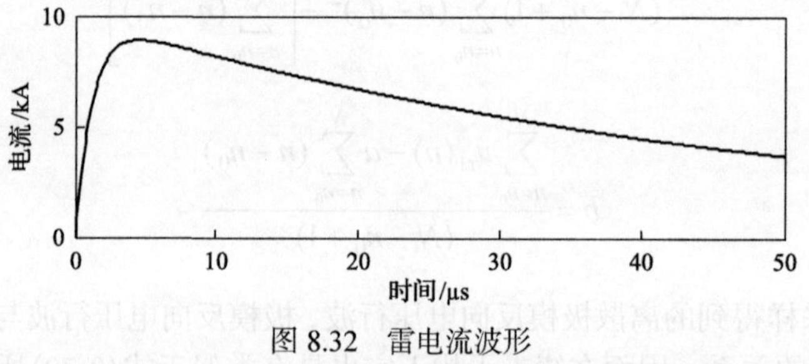

图 8.32　雷电流波形

现有研究普遍采用雷电波与故障行波的频谱特征[151-153]和波形差异[154,155]来构造雷击识别元件。这里采用雷电波与故障行波的波形特征构造雷击识别元件。

图 8.33 给出了线路单极故障、雷击干扰和雷击造成线路故障时，线模分量的反向行波波形。对比三种情况下的波形，雷击干扰时的反向行波除了雷击干扰的突变以外，整体的波形基本保持在零值附近；而线路故障时，反向行波的波形远离零值，除了较为明显的行波波头之外，还存在着较大的直流分量。

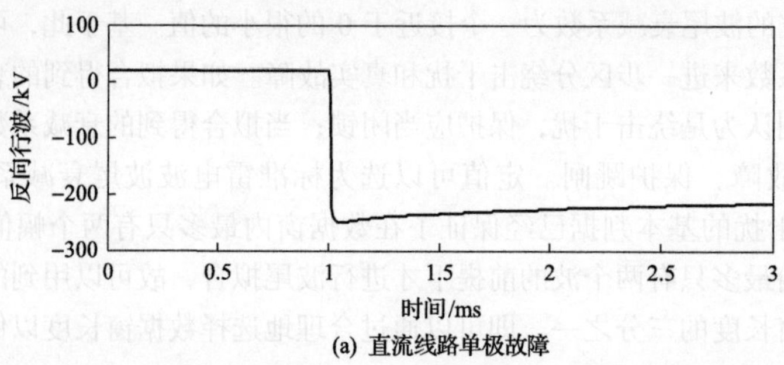

(a) 直流线路单极故障

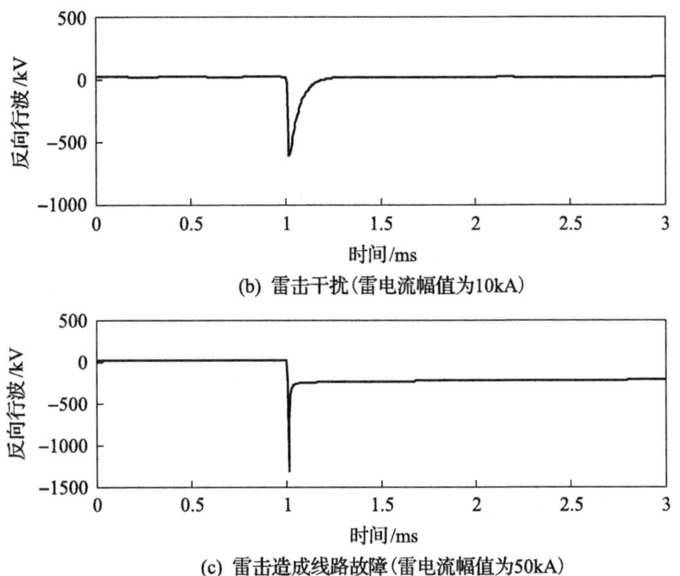

(b) 雷击干扰(雷电流幅值为10kA)

(c) 雷击造成线路故障(雷电流幅值为50kA)

图 8.33　线路故障、雷击干扰与雷击故障时的反向行波

对比线路故障和雷击干扰两种情况下的激励源，故障时的故障附加源为阶跃信号，而雷电干扰时的故障附加源为式(8-75)所示的雷电流。该附加电源的特点是波头上升剧烈，而波尾衰减很快。在故障后一段时间内行波的积分如式(8-76)所示。

$$
\begin{aligned}
E_1 &= \int_0^t U_0(\mathrm{e}^{-\tau/T_2} - \mathrm{e}^{-\tau/T_1})\mathrm{d}\tau \\
&= U_0(-T_1\mathrm{e}^{-t/T_2} + T_2\mathrm{e}^{-t/T_2} + T_2 - T_1) \\
&\approx U_0(T_2 - T_1)
\end{aligned} \tag{8-76}
$$

式中，U_0 为雷电流在线路上产生的过电压幅值，可以表示为

$$
U_0 = \frac{1}{4} I_0 Z_{\mathrm{c}} \tag{8-77}
$$

而对于线路故障时，故障产生的行波可以看作是阶跃波，其在时间上的积分为

$$
E_2 = \int_0^t u_{\mathrm{b}}\varepsilon(t)\,\mathrm{d}\tau = u_{\mathrm{b}}t \tag{8-78}
$$

对于线路雷击后造成的接地故障，假设雷击发生在 0 时刻，其故障附加源可以表示为

$$
u_{\mathrm{s}} = U_0(\mathrm{e}^{-t/T_2} - \mathrm{e}^{-t/T_1}) + u_{\mathrm{b}}\varepsilon(t - t_1) \tag{8-79}
$$

式中，t_1 为线路故障发生时刻，该时刻一般位于雷击的波头阶段，大概为几 μs。反向行波的积分为

$$E_3 = \int_0^t \left[U_0(\mathrm{e}^{-\tau/T_2} - \mathrm{e}^{-\tau/T_1}) + u_\mathrm{b}\varepsilon(t-t_1) \right] \mathrm{d}\tau$$
$$= U_0(T_2 - T_1) + u_\mathrm{b}(t-t_1) \quad (8\text{-}80)$$
$$\approx u_\mathrm{b} t$$

当积分时间 t 取远大于雷电波的半波长时，有 $E_2 \approx E_3 \gg E_1$。因此，可以通过计算故障后线模反向行波的积分来区分雷击干扰和线路故障。

构造雷电波识别判据如下，当能量不超过设定的阈值 E_{set} 时，判断为雷击干扰。

$$E = \left| \int (u_\mathrm{b} - U_\mathrm{b})\,\mathrm{d}t \right| < E_{\mathrm{set}} \quad (8\text{-}81)$$

式中，U_b 为正常运行时稳态反向行波的幅值大小。

8.3.2　单端量行波保护实现方案

图 8.34 给出了基于单端行波的快速主保护的流程图，具体流程如下。

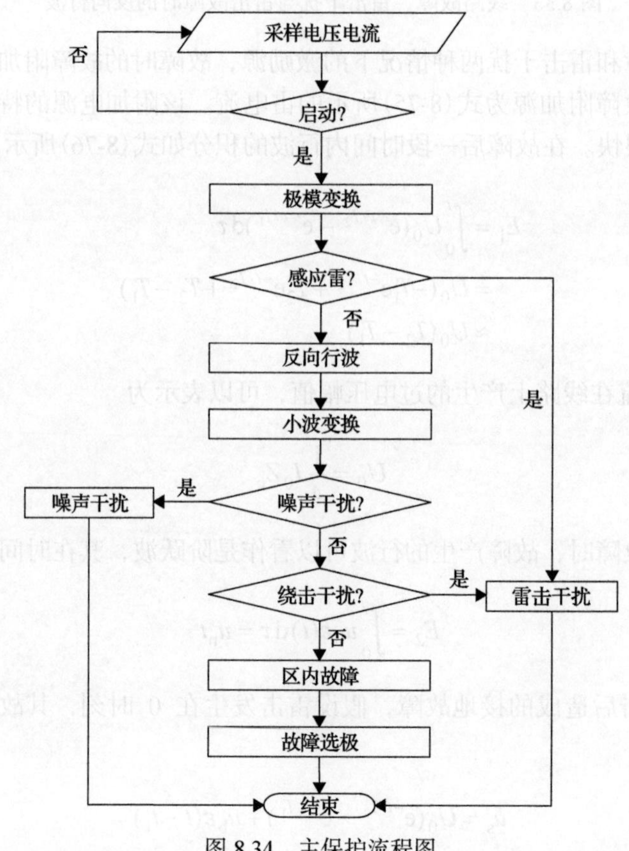

图 8.34　主保护流程图

(1)有研究表明直流系统所采用的电子式电压互感器和电流互感器的截止频率上限高达数百 kHz，能够有效地传变故障行波信号，因而本方案采用 1MHz 的高采样率实时采集并存储两极的电压和电流。

(2) 保护的启动信号由电压采样信号计算得到。启动以后，考虑到启动元件的延时，利用启动前 64 点及启动后 128 点共 192 点的采样数据进行故障判断，可以保证引起启动元件启动的波头被包含在数据窗中。采样数据点数是根据在满足小波变换和多分辨率去噪算法的需求的前提下，尽可能使用较少的数据点数以降低保护动作时间的原则所确定的，算法将对采样数据进行 4 层小波分解。考虑到每次分解后实际的不相关信息点数将减半，因而 192 点经 4 层分解后仍将有 12 个点的不相关信息，不至于太少。

(3) 启动后，进行极模变换解耦，并根据式 (8-68) 的判据判断是否为感应雷干扰。在本章所采用的杆塔模型下，线路的零模波阻抗与极模波阻抗的比值约为 1.6；线路对零模行波的衰减大于对极模行波的衰减，因而单极接地故障下零模电压与极模电压的比值的绝对值小于 1.6。考虑到感应雷下零模分量远远大于极模分量，因而这一数值可以乘以一个较大的安全系数作为式 (8-68) 的定值，这里以 1.6 的 2 倍，即 3.2 作为定值。

(4) 如果判定为不是感应雷干扰，则求取极模反向电压行波，进行小波变换并求取模极大值。通过对比 2～4 层中的模极大值间的大小关系来剔除噪声干扰的影响。

(5) 如果不是噪声干扰，则根据基本判据和补充判据进一步判断以为是绕击干扰。

(6) 如果不是绕击干扰，则可以判定为区内故障，再根据式 (8-20)、式 (8-22) 和式 (8-25) 零模电压极性的情况进行故障选极。故障选极判据如式 (8-82) 所示。其中 WTMM_{r1} 为极模反向电压行波的第一个负极性模极大值；WTMM_{r0} 为零模反向电压行波中时刻不早于 WTMM_{r1} 的第一个模极大值。在理想情况下，下式所定义的特征量 k_{pole} 在正极接地故障、双极故障和负极接地故障下的值分别为–2、0、+2，能够更好地实现故障选极。

$$
k_{\mathrm{pole}}=\frac{Z_{\mathrm{c}1}}{Z_{\mathrm{c}0}}\frac{\mathrm{WTMM}_{\mathrm{r}0}}{0.5\left|\mathrm{WTMM}_{\mathrm{r}1}\right|}
$$
$$
\begin{cases}k_{\mathrm{pole}}\geqslant 1, & \text{负极接地故障}\\ \left|k_{\mathrm{pole}}\right|<1, & \text{双极故障}\\ k_{\mathrm{pole}}\leqslant -1, & \text{正极接地故障}\end{cases}\tag{8-82}
$$

8.3.3　建模仿真与性能评价

以直流电网仿真模型中位于 R_1 处的线路保护为例对保护原理和算法进行仿真验证，图 8.25 中 F_1 为区内故障；F_2 和 F_3 为区外故障。对于故障 F_1 和 F_2，故障距离是指故障与换流站 1 的距离；对于故障 F_3，故障距离则是指故障与换流站 2 的距离。仿真系统的参数见附录 3。

1. 启动元件

早期研究表明，如图 8.35 所示的 3～10kHz 的带通滤波器能够很好地反映故障行波的突变波头，可以用于行波保护的启动元件。式 (8-83) 和式 (8-84) 分别给出了该滤波器对应于 1MHz 采样率离散数据的 z 变换形式和时域形式。

$$H(z)=\frac{195-195z^{-2}}{4825-9358z^{-1}+4537z^{-2}} \tag{8-83}$$

$$\begin{aligned} y(n)=&1.9395y(n-1)-0.9403y(n-2)\\ &+0.0404145x(n)-0.0404145x(n-2) \end{aligned} \tag{8-84}$$

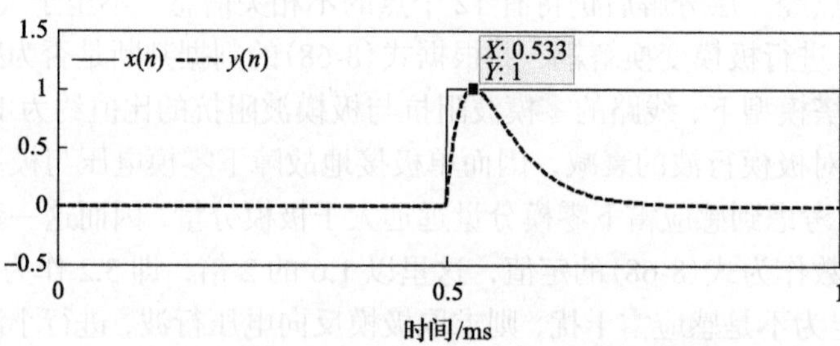

图 8.35　启动元件数字带通滤波器的单位阶跃响应

在式(8-84)中，$x(n)$为滤波器的输入；$y(n)$为滤波器的输出。该滤波器为无限冲激响应滤波器，具有响应速度快、延时小的优点，能够快速反应于信号突变。图 8.35 给出了该数字带通滤波器的单位阶跃响应，采样率为 1MHz，阶跃发生在 0.5ms 时刻。从图中可以看出，对于理想的阶跃信号输入，滤波器输出的幅值与阶跃输入的幅值相等；滤波器输出信号的幅值相对于输入信号的阶跃时刻，约有 33μs 的延时。

主保护的启动信号由正极和负极电压采样信号分别通过上述数字带通滤波器后，与某一阈值进行比较后给出。当至少一路的滤波器的输出的绝对值大于阈值时，主保护启动，否则主保护不启动。阈值应当设定为比主保护所考虑的最不严重的区内故障下的滤波器输出信号的幅值还要小的数值，因而区内故障下的启动时刻相对于突变发生时刻的延时小于上述的 33μs 的幅值延时，在本节的保护方案里，数据窗包含有启动前的 64 点及启动后的 128 点，可以可靠地将引起启动元件启动的突变波头包含进去。

这里采用电压采样信号而不采用反向电压行波作为数字带通滤波器的输入，是出于对启动算法实时性的考虑。

启动阈值可以依据式(8-20)、式(8-22)及式(8-25)不同故障类型下的故障点的初始故障行波表达式和线路对行波传播的作用来选取。对于同一种故障类型而言，在其他条件均相同的前提下，故障距离越远，则线路对波头幅值的衰减作用越强，到达线路末端的测量点时波头幅值越小；对于同一种故障类型而言，在其他条件均相同的前提下，故障过渡电阻越大，故障行波波头幅值越小；单极接地故障下，同时有极模行波和零模行波存在，在故障距离较远时，由于零模行波的波速度小于极模行波，所以极模电压行波和零模电压行波在叠加构成电压时，极模电压行波和零模电压行波表现为两个可区分的突变，即使在近端故障下两个突变混叠为一个突变，从式中也可以看出，在相同的过渡电阻和故障距离下，单极接地故障下极模行波和零模行波的绝对值的和也小于双极故障下的极模行波的绝对值，即在其他条件相同时，单极接地故障的特征不如双极故障明显。综上所述，在区内远端发生经大过渡电阻接地的单极接地故障时，电压信号的突变最不明显，保护最不易启动。启动阈值可按照式(8-20)的极模电压初始行波的表达式，考虑合适的过渡电阻进行计算，乘以线路全长对行波幅值的衰减作用、乘以某一小于 1 的可靠系数得到，如式(8-85)所示。其中需要说明的是，由于线路边界对故障行波高频波头的反射系数为 1，即幅值为 1 的阶跃极模电压行波入射到线路边界时将产生幅值为 2 的阶跃极模电压；但另一方面，模量反变换回正、负极的量时，极模量乘以 0.5 后才是它对于正、负极量的贡献。这两方面的作用相互抵消，因而虽然下式中使用的是推导得到的极模反向电压行波的突变幅值，但它与测量点处的电压突变幅值相等。

$$u_{\text{set}} = k_{\text{rel}} e^{-\frac{R_{\text{DC}}}{2L_1}\tau_1} \times \frac{U_{\text{dc}} Z_{\text{c1}}}{Z_{\text{c1}} + Z_{\text{c0}} + 4R_{\text{f}}} \tag{8-85}$$

式(8-85)中，过渡电阻可取为 300Ω，因为在 300Ω 的过渡电阻下单极接地故障的稳态故障电流可以近似估算为 $500\text{kV} \div 300\Omega \approx 1.67\text{kA}$，其数值在正常运行时线路电流的合理取值范围内，即没有严重的稳态过电流出现。对于过渡电阻更大的更不严重的线路故障而言，即使主保护拒动，也仍可由后备保护动作而不会对电网造成巨大冲击。对于附录 3 所示的杆塔模型，线路的极模和零模波阻抗分别为 242Ω 和 387Ω。直流电压 U_{dc} 等于 500kV。其中的直流线路长度均小于 300km，对于该模型下的线路，式(8-85)中线路对行波幅值的衰减作用可以忽略。取可靠系数 $k_{\text{rel}} = 0.8$，以保证在 300Ω 过渡电阻的区内单极接地故障下，保护能够可靠启动。最终，可以算出启动定值 $u_{\text{set}} = 105\text{kV}$。

图 8.36 给出了几种不同情况下的仿真结果，图中的滤波器输入信号即为正极电压，但为了方便与滤波器的输出信号相对比，已经减去了直流稳态值 500kV。

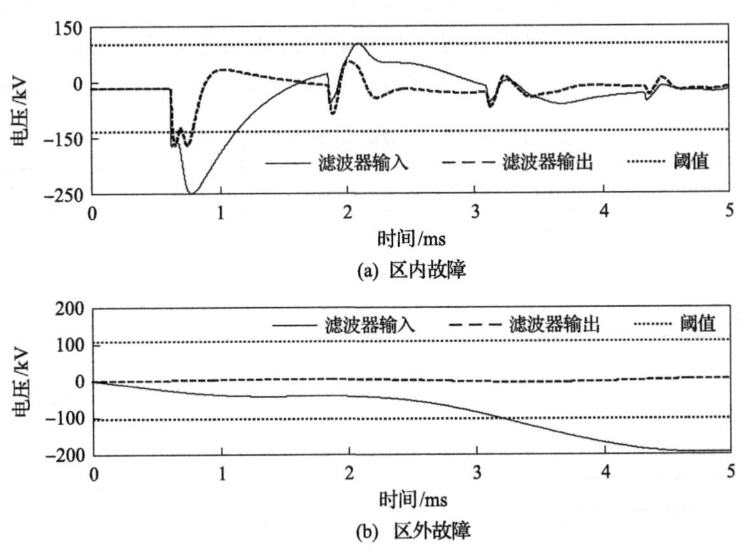

(a) 区内故障

(b) 区外故障

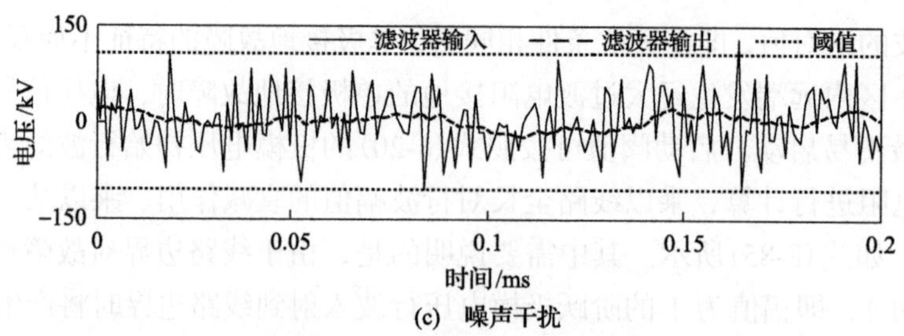

(c) 噪声干扰

图 8.36　不同情况下启动元件数字带通滤波器的响应

图 8.36(a)为区内发生正极接地故障时的仿真结果，故障距离为 183.5km，即距对端 0.5km，过渡电阻为 300Ω。从图中可以看出，区内远端发生经 300Ω 的大过渡电阻的单极接地故障时，启动元件仍然能够可靠地启动。

图 8.36(b)为 F_2 处发生金属性双极故障时的仿真结果，故障与母线 M 的距离为 1km。该故障对于 R_1 处的保护为区外故障。从图中可以看出，区外故障下数字带通滤波器的输出远小于阈值，启动元件能够可靠地不启动。

图 8.36(c)给出了稳态运行电压叠加上标准差为 50kV 的高斯白噪声时的仿真结果。在这一噪声下，信号的信噪比仅为 20dB。为了能较为清晰地看到输出信号的波形，该图的横坐标时间跨度范围要比前两幅图小很多。从图中可以看出，数字带通滤波器可以较好地抑制噪声的影响，启动元件能够可靠地不启动。

2. 不同故障类型

表 8.1 分别给出了区内线路中点处(故障距离为 92km)发生金属性正极接地故障、双极故障和负极接地故障时的仿真结果。图 8.37 和图 8.38 分别给出了金属性正极接地故障和双极故障所对应的部分仿真波形图。图中横坐标的单位为 μs，由于采样率为 1MHz，所以横坐标的数值即可以看作是采样点的序号，其中横坐标的 1 即代表 192μs 的数据窗中的第 1 个采样点。负极接地故障下的波形与正极接地故障下的波形具有一定的对称性，不再给出。区外故障下，启动元件均不启动，因而后文也不再给出区外故障下的波形。

表 8.1　区内不同故障类型下的仿真结果

故障类型	k_{ind}	α/ms^{-1}	k_{pole}	判断结果
正极接地	0.85	0.19	−1.91	正极接地
双极故障	<0.01	0.17	≈0	双极故障
负极接地	0.89	0.20	2.10	负极接地

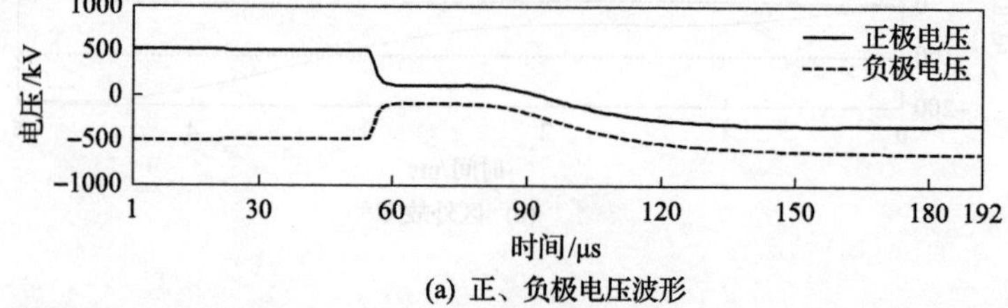

(a) 正、负极电压波形

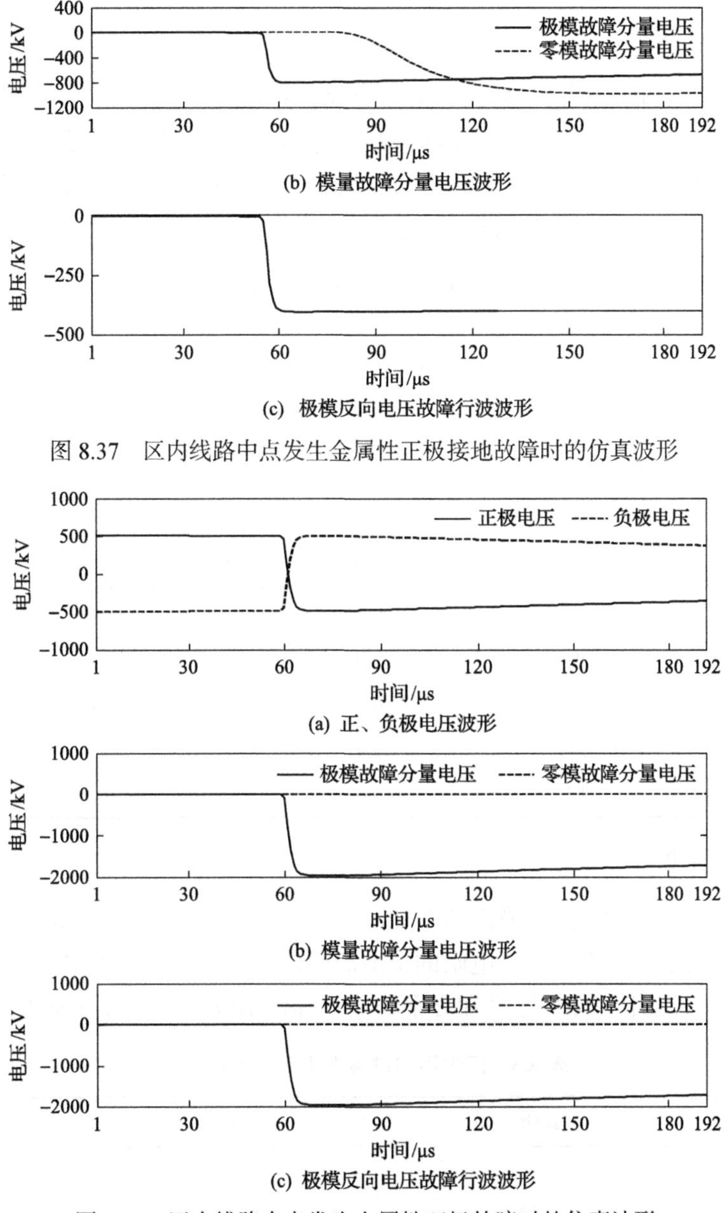

(b) 模量故障分量电压波形

(c) 极模反向电压故障行波波形

图 8.37 区内线路中点发生金属性正极接地故障时的仿真波形

(a) 正、负极电压波形

(b) 模量故障分量电压波形

(c) 极模反向电压故障行波波形

图 8.38 区内线路中点发生金属性双极故障时的仿真波形

从表 8.1 可以看出，本章所述保护原理和方案可以正确识别区内故障和进行故障选极。同时，从图 8.37(a)可以看出，在正极接地故障下，负极电压不是保持不变的。受正负极之间的耦合影响，负极电压会在其正常运行下的数值的周围有较大波动。图中负极电压在故障发生后先上升后下降，其中负极电压的上升是由初始的极模反向电压故障行波引起的，其下降则是由初始的零模反向电压故障行波引起的。由此可见，适当的解耦方法对于故障判别和故障选极至关重要。

3. 不同故障位置

表 8.2 给出了区内不同故障距离下发生金属性正极接地故障或双极故障的仿真结果。其中，对于通过绕击干扰的基本判据即可判定为不是绕击干扰的情况，由于不需要进行波尾拟合，所以表中未给出波尾衰减系数。从表中可以看出，在不同故障距离下，保护原理和方案均能正确识别故障并进行故障选极。

表 8.2　区内不同故障距离下的仿真结果

故障类型	故障距离/km	k_{ind}	α/ms^{-1}	k_{pole}	判断结果
正极接地	0.5	1.22	—	−1.78	正极接地
	10	1.06	—	−1.83	
	92	0.85	0.19	−1.91	
	174	0.77	0.24	−1.86	
	183.5	0.69	0.21	−1.89	
双极故障	0.5	<0.01	—	≈0	双极故障
	10	<0.01	—	≈0	
	92	<0.01	0.17	≈0	
	174	<0.01	0.20	≈0	
	183.5	<0.01	0.14	≈0	

4. 不同过渡电阻

表 8.3 给出了区内近端(故障距离 0.5km)、线路中点(故障距离 92km)和远端(故障距离 183.5km)发生正极经不同过渡电阻的接地故障的仿真结果。从表中可以看出，在不高于 300Ω 的过渡电阻下，保护原理和方案均能正确识别故障并进行故障选极。

表 8.3　区内不同过渡电阻下的仿真结果

故障距离/km	过渡电阻/Ω	k_{ind}	α/ms^{-1}	k_{pole}	判断结果
0.5	0	1.22	—	−1.78	正极接地
	10	1.29	—	−1.69	
	100	1.06	0.15	−1.75	
	200	1.13	0.08	−1.72	
	300	1.18	0.30	−1.85	
92	0	0.85	0.19	−1.91	正极接地
	10	0.86	0.15	−1.73	
	100	0.89	0.08	−1.77	
	200	0.93	0.25	−1.70	
	300	1.09	0.22	−1.82	

续表

故障距离/km	过渡电阻/Ω	k_{ind}	α/ms^{-1}	k_{pole}	判断结果
183.5	0	0.69	0.21	−1.89	正极接地
	10	0.73	0.16	−1.82	
	100	0.75	0.09	−1.86	
	200	0.78	0.07	−1.79	
	300	0.82	0.14	−1.80	

5. 雷击干扰和雷击引发故障

表 8.4 给出了区内线路遭受不同雷击下的仿真结果，区外遭受雷击时保护均不启动，其结果不再列出。从表中可以看出，本章所提的保护原理和方案在雷击干扰下能够可靠地不动作，在雷击引发故障的情况下能够正确地动作。

图 8.39 给出了区内发生雷击避雷线但并未引起故障时的仿真波形，从图中可以看出，雷击避雷线时，在正负极线路上的感应电压波形相似，因而零模分量远大于极模分量。图 8.40 给出了区内发生雷击避雷线且引起正极接地故障时的仿真波形，从图中可以看出，在雷击的波头部分电压的零模分量要比极模分量大很多，但波尾被故障截断后，电压的零模分量和极模分量相近，因此可以判断为发生了故障。图 8.41 给出了区内遭受绕击但不引起故障的仿真波形，从图中可以看出，极模反向电压行波具有雷电流波形的特征，其波尾的衰减速度要比故障行波的波尾的衰减快很多。图 8.42 给出了区内遭受绕击并引发故障的仿真波形，从图中可以看出，发生故障后雷电波的波尾被截断，因而其在小波变换下具有极性相反的两个小波变换模极大值，根据绕击干扰的基本判据即可判定其不是绕击干扰。

表 8.4　区内雷击干扰和雷击引发故障的仿真结果

雷击类型	距离/km	k_{ind}	α/ms^{-1}	k_{pole}	判断结果
雷击避雷线不引起故障	0.5	43.2	—	—	雷击干扰
	92	36.7	—	—	
	183.5	33.4	—	—	
雷击避雷线并反击正极线路	0.5	1.75	—	−1.90	正极接地
	92	1.58	—	−1.85	
	183.5	1.49	0.17	−1.84	
绕击正极线路但不引起故障	0.5	1.37	13.2	—	雷击干扰
	92	1.32	13.7	—	
	183.5	1.24	14.3	—	
绕击正极线路并引起正极接地故障	0.5	1.21	—	−1.81	正极接地
	92	1.28	—	−1.74	
	183.5	1.20	—	−1.84	

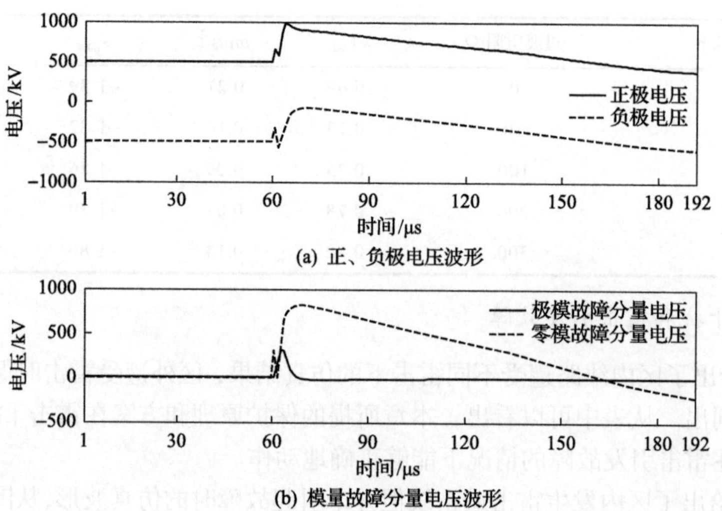

(a) 正、负极电压波形

(b) 模量故障分量电压波形

图 8.39　区内线路中点发生雷击避雷线但并未引起故障时的仿真波形

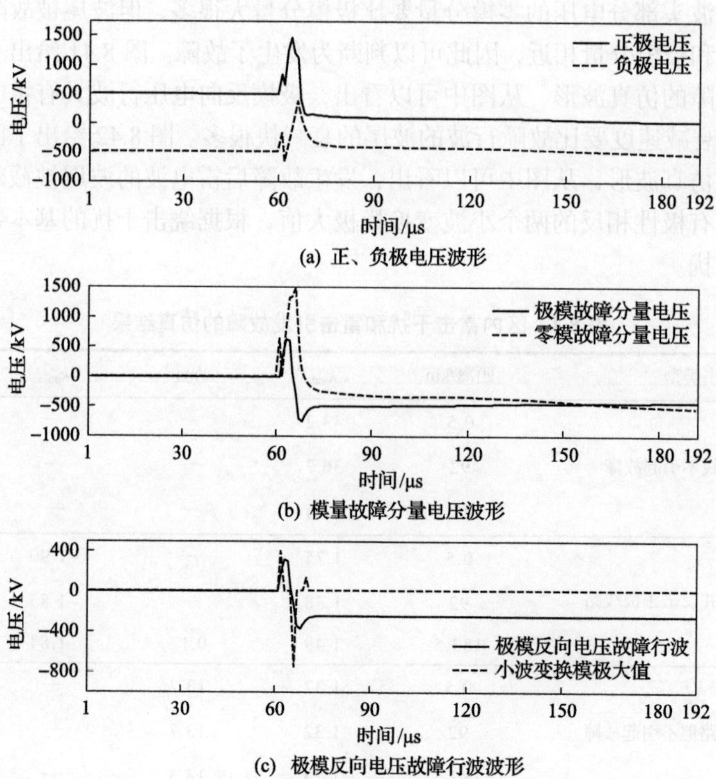

(a) 正、负极电压波形

(b) 模量故障分量电压波形

(c) 极模反向电压故障行波波形

图 8.40　区内线路中点发生雷击避雷线并引起正极接地故障时的仿真波形

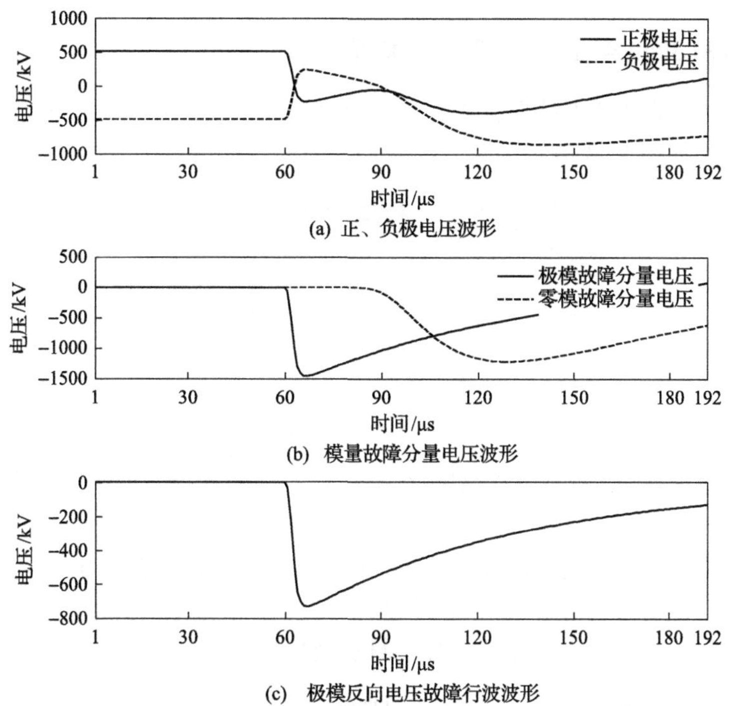

(a) 正、负极电压波形

(b) 模量故障分量电压波形

(c) 极模反向电压故障行波波形

图 8.41　区内线路中点正极线路遭受绕击但并未引起故障时的仿真波形

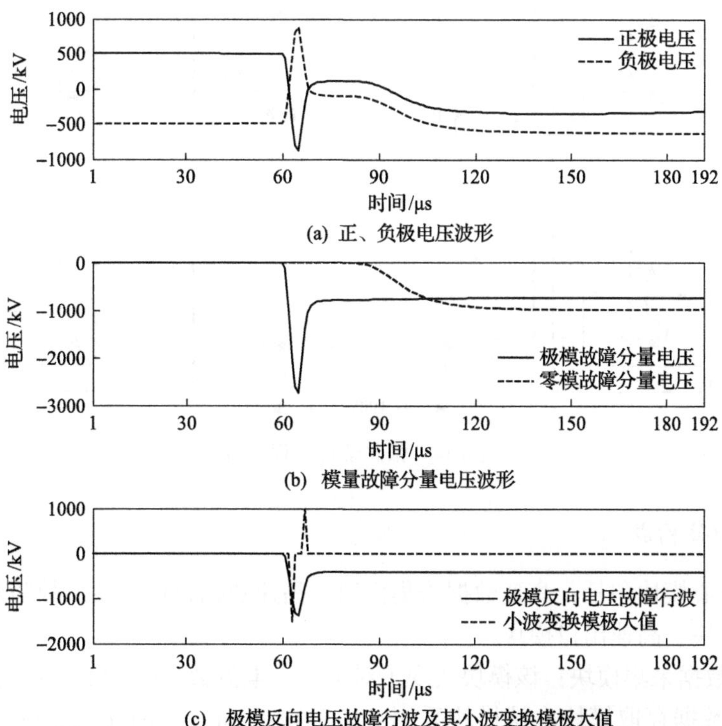

(a) 正、负极电压波形

(b) 模量故障分量电压波形

(c) 极模反向电压故障行波及其小波变换模极大值

图 8.42　区内线路中点正极线路遭受绕击并引起正极接地故障时的仿真波形

8.3.4 Ultra-PSL3000 柔性直流线路保护装置

为应对张北柔直工程对线路保护提出的超高速要求，开发了柔直快速行波保护装置 Ultra-PSL3000，如图 8.43 所示。

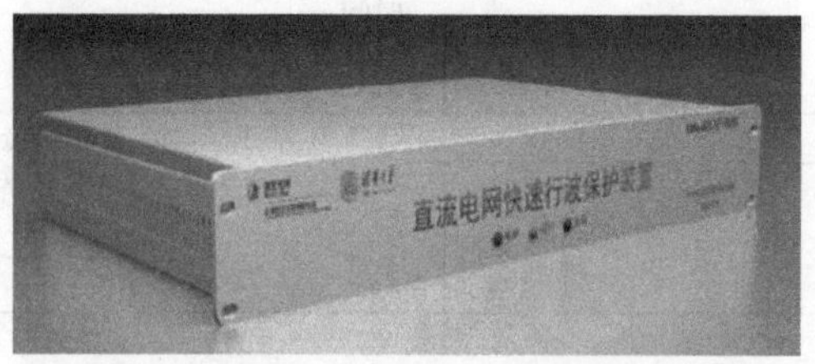

图 8.43 柔直线路保护装置

张北柔性直流输电工程是全世界首个柔性直流环网工程，电压等级为±500kV，其网络结构如图 8.44 所示。根据 8.1 节分析，柔直环网的故障隔离必须通过直流断路器。由于故障后短路电流上升速度极快，张北工程对故障隔离时间提出了 6ms 的严苛要求。而直流断路器的开断时间需要大约 3ms，这意味着保护装置必须拥有超高速动作的能力，在 3ms 内完成启动、故障数据采样，保护算法及出口。

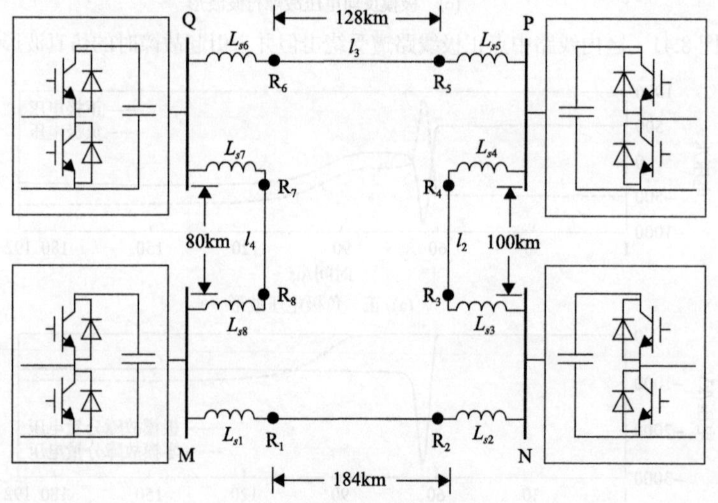

图 8.44 张北柔直工程示意

1. 装置硬件构成

装置的核心模块包括：高速数据采集模块、高速数据存取模块、故障数据高速处理和保护判别模块、高速出口模块。

(1) 高速数据采集模块：该模块实现了对电压、电流数据的 1MHz 超高速采样。

(2) 高速数据存取模块：该模块采用 FIFO (first input first output) 和 DMA (Direct Memory Access) 构架完成高采样率下大量数据的转存，提升访问速度。

(3) 故障数据高速处理和保护判别模块：该模块采用多核结构，以提升逻辑判断和数值计算的整体效率。

(4)高速出口模块：保护以光信号形式出口，可以省去出口继电器及其动作的时间，极大地压缩了保护系统整体的故障切除时间。

2. 装置的动作性能

如图 8.45 所示为利用 TPTP-01 暂态行波保护测试仪对装置进行实验的结果，故障设置为区内正极线路接地故障。

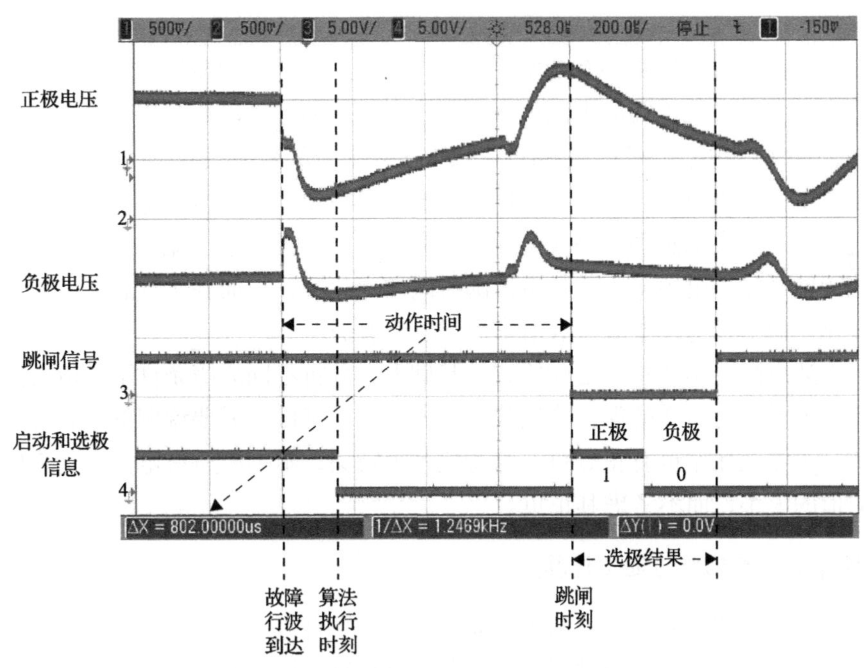

图 8.45　直流线路正极接地故障动作结果

由图 8.45 可见，故障行波到达后约 802μs 时，保护给出跳闸信号。其中启动耗时约为 80μs，数据采样、保护算法执行以及跳闸信号开出约耗时 722μs，满足张北柔直工程的超高速要求。选极信号正确选出故障极为正极。

3. 现场应用

张北柔直工程于 2020 年正式投运，Ultra-PSL3000 装置作为主保护之一应用至今。

8.4　基于电流变化率的单端量直流线路保护

8.4.1　不同故障和运行情况下线路电流变化率的特征分析

1. 研究电流变化率直流保护的必要性

柔性直流输电系统类似于交流输电系统，电流增大和电压降低都是短路故障后基本的故障特征(控制系统未来得及动作)。反应于电流增大的基于单端量的电流保护是交流系统中应用最早的继电保护原理，它以工频电流的有效值大于某一定值作为故障下的动作判据，通过合理设定各级线路的保护动作定值及动作延时来保证保护的选择性。但是，这一保护不能直接推广到柔性直流电网。交流系统中的故障稳态下的工频电流有效值，可以通过 Fourier 级数算法等方法，利用故障暂态过程中的电流采样数据较为准确地计算得到；但对于直流系统而言，其稳态下的电气量为直流量，无法通过故障电流上升阶段较短时间内的采样数据计算得出，也就无法实现与交流系统电流保护相类似的较为实用的电流保护。

交流系统的电流保护的一个基本思想是，在系统中的不同位置处发生故障时，从电源到故障点的工频阻抗不同而电源电压近似不变，从而工频电压除以工频阻抗所得到的结果不同，也即工频电流不同，进而可以根据工频电流的数值大致反映发生故障的区域。在柔性直流电网发生故障后的初始阶段，故障电流主要来自换流站电容的放电电流，而放电路径上存在的大电感则对该放电电流起主要作用。类比于交流系统，在直流系统中用直流电源电压除以电感得到的是电流随时间的变化率，因而在柔性直流电网中应当采用电流变化率而不是稳态电流的数值来构建电流保护。

基于上述思想，本节将在之前研究的基础上，分析不同故障条件下直流线路电流变化率的特征差异，为后文的保护算法和保护方案奠定基础。需要说明的是，考虑到电流有正有负，电流变化率也有正有负，为避免产生歧义，本书中所有电流变化率的大小均指其绝对值的大小，而不考虑其正负。

2. 故障电流变化率的近似计算

在直流侧发生故障后、换流站闭锁前，整个柔性直流电网可以用一个近似简化的线性故障附加网络进行求解，通过写出某一电气量在复频域下的表达式并进行拉普拉斯逆变换，即可求得该电气量的时域表达式。该时域表达式对时间求导即得到该电气量变化率的表达式。然而，这一计算方式得到的变化率的表达式相对较为繁琐，根据 8.2.5 节中故障电流的近似解析解可知，故障电流的变化率中将含有指数衰减项或衰减振荡项，难以直观地比较不同故障情况下的电流变化率的大小关系。因此，本节将采用如下的方法，直接从复频域下的故障电流的表达式出发，求取故障电流变化率的近似表达式。

设函数 $f(t)$ 在 $t=0$ 处具有泰勒展开式，即

$$f(t)=\sum_{n=0}^{+\infty}\frac{f^{(n)}(0)}{n!}t^n \tag{8-86}$$

式中，$f^{(n)}(0)$ 表示函数 $f(t)$ 在 $t=0$ 处的 n 阶导数。则函数 $f(t)$ 的拉普拉斯变换 $F(s)$ 具有如下形式：

$$F(s)=\sum_{n=0}^{+\infty}\frac{f^{(n)}(0)}{s^{n+1}} \tag{8-87}$$

根据式(8-86)，函数 $f(t)$ 的导数 $f^{(1)}(t)$ 可以表示为

$$f^{(1)}(t)=\sum_{n=0}^{+\infty}\frac{f^{(n+1)}(0)}{n!}t^n \triangleq \sum_{n=0}^{+\infty}a_n t^n \tag{8-88}$$

式中，a_n 用于表示 $f^{(1)}(t)$ 所展开成的关于 t 的幂级数的系数，其表达式为

$$a_n=\frac{f^{(n+1)}(0)}{n!},\qquad n=0,1,\cdots \tag{8-89}$$

根据式(8-88)，$f^{(1)}(t)$ 所对应的拉普拉斯变换 $F^{(1)}(s)$ 可以表示为

$$F^{(1)}(s)=sF(s)-f(0)=\sum_{n=0}^{+\infty}\frac{f^{(n+1)}(0)}{s^{n+1}}=\sum_{n=0}^{+\infty}n!a_n\frac{1}{s^{n+1}}\triangleq\sum_{n=0}^{+\infty}A_{n+1}\frac{1}{s^{n+1}} \tag{8-90}$$

上式中的 A_n 用于表示 $F^{(1)}(s)$ 所展开成的关于 s^{-1} 的幂级数的系数，其与系数 a_n 间的关系为

$$a_n=\frac{A_{n+1}}{n!},\qquad n=0,1,\cdots \tag{8-91}$$

因此，若已知函数 $f(t)$ 的拉普拉斯变换 $F(s)$ 及其初值 $f(0)$，则可以根据式(8-90)的第一个等号计算得出其导数 $f^{(1)}(t)$ 的拉普拉斯变换 $F^{(1)}(s)$，进而可以根据下式计算得出 $f^{(1)}(t)$ 所展开成的关于 t 的幂级数的系数 a_n：

$$\begin{cases} A_{n+1}=\lim\limits_{s\to+\infty}\left\{s^{n+1}[sF(s)-f(0)]-\sum\limits_{k=0}^{n-1}A_{k+1}s^{n-k}\right\} \\ a_n=\dfrac{A_{n+1}}{n!} \end{cases},\qquad n=0,1,\cdots \tag{8-92}$$

下面将根据上述原理及上文的研究基础，求取不同故障情况下电流变化率的近似表达式，并据此分析不同情况下电流变化率的差异。为便于阅读，图 8.46 四端 MMC 直流输电网示意图中，F_1 处发生故障时的简化故障附加网络图。

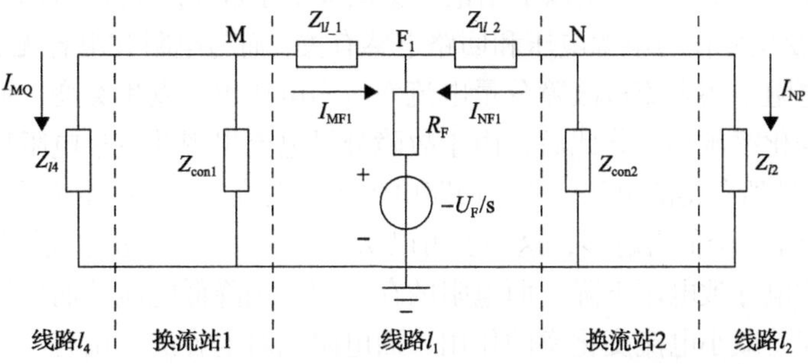

图 8.46　MMC 直流输电网的基本结构及故障分析的简化电路

1) 区内故障下的电流变化率

对于附录 3 图中的保护 R_1，当在 F_1 处发生区内双极故障时，流过保护的电流 I_{MF1} 在故障后一段时间内复频域下的近似解如式(8-93)所示，现将式(8-93)及与其相关式(8-94)列写如下：

$$I_{MF1}=\frac{U_{dc}}{s^2L_{\Sigma1}+s\left(R_{\Sigma1}+\frac{R_F}{2}\frac{Z_{\Sigma}}{Z_{\Sigma2}}\right)+\frac{1}{C_{con1}}} \tag{8-93}$$

$$\begin{cases}Z_{\Sigma i}=sL_{\Sigma i}+R_{\Sigma i}+1/sC_{coni}\\ L_{\Sigma i}=L_{si}+L_{coni}+L_{T1}L_{11\_i}, \qquad i=1,2\\ R_{\Sigma i}=R_{coni}+R_{T1}L_{11\_i}\end{cases} \tag{8-94}$$

从式(8-93)可以看出，I_{MF1} 表达式的分母中含有分别与电感、电阻和电容相关的三部分，其中总电感等于换流站 1 与故障 F_1 所构成的回路的总电感，包括换流站等效电感 L_{con1}、线路上的平波电抗器 L_{s1} 和线路的极模电感 $L_{T1}l_{l1\_1}$；总电阻等于换流站 1 与故障 F_1 所构成的回路的总电阻，包括换流站等效电阻 R_{con1}、线路的极模电阻 $R_{T1}l_{l1\_1}$ 和折算到该回路的等效故障过渡电阻 $R_F(L_{\Sigma1}+L_{\Sigma2})/(2L_{\Sigma2})$；总电容即为换流站 1 的等效电容 C_{con1}。对于单极接地故障下故障极的电流，则只需将式(8-93)中线路的极模电感和极模电阻分别替换为对应的极模量与零模量的平均值，并将等效故障过渡电阻替换为 $R_F(L_{\Sigma1}+L_{\Sigma2})/L_{\Sigma2}$ 即可。下面将区内故障下的总电感、总电阻和总电容分别用 L_{in}、R_{in} 和 C_{in} 统一表示。

根据公式(8-82)，可以求得区内故障下的电流变化率展开式的前三项的系数为

$$\begin{cases}a_{in0}=\dfrac{U_{dc}}{L_{in}}\\ a_{in1}=\dfrac{U_{dc}}{L_{in}}\times\left(-\dfrac{R_{in}}{L_{in}}\right)\\ a_{in2}=\dfrac{U_{dc}}{L_{in}}\times\dfrac{1}{2}\left(\dfrac{R_{in}^2}{L_{in}^2}-\dfrac{1}{L_{in}C_{in}}\right)\end{cases} \tag{8-95}$$

从式(8-95)中可以分析得出以下结论。①从零阶系数 a_{in0} 可以看出，在发生故障的 t=0 时刻，电流变化率仅与电源电压和回路电感有关，而与电阻和电容无关，这是由于在故障发生时刻电阻中还未流过故障分量电流而电容电压也未发生突变。同时，回路总电感越大则电流变化率越小。②此后，由于故障分量电流出现并流过电阻后立即产生一个压降，降低了电感所分得的电压，所以回路电阻将对电流变化率产生影响并使其降低，且电阻越大电流变化率降低得越多，这一点可以从一阶系数 a_{in1} 的表达式得到印证。③接下来，电容由于放电导致电压下降，而电阻的存在则起到降低电流从而减慢电容放电的作用，所以电容起着减小电流变化率的作用，而电阻则对电容的作用有一定的抑制，这一点可以从二阶系数 a_{in2} 的表达式得到印证。

从上述分析可以看出，通过电流变化率的展开式系数所分析得出的结论与电路模型的物理实质是相吻合的，而展开式系数能够更加直观地凸显出不同参数对电流变化率的影响，便于理论分析。

2) 区外线路故障下的电流变化率

对于附录 3 图中的保护 R_3～R_8，在 F_1 处发生的故障均为区外线路故障。由于保护 R_5 和 R_6 所在的线路不直接与故障线路所连的换流站 1 和换流站 2 相连，所以可以认为流过这两个保护的电流近似不变，其电流变化率也远小于流过其他保护的电流的变化率，故不再对它们进行分析。下面以保护 R_7 和 R_8 为例进行分析，故障 F_1 对于它们分别为正向区外线路故障和反向区外线路故障。若故障为双极故障，则流过保护的电流 I_{QM} 和 I_{MQ} 在故障后一段时间内复频域下的近似解如下式所示：

$$\begin{aligned}-I_{\mathrm{MQ}} &= I_{\mathrm{QM}} \approx I_{\mathrm{MF1}}\frac{Z_{\mathrm{con1}}}{Z_{l4}} \\ &= I_{\mathrm{MF1}}\frac{s^2L_{\mathrm{con}i}+sR_{\mathrm{con}i}+1/C_{\mathrm{con}i}}{s\left[s\left(L_{\mathrm{s7}}+L_{\mathrm{s8}}+L_{\mathrm{T}}l_{14}\right)+R_{\mathrm{T}}l_{14}\right]}\end{aligned} \tag{8-96}$$

式(8-96)中的分母由保护所在的健全线路的总电感和总电阻两部分组成，其中总电感包括线路两端的平波电抗器及线路的极模电感，总电阻即为线路的极模电阻。对于单极接地故障下故障极的电流，同样只需将式(8-96)中线路的极模电感和极模电阻分别替换为对应的极模量与零模量的平均值，并将 I_{MF1} 中的等效故障过渡电阻替换为 $R_F(L_{\Sigma1}+L_{\Sigma2})/L_{\Sigma2}$ 即可。下面将区外线路故障下保护所在的健全线路的总电感和总电阻分别用 L_{ex} 和 R_{ex} 统一表示。

根据式(8-91)，可以求得区外线路故障下的电流变化率展开式的前三项的系数为

$$\begin{cases} a_{\mathrm{ex0}} = \dfrac{U_{\mathrm{dc}}}{L_{\mathrm{in}}}\dfrac{L_{\mathrm{con}}}{L_{\mathrm{ex}}} \\ a_{\mathrm{ex1}} = \dfrac{U_{\mathrm{dc}}}{L_{\mathrm{in}}}\dfrac{L_{\mathrm{con}}}{L_{\mathrm{ex}}}\times\left(\dfrac{R_{\mathrm{con}}}{L_{\mathrm{con}}}-\dfrac{R_{\mathrm{in}}}{L_{\mathrm{in}}}-\dfrac{R_{\mathrm{ex}}}{L_{\mathrm{ex}}}\right) \\ a_{\mathrm{ex2}} = \dfrac{U_{\mathrm{dc}}}{L_{\mathrm{in}}}\dfrac{L_{\mathrm{con}}}{L_{\mathrm{ex}}}\times\dfrac{1}{2}\left(\dfrac{1}{L_{\mathrm{con}}C_{\mathrm{con}}}-\dfrac{1}{L_{\mathrm{in}}C_{\mathrm{in}}}-\dfrac{R_{\mathrm{in}}}{L_{\mathrm{in}}}\dfrac{R_{\mathrm{ex}}}{L_{\mathrm{ex}}}\right) \end{cases} \tag{8-97}$$

式(8-97)中区外线路故障下电流变化率展开式的第一项 a_{ex0} 是区内故障下 a_{in0} 的 L_{con}/L_{ex} 倍，这一倍数关系反映的是图 8.47 中保护所在的健全线路 l_4 支路与换流站 1 支路对于故障支路电流 I_{MF1} 的分流关系。由于健全线路支路的总电感 L_{ex} 中包含有线路两端的平波电抗器电感，其数值比换流站等效电感 L_{con} 要大得多，所以区外线路故障下的电流变化率要比区内故障下小很多，通过电流变化率的大小可以区分区内故障和区外线路故障。同时，从 a_{ex0} 的表达式也可以看出，区外线路故障越靠近换流站，则 L_{in} 越小，从而与该换流站相连的健全线路的电流变化率就越大。

电流变化率展开式的第二项的系数 a_{ex1} 中出现了电阻，从中可反映出电阻对电流变化率的主要影响。换流站等效电阻 R_{con} 直接出现在括号中的第一项，并包含在括号中第二项的 R_{in} 中，由于区内故障回路电阻 R_{in} 中流过电流后产生的压降降低了电感所分得的电压，所以区内故障电流的变化减慢，导致换流站电压的变化减慢，即图 8.47 中母线 M 处的电压绝对值的上升速度变慢，进而导致健全线路 l_4 支路的电流变化率减小；但与此同时，换流站等效电阻 R_{con} 越大，换流站 1 支路分得的电压就越大，从而导致健全线路 l_4 支路的电流变化率越大。至于健全线路支路的总电阻 R_{ex} 则由于其分压作用将直接导致该支路的电流变化率减小。

3) 直流母线故障下的电流变化率

根据上文的简化原则，可以得到计算直流母线 M 处发生故障时简化的故障附加网络如图 8.47 所示，其中故障支路左侧的线路 l_4、换流站 4 和线路 l_3 支路与图中的线路 l_1、换流站 2 和线路 l_2 支路相对称，且对线路 MN 上的电流的影响不大，因而未在图中画出。对于附录 3 图中的保护 R_3～R_6，由于其所在的线路不直接与故障母线相连，所以可以认为流过这些保护的电流近似不变，其电流变化率也远小于流过其他保护的电流的变化率，不再对它们进行分析。

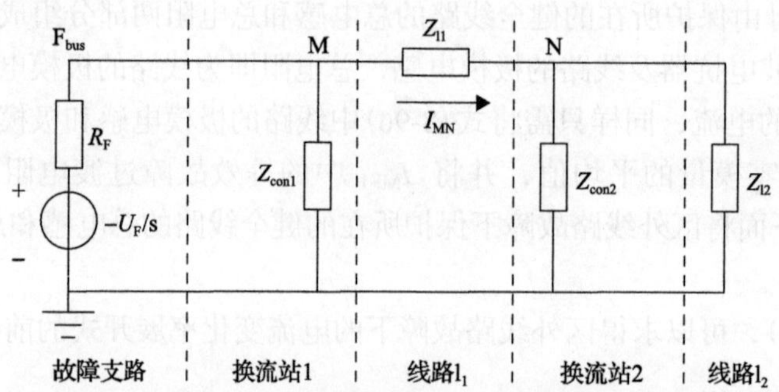

图 8.47 母线 M 处发生故障时的简化故障附加网络

对于附录 3 图中的继电器 R_1，计算故障后一段时间内流过保护的电流 I_{MN} 时，根据上文的简化原则(线路 l_2 支路电流的上升速度远慢于换流站 2 支路，因而可以直接将其去掉)，由于线路 l_1 支路电流的上升速度远慢于换流站 1 支路，所以可以先将其断开，通过换流站 1 支路的阻抗与故障过渡电阻的串联分压近似计算出母线 M 处的电压，再用该电压除以线路 l_1 支路与换流站 2 支路的串联总阻抗，得到电流 I_{MN} 的近似解。此外，类似地，图 8.47 中 U_F 等于正极对地电压 U_{dc}；在双极故障下，图 8.47 中的参数应采用极模参数，且故障支路的 R_F 应当改为 $R_F/2$；而在单极接地故障下计算故障极电流时图中的参数则应当采用极模参数与零模参数的平均值，且对于负极接地故障还需要在计算结果上加上一个负号才是最终的计算结果。

根据上述计算方法，可以写出母线 M 处发生双极故障时，与故障母线相连的直流线路 MN 的电流 I_{MN} 的近似表达式如下所示。对于单极接地故障，其结果可以较容易地根据上述原则修改式中对应部分来得到。

$$-I_{\mathrm{MN}}=I_{\mathrm{NM}}\approx I_{\mathrm{MF1}}\frac{s^2L_{\mathrm{con1}}+sR_{\mathrm{con1}}+1/C_{\mathrm{con1}}}{s^2L_{\mathrm{con1}}+s(R_{\mathrm{con1}}+R_{\mathrm{F}}/2)+1/C_{\mathrm{con1}}}\times\frac{U_{\mathrm{dc}}}{s^2(L_{\mathrm{con1}}+L_{\mathrm{ex}})+s(R_{\mathrm{con2}}+R_{\mathrm{ex}})+1/C_{\mathrm{con2}}} \tag{8-98}$$

与前述类似，都用 L_{ex} 和 R_{ex} 来表示区外故障下保护所在的健全线路的总电感和总电阻，即在本情况中 L_{ex} 等于线路 l_1 两端的平波电抗器电感加上线路的总电感；R_{ex} 等于线路 l_1 的总电阻。

$$\begin{cases}L_{\mathrm{ex}}=L_{s1}+L_{s2}+L_{\mathrm{T1}}L_{l1}\\R_{\mathrm{ex}}=R_{\mathrm{T1}}L_{l1}\end{cases} \tag{8-99}$$

根据式(8-91)，可以求得直流母线故障下的电流变化率展开式的前三项的系数为

$$\begin{cases}a_{\mathrm{bus0}}=\dfrac{U_{\mathrm{dc}}}{L_{\Sigma\mathrm{ex}}}\\a_{\mathrm{bus1}}=\dfrac{U_{\mathrm{dc}}}{L_{\Sigma\mathrm{ex}}}\times\left(-\dfrac{R_{\mathrm{inF}}/2}{L_{\mathrm{con1}}}-\dfrac{R_{\Sigma\mathrm{ex}}}{L_{\Sigma\mathrm{ex}}}\right)\\a_{\mathrm{bus2}}=\dfrac{U_{\mathrm{dc}}}{L_{\Sigma\mathrm{ex}}}\times\dfrac{1}{2}\left(-\dfrac{1}{L_{\Sigma\mathrm{ex}}C_{\mathrm{con2}}}-\dfrac{R_{\mathrm{con1}}+R_{\mathrm{F}}/2}{L_{\mathrm{con1}}}\dfrac{R_{\Sigma\mathrm{ex}}}{L_{\Sigma\mathrm{ex}}}\right)\\\qquad-\dfrac{1}{2}a_{\mathrm{bus1}}\left(\dfrac{R_{\mathrm{con1}}+R_{\mathrm{F}}/2}{L_{\mathrm{con1}}}+\dfrac{R_{\Sigma\mathrm{ex}}}{L_{\Sigma\mathrm{ex}}}\right)\end{cases} \tag{8-100}$$

上式中分别用 $L_{\Sigma\mathrm{ex}}$ 和 $R_{\Sigma\mathrm{ex}}$ 表示线路 l_1 支路与换流站 2 支路的串联总电感和串联总电阻，即

$$\begin{cases}L_{\Sigma\mathrm{ex}}=L_{\mathrm{ex}}+L_{\mathrm{con2}}=L_{s1}+L_{s2}+L_{\mathrm{T1}}L_{l1}+L_{\mathrm{con2}}\\R_{\Sigma\mathrm{ex}}=R_{\mathrm{ex}}+R_{\mathrm{con2}}=R_{\mathrm{T1}}L_{l1}+R_{\mathrm{con2}}\end{cases} \tag{8-101}$$

由于健全线路的总电感 L_{ex} 中包含线路两端的平波电抗器电感，其数值比换流站等效电感 L_{con} 要大很多，所以上两式中的 $L_{\Sigma\mathrm{ex}}$ 约等于 L_{ex}。对比式(8-100)中直流母线故障下电流变化率展开式的第一项 a_{bus0} 与式(8-97)中区外线路故障下电流变化率展开式的第一项 a_{ex0} 可以看出，a_{ex0} 约是 a_{bus0} 的 $L_{\mathrm{con}}/L_{\mathrm{in}}$ 倍。由于 L_{in} 包括换流站等效电感及线路一端的平波电抗器电感和一部分线路的电感，故这一倍数是小于 1 的，即对某一处的保护来说，在其某一侧发生区外线路故障时，电流的变化率小于其同侧发生母线故障时的电流变化率。这是由于当发生区外线路故障时，故障线路的平波电抗器和线路电感分得一部分故障附加源电压后，剩下的部分才作用到非故障线路上；而发生母线故障时，故障附加源直接作用在非故障线路上，因而其电流变化率较大。

电流变化率展开式的第二项的系数 a_{bus1} 中出现的电阻则反映了电阻对电流变化率的主要影响，电阻流过电流后其分压作用将直接导致电流变化率减小。

4) 其他故障及运行情况

除区外线路故障和直流母线故障外，换流站内部故障及换流站交流侧故障对于直流线路保护来说也都为区外故障。但是发生换流站内部故障或换流站交流侧故障时，故障附加电源都需要经过换流站桥臂电感、子模块电容等储能元件后才作用在直流母线上，电压的突变得到了一定程度的平缓，也即最终反映到直流母线上的电压变化率小于直流母线直接发生金属性故障时的电压变化率，进而直流线路上电流变化率也小于直流母线故障时的电流变化率。

对于换流站的启停过程及线路传输功率改变等系统运行中会出现的情况，同样由于换流站桥臂电感和子模块电容等储能元件的存在，最后作用于直流母线的电压变化率也小于直流母线直接发生金属性故障时的电压变化率，进而直流线路上电流变化率也小于直流母线故障时的电流变化率。

5) 区内故障与区外故障的电流变化率对比

电流变化率展开式的第一项是电流变化率的主要构成部分，它也是故障发生初始时刻的电流变化率。根据式(8-95)区内故障下电流变化率展开式的第一项 a_{in0} 可以看出，区内故障下电流变化率与从换流站到故障点所构成的回路的总电感 L_{in} 成反比，L_{in} 包括换流站等效电感、保护所在的线路末端的平波电抗器电感及换流站到故障点间的线路电感。

根据式(8-100)直流母线故障下电流变化率展开式的第一项 a_{bus0} 可以看出，在直流母线故障下，与故障母线相连的直流线路的电流的变化率与 $L_{\Sigma ex}$ 成反比，$L_{\Sigma ex}$ 等于线路非故障端的换流站的等效电感 L_{con2} 与直流线路的总电感 L_{ex} 的和。由于 L_{ex} 中包含有线路两端的平波电抗器电感及整条直流线路的电感，所以 $L_{\Sigma ex}$ 比 L_{in} 大很多，进而导致区内故障下的初始电流变化率比直流母线故障下的初始电流变化率大很多。考虑到其他故障及运行情况下的电流变化率均小于直流母线故障下的电流变化率，因而根据保护测量得到的电流的变化率的大小可以区分区内和区外故障，即根据直流母线故障所可能出现的最大电流变化率设定保护定值，并通过区内故障下电流变化率最小的情况来检验保护的灵敏度。

3. 电流变化率计算的影响因素分析

本节的分析都是针对故障电流在近似解析解下的变化率展开的。在近似简化的过程中忽略了线路的故障行波波过程，因而得到的近似解析解可以看作是故障电流的低频分量，反映的是故障电流的整体变化趋势，得出的关于电流变化率的结论也只适用于故障电流的低频分量。故障行波波过程所带来的高频分量将对电流低频分量变化率的提取和计算产生一定的影响，故需要对其进行分析，以便在保护方案的设计和实现当中采取适当的应对措施。此外，电流测量误差也会引起电流变化率的计算误差，其影响也一并在本节中讨论。

1) 分布电容的影响

在故障电流的近似计算当中，线路采用了集中参数模型，且忽略了线路的电容，线路仅用其总电感和总电阻来近似。分布电容的存在将使故障电流中存在高频振荡分量，因此，区内故障下，随着故障过渡电阻的增大，故障电流和电流中的高频振荡分量都减小；但在区外故障下，随着故障过渡电阻的增大，故障电流减小但电流中的高频振荡分量增大，而高频振荡在整个故障电流中也更加明显，会对电流低频分量的变化率的计算产生更大的影响。

区内故障下，故障电流高频振荡分量的频率 f_{in} 可以用故障行波的固有频率进行估计，如式(8-102)所示；区外故障下，故障电流高频振荡分量的频率 f_{ex} 则可以用线路总电感和总电容的串联谐振频率来估计，如式(8-103)所示。式中 v 为行波的波速度；l_{F} 为区内故障的故障距离；l 为线路全长。

$$f_{\text{in}} = \frac{v}{4l_{\text{F}}} \tag{8-102}$$

$$f_{\text{ex}} = \frac{v}{2\pi l} \tag{8-103}$$

从式(8-102)可以看出，区内故障下，故障发生在保护对端时，故障距离取到最大值即等于线路全长，此时的故障行波固有频率为最小；从式(8-103)可以看出，区外故障下，本线路长度越长，则高频分量的频率越低。对于同一条线路而言，对比式(8-102)和式(8-103)可以发现，利用式(8-103)估计出的频率更低。因此，可以通过对电流采样数据进行低通滤波来减小分布电容对电流低频分量的变化率的计算的影响，低通滤波器的截止频率可以按照式(8-103)来设定。

2) 极间耦合的影响

对于双极系统，由于双极线路之间存在耦合，所以在发生单极接地故障时，非故障极中也将感应出暂态的电压和电流。线路之间主要通过互电感和互电容相互影响。互电感是串联参数，一条线路的电流将在另一条线路中感应出串联电压，因而电流频率越高则感应出的电压越大；互电容是并联参数，一条线路的电压将在另一条线路中感应出并联注入电流，因而电压频率越高则感应出的电流越大。总结起来，线路之间的影响以高频分量为主，发生单极接地故障时，非故障极中感应出的暂态电压和电流也以高频分量为主，且该高频分量的频率与故障极电气量高频分量的频率一致，因而同样可用式(8-102)和式(8-103)来估计。考虑到上一小节中已提出采用低通滤波来减小高频分量的影响，因而与前两节的保护不同，这里不再需要极模变换解耦，保护可以直接采用正、负极的电气量并分极配置。

3) 电流测量误差的影响

电流互感器的测量误差将直接导致计算出的电流变化率存在误差，因而在保护整定时需要予以考虑。一般电流测量值的误差在 10%以内，因而计算得到的电流变化率的误差也可以认为不超过 10%。在根据区外故障下所可能出现的最大的电流变化率进行保护定值整定时，可以通过乘以可靠系数 1.1 来躲过电流测量误差的影响。

8.4.2　单端量电流变化率保护方案

1. 保护定值整定

根据前边分析可知，保护测量得到的电流变化率的绝对值大小可以用来区分区内故障和区外故障及其他运行情况，且保护定值应根据直流母线故障时所可能出现的最大电流变化率来整定，并通过区内故障下电流变化率最小的情况来检验保护的灵敏度。

特别地，当线路一端的直流母线发生金属性双极故障时，该线路电流的变化率取到各种非区内故障情况下的最大值。由于故障发生以后随着时间的推移，电流变化率在电阻的作用下逐渐减小，故应当利用故障发生时刻的电流变化率，即式(8-100)中的 a_{bus0}，乘以一个大于 1 的可靠系数 k_{rel} 来作为保护定值 $I_{\text{set}}^{(1)}$。当电流变化率满足下式时，保护应当判定为发生了区内故障。

$$\left|\frac{\mathrm{d}I}{\mathrm{d}t}\right| > I_{\text{set}}^{(1)} = k_{\text{rel}} a_{\text{bus0}} = k_{\text{rel}} \frac{U_{\text{dc}}}{L_{\Sigma\text{ex}}} \tag{8-104}$$

式中，U_{dc} 为正极对地电压；当认为电流测量值的误差在 10%以内时，可靠系数 k_{rel} 可以取为 1.1。

当区内在靠近线路对端发生经大过渡电阻的单极接地故障时，电流变化率为最小。从式(8-102)可以看出，在过渡电阻较大也即 R_{in} 较大、可以忽略 a_{in2} 中括号内的第 2 项时，区内故障的电流变化率与下式所示的指数衰减电流 $I_{\exp}(t)$ 的变化率具有相同的前 3 项展开系数，因而可以用 $I_{\exp}(t)$ 的变化率来作为区内经大过渡电阻故障时的电流变化率的估计值。

$$I_{\exp}(t) = \frac{U_{\text{dc}}}{L_{\text{in}}}\left(1 - \mathrm{e}^{-R_{\text{in}} t / L_{\text{in}}}\right) \tag{8-105}$$

上式的变化率如下所示：

$$\frac{\mathrm{d}I_{\exp}(t)}{\mathrm{d}t} = \frac{U_{\text{dc}}}{L_{\text{in}}} \mathrm{e}^{-R_{\text{in}} t / L_{\text{in}}} \tag{8-106}$$

从式(8-106)中可以看出，$I_{\exp}(t)$ 的变化率随时间单调递减。在保护的实际实现当中，需要电流变化率在一定的时间范围内都大于保护定值，才能判定为区内故障，以防止保护误动。将这一时间长度记为 t_{set}，则可以得到区内故障下不拒动的最大过渡电阻为

$$R_{\text{F\_max}} = \frac{\tilde{L}_{\Sigma\_2}}{\tilde{L}_{\Sigma\_1} + \tilde{L}_{\Sigma\_2}}\left(\frac{\tilde{L}_{\text{in}}}{t_{\text{set}}} \ln \frac{\tilde{L}_{\Sigma\_2}}{k_{\text{rel}} \tilde{L}_{\Sigma\_2}} - R_{\text{con\_1}} - R_{\text{Tav}} l\right) \tag{8-107}$$

式(8-107)中各电感在前边均明确了其对应的物理意义和表达式，其中区内故障下的故障距离取为线路全长，且线路参数取极模参数与零模参数的平均值；区外故障所对应的线路参数取为极模参数。为便于区分，这里将各电感加以顶标“~”并将其具体表达式总结

如下所示。在式(8-107)和式(8-108)两式中，下标中的“con”表示换流站参数；下标中的“s”表示平波电抗器；下标中的“_1”和“_2”分别表示线路本端的量和线路对端的量；下标中的“Tav”表示线路极模参数与零模参数的平均值；下标中的“T1”表示线路极模参数；l 表示被保护线路的全长。

$$\begin{cases}\tilde{L}_{\Sigma\_1}=\tilde{L}_{\text{in}}=L_{\text{con\_1}}+L_{\text{s\_1}}+L_{\text{Tav}}l\\ \tilde{L}_{\Sigma\_2}=L_{\text{con\_1}}+L_{\text{s\_2}}\\ \tilde{L}_{\Sigma\text{ex}}=L_{\text{s\_1}}+L_{\text{T1}}l+L_{\text{s\_2}}+L_{\text{con\_2}}\end{cases} \tag{8-108}$$

仍以附录 3 图 A.1 所示的四端 MMC 直流输电网为例进行计算，其中最长的线路和最短的线路分别为 184km 和 80km，根据式(8-104)可以计算出其动作定值分别为 0.90kA/ms 和 1.01kA/ms；若取 t_{set} =2ms，则可以计算出区内故障下不拒动的最大过渡电阻分别为 39Ω 和 51Ω。

2. 电流变化率的提取

对于连续时间信号 $x(t)$，其变化率 $y(t)$ 是指 $x(t)$ 对时间 t 的微分，即

$$y(t)=\frac{\mathrm{d}x(t)}{\mathrm{d}t} \tag{8-109}$$

对上式两端求 Fourier 变换，可以得到理想微分器的频率响应 $H_{\text{d}}(\omega)$ 为

$$H_{\text{d}}(\omega)=\frac{Y(\omega)}{X(\omega)}=\text{j}\omega \tag{8-110}$$

式中，ω 为角频率；$X(\omega)$ 和 $Y(\omega)$ 分别为 $x(t)$ 和 $y(t)$ 的 Fourier 变换。

设离散时间信号 $x(n)$ 和 $y(n)$ 分别为 $x(t)$ 和 $y(t)$ 的等间隔离散抽样，抽样间隔为 T_{s}。若抽样过程满足抽样定理，即抽样频率 $f_{\text{s}}=1/T_{\text{s}}$ 大于信号所包含的最高频率的 2 倍，则离散时间信号所对应的频率响应 $\tilde{H}_{\text{d}}(\text{e}^{\text{j}\tilde{\omega}})$ 在一个周期内的表达式如下所示。$\tilde{H}_{\text{d}}(\text{e}^{\text{j}\tilde{\omega}})$ 为圆周频率 $\tilde{\omega}$ 的周期函数，周期为 2π。

$$\tilde{H}_{\text{d}}(\text{e}^{\text{j}\tilde{\omega}})=\frac{\tilde{Y}(\text{e}^{\text{j}\tilde{\omega}})}{\tilde{X}(\text{e}^{\text{j}\tilde{\omega}})}=\text{j}\frac{\tilde{\omega}}{T_{\text{s}}},\qquad |\tilde{\omega}|\leqslant\pi \tag{8-111}$$

式中，$\tilde{\omega}$ 为圆周频率；$\tilde{X}(\text{e}^{\text{j}\tilde{\omega}})$ 和 $\tilde{Y}(\text{e}^{\text{j}\tilde{\omega}})$ 分别为 $x(n)$ 和 $y(n)$ 的离散时间 Fourier 变换。

从式(8-110)和式(8-111)可以看出，理想的微分运算及其所对应的离散抽样，相当于一个高通滤波器，滤波器的幅频特性与频率成正比，对高频分量有较大的放大倍数。考虑到噪声多以高频分量为主，在分布电容和极间耦合的影响下，所引入的高频分量也不利于低频电流变化率的提取，因而可采用低通微分器(对应于离散时间信号则是低通差分器)来提取电流变化率，即在低频下滤波器具有式(8-110)和式(8-111)的形式；而在高频下滤波器的幅频特性迅速衰减到 0。截止频率为 $\alpha\pi(0<\alpha<1)$ 的理想低通差分器

$\tilde{H}_{\mathrm{LPd}}(\mathrm{e}^{\mathrm{j}\tilde{\omega}})$在一个周期内的表达式如下所示：

$$\tilde{H}_{\mathrm{LPd}}(\mathrm{e}^{\mathrm{j}\tilde{\omega}})=\begin{cases}\mathrm{j}\dfrac{\tilde{\omega}}{T_{\mathrm{s}}}, & |\tilde{\omega}|\leqslant\alpha\pi\\ 0, & \alpha\pi\leqslant|\tilde{\omega}|\leqslant\pi\end{cases} \tag{8-112}$$

考虑到$\tilde{H}_{\mathrm{LPd}}(\mathrm{e}^{\mathrm{j}\tilde{\omega}})$是周期为 2π 的周期函数，且是奇函数，因而可以展开成下式所示的 Fourier 级数形式：

$$\tilde{H}_{\mathrm{LPd}}(\mathrm{e}^{\mathrm{j}\tilde{\omega}})\sim\lim_{M->+\infty}\left[\mathrm{j}\sum_{k=1}^{\mathrm{M}}C_k\sin(k\tilde{\omega})\right] \tag{8-113}$$

式中，C_k为实系数。上式所对应的滤波器输出$y(n)$和输入$x(n)$间的关系为

$$y(n)\sim\lim_{M->+\infty}\left[\sum_{k=1}^{\mathrm{M}}C_k\frac{x(n+k)-x(n-k)}{2}\right] \tag{8-114}$$

显然，上述滤波器具有无穷多个滤波器系数，在实际使用过程中需要将其截断，只取有限项的系数。采用最优低通差分器的设计方法，从最小二乘法出发去近似理想低通差分器，与直接取其 Fourier 级数展开式中的前几项相比，在滤波器长度相同时，能够更好地逼近$\tilde{H}_{\mathrm{LPd}}(\mathrm{e}^{\mathrm{j}\tilde{\omega}})$。该设计方法具体如下

设滤波器$\tilde{H}(\mathrm{e}^{\mathrm{j}\tilde{\omega}})$具有式(8-113)的形式但只有有限的 M 项，则其被用来逼近$\tilde{H}_{\mathrm{LPd}}(\mathrm{e}^{\mathrm{j}\tilde{\omega}})$时的逼近误差$E(\alpha, C_k, M)$可以定义如下：

$$E(\alpha,C_k,M)=\int_{-\pi}^{\pi}\left|\tilde{H}(\mathrm{e}^{\mathrm{j}\tilde{\omega}})-\tilde{H}_{\mathrm{LPd}}(\mathrm{e}^{\mathrm{j}\tilde{\omega}})\right|^2\mathrm{d}\tilde{\omega} \tag{8-115}$$

根据式(8-112)，$\tilde{H}_{\mathrm{LPd}}(\mathrm{e}^{\mathrm{j}\tilde{\omega}})$的表达式可以计算得出

$$\begin{aligned}E(\alpha,C_k,M)=&\frac{2}{3}(\alpha\pi)^3+\pi\sum_{k=1}^{M}C_k^2\\&+4\sum_{k=1}^{M}\frac{C_k}{k^2}\left[k\alpha\pi\cos(k\alpha\pi)-\sin(k\alpha\pi)\right]\end{aligned} \tag{8-116}$$

在给定α和M的前提下，通过改变滤波器系数C_k，使逼近误差$E(\alpha, C_k, M)$尽可能小，即可在最小二乘意义上尽可能地逼近$\tilde{H}_{\mathrm{LPd}}(\mathrm{e}^{\mathrm{j}\tilde{\omega}})$。考虑到最小二乘法只能保证$\tilde{H}(\mathrm{e}^{\mathrm{j}\tilde{\omega}})$在整体上最接近$\tilde{H}_{\mathrm{LPd}}(\mathrm{e}^{\mathrm{j}\tilde{\omega}})$，但不能保证两者之间局部的相似程度，而这里希望设计的滤波器$\tilde{H}(\mathrm{e}^{\mathrm{j}\tilde{\omega}})$不仅能够滤除高频，更希望其在低频内的响应与理想的差分器相似，因而需要补充一定的约束条件。在$\tilde{\omega}=0$处$\tilde{H}(\mathrm{e}^{\mathrm{j}\tilde{\omega}})$和$\tilde{H}_{\mathrm{LPd}}(\mathrm{e}^{\mathrm{j}\tilde{\omega}})$的值都为 0，因而可以通过使两者在$\tilde{\omega}=0$处的导数相等来从一定程度上保证两者在低频段内具有一定的相似性。根据这一条件，可以得到系数C_k需要满足的约束条件为

$$\sum_{k=1}^{M} kC_k = 1 \tag{8-117}$$

因此，对系数 C_k 的求解变为一个有约束的非线性优化问题，即在给定 α 和 M 的前提下，目标函数为使式(8-116)取得最小值，约束条件为式(8-117)，求解系数 C_k。关于 α 和 M 的选取，将在下一小节中讨论。

3. 采样率和数据窗时长的选取

根据前述，区内、区外故障下所可能出现的高频分量的最低频率可由式(8-66)估计。现以该频率为滤波器的截止频率并记为 f_c，将采样频率记为 f_s。当频率 f 小于采样频率 f_s 的一半时，原连续信号的频率 f 与其离散抽样得到的离散信号的圆周频率 $\tilde{\omega}$ 间满足如下关系：

$$\tilde{\omega} = 2\pi \frac{f}{f_s} \tag{8-118}$$

前边已将圆周频率下的截止频率设为 $\alpha\pi(0<\alpha<1)$，因而采样频率 f_s 与截止频率 f_c 的关系为

$$f_s = \frac{2}{\alpha} f_c \tag{8-119}$$

在式(8-114)中，当滤波器只取有限的 M 项时，其所需的输入信号所对应的时间长度为 $2M/f_s$。考虑到当前时刻的输出，需要用到 M/f_s 时间以后的采样值作为输入，因而滤波器实际上具有长度为 M/f_s 的时延。

根据式(8-103)并将线路长度取为附录 3 图所示的系统中最长线路的长度 184km，则可以计算出最小截止频率为 $f_c \approx 243\text{Hz}$。从式(8-119)可以看出，减小 α 可以增大采样频率 f_s，从而减小滤波器延时 M/f_s。但是过小的 α 意味着采样信号中包含有大量的需要滤除的无用的频率分量，故 α 也不宜取得过小。这里取 $\alpha=0.1$，则可以计算出 $f_s \approx 4860\text{Hz}$，取为整数 5kHz。考虑到本保护是作为主保护和纵联后备保护闭锁后的快速后备保护，因而也希望其尽可能在故障后 3ms 内识别故障，故这里 M 可取为 5，即滤波器需要使用到时长为 2ms 的输入数据，滤波器延时为 1ms。

确定了 $\alpha=0.1$、$M=5$ 后，可以得到系数 C_k 如表 8.5 所示。求解过程中将 $\tilde{H}(e^{j\tilde{\omega}})$ 和 $\tilde{H}_{LPd}(e^{j\tilde{\omega}})$ 均放大了 T_s 倍，即 $\tilde{H}(e^{j\tilde{\omega}})$ 和 $\tilde{H}_{LPd}(e^{j\tilde{\omega}})$ 为归一化的频率响应，均不再与采样间隔 T_s 有关，因而表中的 C_k 可以看作是与 T_s 无关的归一化后的系数。滤波器 $\tilde{H}(e^{j\tilde{\omega}})$ 和 $\tilde{H}_{LPd}(e^{j\tilde{\omega}})$ 的幅频特性(放大了 T_s 倍后)如图 8.48 所示。

表 8.5　α=0.1、M=5 时的低通差分器系数

k	1	2	3	4	5
C_k	0.0192	0.0380	0.0561	0.0731	0.0888
$E(0.1, C_k, 5)$	0.043				

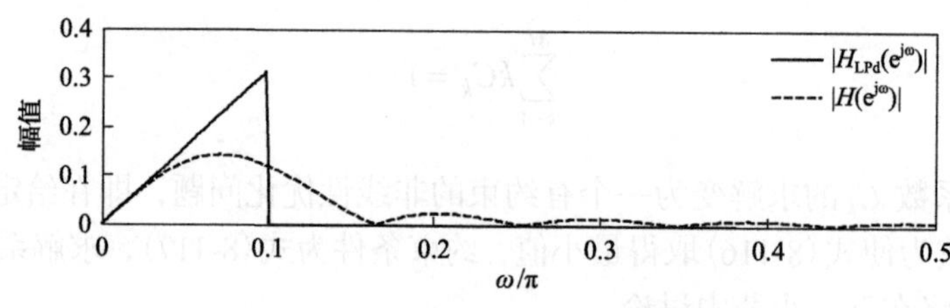

图 8.48　$\tilde{H}(\mathrm{e}^{\mathrm{j}\tilde{\omega}})$ 和 $\tilde{H}_{\mathrm{LPd}}(\mathrm{e}^{\mathrm{j}\tilde{\omega}})$ 的幅频特性曲线

4. 保护流程

基于电流变化率的单端量保护的流程图如图 8.49 所示，保护分极配置，具体流程如下。

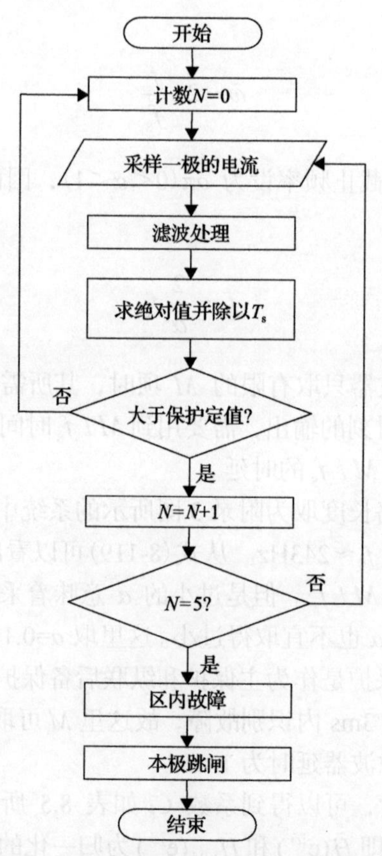

图 8.49　基于电流变化率的单端量保护流程图

(1) 以 5kHz 采样率采样并存储一极的电流。

(2) 以电流采样数据作为式 (8-114) 所示滤波器的输入 $x(n)$，得到滤波器输出 $y(n)$，滤波器系数见表 8.5。

(3) 滤波器的输出 $y(n)$ 的绝对值除以采样间隔 $T_{\mathrm{s}}=0.2\mathrm{ms}$ 后，与式 (8-104) 所示的保护定值相比较。

(4) 如果计算结果连续 5 次都大于保护定值，则判定为区内故障，跳开对应的一极；否则则判定为本极未发生区内故障。

考虑到滤波器需要输入 2ms 时长的数据，因而在故障发生了 2ms 以后，滤波器所用到的输入数据就全部为故障后的数据，即故障发生了 2ms 以后滤波器的输出是真实的故障电流的变化率，可以认为区内故障下在故障发生后不大于 2ms 的时间内滤波器的输出即可大于保护定值。再加上需要连续 5 次都大于保护定值才判定为区内故障，即又延时了 $5T_s = 1\text{ms}$，故可以认为保护的动作时间不大于 3ms。

8.5　直流线路纵联行波差动保护

8.5.1　直流线路行波差动保护原理

直流线路行波差动原理和交流线路没有区别，依然依靠贝瑞龙方程。为了提高保护灵敏性，研究中考虑频变参数模型。考虑极间耦合，研究依然采用模量网络。直流线路的分布参数模型如图 8.50 所示。

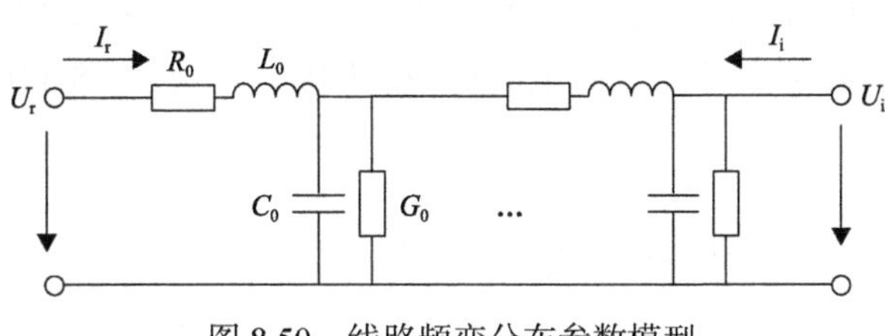

图 8.50　线路频变分布参数模型

由于导线和大地趋肤效应的影响，线路参数是随频率变化的。考虑线路频变参数的影响，线路上任意一点的电压、电流可以表示为

$$\begin{cases} U_x = A_1 e^{-\gamma x} + A_2 e^{\gamma x} \\ I_x = (A_1 e^{-\gamma x} - A_2 e^{\gamma x}) / Z_c \end{cases} \tag{8-120}$$

式中，Z_c 和 γ 为相应模量的波阻抗和传播系数，其表达式如下：

$$Z_c = \sqrt{\frac{Z_0}{Y_0}} = \sqrt{\frac{R_0 + j\omega L_0}{G_0 + j\omega C_0}} \tag{8-121}$$

$$\gamma = \sqrt{Z_0 Y_0} = \sqrt{(R_0 + j\omega L_0)(G_0 + j\omega C_0)} \tag{8-122}$$

将线路两端的位置 $x = 0$ 和 $x = l$ 代入式 (8-120)，消去 A_1 和 A_2，可以得到频域中线路两端电压、电流的关系如式 (8-123) 所示。

$$\begin{cases} U_r / Z_c - I_r = (U_i / Z_c + I_i) e^{-\gamma l} \\ U_i / Z_c - I_i = (U_r / Z_c + I_r) e^{-\gamma l} \end{cases} \tag{8-123}$$

式中，U_r、I_r 为线路整流侧的电压、电流模量；U_i、I_i 为逆变侧的电压、电流模量；l 为直流线路的长度。

式(8-123)中，等号左边为线路一端的反向行波，等号右边为线路另一端的正向行波与线路衰减因子 $e^{-\gamma l}$ 的乘积。因此，式(8-123)的物理意义为线路一端的反向电流行波是由线路另一端的正向电流行波，经过线路的衰减和延时产生的。

因此，可以利用线路一端的反向行波与对端的正向行波经过线路的衰减后的差值构造频域中的保护判据，如式(8-124)和式(8-125)所示。

$$\Delta I_1 = U_r / Z_c - I_r = (U_i / Z_c + I_i)e^{-\gamma l} \tag{8-124}$$

$$\Delta I_2 = U_i / Z_c - I_i = (U_r / Z_c + I_r)e^{-\gamma l} \tag{8-125}$$

1. 区外故障

直流线路区外故障时，直流线路整流侧和逆变侧之间不存在故障支路，线路两端的正向电流行波和反向电流行波满足式(8-123)的关系。即线路一端的正向电流行波经过线路的衰减后，等于线路另一端的反向电流行波。因此，利用式(8-126)和式(8-127)计算得到的故障差流为 0。

$$\Delta I_1 = U_r / Z_c - I_r = (U_i / Z_c + I_i)e^{-\gamma l} \tag{8-126}$$

$$\Delta I_2 = U_i / Z_c - I_i = (U_r / Z_c + I_r)e^{-\gamma l} \tag{8-127}$$

2. 区内故障

直流线路区内故障时，线路两端之间存在故障支路，两端的正、反向电流行波不再满足贝瑞龙方程。对于独立的模量网络，区内故障的示意图如图 8.51 所示。

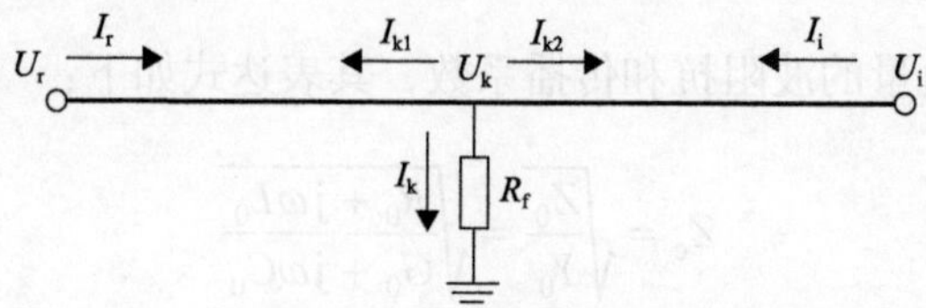

图 8.51　区内故障示意图

对于故障点两侧的线路，分别列出正向与反向电流行波的关系，如式(8-128)所示。

$$\begin{cases} U_k / Z_c - I_{k1} = (U_k / Z_c + I_{k2})e^{-\gamma(l-l_k)} \\ U_i / Z_c - I_i = (U_r / Z_c + I_r)e^{-\gamma l_k} \end{cases} \tag{8-128}$$

式中，l_k 为故障点离线路整流侧的距离。

在故障点处，故障支路的电流关系为

$$I_{k1}+I_{k2}+I_k=0 \tag{8-129}$$

由上述两式可以推出，区内故障时的故障差流 ΔI_1 为

$$\begin{aligned}\Delta I_1&=U_r/Z_c-I_r-(U_i/Z_c+I_i)e^{-\gamma l}\\&=(U_k/Z_c+I_{k1})e^{-\gamma l_k}-(U_k/Z_c+I_{k2})e^{-\gamma(l-l_k)}e^{-\gamma l}\\&=-I_k e^{-\gamma l_k}\end{aligned} \tag{8-130}$$

同理，可以推出故障差流的另外一个判据 ΔI_2 为

$$\begin{aligned}\Delta I_2&=U_i/Z_c-I_i-(U_r/Z_c+I_r)e^{-\gamma l}\\&=-I_k e^{-\gamma(l-l_k)}\end{aligned} \tag{8-131}$$

两个故障差流的结果都与故障点的电流和故障距离有关。当故障距离离整流侧越远时，ΔI_1 的衰减越大，ΔI_2 的衰减越小。

综上所述，在直流线路区外故障时，故障差流的两个判据都为零。而在直流线路故障时，故障差流具有较大的幅值。而且故障差流的关系在故障后的全过程中都成立，保护算法可以立即进行故障判断，无需设置延时。

8.5.2　故障差流的时域计算方法

上述的保护判据式(8-130)和式(8-131)是电压、电流在频域中的表达式。如果直接在频域中进行计算，需要将电压、电流通过 FFT 变换到频域中，然后在对各个频率分量在频域中进行故障判断，计算过程较为复杂，不利于保护算法实时实现。因此，需要探讨将频域表达式变换到时域中的方法，以简化计算过程，便于保护算法实现。

对于双极线路，由于两极线路之间存在互耦，使用如式(8-14)的极模变换矩阵对线路正极和负极电压、电流进行解耦，得到线模和零模分量。零模分量经大地回路传播，大地参数对零模分量的衰减较大。线模分量的传输回路为两极线路，受大地参数影响较小，故障特征较零模分量更为明显。因此，本节采用线模分量来构造差动保护算法。

1) 线模波阻抗

对于附录 3 中图 A.2 的直流线路导线排列结构，在不同频率下线模分量波阻抗的幅值和相位特性如图 8.52 所示。从图中可以看出，在 10Hz 以上的频率范围内，线模波阻抗的幅值和相角基本保持不变。在对故障后暂态过程的分析中，主要的频率分量为高频分量，因而在本节的分析中，把波阻抗视为常数。

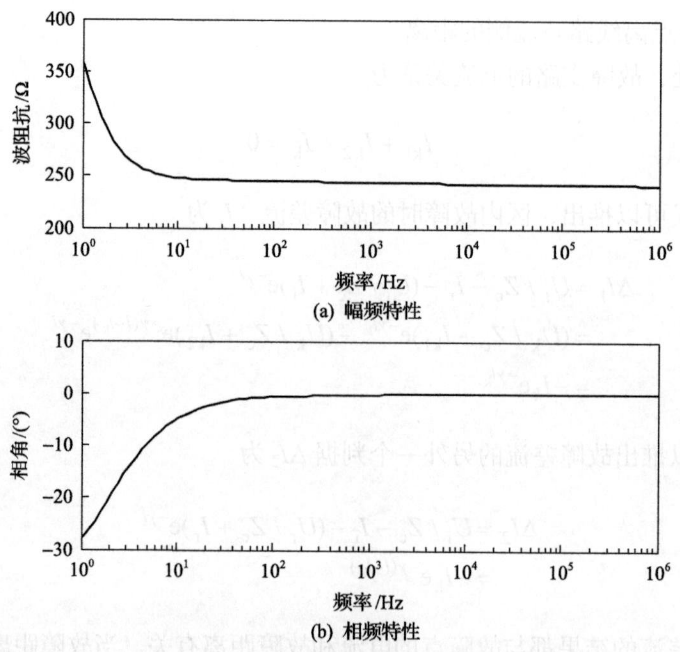

(a) 幅频特性

(b) 相频特性

图 8.52　线模波阻抗的频率特性

2) 线模衰减因子

线路的衰减因子 $e^{-\gamma l}$ 中除了线路的衰减之外，还包含了行波在线路上传播的延时。线路一端的正向行波经过线路的延时 τ 后，才到达线路另一端。因此，衰减因子 $e^{-\gamma l}$ 可以表示为一个无延时的衰减系数和延时系数的乘积，如式(8-132)所示。

$$e^{-\gamma l}=p(\omega)e^{-j\omega\tau} \tag{8-132}$$

式中，$p(\omega)$ 为无延时的衰减系数；$e^{-j\omega\tau}$ 为传播延时 τ 在频域中的表达式。

对于不同长度的线路，衰减系数和延时具有不同的值。对于 800km 长的直流线路，$p(\omega)$ 的幅频特性如图 8.53 所示。随着频率的增大，衰减系数的幅值逐渐减小，在 100kHz 以上的频率，衰减系数基本为 0。

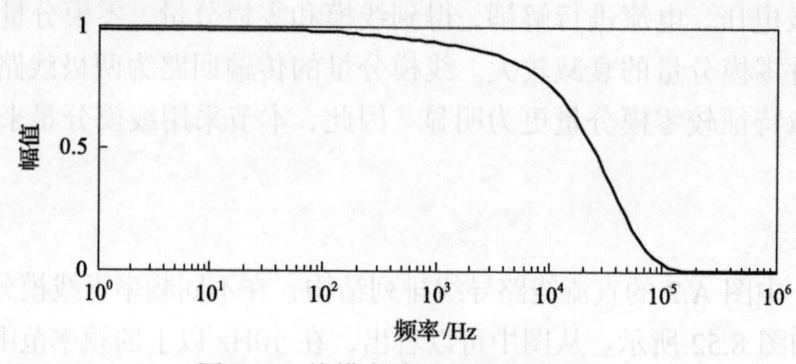

图 8.53　线模衰减系数的幅频特性

(1) 衰减因子的 FIR 滤波器构造。

对于图 8.53 所示的频率特性曲线，采用式(8-132)所示的 s 变换传递函数对其进行曲线拟合[136]，得到衰减系数的 s 变换传递函数表达式。

$$A_{\text{eq}}(s)=\sum_{i=1}^{n}\frac{k_i}{s-p_i} \tag{8-133}$$

式中，p_i 为 s 变换传递函数的极点；k_i 为每一个极点对应分量的系数。

再利用双线性 z 变换法[128]，如式(8-134)所示，将拟合得到的 s 变换传递函数转化为 z 变换传递函数。

$$s=\frac{2}{T_{\text{s}}}\frac{1-z^{-1}}{1+z^{-1}} \tag{8-134}$$

式中，T_{s} 为采样时间间隔。

计算 z 变换传递函数的单位抽样响应，利用窗函数对单位抽样响应进行截断，得到该传递函数在时域中对应的 FIR 滤波器 $h[n]$。

对于图 8.53 中的衰减系数特性，利用式(8-132)拟合出的 s 变换传递函数为

$$\begin{aligned}A_{\text{eq}}(s)=&\frac{0.0367}{s+4.625}+\frac{95.128}{s+1.996\times10^{3}}+\frac{2.003\times10^{3}}{s+2.024\times10^{4}}+\frac{1.685\times10^{5}}{s+1.187\times10^{5}}\\&+\frac{-8.132\times10^{4}+\text{j}5.793\times10^{4}}{s+2.464\times10^{5}-\text{j}2.333\times10^{5}}+\frac{-8.132\times10^{4}-\text{j}5.793\times10^{4}}{s+2.464\times10^{5}-\text{j}2.333\times10^{5}}\end{aligned} \tag{8-135}$$

采样率取 10kHz，利用式(8-142)转换为 z 变换传递函数为

$$H_{\text{eq}}(z)=\frac{0.708z^{6}+0.880z^{5}-1.104z^{4}-1.478z^{3}+0.369z^{2}+0.598z+0.0276}{z^{6}+0.729z^{5}-1.653z^{4}-1.230z^{3}+0.657z^{2}+0.495z+2.881\times10^{-3}} \tag{8-136}$$

由上式的单位抽样响应构造出的滤波器 $h[n]$如图 8.54 所示。该滤波器可以离线计算，事先根据线路的参数计算得出。

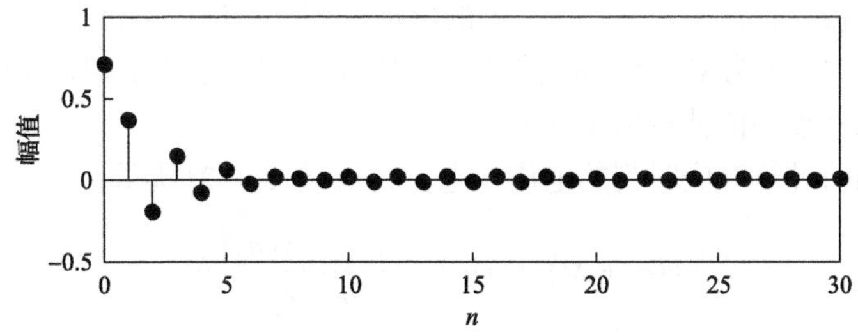

图 8.54　衰减系数等效滤波器的单位抽样响应

(2)故障差流的时域形式。

对于线路一侧的正向电流行波，经过线路的衰减和延时，到达线路另一端，在频域中可以表示为

$$
\begin{aligned}
I_{\mathrm{bi}} &= (U_{\mathrm{r}} / Z_{\mathrm{c}} + I_{\mathrm{r}})\mathrm{e}^{-\gamma l} \\
&= (U_{\mathrm{r}} / Z_{\mathrm{c}} + I_{\mathrm{r}})\mathrm{e}^{-\mathrm{j}\omega\tau} p(\omega)
\end{aligned} \tag{8-137}
$$

将上式转换到时域中，把线模波阻抗当作常数，线路衰减系数使用 FIR 滤波器等效。在频域的乘积相当于时域中的卷积，可以得到正向电流行波在时域中的表达式为

$$
I_{\mathrm{bi}} = \left[u_{\mathrm{r}}(n-\tau)/Z_{\mathrm{d}} + i_{\mathrm{r}}(n-\tau)\right] * h[n] \tag{8-138}
$$

式中，符号*表示卷积运算；Z_{d} 为线模波阻抗常数；$h[n]$为 $p(\omega)$ 在时域上对应的 FIR 滤波器；τ 表示行波在线路上的传输延时。

因此，将式(8-139)和式(8-140)变换到时域中，可以得到时域中故障差动电流的两个判据如下，实现考虑频变参数特性的行波差动保护的时域计算。

判据 1：$$\Delta i_1 = \left|u_{\mathrm{r}}(n)/Z_{\mathrm{d}} - i_{\mathrm{r}}(n) - \left[u_{\mathrm{i}}(n-\tau)/Z_{\mathrm{d}} + i_{\mathrm{i}}(n-\tau)\right] * h[n]\right| \tag{8-139}$$

判据 2：$$\Delta i_2 = \left|u_{\mathrm{i}}(n)/Z_{\mathrm{d}} - i_{\mathrm{i}}(n) - \left[u_{\mathrm{r}}(n-\tau)/Z_{\mathrm{d}} + i_{\mathrm{r}}(n-\tau)\right] * h[n]\right| \tag{8-140}$$

8.5.3 直流线路行波差动保护算法

1. 保护算法实现

利用式(8-139)和式(8-140)中的判据 1 和判据 2 计算故障差流，当在保护时间窗内故障差流的平均值大于保护定值时，即判断为区内故障，如式(8-141)所示：

$$
\sum_{i=1}^{n} |\Delta i| / n > I_{\mathrm{set}} \tag{8-141}
$$

式中，I_{set} 为设定的保护定值，仍然取传统电流差动保护的定值，为 0.05 倍的额定电流。

为了提高保护算法的可靠性，避免由于某几个采样值的错误导致保护误动，保护算法的数据窗采用 20ms 的数据，既保证了保护的可靠性，又不损失保护的动作速度。

由于保护算法采用的是线模分量，不具有故障选极能力，故需要单独设置故障选极元件来识别故障极，仍然采用式(8-82)中的零模行波分量选极元件。

当线路的延时 τ 不为采样时间间隔的整倍数时，线路两端的电压、电流数据不同步，需要利用两个采样点的值估算出实际值。

采用线性插值计算对应时刻的电压、电流，如式(8-142)所示：

$$
y(n_1 + \Delta t) = y(n_1) + \frac{y(n_1) - y(n_2)}{n_1 - n_2} \Delta t \tag{8-142}
$$

2. 通信延时

保护算法需要使用线路对端的电压和电流信息，对于线路的通信通道有一定的要求。现有直流输电系统中，广泛使用光纤复合架空地线(optical fiber composite overhead ground wire，OPGW)作为地线。

保护算法采用 10kHz 的采样率，数据窗为 20ms，共有 200 个采样点。每个采样点中包含线路两极的电压、电流，数据长度为 8 个字节，再加上采样时刻信息和帧头、校验信息等，总的传输数据量约为 2kB。光纤通道的通信速率一般为 2Mbps，在 20ms 内能传输的最大数据量为 5kB。因此，光纤通道能够满足保护数据实时传输的要求，通信延时主要是由通道的传输延时及通信设备自身的延时决定的。现场实测结果表明，光纤通信通道的延时小于 20ms。因此，保护算法可以在故障后 40ms 内动作。

8.5.4 建模仿真与性能评价

使用附录 3 中的双极直流系统进行仿真，验证本章的保护算法，并对其在不同故障类型、不同故障距离、不同故障电阻和线路负荷电流变化情况下的动作性能进行分析。仿真的采样率为 10 kHz，保护定值设为额定电流的 0.05 倍，为 0.1kA。

1. 区内故障

在离整流侧 300km 处线路发生正极金属性接地时，整流侧和逆变侧的线模电压、电流以及两个差动保护判据计算得到的故障差流如图 8.55 所示。故障发生在 0 时刻，由于故障距离整流侧较近，判据 1 先于判据 2 动作。在 0.95ms 和 1.6ms 时，判据 1 和判据 2

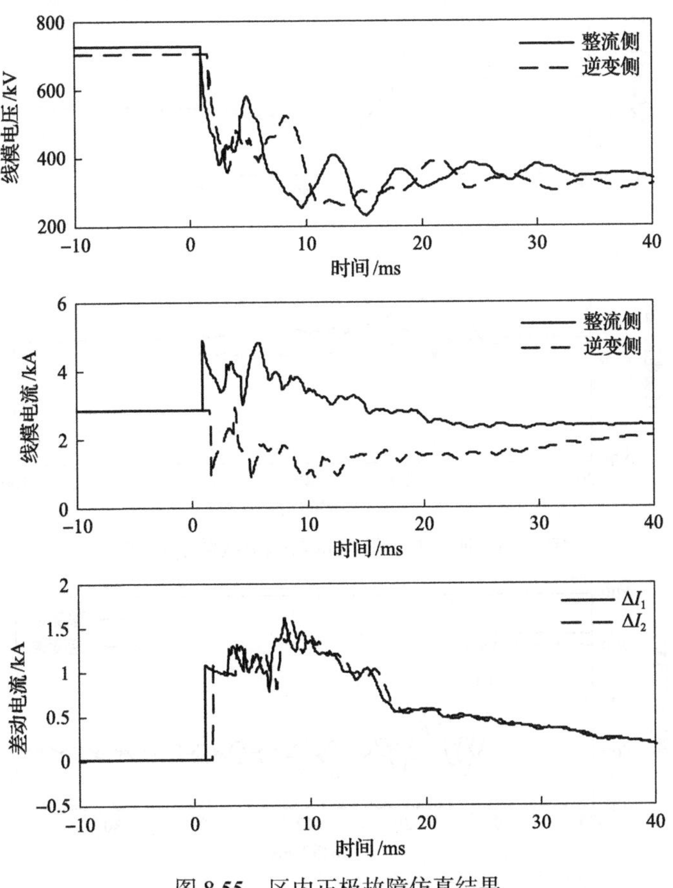

图 8.55　区内正极故障仿真结果

计算得到的故障差流分别开始增大。保护时间窗 20ms 内计算得到的故障差流平均值分别为 0.985kA 和 0.997kA，远远超过保护定值，保护准确判断为线路区内故障，显著地提高了现有差动保护的动作速度。

2. 区外故障

对于保护算法在直流线路区外故障的动作性能进行仿真验证，包括整流侧、逆变侧平波电抗器阀侧出口故障及交流系统故障。逆变侧平波电抗器阀侧出口故障和整流侧交流系统故障时线模电压、电流及差动电流的仿真波形分别如图 8.56 和图 8.57 所示。

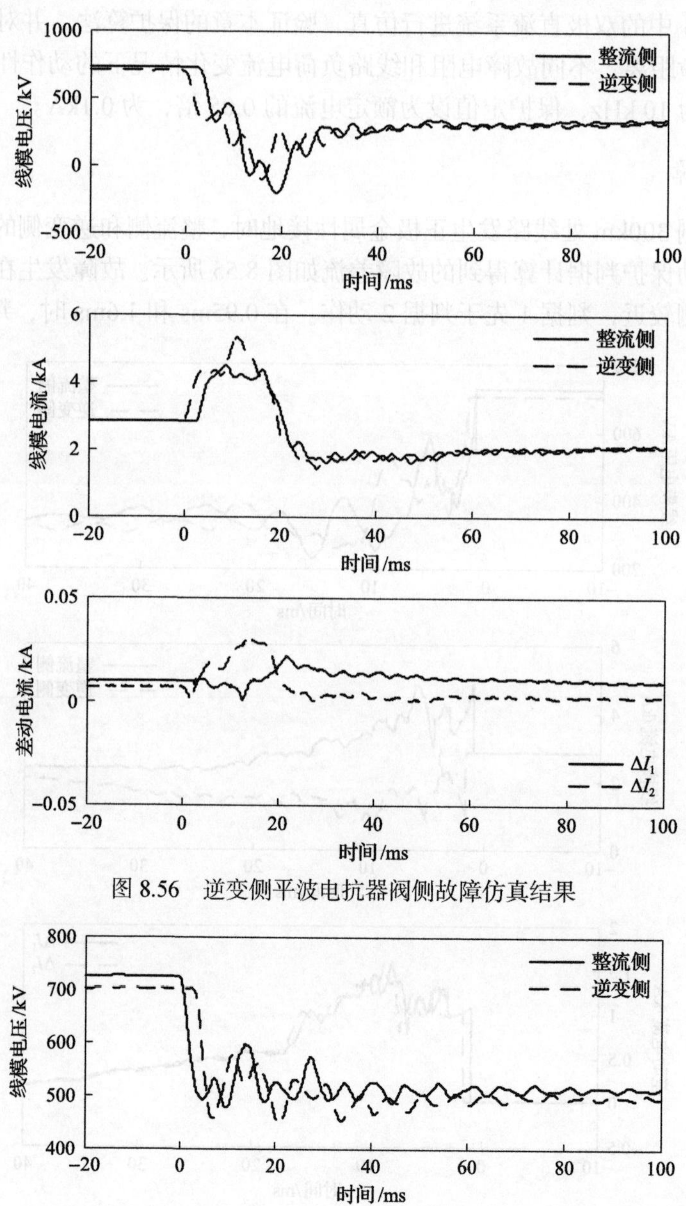

图 8.56　逆变侧平波电抗器阀侧故障仿真结果

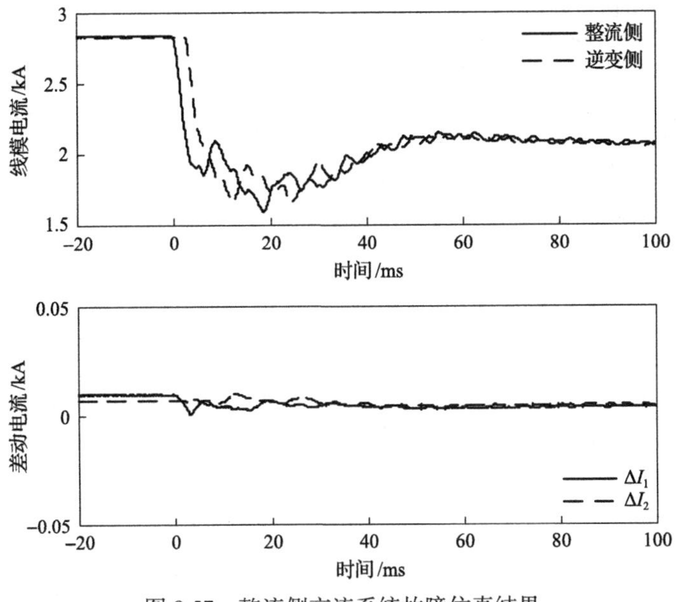

图 8.57　整流侧交流系统故障仿真结果

具体的故障差流计算结果见表 8.6。由于计算误差的存在，在线路区外故障时也存在较小的差动电流，其最大值约为 0.02kA，小于保护定值，保护算法能够可靠不动作。

表 8.6　区外故障仿真结果

故障位置	ΔI_1/kA	动作结果	ΔI_2/kA	动作结果
整流侧直流故障	0.005	区外故障	0.011	区外故障
逆变侧直流故障	0.019		0.010	
逆变侧交流系统故障	0.011		0.007	
整流侧交流系统故障	0.007		0.004	

3. 不同故障类型的影响

在线路距离整流侧 300km 处设置不同类型的金属性故障，差动电流在 20ms 内的平均值如表 8.7 所示。在不同故障类型下，计算得到的差动电流都大于保护定值，保护能够正确动作。图 8.58 给出了双极故障时，线路两端的线模电压、电流及差动电流波形。与单极故障相比，双极故障时的暂态电流较大，故障差流约为单极故障时的 2 倍，保护算法具有更高的灵敏性。

表 8.7　不同故障类型下仿真结果

故障类型	ΔI_1/kA	动作结果	ΔI_2/kA	动作结果
正极故障	0.985	区内故障	0.997	区内故障
负极故障	0.984		0.996	
双极故障	2.005		2.031	

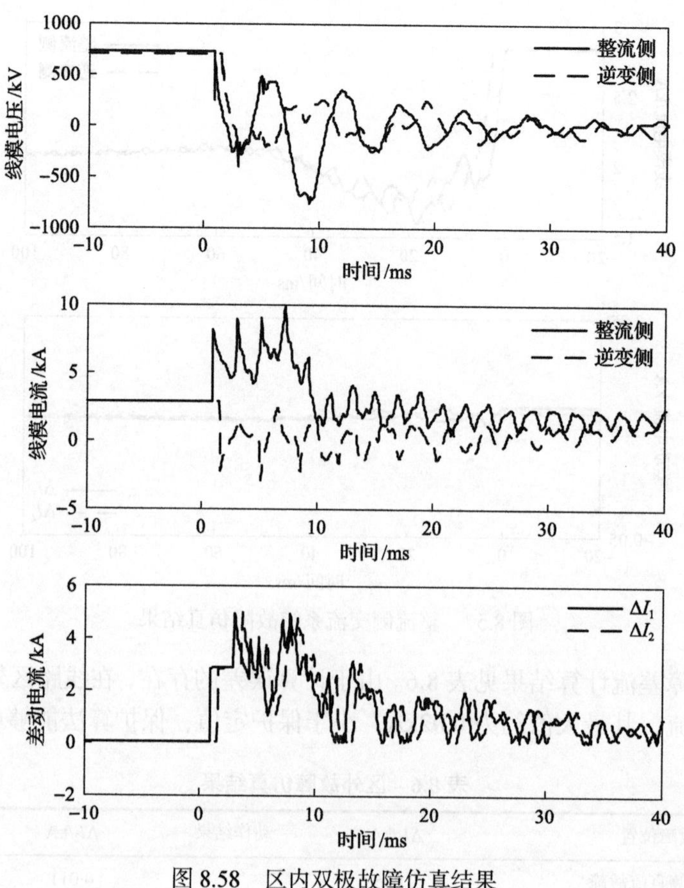

图 8.58　区内双极故障仿真结果

4. 不同故障距离的影响

不同距离下的正极金属性接地故障的仿真结果如表 8.8 所示。

表 8.8　不同故障距离下仿真结果

L_f/km	ΔI_1/kA	动作结果	ΔI_2/kA	动作结果
1	0.959	区内故障	0.993	区内故障
100	0.989		1.017	
200	0.984		1.003	
300	0.985		0.997	
400	0.994		0.997	
500	1.049		1.043	
600	1.127		1.106	
700	1.110		1.083	
799	1.145		1.108	

从结果可以看出，在线路不同距离故障时，故障差流在保护时间窗内的均值都远大于电流定值，保护能够正确动作。

5. 不同故障电阻的影响

在离整流侧 300km 处，正极经不同过渡电阻接地故障时的差动电流如表 8.9 所示。随着故障过渡电阻的增加，差动电流的值逐渐减小，保护的灵敏度相应地降低。在过渡电阻为 300Ω 时，差动电流的平均值仍大于保护定值，保护算法仍然能够可靠地判断出线路故障。

表 8.9　不同故障电阻下仿真结果

R_f/Ω	ΔI_1/kA	动作结果	ΔI_2/kA	动作结果
1	0.985	区内故障	0.997	区内故障
100	0.708		0.716	
200	0.518		0.522	
300	0.395		0.397	

6. 线路负荷电流变化的影响

当线路负荷电流变化时，线路电流会产生暂态过程，经过一段时间后才到达稳态值。图 8.59 给出了负荷电流从 2kA 降为 1kA 时线模电流和故障差动电流的波形。从图中可见，在线路负荷变动时，线路两端的线模电流都出现了变化，但是计算得到的差动电流远小于保护定值，保护算法能够正确不动作。

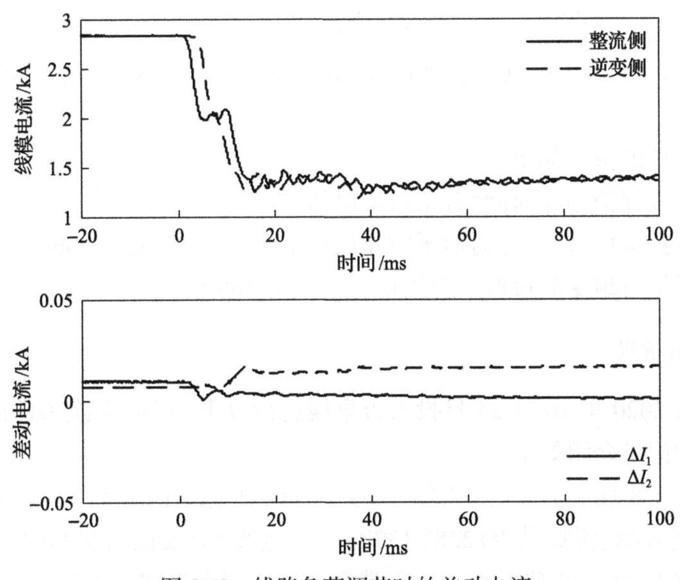

图 8.59　线路负荷调节时的差动电流

8.5.5　TP-03 特高压直流线路行波差动保护装置

我国建设了全世界电压等级最高、长度最长、传输容量最大的吉泉线(新疆昌吉到安徽古泉)，电压等级±1100kV，线路全长 3284km。传统的电流差动保护从原理上不能有效检出故障。为此，开发了基于行波原理的差动保护装置 TP-03，并于 2020 年 10 月 24 日在吉泉线运行。现对该保护做简单介绍。

1. 装置结构

TP-03 特高压直流线路行波保护装置包括电源板、信号采集板、行波保护板、通讯板、监控板、出口继电器板和前面板共 7 块功能。装置外观如图 8.60 所示。

图 8.60　TP-03 直流线路行波保护装置

2. 装置的功能配置及主要性能指标

TP-03 装置按双极配置，实现了单端量反行波保护、行波差动保护，具备故障选极功能；装置采用光纤接口通讯，实现远传功能。

装置的数据采集接口为 LC 光接口，通信协议为标准 FT3 报文，波特率为 10M，采样率为 10kHz。

装置的主要性能指标如下。

单端量反行波保护动作时间(含出口继电器)：不大于 30ms。

行波差动保护动作时间(含通信延时及出口继电器)：不大于 60ms。

行波差动保护可耐受的过渡电阻阻值：不大于 1000Ω。

3. 现场应用情况

保护装置自 2020 年 10 月 24 日投入吉泉线运行以来，已有多次事件记录。现挑选两次具有代表性的记录介绍如下。

2021 年 11 月 8 日上午 8 时 52 分 44 秒，吉泉直流极 I 线路发生单极接地故障，故障测距结果距整流侧(新疆昌吉)2280.139km，距逆变侧(安徽古泉)1012.681km，TP-03 装置起动，经过 14ms 后正确动作、正确选极，装置报文报“正极故障”。

装置记录的前行波、反行波波形如图 8.61 所示，可以看到故障发生后两侧行波差值迅速增大，装置正确动作。

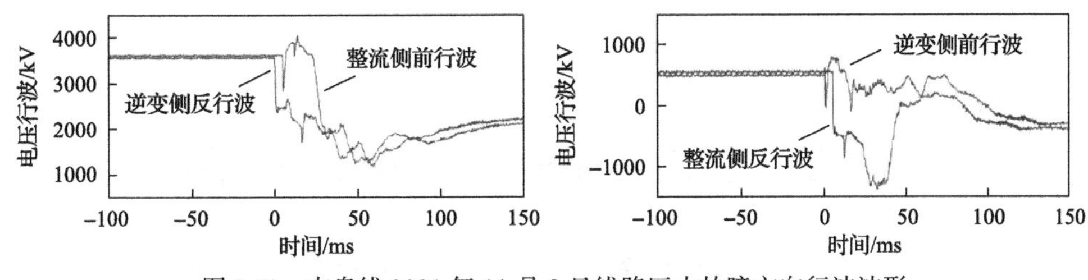

图 8.61　吉泉线 2021 年 11 月 8 日线路区内故障方向行波波形

2021 年 12 月 25 日上午 7 时 54 分 52 秒，吉泉直流逆变侧(安徽古泉)发生区外扰动，TP-03 装置起动并正确不动作，装置报文报“干扰起动”。

装置记录的前行波、反行波波形如图 8.62 所示。尽管这次扰动较为轻微，但足以证明行波传输不变性的正确性，且在工程实践中具有相当高的精度。

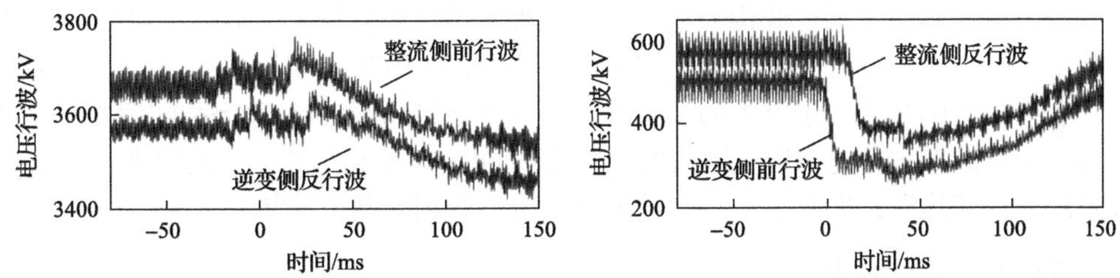

图 8.62　吉泉线 2021 年 12 月 25 日线路区外扰动方向行波波形

第 9 章　输电线路暂态行波故障测距

9.1　基于小波变换的行波故障距离特征分析

输电线路发生故障后，由故障点所产生的、向线路两端变电站母线运动的暂态行波包含着丰富的故障信息。根据暂态行波在输电线路上有固定的传播速度这一特点(约为光速的 98%)，国外学者早在 20 世纪 50 年代就提出了数种行波故障测距方法，并研制出 A、B、C、D 四种类型的行波故障测距仪；20 世纪 70 年代初期，瑞典 ASEA 公司和美国 BPA 公司联合进行了利用暂态行波构成超高速继电保护的可行性研究，通过大量的故障计算证实利用故障产生的行波实现继电保护是可能的，并于 1976 年研制出第一套行波保护装置，之后投运美国邦纳维尔电力局。但是由于技术条件所限并缺乏合适的算法，早期的行波测距和行波保护研究都以失败告终。伴随着 GPS 技术和小波变换的出现，行波测距掀起了研究的新热潮，近些年已经广泛应用于世界各国电网[156-161]。

9.1.1　行波故障测距方法

图 9.1 列出了输电线路故障后及重合闸后的行波传播示意图，行波测距原理基于上述行波传播过程构成。

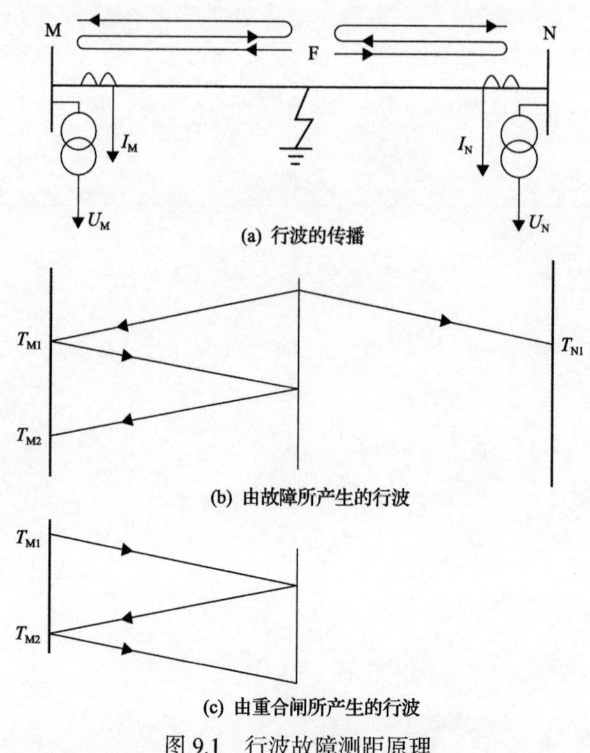

(a) 行波的传播

(b) 由故障所产生的行波

(c) 由重合闸所产生的行波

图 9.1　行波故障测距原理

图 9.1 中，U_M 为 M 侧电压；I_M 为 M 侧电流；U_N 为 N 侧电压；I_N 为 N 侧电流；T_{M1} 为 M 侧第 1 次接收到行波波头的时刻；T_{M2} 为 M 侧第 2 次接收到行波波头的时刻；T_{N1} 为 N 侧第 1 次接收到行波波头的时刻。

1. 单端电气量行波测距原理

单端电气量行波故障测距原理与早期的 A 型测距仪和 D 型测距仪相同。装设于母线处的测距装置记录下由故障扰动和重合闸动作而产生的暂态行波波形，根据由故障点所产生的暂态行波第一个行波波头到达母线的时间和故障点反射回来的第二个波头到达母线的时间差来实现测距；或者由重合闸动作引起的暂态行波初始波头和故障点（如果故障未消失）反射回来的第二个初始波头到达母线的时差来实现测距。设线路全长为 L，故障点距装置安装点（母线）距离为 X_L，波速度为 v，两个波头时间差为 Δt，则故障距离为[160]

$$X_L = \frac{1}{2} v \cdot \Delta t \tag{9-1}$$

2. 两端电气量行波测距原理

两端电气量行波测距类似于早期的 B 型测距仪，但不需要专门的通信通道，而用 GPS 提供准确的同步时间。设故障在绝对时间 T 发生，行波初始波头到达两侧母线的时间分别为 T_S 和 T_R，测距装置分别装于线路两端，它将记录下行波波头到达两侧母线的时间，则故障距离可由下式来算出[159,162]

$$X_L = \frac{(T_S - T_R) \cdot v + L}{2} \tag{9-2}$$

上述两种原理互相补充。当由于某种原因使单端行波测距对于第二个波头漏检或误检时，将不能给出正确的测距结果；两端测距由于只使用初始行波波头分量，而初始行波一般比较强烈，所以测距成功的概率大大增加。但是两端测距的实现要在线路两端装设测距装置，并要增加时间同步装置——GPS 时钟，使投资增大，可靠性降低，需要线路两端两侧变电站交换时间信息后才能算出。

行波测距原理简单，概念清楚，但是在实际使用时面临诸多困难。比如：如何标定初始行波、反射行波，这是行波测距从理论或者算法上需要解决的问题；如何从互感器获取有用的宽频暂态行波，决定了其原理上是否可用；如何高速记录稍纵即逝快的暂态行波，这是高可靠性数据采集问题；如何标定异地运行的行波装置同步时间，这牵涉到精确时钟同步问题。以下章节分别回答上述问题。

9.1.2　基于小波变换的行波故障距离特征分析

1. 对暂态行波故障特征进行小波分析的思想

从故障测距的角度出发，认识行波、分析行波主要关注来自故障点的初始行波和来自故障点的反射波，小波变换及其模极大值表示给来自故障点行波的认识提供了锐利的工具。下面首先讨论对暂态行波故障特征进行小波分析的基本思想。

在第四章中，利用小波变换分析了初始行波。对于整个故障后暂态行波进行小波分析的思想和方法与前述完全相同，即由母线处所检测到的，由故障点所产生的或由重合闸动作产生的行波，每次到达检测点时，信号都将呈现“突变”，对该信号施行小波变换，则对应信号的“突变”小波变换将出现模极大值，根据初始行波所出现的模极大值位置和由故障点反射回来的行波所出现的模极大值位置，可以确定出故障点到检测母线的距离，这就是小波分析应用于行波测距的基本思想[163]，以下通过例子进一步说明。

图 9.2 列出了仿真系统接线图，故障线路为 MN，故障点为 F 点，故障性质为 A 相单相接地，故障线路长度为 135km，F 点距 M 母线 60km，距 N 母线 75km，相邻（对端）线路长度为 20km，对端（相邻）线路长度为 45km，由故障点所产生的暂态行波电流波形（N 端）及小波变换如图 9.3 所示。对 A 相电流信号施行小波变换，变换只进行了三次，分别对应于尺度因子 2^1、2^2、2^3。其中图 9.3（a）为 A 相电流行波波形，图 9.3（b）为其小波变换，图 9.3（c）为对应于图 9.3（b）的小波变换模极大值。图 9.4 列出了线路故障后由重合闸动作所产生的行波信号（M 端），其中图 9.4（a）为 A 相电流行波波形，图 9.4（b）为其小波变换，图 9.4（c）为对应于图 9.4（b）的小波变换模极大值。

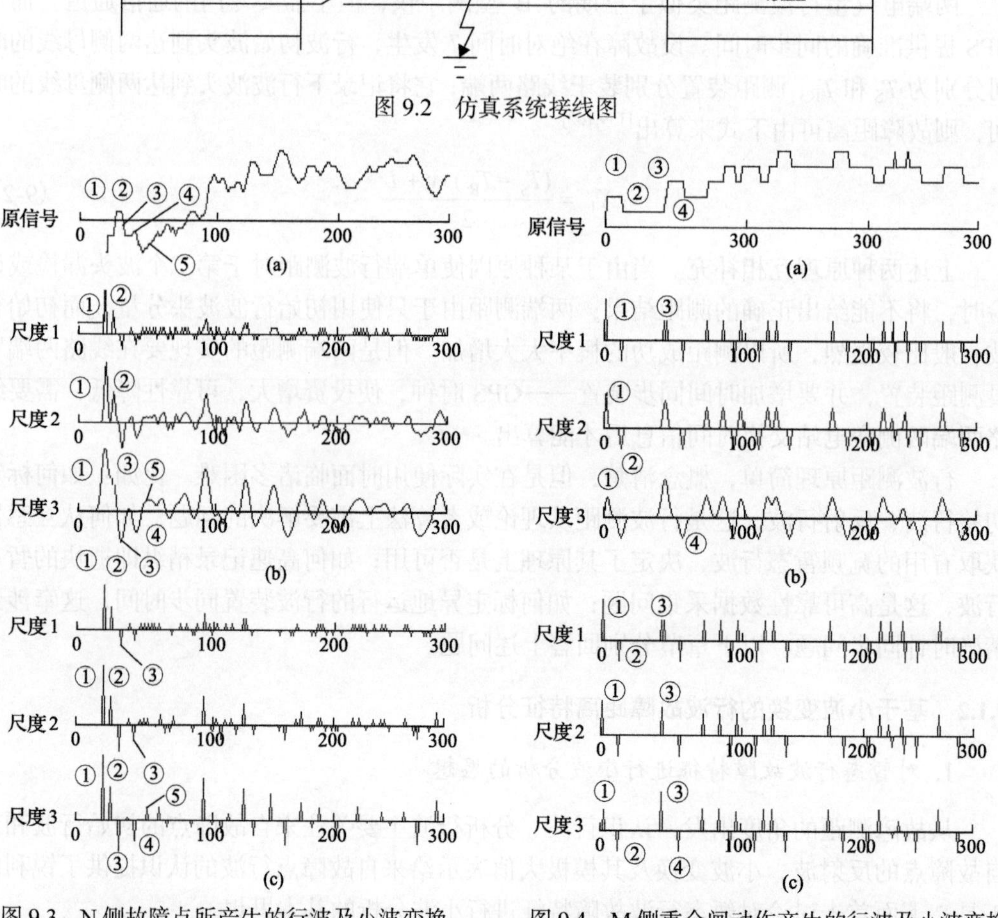

图 9.2　仿真系统接线图

图 9.3　N 侧故障点所产生的行波及小波变换

图 9.4　M 侧重合闸动作产生的行波及小波变换

由图 9.3 可见如下特征。

(1) 随着行波陆续到达检测母线，行波信号呈现“突变”，对应于“突变”的信号，其小波变换出现模极大值，其模极大值的位置和“突变点”一致，分别为图中①②③④⑤点。

(2) 图中①、⑤点分别是初始电流行波到达母线和故障点反射波到达母线，②点对应于零模分量的传输延迟，③、④点分别对应于对端母线(20km)的反射波和相邻母线(45km)反射后由故障点透射过来的电流行波分量。

(3) 在不同尺度下，小波变换模极大值的个数不仅仅取决于故障点的反射波，对端母线的反射波和相邻母线的反射波还与不同频带下的噪声特性有关。噪声(包括可能出现的干扰及量化噪声等)所产生的奇异性，其对应的模极大值随尺度的增加而衰减，如图 9.4(b) 中小的尖峰等。

(4) 上述四种行波(来自故障点的线模行波分量、零模行波分量、相邻母线的反射波、对端母线的反射波)在不同尺度下的小变换模极大值也是变化的，其变化规律随着尺度 2^j 的增大而增大，如图 9.3 中的②③④⑤点。

(5) 由故障点所产生的初始电流行波和由故障点反射回母线的电流行波(①⑤)极性相同，它们的小波变换模极大值的极性也相同。

(6) 由对端母线和相邻母线所反射(透射)回检测点的电流行波其极性与初始电流行波极性相反，其小波变换模极大值的极性也相反。

由图 9.4 可见如下特征。

(1) 第一个到达母线的初始行波①是由 MN 线路出口处的断路器触头电压产生的。

(2) 第二个到达母线的行波是相邻母线的反射波②，它和初始行波极性相反。

(3) 来自故障点的反射波③和初始行波①同极性。

(4) ④是相邻母线的第二次反射波。

(5) 各个行波波头的模极大值随尺度因子增大而增大，这里由于噪声干扰所产生的模极大值随尺度因子增大而减小。

根据上述观察结果，可总结出下述初步结论。

(1) 继初始行波到达母线后，随之而来的行波分量不一定是故障点的反射波，据此，不能简单地用第二行波到达时间来测距。

(2) 故障点的反射波和其他两种反射波(对端母线、相邻母线)的极性相反，据此可有效区分故障点行波和其他行波。

(3) 暂态行波信号和噪声在小波变换下将有不同的表现，据此可以消除噪声，提取有用的行波信号。

(4) 根据来自故障点的行波在不同尺度下的小波变换模极大值可能实现准确故障测距。

很快就会发现上述的初步结论(2)是有条件的，并非在各种系统结构及故障情况都成立，因而必须对故障暂态行波进行更进一步的分析和研究。

2. 暂态行波故障特征的小波分析

当线路故障后，对于行波测距可资利用的最主要的行波故障特征就是出现在母线处的初始行波和来自故障点的反射行波(包括它的幅值，极性和到达时间)。本节将重点分析来自故障点的反射行波(第二个从故障点运动到母线的行波分量)。由于行波测距原理是检测初始行波和来自故障点反射行波的时间差，所以如果该反射波很微弱，以至于无法检测，则行波测距将失去依据；如果该反射波与来自对端母线的反射波或来自相邻母线透射波相混淆，测距将给出错误的结果。

和初始行波不同的是，来自故障点的反射波除与附加电源和母线处行波的反射情况有关外，还与故障点的反射情况有关，这主要取决于故障类型和过渡电阻的大小。来自对端母线或相邻母线的行波有可能先于故障点反射波到达检测母线，而它们的大小与极性又与对端母线或相邻线路末端母线处的行波反射情况有关，此外，它们传播的路径都比初始行波长，通道中的损耗及线路参数频率特性都将对其造成较大的影响。以下利用小波变换对其进行进一步分析。

3. 行波源

在行波故障附加网络中，附加电源是唯一的行波源。正是在该附加电源或行波源的作用下，线路上才出现了运动的暂态行波。该行波源的幅值、大小及变化规律直接决定了初始行波及各个反射或透射行波分量的幅值、大小及变化，因而有必要对其进行专门的研究。

当输电线路发生单相接地故障时，附加电源的大小与故障前故障点的电压大小相等，而极性相反，即

$$e_{\mathrm{f}}(t)=-U_{\mathrm{f}}(t)=-U_{\mathrm{fm}}\sin(\omega t+\theta) \tag{9-3}$$

式中，$e_{\mathrm{f}}(t)$为附加电压源电势；$U_{\mathrm{f}}(t)$为故障点故障前电压；U_{fm}为电压幅值。

设在t=0时到发生故障，则该瞬时的电源电压为

$$e_{\mathrm{f}}(0)=-U_{\mathrm{fm}}\sin\theta \tag{9-4}$$

显然，故障瞬时电源电压将是其初相角的函数，当它从0°～360°范围变化时，$e_{\mathrm{f}}(0)$将两次取得极值，两次过零，当$e_{\mathrm{f}}(0)$取得极大值时，线路上所出现的初始行波幅值将最大，极性与$e_{\mathrm{f}}(0)$相同，此时行波分量最强，最容易检测；当$e_{\mathrm{f}}(0)$过零时，行波将不出现，此时基于行波原理的保护和测距都将失效。图9.5和图9.6列出了对应于初相角为0°和5°时的故障相行波电流波形。

由图9.5、图9.6可见，在附加电源电压初相角过零或者数值较小时，线路上几乎无行波电流，对应的小波变换无模极大值或很小(图中*点)，因此无法检测故障行波。进一步的模拟仿真结果表明当初相角增大到约10°时，行波信号才比较清楚。这表明行波测距有10°左右的死区。

尽管在故障前故障点电压较小时将严重影响测距的实现，所幸的是实际故障大都发生在初相角大于40°的范围内，对于出现概率较小的小角度故障，可以通过原理二来补救(因为两次扰动都出现在0°～10°的可能性非常小)。因此，在实际的行波故障分析中，对单相接地故障可不考虑这种情况。

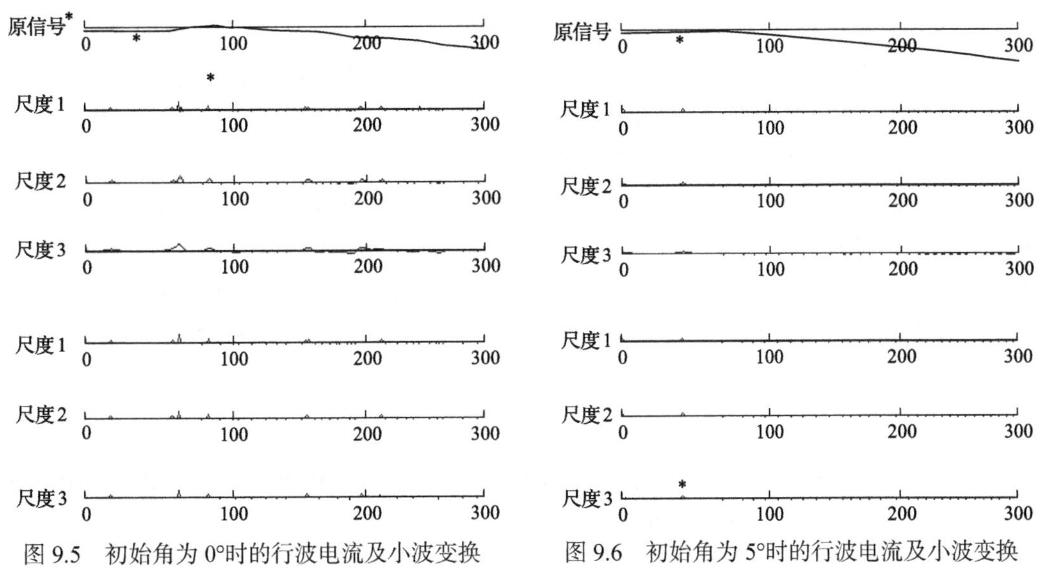

图 9.5　初始角为 0°时的行波电流及小波变换　　图 9.6　初始角为 5°时的行波电流及小波变换

当输电线路发生相间故障时，由于任意两相都不可能同时过零，所以不会出现单相接地故障时电压过零行波消失的现象。但出现了新的问题，即若故障是两相短路，而两相电压又恰好相等。此时，施加于故障点两相之间的附加电源同样为零，如图 9.7 所示，出现上述情况时，测距会失败。但当开关跳闸后，若故障未消失，则同样可以由重合闸动作所产生的行波来测距。

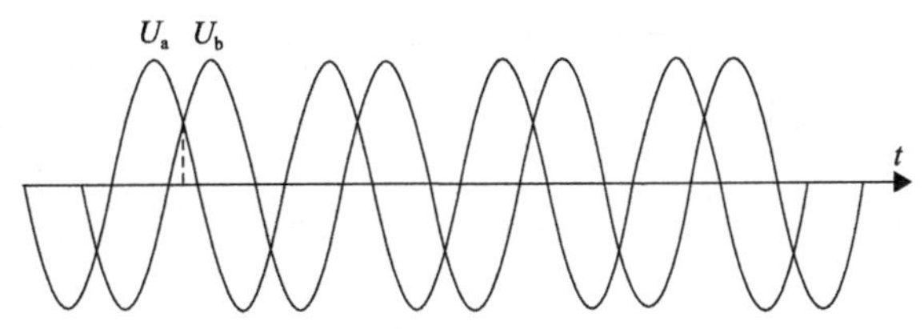

图 9.7　故障前瞬时电压相等情况下的两相短路

4. 行波在检测母线处的反射和透射

行波在检测母线处的反射和透射情况由母线的结构决定，发电厂或变电站母线上一般接有发电机、变压器、线路、并联电抗器、静止补偿器、同期调相机等电气元件。对于频率很高的暂态行波，发电机、变压器、同期调相机、并联电抗器等电感性元件都可视为开路，因为它们对高频分量呈现高阻抗，但绕组匝间分布电容和对地电容常常不能忽略，它们为行波提供了通路；接于母线上的进出线回路数的多少是行波发生反射和透射的主要因素，对于行波分析，常常用波阻抗来表示；而静止补偿器或静电电容器则是电容性元件，对于高频分量它们呈现为短路，故必须考虑其影响，以下根据母线上所接进出线回路数的多少把母线分成三类，分别讨论其反射和透射情况。

1) 第一类母线：母线上接有三回及以上进出线同时接有变压器的情况

电力系统大多数枢纽变电所都属于这种情况，图 9.2 所示系统中母线 M 的和母线 N 都属于这种结构。在这种情况下图 9.2 中线路发生故障，行波在母线处都有比较强烈的反射，而透入相邻线路的行波分量则比较少，在好的尺度下(图 9.3 中尺度因子为 2^3 时)，反射波的小波变换模极大值可以达到初始行波模极大值的 0.3 以上，而且极性和初始行波极性相同，是测距比较容易实现的场合。此时，测距结果是否正确取决于其他因素。把这种情况概括为对于检测母线接有三回及以上进出线时，行波在故障点的反射波幅值较大，极性和初始行波相同，可用于实现测距；而透入相邻线路的行波分量则较弱，测距容易实现。

2) 第二类母线：母线上接有两回进出线同时接有变压器的情况

图 9.8 列出了故障线路和非故障线路上的 A 相电流波形和相应的小波变换，用以分析在这种情况下行波的反射和透射情况。

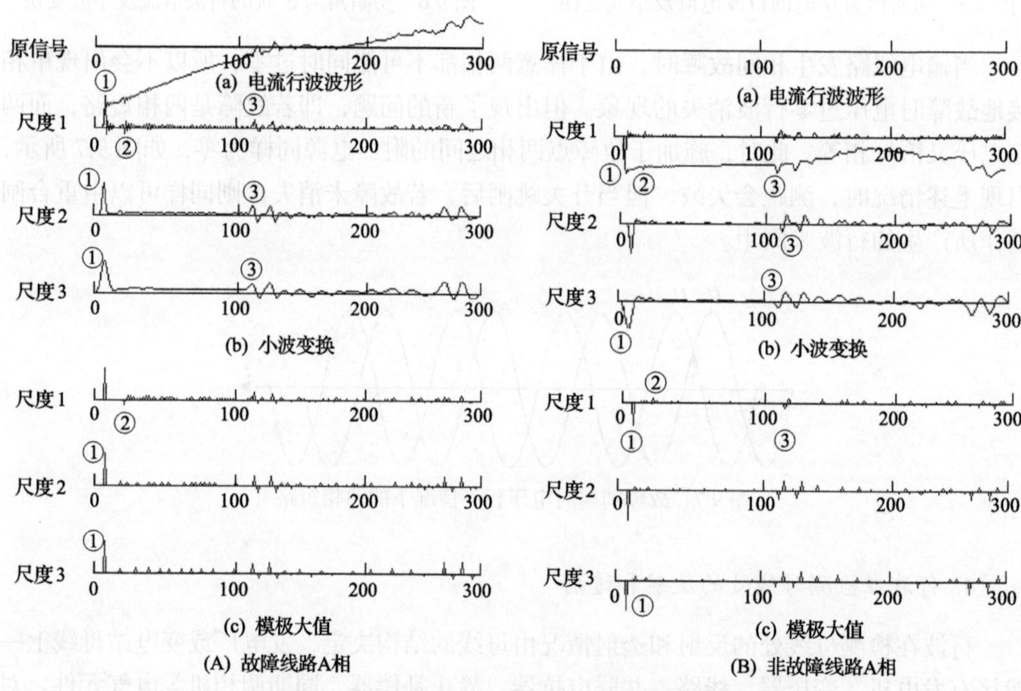

图 9.8　两回进出线的电流行波及小波变换

由图 9.8(A)可见，第一个行波①是来自故障点的初始行波，其小波变换模极大值较大；第二个非常微弱的行波②和初始行波反极性但很快又发生了极性翻转，即变为同极性，它是故障点反射波，由电容(变压器等效电容)引起；之后比较大的和初始行波同极性的行波是来自非故障线路相邻母线的反射波③，在尺度 2^1 下的模极大值约为初始行波的 0.2 倍。

由图 9.8(B)可见，非故障线电流波形和小波变换和故障线路几乎反极性相同，这是由行波分量基本上都透入该线路造成的；对故障点反射波而言，能够被检测和被观察都是在小尺度(2^1)下，即对应于高频分量。

由此可见，对于检测母线只有两回线路时，行波几乎不发生反射，它将全部透入非故障线路；仅有的微弱的反射分量，是由母线等效电容引起的，开始时和初始行波同极性，但极性很快会翻转。在小尺度(2^1)下，这种极性反转关系是清楚的，其模极大值是可检测的；而在大尺度下，模极大值将消失。这表明由分布电容引起的母线反射波主要由高频分量组成，由于高频分量快速衰减，使来自故障点的反射波更加微弱。这种情况的测距比较困难。

3) 第三类母线：母线上只接有故障线而无其他出线

图 9.9 列出了线路两端电流行波波形和小波变换。

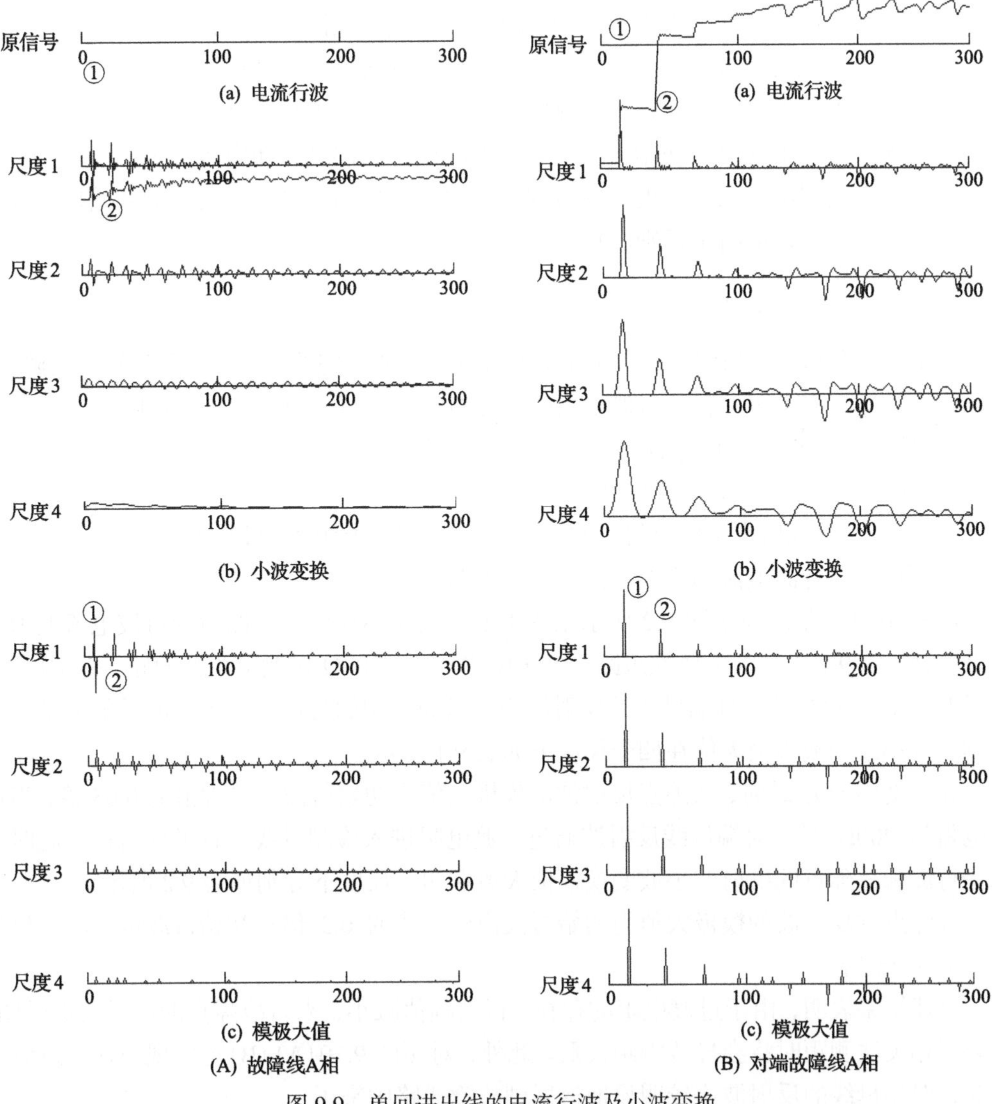

图 9.9　单回进出线的电流行波及小波变换

由图 9.9(a)可见，行波在该检测点的入射情况和反射情况都由电容决定，初始行波①到达母线后，极性立即发生翻转；来自故障点的反射波②在较小的尺度下，小波变换模极大值能够正确地反映出故障距离，在较大的尺度下，测距将失败。和两回线的情况对照，这时的电容反射作用更明显，这是不难理解的，因为除电容支路和故障线以外，行波别无其他通路。由图 9.9(b)可见，故障线路 S 侧母线处可以准确地测出故障距离。

显而易见，当母线上只有故障线路时，初始行波及故障点的反射波都将由电容决定，表现在小波变换下就为在小尺度下行波的反射特征比较明显，模极大值较大，而在大尺度下模极大值减小，检测比较困难。特别地，在这种情况下，如果采样频率不够高则有可能检不出信号，以至于连两端测距都要失败。

上述对三类母线分析结果表明，当检测母线上接有三回及以上进出线时，初始行波及故障点入射波比较强烈，测距容易实现；当检测母线处接有两回线路时，初始行波比较强烈，故障点反射波很微弱，单端测距可能失败；当检测母线处只接有故障线路和变压器，而无其他进出线时，初始行波和故障点的反射波都靠分布电容产生，频率很高，在小波变换下应观察其在小尺度下的表现。后两种情况的故障点反射波的初始极性和初始行波的极性相反，应给予特别注意。

5. 故障点过渡电阻的影响

在上述的分析中，都假定故障为金属性短路，过渡电阻为零。在实际的短路故障中，短路点大都有过渡电阻存在。过渡电阻的存在对故障后行波将产生下述影响。

(1)使初始行波的幅值变小。

(2)使行波在故障点处的反射变弱。

(3)由对端母线所产生的反射行波将经过渡电阻透射到检测母线来。

以下通过对行波电流的小波变换进一步说明之。

图 9.10 列出了对应于图 9.2 所示系统中 F 点发生 AB 两相短路时的行波电流波形及小波变换。图 9.10(A)为金属性短路；图 9.10(B)为经 200Ω 过渡电阻的短路。由图可见，当过渡电阻为 0Ω 时，对端母线的反射波相对微弱，初始行波和故障点的反射波都比较强烈，其小波变换模极大值在四个尺度下如表 9.1 所示。

在尺度因子为 2^4 时，故障点反射波的模极大值为初始行波模极大值的 0.63 倍；当过渡电阻为 200Ω 时，对端母线反射波通过过渡电阻进入检测母线，且极性为负，此时，初始行波和故障点的反射波小波变换模极大值在四个尺度下分别如表 9.2 所示。

故障点的反射波的模极大值为初始行波模极大值的 0.3 倍；初始行波也减弱，仅为 0Ω时的 0.55 倍。

上述结果表明，由于过渡电阻的存在，行波幅值减小，来自故障点的反射波更微弱，如果用相关法测距时将会导致测距失败。此外，对照图 9.10(A)(B)可发现当存在过渡电阻时，对端母线的反射波比较明显地透射到故障线路中来了。

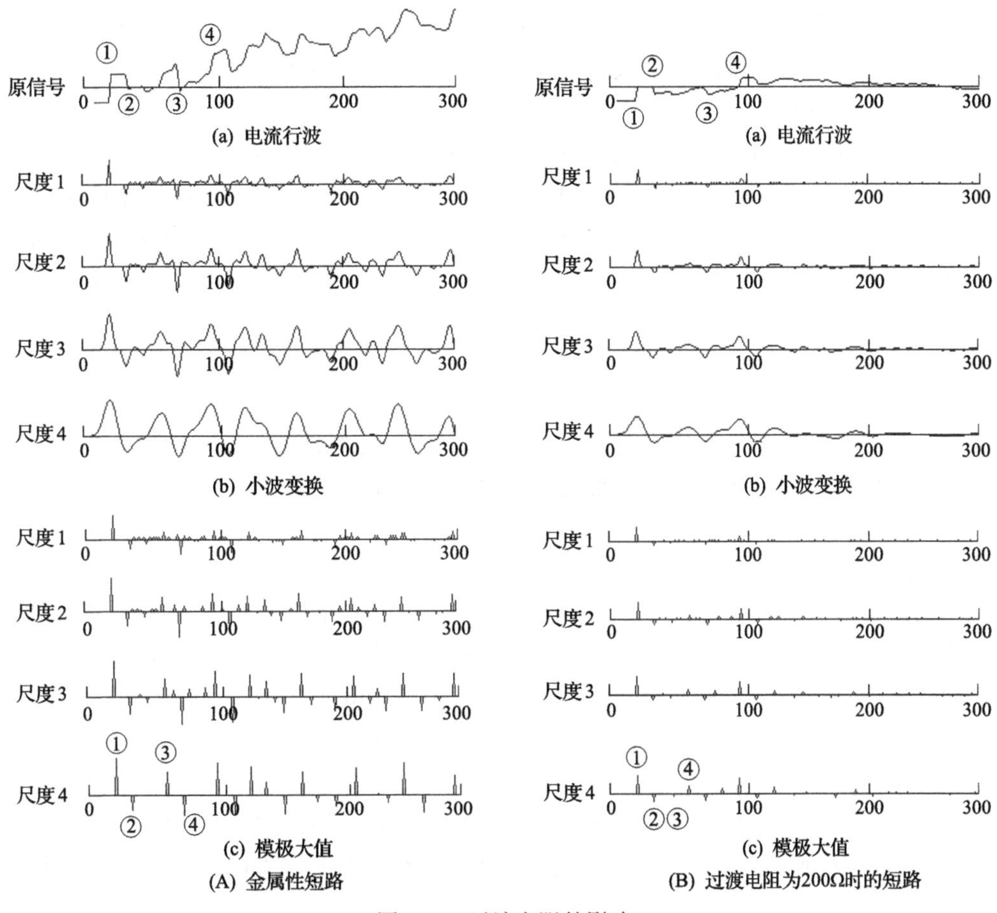

图 9.10　过渡电阻的影响

表 9.1　AB 两相金属性短路时，初始行波和故障点反射波小波变换模极大值

尺度	2^1	2^2	2^3	2^4
初始行波	34.35	46.32	50.45	51.25
故障点反射波	10.21	18.8	24.65	30.827

表 9.2　AB 两相经 200Ω 短路时，初始行波和故障点反射波小波变换模极大值

尺度	2^1	2^2	2^3	2^4
初始行波	20.42	26.11	28.05	28.083
故障点反射波	2.78	5.44	7.62	10.13

6. 对端母线反射波的影响

从理论上讲，对于不接地故障，当故障为金属性短路时，由故障点所产生的行波被故障点隔开，形成两个独立的行波传播回路。一切反射和透射都发生在这两个独立的回路里。事实上，由存在过渡电阻、大地的影响、线路参数的不对称等因素造成接地故障和其他相间短路故障时，都有对侧母线反射波透入到检测母线来，当故障距离超过线路全长的一半时，对端母线的反射波将先于故障点反射波而到达检测母线，有可能造成误测距，因而必须分析其行为。

从前述可知，来自故障点的反射电流行波与初始电流行波的极性是一致的，这是一个非常重要的特征，出现这种情况的原因如下。对于金属性短路，行波在故障点处的反射系数 $\alpha=-1$，行波将发生全反射，考虑参考方向以后(从母线到线路为正方向)，故障点处的反射波将与其入射波(初始电流行波)同极性，对于经过渡电阻的短路，由于过渡电阻的数值一般远小于线路波阻抗，所以故障点的行波反射系数为小于 1 的负实数，此时，故障点处的反射波将仍然和初始电流行波同极性。

因为来自故障点的反射波和初始电流行波同极性，自然地使人想到利用极性关系来识别来自故障点的反射波和来自对端母线的反射波。线路故障时，由故障点产生的初始行波一部分向检测母线运动，另一部分向对侧母线运动，向对侧母线运动的初始行波到达对侧母线后，由于其波阻抗不连续，行波将发生反射和透射。其反射和透射情况由对侧母线的结构决定。

当对侧母线为第一类母线时，行波到达该母线后将发生比较显著的反射，且反射系数为小于 1 的负实数，其反射行波与它自身的初始电流行波同极性，透过故障点后，其极性保持不变。但因为在故障点两侧的两个回路中初始电流行波反极性，所以由对侧母线透射到检测母线的行波将与检测母线处的初始行波反极性。据此，可以识别出两种不同性质的来波。

当对侧母线为第二类母线时，如果不考虑线路电容，行波将不发生反射(若两回线的波阻抗完全相等)或反射非常微弱，此时，母线不会有反射波透入检测母线；由于母线上都有分布电容存在，所以行波会发生反射，但数值较小，且极性很快翻转，即造成和检测母线同极性，但因为其幅值较小，在小波变换下，对应于较大的尺度时这种来波将不会波检出。

当对侧母线为第三类母线时，如果不考虑线路电容，线路在该母线处相当于开路，其行波反射系数又为+1，在该母线处的反射行波将与其初始行波反极性，因而透入检测母线的行波分量将与检测母线处的初始行波同极性。因为对端母线反射波在对端母线处发生全反射，其幅值也较大，这种情况是单端测距的一个特殊问题，后边要专门研究。实际上，由于母线处电容的存在，行波在该处的反射系数不会达到+1，所以情况不会像前述那样严重。

7. 相邻母线反射波的影响

相邻母线反射波来自与故障线路接于同一母线(检测母线)的其他非故障线路在其末端母线处的反射。当相邻线路长度小于故障距离时，相邻母线反射波会先于故障点反射波到达检测母线，因而必须分析其特性，以免造成误测。

相邻母线反射波是由故障点产生的初始行波透过检测母线中的行波电流透射分量，运动到达相邻母线时经反射而产生的。在行波的传播过程中，该行波分量经历了两次透射(从故障线路到非故障线路，再从非故障线路到故障线路)和一次反射(相邻母线处的反射)，因而其幅值和极性特征与上述透射和反射点的母线结构有关。以下分两种情况进行讨论。

(1) 检测母线和相邻线路末端母线都为第一类母线

此时，由故障线路所产生的初始电流行波将透过检测母线，透入到每一条非故障线路上去，行波透射分量的极性与初始行波分量同极性，在相邻母线末端发生反射后，其极性仍与初始行波相同，透回到故障线路母线检测点的行波仍然与初始行波同极性。这种情况是经常出现的，它是只使用电流行波测距必然出现的问题，这是因为电流行波没有方向性所致。图 9.11 列出一相邻非故障线路对端存在较强反射的三母线结构简化电力系统。

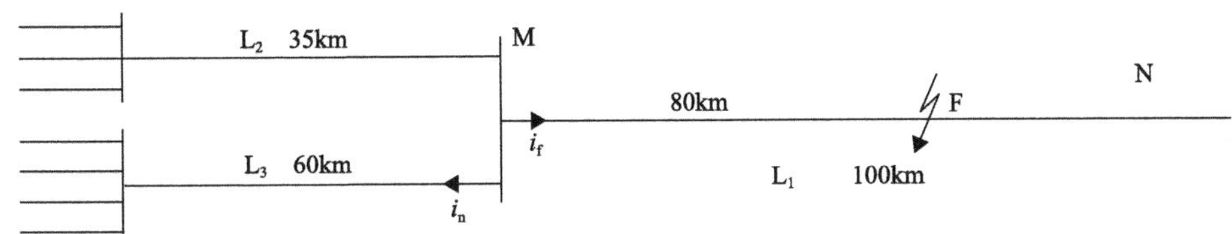

图 9.11　三母线电力系统简图

图 9.11 中，L_1 为故障线路，L_2 和 L_3 为非故障线路，波阻抗分别为 Z_1、Z_2、Z_3，故障发生在 F 点。因为故障距离大于非故障线路长度，所以相邻线路 L_2、L_3 的末端母线反射波将先于故障点反射波到达检测母线，图 9.12 列出了 F 点发生 AB 两相短路时的行波电流波形及小波变换。

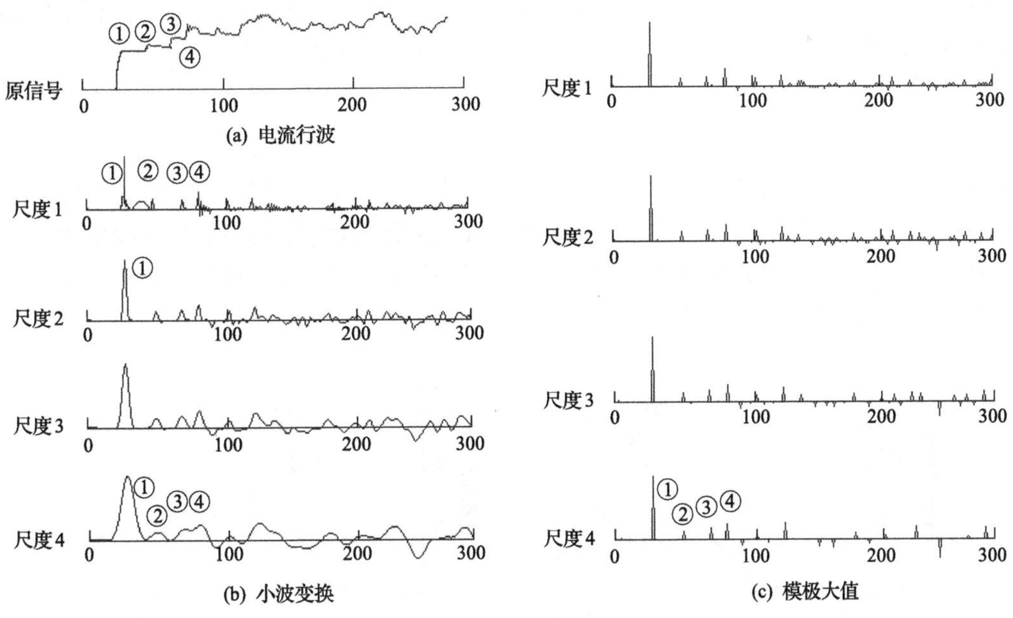

图 9.12　相邻母线的影响

由图 9.12 可见，随着初始行波①到达检测点的第二个行波波头②是非故障线路 L2 的反射波，第三个行波波头③是非故障线路 L3 的反射波，第四个行波波头④才是故障线路故障点的反射波，必然会误测距，这个问题应该设法解决。

(2)检测母线为第二类母线，而相邻母线分别为第一、二、三类母线

此时，行波在检测母线处将不发生反射，并全部透入相邻线路，在检测母线处所能检测到的行波反射分量将全部是相邻母线的反射分量，而后者又取决于相邻母线的结构。

对于相邻母线为第一类母线时，在故障线路上的检测点所检测到的行波分量与初始电流行波同极性，其值取决于反射系数(为一个小于或等于 1 的负实数)，测距结果显然是错误的。

对于相邻母线为第二类母线时，透入相邻线路的行波分量将不发生反射，因而，在母线检测点检测不到其反射，故不会对测距造成影响，但当母线电容存在时，行波在该母线处会出现时间很短且极性很快翻转的反射波，仍有误测的可能。

当相邻母线为第三类母线时，透入非故障线路的行波分量将发生全反射，幅值较大，但极性将与初始电流行波反极性，不会造成“误测”。

8. 行波传播通道的影响

除前述的因素外，行波是在线路上传播的。因而行波传播时所经过的通道(线路)要对行波测距造成影响，概括为以下几个方面。

1)传播参数造成的影响

由于沿导线传播的线模分量和沿导线一地传播的零模分量波阻抗 Z 和波速度 v 不同，所以同时由故障点所产生的行波分量当到达检测母线时，其时间将存在差异。对于单相接地，这种情况最明显，因为此时的零模分量和线模分量(α、β、0)相等，所以会出现比较大的、第二个到达母线的同极性行波(参见图 9.3)，造成错误测距。

2)线路损耗及参数依频现象造成的影响

实际的输电线路都是有损耗的，对于工频分量，其电阻数值较小，故常把输电线路作为无损耗均匀传输线来处理，但对于高频行波信号，上述近似就不再成立，必须考虑其影响。输电线路的电感和电阻参数由于集肤效应和邻近效应，其参数都是频率的函数，特别是对于以大地为回路的零模参数由于受大地电阻的影响，其参数变化非常大，图 9.13 列出了 500kV 输电线路参数随频变化的曲线。

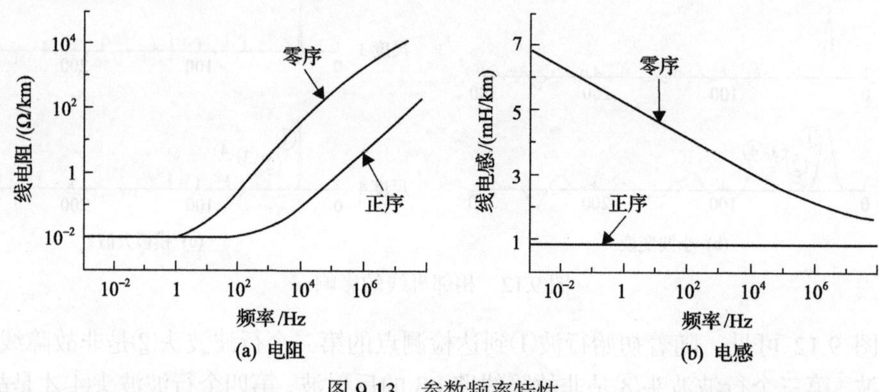

图 9.13　参数频率特性

由图 9.13 可见，正序电阻和零序电阻随频率增大都要增大，零序电阻增加的更快一些；零序电感随频率增大而减小，正序电感则基本不变。当频率增大时，线路电阻增大这一事实势必会增大线路的功率损耗。

对于参数随频率变化的线路，要精确计算出线路损耗对行波过程的影响，对于电磁暂态计算来讲，也是一个十分复杂的问题。鉴于工具有限，本书采用近似计算法，即首先预估其主频率，根据该频率下的参数，使用 EMTP 对系统进行仿真，进而再对其仿真结果进行小波分析。

图 9.14 列出了对应于图 9.2 所示系统线路 MN 在 F 点发生单相接地故障时的电流行波波形及小波变换，其中图 9.14(B)中所用参数为 10kHz 所对应的参数(单位长度数值)，R_0=8.8152Ω/km，R_1=0.315Ω/km，L_0=0.0001547H/km，L_1=0.000868H/km。图 9.14(A)是为了和(B)相对照，它使用工频参数。

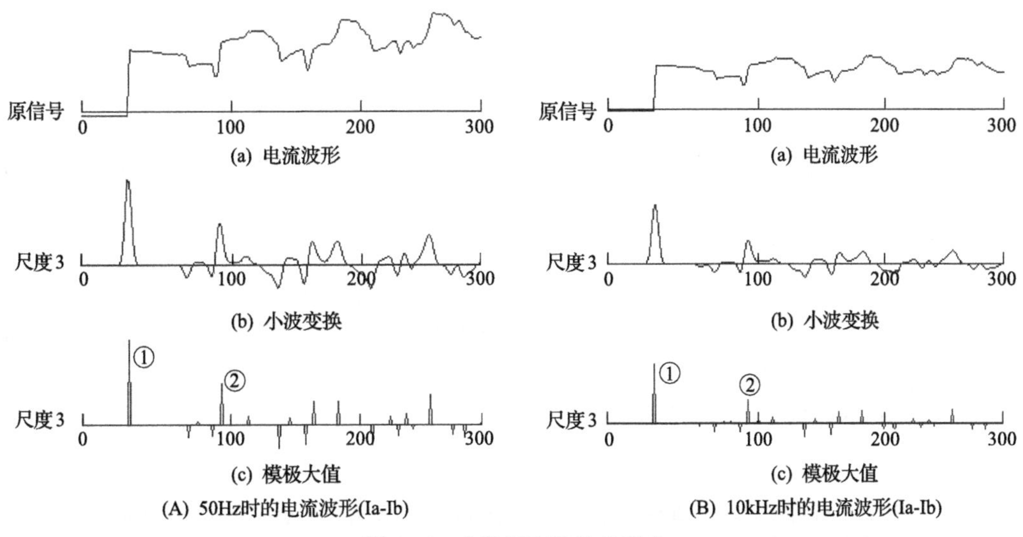

图 9.14 参数频率特性的影响

由图可见，对应于初始电流行波的小波变换模极大值①在 10kHz 时是 50Hz 时的 0.8 倍，而来自故障点的反射波③为 50Hz 时的 0.5 倍。表明在考虑有线路损耗的情况下，行波将有比较明显的衰减，传播距离越长，衰减越严重。

3) 线路阻波器的影响

用于载波通信的线路阻波器中心频率和行波频率可能重叠，因而会对行波传播造成影响。在 500kV 输电线路常采用相—相制耦合方式，现以中心频率为 150kHz 的阻波器串联接入线路 A、B 相为模型进行仿真，仿真系统结构同图 9.2，故障点仍然为 F 点，故障性质为 A 相单相接地。阻波器参数及接入方式(相—相制 AB 相)见图 9.15。图 9.16 列出了没有阻波器和有阻波器时的行波电流及小波变换。

图 9.16(A)中①、②、③(对应初始行波、零模行波和故障点反射波)模极大值数值如表 9.3。

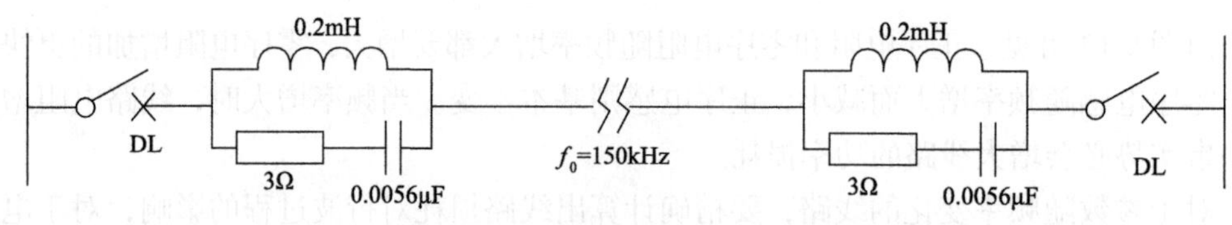

图 9.15　阻波器的参数及接入方式

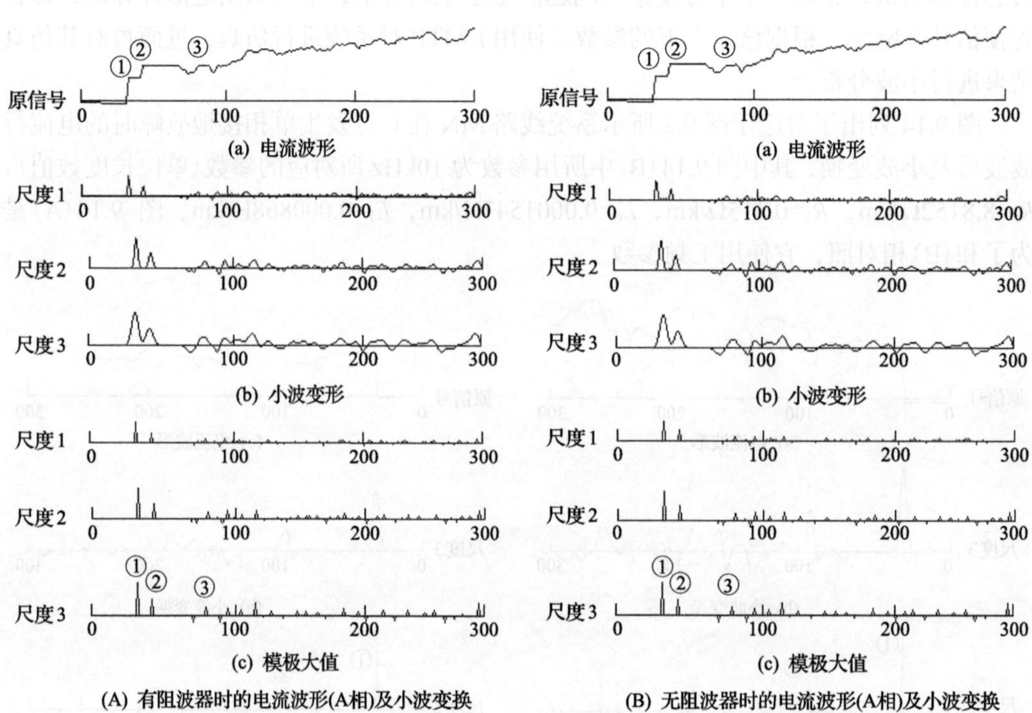

图 9.16　阻波器的影响

表 9.3　有阻波器时，初始行波、零模行波和故障点反射波的小波变换模极大值

尺度	2^1	2^2	2^3
初始行波	13.277	20.87	23.667
零模分量	7.376	10.74	11.68
故障点反射波	2.212	4.322	5.79

图 9.16(B)中①、②、③模极大值数值如表 9.4。

表 9.4　无阻波器时，初始行波、零模行波和故障点反射波的小波变换模极大值

尺度	2^1	2^2	2^3
初始行波	14.856	21.388	23.663
零模分量	6.685	10.694	11.966
故障点反射波	2.971	4.6	5.983

由以上数值结果及图可见，由于阻波器的接入，低频信号基本不变；高频信号的衰

减是比较显著的，对于初始行波，衰减为无阻波器时的 0.893 倍，对于来自故障点的反射波，则衰减为 0.744 倍。这表明频率越高，距离越长，衰耗越严重。

9. 对影响行波测距诸因素的总结及对策

故障后的暂态行波由于受上述因素的影响使行波测距变得困难了，现把它总结一下，然后再寻找对策。

(1) 附加电源初始角较小时，对单相接地不予考虑；多数相间故障是由单相故障发展而成的，只要正确检测最先开始的行波则可以实现正确测距。如果真的出现了这种情况，可利用 9.1.1 两端电气量行波测距原理实现测距。

(2) 对于第一类和第二类母线，仅仅依靠母线电容来测距，则要在高频下去考察它，此时，行波信号容易和噪声相混淆，需要采用好的消噪手段，小波变换能够胜任它。近距离故障和这种情况相类似。

(3) 对来自对端母线的反射波，若出现对端线路开路，则可能出现误测距。对这个问题应一分为二地看。首先，它给出了一个不是故障点距检测母线的距离，这是缺点；其次，这个距离是故障点距对端母线的距离，当然它也是有用信息，如下式所示：

$$X'_{\mathrm{N}} = \frac{v(T_2 - T_1)}{2} \tag{9-5}$$

式中，X'_{N} 为故障点距对端母线距离，其他符号意义同前。

根据上述关系，可把它概括为第二个反向浪涌识别法，即第二个到达检测母线的反向行波不是故障点的反射波就是对端母线反射波，所测距离不是距检测母线的距离就是距对端母线的距离，因此将不再专门处理它。

(4) 来自相邻母线的反射波是造成错误测距的主要原因。它是仅利用电流行波测距的固有缺点，也正是本书将要着力解决的问题。

(5) 零模分量的影响。非常有效的办法就是采用线模分量。

(6) 对于因过渡电阻、通道衰耗等造成的行波幅值变小，特别是故障点反射波幅值减小的情况，唯一的办法就是降低门槛。显然应采取有效的抗干扰和消噪措施。

9.2　输电线路单端量行波故障测距

9.2.1　特征行波

输电线路发生故障后有多种行波分量，比如故障线路中的各相电压行波，各相电流行波；由电压和电流组合而成的正向方向行波，反向方向行波；非故障线路中的相电压行波，相电流行波以及方向行波；或者对上述各相量施行相模变换后的模量电压，模量电流及模量方向行波等。任何一行波分量，都包含着故障发生的信息及故障距离，故障相等信息。在如此之多的行波种类中，采用哪一个行波作为分析和检测的依据，势必因为其特性不同给测距结果造成不同影响。基于此，给出如下关于故障距离的“特征行波”

的定义：特征行波是指能清楚地反映故障距离特征而不反映任何非故障距离或错误故障距离特征的行波。

按照上述定义，可以得出以下构造“特征行波”的思想。

(1)待测线路内部发生了故障，那么只有来自该条线路内部的行波被认为是有用的，是能够清楚地反映出故障确实发生、故障发生在该回线路之内、故障点距检测母线的距离；而相邻线路的透射波、对端母线的反射波是有害的和无用的。以此为依据，特征行波首先应当取故障线路上的行波，即与故障选线的结果相联系。需要说明的是，非故障线路中透射的行波分量未必不包含故障距离信息，按照定义，只是不选择其为“特征行波”罢了。

(2)当发生接地故障时，各相电压和电流行波分量中既有零模分量也有线模分量，由于其波速度不同，若直接采用相量，那么就有可能出现线模分量和零模分量相继到达检测点，以至于误认第二个到达母线检测点的零模分量为故障点的反射波，从而导致测距错误，据此，特征行波应由线模构成。使用线模分量后，各种故障形式(包括接地故障和不接地故障)在线模分量下都有清晰地表现。

(3)使用模量中小波变换模极大值最大的模量作为特征行波。

(4)使用方向行波或电流行波但不使用电压行波。

(5)特征行波中应不包含或最少地包含噪声或其他干扰信号。

按照上述构造特征行波思想，可以有以下几种构造特征行波的方法。

(1)利用模量方向行波构造特征行波。

(2)利用故障线电流和非故障线电流组成方向电流行波构造特征行波。

(3)基于小波变换模极大值的波形比较法构造特征行波。

9.2.2 利用模量方向行波作为特征行波的故障测距

三相输电线路的正向模量方向行波可表示如下：

$$\begin{cases} U_{0+} = U_0 + i_0 Z_0 \\ U_{\alpha+} = U_\alpha + i_\alpha Z_\alpha \\ U_{\beta+} = U_\beta + i_\beta Z_\beta \\ U_{\gamma+} = U_\gamma + i_\gamma Z_\gamma \end{cases} \tag{9-6}$$

式中，U_{0+}、$U_{\alpha+}$、$U_{\beta+}$、$U_{\gamma+}$为正向模量方向行波；U_0、U_α、U_β、U_γ为模量行波电压；i_0、i_α、i_β、i_γ为模量行波电流；Z_0、Z_α、Z_β、Z_γ为各模波阻抗。

把式(9-6)写成矩阵形式：

$$[\boldsymbol{U}_+] = [\boldsymbol{U}] + [\boldsymbol{i}][\boldsymbol{Z}] \tag{9-7}$$

式中，$[\boldsymbol{U}_+]$、$[\boldsymbol{U}]$、$[\boldsymbol{i}]$、$[\boldsymbol{Z}]$分别为正向方向行波列向量、电压行波列向量、电流行波列向量和模量波阻抗矩阵(4×4 阶的对角阵)。

同理，可写出三相输电线路的反向模量行波表达式

$$\begin{cases} U_{0-} = U_0 - i_0 Z_0 \\ U_{\alpha-} = U_\alpha - i_\alpha Z_\alpha \\ U_{\beta-} = U_\beta - i_\beta Z_\beta \\ U_{\gamma-} = U_\gamma - i_\gamma Z_\gamma \end{cases} \tag{9-8}$$

式中，U_{0-}、$U_{\alpha-}$、$U_{\beta-}$、$U_{\gamma-}$分别为各模反向行波分量。

把式(9-8)写成矩阵形式：

$$[\boldsymbol{U}_-] = [\boldsymbol{U}] - [\boldsymbol{i}][\boldsymbol{Z}] \tag{9-9}$$

根据特征行波的定义，模量方向行波应取为反向模量方向行波，因为该行波是来自故障线路方向的；模量方向行波应取三个线模分量当中最大者(用其初始行波在小波变换下的模极大值来计算)。

图 9.17 列出了用反向模量方向行波作为特征行波时，对图 9.11 所示系统在 F 点发生单相接地故障时的反向模量方向行波施行小波变换后的结果(可对照图 9.12)。

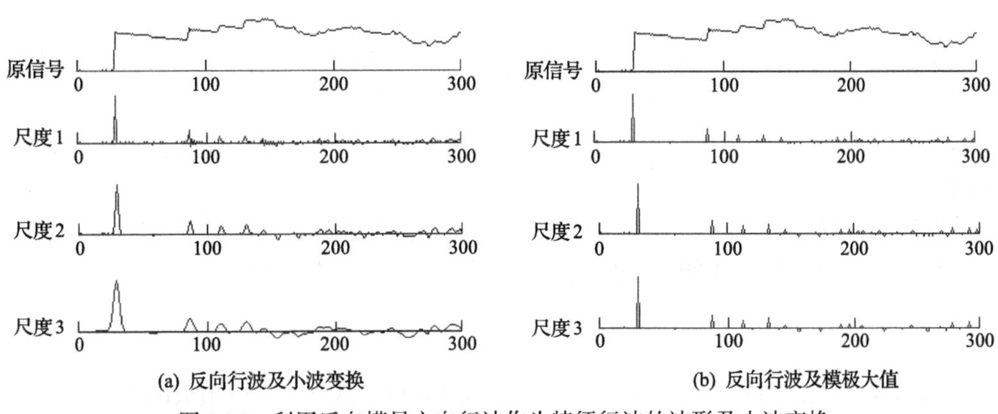

图 9.17　利用反向模量方向行波作为特征行波的波形及小波变换

由图可见，当按照上述方法构造出反向模量方向行波之后，该行波分量中将不再包含零模分量和相邻母线的反射波，仅仅保留了初始行波分量中的反向分量和来自故障点的行波中的反向分量。故障距离在各个尺度下的小波变换跃然纸上。

使用反向模量方向行波作为特征行波后，它只反映故障线路方向的来波，而不反映母线背后相邻母线反射波，因而克服了相邻母线反射波对测距的影响；此外它还消除了相量中的零模分量影响，减小了各相行波信号中的共模干扰。因此，使用反向模量方向行波是正确的。

但使用该行波实现测距时，要使用电压行波，这是我们所不希望的。

9.2.3　利用非故障线电流和故障线电流组成方向行波作为特征行波实现故障测距

使用非故障线电流和故障线电流之差构造方向电流行波的方法，该方向行波也是反向行波，其优点是只利用电流行波而不使用电压行波。当然，使用电流行波构造反向方向行波也是有条件的，当其条件不满足时可能会出现问题。本书首先给出其思想然后再对它进行分析。

1. 方向电流行波的构成原理

对图 9.11 所示的系统，设故障线路 L_1 和非故障线路 L_3 电流分别为 i_f、i_n，参考方向为从母线到线路，三回线路的波阻抗分别为 Z_1、Z_2、Z_3，假设三回线路波阻抗相同，且 L_3 无限长，即只有一个方向的行波，母线电压为 U，则他们之间有下述关系：

$$U = i_n \cdot Z_3 = i_n \cdot Z_1 \tag{9-10}$$

故障线 L_1 出口处正向方向行波和反向方向行波可写成

$$U_+ = (Z_3 i_n + Z_1 i_f) / 2 = Z_1 (i_n + i_f) / 2 \tag{9-11}$$

$$U_- = (Z_3 i_n - Z_1 i_f) / 2 = Z_1 (i_n - i_f) / 2 \tag{9-12}$$

式(9-11)、式(9-12)二式说明，方向行波可由故障线路电流行波和非故障线路电流行波组成。以上三式成立是有条件的，即非故障线路的长度必须为“无限长”。实际上“无限长”线路是不存在的，但对于研究初始电流行波的反射和透射问题，尤其是检测故障点的反射波时，只需要非故障线长度大于故障距离，这样就能保证故障点反射波先于该非故障线路反射波到达检测点，又能消除另一线路 L_2(可能小于故障距离)的反射对测距的影响。

但实际情况却为长度大于故障距离的非故障线路未必存在，若这种情况出现，会对由式(9-11)、式(9-12)构成的方向行波造成什么影响？这是本节要继续探讨的问题。

2. 使用有限长非故障线电流组成方向电流行波的问题

如果非故障线的长度小于故障距离，则由式(9-11)、式(9-12)所组成的正向行波和反向行波中，将要包含来自非故障线路的远端母线反射波(如图 9.18)。这个反射波是有害的，这是因为，对于由式(9-12)所组成的反向行波，其基本构造思想是对故障线路和非故障线路中的行波电流同极性相减，而此时，由非故障线路所产生的相邻母线反射波和

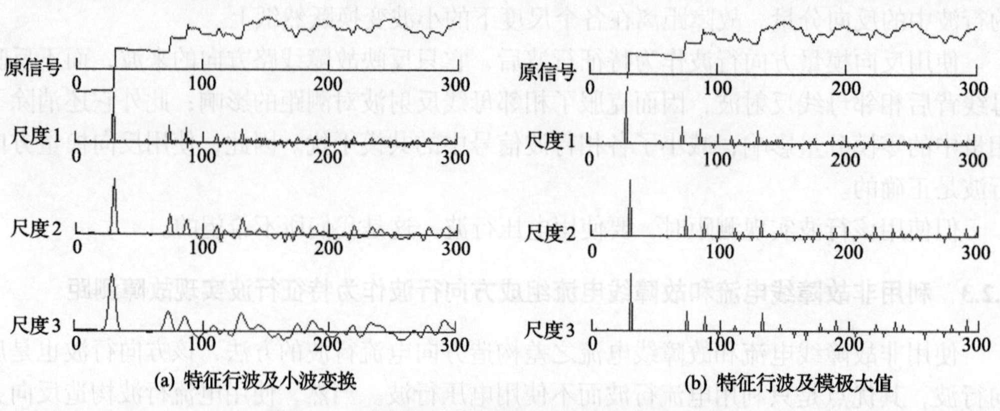

图 9.18　用有限长非故障线电流构造特征行波

透入到故障线路中去的透射分量极性恰恰是相反的，同极性相减的结果将“放大”相邻母线反射波的影响，使原来幅值较小的相邻母线 L_3 反射波被人为地增强，从而可能造成误测距。但对由式(9-11)所组成的正向行波，它的思想是同极性相加，由于由非故障线路 L_3 所产生的相邻母线反射波和透入到故障线路中的透射分量反极性，所以同极性相加的结果将“减弱”该反射波的影响，显然是有利的。但进一步分析的结果将要表明，正向方向行波是不可用的。

对于由式(9-11)所组成的正向行波，它的基本构造思想是同极性(离开母线指向线路)相加，由相邻短线 L_2 所产生的相邻母线反射波将分别透入到故障线路 L_1 和非故障线路 L_3 中去，此时 L_2 和 L_1 中的电流反极性，L_2 和 L_3 中的电流也反极性，但 L_1 和 L_3 中的由 L_2 相邻母线反射波透射造成的电流行波分量其极性恰恰是相同的！这个相同极性的电流分量按式(9-11)相加后，又将“放大”由非故障线路 L_2 所产生的相邻母线反射波的不利影响，从而导致测距失败。这导致了下述的基于小波变换模极大值的“波形比较法”。

9.2.4　波形比较法

所谓“波形比较法”是指比较故障线行波电流波形和一非故障线行波电流波形，从而识别出哪些点是故障点反射波，哪些点是相邻线路母线反射波而构造特征行波的方法。

不管是来自故障点的反射波，还是来自相邻母线的反射波，在检测点所检测到的行波电流都呈现“突变”，在小波变换下，对应于不同的尺度都将出现模极大值。模极大值的大小代表了突变的强弱，模极大值的极性反映了来波的极性，比较故障线路行波电流和非故障线路行波电流的模极大值(包括幅值和极性)及其分布，从而识别出故障点反射波和相邻母线反射波，再进一步构造特征行波实现测距就是将要论述的基于小波变换模极大值的波形比较法。

进行波形比较主要基于以下事实。

(1)由故障点所产生的行波幅值在故障线路上最大，而在非故障线路上的行波幅值则较小，相应地其小波变换模极大值幅值在故障线路上大，在非故障线路小。

(2)由故障点所产生的行波极性和非故障线路上和透射分量极性相反，而非故障线路上的射分量之间极性相同，相应地，其小波变换模极大值极性也表现相反(对前者)或相同(对后者)。

对照以上基本事实，可以进一步引申如下。由相邻母线反射波透入到故障线路的透射分量其幅值将小于相邻母线反射波本身，相应地其小波变换模极大值幅值也小于相邻母线反射波的小波变换模极大值幅值；由一非故障线路的相邻母线反射波透入到另一个非故障线路的透射分量幅值也将小于前者的幅值；由一非故障线路相邻母线反射波透入到故障线路和其他非故障线路的透射分量极性相同。

根据上述事实，可以这样构造特征行波。

(1)以故障线路模量电流行波作为基本行波，以最长非故障线路模量电流行波作为比较行波。

(2)观察基本行波和比较行波波形和小波变换下的模极大值分布。

(3)对于处于相同位置且极性相反者，若基本行波小波变换模极大值大于比较行波对应值，则保留基本行波中对应的模极大值，反之则在基本行波的模大值分布中去掉该模极大值，因为它是相邻母线的反射波。

(4)对于处于相同位置且极性相同者，若基本行波小波变换模极大值等于比较行波，则在基本行波的模极大值分布中去掉该极大值，因为它是另一回非故障线路相邻母线反射波在基本行波和比较行波中的透射分量。

(5)按照去掉了相邻母线反射波的基本行波所对应的小波变换模极大值重构该行波信号。

按照上述方法构造特征行波以后，特征行波中将只保留初始电流行波和来自故障点的反射波，以及对端母线反射波(若有)，而不包括相邻母线反射波，从而有效地克服相邻母线反射波的影响。

实际上，构造特征行波时，步骤(5)是不必要的，因为在接下去的“小波变换法”故障测距中，我们只关心行波信号的小波变换模极大值及分布，并不关心特征行波本身。

9.2.5　单端电气量行波故障测距的小波变换法

对暂态行波特征的小波分析和特征行波的构造表明，小波变换是分析行波信号的有力工具。对于具有明显奇异性而且我们只关心它的奇异性的行波信号，小波变换是迄今为止最完美的数字工具和信号分析手段。这显然是由它的时频局部化性质所决定的，据此，有理由把小波变换作为行波故障测距的一个算法[189]。

1. 小波变换法测距的实施方案

小波变换法是根据行波信号在小波变换下的模极大值实现单端电气量故障测距的一种方法，主要特点在于它能够同时在时域和频域考察行波信号的变化规律，实现单端量可靠、精确故障测距。

在前面的分析中，实际上已经使用了小波变换法的主要思想，即根据在某一尺度下的小波变换模极大值检测初始行波及来自故障点的反射波。但小波变换下的模极大值与尺度(即频率)是密切相关的，在不同的尺度下，小波变换的模极大值的分布是不同的，在某一尺度下存在的小波变换模极大值，在另一个尺度下其模极大值未必出现。因此，根据某一尺度下的模极大值确定故障距离还未必可靠，必须考察行波信号在各个尺度下的模极大值的变化，最终确定出真正的初始行波和故障点反射波出现的位置，即同时利用行波信号的时域特征和频域特征，这是小波变换法区别于其他测距方法的最显著的特点。

行波信号在小波变换下的模极大值是变化的，对应于不同的尺度，小波变换下的模极大值将有较大差异，这表明了在不同的频带下行波信号中的频率成分是不同的。根据主频率法，故障行波信号中的主要频率成分代表了故障距离。如果我们把行波信号的小波变换看成一个时间频率平面，那么小波变换模极大值最大时所对应的尺度就是主频率，它代表了纵坐标；小波变换模极大值沿时间轴的分布代表了故障距离，它表示横坐标。如此一来，最终的故障距离将由在不同的尺度下模极大值最大时所对应的尺度，和在时间轴上的最早的两个同极性模极大值决定。

实施小波变换法测距时，可按下述步骤进行。

(1) 对初始行波施行小波变换，选择故障线，以线模分量中最大的模量为进一步构造特征行波的依据。

(2) 构造特征行波并施行小波变换，以消除相邻母线反射波的影响。

(3) 考察小波变换模极大值在不同尺度下的变化情况，以消除噪声干扰，即对于尺度增大时，小波变换模极大值增大的模极大值保留；对于尺度减小时，小波变换模极大值减小的模极大值予以去除。

(4) 通过设置门槛，去除其他非故障点反射波所产生的模极大值，如换位点产生的模极大值，门槛可采用浮动门槛，即取为给定尺度下初始行波小波变换模极大值的 10%。

(5) 选择初始电流行波小波变换模极大值最大时所对应的尺度为检测尺度。

(6) 根据 (5) 的结果，以该尺度下的小波变换模极大值分布为检测的依据，由第一个模极大值和第二个模极大值的位置决定出故障距离。

按照上述步骤测距时，噪声信号、由换位点所产生的行波反射分量及相邻母线的反射波都将被剔除，保留在最终的特征行波里的模极大值分布中，就只有三种性质的行波分量，它们分别是初始行波、来自故障点的反射波和来自对端母线的反射波。测距任务到此基本结束。

2. 小波变换法的 EMTP 仿真及对它的评价

1) EMTP 仿真

为了证实构造特征行波的波形比较法和小波变换法测距的有效性，对它们进行 EMTP 仿真试验。EMTP 仿真系统模型以图 9.11 所示的简化电力系统为基础，在线路 MN 两端 AB 相分别设置中心频率为 150kHz 的阻波器，为了模拟参数随频率变化而造成的损耗增加现象，线路参数均采用 10kHz 时所对应的参数。

小波变换法仿真实验步骤如下。

(1) 对各回线路的三相初始电流行波实行小波变换，并求取模极大值，选择故障线，因为 L_1 的模极大值最大且与 L_2、L_3 的模极大值极性相反，故选择 L_1 为故障线。

(2) 按 L_1 的三相电流小波变换模极大值选择故障相，得到测距结果如下。

故障相：AB 两相短路。

各种电流的小波变换模极大值：$I_a=-10.2$、$I_b=10.2$、$I_c=0$、$I_{ab}=-20.4$、$I_{ac}=10.55$、$I_0=0$。可见，I_{ab} 最大，故使用α模量继续构造特征行波。

对 L_1 和 L_2 中的α模量 (I_a-I_b) 实行小波变换构造特征行波。

以 L_1 中的α模量为基本行波，L_2 中的α模量为比较行波使用波形比较法进行波形比较，对照图 9.19 (A)、(B) 可得如下结论。

(1) (A) 中①和 (B) 中①′极性相反，小波变换模极大值幅值①大于①′，因此保留该模极大值，它对应于初始行波。

(2) (A) 中②和 (B) 中②′极性相同，小波变换模极大值幅值相等，因此去除该模极大值，它是母线 L2 的反射波。

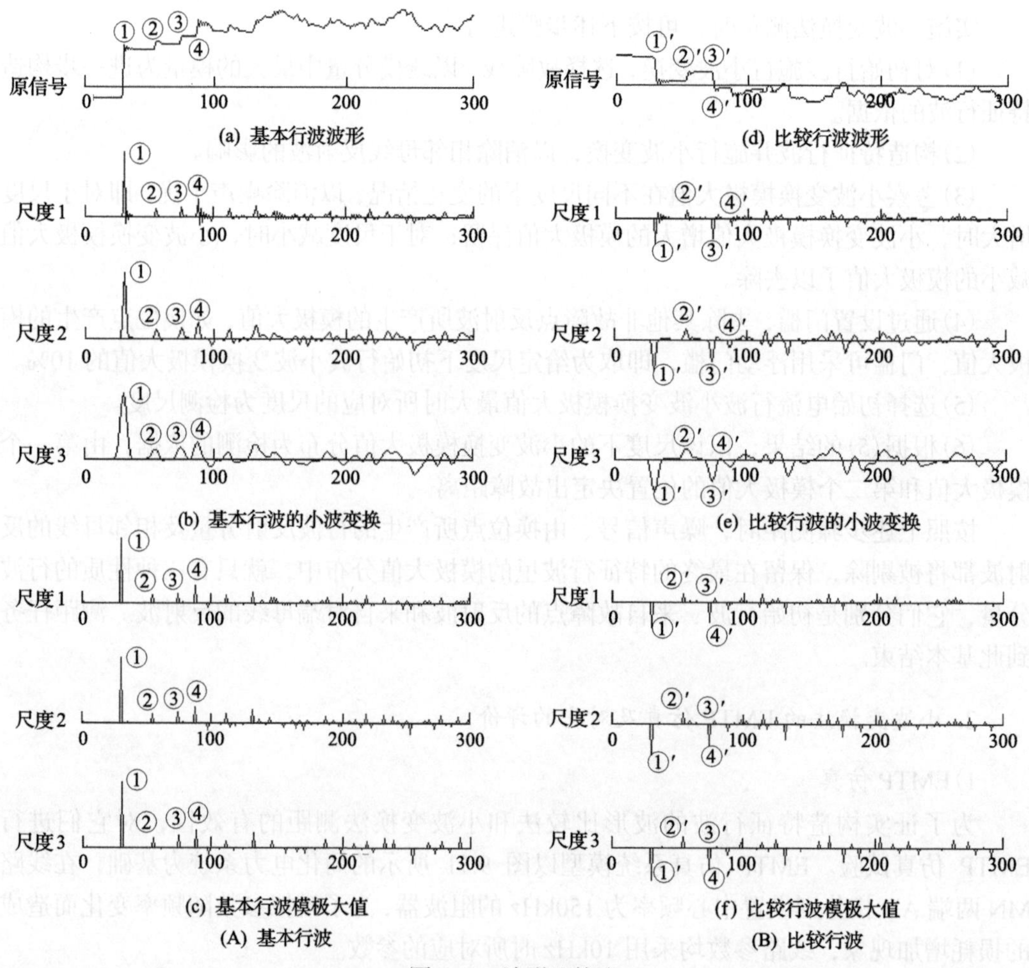

图 9.19　波形比较法

(3) (A)中③和(B)中③′极性相反，小波变换模极大值③小于③′，因此去除该模极大值，它是 L3 的相邻母线反射。

(4) (A)④和(B)中④′极性相反，小波变换模极大值④大于④′，因此保留该模极大值。

继续下去，一直到把全部波形处理完毕。

由上述处理之后的基本行波对应的小波变换模极大值分布如图 9.20(b)所示。图 9.20(c)、(d)同时列出了根据(b)重构的小波变换及离散逼近。

根据该模极大值分布重构原信号，则可得到所要求的特征行波如图 9.20(e)所示。图 9.20(f)为利用小波变换重构的原信号。

选择主频率，由图 9.18 可见，在尺度 2^2 下，初始行波模极大值最大，故以该尺度模极大值测距，结果如图 9.21。

可见，所测故障距离为 X_L=82.4km，测距误差为 ΔX_L%=(82.4-80)/80=3.0%。

由上述过程可见，所构造的特征行波中将不再包含相邻母线的反射波，故障距离已清晰地表现在各个尺度的小波变换模极大值下。因此，重构特征行波的过程可以省去。换句话说，当使用小波变换后，特征行波仅作为一个桥梁，而且这个桥梁已经虚设。

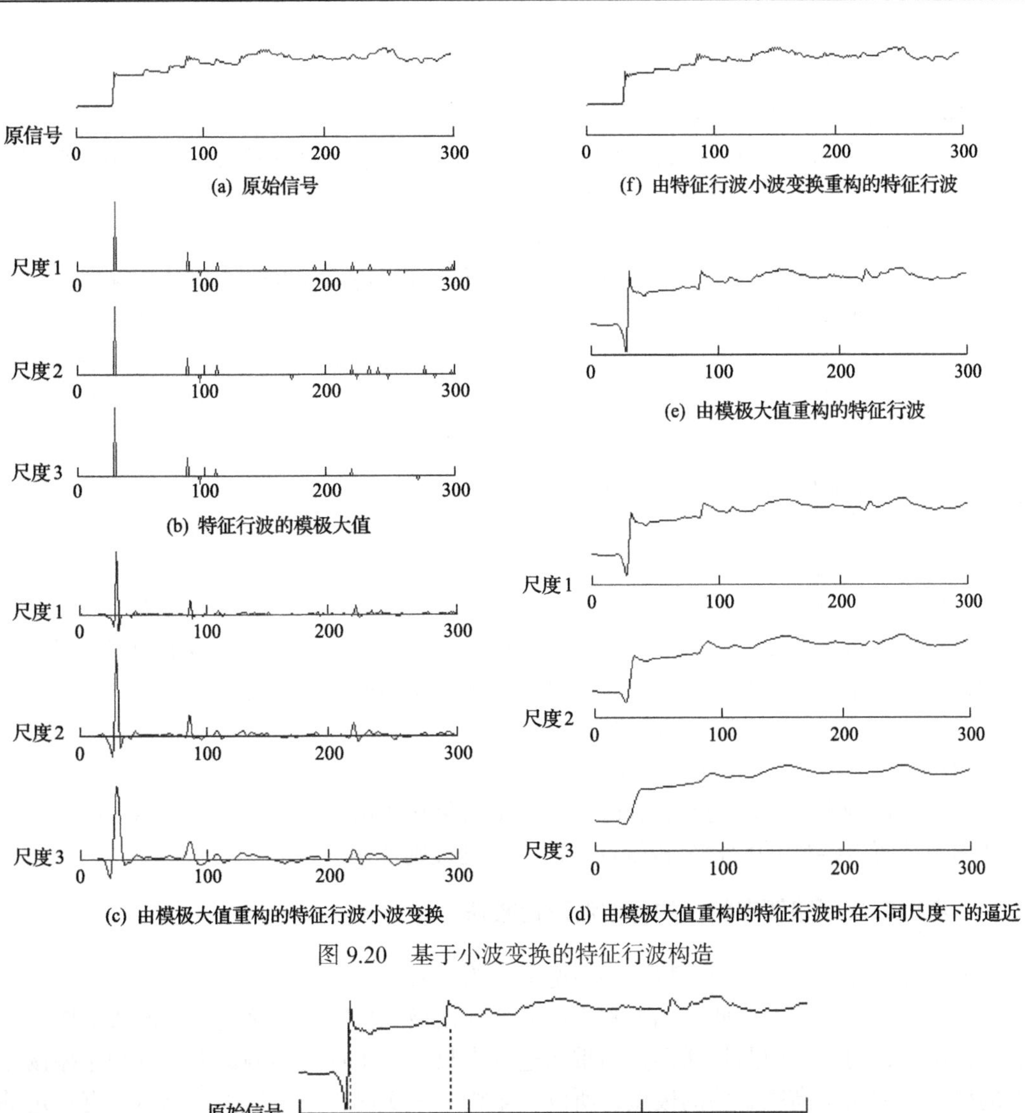

图 9.20　基于小波变换的特征行波构造

原始信号
(a)
尺度2^2下小波变换
(b)
测距结果
(c)

图 9.21　小波变换法的测距结果

2) 对小波变换法的评价

小波变换法具有下述优点。

(1) 根据行波信号到达母线检测点所呈现的奇异性直接进行检测，概念明确。它和求导数法相似，都是求导运算。但小波变换是先对信号进行平滑，然后再求导，而且求导是在不同的尺度下进行(根据尺度函数的变化来调节)。

(2) 小波变换法具有对各种频率成分的行波信号进行检测的能力，既能检测远距离故障，又能检测近距离故障。和匹配滤波器法相比，都进行了带通滤波；但匹配滤波器法的频带比较宽广(为了适应不同的故障距离)，因而带通滤波后的信号不能有效分离出对应于故障距离的主频率，使检测不够灵敏；小波变换法则不同，它能够把信号分解为不同的频道，使测距在主频率下进行，因而检测更准确、更可靠。

(3) 通过门槛去除换位点反射波的影响和与故障线路相连的远处母线反射波影响，通过消噪算法去除噪声干扰，可提高在近距离故障时的测距灵敏度和准确性。

小波变换法也具有下述缺点。

(1) 运算量比较大。对于采样频率为 800kHz 的长距离线路，其采样数据可能非常可观，再对它施行小波变换，求取模极大值，构造特征行波一直到最终给出测距结果。这一过程的运算量很大，对于中间变换结果的存储空间要求也非常大。

(2) 误差因素。尺度增大，误差会有所增加。

(3) 不能识别对端母线同极性反射波。

基于上述理由，小波变换法有待于进一步简化和实用化，本书中它被用作所研制的行波测距装置 XC-11 的后台分析软件，而实时处理则使用其他方法(见后述)。

9.2.6 考虑二次回路暂态特性的行波波形比较法

在考虑实际二次回路暂态特性的情况下，为了实现上节所述波形比较法，必须先对一次侧行波进行重构，在此基础上利用小波变换模极大值实现正确的行波波头提取。注意到，由于针对二次回路传递函数的重构过程中只进行了针对影响最大的低频主振荡极点的提取，忽略了高频振荡的极点，所以在重构的一次侧行波波形中，仍然含有一定的高频扰动分量的影响。以典型二次侧回路参数下，二次侧电缆 300m 为例，重构后的二次侧传变系统 $H_{RC}(s)$ 的单位冲击响应如图 9.22 所示。

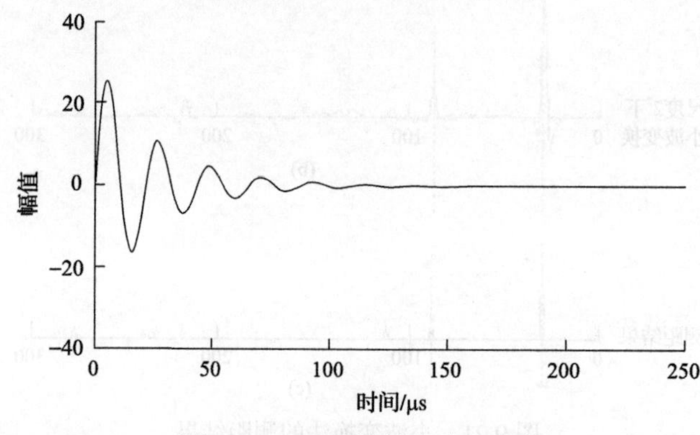

图 9.22　H_{RC} 系统单位冲击响应

由于二次侧回路系统重构的过程中，只考虑了主极点的影响，忽略了高频分量极点的影响，故对重构一次侧的行波波形采用尺度 n_1 小波变换提取模极大值，可以得到最优的真实波头模极大值提取效果。

在对二次侧记录的行波数据直接进行小波变换模极大值分解的过程中，当故障距离较近的情况下，由于受到二次回路暂态传变特性的影响，一次侧的故障点反射波淹没在初始波头的振荡中，小波变换的结果将每一个振荡的边沿检测为虚假的模极大值，导致真实的波头无法辨识；而重构的一次侧行波可以滤除二次回路振荡的影响，可以清晰地反映出真实的故障点反射波，对应的小波变换模极大值可以完整地提取出故障点反射波的位置，极性及幅值等重要特征，为进一步故障点反射波辨识的判据应用奠定基础。

9.2.7　故障点反射波判据构建

基于波形比较法的思路可以构造相邻母线反射波辨识判据[176,177]。设测量端母线所连接出线数目大于等于 3 条，除故障线路 1 外，存在一条较短健全线路 2 与故障距离接近，以及另一条较长健全线路 3，其长度分别记为 L_1、L_2 和 L_3。在故障后，记故障线路初始行波波头极性为 P_0，线路 1、2、3 在尺度 s 下的模极大值点分别记为 WM_{1x}、WM_{2x} 和 WM_{3x} (x=1, 2, 3, …)。其在时间轴上对应的时刻点记为 $T(WM_{1x})$、$T(WM_{2x})$ 和 $T(WM_{3x})$；对应的极性分别记为 $P(WM_{1x})$、$P(WM_{2x})$ 和 $P(WM_{3x})$；幅值记为 $A(WM_{1x})$、$A(WM_{2x})$ 和 $A(WM_{3x})$，与本段母线的距离分别记为 $D(WM_{1x})$、$D(WM_{2x})$ 和 $D(WM_{3x})$。则设立判据 1：$\forall WM_{1x}$ 的邻域 U_{1x} 内的各线路模极大值，$\exists WM_{2x}$、WM_{3x}，如果满足图 9.23 的条件，则认为 WM_{1x} 是故障点反射波。

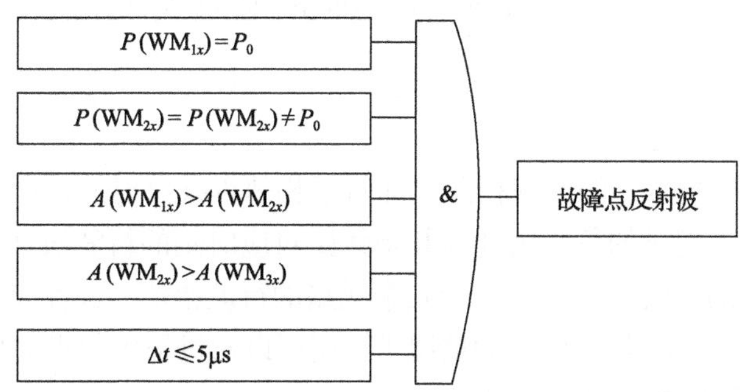

图 9.23　基于集成行波信息的故障点反射波判据

其中，WM_{1x} 的邻域 $U_{1x}=\Delta t$ 表示为

$$\Delta t=\max\{|T(WM_{1x})-T(WM_{2x})|,|T(WM_{2x})-T(WM_{3x})|,|T(WM_{1x})-T(WM_{3x})|\} \tag{9-13}$$

即对于连接在同一母线上的多回线路来说，故障点反射波必然是来自故障线路，并折射入其他健全线路中，因而根据电流型波参考极性的设定，必然有故障线路记录得到的行波极性与其他线路行波极性相反；由于母线折射系数的原因，必然有故障线路的故障点反射波行波的模极大值大于其他线路行波对应的模极大值；且各线路行波到达的相对时刻一致。考虑到母线分布电容对于行波的滤除作用，故障线路上记录得到的行波可

能比其折射入其他线路的行波更“陡”一些，因而小波变换模极大值对应的位置可能出现偏差，通过大量仿真验证，这里取为 3μs。

9.2.8　相邻母线反射波判据构建

基于波形比较的思想，同理可以构造基于集成行波信息的相邻母线反射波辨识判据。记相邻较短线路 2 长度 $L_2 \leqslant L_1$ 已知，此时故障距离有可能大于相邻健全线路 L_2 长度，由于相邻母线反射波极性与故障点反射波极性相同，且一定的母线结构和过渡电阻的情况下，相邻母线反射波幅值有可能大于故障点反射波幅值。此时如果仅依赖故障线路行波信息，很有可能将相邻健全线路长度误判为故障距离，带来较大误差。因此，同样根据波形比较法的原理，设定判据 2：$\forall \mathrm{WM}_{1x}$ 的邻域 U_{1x} 内的各线路模极大值，$\exists \mathrm{WM}_{2x}$、WM_{3x}，如果满足图 9.24 的条件，则认为 WM_{1x} 是相邻母线反射波。

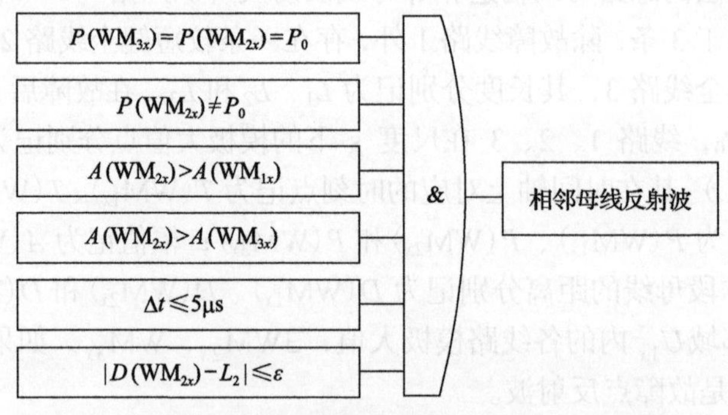

图 9.24　基于集成行波信息的相邻母线反射波判据

在判据 2 中，ε 的取值主要为了考虑到 $D(\mathrm{WM}_{1x})$ 计算的误差及从现场中获取的线路长度等参数的误差，这里取为 2km。

判据 2 的原理与判据 1 的原理相同，即对于相邻母线反射波，由于是来自健全线路 L_2，所以必然有 L_2 上记录的行波极性与其余线路对应时刻的行波极性相反；由于折射作用，健全线路 L_2 上的行波幅值必然大于其余线路的行波幅值；且各线路行波对应时刻应该一致；考虑到在线路 L_2 长度已知的情况下，还可以通过极大值点对应的距离与相邻健全线路长度对比进行判断，以增加可靠性。

9.2.9　考虑二次回路暂态特性的波形比较法流程图

利用一次侧行波的重构及上述多回线波形比较法的判据，构造具体流程如图 9.25 所示。

针对采集得到的多回线路行波数据，首先分别进行一次侧行波的重构。然后对多回线路的重构一次侧行波分别进行小波变换模极大值提取，得到对应的模极大值序列。在此基础上，利用集成线路行波判据，以故障初始行波为起始点，对多回线路模极大值序列进行逐点判断，对于故障线路上对应的模极大值点，首先利用判据 2 判断，是否为相

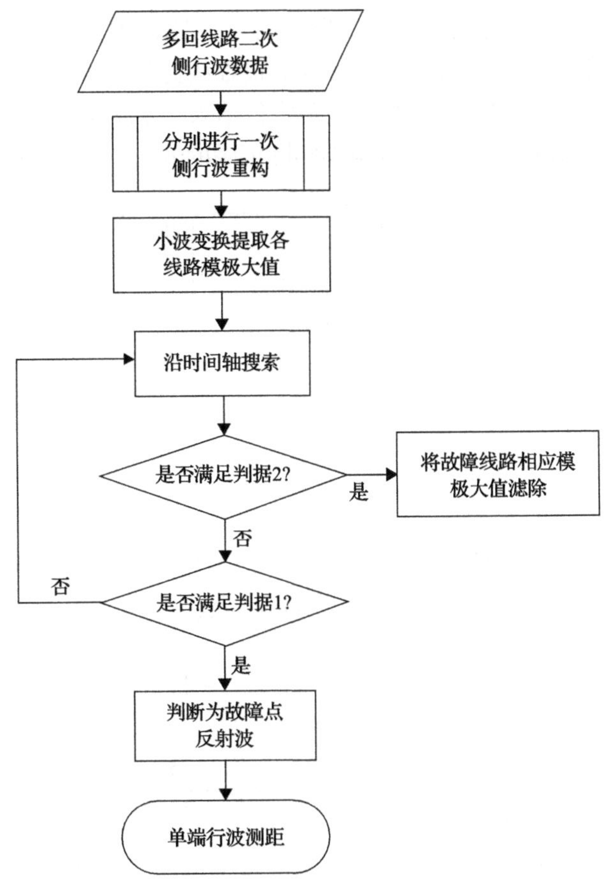

图 9.25　基于集成行波信息的单端故障点反射波识别流程

邻母线反射波，如果满足判据 2 的条件，则在故障线路中将模极大值点滤除，并继续判断，直至出现满足判据 1 的条件的模极大值点，认为是故障点反射波，然后利用故障点反射波与初始行波之间的时间差进行单端行波测距。记故障初始行波波头时刻为 t_1，故障点反射波波头时刻为 t_2，线路上行波波速度为 v，则测量故障距离 D_{Fw} 可以计算为

$$D_{\mathrm{Fw}}=\frac{(|t_2-t_1|)v}{2} \tag{9-14}$$

9.3　输电线路单端量组合故障测距

故障测距有双端法，也有单端法。单端法不依赖于通信，不需要时钟对时，因而是一种优秀的故障测距技术。但由于种种原因，单端法使用效果并不好，本节介绍一种工程上非常实用的单端量故障测距技术。

9.3.1　问题的提出

对于给定输电线路，其行波的波速度是固定不变的，因而行波法从原理上可以保证故障定位的准确性。但是由于存在相邻线路反射波、对端母线反射波、中间换位点所产生的行波、二次电缆特性和传感器特性的影响，很难从复杂多样的波形中识别出真正来自故障点的反射行波，从而可能给出虚假的故障定位结果，导致故障定位失败。图 9.26 列出了 3 个采用行波故障测距定位装置的变电站实际记录的输电线路暂态电流行波波形。

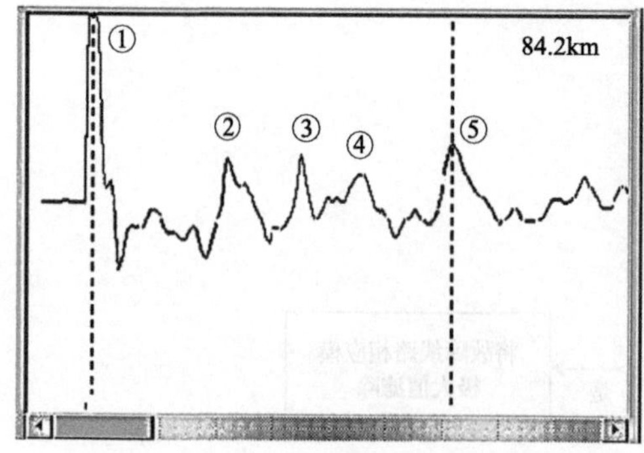

(a) 变电站1记录的电流行波的小波变化模极大值

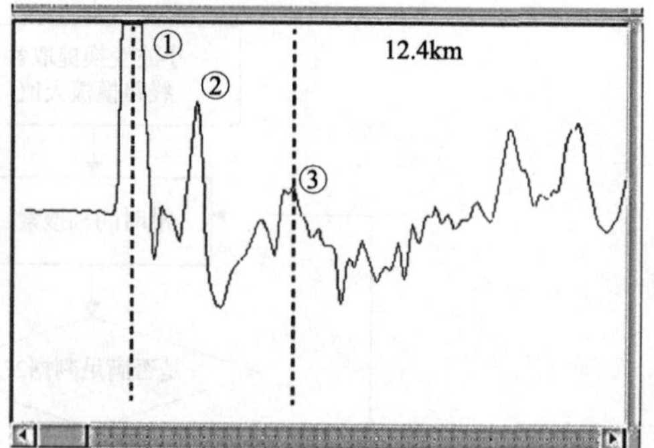

(b) 变电站2记录的电流行波的小波变化模极大值

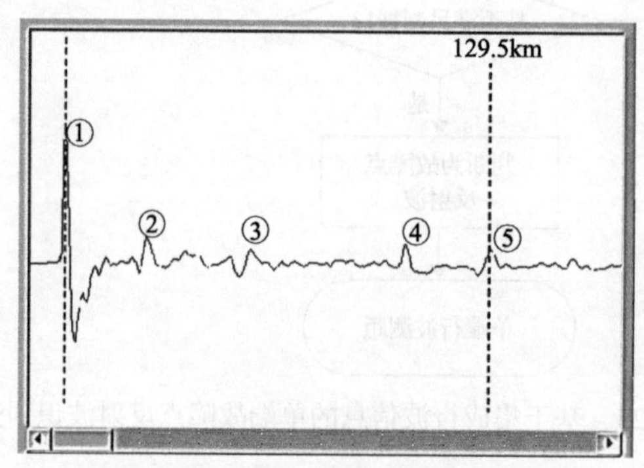

(c) 变电站3记录的电流行波的小波变化模极大值

图 9.26　电流行波波形

变电站 1 记录的波形，如图 9.26(a)所示，在真正的来自故障点的反射行波到达检测点之前，已经出现了 4 个类似于该行波分量的波头。由于无法辨识，行波法会把第一个行波波头和第二个行波波头的时间差作为行波传播时间，从而给出错误的故障距离。事实上，该次故障发生在 84.2km 处，对应于图中第 5 个同极性的行波波头。

变电站 2 记录的波形，如图 9.26(b)所示，在真正的来自故障点的反射行波到达检测点之前，出现 2 个类似于该行波分量的波头。由于无法辨识，行波法同样根据第一个行波波头和第二个行波波头的时间差来计算故障距离，从而给出错误的结果。事实上，该次故障发生在 12.4km 处，对应于图中第 3 个同极性的行波波头。变电站 3 记录的波形，如图 9.26(c)所示，在真正的来自故障点的反射行波到达检测点之前，出现 4 个类似于该行波分量的波头。由于无法辨识，行波法只好根据第一个行波波头和第二个行波波头的时间差来计算故障距离，从而给出错误的结果。事实上，该次故障发生在 129.5km 处，对应于图中第 5 个同极性的行波波头。

从图 9.26 可见，与故障距离相对应的小波变换模极大值是有限的，如果把时间轴分成几段，每段只有一个小波变化模极大值，那么只要确定故障发生在哪一段，然后根据模变化极大值就能准确得到故障距离。单端阻抗定位算法虽然误差大，但是却具有简单可靠的优点。因此，如果先利用具有较高可靠性的阻抗法大概测量出故障范围，然后再用行波法来进行精确故障定位，则有望有效克服行波法和阻抗法各自存在的缺陷，从根本上解决输电线路故障定位的准确性和可靠性之间的矛盾。

9.3.2　具有鲁棒性的单端电气量阻抗故障测距方法

单端电气量阻抗故障方法就是普通的距离继电器思想，它利用线路一端的电压电流信号以及必要的系统和线路参数来计算故障距离。要想利用单端阻抗法来确定故障发生区间，首先要求该阻抗故障定位方法具有最广泛的适用性——鲁棒性[165]。

电力系统线路结构多变、系统运行方式多样、故障类型复杂，每一种故障测距算法都有其自身的优点，也都有其适用的范围。单端阻抗故障定位算法由于其自身的缺陷，深受系统运行方式、系统功率角、过渡电阻、CT 饱和及线路长度等诸多因素的影响。本章在故障选相正确的前提下，把单端阻抗故障定位算法对各种类型故障(包括不同过渡电阻、系统运行方式、系统功率角、CT 饱和及线路长度等情况)的广泛适应能力定义为该定位算法的鲁棒性，即，如果某类故障定位算法在以上多种故障情况下仍然能得到一个误差虽然大，但是稳定而不是谬误的结果，则称这类故障定位算法具有鲁棒性。

为找到一种最具鲁棒性的单端阻抗法，有必要比较、分析现有的各种单端阻抗算法。单端阻抗故障定位算法主要有测量阻抗法、故障分析法、电流相位修正法、电流修正法、微分方程法、基于微分方程的电流相位修正法、解二次方程法、基于电流相位修正的解二次方程法、高阻接地故障定位算法、基于分布参数模型的算法及网孔方程时域解法等几大类。基于分布参数模型和基于网孔方程时域解法的测距算法，虽然能提高定位的准确性，但是繁复的计算过程破坏了算法的鲁棒性[166,173,174]。因此，选择了 9 个具有代表意义的故障测距算法进行了详细的理论分析和仿真研究，仿真内容包括①系统运行方式、②故障类型、③两端电源功率角、④故障初相角、⑤过渡电阻、⑥线路参数不准确、⑦对端系统阻抗不准确、⑧测量端系统阻抗不准确、⑨线路长度、⑩CT 饱和等。理论分析和仿真计算结果表明，测量阻抗法是所有算法中最具鲁棒性的一个，这也契合了越简单越可靠的普遍原则。

以下结合图 9.27 对测量阻抗法进行介绍。

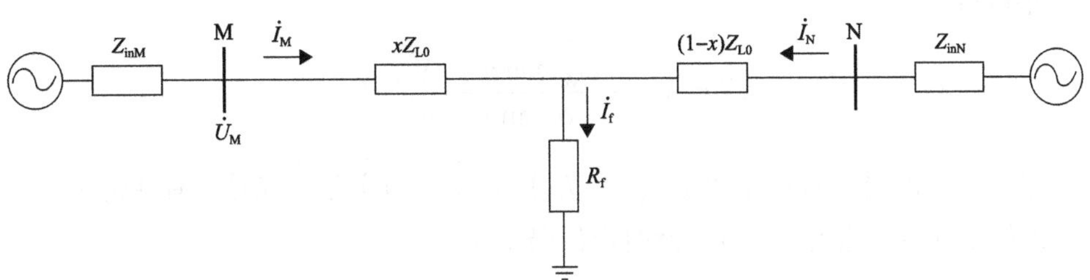

图 9.27　三相输电系统集总参数等效电路

测量阻抗法的测距误差随着过渡电阻的增大而增加；当正序线路参数变化时，该算法的测距结果随测量参数与实际参数的比值的增大而减小；零序线路参数变化只影响单相接地故障的测距结果；对端系统阻抗和本端系统电阻的变化并不影响算法 1 的测距结果；至于 CT 饱和，最大测距误差为 11km。综合各种因素，测量阻抗法的最大测距误差为 31.9km，相对误差为 10.6%。

假设故障点处电流分布系数 D_{A0} 为实数，便可得

$$Z_M=\frac{\dot U_M}{\dot I_M}=\left(1+k\frac{\dot I_{M0}}{\dot I_M}\right)\cdot xZ_{l1}+3R_f\frac{\dot I_{f0}}{\dot I_M}$$

$$=x\cdot\left(1+k\frac{\dot I_{M0}}{\dot I_M}\right)Z_{l1}+3R_f\frac{k_1\times\dot I_{M0}}{\dot I_M}$$

$$=xZ+R_f'\cdot\frac{\dot I_{M0}}{\dot I_M}\quad(9\text{-}15)$$

式中，Z_M 为测量阻抗；x 为故障距离；$R_f'=3R_fk_1$；$Z=\left(1+k\frac{\dot I_{M0}}{\dot I_M}\right)Z_{l1}$；$k_1$ 为 $\dot I_{f0}$ 与 $\dot I_{M0}$ 的比值，为实数。

把式(9-15)按实-虚部分解得

$$xX=X_M-R_f'\,\mathrm{Im}\left[\frac{\dot I_{M0}}{\dot I_M}\right]\tag{9-16}$$

$$xR=R_M-R_f'\,\mathrm{Re}\left[\frac{\dot I_{M0}}{\dot I_M}\right]\tag{9-17}$$

式中，$Z=R+\mathrm{j}X$；$Z_M=R_M+\mathrm{j}X_M$。根据线路阻抗角 ϕ_L，可得

$$\tan\phi_L=\frac{X}{R}=\frac{X_M-R_f'\cdot b}{R_M-R_f'\cdot a}\tag{9-18}$$

式中，$a=\mathrm{Re}\left[\frac{\dot I_{M0}}{\dot I_M}\right]$；$b=\mathrm{Im}\left[\frac{\dot I_{M0}}{\dot I_M}\right]$。

于是可得

$$xX=X_M-\frac{R_M\cdot\tan\phi_L-X_M}{a\cdot\tan\phi_L-b}\cdot b\tag{9-19}$$

测量阻抗法的最大特点是假定 $\dot I_{M0}$ 与 $\dot I_{f0}$ 同相位。但实际情况是，有些情况下 $\dot I_{f0}$ 与 $\dot I_{M0}$ 的相角差可能会达到十几度，此时定位误差很大。

9.3.3　组合的单端故障测距方法

1. 鲁棒性阻抗法和行波法组合

组合的单端故障定位方法即是选用最具有鲁棒性的单端阻抗算法确定故障发生区

段，然后再利用精确的基于电流行波的小波变化法得出故障距离[168,169]。

在本算法中，选定测量阻抗法粗测故障距离，再在该范围内寻找行波波头，所对应的行波测距结果就是组合法的测距结果。

尺度因子 s 为 2^j（$j \in Z$）的 $\psi_s(x)$ 为二进小波，其小波变换称为二进小波变换。二进小波变换具有时间轴上的平移不变性，其中的 B 样条小波函数在多项式样条函数中具有最小支集，而且各阶导数容易计算，因而组合故障定位算法中的小波变化函数选择 3 次 B 样条函数的导函数。

如图 9.28(a)所示，假定在任意尺度下行波信号的小波变换出现了点⓪，点①，点②，点③，点④和点⑤等 5 个模极大值。Δt_i（i=1，2，3，4，5）是模极大值点⓪和点ⓘ（i=1，2，3，4，5）之间的时间差。x_1、x_2、x_3、x_4 和 x_5 是根据式(9-1)计算得到的可能的故障距离。由仿真结果可知，测量阻抗法的最大测距误差为 10.6%。因此，如线路长度为 l，测量阻抗法得到的定位结果为 x，则由测量阻抗法所确定的中故障发生区段应为[x–10%×l，x+10%×l]，如图 9.28(b)中的矩形方块所示。由图 9.28(a)可知，由小波变换得到的模极大值确定的故障距离 x_l 落在图 9.28(b)所确定的矩形方块内。因此，最后的定位结果应为 x_l。

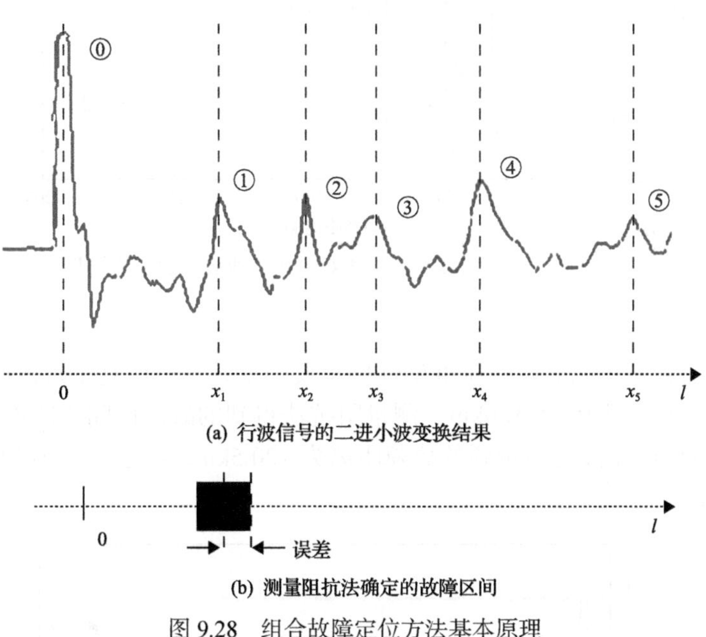

图 9.28　组合故障定位方法基本原理

2. 组合单端故障定位算法的数值仿真

为了测试组合单端故障定位算法的定位结果，本章选用了以下的系统作为仿真模型，如图 9.29 所示。

图 9.29 中，故障线路的参数如下。

线路长度为 200km；正(负)序参数为 $Z_1 = 4.68 + \mathrm{j}93.84\Omega$，$C_1 = 3.54\mu\mathrm{F}$；零序参数为 $Z_0 = 10.95 + \mathrm{j}282.51\Omega$，$C_0 = 2.121\mu\mathrm{F}$。

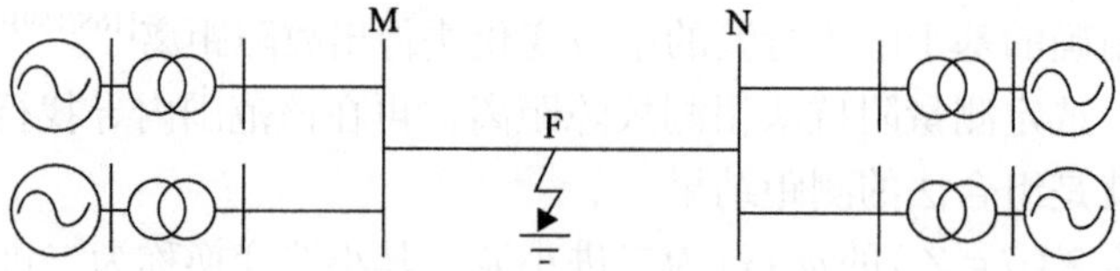

图 9.29　仿真模型

其中用于测量阻抗法的数据采样率为 2kHz，而用于行波法的数据采样率为 400kHz，小波变化采用的尺度为 $s=2^2$。

1) 一般故障

单相金属性接地故障，故障距离为 40km。测量阻抗法输出的故障区间为[19.8km, 59.8km]，由行波确定的可能故障点，又落在测量阻抗法所确定区间内的故障距离为 39.5km，故最终测距结果为 39.5km，如图 9.30 所示。

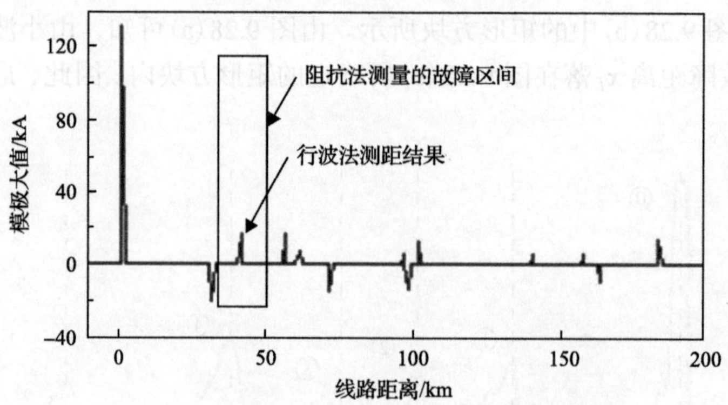

图 9.30　组合单端故障定位法对单相接地故障的最终结果

2) 高阻故障

过渡电阻是影响单端故障定位准确性的重要因素，本章仿真了过渡电阻为 50Ω 的相间故障情况，故障距离为 180km。测量阻抗法得到的故障区间为[170.7, 200.0]km，落在该区间内的，由小波变换得到的故障距离为 180.5km，最终的定位结果为 180.5km，如图 9.31 所示。

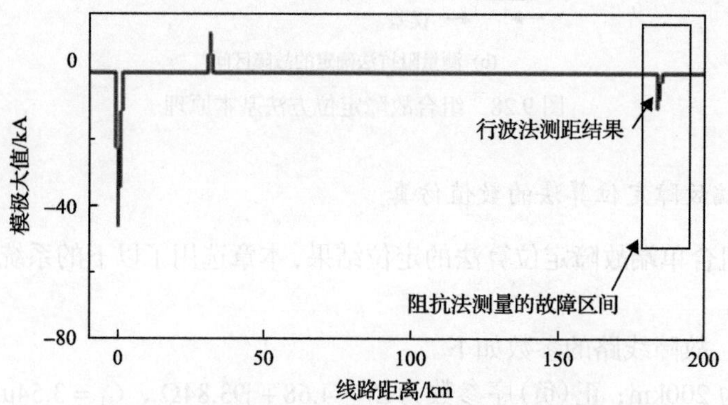

图 9.31　组合单端故障定位法对相间故障的最终结果

3) CT 饱和

CT 饱和导致二次侧输出的电流畸变，这显然会影响基于工频电气量的故障定位算法的结果。为了有足够大的短路电流能导致 CT 饱和，选故障点离母线的距离为 3km，短路类型是单相接地故障。组合单端故障定位方法的定位结果如图 9.32 所示。

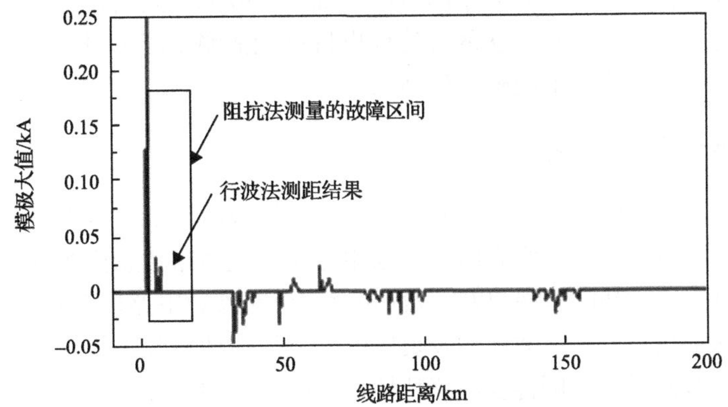

图 9.32　CT 饱和时组合单端故障定位法对单相接地故障的最终结果

如图 9.32 所示，有两个由小波变化确定的正极性模极大值落在由测量阻抗法所确定的故障区间，其代表的故障距离分别为 3.5km 和 10km。即使我们选择 10km 作为我们的定位最终结果，定位的相对误差也不超过 5%，完全满足故障测距精度要求。

4) 大电源功率角

附加电源决定线路故障后的情况，故障附加电源受电源功率角的影响，大电源功率角不但影响系统的稳定，而且也会影响故障测定位的结果。图 9.33 是两端电源功率角为 60°的情况。

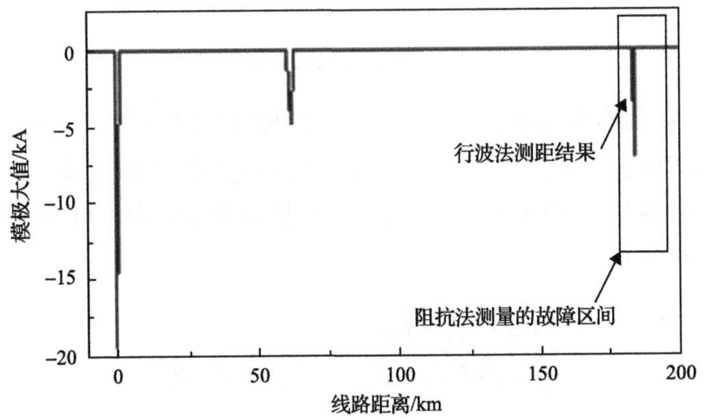

图 9.33　大电源功率角时组合单端故障定位方法的最终结果

如图 9.33 所示，故障点发生在离测量端母线 180km 时，组合单端故障定位算法得到的故障距离为 180.5km。

5）特殊情况

对于零电压故障，由于没有行波产生，行波故障定位算法将完全失效，这样组合单端故障定位算法的准确性将完全依赖于测量阻抗法的准确性。同样对于近区故障，特别是那种发生在变电站出口附近的故障，由于行波在故障点和母线之间发生频繁的折反射，将有很多小波变换模极大值落在测量阻抗法所确定的故障区间内，这时行波故障定位算法也失效，组合单端故障定位算法的准确性也将只能依赖于测量阻抗法。测量能给出的误差虽然大，但结果是稳定的故障定位结果。

9.3.4　改进的组合故障测距算法

改进的组合故障测距算法采用分布参数模型计算故障阻抗，得出精度更高的阻抗法测距结果。在使用行波法进行组合时，也采用考虑二次回路暂态传变特性的行波法，以期进一步提高组合法成功的概率。以下仅简单介绍分布参数电路模型基础上的阻抗计算。

本节采用基于线路分布参数模型及负序电流相位估计的改进单端测距方法作为预测距方法，对前述考虑了二次侧传变回路特性的单端行波测距方法进行进一步的补充，以提高可靠性。新阻抗测距算法的原理简单介绍如下。

以单相接地故障为例，如图 9.34 所示。

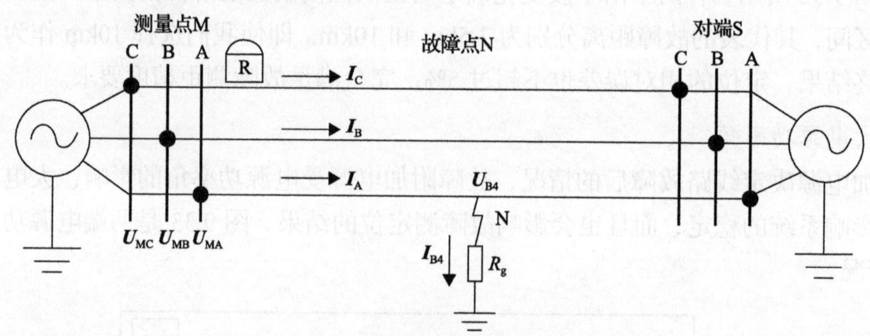

图 9.34　单相接地故障示意图

图 9.34 中，M 为本端母线；R 为安装在本端母线处测量点；在 N 点发生 A 相单相经过渡电阻接地故障；故障过渡电阻记为 R_g；故障支路的故障电流分量记为 $\dot{I}_{FA}$。基于输电线路分布参数模型，利用对称分量法，将三相系统分解为正负零序网络后的故障边界条件如式(9-20)所示。

$$\begin{cases} \dot{I}_{F0} = \dot{I}_{F1} = \dot{I}_{F2} \\ \dot{U}_{N1} + \dot{U}_{N2} + \dot{U}_{N0} = \dot{U}_{FA} = 3\dot{I}_{F0}R_g \end{cases} \tag{9-20}$$

式中，$\dot{U}_{FA}$ 为故障点 A 相电压；$\dot{I}_{F0} \sim \dot{I}_{F2}$ 代表对称分量网络中故障支路的电流序分量；$\dot{U}_{N0} \sim \dot{U}_{N2}$ 为故障点电压序分量。基于故障边界条件式(9-20)及分布参数模型线路上任两点之间电压向量之间的双曲函数关系，可以得到 M 母线测量点的故障相测量电压相量 $\dot{U}_{MA}$ 表达式为

$$\begin{aligned}\dot{U}_{\mathrm{MA}} &= \dot{U}_{\mathrm{FA}}\cosh\gamma_1 l_{\mathrm{k}} + (\dot{I}_{\mathrm{MA}} + P\dot{I}_{\mathrm{M0}})Z_{\mathrm{c1}}\tanh\gamma_1 l_{\mathrm{k}} \\ &= 3\dot{I}_{\mathrm{F0}}R_{\mathrm{g}}\cosh\gamma_1 l_{\mathrm{k}} + (\dot{I}_{\mathrm{MA}} + P\dot{I}_{\mathrm{M0}})Z_{\mathrm{c1}}\tanh\gamma_1 l_{\mathrm{k}}\end{aligned} \tag{9-21}$$

其中

$$P = \frac{Z_{\mathrm{c0}}}{3Z_{\mathrm{c1}}}\frac{T\cosh\gamma_1 l_{\mathrm{k}} + \sinh\gamma_0 l_{\mathrm{k}} - T\cosh\gamma_0 l_{\mathrm{k}}}{\sinh\gamma_1 l_{\mathrm{k}}} - 1 \tag{9-22}$$

式中，$\dot{I}_{\mathrm{MA}}$和$\dot{I}_{\mathrm{M0}}$分别为测量端的 A 相电流相量和零序电流相量；γ_1和γ_0分别为线路正序和零序传播常数；l_{k}为故障距离。式(9-22)的 P 表达式中，Z_{c1}，Z_{c0}分别为线路正序和零序波阻抗，且

$$T = \frac{\dot{U}_{\mathrm{M0}}}{\dot{I}_{\mathrm{M0}}Z_{\mathrm{c0}}} \tag{9-23}$$

式中，$\dot{U}_{\mathrm{M0}}$、$\dot{I}_{\mathrm{M0}}$分别为测量端零序电压电流相量。

单端阻抗法故障测距的关键在于通过本端测量量对故障支路的故障电流分量的相位进行估测。在式(9-21)中，由于故障过渡电阻 R_{g}只影响到第一项，且通过仿真计算表明，$\cosh\gamma_1 l_{\mathrm{k}}$一项的相位在故障距离从 0～500km 变化的范围内均小于 1°，因而对故障支路零序电流相量$\dot{I}_{\mathrm{F0}}$的相位估计是最为关键的，如果可以较为准确地得到$\dot{I}_{\mathrm{F0}}$的相位信息，则可以通过项$3\dot{I}_{\mathrm{F0}}R_{\mathrm{g}}\cosh\gamma_1 l_{\mathrm{k}}$相位过零时，式(9-21)两端相位相等而计算得到故障距离 l_{k}，即$\mathrm{ph}[\dot{I}_{\mathrm{F0}}]=0$时存在方程

$$\mathrm{ph}[\dot{U}_{\mathrm{MA}}]=\mathrm{ph}[(\dot{I}_{\mathrm{MA}}+P\dot{I}_{\mathrm{M0}})Z_{\mathrm{c1}}\tanh\gamma_1 l_{\mathrm{k}}] \tag{9-24}$$

通常利用测量端零序电流相位来近似等效故障支路零序电流相位，但是通过分析和仿真可以发现，由于零序电流以故障相线路和大地之间构成回路，受到现场地形及自然条件的显著影响，且随着输电电压等级的提高、输电距离的增加，分布电容的影响也逐渐明显；而负序网络则以两相相间线路作为回路，受到影响相对较小，因而采用测量端负序测量电流相位对故障支路的负序电流相量相位进行估计，再进一步得到故障支路的零序电流相位，可以获得较高的故障支路零序电流相位估计精度。

9.4　输电线路双端量行波故障测距

前面章节利用小波理论对暂态行波特性进行了分析，提出了行波故障测距的小波变换法，与传统的相关法和主频率法类似，其基本思想都是根据故障后由故障点所产生的行波在母线和故障点之间的往返反射的关系实现测距，都使用了一端母线处所测量到的行波量，这种方法属单端电气量测距方法。由于受相邻母线反射波、对端母线反射波、行波的衰耗及畸变、中间换位点、参数不对称、导线不均匀换位、互感器误差特性等因素的影响，上述测距方法在特定的情况下，都有可能失败。因此，有必要探讨双端测距法。

9.4.1　两端电气量行波测距原理

输电线路某点发生故障时，故障点所产生的电压行波、电流行波将分别向两侧母线运动，由故障点出发的初始电流行波包含着丰富而强烈的故障信息，它们(指两侧)不受相邻线路母线、对端线路母线反射波的影响，因而可以把它用于线路故障测距中，以下先讨论其构成原理。

为便于说明问题起见，把第 3 章的行波表达式重写于式(9-25)～式(9-28)。设输电线路长度为 L，线路两侧变电站母线分别为 M、N。故障发生在输电线路 K 点，它距 M 侧母线距离为 X_{M}，距 N 侧母线距离为 X_{N}。行波从 K 点传至 M、N 所用时间分别为 τ_{M}、τ_{N}，系统结构如图 9.35 所示。

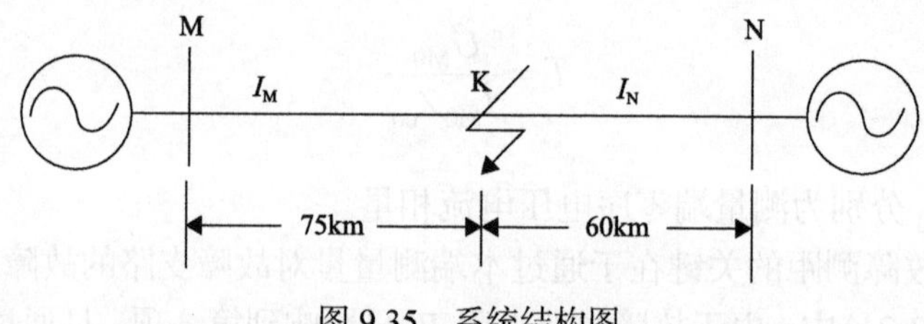

图 9.35　系统结构图

v 为波速度。则在 M 母线侧，线路端的电压行波 $U_{\mathrm{M}}(\mathrm{t})$ 和电流行波 $I_{\mathrm{M}}(\mathrm{t})$ 可分别写为

$$U_{\mathrm{M}}(t)=e(t-\tau_{\mathrm{M}})+\alpha_{\mathrm{M}}(t-\tau_{\mathrm{M}})-\alpha_{\mathrm{M}}e(t-3\tau_{\mathrm{M}})-\alpha_{\mathrm{M}}^2(t-3\tau_{\mathrm{M}})-\dots \tag{9-25}$$

$$I_{\mathrm{M}}(t)=[-e(t-\tau_{\mathrm{M}})+\alpha_{\mathrm{M}}e(t-\tau_{\mathrm{M}})+\alpha_{\mathrm{M}}e(t-3\tau_{\mathrm{M}})-\alpha_{\mathrm{M}}^2e(t-3\tau_{\mathrm{M}})+\dots]/Z_{\mathrm{C}} \tag{9-26}$$

式中，α_{M} 为行波在 M 母线处的反射系数。一般情况下，可取负实数，$e(t)$ 为故障点突然出现的附加电压源电压。

N 侧母线处的电压行波、电流行波可写为

$$U_{\mathrm{N}}(t)=e(t-\tau_{\mathrm{N}})+\alpha_{\mathrm{N}}(t-\tau_{\mathrm{N}})-\alpha_{\mathrm{N}}e(t-3\tau_{\mathrm{N}})-\alpha_{\mathrm{N}}^2(t-3\tau_{\mathrm{N}})-\dots \tag{9-27}$$

$$I_{\mathrm{N}}(t)=[-e(t-\tau_{\mathrm{N}})+\alpha_{\mathrm{N}}e(t-\tau_{\mathrm{N}})+\alpha_{\mathrm{N}}e(t-3\tau_{\mathrm{N}})-\alpha_{\mathrm{N}}^2e(t-3\tau_{\mathrm{N}})+\dots]/Z_{\mathrm{C}} \tag{9-28}$$

从 M 侧看，当 $t=\tau_{\mathrm{M}}$ 时，故障点产生的电压行波和电流行波将到达检测点，同时几乎无时差地又从母线处反射回来，反射波分量为 $\alpha_{\mathrm{M}}e(t-\tau_{\mathrm{M}})$ 和 $-\alpha_{\mathrm{M}}e(t-\tau_{\mathrm{M}})$，检测点所检测到的电压行波和电流行波应为入射波分量和反射波分量的叠加，即

$t=\tau_{\mathrm{M}}$ 时，

$$U_{\mathrm{M}}(\tau_{\mathrm{M}})=e(t-\tau_{\mathrm{M}})+\alpha_{\mathrm{M}}e(t-\tau_{\mathrm{M}}) \tag{9-29}$$

$$I_{\mathrm{N}}(\tau_{\mathrm{N}})=[-e(t-\tau_{\mathrm{N}})+\alpha_{\mathrm{N}}e(t-\tau_{\mathrm{N}})]/Z_{\mathrm{C}} \tag{9-30}$$

从 N 侧观察，将得到类似的结论。

$t=\tau_{\mathrm{N}}$ 时，

$$U_{\mathrm{N}}(\tau_{\mathrm{N}})=e(t-\tau_{\mathrm{N}})+\alpha_{\mathrm{N}}e(t-\tau_{\mathrm{N}}) \tag{9-31}$$

$$I_{\mathrm{N}}(\tau_{\mathrm{N}})=[-e(t-\tau_{\mathrm{N}})+\alpha_{\mathrm{N}}e(t-\tau_{\mathrm{N}})]/Z_{\mathrm{C}} \tag{9-32}$$

从以上四式可以看出，当发生故障后 τ_{M} 时刻，母线 M 处将出现故障后的第一个波头分量，τ_{N} 时刻母线 N 处将出现第一个波头分量。不管线路的结构如何，衰减及畸变如何，该波头分量都是最强烈的和最明显的，用小波理论表达，在该时刻的奇异性是最显著的，其 Lipschitz α 最小$(1>x>0)$。如果能够检测、捕捉到该波头分量，则故障点距两端母线的距离可容易求出：

$$X_{\mathrm{M}}=(T_{\mathrm{M}}-T_{\mathrm{N}})v+L/2 \tag{9-33}$$

$$X_{\mathrm{N}}=(T_{\mathrm{N}}-T_{\mathrm{M}})v+L/2 \tag{9-34}$$

式中，T_{M}、T_{N} 为第一个行波波头到达 M、N 侧母线的时间；v 为波速度；L 为线路的长度。这就是基于暂态行波的两端电气量测距原理，如果仅取电流行波，则成为基于暂态电流行波的两端电气量测距原理。本节讨论后者。

从式(9-33)、式(9-34)可以看出，实现两端行波故障测距的关键问题在于确定故障后第一个行波波头到达 M、N 两侧母线的时间 T_{M}、T_{N}。这个时间是指绝对时间。换句话说，M、N 两侧只有在相同的时间基础下，该时间才有意义。当确定了这两个时间后，故障距离随之确定。两端行波测距不仅原理简单，测距结果也更可靠，更准确。这是因为任何中间结点(波阻抗不连续点)行波的折、反射及衰耗等都不会对测距结果构成直接影响。

输电线路两侧时间同步问题一直倍受电力系统工作者的关注，因为电力系统对时间同步的要求不仅反映在行波故障测距中，在其他场合，如使用两端电气量的阻抗测距、输电线路纵联电流差动保护、电力系统实时运行控制(电压相角的测量)，都需要运行于输电线路两侧的实时测量、保护、控制装置具有统一、同步的时间基准，这种要求有时还扩大到整个变电站、发电厂或整个电力系统。早期的 B 型行波测距使用输电线路一测时间为基准时间，利用专用的通道把两侧行波到达时间联系起来，相当于间接地为两侧提供了同步时间。在研究输电线路电流差动保护时，现有研究中提出了向量旋转法和采样时刻调整法。究其实质，都是用一侧的时间为基准，利用通道传递本地时间去同步对端时刻。这些方法的共同缺点都是要占用专门的通道，而且对通道可靠性要求非常高。GPS 技术能够为地球上几乎所有的地方提供统一准确的同步时间和位置信息。难怪有人惊呼：“GPS 的出现，人们的感知能力和活动范围仅受想象力的限制”。本书所提两端电气量行波故障测距的原理就是建立在 GPS 技术基础之上的。因而有必要对 GPS 定时和测距的基本原理作以探讨。

9.4.2　GPS 定时原理

1. GPS 定时原理

导航卫星定时和测距／全球定位系统(navigation satellite timing and ranging /global positioning system，GPS）共由 24 颗卫星组成，它们分布在六个轨道平面上，轨道平面间夹角为 60°。每个轨道上布设四颗卫星，地面接收机至少可同时收到 6 颗卫星的导航电文。当接收机收到卫星信号并跟踪锁定后，可以得到伪距观测量和导航电文，导航电文中包含卫星星历参数、卫星钟改正参数等导航计算用参数，根据这些量可求得用户的三维坐标和当地的 GPS 时间。GPS 广泛地应用在导航和定位中，它给出的信息是伪距、积分多普勒计数和相位差。最后由这些观测量能解算出用户的三维方程。这些观测量的获得有一个共同的基准，就是时间基准。因此，GPS 的导航和定位职能是通过精确的时间传递来实现的，利用 GPS 卫星进行时间传递是很重要的一种应用。

利用 GPS 进行时间传递，从根本上讲是 GPS 通过卫星将时间传递到用户，以供时间发布或精密测时用。

美国海军天文台为 GPS 提供协调世界时间基准 UTC/GPS 时间并传递到主站或监控站。四个检测站对卫星进行观测，计算出各个卫星钟相对于 UTC/GPS 时间的偏差改正系数 a_0、a_1、a_2，同时传输到主控站。主控站将改正系数和基准时间编制成电文注入卫星，再由卫星发布给用户，图 9.36 为 GPS 时间发布和时间传递示意图。GPS 卫星上装有稳定度极高的原子钟（如铷钟、铯钟、氢钟等），其稳定度在 $2\sim0.1\times10^{-13}/d$。因此，利用 GPS 卫星进行时间传递具有可靠的基准。

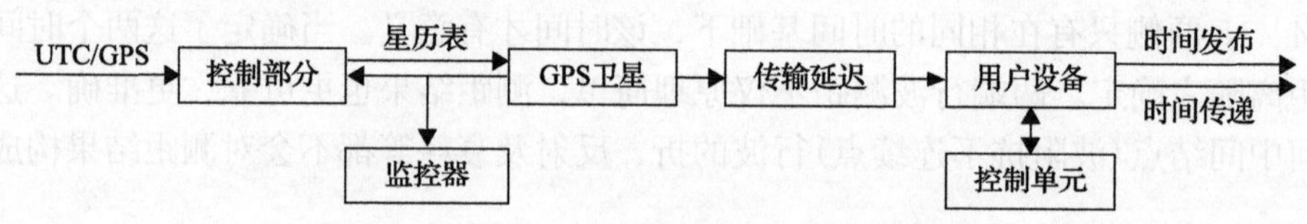

图 9.36　GPS 时间发布和时间传递示意图

设基准时间为 T_{GPS}，用户本地钟为 T_{U}。利用 GPS 定时就需要求出两者的偏差 Δt：

$$\Delta t = T_{\mathrm{U}} - T_{\mathrm{GPS}} \tag{9-35}$$

但实际上，卫星钟的时间并不等于 GPS 时间，本地钟时间也与 GPS 不同步。因此，准确求取 Δt 需要借助其他参数并间接计算来得到。根据卫星和接收机之间的几何关系说明如下。

图 9.37 列出了地面测量点 P 与第 i 个卫星 S_i 之间的几何关系，图中地心 O 与测量点 P 之间的真实几何距离可表示成

$$R_{\mathrm{P}}^{i} = C(T_{\mathrm{R}} - T_{\mathrm{GPS}}) - C\tau_{\mathrm{A}} \tag{9-36}$$

式中，C 为常数，光速；T_{R} 为与 GPS 系统时间同步的测量点信号接收时间；T_{GPS} 为与 GPS 系统时间同步的卫星信号发射时间；τ_{A} 为卫星到地面接收机之间的介质时延，其值可由导航电文中的电离层修正系数、相对论修正系数等求得。

如果介质中没有损耗，则卫星到测量点之间的距离为

$$R_{\mathrm{P}}^{i} = C(T_{\mathrm{R}} - T_{\mathrm{GPS}}) \tag{9-37}$$

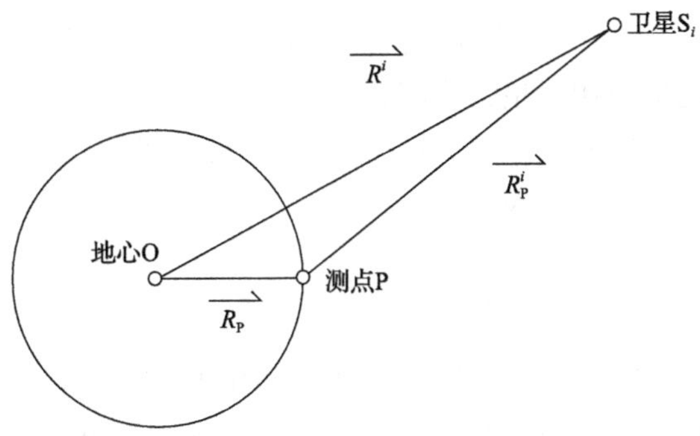

图 9.37　地面测量点 P 与第 i 个卫星 S_i 之间的几何关系

实际上，卫星钟和接收机都不可能与 GPS 时间完全同步，均会有一定的时钟偏差，因而接收机根据相关接收技术所测卫星到接收机的时延并非它们之间的真实几何距离，故称这种测量伪距离为伪距。伪距可写成

$$L_P^i = C(T_U - T_{SV}) \tag{9-38}$$

式中，L_P^i 为卫星到接收机的伪距；T_U 为用户时钟收到的卫星信号时间，它与 GPS 时间不同步，存在偏差；T_{SV} 为卫星钟时间，它与 GPS 时间不同步，存在偏差。

但 T_{SV} 和 T_U 的时间都是可得到的，故伪距实际上是已知的。

根据伪距如何能够求得要求的 Δt 呢？分析如下：设卫星在地心坐标系中的坐标为 $S_i(X_s,Y_s,Z_s)$，接收机的坐标为 $P(X_P,Y_P,Z_P)$，那么，由式(9-36)知

$$R_P^i=\sqrt{(X_P - X_S)^2 + (Y_P - Y_S)^2 + (Z_P - Z_S)^2} \tag{9-39}$$

令

$$T_U = T_R + \Delta t_U \tag{9-40}$$

$$T_S = T_{GPS} + \Delta t_S \tag{9-41}$$

式中，Δt_U 为用户钟相对于 GPS 时间的偏移量；Δt_S 为卫星钟相对 GPS 时间的偏移量。

Δt_S 可以由导航电文中的卫星钟改正参数 a_0、a_1、a_2 等求得

$$\Delta t_S=a_0 + a_1(t - t_{oc})+a_2(t - t_{oc})^2 \tag{9-42}$$

式中，t_{oc} 为参考时间；t 为 GPS 时间，即 T_{GPS}。

把式(9-40)、式(9-41)代入式(9-38)，则 L_P^i 可写成

$$\begin{aligned} L_P^i &= C(T_L - T_{GPS}) + C(\Delta t_U - \Delta t_S) \\ &=R_P^i + C\tau_A + C(\Delta t_U - \Delta t_S) \\ &= \sqrt{(X_P - X_S)^2 + (Y_P - Y_S)^2 + (Z_P - Z_S)^2} + C\tau_A + C(\Delta t_U - \Delta t_S) \end{aligned} \tag{9-43}$$

式中，L_{P}^{i}、X_{S}、Y_{S}、Z_{S}、τ_{A}、Δt_{S} 等均为已知量，还有四个未知量，它们是 X_{P}、Y_{P}、Z_{P}、Δt_{U}。如果同时观察四颗卫星，则将得到四个方程式，求解四个未知数，那么，用户坐标和本地钟相对于接收到 GPS 信号并与之同步的时间 T_{L} 的偏差 Δt_{U} 则被唯一确定。

至此，由式(9-35)就可求出 Δt：

$$\Delta t=\Delta t_{\mathrm{S}}+L_{\mathrm{P}}^{i}/C-\Delta t_{\mathrm{U}} \tag{9-44}$$

图 9.38 列出了 GPS 定时关系，由式(9-44)和图 9.38 可知，当对四颗以上卫星观测时，可由 GPS 卫星导航电文准确求取本地时间和 GPS 时间的偏差。通过修正接收机的时钟，GPS 接收机可给用户提供精确的时间基准，其误差小于 1μs。

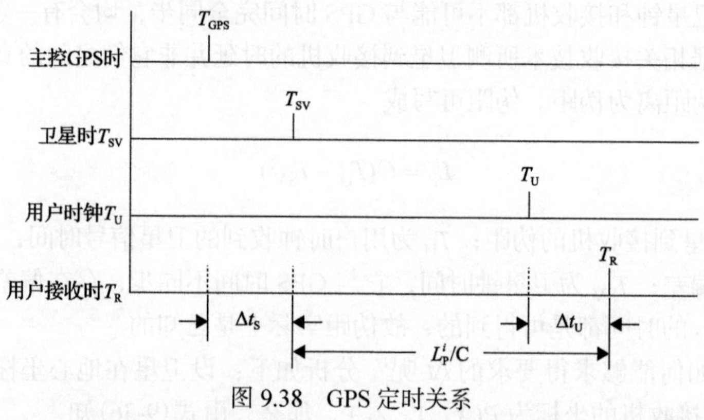

图 9.38　GPS 定时关系

2. T-GPS12 电力系统同步时钟简介

T-GPS12 电力系统同步时钟由 GPS 接收机、中心处理单元、外围接口电路等组成，图 9.39 列出了其原理框图，其中 GPS 接收机采用美国 Garmin 公司生产的 GPS20 接收机，GPS20 接收 GPS 卫星的粗码(A 码)并与本地钟(GPS 接收机时钟)校正同步，输出绝对误

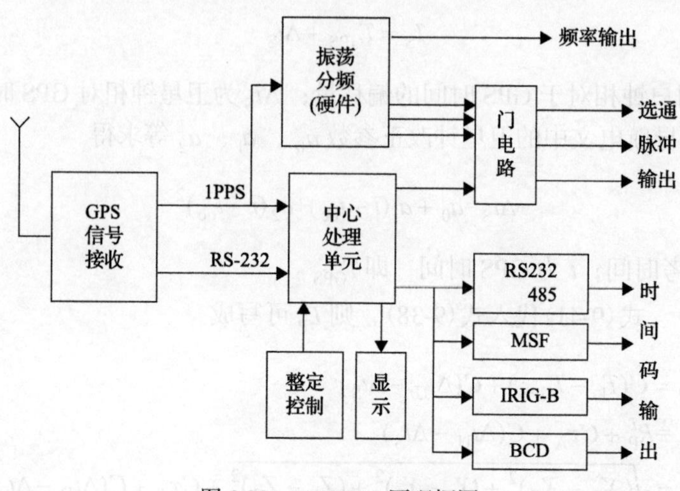

图 9.39　T-GPS12 原理框图

差不超过 1 μs 的秒同步脉冲信号和国际标准时间信息。中心处理单元由 8031 单片机构成，它把 GPS20 接收到的国际标准时间信息转换成当地标准时间。

GPS 同步时钟有两种信号输出方式，一是硬件电路的同步脉冲输出，即每隔一定时间间隔输出一个精确的同步脉冲；二是软硬件结合的串行时间信息输出，即通过同步时钟和自动装置的串行口以数据流的方式交换时间信息。其中，脉冲同步方式又可分为 TTL 电平输出、无源空接点输出和继电器输出，它们都能提供秒、分、时同步脉冲，分别记为 1PPS、1PPM、1PPH，视需要还可进一步对秒同步脉冲 1PPS 分频产生更精确的时间划分，比如微秒同步脉冲，毫秒同步脉冲等；在串行口同步方式中 GPS 同步时钟以串行数据流方式输出时间信息，各自动装置则通过标准串行口接收每秒一次的串行时间信息来获得时间同步。串行通信接口标准不同，如 ASCII 码、IRIG－B 码等，按照串行接口标准的不同 ASCII 码又有 RS232C、RS423、RS422、RS485 等不同码制，IRIG－B 码有 TTL 直流电平码、1kHz 正弦调制码等，这里不再赘述。

9.4.3　基于 GPS 技术的两端电气量行波测距性能分析

两端行波测距反映向两侧母线运动的第一个行波波头到达母线的时间差测距，利用 GPS 同步时钟为线路两侧测距装置提供精确的同步时间，测距灵敏度高，准确性好。

1. 输电线路内部故障时

此时，故障点将出现一突变的电压和电流源，线路上出现第一个向母线 M 和母线 N 运动的行波分量。该波头分量突变最强烈，包含故障信息最丰富，当第一个行波波头到母线 M、N 时，其他反射行波分量不会同时到达检测点。尽管中间换位点的存在会影响行波的大小(透射分量)，衰耗也将使行波分量幅值减小。但行波的极性不会发生变化，波形也与故障点初始行波相似，当有了 GPS 时间后，测距结果将由式(9-40)或(9-44)准确给出，从理论上讲，其误差仅仅取决于 GPS 的时间误差。图 9.40 列出了示意图。

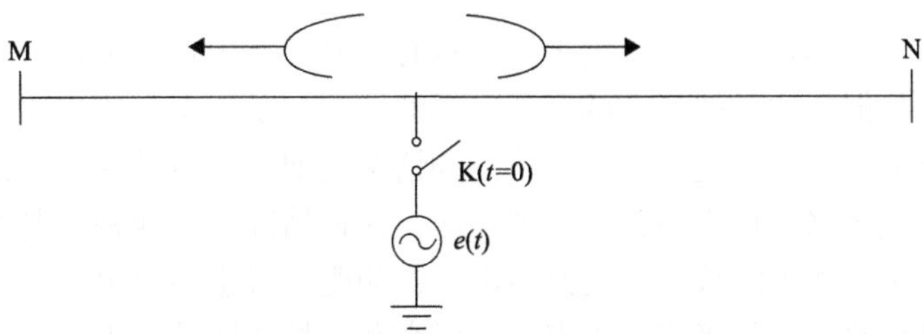

图 9.40　线路内部故障时行波的传播

2. 输电线路始端(末端)故障时

由于在线路出口故障，第一个波头到达 M 侧的时延为 0，到达 N 侧的第一个波头时延为 τ_L ，测距结果将给出线路全长，且两侧电流行波极性相同。图 9.41 为示意图。

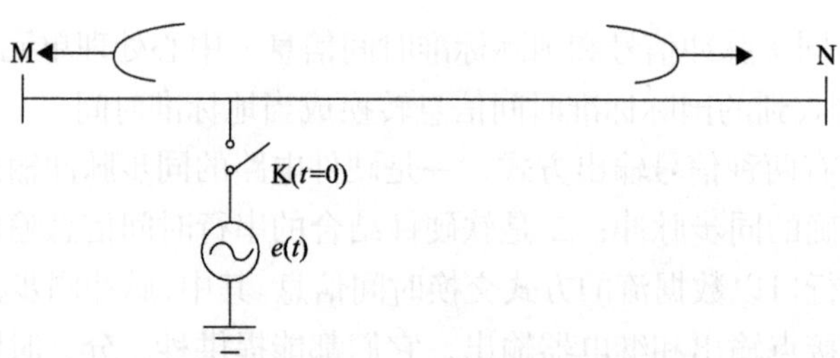

图 9.41 线路始端故障时行波的传播

3. 输电线路外部故障时

由相邻线路故障产生的行波将透过母线向待检的线路运动。在母线 M、N 处检测到的第一个行波波头到达时间差仍反映线路全长。如进一步观察，则会发现，此时，两侧电流行波波头极性相反。图 9.42 为示意图。

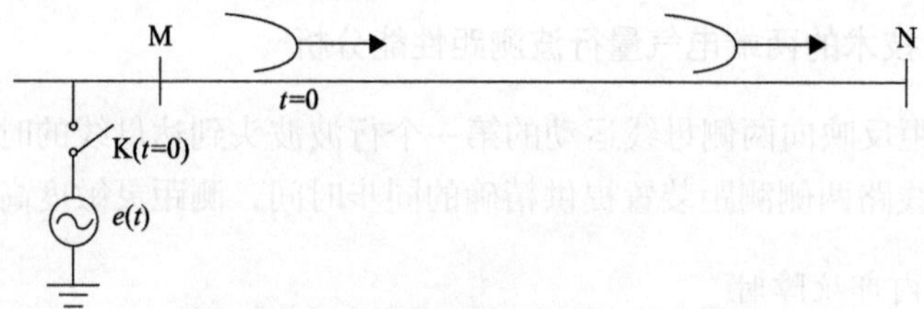

图 9.42 线路外部故障时行波的传播

4. 输电线路内部出现扰动时

当输电线路内部某点出现扰动时，且扰动具备以下特征：①频率在 10～100kHz 范围内；②幅值大于行波启动定值。此时，两端测距将检测出扰动的位置，测距装置可能会给出错误的测距结果和故障信息。线路开关的分、合操作也属于这种情况。

5. 雷击

当输电线路上受到雷击时，视雷击后果将有三种情况出现。①雷击并造成短路，此时故障虽然发生，但是向母线运动的第一个行波波头却是由雷电压造成的，它能给出正确的故障信息和测距结果。这种情况和第一种情况类似，但行波源不同，它由雷电压造成。②落雷未造成短路，也未引起避雷器动作，这种情况和第四种情况类似，此时的扰动就是雷电压。所检测到的故障点就是雷击点，测距装置也会给出一个故障信息和测距结果。虽然不是短路，但是确定雷击点对于研究和分析线路的雷击区域是有用的信息。③落雷未造成短路，但引起避雷器动作，此时两端测距所检测到的故障点仍是雷击点，因为雷电波头将最先到达母线，避雷器的动作则滞后。

总结以上几种情况会看出：两端行波测距对于内部故障来说是灵敏的，它对故障点或扰动点的检测是正确的。但当出现扰动而并非故障(内部或外部)时也有可能给出故障测距结果。虽然它所检测的位置是正确的，可是在线路非故障情况下给出故障信息，终归会降低结果的可信度。在具体构成测距装置时，为了区分是否故障，故障是发生在区内还是区外，应当辅以其他的判据。有以下几种方法。第一，引入继电保护动作信号，当保护动作时，给出故障信息及波头到达时间，并打印输出，否则测距装置复归。第二，根据第一个行波波头极性来区别区内或区外故障，区内故障时行波极性相同；区外故障时极性相反。第三，引入工频电流突变量启动元件，故障后，工频电流将突然增大，非故障情况下，工频电流变化较小，据此可在一定程度上限制行波测距误动作的概率。

一般情况下，当确认故障发生后，运行人员通过电话交换一下两侧的时间信息(极性信息)，就可计算出故障距离。这克服了早期的 B 型测距仪需要专门的通道并且对通道要求高的缺点。

综上所述，利用 GPS 的两端行波测距原理简单，测距精度高，是一种优秀的测距方法。它的缺点是：①需要增设 GPS 同步时钟；②在两端都装设测距装置。但随着 GPS 在电力系统的广泛应用，各个发电厂变电站都有统一同步的 GPS 时钟源，第一个问题就自然解决了。

9.5　利用暂态电流行波的高压输电线路故障测距实现方案

在前述章节基础上，提出一种利用暂态电流行波的输电线路故障测距方案。

9.5.1　测距系统组成及主要功能

所设计的行波故障测距系统由电流互感器、XC-11 输电线路行波故障测距装置、T-GPS12 电力系统同步时钟、通信通道、PC 机及行波故障测距后分析软件五个部分组成，图 9.43 列出了其组成框图。

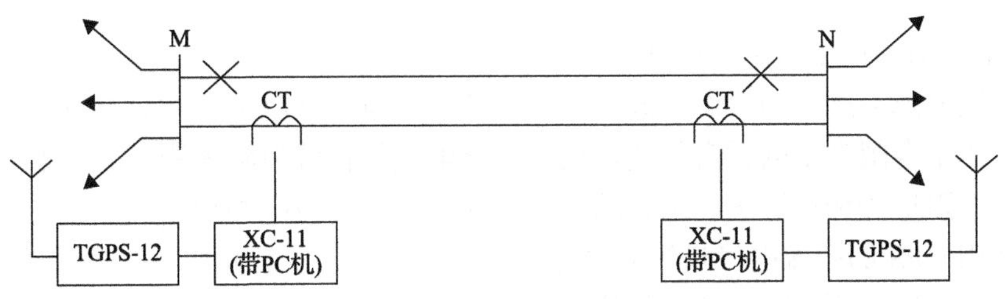

图 9.43　行波故障测距系统组成框图

1. 电流互感器(CT)

电流互感器把输电线路上的一次电流转变为测距装置使用的小电流，因为普通 CT 具有高频暂态行波电流转变能力，所以只使用普通的保护用 CT。

2. XC-11 输电线路行波故障测距装置

XC-11 输电线路行波故障测距装置是整个测距系统的核心，它可完成对行波电流数据的采集、记录、存储、打印输出，故障判断，故障相、线选择，最终实现故障测距。

3. T-GPS12 电力系统同步时钟

T-GPS12 电力系统同步时钟为运行于异地的测距装置提供准确统一的 GPS 时间。GPS 时间用作两个目的，一是实现两端测距；二是标记准确的故障发生时刻，作为以后分析故障的时间依据。

4. 通信通道

通道的作用是交换线路两端故障后第一个行波波头到达母线的时间和极性信息，实现两端测距。因为测距不像保护必须非常快地给出结果，一般情况下，故障发生后，运行人员用电话联系即可。如需要实现快速自动的两端测距，则需要占用专门的通道。本方案设计中不考虑这种情况。

5. PC 机及行波故障测距后台分析软件

行波测距作为一种精确故障测距方法，它的特点是精度高，受系统运行方式、负荷电流、过渡电阻影响小。但因为行波是高频信号，所以对其采样的数据量非常大，这使得进行实时处理时不便于对故障数据进行深入细致的分析，可能会出现这种情况，即装置正常启动，故障数据已被记录，但装置未能给出正确的结果。虽然这种情况出现的概率较低，但为了提高测距系统的可靠性，方便工程技术人员进一步对事故进行分析，本节以小波变换法为基础，编写了行波测距后台分析软件。

故障发生后，技术人员把 XC-11 中的故障数据通过串行口传给 PC 机，在 PC 机上运行后台分析软件即可。

9.5.2 测距方案

该方案包括四种故障测距原理：

(1)利用故障点产生的暂态行波构成的单端电气量行波故障测距，类似于早期 A 型。

(2)利用重合闸产生的暂态行波构成的单端电气量行波故障测距，类似于早期 D 型。

(3)基于阻抗法和行波法相结合的单端电气量组合法故障测距。

(4)利用 GPS 的两端电气量行波故障测距。

原理 1 是基础，当没有 GPS 或用户不希望两端装设时，由原理 1 直接给出故障数据记录结果和测距结果；原理 2 和原理 1 是配合使用的，当故障发生在初始电压角小于 10°范围时，行波信号十分微弱，原理 1 将失效，此时由原理 2 给出结果；原理 3 和原理 4 已由前述，这里不再重复。一般如果四种原理同时使用时，对于区内故障正确的测距结果是相同的，互相之间也可作为验证。

1. 利用暂态电流行波构成特征行波

基于以下两个原因，采用暂态电流行波构成特征行波。一是普通的 CVT 不能传变高频暂态行波电压，而普通的 CT 却能够传变频率高达 100kHz 甚至更高频率的暂态行波电流，因此使用方向行波和电压行波构成测距装置必然要加装专门的耦合设备，显然，利用 CT 电流行波是合理的。二是根据特征行波的概念，利用暂态电流行波构造特征行波是可行的，完全可以取代反向电压行波。

2. 行波故障启动、选线及选相

这里将提出一整套简化实时算法，以适用单片机实时处理的需要。

1) 行波故障启动元件

CT 能够提供故障后的全部电流，包括暂态行波电流和工频电流。因此，启动元件可由行波电流构成，也可由工频电流构成。本章所述方案有三种启动元件：一是行波硬件启动元件；二是行波软件启动元件；三是工频电流突变量启动元件。其中硬件启动元件根据行波电流超过设定的门槛值而动作，如图 9.44 所示；硬件启动后，装置记录下启动时间，经预定时间后停止高速数据采集，读取行波波头数据，根据前 20 个点的行波数据之和是否超过整定值来判断故障是否发生。图 9.45 列出了循环 RAM 的映象及求和运算的滤波功能。

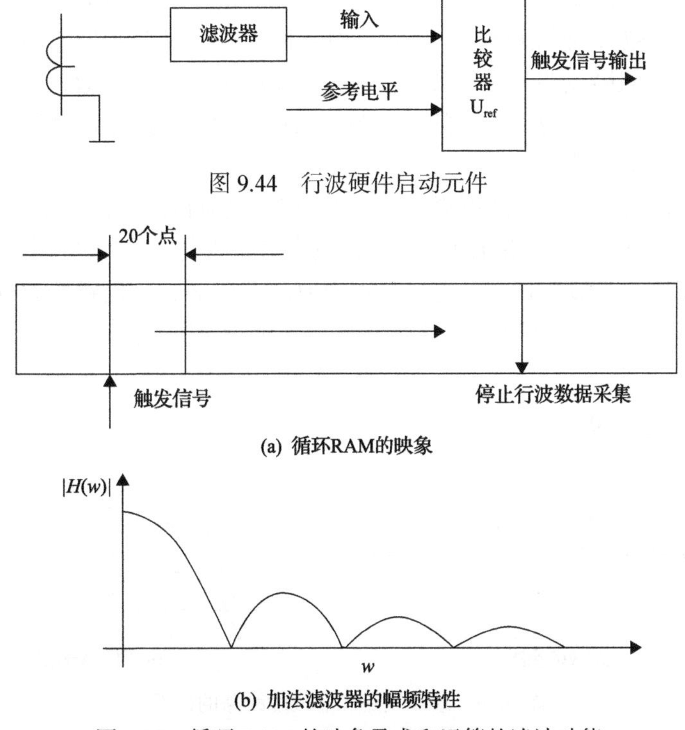

图 9.44　行波硬件启动元件

(a) 循环RAM的映象

(b) 加法滤波器的幅频特性

图 9.45　循环 RAM 的映象及求和运算的滤波功能

工频突变量启动元件广泛应用于继电保护及故障录波装置中。和行波启动元件相比，可减少行波启动元件因干扰而造成的误启动的概率，但工频突变量不能给出故障发生的准确位置或时间信息，因此二者需配合使用。工频突变量启动元件按以下条件动作：

(1) $\Delta I_k > 0.2 I_n$，$k \in Z$。

(2) 连续三次 (1) 成立。

在试运行中，电力部门提出去掉工频突变量启动元件以简化装置的结构。在装置构成中原则上讲，去掉工频突变量对装置的性能不应有太大的影响，这就要求在保证灵敏性的前提下提高行波启动元件的可靠性。

2) 行波故障选线

测距方案是一机多用，接于同一套行波故障测距装置的数回输电线路在其中一回发生故障时，有可能使非故障线路检测单元也启动，因而不能确定故障线路。这使给使用测距算法和输出结果带来盲目性。因此，要进行故障选线。选线使用电流行波的波头分量，即故障线路的行波电流的幅值最大。为了提高可靠性，同时减小运算量，可选用 N 点幅值代数和的绝对值作为选择对象，可表达为

$$L_{\text{f-s}} = \max\left\{\sum_{K=0}^{N}(|i_{\text{a}k}^{j}| + |i_{\text{b}k}^{j}| + |i_{\text{c}k}^{j}|)\right\} \tag{9-45}$$

式中，$L_{\text{f-s}}$ 为故障线；$i_{\text{a}k}^{j}$、$i_{\text{b}k}^{j}$、$i_{\text{c}k}^{j}$ 为第 j 回线路三相电流的第 k 个采样值。

上述选线判据的物理概念是非常明确的。因为行波波头是从故障线路流向母线的电流，设为 I(忽略衰减)，则经母线反射后(反射系数为-1)，故障线路上所检测到的行波电流分量为 $2I$，而非故障线路 i 的行波电流分量为 βI，β 为透射系数，这已经在第三、四章详细论述过了。因为 β 为小于 1 的正实数，所以非故障线路上的透射电流分量小于故障线路上的行波电流分量。

为了进一步提高故障选线的可靠性，可利用初始电流行波极性关系。观察图 9.46(a)、(b)。可以发现，当被监视线路(L_3)故障时，该线路行波电流极性和非故障线路(L_2、L_3)行波电流极性相反；当被监视线路之外的线路(L_2)故障时，被监视线路(L_3)行波电流极性和另一非故障线路(L_1)极性相同。据此，又可构成如下选线判据：

(1) $i_{\sum}$ 最大。

(2) $i_{\text{fault}} \cdot i_{\text{non-fault}} < 0$。

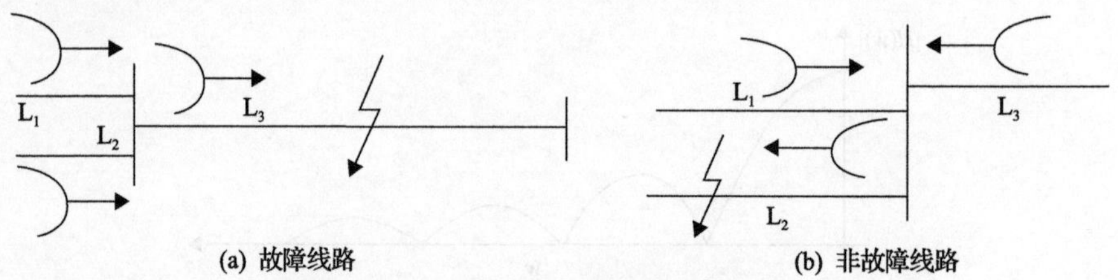

图 9.46　故障线路和非故障线路的极性

在后台分析软件中，故障选线使用小波变换的模极大值。

3) 行波故障选相

如前所述，正确选择故障相是测距系统的任务之一，另外，对故障相的正确选择将影响特征行波的构成，从而影响测距的结果。因此，有必要设置合理的故障选相元件。本测距方案拟采用如下三种故障选相元件。一是利用暂态行波波头瞬时值的选相元件，该方法简单且运算量小，适用于实时处理，可应用于行波数据采集和处理中。在具体实

现时，由电流行波初始波头的前 20 个样点采样数据直接进行。二是利用工频电流故障分量的选相元件，应用于工频电流启动单元中。三是基于小波变换模极大值的故障选相元件，应用于后台分析。

故障发生后，高速数据采集单元和启动单元分别按照各自的选相原理选择故障相。当具有工频启动元件时，故障选相以工频电流选相结果为准；当无工频启动元件时，使用暂态行波选相结果作为测距的依据。在后台分析软件中，为了验证测距装置选相结果的正确性，同时便于准确测距，将使用小波变换模极大值进行各种选相。

对于使用 T-GPS12 电力系统同步时钟的两端行波测距算法，当故障发生后，安装于两侧母线的装置都将记录下行波波头到达时间，运行人员用电话交换一下时间信息及行波波头极性信息，则可使用两端量求出故障距离。

综上所述，行波测距方案将三次给出测距结果：一是实时的测距结果，故障后立即给出(时间延迟取决于装置计算处理的速度)；二是经 PC 机分析得出；三是由线路两端行波波头到达时间差用式(9-33)、式(9-34)给出。

9.5.3　XC-11 输电线路行波故障测距装置

1. XC-11 的基本组成

XC-11 输电线路行波测距装置由四个 8098 单片机及其相应的接口电路构成，采用插件式结构，其中 6 个插件、12 个 I/U 变换器、直流稳压电源等装于机箱内，控制按键、液晶显示器、指示灯、打印机装于装置的前面板上，2 路开关量输入、2 路开关量输出、12 路电流输入端子排及与 PC 机、TGPS12 的接口插座等置于装置的后面板上。

根据功能划分，有四个基本组成单元，它们分别是中央处理单元(main unit)、高速数据采集单元(HAD unit)、GPS 接口单元(GPS interface unit)和启动单元(start unit)。图 9.47 列出了 XC-11 的组成框图，其中中央处理单元是 XC-11 的核心，由它实现定值整定、系统参数的输入，形成故障数据文件，协调各个子板的工作，实现机间通信、打印、显示和键盘控制等功能；高速数据采集单元(采样频率 800kHz)实现故障检测、采集、记录和处理行波故障数据，并把计算结果传送给中央处理单元；GPS 接口单元把由 TGPS-12 提供的 GPS 时间信息传送给 XC-11，同时记录下被硬件行波启动元件所触发的时刻，并经由串行口传送给中央处理单元，为故障初始时刻贴上时间标签，用于实现两端测距并作为事故后故障分析的时间依据；启动单元用来采集工频电流信号(采样频率为 1kHz)检测输入电流中的工频信号，根据突变量原理构成启动判据，另外根据相电流差变突变量原理选择故障相，作为故障测距依据。以下按照四个基本单元分别介绍其软硬件结构及其工作原理。

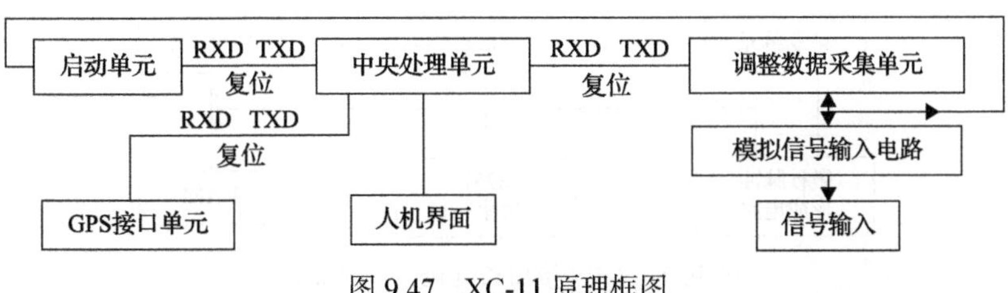

图 9.47　XC-11 原理框图

2. 中央处理单元

中央处理单元完成以下功能。

1) 人机对话

包括定值输入及调整、键盘控制及操作、运行状态信息显示、故障启动及装置异常告警、故障电流波形和测距结果打印输出。

2) 机间通信

中央处理单元承担和其他单元的通信任务，包括向 PC 机传送故障数据及结果。

3) 形成故障数据文件

行波电流采集记录和故障处理是由行波数据采集与处理单元完成的，突变量启动和选相是由启动单元完成的，GPS 时间是 GPS 接口板提供的，它们都由串行口传送给中央处理单元，由该单元形成故障文件，供打印显示输出。

4) 定时呼叫其他单元

若呼叫不通则复位相应单元，三次呼叫不通则告警，以作为整套装置的监控板。

3. 高速数据采集单元

高速数据采集单元的功能包括：①采集暂态行波电流；②故障启动判断，分为硬件启动和软件启动；③故障选线；④故障选相；⑤按照相关法进行实时故障距离计算；⑥向中央处理单元传送故障电流数据和测距结果；⑦接收中央处理单元的定时呼叫，自检。

工作过程：当行波故障启动后，高速数据采集单元从循环 RAM 中读取行波数据，转存入大 RAM 中，进行选线选相及测距，之后经大约 400ms 后，数据读取结束，接收中央处理单元的数据采集电路信号，再过 30s 之后和中央处理单元进行通信，传送故障数据及测距结果。

4. GPS 接口单元

该单元的作用是为 XC-11 提供准确的 GPS 时间。它读取 T-GPS12 的秒同步脉冲 1PPS(TTL 电平)和由 T-GPS12 串行口传来的年、月、日、时、分、秒信息，为故障发生及反射行波到达 XC-11 安装处的时刻贴上精确的时间标签，该时间被用于两端测距装置的同步时钟源。图 9.48 列出了其硬件组成框图。

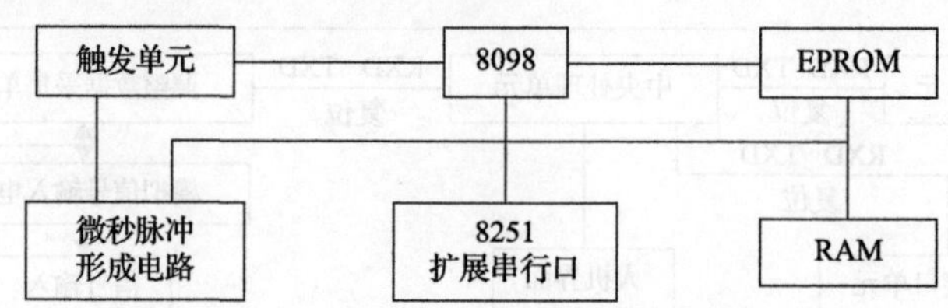

图 9.48　GPS 接口单元硬件组成框图

5. XC-11 行波测距装置的试验及应用

XC-11 使用暂态行波保护测试仪(早期的暂态行波信号发生器 TSG-11)进行了大量的仿真和物理实验，1999 年 12 月 28 日安装在东北 500kV 董(锦州市董家变)—辽(辽阳市辽阳变)线 154.6km 线路并运行，是我国使用行波原理的故障测距技术最早的且成功的案例，迄今行波测距技术已经广泛应用于我国 220kV 及以上电压等级交直流输电线路。

第10章　中性点非有效接地配电网单相接地选线行波保护

10.1　中性点非有效接地配电网故障行波分析

10.1.1　单相接地故障行波的物理特性

根据模量变换，三相配电系统中的行波可以分解成α模量、β模量和零模分量。由于各种模量是独立的，它们在系统中的传播特性可以通过各自的等值电路来描述。下面结合图 10.1 的单母线 N 回出线的配电系统模型，在线路 l_N 的 F 点发生单相接地时，分别对三个模分量的传播特性进行分析。模型中，中性点接地方式由开关 K_1、K_2 设定，当 K_1、K_2 都打开，表示中性点不接地方式；当 K_1 打开、K_2 闭合，表示中性点经消弧线圈接地方式；当 K_1 闭合、K_2 打开，表示中性点经电阻接地方式。

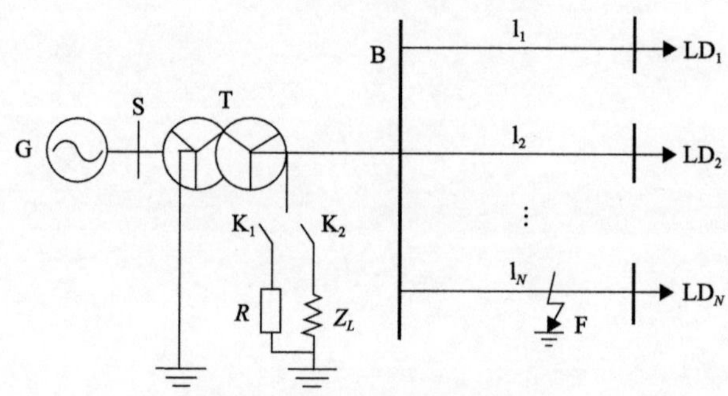

图 10.1　N 回出线配电系统

1. 初始行波α模量和β模量传播特性分析

图 10.2 为图 10.1 系统的α模量、β模量和零模分量的等值电路。图中 $e_{S\alpha}$、$e_{S\beta}$ 和 e_{S0} 分别为三个模量的等值电源；$Z_{S\alpha}$、$Z_{S\beta}$ 和 Z_{S0} 分别为电源的等效阻抗；变压器一次侧和二次侧的三个模量的等效阻抗分别为 $Z_{T1\alpha}$、$Z_{T1\beta}$、Z_{T10} 和 $Z_{T2\alpha}$、$Z_{T2\beta}$、Z_{T20}，忽略变压器的励磁阻抗；线路和负荷的三个模量的等效阻抗分别为 $Z_{lk\alpha}$、$Z_{lk\beta}$、Z_{lk0} 和 $Z_{\mathrm{LD}k\alpha}$、$Z_{\mathrm{LD}k\alpha}$、$Z_{\mathrm{LD}k0}(k=1\sim N)$。

三个模量的等值电源表示为

$$\begin{cases} e_{S\alpha} = (e_{\mathrm{A}} - e_{\mathrm{B}})/3 \\ e_{S\beta} = (e_{\mathrm{A}} - e_{\mathrm{C}})/3 \\ e_{S0} = (e_{\mathrm{A}} + e_{\mathrm{B}} + e_{\mathrm{C}})/3 = 0 \end{cases} \tag{10-1}$$

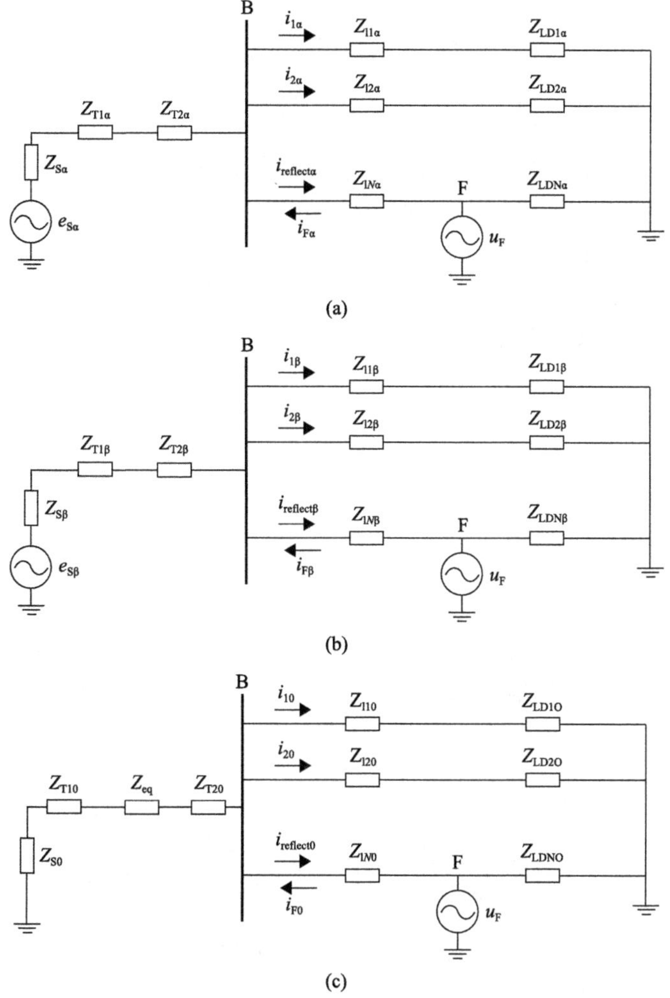

图 10.2　α 模量、β 模量和零模分量等值电路

行波α模量、β模量是线模分量，以线路为传播通路，等值电路中不包含中性点对地支路，行波由接地点传向母线时，二者具有类似的性质。零模分量以大地为传播回路，等值电路包含中性点对地等效支路 Z_{eq}，当中性点不接地时，Z_{eq} 开路，当中性点经电阻或消弧线圈接地时，Z_{eq} 为等效电阻或感抗。因此，零模分量传播到中性点时，折反射受到中性点阻抗的影响，但在母线处行波的传播和线模分量特点类似，不受中性点的影响。

当线路 N 的 F 点发生单相接地时，在附加电源的作用下，在线路 l_N 产生向变电站母线运动的行波(参见图 10.2)，并在波阻抗的变化点发生折反射，多次折反射后的行波是各次折反射行波分量叠加的结果，但是它们在时间顺序上存在差别，其中由接地点所产生的行波的第一个突变点最先到达变电站检测母线，它仅受母线处的第一次折反射行波的影响，从下文的分析可知，它的特征最为明显，故重点研究初始行波。

以 α 模量为例，说明行波模量的传播特性。当线路 l_N 的 F 点发生单相接地，从线路 l_N 观察母线 B 处α模量的等效阻抗 $Z_{B\alpha}$ 为

$$Z_{\mathrm{B}\alpha}=\frac{1}{\dfrac{1}{Z_{\mathrm{T}\alpha}}+\sum\limits_{k=1}^{N-1}\dfrac{1}{Z_{k\alpha}}} \tag{10-2}$$

式中，$Z_{\mathrm{T}\alpha}$为变压器二次测的等效阻抗；$Z_{k\alpha}$为线路l_k的等效阻抗。

设由接地点向母线传播的行波α模量为$U_{\mathrm{F}\alpha}$、$i_{\mathrm{F}\alpha}$，称之为入射波，对于观察点(母线B)而言，它是反向行波。当入射波到达母线后，由于母线处波阻抗不连续，将在母线处发生折射和反射。这里以电流行波为例，说明行波在母线处的折反射情况。

入射波$i_{F\alpha}$在母线处的折射波$i_{\mathrm{reflect}\alpha}$和反射波$i_{\mathrm{reflect}\alpha}$分别为

$$i_{\mathrm{reflect}\alpha}=\frac{2Z_{N\alpha}}{Z_{\mathrm{B}\alpha}+Z_{N\alpha}}i_{\mathrm{F}\alpha} \tag{10-3}$$

$$i_{\mathrm{reflect}\alpha}=\frac{Z_{N\alpha}-Z_{\mathrm{B}\alpha}}{Z_{\mathrm{B}\alpha}+Z_{N\alpha}}i_{\mathrm{F}\alpha} \tag{10-4}$$

式中，$i_{\mathrm{F}\alpha}$为入射电流波；$Z_{\mathrm{B}\alpha}$为母线的等效阻抗；$Z_{N\alpha}$为接地线路l_N的阻抗。

反射波$i_{\mathrm{reflect}\alpha}$在接地线路上由母线流向接地点，对于观察点(母线 B)而言，它是前向行波，根据式(10-3)，反射波$i_{\mathrm{reflect}\alpha}$和入射波$i_{\mathrm{F}\alpha}$叠加形成了接地线路α模量的初始行波$i_{N\alpha}$：

$$\begin{aligned}i_{N\alpha}&=i_{\mathrm{reflect}\alpha}+i_{\mathrm{F}\alpha}\\&=\frac{Z_{N\alpha}-Z_{\mathrm{B}\alpha}}{Z_{\mathrm{B}\alpha}+Z_{N\alpha}}i_{\mathrm{F}\alpha}+i_{\mathrm{F}\alpha}=\frac{2Z_{N\alpha}}{Z_{\mathrm{B}\alpha}+Z_{N\alpha}}i_{\mathrm{F}\alpha}\end{aligned} \tag{10-5}$$

折射波$i_{\mathrm{reflect}\alpha}$经过分流后形成各非接地线路初始行波$i_{k\alpha}$和变压器支路的初始行波$i_{\mathrm{T}\alpha}$。各非接地线路的初始行波$i_{k\alpha}$为

$$i_{k\alpha}=\frac{Z_{\mathrm{B}\alpha}}{Z_{k\alpha}}i_{\mathrm{reflect}\alpha},\quad k=1,\cdots,N-1 \tag{10-6}$$

将式(10-3)代入，各非接地线路的初始电流行波$i_{k\alpha}$变为

$$i_{k\alpha}=\frac{2Z_{\mathrm{B}\alpha}Z_{N\alpha}}{Z_{k\alpha}(Z_{N\alpha}+Z_{\mathrm{B}\alpha})}i_{\mathrm{F}\alpha},\quad k=1,\cdots,N-1 \tag{10-7}$$

同理，变压器支路的初始电流行波$i_{\mathrm{T}\alpha}$为

$$i_{\mathrm{T}\alpha}=\frac{2Z_{\mathrm{B}\alpha}Z_{N\alpha}}{Z_{\mathrm{T}\alpha}(Z_{N\alpha}+Z_{\mathrm{B}\alpha})}i_{\mathrm{F}\alpha} \tag{10-8}$$

同样，可以根据图 10.2(b)，得到接地线路、非接地线路和变压器支路初始行波β模量，表示形式和α模量相同。对于零模分量，尽管在中性点有对地支路，但是对地支路

对于母线处的初始行波不产生影响。因此，接地线路、非接地线路和变压器支路初始行波零模分量和α模量具有相同的表示形式。综上，α模量、β模量和零模分量可以用式(10-9)～式(10-11)的通用形式表示。

$$i_{Nx} = \frac{2Z_{Nx}}{Z_{\mathrm{B}x} + Z_{Nx}} i_{\mathrm{F}x} \tag{10-9}$$

$$i_{kx} = \frac{2Z_{\mathrm{B}x} Z_{Nx}}{Z_{kx}(Z_{Nx} + Z_{\mathrm{B}x})} i_{\mathrm{F}x}, \quad k = 1,\cdots,N-1 \tag{10-10}$$

$$i_{Tx} = \frac{2Z_{\mathrm{B}x} Z_{Nx}}{Z_{Tx}(Z_{Nx} + Z_{\mathrm{B}x})} i_{\mathrm{F}x} \tag{10-11}$$

式中，x可以是α模量、β模量或零模分量。

由以上分析可知，系统发生单相接地后，由于行波在母线处的折反射，反射波和入射波一起构成了接地线路的初始行波，折射波在母线处分流后，形成了非接地线路和电源支路的初始行波。各线路的初始电流行波主要有以下特征。

(1) 由于入射波为反向行波，折射波和反射波为前向行波，同时根据式(10-3)和式(10-4)，考虑到$Z_{\mathrm{B}x}$总是小于Z_{Nx}，则折射波和入射波极性相反，反射波和入射波极性相同。

(2) 由于Z_{Nx}总是大于$Z_{\mathrm{B}x}$，根据式(10-5)，接地线路初始行波的幅值总是大于入射波的幅值。原因在于入射波和反射波极性相同，而初始行波是由二者叠加而成。

(3) 根据式(10-6)，同样由于Z_{kx}总是大于$Z_{\mathrm{B}x}$，非接地线路初始行波的幅值总是小于入射波的幅值。

(4) 对比式(10-5)、式(10-6)可知，所有非接地线路的初始行波都具有相同的极性，它们与接地线路初始行波的极性相反。

(5) 根据式(10-6)，当线路结构和参数差别不大时，所有非接地线路的初始行波幅值相等或近似相等。

上述针对单相选路初始行波的结论适用于线模分量和零模分量。

2. 三相初始电流行波特性分析

实际上配电线路一般是三相的平行导线，本节结合图 10.3 的配电系统三相模型说明三相行波的传播特性。图中共有N回出线 l_1～l_N，l_a、l_b、l_c分别表示变压器的三个绕组，中性点接地方式和图 10.1 同样设置。

三相电流行波有两种传播途径。①根据式(10-6)可知，波沿一相导线传播时空间的电磁场将作用于其他相的导线，使其他相导线产生相应的耦合波。②波在传播时发生折反射。

因此，对于三相系统，不同线路的不同相行波经过折反射和耦合后混叠在一起，干扰了接地故障特性的表征，不利于故障信息的提取。但是初始行波不受后续折射波的影响，其特性非常明显。这里只对三相初始电流行波传播特性进行分析。

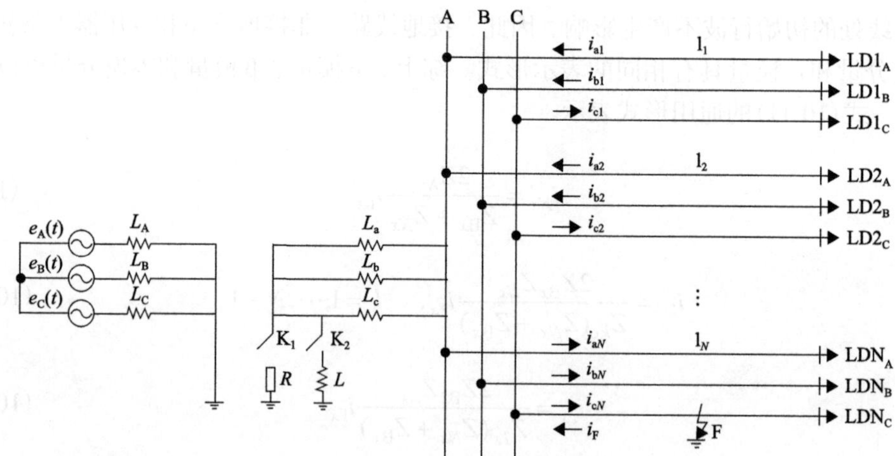

图 10.3　配电系统三相网络结构示意

根据式(10-13)，三相行波可由零模、α模和β模分量表示为

$$\begin{cases} I_A = I_0 + I_\alpha + I_\beta \\ I_B = I_0 - 2I_\alpha + I_\beta \\ I_C = I_0 + I_\alpha - 2I_\beta \end{cases} \tag{10-12}$$

因此，可以通过研究各相中电流行波的线模分量和零模分量，来分析三相行波的特性。

1) 线模分量在各相中的传播特性

线路l_N的F点发生单相接地时，接地线路的接地相行波线模分量由F点向线路的两侧传播，其中流向母线的部分为线模分量的入射波。入射波通过两个途径传播。①入射波到达母线后，在母线处发生折反射，折射波传播到非接地线路的接地相，形成非接地线路接地相的线模分量；反射波和入射波叠加形成接地线路接地相初始行波的线模分量。②入射波通过互电感和互电容耦合形成接地线路非接地相的线模分量；该耦合波传播到母线处发生折反射，折射波形成非接地线路非接地相的初始行波线模分量，反射波和耦合波叠加形成接地线路非接地相初始行波线模分量。

综合以上分析并根据式(10-5)和式(10-7)，初始电流行波线模分量在各相中的传播特性如下。

(1)接地线路接地相的初始行波线模分量大于接地线路非接地相的初始行波线模分量，二者极性相反。

(2)非接地线路接地相的初始行波线模分量大于非接地线路非接地相的初始行波线模分量，二者极性相反。

(3)接地线路各相初始行波线模分量大于非接地线路同名相初始行波线模分量，二者极性相反。

2) 零模分量在各相中的传播特性

线路l_N的F点发生单相接地时，行波零模分量在大地回路中传播，该分量分流到接地线路的各相，形成接地线路各相的零模分量，其中流向母线的部分是零模分量的入射波。入射波在母线处发生折反射，折射波传播到非接地线路，形成非接地线路各相的初始行波零模分量，反射波和入射波叠加形成接地线路各相初始行波零模分量。

综合以上分析并根据式(10-5)和式(10-7)，各相中零模分量的传播特性如下。

(1)接地线路各相的初始行波零模分量幅值相等或近似相等，极性相同。

(2)非接地线路各相的初始行波零模分量幅值相等或近似相等，极性相同。

(3)接地线路各相初始行波零模分量大于非接地线路各相初始行波零模分量，二者极性相反。

3) 三相行波传播特性

各回线路的各相初始电流行波可以分解为零模分量和线模分量两部分，可以看作二者的叠加，故三相初始电流行波特性通过线模分量和零模分量来体现。

在接地线路和非接地线路上，各相初始行波的线模分量和零模分量具有以下特点。

(1)接地线路接地相的初始行波线模分量和零模分量极性相同。非接地线路接地相具有相同的性质。

(2)接地线路非接地相的初始行波线模分量和零模分量极性相反，幅值相同和近似相等。非接地线路非接地相具有相同的性质。

根据(1)、(2)和波的耦合及折反射特性可知。

(1)在接地点处，接地线路的各相初始行波零模分量和线模分量叠加，接地相由于线模分量和零模分量极性相同，产生较大的接地相行波；非接地相的各相零模分量和线模分量极性相反、幅值接近，叠加的结果使初始行波等于零。

(2)在母线处，接地线路三相初始行波根据接地点的位置，产生两种情形。一是距离母线较远时，由于线模分量和零模分量传播速度的不同，到达母线的时刻不同，接地线路各相行波表现出两次突变，第一个幅值突变点表示线模分量到达，体现的是线模分量的特征；第二个幅值突变点表示零模分量到达，体现的是零模分量特征。因此，三相初始电流行波特征即为线模分量特征，如上节所述。二是线路较短，零模分量和线模分量在母线处叠加，各相初始电流行波表现出和接地点处类似的特点。

(3)非接地线路各相初始电流行波是由接地线路同名相行波折射形成的，其特性分析和线模分量特性分析相同，不再重复。

3. 中性点接地方式对行波传播的影响

从图 10.1 和图 10.3 可知，系统中性点接地方式是通过变压器实现的，要分析中性点接地方式对初始行波传播特性的影响，也就是分析中性点接地方式对母线处波阻抗的影响，首先要分析变压器的分布参数模型。

对于暂态行波而言，变压器应该用分布的参数模型来表示。事实上变压器的分布参数模型是比较复杂的，变压器绕组具有分布的自电感和分布的对地自电容，各匝线圈之间有分布互电感和匝间互电容。如果再考虑铁芯的影响，则其电磁联系将更为复杂。为了得到明确的物理概念，分析行波在变压器绕组中的传播过程时，通常采用图 10.4 的简化等值电路。图中，C_0 是绕组单位长度的对地等值自电容；K_0 是绕组单位长度的等值匝间互电容；L_0 是绕组单位长度的等值电感。

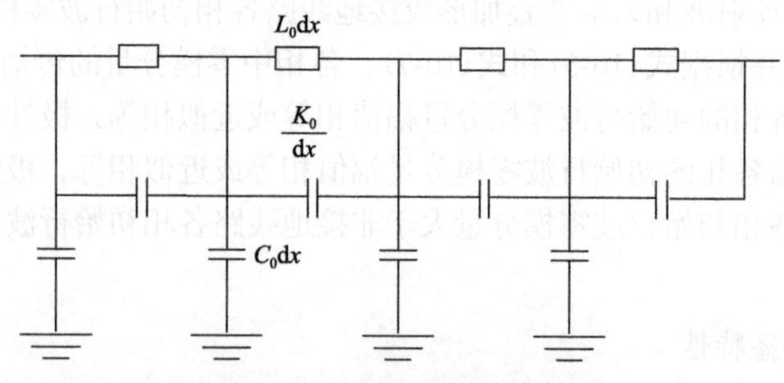

图 10.4　变压器绕组的等值电路

这里给出变压器分布参数模型，不是为了分析变压器的行波特性，而是利用该模型来说明中性点接地方式对母线阻抗的影响。

由于变压器绕组一端和母线连接，一端为系统中性点。变压器的分布参数通过和母线连接的一端，直接影响母线侧的波阻抗，当变压器参数确定后，这个影响就是确定的。而中性点无论采用何种连接方式，都是只影响变压器绕组远离母线一端的波阻抗，而不对母线侧波阻抗产生直接的影响。因此，根据行波折反射特性可知，中性点接地方式对行波传播的影响，可以从两个方面分析。

(1) 由于不同的中性点接地方式，导致中性点处的阻抗发生变化，当行波传播到中性点时，将影响到该点行波的折反射特性。

(2) 初始行波在中性点折反射波到来以前已经形成，中性点的折反射波不和初始行波叠加，因而中性点接地方式不影响初始行波特性。

初始行波不受中性点接地方式的影响是配电系统的一个非常重要的特点，它从根本上克服了稳态量受到系统运行方式影响的致命弱点，对基于暂态行波的配电系统选线研究具有特殊重要的意义。

10.1.2　三相初始电流行波的小波分析

传统的行波分析都是基于行波模量的，本节专门对三相行波特性进行研究，分析三相行波的特征，为利用三相行波进行选线奠定基础。

1. 接地线路三相行波特点

结合小波变换的分析方法和步骤，可以发现以小波变换模极大值为特征的接地线路初始电流行波有如下特点。

(1) 在暂态行波的每个突变点，都会出现小波变换的模极大值，信号的多个暂态突变点产生小波变换的多个模极大值点。在所有行波中以初始行波特征最为明显。

(2) 在三相初始行波中，接地相行波的模极大值 IFL.FP 最大。这是因为非接地相的行波为接地相行波的耦合波，耦合波的幅值要小于入射波的幅值，故必然有接地相的初始行波模极大值 IFL.FP 大于非接地相初始行波的模极大值 IFL.NFP。

(3)两个非接地相初始行波的模极大值 IFL.NFP 的幅值相等或近似相等，极性相同。这是由于线路各相的结构和参数都很接近，非接地相行波又都是耦合行波信号，故它们具有接近的幅值和相同的极性。

(4)接地相的初始电流行波模极大值 IFL.FP 与非接地相初始行波模极大值 IFL.NFP 的极性相反。这是因为非接地相行波是接地相行波的耦合分量，为了保持磁通的平衡，耦合波将产生一个与原磁场相反的磁场。

2. 非接地线路三相行波特点

非接地线路上三相初始行波具有和接地线路类似的特点。

(1)接地相初始行波的模极大值 INFL.FP 最大，分别大于两个非接地相初始行波的模极大值 INFL.NFP。

(2)两个非接地相初始行波模极大值 INFL.NFP 的幅值接近，极性相同。

(3)接地相的初始行波模极大值 INFL.FP 的极性和非接地相初始行波的模极大值 INFL.NFP 的极性相反。

3. 接地线路和非接地线路三相行波比较

行波分析的目的之一是为了获得接地线路和非接地线路的行波特征。

接地线路的 A、B、C 三相的初始行波模极大值分别大于非接地线路同名相的初始行波模极大值。在所有线路中，接地线路接地相的初始行波的模极大值最大。

对于接地相，接地线路和非接地线路的初始行波的模极大值极性相反；对于非接地相，接地线路和非接地线路的初始行波模极大值极性相反。

根据行波传播特性分析知道，当母线发生单相接地，线路参数差别不大时，初始行波具有以下特点。

(1)所有出线的接地相初始电流行波模极大值幅值相等或近似相等，极性相同；非接地相也有相同的特性。

(2)在所有出线中，接地相初始电流行波的模极大值大于本线的非接地相的初始行波的模极大值，而且二者具有相反的极性。

三层小波变换的模极大值特性都很明显，都可以用于接地选线方案的构成，其中尤以第一层变换的模极大值特征最为显著。

事实上，三相行波特征是线模分量和零模分量在各相的具体表现，直接对三相行波研究，分析接地线路和非接地线路三相初始行波之间的差别，有助于构成基于三相行波的接地选线方法。

10.1.3　初始电流行波模量的小波分析

本节专门针对初始电流行波进行分析。采用与前节相同的方法，即对初始电流行波做小波变换，求取模极大值，进而对模极大值进行分析计算。

行波的相模变换实现了解耦，各模量是独立的，这为分析问题和提取故障特征提供了方便。

配电系统常常是只安装有两相 CT。为了解决只有两相 CT 现场的接地选线问题，便于分析问题和构成选线方案，突出单相接地的故障特征，特别构造一个新的模量，即γ模分量，它应该具有以下特点：

(1)任何相发生接地，都能体现接地的故障特征。

(2)只采用 A、C 两相电流行波，满足配电系统中只有两相 CT 的情况。

γ模分量表示为

$$I_{\gamma}=(I_{\mathrm{A}}+I_{\mathrm{C}})/3 \tag{10-13}$$

事实上γ模分量不是一个独立的模量，它由 A、C 两相信号求和获得，是一个混合行波，包含了线模分量和零模分量。在采用初始行波选线时，首先到达测量点的行波是其中的线模分量，因而当线路较长时，等效采用线模进行接地选线。

1. A 或 C 相接地，β、γ模量的小波分析

图 10.5 列出了一个配电系统。

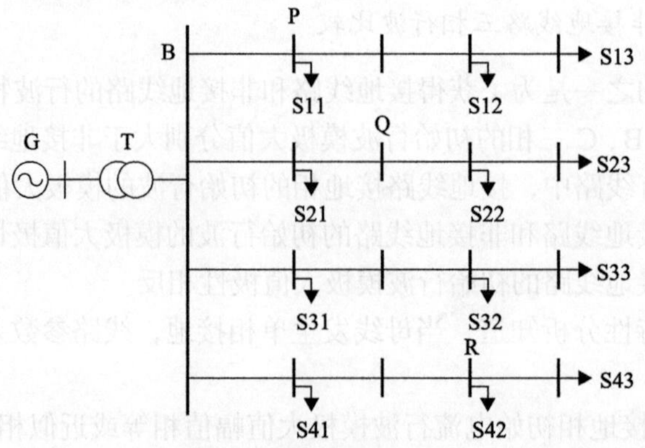

图 10.5　配电系统示意图

结合图 10.5 所示配电系统分析初始电流行波β、γ模量。β、γ模量特性分析分两种情况：一是 A 或 C 相接地，一是 B 相接地。这两种情况下的初始行波β、γ模量特征差别很大，需要分别处理。下面首先对 A 或 C 相接地的情况进行分析。

1)接地线路初始行波的β、γ模量分析

A 相或 C 相接地时，接地线路的行波β、γ模分量有如下特点。

(1)初始电流行波β模量的模极大值大于γ模量的模极大值。

从模量分解的原理知道，β模行波是 A 相和 C 相电流行波的差值，γ模行波是 A 相和 C 相电流行波的和值。当 A 相发生接地时，C 相行波是 A 相行波的耦合波，因而 C 相初始行波模极大值的极性和 A 相的极性相反。这样，相减的结果使β模量的幅值增大，相加的结果使γ模量的模极大值幅值减小，必然有β模量的模极大值大于γ模量的模极大值。但是，一般情况下接地相初始行波的幅值都大于非接地相行波的 2 倍，故β模量和γ模量的模极大值幅值应该在同一个数量级。C 相接地时初始行波的β模量和γ

模量具有相同的特点。

(2) 当 A 相发生单相接地时，初始电流行波β模量和γ模量极性相同。

此时，C 相行波为 A 相的耦合波，A 相行波和 C 相行波的极性相反，并且 A 相行波的幅值大于 C 相行波的幅值，因而二者求差或求和形成的β、γ模量的行波极性都由 A 相行波决定，故二者具有极性相同。

(3) 当 C 相发生单相接地时，初始电流行波β模量和γ模量极性相反。

(4) 当 C 相发生单相接地时，A 相行波为 C 相行波的耦合波，故 C 相行波幅值大于 A 相行波的幅值，并且二者极性相反。这样，二者求差的结果使β模量的极性和 C 相初始行波的极性相反，求和的结果使γ模量和 C 相初始行波的极性相同。因此，β模量和γ模量极性相反。

2) 非接地线路初始行波的β、γ模量分析

在 A 相或 C 相发生单相接地时，非接地线路和接地线路的初始电流行波β、γ模量具有类似的性质，如下。

(1) 初始行波β模量的模极大值幅值总是大于γ模量的模极大值幅值。

(2) 当 A 相发生接地时，β模量和γ模量极性相同；当 C 相发生接地时，β模量和γ模量极性相反。

3) 接地线路和非接地线路初始行波的β、γ模量比较

综合 1)、2) 的分析，可以得到接地线路和非接地线路的初始电流行波模量的差异如下。

(1) 无论是接地线路还是非接地线路，β模量的模极大值总是大于γ模量的模极大值。

(2) 接地线路β模量的模极大值大于非接地线路β模量的模极大值，γ模量具有相同的特点。

(3) 接地线路与非接地线路的β模量极性相反；所有非接地线路的初始行波的β模量极性一致；初始行波的γ模量具有相同的特点。

(4) 初始行波β模量、γ模量都大于某个定值，都不应该接近零。这也是 A 相或 C 相接地与 B 相接地之间的一个明显的差别。

(5) 当母线发生接地时，除了特性 (1) 仍然有效外，所有线路的初始行波β模量幅值接近、极性相同；γ模量具有同样的特点。

2. B 相接地时，β、γ模量的小波分析

因为行波的β、γ模量都是由 A 相和 C 相电流行波组合构成的，其中不包括 B 相电流行波。在 B 相发生单相接地时，附加电源加到接地线路的 B 相，接地线路 A 相和 C 相的行波是 B 相行波的耦合波。因而当 B 相发生接地时，A 相和 C 相初始行波幅值接近、极性相同。

将接地线路和非接地线路初始行波β、γ模量的模极大值进行比较，可以看出 B 相接地时，初始电流行波β、γ模量具有如下特点。

(1) 所有线路电流行波β模量的模极大值都是零。

(2) 因为 B 相发生接地时，A、C 两相的电流耦合波幅值接近、极性相同，二者相减

得到的β模量没有突变点，所以经过小波变换后计算出的模极大值都是零。

(3) 所有线路初始电流行波的γ模量都不为零。

(4) 在所有线路中，接地线路的γ模量的模极大值最大。所有非接地线路γ模量的模极大值幅值相等或近似相等，这是因为非接地线路中的行波是通过接地线路折射过去的。

(5) 接地线路与非接地线路的初始电流行波γ模量的模极大值极性相反；所有非接地线路的初始电流行波γ模量的模极大值极性相同。

(6) 当母线发生单相接地时，所有出线初始电流行波的γ模量的模极大值幅值相等或近似相等、极性相同；β模量的模极大值仍然等于零。

对零模行波分量进行小波变换处理，分析它的小波变换模极大值在不同尺度下的表现，可以总结出初始电流行波零模分量有以下特点。

(1) 在所有线路中，接地线路行波零模分量的模极大值最大，大于任意一条非接地线路零模分量的模极大值；所有非接地线路零模分量的模极大值幅值相等或近似相等。

(2) 接地线路与非接地线路行波零模分量的模极大值极性相反，所有非接地线路零模分量的模极大值极性相同。

(3) 在母线处发生单相接地时，所有出线初始行波零模分量的模极大值幅值接近、极性相同。

10.2 中性点非有效接地配电网单相接地行波选线

10.2.1 行波选线的基本思想

当配电系统发生接地时，在接地线路和各非接地线路上都会有行波产生。对于母线上有 N 回出线的配电系统，当在第 N 回出线发生单相接地后，其初始行波的传播过程可以由图 10.6 简单地表示。

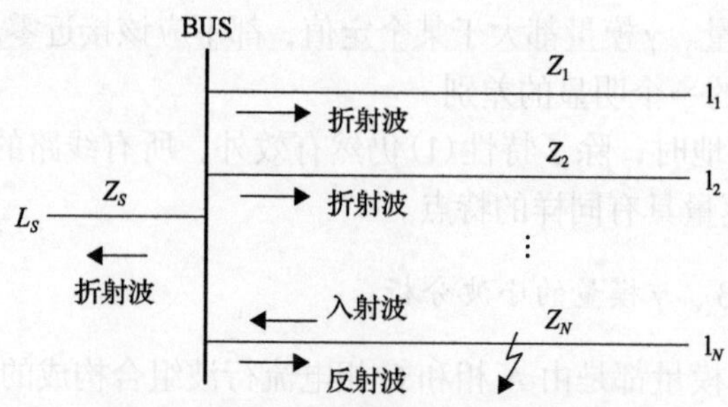

图 10.6 初始行波在母线处的折反射

当发生单相接地时，接地线路的反射波和入射波在本线路上叠加，形成接地线路接地相的初始行波。接地相初始行波经过耦合形成非接地相初始行波，接地线路各相行波经过折反射形成非接地线路初始行波。

基于暂态行波接地选线的基本思想为初始行波在每回出线上呈现“突变性”，利用小波变换分析接地相和非接地相，以及接地线路和非接地线路的初始行波特征，根据初始行波模极大值的极性和幅值差异，构成接地选线判据[181-183]。

和输电系统比较，配电系统的网络结构比较复杂，线路的分支和阻抗的变化点较多，造成了行波的传播通路中折射、反射点较多。各回线路上入射波、反射波和折射波相互叠加，形成了混叠波，从中不容易识别出故障特征，给单相接地选线造成一定难度。接地线路接地相的初始行波只由接地线路的入射波及其在母线处的第一次反射波决定，非接地相初始行波由耦合波决定，非接地线路的初始行波由入射波在母线处的第一次折射波和耦合波决定。故初始行波不受后续的折反射波的影响，幅值和相位特征都十分明显，能准确地体现故障特征，很容易被识别和提取。因此，本节所论述的接地选线原理和方案都是基于初始行波的。

目前，我国的配电系统多数都仅仅装有 A、C 两相 CT，或者是两相 CT 加零序 CT，个别情况也可能装有三相 CT。不同配置的 CT 所提供的行波信号不同，相应的选线方法也就有所不同。因此，接地选线方法应该满足不同的 CT 配置的选线要求。装有三相 CT 的系统，在测量点可以得到三相行波，通过三相行波又可以得到行波的β、γ和零模分量，对这样的系统可以采用三相行波或模量行波进行选线。装有 A、C 两相 CT 的系统，在测量点可以得到 A、C 两相行波，通过变换可以得到β、γ模量，对这样的系统可以采用β、γ模量进行选线。装有零序 CT 的系统，在测量点仅仅可以得到行波零模分量，只能应用零模分量进行选线。

我国的配电系统中只装有 A、C 两相 CT 的系统高达 90%[16]。对于这样的系统，传统的基于稳态量的各种选线方法都无法满足要求，如果仅仅因为选线的要求而增加安装 B 相 CT 或零序 CT，将造成不必要的经济浪费，而且现场也不欢迎。因此，对只有两相 CT 系统的行波特征进行专门研究，构成适合该 CT 配置的、合理的接地选线方法，具有重要的工程应用价值。

10.2.2　基于三相行波的接地选线方法

中性点非有效接地配电系统发生单相接地时，接地线路和非接地线路初始行波模极大值存在明显差异。

(1) 接地线路接地相的初始行波模极大值最大。

(2) 对同一线路而言，接地相的初始行波模极大值总是大于非接地相的初始行波模极大值，而且二者极性相反。

(3) 接地线路和非接地线路的同名相初始行波模极大值极性相反。

(4) 根据以上特点，提出基于三相初始电流行波的幅值最大判别法和幅值极性法判别法两种选线方法。

1. 三相初始电流行波的最大值判别法

这种方法的理论依据和基本设计思想为在发生单相接地时，接地线路接地相的初始电流行波的小波变换模极大值最大。比较所有线路所有相的初始行波模极大值的幅值，幅值最大的一相所在线路就是接地线路，并且该相同时是接地相。

基于三相初始行波最大值判别法选线的具体过程如下。

(1)利用小波变换计算所有线路的三相初始电流行波模极大值，然后根据第一层小波变换的模极大值，寻找到所有线路的三相初始行波的模极大值。

(2)从所有的初始行波的模极大值中找到幅值最大的一个 $I_{\max}$，该模极大值所在的相为故障相。

(3)用 $I_{\max}$ 和每回出线故障相的初始行波模极大值 I_i 相除，计算出每回出线的比值 S_i。

(4)如果所有的 S_i 都大于等于 1 而小于设定值 S_{set}，即 $1 \leqslant S_i < S_{\text{set}}$，则为母线接地；否则 $I_{\max}$ 所在线路为接地线路。

该方法的设计思想和逻辑比较简单，容易实现。但是这种方法存在不足：没有充分利用故障信息，即仅仅用到了三相初始行波的幅值信息，没有用到相位信息，而幅值比极性更容易受到行波传播通道衰减和各种干扰的影响，难于保证选线的准确性。

2. 三相初始电流行波的幅值极性判别法

该方法的基本思想为首先利用初始行波小波变换模极大值的幅值确定故障相，然后利用故障相的行波模极大值极性判别接地线路。该方法既利用了三相初始行波的幅值特征，又充分利用了行波的极性信息，相对于三相初始行波最大值判别法，该方法具有更高的可靠性和准确性。具体实现过程如下。

(1)利用小波变换计算出每条线路的三相行波的模极大值，捕捉初始行波的波头。由于第一层小波变换的初始波头特性最为明显，可以根据第一层小波变换的模极大值，确定每条线路的 A、B、C 三相初始行波模极大值的幅值和极性。

(2)确定故障相。分别对每条线路的 A 相行波模极大值进行幅值比较，找到幅值最大的三条线路，并记录三条线路的初始行波模极大值 $I_{A\text{m}1}$、$I_{A\text{m}2}$ 和 $I_{A\text{m}3}$；同样，可以分别找到三个 B 相和三个 C 相初始行波的模极大值 $I_{B\text{m}1}$、$I_{B\text{m}2}$ 和 $I_{B\text{m}3}$，以及 $I_{C\text{m}1}$、$I_{C\text{m}2}$ 和 $I_{C\text{m}3}$。

(3)比较 $I_{A\text{m}1}$、$I_{B\text{m}1}$ 和 $I_{C\text{m}1}$ 的大小，幅值最大者为一个初步接地相，同样可以比较 $I_{A\text{m}2}$、$I_{B\text{m}2}$ 和 $I_{C\text{m}2}$ 的大小，以及 $I_{A\text{m}3}$、$I_{B\text{m}3}$ 和 $I_{C\text{m}3}$ 的大小，得到另外两个初步接地相。然后，根据初步接地相采用三取二表决方式，确定最终的接地相 X，这里 X 可以是 A、B 或 C 相。

(4)通过比较 $I_{X\text{m}1}$、$I_{X\text{m}2}$ 和 $I_{X\text{m}3}$ 的极性确定接地线路。若 $I_{X\text{m}1}$、$I_{X\text{m}2}$ 和 $I_{X\text{m}3}$ 极性不一致时，极性相反的一个所在线路为接地线路；若三者极性相同，则为母线接地。

三相初始电流行波幅值极性判别法的选线流程如图 10.7 所示。

三相初始电流行波接地选线方法具有以下特点。

(1)该方法是直接利用测量点的三相初始行波特征构成的，物理概念清楚，比较容易理解，思路也比较直观。该方法不仅可以确定接地线路，还可以可靠地分辨出接地相。

(2)该方法适用于不同的中性点接地方式系统的接地选线，包括中性点不接地和经消弧线圈接地方式。

(3)不受负荷不对称因素的影响。

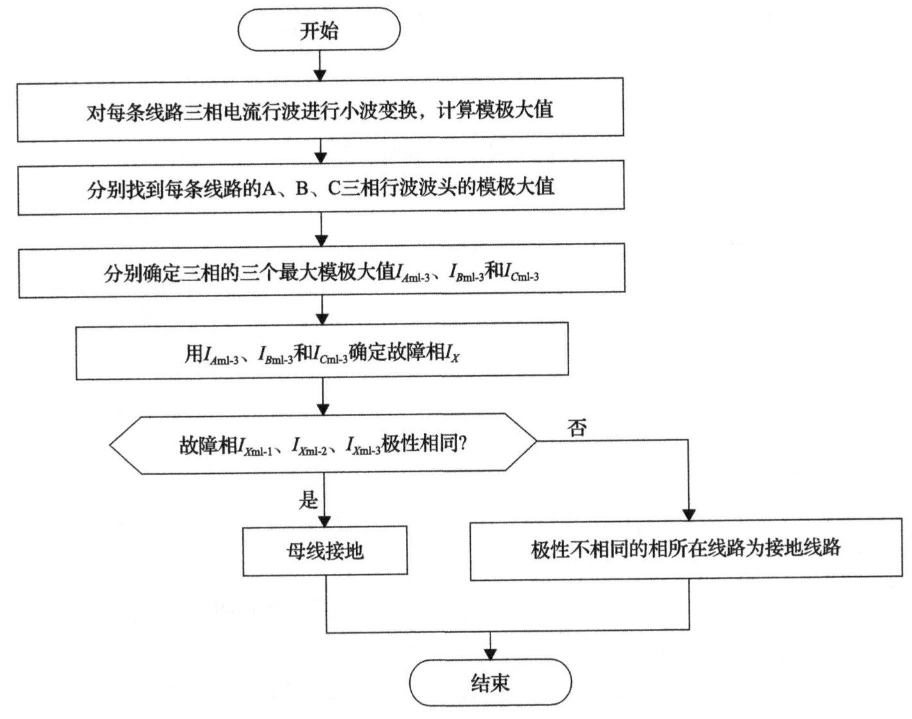

图 10.7　三相初始电流行波幅值极性判别法流程

(4) 三相行波分量是不解耦的，其中包含了行波的零模分量和线模分量。我们知道，线模分量传播速度很快，接近光速，而零模分量传播特性与大地电阻有关，传播速度稍慢，传播同样的距离，后者需要的时间较长。当接地点离测量点距离很短时，零模分量和线模分量几乎同时到达检测点，二者混叠在一起，使接地相故障特征更为明显，但非接地相行波减弱，利用接地相行波可以准确找到故障线路；当线路较长时，线模分量首先到达测量点，初始行波波头就是行波线模分量的波头，不包含零模分量。故采用三相初始行波选线时，当线路较短时，实际上是利用线模和零模的混合行波选线；当线路长度较长时，是利用线模行波分量选线。二者都可以满足选线的要求。

(5) 初始行波波头的捕捉是通过小波变换及其模极大值表示实现的。利用三相行波选线，需要分别进行三相的小波分析，和后面介绍的模量选线比较，需要小波分解的计算量较大。

(6) 三相行波选线方法要求测量点三相都要加装 CT，否则无法得到需要的信号。但是目前配电系统多数没有加装三相 CT，一般是安装两相 CT 或零序 CT，这在客观上制约了三相行波法在工程中的应用。

10.2.3　基于初始电流行波模量的选线方法

在系统只有两相 CT 的情况下，无法用三相行波进行选线，也无法利用零模分量进行选线。而行波的β模量和γ模量恰恰就是利用 A、C 两相的信号构成的，这就为构成一种新的选线方法提供了基础。

本节将提出利用初始电流行波的模量选线方法，包括β、γ模量幅值极性判别法、零模分量幅值极性判别法以及三个模量的幅值判别法。

从电流行波模量分析可以看出，针对行波的三层小波变换及模极大值计算，以第一层分析的模极大值故障特征最为明显，因而本节所提出的选线方法都依据第一层模极大值构成的，也就是采用的暂态行波的高频分量。

1. 初始行波的β模量和γ模量的幅值极性判别法

β、γ模量的幅值极性判别法就是同时利用初始电流行波模极大值的幅值和极性来选择接地线路的方法。

无论是哪一相发生单相接地，接地线路和非接地线路的初始电流行波β、γ模量幅值和极性都有明显的不同，可据此构成利用幅值和极性的接地选线方法。具体的选线过程如下。

(1) 对所有线路的初始电流行波进行小波变换，计算模极大值，并找到每条线路的第一个模极大值点，即初始行波波头对应的模极大值点。

(2) 将所有线路β模量的模极大值幅值进行比较，分别找出初始波头最大的三个β模量，用同样的方法找到初始波头最大的三个γ模量。

(3) 确定选线模量。用找到的最大三个β模量的模极大值分别和对应的三个γ模量的模极大值进行幅值比较，用三选二的原则决策选线模量。即当有两个β模量模极大值分别大于对应两个γ模量，则认为是 A 相或 C 相接地，利用β模量构成选线判据；反之，则认为是 B 相接地，用γ模量构成选线判据。

(4) 针对选中的选线模量，将其模极大值最大的三条线路的模量进行极性比较，如果其中一个模量的模极大值极性和另外两个相反，则这个模量所在线路即为接地线路；如果三者极性都一致，则为母线接地。

基于初始电流行波β、γ模量的选线方法流程如图 10.8 所示。

2. 初始电流行波零模分量幅值极性判别法

当系统只有零序 CT 时，基于三相分量和基于β、γ模量的选线方法都不能满足要求，必须利用零模分量来构成选线方法。

初始行波零模分量幅值极性判别法是利用接地线路零模分量的小波变换模极大值大于非接地线路零模分量的小波变换模极大值，并且二者极性相反的特点，通过比较接地线路和非接地线路的这种差异实现的。具体过程如下。

(1) 对所有线路暂态行波零模分量进行小波变换，计算每条线路行波的二进小波变换模极大值。

(2) 捕捉每条线路初始电流行波零模分量波头的模极大值。

(3) 从所有线路零模分量的模极大值中，找出模极大值最大的三条线路。

(4) 通过比较三个最大零模分量模极大值的极性，确定接地线路。选线原则为若三个模极大值的极性一致，认为是母线接地；若其中一个模极大值的极性和其他两个的极性相反，则该模极大值所对应的线路就是接地线路。

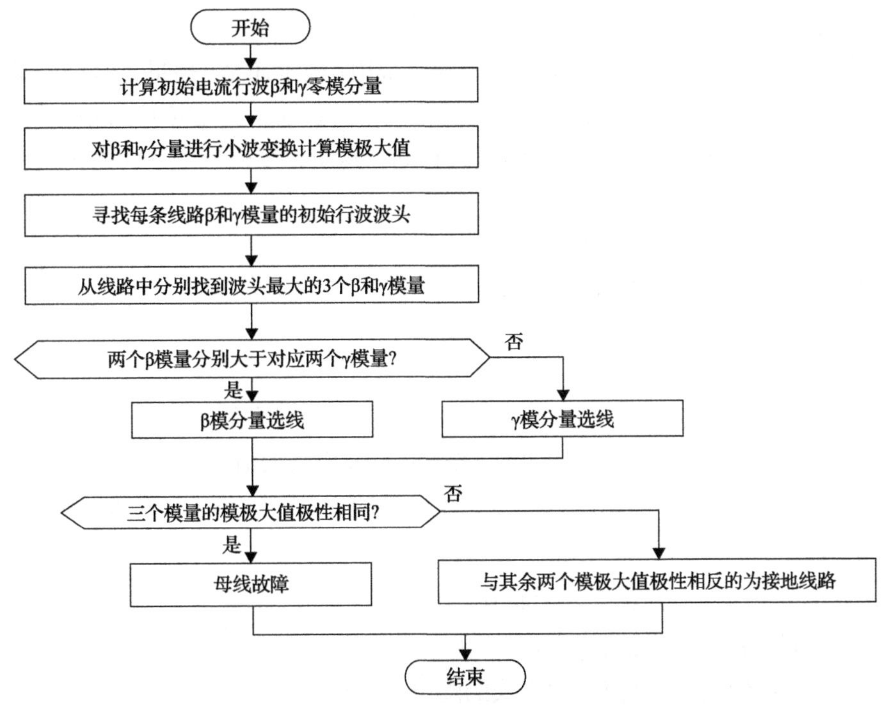

图 10.8　β、γ 模量的幅值极性法选线流程

利用零模分量幅值极性判别法选线的流程如图 10.9 所示。

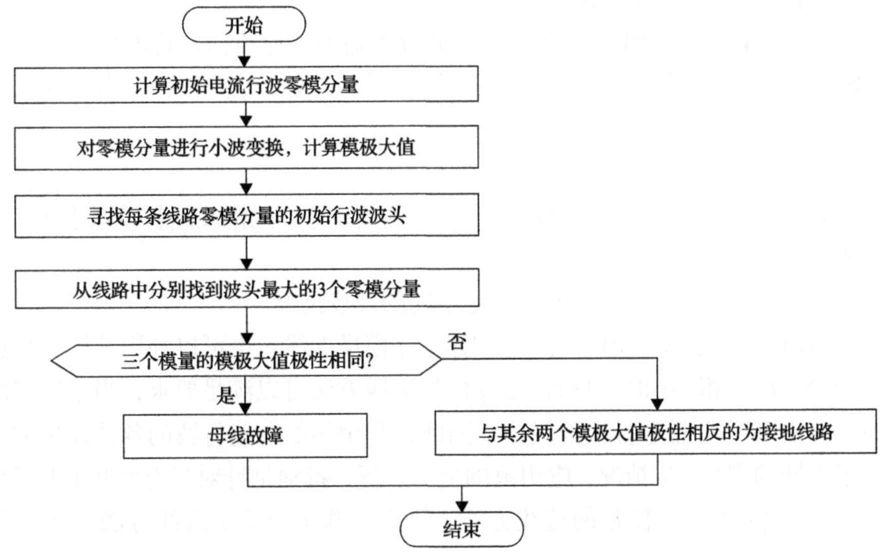

图 10.9　零模分量幅值极性判别法选线流程

3. 初始电流行波模量的幅值判别法

1) 初始电流行波模量选线步骤

初始电流行波模量的幅值判别法单纯利用行波模极大值的幅值来选择接地线路。该

方法有两种，一种利用β、γ模量构成选线判据，另一种利用零模分量构成选线判据。利用β、γ模量选线时，首先要根据接地相来确定采用β模量还是γ模量，这种模量选择过程和β、γ模量的幅值极性判别法是一致的，这里不再赘述。在确定了选线模量后，利用该模量选线的过程和利用零模分量选线过程相同。这里以零模分量选线为例，说明具体的选线步骤。

(1) 计算所有出线的初始电流行波零模分量。

(2) 利用小波变换对每条出线的零模分量进行分析，计算零模分量的小波变换模极大值。

(3) 捕捉每条线路行波波头的模极大值 I_{mi}。

(4) 从所有线路行波波头模极大值中，找到最大的模极大值 I_{mmax}。

(5) 用模极大值幅值最大的 I_{mmax} 和每条线路行波模极大值的 I_{mi} 相除，计算比值 S_i。

(6) 如果所有的比值 $1 < S_i < S_{set}$，则认为母线接地；否则，最大模极大值 I_{mmax} 所在线路为接地线路。

2) 初始电流行波模量选线方法的特点

基于行波模量的选线方法，具有以下优点。

(1) 可以满足不同的中性点接地方式的配电系统选线。

(2) 从仿真算例可以看出，模量选线方法可以适用于中性点不接地、经消弧线圈接地等不同中性点接地方式，克服了稳态量选线方法受到中性点接地方式影响的致命弱点。

(3) 不受系统正常运行不平衡量的影响。

(4) 从仿真算例可以看出，无论是对称负荷还是不对称负荷，行波模量选线方法都可以准确地选择接地线路，克服了稳态量受到网络参数不对称和负荷不对称因素影响的缺点。

(5) 不受线路长度的影响。

(6) 在采样频率可以满足捕捉行波波头要求的前提下，无论线路长度是多少，都可以准确地选择接地线路。

(7) 具有工程应用的通用性，可以满足不同的现场情况。

(8) 当系统配有三相 CT 时，可以利用β、γ模量选线，也可以利用零模分量选线；当系统只有 A、C 两相 CT 时，只有β、γ模量选线方法可以满足要求；当系统仅配有零序 CT 时，利用零模分量选择接地线路。因此，利用初始电流行波的各种模量的选线方法，适用于不同的现场 CT 情况，应用范围更为广泛，特别是针对只有两相 CT 系统的选线问题，提出了利用β、γ模量的选线方法，解决了基于稳态量选线方法无法克服的难题。

(9) 与基于三相行波的选线方法比较，行波模量选线法需要的小波变换量少，计算量较小，实现起来更为简单。

综合基于三相行波和基于行波模量的选线方法，可以看出利用暂态行波选线的方法具有以下不足。

(1)接地点接地前电压为零和数值很小时，系统内将不产生暂态行波信号，暂态行波选线方法将失效，这是行波选线的一个弱点。此时可以利用稳态或低频暂态故障分量的选线方法加以补充。

(2)对于只有两相 CT 的情形，当在 B 相发生接地且接地点距离母线较近，β、γ模量选线方法将失效。

(3)行波选线利用了行波的高频分量，需要较高的采样频率才能不失真地捕捉到信号，需要处理的数据量很大，因而必须采用专门的高速数据采集和处理与识别技术来支持。这在以往几乎是不可能实现的，限制了暂态行波在实际工程中的应用。但是随着电子技术和计算机技术的发展，这个问题完全可以解决。

(4)行波信号是高速瞬变信号，相对于稳态故障分量，其抗干扰能力差，必须采取行之有效的方法和措施，如合理构成启动元件、采取适当的抗干扰措施等，才能保证准确选线。这正是后面工作的一个重要环节。

10.2.4　影响行波选线的因素分析

为了保证基于暂态行波的选线方法的准确性和有效性，必须充分研究各种因素对接地选线的影响，分析它们的影响程度，给出应对策略。影响暂态行波选线的因素很多，包括行波源、行波传播途径、系统中性点接地方式、母线电容、出线数目、接地过渡电阻、较多的阻抗变化点等。

1. 行波源的影响

在故障附加网络中，在行波源的作用下，系统内产生电流和电压行波，并且行波源是附加网络的唯一电源。因此，行波源的特性和变换规律必然对电流和电压行波产生影响。

设系统在接地前接地点的电压为

$$U = U_{\mathrm{m}} \sin(\omega t + \varphi) \tag{10-14}$$

当发生单相接地时，根据叠加原理，故障附加电源U_{F}就是行波源，它等于接地前接地点电压的负值，表示为

$$U_{\mathrm{F}} = -U_{\mathrm{m}} \sin(\omega t + \varphi) \tag{10-15}$$

如果接地发生在时刻$t=0$，则行波源为

$$U_{\mathrm{F}} = -U_{\mathrm{m}} \sin\varphi \tag{10-16}$$

初始行波电流为

$$i_{\mathrm{F}}(t) = U_{\mathrm{F}} / Z_{\mathrm{c}} \tag{10-17}$$

由此可见，行波源与短路时刻的初相角φ密切相关，它随着初相角φ呈正弦变化。

当$\varphi = \pm 90°$时，初始行波的幅值最大，线路中的行波信号最强，最容易检测；当$\varphi = 0°$或$180°$时，也就是行波源过零点时，初始行波的幅值为零，线路中没有行波产生；当初相角在过零点附近变化时，初始行波幅值都是很小的，行波的检测比较困难，此时无法利用初始行波进行选线；当初相角变化达到$10°$时，线路中将产生明显的暂态行波，行波也就很容易被检测到。

根据上述分析，在电压过零点附加发生接地时，基于暂态行波的选线方法将失效。但是对于配电系统，在电压过零点附近一般不会出现电压击穿的情况，发生单相接地的概率非常小，不影响行波接地选线方法在工程中的应用。但考虑到接地选线原理的完备性，当在电压过零点附近发生单相接地时，可以用基于稳态故障分量的选线方法加以补充和完善。

2. 中性点接线方式对选线的影响

传统的基于稳态量的各种选线方法，不同程度上都受到中性点接地方式的影响，这是基于稳态量的方法没有从根本上解决接地选线问题的主要原因之一。中性点接地方式对行波选线究竟产生怎样的影响，是一个必须深入研究的问题，这也是评价行波接地选线效果的一个重要指标。

中性点接地方式对初始行波的影响可以从以下几个方面进行分析。

(1) 中性点接地方式对行波的第一个突变点没有影响。

接地产生的行波的第一个突变点是由行波源和线路在接地点的分布参数决定的。从上面的分析知道，行波源是由接地发生的时刻和初始相位角决定的。在确定的行波源作用下，当系统结构和参数一定时，线路中的初始行波就是确定的。因此，中性点接地方式不会对行波的第一个突变点产生影响。

(2) 中性点接地方式影响行波的传播特性，不影响行波在母线处的折反射。

行波在无损线路的传播特性，即发生折射、反射的程度，主要是受到传播媒介特性阻抗的影响，网络中的每个阻抗变化点，都将影响行波的折反射，折反射关系由式(10-9)决定。尽管中性点接地方式会影响到中性点对地的等效波阻抗，从而影响暂态行波在中性点的折反射，但是通过 10.1.1 节分析可知，中性点不对母线阻抗产生影响，也就不影响行波在母线处的折反射。

综上所述，中性点接地方式不对用于选线的初始行波产生影响。

为了进一步说明中性点接地方式不对初始行波产生影响，利用小波变换对不同的中性点接地方式下的暂态行波进行分析。图 10.10 给出了在图 10.5 中线路 2 的 Q 点发生单相接地时，中性点不接地、中性点经消弧线圈接地两种方式下，在线路 2 测量到的初始行波β模量，以及两层小波变换和模极大值波形。

表 10.1 给出了在上述两种接地方式下，四回线路初始行波的β模量、γ模量和零模分量的第一层小波变换模极大值。

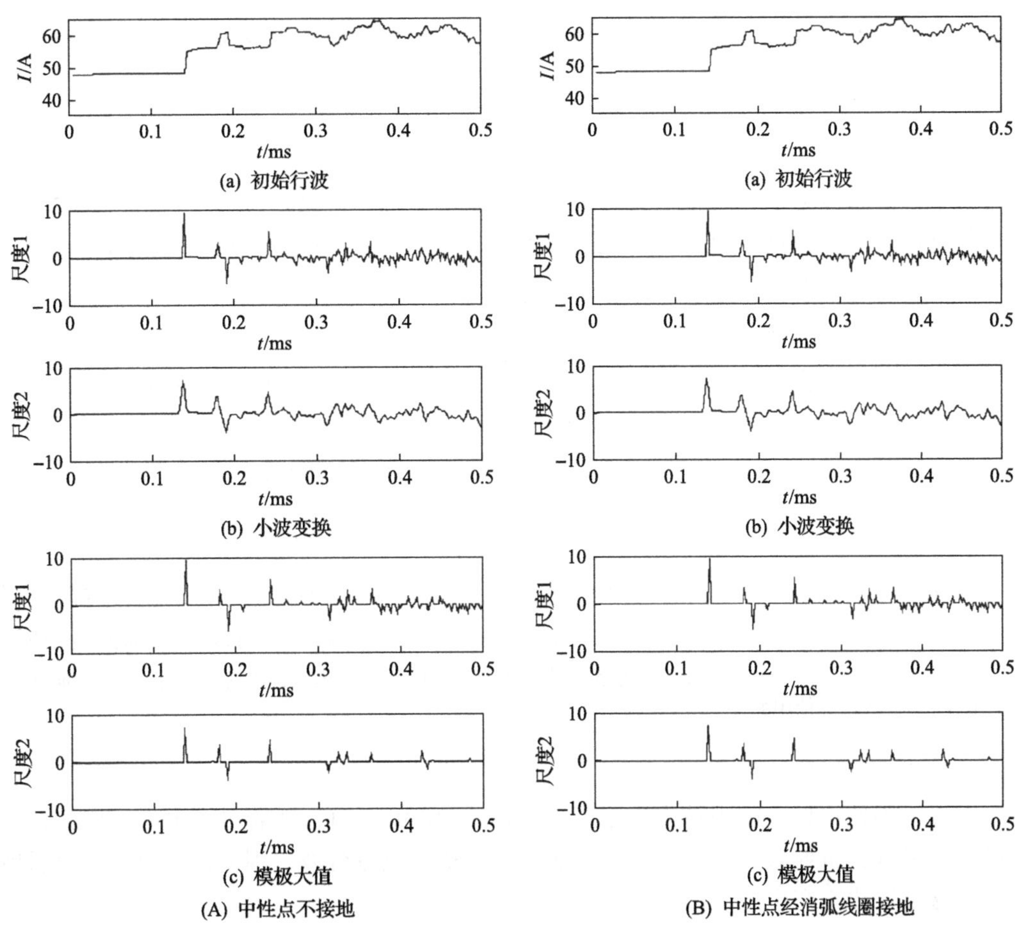

图 10.10　中性点接地方式的影响

表 10.1　不同中性点接地方式下β、γ模量和零模分量的模极大值比较

线路	中性点不接地			中性点经消弧线圈接地		
	β 模量/A	γ 模量/A	零模分量/A	β 模量/A	γ 模量/A	零模分量/A
线路 1	−3.0041	−0.9771	−3.1133	−3.0041	−0.9771	−3.1133
线路 2	9.4329	3.1680	9.3384	9.4329	3.1680	9.3384
线路 3	−3.0022	−0.9770	−3.1123	−3.0022	−0.9770	−3.1123
线路 4	−3.0013	−0.9771	−3.1117	−3.0013	−0.9771	−3.1117

由图 10.10 可以看出，在两种接地方式下，从初始行波波形到小波变换的模极大值波形都十分接近，由表 10.1 可知，各条线路上初始行波波头的极大值都相等，清楚地表明了中性点接地方式对初始行波没有任何影响。

基于以上分析知道，中性点接地方式完全不会影响基于初始行波的选线方法的可靠性和有效性，这是基于暂态行波选线方法的一个十分重要的特点，也是一个显著的优点。长期困扰传统选线方法的一个技术难题就是因为中性点接地方式对接地后的稳态量影响很大，从而存在选线死区，而暂态行波的选线方法恰恰从根本上克服了稳态量选线这一不足之处。

3. 过渡电阻对选线的影响

以上所有选线方法分析都是针对金属性接地的情况，但是在现场运行中存在经过渡电阻接地的情形。因此，有必要讨论过渡电阻对接地选线的影响。过渡电阻对暂态行波的影响主要有以下两个方面。

1) 过渡电阻对行波源的影响

设接地点在正常运行时的电压为 $-U$，过渡电阻为 R，过渡电阻的电压为 U_R，接地点等值电路如图 10.11 所示。

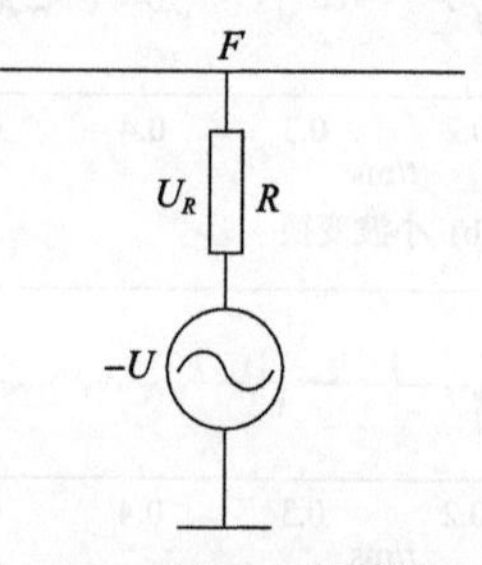

图 10.11　接地点等值电路

当发生单相接地后，故障点的电压 U_F 为

$$U_F = -U + U_R \tag{10-18}$$

即电压故障分量等于系统故障前的电压减去过渡电阻电压，因此，随着过渡电阻的增大，行波源的幅值将下降，导致初始行波模极大值幅值下降，也就必然降低接地选线的灵敏度。

2) 过渡电阻对行波折反射的影响

过渡电阻使接地点的阻抗发生了变化。由式(10-9)知道，随着过渡电阻的增大，行波的反射增强，折射减弱。但是选线方法是基于初始电流行波，因而接地点的折反射情况对于接地选线不产生影响。

3) 过渡电阻对初始行波的影响

波形和数据表明，随着过渡电阻的增大，初始行波的幅值将逐渐减少，但是过渡电阻并不影响接地线路和非接地线路之间初始行波的幅值和相位的相对关系。这种相对关系保持不变，也就保证了选线方法的正确性和有效性。

过渡电阻使初始行波的幅值减小，在一定程度上会影响到选线的灵敏性。因此，在现场实际应用中，必须根据线路参数特性并考虑到过渡电阻的影响，合理选择门槛值，既要保证在一定过渡电阻接地时的灵敏性，还要有效排除干扰。

表 10.2　不同过渡电阻时β、γ模量的模极大值比较

线路	金属性接地		100Ω 电阻接地		5KΩ 电阻接地	
	β 模量/A	γ 模量/A	β 模量/A	γ 模量/A	β 模量/A	γ 模量/A
线路 1	−1.5067	0.5288	−1.1106	0.3969	−0.0770	0.0522
线路 2	−1.5057	0.5280	−1.1096	0.3960	−0.0766	0.0516
线路 3	−1.5051	0.5275	−1.1092	0.3956	−0.0766	0.0516
线路 4	4.5796	−1.5006	3.3789	−1.1004	0.2472	−0.0564

4. 母线结构对选线的影响

对于图 10.6 的网络，共有 N 回线路，假定所有出线和进线的阻抗相等且都为 Z，入射波电流为 i_F，同时考虑到接地线路的初始行波是由接地点流向母线，而折射波和反射波是由母线流向线路的。

根据式(10-5)，接地线路的初始行波 i_N 为

$$i_N = \frac{2N-2}{N} i_{\mathrm{F}} \tag{10-19}$$

根据式(10-7)，非接地线路的初始行波 i_k 为

$$i_k = \frac{2}{N} i_{\mathrm{F}} \tag{10-20}$$

从式中可以看出，随着母线上出线数目 N 的增多，接地线路反射波增强，并且和入射波同极性相加，故接地线路测量到的初始行波增强；非接地线路的折射波随着出线数目增加减弱。

表 10.3 分别给出了图 10.5 中母线有两回出线和四回出线的情况，在线路 2 发生接地时，线路 1 和线路 2 上初始电流行波β、γ模量的波头模极大值的变化情况。

表 10.3　不同母线出线数目时β、γ模量的模极大值比较

线路	两条出线		四条出线	
	β 模量/A	γ 模量/A	β 模量/A	γ 模量/A
线路 1	–5.9688	–1.9647	–3.0041	–0.9771
线路 2	6.8043	2.2921	9.4329	3.1680

初始行波的这种变化将产生两种影响。

(1) 接地线路初始电流行波波头增大，非接地线路行波波头减小，这样增加了接地线路和非接地线路之间初始行波的差别。线路出线数量的增加有助于突出接地线路的行波特征，有利于区分接地线路和非接地线路。

(2) 当母线上出线很多，行波源又不是很强时，可能使非接地线路的初始行波波头太小，增加测量困难。此时，如果直接利用初始行波第一个模极大值的幅值确定接地线路，仍然可以保证准确选线。

5. 母线电容对选线的影响

配电系统母线对地都存在着电容，暂态行波是一种高频信号，而电容对高频信号较为敏感，因而有必要分析母线电容对暂态行波选线的影响。

当发生单相接地时，接地线路入射波由接地点向母线传播，当母线存在电容时，行波旁过电容电路如图 10.12 所示。为了说明问题，假设入射波为直角波 U_0，如图 10.12(a)所示，可以用图 10.12(b)所示的电路等值。

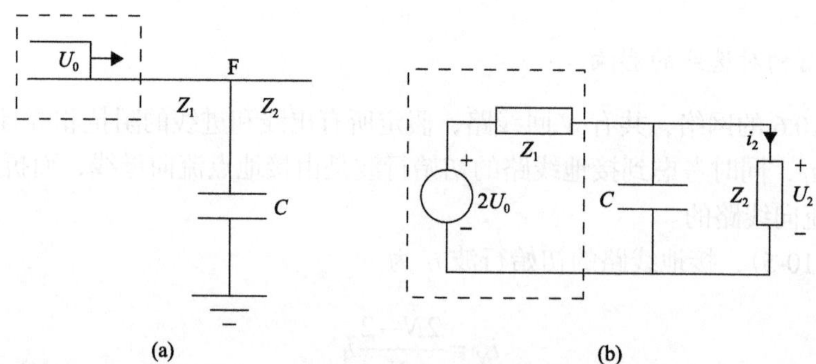

图 10.12　行波旁过电容的等值电路

根据图 10.12(b)，可写出行波旁过电容时的回路微分方程：

$$2U_0 = i_2(Z_1 + Z_2) + CZ_1Z_2\frac{\mathrm{d}i_2}{\mathrm{d}t} \tag{10-21}$$

令 $T_c = \dfrac{CZ_1Z_2}{Z_1 + Z_2}$，可以得到波旁过电容时折射而生成的电压，即 F 点电压 U_2：

$$U_2 = U_0\frac{2Z_2}{Z_1 + Z_2}\left(1 - \mathrm{e}^{-\frac{t}{T_c}}\right) = \alpha U_0\left(1 - \mathrm{e}^{-\frac{t}{T_c}}\right) \tag{10-22}$$

式中，$\alpha = \dfrac{2Z_2}{Z_1 + Z_2}$为折射系数。

行波旁过电容的电流 i_2 为

$$i_2 = \frac{\alpha U_0}{Z_2}\left(1 - \mathrm{e}^{-\frac{t}{T_c}}\right) \tag{10-23}$$

可见，集中参数电容的存在使折射波的波头陡度发生了变化，即从直角波变为按指数曲线缓缓上升的指数波。这是因为电容上的电压不能突变，当行波作用到电容时，U_2、i_2 为零，以后 U_2、i_2 随着电容逐渐充电而增大。同时，由于电容的存在，电流行波经过反射后，使初始行波幅值增大。

从以上分析可知，母线电容对初始行波有如下影响。

(1)初始行波波头陡度下降。

(2)非接地线路检测到的初始折射波幅值随着电容增大而减小。

(3)接地线路的反射波随着电容增大而增强，并且极性和入射波相同，二者叠加使接地线路初始行波幅值增大。

图 10.13(a)和(b)分别给出了在图 10.5 线路 2 的 Q 点发生单相接地时，线路 1 和线路 2 上初始行波β模量的波头随电容变化曲线，其横坐标为母线电容，从 0.01～0.1 μF 变化，纵坐标为初始行波的β模量波头的绝对值。

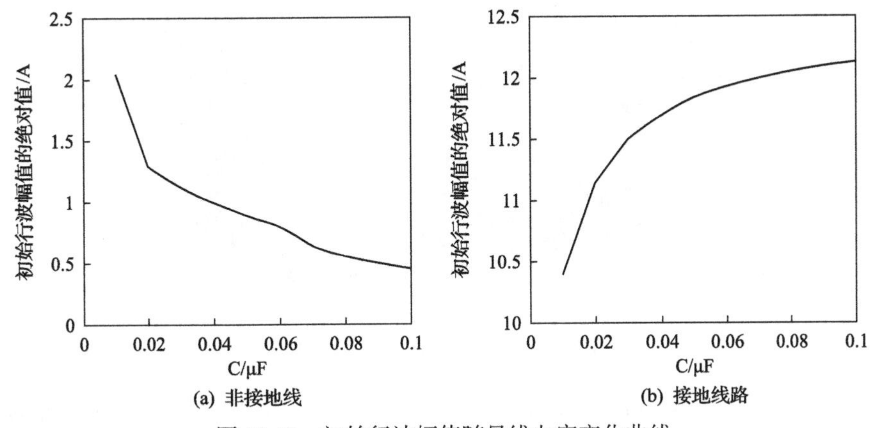

图 10.13　初始行波幅值随母线电容变化曲线

并联电容对选线的影响可归纳如下。

(1) 随着母线电容增大，接地线路初始行波幅值逐渐增大，而非接地线路初始行波幅值逐渐减小。这种变化使接地线路和非接地线路的差别增大，各自特征更为明显，更容易识别和区分接地线路和非接地线路。因此，母线电容的增大，更有利于准确找到接地线路。

(2) 当电容太大时，将减缓行波波头，对行波选线产生不利影响。经过分析知道，小于0.1 μF 的电容不会影响接地选线结果。幸运的是，配电系统母线电容一般都小于0.1 μF 。

6. 短距离接地对选线的影响

当单相接地点距离母线很短时，所测量到的行波为线模分量和零模分量叠加的混合分量。根据行波产生的机理以及行波传播折反射和耦合特性知道，接地相行波线模分量和零模分量具有相同的极性，叠加的结果会使接地相行波幅值增大；而非接地相行波线模分量和零模分量极性相反，叠加的结果使非接地相行波幅值很小，接近零。因此，对于短距离接地的情况，当接地相为 A 相或者 C 相时，无论三相选线方法还是模量选线方法，都可以满足选线的要求；当接地相为 B 相时，对于只有两相 CT 的情况，行波β、γ模量都很小，行波选线方法将失效。必须依靠其他方法提高选线的可靠性，如增加 B 相 CT，采用三相行波选线方法，或采用稳态故障分量法选线等。

10.2.5　SL-01 行波选线装置的实现

装置外观如图 10.14 所示。装置以 500kHz 为采样率，可存储时长 21ms 的故障数据(可扩展)，具备同时处理 48 回出线电流行波的能力。SL-01 的整体架构如图 10.14 所示，选线装置的硬件电路板分为电源板 1 块、选线板 3 块、精密宽频电流/电压变换器板 3 块、开出板 1 块、监控板 1 块。

各电路板的主要功能简要介绍如下。

电源板为装置提供电源支持，一般为直流 110V 或 220V。

精密宽频电流/电压变换器板将电流电压信号从电力系统二次侧引入装置中，将电力系统电流电压互感器的输出信号变换为主控板 AD 可识别并采样的信号。

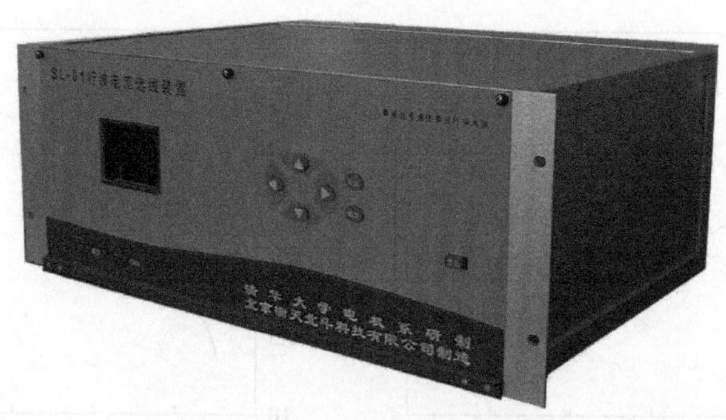

图 10.14　SL-01 选线装置外观

监控板基于嵌入式 Windows 操作系统设计，其主要功能是接收主控板上传的故障数据、执行选线算法、显示选线结果及人机交互。

开出板的功能是开出故障报警信号或跳闸信号。母板主要提供各个插板的信号链接。前面板用于固定液晶屏、案件及前置以太网结构。

主控板主要包括高速数据采集回路、启动回路和高速信号处理回路，主要负责信号采集、故障启动判据的执行，以及利用以太网通信向监控板上传故障数据。高速数据采集回路采样率设为 500kHz，可以实时以 500kHz 的采样率采集零序电流和零序电压信号，信号长度为故障前 1/4 工频周波和故障后 1 个工频周波。主控板所执行的启动判据有二：行波启动和工频启动。行波启动判据由硬件启动回路实现，启动回路的原理是，只有某一特定频带内的行波信号幅值超过某一硬件设定的阈值时，才会执行行波判据。工频启动判据以每隔 1ms 进行零序电压 FFT 而实现，当母线零序电压的 FFT 幅值大于阈值时，选线启动。

SL-01 行波选线装置最早于 2003 年投运通化钢铁集团 35kV 总降变电站，迄今已经广泛应用在电力、钢铁、煤炭等多行业领域。

10.3　自适应时频窗配电线路行波选线

本节谈论三个问题：①实现行波波头提取的自适应时频窗的选取；②在所选时频窗内确定提取故障初始波头的方法；③构建基于自适应时频窗的行波选线方法[6]。

10.3.1　自适应时频窗选取方法

为更准确地提取故障初始行波的幅值和极性，需将初始行波在合适的时频窗中进行提取。首先给出本节所分析的频率窗与时间窗的定义。频率窗定义为能够提取到较大幅值的初始波头，且可保留初始波头极性的频率范围。时间窗定义为包含所有线路的初始波头，并最大程度躲避后续波头的时间范围。

自适应时频窗选取思路为所选时频窗应对所有线路的电流行波均具有良好的提取效果，不同线路行波之间具有较强的相关性。本节首先分别从初始波头、二次回路产生的初始波头振荡、故障叠加行波这 3 个角度来分析零模电流行波的相关性。随后，引入小波变换与相关分析相结合的交叉小波变换理论提取故障时频特征，并构造自适应时频窗的选取方法。

1. 故障线路与健全线路零模电流相关性分析

1) 零模电流行波初始波头相关性分析

根据行波选线理论，对于一次侧零序故障电流来说，故障线路和健全线路的行波初始波头呈现相反极性，即反极性相关关系，如式(10-24)所示。

$$\begin{cases} i_f = (1-\beta)i_0 \\ i_s = \alpha i_f \end{cases} \tag{10-24}$$

式中，β 为故障线路母线反射系数；α 为故障线路对健全线路的折射系数；i_0 为故障零序电流初始行波。

然而，由于网络拓扑结构复杂多变，初始波头后的后续波头有可能是网络中任何一个阻抗不连续点的反射波，故一次侧零序电流的后续行波波头无法被利用。这对初始波头的识别提出了很高的要求。

2) 考虑二次回路暂态特性的零模电流行波相关性分析

当考虑二次传变回路后，二次传变回路可以看作集中参数下的多阶 RLC 电路，在输入突变量后，二次回路的输出电流即呈现 $A\mathrm{e}^{-at}\cos(\omega t+\beta)$ 的振荡波形。由于故障线路和健全线路的高压电流互感器、仪用电流互感器均完全相同，二次电缆长度也基本等长，故初始行波所产生的振荡频率亦基本相同，相位相反。故障线路和健全线路的初始波头因二次传变回路的存在而变为

$$\begin{cases} i_f = (1-\beta)i_0\mathrm{e}^{-at}\cos(\omega t+\varphi) \\ i_s = -\alpha(1-\beta)i_0\mathrm{e}^{-at}\cos(\omega t+\varphi) \end{cases} \tag{10-25}$$

因此，由于二次传变回路的存在，使可利用的初始波头数目增多，故障线路与健全线路的零序电流呈反极性相关关系。

3) 零模电流初始阶段后续叠加行波的相关性分析

把所分析的时间窗拓宽到毫秒级、所分析的频带降低到 30kHz 以下后，线路模型可由分布参数线路变为参数线路。由于配电线路通常小于 20km，所以对故障初始阶段叠加波头进行分析使用参数线路，故障线路与健全线路的暂态零模电流如式(10-26)。可见，故障线路与健全线路的暂态零序电流呈现反极性相关的关系。

$$\begin{cases} i_{f3} = -\sum^{n\neq f} C_{0n\Sigma}\dfrac{\mathrm{d}U_0}{\mathrm{d}t} \\ i_{n3} = C_{0n\Sigma}\dfrac{\mathrm{d}U_0}{\mathrm{d}t} \end{cases} \tag{10-26}$$

综上，故障线路与健全线路的零模电流行波在初始波头、故障初始阶段高频振荡过

程以及故障叠加行波构成的暂态过程三个阶段均呈现反极性相关关系，但该关系成立的时频域则随着故障条件、网络结构而变化。因此，可通过分析故障后线路零模电流行波在时频空间内的相关性，认为相关性较高的区域即为最适合进行行波选线的时频窗。

2. 自适应时频窗选取方法

参见前述，认为线路故障电流信号相关度较高的时频区域即为最适合进行行波选线的时频窗。自适应时频窗选取的基础是对信号的时间特征和频率特征进行准确分析。功率谱是一个重要的物理量，它定义为信号能量的频域分布。因此，本问题转化为求取两信号功率谱相关度较高的时频区域的问题。在该区域内，两信号能量较强且相关程度高，能够较容易地提取到故障特征，并凸显二者的相互关系。

显然，Fourier 变换虽然能够揭示信号的频域特征，但它并不能揭列出某个频率分量出现的具体时间及其变化趋势。而现场应用中，信号通常是非平稳的，仅仅分析信号的频域特征并不能满足分析要求，人们最希望获得的是信号的功率谱随时间变化的情况。根据上文分析可知，小波变换可以通过时间和频率的联合函数描述信号的功率谱随时间变化的情况。非平稳信号的“能量化”简称为信号的时频分布。因此，小波变换是进行信号时频分布的有效手段。再进一步，如果希望分析两信号在不同时频空间的相关程度，仅对单一信号进行小波变换分析是不够的。为凸显两个信号的相互关系，并充分发挥复小波变换在频带分析方面具有优势，而实小波变换在突变检测方面具有优势，本节引入交叉小波变换理论，通过使用复小波作为母小波函数，不仅能够揭示两信号在时频空间内的相关程度，还能够揭示两信号在任意时频范围内的相位关系，并据此提出自适应时频窗的选取方法。

1) 交叉小波变换理论

交叉小波变换(cross wavelet transform，XWT)建立在小波分析理论基础之上，在时频域内对两信号进行分析，可以判断 2 个非平稳信号间的时频相关性及相位关系特征。由于噪声具有随机性和互不相关性，所以交叉小波变换可有效屏蔽噪声的影响，目前在气象、局放检测、机械故障检测等领域应用较多，取得了很好的分析效果，为分析配电网单相接地故障提供了有力的分析工具。

对于能量有限的时域信号 $x(t)$，其连续小波变换定义如下：

$$W_x(s,\tau)=\frac{1}{\sqrt{s}}\int_{-\infty}^{+\infty}x(t)\psi^*\left(\frac{t-\tau}{s}\right)\mathrm{d}t \tag{10-27}$$

式中，ψ 为母小波；$s\,(s>0)$ 为尺度算子；τ 为位移算子；*表示复共轭。

Morlet 小波是常用的复小波函数，能够有效反映信号在时频域内的局部化特性。选用 Morlet 小波函数为母小波函数，其数学表达式为

$$\psi(t)=\pi^{-1/4}(\mathrm{e}^{-\mathrm{j}\omega_0 t}-\mathrm{e}^{-\omega_0^2/2})\mathrm{e}^{-t^2/2} \tag{10-28}$$

针对时域信号 $x(t)$ 的自相关函数[82]如式(10-29)，其功率谱密度定义为$|W_x(s,\tau)|$，可有效解释该时域信号的时频分布特征。

$$W_x(s,\tau)=W_x(s,\tau)W_x^*(s,\tau) \tag{10-29}$$

交叉小波变换由单一信号的小波变换定义扩展而来。对于时域信号 $x(t)$ 和 $y(t)$，它们之间的交叉小波变换定义如式(10-30)。可见，交叉小波变换的物理意义为两时域信号小波变换后的时频信号在时频空间内的互相关函数。因此，交叉小波变换可以有效揭示两信号在时频空间内的相关程度。

交叉小波功率谱密度定义为$|W_{xy}(s,\tau)|$，其值越大，表明两信号相关性越显著。

$$W_{xy}(s,\tau)=W_x(s,\tau)W_y^*(s,\tau) \tag{10-30}$$

定义交叉小波的相位角定义如式(10-31)，表示两信号在相应时间、频率处进行周期延拓后，二者的相位差。

$$\phi=\arctan\frac{\mathrm{Im}\{W_{xy}(s,\tau)\}}{\mathrm{Re}\{W_{xy}(s,\tau)\}} \tag{10-31}$$

式中，$\mathrm{Im}\{W_{xy}(s,\tau)\}$和 $\mathrm{Re}\{W_{xy}(s,\tau)\}$分别代表 $W_{xy}(s,\tau)$ 的虚部和实部。

通过交叉小波分析，不仅能够分析信号间的相互关系程度，还可以得到信号在时频空间的相位关系。在交叉系数较大的区域代表两信号具有较强的相关性。

2) 自适应时频窗选取

本方法通过交叉小波变换对不同线路零模电流行波进行两两计算[197]，得到的结果为二维复数矩阵，如式(10-32)所示。

$$W_{xy}(s,\tau)=\begin{bmatrix} a_{11}+\mathrm{j}b_{11} & a_{12}+\mathrm{j}b_{12} & \cdots & a_{1\tau}+\mathrm{j}b_{1\tau} \\ a_{21}+\mathrm{j}b_{21} & a_{22}+\mathrm{j}b_{22} & \cdots & a_{2\tau}+\mathrm{j}b_{2\tau} \\ \vdots & \vdots & \vdots & \vdots \\ a_{s1}+\mathrm{j}b_{s1} & a_{s2}+\mathrm{j}b_{s2} & \cdots & a_{st}+\mathrm{j}b_{s\tau} \end{bmatrix} \tag{10-32}$$

任意一个时间点 τ 和频率点 s 上均对应一个交叉小波变换计算结果 $as\tau+\mathrm{j}bs\tau$ 。其物理意义说明如下。

交叉小波功率谱定义为 $|W_{xy}(s,\tau)|=\sqrt{a_{s\tau}^2+b_{s\tau}^2}$ ，表示两条线路零模电流行波在 (s,τ) 时频点上的相关程度，其越大，说明两条线路的零模电流行波的正极性相关或反极性相关程度越大，二者故障特征区分度越明显。

交叉小波相位定义为 $\phi=\arctan(b_{s\tau}/a_{s\tau})$ ，该物理量由复小波函数引入，表示两条线路零模电流行波在 (s,τ) 时频点领域内信号周期延拓后的相位差。根据前述分析可知，故障线路与健全线路在电流初始波头、考虑二次回路暂态过程、后续行波叠加形成的暂态过程均呈现反极性相关关系，交叉小波相位计算结果为 180°；同理，健全线路零模电流行波彼此呈现正极性相关关系，交叉小波相位计算结果为 0°。本特征亦可以反映故障线路和健全线路的相互关系，在下文基于自适应时频窗行波选线方法的研究中，可用于辅助判据。

综上，交叉小波功率谱密度较强的时频区域，即为所选取的行波分析时频窗。由于在不同故障条件、网络结构下，故障特征各异，时频窗选取方法以当次故障后各线路零模电流行波为基础进行计算，可以有效实现自适应，具体实现步骤如下。

1) 信号获取

获取启动前1ms、启动后20ms时间范围内所有线路的零模电流。采样率为f_s=500kHz，采样间隔t_s=2μs。记录启动时间为t_0。

2) 参考线路选取

取启动时刻前 1ms、启动时刻后 2ms 的线路零模电流 $i_{0k}(n)$，k 为线路号，n 为采样序号。利用式(10-33)计算线路 k 零模电流能量 E_k，选出 E_k 最大的一条线路 x，记为参考线路。其中，N 为采样点总数。

$$E_k = \sum_{n=1}^{N} | i_{0k}(n) | \tag{10-33}$$

3) 频窗选择

以线路 x 为参考线路，对所有线路零模电流两两进行交叉小波变换，得到交叉小波功率谱密度$|W_{xk}(s,\tau)|$和相位α_{xk}（线路 k 与参考线路 x 在所选时频窗内的相位差）。

为使所有情况下的时频窗选择标准统一，利用信号方差将交叉小波功率谱密度计算结果进行归一化。定义满足式(10-34)的时频范围为"公共时频空间"。大量仿真实验表明，取 p=0.3 可得时频窗选择的理想效果。

$$\frac{|W_{xk}(s,\tau)|}{\sigma_x \sigma_k} > p \tag{10-34}$$

式中，σ_x、σ_k 分别为线路 x 和线路 k 的零模电流标准差。

计算满足式(10-34)时频窗的相位平均值α_{xk}，如式(10-35)。

$$\alpha_{xk} = \frac{1}{N_{xk}} \sum_{s} \sum_{\tau} \varphi_{xk}(s,\tau) \tag{10-35}$$

式中，N_{xk} 为线路 x 与线路 k 零模电流交叉小波变换后满足式(10-36)的总点数。

获取公共时频空间上的尺度范围 s，尺度算子 s 与所对应的尺度系数 j、频率值如下式(其中，f_s 为采样频率)

$$s = \frac{1}{2^j} = \frac{f}{f_s} \tag{10-36}$$

由于XWT是基于复小波函数的连续小波变换，所以得出的尺度系数j均为小数形式。选取尺度系数 j 范围中的最小整数 j_0，作为后续基于二进小波变换的行波选线所利用的尺度系数。

4) 时窗选择

取"公共时频空间"内尺度$[j_0, j_0+1]$对应的时间范围$[t_1,t_2]$。

所选取的时频窗为所有线路与参考线路交叉小波变换结果满足式(10-34)的时频窗重叠区域，如图 10.15 所示。其中，区域 A、B 分别为线路 i 和 i'与参考线路的交叉小波变换结果。在时间范围$[t_1,t_2]$和频率范围$[f_1,f_2]$的重叠区域时频窗内，所有线路零模电流行波具有相关程度高的故障特征，适合用于故障选线。

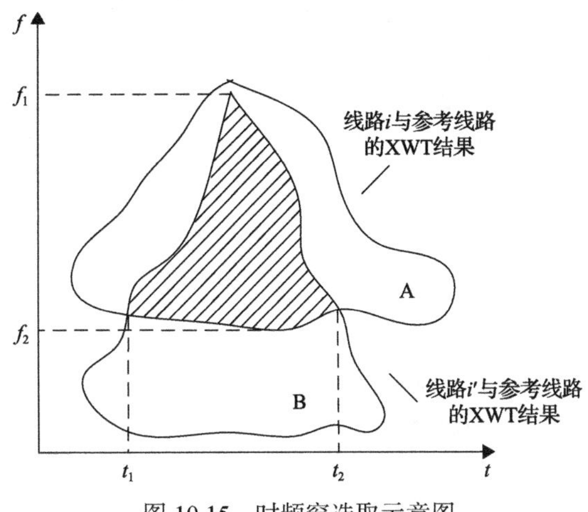

图 10.15　时频窗选取示意图

10.3.2　初始波头的标定方法

传统的初始波头标定方法是，预先设定行波波头识别的软门槛值，认为大于该门槛值的最早波头即为初始波头[175]。然而，该门槛值的整定存在困难，如设置过低，则易将干扰波误判为初始波头；如设置过高，又易将后续波头误判为初始波头。由于不同线路零模电流行波波头呈现不同的时频特性，经小波变换、模极大值处理后的初始波头模极大值时刻并不统一，因而亦不能通过启动时刻所对应的行波波头作为初始波头。

根据分析，单相接地故障后续波头不大于初始波头的 3 倍，且幅值最大的后续波头将在初始波头后 1ms 之内出现。因此，初始波头的标定方法如下。

(1)在所选取的时频窗内，利用基于三次 B 样条实小波函数的二进小波变换，对各条线路零模电流行波进行小波变换计算与模极大值求取。

(2)选取每条线路行波的幅值最大模极大值 M_j，j 为线路号。

(3)选取每条线路行波大于各自最大模极大值 1/3 且出现在最大模极大值波头之前的波头(或该波头本身)作为初始波头。

10.3.3　自适应时频窗的配电线路行波选线方法

基于上述自适应时频窗选取方法和初始波头标定方法，提出自适应时频窗行波选线方法(adaptive time-frequency-window-traveling-wave-based fault-feeder selection，ATFS)。实现步骤如下。

(1)选线启动。

(2)选取行波提取的自适应时频窗。

(3)在自适应时频窗中，提取各条线路的零模电流行波初始波头。

(4)行波选线主判据：利用所选取的各条线路零模电流初始波头，零模电流行波与其他线路极性相反、且幅值最大的线路即为初步判定的故障线路 y。如所有线路模极大值均为同极性，则初步判定为母线故障。

(5)行波选线辅助判据：引入交叉小波变换相位平均值 α_{xk}，计算如式(10-35)。

选线结果需要考虑以下条件。

(1)如果 $x=y$，且 $\alpha_{xk}\in(90°,270°)$，则确定故障线路为 x。

(2)如果 $x\neq y$，且 $\{\alpha_{xy}\in(90°,270°)\}\cap\{\alpha_{xk(k\neq y)}\in(0°,90°)\cup(270°,360)\}$，则确定故障线路为 y。

(3)如果步骤(5)中判定为母线故障，且 $\alpha_{xk}\in(0°,90°)\cup(270°,360)$，则判定为母线故障。

否则，摒弃本组结果。ATFS 算法流程如图 10.16 所示。

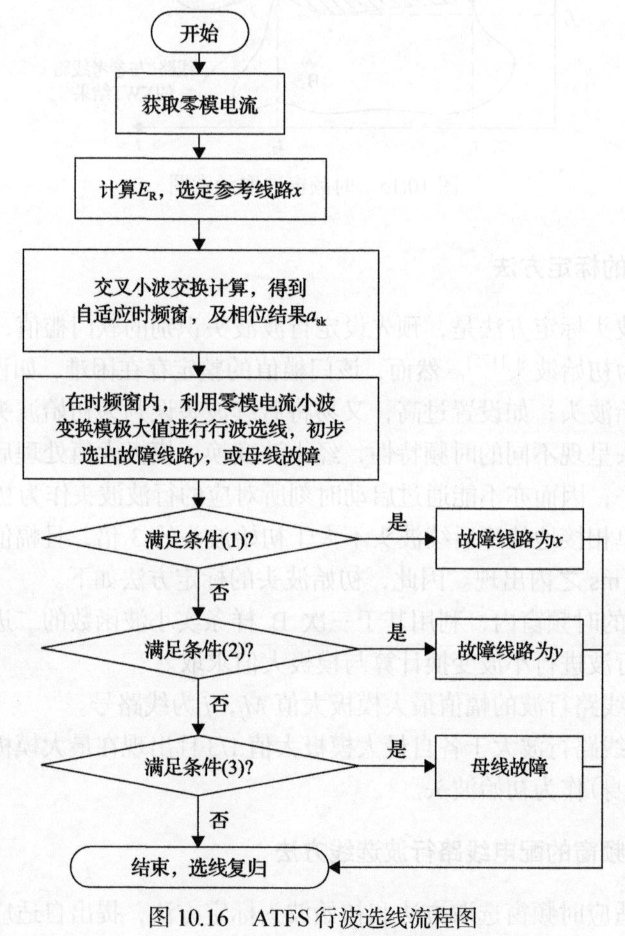

图 10.16 ATFS 行波选线流程图

10.4 中性点非有效接地配电网单相接地行波保护

10.4.1 行波方向判据

本节所用仿真系统如图 10.17(a)所示，中性点采用不接地形式；系统短路容量为

106.2MVA，母线短路电流为 5.834kA；10kV 母线上接有 8 条馈线，线路的网架结构如图 10.17(b)所示，馈线长度如表 10.4 所示。

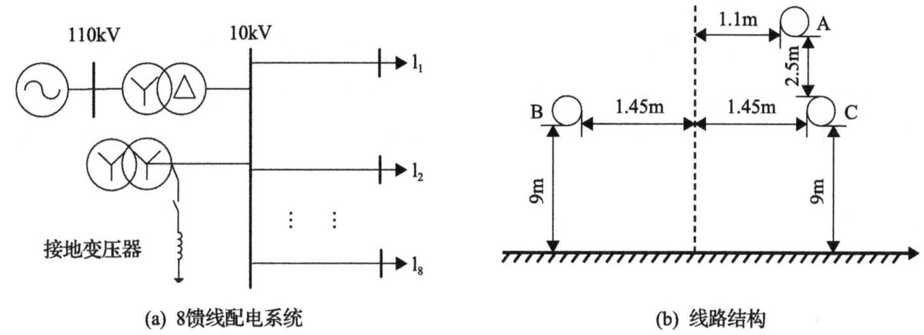

图 10.17　8 馈线配电系统以及线路结构

表 10.4　仿真线路长度

线路标号	l_1	l_2	l_3	l_4	l_5	l_6	l_7	l_8
线路长度/km	21.159	17.959	2.446	26.371	5.431	7.959	8.804	14.067

故障点行波及行波在母线处折反射的公式可由前述类似方法推出[185, 198]。

故障点行波的表达式如下：

$$\begin{cases} i_0 = i_\alpha = i_\beta = \dfrac{1}{Z_0 + 2Z_\alpha + 6R_f} U_{aF} \\ U_0 = -\dfrac{Z_0}{Z_0 + 2Z_\alpha + 6R_f} U_{aF} \\ U_\alpha = U_\beta = -\dfrac{Z_\alpha}{Z_0 + 2Z_\alpha + 6R_f} U_{aF} \end{cases} \tag{10-37}$$

式中，i_0、i_α、i_β分别为故障线路入射零模电流和两个入射线模电流行波；U_0、U_α、U_β分别为故障线路入射零模电压和两个入射线模电压行波；U_{aF}为故障点的电压。

母线处行波的折反射公式如下：

$$\begin{cases} U_{bf0} = -\dfrac{n-2}{n} U_0 \\ U_{bf\alpha} = U_{bf\beta} = -\dfrac{n-2}{n} U_\alpha \\ i_{bf0} = i_{bf\alpha} = i_{bf\beta} = \dfrac{n-2}{n} i_0 \end{cases}, \quad \begin{cases} U_{bz0} = \dfrac{2}{n} U_0 \\ U_{bz\alpha} = U_{bz\beta} = \dfrac{2}{n} U_\alpha \\ i_{bz0} = i_{bz\alpha} = i_{bz\beta} = -\dfrac{2}{n} i_0 \end{cases} \tag{10-38}$$

式中，i_{bf0}、$i_{bf\alpha}$、$i_{bf\beta}$分别为故障线路反射零模电流和两个反射线模电流行波；U_{bf0}、$U_{bf\alpha}$、

$U_{\mathrm{bf\beta}}$分别为故障线路反射零模电压和两个反射线模电压行波；i_{bz0}、$i_{\mathrm{bz\alpha}}$、$i_{\mathrm{bz\beta}}$分别为故障线路折射零模电流和两个折射线模电流行波；U_{bz0}、$U_{\mathrm{bz\alpha}}$、$U_{\mathrm{bz\beta}}$分别为故障线路折射零模电压和两个折射线模电压行波。

对于故障线路，在故障点检测到的行波信号为入射行波和反射行波的叠加；对于健全线路，在故障点检测到的行波信号为折射行波。将其统称之为故障初始行波。

利用式(10-37)、式(10-38)，很容易得出故障线路和健全线路的故障初始行波公式。

故障线路故障初始行波公式如下：

$$\begin{cases} i_{\mathrm{F0}} = i_{F\alpha} = i_{\mathrm{F\beta}} = \dfrac{2(n-1)}{n} \dfrac{1}{Z_0 + 2Z_\alpha + 6R_f} U_{\mathrm{aF}} \\ U_{\mathrm{F\alpha}} = U_{\mathrm{F\beta}} = -\dfrac{2}{n} \dfrac{Z_\alpha}{Z_0 + 2Z_\alpha + 6R_f} U_{\mathrm{aF}} \\ U_{\mathrm{F0}} = -\dfrac{2}{n} \dfrac{Z_0}{Z_0 + 2Z_\alpha + 6R_f} U_{\mathrm{aF}} \end{cases} \tag{10-39}$$

式中，i_{F0}、$i_{\mathrm{F\alpha}}$、$i_{\mathrm{F\beta}}$分别为故障线路初始零模电流和两个初始线模电流行波；U_{F0}、$U_{\mathrm{F\alpha}}$、$U_{\mathrm{F\beta}}$分别为故障线路初始零模电压和两个初始线模电压行波。

健全线路故障初始行波公式如下：

$$\begin{cases} i_{\mathrm{N0}} = i_{\mathrm{N\alpha}} = i_{\mathrm{N\beta}} = -\dfrac{2}{n} \dfrac{1}{Z_0 + 2Z_\alpha + 6R_{\mathrm{f}}} U_{\mathrm{aF}} \\ U_{\mathrm{N\alpha}} = U_{\mathrm{N\beta}} = -\dfrac{2}{n} \dfrac{Z_\alpha}{Z_0 + 2Z_\alpha + 6R_{\mathrm{f}}} U_{\mathrm{aF}} \\ U_{\mathrm{N0}} = -\dfrac{2}{n} \dfrac{Z_0}{Z_0 + 2Z_\alpha + 6R_{\mathrm{f}}} U_{\mathrm{aF}} \end{cases} \tag{10-40}$$

式中，i_{N0}、$i_{\mathrm{N\alpha}}$、$i_{\mathrm{N\beta}}$分别为健全线路故障初始零模电流和两个初始线模电流行波；U_{N0}、$U_{\mathrm{N\alpha}}$、$U_{\mathrm{N\beta}}$分别为健全线路故障初始零模电压和两个初始线模电压行波。

通过式(10-39)和式(10-40)，很容易得出单相接地行波保护的行波方向判据：如果被保护线路检测到故障初始行波波头，且电流行波和电压行波波头的极性相反，则行波方向判据满足。

10.4.2　接地故障初始行波的小波表示

信号的小波变换模极大值点表示了信号的突变点，其往往和故障行波一一对应。因此利用小波变换对故障后行波信号进行处理，同时利用模极大值的大小和正负在表示故障行波的幅值和极性。

为了更清楚地阐述小波变换模极大值对行波信号的表示，采用一个仿真算例来进行说明，仿真系统和参数见图 10.17 和表 10.4。在仿真中，线路 1 距离母线 5km 位置发生了 A 相金属性接地故障。线路采用 Jmarti 模型，总仿真时长为 40ms，在 20ms 发生故障，仿真时信号采用率为 1MHz。取在刚刚发生故障时刻的暂态波形，并利用小波变换进行分析，可以得到图 10.18～图 10.20 的结果。

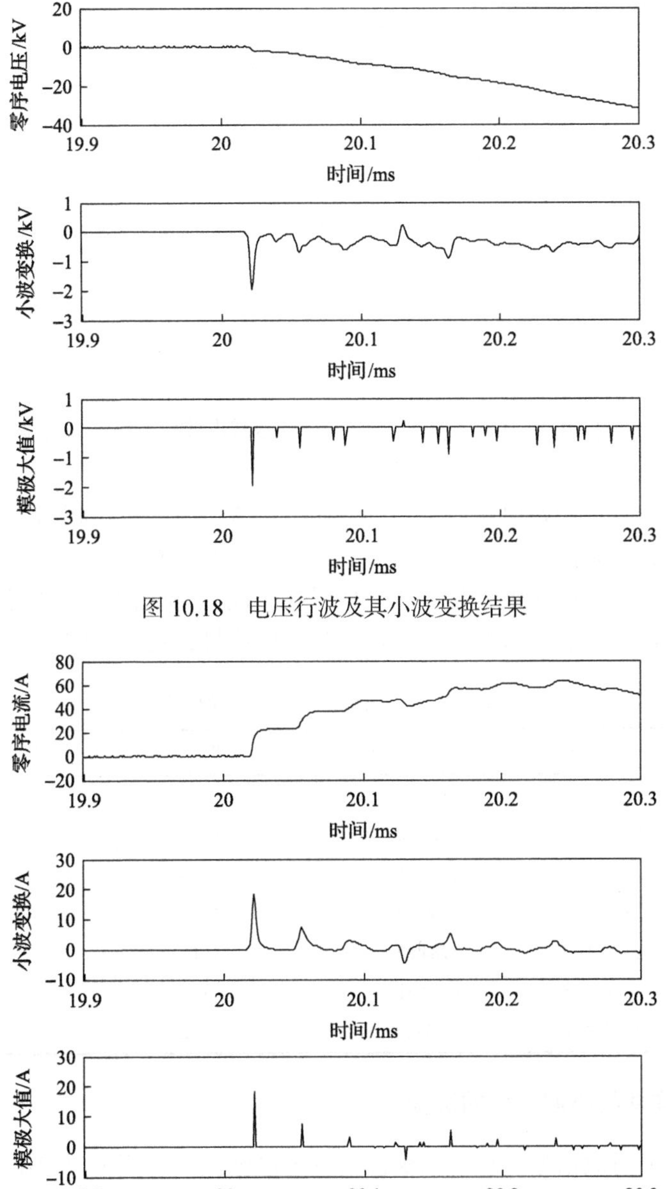

图 10.18　电压行波及其小波变换结果

图 10.19　故障线路电路行波及其小波变换结果

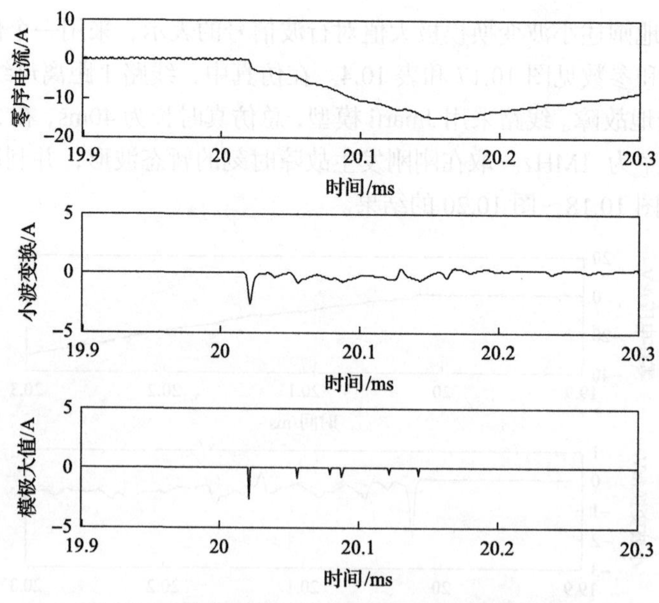

图 10.20　非故障线路电流行波及其小波变换结果

通过图 10.18～图 10.20 可以看出，利用小波变换模极大值可以清晰地表示故障行波的极性和幅值信息。对于故障线路，故障初始电压行波和故障初始电流行波的极性相反；对于非故障线路，故障初始电压行波和故障初始电流行波的极性相同。

上述分析中，仅采用了小波变换第 2 尺度小波分量的模极大值作为范例。事实上，由于小波变换不同尺度的小波分量反映了信号在不同频带的信号，利用其他尺度的小波分量模极大值也都可以表示行波信号的幅值和极性信息，见表 10.5。

表 10.5　不同小波变换尺度下模极大值

小波变换尺度	表示频带/kHz	初始电压行波/V	故障线路初始电流行波/A	健全线路初始电流行波/A
2^1	250～500	−1153.23	10.85	−1.54
2^2	125～250	−2056.92	19.38	−2.77
2^3	62.5～125	−2773.85	25.28	−3.60
2^4	31.25～62.5	−3289.23	29.02	−4.14
2^5	15.625～31.25	−3784.62	31.08	−4.65
2^6	7.813～15.625	−6772.31	36.86	−7.77
2^7	3.906～7.813	−16055.38	52.22	−13.46

10.4.3　信号采样率与小波尺度的选择

为了保证故障行波信号所包含的极性信息可以被最大程度上反映出来，同时也为了保证保护算法最大范围的适用性，需要选取一个最优的小波变换尺度提取故障行波的极性信息，这个小波变换尺度应该保证各种情况下，故障行波信号都具有较高的模极大值。

信号采样率的选择和小波尺度的选择也息息相关。信号采样率直接影响到保护装置获取故障信号的能力。不同小波变换尺度在不同信号采样率下，表示的信号频带信息也不同。原则上信号采用率越高，所能获取的信号频带越宽，所包含的故障信息越全面。但是信号采用率过高也会带来很多弊端。首先，信号采样率越高，对保护装置硬件设计的要求越高，导致保护装置的成本过高，不满足配电网保护的经济性要求；其次，过高的信号采样率可能会导致多层小波变换后，才能获取有效的故障行波信息，给保护带来了没有必要的额外计算量。在本节的分析中，为了更全面地反映故障信息，信号采样率暂时选取为 1MHz。在本节的最后，将给出合适的信号采样率和小波尺度的选择。

本节重点分析两种特殊情况。分别为故障距离较长或故障线路故障区间含有分支线路的情况，这种情况下故障行波的高频分量衰减严重；健全线路平均长度较短的情况，这种情况下折反射波将紧随初始行波到达故障检测点，将会为初始行波的检测带来影响。

1. 故障距离较长或故障线路故障区间含有分支线路的情况分析

根据前面结果，故障零模行波的衰减主要集中在高频带，故障距离越长，零模行波的衰减越严重。当故障线路故障区间含有分支线路时，相当于故障行波发生了更为严重的色散，导致故障初期行波波头更加平缓，所含的高频分量更少。因此，两种情况都会导致故障零模行波的高频带严重衰减。

本节依然采用仿真算例的形式，来讨论上述两种情况对故障行波信号检测的影响。设线路 L_1 距离母线 20km 位置发生了 A 相金属性接地故障。利用小波变换模极大值表示故障后初始行波波头，得到结果如表 10.6 所示。

表 10.6　故障距离较长时小波变换模极大值

小波变换尺度	表示频带/kHz	初始电压行波/V	故障线路初始电流行波/A
1	250～500	−245.23	2.22
3	62.5～125	−1221.85	10.97
5	15.625～31.25	−2738.46	21.85
7	3.906～7.813	−5543.38	26.86

对比表 10.5 与表 10.6 容易看出，当故障距离变长时，小波变换较低尺度分量(较高频带分量)的衰减明显强于高尺度分量(较低频带分量)，此时应该选取较高尺度分量的模极大值表示故障行波的极性。

在上述仿真算例的基础上，线路 L_1 距离母线 5km、10km 处分别增加长度为 5km 的分支线路。同样在距母线 20km 位置发生了 A 相金属性接地故障。利用小波变换模极大值表示故障后初始行波波头，得到结果如表 10.7 所示。

表 10.7　含分支线路时小波变换模极大值

小波变换尺度	表示频带/kHz	初始电压行波/V	故障线路初始电流行波/A
1	250～500	−84.00	0.77
3	62.5～125	−412.92	3.71
5	15.625～31.25	−940.77	7.48
7	3.906～7.813	−5300.15	22.98

通过表 10.6 和表 10.7 的对比可以发现，由于分支线路的存在，对于较低尺度的小波变换，初始行波的模极大值幅值又有了较大程度的衰减。但是到了 2^7 尺度，即表示的频带范围为 3.906～7.813kHz 时，分支线路的影响已经降低很多，含有分支线路的信号小波变换模极大值幅值已经较为接近不含分支线路的小波变换模极大值幅值。

通过以上分析可以看出，为了保证故障距离较长、或故障线路故障区间含有分支线路的情况下，故障能够被有效识别，应该选取小波变换较高尺度分量(较低频带信号)进行分析。

2. 健全线路平均长度较短的分析

根据小波变换的时频局部化分析特性，当选取的小波变换尺度越高时，其所表示的频率越低、频率越窄，时域越宽。因此选择较低的频带，虽然有利于在远距离故障及故障线路故障区间含分支线路的情况下识别故障初始行波，但也必然导致更多的后续折反射波对初始行波造成影响。根据前述的研究，后续折反射波对故障初始电压行波影响不大；但对于故障初始电流行波，由于故障初始行波折射入健全线路，并经过健全线路一次反射后再次折射入故障线路的行波(D 类行波)极性和故障初始行波极性相反，不利于故障初始行波的检测。特别是当健全线路平均长度较短时，这类行波折反射较频繁，对故障初始行波的检测影响更大。本节重点考虑在这种情况下不同尺度下小波变换模极大值的幅值变化情况。

本节依然采用算例的形式来讨论健全线路长度对故障行波信号检测的影响。仿真模型中表 10.4 的线路长度变化为表 10.8 所示长度。

表 10.8 仿真线路参数

线路标号	l_1	l_2	l_3	l_4	l_5	l_6	l_7	l_8
线路长度/km	21.159	1	2	3	1	2	3	1

仿真中，线路 L_1 距离母线 5km 位置发生了 A 相金属性接地故障。利用小波变换模极大值表示故障后初始行波波头，得到结果如表 10.9 所示。

表 10.9 健全线路平均长度较短时小波变换模极大值

小波变换尺度	表示频带/kHz	初始电压行波/kV	故障线路初始电流行波/A
1	250～500	−1152.77	10.85
3	62.5～125	−2837.54	25.23
5	15.625～31.25	−11238.62	28.28
7	3.906～7.813	−30158.46	25.60

对比表 10.9 和表 10.5 容易看出，小波变换尺度较小时，小波变换模极大值仅反映故障初始行波的幅值和极性，因而两表中第 1 尺度和第 3 尺度下的小波变换模极大值基本上相等。但是对于第 5 尺度和第 7 尺度，由于小波函数时间窗的变宽，后续折反射波开始影响初始行波的识别。在表 10.9 中，受由健全线路折射入故障线路的行波的影响，第 5 尺度和第 7 尺度下的电流行波小波变换模极大值均小于表 10.5 所示的结果。

3. 信号采样率与小波尺度的选择

根据上述两节的分析，小波变换分析的频带不能选取过高，因为故障零模行波信号的高频带信息大多已经在传播过程中衰减，同时当故障线路故障区间存在分支线路时，高频分量衰减更多。因此当采样率过高时，不但不能获得更多的故障信息，反而会引入更多的高频噪声干扰，不利于构成保护算法。同时频带也不能选取得太低，因为自健全线路折射入故障线路的电流行波可能会对初始行波的检测造成影响。在大量仿真和试验测试的基础上，选取信号采样率为 100kHz，在该采样率下，既可以有效获取故障初始行波信号，又能在一定程度上避免后续折反射波的影响。

在 100kHz 的采样率下，小波变换前 4 个尺度信号均能够较好地反映故障初始行波的极性信息。但是考虑到保护装置内部的电磁耦合可能会给信号带来一定的高频噪声，这种噪声会对第 1 尺度信号造成一定的干扰，因而选取小波变换后第 2 尺度、第 3 尺度与第 4 尺度构成保护判据。在 100kHz 的采样率下，第 2 尺度反映了信号在 12.5～25kHz 频带的分量；第 3 尺度反映了信号在 6.25～12.5kHz 频带的分量，第 4 尺度反映了信号在 3.125～6.25kHz 频带的分量。

10.4.4　高频噪声对行波方向判据的影响

理论上而言，只要线路接地时刻不发生在完全的电压过零点，则接地点就会因为电压的突变而产生向线路两端传播的行波，而行波也必然能够通过小波变换模极大值予与反映。但是相反地，我们不能将小波变换后每一个模极大值都当成是行波波头，因为变电站复杂电磁环境会带来大量的噪声干扰。噪声的产生可能源自变电站中的辐射电磁场干扰、保护装置内部的电磁耦合等。这种噪声的虽然幅值较低，但是频带较宽、持续时间久。在小波变换后，依然可以呈现出一定的模极大值。图 10.21 即为在图 10.19 的基础

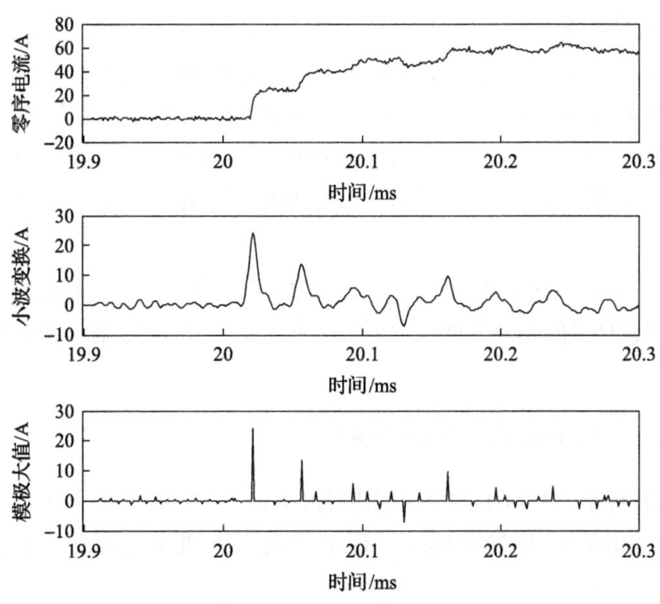

图 10.21　含高频噪声的行波信号及其小波变换结果

上，增加了高频噪声后，小波变换及其模极大值结果。

在高压输电线路中，一般通过小波变换后的 Lipischitz 指数构成噪声信号的识别判据。但是这种方法在配电线路中将失效，因为配电线路长度较短，行波折反射剧烈，后续行波的波头往往紧随初始行波到达。且利用小波变换对行波进行不同尺度的分解时，模极大值将出现“漂移”现象。因此，很难将同一个行波波头在不同尺度下的模极大值进行一一对应。

为了避免将高频噪声产生的模极大值误认为故障初始行波的模极大值，直接设定一个模极大值阈值，只有小波变换模极大值高于这个阈值，才会被判别为由行波波头的突变而产生的模极大值。这个阈值可以根据现场电磁环境进行设定。当阈值设定得过高时，会降低保护的灵敏性，即如果故障初相角较小时，产生的行波波头幅值较低，可能会因为未超过设定的阈值导致判据无法满足。但当保护的阈值设定得过低时，则有可能会出现上述误判情况。

事实上，也正是因为这种噪声的存在，扩大了单相接地行波保护的死区。理论上，只要不是故障发生在完全的相电压过零点，就会产生故障电流和电压行波，而故障电流和电压行波的极性关系也必然满足行波方向判据。但是当故障电流和电压行波的幅值过小时，将有可能会被“湮没”在噪声之中，无法被检测到，保护也会在这种情况下拒动。

10.4.5 互感器对行波信号的传变特性分析

由于一次侧电流和电压信号经过电流互感器和电压互感器后，才能够被保护装置采集并利用，所以电流互感器和电压互感器对故障行波的传变特性，一直是行波保护研究重点关注的课题。在配电线路中，目前现场大量采用的依然是电磁式电流互感器和电磁式电压互感器。理论分析和现场测试均表明 CT 能够有效传变高频行波信号。同时基于暂态行波的小电流选线装置在现场的广泛应用，也证实了 CT 对行波的可靠传变特性。然而对于 PT 对行波的传输特性一直具有争议。传统的观点认为 PT 的信号传输截止频率为 10kHz，无法有效传变宽频暂态行波信号。而近几年，有学者认为 PT 在传变故障行波时，存在很强烈的静电感应过程和自由振荡过程，且静电感应出的二次侧电压信号极性与一次侧电压信号极性一致，从而得出了电压互感器能准确无时延地传输行波波头极性的结论[161, 205]。

基于上述研究，PT 可以传变电压行波的波头极性，但是波头之后的短暂自由震荡过程是否会对保护判据造成影响依然值得关注。接下来将基于 PT 模型进行进一步的论证。

10.4.6 中性点非有效接地线路单相接地保护的实现

单相接地行波保护 TPS-01 的整体构成如图 10.22 所示，和大多数微机保护装置类似，保护分为精密电流/电压转换模块、保护模块、人机交互模块、开出继电器和电源模块[189,190,199]。

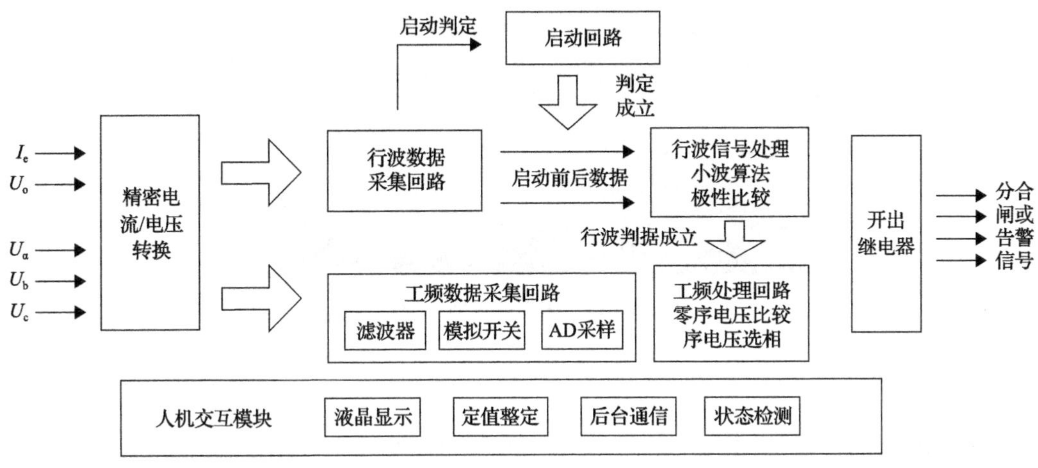

图 10.22　保护的系统构成框图

精密电流/电压转换模块可以将系统二次侧电流电压转换为保护装置可以采集并处理的小电压信号。根据行波信号和工频信号不同特点，该模块配置有两套精密电流/电压转换器，其中行波精密电流/电压转换器具有较好的宽频传变特性，工频精密电流/电压转换器在工频区段具有很好的线性度与抗饱和性。

人机交互模块基于嵌入式 uClinux 操作系统设计，可以提供友好的人机交互功能和通信功能，包括定值整定、故障报告和故障录波波形显示、保护工作状态显示与监测、和后台通信、和远方变电站通信等。

开出继电器可以根据保护的计算结果，发出跳、合闸命令与告警信号。

装置的核心在于保护模块的设计。由于在原理上，该保护需要同时采集和处理行波信号与工频信号，所以保护模块也可以分为行波板与工频板，行波板与工频板通过 CAN 总线进行通信。

行波板包括高速数据采集回路、启动回路和高速信号处理回路。根据前文研究的结果，高速数据采集回路采样率设定为 100kHz，可以实时以 100kHz 的采样率采集零序电流与零序电压信号。装置还设置有硬件启动回路，只有当信号的幅值超过某一阈值时，才会执行保护判据。信号处理回路主要执行小波算法和行波判据。当行波判据满足时，启动工频判据。

工频板与传统的基于工频电气量的微机保护装置结构类似，包括信号采集回路和信号处理回路。其中信号采集回路的采样率为 1.2kHz，可实时采集 8 路电流电压信号。信号处理回路对获取的电流电压信号进行实时的 Fourier 变换。工频判据启动后，工频模块开始执行零序电压判据和相电流判据。如果判据满足，则装置会根据定值整定的情况，驱动出口继电器给出跳闸信号或报警信号。此外，工频板的硬件配置完全满足过电流保护、零序过电流保护、距离保护等传统的基于工频电气量保护对信号获取和计算的要求。因此工频板除可实现单相接地行波保护的工频判据外，还可嵌入其他常见的配电网工频保护算法，使该装置成为一台完整的配电线路继电保护装置[194]。

图 10.23 列出了保护装置的前面板图。

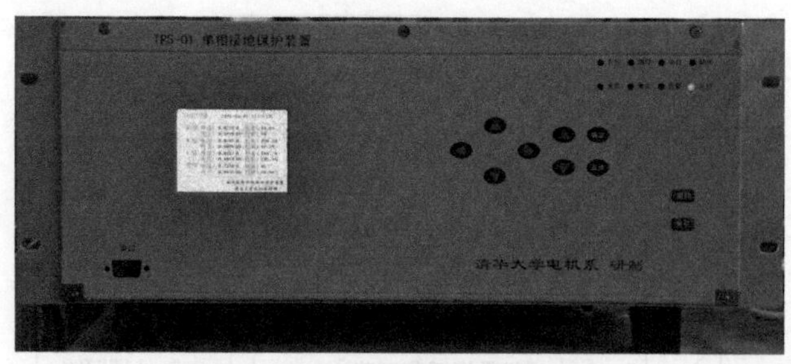

图 10.23　保护装置前面板图

由于 PT/CT 板、监控板、开出板和电源板与传统的微机保护基本一致[196]，这里不再一一介绍。

TPS-01 配电线路单相接地保护装置投运山西电力公司。

第 11 章　行波保护测试系统

11.1　行波保护测试系统实现方案

11.1.1　功能与系统设计

1. 功能

现有继电保护装置的测试手段主要有三种：微机型继电保护测试仪、动模实验系统和实时数字仿真系统(real-time digital simulation system，RTDS)。

1)微机型继电保护测试仪

随着计算机技术在电力系统中的应用，微机型的继电保护技术发展迅猛，这对相应的测试装置的要求越来越高，于是出现了微机型的继电保护测试装置。微机型继电保护测试仪以数学模型为基础，以微机为核心，主要由计算机单元、数模转换单元、功率放大单元和开关量检测单元以及通信单元组成，它利用计算机仿真计算得到故障后电压电流等数据，再由数模转换单元将这些数字信号转换为模拟信号，然后经功率放大单元将小模拟信号放大成高电压(实际电力系统使用的电压互感器输出、100V)、大电流信号(实际电力系统使用的电流互感器输出，额定电流的 20～40 倍)，输出给待测装置，并实时监测、记录被测试装置的动作结果，形成测试报告(如图 11.1)。但是由于其采用微机的工作频率较低、数模转换频率较低，所以这种微机型的继电保护测试仪只能输出频率低于 5kHz 的模拟信号，只能测试基于传统的工频稳态故障信息的继电保护装置，不能用于测试基于高频暂态故障电气量的继电保护装置。这也是现在国内外最常见的继电保护测试方法之一。

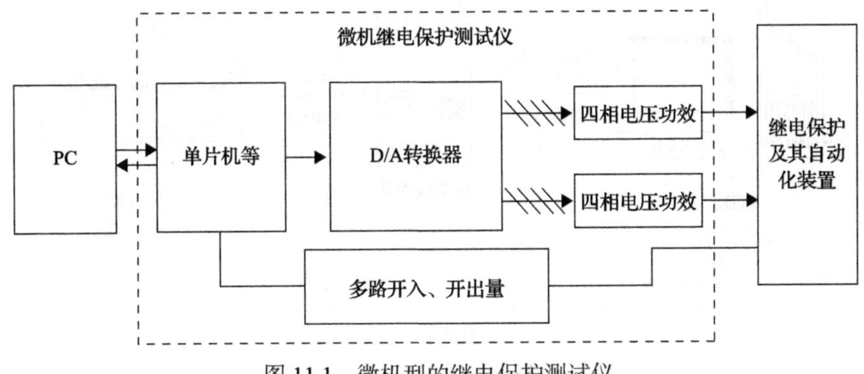

图 11.1　微机型的继电保护测试仪

2)动模实验系统

采用物理模拟的方式，根据相似定律，按照真实电力系统中的发电机、变压器、输电线路和其他电力系统元件而专门设计和建立模型，这种物理模拟的方式不改变真实电力系统物理特性。动模实验系统能够比较真实地模拟电力系统现场的电压、电流信号，用其测试继电保护装置比较直观。但是动模实验系统并非针对继电保护测试设计的专门系统，且其结构复杂，使用起来并不方便，通用性比较差，而且动模实验系统的输电线路模型采用的是集中参数电路模式，因而动模实验系统模拟出故障电气量不包含行波分量，不能满足测试基于暂态行波故障电气量的继电保护装置及其安全设备的需求。

3) RTDS 实时数字仿真系统[214]

相对于动模实验系统，实时数字仿真系统基于先进的计算机系统，建立了电力系统的数学模型，实现了实时电力系统电磁暂态仿真，精确模拟了电力系统动态特性，通过数字/模拟转换(D/A 转换)模块，将数字仿真结果转换为模拟量输出，再通过功率放大器，从而满足继电保护装置测试的要求。另外，实时数字仿真系统具有良好的扩展性和兼容性。

RTDS 组成的继电保护测试系统如图 11.2。实时数字仿真系统 RTDS 是基于高速数字信号处理芯片，仿真算法采用 Dommel 创建的经典电磁暂态计算理论，能够模拟电力系统电磁暂态、机电暂态等现象。同时，RTDS 系统可以实时输出电力系统不同运行情况下的电压电流小信号，输出的模拟量经过功率放大器后，可以输出幅值高达 100V 的电压、幅值高达数十安培的电流信号，以模拟电力互感器二次侧的输出。将这些大电压、大电流信号输入继电保护装置，从而检测继电保护装置的性能，继电保护装置的动作信号返回给 RTDS 系统。RTDS 可实现自动成组故障试验，并可自动记录继电保护动作结果。因此，RTDS 系统具有操作方便、效率高等特点。但也由于装置设备巨大，不能满足现场测试的需要。另外，从技术的角度讲，虽然 RTDS 系统可以通过仿真计算获得故障情况下的各种故障电气量，如行波电气量，但由于功率放大器的限制，目前 RTDS 测试系统的频率响应也只能达到 20kHz。

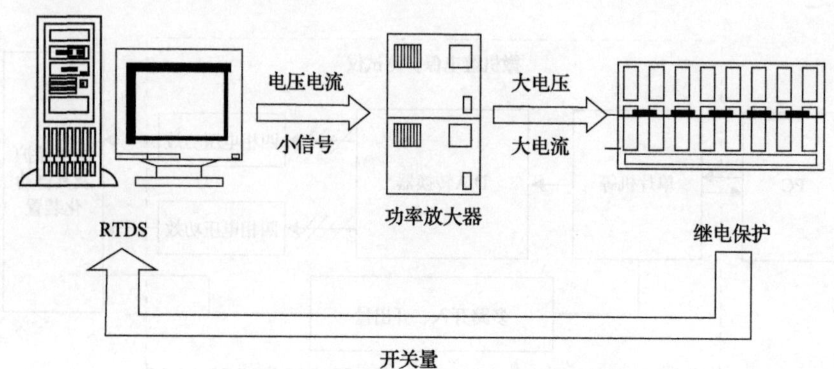

图 11.2　RTDS 组成的继电保护测试系统

现有三种继电保护技术测试技术不能模拟出高达上百 kHz 甚至上 MHz 的暂态行波信号，因而无法实现对行波保护和故障测距装置的有效测试。开发一套数字物理实验系统是必要的，它的数字系统也即故障数据计算是由仿真计算完成的，物理系统包括数/模转换系统和功率放大系统，以代替现场电压电流互感器输出，驱动待测行波保护装置进行动作性能检测试验。

2. 系统设计

1) 行波保护测试系统的基本工作原理

进行 1μs 步长的故障计算得到故障数据，包括三相电压、三相电流、零序电压和零序电流，按照计算步长转换成±5V 的模拟量电压，再通过宽频高电压、大电流功率放大器放大到实际电压/电流互感器二次侧输出的量值水平（100V、50A，频谱从直流到 100kHz 及以上），从而驱动行波保护和故障测距装置进行试验，以满足行波保护宽频带、行波测距高时间分辨率的特殊要求[206, 207]。

2) 行波保护测试系统的组成

测试系统由四部分组成，包括嵌入式计算和故障计算模块、数模转换和检测量输入单元、功率放大及自保护电路及跳合闸开入量检测回路，如图 11.3 所示。

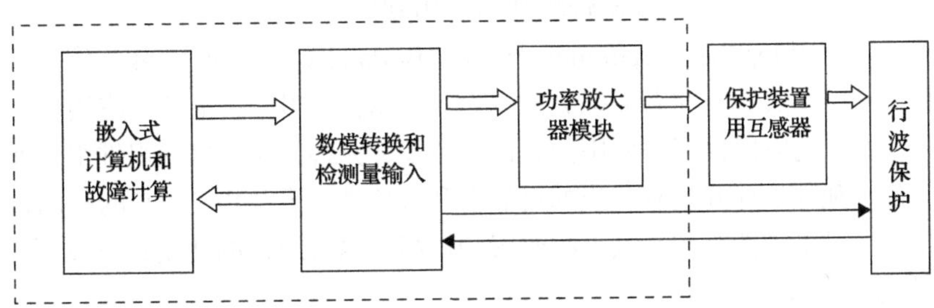

图 11.3　行波保护测试系统

(1) 主控计算机和故障计算。主控计算机采用 PII 笔记本电脑或台式机，软件运行在 Windows95/98/2000 系统中。主控计算机的软件要求有以下主要功能：通过友好的人机界面可视化地建立仿真系统模型，然后进行故障计算，将计算结果整理成规范的数据包，通过串行通信口将数据包传送到数模转换和检测量输入模块，即 DSP 波形生成系统；同时接受 DSP 波形生成系统从保护装置中得到的反馈，显示结果并且打印报表。嵌入式计算机同时担任系统控制中心任务，所有故障计算、数据下传、系统测试都统一接受该计算机指令执行。

(2) 数模转换和检测量输入模块。其由 DSP 及外围电路，包括高速 D/A 和前置放大部分组成。DSP 接收到上位计算机传送到的数据包和开始试验的命令后，便把数据直接输出至 D/A 芯片，并经采样延迟保持器 S/H 进行软件切换输出，这样的数据输出模式兼备降低干扰噪声的优点。本模块的另外一个功能是检测保护跳合闸是否动作及动作相别和动作时间，以检测保护装置在各种故障情况下动作情况的正确与否。

(3) 功率放大器及自保护电路模块。测试仪功率放大部分用于产生可以模拟现场互感器输出的高电压与大电流，形成幅值为 100V、频率 0.001～100kHz 的高电压或幅值为

50A、频率 0.001～100kHz 的大电流。

11.1.2　行波保护测试系统的软硬件实现

1. 主控计算机和故障计算

1) 平台选择

该模块完成故障计算，承担各种保护装置的测试结果分析、报告生成，同时也是整个测试系统的指挥控制中心，因而在软件设计的时候应该尽量考虑到日后应用中扩展的需要。基于这样的考虑，我们在界面和内核的设计和实现上始终遵循以下原则[208-210,215]。

(1) 尽可能保持软件的可靠性和可移植性：在各种 Windows 平台及各种配置下应该能正常使用和发挥功能。

(2) 保持软件界面风格的统一性：图形化的各种电力系统元件模型的外观和使用方法与其他类似软件及约定俗成的符号保持一致。

(3) 应该采用规范的数据结构、标准的界面风格和成熟的算法来实现。

(4) 尽可能简化程序的操作：在客户操作中尽可能给予使用提示，使客户基本可以在不查阅用户手册的情况下就可以比较顺利地使用软件。

本测试系统使用 Inprise Corporation 公司的 Borland C++ Builder 4.0 作为软件开发平台。这套软件开发工具具有完善而强大的 VCL 类库，可组件式地开发应用程序。类比搭积木的思想，所有的应用程序都使用预先设计开发、完善并测试好的组件组合而成。由于每一个组件都是独立设计并具有相当的可靠性和鲁棒性，所以开发出来的应用程序同别的应用程序相比，可维护性得到了极大的改善和提高。这种组件的使用具有以下优点。

(1) 组件支持封装。

(2) 组件支持数据隐藏：组件通过属性提供同外界的接口，属性的引入和使用有助于隐藏组件关键的数据结构并且提供正确的抽象公共接口。

(3) 组件提供了传统 OOP 面向对象的程序设计所不具有的重用性，只要在程序的某一个窗体中使用就一定可以在其他程序的窗体中使用。

(4) 组件的使用使 RAD 快速程序开发成为可能：使用组件开发的方法与用传统的 OOP 结构化开发方法相比，开发速度提高了 2～4 倍。

2) 故障仿真计算

充分利用 OOP 程序设计思想和方法，正确、可靠、方便、快速地完成故障暂态计算的功能；并且使用图表显示计算结果。

(1) EMTP 计算程序。EMTP[68] (electromagnetic transients program) 的意思是电磁暂态计算程序。这个程序用来模拟在多相电力系统中发生的电磁电机械及控制系统的暂态情况。这个程序最初是同 TNA (analog transient network analyzer) 模拟暂态网络分析仪平行使用的数字计算机程序。在几十年的发展时间里，这个程序被工业界所广泛使用同时，工业界和学术界的研究需要又使这个程序被不断加入新的功能。EMTP 程序最初是由加拿大的 Hermann Dommel 教授在 20 世纪 60 年代末期发起和倡导的，用来解决电力系统和控制系统中不同元件按照任意连接形成的普通微分和代数方程。

EMTP 程序可以应用在各种工业和学术研究领域，可以用来研究开关确定性和随机的冲击过电压、雷电回闪、感应冲击、架空线、室外变电站、断路器等设备的绝缘测试、高压直流输电的模拟、静态无功补偿器、谐振、铁磁谐振等情况。

EMTP 程序使用 Bergeron 特征线方法对电力系统进行数值求解，它的实质是使用特征线方法求解线路上的波过程。

(2) 故障仿真软件设计。就故障仿真软件而言，主要的工作是，首先可视化地搭建电力系统模型，让用户方便地输入各种元件的参数；然后生成 EMTP 输入卡，调用 EMTP 计算程序，完成暂态计算，并且分析处理 EMTP 生成的输出数据文件。

面向对象的程序设计方法认为，封装和继承是程序设计的两个非常重要的概念，所有数据元素都拥有自己私有的数据，以及必须同外界交互的数据。封装可以界定这两部分数据的界限，所有私有的数据可能被外界所看到但不能被外界对象所修改，而另外一部分数据是这个对象同外界交互的基础，可以被外界访问和修改。采用了这样的思想和方法才可以可靠地保证数据的完整和可靠性。

所谓数据的继承指的是数据的分层设计。有一些相互关联的对象其中存在一些层次的关系，完全可以把其中共有的部分作为一个公共的父对象，其余的对象使用继承的方式，就可以自然得到这些共同的数据及附加在这些数据上的操作，从而大大统一和简化数据的操纵任务。

本计算软件界面上使用模型组件的方式使用户能够可视化地构造自己的模型，在软件内部每一个构造的模型元素都使用一个对象来动态生成和表示。在软件设计的初期，对于每一个模型都具有一个类与之相对应。这个类中存放了有关这个特定模型的所有计算数据和信息以及所有模型共有的信息，主要是图元信息，包括大小、位置、颜色、旋转等。这些信息都从一个公共的类中继承派生得到。这充分体现了面向对象的程序设计的思想和方法。

考虑到可视化搭建模型时，各类元件的属性和处理方法都有类似的地方，同时，每一种类型的元件有其各自的特点。这就很自然地想到应用 OOP (面向对象程序设计, object oriented programming) 设计思想中的类的继承。在本程序中，首先从 VCL 标准类 TImage 中派生一个所有元件类的基类 TComponentBase，自然地继承基类 TImage 的所有属性和方法，主要包括图像的存储和显示功能、对象的生成和释放功能等，然后从基类 TComponentBase 中派生出三项元件类 TCom3Phase 和单相元件类 TComSinglePhase，最后从单相和三相元件类上派生出各种类型的元件类。所有元件类的派生树如图 11.4 所示。所有的元件都是在程序中根据要求动态生成的，在窗体折构的时候动态释放所占的内存空间，有效地避免了内存泄漏。

TImage：VCL 标准组件，存储和显示位图。

TComponentBase：所有元件的基类，提供了元件存储、显示、旋转、拖放和伸缩的基本功能。

TComSinglePhase：单相元件的父类。

TComSwitch：单相时控开关元件类。

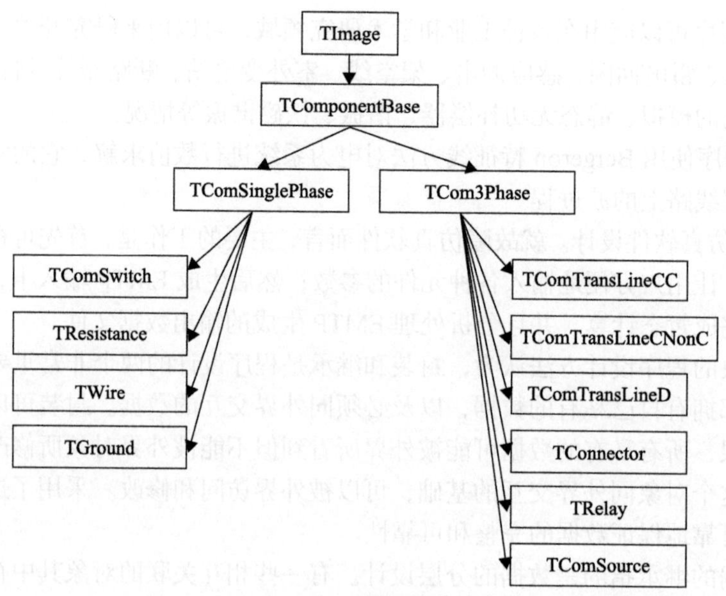

图 11.4　元件派生树

TResistance：单相电阻/电抗/电容元件类。

TWire：连线类。

TGround：接地元件类。

TCom3Phase：三相元件的父类。

TComTransLineCC：三相集中耦合线路。

TComTransLineCNonC：三相集中非耦合线路。

TConnector：单相三相接头。

TRelay：三相继电器类。

TComSource：三相交流电源类。

C++ Builder 提供了强大的字符串处理和操纵函数，这些函数及下层的数据都被封装在 AnsiString 类中。这个类可以完成数据的连接、查找、删除等功能而且可以自动管理存储，最大程度地高效利用内存资源。但是 AnsiString 类是为了常用的字符串处理功能而设计的，而 EMTP 程序是使用 Fortran 语言编制的，这使 EMTP 程序具有特殊的输入输出文件的规范，而且 AnsiString 类提供的所有服务和功能时间效率较低。为了实现同 EMTP 计算程序的接口，同时提高处理的速度，有必要在原来 C++ Builder 提供的字符串处理函数的基础上，重新编写一系列适用于 EMTP 数据处理的子程序。它们包括如下内容。

AnsiString FindWord (int Len)：在一定长度范围内试图寻找一个字，如果找到就返回这个字，否则就返回一个空串。

double FindDigit (int Len)：在一定长度范围内试图得到一个数字。

TOutputType FindOutputTag (void)：试图找到当前卡片的输出标记。其中 ToutputType 是自定义的类型。

bool PrepareForScaning（FILE *OutFile）：试图从文件中读取一行字符，具有自动辨认空行并且跳过空行的能力。

有了这些子程序的辅助就可以比较顺利地构造正确的 EMTP 的输入文件，并且从 EMTP 输出文件中读到必要的计算信息。建立测试模型的过程如图 11.5 所示。

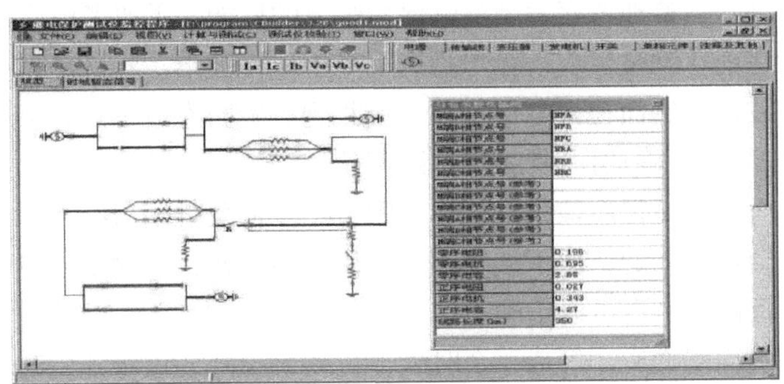

图 11.5　可视化建立仿真模型

建立好仿真模型后，可以通过本程序的菜单选项，在暂态计算向导中填写计算时间卡等参数，如图 11.6 调用 EMTP 仿真程序完成仿真计算。

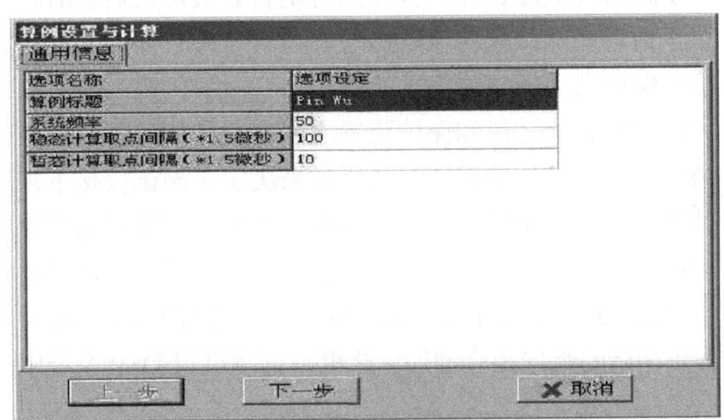

图 11.6　EMTP 计算向导

本软件将自动生成对应的 EMTP 输入卡，调用 EMTP 程序计算，当软件检测到计算完成后，将自动处理 EMTP 输出文件，并且将结果画到图表上，如图 11.7。

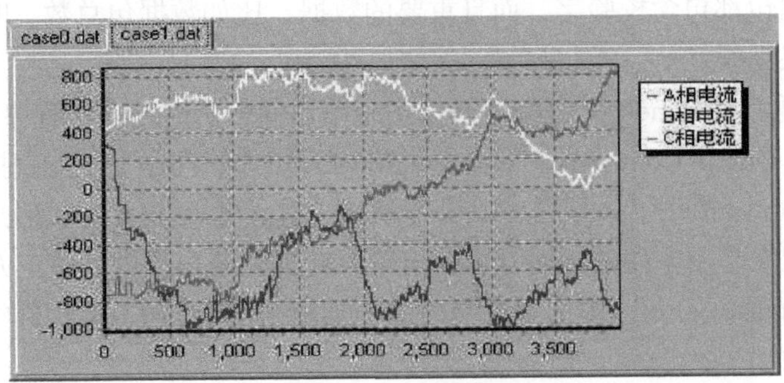

图 11.7　计算结果

在图 11.7 中显示的数据曲线可以无极放大缩小，可以方便地读取某一点的数据，从而查看电流电压突变的细节，这对于行波保护的测试有着很重要的意义。

这里存储和显示的都是原始的计算数据，EMTP 程序将这些结果数据存储起来，可以用于以下的通信和测试，也可以由后面的数据分析平台对数据进行分析。

需要说明的是，完整地考察一个继电保护装置的性能，需要考虑许多细节。

在发生故障之前，测试仪应该输出稳态电流、电压波形。在故障发生时，测试仪应该输出故障暂态波形。然而在继电保护装置接收到故障暂态波形后，可以正确动作或拒动。如果继电保护装置正确动作，保护发出跳闸信号，等一定时延之后(断路器开断时间)，电路将断开。这时，测试仪应该依次放出跳闸暂态波形及跳闸后缺相运行的稳态波形，以检验保护是否会在扰动的情况下误动。如果保护不动作，则测试仪应该输出故障稳态波形，以检验后备保护是否可以正确动作。

如果保护正确动作之后，等待一个时延，自动重合闸装置将开始动作。这时，又应该分为两种情况，一种是重合于永久性故障，另一种是重合于瞬时性故障。两种情况下，测试仪都会放出合闸暂态波形，当然，两者的波形是不一样的。当重合于永久性故障的时候，如同开始故障的情况一样，分别针对保护动作和不动作的情况，测试仪分别放出不同的波形。而对于瞬时性故障，保护接收到合闸暂态波形之后，有可能不动作，也有可能发生误动，对于前者，测试仪应该发出稳态运行波形；而对于后者，测试仪无需发出波形了，只需给出保护误动的相关信息就行了。

从以上分析可以看到，测试仪和保护装置之间有互动的过程，测试仪输出的波形影响了保护的动作情况，而保护的动作情况又反过来决定了测试仪接下来输出的波形。然而现在的技术条件还不能实现实时计算暂态过程。本测试仪提供的解决方案为根据可能的故障情况和保护动作情况，进行多组电磁暂态计算，然后将可能需要输出的波形数据都存储在信号发生系统(DSP 系统)的存储芯片中，根据保护的反馈实时地决定应该放出的波形。这样，需要存储的数据相应增加，这也是本测试仪 DSP 系统中采用大容量内存芯片的原因。

3) 通信模块的实现

通信协议设计如图 11.8，所有的控制信号，包括握手信号、请求发送信号、传输正确/错误信号等控制标志信号都和故障数据信息一起传输。同时，为了提高数据传输的可靠性，所有数据包都包含校验字，而且重要的数据，比如数据包总数、时间间隔等都传输三次，以确保无误。

在用 C++语言在 Windows 环境下具体实现串口通信的时候，本程序采用了 ActiveX 控件“Microsoft Comm Control 6.0”。在 Windows 环境中，程序是不能直接对串口进行读写操作的，Windows 提供了一系列串口设备读写接口函数(Win API)，但是利用这些函数直接编写通信程序是不方便的，而且容易出错。在微软公司提供的第三方 ActiveX 控件“Microsoft Comm Control”提供了对 PC 串口通信的所有方法，此控件经过长期使用证明是稳定可靠的。

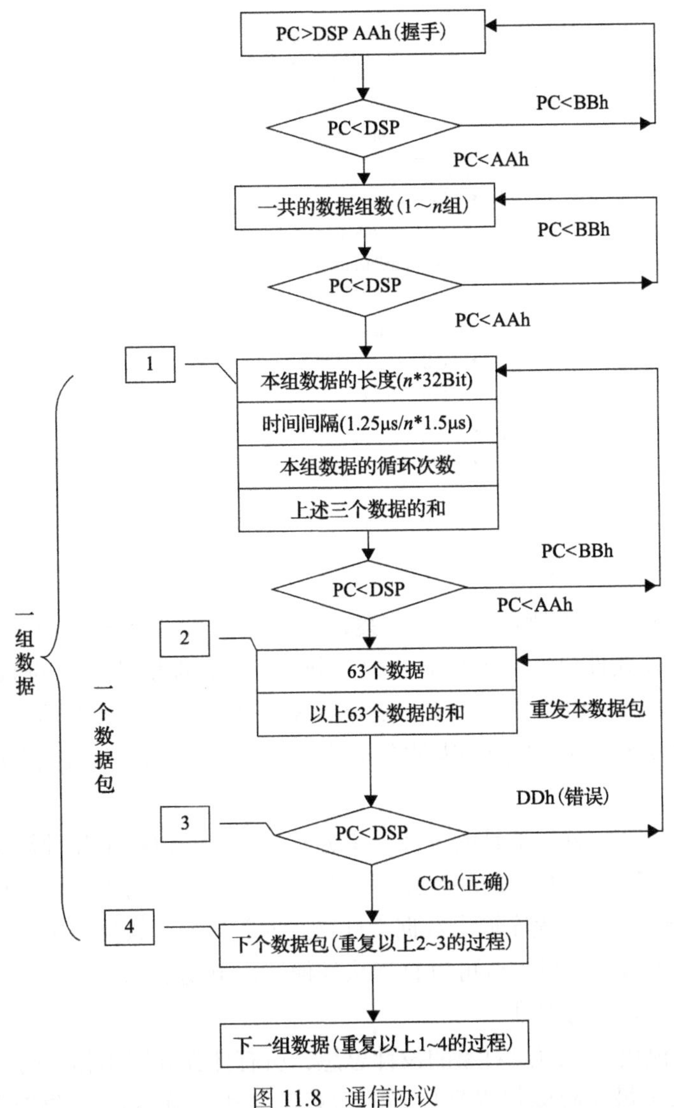

图 11.8　通信协议

软件重用是业界追求的目标，人们一直希望能够像积木一样“装配”应用程序，组件对象就充当了积木的角色。所谓组件对象，实际上就是预定义好的、能完成一定功能的服务或接口。但问题是，这些组件对象如何与应用程序，与其他组件对象共同存在并且相互通信和交互？这就需要制定一个规范，以便这些组件对象能按统一的标准方式工作。而 COM/ActiveX 正是这样的一个二进制规范，它与源代码无关。利用这样的接口，即使 COM 对象是由不同的编程语言创建，是运行在不同的进程空间和不同的操作系统平台上，对象之间也能通信。本通信程序应用的 ActiveX 控件正是这样的合乎 COM 规范的组件对象。

程序从 ActiveX 控件串口通信类 TMSComm 派生出新的通信类 TCom232，增加新的函数和变量以实现将暂态计算的结果变换成二进制数传输，同时，实现控制信号和数据同线传输的要求。通信类 TMSComm 的派生关系和主要的函数如图 11.9 所示。

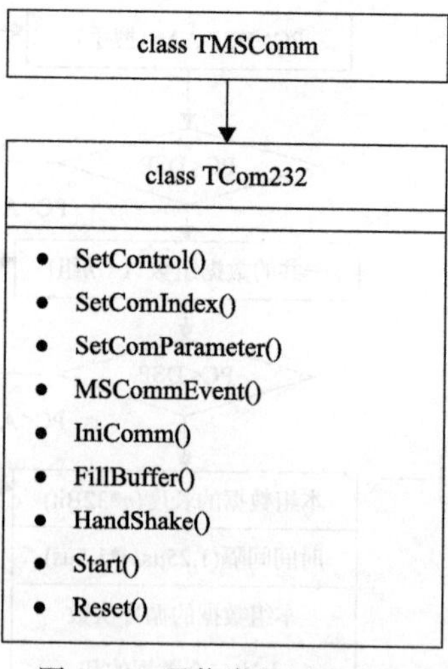

图 11.9　通信类的派生关系

4) 故障数据和继电器动作结果分析平台的实现

作为一个完整的保护测试仪软件方案，特别是考虑到行波保护调试中对数据分析的需要，本测试仪软件包括一个独立的数学分析平台，提供从传统的 Fourier 分析、高通、低通、带通滤波、相关分析、到小波分析等一系列数学分析工具，以便于对 EMTP 仿真数据、录波数据或其他途径得到的数据进行分析。这对于行波保护测试仪的调试尤其重要。

考虑到保护原理和数学工具的发展，本分析软件中既包括了几种常用的信号分析的方法，同时也预留了继续开发的编程接口，为以后系统功能的扩展打下良好的基础。同时考虑到各种 EMTP 计算程序输出数据文件格式的差异，本软件分别设计了相应的数据输入接口，因而本数学分析平台可以直接从各种 EMTP 仿真结果数据文件中读取数据，大大减少了数据预处理的困难。

本数学分析模块采用面向对象的设计思想，所有计算分别用相应的计算类实现。其中滤波算法，为了最大限度得提高代码的运算速度和避免不必要的错误，关键函数从 Matlab 的动态连接库中提取，实现了稳定、高速的目的。

图 11.10 显示了频谱分析类 CFFT 的结构，其他计算类也采用类似的结构实现。

2. 数模转换和检测量输入模块

1) 硬件系统设计和实现

(1) 总体方案选择。

本部分由 DSP 及外围部分电路，高速 D/A 和前置放大部分组成，DSP 接收到上位计算机传送到的数据包和开始实验命令后，便把数据直接输出至 D/A 芯片，并经采样延迟保持器 S/H 进行软件切换输出，获得故障参量，此模式同时可降低干扰噪声[217]。系统设计如图 11.11。

```
struct COMPLEX
{double Real;
double Image;};
class CFFT//FFT计算类
{public:struct COMPLEX *ArrayInput;//输入数组存储地址
     int SumOfNode;//点数
     int Level;//计算几级
     int Interval;//对偶节点间的间距
     CFFT(int Sum);
     virtual ~CFFT();
     void Ini();//初始化类
     void Order();//码位倒置函数,将对数组 ArrayInput 排序
     void Butterfly(int Up,int Down,int Level);//蝶形运算函数,参数
                                  //分别为上节点号、下节点号、第几级计算
     void FFT();
     void FFT_Calculate();//FFT的接口函数
     void IFFT_Calculate();//IFFT的接口函数};
```

图 11.10　FFT 类的结构

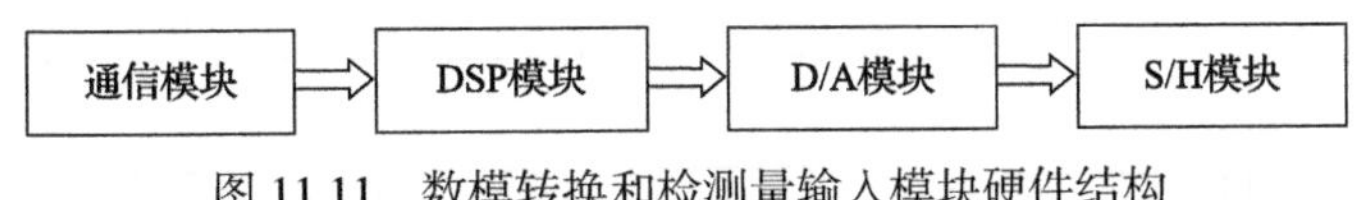

图 11.11　数模转换和检测量输入模块硬件结构

(2)DSP 芯片的选择。选择美国 TI 公司生产的 DSP 芯片。

(3)通信方案选择。RS232 串行通信作为一种灵活、方便、可靠的通信方式仍然被广泛应用于工业控制中。在本模块设计中，希望尽量减少通信线的数量。在 DSP 系统中如果不扩展专用的通信芯片，可以使用 DSP 自带的串行 I/O 口，这样将最大可能地减少布线和电路板设计的难度，但是，DSP 自带的串行口只有两个，故要求一定的实现技巧。希望通信要准确可靠，因为在电力系统现场试验时，即使采取了电磁屏蔽措施，干扰仍然较大，所以选择通信方案的时候，一定要求可靠准确。综合上述条件，选择传统 RS232 串口通信。这种通信方式需要增加的硬件是最少的，需要的 DSP 的 I/O 口也是最少的，而且因为通信速度相对较慢，通信线上的工作电压较高，其抗干扰能力也很强。在这种通信方案下，在硬件上利用的是 PC 机的标准 RS232 串口和 DSP 系统的 I/O 串口，在软件协议上模拟标准的 RS232 串口通信。

2）系统构成

(1)DSP 模块。本系统是测试仪的核心部分，由 DSP 芯片 TMS320C32、高速 64K 字 16 位数据存储器芯片 RAM 两片、EPROM 一片、高精度晶振等组成。DSP 芯片有 32 根数据总线，D0～D15、D16～D31 分别与两片 16 位 RAM 和两片 D/A 的 16 位数据线相连，D0～D7 与 EPROM 的数据线相连，地址总线分别与数据存储器芯片 RAM、EPROM 的地址相连。高精度晶振直接与 DSP 相连。模块构成如图 11.12。

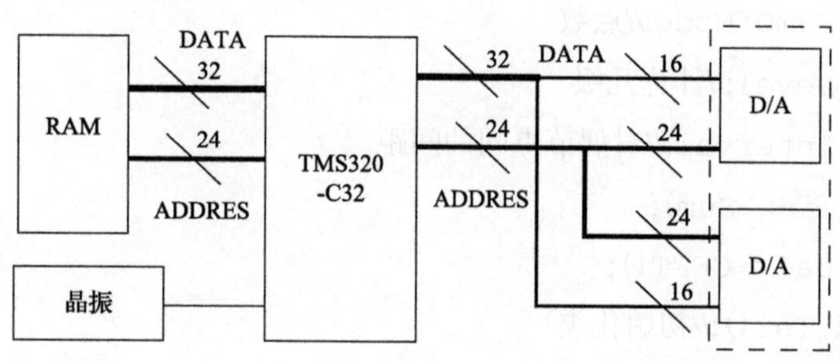

图 11.12　DSP 模块

(2)转换模块。该模块由 2 个高速数模转换芯片 D/A 及分别与之相连的 8 个采样保持器芯片组成(图中只画出了一路的连接关系，其他路相同)。前者用于 250ns 执行一次数模转换，后者用于对转换结果进行保持，用以实现 8 路模拟量的同步输出。转换电路模块工作原理如图 11.13 所示。

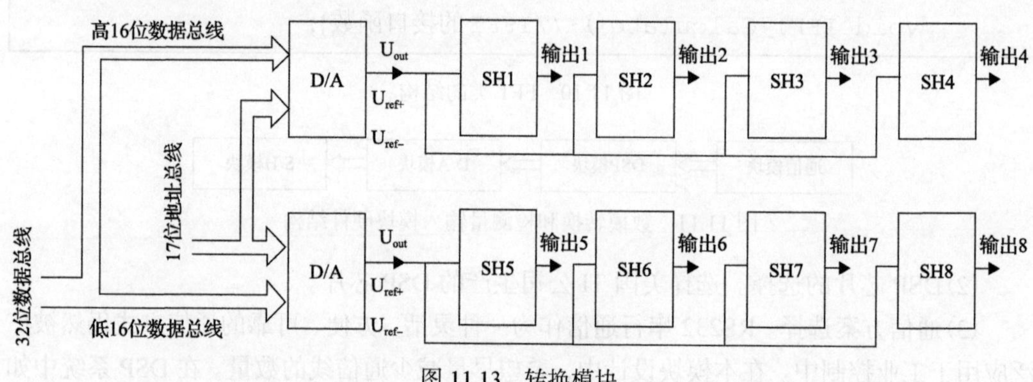

图 11.13　转换模块

(3)输出模块。本模块主要由 8 片高速采样保持器(每个模拟输出通道 1 个)和 8 片高速运算放大器构成(每个模拟输出通道 1 个)。

由于 D/A 输出的模拟信号是双极性 5V 信号，而且具有一定的负载能力(10mA)。考虑到被调试装置对于信号幅度、驱动能力的不同要求及抗干扰需要，设计了数字和模拟信号隔离回路，用电平感应器件代替传统的光电隔离器件，同时在电路板设计时充分考虑电磁兼容，并采用四层印制板，以提高实用性。输出模块如图 11.14 所示。

(4)跳合闸开入量检测电路。本部分的主要功能是检测保护跳合闸是否动作及动作相别和动作时间。

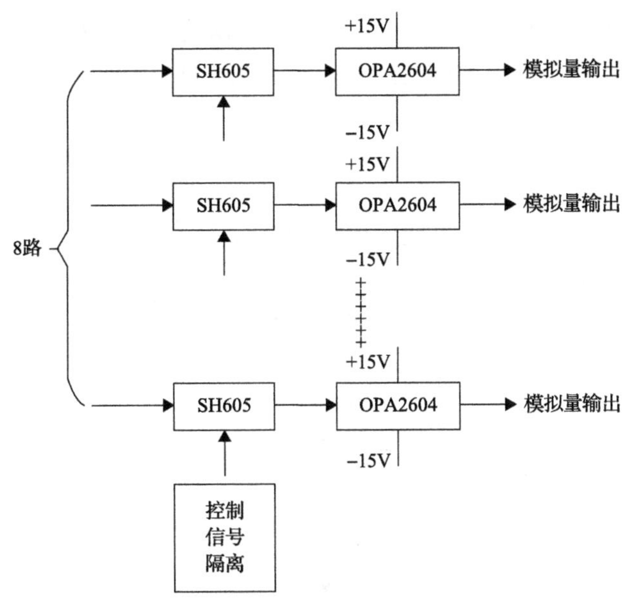

图 11.14　输出模块

为适应空节点和电平(DC20～DC250V)开关量的检测，需设计一种高灵敏高抗干扰电路。电路的结构为电路的前一级采用稳压管降压至 15V 并使用滤波电容滤去高频分量，经电阻网络分压并由 15V 电源调节，中间级采用运算放大器跟随电路，后一级使用光耦隔离电路，经逻辑门输出结果。

本电路中运放跟随电路可以将光耦与前级隔开，减小了因前级的影响，并增加了光耦电路的稳定性。光耦电路有效地消除了前级电路对后面数字电路的干扰。

应用说明：输入 DC20～DC250 V 或短路时，电路输出为低电平，开路时输出为高电平。该电路采用门电路输出，可以直接与数字电路相连，不需要接口电路。

3) 软件编程

完整的 DSP 系统包括硬件和相应的控制计算程序。在本测试仪中 DSP 程序包括两部分：串口通信程序和控制 D/A 输出程序。考虑到速度要求，这些程序都是用汇编程序编制而不是用 C 编译器。

(1) 通信程序。通信程序模块实际上包括了两个子程序，一个是接收子程序，负责从串口读取数据，一个是发送子程序，负责向串口写数据。

①接收子程序。INT1 中断方式设置为下降沿触发方式，当起始位的下降沿触发了外部中断后，进入中断服务子程中，接收初始化子程开始运行。首先设置 Timer0 的周期为半个数据位时间并初始化定时器中断向量，屏蔽 INT1，打开定时器中断，返回到主程序。当定时器中断触发后，开始接收数据。这时，CPU 检测 IOF0，即起始位的中间处的电平，以确认读进来的起始位是否正确。如果不正确，子程序将重新打开外部中断并返回到主程序。如果起始位是正确的，定时器的周期将被重新设置为一个整位周期并打开它，然后退回到主程序。在完成连续的 Timer0 中断后，一个字节的数据被接收到存储器中。在

第十次中断后，检验停止位。这样，一个字节的数据被接收进来了。最后，重新打开外部中断，系统等待下一个字节数据的到来。程序如图 11.15 所示。

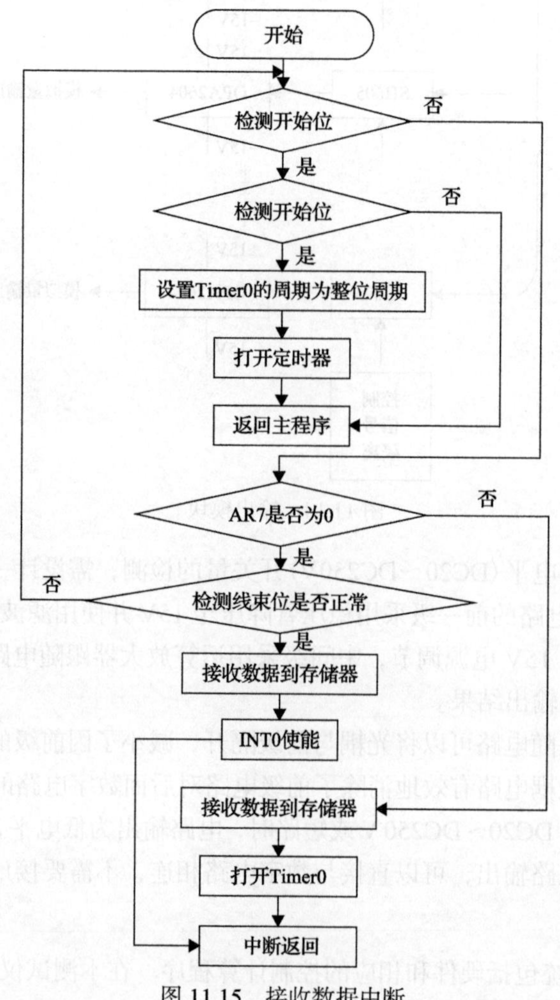

图 11.15　接收数据中断

串行通信需要传输的数据量为一个故障扰动的 8 路数据。1 路待转换信号的时间步长为 1μs、转换精度为 16 位、转换时间长度约为 5ms，计约 80Kb（千位），8 路数据量约为 640Kb。考虑到这时的通信不是实时通信，考虑到 I/O 口的通信能力，通信速率决定选用 14400bit/s，通信花费时间约为 44s 左右，这个时间能够满足对于继电保护装置的调试需要。

②发送上报子程序。当需要向上位机传输数据时，程序转到 TX_MAIN 子程，在这个子程中 Timer1 的周期被设置为一个整位周期并打开定时器中断，返回到主程序。当定时器中断触发后，开始发送数据。程序流程如图 11.16 所示。

⑵数模转换程序。8 路数据的 D/A 转换方框图如图 11.17 所示。

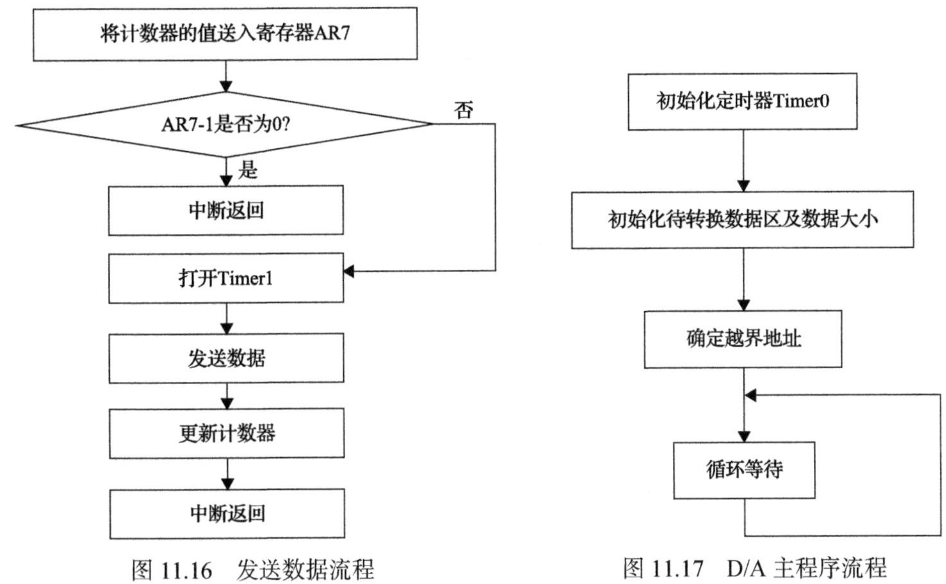

图 11.16　发送数据流程　　　图 11.17　D/A 主程序流程

3. 功率放大器模块

采用线性放大电路，如多级推挽放大电路。

1) 电压功率放大器

本模块的难点在于，实现宽频率、高电压的信号放大。利用一般的 TTL 或是 MOS 器件是很难实现的。电压功率放大器的难点具体体现在分离器件多、电路体积庞大、高频电路结构设计和调试困难。为了避免这些问题，本测试仪采用集成电路放大器件，这样不但能够实现放大高频电压的功能，而且可以大大减少外围器件数目、电路体积，并降低调试难度。同时通过外围器件参数的调整也可以很容易地控制增益和补偿相位。

图 11.18 所示为一个电压放大电路的实现电路。在输入管脚上加入高频信号 $V3$，在输出端电阻 $R6$ 上将得到放大的高频电压。可以看到图中的外围电路是很简单的，这也正是采用集成放大器件带来的好处。

2) 电流功率放大器

本模块的难点在于，实现输出宽频率、大电流的放大信号。现有大功率半导体器件工作在 50kHz，2A 以上时直流开关损耗急剧漂移上升，电路不能稳定正常工作，同时实现高频率、大功率是半导体器件的一大难点，这也是多年来高频率大电流功率放大器无法实现的主要原因。在反复实验的基础上，这里采用了特殊放大电路，显著提升了高频大功率器件的频率响应特性，可消除直流开关损耗，使它达到满足 50～100kHz 稳定可靠工作的条件。

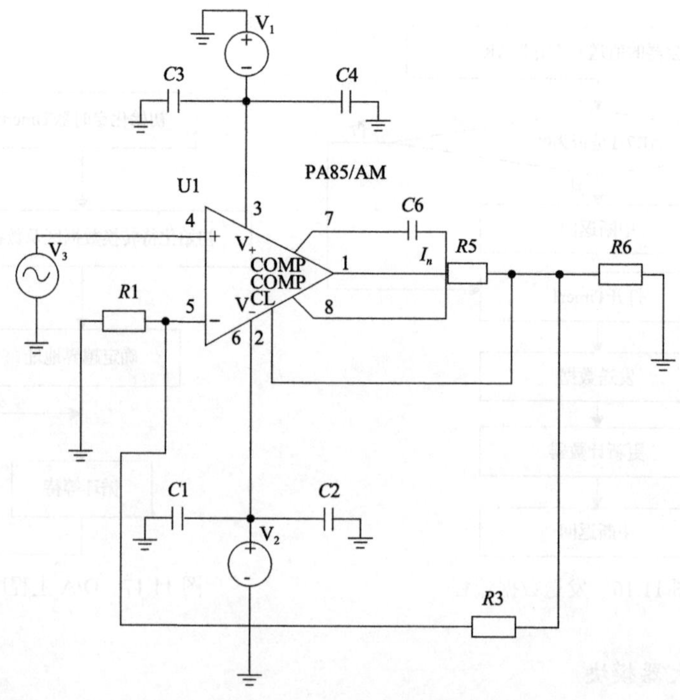

图 11.18　电压放大电路

电流功率放大器是首套能够实现大电流、宽频率的功放设备，由运算放大器 U1 和共集放大器 Q1～Q12 组成，将输入电压信号做电压跟随、电流放大，放大至设计值，经取样电阻 R 做跨导[218]。实现 U/I 变换，$I=U/R$，当 R 一定时，I 由电压 U 决定，从而实现动态跨导。因受大功率器件高频大电流性能参数约束，采取多路同相并联获得大电流，即 $I=I_1+I_2+I_3+\cdots$。辅加相应的频率均衡网络、均衡器件及连接线段 w_1 所造成的幅频特性差异，使频带内幅频特性平坦，保证从 50～100kHz 电流误差小于 5%。

11.2　对行波保护测试仪的测试

为验证研制的暂态行波保护测试仪的正确性和可行性，本节将介绍暂态行波保护测试仪各个组成元器件的输出波形幅值、频率准确度测试；输出波形的直流分量和总谐波畸变率测试；暂态行波保护测试仪的带负载能力和运行时间的测试；输出电压响应速度和输出电流响应速度的测试；四路电压、四路电流信号的同步性测试；开关输入量测试；测试仪原始数据行波波形与输出波形对比测试，并总结分析其性能[14,17,210]。

11.2.1　输出波形的幅值、频率准确度测试

1. 模数转换器输出小信号的测试

小信号生成器基于高速数模转换模块，能够实现 8 路同步输出时间步长为 1.5μs，幅值为 0～5V 的电压波形。将利用仿真软件生成两种测试波形——正弦测试信号和方波测

试信号。具体的测试方法为利用安捷伦的函数发生器输出信号，对示波器 MSO7014B 进行频率和幅值的校正，然后利用该示波器，对输出波形进行检测。

(1)用正弦信号来检测小信号生成器的响应特征，其测试结果如表 11.1 所示。

表 11.1　测试结果

理论波形		实测波形					
		频率/Hz	频率误差/%	幅值/V		幅值误差/%	
50Hz	0.5V	50.00	0.00	0.50	−0.50	0.00	0.00
	1V	50.00	0.00	1.01	−1.01	1.00	1.00
	3V	50.00	0.00	3.01	−3.00	0.30	0.00
	5V	50.00	0.00	5.00	−5.00	0.00	0.00
1kHz	0.5V	1k	0.00	0.51	−0.50	2.00	0.00
	1V	1k	0.00	1.00	1.00	0.00	0.00
	3V	1k	0.00	3.02	3.01	0.70	0.30
	5V	1k	0.00	5.00	5.00	0.00	0.00
10kHz	0.5V	10k	0.00	0.50	0.51	0.00	2.00
	1V	10k	0.00	1.00	1.00	0.00	0.00
	3V	10k	0.00	3.00	−3.00	0.00	0.00
	5V	10k	0.00	5.00	−5.00	0.00	0.00

注：对每一设定值测量 5 次，计算电压平均值，再根据误差计算公式得到误差。

$$误差=\frac{测量平均值-设定值}{设定值}\times 100\%$$

由于小信号生成器的输出时间步长为 1.5μs，当输出频率大于 10kHz 的正弦波形，正弦波形的输入点逐渐减少，输出信号会有很大的跃变，测试误差较大不宜测试。

(2)用方波来检测小信号生成器的响应特征，其测试结果如表 11.2 所示。

表 11.2　测试结果

理论波形		实测波形					
		频率/Hz	频率误差/%	幅值/V		幅值误差/%	
50Hz	0.5V	49.99	−0.02	0.51	−0.50	2.00	0.00
	1V	50.00	0.00	1.02	−1.02	2.00	2.00
	3V	50.00	0.00	3.02	−3.02	0.70	0.70
	5V	50.00	0.00	5.08	−5.06	1.60	1.20
1kHz	0.5V	1k	0.10	0.51	−0.50	2.00	0.00
	1V	1k	0.10	1.08	−1.02	8.00	2.00
	3V	1k	0.10	3.08	−3.08	2.70	2.70
	5V	1k	0.10	5.06	−5.06	1.20	1.20

续表

理论波形		实测波形					
		频率/Hz	频率误差/%	幅值/V		幅值误差/%	
10kHz	0.5V	10k	1.00	0.52	−0.53	4.00	6.00
	1V	10k	1.00	1.06	−1.08	6.00	8.00
	3V	10k	1.00	3.08	−3.08	2.70	2.70
	5V	10k	0.00	5.04	−5.06	0.80	1.20
55.55kHz	0.5V	55.58K	0.05	0.51	−0.50	2.00	0.00
	1V	55.57K	0.04	1.02	−1.02	2.00	2.00
	3V	55.59K	0.07	3.02	−3.02	0.70	0.70
	5V	55.53K	−0.04	5.08	−5.06	1.60	1.20
111.1kHz	0.5V	111.0K	−0.09	0.51	−0.50	2.00	0.00
	1V	111.1K	0.00	1.02	−1.02	2.00	2.00
	3V	111.0K	−0.09	3.02	−3.02	0.70	0.70
	5V	111.1K	0.00	5.08	−5.06	1.60	1.20
166.7kHz	0.5V	166.7K	0.00	0.51	−0.50	2.00	0.00
	1V	166.7K	0.00	1.02	−1.02	2.00	2.00
	3V	166.9K	0.12	3.02	−3.02	0.70	0.70
	5V	167.1K	0.24	5.08	−5.06	1.60	1.20
333.3kHz	0.5V	332.2K	−0.33	0.51	−0.50	2.00	0.00
	1V	334.2K	0.27	1.02	−1.02	2.00	2.00
	3V	333.0K	−0.09	3.02	−3.02	0.70	0.70
	5V	334.3K	0.30	5.08	−5.06	1.60	1.20

从以上两个测试结果可得，小信号生成器输出波形中频率相对误差为 1.00%，幅值误差为 2.00%。并且整个小信号生成响应速度达到 10V/μs，满足了暂态行波故障信号再现的要求，并没出现在模拟高频电路存在的暂态特性，有利于再现出高频暂态信号。图 11.19 是示波器测得的波形实例，外形看上去非常逼真。

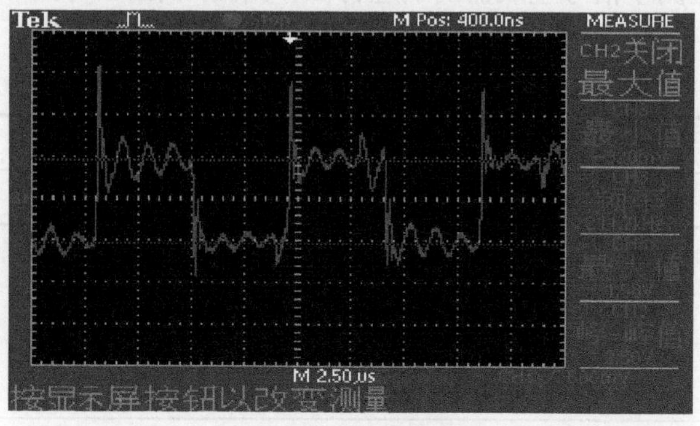

图 11.19　波形实例

2. 电压功率放大器的测试

电压功率放大器是基于差分电路和共射极电路构成放大电路，将输入信号的大小放大 30 倍，输出信号频率范围为 50～100kHz，输出信号幅值范围为–150～150V。由于电压功率放大器输出信号为高电压信号，在电压输出端口接有交流电压表和频率计，如图 11.20 的接法进行接线，并对输出信号直接进行测试。

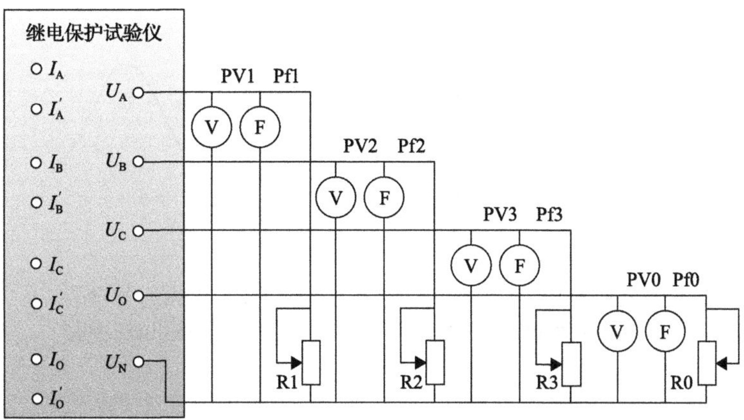

图 11.20　电压功率放大器的测试原理

具体测试结果如表 11.3 所示。

表 11.3　测试结果

理论波形		实测波形					
		频率/Hz	频率误差/%	幅值/V		幅值误差/%	
50Hz	1V	50.00	0.00	29.72	–29.72	0.193	0.193
	3V	50.00	0.00	88.99	–88.99	0.088	0.088
	5V	50.04	0.08	147.9	–147.9	–0.026	–0.026
1kHz	1V	1.001k	0.10	29.80	–29.80	0.192	0.192
	3V	1.001k	0.10	89.21	–89.21	0.093	0.093
	5V	1.001k	0.10	148.1	–148.1	0.057	0.057
10kHz	1V	10.1k	1.00	29.76	–29.76	0.197	0.197
	3V	10.1k	1.00	89.12	–89.12	0.111	0.111
	5V	10.1k	1.00	148.0	–148.0	0.071	0.071
30kHz	1V	30.61k	2.03	29.78	–29.78	0.182	0.182
	3V	30.54k	1.80	89.21	–89.21	0.106	0.106
	5V	30.58k	1.93	148.1	–148.1	0.067	0.067
50kHz	1V	50.1k	0.20	29.79	–29.79	0.171	0.171
	3V	50.1k	0.20	89.30	–89.30	0.101	0.101
	5V	50.1k	0.20	148.2	–148.2	0.059	0.059
70kHz	1V	70.1k	0.14	29.79	–29.79	0.161	0.161
	3V	70.1k	0.14	89.33	–89.33	0.094	0.094
	5V	70.1k	0.14	148.3	–148.3	0.054	0.054
100kHz	1V	100.1k	0.10	29.72	–29.72	0.152	0.152
	3V	100.1k	0.10	89.26	–89.26	0.077	0.077
	5V	100.1k	0.10	148.2	–148.2	0.065	0.065

电压功率放大器输入信号与输出信号之间的比较如图 11.21 所示。

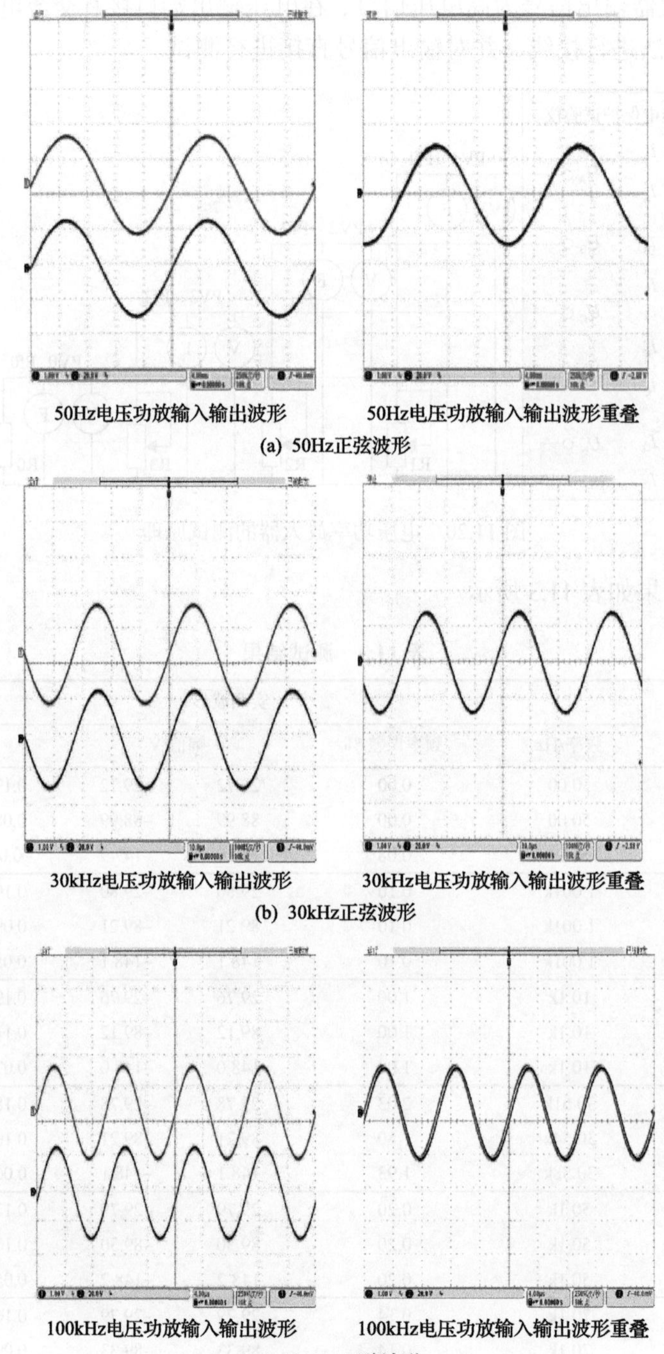

(a) 50Hz正弦波形

(b) 30kHz正弦波形

(c) 100kHz正弦波形

图 11.21　不同频率下电压功放输入输出波形对比

从测试结果和输出波形可得，电压功率放大器输出波形最大频率绝对误差为 610Hz，最大相对误差为 2.03%；最大幅值绝对误差为 2.1V，最大相对误差为 1.4%。无论输出信号的幅值和频率的大小，电压功率放大器都能很好地跟随输入信号的波形，并放大该信号,并且能够长时间地输出频率为 100kHz、幅值为 150V 的高电压信号,输出功率为 40W，其中输出电压含有的直流分量仅为 50mV，谐波畸变率为 0.08%，符合对测试仪输出电压的要求。

3. 电流功率放大器的测试

电流功率放大器是基于差分电路和共射极电路构成放大电路，将输入信号的大小放大 10 倍，输出信号频率范围为 50～100kHz，输出信号幅值范围为–50～50A。由于电流功率放大器输出信号为大电流信号，在电流输出端口接有交流电流表和频率计，如图 11.22 的接法进行接线，并对输出信号直接进行测试。

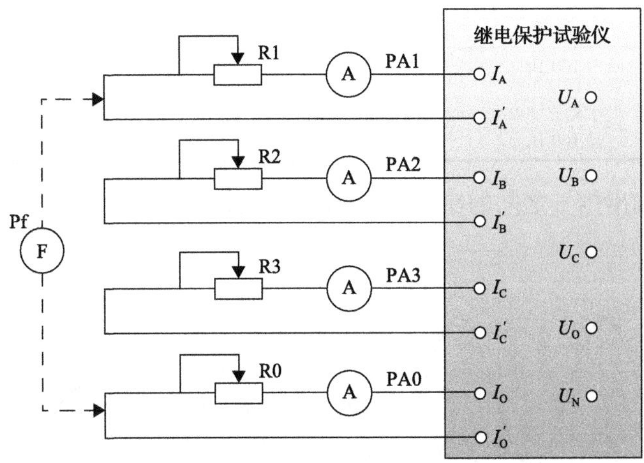

图 11.22　电流功率放大器的测试原理

具体测试结果如表 11.4 所示。

表 11.4　测试结果

理论波形		实测波形					
		频率/Hz	频率误差/%	幅值/A		幅值误差/%	
50Hz	1V	50.00	0.00	10.24	–10.24	2.4	2.4
	3V	50.00	0.00	30.47	–30.47	1.6	1.6
	5V	50.04	0.08	50.15	–50.15	0.3	0.3
1kHz	1V	1.001k	0.10	10.30	–10.30	3.0	3.0
	3V	1.001k	0.10	30.67	–30.67	2.2	2.2
	5V	1.001k	0.10	50.48	–50.48	1.0	1.0
10kHz	1V	10.1k	1.00	10.21	–10.21	2.1	2.1
	3V	10.1k	1.00	30.35	–30.35	1.1	1.1
	5V	10.1k	1.00	49.91	–49.91	–0.2	–0.2

续表

理论波形		实测波形					
		频率/Hz	频率误差/%	幅值/A		幅值误差/%	
30kHz	1V	30.61k	2.03	10.16	–10.16	1.6	1.6
	3V	30.54k	1.80	30.13	–30.13	0.4	0.4
	5V	30.58k	1.93	49.47	–49.47	–1.1	–1.1
50kHz	1V	50.1k	0.20	10.17	–10.17	1.7	1.7
	3V	50.1k	0.20	30.15	–30.15	0.5	0.5
	5V	50.1k	0.20	49.45	–49.45	–1.1	–1.1
70kHz	1V	70.1k	0.14	10.38	–10.38	3.8	3.8
	3V	70.1k	0.14	30.80	–30.80	2.7	2.7
	5V	70.1k	0.14	50.58	–50.58	1.2	1.2
100kHz	1V	100.1k	0.10	10.54	–10.54	5.4	5.4
	3V	100.1k	0.10	31.32	–31.32	4.4	4.4
	5V	100.1k	0.10	51.84	–51.84	3.7	3.7

输入信号与输出信号之间的比较如图 11.23 所示。

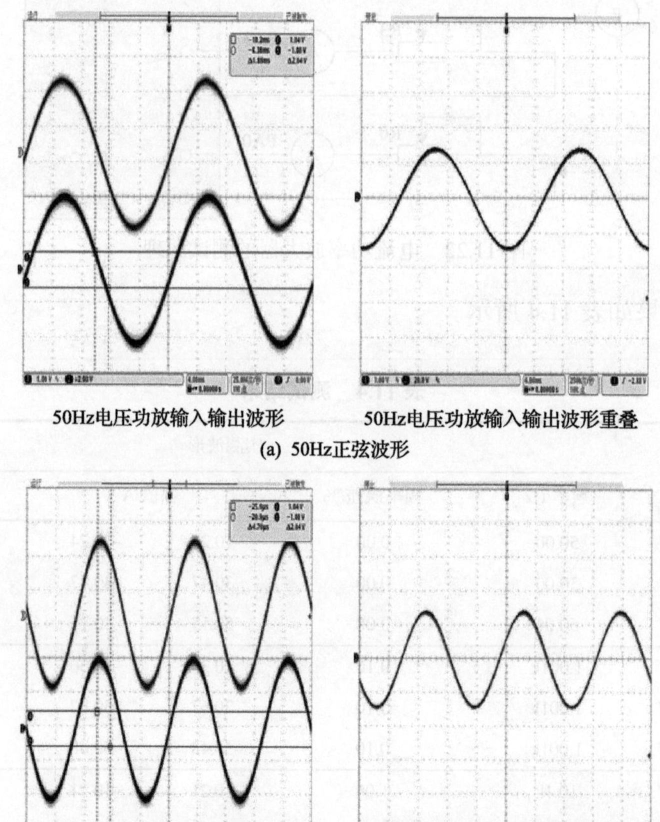

50Hz电压功放输入输出波形　　50Hz电压功放输入输出波形重叠

(a) 50Hz正弦波形

30kHz电压功放输入输出波形　　30kHz电压功放输入输出波形重叠

(b) 30kHz正弦波形

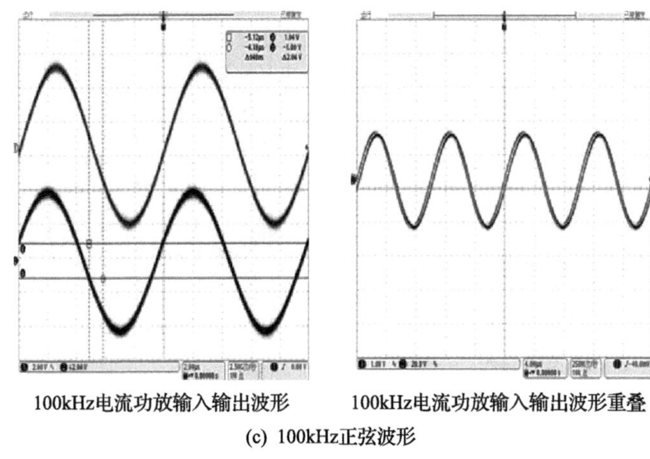

100kHz电流功放输入输出波形　　100kHz电流功放输入输出波形重叠

(c) 100kHz正弦波形

图 11.23　不同频率下电流功率输入输出波形对比

从测试结果和输出波形可得，电流功率放大器输出波形最大频率绝对误差为 610Hz，最大相对误差为 2.03%；最大幅值绝对误差为 1.84A，最大相对误差为 5.4%。不管输出幅值多大，频率为多大，电流功率放大器都能很好地跟随输入信号的波形，并放大该信号，并且能够长时间地输出频率为 100kHz、幅值为 50V 的高电压信号，输出功率为 500W，其中输出电流含有的直流分量仅为 0.0015A，谐波畸变率为 0.191%，符合对测试仪输出电流的要求。

11.2.2　输出波形的同步性测试

电力系统二次侧的电压和电流信号是同步信号，这就要求暂态行波保护测试仪输出的各相电压信号和各相电流信号的同步性要达到 μs 级。输出波形的同步性测试方法为暂态行波保护测试仪的四路电压、四路电流将输出同样的波形信号，利用示波器记录下电压和电流信号，并分别测试四路电压波形的同步性、四路电流波形的同步性以及电压波形与电流波形的同步性。测试原理如图 11.24 所示。

1. 四路电压波形的同步性测试

输入信号与输出信号之间的比较如图 11.25 所示。

从测试结果和输出波形可以看出，暂态行波保护测试仪的四相电压输出在各种频率和幅值下都能很好地保持输出波形的同步性，其中输出频率为 100kHz。A 相电压输出略微延迟不到 1μs 时间，造成这种现象的原因为在高频高电压输出时，测试线路中存在的电感将会对输出信号的相位起到干扰作用，特别是各相的电感不一致，会造成所记录数据的不同步性。

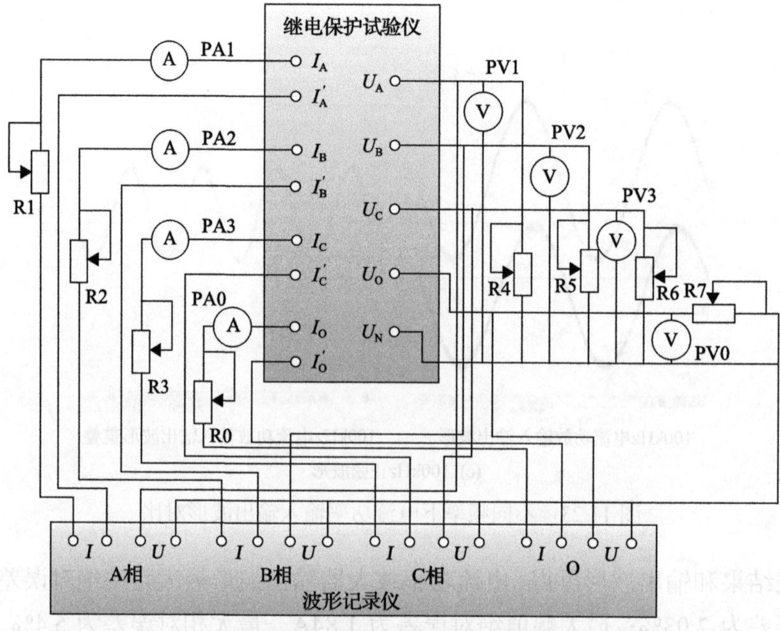

图 11.24　输出波形的同步性测试原理

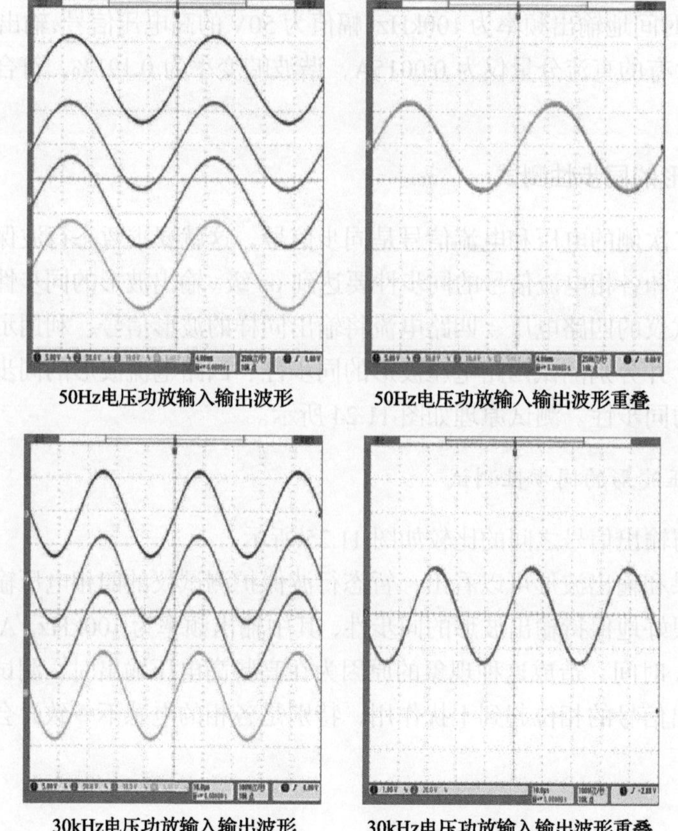

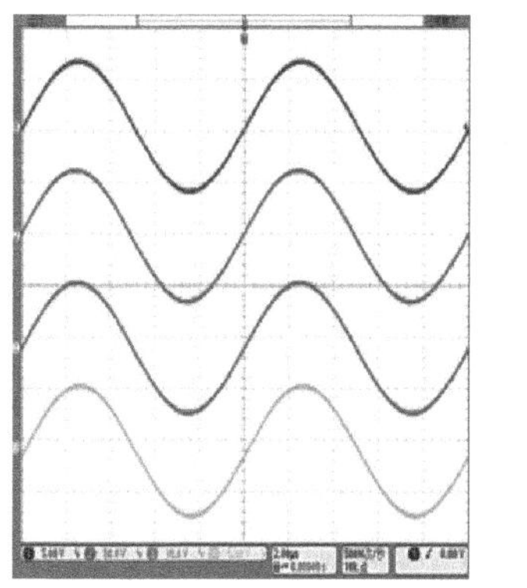
100kHz电压功放输入输出波形

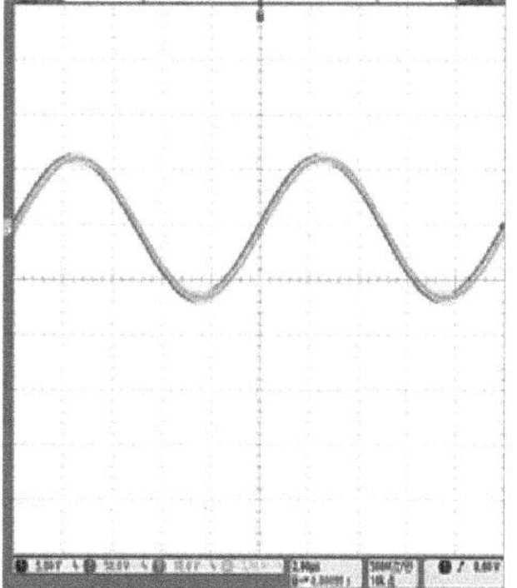
100kHz电压功放输入输出波形重叠

图 11.25　四路电压同步性输入输出波形对比图

2. 四路电流波形的同步性测试

输入信号与输出信号之间的比较如图 11.26 所示。

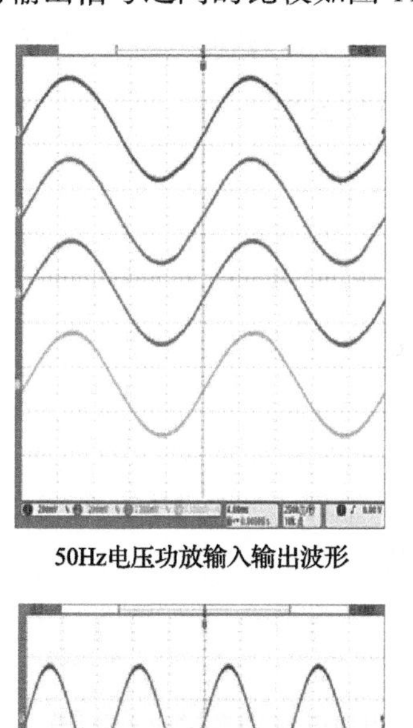
50Hz电压功放输入输出波形

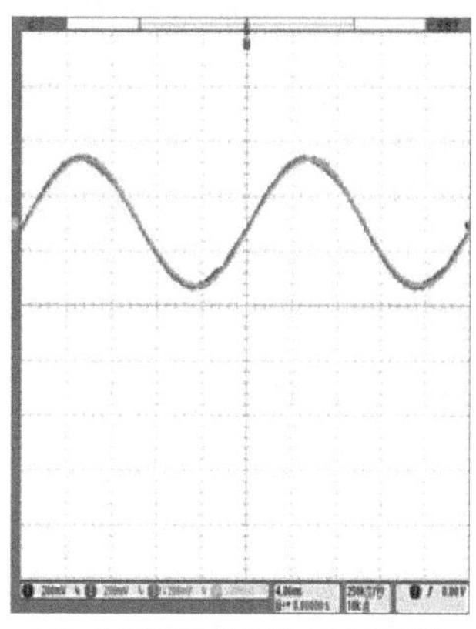
50Hz电压功放输入输出波形重叠

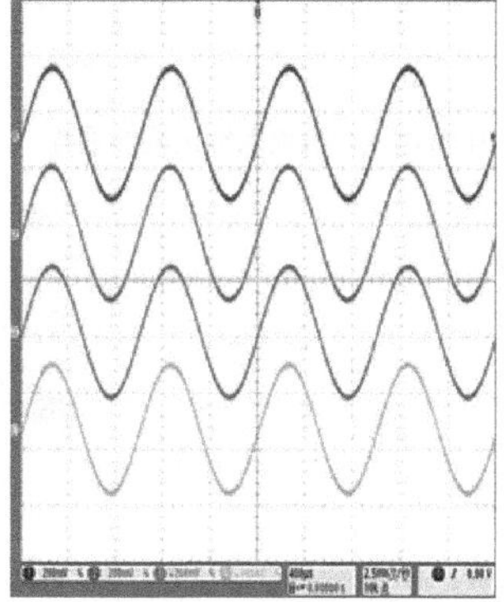
1kHz电压功放输入输出波形

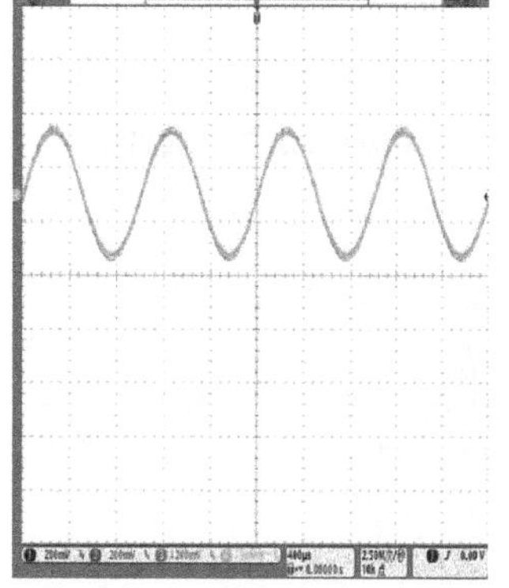
1kHz电压功放输入输出波形重叠

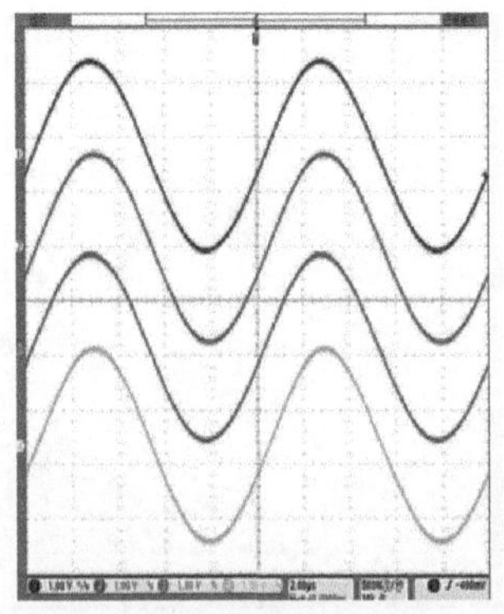

100kHz电压功放输入输出波形

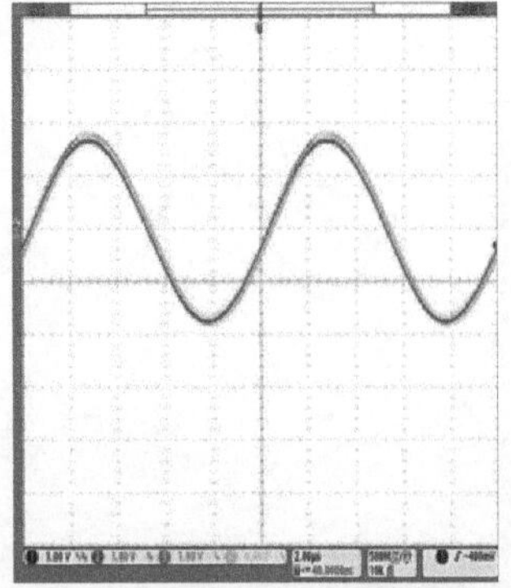

100kHz电压功放输入输出波形重叠

图 11.26　四路电流同步性测试输入输出波形对比图

从测试结果和输出波形可以看出，暂态行波保护测试仪的四相电流输出在各种频率和幅值下都能很好地保持输出波形的同步性，其中输出频率为 100kHz。C 相电流输出略微超前不到 1μs 时间，其中的原因为在高频大电流输出时，测试线路中存在的电感将会对输出信号的相位起到干扰作用，特别是各相的电感不一致，会造成所记录数据的不同步性。

3. 电压功率放大器和电流功率放大器的同步性测试

输入信号与输出信号之间的比较如图 11.27 所示。

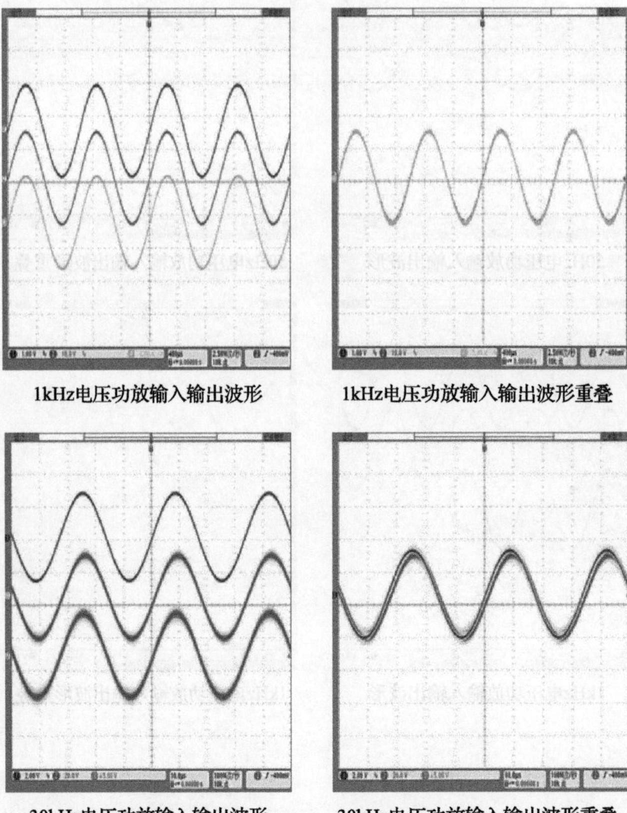

1kHz电压功放输入输出波形　　1kHz电压功放输入输出波形重叠

30kHz电压功放输入输出波形　　30kHz电压功放输入输出波形重叠

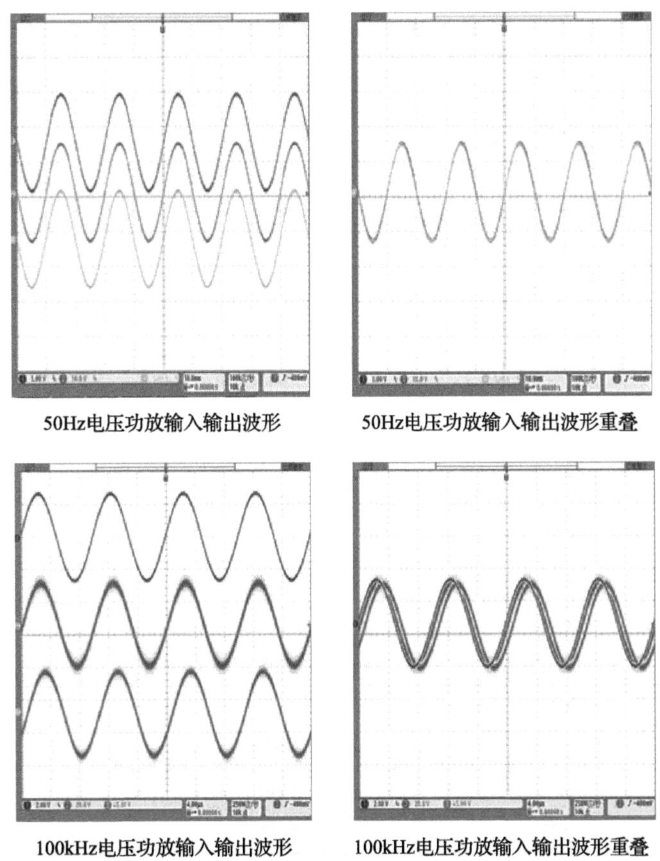

50Hz电压功放输入输出波形　　50Hz电压功放输入输出波形重叠

100kHz电压功放输入输出波形　　100kHz电压功放输入输出波形重叠

图 11.27　电压、电流功放同步性测试输入输出波形对比图

从测试结果和输出波形可以看出，暂态行波保护测试仪的电压和电流输出在各种频率和幅值下都能很好地保持输出波形的同步性，其中输出频率为 100kHz。电压输出比电流输出略微超前不到 1μs 时间，其中的原因为在高频大电流输出时，测试线路中存在的电感将会对输出信号的相位起到干扰作用，特别是各相的电感不一致，会造成所记录数据的不同步性。

11.2.3　开关输入量测试

暂态行波保护测试仪作为检测继电保护装置的设备，必须能够闭环检测继电保护装置的各种开关输出量，以检测出该继电保护装置是否正确动作及动作时间，开关输入量的测试结果如表 11.5 所示。

从测试结果可以看出，暂态行波保护测试仪的开关输入量能够检测出相应的动作相别，所记录的动作时间最大绝对误差为 0.17ms，误差不超过 1ms，最大相对误差为 0.00698%，并且开关输入量在 10～250VDC 范围内正常工作，可满足检测继电保护测试仪的开出量的要求。

表 11.5　测试结果

类别	录波器时间/s	测试仪时间/s	绝对误差
A 相跳闸	0.209366	0.20937	0.000004
	0.70675	0.70675	0.000000
	1.029161	1.02916	−0.000001
	1.039269	1.03927	0.000001
	1.177951	1.17795	−0.000001
	12.78609	12.78599	−0.000100
D 重合	0.57224	0.57223	−0.000010
	0.87443	0.87442	−0.000010
	1.269793	1.26977	−0.000023
	2.71473	2.71471	−0.000020
	10.71355	10.71346	−0.000090
A 再跳	0.703956	0.70395	−0.000006
	1.77139	1.77137	−0.000020
	3.73912	3.73908	−0.000040
B 相跳闸	1.086397	1.08639	−0.000007
	12.45045	12.45036	−0.000090
C 相跳闸	0.71645	0.71640	−0.000050
	13.51737	13.5172	−0.000170

11.2.4　整组试验比较

模拟现场故障如下。龙刘线距离母线 33.92km 处发生三相接地故障，母线电压波形和龙刘线的电流波形如图 11.28 所示。故障发生时刻为 60ms，故障发生后三相电压由 110kV 降低到 57kV，故障线路电流由 100A 增大到 450A。其中初始的行波波头在故障发生后的 113μs 到达母线侧。

将仿真得到的母线三相电压和故障线路三相电流经暂态行波保护测试仪系统播放，得到模拟量的电压、电流波形。对电流波形接入纯电阻负载，阻值为 51Ω，使用安捷伦 DSO-1054 示波器记录所播放的波形并将波形导出后，与仿真计算得到的波形进行比较分析。由于篇幅有限，下文仅以 C 相电流为例进行分析。全波形如图 11.28 所示，其中虚线为示波器记录的电流波形，实线为仿真波形。通过比较记录的电流波形与仿真的波形可以发现，仿真波形与示波器记录波形除有一定的时间延迟外，波形完全相同。时间延迟为 2ms。暂态行波波形如图 11.29 所示，其中虚线为示波器记录波形，实线为仿真波形。

虽然暂态行波保护测试仪输出波形中存在十几毫伏的毛刺，但是现场二次侧系统测量得到的行波信号幅值为几百毫伏，这些毛刺不足以影响暂态行波保护测试仪的正常使用。

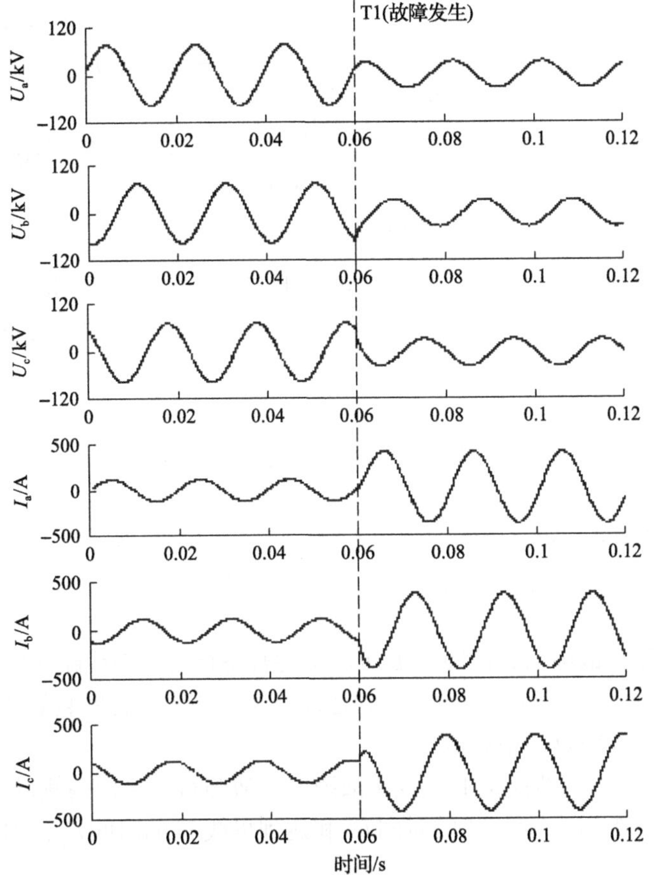

图 11.28　故障电压、电流波形

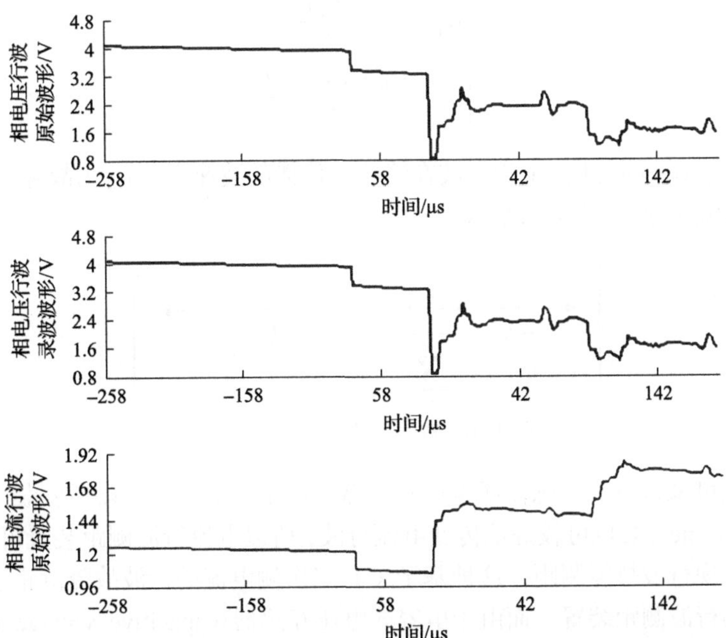

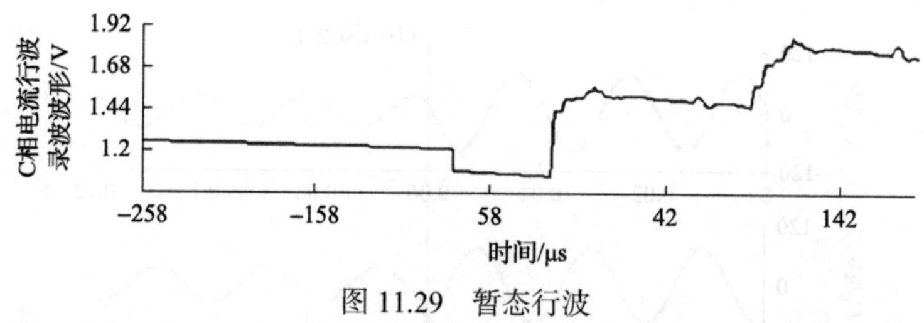

图 11.29　暂态行波

综上所述，暂态行波保护测试仪输出的波形与仿真计算所得到的波形除有时间延迟和小毛刺外，并无实质性差异，即暂态行波保护测试仪能够再现电力系统中的正常波形和暂态行波波形。

11.3　TP-01 测试系统测试实例

11.3.1　双端行波故障测距装置性能测试方案

1. 双端行波故障测距装置的基本工作原理

在输电线路发生故障后，故障点处所产生的暂态行波将沿线路向两端变电站母线传播。利用 GPS 记录下故障行波初始波头到达线路两端测距装置安装处的时间，便可利用二者的时间差实现故障点的精确定位。

如图 11.30 所示，当线路上 F 点发生故障时，故障行波将向两侧母线 M 和 N 传播，记录下行波初始波头到达母线 M 的时间 t_M 和达到母线 N 的时间 t_N，则故障距离可通过式(11-1)计算：

$$\begin{cases} l_M = \dfrac{(t_M - t_N)v + l}{2} \\ l_N = \dfrac{(t_N - t_M)v + l}{2} \end{cases} \tag{11-1}$$

式中，l 为线路 MN 的总长；v 为行波在线路上传播的波速度；l_M 为故障点到母线 M 的距离；l_N 为故障点到母线 N 的距离。

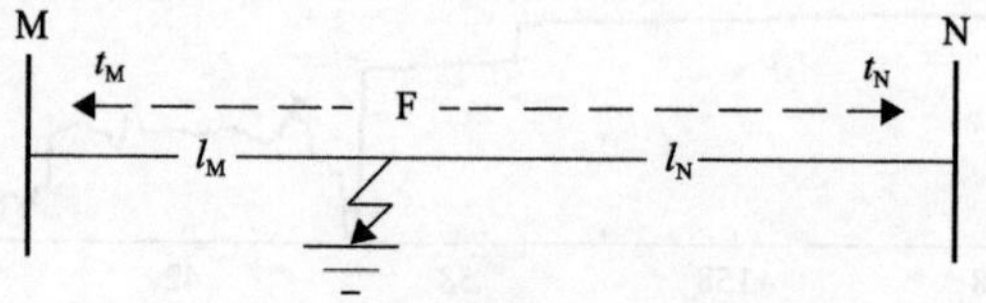

图 11.30　双端行波测距原理示意图

故障行波可来自电流互感器或电压互感器。由于输电线路两端所安装的电流互感器(current transformer，CT)可较好地传变电流行波，所以电流行波测距装置可直接利用 CT 二次侧电流实现行波故障测距，这种基于 CT 二次侧电流的行波故障测距装置也成为现场最为常用的行波测距装置。而由于电容式电压互感器(capacitive voltage transformer,

CVT) 中分压电容的滤波作用，CVT 不能有效传变高频行波信号，故无法使用 CVT 二次侧电压信号进行行波测距。但考虑到 CVT 地线上入地的电流为 CVT 安装处电压的导数，可将故障电压行波中的高频分量保留下来，这就是行波传感器的思想[213]，由此可实现基于 CVT 入地电流的行波故障测距。

使用行波传感器可有效获取 CVT 地线上入地的电流。行波传感器由若干层线圈在一根截面均匀的环形铁钴镍合金材料上均匀密绕而成，用时可钳箍在 CVT 的接地线上。由于行波传感器与一次系统无直接电气联系，安装时无需改变一次系统接线，不会对系统运行造成影响。

2. 双端行波故障测距装置性能测试方案

1) 测试系统与测试步骤

双端行波测距装置性能测试的关键在于模拟不同故障下电力系统互感器二次侧的电流行波。为此，需考虑以下两个问题，一是在设计测试方案时考虑各类可能对测距精度产生影响的故障，以保证测试的全面性；二是寻求能够真实输出电流行波模拟量的测试平台，以保证测试的有效性。对于前者，将在后续部分进行讨论。对于后者，暂态行波保护测试仪的成功研发有效解决了该问题。该测试仪的故障数据来源可为电力系统现场的故障录波数据或电磁暂态仿真软件的故障仿真数据。受录波器采集回路传变特性及模数转换采样精度的影响，使用现场录波数据进行测试效果并不理想，且现场故障次数极少，无法保证测试的全面性。因此，选择利用仿真软件建立输电系统仿真测试模型，构建故障数据库。

基于暂态行波保护测试仪的双端行波测距装置性能测试系统示意图如图 11.31 所示。

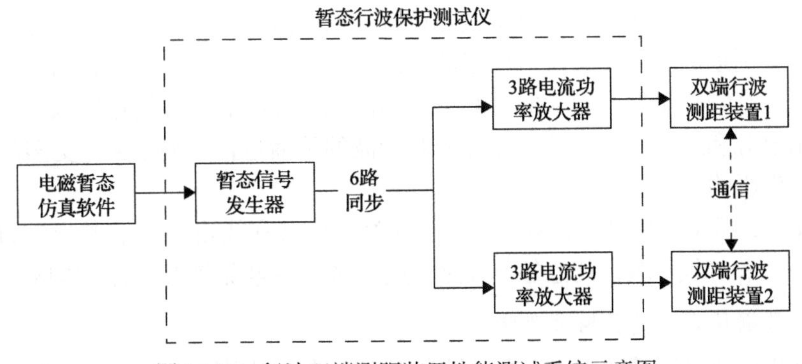

图 11.31　行波双端测距装置性能测试系统示意图

具体测试步骤如下。

(1) 在电磁暂态仿真软件(如 EMTP) 中建立仿真测试模型并进行不同故障的仿真。

(2) 将 EMTP 生成的仿真测试数据转换成暂态行波保护测试仪可使用的测试文件格式，并下传至暂态信号发生器。

(3) 暂态信号发生器通过数模转换，输出 6 路同步的模拟电压小信号，6 路信号通过电流功率放大器放大后模拟互感器二次侧的电流，并输出至被测装置。

2) 测试内容

双端行波测距装置性能测试分为基本故障测试和特殊故障测试。根据上文的结论，在基本故障测试中，应对不同类型线路(包括单回长线、单回短线、双回长线、双回短线)和母线结构下测距装置的可靠性和测距精度进行方位的试验。针对每一种电网结构，全面检测测距装置在不同故障类型、不同故障位置、不同故障初相角和不同故障过渡电阻下的性能。

除了上述基本故障外，为保证测试的全面，还应考虑一些特殊类型的故障。特殊故障测试应包括对测距装置在断线故障、转移性故障、故障过渡电阻时变、频率偏移、跨线故障(针对同杆双回线)等特殊故障下的测距性能的测试。

3) 系统整体模型

为了更加精确地模拟电力系统故障行波，最理想的状态应该是搭建电力系统的完整模型，但这显然是不现实的。因此，需对系统模型进行适当的简化与等值。根据所研究的电力系统的特点，将整个网络分成核心区、周边区和外围区。核心区对研究对象的电磁暂态有很大影响，需要精确建模，强调计算精度。周边区对研究对象电磁暂态影响不大，可以建立适当简化的模型，在计算精度和计算时间方面综合考虑。外围区对研究对象的电磁暂态影响较小，可以建立起简化的等值电路。

对于输电系统故障行波仿真，所研究的电力系统网络的核心区应为故障测距装置所安装的线路及其相邻变电站。在建模过程中，应采用精确的线路模型，考虑依频参数，考虑避雷线等线路中的其他结构对故障行波影响。对于相邻变电站，应全面考虑站内各电力设备的电磁暂态模型，如电力互感器及互感器所连接的二次电缆等。周边区应包含与故障测距装置所安装的线路直接相连的线路，这些线路的建模可以模拟行波在变电站母线处的折反射过程，还可以通过将故障设置在这些线路上来仿真区外故障。对于距离故障测距装置更远的线路，其反射回来的行波较小，且行波经过较长距离的传播，线路的电阻会使其高频分量发生较大的衰减。外围区包含除核心区和周边区以外的系统其余部分，可用电源和阻抗进行等效。此部分对行波的传播过程影响不大，更多的是对故障后的稳态产生影响。

如图 11.32 所示，模型中，双端行波测距装置安装在线路 L 上，整个电力网络的核心区为线路 L 和母线 MN，其他各条线路为周边区，各电源及阻抗为外围区。

4) 测试数据仿真中的关键元件模型

在仿真生成故障测试数据时，应尽量真实完整地再现现场故障时的行波过程。因此，仿真时应尽量使用电力系统各元件的宽频暂态模型，并尽可能全面地考虑会对行波特性产生影响的各个因素。

(1) 输电线路模型。初始电压行波的复频域值为 $U(\omega)$，当其在输电线路上传播至距离其 l 处后的复频域值为 $U_1(\omega)$。$U_1(\omega)$ 与 $U(\omega)$ 的关系如式(11-2)所示：

$$U_l(\omega) = U(\omega)\mathrm{e}^{-\gamma(\omega)l} \tag{11-2}$$

式中，$\gamma(\omega)$ 为行波在线路上的传播系数，有

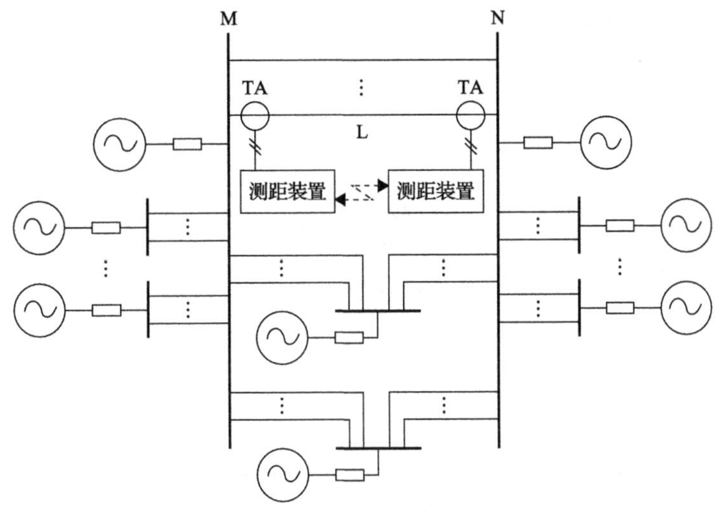

图 11.32　仿真时的系统模型

$$\gamma(\omega)=\sqrt{\left[R(\omega)+\mathrm{j}\omega L(\omega)\right]\mathrm{j}\omega C}=\alpha(\omega)+\mathrm{j}\beta(\omega) \tag{11-3}$$

式中，$R(\omega)$、$L(\omega)$ 和 C 分别为线路单位长度的串联电阻、串联电感和并联电容；$\alpha(\omega)$ 和 $\beta(\omega)$ 分别为线路的衰减系数和相位系数。式(11-3)忽略了线路的对地电导，并认为对地电容参数不随频率变化。

指数函数反映了行波传播过程中的延时、衰减和畸变。行波传播距离 L 需一定的时间，且由于线路参数随频率变化，不同频率的波传播的速度不同，波形会发生畸变，由于串联电阻的存在，行波还存在幅值上的衰减。

因此，为了更加真实地模拟电力系统现场故障后暂态行波的特性，在仿真生成故障测试数据时采用考虑了依频参数的线路模型。

在电磁仿真软件 EMTP 中搭建一条 100km 的 JMarti 模型输电线路[67]，图 11.33 为零模和线模的阶跃电压波经过线路传播至另一端后的波形。

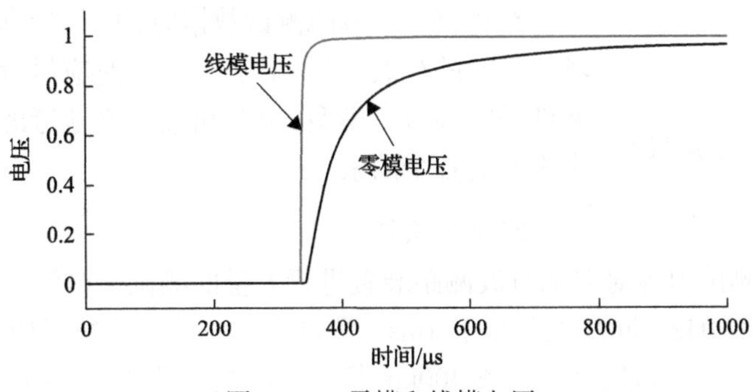

图 11.33　零模和线模电压

从图中可以看出，行波中的不同频率分量在线路上的传播速度不同，且在零模中表现得更加明显，符合趋肤效应的特点。

(2) 电容式电压互感器模型。对于利用电容式电压互感器地线入地电流的测距装置，需考虑 CVT 的电磁暂态模型。分析 CVT 入地电流 I 关于线路电压的传递函数，绘制其频率特性曲线如图 11.34 所示。

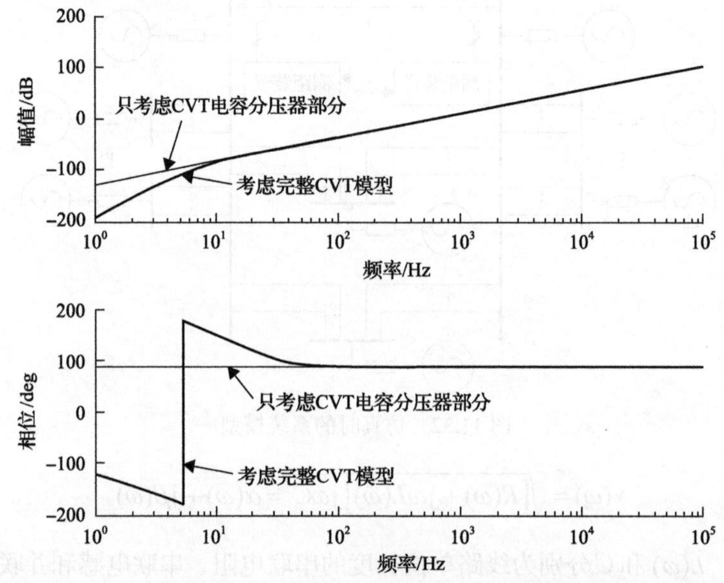

图 11.34　CVT 入地电流频率特性曲线

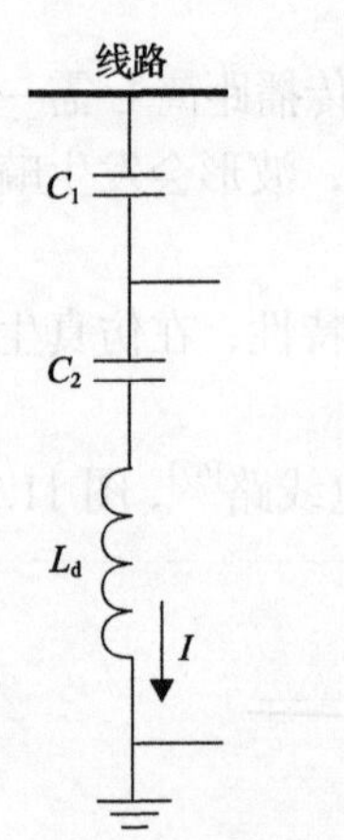

图 11.35　CVT 中的排流线圈

从图中可以看出，在 CVT 模型中，电容分压器以外部分对入地电流的影响主要集中在低频段，对工频及以上频率的影响可以忽略。因此，在获取 CVT 地线上入地的电流时，可只考虑电容分压器部分(即 C_1 和 C_2)。

此外，CVT 中可能存在载波通信用的排流线圈 L_d(如图 11.35)，也应给予考虑。综上，可通过仿真 CVT 安装处经分压电容和排流线圈接地后的电流获取 CVT 地线上入地的电流。

在仿真生成故障测试数据时，应尽量真实完整地再现现场故障时的行波过程。因此，仿真时应尽量使用电力系统各元件的宽频暂态模型，并尽可能全面地考虑会对行波特性产生影响的各个因素。

5) 实际测试

根据前文的测试内容对双端行波测距装置进行大量的测试，被测装置的暂态行波故障信息采样率为 1MHz，同步误差小于 1ms。测试中的一些典型情况如表 11.6 所示。系统模型中，母线 M、N 间仅存在一条 400km 长的单回线，且两母线的出线数均为 3，如图 11.36 所示。测试结果取自许昌开普检测技术有限公司出具的《输电线路行波故障测距装置电气性能及安全检验报告》(No: JW160776—Safety)。双端行波测距装置性能测试现场如图 11.37 所示。

表 11.6　测试结果

故障距离/km	故障类型	过渡电阻/Ω	故障电压初相角/(°)	测距结果/km
1	Ag	0	45	0.88
	ABCg	0	45	1.17
	ABCg	300	45	1.61
	ABCg	0	0	无法测距
100	Ag	0	45	100.14
	ABg	0	45	99.85
200	BC	0	45	200.59
	ABCg	0	45	200.15

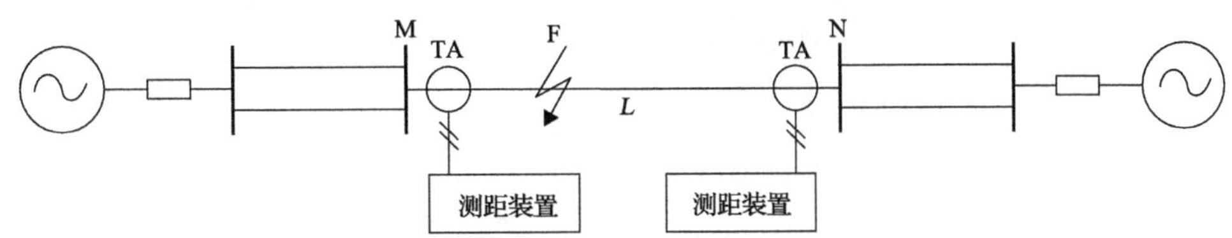

图 11.36　系统模型

图 11.37　双端行波测距装置性能测试现场

从表 11.6 中可以看出，本书所提测试方法可对双端行波测距装置进行全面的性能测试，检验测距的精度。

选取某次测试中两侧母线的 A 相波形进行对比分析。该次测试中，距母线 M100km 处发生 A 相金属性接地故障，故障时 A 相电压相角为 45°。图 11.38 为仿真数据和测距装置录波数据的对比图。从图中可以看出，二者波形十分近似，仅在一些细节(如二次回路导致的振荡)上有所差别，这是由测试仪输出频率及测距装置采样频率的限制所导致的。二者波形的近似既证明了暂态行波保护测试仪作为检测工具的有效性，又证明了被测的双端行波测距装置工作的正确性。

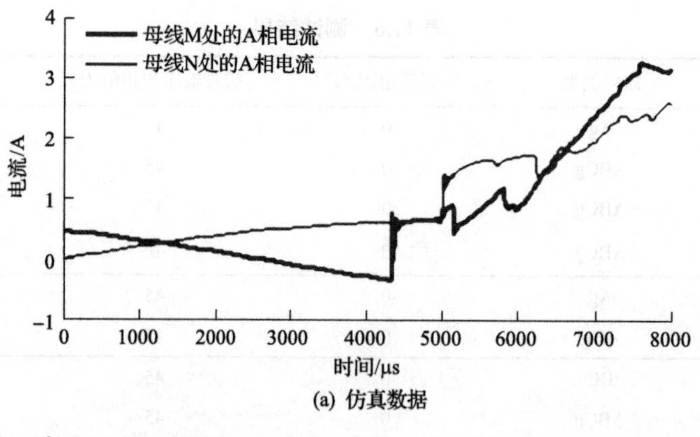

(a) 仿真数据

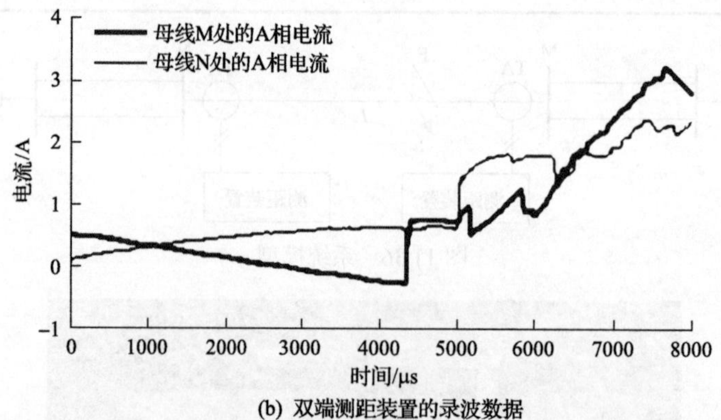

(b) 双端测距装置的录波数据

图 11.38　仿真数据和测距装置录波数据的对比图

11.3.2　对行波方向比较式纵联保护装置的测试

行波方向保护具有原理清晰、构成纵联时通信量小等优点。基于极化电流行波的方向比较式纵联保护已研制成功，并在国内 750kV 输电线路上挂网试运行。本节采用与上节相同的设计思路，在介绍行波方向比较式纵联保护装置工作原理的基础上，分析影响保护性能的主要因素。基于这种思路，设计行波方向比较式纵联保护装置性能测试方案，研究测试系统、测试内容及所用的仿真模型。最后，按照此方案对行波方向比较式纵联保护装置进行实际测试。为避免重复，本节将不对重复内容进行赘述。

1. 行波方向比较式纵联保护装置的基本工作原理

1) 基本原理

由于电容式电压互感器不能有效传变高频电压行波，行波方向比较式纵联保护利用电压初始行波低频分量和电流初始行波高频分量之间的极性关系判断故障方向，构成纵联方向保护。当发生正向故障时，行波保护装置安装处所测量到的电压初始行波与电流初始行波的极性相反；当发生反向故障时，二者的极性相同。

被保护线路两端的装置通过光缆实现通信，若两端均判断为正向故障，则被保护线路发生区内故障，两端保护装置同时发出跳闸信号。

2) 影响行波方向比较式纵联保护性能的主要因素

由于行波方向比较式纵联保护的动作判据中采用的是故障后电压、电流的初始行波，所以初始行波波头幅值的大小将对装置性能产生较大影响。通过前文的分析可知，影响故障后行波波头的因素主要包括线路自身特性、故障类型、故障位置、故障过渡电阻、故障电压初相角及母线结构等。

电力系统中的电流互感器、电容式电压互感器和二次控制电缆等也会对行波波头产生影响，特别是电容式电压互感器，其高频传变特性会对电压行波产生很大影响。此外，保护装置在实际电力系统中运行时，会受到各种形式的电磁干扰，如雷击、分合闸操作等，在测试中也应将其考虑在内。

2. 行波方向比较式纵联保护装置性能测试方案

使用暂态行波保护测试仪对行波方向比较式纵联保护装置进行性能测试，测试示意图如图 11.39 所示。测试面向一台保护装置，测试时，持续向被测装置发送对端装置正向故障信号。

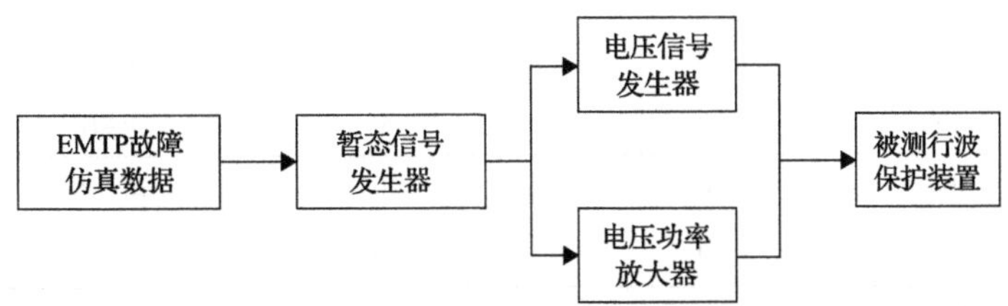

图 11.39　行波保护装置测试示意图

行波方向比较式纵联保护装置性能测试分为故障测试和干扰测试。根据上文的结论，在故障测试中，应对不同类型线路和母线结构下保护装置的动作情况和动作时间进行方位试验。针对每一种电网结构，全面检测测距装置在不同故障类型、不同故障位置、不同故障初相角和不同故障过渡电阻下的性能。

除了上述故障外，为测试保护装置的可靠性，还应考虑一些干扰的影响，如雷击未引发故障和开关操作时保护装置是否可靠不动作，雷击引发故障后是否可靠动作等。

测试系统模型如图 11.40 所示。模型中，保护装置安装在线路 L_1 上，整个电力网络的核心区为线路 L_1 和母线 M、N，考虑了电力互感器和避雷器的影响，线路 L_2～L_5 为周边区，电源 S_1 和 S_2 及阻抗为外围区。

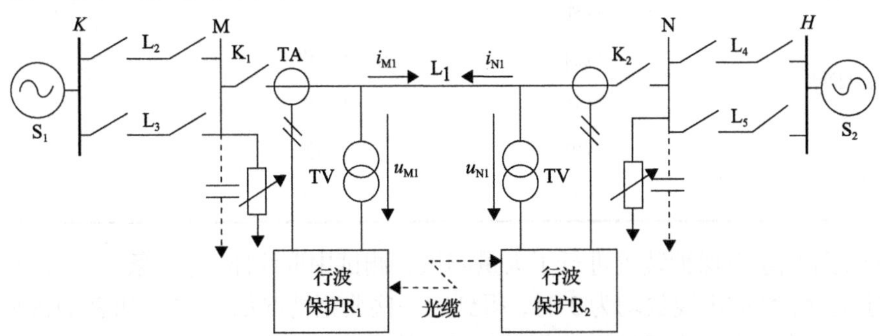

图 11.40　行波保护装置测试仿真模型

3. 测试结果

表 11.7 和表 11.8 列出了测试结果。

表 11.7　故障测试结果

故障类型	故障距离/km	过渡电阻/Ω	故障电压初相角/(°)	动作情况	动作时间/ms
Ag	1	0	90	跳 A 相	10.4
	100	0	90	跳 A 相	10.3
	100	0	30	跳 A 相	10.4
	100	0	5	跳 A 相	10.4
	100	0	0	不动作	/
	100	100	90	跳 A 相	10.4
	100	300	90	跳 A 相	10.4
	200	0	90	跳 A 相	10.4
	–1	0	90	不动作	/
	–100	0	90	不动作	/
BCg	100	0	90	跳三相	10.4
	–100	0	90	不动作	/
BC	100	0	90	跳三相	10.4
	–100	0	90	不动作	/
ABCg	100	0	90	跳三相	10.4
	–100	0	90	不动作	/

表 11.8　干扰测试结果

干扰类型	发生区间	动作情况	动作时间/ms
雷击 A 相未故障	区内	不动作	/
	区外	不动作	/
雷击 A 相引发故障	区内	跳 A 相	10.4
	区外	不动作	/
合闸操作	区内	不动作	/
	区外	不动作	/
分闸操作	区内	不动作	/
	区外	不动作	/

针对上述因素对保护装置进行了大量测试，测试中取线路 L_1 一条 400km 长的单回线，且母线 M、N 的出线数均为 3 时，得到的一些典型情况如表 11.7 和表 11.8 所示。测试结果取自电力工业电力系统自动化设备质量检验测试中心出具的《超/特高压行波保护

装置检测报告》(报告编号：CEPRI-ZDⅡ-2015-024)。

从表中可以看出，暂态行波保护测试仪能够测试不同故障和干扰(雷击、分合闸操作等)下行波保护装置的动作性能，检验装置的可靠性。

测试中可以准确发现被测装置的不足之处，如故障电压初相角过小会导致装置拒动，这是由于故障行波的波头幅值与故障电压初相角有关，当故障电压初相角较小时，故障行波波头幅值同样也较小，保护装置无法检测，引发拒动。此外，测试还可检验保护装置的重合闸情况。参见图 11.3。

参 考 文 献

[1] 贺家李, 李永丽, 董新洲, 等. 电力系统继电保护原理(第五版)[M]. 北京: 中国电力出版社, 2017.

[2] 葛耀中. 新型继电保护与故障测距的原理与技术(第二版)[M]. 西安: 西安交通大学出版社, 1995.

[3] 邱关源, 罗先觉. 电路(第五版)[M]. 北京: 高等教育出版社, 2006.

[4] 李光琦. 电力系统暂态分析(第二版)[M]. 北京: 中国电力出版社, 2007.

[5] 董新洲, 苏斌, 薄志谦, 等. 特高压输电线路继电保护特殊问题的研究[J]. 电力系统自动化, 2004, 11(25): 19-22.

[6] 国家能源局, 中国电力企业联合会. 2020 年全国电力可靠性年度报告[R]. 2020.

[7] Sant M, Paithankar Y. Online digital fault locator for overhead transmission line[C]//Proceedings of the Institution of Electrical Engineers. IET, 1979: 1181-1185.

[8] 董新洲, 王宾. 抗分布电容电流和过渡电阻影响的线路单端故障测距方法: 中国, CN101067641A[P]. 2007.11.07.

[9] 冯慈璋. 电磁场(第二版)[M]. 北京: 高等教育出版社, 1983.

[10] 马海武. 电磁场理论[M]. 北京: 清华大学出版社, 2016.

[11] 闻映红, 周克生, 崔勇, 等. 电磁场与电磁兼容(第二版)[M]. 北京: 科学出版社, 2019.

[12] 陈抗生. 电磁场与电磁波(第二版)[M]. 北京: 高等教育出版社, 2007.

[13] 吴维韩, 张芳榴, 等. 电力系统过电压数值计算[M]. 北京: 科学出版社, 1989.

[14] 董新洲. 小波理论应用于输电线路行波故障测距研究[D]. 西安: 西安交通大学, 1996.

[15] 董新洲. 小波理论应用于输电线路行波保护研究[D]. 天津: 天津大学, 1998.

[16] 李幼仪. 基于统一行波的输电线路方向比较式纵联保护研究[D]. 北京: 清华大学, 2005.

[17] 冯腾. 故障行波分析及其在行波保护性能测试中的应用[D]. 北京: 清华大学, 2017.

[18] 伍小兵. 无畸变传输线的波过程及算法研究[D]. 重庆: 重庆大学, 2008.

[19] 孙韬. 传输线方程解析解的研究[D]. 重庆: 重庆大学, 2005.

[20] Bewley L V. Traveling waves on transmission systems[J]. Transactions of the American Institute of Electrical Engineers, 1931. 50(2): 532-550.

[21] 李爱民, 蔡泽祥, 李晓华. 直流线路行波传播特性的解析[J]. 中国电机工程学报, 2010, 30(25): 94-100.

[22] 徐敏, 蔡泽祥, 李晓华, 等. 考虑频变参数和直流控制的直流输电系统线路故障解析[J]. 电力系统自动化, 2015, 39(11): 37-44.

[23] Bergeron L J B. Water Hammer in Hydraulics and Wave Surges in Electricity[M]. New York: Wiley, 1961.

[24] Dommel H W. Digital computer solution of electromagnetic transients in single-and multiphase networks[J]. IEEE Transactions on Power Apparatus and Systems, 1969, PAS-88(4): 388-399.

[25] Dommel H W. Nonlinear and time-varying elements in digital simulation of electromagnetic transients[J]. IEEE Transactions on Power Apparatus and Systems, 1971, PAS-90(6): 2561-2567.

[26] Dommel H W, Meter W S. Computation of electromagnetic transients[J]. Proceedings of the IEEE, 1974, 62(7): 983-993.

[27] Brandwajn V, Meyer W S, Dommel H W. Synchronous machine initialization for unbalanced network conditions within an electromagnetic transients program[C]//IEEE Conference Proceedings Power Industry Computer Applications Conference, Ohio, 1979, PICA-79.

[28] Brandwajn V, Dommel H W, Dommel I I. Matrix representation of three-phase n-winding transformers for steady-state and transient studies[J]. IEEE Transactions on Power Apparatus and Systems, 1982, PAS-101(6): 1369-1378.

[29] de Arizon P, Dommel H W. Computation of cable impedances based on subdivision of conductors[J]. IEEE Transactions on Power Delivery, 1987, 2(1): 21-27.

[30] Budner A. Introduction of frequency-dependent line parameters into an electromagnetic transients program[J]. IEEE Transactions on Power Apparatus and Systems, 1970, PAS-89(1): 88-97.

[31] Snelson J K. Propagation of travelling waves on transmission lines-frequency dependent parameters[J]. IEEE Transactions on Power Apparatus and Systems, 1972, PAS-91 (1): 85-91.

[32] Meyer W S, Dommel H W. Numerical modelling of frequency-dependent transmission-line parameters in an electromagnetic transients program[J]. IEEE Transactions on Power Apparatus and Systems, 1974, PAS-93 (5): 1401-1409.

[33] Marti J R. Accurate modelling of frequency-dependent transmission lines in electromagnetic transient simulations[J]. IEEE Transactions on Power Apparatus and Systems, 1982, PAS-101 (1): 147-157.

[34] Akagi H. Generalized theory of the instantaneous reactive power in three-phase circuits[J]. IEEJ IPEC-Tokyo’83, 1983: 1375.

[35] Saitou M, Matsui N, Shimizu T. A control strategy of single-phase active filter using a novel d-q transformation[C]//38th IAS Annual Meeting on Conference Record of the Industry Applications Conference, 2003.

[36] 戴先中, 唐统一, 孙树勤. 非正弦三相电路中瞬时无功量的普遍化定义[J]. 中国电机工程学报, 1998, 18 (06): 388-394.

[37] Peng F Z, Lai J-S. Generalized instantaneous reactive power theory for three-phase power systems[J]. IEEE Transactions on Instrumentation and Measurement, 1996, 45 (1): 293-297.

[38] Dai X, Liu G, Gretsch R. Generalized theory of instantaneous reactive quantity for multiphase power system[J]. IEEE Transactions on Power Delivery, 2004, 19 (3): 965-972.

[39] 沈元隆, 周井泉. 信号与系统(第二版)[M]. 北京: 人民邮电出版社, 2009.

[40] 俎云霄, 庞浩, 李东霞, 等. 一种基于 Hilbert 数字滤波的无功功率测量方法[J]. 电力系统自动化, 2003, 27 (16): 50-52+70.

[41] 薛永端, 徐丙垠, 冯祖仁. 基于 Hilbert 变换的非正弦电路无功及瞬时无功功率定义[J]. 电力系统自动化, 2004, 28 (12): 35-39.

[42] 陈启昌. 非正弦周期性电流电路中的无功功率和畸变功率[J]. 吉林电力技术, 1994, 4: 29-33.

[43] 李幼仪, 董新洲, 孙元章. 不同行波方向元件原理与判据的比较[J]. 清华大学学报, 2006, 46 (7): 1208-1211.

[44] 李幼仪, 董新洲, 孙元章. 基于行波理论的补偿电压突变量选相元件[J]. 电力系统自动化, 2006, 30 (8): 37-40.

[45] 李幼仪, 董新洲, 孙元章. 基于电流行波的输电线横差保护[J]. 中国电机工程学报, 2002 (11): 7-11.

[46] 李幼仪, 董新洲, 孙元章. 基于电流行波的输电线横差保护[J]. 中国电机工程学报, 2002 (11): 7-11.

[47] Mallat S. Multiresolution representation and wavelets [D]. Philadelphia: University of Pennsylvania, 1988.

[48] Mallat S. A theory for multiresolution signal decomposition: the wavelet representation[J]. IEEE Transactions on pattern analysis and machine intelligence, 1989, 11 (7): 674-693.

[49] Daubechies I. Orthonormal bases of compactly supported wavelets[J]. Communications on Pure and Applied Mathematics, 1992, 41 (7): 3552-3558.

[50] Chui C K, Wang J. A cardinal spline approach to wavelets[J]. Proceedings of the American Mathematical Society, 1991, 113 (3): 785-793.

[51] Mallat S, Zhong S. Reconstruction of functions from the wavelet transform local maxima, 1990.

[52] Geng Z, Qu L. Vibrational diagnosis of machine parts using the wavelet packet technique[J]. British Journal of Non-Destructive Testing, 1994, 36 (1): 11-15.

[53] Chui C K. An Introduction to Wavelets[M]. San Diego: Academic Press, 1992.

[54] 刘贵忠, 邸双亮. 小波分析及其应用[M]. 西安: 西安电子科技大学出版社, 1995.

[55] 秦前清, 杨宗凯. 实用小波分析[M]. 西安: 西安电子科技大学出版社, 1995.

[56] Mallat S, Hwang W L. Singularity detection and processing with wavelets[J]. IEEE Transactions on Information Theory, 1992, 38 (2): 617-643.

[57] 董新洲, 耿中行, 葛耀中, 等. 小波变换应用于电力系统故障信号分析初探[J]. 中国电机工程学报, 1997, 17 (6): 421-424.

[58] 董新洲, 贺家李, 葛耀中. 小波变换: 第 1 讲 基本概念[J]. 继电器, 1999, 27 (1): 61-64.

[59] 董新洲, 贺家李, 葛耀中. 小波变换: 第 2 讲 离散小波变换[J]. 继电器, 1999, 27 (2): 57-60.

[60] 董新洲, 贺家李, 葛耀中. 小波变换: 第 3 讲 二进小波变换及信号的奇异性检测[J]. 继电器, 1999, 27 (3): 65-68.

[61] 董新洲, 贺家李, 葛耀中. 小波变换在行波故障检测中的应用[J]. 继电器, 1998, 26 (5): 1-4.

[62] 董新洲, 刘建政, 余学文. 输电线路暂态电压行波的故障特征及其小波分析[J]. 电工技术学报, 2001, 16(3): 57-61, 74.

[63] 董新洲, 葛耀中, 徐丙垠. 输电线路暂态电流行波的故障特征及其小波分析[J]. 电工技术学报, 1999, 14(01): 59-62.

[64] 董新洲, 刘建政, 张言苍. 行波的小波表示[J]. 清华大学学报(自然科学版), 2001, 41(9): 13-17.

[65] Kondrath N, Kazimierczuk M K. Bandwidth of current transformers[J]. IEEE Transactions on Instrumentation and Measurement, 2009, 58(6): 2008-2016.

[66] Poulichet P, Costa F, Laboure E. High-frequency modeling of a current transformer by finite-element simulation[J]. IEEE Transactions on Magnetics, 2003, 39(2): 998-1007.

[67] Marti J R, Linares L R. Real-time EMTP-based transients simulation[J]. IEEE Transactions on Power Systems, 1994, 9(3): 1309-1317.

[68] Dommel H W. EMTP Theory Book[M]. Vancourer: British Columbia, 1992.

[69] Kezunovic M, Kojovic L, Abur A, et al. Experimental evaluation of EMTP-based current transformer models for protective relay transient study[J]. IEEE Transactions on Power Delivery, 1994, 9(1): 405-413.

[70] 王庆平. 暂态行波故障信息的获取、分析以及互感器传变特性的研究[R]. 北京: 清华大学, 2004.

[71] Lu H Y, Zhu J G, Hui S Y R. Experimental determination of stray capacitances in high frequency transformers[J]. IEEE Transactions on Power Electronics, 2003, 18(5): 1105-1112.

[72] 巩学海, 孔维政, 余占清, 等. 变电站互感器宽频传输特性试验研究[J]. 高电压技术, 2009, 35(7): 1736-1742.

[73] 赵玉富, 林玉涵, 杨乃贵, 等. 500kV 电流互感器误差小信号测试设备的研制[J]. 电测与仪表, 2014, 51(6): 85-91.

[74] 凌子恕. 高压互感器技术手册[M]. 北京: 中国电力出版社, 2005.

[75] 王德忠. 电容式电压互感器瞬变响应特性的研究[J]. 电力电容器, 1994, 3: 1-17.

[76] 王德忠. 电容式电压互感器瞬变响应特性的研究(续)[J]. 电力电容器, 1994, 4: 1-15.

[77] 王德忠, 王季梅. 电容式电压互感器速饱和电抗型阻尼器的研究[J]. 电工技术学报, 2000, 15(1): 41-46.

[78] 穆淑云. 电容式电压互感器暂态性能的仿真计算[J]. 电力电容器, 2001, 1: 8-13.

[79] 穆淑云. 电容式电压互感器暂态性能的仿真计算(续)[J]. 电力电容器, 2001, 2: 1-8.

[80] Swift G, Tziouvaras D A, Mclaren P, et al. Discussion of "mathematical models for current, voltage, and coupling capacitor voltage transformers" and closure[J]. IEEE Transactions on Power Delivery, 2001, 16(4): 827-828.

[81] Ajaei F B, Sanaye-Pasand M, Rezaei-Zare A, et al. Analysis and suppression of the coupling capacitor voltage transformer ferroresonance phenomenon[J]. IEEE Transactions on Power Delivery, 2009, 24(4): 1968-1977.

[82] Femandes D, A Neves W L, A Vasconcelos J C, et al. Comparisons between Lab measurements and digital simulations for a coupling capacitor voltage transformer[C]//2006 IEEE/PES Transmission Distribution Conference and Exposition: Latin America, Venezuela, 2006.

[83] Kojovic L, Kezunovic M, Fromen C W. A new method for the CCVT performance analysis using field measurements, signal processing and EMTP modeling[J]. IEEE Transactions on Power Delivery, 1994, 9(4): 1907-1915.

[84] Vermeulen H J, Dann L R, van Rooijen J. Equivalent circuit modelling of a capacitive voltage transformer for power system harmonic frequencies[J]. IEEE Transactions on Power Delivery, 1995, 10(4): 1743-1749.

[85] Graovac M, Iravani R, Wang X, et al. Fast ferroresonance suppression of coupling capacitor voltage transformers[J]. IEEE Transactions on Power Delivery, 2003, 18(1): 158-163.

[86] Dong X Z, Su B, Wang Q. Study on the voltage traveling wave wavefront detection for CVT[C]//2005 IEEE/PES Transmission Distribution Conference Exposition: Asia and Pacific, Dalian, 2005.

[87] Wu M, Cui X. Wide frequency model for transfer function of potential transformer in substation[C]//2003 IEEE International Symposium on Electromagnetic Compatibility, Beijing, 2003.

[88] 王世勇. 极化电流行波方向纵联保护研究[D]. 北京: 清华大学, 2011.

[89] 王会广. 变电站二次电缆宽频网络参数提取与暂态计算[D]. 北京: 华北电力大学, 2011.

[90] 李峰, 徐丙垠. 电力电缆故障冲闪测试放电回路建模[J]. 电力自动化设备, 2011, 31(3): 46-51.

[91] 许飞. 考虑二次回路暂态特性的输电线[D]. 北京: 清华大学, 2015.

[92] 董新洲, 葛耀中, 贺家李. 波阻抗方向继电器的基本原理[J]. 电力系统自动化, 2001, 9: 15-18+22.

[93] 董新洲, 葛耀中, 贺家李. 波阻抗方向继电器的算法研究[J]. 电力系统自动化, 2001, 10: 14-17.

[94] 董新洲, 葛耀中, 贺家李. 波阻抗方向继电器的性能分析[J]. 电力系统自动化, 2001, 11: 24-27.

[95] 董新洲, 郭效军, 张言苍, 等. 波阻抗方向继电器的实现方案[J]. 电力系统自动化, 2001, 12: 20-23.

[96] 张言苍, 董新洲, 董杏丽, 等. DSP 及其在行波保护中的应用[J]. 电力自动化设备, 2000, 2: 4-6.

[97] Dong X Z, Ge Y, He J. Surge impedance relay[J]. IEEE Transactions on Power Delivery, 2005, 20 (2) : 1247-1256.

[98] Dong X Z, Wang S, Shi S. Research on characteristics of voltage fault traveling waves of transmission line[C]//2010 Modern Electric Power Systems, 2010.

[99] Wang S, Dong X Z, Shi S, et al. Study on Current Travelling Wave Transmission Characteristics in Secondary Control Cable Connected with CT[J]. Physics Procedia, 2012, 33: 663-671.

[100] 董新洲, 王世勇, 施慎行. 极化电流行波方向继电器[J]. 电力系统自动化, 2011, 35 (21) : 78-83, 100.

[101] 王世勇, 董新洲, 施慎行. 不同频带下电压故障行波极性的一致性分析[J]. 电力系统自动化, 2011, 35 (20) : 6.

[102] 王世勇, 董新洲, 施慎行. 极化电流行波方向继电器的实现方案[J]. 电力系统自动化, 2011, 35 (23) : 76-81.

[103] 董新洲, 王宾, 施慎行, 等. 特高压输电线路行波保护[C]. 2009 特高压输电技术国际会议论文集, 2009: 1-5.

[104] Dong X Z, Luo S, Shi S, et al. Implementation and Application of Practical Traveling-Wave-Based Directional Protection in UHV Transmission Lines[J]. IEEE Transactions on Power Delivery, 2016, 31 (1) : 294-302.

[105] 董杏丽. 基于小波变换的高压电网行波保护原理与技术的研究[D]. 西安: 西安交通大学, 2002.

[106] 董杏丽, 董新洲, 张言苍, 等. 基于小波变换的行波极性比较式方向保护原理研究[J]. 电力系统自动化, 2000, 14: 11-15, 29.

[107] 董杏丽, 葛耀中, 董新洲, 等. 基于小波变换的行波幅值比较式方向保护[J]. 电力系统自动化, 2000, 17: 11-15, 64.

[108] 董新洲, 施慎行, 王世勇, 等. 高压输电线路超高速行波方向纵联保护方法、装置和系统: 中国, CN102122815A[P]. 2011.07.13.

[109] Akimoto Y, Yamamoto T, Hosakawa H, et al. Fault Protection Based on Travelling Wave Theory (Part i-Theory) [J]. Electrical Engineering in Japan, 1978, 98 (1) : 79-86.

[110] Akimoto Y, Yamamoto T, Hosokawa H, et al. Fault Protection Based on Traveling Wave Theory. Part 2: Feasibility Study[J]. Electrical Engineering in Japan, 1978, 98 (4) : 113-120.

[111] 苏斌. 输电线路数字式行波差动保护研究[D]. 北京: 清华大学, 2005.

[112] 雷傲宇. 超/特高压交流线路新型行波差动保护原理和技术研究[D]. 北京: 清华大学, 2018.

[113] 李彦新. 继电保护整定计算存在的问题及解决措施探析[J]. 科技创新与应用, 2016 (14) : 205.

[114] Lei A, Dong X Z, Terzija V. An ultra-high-speed directional relay based on correlation of incremental quantities[J]. IEEE Transactions on Power Delivery, 2018, 33 (6) : 2726-2735.

[115] Lei A, Dong X Z, Shi S, et al. Equivalent traveling waves based current differential protection of EHV/UHV transmission lines[J]. International Journal of Electrical Power & Energy Systems, 2018, 97: 282-289.

[116] Lei A, Dong X Z. Decomposition of post-fault transients on power lines and analytical solution of its stationary component[J]. Journal of Electrical Engineering and Technology, 2019, 14 (1) : 37-46.

[117] 雷傲宇, 董新洲, 施慎行. 一种识别输电线路单相接地故障下第二个反向行波的方法[J]. 中国电机工程学报, 2016, 36 (08) : 2151-2158.

[118] 雷傲宇, 董新洲, 冯腾, 等. 半波长输电线路短路故障后的故障方向特性[J]. 电网技术, 2017, 41 (12) : 3832-3839.

[119] 董新洲, 雷傲宇, 汤兰西, 等. 行波特性分析及行波差动保护技术挑战与展望[J]. 电力系统自动化, 2018, 42 (19) : 184-191.

[120] Lei A, Dong X Z, Shi S, et al. Impedance - based pilot protection for ultra - high - voltage/Extra - high - voltage transmission lines[J]. The Journal of Engineering, 2018, 2018 (15) : 904-907.

[121] 董新洲, 雷傲宇, 汤兰西. 电力线路行波差动保护与电流差动保护的比较研究[J]. 电力系统保护与控制, 2018, 46 (1) : 1-8.

[122] Lei A, Dong X Z. Research of algorithm and analysis of performance for DC surge impedance relay[C]//12th IET International Conference on Developments in Power System Protection（DPSP 2014）, 2014.

[123] Lei A, Dong X Z, Shi S, et al. Research of wave-head characteristics of the fault-generated travelling wave on transmission line in different frequency bands[C]//2015 Modern Electric Power Systems（MEPS）, 2015.

[124] Lei A, Dong X Z, Shi S, et al. Approximate analytical solution of stationary component of fault-induced traveling waves on transmission line[C]//13th International Conference on Development in Power System Protection 2016（DPSP）, 2016.

[125] 苏斌, 董新洲, 孙元章. 基于小波变换的行波差动保护[J]. 电力系统自动化, 2004, 28(18): 25-29, 35.

[126] 苏斌, 董新洲, 孙元章. 特高压带并联电抗器线路的行波差动保护[J]. 电力系统自动化, 2004, 28(23): 41-44, 70.

[127] 苏斌, 董新洲, 孙元章. 串联电容补偿线路行波差动保护研究[J]. 清华大学学报(自然科学版), 2005, 45(1): 137-140.

[128] 苏斌, 董新洲, 孙元章. 适用于特高压线路的差动保护分布电容电流补偿算法[J]. 电力系统自动化, 2005, 29(8): 36-40, 59.

[129] 董新洲, 苏斌, 薄志谦, 等. 特高压输电线路继电保护特殊问题的研究[J]. 电力系统自动化, 2004, 28(22): 19-22.

[130] 徐政. 柔性直流输电系统(第二版)[M]. 北京: 机械工业出版社, 2016.

[131] 罗澍忻. 高压直流输电线路继电保护研究[D]. 北京: 清华大学, 2016.

[132] 罗澍忻, 董新洲. 基于故障行波过程的直流线路单端保护[J]. 广东电力, 2016, 29(9): 52-57.

[133] 汤兰西. 柔性直流输电网线路保护原理与实现技术研究[D]. 北京: 清华大学, 2019.

[134] Tang L, Dong X Z, Luo S, et al. A New Differential Protection of Transmission Line Based on Equivalent Travelling Wave[J]. IEEE Transactions on Power Delivery, 2017, 32(3): 1359-1369.

[135] Tang L, Dong X Z. A travelling wave differential protection scheme for half-wavelength transmission line[J]. International Journal of Electrical Power & Energy Systems, 2018, 99: 376-384.

[136] Tang L, Dong X Z, Shi S, et al. A high-speed protection scheme for the DC transmission line of a MMC-HVDC grid[J]. Electric Power Systems Research, 2019, 168: 81-91.

[137] 汤兰西, 董新洲. 半波长交流输电线路行波差动电流特性的研究[J]. 中国电机工程学报, 2017, 37(8): 2261-2270.

[138] 董新洲, 汤兰西, 施慎行, 等. 柔性直流输电网线路保护配置方案[J]. 电网技术, 2018, 42(6): 1752-1759.

[139] 汤兰西, 董新洲, 施慎行, 等. 柔性直流电网线路超高速行波保护原理与实现[J]. 电网技术, 2018, 42(10): 3176-3186.

[140] 汤兰西, 董新洲. MMC 直流输电网线路短路故障电流的近似计算方法[J]. 中国电机工程学报, 2019, 39(2): 490-498+646.

[141] Tang L, Dong X Z, Shi S, et al. Travelling wave differential protection based on equivalent travelling wave[C]//13th International Conference on Development in Power System Protection 2016（DPSP）, 2016.

[142] Tang L, Dong X Z, Wang B, et al. Study on the current differential protection for half-wave-length AC transmission lines[C]//2017 IEEE Power Energy Society General Meeting, 2017.

[143] Tang L, Dong X Z, Shi S, et al. Analysis of the characteristics of fault-induced travelling waves in MMC-HVDC grid[J]. The Journal of Engineering, 2018, 2018(15): 1349-1353.

[144] Tang L, Dong X Z, Wang B, et al. Protection configuration and scheme for the transmission line of VSC-HVDC Grid[C]//2018 IEEE Power & Energy Society General Meeting（PESGM）. IEEE, Porland, 2018, 1-5.

[145] 田杰. 高压直流控制保护系统的设计与实现[J]. 电力自动化设备, 2005, 25(09): 10-14, 42.

[146] Kim C-K, Sood V K, Jang G-S, et al. HVDC Transmission: Power Conversion Applications in Power Systems[M]. Singapore: John Wiley & Sons, 2009.

[147] 李兴源. 高压直流输电系统的运行和控制[M]. 北京: 科学出版社, 1998.

[148] 陶瑜. 直流输电控制保护系统分析及应用[M]. 北京: 中国电力出版社, 2015.

[149] IEC 60060-1-2010. TECHNIQUES—PART H-V T. 1: General definitions and test requirements[S]. IEC Standard, 2010.

[150] 李传生, 邵海明, 赵伟, 等. 直流光纤电流互感器宽频测量特性[J]. 电力系统自动化, 2017, 41(20): 151-156.

[151] Takami J, Okabe S. Observational results of lightning current on transmission towers[J]. IEEE Transactions on Power Delivery, 2007, 22(1): 547-556.

[152] Narita T, Yamada T, Mochizuki A, et al. Observation of current waveshapes of lightning strokes on transmission towers[J]. IEEE Transactions on Power Delivery, 2000, 15(1): 429-435.

[153] 王钢, 李海锋, 赵建仓, 等. 基于小波多尺度分析的输电线路直击雷暂态识别[J]. 中国电机工程学报, 2004, 24(4): 143-148.

[154] 段建东, 任晋峰, 张保会, 等. 超高速保护中雷电干扰识别的暂态法研究[J]. 中国电机工程学报, 2006, 26(23): 7-13.

[155] 束洪春, 王永治, 程春和, 等. ±800kV 直流输电线路雷击电磁暂态分析与故障识别[J]. 中国电机工程学报, 2008, 28(19): 93-100.

[156] IEEE Std C37.114-2014. IEEE guide for determining fault location on AC transmission and distribution lines[S]. New York: IEEE, 2015.

[157] Gale P F. Cable-fault location by impulse-current method[C]//Proceedings of the Institution of Electrical Engineers. IET, 1975, 403-408.

[158] Johns A T, Agrawal P. New approach to power line protection based upon the detection of fault induced high frequency signals[C]//IEE Proceedings C (Generation, Transmission and Distribution). IET, 1990: 307-314.

[159] Kezunovic M, Perunicic B. Automated transmission line fault analysis using synchronized sampling at two ends[J]. IEEE Transactions on Power Systems, 1996, 11(1): 441-447.

[160] 葛耀中, 徐丙垠, 陈平. 利用暂态行波测距的研究[J]. 西安交通大学学报, 1995, 29(3): 70-75.

[161] 徐丙垠. 利用暂态行波的输电线路故障测距技术[D]. 西安: 西安交通大学, 1991.

[162] 董新洲, 葛耀中, 徐丙垠. 利用 GPS 的输电线路行波故障测距研究[J]. 电力系统自动化, 1996, 12: 39-42.

[163] 董新洲, 葛耀中, 徐丙垠. 利用暂态电流行波的输电线路故障测距研究[J]. 中国电机工程学报, 1999, 04: 77-81.

[164] 董新洲, 葛耀中, 徐丙垠, 等. 新型输电线路故障测距装置的研制[J]. 电网技术, 1998, 01: 19-23.

[165] 陈铮, 董新洲, 罗承沐. 单端工频电气量故障测距算法的鲁棒性[J]. 清华大学学报(自然科学版), 2003, 03: 310-313.

[166] Wang B, Dong X Z, Lan L, et al. Novel location algorithm for single-line-to-ground faults in transmission line with distributed parameters[J]. IET Generation, Transmission & Distribution, 2013, 7(6): 560-566.

[167] Dong X Z, Zheng C, Xuan Z H, et al. Optimizing solution of fault location[C]//IEEE Power Engineering Society Summer Meeting, 2002.

[168] 陈铮, 高压输电线路组合故障测距算法研究[D]. 北京: 清华大学, 2002.

[169] Dong X Z, Shi S, Cui T, et al. Optimizing solution of fault location using single terminal quantities[J]. Science in China Series E: Technological Sciences, 2008, 51(6): 761-772.

[170] 黄天啸. 输电线路单端电气量故障测距研究[D]. 北京: 清华大学, 2011.

[171] 曾祥君, 尹项根, 林福昌. 基于行波传感器的输电线路故障定位方法研究[J]. 中国电机工程学报, 2002, 22(6): 43-47.

[172] 邹贵彬, 高厚磊, 许明, 等. 一种高压电网电压行波信号的提取方法[J]. 电力系统自动化, 2009, 33(2): 71-74+100.

[173] 王宾, 董新洲, 薄志谦, 等. 特高压长线路单端阻抗法单相接地故障测距[J]. 电力系统自动化, 2008, 32(14): 25-29.

[174] 王宾, 董新洲, 周双喜, 等. 特高压交流输电线路接地阻抗继电器动作特性分析[J]. 电力系统自动化, 2007, 31(17): 45-49+86.

[175] 许飞, 董新洲, 王宾, 等. 新型输电线路单端电气量组合故障测距方法及其试验研究[J]. 电力自动化设备, 2014, 34(04): 37-42.

[176] Fei X, Dong X Z. A novel single-ended traveling wave fault location method based on reflected wave-head of adjacent bus[C]//12th IET International Conference on Developments in Power System Protection (DPSP 2014), 2014, 1-5.

[177] Xu F, Dong X Z, Wang B, et al. A novel single-ended fault location scheme and applications considering secondary circuit transfer characteristics[C]//2015 IEEE Power Energy Society General Meeting, 2015.

[178] 许飞, 董新洲. 变电站二次回路电流行波传变特性[J]. 清华大学学报(自然科学版), 2015, 55(2): 251-256.

[179] Xu F, Dong X Z, Wang B, et al. Self-adapted single-ended travelling wave fault location algorithm considering transfer characteristics of the secondary circuit[J]. IET Generation, Transmission & Distribution, 2015, 9(14): 1913-1921.

[180] 董新洲, 葛耀中. 一种使用两端电气量的高压输电线路故障测距算法[J]. 电力系统自动化, 1995, 19(8): 47-53.

[181] 董新洲, 毕见广. 配电线路暂态行波的分析和接地选线研究[J]. 中国电机工程学报, 2005, 25(4): 1-6.
[182] Dong X Z, Shi S X. Identifying single-phase-to-ground fault feeder in neutral noneffectively grounded distribution system using wavelet transform[J]. IEEE Transactions on Power Delivery, 2008, 23(4): 1829-1837.
[183] 毕见广. 配电系统故障分量分析理论及其在接地选线中的应用研究[D]. 北京: 清华大学, 2003.
[184] 崔韬. 配电线路高阻接地故障检测技术的研究[D]. 北京: 清华大学, 2009.
[185] 王珺. 配电线路单相接地行波保护[D]. 北京: 清华大学, 2013.
[186] 姜博. 中性点非有效接地配电网单相接地故障行波选线研究[D]. 北京: 清华大学, 2015.
[187] 毕见广, 董新洲, 周双喜. 基于两相电流行波的接地选线方法[J]. 电力系统自动化, 2005, 29(3): 17-20,50.
[188] 施慎行, 董新洲, 周双喜. 单相接地故障行波分析[J]. 电力系统自动化, 2005, 29(23): 29-32,53.
[189] 孔瑞忠, 董新洲, 毕见广. 基于电流行波的小电流接地选线装置的试验[J]. 电力系统自动化, 2006, 30(5): 63-67.
[190] 王侃, 施慎行, 杨建明, 等. 基于暂态行波的接地选线装置及其现场试验[J]. 电力自动化设备, 2008, 28(6): 118-121.
[191] Cui T, Dong X Z, Bo Z, et al. Hilbert-transform-based transient/intermittent earth fault detection in non-effectively grounded distribution systems[J]. IEEE Transactions on Power Delivery, 2011, 26(1): 143-151.
[192] Cui T, Dong X Z, Bo Z, et al. Modeling study for high impedance fault detection in MV distribution system[C]//43rd International Universities Power Engineering Conference, 2008, 1-5.
[193] 施慎行, 董新洲. 基于单相电流行波的故障选线原理研究[J]. 电力系统保护与控制, 2008, 36(14): 13-16.
[194] 施慎行, 任立, 刘泽宇, 等. 符合 IEC61850 标准的行波电流选线装置研制[J]. 电力自动化设备, 2011, 31(3): 131-134.
[195] 姜博, 董新洲, 施慎行. 配电网单相接地故障选线典型方法实验研究[J]. 电力自动化设备, 2015, 35(11): 67-74.
[196] Phadke A G, Thorp J S. Computer Relaying for Power Systems[M]. Chichester: John Wiley & Sons, 2009.
[197] 姜博, 董新洲, 施慎行, 等. 自适应时频窗行波选线方法研究[J]. 中国电机工程学报, 2015, 35(24): 6387-6397.
[198] 董新洲, 王珺, 施慎行. 配电线路单相接地行波保护的原理与算法[J]. 中国电机工程学报, 2013, 33(10): 154-160+6.
[199] 王珺, 董新洲, 施慎行. 配电线路单相接地行波保护的实现与试验[J]. 中国电机工程学报, 2013, 33(13): 172-178.
[200] 姜博, 董新洲, 施慎行. 基于单相电流行波的配电线路单相接地故障选线方法[J]. 中国电机工程学报, 2014, 34(34): 6216-6227.
[201] 张子坤. 复杂配网结构和故障类型下高准确率行波选线方法研究[D]. 北京: 清华大学, 2018.
[202] Zhang Z, Bo Z, Dong X Z, et al. Recovering the communication of power system protection quickly via zigbee wireless network for the intelligent protection center research[J]. DEStech Transactions on Materials Science and Engineering, 2016(msce).
[203] Zhang Z, Dong X Z, Wang B. Fault line selection method in the small current system with cable lines[J]. Korea-China Joint Seminar.
[204] 王珺, 董新洲, 施慎行. 考虑参数依频变化特性的辐射状架空配电线路行波传播研究[J]. 中国电机工程学报, 2013, 33(22): 96-102+16.
[205] 刘翔, 郭克勤, 叶国雄, 等. 电磁式电压互感器冲击电压响应特性试验研究[J]. 高电压技术, 2011, 37(10): 2385-2390.
[206] 董新洲, 葛耀中, 徐丙垠, 等. 暂态信号发生器[J]. 继电器, 1997, 25(5): 41-43,48,3.
[207] Dong X Z, Liu J Z, Yu X W, et al. New relay testing platform[C]//2001 Seventh International Conference on Developments in Power System Protection (IEE). IET, 2001: 54-57.
[208] 李幼仪. 行波保护测试仪的研制[D]. 西安: 西安交通大学, 2001.
[209] 刘岩. 暂态行波保护测试仪的改进与试验[D]. 天津: 天津大学, 2005.
[210] 王飞. 暂态行波保护测试仪的研制与试验[D]. 北京: 清华大学, 2012.
[211] 董新洲, 张言苍, 余学文. 暂态行波保护测试仪及其试验方法: 中国, CN1341864A[P]. 2002.03.27.
[212] 董新洲, 余学文, 刘建政. 高速同步数/模转换模板及其数据处理、控制方法: 中国, CN1271213A[P]. 2000.10.25.
[213] 曾祥君, 尹项根, 林福昌, 等. 基于行波传感器的输电线路故障定位方法研究[J]. 中国电机工程学报, 2002, 22(06): 43-47.

[214] Sun Z Y, Ding T, Liu M S. Security and stability control system testing platform for Guangxi region power grid on RTDS[J]. Applied Mechanics and Materials, 2014, 3546(1672-6741): 1347-1352.

[215] 董新洲, 冯腾, 王飞, 等. 暂态行波保护测试仪[J]. 电力自动化设备, 2017, 37(2): 192-198.

[216] 冯腾, 董新洲. 双端行波故障测距装置性能测试方法[J]. 电力自动化设备, 2018, 38(9): 114-120, 128.

[217] 董新洲, 张言苍, 余学文. 暂态行波保护测试仪: 中国, CN1142446C[P]. 2004.3.17.

[218] 李建华, 董良斌, 董新洲, 等. 用于输出宽频带大电流的功率放大器: 中国, CN101777878A[P]. 2010.07.14.

附录1　符号附录表

基础、系数及常数符号	
$\boldsymbol{E}$	电场强度，单位 V/m
$\boldsymbol{D}$	电位移密度，单位 C/m^2
$\boldsymbol{B}$	磁感应强度，单位 Wb/m^2 或者 T
$\boldsymbol{H}$	磁场强度，单位 A/m
ρ	体电荷密度，单位 C/m^3
$\boldsymbol{\delta}$	电流密度，单位 A/m^2
$\boldsymbol{\delta}_v$	运流电流密度
$\boldsymbol{\delta}_D$	位移电流密度
$\boldsymbol{\delta}_\mathrm{S}$	线密度
$\boldsymbol{\delta}_\mathrm{c}$	波源
q	假想的产生位移电流的电荷
ϕ	磁通
ψ	磁通链
$\boldsymbol{S}$	坡印序向量，单位 W/m^2
$\boldsymbol{A}$	动态向量位
φ	动态标量位
λ	电磁波的波长
υ	电磁波的相速或波速，单位 m/s
v	运动速度
$\boldsymbol{\omega}$	角速度，单位 rad/s
σ	导电媒质
T_s	采样间隔

续表

基础、系数及常数符号	
N	一个工频周期的采样点数
τ	传播延时
a	尺度因子
b	平移因子
f_s	采样频率
f_n	自然频率的主频
μ	磁导率，单位 H/m
γ	电导率，单位 S/m
Γ	传播常数
a	衰减常数，单位 $Np \cdot m^{-1}$
β	相位常数，单位 rad/m
ε	介电常数，单位 $C^2/(N \cdot m^2)$
j	尺度系数
ρ	行波反射系数
K	制动系数
K_{rel}	可靠系数
K_f	线模电压的反射系数
K_b	线路边界反射系数
K_z	线模电压行波的折射系数
VSWR 或 SWR	电压驻波比或驻波系数
t_{oc}	参考时间
L_P^i	卫星到接收机的伪距
T_U	用户时钟收到的卫星信号时间，与 GPS 时间不同步，存在偏差

续表

基础、系数及常数符号	
T_{SV}	卫星钟时间，与 GPS 时间不同步，存在偏差
T_R	与 GPS 系统时间同步的检测点信号接收时间
T_{GPS}	与 GPS 系统时间同步的卫星信号发射时间
τ_A	卫星到地面接收机之间的介质时延，其值可由导航电文中的电离层修正系数、相对论修正系数等求得

能源符号	
W	电磁场内的能量
E_k	线路 k 零模电流能量
S	视在功率，单位 VA 或 kVA
P	平均有功功率，单位 W 或 kW
Q	平均无功功率，单位 var 或 kvar
W_P	有功能量
W_Q	无功能量

阻抗符号	
R_f	过渡电阻
Z_s	系统阻抗
Z_m	互感阻抗
Z_{Σ}	复合波阻抗
S_{Σ}	复合波导纳
C_{sm}	每个子模块的电容值
C_{eq}	一相的总等效电容
z_0	波阻抗(又称本征阻抗或特性阻抗)(注：百科上的符号为η)
Z_{Mi}、Z_{Ni}	M、N 两侧的系统等效正、负、零序阻抗
Z_0、Z_α、Z_β、Z_γ	各模波阻抗

电压符号	
U	电压，单位 V
U_φ	相电压的有效值
e_{f}	附加电压源电势
v_{f}	故障点故障前电压
U_{sm}	子模块电容电压
u_{N0}	健全线路故障初始零模电压
u_f	正向行波
u_b	反向行波
$\dot{\boldsymbol{U}}_{\mathrm{f}i}$	故障点 f 处的电压序分量
$\boldsymbol{u}_{\mathrm{i}}^{\mathrm{m}}$	串入电流源处模域的电压入射波
$\boldsymbol{u}_{\mathrm{re}}^{\mathrm{m}}$	串入电流源处模域的电压反射波
$\boldsymbol{u}_{\mathrm{ra}}^{\mathrm{m}}$	串入电流源处模域的电压折射波
$\boldsymbol{u}^{\mathrm{ph}}$	故障点的电压初始行波相量
$\boldsymbol{u}_{\mathrm{f}}$	故障发生前故障点处的三相电压
u_+、u_-	前行电压波、反行电压波
$\dot{\boldsymbol{E}}_{\mathrm{M}i}$、$\dot{\boldsymbol{E}}_{\mathrm{N}i}$	M、N 两侧的系统等效电压源
$\dot{\boldsymbol{U}}_{\mathrm{M}i}$、$\dot{\boldsymbol{U}}_{\mathrm{N}i}$	母线 M、N 处的正、负、零序电压分量
E_{a}、E_{b}、E_{c}	发电机的三相电动势
U_{a}、U_{b}、U_{c}	三相电压
U_1、U_2、U_0	正负零序电压
e_0、e_α、e_β	故障点向系统看入的戴维南等效电路中的三个模量网络的等效电源
U_{0+}、$U_{\alpha+}$、$U_{\beta+}$、$U_{\gamma+}$	正向模量方向电压行波
U_0、U_α、U_β、U_γ	模量行波电压
U_{0-}、$U_{\alpha-}$、$U_{\beta-}$、$U_{\gamma-}$	各模反向电压行波分量

电流符号	
I	电流，单位 A
i_c	传导电流
i_j	回路电流
i_v	运流电流
i_D	位移电流
i_{N0}	健全线路故障初始零模电流
I_{mmax}	电流最大的模极大值
$I_{\mathrm{m}i}$	线路行波波头电流的模极大值
I_{set}	保护动作的电流整定值或门槛电流值
$\boldsymbol{i}_{\mathrm{S}}$	串入电流源列向量
$\boldsymbol{i}^{\mathrm{ph}}$	流向一端母线的电流初始行波相量
$\boldsymbol{i}_{\mathrm{in}}^{\mathrm{m}}$	故障点处模域的电流入射波
$\boldsymbol{i}_{\mathrm{re}}^{\mathrm{m}}$	故障点处模域的电流反射波
$\boldsymbol{i}_{\mathrm{ra}}^{\mathrm{m}}$	故障点处模域的电流折射波
i_+、i_-	前行电流波、反行电流波
$\dot{\boldsymbol{I}}_{\mathrm{M}}$、$\dot{\boldsymbol{I}}_{\mathrm{N}}$	线路 M、N 端测量电流
$\dot{\boldsymbol{I}}_{\mathrm{M}i}$、$\dot{\boldsymbol{I}}_{\mathrm{N}i}$	母线 M、N 处的正、负、零序电流分量
$\dot{\boldsymbol{I}}_{\mathrm{fM}i}$、$\dot{\boldsymbol{I}}_{\mathrm{fN}i}$	分别为故障点 f 处来自母线 M、N 侧的注入电流序分量
I_{a}、I_{b}、I_{c}	三相电流
I_1、I_2、I_0	正负零序电流
i_0、i_α、i_β、i_γ	模量行波电流

设备、元件符号	
VSC	电压源型换流器
LCC	电流源型换流器
CVT	电容分压式电压互感器
SDT	中间变压器
FSC	铁磁谐振阻尼器
PCTDR	极化电流行波方向继电器
MOV	氧化锌避雷器

附录 2　矢量恒等式

<table>
<tr><th>矢量恒等式</th><th>等式含义</th><th>章节</th></tr>
<tr><td>$\nabla \cdot (\boldsymbol{E} \times \boldsymbol{H}) = \boldsymbol{H} \cdot (\nabla \times \boldsymbol{E}) - \boldsymbol{E} \cdot (\nabla \times \boldsymbol{H})$</td><td rowspan="3">哈密顿算子运算公式</td><td>2.1.2</td></tr>
<tr><td>$\nabla \times (\nabla \times \boldsymbol{E}) = \nabla(\nabla \cdot \boldsymbol{E}) - \nabla^2 \boldsymbol{E}$</td><td>2.2.1</td></tr>
<tr><td>$\nabla \times (\nabla \cdot \boldsymbol{E}) = 0$</td><td>2.2.1</td></tr>
<tr><td>$\mathrm{div}\boldsymbol{F} = \nabla \cdot \boldsymbol{H}$</td><td>散度与哈密顿算子的关系</td><td>2.3.2</td></tr>
<tr><td>$\oint_S \boldsymbol{F} \cdot \mathrm{d}\boldsymbol{S} = \oint_{\mathrm{v}} \nabla \cdot \boldsymbol{F} \mathrm{d}v$</td><td>高斯散度定理</td><td>2.1.1</td></tr>
<tr><td>$(\mathrm{curl}\boldsymbol{F})_n = \nabla \times \boldsymbol{H}$</td><td>旋度与哈密顿算子的关系</td><td>2.3.2</td></tr>
<tr><td>$\int_S (\nabla \times \boldsymbol{F}) \cdot \mathrm{d}\boldsymbol{S} = \oint_l \boldsymbol{F} \cdot \mathrm{d}\boldsymbol{l}$</td><td>斯托克斯定理</td><td>2.1.1</td></tr>
</table>

附录 3　四端双极 MMC 柔性直流输电网仿真模型

本书所采用的四端双极 MMC 直流输电网仿真模型如图 A.1 所示。直流电网中共有 4 个 MMC 换流站和 P、Q、M、N 共 4 条直流母线。直流侧由 4 条直流线路 l_1～l_4 相连成网，每条线路的长度均已在图上标注。图中每条直流线路均以单线图的形式表示正、负两极线路。在每一条直流线路的两端均安装有平波电抗器，分别用 Ls_1～Ls_8 表示。图中 R_1～R_8 表示线路保护及其所控制的直流断路器的安装处，F_1、F_2 和 F_3 表示不同线路上发生的直流线路故障。

各换流站的主要仿真参数如表 A.1 所示，线路两端的平波电抗器均为 200mH。线路杆塔结构见图 A.2，仿真中采用了较为精细的分布参数模型。线路在低频下的极模和零模参数如表 A.2 所示。

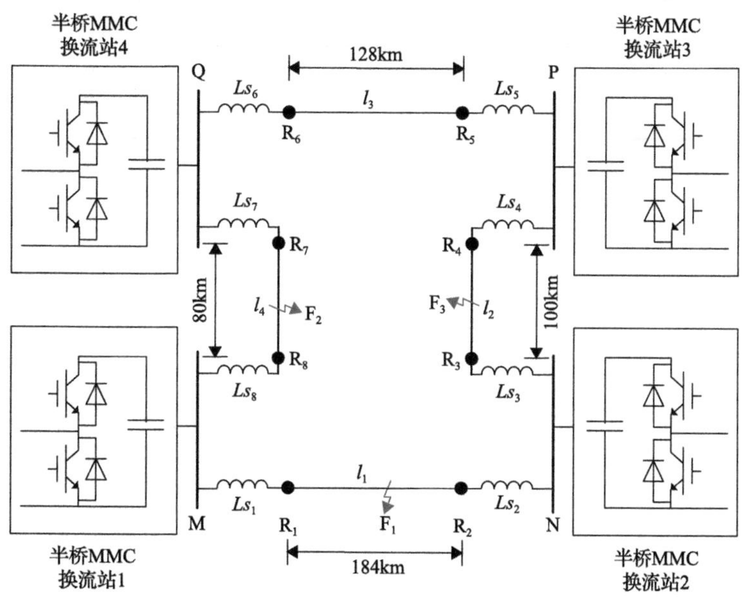

图 A.1　四端双极 MMC 直流输电网仿真模型示意图

表 A.1　换流站主要参数

参数	换流站 1	换流站 2	换流站 3	换流站 4
有功/MW	800	−1000	−1700	1900
无功/Mvar	−400	900	−600	700
子模块数	200			
子模块电容/mF	10			
桥臂电感/mH	40			
直流电压/kV	±500			

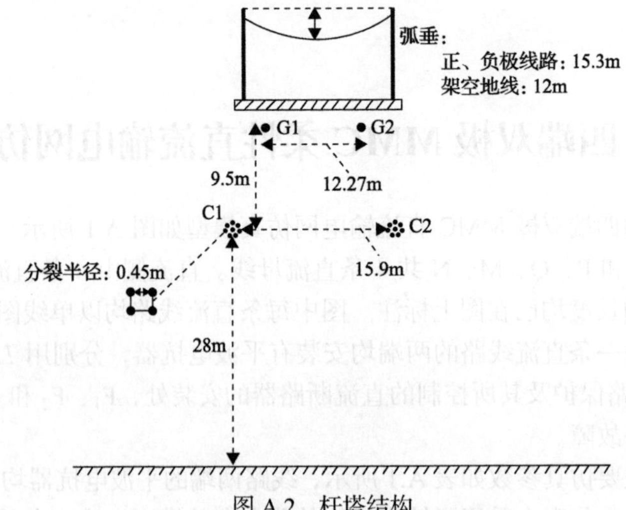

图 A.2　杆塔结构

表 A.2　线路在低频下的主要参数

	电感 L_T / (mH/km)	电阻 R_T / (Ω/km)
极模	0.83	0.011
零模	1.74	0.18